51CTO 专家博主最新力作

VMware vSphere 企业运维实战

王春海 编著

人 民 邮 电 出 版 社
北 京

图书在版编目（CIP）数据

VMware vSphere企业运维实战 / 王春海编著. -- 北京 : 人民邮电出版社, 2014.8
ISBN 978-7-115-35671-0

Ⅰ. ①V… Ⅱ. ①王… Ⅲ. ①虚拟处理机 Ⅳ. ①TP338

中国版本图书馆CIP数据核字(2014)第112208号

内 容 提 要

本书主要介绍 VMware vSphere 企业运维的内容，包括虚拟化的实施规划、从已有物理服务器迁移到虚拟服务器、数据中心实时管理、数据中心动态管理、虚拟机的备份与恢复、VMware 虚拟云基础架构 vCloud Director 等内容。

本书介绍了大量先进的虚拟化应用技术，步骤清晰（使用 Step By Step 的教学方法），非常容易学习和快速掌握，可供虚拟机技术爱好者、政府信息中心管理员、企业和网站的网络管理员、计算机安装及维护人员、软件测试人员、程序设计人员、教师及学生等作为网络改造、虚拟化应用、网络实验、测试软件、教学演示等用途的参考手册，也可以作为培训机构的教学用书。

◆ 编　　著　王春海
　责任编辑　王峰松
　责任印制　彭志环　杨林杰
◆ 人民邮电出版社出版发行　　北京市丰台区成寿寺路 11 号
　邮编　100164　　电子邮件　315@ptpress.com.cn
　网址　http://www.ptpress.com.cn
　固安县铭成印刷有限公司印刷
◆ 开本：787×1092　1/16
　印张：32.5　　2014 年 8 月第 1 版
　字数：794 千字　　2024 年 7 月河北第 12 次印刷

定价：79.00 元

读者服务热线：(010)81055410　印装质量热线：(010)81055316
反盗版热线：(010)81055315

前　言

内容介绍

本书共 8 章、3 个附录，各章主要内容介绍如下。

第 1 章，概要介绍企业虚拟化实施，简要介绍企业虚拟化进程、如何利用现有基础架构、虚拟化中服务器和存储的选择，以及虚拟化中网络及交换机的选择等。

第 2 章，从物理机到虚拟机，介绍在实施虚拟化的过程中，如果配置虚拟化主机，如何从物理机迁移到虚拟机（使用 vCenter Converter），还介绍了 VMware ESXi 中配置虚拟机、在虚拟机中安装系统、在虚拟机中使用外部设备等内容。

第 3 章，数据中心管理工具 vCenter Server，介绍使用 vCenter Server 管理虚拟化数据中心内容，包括 vCenter Server 的安装、配置，vSphere Web 客户端，配置虚拟机模板，使用 iSCSI 存储，以及虚拟机的迁移、vMotion，还介绍了基于 VMware 的高可用群集（HA）及容错（FT）的内容。

第 4 章，数据中心动态管理工具 vCenter Operations Manager。VMware vCenter Operations Manager 是 VMware 云环境管理产品，能够感知管理 VMware 虚拟化系统，了解由其管理的虚拟机在过去、现在以及将来的情况。vCenter Operations 与 VMware vSphere 紧密集成，能从底层的物理组件（服务器、存储、网络）及其他管理工具中收集数据。本章介绍 vCenter Operations Manager 的安装、配置，使用 vCenter Operations Manager 监控 VMware 数据中心、查看警示、在虚拟环境中分析和平衡资源，并创建 Excel 或 PDF 报告等内容。

第 5 章，介绍 VMware 虚拟机备份与恢复工具 VMware Data Protection 的使用。VMware Data Protection 是 VMware 最新的虚拟机备份工具，可创建虚拟机备份，同时不会中断虚拟机的使用或虚拟机提供的数据和服务。VMware Data Protection 管理虚拟机备份，可以在需要的时候将虚拟机恢复，并可在这些备份过时后将其删除。它还支持删除重复以删除冗余数据。在新版本的 VMware Data Protection 中还支持 SQL Server 与 Exchange 的数据库备份与恢复技术。在本章还介绍了使用 vSphere Web Client 管理 vCenter Server、VMware ESXi 的内容。

第 6 章，虚拟云基础架构工具 vCloud Director，本章介绍了使用 vCloud Director 管理并创建一个“私有云中心”，为企业中的员工或指定用户分配 vSphere 数据中心的资源，用户可以使用 Web 管理界面登录 vCloud Director 组织，以创建及管理虚拟机。

第 7 章，企业虚拟化案例应用，本章介绍了 5 个案例，包括外贸连锁服务器托管及 VPN 实例、某房产中介服务器托管及安全方案、某政务中心服务器虚拟化应用方案、某政府数据中心虚拟化方案、某高校数据中心虚拟化方案，包括了使用 Dell、HP、IBM 服务器及 IBM 刀片实施虚拟化的案例，相信这些对大家有所帮助。

第 8 章，虚拟化基础配置，虚拟化并不是单独存在的。在企业实施虚拟化的过程中，除了产品虚拟化本身，还有许多其他的应用。例如，在虚拟化之后，仍然要安装操作系统，例如需要 Windows Server 2008 R2、Windows Server 2012、SQL Server 等，它们并不会由于使用虚拟化而消失，这些仍然是基础的应用。本章介绍企业组建“云服务”或“云应用”所需要的基础架构内容，这些包括 Windows 网络基础 Active Directory、DHCP、Windows 产品与补丁升级服务 WSUS、Windows 操作系统部署产品 WDS 等。

附录 A，vSphere 最高配置，介绍 vSphere 5.1、vSphere 5.5 虚拟机最高配置，ESXi 主机最高配置及 vCenter Server 最高配置等内容，了解这些，可以让我们更充分发挥、使用虚拟化平台。

附录 B，“实验是最好的老师”，在学习 VMware 虚拟化内容的时候，进行大量的实验，有利于快速掌握这些知识。但 VMware 实验往往需要多台服务器，对于大多数读者来说，没有这样的条件。本附录介绍使用 VMware Workstation 或普通 PC 机，准备 VMware ESXi、VMware vCenter Server 实验环境的方法。

附录 C，介绍从低版本 VMware ESXi 或 VMware ESX Server 升级到高版本 VMware ESXi 的方法及步骤。

尽管编写本书时，我们精心设计了每个场景、案例，已经考虑到一些相关企业的共性问题，但就像天下没有完全相同的两个人一样，每个企业都有自己的特点，都有自己的需求。所以这些案例可能并不能完全适合你的企业，在实际应用时需要根据企业的情况进行改动。

另外，技术类的图书，有的时候看一遍可能会看不懂，这不要紧，只要多想想，再看几遍就能掌握了。技术，尤其是专业一些的技术，相对来说，都是比较枯燥的。

作者介绍

本书作者王春海，1993 年开始学习计算机，1995 年开始从事网络方面的工作，曾经主持过省国税、地税、市铁路分局（全省范围）的广域网组网工作，近几年一直从事政府等单位的网络升级、改造与维护工作，经验丰富，在多年的工作中，成功解决过许多疑难问题。

从 2000 年最初的 VMware Workstation 1.0 到现在的 VMware Workstation 10，从 VMware GSX Server 1 到 VMware GSX Server 3、VMware Server、VMware ESX Server、VMware ESXi 5，本书作者亲历过每个产品的每个版本的使用。作者从 2004 年即开始使用并部署 VMware Server（VMware GSX Server）、VMware ESXi（VMware ESX Server），已经为许多政府部门、企业成功部署 VMware Server、VMware ESXi 并应用至今。

早在 2003 年，作者即编写并出版了业界第一本虚拟机方面的图书专著《虚拟机配置与应用完全手册》（主要讲述 VMware Workstation 3 的内容），在随后的几年又出版了《虚拟机技术与应用——配置、管理与实验》、《虚拟机深入应用实践》等多本虚拟机方面的图书，其中《VMware 虚拟机实用宝典》在出版之后的不长时间就由台湾博硕公司出版繁体中文版并一再加印。

此外，作者还熟悉 Microsoft 系列虚拟机、虚拟化技术，熟悉 Windows 操作系统，Microsoft 的 Exchange、ISA、OCS、MOSS 等服务器产品，是 2009 年度 Microsoft Management Infrastructure 方面的 MVP（微软最有价值专家）、2010～2011 年度 Microsoft Forefront（ISA

Server）方面的 MVP、2012～2014 年度 Virtual Machine 方面的 MVP。

本书的出版得到了王峰松编辑的大力支持，另外，河北科技大学任文霞，河北经贸大学盖俊飞、周彦良、赵艳、张丽荣、朱书敏、马红霞、孙翠景、张红卫、李林茹也编写了本书部分内容，河北经贸大学信息技术学院的吴国立、刘京准、李晓东、张清泉、罗长玲等 5 名同学，根据本书的内容搭建了实验环境，并对本书的内容进行了验证与测试，在此一并致谢！

由于作者水平有限，并且本书涉及的系统与知识点很多，尽管作者力求完善，但仍难免有不妥和错误之处，诚恳地期望广大读者和各位专家不吝指教。有关本书的意见反馈和更新消息以及读者在学习中遇到问题，可以通过下列方式与作者联系。

作者个人网站：http://www.wangchunhai.cn

51cto 专家博客：http://wangchunhai.blog.51cto.com

电子邮件：wangchunhai@wangchunhai.cn

因为作者在网络、虚拟机、数据恢复等方面出版了多种图书，所以在读者给作者发送邮件时，请写清阅读的是哪一种书，在学习哪一章时碰到了问题，并且请介绍当时的实验（或生产）环境，最好是将问题抓图并放在文档中，读者提供的信息越多、越详细，作者提供的帮助就会越准确、越及时。

王春海

2014 年 3 月

目　录

第 1 章　企业虚拟化实施规划

虚拟化与云计算并不是一个全新的概念，但有些信息主管可能有这样或那样的顾虑。另外，在实施虚拟化的过程中，如何规划与选择服务器，设计存储的大小，存储中磁盘的RAID 划分方式，以及如何选择交换机，都需要在实施虚拟化之前考虑。本章将简要介绍这些内容，并在以后的章节中做出更详细的介绍。

1.1　CIO 的顾虑

在实施虚拟化之前，企业信息中心的主管都会有一定的顾虑，尤其是现有业务已经平稳运行了很长时间、信息化比较成熟的企业。他们最大的顾虑就是：实施虚拟化后，整个系统是否安全。例如，原来单位有 100 个应用，每个应用在 1 台物理服务器上，整个系统有 100 台物理服务器；在虚拟化之后，每个应用在 1 台“虚拟”服务器上，每台主机有 10 台甚至更多的虚拟机，这样虚拟化 10 台甚至更少的物理服务器代替了原来的 100 台服务器。原来某个服务器坏了，最多只是影响这一个应用；现在如果某个服务器坏了，则会影响 10 个甚至更多的应用。这样会给信息主管带来压力。另外，把多台服务器迁移、合并到一台主机中，性能是否足够呢？

在这里，CIO 主要有两个顾虑，一个是安全；一个是性能。

首先说安全问题。不可否认，从道理上来说，将鸡蛋放在一个篮子中，比分开放到多个篮子中，安全性要低一些，但实际上并不能这样计算。在不采用虚拟化之前，每台物理服务器的配置较低，人们对单台服务器的安全性、日常维护，关注不会很高，这样会导致单台服务器，出问题的概率较大。而虚拟化后，对每台主机的要求都较高，检查也到位，这样在虚拟中，单台物理主机出故障的概率要比原来的单台服务器低很多。

在大多数的政府部门、企业中，单台服务器大多配置了 1 个 CPU、2～3 个硬盘做 RAID1 或 RAID5、单电源、单网络（服务器两块网卡只用一块）。而在虚拟化的项目中，虚拟化主机服务器大多配置 2～4 个 CPU，6～10 个甚至更多硬盘做 RAID5 或 RAID50、RAID10，2～4 个电源，4 个或更多的物理网卡冗余。虚拟化中每台服务器都有冗余，在服务器中的单一网卡、硬盘、电源甚至 CPU 出现问题时都会有冗余设备接替。另外，在虚拟化项目中，普遍采用共享的存储，虚拟机保存在共享的存储中，即使某台主机完全损坏，运行在该主机上的虚拟机会在其他物理主机启动，保证业务系统不会中断。

再说性能问题。单一的应用主机，大多配置两个硬盘做 RAID1，或者 3 个硬盘做 RAID5，这样磁盘性能较为低下。在虚拟化主机中，通常用 6 块或更多的硬盘，采用 RAID5、RAID50

或者 RAID10，磁盘性能较高。另外，虽然虚拟化后，在同一个主机上跑多个虚拟机，但这些虚拟机并不会在同一时刻都会要求较高的 CPU 与磁盘、内存利用率。根据多年的虚拟化实施经验，在虚拟化后，不会降低原来的每个应用的响应速度而是会略有增加。

1.2 企业虚拟化进程

在企业实施虚拟化的过程中，大多是先虚拟化不太重要的物理机，将这些物理机迁移到虚拟机中运行一段时间（通常为 1 周的时间），查看虚拟化后是否对业务应用有所影响，并模拟一些故障，对以后可能出现的问题进行实验，等这些测试完成之后，再虚拟化其他的物理机。而一些不适合虚拟化的应用仍然会运行在原来的物理主机上，例如用作视频点播的服务器、重要的数据库服务器等这些应用。

1.3 如何利用现有基础架构

在虚拟化的过程中有个问题需要考虑，就是原来的一些基础设备，例如原来的服务器、存储、交换机。这些要根据服务器、存储的性能、参数，综合考虑。

对于原来的 32 位的服务器，原则上是全部淘汰，因为这些服务器购买时间较长，性能较低，潜在故障率较高，不能满足现有应用。

如果是近一两年新购买的服务器，则考虑将这些服务器整合、扩充，用作虚拟化主机。大多数服务器能扩充到很高的配置，但标配并不是很高。例如，IBM 3850 X5 服务器最大可以扩充到 4 个 CPU、1TB 内存、双电源。以 CPU 为例，IBM 3850 X5 出厂标配 2 个 CPU，这 CPU 可以是 6 核、8 核。如果企业现有多台 IBM 3850 X5 服务器（例如 2 台或更多），可以将这 2 台的 CPU 放到其中一台，而另一台则可以新购 4 个 8 核的 CPU。同样，内存也可以集中到一台，另一台则配置多个单条 8GB 的内存。同样，对于其他厂家的服务器，例如 DELL R910，标配 2 个 CPU，最大支持 4 个 CPU、2TB 内存、4 冗余电源，如图 1-1 所示。

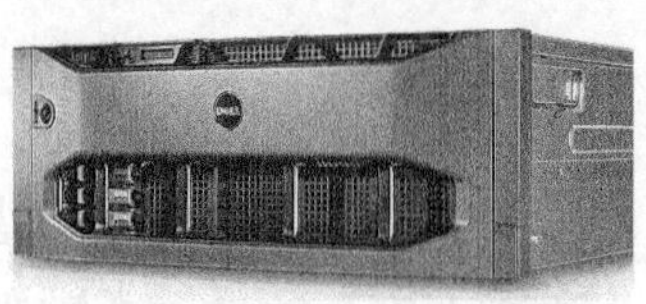

图 1-1 Dell R910 服务器

在虚拟化实施的过程中，如果使用现有的服务器，推荐优先为服务器添加内存、网卡，其次是配置冗余电源、CPU。至于硬盘，在企业虚拟化项目中，优先是配置共享的存储，其次是添加本地硬盘。

除了做虚拟化主机外，还可以将原有的服务器改做存储服务器。例如，如果某服务器配置较低并且不具有升级的价值，但具有较多的本地硬盘时，可以将硬盘集中到某台服务器中，将这台服务器通过安装 openfiler（32 位或 64 位产品都有）或 Windows Server 2008 R2 或 Windows Server 2012，组成存储服务器，通过千兆网络为虚拟化环境提供 iSCSI 的网络存储，这些存储可以用来做数据备份或扩展。

1.4　服务器性能与容量规划

在实施虚拟化的前期，有一个虚拟机容量规划。就是一台物理服务器上，最大能放多少虚拟机。实际上这是一个综合的问题，既要考虑主机的 CPU、内存、磁盘（容量与性能），也要考虑运行的虚拟机需要的资源。在实际使用时，系统总有至少 30%甚至更高的富余容量，不可能让一个主机上的资源利用率超过 80%，甚至接近 100%，否则一旦达到这些数值，整个系统响应会比较慢。

在估算虚拟化的容量时，在只考虑 CPU 的情况下，可以将物理 CPU 与虚拟 CPU 按照 1∶4～1∶10 甚至更高的比例规划。例如一台物理的主机具有 4 个 8 核心的 CPU，在内存、存储足够的情况下，按照 1∶5 的比例，则可以虚拟出 4×8×5＝160 个 vcpu，假设每个虚拟机需要 2 个 vcpu，则可以创建 80 个虚拟机。在实际实施虚拟化的项目中，大多数虚拟机对 CPU 的要求并不是非常的高，即使为虚拟机分配了 4 个或更多的 CPU，但实际上该虚拟机的 CPU 使用率只有 10%以下，这时候所消耗的物理主机 CPU 资源不足 0.5 个。如图 1-2 所示，这是使用 vCenter Operations Manager 统计的容量分配过剩的虚拟机，从列表中可以看出，大多数虚拟机的 CPU 利用率不足 10%，实际使用的内存也较低（尽管为大多数虚拟机分配了 2GB 内存，但实际使用只有 256～576MB 内存之间）。

主机系统: 172.30.5.232

虚拟机	策略	配置的 vCPU	建议的 vCPU	建议的 CPU 需求 (%)	配置的内存	推荐的内存
360Fix_5.18	Default Policy	1 个 vCPU	1 个 vCPU	3.8%	0.5 GB	224 MB
AD-WS08R2-172.30.5.15	Default Policy	1 个 vCPU	1 个 vCPU	2%	2 GB	384 MB
gcserver-172.30.5.3	Default Policy	2 个 vCPU	1 个 vCPU	2.3%	2 GB	256 MB
KMS-WinSer-172.30.5.22	Default Policy	1 个 vCPU	1 个 vCPU	7.7%	2 GB	320 MB
In-ser-172.30.5.25	Default Policy	2 个 vCPU	1 个 vCPU	21%	2 GB	576 MB
UI VM	Default Policy	2 个 vCPU	1 个 vCPU	7.4%	4 GB	2,496 MB
View-Composer-172.30.5.52	Default Policy	2 个 vCPU	1 个 vCPU	1.4%	2 GB	224 MB
VM-XP-01	Default Policy	1 个 vCPU	1 个 vCPU	1.2%	0.5 GB	160 MB
XP-172.30.5.26	Default Policy	1 个 vCPU	1 个 vCPU	6.1%	1 GB	288 MB
xzfwzxsp-172.18.133.16	Default Policy	2 个 vCPU	1 个 vCPU	5.2%	2 GB	256 MB
zs.gc.gov.cn-172.30.5.31	Default Policy	1 个 vCPU	1 个 vCPU	0.73%	1 GB	160 MB

图 1-2　使用 vcos 统计的容量过剩的虚拟机

在虚拟化的项目中，对内存占用是要求最大、最高的。在实际使用中也是如此，管理员会发现，物理主机的内存会接近 80%甚至 90%。因为在同一物理主机上，规划的虚拟机数量较多，而且每个虚拟机分配的内存又较大（总是超过该虚拟机实际使用的内存），所以会导致主机可用内存减少，如图 1-3 所示，这是某正在运行中的 VMware ESXi 5.1 主机的 CPU 与内存使用情况。

在为物理主机配置内存时，要考虑将要在该主机上运行多少虚拟机，这些虚拟机一共需要多少内存。一般情况下，每个虚拟机需要的内存在 1～4GB 甚至更多，还要为 VMware ESXi 预留一部分内存。通常情况下，配置了 4 个 8 核心 CPU 的主机，一般需要配置 96GB 甚至更高的内存；在配置 2 个 6 核心 CPU 的主机，通常要配置 32～64GB 内存。

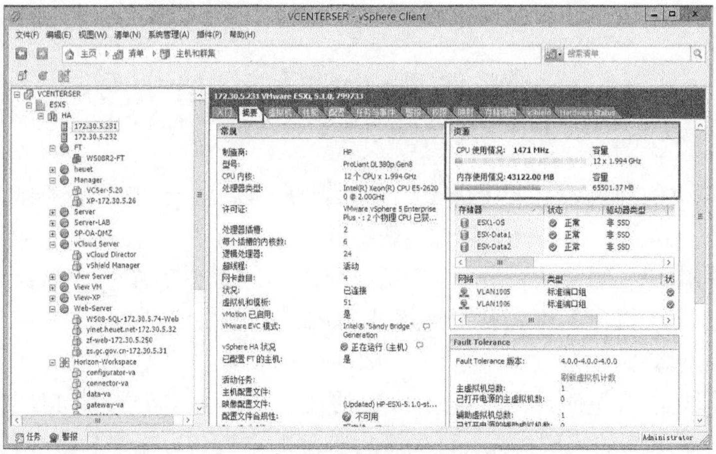

图 1-3　某运营中的 ESXi 摘要

1.5　统计与计算现有容量

如果要将现有的物理服务器迁移到虚拟机中，可以制作一张统计表，这包括现有物理服务器的 CPU 型号、数量，CPU 利用率，现有内存及内存利用率，现有硬盘数量、大小、RAID 及使用情况，然后根据这些来计算，表 1-1 是某单位现有服务器的情况统计（在实际情况下，该单位服务器大约有 100 台，表 1-1 及后文表 1-2 只是列出了部分服务器的型号及资源使用统计）。

表 1-1　　　　某单位现有服务器资源利用情况统计表

型号	CPU/内存使用率	CPU 主频型号	逻辑数	内存总量	硬盘容量/剩余空间	硬盘个数	操作系统
Ibm X336	15%/30%	3.0GHz	2	2	73G/30G	73×2	Windows 2000
Ibm X346	5%/50%	3.0GHz		2	73G/8G	73×2	Windows 2000
天阔 620r	1%/25%	3.0GHz/E5450	8	16	278G/209	300×2	Windows 2003
天阔 620r	13%/25%	2.33GHz/E5410	8	8	146G/116G	146×2	Windows 2003
Ibm X336	1%/12%	3.0GHz	2	1	73G/62G	73×1	Windows 2003
Ibm X3650	5%/50%	2.0GHz/5130	4	4	146G/34G	146×2	Windows 2003
Ibm X346	1%/25%	3.0GHz	2	2	73G/61G	73×2	Windows 2003
Ibm X235	54%/90%	2.4GHz	1	512M	30G/22G		Linxu 5.7
天阔 620r	3%/30%	2.33GHz/E5410	8	8	146G/113G	146×2	Windows 2003
Ibm X3650	1%/7%	2.0GHz/5130	4	4	146G	146×2	Linxu 5.7
X3650 M4	4%/63%	2.0GHz/E5-2650	32	16	300G/253G	300×2	Linxu 5.7
X3650 M4	3%/63%	2.0GHz/E5-2650	32	16	300G/254G	300×2	Linxu 5.7
天阔 620r	3%/57%	3.0GHz/E5450	8	16	300G/222G	300×2	Linxu 5.7

续表

型号	CPU/内存使用率	CPU 主频型号	逻辑数	内存总量	硬盘容量/剩余空间	硬盘个数	操作系统
天阔 620r	13%/41%	2.33GHz/E5410	8	8	300G/179G	300×2	Windows 2003
HP 380 G7	1%/8%	2.53GHz/E5630	16	16	300G/124G	300×2	Windows 2008 R2
HP 380 G6	1%/70%	2.67GHz/X5550	16	8	410G/249G	146×4	Windows 2003
Dell R900	1%/17%	2.4GHz/E7440	16	16	146G/120G 146G/127G	146×4	Windows 2003
Dell R900	1%/13%	2.4GHz/E7440	16	16	300G/257G 300G/276G	300×4	Windows 2003
Dell R900	1%/18%	2.4GHz/E7440	16	16	300G/118G 300G/272G	300×4	Windows 2003
IBM X3650	19%/65%	3.0GHz/5160	4	2	146G/99G	146×2	Windows 2003
X3650 M3	1%/18%	3.07GHz/X5675	24	16	835G/780G	300×4	Windows 2003
X3650 M3	1%/6%	3.07GHz/X5675	24	24	300G/272G	300×2	Windows 2003

根据上表，我们计算每台服务器实际需要的 CPU、内存与磁盘空间，计算方式为：

实际 CPU 资源=该台服务器 CPU 频率×CPU 数量×CPU 使用率

实际内存资源=该台服务器内存×内存使用率

实际硬盘空间=硬盘容量-剩余空间

例如，对于该表中第一台服务器需要 3.0GHz×2×15%=0.9GHz，内存为 2GB×30=0.6GB，硬盘为 73GB-30GB=43GB。

然后在表 1-1 后面计算，实际得出情况如表 1-2 所示。

表 1-2　每台服务器实际使用资源及最后资源统计（只列出部分服务器）

型号	CPU/内存使用率	CPU 主频型号	需要 CPU 资源（GHz）	需要内存（MB）	需要硬盘空间（GB）
Ibm X336	15%/30%	3.0GHz	0.9	0.6	43
Ibm X346	5%/50%	3.0GHz	0.3	1	65
天阔 620r	1%/25%	3.0GHz/E5450	0.24	4	250
天阔 620r	13%/25%	2.33GHz/E5410	2.423 2	2	30
Ibm X336	1%/12%	3.0GHz	0.06	0.12	11
Ibm X3650	5%/50%	2.0GHz/5130	0.4	2	112
Ibm X346	1%/25%	3.0GHz	0.06	0.5	12
Ibm X235	54%/90%	2.4GHz	1.296	0.460 8	8
天阔 620r	3%/30%	2.33GHz/E5410	0.559 2	2.4	133
Ibm X3650	1%/7%	2.0GHz/5130	0.08	0.28	100
X3650 M4	4%/63%	2.0GHz/E5-2650	2.56	10.08	47
X3650 M4	3%/63%	2.0GHz/E5-2650	1.92	10.08	46
天阔 620r	3%/57%	3.0GHz/E5450		9.12	78

续表

型号	CPU/内存使用率	CPU 主频型号	需要 CPU 资源（GHz）	需要内存（MB）	需要硬盘空间（GB）
天阔 620r	13%/41%	2.33GHz/E5410	2.423 2	3.28	121
HP 380 G7	1%/8%	2.53GHz/E5630	0.404 8	1.28	176
HP 380 G6	1%/70%	2.67GHz/X5550	0.427 2	11.2	152
Dell R900	1%/17%	2.4GHz/E7440	0.384	2.72	46
Dell R900	1%/13%	2.4GHz/E7440	0.384	2.08	77
Dell R900	1%/18%	2.4GHz/E7440	0.384	2.88	203
Ibm X3650	19%/65%	3.0GHz/5160	2.28	1.3	47
X3650 M3	1%/18%	3.07GHz/X5675	0.7368	2.88	55
X3650 M3	1%/6%	3.07GHz/X5675	0.7368	1.44	38
总资源需要			87.189 6	179.135 8	6 887

经过计算，本项目中已经使用了 91.194 4GHz 的 CPU 资源，以 CPU 频率 3.0HzCPU 为例，则需要 30 核心（负载 100%），但要考虑整体项目中 CPU 的负载率为 60%～75%，以及管理等其他开销，则至少需要 40 个 CPU 核心，如果配置 4 个 6 核心的服务器，则需要大约 4 台物理主机。至少内存，现在已经使用了 182GB，加上管理以及富余，以 360GB 计算，每服务器 96～128GB 即可。

如果不购买新的服务器，而从中选择 4～8 台高配置的服务器（例如 6 台），将这 100 台服务器使用虚拟化技术，迁移到其中的 6 台，则节省的电费（以每台服务器 400W、工业用电 1.1 元/度计算）约 34.69 万。

如果要使用现有的服务器，则需要为某些做虚拟化主机的服务器扩充内存。使用现有服务器，如果不扩充现有服务器的 CPU，在 2 个 CPU 的主机中，将内存扩充到 64GB 为宜。

根据表 1-2 计算可知，已使用 6.9TB 的容量，则要为整个虚拟化系统规划 10TB 甚至更多的存储。在备份原有服务器数据的情况下，可以集中 300GB、146GB 的硬盘到虚拟化主机上，统一使用。在使用 6 台物理服务器做虚拟化主机的情况下，每台服务器需要 1.5～3TB 的空间。在使用 RAID5 时，使用 6 块 300GB 即可提供 1.5TB 可用容量，使用 8 块 300GB 做 RAID50 时可提供 1.8TB 可用容量。使用 12 块 300GB 硬盘、RAID50 时可提供 3TB 的容量。

1.6 服务器的选择

在实施虚拟化的过程中，如果现有服务器可以满足需求，可以使用现有的服务器。如果现有服务器不能完全满足需求，可以部分采用现有服务器，然后再采购新的服务器。

如果采购新的服务器，可供选择的产品比较多。如果单位机房在机柜存放，则优先采购机架式服务器。采购的原则如下。

（1）如果 2U 的服务器能满足需求，则采用 2U 的服务器。通常情况下，2U 的服务器最大支持 2 个 CPU，标配 1 个 CPU。在这个时候，就要配置 2 个 CPU。

如果 2U 的服务器不能满足需求，则采用 4U 的服务器。通常情况下，4U 的服务器最大支持 4 个 CPU 并标配 2 个 CPU，在购置服务器时，为服务器配置 4 个 CPU 为宜。如果对服务器的数量不做限制，采购两倍的 2U 服务器要比采购 4U 的服务器节省更多的资金，并且性能大多数也能满足需求。

（2）CPU：在选择 CPU 时，选择 6 核或 8 核的 Intel 系列的 CPU 为宜。10 核或更多核心的 CPU 较贵，不推荐选择。当然，单位对 CPU 的性能、空间要求较高时除外。

（3）内存：在配置服务器的时候，尽可能为服务器配置较大内存。在虚拟化项目中，内存比 CPU 更重要。一般情况下，2 个 6 核心的 2U 服务器配置 64GB 内存，4 个 6 核心或 8 核心的 4U 服务器配置 128GB 或更多的内存。

（4）网卡：在选择服务器的时候，还要考虑服务器的网卡数量，至少要为服务器配置 2 接口的千兆网卡，推荐 4 端口千兆网卡。

（5）电源：尽可能配置两个电源。一般情况下，2U 服务器选择 2 个 450W 的电源可以满足需求，4U 服务器选择 2 个 750W 电源可以满足需求。

（6）硬盘：如果虚拟机保存在服务器的本地存储，而不是网络存储，则为服务器配置 6 个硬盘做 RAID5，或者 8 个硬盘做 RAID50 为宜。由于服务器硬盘槽位有限，故不能选择太小的硬盘，当前性价比高的是 600GB 的 SAS 硬盘。2.5 英寸 SAS 硬盘转速是 10 000 转，3.5 英寸 SAS 硬盘转速为 15 000 转。选择 2.5 英寸硬盘具有较高的 IOPS。

至于服务器的品牌，则可以选择 IBM、HP 或 Dell。表 1-3 是几款服务器的型号及规格。

表 1-3　几款服务器型号及规格

品牌及型号	规　格
IBM 3650 M4	2U，最大 2CPU（标配 1CPU），最高 2 个 8 核 Intel E5-2600 系列处理器；最大内存 768GB；最大 16 个 2.5 英寸或 6 个 3.5 英寸或 32 个 1.8 英寸固态硬盘；最大 2 个电源（550W、750W 或 900W）；4 个千兆网卡；集成 RAID0、1，可选 RAID5、6
IBM 3850 X5	4U，最大 4CPU（标配 2CPU），最高 2.4GHz（十核）；最大 2.0TB 内存；每机箱 4.8 TB（支持 8 个 73.4 GB、146.8 GB、300 GB、500 GB 和 600 GB SAS 硬盘驱动器，8 个 160 GB 和 500 GB SATA 硬盘驱动器，或 16 个 50 GB 和 200 GB 固态驱动器；集成双千兆以太网；最大 2 个电源；集成 RAID0、1，可选 RAID5、6）
HP DL380 G8	2U，最大 2CPU（标配 1CPU），最多 8 核 CPU；最大 384GB 内存；8 个 2.5 英寸硬盘位；4 端口千兆网卡；1 个 460W 或 750W 电源，可选冗余（2 个）；RAID1/0/5
HP DL580 G7	4U，最大 4CPU（可选 4 核、6 核、8 核或 10 核）；最大 2TB 内存；8 个 2.5 英寸硬盘；4 端口千兆网卡；双冗余电源
Dell R910	4U，最大 4CPU（可选 4 核、6 核、8 核）；最大 1TB 内存；最大支持 16 块 2.5 英寸 SAS 硬盘；RAID1/0/5；最多 4 个 750W 或 1100W 电源
Dell R710	2U，最大 2CUP（可选 4 核或 6 核）；最大 192GB 内存；集成双千兆网卡；6 个 3.5 英寸硬盘位；RAID1/0/5；可选冗余电源

几种服务器外形如图 1-4～图 1-6 所示。

图 1-4 HP DL380 系列，2U 机架式

图 1-5 HP DL 580 系列，4U 机架式

图 1-6 IBM 3850 系列，4U 机架式

为了提高服务器的密度，一些厂商采用类似“刀片”服务器的做法，在 2U 大小的机架中，集成 4 个节点服务器，这样一台服务器相当于 4 台独立的服务器使用，进一步节省了空间，例如 DELL PowerEdge C6100 就是这么一款机器，它支持 12 个 3.5 英寸或 24 个 2.5 英寸热插拔 SAS、SATA 或固态硬盘，集成 4 个节点，每个节点可以有 2 个 CPU、96GB 内存、2 端口网卡。通过共享电源、风扇和底板，可以有效降低功耗，实现高能效并节省运营成本。C6100 正面、背面如图 1-7 和图 1-8 所示。

图 1-7 Dell C6100 正面图

当对服务器占用空间有较高要求时，可以配置刀片服务器，例如华为 Tecal E6000 服务

器，8U 的空间，可以最大配置 10 个刀片服务器，每个服务器可以配 2 个 CPU、2 个 SAS 硬盘、12 个内存插槽、双端口网卡。华为 E6000 系列服务器如图 1-9 所示。

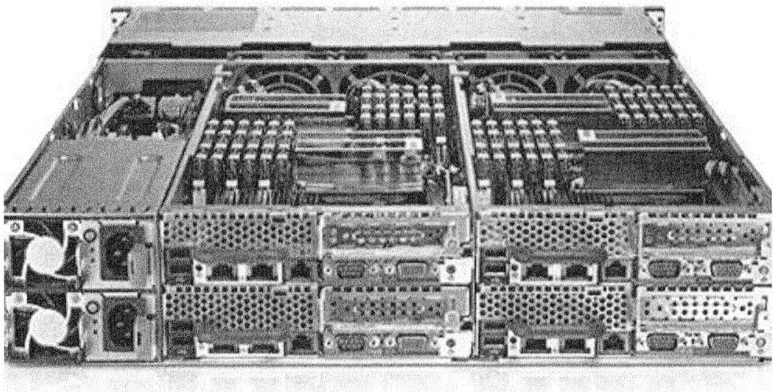

图 1-8　DELL C6100 背面图，有 4 个节点

图 1-9　华为 E6000 机箱及刀片服务器

1.7　存储的选择

在虚拟化项目中，推荐采用存储设备而不是服务器本地硬盘。在配置共享的存储设备时，并且虚拟机保存在存储时，才能快速实现并使用 HA、FT、vMotion 等技术。在使用 VMware vSphere 实施虚拟化项目时，一个推荐的做法是将 VMware ESXi 安装在服务器的本地硬盘上，这个本地硬盘可以是一个固态硬盘（30～60GB 即可），也可以是一个 SD 卡（配置 4～8GB 的 SD 卡即可），甚至可以是 1～4GB 的 U 盘。如果服务器没有配置本地硬盘，也可以从存储上为服务器划分 4～16GB 的分区用于启动。

【说明】在 HP DL380 G8 系列服务器主板上集成了 SD 接口，可以将 SD 卡插在该接口中用于安装 VMware ESXi。

如果在虚拟化项目中选择存储，如果在项目中服务器数量较少，可以选择 SAS HBA 接口（如图 1-10 所示）的存储，如果服务器数量较多，则需要选择 FC HBA 接口（如图 1-11 所示）的存储并配置 FC 的光纤交换机。SAS HBA 接口可以达到 6Gbit/s，而 FC HBA

接口可以达到 8Gbit/s。

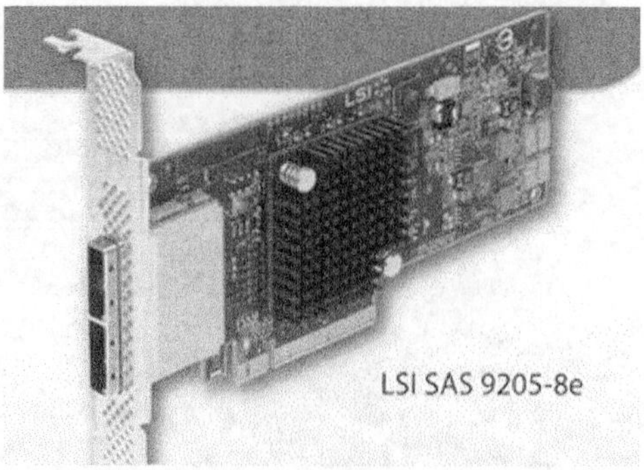

图 1-10　SAS HBA 接口卡

图 1-11　FC HBA 接口卡

在选择存储设备的时候，要考虑整个虚拟化系统中需要用到的存储容量、磁盘性能、接口数量、接口的带宽。对于容量来说，整个存储设计的容量要是实际使用容量的 2 倍以上。例如，整个数据中心已经使用了 1TB 的磁盘空间（所有已用空间加到一起），则在设计存储时，要至少设计 2TB 的存储空间（是配置 RAID 之后而不是没有配置 RAID、所有磁盘相加的空间）。

例如：如果需要 2TB 的空间，在使用 600GB 的硬盘，用 RAID10 时，则需要 8 块硬盘，实际容量是 4 个硬盘的容量，600GB×4≈2.4TB。如果要用 RAID5 时，则需要 5 块硬盘。

在存储设计中另外一个重要的参数是 IOPS (Input/Output Operations Per Second)，即每秒进行读写（I/O）操作的次数，多用于数据库等场合，衡量随机访问的性能。存储端的 IOPS 性能和主机端的 IO 是不同的，IOPS 是指存储每秒可接受多少次主机发出的访问，主机的一次 IO 需要多次访问存储才可以完成。例如，主机写入一个最小的数据块，也要经过“发送写入请求、写入数据、收到写入确认”等三个步骤，也就是 3 个存储端访问。每个磁盘系统的 IOPS 是有上限的，如果设计的存储系统，实际的 IOPS 超过了磁盘组的上限，则系统反应会变慢，影响系统的性能。简单来说，15 000 转的磁盘的 IOPS 是 150，10 000 转的磁盘的 IOPS 是 100，普通的 SATA 硬盘的 IOPS 大约是 70～80。一般情况下，在做桌面虚拟化时，每个虚拟机的 IOPS 可以设计为 3～5 个；普通的虚拟服务器 IOPS 可以规划为 15～

30 个（看实际情况）。当设计一个同时运行 100 个虚拟机的系统时，IOPS 则至少要规划为 2 000 个。如果采用 10 000 转的 SAS 磁盘，则至少需要 20 个磁盘。当然这只是简单的测算，后文会专门介绍 IOPS 的计算。

在规划存储时，还要考虑存储的接口数量及接口的速度。通常来说，在规划一个具有 4 主机、1 个存储的系统中，采用具有 2 个接口器、4 个 SAS 接口的存储服务器是比较合适的。如果有更多的主机，或者主机需要冗余的接口，则可以考虑配 FC 接口的存储，并采用光纤交换机连接存储与服务器。表 1-4 是几种低端存储的型号及参数，可以满足大多数的中小企业虚拟化系统中。

表 1-4　　常用的几种存储服务器的参数

型　号	参数与配置
IBM 3524	• 双活动型热插拔控制器 • 3 种接口选项 - SAS、iSCSI/SAS、FC/SAS • 4 个或 8 个 6Gbit/s SAS 端口 • 8 个 8Gbit/s FC 端口和 4 个 6Gbit/s SAS 端口 • 8 个 1Gbit/s iSCSI 端口和 4 个 6Gbit/s SAS 端口 • 2 个 6Gbit/s SAS 驱动器扩展端口 • 多达 96 个驱动器 - 高性能、近线（NL）SAS 和 SED SAS 驱动器 • EXP3512（2 U，12 个 3.5 英寸驱动器）和 EXP3524（3 U，24 个 2.5 英寸驱动器） • 机柜可在控制器后方混用 • 每个控制器 1GB 缓存，可升级至 2GB 镜像，电池供电，降级至闪存 • 容余电源、冗余散热风扇的电源/散热模块 • 所有主要器件均为可热插拔 CRU，并可以轻松接触以及卸下或更换
IBM 5020	RAID 控制器：双主动型 缓存：4 GB 电池供电 主机接口：4 个 8 Gbit/s 光纤通道、8 个 8 Gbit/s 光纤通道、4 个 8 Gbit/s 光纤通道、4 个 1 Gbit/s iSCSI 受支持的驱动器： • 4 Gbit/s 光纤通道/SED：15k RPM－300 GB、450 GB、600 GB • 4 Gbit/s SATA：7.2K RPM，1 TB 和 2 TB • 6 Gbit/s FC-SAS：10k RPM－600 GB • SSD：73 GB 和 300 GB • RAID 级别：0, 1, 3, 5, 6, 10 存储分区：4、8、16、64 或 128 个存储分区 支持的最大驱动器数量：112 个光纤通道、SED、FC-SAS、SSD 或 SATA 驱动器（使用 6 个 EXP520 扩展单元） 风扇和电源：双冗余可热插拔式
HP MSA2000	驱动器数：标准支持 12 个。通过扩展最多支持 60 块 LFF 3.5 英寸硬盘；最多支持 99 块 SFF 2.5 英寸硬盘 存储容量：最大 12TB 存储扩展：MSA2000 3.5 英寸盘柜（单或双 I/O）；MSA70 2.5 英寸盘柜（单或双 I/O） 存储控制器：MSA2300fc G2 主机接口：4Gbit/s 光纤通道

续表

型　号	参数与配置
HP MSA2000	存储驱动器：MSA2 146GB 3G 15K LFF 双端口 SAS；MSA2 300GB 3G 15K LFF 双端口 SAS；MSA2 450GB 3G 15K LFF 双端口 SAS；MSA2 500GB 3G 7.2K LFF 双端口 SATA；MSA2 750GB 3G 7.2K LFF 双端口 SATA；MSA2 1TB 3G 7.2K LFF 双端口 SATA；72 GB 3G 15K LFF 双端口 SAS
Dell MD3220	硬盘： MD3200：最多可配置十二(12)个 3.5 英寸 SAS、NL SAS 和 SSD1 MD3220：最多可配置二十四(24)个 2.5 英寸 SAS、NL SAS 和 SSD1 3.5 英寸硬盘的性能和容量: 15000 RPM SAS 硬盘，容量规格为 300 GB、450 GB 和 600 GB 7200 RPM 近线 SAS 硬盘，容量规格为 500 GB、1 TB 和 2 TB 2.5 英寸硬盘的性能和容量: 15000 RPM SAS 硬盘，容量规格为 73 GB 和 146 GB 10000 RPM SAS 硬盘，容量规格为 146 GB 和 300 GB 7200 RPM 近线 SAS 硬盘，容量规格为 500 GB 固态硬盘（SSD1），容量规格为 149 GB（适用于 3.5 英寸硬盘托架） 存储：采用 MD1200/MD1220 扩展盘柜，最多可配置 96 个硬盘 连接：8 个 6 Gbit/s SAS 端口（每个控制器 4 个）

1.8 网络及交换机的选择

在一个虚拟化环境里，每台物理服务器一般拥有更高的网卡密度。虚拟化主机有 6 个、8 个甚至更多的网络接口卡（NIC）是常见的，反之，没有被虚拟化的服务器只有 2 个或 4 个 NIC。这成为数据中心里的一个问题，因为边缘或分布交换机放在机架里，以简化网络布线，然后向上传输到网络核心。在这种解决方案里，一个典型的 48 端口的交换机仅能处理 4～8 台虚拟主机。为了完全添满机架，需要更多的边缘或分布交换机。

在虚拟化环境里，当多个工作负荷整合到这些主机里时，根据运行在主机上的工作负荷数量，网络流量增加了。网络利用率将不再像过去每台物理服务器上那样低了。

为了调节来自整合工作负荷增加的网络流量，可能需要增加从边缘或分布交换机到网络核心的向上传输数量，这时对交换机的背板带宽及上行线路就达到较高的要求。

另一个关键的改变来自最新一代虚拟化产品的动态性质，拥有诸如热迁移和多主机动态资源管理。虚拟化里固有的动态更改性能意味着不能再对服务器之间的流量流动做任何假设。

在进行虚拟机之间的动态迁移，或者将虚拟机从一个存储迁移到另一个存储时，为了减少迁移的时间，不对关键业务造成影响，在迁移期间会占用大量的网络资源，另外，在迁移的时候，虽然可以减少并发迁移的数量，但在某些应用中，可能会同时迁移多台虚拟机，这对交换机背板带宽以及交换机的性能的要求达到更高。

例如，普通的业务虚拟机，操作系统占用 40GB 磁盘空间，业务数量占用 60～500GB

空间，以 400GB 计算，在有 8 台这样的虚拟机需要迁移时，当业务系统达到 99.999%的需求时，需要在 315 秒内迁移完成，需要的网络带宽＝400GB×8 台×10bit/315s=102Gbit/s。如果业务系统达到 99.999 9%的需求时，应该在 31 秒内完成迁移，网络带宽需要 1 014.7Gbit/s。当然这只是极端的情况（涉及数据从本地硬盘到存储或者从不同的存储之间迁移），另外，当虚拟机保存在共享的存储上时，虚拟机间的迁移只是涉及所运行的物理主机的迁移，迁移时数据量很小的，此时不需要这么高的带宽即可。

当工作负荷捆绑于虚拟硬件，机架或交换机被告知将交换大量的网络流量时，服务器能分配到机架或交换机。既然工作负荷能动态地从一台物理主机移动到一台完全不同的物理主机，在网络设计里，位置不再用到。网络设计现在必须调节动态数据流，这可能从任何虚拟化主机到任何其他虚拟化主机或者物理工作负荷开始。摒弃传统的 core/edge 设计，数据中心网络可能需要找寻更多全网状架构或“光纤”，这能完全调节来自任何虚拟化主机或者任何其他虚拟化主机的交易流。

另外，虚拟化使数据中心里网络层的一些能见度降低了。网络工程师在虚拟交换机里没有能见度，也不能轻松决定哪个物理 NIC 对应哪个虚拟交换机。这在故障检修中是最重要的信息，为了减少故障率，为交换机配置冗余的业务板及冗余电源也应该考虑。同时，在尽可能的前提下，配置更高的交换机。

在大多数的情况下，物理主机配置 4 个千兆网卡，并且为了冗余，尽可能是每两个网卡绑定在一起，用作负载均衡及故障转移。

对于中小企业虚拟化环境中，为虚拟化系统配置华为 S57 系列千兆交换机即可满足大多数的需求。华为 S5700 系列分 24 端口、48 端口两种。如果需要更高的网络性能，可以选择华为 S9300 系列交换机。如果在虚拟化规划中，物理主机中的虚拟机只需要在同一个网段（或者在两个等有限的网段中），并且对性能要求不高但对价钱敏感的时候，可以选择华为的 S1700 系列普通交换机。无论是 VMware ESXi 还是 Hyper-V Server，都支持在虚拟交换机中划分 VLAN。即将主机网卡连接到交换机的 Trunk 端口，然后在虚拟交换机一端划分 VLAN，这样可以在只有一到两个物理网卡时，可以让虚拟机划分到所属网络中的不同 VLAN 中。表 1-5 是推荐的一些交换机型号及参数。

表 1-5　中小企业虚拟化环境中交换机的型号及参数

交换机型号	参　数
华为 S5700-24TP-SI	20 个 10/100/1000Base-T ，4 个 100/1000Base-X 千兆 Combo 口 包转发率：36Mpps；交换容量：256Gbit/s
华为 S5700-28P-LI	24 个 10/100/1000Base-T，4 个 100/1000Base-X 千兆 Combo 口 包转发率：42Mpps；交换容量：208Gbit/s
华为 S5700-48TP-SI	44 个 10/100/1000Base-T，4 个 100/1000Base-X 千兆 Combo 口 包转发率：72Mpps；交换容量：256Gbit/s
华为 S5700-52P-LI	48 个 10/100/1000Base-T，4 个 100/1000Base-X 千兆 Combo 口 包转发率：78Mpps；交换容量：256Gbit/s

续表

交换机型号	参　数
华为 S9303	根据需要选择模块，3 个插槽，双电源双主控单元 转发性能：540Mpps；交换容量：720Gbit/s；背板带宽：1228Gbit/s GE 端口密度: 144；10G 端口密度：36
华为 S9312	根据需要选择模块，12 个插槽，双电源双主控单元 背板带宽：4915Gbit/s；转发性能: 1080Mpps；交换容量: 2T GE 端口密度：576；10G 端口密度：144
华为 S1700-28GFR	二层交换机；背板带宽：56Gbit/s；24 个 10/100/1000Mbit/s 自适应以太网接口；4 个 GE SFP 接口

【说明】华为 S5700 系列为盒式设备，机箱高度为 1U，提供精简版（LI）、标准版（SI）、增强版（EI）和高级版（HI）四种产品版本。精简版提供完备的二层功能，标准版支持二层和基本的三层功能，增强版支持复杂的路由协议和更为丰富的业务特性，高级版除了提供上述增强版的功能外，还支持 MPLS、硬件 OAM 等高级功能。在使用时可以根据需要选择。

第2章　从物理机到虚拟机

虚拟化总是令人向往的。当企业准备实施虚拟化的时候，应该是分批次进行的：先将相对不太重要的应用“迁移”到虚拟机中，等运行一段时间之后，如果一切正常，则再迁移其他的应用。在实施虚拟化之前，首先要准备虚拟化主机即安装 VMware ESXi 的服务器，然后才能将应用从原来的“物理机”迁移到 VMware ESXi“虚拟机”中。在本章中，介绍虚拟化主机 VMware ESXi 的安装配置、将物理机迁移到虚拟机，以及新建虚拟机、在虚拟机中安装系统、修改虚拟机配置等内容。

2.1　在闲置或新购服务器安装配置虚拟化主机

在你准备在服务器上安装 VMware ESXi 之前，你需要明白，在安装 VMware ESXi 的时候，需要对硬盘重新分区，此时服务器上原来的数据将会被清除。如果你的服务器上有重要的数据，需要将其备份到这台服务器以外的位置，例如另外一个服务器、活动硬盘、网络存储。本节将会介绍规划 VMware ESXi 分区、安装 VMware ESXi 的内容。

2.1.1　VMware ESXi 的硬件需求

要在新购置主机或闲置主机安装 VMware ESXi 5.5，您的硬件和系统资源必须满足下列要求。

（1）ESXi 5.5 将仅在安装有 64 位 x86 CPU 的服务器上安装和运行。

（2）ESXi 5.5 要求主机至少具有两个内核，ESXi 5.5 仅支持 LAHF 和 SAHF CPU 指令。

（3）ESXi 5.5 需要在 BIOS 中针对 CPU 启用 NX/XD 位。

（4）ESXi 需要至少 4GB 的物理 RAM。至少提供 8 GB 的 RAM，以便能够充分利用 ESXi 的功能，并在典型生产环境下运行虚拟机。

（5）要支持 64 位虚拟机，x64 CPU 必须能够支持硬件虚拟化（Intel VT-x 或 AMD RVI）。

（6）一个或多个千兆或 10Gbit/s 以太网控制器。有关支持的网络适配器型号的列表，请参见《VMware 兼容性指南》，网址为 http://www.vmware.com/resources/compatibility。

（7）一个或多个以下控制器的任意组合：

- 基本 SCSI 控制器。Adaptec Ultra-160 或 Ultra-320、LSI Logic Fusion-MPT 或者大部分 NCR/Symbios SCSI。
- RAID 控制器。Dell PERC（Adaptec RAID 或 LSI MegaRAID）、HP Smart Array RAID 或 IBM（Adaptec）ServeRAID 控制器。

（8）SCSI 磁盘或包含未分区空间用于虚拟机的本地（非网络）RAID LUN。

（9）对于串行 ATA（SATA），有一个通过支持的 SAS 控制器或支持的板载 SATA 控制器连接的磁盘。SATA 磁盘将被视为远程、非本地磁盘。默认情况下，这些磁盘将用作暂存分区，因为它们被视为远程磁盘。

ESXi 5.5 支持安装在以下存储系统或从其进行引导：

（1）SATA 磁盘驱动器。SATA 磁盘驱动器通过受支持的 SAS 控制器或受支持的板载 SATA 控制器连接。

受支持的 SAS 控制器包括：

- LSI1068E（LSISAS3442E）
- LSI1068（SAS 5）
- IBM ServeRAID 8K SAS 控制器
- Smart Array P400/256 控制器
- Dell PERC 5.0.1 控制器

支持的板载 SATA 包括：

- Intel ICH9
- NVIDIA MCP55
- ServerWorks HT1000

【说明】ESXi 不支持使用主机服务器上的本地、内部 SATA 驱动器创建在多个 ESXi 主机之间进行共享的 VMFS 数据存储。

（2）串行连接 SCSI（SAS）磁盘驱动器。支持安装 ESXi 以及将虚拟机存储在 VMFS 分区上。

（3）光纤通道或 iSCSI 上的专用 SAN 磁盘

（4）USB 或 SD 卡设备。支持安装 ESXi。

（5）软件以太网光纤通道（FcoE）。

ESXi 引导需求

vSphere 5.5 支持从统一可扩展固件接口（UEFI）引导 ESXi 主机。可以使用 UEFI 从硬盘驱动器、CD-ROM 驱动器或 USB 介质引导系统。使用 VMware Auto Deploy 进行网络引导或置备需要旧版 BIOS 固件，且对于 UEFI 不可用。

ESXi 可以从大于 2 TB 的磁盘进行引导，其中磁盘提供了系统固件，且您要使用的任何附加卡上的固件均支持此磁盘。

【说明】在安装 ESXi 5.5 后，进入 CMOS 设置，更改从旧版 BIOS 到 UEFI 的引导类型可能会导致主机无法进行引导。在这种情况下，主机会显示类似于以下内容的错误消息：不是 VMware 引导槽（Not a VMware boot bank）。安装 ESXi 5.5 之后，不支持更改旧版 BIOS 和 UEFI 之间的主机引导类型。

ESXi 存储需求

要安装 ESXi 5.5，至少需要容量为 1 GB 的引导设备。如果从本地磁盘或 SAN/iSCSI LUN 进行引导，则需要 5.2 GB 的磁盘，以便可以在引导设备上创建 VMFS 卷和 4 GB 的暂存分区。如果使用较小的磁盘或 LUN，则安装程序将尝试在一个单独的本地磁盘上分配暂存区域。如果找不到本地磁盘，则暂存分区/scratch 将位于 ESXi 主机 ramdisk 上，并链接至/tmp/scratch。您可以重新配置/scratch 以使用单独的磁盘或 LUN。为获得最佳性能和内存优化，VMware 建议不要将/scratch 放置在 ESXi 主机 ramdisk 上。

由于 USB 和 SD 设备容易对 I/O 产生影响，安装程序不会在这些设备上创建暂存分区。同样，使用大型 USB/SD 设备并无明显优势，因为 ESXi 仅使用前 1 GB 的空间。在 USB 或 SD 设备上进行安装时，安装程序将尝试在可用的本地磁盘或数据存储上分配暂存区域。如果未找到本地磁盘或数据存储，则/scratch 将被放置在 ramdisk 上。您应在安装之后重新配置 /scratch 以使用持久性的数据存储。

在 Auto Deploy 安装情形下，安装程序将尝试在可用的本地磁盘或数据存储上分配暂存区域。如果未找到本地磁盘或数据存储，则/scratch 将被放置在 ramdisk 上。您应在安装之后重新配置 /scratch 以使用持久性的数据存储。

对于从 SAN 引导或使用 Auto Deploy 的环境，无需为每个 ESXi 主机分配单独的 LUN。您可以将多个 ESXi 主机的暂存区域同时放置在一个 LUN 上。分配给任一 LUN 的主机数量应根据 LUN 的大小以及虚拟机的 I/O 行为来权衡。

2.1.2　规划 VMware ESXi 分区

VMware ESXi 系统本身不会占用太大的空间（可以将其安装在 1GB 的 U 盘或 SD 卡中），一般为 VMware ESXi 系统预留 8～16GB 即可，为 VMware ESXi 系统分配过多的空间没有意义。所以，如果你的服务器原来安装的是 Windows 操作系统，为了合理地使用磁盘空间，可以重新配置 RAID 卡，为 VMware ESXi 系统分配合理的空间，而剩余的空间则做 VMware ESXi 的数据存储区。

对于服务器来说，系统磁盘可以使用本地硬盘，也可以使用存储空间。如果是新规划的虚拟化系统，服务器可能是从存储分配空间并从存储启动，则在规划存储系统的时候，按照虚拟化主机的数目，创建 8～16GB 不等的多个空间（每个分区大小略有差异，这样容易区分），每个空间分配给不同的主机使用（不能共享分配），如图 2-1、图 2-2 所示，这是 IBM DS3524 存储，为连接的两台 HP 服务器分配引导磁盘的截图，为这两台服务器划分的分区大小分别为 40GB、45GB。

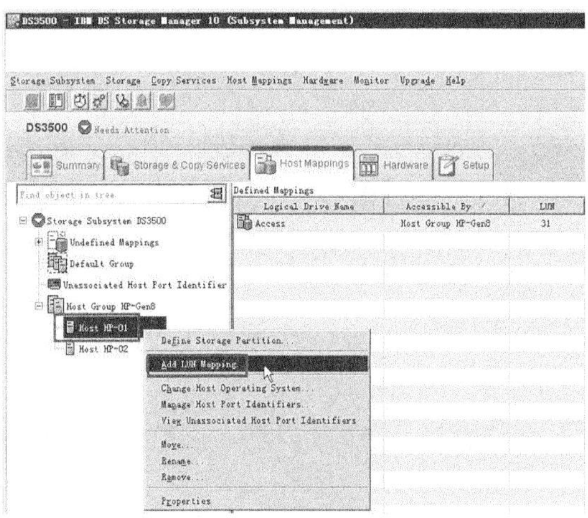

图 2-1　为服务器添加磁盘

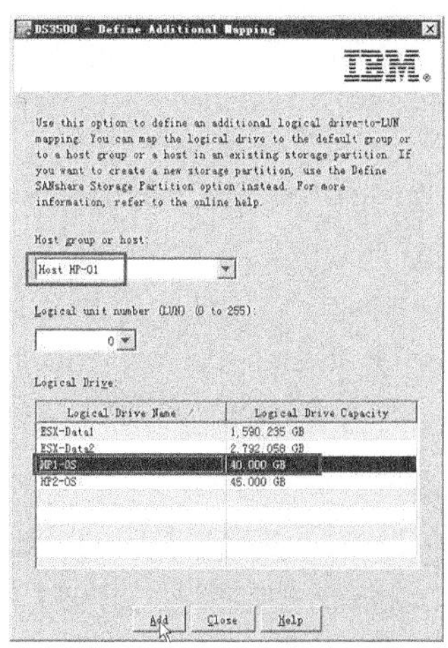

图 2-2　添加 40GB 磁盘

如果服务器使用本地硬盘，则使用 RAID 卡配置程序，将服务器硬盘配置为 RAID5 或 RAID10（或 RAID50、RAID6），并划分至少两个分区，第一个分区为 VMware ESXi 系统空间，划分 8～16B 或 32GB 以下，剩余其他的空间划分为一个或多个分区，用来做 VMware ESXi 的数据存储区。如果要配置 RAID 卡，需要重新启动服务器，进入 RAID 卡配置。不同的服务器，进入 RAID 卡配置的热键不同，可以看屏幕的提示。大多数服务器的 RAID 卡的配置热键为 Ctrl+M。也有的服务器是使用厂商提供的光盘配置 RAID 卡，例如 HP DL380 系列服务器，通过其自带的工具光盘启动，在其自带的管理程序中配置 RAID 卡，如图 2-3 所示，这是 HP SmartStart 工具光盘配置磁盘阵列的程序。

进入 RAID 卡配置程序之后，根据规划划分分区，如图 2-4 所示，这是一台 HP DL380 服务器，配置了 8 块硬盘，划分为 2 个分区，第 1 个分区为 60GB，第 2 个分区为 2.7TB。并且在控制器设置中，启用 50%读缓存与 50%写缓存。

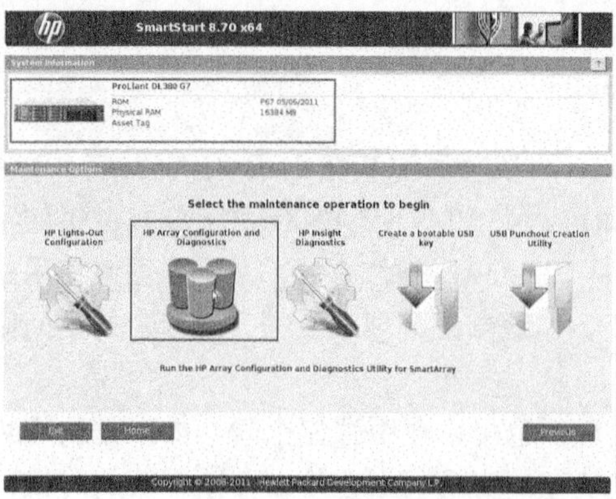

图 2-3　RAID 卡配置显示信息

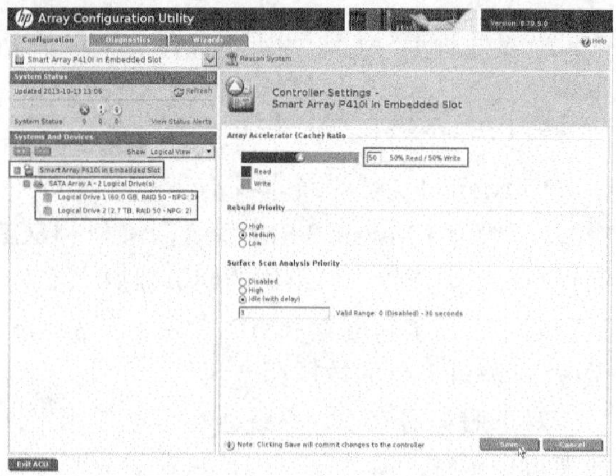

图 2-4　划分好分区的服务器

现在一些服务器，例如 HP DL380Gen8，在主板上集成了一个 SD 接口，你可以为服务器配置一个 16GB 左右的 SD 卡，用来安装 VMware ESXi 系统。即使服务器没有 SD 卡，你也可以将 VMware ESXi 安装在一个 U 盘上（准备一个 8～16GB 的 U 盘插在服务器上）。

2.1.3　安装 VMware ESXi

在为服务器规划好分区之后，就可以安装 VMware ESXi 了。目前 VMware ESXi 最新版本为 5.5，本书即以此为例。在服务器中安装 VMware ESXi，与安装 Windows 操作系统，从本质上来说没有太大区别，都是安装操作系统，首先你需要有 VMware ESXi 的安装光盘或光盘镜像（从 VMware 官方网站下载 VMware ESXi 5.5 的镜像），得到光盘镜像之后，你可以有以下几种方法启动 VMware ESXi 的安装。

（1）如果服务器有光驱，你可以将光盘镜像刻录成光盘，从光驱启动安装，这是大家所熟悉的一种方法。

（2）配置 TFTP 服务器，通过网络安装，详细内容请参看作者的博客 http://wangchunhai.blog.51cto.com/225186/730937。

（3）还可以制作启动 U 盘，通过光盘启动并加载 VMware ESXi 安装镜像，你可以使用“电脑店 U 盘启动工具”制作的启动 U 盘，并能加载 VMware ESXi 5.5 光盘镜像启动安装。在制作好启动 U 盘之后，将 U 盘插在服务器上，修改 CMOS 设置，设置 U 盘最先启动，或者在服务器启动时，根据屏幕提示，按下能修改启动顺序的热键（通常为 F11 或 F12），选择 U 盘启动，如图 2-5 所示。之后搜索并加载 VMware ESXi 光盘镜像，如图 2-6、图 2-7 所示。

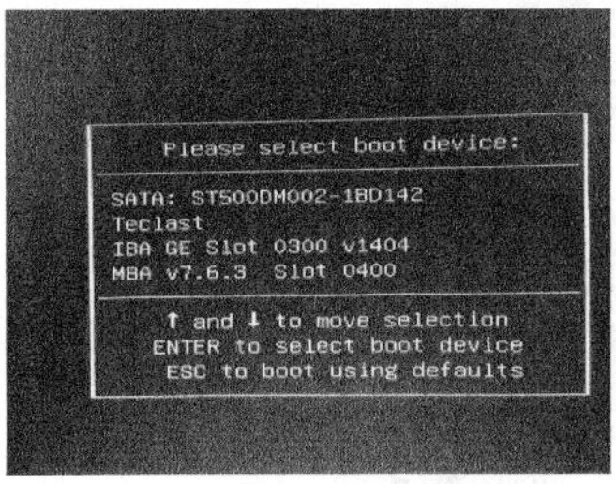

图 2-5　选择 U 盘启动

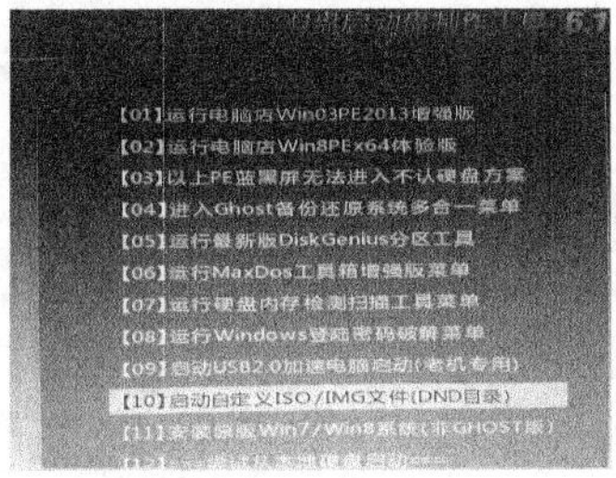

图 2-6　启动自定义 ISO 文件

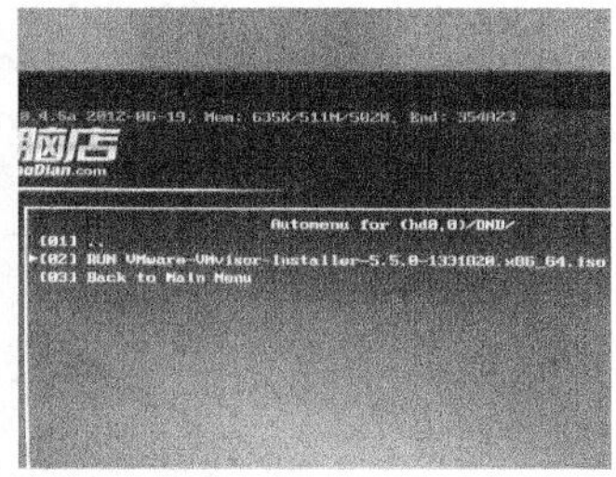

图 2-7　选择要启动的镜像文件

（4）还可以使用服务器集成工具，例如 HP 服务器的 iLO 或 IBM 服务器的 IMM，使用服务器自带的 KVM 以加载本地 ISO 镜像到服务器的方式安装，如图 2-8 所示，这是使用 CISCO 的 UCS 管理控制台，为 Cisco 的刀片服务器加载 VMware ESXi 5.5 光盘镜像的截图。

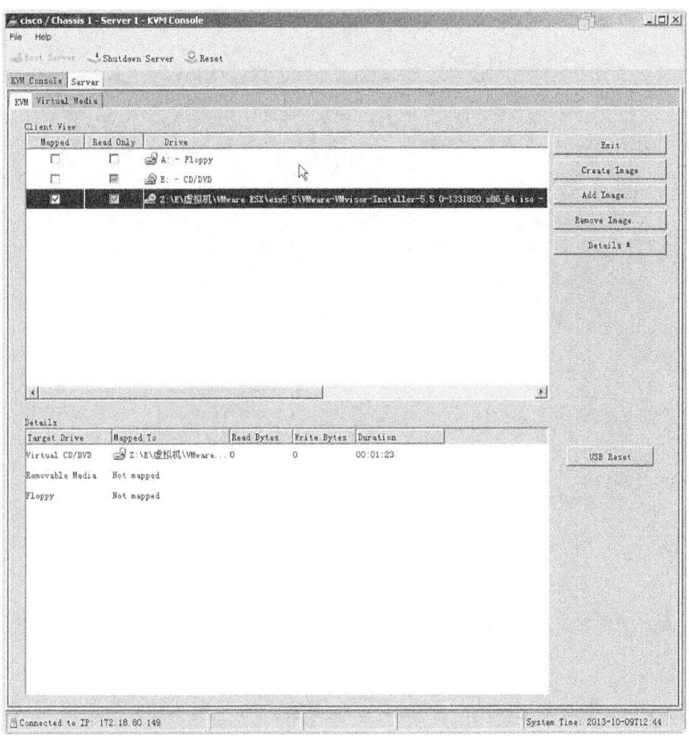

图 2-8　使用 UCS 加载本地 ISO 镜像用于刀片服务器的启动及系统安装

无论如何，安装都是比较简单的，主要步骤如下。

【说明】以下是使用 HP 的 iLO 的 KVM 控制台管理界面，通过加载本地 VMware ESXi 5.5 光盘镜像，在 HP DL380 Gen8 服务器上安装的截图。

（1）运行 VMware ESXi 的安装程序，如图 2-9 所示。

图 2-9　运行 VMware ESXi 安装程序

（2）在安装的过程中，VMware ESXi 会检测当前主机的硬件配置并显示出来，如图 2-10 所示，当前主机为 HP DL380p Gen8 服务器，具有 2 个 Intel E5-2620 的 CPU、64GB 内存。

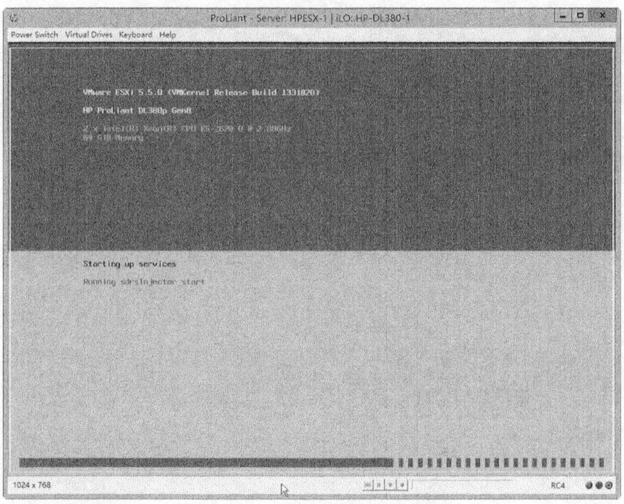

图 2-10　显示服务器信息

（3）在“Welcome to the VMware ESXi 5.5.0 Installation”对话框中，按回车键开始安装，如图 2-11 所示。

（4）在“End User License Agreement”对话框中，按 F11 键接受许可协议，如图 2-12 所示。

（5）在“Select a Disk to Install or Upgrade”对话框中，选择安装位置，在本例中将 VMware ESXi 安装到 40GB 的网络存储上，另外两个磁盘在图中显示 1.55T 与 2.73T 为共用存储，不能安装系统，如图 2-13 所示。

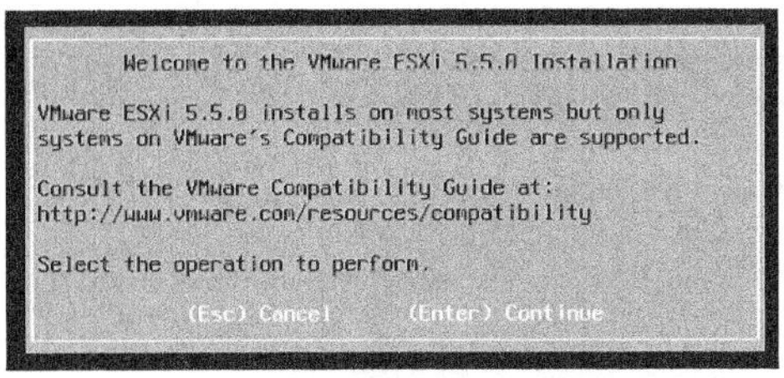

图 2-11　接受许可协议

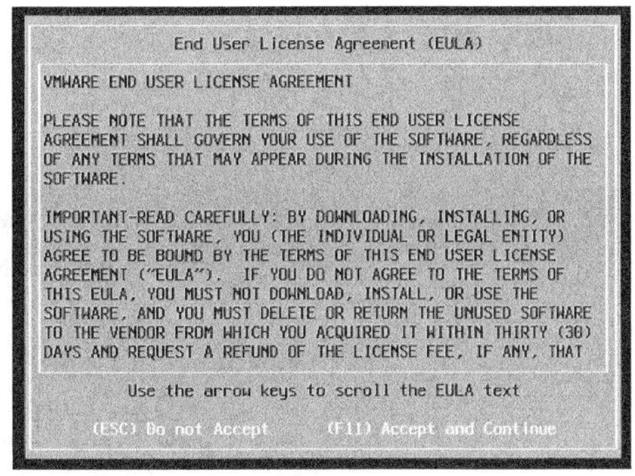

图 2-12　键盘选择

（6）在“Please select a keyboard layout”对话框中，选择“US Default”，然后按回车键，如图 2-14 所示。

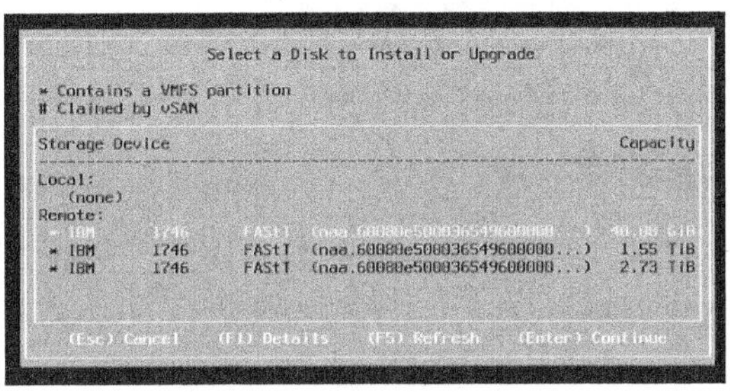

图 2-13　选择安装磁盘

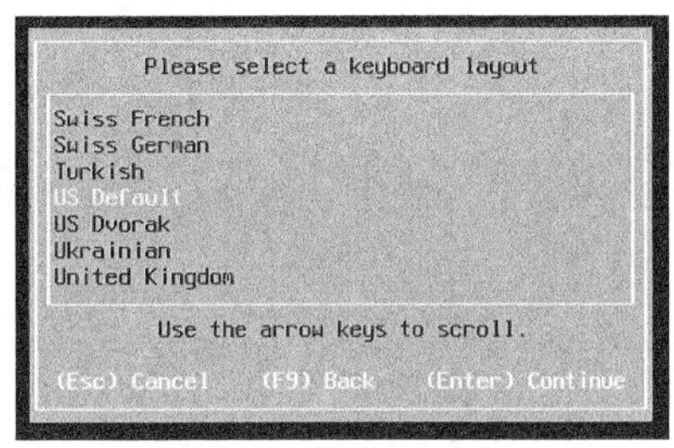

图 2-14　选择默认键盘

（7）在“Please enter a root password（recommended）”对话框中，设置管理员密码（默认管理员用户是 root），在本例中，设置密码为 12345678。如果在真正的生产环境中，一定要设置一个“复杂”的密码，即密码包括大小写字母、数字并且长度超过 7 个字符。如图 2-15 所示。

【说明】在 VMware ESX 4 中，最小密码长度为 6 位，在 VMware ESXi 5 中，最小密码长度为 7 位。

（8）如果是在 VMware Workstation 虚拟机中安装，VMware ESXi 5 安装程序会检测当前主机不支持硬件虚拟化，并弹出警告信息，如图 2-16 所示。

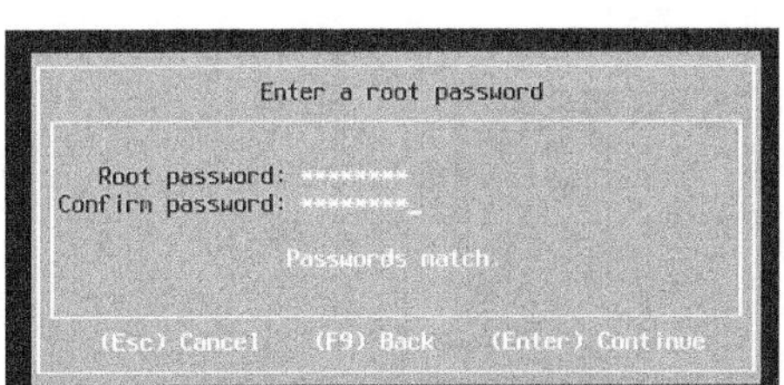

图 2-15　设置密码

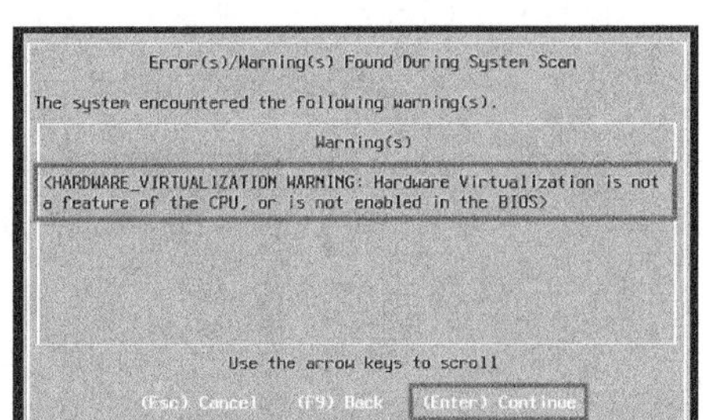

图 2-16　警告信息

【说明】如果要是在物理主机安装 VMware ESXi 5 并弹出此对话框，请在安装完成之后，重新启动服务器或计算机，进入 CMOS 设置，启用硬件虚拟化功能。通常来说，对于

CPU 是 Intel 的服务器，需要在 CMOS 设置中启用 Intel Virtualization Technology 功能（Intel VT）以及“Execute Disable Bit”功能，并将其设置为“Enable”，如图 2-17 所示，这是 HP DL 380 Gen8 服务器启用硬件虚拟化的设置截图。

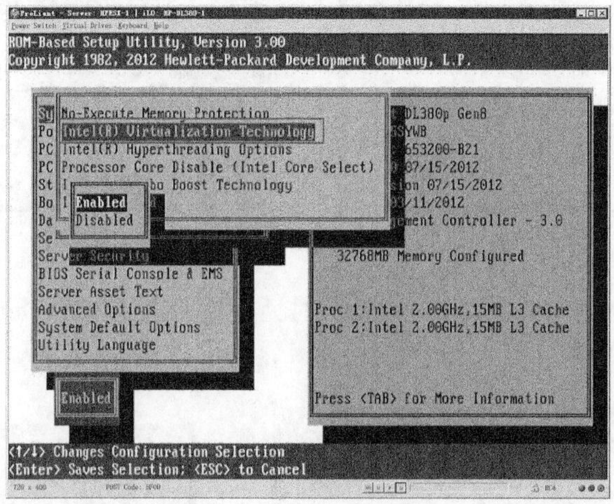

图 2-17　启用硬件虚拟化

（9）如果是在一台新的服务器安装，或者是在一个刚刚初始化过的硬盘上安装，则会弹出“Confirm Install”对话框，提示这个磁盘会重新分区，而该硬盘上的所有数据将会被删除，如图 2-18 所示。

（10）之后 VMware ESXi 会开始安装，并显示安装进度，如图 2-19 所示。

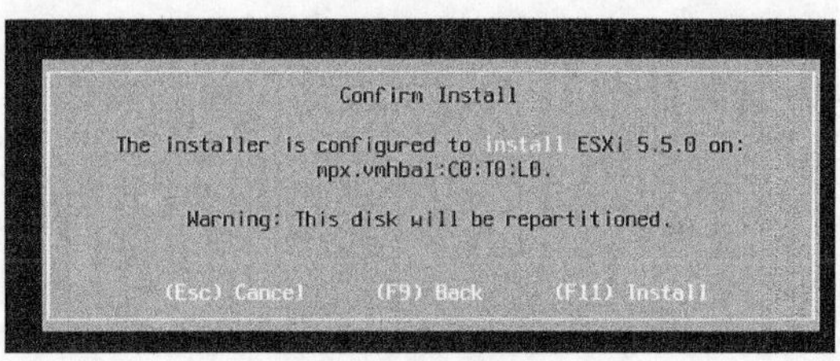

图 2-18　确认安装

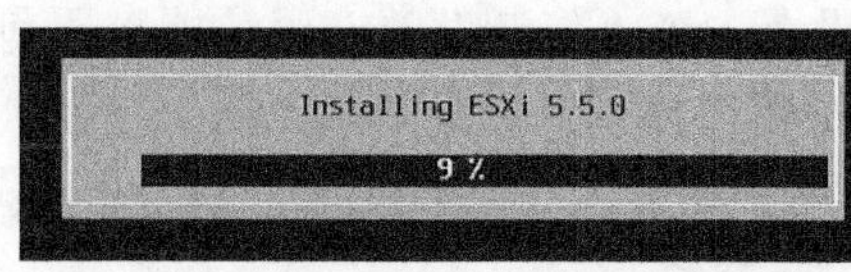

图 2-19　安装进度

（11）VMware ESXi 5 安装比较快，安装过程大约需要 4、5 分钟，在安装完成后，弹出“Installation Complete”对话框，如图 2-20 所示，按回车键将重新启动。在该对话框中提示在重新启动之前取出 VMware ESXi 5 安装光盘介质。

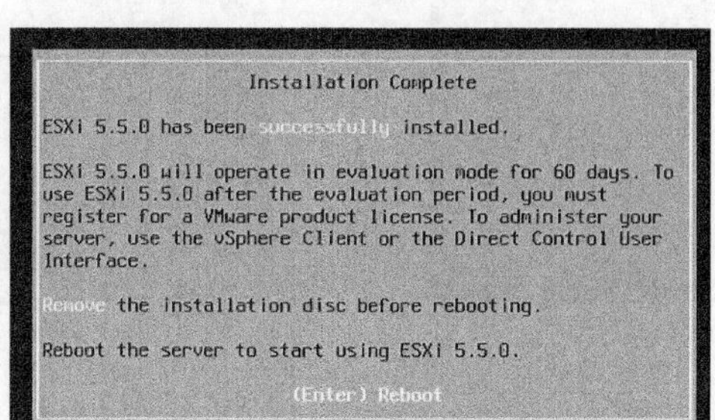

图 2-20　安装完成

（12）当 VMware ESXi 启动成功后，在控制台窗口，可以看到当前服务器信息，如图 2-21 所示。在图中，显示了 VMware ESXi 5 当前运行服务器的 CPU 型号、主机内存大小与管理地址，在本例中，当前管理地址为 172.30.5.231。

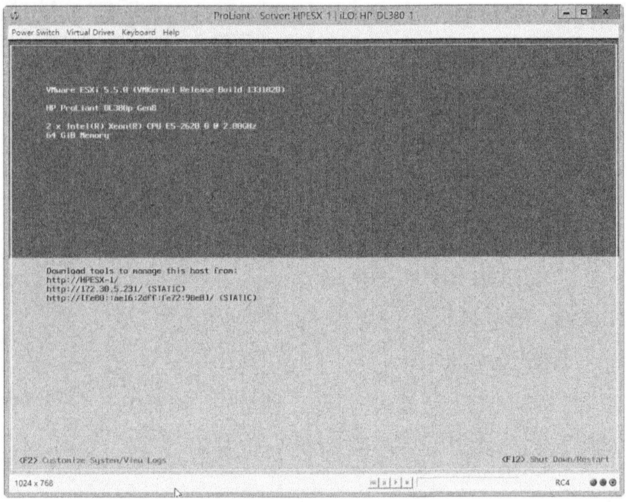

图 2-21　控制台信息

【说明】在 VMware ESXi 5 中，默认的控制台管理地址是通过 DHCP 分配，如果网络中没有 DHCP 或者 DHCP 没有可用的地址，其管理控制台的地址可能为 0.0.0.0 或 169.254.x.x 的地址。如果是这样，可以在控制台中设置（或修改）管理地址才能使用 vSphere Client 管理。

2.2　VMware ESXi 5 控制台设置

相比 VMware ESX Server，VMware ESXi 5 的控制台更加精简、高效、方便，管理员可以直接在 VMware ESXi 5 控制台界面中完成管理员密码的修改、控制台管理地址的设置与修改、VMware ESXi 主机名称的修改、重启系统配置（恢复 VMware ESXi 默认设置）等功能。下面介绍在 VMware ESXi 5 控制台的相关操作。

2.2.1　进入控制台界面

在 VMware ESXi 5 中，按 F2 键入，输入管理员密码（在安装 VMware ESXi 5 时设置的密码，在图 2-15 中设置），输入之后按回车键，如图 2-22 所示，将进入系统设置对话框。

进入“System Customization（系统定制）”对话框，如图 2-23 所示，在该对话框中能完成口令修改、配置管理网络、测试管理网络、恢复网络设置、配置键盘等工作。

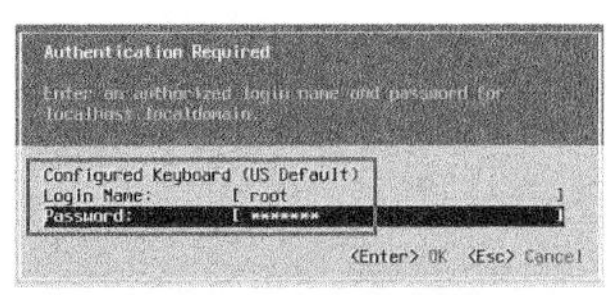

图 2-22　输入密码以登录系统配置

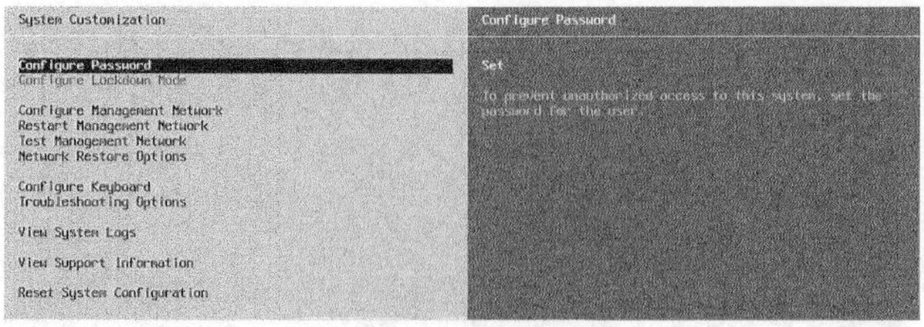

图 2-23 系统定制

2.2.2 修改管理员口令

如果要修改 VMware ESXi 5 的管理员密码，可以在图 2-23 中将光标移动到“Configure Password”处按回车键，在弹出的“Configure Password”对话框中，先输入原来的密码，然后分两次输入新的密码并按回车键将完成密码的修改，如图 2-24 所示。

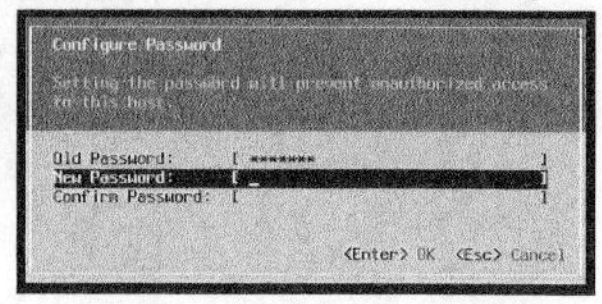

图 2-24 修改管理员密码

【说明】在安装的时候可以设置简单密码，例如 1234567。而在安装之后，在控制台修改密码时，必须为其设置复杂密码。

2.2.3 配置管理网络

在“Configure Management Network”选项中可以选择管理接口网卡（当 VMware ESXi 主机有多块物理网卡时）、修改控制台管理地址、设置 VMware ESXi 主机名称等。

（1）在图 2-23 中，将光标移动到“Configure Management Network”按回车键，进入“Configure Management Network”对话框，如图 2-25 所示。

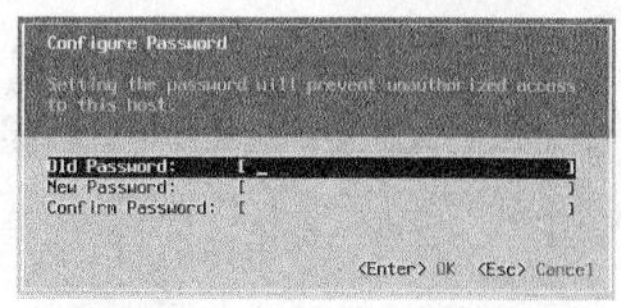

图 2-25 配置管理网络

（2）在“Network Adapters”选项中按回车键，打开“Network Adapters”对话框，在此选择主机默认的管理网卡，如图 2-26 所示。当主机有多块物理网卡时，可以从中选择一个或多个网卡，并且在“Status”列表中显示出每个网卡的状态。

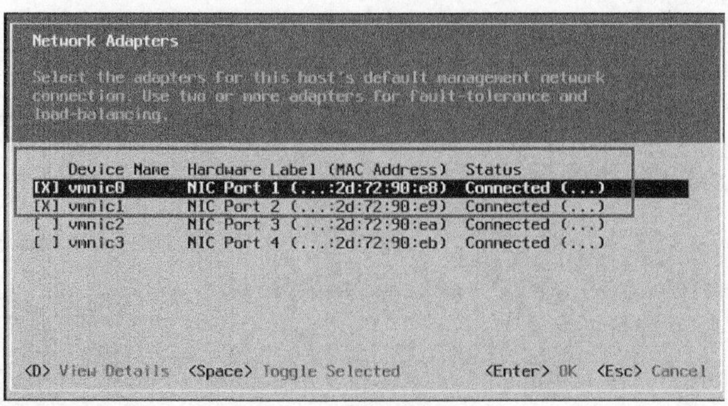

图 2-26 选择管理网卡

【说明】如果你感兴趣，可以先关闭 VMware ESXi 虚拟机，并且修改 VMware ESXi 虚拟机配置，为其添加多个网卡，并且可以将其中一块或者多块网卡的状态设置为“断开”，再次进入到图 2-26 的界面即可以看到多个网卡并且会显示每块网卡的状态。另外，除了在 VMware ESXi 控制台界面可以选择管理网卡外，还可以在 vSphere Client 界面设置或选择。两者之间的区别是：如果设置过程中出现错误，在 vSphere Client 设置时会断开与 VMware ESXi 的连接并且失去对 VMware ESXi 的控制，而在 VMware ESXi 控制台前设置则不会出现这种情况，即使设置错误也可以重新设置。所以，在实际使用中，如无必要，不要使用 vSphere Client 修改 VMware ESXi 的网络以免失去连接。

（3）在“VLAN（Optional）”选项中，可以为管理网络设置一个 VLAN ID，如图 2-27 所示。一般情况下不要对此进行设置与修改。

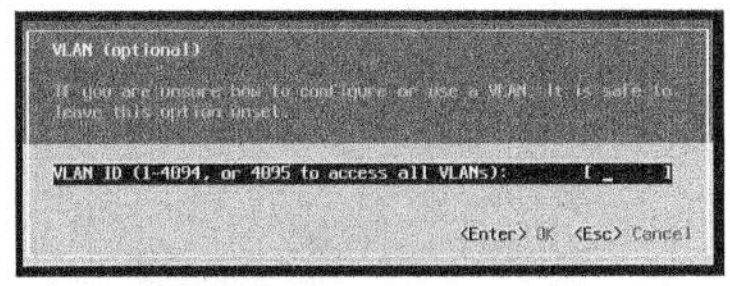

图 2-27 VLAN 设置

（4）在“IP Configuration”选项中，设置 VMware ESXi 管理地址。在默认情况下，VMware ESXi 在完成安装的时候，默认选择是“Use dynamic IP address and network configuration”（使用 DHCP 分配网络配置），在实际使用中，应该为 VMware ESXi 设置一下静态地址。在本例中，将为 VMware ESXi 设置 172.18.96.10 的地址，如图 2-28 所示。选择“Set static IP address and network configuration”，并在“IP Address”地址栏中输入要输入的地址“172.18.96.10”，并为其设置子网掩码与网关地址。

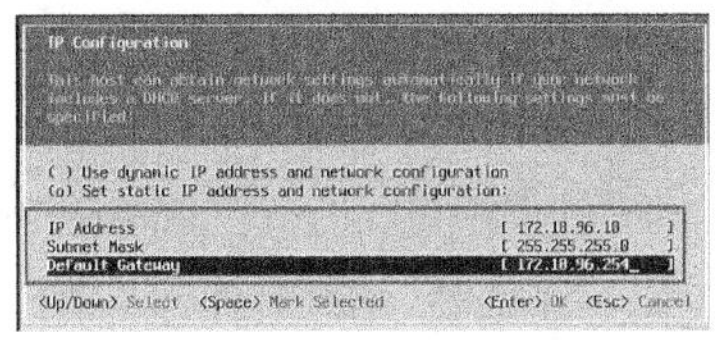

图 2-28 设置管理地址

【说明】应该为 VMware ESXi 设置正确的子网掩码与网关地址，以让 VMware ESXi 主机能连接到 Internet，或者至少能连接到局域网内部的“时间服务器”。在真实的环境中，计算机有一个正确的时间至关重要。VMware ESXi 中的虚拟机的时间受 VMware ESXi 主机控制，如果 VMware ESXi 主机时间不正确则会影响到在其中运行的所有虚拟机。

（5）在“DNS Configuration”选项中，设置 DNS 的地址与 VMware ESXi 主机名称。如果要让 VMware ESXi 使用 Internet 的“时间服务器”进行时间同步，除了要在图 2-27 中设置正确的子网掩码、网关地址外，还要在此选项中设置正确的 DNS 服务器以能实现时间服务器的域名解析。如果使用内部的时间服务器并且是使用 IP 地址的方式进行时间同步，是否设置正确的 DNS 地址则不是必需的。在“Hostname”处则是设置 VMware ESXi 主机的名称。当网络中有多台 VMware ESXi 服务器时，为每个 VMware ESXi 主机规划合理的名称有利于后期的管理。在本例中，为第一台 VMware ESXi 的主机命名为 ESX1，如图 2-29 所示。

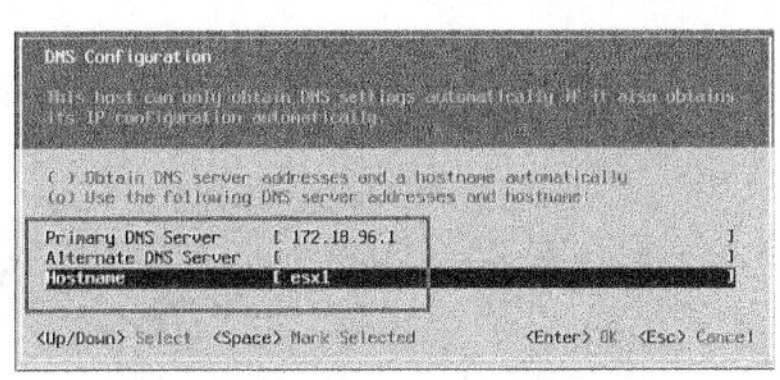

图 2-29 设置 VMware ESXi 主机名称

【说明】在为 VMware ESXi 命名时，要考虑将来的升级情况，所以不建议在命名时加入 VMware ESXi 的版本号，例如，如果在你所管理的网络中，准备了三台服务器用来安装 VMware ESXi5，如果你用版本号+序号的方式，例如将这三台服务器命名为 ESX5-1、ESX5-2、ESX5-3，那么将来在升级到更高版本（如 VMware ESXi 6）的时候，主机的名称是不会自动更改为“ESX6-1”的。

（6）在“Custom DNS Suffixes”选项中，设置 DNS 的后缀名称，DNS 的后缀名称会附加在图 2-29 中设置的“Hostname”后面，默认为 localdomain（如图 2-30 所示），如果不修改这个名称，当前 VMware ESXi 主机全部名称则为 ESX1.localdomain，如果 VMware ESXi

所在的网络中没有内部的 DNS 名称则可以保持默认值，如果网络中有内部的 DNS，请在此修改为内部的 DNS 域名，并在 DNS 服务器中添加 VMware ESXi 主机的 A 记录并指向 VMware ESXi 主机的 IP 地址。

在设置（或修改）完网络参数后，按一下“ESC”键，将弹出“Configure Management Network: Confirm”对话框，提示你是否更改并重启管理网络，按 Y 确认并重新启动管理网络，如图 2-31 所示。

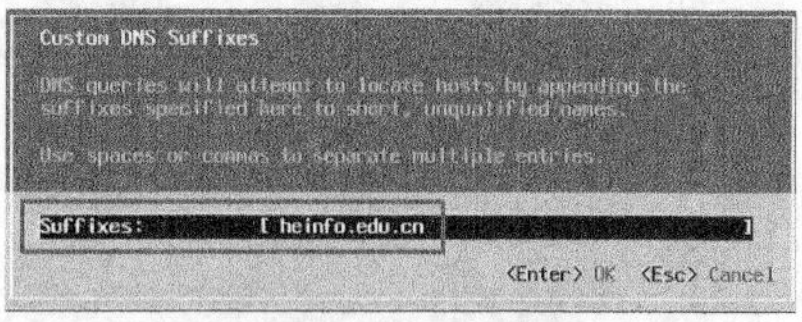

图 2-30　DNS 后缀

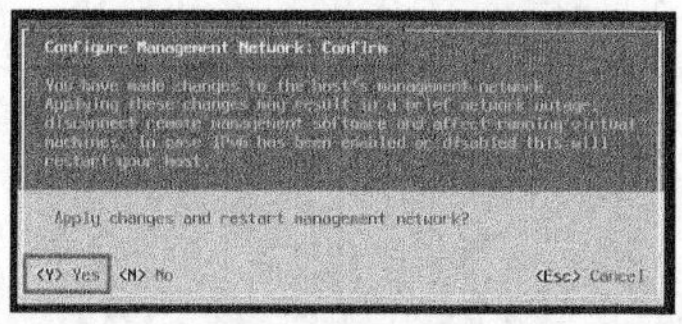

图 2-31　保存网络参数更改并重启管理网络

返回到“System Customization”对话框后，在右侧的“Configure Management Network”中显示了设置后的地址，如图 2-32 所示。

图 2-32　主机管理地址与主机名称

在配置 VMware ESXi 管理网络的时候，如果出现错误而导致 VMware vSphere Client 无法连接到 VMware ESXi 的时候，可以在图 2-32 中，选择“Restart Management Network”，在弹出的“Restart Management Network：Confirm”对话框中按 F11 键，将重新启动管理网络。

如果想测试当前的 VMware ESXi 的网络设置是否正确，是否能连接到企业网络，可以选择“Test Management Network”，在弹出的“Test Management Network”对话框中，进行到网关地址或者指定的其他地址的 Ping 测试，如图 2-33 所示。

在使用 Ping 命令并且有回应时，在相应的地址后面显示“OK”提示，如图 2-34 所示。

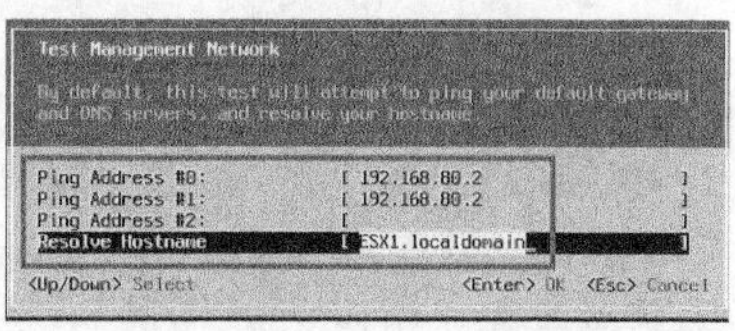

图 2-33　测试管理网络

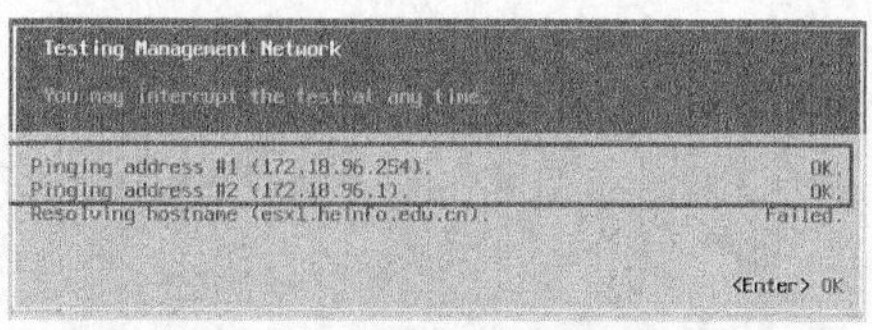

图 2-34　测试管理网络

【说明】当前测试 esx1.heinfo.edu.cn 没有返回地址，是还没有在 DNS 服务器中添加对应 A 记录的原因。

2.2.4　启用 ESXi Shell 与 SSH

除了可以使用控制台管理 VMware ESXi、使用 vSphere Client 管理 VMware ESXi 外，还可以通过网络，使用 SSH 的客户端连接到 VMware ESXi 并进行管理。在默认情况下，

VMware ESXi 的 SSH 功能并没有启动（SSH 是 Linux 主机的一个程序，VMware ESXi 与 VMware ESX Server 基于 Red Hat Linux 的底层系统，也是可以使用 SSH 功能的）。如果要使用这一功能，可以选择“Troubleshooting Options”选项，“Troubleshooting Mode Options”对话框中，启用 SSH 功能（将光标移动到 Disable SSH 处按回车键），当“SSH Support”显示为“SSH is Enabled”时，SSH 功能被启用，如图 2-35 所示。

图 2-35　启用 SSH

在此还可以启用 ESXi Shell、修改 ESXi Shell 的超时时间等。

2.2.5　恢复系统配置

“Reset System Configuration”选项可以将 VMware ESXi 恢复到默认设置，这些设置包括：

（1）VMware ESXi 管理控制台地址恢复为“DHCP”，计算机名称恢复到刚安装时的名称。

（2）系统管理员密码被清空。

（3）所有正在运行的虚拟机将会被注销。

如果选择该选项，将会弹出“Reset System Configuration：Confirm”对话框，按 F11 键将继续，按 ESC 将取消这个操作，如图 2-36 所示。

如果在图 2-36 按下了 F11，将会弹出“Reset System Configuration”对话框，提示默认设置已经被恢复，按回车键将重新启动主机，如图 2-37 所示。

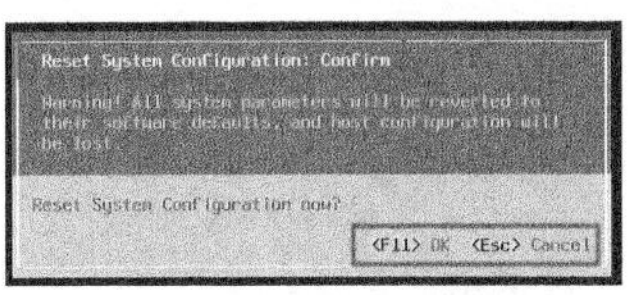

图 2-36　恢复系统配置

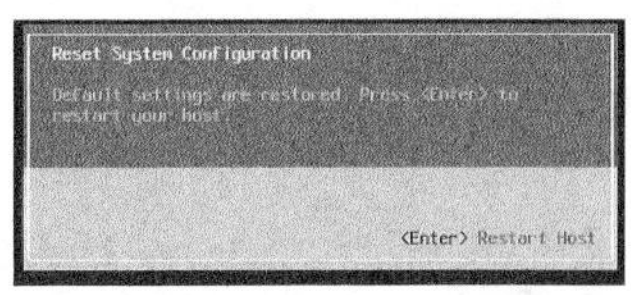

图 2-37　系统设置被恢复

在恢复系统设置之后，由于系统管理员密码被清空，所以管理员需要在第一时间重新启动控制台，进入“Configure Password”对话框，设置新的管理员密码（在控制台界面，按 F2 后，在提示输入密码时直接按回车键即可进入），如图 2-38 所示。

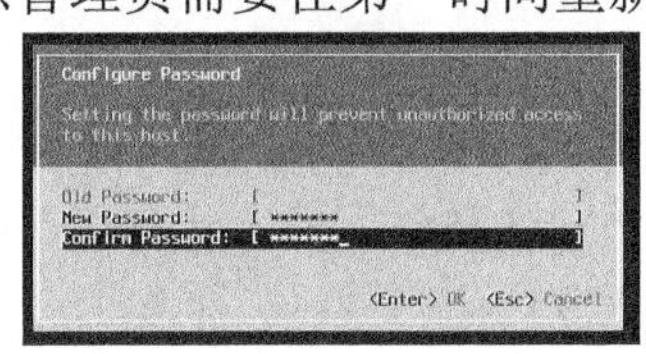

图 2-38　设置新的管理员密码

由于管理地址、主机名称都恢复到默认值，管理员还需要重新设置管理地址、设置主机地址，这些不再一一介绍。

2.2.6　VMware ESXi 的关闭与重启

如果要关闭 VMware ESXi 主机，或者要重新启动 VMware ESXi 主机，可以在 VMware ESXi 控制台中，按 F12，输入 VMware ESXi 主机的管理员密码进入“Shut Down/Restart”对话框，如图 2-39 所示。如果要关闭 VMware ESXi 主机，则按 F2 键，如果要重新启动 VMware ESXi 主机，则按 F11 键。如果要取消关机或重启操作，按 ESC 热键。

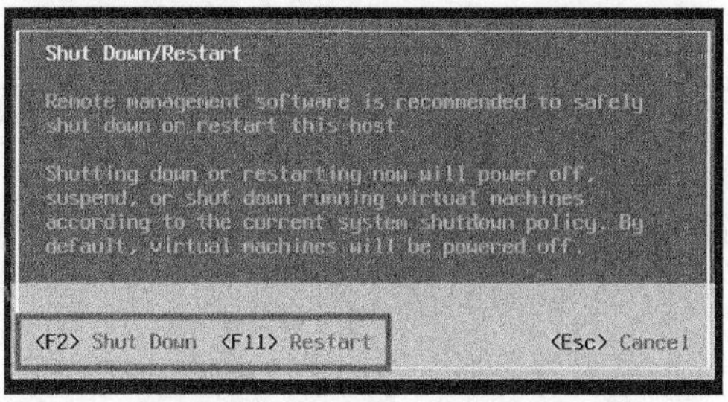

图 2-39 关机或重启对话框

【说明】使用 vSphere Client 连接到 VMware ESXi，也可以完成关机或重启 VMware ESXi 主机的操作。

2.3 vSphere ESXi 基本管理与配置

在虚拟化主机 VMware ESXi 的控制台界面中，可以进行简单的配置。但要实现 VMware ESXi 的全部功能，需要使用专用的客户端软件 vSphere 客户端对其进行管理。VMware vSphere 客户端包括两种，一种是 vSphere Client，这是一个 C/S 架构的软件，用来连接并管理 VMware ESXi；另一个是 vSphere Web Client，这是一个 B/S 架构的软件，可以使用浏览器对 VMware ESXi 进行管理。本章先使用 C/S 架构的 vSphere Client 的使用，在下章将介绍 B/S 架构的管理软件。使用 vSphere Client 管理 VMware ESXi 的拓扑如图 2-40 所示。

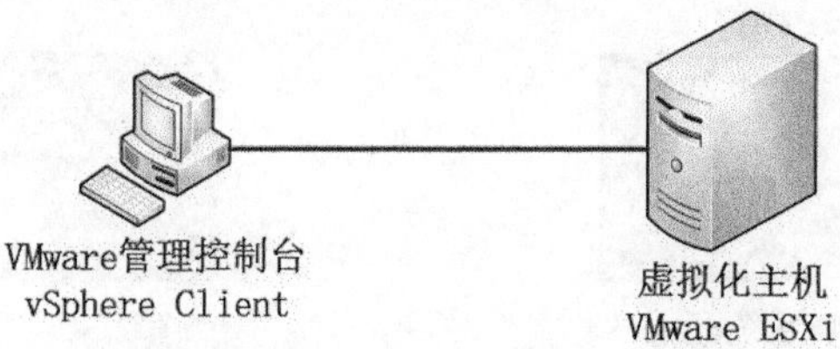

图 2-40 vSphere Client 管理 ESXi 拓扑

2.3.1 vSphere Client 的安装

vSphere Client 是一个 Windows 应用程序，可以运行在 32 位或 64 位的 Windows XP 及其以后的系统中，但考虑到主流的操作系统已经升级为 Windows 7 或 Windows 8.1，推荐在 Windows 7 或 Windows 8.1 中安装 vSphere Client。本章中的所有截图，以及客户端管理环境，如无特别的说明，表示都是在 Windows 8.1 中完成。

【说明】在本章介绍中，VMware ESXi 5.5 服务器端的地址是 172.18.96.10。

（1）在 VMware ESXi 中没有集成 vSphere Client 5 的客户端，你需要登录 VMware 官方网站下载 vSphere Client，该软件大小为 347MB，下载地址是 http://vsphereclient.vmware.com/vsphereclient/1/2/8/1/6/5/0/VMware-viclient-all-5.5.0-1281650.exe。你可以登录 https://172.18.96.10（vSphere ESXi 5 的控制台地址），在“Download vSphere Client”链接中获取这个地址，如图 2-41 所示。

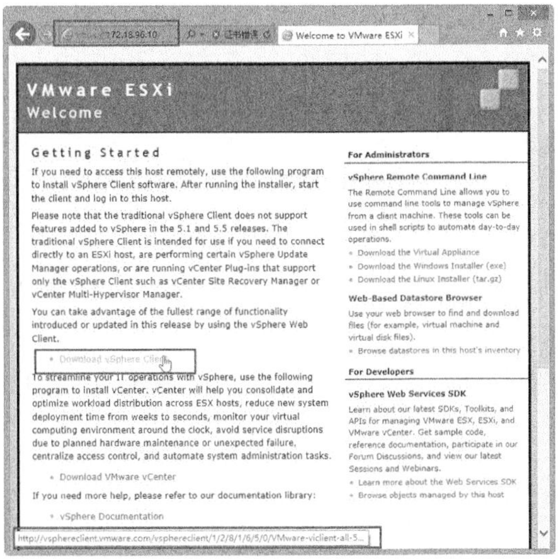

图 2-41　获取 vSphere Client 下载地址

【说明】在 VMware vCenter Server 安装光盘（或光盘镜像中），也包括了 vSphere Client 安装程序，如果你已经下载了 vCenter Server 5.5 光盘镜像，可以使用“虚拟光驱”加载这个镜像，并在光盘 vSphere-Client 文件夹中，找到 vSphere Client 的安装程序，如图 2-42 所示。

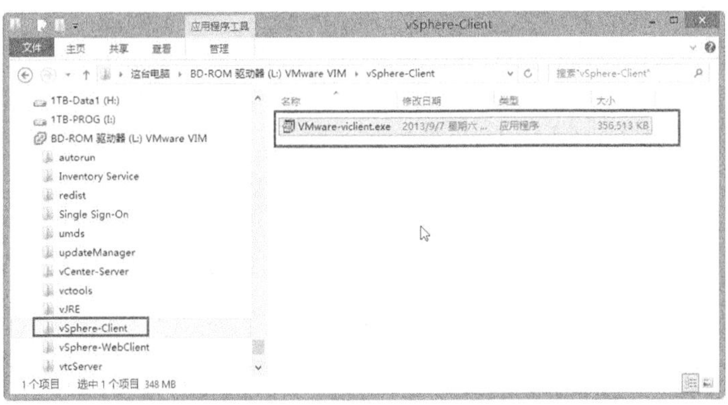

图 2-42　vSphere Client 安装程序

（2）之后运行 vSphere Client 的安装程序，从 5.1 版本开始，VMware vSphere Client 支持简体中文、繁体中文、英语、日语、法语、德语与朝鲜语，你可以根据需要选择，如图 2-43 所示。

（3）vSphere Client 的安装比较简单，完全按照默认值安装即可，如图 2-44 所示。

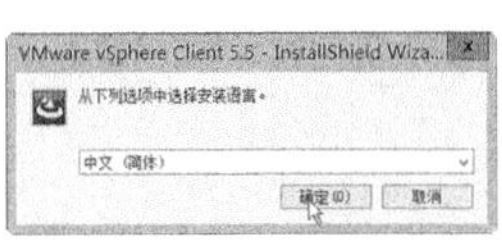

图 2-43　安装向导

图 2-44　安装完成

2.3.2 在 Windows XP 或 2003 主机安装 vSphere Client 的问题

在 Windows XP 或 Windows Server 2003 上安装 vSphere Client 5.5 时，会弹出图 2-45 的提示。

图 2-45 安装提示

并且在安装完成后，使用 vSphere Client 连接 VMware ESXi 5.5 的主机时，弹出图 2-46 的错误信息。

图 2-46 出现未知连接错误

这是由于 vSphere 5.5 使用 Open SSL 库，为安全起见，该库会默认配置为仅接受使用强密码套件的连接。但在 Windows XP 或 Windows Server 2003 上，vSphere Client 和 vSphere PowerCLI 不使用强密码套件来连接 vCenter Server 时，服务器端会出现错误，并在 vSphere Client 或 vSphere PowerCLI 端出现握手错误。

解决方法有以下几种。

（1）下载 Microsoft 提供的补丁，修订这个问题。对于 Windows Server 2003 或 64 位 Windows XP，应用适用于您的平台的 Microsoft 修补程序。x64 平台：http://hotfixv4.microsoft.com/Windows%20Server%202003/sp3/Fix192447/3790/free/351403_ENU_x64_zip.exe；ia64 平台：http://hotfixv4.microsoft.com/Windows%20Server%202003/sp3/Fix192447/3790/free/351397_ENU_ia64_zip.exe；i386 平台：http://hotfixv4.microsoft.com/Windows%20Server%202003/sp3/Fix192447/3790/free/351385_ENU_i386_zip.exe。

（2）在安装 vSphere Client 之前，将 Windows XP 升级到 Vista 或更高版本。如果是 Windows Server 2003，则升级到 Windows Server 2008 或更高版本。

（3）如果配置了 vCenter Server，则在 vCenter Server 主机上，通过允许服务器使用弱密码套件进行通信来降低隐含安全性。为此，请在 vCenter Server vpxd.cfg 文件中加入以下内容：

```
<config>
 ...
<vmacore>
        ...
<ssl>
```

```
        ...
<cipherList>ALL</cipherList>
      ...
</ssl>
    ...
</vmacore>
 ...
</config>
```

2.3.3　启动 vSphere Client 并登录到 VMware ESXi

启动 vSphere Client，在“IP 地址/名称”地址栏中，键入要管理的 VMware ESXi、VMware ESX Server 或 VMware Virtual Center（VMware 虚拟中心）的 IP 地址，然后键入 VMware ESXi（或 VMware Virtual Center）的用户名及密码，单击“登录”按钮，如图 2-47 所示。

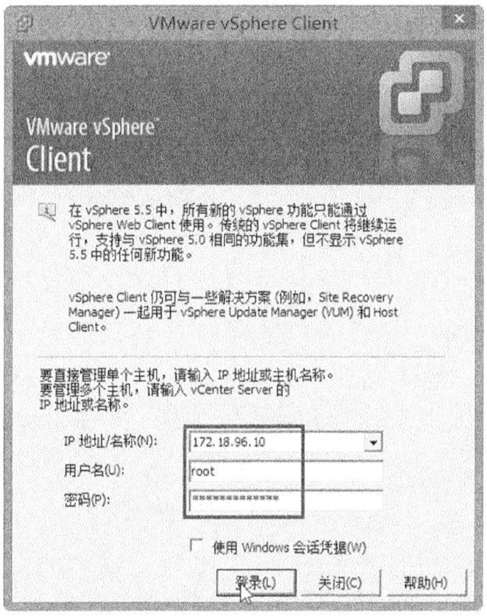

图 2-47　登录 ESX Server 主机

【说明】在本例中，登录的 VMware ESXi 的 IP 地址是 172.18.96.10，用户名是 root，密码是 1234567。如果当前计算机登录的用户名、密码在要登录的 VMware ESXi 或 VMware Virtual Center 具有相同的用户名与密码，则可以选中“使用 Windows 会话凭据”，这样可以不必输入用户名与密码进行验证。

在第一次登录某个 VMware ESXi 或 VMware Virtual Center 时，会弹出一个“安全警告”的对话框，选中“安装此证书并且不显示……”，然后单击“忽略”按钮，以后将不再出现此提示，如图 2-48 所示。

在登录到 VMware ESXi 后，如果在安装 VMware ESXi 时没有键入序列号，则会弹出“VMware 评估通知”的对话框，提示你的产品会在 60 天后过期，单击“确定”按钮进入 vSphere Client 控制台，如图 2-49 所示。

在第一次登录到 VMware ESXi 时，默认会显示“清单”视图，单击“清单”按钮（如图 2-50 所示）将显示 VMware ESXi 主机，如图 2-51 所示。

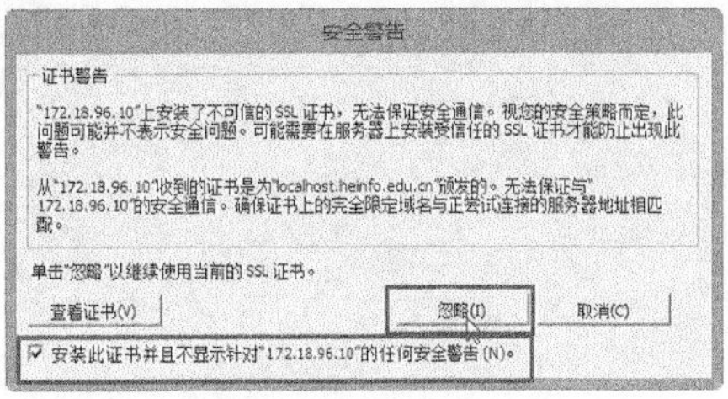

图 2-48 安全警告

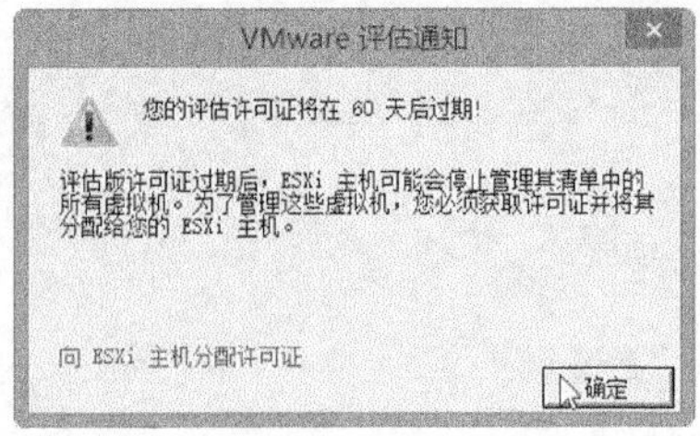

图 2-49 登录到 VMware ESX Server

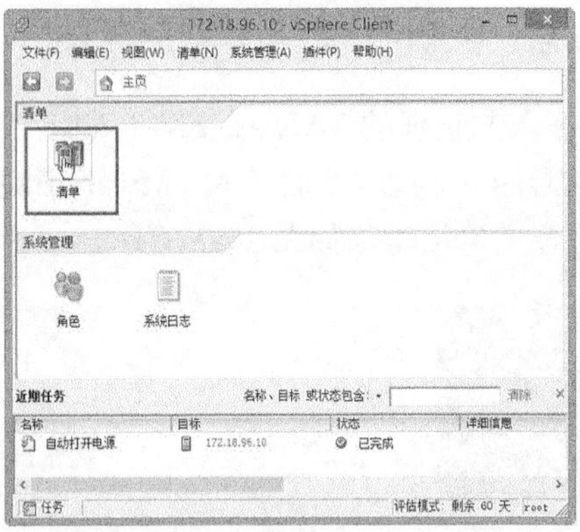

图 2-50 清单

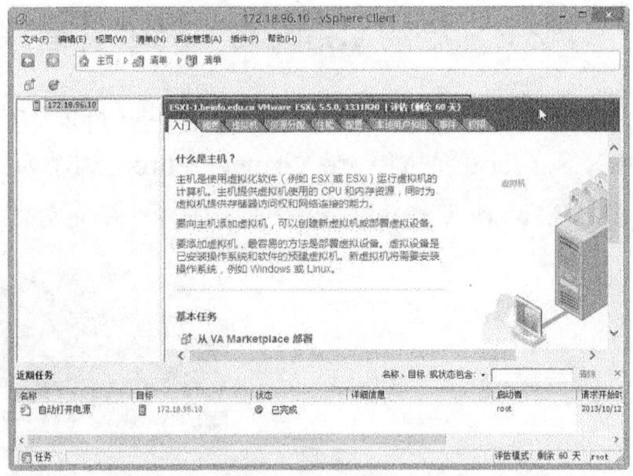

图 2-51 主机视图

2.3.4 为 VMware ESXi 输入序列号

在安装完 VMware ESXi 后，默认为评估模式，并可以使用最多 60 天。在 60 天之内，该 VMware ESXi 没有任何的限制，在产品到期之前，需要为 VMware ESXi 购买一个许可才能使用。本节介绍为 VMware ESXi 输入序列号的方法。

（1）在 VMware vSphere Client 控制台中，单击"配置"链接，在"软件"列表中选择"已获许可的功能"，在右侧显示当前的 VMware ESX Server 许可证类型及支持的功能，如果是评估模式，则会显示产品的过期时间，如图 2-52 所示。

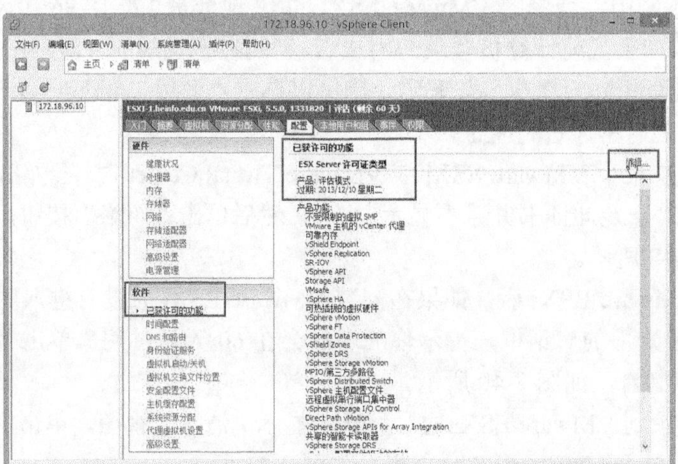

图 2-52 查看 VMware ESX Server 许可证类型及过期时间

（2）如果你有 VMware ESXi 的序列号，可以在“配置→已获许可的功能”选项中，单击右侧的“编辑”按钮，在弹出“分配许可证”对话框中，选择“向此主机分配新许可证密钥”，并单击“输入密码”，在弹出的“添加许可证密钥”中，键入 VMware ESXi 的序列号即可，如图 2-53 所示。

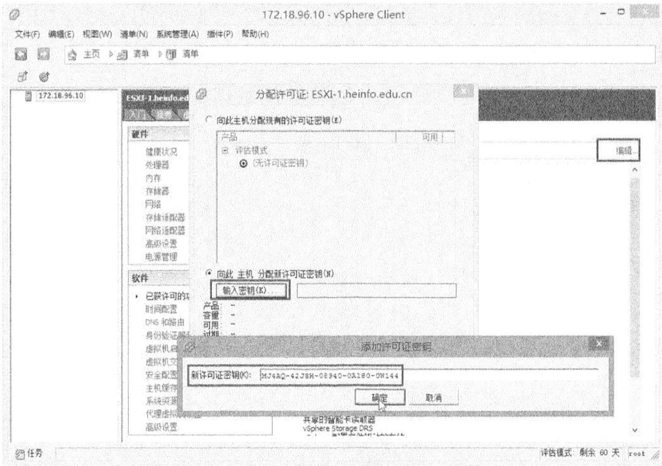

图 2-53　注册 VMware ESXi

（3）在注册之后，在“ESX Server 许可证类型”中，显示当前获得许可的功能，以及支持的 CPU 数量、产品过期时间等，如图 2-54 所示。

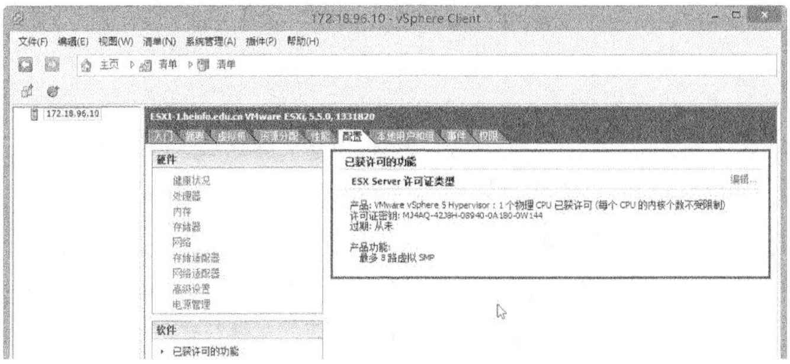

图 2-54　注册后的信息

【说明】在图 2-54 中，显示的产品功能只有“最大内存为 32GB”、“最多 8 路虚拟 SMP”，这是由于输入的是一个免费的 VMware ESXi 序列号的缘故。 在不使用 VMware vCenter Server 提供的高级功能，VMware ESXi 可以免费使用，此时可以从 VMware 官方网站申请 VMware ESXi 的序列号。要注意，免费版的序列号不支持 VMware vCenter Server 的高级功能，例如虚拟机迁移、HA、模板等功能，如果要使用这些功能，你还需要重新注册 VMware ESXi，输入支持更高功能的序列号才能使用。

（4）如果在产品的初期你输入的是一个免费的 VMware ESXi 序列号，后期想使用 VMware ESXi 的高级功能（实际上是 VMware vCenter Server 提供的），则仿照图 2-53 的方式，重新注册 VMware ESXi，并输入一个具有更高功能的序列号即可。注册后界面如图 2-55 所示。

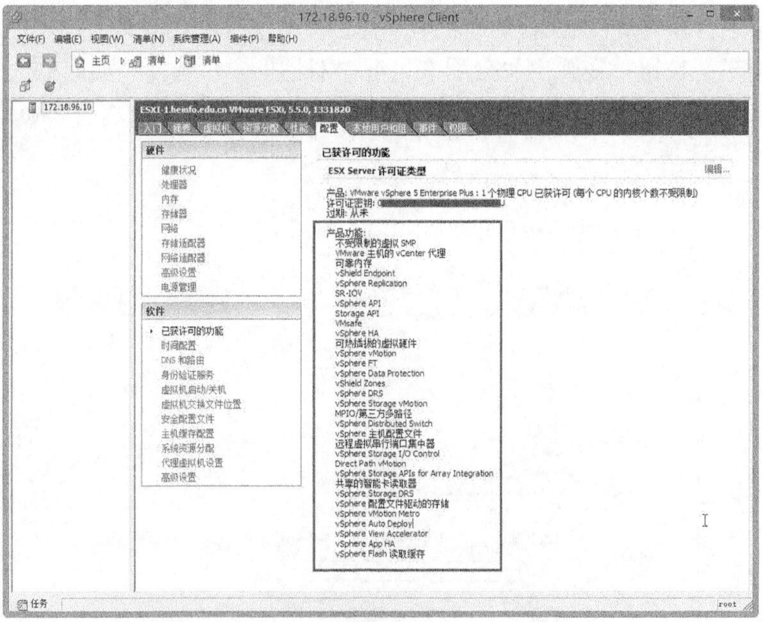

图 2-55　无功能限制的 VMware ESXi

2.3.5　为 VMware ESXi 服务器配置时间

在实际使用中，计算机的时间比较重要，许多文档的生成都依据计算机以及服务器的时间。现在越来越多的服务器已经迁移到虚拟机中运行，而虚拟机中的时间依据于 VMware ESXi 主机的时间，如果 ESXi 主机的时间不正确，则虚拟机的时间也不正确，在许多时候会造成问题。在安装 VMware ESXi 之后，要调整或修改 VMware ESXi 的时间配置，以让 VMware ESXi 的时间与你所在的时区时间同步。通常来说，如果网络中有"NTP 服务器"，如 Microsoft 的 Active Directory 服务器，则可以配置为 VMware ESXi 使用局域网中的"NTP 服务器"进行时间的同步；如果当前网络中没有 NTP 服务器，但 VMware ESXi 的配置可以连接到 Internet，则可以采用 Internet 上提供的 NTP 服务器如 time.windows.com。如果既没有 NTP 服务器，也不能访问 Internet，则可以手动调整时间。

【说明】NTP 是 Network Time Protocol 的简称，是用来使计算机时间同步化的一种协议，它可以使计算机对其服务器或时钟源（如石英钟，GPS 等）做同步化，它可以提供高精准度的时间校正（LAN 上与标准时间的差小于 1 毫秒，而 WAN 上与标准时间的差为几十毫秒），且可由加密确认的方式来防止恶毒的协议攻击。

（1）在"配置→时间配置"选项中，单击右上角的"属性"按钮，在弹出的"时间配置"对话框中，调整 VMware ESXi 主机的时间与你所在时区当前时间相同，然后单击"确定"按钮，如图 2-56 所示。

（2）如果要设置 VMware ESXi 的 NTP"时间服务器"，可以在图 2-56 中单击"选项"按钮，在弹出的"NTP 守护进程（ntpd）选项"对话框中，选择"NTP 设置"，单击"添加"按钮，添加 NTP 服务器，NTP 服务器可以是局域网中自己设置的 NTP 服务器，也可以是 Internet 上提供的，如 Windows 的 NTP 服务器，其地址是"time.windows.com"，设置之后单击“确定”按钮，如图 2-57 所示。在本示例中，采用网络中的 Active Directory 服务器作为时间服务器，其地址为 172.18.96.1。

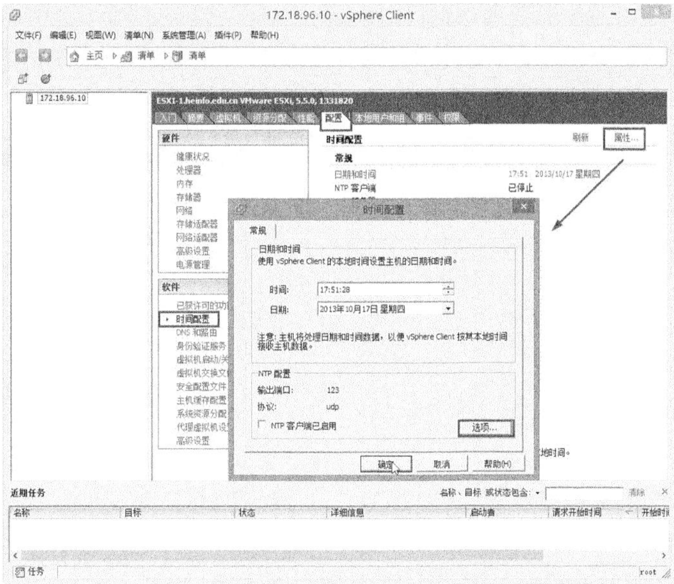

图 2-56　设置主机时间

（3）也可以在图 2-57 中添加多个 NTP 服务器。在添加 NTP 服务器之后，可以在“常规”选项中，选择“与主机一起启动和停止”单选按钮，如图 2-58 所示。设置之后单击“确定”按钮。

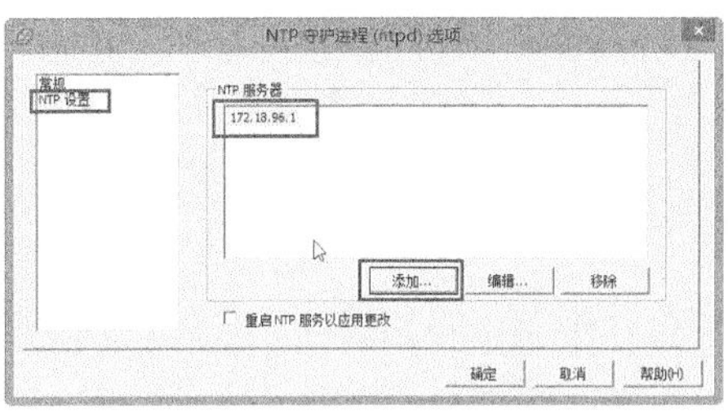

图 2-57　添加 NTP 服务器

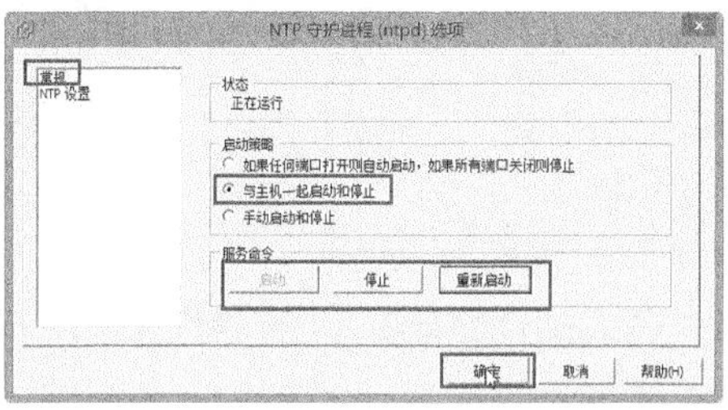

图 2-58　自动启动 NTP 守护进程

2.3.6　添加数据存储

VMware ESXi 可以管理使用本地磁盘存储、基于网络的 iSCSI 提供的存储、直接连接的 FC HBA 光纤、直接连接的 SAS HBA 卡连接的专业数据存储服务器提供的磁盘空间，创建数据存储。

在前面的内容中，介绍了可以将 VMware ESXi 安装在 U 盘或 SD 卡中。当在 U 盘上安装并启动 VMware ESXi 后，VMware ESXi 并不能使用 U 盘作为数据存储，还需要为 VMware ESXi 添加存储。下面以此为例，介绍在 VMware ESXi 中添加存储的内容，步骤如下。

（1）使用 vSphere Client 连接到 VMware ESXi，在“配置→存储器”中单击“添加存储器”链接，如图 2-59 所示。如果当前 ESXi 没有存储时，会提示“ESXi 主机没有永久存储”。

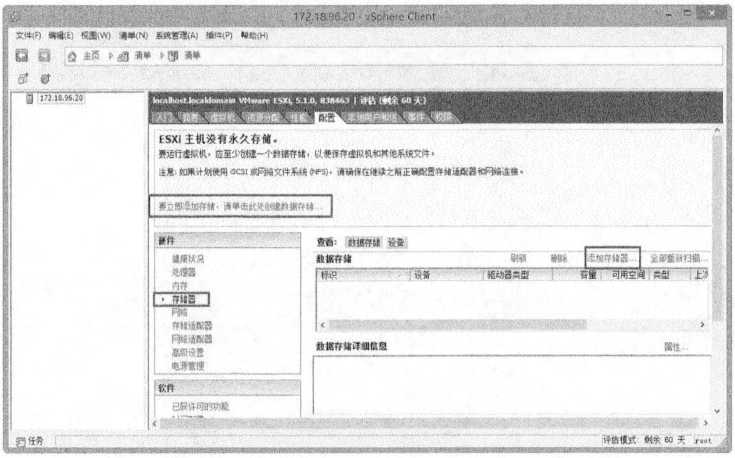

图 2-59　添加存储

（2）在“选择存储器类型”对话框中，选中“磁盘/LUN”，如图 2-60 所示。

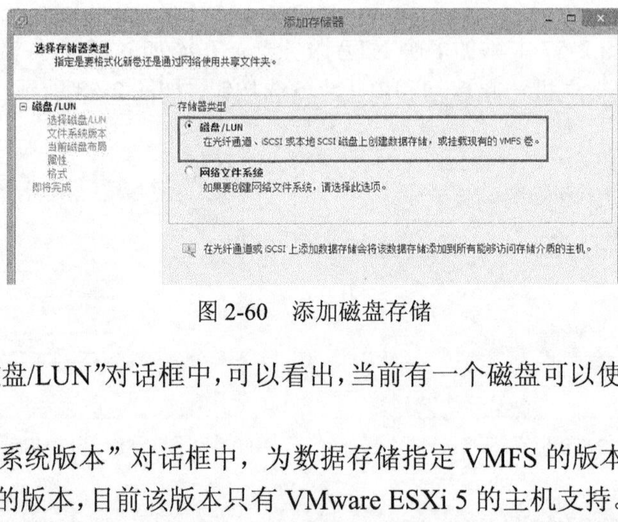

图 2-60　添加磁盘存储

（3）在“选择磁盘/LUN”对话框中，可以看出，当前有一个磁盘可以使用，大小为 1.82TB，如图 2-61 所示。

（4）在“文件系统版本”对话框中，为数据存储指定 VMFS 的版本。在 VMware ESXi 5 中支持 VMFS-5 的版本，目前该版本只有 VMware ESXi 5 的主机支持。如果 VMware ESXi 5 以前版本的主机将要访问此数据存储，需要选择“VMFS-3”。在本例中选择“VMFS-5”，如图 2-62 所示。

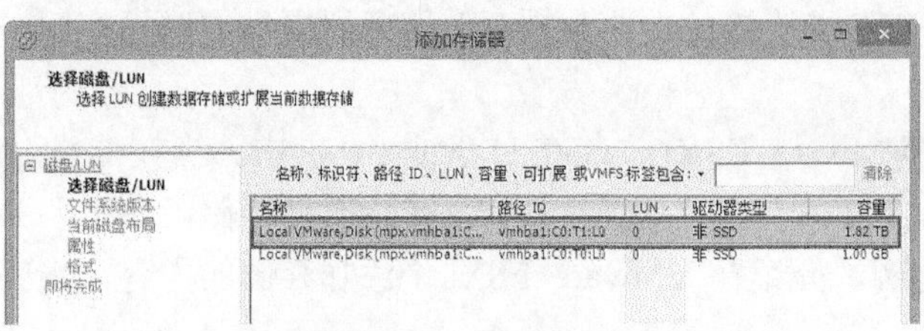

图 2-61　选择磁盘

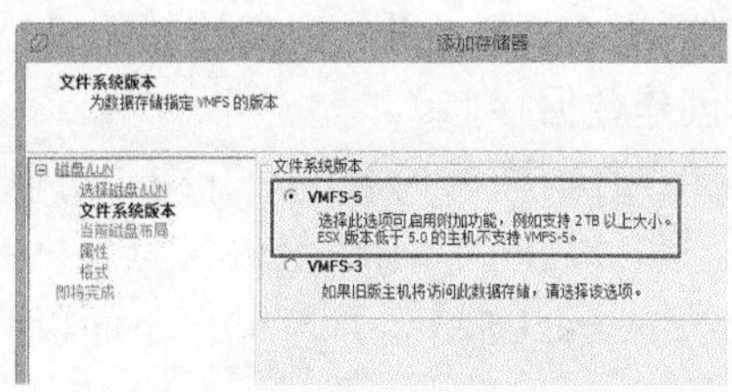

图 2-62　选择文件系统版本

（5）在“当前磁盘布局”中，显示了当前磁盘的容量，目前该磁盘容量为 1.82TB，如图 2-63 所示。

（6）在“属性”对话框中，为新添加的数据存储命名。在命名的时候，最好能分清添加的存储是属于哪一台服务器，是基于本地磁盘还是基于网络磁盘（如 FC 光纤存储、iSCSI 网络存储）。在本例中，设置存储为 ESX2-Data，如图 2-64 所示。

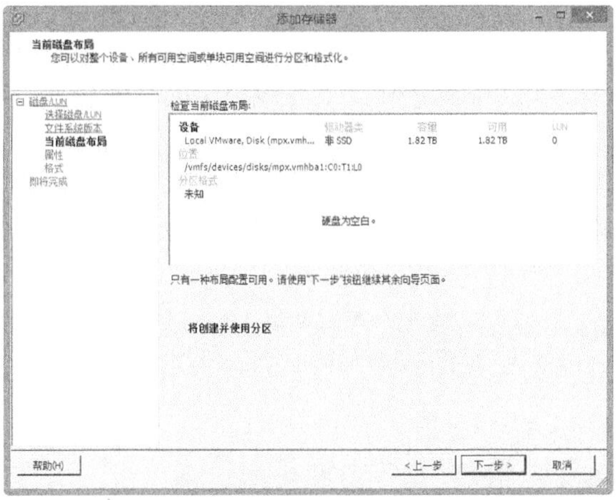

图 2-63　磁盘布局

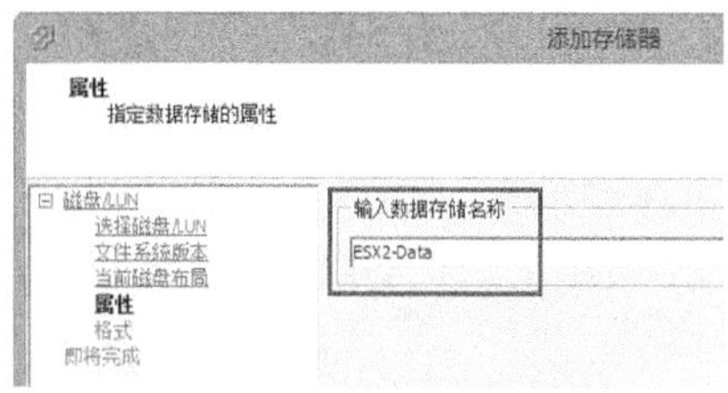

图 2-64　复查设置

（7）在“磁盘/LUN 格式化”对话框中，设置最大文件大小，通常选择默认值即可，如图 2-65 所示。

（8）在“即将完成”对话框中，复查设置，然后单击“完成”按钮，如图 2-66 所示。

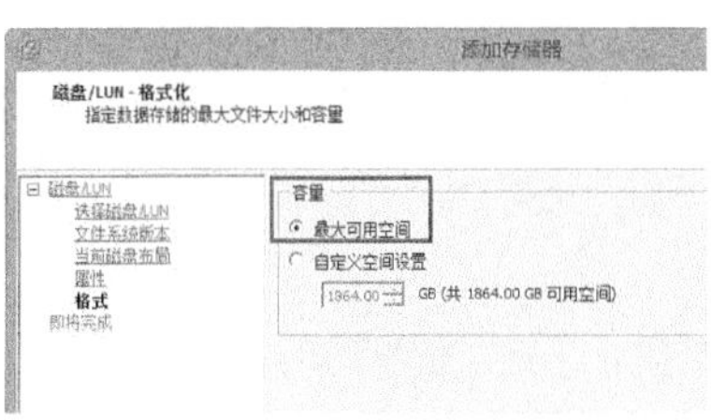

图 2-65　使容量最大

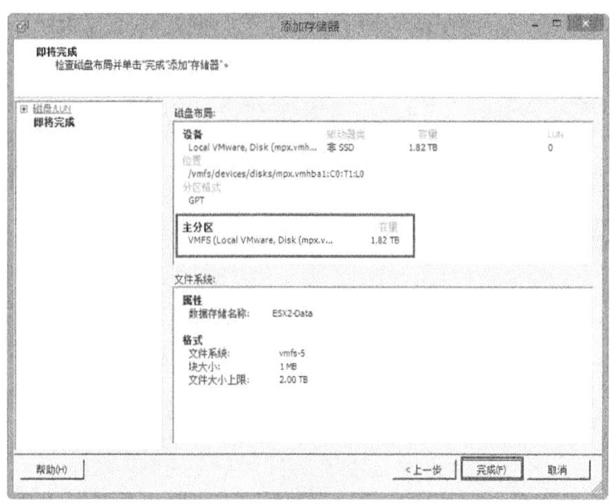

图 2-66　添加存储

在添加完数据存储后，在“存储器”中，可以看到新的存储器。

2.3.7　主机缓存设置

为了近一步提高虚拟机的性能，可以在 VMware ESXi 主机配置固态硬盘并将固态硬盘设置为 VMware ESXi 主机缓存，vSphere ESXi 5 主机能自动检测本地固态硬盘并允许将固态硬盘的一部分设置为虚拟机交换文件的一个本地缓存。在某些情况下，VMware SSD 配置能够显著提升性能。

当主机使用完内存容量时，需要花费几个步骤才能把内存空出来以满足虚拟机的需求。首先，主机通过使用透明页共享消除内存中的冗余页面。接下来主机借助于内存释放驱动程序强制释放内存，然后使用内存压缩减少内存中的页大小。如果主机仍旧不能释放足够的内存，那么将会强制将内存页面交换到磁盘中。如果在 vSphere Client 的主机配置选项中启用交换到主机缓存选项，那么将允许在交换到共享磁盘之前首先将内存页面交换到本地 SSD 中。与交换到共享磁盘相比，VMware SSD 支持显著降低了对虚拟机的性能影响，因为本地 SSD 的时间延迟更低，性能更高。

本节介绍在 VMware ESXi 中配置并启用主机缓存的设置，这需要在你的 VMware ESXi 物理主机上配置一块固态硬盘（SSD），并将其添加在“主机缓存设置”中作为一个存储器使用，主要步骤如下。

（1）使用 vSphere Client 登录到 VMware ESXi，在“配置→主机缓存设置”中，单击“添加存储器”，如图 2-67 所示。可以看到，在当前主机缓存设置中还没有存储器（只有 SSD 固态硬盘存储器才会在此显示）。

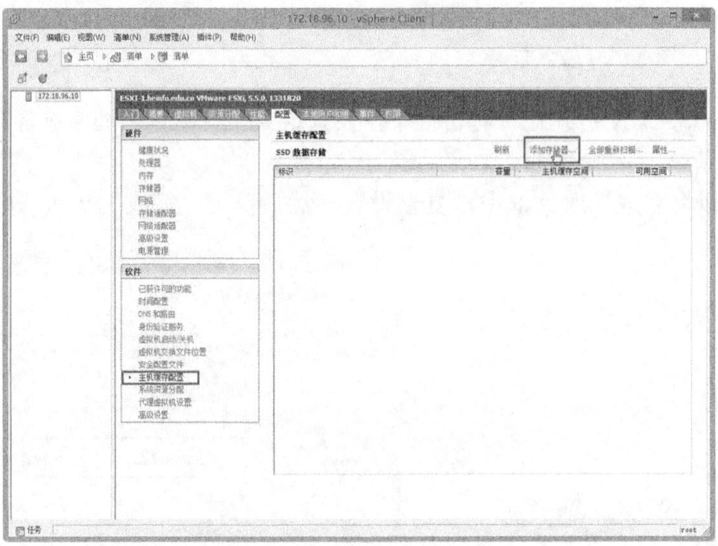

图 2-67 添加存储器

（2）在“选择存储器类型”对话框，选择“磁盘/LUN”。

（3）在选择“磁盘/LUN”对话框中，检测到可用的硬盘，并且在“驱动器类型”中显示为 SSD，如图 2-68 所示。

（4）在“文件系统版本”对话框选择“VMFS-5”。

（5）在“当前磁盘布局”对话框单击“下一步”，使用整个硬盘。

（6）在“属性”对话框，输入数据存储名称，在此命名为“SSD”，如图 2-69 所示。

（7）在“磁盘/LUN-格式化”对话框，选择“最大使用空间”。

（8）在“即将完成”对话框中，显示了添加的磁盘类型、数据存储名称、容量，单击“完成”按钮，如图 2-70 所示。

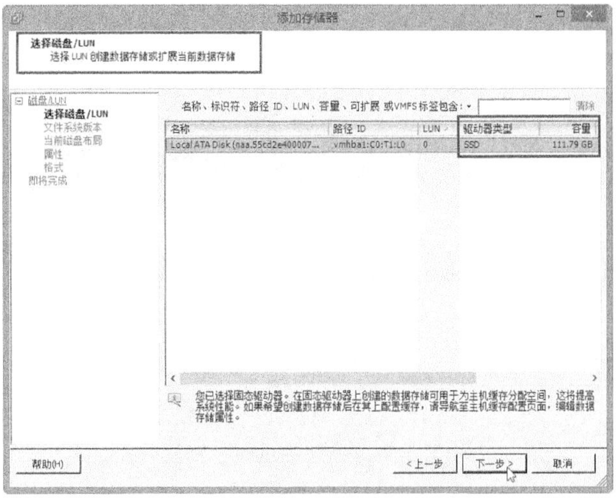

图 2-68　显示并检测到 SSD 硬盘

图 2-69　设置数据存留名称

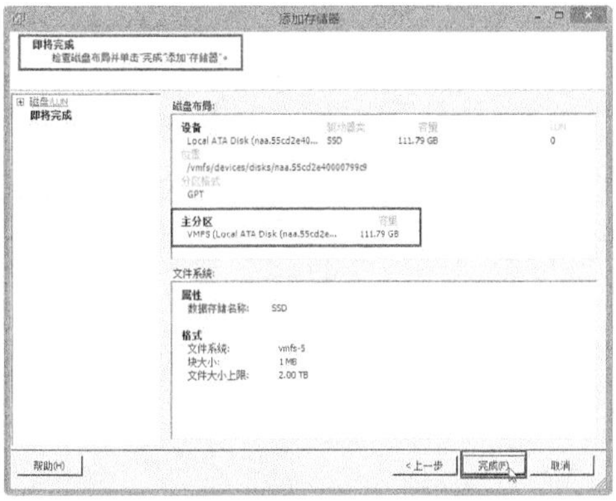

图 2-70　即将完成

（9）添加 SSD 存储器后，在“主机缓存配置”列表中即显示新添加的存储器，选择新添加的数据存储，单击“属性”链接，如图 2-71 所示。

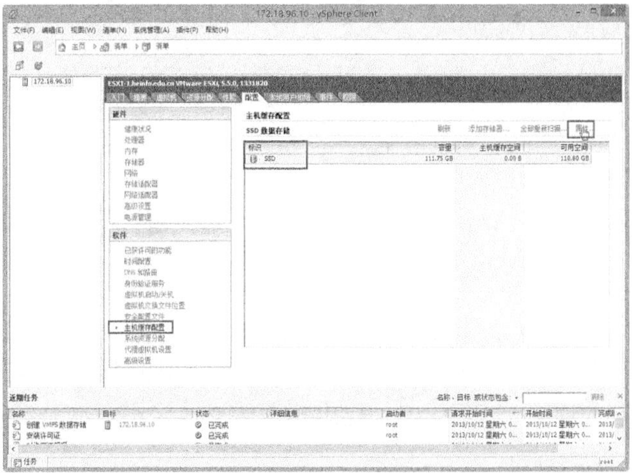

图 2-71　属性

（10）在“主机缓存设置”对话框，选择“分配主机缓存空间”，并设置缓存大小，在此设置缓存大小为 50GB，如图 2-72 所示。也可以选择“使用最大可用空间”，以将整个固态磁盘当作主机缓存。

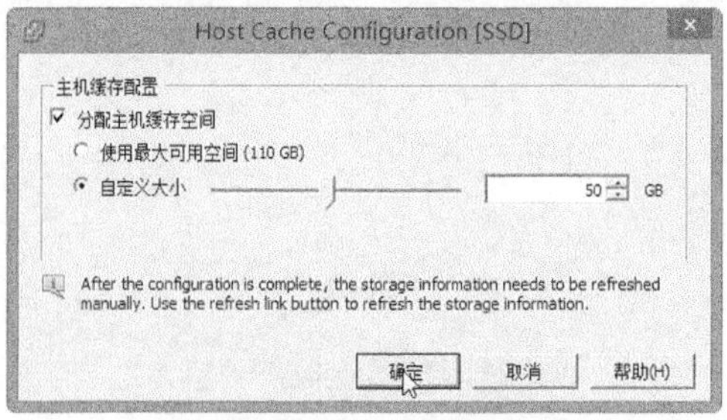

图 2-72　分配主机缓存空间

（11）配置之后，返回“主机缓存配置”，可以看到已经为主机缓存分配了 50GB 的空间，如图 2-73 所示。

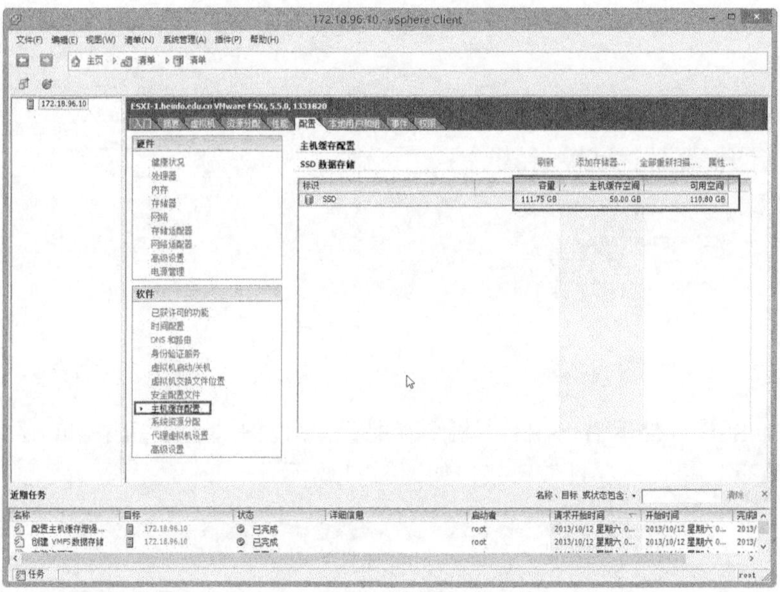

图 2-73　主机缓存空间

2.4　在 VMware ESXi 中配置虚拟机

使用 vSphere Client 连接到 VMware ESXi 之后，就管理并配置 VMware ESXi，包括添加存储、网络，以及在 VMware ESXi 创建虚拟机、在虚拟机中安装操作系统、重新配置虚拟机等。首先介绍在 VMware ESXi 中创建虚拟机的操作，稍后介绍管理 VMware ESXi 的内容。

2.4.1　创建虚拟机

在 vSphere Client 控制台中，创建虚拟机与在 VMware Workstation 中相类似，主要步骤如下。

（1）用鼠标右键单击连接到的 VMware ESXi 的计算机名称或 IP 地址，在弹出的快捷菜单中选择“新建虚拟机”选项，或者按“Ctrl+N”热键，如图 2-74 所示。

（2）在“配置”对话框中，选择“自定义”，如图 2-75 所示。

（3）在“名称和位置”对话框的“名称”文本框中，输入要创建的虚拟机的名称，如 Win81-TP，如图 2-76 所示。在 VMware ESXi 与 vCenter Server 中，每个虚拟机的名称最多可以包含 80 个英文字符，并且每个虚拟机的名称在 vCenter Server 虚拟机文件夹中必须是唯一的。在使用 vSphere Client 直接连接到 VMware ESXi 主机时无法查看文件夹，如果要查看虚拟机文件夹和指定虚拟机的位置，请使用 VMware vSphere 连接到 vCenter Server，并通过 vCenter Server 管理 ESXi。

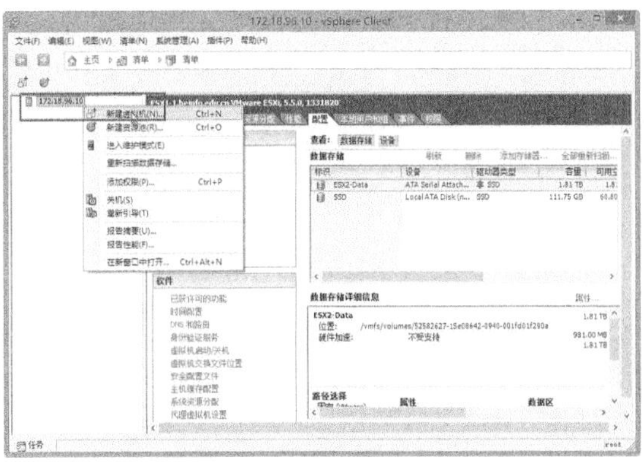

图 2-74　新建虚拟机

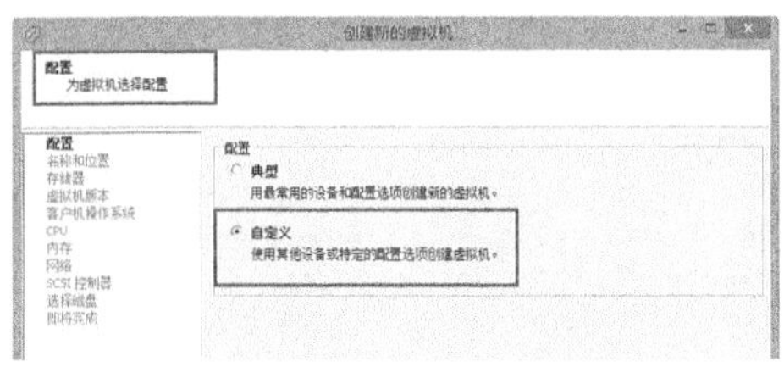

图 2-75　自定义配置

【说明】通常来说，创建的虚拟机的名称与在虚拟机中运行的操作系统或者应用程序有一定的关系，在本例中创建的虚拟机名称为 Win81-TP，表示这是创建一个 Windows 8.1 的虚拟机，并在虚拟机中安装 Windows 8.1 的操作系统。

（4）在“数据存储”对话框中，选择要存储虚拟机文件的数据存储，当前只有一个存储，如图 2-77 所示。在该列表中，显示了当前存储的容量、已经使用的空间、可用的空间、存储的文件格式。

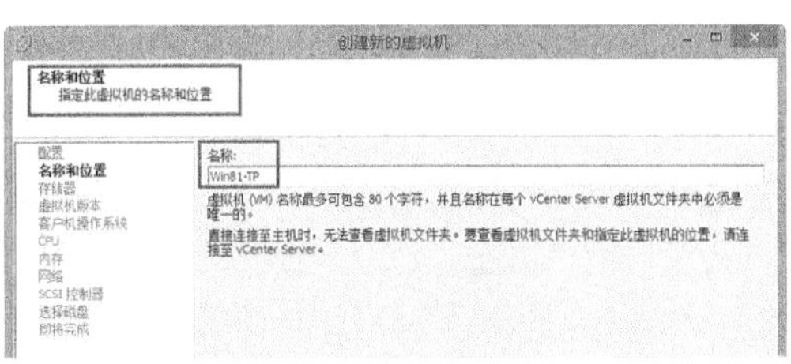

图 2-76　虚拟机名称

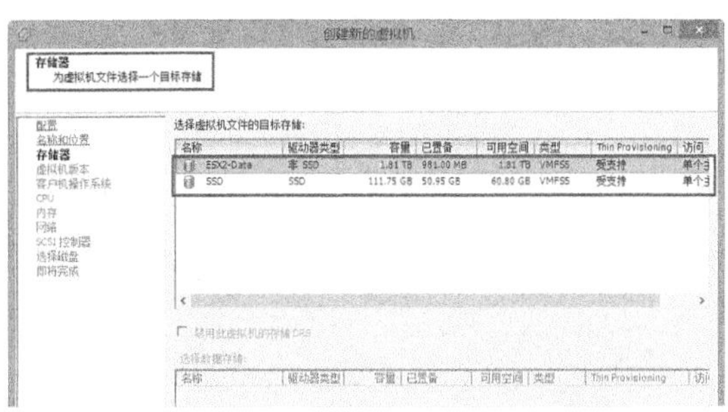

图 2-77　选择保存虚拟机位置的数据存储

（5）在“虚拟机版本”对话框中，选择虚拟机的版本。在 VMware ESXi 5 的服务器中，推荐使用“虚拟机版本：8”的格式，这是 VMware ESXi 5.0 支持的格式，具有更多功能。如图 2-78 所示。如果你的虚拟机在 VMware ESX/ESXi 4 及更高版本上运行，或者与 ESX/ESXi4 共享虚拟机时可以选择“虚拟机版本：7”。

【说明】 VMware ESXi 5.5 支持“虚拟机版本：10”，但在创建虚拟机的对话框中没有。如果你需要“虚拟机版本：10”，则可以在创建虚拟机后，通过升级硬件的方式，将虚拟机版本升级到 10。

（6）在“客户机操作系统”对话框中，选择虚拟机要运行的操作系统，如图 2-79 所示。这与 VMware Workstation、VMware Server 相类似。在本示例中选择“Windows 8（32 位）”。

（7）在“CPU”对话框中，选择虚拟机中虚拟 CPU 的数量，在 VMware ESXi 5 的硬件版本中，虚拟机中虚拟 CPU 的内核总数（虚拟插槽数×每个虚拟插槽的内核数）最多为 32，但这受限于主机的 CPU 数量。为虚拟机中分配的虚拟 CPU 的数量不能超过主机的 CPU 数量，例如在写作本章时，作者所用的服务器是具有 2 个 4 核心的 CPU，则在创建虚拟机时，为虚拟机中分配虚拟 CPU 的数量不能超过 2（虚拟插槽数），如图 2-80 所示。

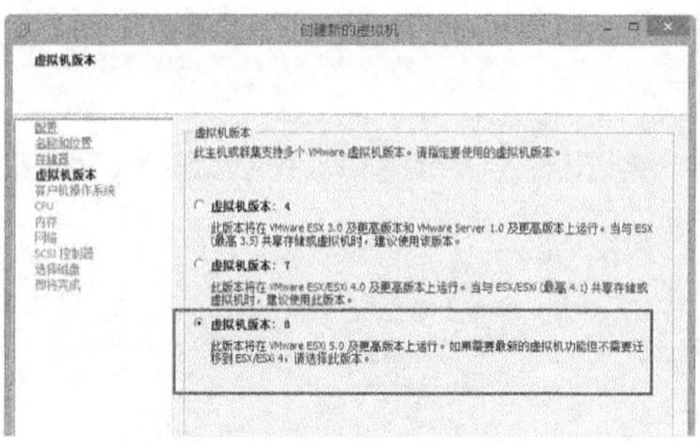

图 2-78　选择虚拟机版本

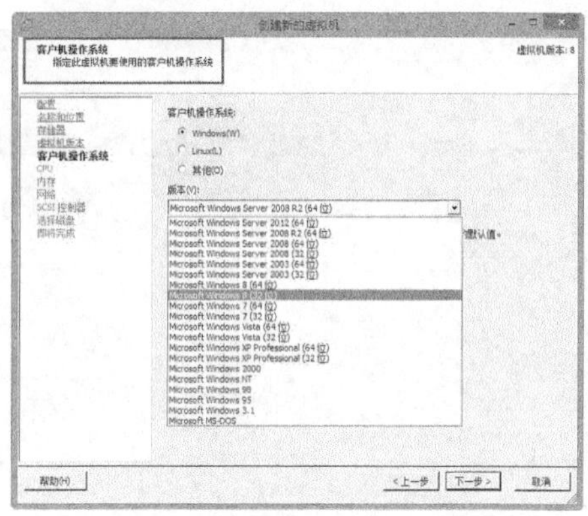

图 2-79　选择客户机操作系统

在为虚拟机选择内核数时，不会超过 VMware ESXi 所在主机的 CPU 内核总数，例如，当在一个具有 2 个 4 核心的 CPU 主机上，创建虚拟机时，每个虚拟插槽的内核数不会超过 4 个，如图 2-81 所示。

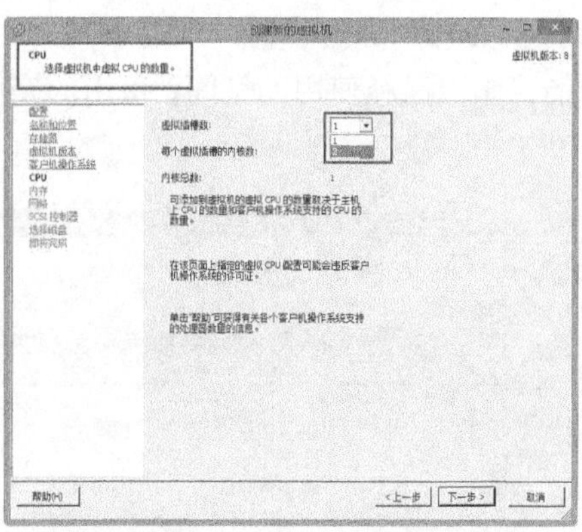

图 2-80　在 2 个 CPU 的 ESXi 主机创建虚拟机时的虚拟 CPU 数量选择

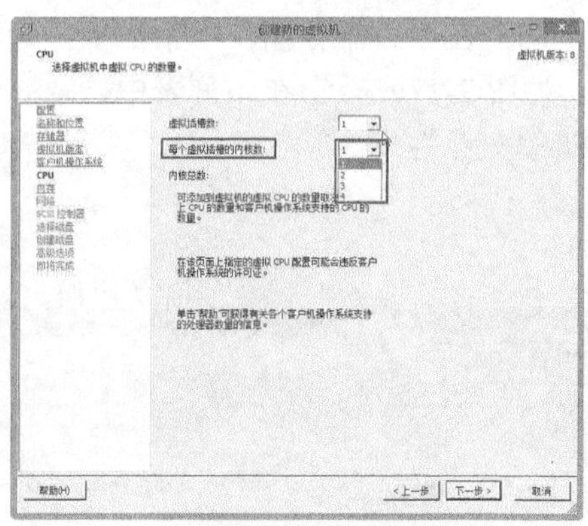

图 2-81　在不同 ESXi 主机创建虚拟机时的虚拟 CPU 数量选择

（8）在“内存”对话框中，配置虚拟机的内存大小，在默认情况下，向导为用户分配的一个合适的大小，在本例中为 Windows 8.1 的虚拟机默认会分配 1GB 的内存，如图 2-82 所示。

【说明】在 VMware ESXi 5 中，最多可以为虚拟机分配 1 011GB（大约接近 1TB 即 1 024GB 的内存量）。

（9）在“网络”对话框中，为虚拟机创建网络连接，如图 2-83 所示。在 VMware ESXi 中的虚拟机，最多支持 4 个网卡。在 VMware ESXi 5 中，虚拟网卡的类型默认为 Intel E1000 网卡，也可以选择 VMXNET 2 或 VMXNET 3 型网卡。当 VMware ESXi 主机有多个网络时，可以在“网络”列表中选择。

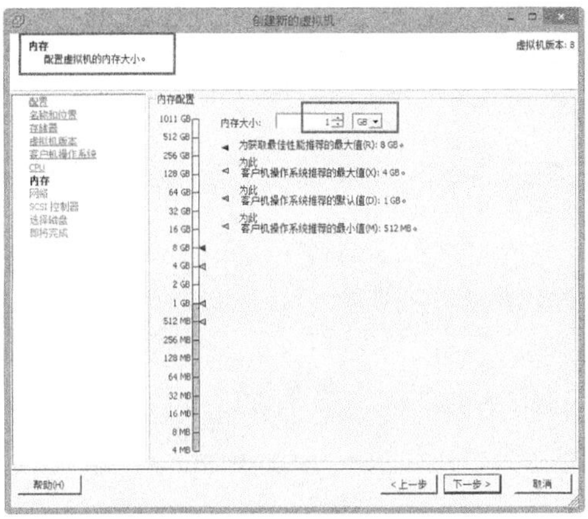

图 2-82　为虚拟机配置内存

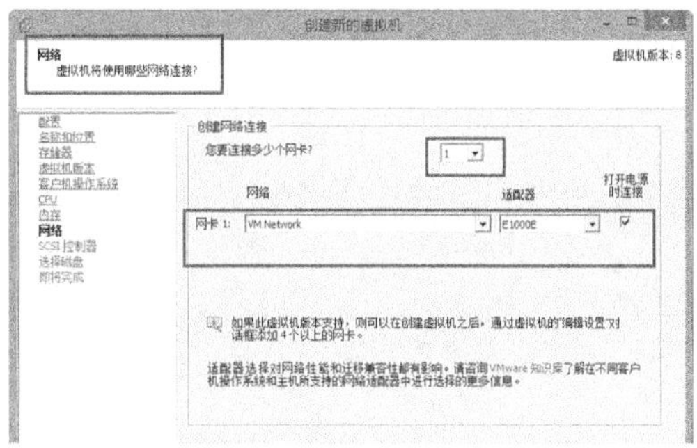

图 2-83　创建网络连接

【说明】在本例中，为虚拟机选择一个虚拟网卡，并且虚拟网卡类型为 Intel E1000。

（10）在“SCSI 控制器”对话框中，选择要使用的 SCSI 控制器类型，可以在“BusLogic”、“LSI 逻辑并行”、“LSI Logic SAS”、“VMware 准虚拟”之间选择，如图 2-84 所示。通常情况下，选择默认值即可。

（11）在“选择磁盘”对话框，为虚拟机创建虚拟硬盘，这与 VMware Workstation 相类似。在此选择“创建新的虚拟磁盘”，如图 2-85 所示。

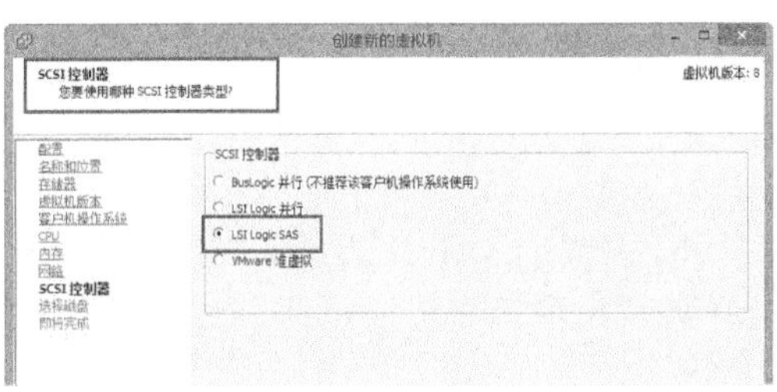

图 2-84　选择 SCSI 控制器

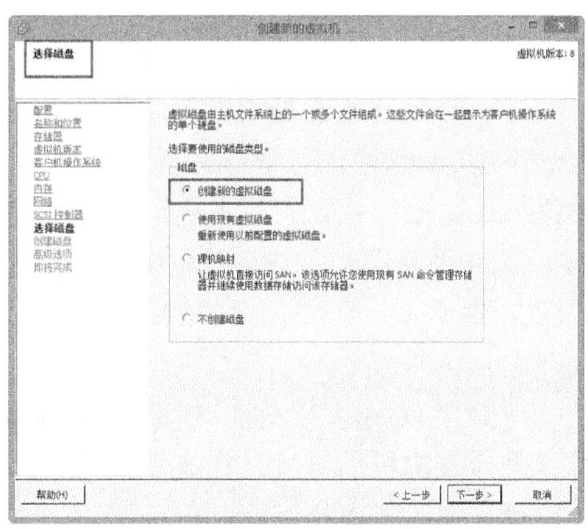

图 2-85　创建新的虚拟磁盘

【说明】与 VMware Workstation 可以直接使用主机物理硬盘相类似，在 VMware ESXi 中，可以直接使用“裸机映射”磁盘。

（12）在“创建磁盘”对话框中，设置新创建的虚拟磁盘的容量及置备参数。如果想让虚拟机“按需分配磁盘空间”，请选择“Thin Provision”；如果想让虚拟磁盘按照“磁盘大小”立刻分配空间，可以选择“厚置备延迟置零”或“厚置备置零”两种磁盘，如图 2-86 所示。厚置备磁盘具有更好的性能，但会占用过多的磁盘空间。通常情况下，对于需要使用数据库系统的虚拟机，选择厚置备磁盘（非 SSD 存储）；对于大多数的应用来说，选择“Thin Provision”即可。如果虚拟机保存在 SSD（固态硬盘）存储上，则不要选择“厚置备”磁盘，在 SSD 存储上使用“Thin Provision”即可获得更好的性能。通常来说，为 Windows 7、Windows 8 的虚拟机分配 60GB 即可满足系统的需求。

（13）在“高级选项”中，指定虚拟磁盘的高级选项与工作模式，如无必要，不要更改，如图 2-87 所示。

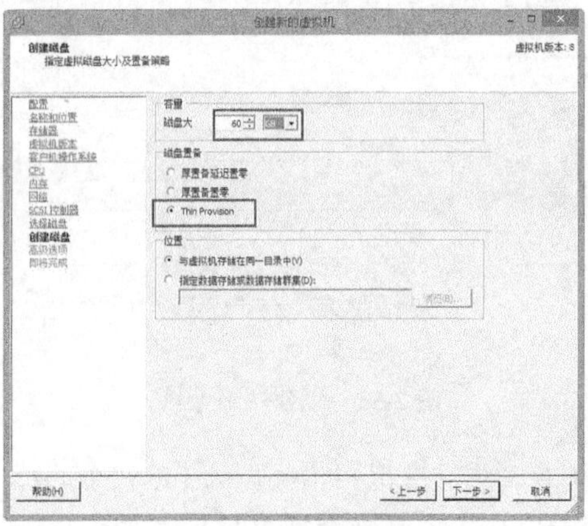

图 2-86　创建磁盘

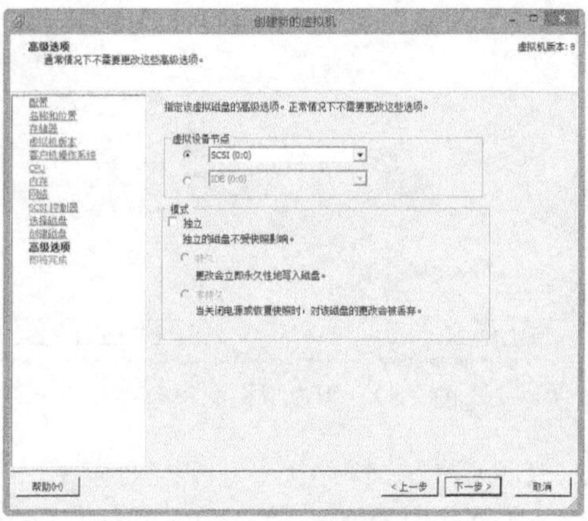

图 2-87　高级选项

【说明】“独立”磁盘模式不受快照影响。如果在一个虚拟机系统中，有多个虚拟硬盘时，在创建快照或者从快照中恢复时，选中为“独立”磁盘模式的虚拟硬盘保持不变。在 VMware ESXi 虚拟机中，“独立”磁盘有两种模式：“独立—持久”与“独立—非持久”。持久模式磁盘的行为与物理机上常规磁盘的行为相似。写入持久模式磁盘的所有数据都会永久性地写入磁盘。而对于“独立—非持久”模式的虚拟机关闭虚拟机电源或重置虚拟机时，对非持久模式磁盘的更改将丢失。使用非持久模式，您可以每次使用相同的虚拟磁盘状态重新启动虚拟机。对磁盘的更改会写入重做日志文件并从中读取，重做日志文件会在虚拟机关闭电源或重置时被删除。

（14）在“即将完成”对话框中，查看当前新建虚拟机的设置，然后单击“完成”按钮，如图 2-88 所示。如果你要想进一步修改虚拟机设置，可以选中“完成前编辑虚拟机设置”复选框。

（15）在创建虚拟机的过程中，在 vSphere Client 控制台中，在下方的“近期任务”中，显示创建虚拟机的进程。如果要启动虚拟机、查看虚拟机窗口，可以鼠标右击，在弹出的快捷菜单中选择“打开控制台”选项，如图 2-89 所示。

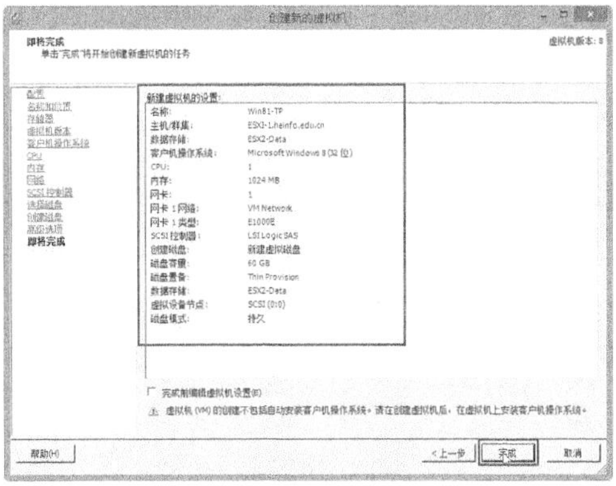

图 2-88　即将完成

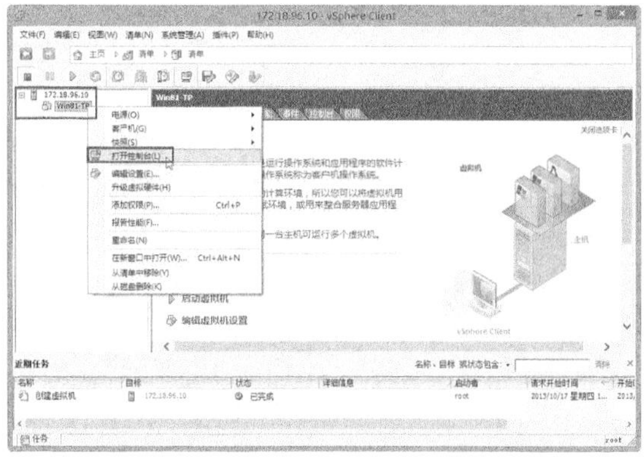

图 2-89　近期任务与打开控制台

2.4.2　修改虚拟机的配置

与 VMware Workstation、VMware Server 相同，在创建虚拟机之后，在虚拟机的整个生存周期中，可以根据需要随时修改虚拟机的配置。通常情况下，都是在虚拟机关闭的情况下修改参数，如内存、CPU 数量、增加或移动虚拟硬盘、增加虚拟硬盘的大小、添加或移动网卡等。而在 VMware ESXi 5 中，对于安装某些操作系统的虚拟机，如 Windows Server 2003，是可以在虚拟机运行的情况下增加内存大小的，而 Windows Server 2008，还可以在虚拟机运行的时候增加虚拟 CPU 的数量，这个功能称为内存与 CPU 的热添加功能。接下来，通过在上一节创建的虚拟机，来介绍修改虚拟机配置这一功能的使用。

在 vSphere Client 控制台中，在左边的窗格中，右击一个虚拟机弹出快捷菜单，在该菜单中可以打开或关闭虚拟机电源、打开虚拟机的控制台、修改虚拟机的设置、重命名虚拟机、删除虚拟机等，如图 2-90 所示。这些操作比较简单，不再一一介绍。

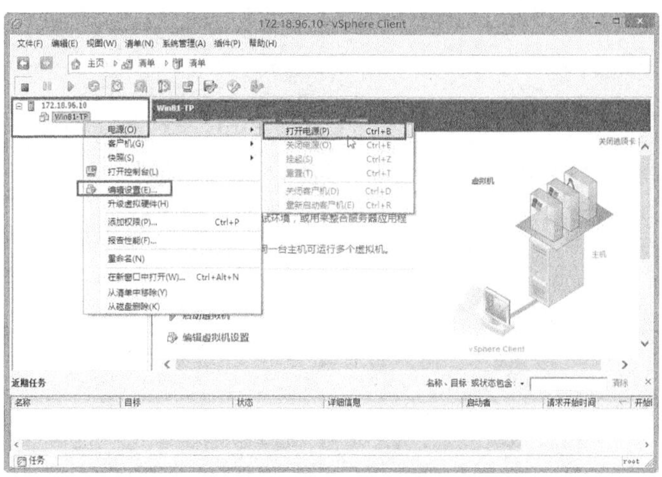

图 2-90　快捷菜单

在弹出的快捷菜单中，选择“编辑设置”，可以打开虚拟机的配置对话框，修改虚拟机的设置。例如，可以添加、删除虚拟机的硬件，也可以修改虚拟机的参数，如设置内存大小、硬盘大小等，如图 2-91 所示。

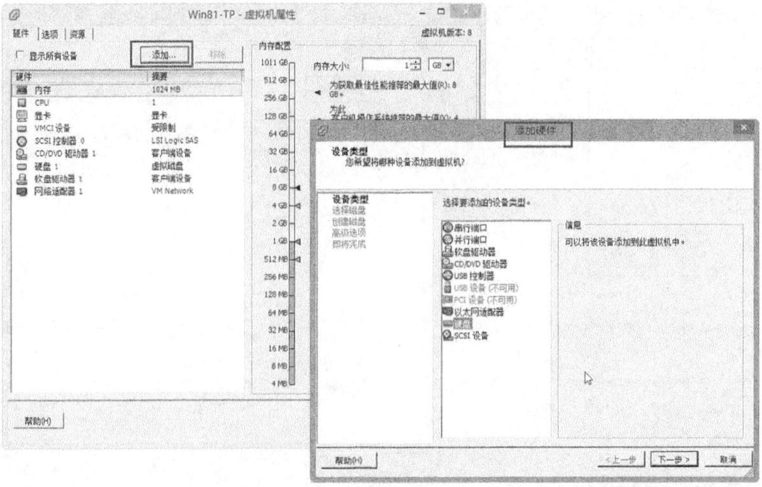

图 2-91　添加硬件对话框

在虚拟机配置对话框中，大多与 VMware Workstation 中相类似，但也有不同，主要如下。

（1）在 VMware ESXi 的虚拟机，可以修改硬盘大小，如图 2-92 所示。

注意：无论是在 VMware Workstation 还是在 VMware ESXi 中，只能增加硬盘容量，不能减小硬盘的容量。并且虚拟硬盘的大小受限于所在的存储器的大小及 VMware 虚拟机最大硬盘大小（2TB）。例如，在图 2-92 中，Win81-TP 所在的 VMware ESXi 存储中最大空间为 19 144.54GB，则该虚拟机的硬盘大小则为 1 914.54GB；如果当前服务器可用空间超过 2TB，则虚拟硬盘上限为 2TB。

（2）VMware ESXi 的虚拟机的光驱、软驱，除了可以使用 VMware ESXi 的主机设备外，还可以使用所连接的 vSphere Client 客户端的光驱或镜像文件，也可以使用保存在 VMware ESXi 的数据存储中的镜像，如图 2-93 所示。

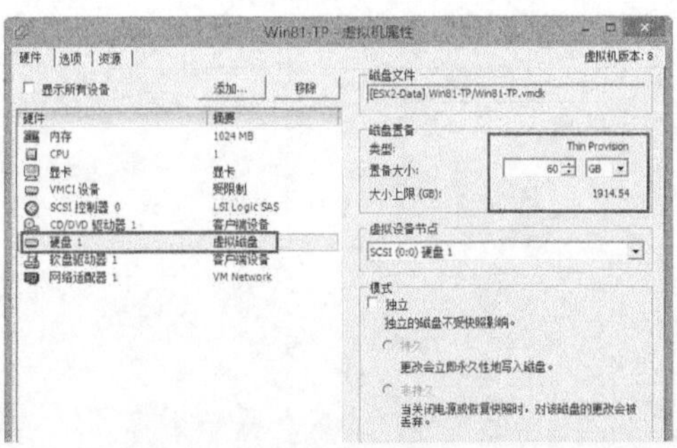

图 2-92　可以直接扩充磁盘空间

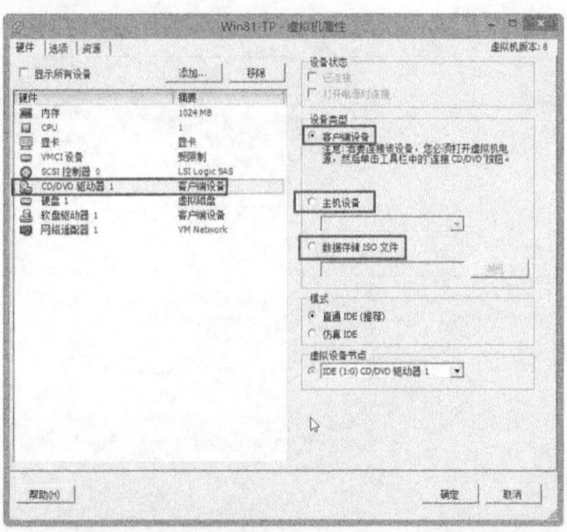

图 2-93　光驱可以使用客户端、主机及数据存储中的镜像

（3）在"显卡"选项中，可以为虚拟机指定显示器数目、视频内存大小，如图 2-94 所示。如果是 Windows 7、Windows 8 等工作站操作系统的虚拟机，可以为虚拟机启用 3D 支持，如果是 Windows Server 2003 等服务器操作系统，虚拟机不能启动 3D 支持（选项为灰

色）。通常情况下，为虚拟机分配较大的视频内存可以提高虚拟机的显示性能。如果不清楚为虚拟机设置多大的内存，可以选择“自动检测设置”。

（4）在“CPU”选项中，可以为虚拟机指定虚拟 CPU 的插槽数与每插槽的内核数，如图 2-95 所示。

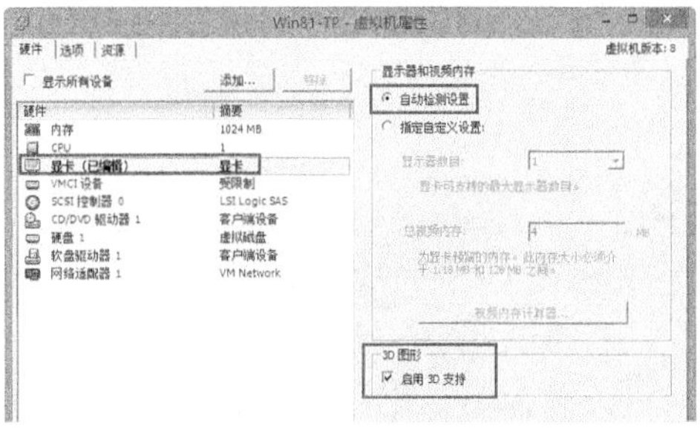

图 2-94　显卡设置

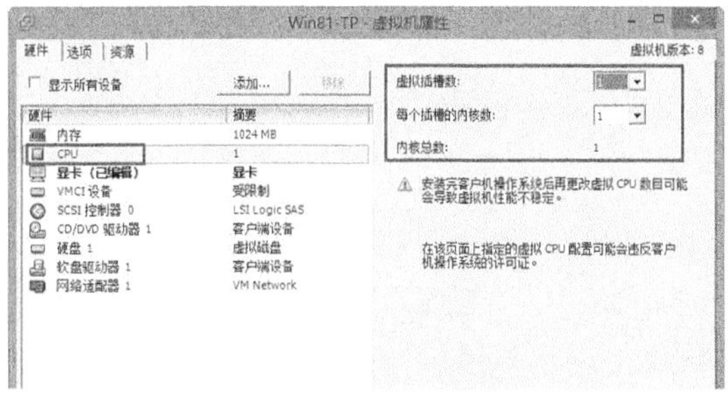

图 2-95　虚拟 CPU 设置

（5）在“选项→高级→内存/CPU 热插拔”中，如果虚拟机所配置的操作系统支持内存的热添加或（与）CPU 的热插拔，在该项对应的设置是可以修改并启用的。Windows 7、Windows 8、Windows Server 2008、Windows Server 2008 R2、Windows Server 2012 等操作系统虚拟机还支持“CPU 热插拔”功能，大多数的操作系统支持内存热添加。在“内存热添加”项可以选择“为此虚拟机启用内存热添加”，而在“CPU 热插拔”选项中，“为此虚拟机启用 CPU 热添加”与“为此虚拟机启用 CPU 热添加和热移除”选项禁用，如图 2-96 所示。当虚拟机所配置的操作系统是 Windows Server 2008 R2、Windows Server 2008 时，是可以启用 CPU 热插拔选项。

（6）虚拟机的启动是比较好的，这就导致在虚拟机启动时，来不及按“F2”键进入 BIOS 设置。此时可以在“选项→高级→引导选项”中，选中“下一次虚拟机引导时，强制进入 BIOS 设置画面”，这样当虚拟机启动时会进入 BIOS 设置对话框，如图 2-97 所示。

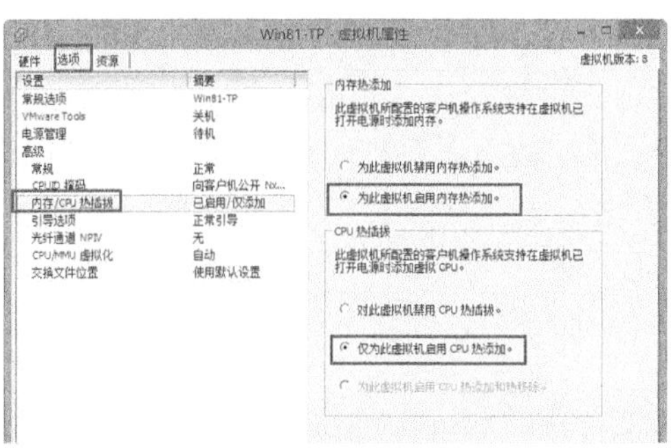

图 2-96　内存与 CPU 热插拔选项

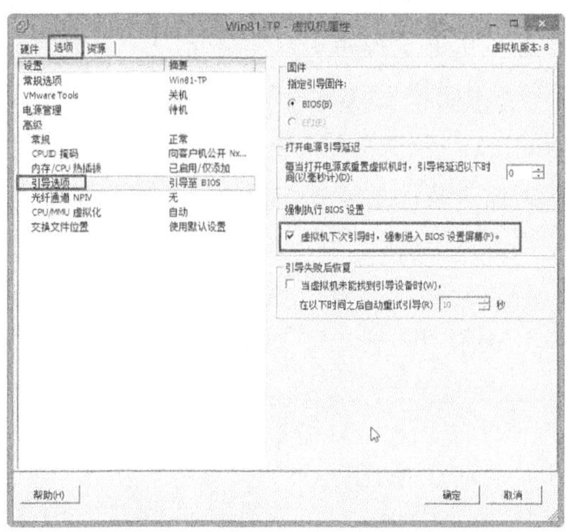

图 2-97　强制 BIOS 选项

（7）在“资源”选项卡中，可以分配 CPU、内存、磁盘等资源值，默认情况下是没有进行限制，可以根据需要，限制虚拟机的 CPU、内存、磁盘占用的资源，如图 2-98 所示。

有关虚拟机的其他设置，以后在用到的时候会做进一步的介绍。

在 vSphere Client 中，单击工具栏上的“”按钮，或者在快捷菜单中，选择“打开控制台”命令，打开虚拟机的控制台，在该虚拟机台中，可以启动、关闭虚拟机，以及修改虚拟机的设置。例如，可以为当前虚拟机选择保存在 vSphere Client 客户端硬盘上的光盘镜像作为虚拟机的光驱，以为虚拟机安装操作系统，如图 2-99 所示。

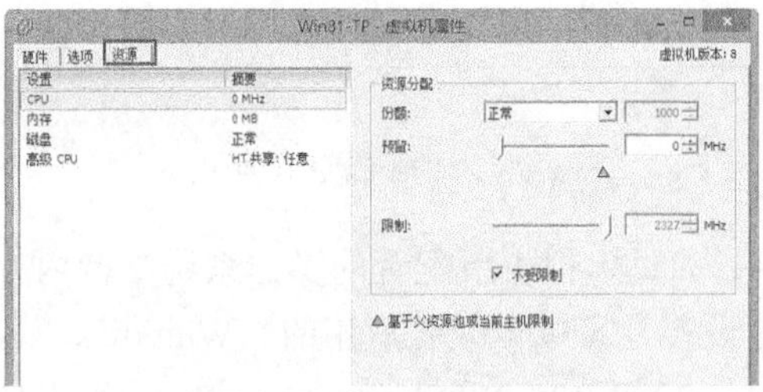

图 2-98 限制虚拟机资源占用率

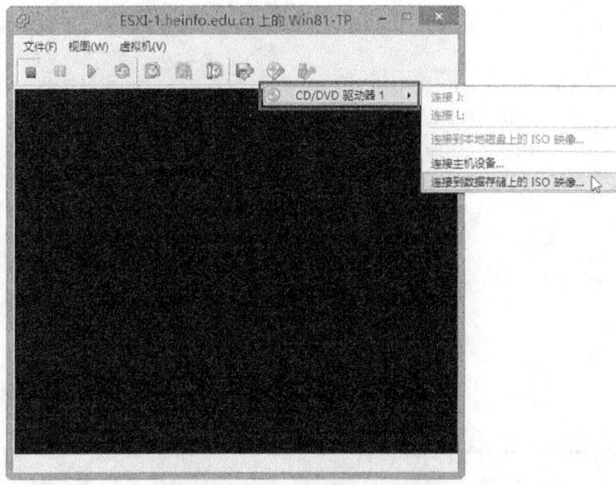

图 2-99 光驱选择

2.4.3 在虚拟机中安装操作系统

本节将介绍在 VMware ESXi 虚拟机中安装操作系统、安装 VMware Tools 的步骤，这个步骤与 VMware Workstation 类似。在本节的实验中，将在 Win81-TP 的虚拟机中安装 Windows 8 企业版操作系统。

（1）打开 WIN81-TP 虚拟机控制台，单击“▶”按钮启动虚拟机。首先要选择使用何种方式（或介质）安装操作系统。你可以通过单击“”按钮弹出“CD/DVD 驱动器 1”下拉菜单，选择是使用主机设备、主机数据存储上的 ISO 镜像、本地磁盘上的 ISO、本地设备作为安装光盘安装操作系统，如图 2-100 所示。

【说明】如果在企业，推荐在网络中配置“Windows 部署服务器”，通过网络部署 Windows 操作系统，或者将常用的操作系统（例如 Windows 8、Windows Server 2012）的 ISO 镜像文件上传到 VMware ESXi 数据存储。当然也可以使用本地 ISO 镜像，这可根据实际情况选择。

（2）设置之后，用鼠标在控制台窗口中单击一下，进入虚拟机的设置。如果虚拟机进入 CMOS 菜单，按 F10 键保存退出，如图 2-101 所示。

（3）在本示例中，使用网络中的“Windows 部署服务”安装。虚拟机启动后，会从网络中的 DHCP 服务器获得 IP 地址并从 Windows 部署服务下载启动镜像，之后按“F12”键开始启动从 Windows 部署服务，如图 2-102 所示。

（4）在“Windows Boot Manager”菜单选择启动镜像，如果是 32 位虚拟机，选择 X86，如果是 64 位虚拟机，则选择 X64，如图 2-103 所示。

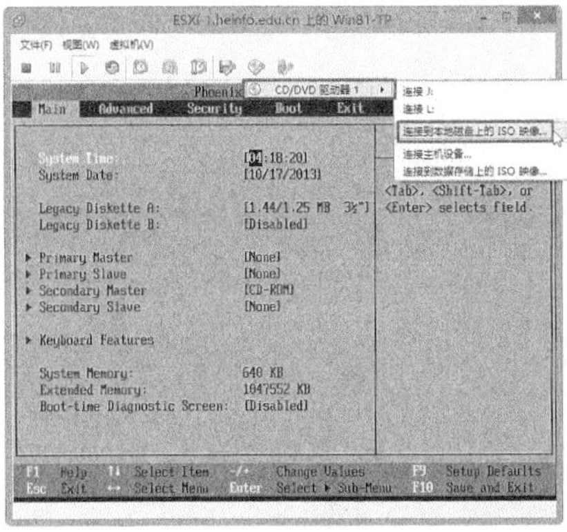

图 2-100　连接到本地磁盘上的 ISO 映像

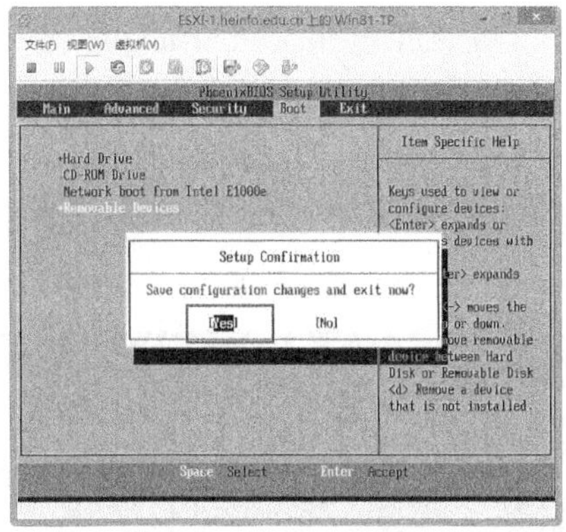

图 2-101　保存设置退出

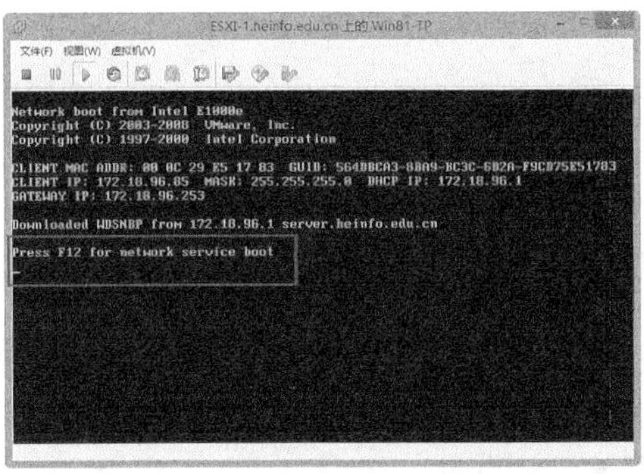

图 2-102　按“F12”键启动

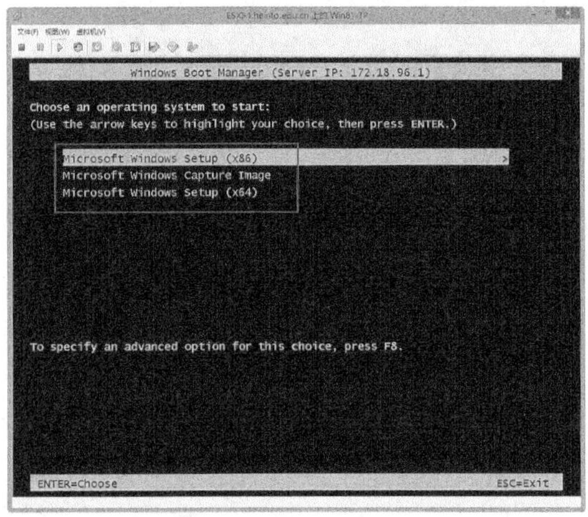

图 2-103　选择启动镜像

（5）在“选择要安装的操作系统”列表中，选择要安装的系统，在此选择 32 位的 Windows 8.1 企业版，如图 2-104 所示。

（6）在“你想将 Windows 安装在哪里”选择安装磁盘，直接单击“下一步”按钮，将 Windows 8.1 安装在硬盘上，如图 2-105 所示。

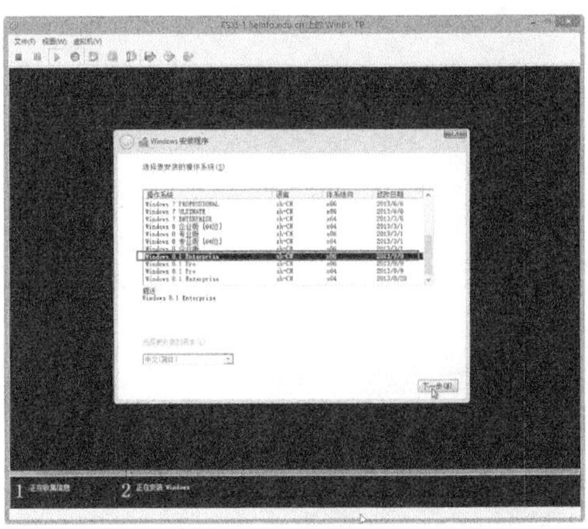

图 2-104　选择要安装的操作系统

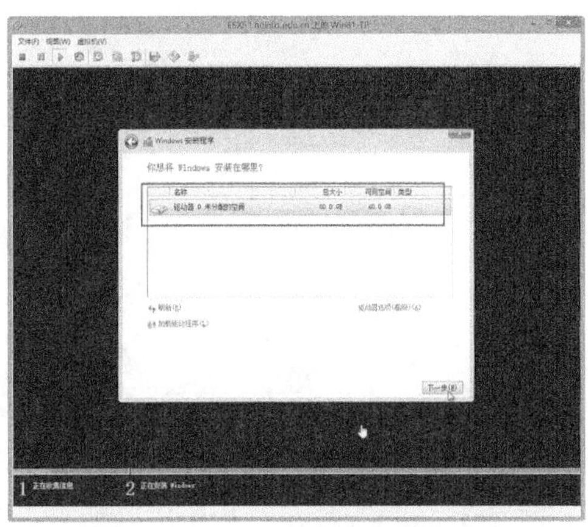

图 2-105　安装位置

（7）之后开始安装 Windows 8.1，大约需要 15～20 分钟的时间。安装完 Windows 8.1 企业版后，在“许可条款”对话框，接受许可协议，如图 2-106 所示。

（8）在安装完 Windows 8.1 之后，在“虚拟机”菜单中选择“客户机→安装/升级 VMware Tools”，如图 2-107 所示，然后根据提示安装 VMware Tools。

图 2-106 许可条款

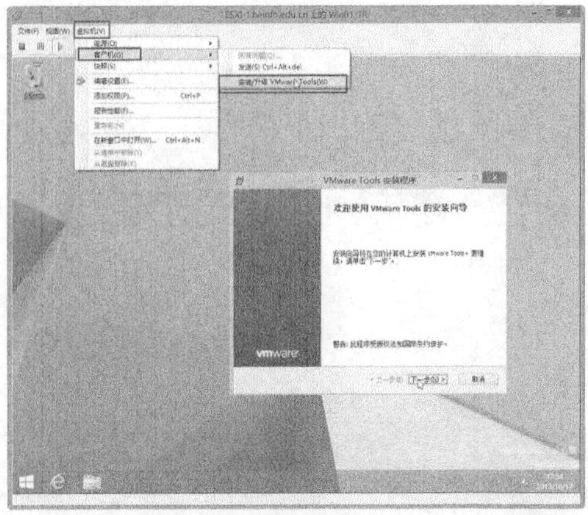

图 2-107 安装 VMware Tools

（9）在安装完 Windows 8.1、VMware Tools 之后，激活 Windows 8.1。对于 Windows 7 专业版、Windows 7 企业版、Windows 8 专业版、Windows 8 企业版、Windows Server 2008、Windows Server 2012 等操作系统，建议在网络中通过配置 KMS 服务器来激活。另外，如果网络中配置了 Active Directory、DNS、DHCP 服务器，也可以将 KMS 服务器地址配置在 DNS 中，只要计算机是“自动获得 IP 地址与 DNS 地址”，在网络连通后，相关的操作系统会自动激活。在 Windows 8.1 激活之后，然后安装常用的软件，之后右击左下角的按钮选择关闭 Windows 8.1 虚拟机，如图 2-108 所示。

图 2-108 安装完成关闭虚拟机

在 VMware ESXi 虚拟机中安装软件，与在 VMware Server 虚拟机中安装软件相似：

（1）可以在虚拟机中，直接访问 Internet，从 Internet 下载安装程序。

（2）在虚拟机中，通过局域网连接到网络中的其他共享服务器获得安装程序。

（3）将软件的安装程序制作成 ISO 镜像加载到虚拟机中安装。

在这一点上，在 VMware ESXi 中安装软件要比 VMware Workstation 复杂，因为在 VMware Workstation 中，可以直接将主机中的软件通过拖曳到虚拟机中，或者直接将主机文件夹映射到虚拟机中。但 VMware ESXi 则没有提供这一功能。

2.4.4　在 ESXi 虚拟机中使用 U 盘或其他外设

VMware ESXi 虚拟机支持外接 U 盘或其他并口（LPT1）、串口（COM1、COM2）设备，这些设备既可以连接在 VMware ESXi 所在主机，也可以连接到 vSphere Client 管理客户端。如果只是暂时使用，可以连接到 vSphere Client，如果是在某个虚拟机一直使用，则需要将这些设置安装在 VMware ESXi 主机上。

要使用 USB 或并口、串口设备，你需要修改虚拟机设置，在虚拟机中添加 USB 设备或并口、串口，然后启动虚拟机，让虚拟机连接这些设备。下面以在 VMware ESXi 虚拟机中，使用插在 ESXi 主机的一个 U 盘为例进行介绍。

（1）在 VMware ESXi 主机上插上一个 U 盘，然后用 vSphere Client 登录 vCenter Server 或 VMware ESXi 主机，打开该主机上的一个虚拟机，在“虚拟机”菜单选择“编辑设置”，如图 2-109 所示。

（2）打开虚拟机属性对话框，单击“添加”按钮，如图 2-110 所示。

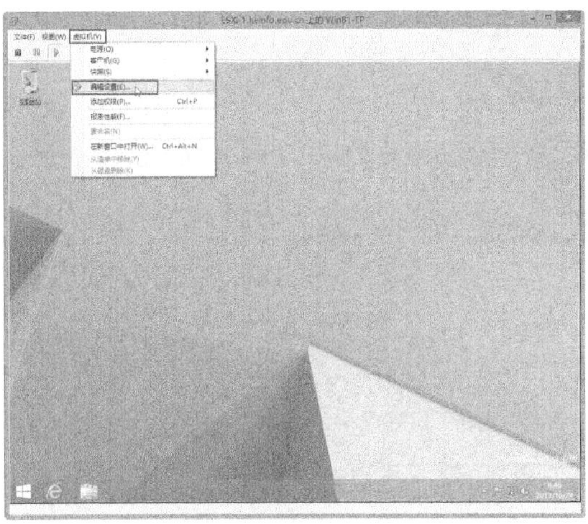

图 2-109　编辑设置

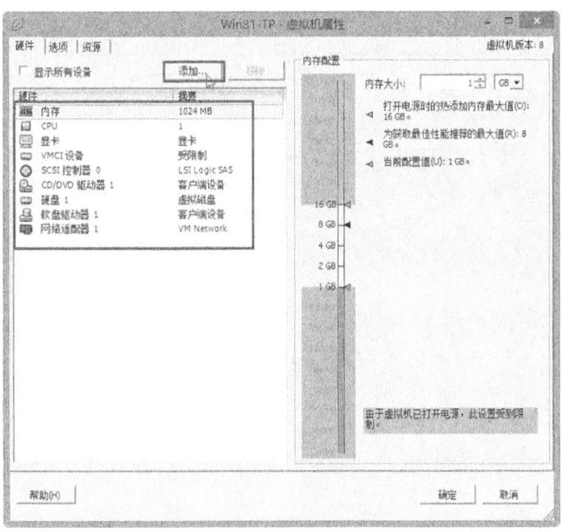

图 2-110　添加设备

（3）在“添加硬件”对话框中，在“设备类型”中先添加“USB 控制器”，然后再添加“USB 设备”，如图 2-111 所示。

（4）在“USB 控制器”对话框中，添加控制器类型为 EHCI+UHCI 的控制器，如图 2-112 所示，这是一个 2 端口 USB 控制器，即最大允许在虚拟机中添加 2 个 USB 设备。

（5）在“即将完成”对话框，显示了添加的 USB 控制器类型，单击“完成”按钮，返回到虚拟机属性对话框，此时已经显示添加了 USB 控制器，如图 2-113 所示。

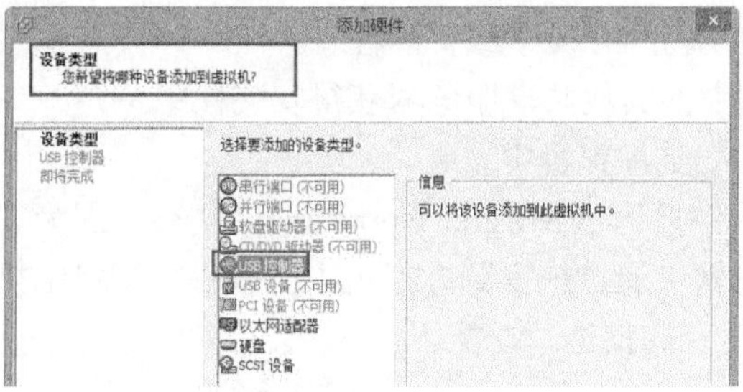

图 2-111 添加 USB 控制器

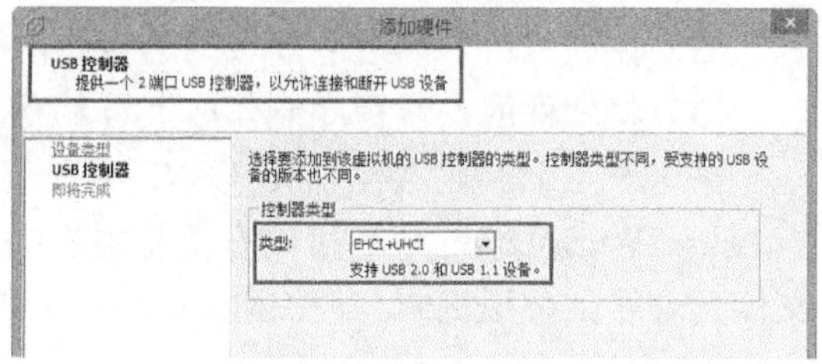

图 2-112 添加 USB 控制器

（6）再次单击“添加”按钮，在“设备类型”对话框中选择“USB 设备”，如图 2-114 所示，以添加 USB 设备。

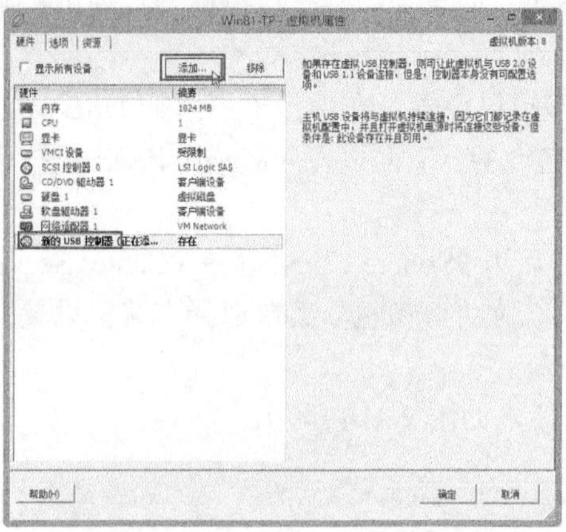

图 2-113 添加了 USB 控制器

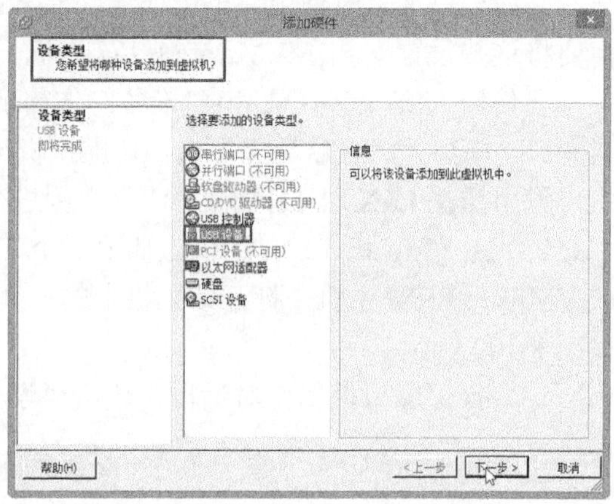

图 2-114 添加 USB 设备

（7）在“选择 USB 设备”对话框中，从列表中选择可用的 USB 设备，如图 2-115 所示。

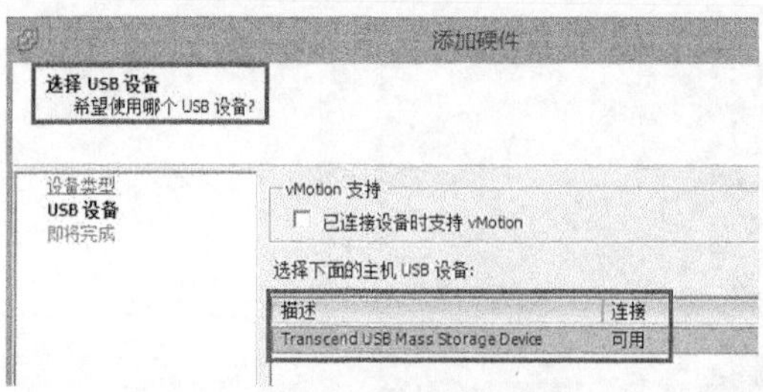

图 2-115 选择 USB 设备

【说明】如果要使用主机上的串口或并口设备，需要关闭虚拟机的电源，再次添加。

（8）在“即将完成”对话框中，显示了添加的设备，单击“完成”按钮。

（9）返回到虚拟机属性对话框，可以看到添加的主机设备，如图 2-116 所示。

（10）切换到虚拟机中，打开“资源管理器”，可以看到添加的 U 盘已经可以使用，如图 2-117 所示。

（11）虚拟机不使用 VMware ESXi 主机上的 USB 设备后，请及时修改虚拟机的配置，移除添加的 USB 设备，如图 2-118 所示。

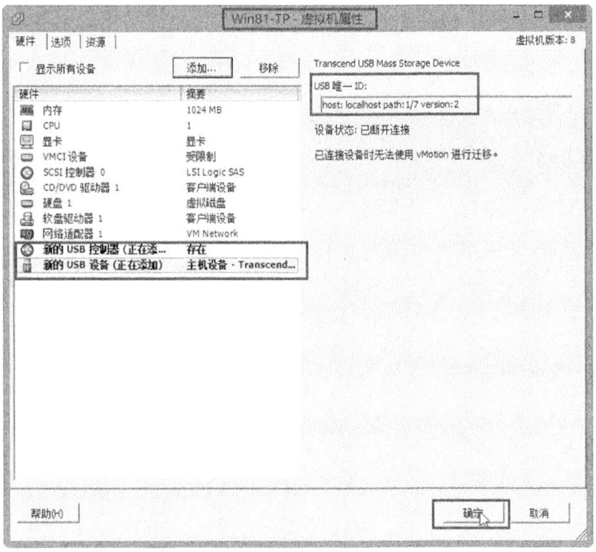

图 2-116　添加 USB 控制器及 USB 设备完成

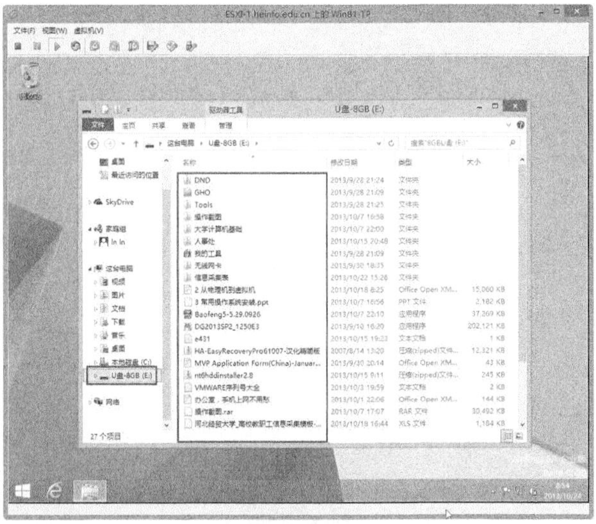
图 2-117　在虚拟机中使用主机的 U 盘

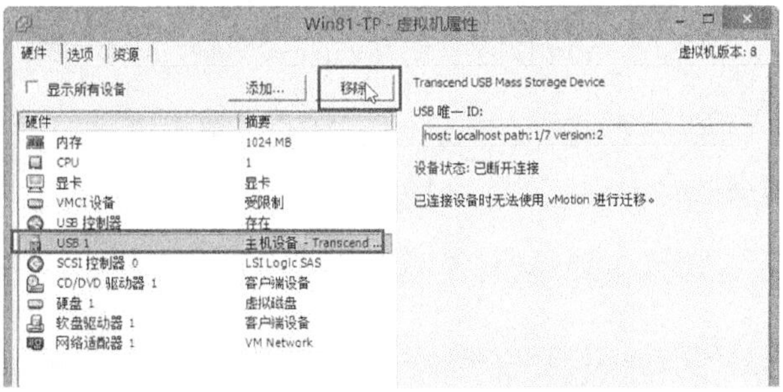

图 2-118　移除不用的主机上的 USB 设备

如果要使用 vSphere Client 客户端计算机上的 U 盘，方法也很简单，步骤如下。

（1）在虚拟机中添加了 USB 控制器后，在 vSphere Client 主机上插入 U 盘，并用 vSphere Client 打开虚拟机控制台，单击""按钮，弹出"连接 USB 设备"快捷菜单，在该菜单中将会显示 vSphere Client 主机上连接的 USB 设备，如图 2-119 所示，在此选择主机上的 USB Flash Disk。

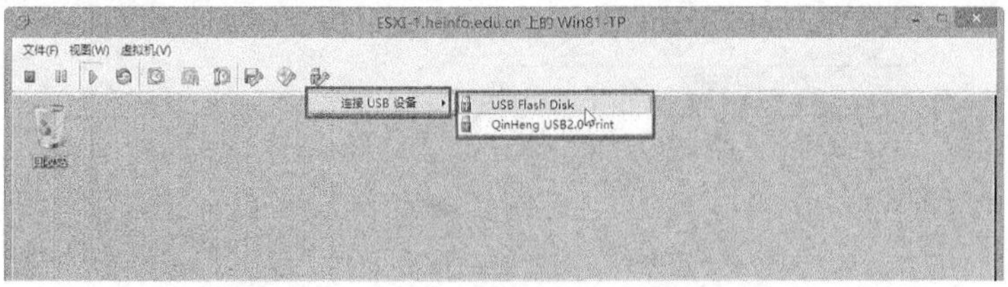

图 2-119 连接到 vSphere Client 的 U 盘

（2）之后在虚拟机中，打开"资源管理器"，即能使用 vSphere Client 主机上的 U 盘，如图 2-120 所示。

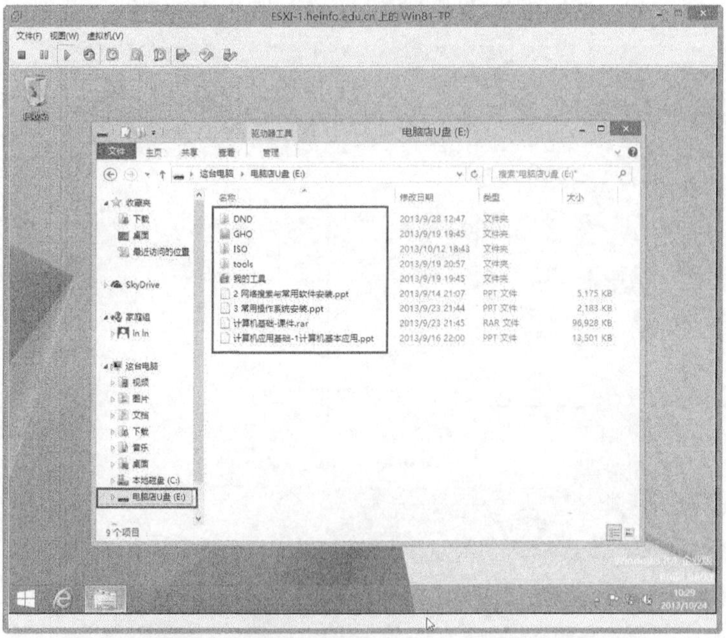

图 2-120 在虚拟机中使用 vSphere Client 上的 U 盘

（3）当不再使用 vSphere Client 上的 USB 设备后，单击""按钮，选择"USB 设备 1→从 USB Flash Disk 断开连接"，如图 2-121 所示。

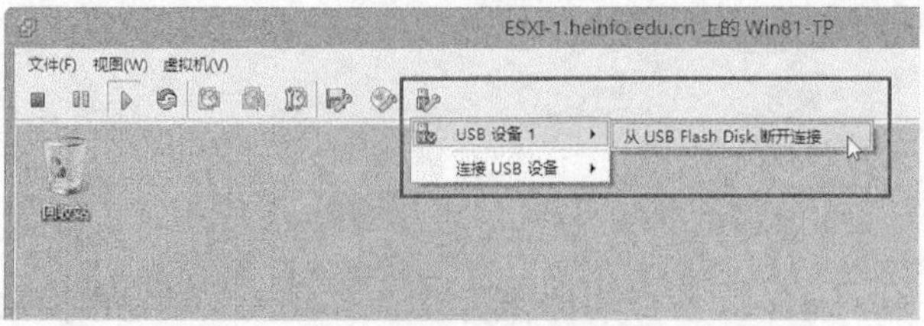

图 2-121 断开 USB 连接

【说明】在虚拟机中使用主机的 USB 设备，无论虚拟机是否开机都可；而在虚拟机中使用 vSphere Client 中的设备，虚拟机必须开机。

2.4.5　使用快照保存虚拟机状态

VMware ESXi 提供了“快照”功能，可以保存虚拟机的“状态”，并且在需要时将其恢复到“快照”时的状态。VMware ESXi 可以提供无限的快照（受限于 VMware ESXi 存储空间）。VMware ESXi 中虚拟机的快照管理也比较简单，你可以在任何时候（包括虚拟机正在启动、运行）创建快照，如图 2-122 所示。

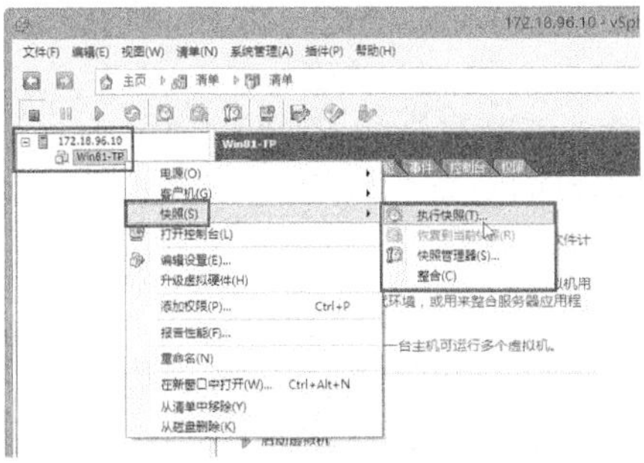

图 2-122　执行快照

在“执行虚拟机快照”对话框中，在“名称”文本框中输入快照的名称，在“描述”文本框中，输入快照的描述。描述可以识别名称类似的快照之间的差异。在快照生成后，描述显示在“快照管理器”中。

在创建快照的时候，如果虚拟机正在运行，可以选中“生成虚拟机内存快照”复选框，这样会将虚拟机当前的状态保存下来，即在创建快照的同时可捕获虚拟机的内存。如果选中“使客户机文件系统处于静默状态（需要安装有 VMware Tools）”复选框以暂停客户机操作系统上的运行进程，以便在执行快照时文件系统内容处于一致状态。这仅应用于已打开电源的虚拟机。如图 2-123 所示。推荐在虚拟机关闭时创建快照。

在创建快照时，以及快照生成成功后，将列在 vSphere Client 窗口底部的“近期任务”面板中。

在“快照管理器”中，可以将虚拟机转到任意一个快照状态，也可以删除不用的快照，如图 2-124 所示。

图 2-123　生成虚拟机内存快照

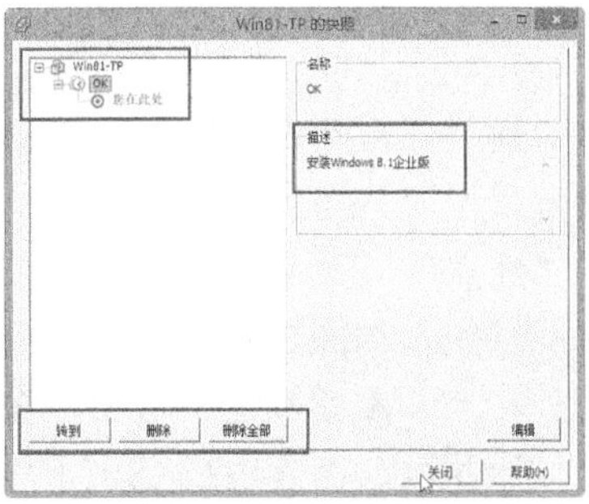

图 2-124　快照管理器

另外，除了可以在快捷菜单中执行快照，进入快照管理器后，还可以通过单击工具栏上的“ ”图标创建快照、恢复快照、进入快照管理器，不一一介绍。

【说明】（1）虽然可以在任何时间创建快照，但如无必要，请关闭虚拟机再创建快照。（2）在恢复快照时，虚拟机当前的状态会丢失，如果你需要保存当前的状态，可以为当前状态创建快照。（3）当虚拟机多次执行快照后，或者多次删除无用快照后，需要对虚拟机执行“整合”操作，以对冗余进行整理。

2.5 管理 VMware ESXi

接下来介绍使用 vSphere Client 管理 VMware ESXi 的内容，包括管理 VMware ESXi 存储器、网络，以及控制虚拟机的自启动与关机等。

2.5.1 查看主机的状态

用 vSphere Client 连接到 VMware ESXi，用鼠标单击 VMware ESXi 的计算机名称或 IP 地址，对 VMware ESXi 进行控制，如图 2-125 所示。

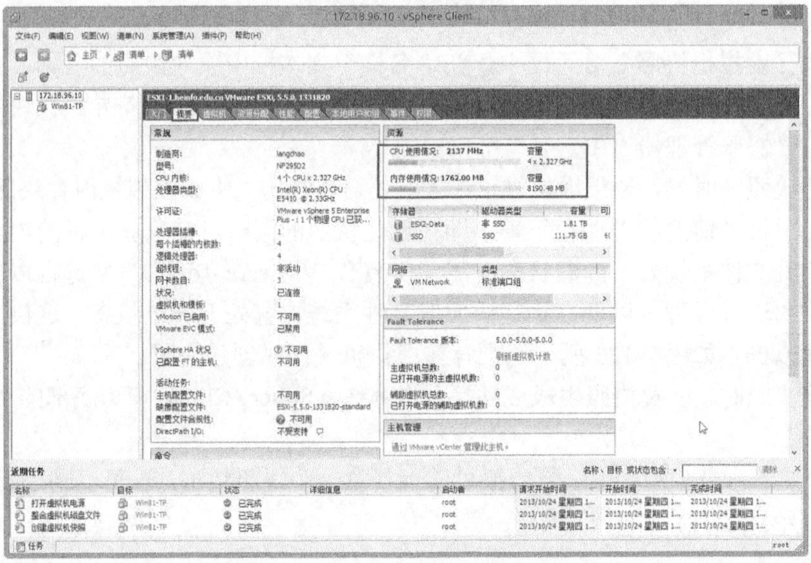

图 2-125 控制 ESXi

在“摘要”对话框中，显示了当前 VMware ESXi 主机的情况，包括 CPU、内存、网卡等情况，以及许可证的情况。

在“性能”选项卡中，可以查看当前主机的性能，可以查看 CPU、磁盘、内存、网络、系统等的性能，如图 2-126 所示。

另外，在“配置”选项卡中，在“健康状况”、“处理器”、“内存”中，可以查看当前主机的健康状况、当前主机 CPU 的情况、内存的情况，如图 2-127 所示。

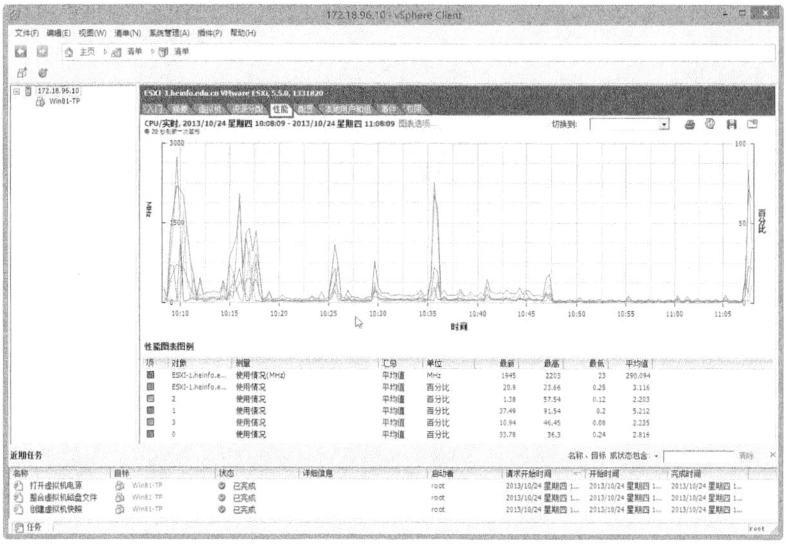

图 2-126　性能

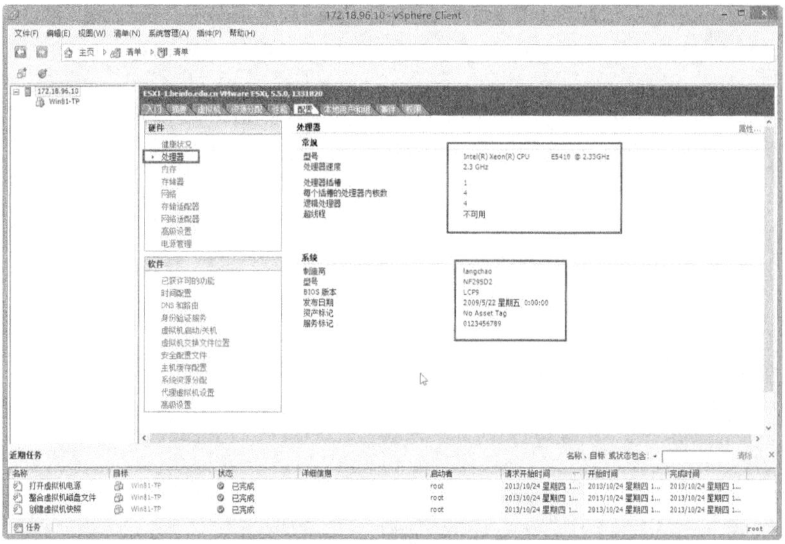

图 2-127　处理器状态

2.5.2　管理 VMware ESXi 本地存储器

在“存储器”选项中，可以添加、删除存储器，也可以重命名存储器，或者浏览数据存储，查看存储器中保存的数据，并对数据进行操作（上传、下载、删除、打开其中的虚拟机），如图 2-128 所示。

在图 2-128 中，用鼠标右击数据存储，在弹出的快捷菜单中选择“浏览数据存储”命令，将会打开“数据存储浏览器”。

（1）首先会看到在数据存储中有一个 WIN81-TP 的文件夹，这是创建的 Windows 8.1 虚拟机的名称及保存位置，如图 2-129 所示。

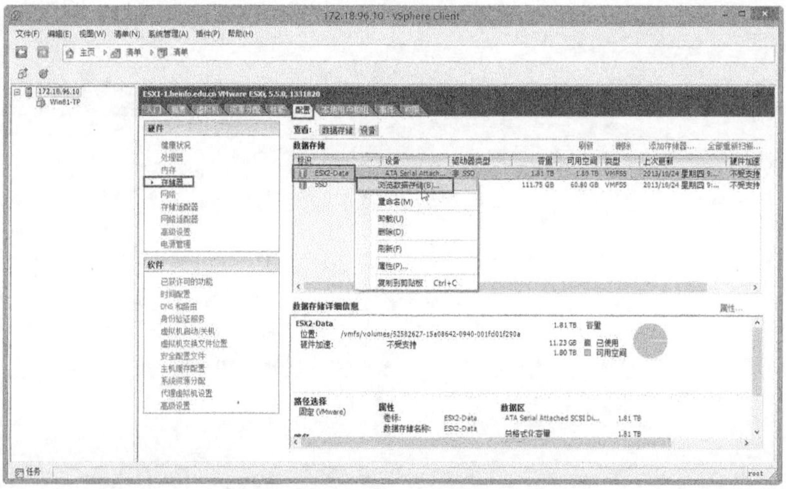

图 2-128 存储器

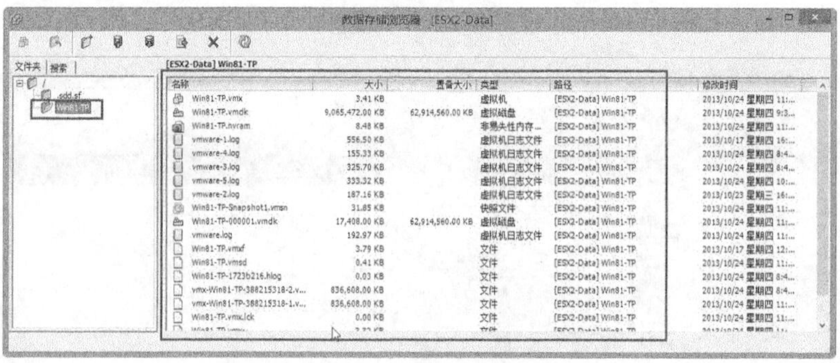

图 2-129 浏览数据存储

（2）在弹出的“数据存储浏览器”中，选中“/”根目录，单击“”，可以创建一个文件夹，例如，文件夹名为 ISO。创建后，进入该文件夹，单击“”，在弹出的菜单中单击“上传文件”，如图 2-130 所示。

在随后打开的“上传项目”对话框中，可以将选中的文件上传到数据存储中，可以将常用的操作系统的安装光盘镜像（如 Windows Server 2003、Windows Server 2008、Windows 7、Windows 8 等）上传到这个目录中，以后在安装操作系统的时候，可以直接使用保存在数据存储中的光盘镜像作为虚拟机的光驱。

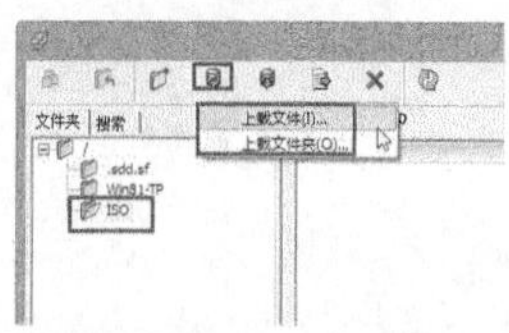

图 2-130 上传图标

（3）你还可以选择“上传文件夹”功能，选择本地中已经安装好的虚拟机并将整个虚拟机所在的文件夹上传到 VMware ESXi 的数据存储中，上传完成后，定位到文件夹中的 vmx 文件，用鼠标右键单击，在弹出的快捷菜单中选择“添加到清单”选项，即可以将上传的虚拟机添加到 VMware ESXi 中，如图 2-131 所示。

（4）在数据存储中，还可以选中一个文件、文件夹，并将其删除、下载到 vSphere Client、重命名、剪切、复制等操作，如图 2-132 所示。这些比较简单，不一一介绍。

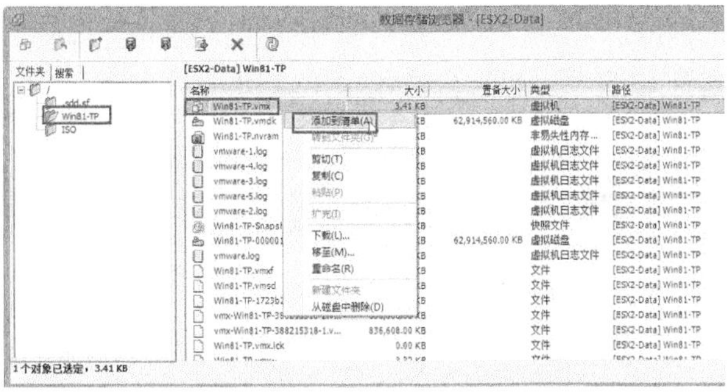

图 2-131　上传虚拟机并且添加到清单

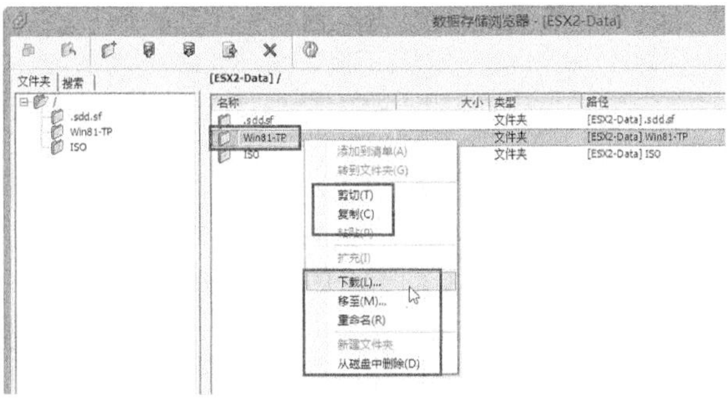

图 2-132　文件夹操作

2.5.3　设置虚拟机跟随主机一同启动

如果想让 VMware ESXi 的虚拟机，跟随主机一同启动、关闭，可以按照如下的操作设置。

（1）在“配置→虚拟机启动和关机”选项中，单击右侧的“属性”按钮，如图 2-133 所示。

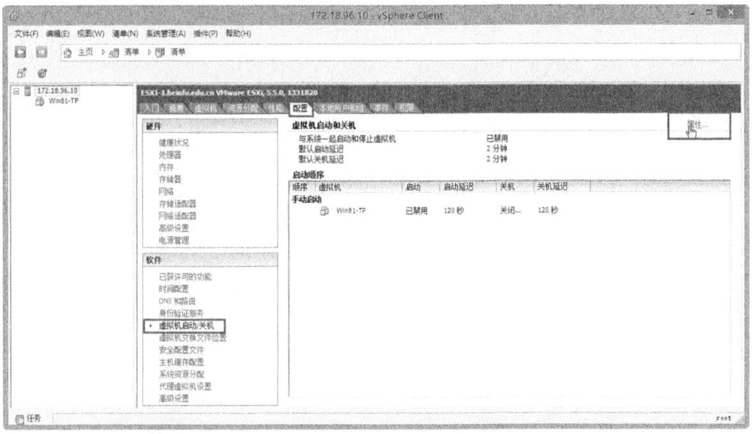

图 2-133　“属性”按钮

（2）在“虚拟机启动和关机”对话框中，在“手动启动”中选择要跟随主机启动的虚拟机，单击右侧的“上移”按钮，将其移动到“自动启动”中，并且选中“允许虚拟机与系统一起自动启动和停止”，在“关机操作”列表中，选择“客户机关机”、“关闭”或“挂起”，然后单击“确定”按钮完成设置，如图 2-134 所示。

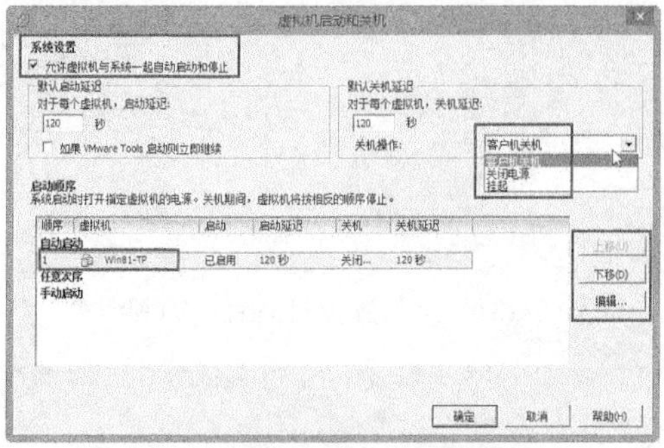

图 2-134 虚拟机启动设置

（3）当有多个虚拟机需要自动启动时，可以在“自动启动”列表中，选中虚拟机并单击右侧的“上移”或“下移”按钮，调整虚拟机的启动顺序。在默认情况下，当有多个虚拟机需要自动启动时，虚拟机之间会延迟 120 秒（该时间可以调整）。同样，当主机关闭时，也可以设置让正在运行的虚拟机是“正常关机”——客户机关机，还是“直接关电源”——关闭，或者是让虚拟机休眠——挂起。在设置之后，返回到 vSphere Client 控制台，在“虚拟机启动和关机”中可以看到设置后的状态，如图 2-135 所示。

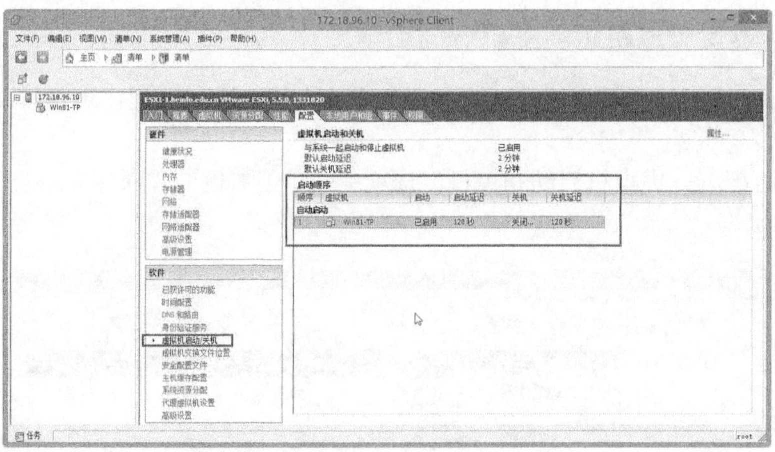

图 2-135 设置之后列表

2.6 使用 vCenter Converter 迁移物理机到虚拟机

VMware vCenter Converter Standalone 是一种用于将虚拟机和物理机转换为 VMware 虚拟机的可扩展解决方案。此外，还可以在 vCenter Server 环境中配置现有虚拟机。VMware vCenter Converter Standalone 简化了虚拟机在以下产品之间的转换。

- VMware 托管产品既可以是转换源，也可以是转换目标。

- VMware Workstation。
- VMware Fusion。
- VMware Server。
- VMware Player。
- 运行在 vCenter Server 管理的 ESX 实例上的虚拟机既可以是转换源，也可以是转换目标。
- 运行在非受管 ESX 主机上的虚拟机既可以是转换源，也可以是转换目标。

还可以使用 VMware Consolidated Backup（VCB）映像创建 VMware 虚拟机。

2.6.1　在 Windows 上本地安装 vCenter Converter

VMware vCenter Converter 支持本地安装与服务器模式安装，在大多数情况下，本地安装就可以完成物理机（包括本地计算机）到虚拟机、虚拟机到虚拟机的迁移工作。

管理员，可以在网络中的一台工作站上，安装 vCenter Converter，实现对本地计算机、网络中的其他 Windows 与 Linux 计算机到虚拟机的迁移工作，也可以完成将 VMware ESXi 中的虚拟机，由 VMware vCenter 管理的虚拟机迁移或转换成其他 VMware 版本虚拟机的工作，还可以完成将 Hyper-V 虚拟机迁移到 VMware 虚拟机的工作。

也可以将 VMware vCenter Converter 安装在要迁移的物理机或虚拟机中。

不管使用哪种迁移或转换工作，VMware vCenter Converter 的使用都类似，本节将在 vSphere Client 管理工作站（一台 Windows 8.1 的计算机）安装 VMware vCenter Converter 5.01，并介绍 vCenter Converter 的使用方法。

（1）运行 VMware Converter 5 安装程序，在“选择安装程序的语言”对话框中，选择“中文（简体）”，如图 2-136 所示。

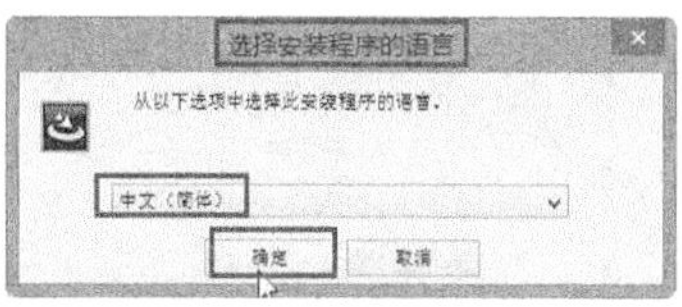

图 2-136　选择安装语言

（2）在“欢迎使用 VMware vCenter Converter Standalone 的安装向导”对话框中单击“下一步”按钮，如图 2-137 所示。

（3）在“最终用户专利协议”对话框中，单击“下一步”按钮，如图 2-138 所示。

图 2-137　安装向导

图 2-138　最终用户专利协议

（4）在“最终用户许可协议”对话框中，单击“我同意许可协议中的条款”单选按钮，然后单击“下一步”按钮，如图 2-139 所示。

（5）在“目标文件夹”对话框，选择 VMware vCenter Converter 的安装位置，通常选择默认值，如图 2-140 所示。

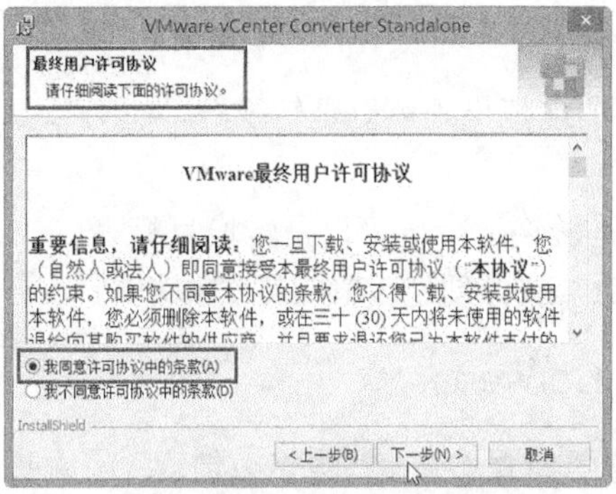

图 2-139　接受许可协议

图 2-140　目标文件夹

（6）在“安装类型”对话框中，单击“本地安装”单选按钮，如图 2-141 所示。

（7）其他选择默认值，直到安装完成，如图 2-142 所示。

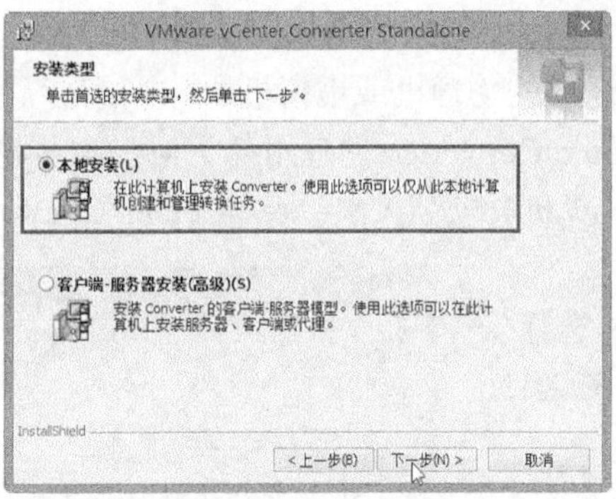

图 2-141　本地安装

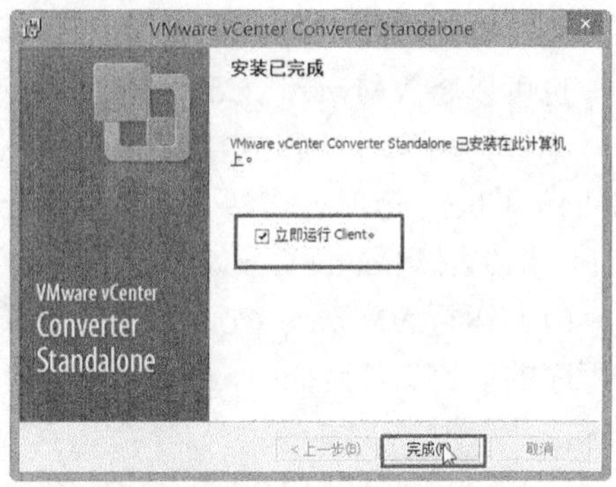

图 2-142　安装完成

2.6.2　选择要转换的源计算机

在 VMware vCenter Converter Standalone 中可以使用多种计算机，并将其中任何一种计算机转换为 VMware 虚拟机。可以创建一个转换作业将物理机或虚拟机转换为多种目标。可以将物理机、VMware 虚拟机、第三方备份映像和虚拟机以及 Hyper-V Server 虚拟机转换为 VMware 独立虚拟机或 vCenter Server 管理的虚拟机。

创建转换作业的方法由您所选择的源类型和目标类型决定。

（1）源类型

源类型包括已打开电源的物理机或虚拟机、在 ESX 主机上运行的 VMware Infrastructure 虚拟机或独立虚拟机。独立虚拟机包括 VMware 虚拟机、备份映像和第三方虚拟机，如 VMwareWorkstation、VMware Server、VCB、Acronis True Image、MicrosoftVirtual PC、Virtual Server、Symantec Backup Exec Server Recovery（以前叫作 LiveState Recovery）、LiveState Recovery、StorageCraft、适用于 Microsoft Windows 和 Mac OS 的 Parallels Desktop、Parallels Workstation 和 Norton Ghost（仅.sv2i）映像。

（2）目标类型

vCenter Converter 支持的目标类型包括 ESX 主机、vCenter Server 管理的 ESX 主机或 VMware 独立虚拟机。

在“VMware vCenter Converter Standalone”控制台，单击“转换计算机”按钮，进入转换计算机向导，如图 2-143 所示。

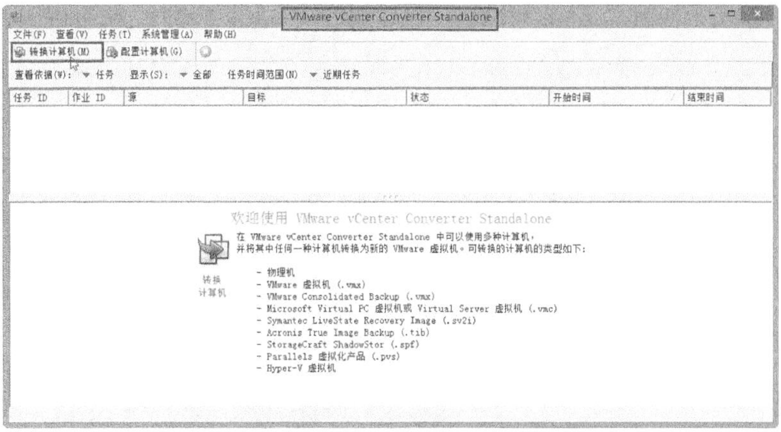

图 2-143　转换计算机

可以从多个源选项中选择要转换的计算机类型。在“源系统”对话框中，选择要转换的源系统。源系统类型包括“已打开电源的计算机”、VMware 架构虚拟机（指 VMware ESXi 或 vCenter Server 管理的虚拟机）、VMware Workstation 或其他 VMware 虚拟机、备份映像或第三方虚拟机、Hyper-V Server 虚拟机，如图 2-144 所示。

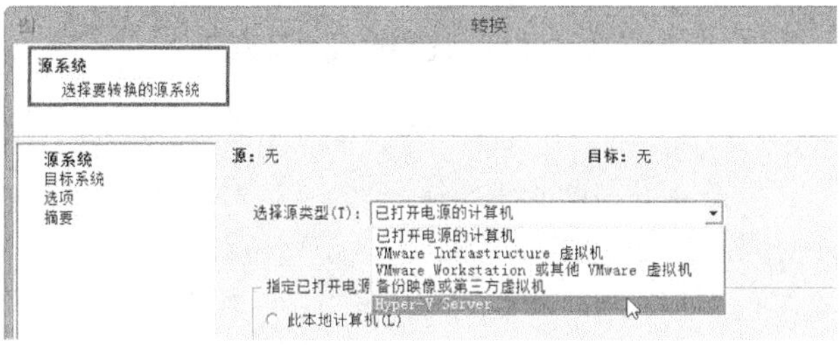

图 2-144　选择源类型

（1）如果选择“已打开电源的计算机”，则在“指定已打开电源的计算机”列表中，选择“此本地计算机”或“远程计算机”。当选中“此本地计算机”单选按钮时，可以转换当前正在运行 VMware vCenter Converter 的计算机到虚拟机中，如图 2-145 所示。

（2）如果选择“远程计算机”，则需要输入远程计算机的 IP 地址或名称、远程计算机的管理员账户和密码，以及远程计算机的操作系统系列（Windows 或 Linux），然后单击“查看源详细信息”链接，连接成功之后，会打开“VMware vCenter Converter Standalone 代理部署”对话框，提示需要在源计算机上部署 vCenter Converter 代理，并且选择卸载代理（在迁移之后），如图 2-146 所示。

【说明】要为远程的计算机，关闭或停用防火墙，否则将不能连接到远程的计算机。

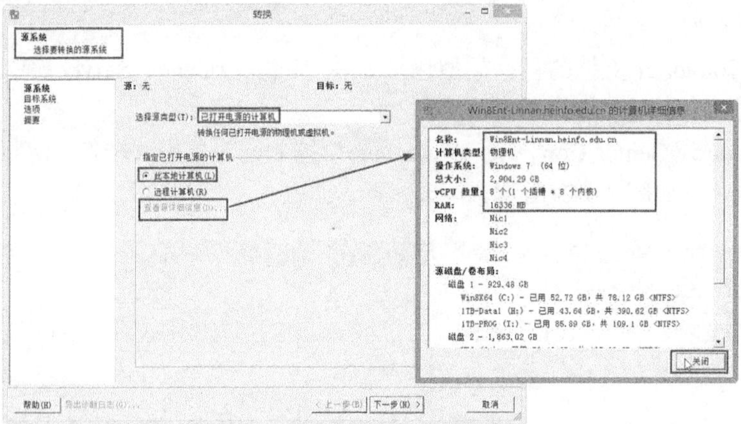

图 2-145　本地计算机

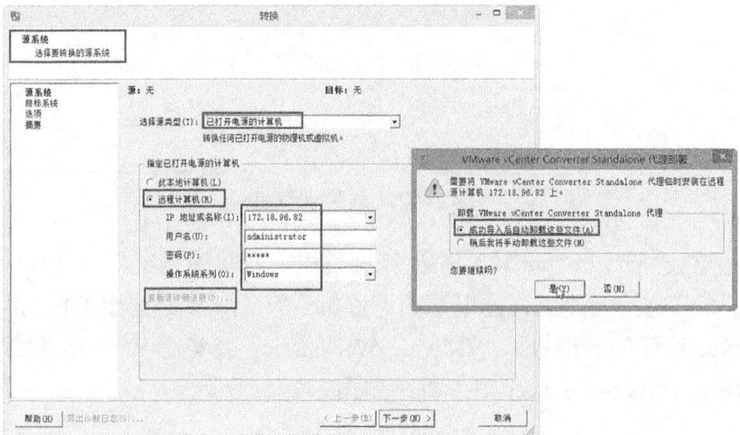

图 2-146　迁移远程计算机

（3）如果在“选择源类型”列表中选择“VMware Infrastructure 虚拟机”，则需要在“指定服务器连接信息”中，输入 VMware ESXi Server 或 VMware vCenter Server 服务器的 IP 地址、管理员账户及密码。例如，在本示例中，输入 172.18.96.10（VMware ESXi）、管理员账户 root 及密码（如图 2-147 所示），单击“下一步”按钮之后将会列出指定主机上的所有虚拟机，如图 2-148 所示。

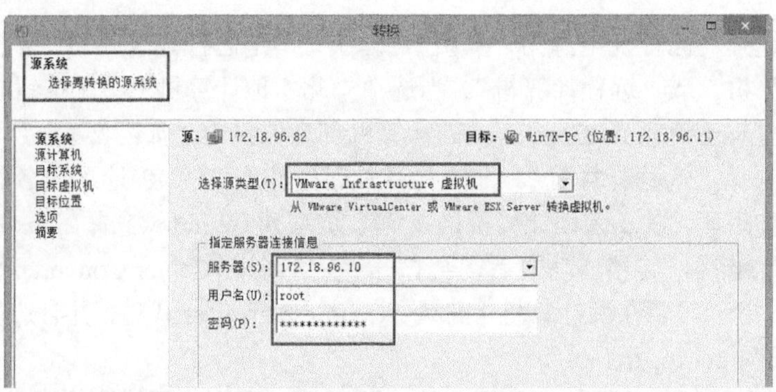

图 2-147　输入 ESXi 服务器

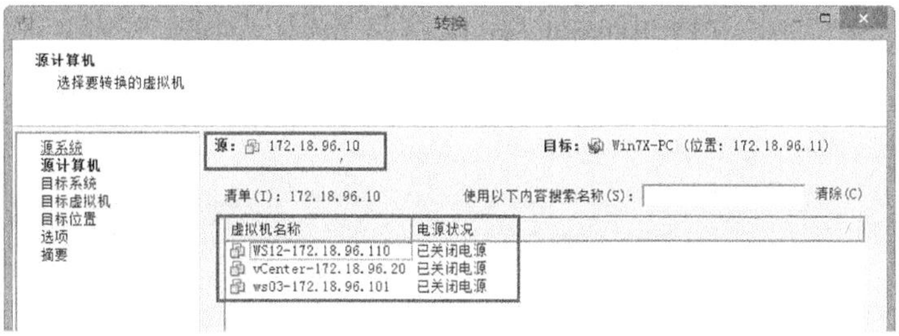

图 2-148　列出 ESXi 中所有虚拟机

（4）如果输入的是 vCenter Server 的地址及密码（如图 2-149 所示），则会列出 vCenter Server 所管理的所有虚拟机，如图 2-150 所示。

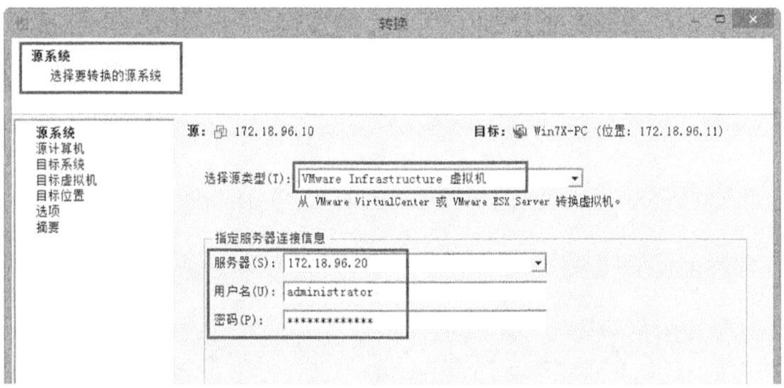

图 2-149　输入 vCenter Server 地址

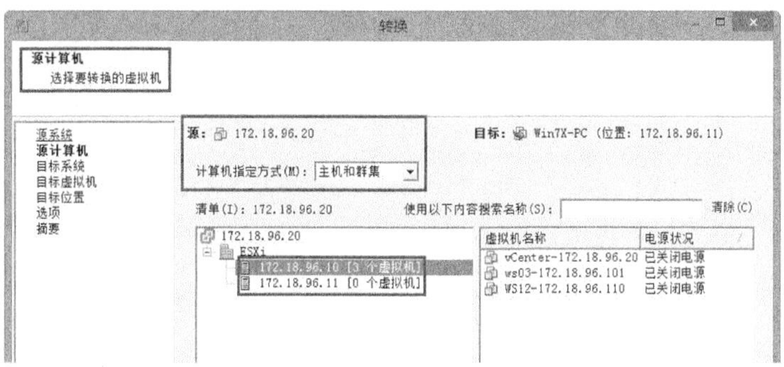

图 2-150　列出 vCenter 所管理的虚拟机

（5）如果在“选择源类型”列表选择“VMware Workstation 或其他 VMware 虚拟机”，则在“浏览源虚拟机或映射”中选择本地（或通过网络共享选择）VMware 虚拟机，单击“查看源详细信息”链接，会列出所选择虚拟机的详细信息，如图 2-151 所示。

（6）如果在“选择源类型”列表中，选择“备份映像或第三方虚拟机”，则单击“浏览”按钮选择备份映像或第三方虚拟机，如 Virtual PC 虚拟机，然后单击“查看源详细信息”链接，显示选择的备份映像或第三方虚拟机的相关信息，如图 2-152 所示。

（7）如果在“选择源类型”列表中，选择“Hyper-V Server”，并在“服务器”地址栏中输入要连接的远程 Hyper-V 的 IP 地址或域名，并输入管理员账户及密码，单击“下一步”按钮，会弹出“VMware vCenter Converter Standalone 代理部署”对话框，选中“稍后我将手动卸载这些文件”单选按钮，如图 2-153 所示。

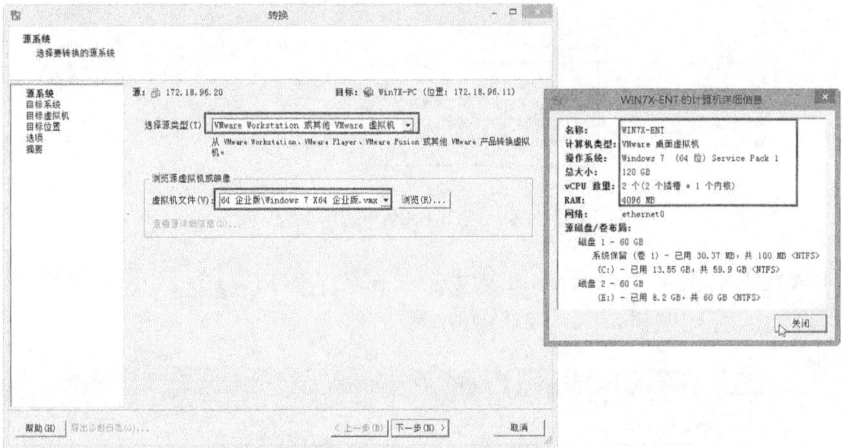

图 2-151　选择 VMware Workstation 或其他虚拟机

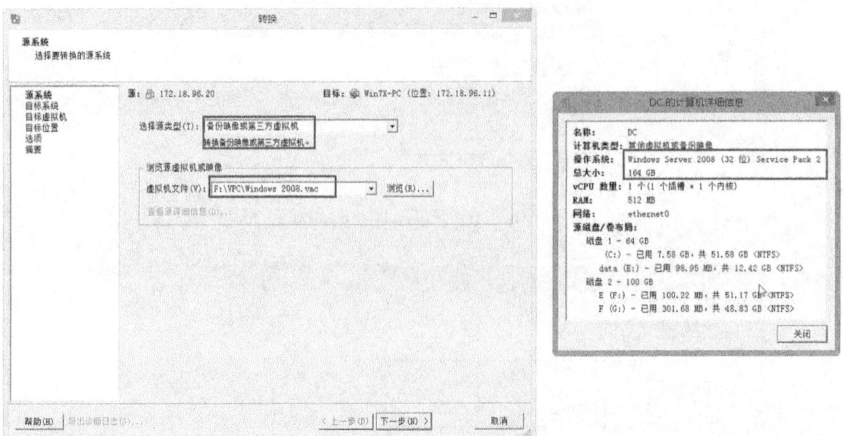

图 2-152　备份映像或第三方虚拟机信息

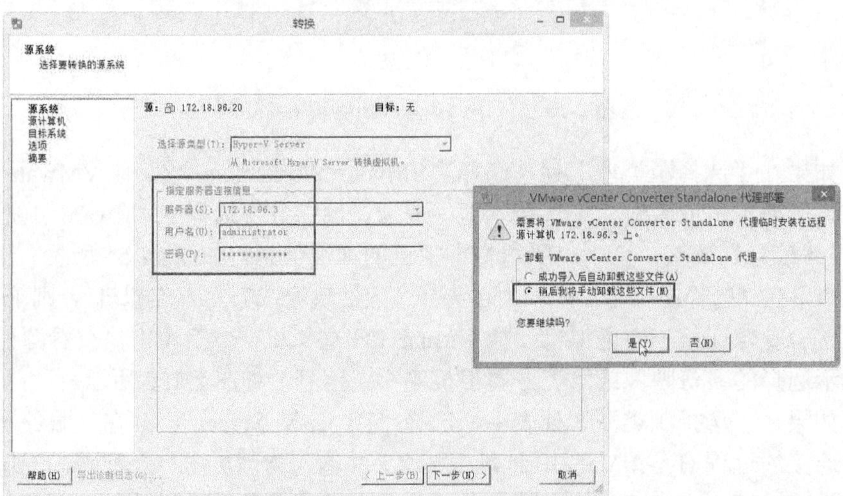

图 2-153　连接 Hyper-V Server

（8）在“源计算机”对话框中，显示了 Hyper-V 源上可用于转换的虚拟机，如图 2-154 所示。

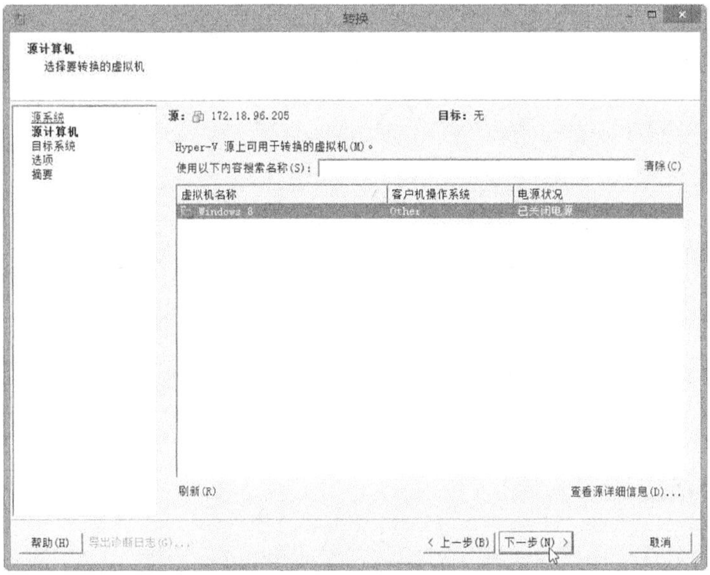

图 2-154　可用于转换的虚拟机

（9）在“源计算机”对话框中，单击要转换的虚拟机，可以显示要转换的虚拟机的详细信息，如图 2-155 所示。

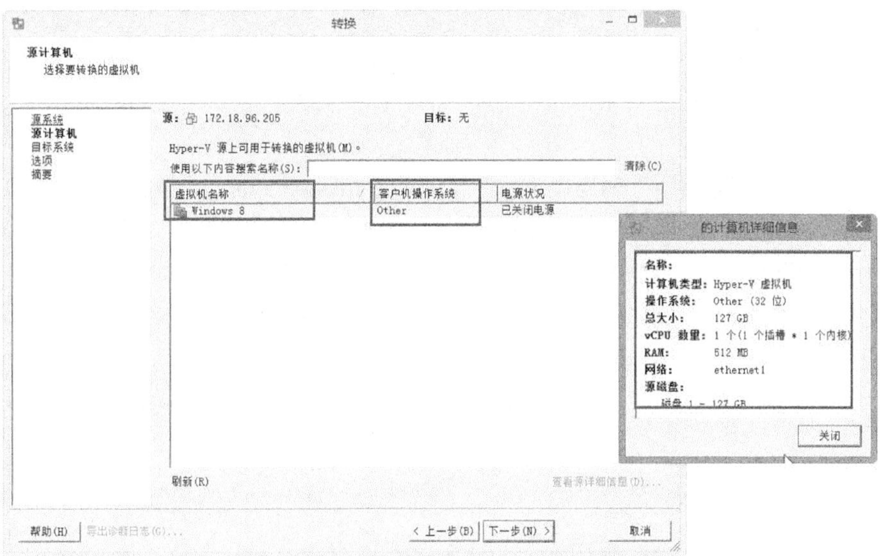

图 2-155　显示要转换的虚拟机详细信息

【说明】（1）VMware vCenter Converter 5.01 只支持 Hyper-V 2.0 的虚拟机硬件格式，暂时不支持转换 Hyper-V 3.0 的虚拟机。（2）在连接远程 Hyper-V Server 时，需要暂时在 Hyper-V Server 上关闭防火墙，如图 2-156 所示，否则将不能连接到 Hyper-V Server。

图 2-156　关闭 Hyper-V Server 上的防火墙

2.6.3　为新虚拟机选择目标

设置转换作业时，必须为新虚拟机选择一个目标。将 VMware DRS 群集用作目标时，必须将 VMware DRS Power Management（DPM）设置为手动。该设置可确保 DPM 不关闭 Converter Standalone 使用的 ESX 主机的电源。转换过程完成后，请将 DPM 还原到其原始设置。

注意：对于运行 Linux 的已打开电源的源计算机的转换，唯一受支持的目标为 VMware Infrastructure 目标。

在“目标系统”对话框中，在“选择目标类型”列表中为新虚拟机选择一个目标，可以在“VMware 基本架构虚拟机”或“VMware Workstation 或其他 VMware 虚拟机”中选择，如图 2-157 所示。

（1）在“选择目标类型”列表中选择“VMware Infrastructure 虚拟机”时，在“VMware Infrastructure 服务器详细信息”中，需要输入 VMware vCenter Server 服务器的地址及密码，只有 VMware ESXi 服务器不受 vCenter Server 管理时，才能将 VMware ESXi 作为目标。在本示例中输入 vCenter Server 的地址 172.18.96.20，然后输入 172.18.96.20 的管理员密码及地址，如图 2-158 所示。

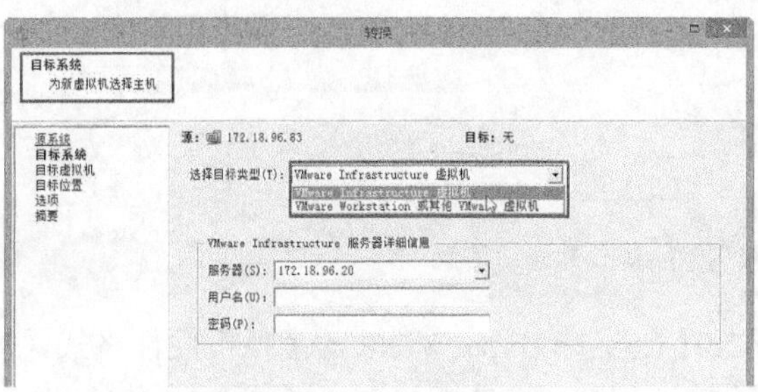

图 2-157　目标系统

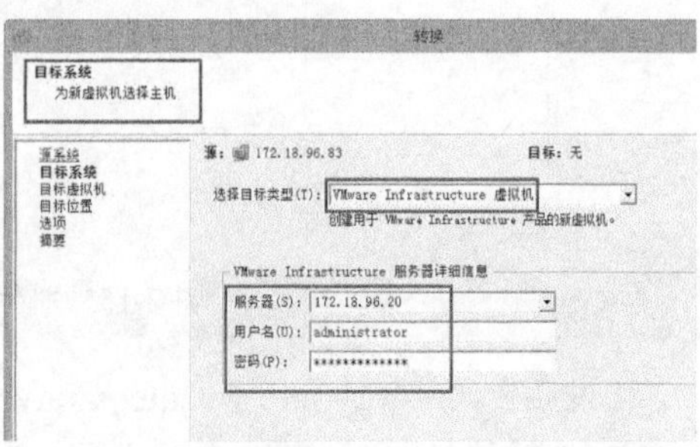

图 2-158　输入 vCenter Server 地址

（2）在“目标虚拟机”对话框中，在“名称”文本框后面输入新虚拟机的名称，如图 2-159 所示。

（3）在“目标位置”对话框中，选择虚拟机保存的物理主机、数据存储，以及新虚拟机的版本，如图 2-160 所示。

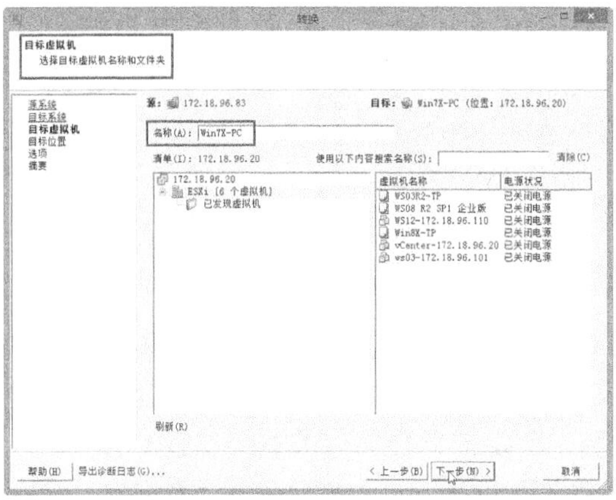

图 2-159　新虚拟机名称

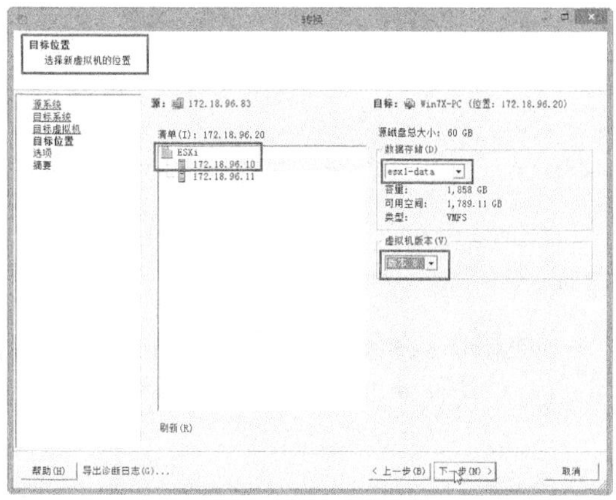

图 2-160　选择目标位置、数据存储、虚拟机版本

如果在“选择目标类型”列表中选择“VMware Workstation 或其他 VMware 虚拟机”，则在“选择 VMware 产品”列表中，选择目标虚拟机的版本，然后选择虚拟机的保存位置，设置虚拟机的名称等，如图 2-161 所示。

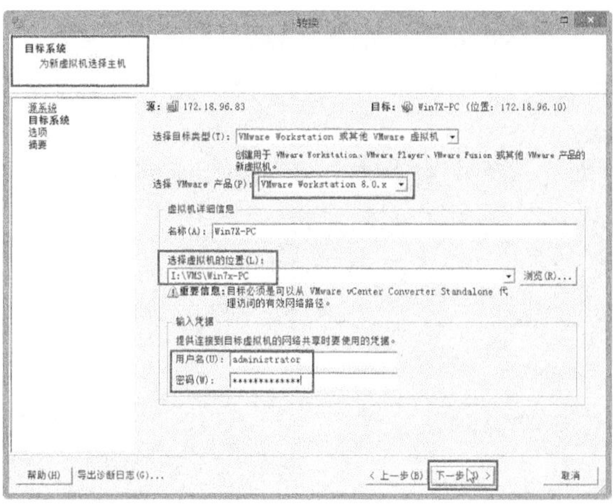

图 2-161　选择 VMware Workstation 或其他 VMware 虚拟机

2.6.4　配置目标虚拟机的硬件

在“选项”对话框中设置转换任务的参数，如图 2-162 所示。

在图 2-162 对话框中，单击“编辑”链接，可以对目标虚拟机使用的虚拟硬件资源进行配置。

（1）在转换向导的“选项”对话框中，单击选项列表中“选择要复制的数据”，单击“高级”链接，如图 2-163 所示。

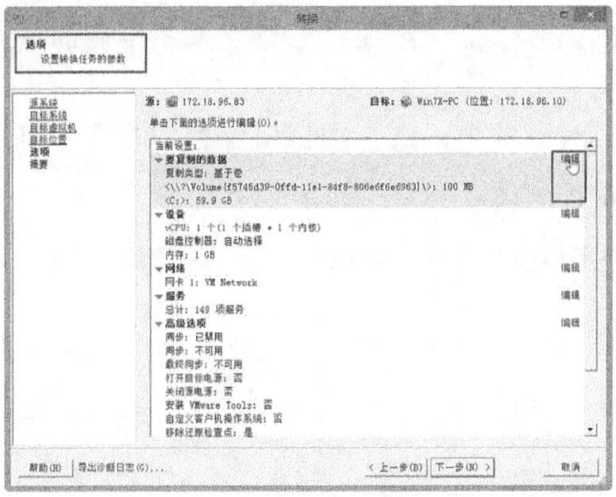

图 2-162 选项

根据所选源和目标的不同，可以创建链接克隆，或者选择基于磁盘或基于卷的克隆模式。对于转换作业，可以将所有磁盘复制到目标计算机，或者选择要复制或排除的卷。对于具有多个数据存储的目标，可以选择虚拟环境中特定数据存储上的数据位置。

注意：Converter Standalone 无法检测位于大小超过 2 TB 的物理磁盘上的任何源卷和文件系统。

在“要复制的数据”窗格中，从数据复制类型下拉菜单中选择一种复制模式。如果选择“复制所有磁盘或保持其布局”，该功能用于生成基于磁盘的克隆。可以在目标虚拟机上保留源磁盘布局。该选项不适用于物理机源。

如果选择“选择要复制的卷”，则生成基于卷的克隆。基于卷的克隆可在文件级或块级执行。可以选择要复制到目标虚拟机中的卷。而且还可以调整卷布局的大小和排列方式。此选项可用于运行 Windows 和 Linux 的已打开电源的源计算机，也可用于其他所有运行 Windows 的受支持的源。

如果选择“链接克隆”，链接克隆使您能够创建共享源计算机或系统映像的虚拟磁盘的 VMware 虚拟机。该选项可用于托管源和托管目标。

（2）在“设备”选项中，可以更改目标虚拟机使用的虚拟插槽的数量和每个插槽中处理器内核的数量，如图 2-164 所示。在“磁盘控制器”列表中还可以为目标虚拟磁盘选择磁盘控制器类型。

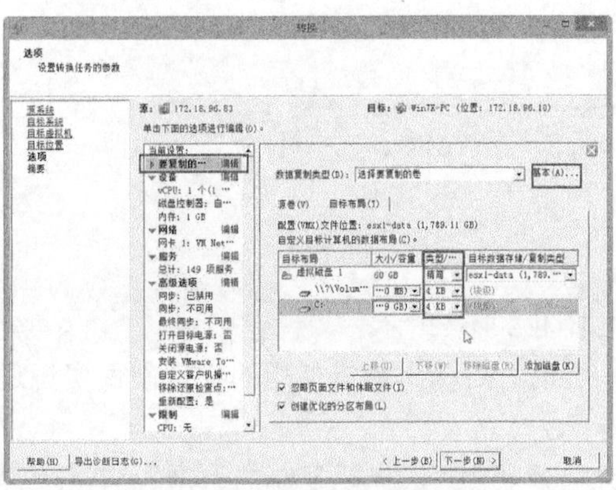

图 2-163 要复制的数据

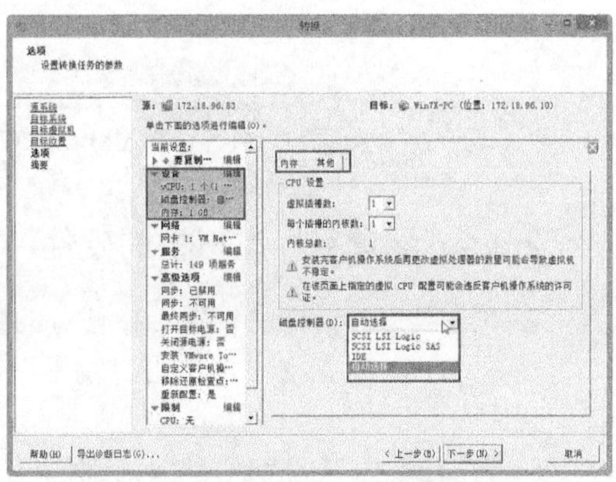

图 2-164 内存、CPU 与磁盘控制器设置

注意：只能在 ESX/vCenter Server 5.0 及更高版本上更改每个插槽中处理器内核的数量。

在“设备→内存”选项中，可以更改分配给目标虚拟机的内存量，默认情况下，Converter Standalone 可识别源计算机上的内存量，并将其分配给目标虚拟机。

（3）在“网络”选项中，可以更改网络适配器的数量并选择目标虚拟机使用的网络，如图 2-165 所示。此外，还可以将网络适配器设置为在目标虚拟机启动时连接到网络。

（4）在“服务”选项中可以更改目标虚拟机上任一服务的启动模式，可以在“自动”、“手动”、“已禁用”之间选择，如图 2-166 所示。

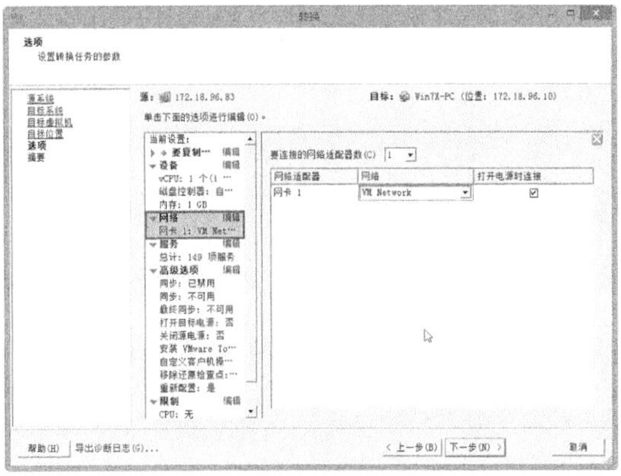

图 2-165　网络设置

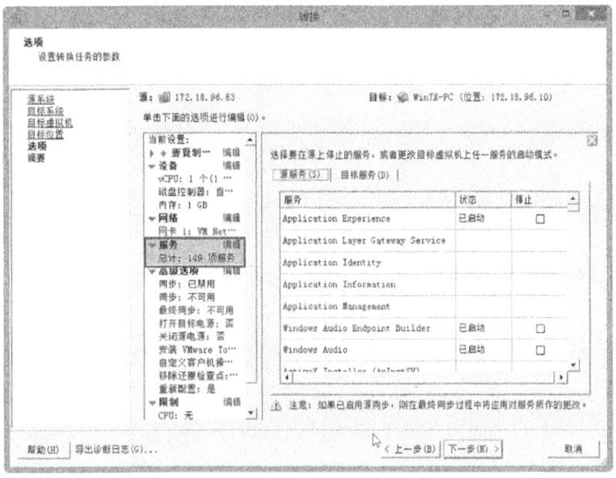

图 2-166　服务选项

（5）在“高级选项”中，可以自定义运行 Windows XP 或更高版本的客户机操作系统，以使虚拟机能够立即在目标环境中工作，如图 2-167 所示。

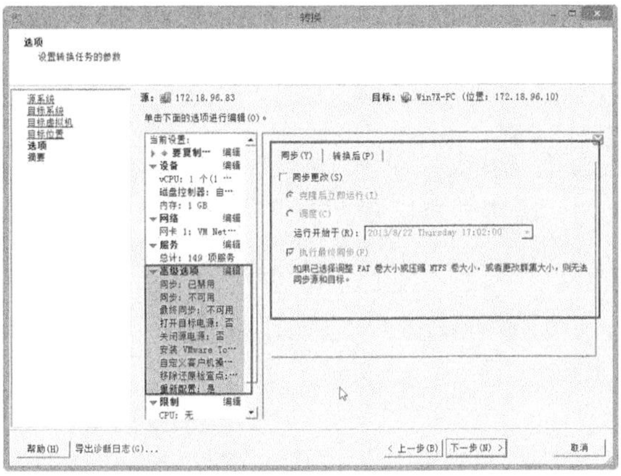

图 2-167　高级选项

【说明】启动这一功能的前提条件是将 Sysprep 文件保存到运行 vCenter Converter 的计算机上的%ALLUSERSPROFILE%\Application Data\VMware\VMware vCenter Converter Standalone\sysprep 中，并且不同版本的系统复制到不同的文件夹中，这一点与使用 vCenter Server 模板部署虚拟机是相同的。如果运行 vCenter Converter 的计算机是 Windows 8、Windows Server 2012，则默认保存位置为 C:\ProgramData\VMware\VMware vCenter Converter Standalone\sysprep\，如图 2-168 所示。

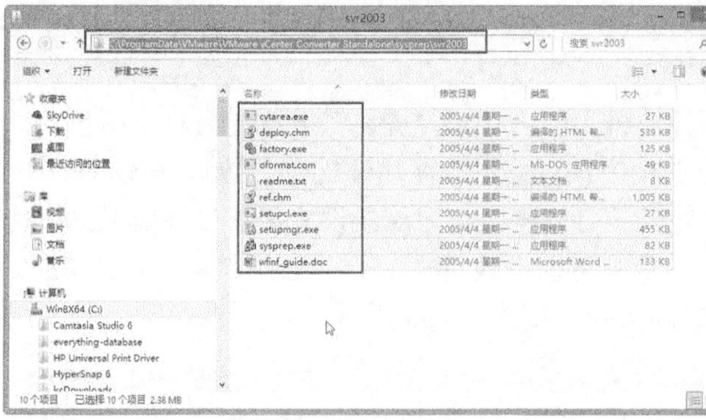

图 2-168 复制 sysprep 程序

（6）在“限制”选项中，可以控制用于当前任务的资源，如图 2-169 所示。

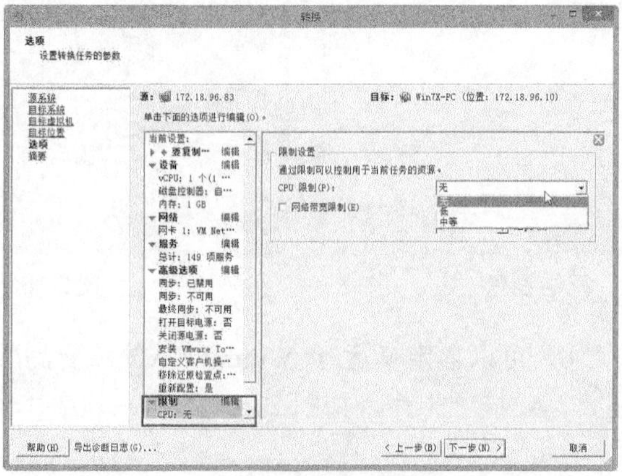

图 2-169 限制设置

2.6.5 开始转换计算机

在设置之后将进入到“摘要”对话框，查看无误之后，单击“完成”按钮（如图 2-170 所示），转换向导完成，将返回到 vCenter Converter 控制台开始。

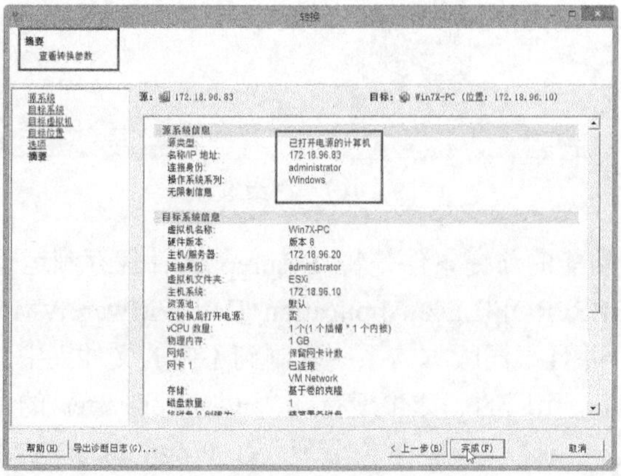

图 2-170 摘要

之后 vCenter Converter 将开始转换，在转换完成后显示任务的开始与结束时间、任务状态等，如图 2-171 所示。

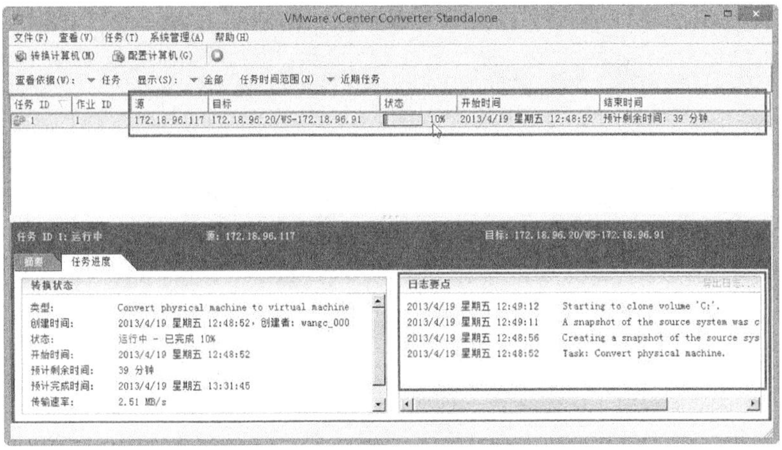

图 2-171　转换向导

2.6.6　迁移 Windows Server 2003 的注意事项

迁移后，如果源服务器安装的是 OEM 的 Windows Server 2003，或者是非 VL 的 Windows Server 2003，在迁移后，由于改变了系统的硬件环境，Windows Server 提示，需要在 3 天之内激活。但 OEM 的版本，是不允许换机器的（迁移到虚拟机中相当于换了机器），遇到这类情况时，可以在迁移之后的 3 天内，在提示激活的时候，选择“否”，然后使用 Windows Server 2003 R2 VL 版本，升级安装一下就可以了。主要步骤如下。

（1）迁移后，系统提示 3 天之内必须激活，如图 2-172 所示，在此单击“否”按钮。

（2）使用虚拟机加载 VL 版本的 Windows Server 2003 或 Windows Server 2003 R2 安装光盘镜像，升级 Windows Server 2003，如图 2-173 所示。

图 2-172　提示 3 天内激活

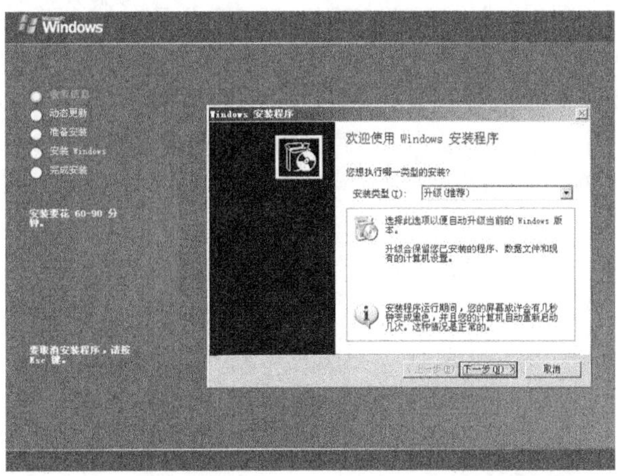

图 2-173　升级到 VL 版本

（3）升级后，系统与数据保持不变，整个升级完成。

2.6.7　卸载原有的网卡驱动

在迁移完成之后，最好是将源“物理主机”上的网卡驱动从当前系统中卸载，方法如下。

（1）进入虚拟机，在命令提示符下，执行如下的命令。

```
Setdevmgr_show_nonpresent_devices=1
StartDEVMGMT.MSC
```

（2）进入“设备管理器”，从“查看”菜单中选择“显示隐藏的设备”，然后单击“网络适配器”，选择原来主机上的网卡，右键单击，从弹出的菜单中选择“卸载”选项即可，如图 2-174 所示。

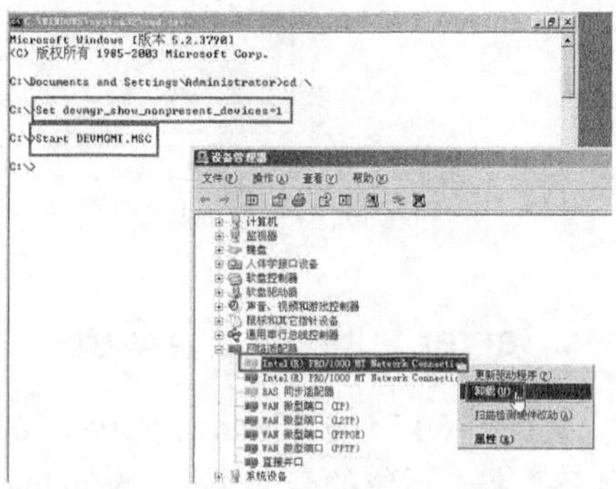

图 2-174　卸载原来主机上的网卡驱动

（3）在卸载的时候，一定要注意，不要卸载图 2-174 中的“WAN 微型端口（IP）”、“WAN 微型端口（L2TP）”、“WAN 微型端口（PPPOE）”、“WAN 微型端口（PPTP）”，也不要卸载与原主机物理网卡无关的硬件。设置之后，关闭设备管理器，重新启动虚拟机即可。

2.6.8　迁移前的注意事项

使用 VMware vCenter Converter 迁移服务器时，虽然可以在不中断物理服务器运行的情况下迁移，并且可以对物理服务器不做任何更改就可以完成迁移，但在真正的迁移中，遵循下列原则，可以提高迁移的成功性，并且可以加快迁移的速度。

（1）在迁移之前，断开网络，最好是使用 RJ45 的直通线，将要迁移的“源”服务器与“中间计算机”连接在一起，这样在迁移的过程中，将会以最大的网络速度进行。

（2）停止“源”服务器的 SQL Server 服务，退出杀毒软件的运行，关闭“源”与“中间计算机”的防火墙。

（3）使用 chkdsk 命令，检查“源”服务器每个分区是否有错误，并进行修复，其命令格式为（以检查 D 盘为例）：

```
chkdsk d: /f
```

在使用 chkdsk 命令检查系统盘（通常为 C 盘时），会提示需要重启才能完成修复，如图 2-175 所示。

此时，可以重新启动计算机，当计算机再次启动时，会检查并修复系统磁盘。

在使用 chkdsk 命令检查非系统分区（如 D 盘或 E 盘时），如果提示该卷正在使用，可以“强制卸下该卷”，这样可以不必重启，即可以完成其他分区的检查与修复工作，如图 2-176 所示。

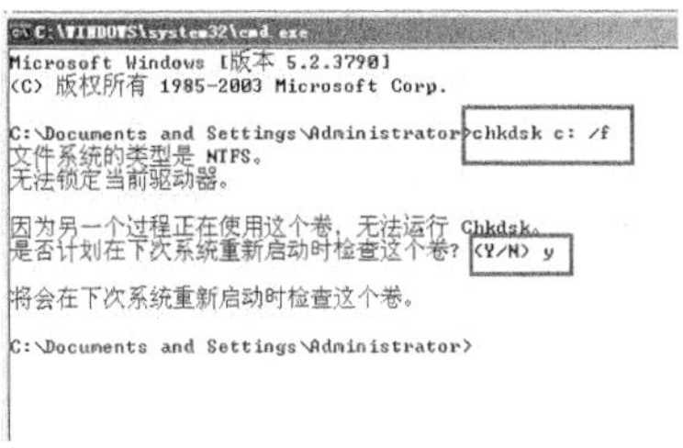

图 2-175　需要重启才能检查磁盘

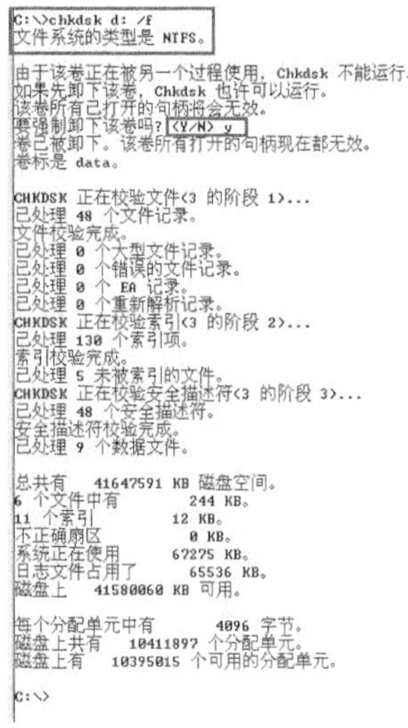

图 2-176　强制卸下该卷并检查

（4）如果“源”服务器上有一些与服务无关的数据，如一些安装程序、光盘镜像等，可以将这些数据“移动”到“中间计算机”上，以后再使用时，直接通过网络共享文件夹使用，这样可以减少迁移的数据量。

2.7　重新配置 VMware 虚拟机

在转换虚拟机后，可能需要对其进行配置，使其可在目标虚拟环境中启动。如果虚拟机的虚拟环境改变或您需要提升虚拟机性能，也可能需要配置虚拟机。

【说明】只能配置运行 Windows XP 或更高版本的虚拟机（如 Windows 7、Windows Server 2003、Windows Server 2008），不能配置运行 Windows 以外的其他操作系统的虚拟机（例如 Linux）。

转换过程对源计算机而言为无损操作，与此不同的是，配置过程会对源计算机产生影响。创建配置作业时，所做的设置将应用于配置源计算机，并且将无法恢复。

2.7.1　保存 sysprep 文件到 vCenter Server 中

要自定义运行 Windows Server 2003 或 Windows XP 的虚拟机的客户机操作系统，必须将 Sysprep 文件保存到运行 Converter Standalone 服务器的计算机上的指定位置，其默认位置为“%ALLUSERSPROFILE%\Application Data\VMware\VMware vCenter Converter Standalone\sysprep\”。

【说明】在 Windows XP、Windows Server 2003 中，%ALLUSERSPROFILE%默认路径为“C:\Documents and Settings”；在 Windows Vista 及其以后的系统，%ALLUSERSPROFILE%

默认路径为“C:\ProgramData”。

2.7.2　启动配置向导

VMware vCenter Converter Standalone 可以配置 VMware Desktop 虚拟机或者由 ESX 主机或 vCenter Server 管理的虚拟机。物理机不能作为配置源，只能配置已关闭的虚拟机。

（1）运行 VMware vCenter Converter Standalone，单击“配置计算机”按钮，如图 2-177 所示。

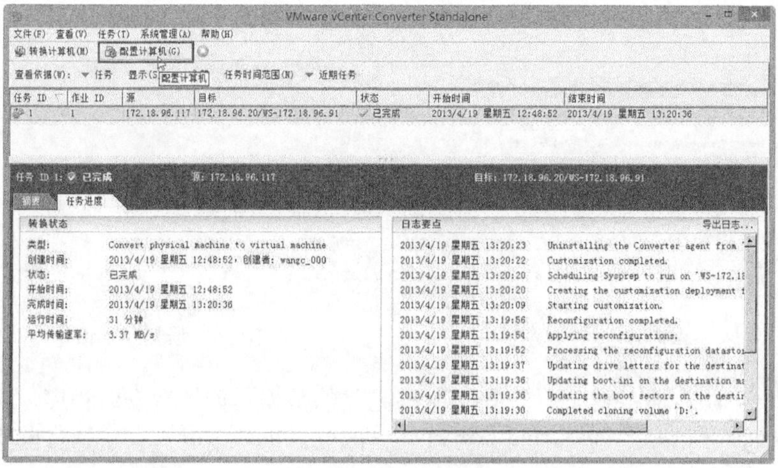

图 2-177　配置计算机

（2）在“源系统”对话框的“选择源类型”对话框中，选择要重新配置的源，这可以选择 VMware 架构虚拟机或 VMware Workstation 虚拟机，或者其他虚拟机。如果要配置的系统是在 ESX 主机上运行或在由 vCenter Server 管理的 ESX 主机上运行的虚拟机，则必须选择 VMware Infrastructure 虚拟机作为源类型。进行配置之前，请关闭源计算机。在此选择“VMware Infrastructure 虚拟机”，输入 vCenter Server 的 IP 地址、管理账户及密码，如图 2-178 所示。

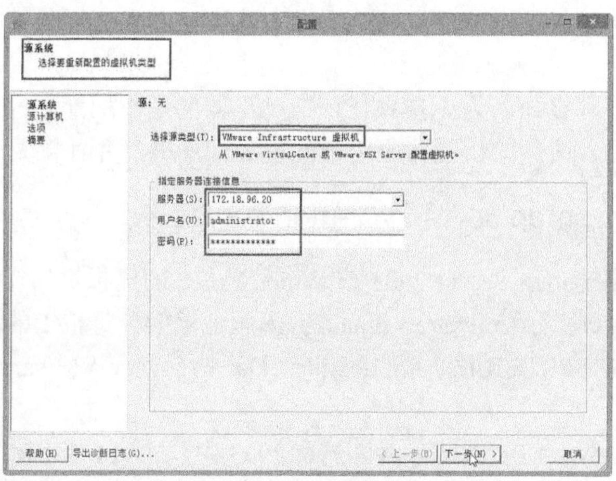

图 2-178　指定服务器连接信息

（3）在“源计算机”对话框中，选择要重新配置的虚拟机，如图 2-179 所示。

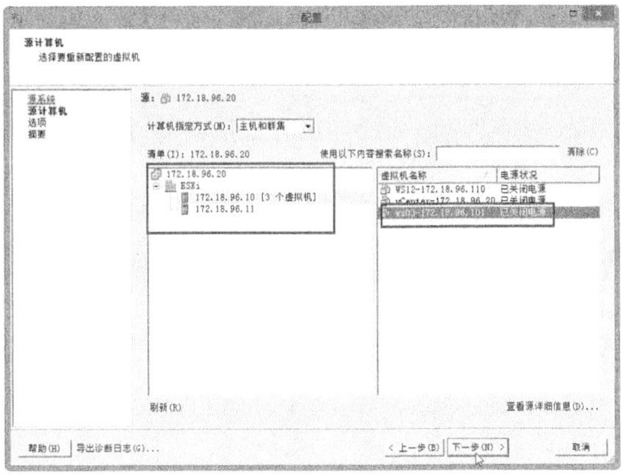

图 2-179　选择重新配置的虚拟机

（4）在“选项”对话框中，自定义重新配置项，如图 2-180 所示。

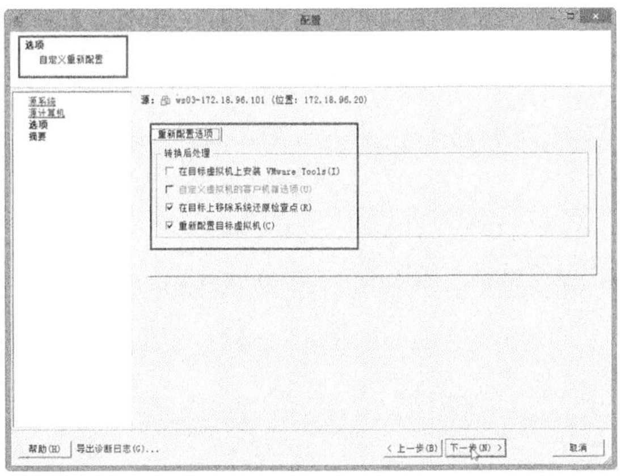

图 2-180　选项

（5）在“摘要”对话框，显示了重新配置参数，如图 2-181 所示。

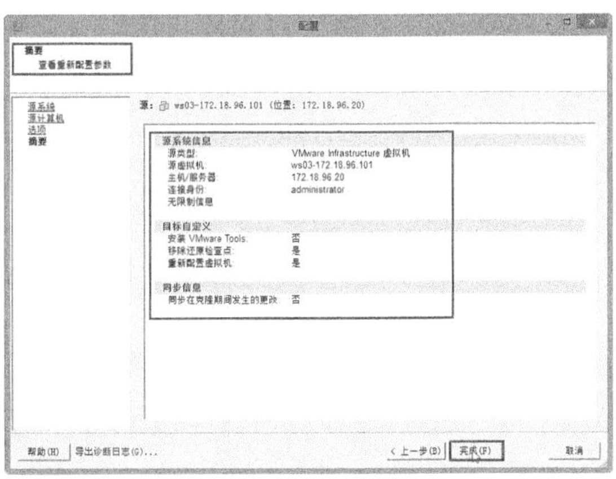

图 2-181　摘要

（6）之后 Converter 开始配置虚拟机，如图 2-182 所示。

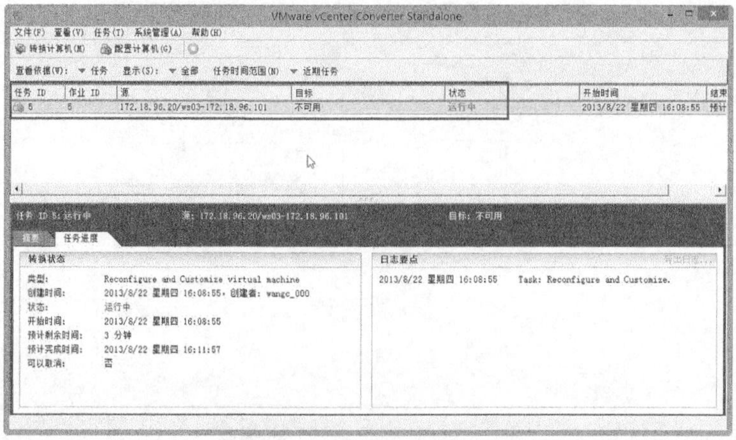

图 2-182 开始配置虚拟机

第 3 章　数据中心管理工具 vCenter Server

VMware vSphere Client 一次只能管理一台 VMware ESXi，如果有多台 VMware ESXi 需要管理，或者虚拟机在多台 VMware ESXi 之间迁移、复制，就需要使用 VMware vCenter Server。本章介绍 VMware 数据中心管理工具 vCenter Server。

3.1　VMware vSphere 与 vCenter 简介

vSphere 不是一个单独的产品，它由一系列产品、组件组成，其核心组件是 VMware ESX Server（或 VMware ESXi Server），其管理端是 vCenter Server 和 vSphere Client，而 VMware High Availability（HA）、VMware vMotion、VMware Distributed Resource Scheduler（DRS）、VMware Update Manager 和 VMware Converter Enterprise 则是 VMware vSphere 的相关组件，用来实现相应的功能，例如，VMware Converter Enterprise 可以完成从虚拟机/物理机到 VMware 虚拟机的转换，VMware vMotion 可以实现将虚拟机在 VMware ESXi 之间迁移的功能。

3.1.1　vCenter Server 作用与位置

VMware vCenter Server 充当连接到网络的 VMware ESX/ESXi 主机的中心管理员的服务。vCenter Server 指导虚拟机和虚拟机主机（ESX/ESXi 主机）上的操作。它需要安装在 Windows 操作系统上运行。vCenter Server 是一种 Windows 服务，安装后可自动运行。vCenter Server 在后台持续运行；即使没有连接 vSphere Client，并且没有人登录其驻留的计算机，它也依然会执行监控和管理活动。它必须可通过网络访问其管理的所有主机，且运行 vSphere Client 的计算机必须能通过网络访问此服务器。

vCenter Server 可以安装在 ESX/ESXi 主机上的 Windows 虚拟机中，从而能够利用 VMware HA 提供的高可用性。

vCenter Server 是实现 VMware High Availability（HA）、VMware vMotion、VMware Distributed Resource Scheduler（DRS）的基础，单独使用 vSphere Client 并不能实现这些功能，只能是通过 vCenter Server 实现。

vSphere Client 也可以不通过 vCenter Server 直接控制 VMware ESX Server，但每次只能管理一台 VMware ESX Server，如果想管理其他 VMware ESX Server，则需要退出 vSphere Client 并重新登录。而通过 vCenter Server，则可以管理多台 VMware ESX Server，并且可以通过插件，实现 HA、vMotion 等功能。

3.1.2 典型 vSphere 数据中心组成

典型的 VMware vSphere 数据中心由基本物理构建块（如 x86 虚拟化服务器、存储器网络和阵列、IP 网络、管理服务器和桌面客户端）组成，如图 3-1 所示。

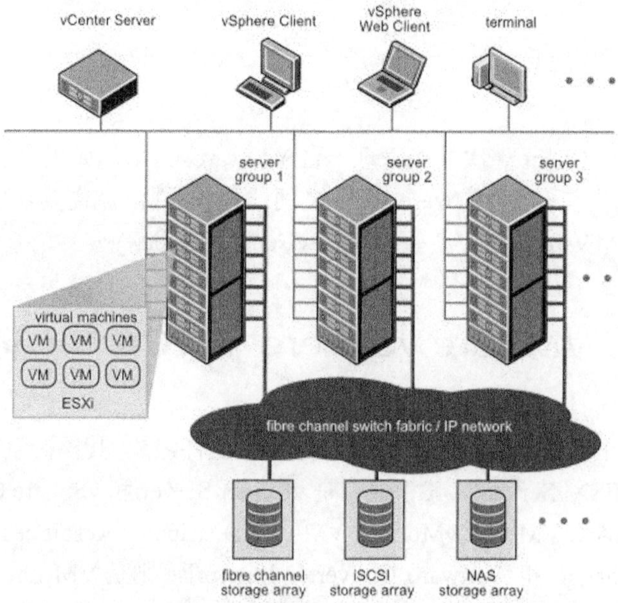

图 3-1 vSphere 数据中心拓扑

vSphere 数据中心拓扑包括下列组件。

（1）计算服务器

在裸机上安装运行 ESXi 软件为虚拟机提供资源，并运行虚拟机。每台计算服务器在虚拟环境中均称为独立主机。在网络中，可以将许多配置相似的 x86 服务器组合在一起，并与相同的网络和存储子系统连接，以便提供虚拟环境中的资源集合（称为群集）。

（2）存储网络和阵列

光纤通道 SAN 阵列、iSCSI SAN 阵列和 NAS 阵列是广泛应用的存储技术，VMware vSphere 支持这些技术以满足不同数据中心的存储需求。存储阵列通过存储区域网络连接到服务器组并在服务器组之间共享。此安排可实现存储资源的聚合，并在将这些资源置备给虚拟机时使资源存储更具灵活性。

（3）IP 网络

每台计算服务器都可以有多个物理网络适配器，为整个 VMware vSphere 数据中心提供高带宽和可靠的网络连接。

（4）vCenter Server

vCenter Server 为数据中心提供一个单一控制点。它提供基本的数据中心服务，如访问控制、性能监控和配置功能。它将各台计算服务器中的资源统一在一起，使这些资源在整个数据中心中的虚拟机之间共享。其原理是：根据系统管理员设置的策略，管理虚拟机到计算服务器的分配，以及资源到给定计算服务器内虚拟机的分配。

在 vCenter Server 无法访问（例如，网络断开）的情况下（这种情况极少出现），计算服务器仍能继续工作。服务器可单独管理，并根据上次设置的资源分配继续运行分配给它们的虚拟机。在 vCenter Server 的连接恢复后，它就能重新管理整个数据中心。

（5）管理客户端

VMware vSphere 为数据中心管理和虚拟机访问提供多种界面。这些界面包括 VMware vSphere Client （vSphere Client）、vSphere Web Client（用于通过 Web 浏览器访问）或 vSphere 命令行界面（vSphere CLI）。

3.1.3 vSphere 软件组件

VMware vSphere 是用于虚拟化的软件组件套件。这些组件包括 ESXi、vCenter Server 以及在 vSphere 环境中实现许多不同功能的其他软件组件。vSphere 包括以下软件组件。

（1）VMware ESXi

VMware ESXi 是一种虚拟化平台，可使用此平台将虚拟机创建为一组配置和磁盘文件，它们可共同执行物理机的所有功能。通过 ESXi 可以运行虚拟机、安装操作系统、运行应用程序以及配置虚拟机。配置包括识别虚拟机的资源，如存储设备。

服务器可提供引导程序、管理以及其他管理虚拟机的服务。

每个 ESXi 主机均有可供管理使用的 vSphere Client。如果已向 vCenter Server 注册了 ESXi 主机，则具有 vCenter Server 功能适用的 vSphere Client。

（2）vCenter Server

vCenter Server 充当连接到网络的 VMware ESXi 主机的中心管理员的服务。vCenter Server 指导虚拟机和虚拟机主机（ESXi 主机）上的操作。

vCenter Server 是一种 Windows 服务，安装后自动运行。即使没有连接任何 vSphere Client，也没有用户登录到 vCenter Server 所在的计算机，vCenter Server 也可执行监控和管理活动。它必须能通过网络访问其管理的所有主机，且运行 vSphere Client 的计算机必须能通过网络访问此服务器。

可以将 vCenter Server 安装在 ESXi 主机上的 Windows 虚拟机中，使其能够利用 VMware HA 提供的高可用性。

在复杂的 vSphere 数据中心中，可以使用链接模式将多个 vCenter Server 系统连接在一起，从而可以使用单个 vSphere Client 连接管理这些系统。

（3）vCenter Server 插件

vCenter Server 插件为 vCenter Server 提供额外特性和功能的应用程序。通常，插件由服务器组件和客户端组件组成。安装插件服务器之后，插件将在 vCenter Server 中注册，且插件客户端可供 vSphere Client 下载。在 vSphere Client 上安装了插件之后，它可能会添加与所增功能相关的视图、选项卡、工具栏按钮或菜单选项，从而改变界面的外观。

插件利用核心 vCenter Server 功能（如身份验证和权限管理），但有自己的事件、任务、元数据和特权类型。某些 vCenter Server 功能以插件形式实现，并可使用 vSphere Client 插件管理器进行管理。这些功能包括 vCenter Storage Monitoring、vCenter Hardware Status 和 vCenter Service Status。

（4）vCenter Server 数据库

vCenter Server 数据库用于维护在 vCenter Server 环境中管理的每个虚拟机、主机和用户的状态的持久存储区域。vCenter Server 数据库相对于 vCenter Server 系统可以是远程的，也可以是本地的，但推荐采用本地的数据库。如果使用 vCenter Server 进行默认安装，数据库在安装 vCenter Server 期间安装和配置。

【说明】如果要配置企业虚拟桌面（VMware View），并且使用链接克隆模式的虚拟桌面，则推荐采用手动的方式配置数据库服务器，之后再安装 vCenter Server，在本书的 VMware View 虚拟桌面相关章节将详细介绍。

如果直接通过 vSphere Client 访问 ESXi 主机，而不是通过 vCenter Server 系统和相关的 vSphere Client 访问，则不使用 vCenter Server 数据库。

（5）Tomcat Web 服务器

很多 vCenter Server 功能以需要 Tomcat Web 服务器的 Web 服务形式实现。作为 vCenter Server 安装的一部分，Tomcat Web 服务器安装在 vCenter Server 计算机上。

需要 Tomcat Web 服务器才能运行的功能包括：链接模式、CIM/硬件状态选项卡、性能图表、WebAccess、vCenter Storage Monitoring/存储视图选项卡和 vCenter Service Status。

（6）vCenter Server 代理

vCenter Server 代理可在每台受管主机上收集、传达和执行 vCenter Server 发送的操作软件。vCenter Server 代理是在第一次将主机添加到 vCenter Server 清单时安装的。

（7）主机代理

可在每台受管主机上收集、传达和执行通过 vSphere Client 发送的操作的软件。它是在 ESXi 安装过程中安装的。

（8）LDAP

vCenter Server 使用 LDAP（轻量级目录访问协议）在加入链接模式的 vCenter Server 系统之间同步数据（如许可证和角色信息）。

3.1.4　vSphere 受管清单对象

在 vSphere 中，清单是可对其设置权限、监控任务与事件并设置警报的虚拟和物理对象的集合。使用文件夹可以对大部分清单对象进行分组，从而更轻松地进行管理。

vSphere 管理员可以按用途重命名除主机之外的所有清单对象。例如，可按公司部门、位置或功能对它们进行命名。vCenter Server 监控和管理以下虚拟和物理基础架构组件。

（1）群集

群集为一个整体运作的 ESXi 主机及相关虚拟机的集合。将主机添加到群集后，主机的资源就成为群集资源的一部分。群集管理所有主机的资源。

如果在群集上启用 VMware EVC，则可以确保通过 vMotion 迁移不会因为 CPU 兼容性错误而失败。如果针对群集启用 vSphere DRS，则会合并群集内主机的资源，以允许实现群集内主机的资源平衡。如果针对群集启用 vSphere HA，则会将群集的资源作为容量池进行管理，以允许快速从主机硬盘故障中恢复。

（2）数据中心

与用于组织特定对象类型的文件夹不同，数据中心集合了在 Virtual Infrastructure 中进行工作所需的所有不同类型的对象：主机、虚拟机、网络和数据存储。

在数据中心内，有 4 种独立的层次结构。

- 虚拟机（和模板）
- 主机（和群集）
- 网络
- 数据存储

数据中心定义网络和数据存储的命名空间。这些对象的名称在数据中心内必须是唯一的。例如，同一数据中心内不得有两个名称相同的数据存储，但两个不同的数据中心内可以有两个名称相同的数据存储。虚拟机、模板和群集在数据中心内不一定是唯一的，但在其文件夹内必须是唯一的。

两个不同的数据中心内具有相同名称的对象不一定是同一个对象。正因为如此，在数据中心之间移动对象可能出现不可预知的结果。例如，数据中心 A 中名为网络 A 的网络与数据中心 B 中名为网络 A 的网络可能不是同一网络。将连接至网络 A 的虚拟机从数据中心 A 移至数据中心 B，会导致虚拟机更改其所连接到的网络。

（3）数据存储

数据中心中的基础物理存储资源的虚拟表示。数据存储是虚拟机文件的存储位置。这些物理存储资源可能来自 ESXi 主机的本地 SCSI 磁盘、光纤通道 SAN 磁盘阵列、iSCSI SAN 磁盘阵列或网络附加存储（NAS）阵列。数据存储隐藏了基础物理存储的特性，为虚拟机所需的存储资源呈现一个统一模式。

（4）文件夹

使用文件夹可以对相同类型的对象进行分组，从而轻松地进行管理。例如，可以使用文件夹跨对象设置权限和警报并以有意义的方式组织对象。

文件夹可以包含其他文件夹或一组相同类型的对象：数据中心、群集、数据存储、网络、虚拟机、模板或主机。例如，文件夹可以包含主机和含有主机的文件夹，但它不能包含主机和含有虚拟机的文件夹。

数据中心文件夹可以直接在 root vCenter Server 下形成层次结构，这使得用户可以采用任何方便的方式对数据中心进行分组。每个数据中心内都包含一个虚拟机和模板文件夹层次结构、一个主机和群集文件夹层次结构、一个数据存储文件夹层次结构以及一个网络文件夹层次结构。

（5）主机

主机是指安装有 ESXi 的物理机。所有虚拟机都在主机上运行。如果 vSphere Client 与某个 ESXi 主机直接连接，则只有该主机可供管理。

（6）网络

网络是一组虚拟网络接口卡（虚拟网卡）、分布式交换机或 vSphere Distributed Switch，以及端口组或分布式端口组，将虚拟机相互连接或连接到虚拟数据中心之外的物理网络。连接同一端口组的所有虚拟机均属于虚拟环境内的同一网络，即使它属于不同的物理服务器。您可以监控网络，并针对端口组和分布式端口组设置权限和警报。

（7）资源池

资源池用于划分主机或群集的 CPU 和内存资源。虚拟机在资源池中执行并利用其中的资源。可以创建多个资源池，作为独立主机或群集的直接子级，然后将其控制权委派给其他个人或组织。

vCenter Server 通过 DRS 组件，提供各种选项来监控资源状态并对使用这些资源的虚拟机进行调整或给出调整建议。您可以监控资源，并针对它们设置警报。

（8）模板

模板是虚拟机的主副本，可用于创建和置备新虚拟机。模板可以安装客户机操作系统和应用程序软件，并可在部署过程中自定义以确保新的虚拟机有唯一的名称和网络设置。

（9）虚拟机

虚拟机是虚拟化的计算机环境，可在其中运行客户机操作系统及其相关的应用程序软件。同一台受管主机上可同时运行多台虚拟机。

（10）vApp

vSphere vApp 是用于对应用程序进行打包和管理的格式。一个 vApp 可包含多个虚拟机。

3.1.5 可选 vCenter Server 组件

可选 vCenter Server 组件随基本产品附带和安装，但可能需要单独的许可证。可选的 vCenter Server 功能如下。

（1）vMotion

vMotion 是一种可用于将正在运行的虚拟机从一个 ESXi 主机迁移到另一个 ESXi 主机上，并且不会中断服务的功能。它需要在源主机和目标主机上分别许可。vCenter Server 可集中协调所有 vMotion 活动。

（2）Storage vMotion

该功能用于将运行中虚拟机的磁盘和配置文件从一个数据存储移至另一个数据存储，而不会中断服务。该功能需要在虚拟机的主机上获得许可。

（3）vSphere HA

一种使群集具备 High Availability 的功能。如果一台主机出现故障，则该主机上运行的所有虚拟机都将立即在同一群集的其他主机上重新启动。

启用群集的 vSphere HA 功能时，需指定希望能够恢复的主机数。如果将允许的主机故障数指定为 1，vSphere HA 将使整个群集具备足够的容量来处理一台主机的故障。该主机上所有正在运行的虚拟机都能在其余主机上重新启动。默认情况下，如果启动虚拟机会与故障切换所需的容量发生冲突，则无法启动此虚拟机。

（4）vSphere DRS

vSphere DRS 是一种有助于改善所有主机和资源池之间的资源分配及功耗状况的功能。vSphere DRS 收集群集内所有主机和虚拟机的资源使用情况信息，并在出现以下两种情况之一时给出建议（或迁移虚拟机）。

- 初始放置位置。当您首次打开群集中的某个虚拟机的电源时，DRS 将放置该虚拟机或提出放置建议。
- 负载平衡。DRS 会尝试通过执行虚拟机的自动迁移（vMotion）或提供虚拟机迁移建议提高群集中的资源利用率。

vSphere DRS 包含分布式电源管理（DPM）功能。当 DPM 处于启用状态时，系统会将群集层以及主机层容量与群集内运行的虚拟机所需要的容量进行比较。然后，DPM 会根据比较的结果，推荐（或执行）一些可减少群集功耗的操作。

（5）存储 DRS

存储 DRS 是一种可用于将多个数据存储作为单个计算资源（称为数据存储群集）进行管理的功能。数据存储群集是多个数据存储聚合到一个逻辑、负载平衡池中的集合。可以将数据存储群集视为一个可变存储资源进行资源管理。可以将虚拟磁盘分配给数据存储群集，且存储 DRS 会为其找到相应的数据存储。负载平衡器会根据工作负载测量负责初始放置和后续迁移。存储空间平衡和 I/O 平衡可将降低虚拟机性能的空间不足风险和 I/O 瓶颈风险降到最低。

（6）vSphere Fault Tolerance

vSphere Fault Tolerance（FT）通过创建和维护与主虚拟机相同，且可在发生故障切换时随时替换主虚拟机的辅助虚拟机，来确保虚拟机的连续可用性。

3.1.6　vCenter Server 插件

vCenter Server 插件通过提供更多的特性和功能扩展 vCenter Server 的功能。下面的一些插件随 vCenter Server 基本产品一起安装。

（1）vCenter 存储监控

vCenter 存储监控允许您查看存储使用情况信息，并且允许您在 vCenter Server 中所有可用的存储实体之间对关系进行可视映射。

（2）vCenter 硬件状态

使用 CIM 监控显示 vCenter Server 管理的主机的硬件状态。

（3）vCenter Service Status

显示 vCenter 服务的状态。

一些插件并不与基本产品包装在一起，并且需要单独安装。您可以独立更新各插件和基本产品，这些产品与模块包括：

（1）vSphere Update Manager （VUM）

VUM 可让管理员在 ESXi 主机和所有受管虚拟机上应用更新和修补程序。管理员可创建用户定义的安全基准来表示一组安全标准。安全管理员可将主机和虚拟机与这些基准进行比较，从而识别和修复不合规的系统。

（2）vShield Zones

一种为 vCenter Server 集成构建的应用程序感知防火墙。vShield Zones 检查客户端—服务器通信和虚拟机之间的通信以提供详细的流量分析方法和应用程序感知防火墙分区。vShield Zones 是用于保护虚拟化数据中心免遭基于网络的攻击和误用的关键安全组件。

（3）vCenter Orchestrator

一种工作流引擎，可用于在 vSphere 环境内创建和运行自动工作流。vCenter Orchestrator 通过其开放插件架构协调多个 VMware 产品及第三方管理和系统解决方案之间的工作流任务。vCenter Orchestrator 提供一个可扩展的工作流的库。您可以使用 vCenter Server API 中提供的任何操作来自定义 vCenter Orchestrator 工作流。

（4）Data Recovery

基于磁盘的备份和还原解决方案，可为虚拟机提供全面的数据保护。Data Recovery 与 vCenter Server 完全集成，可实现备份作业的集中有效管理，并包含数据去重复功能以使磁盘使用率最小化。

3.1.7 vSphere Client 界面

vSphere Client 是管理 vSphere 组件的客户端工具，它包括 vSphere Client、vSphere Web Access、VMware 服务管制台和 vSphere 命令行界面。

（1）vSphere Client

vSphere Client 是创建、管理和监控虚拟机、资源及其主机时的必需组件和主界面。另外，它还提供对虚拟机的控制台访问。

vSphere Client 安装在可通过网络访问 ESXi 或 vCenter Server 系统安装的 Windows 计算机上。该界面上可能会显示略为不同的选项，具体取决于所连接的服务器类型。当所有 vCenter Server 活动都通过 vCenter Server 系统执行时，必须使用 vSphere Client 监控、管理和控制服务器。单个 vCenter Server 系统或 ESXi 主机可以支持多个同时连接的 vSphere Client。

在 vSphere 5.1 及其以后的版本（最新版本 5.5）中，所有新 vSphere 功能只能通过 vSphere Web Client 使用。传统的 vSphere Client 将继续运行，支持与 vSphere 5.0 相同的功能集，但不显示 vSphere 5.1 中的任何新功能。

vSphere 5.1 及其后续更新和修补程序版本是包含传统 vSphere Client 的最后版本。未来的 VMware vSphere 主要版本中将只包括 vSphere Web Client。

（2）vSphere Web Client

vSphere Web Client 是可通过网络访问 vCenter Server 安装的 Web 应用程序。在此版本中，vSphere Web Client 包括基于 Windows 的 vSphere Client 中涉及的功能的子集，主要与清单显示以及虚拟机部署和配置相关。

（3）vSphere 命令行界面

vSphere 命令行界面用于配置 ESXi 主机的命令行界面。vSphere 命令行界面还可用于在 ESXi 主机上执行 Storage vMotion 操作。

3.2 规划与安装 vCenter Server

本节介绍 VMware vCenter Server 的安装与配置，以 VMware vCenter Server 5.5 为例。

3.2.1 规划 vCenter Server

当确定要在网络中使用 VMware ESXi 虚拟化软件，对当前的应用进行虚拟化时，在前期部署 VMware ESXi 的时候，对整个虚拟化系统进行规划是非常有必要的。管理员要对可能需要配置的虚拟化主机的数量、存储服务器、管理服务器进行规划。

在大多数中小企业的网络中，很少有超过 5 台 VMware ESXi 主机，一般使用一台

vCenter Server 进行管理，大多使用一台存储服务器。在这种情况下，可以对 VMware ESXi 主机、vCenter Server、存储服务器的 IP 地址进行规划。例如，某企业，初期配置两台 VMware ESXi 主机、1 台存储服务器、1 个 vCenter Server 用来管理，将来可能增加 3 台 VMware ESXi 主机，该单位为服务器分配的地址段是 172.18.96.0/24、网关地址是 172.18.96.253。在这种情况下，可以为 VMware ESXi 服务器分配 172.18.96.10～172.18.96.15 的地址，为存储服务器分配 172.18.96.7 的地址，为 vCenter Server 分配 172.18.96.20 的地址。在初期为 VMware ESXi 分配 172.18.96.10、172.18.96.11 的地址。以后当 VMware ESXi 的数量增加时，可以使用 172.18.96.16～172.18.96.20 的地址。对于网络中的其他服务器，如 Active Directory、DHCP、DNS、WSUS 等，这些可以采用 172.18.96.21 或者 172.18.96.30 之后的地址。

如果在网络中配置一台 vCenter Server，可以将 vCenter Server 部署在一台虚拟机中，并且可以是在 VMware ESXi 中的一台虚拟机。这个时候，单台的 vCenter Server 可以管理包括自己宿主的 VMware ESXi 主机。在大多数的情况下，这种配置可以满足需求。

当对 vSphere 数据中心有较高的要求时，需要配置多台 vCenter Server，并且采用"链接"的方式安装 vCenter Server。此时 vCenter Server 可以部署在配置相对较低的物理服务器上。

如果只要配置一台 vCenter Server，又想实现 vCenter Server 的"高可用性"时，可以考虑配置两台 Hyper-V Server 的主机，在这两台 Hyper-V Server 中配置一台 Windows Server 2008 R2 的虚拟机，在虚拟机中安装 vCenter Server，并使用 Hyper-V Server"虚拟机复制"功能，实现 vCenter Server 高可用性。此种拓扑如图 3-2 所示。

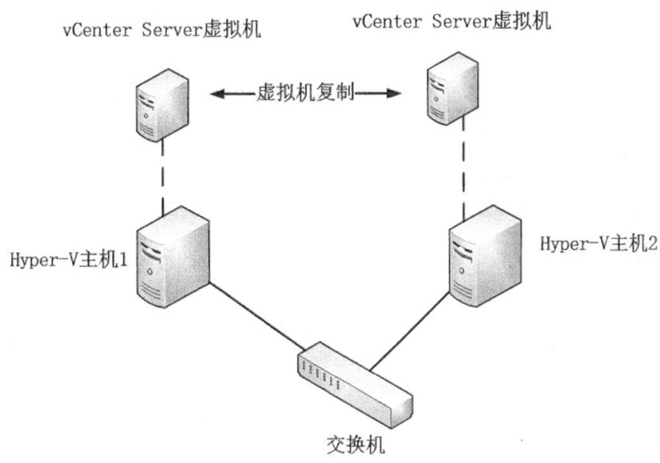

图 3-2　基于 Hyper-V 的 vCenter Server 的高可用拓扑

在图 3-2 中，采用 Hyper-V 的"虚拟机复制"功能。在某一时刻，提供业务的虚拟机会间隔一段时间"复制"到另一 Hyper-V 主机，当这台 Hyper-V 主机出现故障时，由管理员手动启动复制的虚拟机对外提供服务。在这个系统中，Hyper-V 主机不需要加入 Active Directory，也不需要共用存储。无论是源虚拟机还是复制后的虚拟机，都是保存在 Hyper-V 主机的"本地存储"中。

3.2.2 vCenter Server 实验拓扑

在本章使用 vCenter 管理 VMware ESXi 的内容中，将参照图 3-3 的网络拓扑进行介绍。

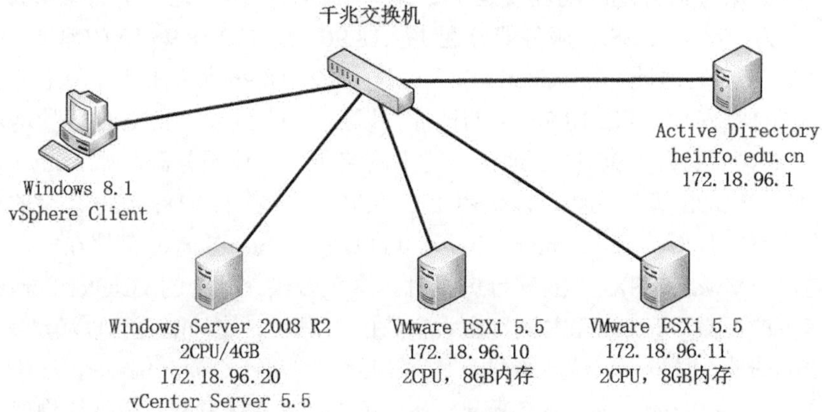

图 3-3 vSphere 实验拓扑

在图 3-3 中，网络中有 4 台服务器、1 台管理工作站，4 台服务器中有 2 台 VMware ESXi 5.5，第 1 台服务器的 IP 地址为 172.18.96.10，设置 VMware ESXi 主机名称为 ESX1；第 2 台服务器的 IP 地址为 172.18.96.11，设置计算机名称为 ESX2；第 3 台服务器是 Active Directory 服务器，规划 IP 地址为 172.18.96.1；第 4 台服务器是 Windows Server 2008 R2，准备用来安装 vCenter Server。

【说明】在我所管理与维护的网络中，低的地址通常表示 Active Directory、DNS、DHCP、证书、WSUS（升级服务器）、WDS（Windows 部署服务器），因为这些服务器会经常用到；其次是 VMware ESXi，一般为管理规划 10 台左右即已不少。之后是管理服务器，例如 vCenter Server、vcos 等。如果配置虚拟桌面，则 IP 地址会从 40、50 开始排列。如果服务器可以进行远程的管理，例如 HP 服务器的 iLO、IBM 的 IMM，则会规划另一个网段，或者使用较大（例如 172.18.96.230 等）的 IP 地址，因为这些地址使用频率较低。

除了学习在虚拟机中安装 vCenter Server、用 vCenter Server 管理 VMware ESXi、创建虚拟机模板、从模板部署系统外，还将学习到下列的内容。

- VMware ESXi 连接到存储服务器，并在存储服务器中创建虚拟机。
- 为现有的虚拟机更改主机与存储，将其迁移到其他主机与存储（本地存储、网络存储）。
- 使用 vMotion 迁移虚拟机。

在本章实验中，第 1 台 VMware ESXi 的服务器具有两个 Intel E5405 的 CPU、8GB 内存，第 2 台 VMware ESXi 具有 1 个 Intel E5410 的 CPU、8GB 内存。每个服务器都是两个千兆网卡。用作存储的 Windows Server 2012 是一台具有 4GB 内存、3 块 1TB 硬盘组建的 RAID5、具有 1 个千兆网卡。服务器与存储都连接到一台千兆交换机中，并且 VMware ESXi 与存储服务器已经按照图 3-3 中设置连接好。

3.2.3　vCenter Server 软硬件需求

从 VMware vCenter Server 5.1 开始，VMware vCenter Server 需要一组服务，包括 vCenter Single Sign-On、vSphere Web Client、vCenter Inventory Service，如果要在同一台主机安装这些产品，则需要满足最低的硬件需求，根据 VMware 推荐，vCenter Single Sign-On、vSphere Web Client、vCenter Inventory Service 和 vCenter Server 的 Simple Install 部署的最低硬件要求如下（实际生产中可以根据需要增加或减少配置）。

处理器： Intel 或 AMD x64 处理器，逻辑内核至少为两个，且每个内核速度为 2 GHz。

内存： 12GB。如果 vCenter Server 数据库在与 vCenter Server 相同的计算机上运行，则内存要求更高。vCenter Server 包含多种 Java 服务：VMware VirtualCenter Management Webservices、Inventory Service 和配置文件驱动的存储服务。安装 vCenter Server 时，选择 vCenter Server 清单的大小为这些服务分配内存。清单大小决定了这些服务的最大 JVM 堆设置。如果环境中主机的数量发生变化，则可以在安装后调整此设置。

磁盘存储： 建议配置 100GB。 安装后需要 40～60 GB 的可用磁盘空间，具体取决于您的清单大小。应提供更多空间以满足未来清单增长。如果 vCenter Server 数据库与 vCenter Server 在同一台计算机上运行，那么磁盘存储要求会更高，具体取决于该数据库大小。 在 vCenter Server 5.x 中，vCenter Server 日志的默认大小为比 vCenter Server 4.x 中的日志大 450 MB。请确保分配给日志文件夹的磁盘空间足够容纳此增长。

网络速度： 1Gbit/s。

在实际的实验中，vCenter Server 5 需要 64 位的 Windows 环境，需要至少 4GB 内存，推荐 8GB 或更大的内存、2 个虚拟 CPU、Windows Server 2008 R2 系统。

可以将 vCenter Server 安装在 VMware ESXi 的虚拟机中，也可以将其安装在物理机中。当将 vCenter Server 安装在 VMware ESXi 的虚拟机之中时，要设置 vCenter Server 的虚拟机“跟随”主机启动。

在使用 HA 或 FT 功能时（后文讲到），当在仅有两台 VMware ESXi 主机的虚拟机中启用虚拟机的 FT 功能时，不要将 vCenter Server 安装在这两台 VMware ESXi 主机中，否则，当运行 vCenter Server 虚拟机的主机“当机”或网络中断时，与 vCenter Server 在同一主机中的虚拟机会关闭，而 FT 与 HA 功能是需要 vCenter Server 的支持的，这样容错的虚拟机将不会自动切换。所以，在配置 FT 与 HA 功能时，需要至少有三台 VMware ESXi 主机，并在 vCenter Server 所在的主机之外的另两台主机创建群集并将这两台主机添加进来。如果只有两台 VMware ESXi 主机，则推荐采用另一台配置较低的服务器（至少两个 CPU、2GB 内存）安装 Windows Server 2008 R2，并安装 vCenter Server。

3.2.4　安装 vCenter Single Sign On

在前文介绍过，安装 vCenter Server 的计算机可以是物理机，也可以是虚拟机，只要为其安装 64 位的 Windows Server 2008（或 Windows Server 2008 R2），配置有 2 个 CPU、最低 4GB 内存、千兆网卡即可。

在将要安装 vCenter Server 的计算机中安装 Windows Server 2008 R2 企业版，其他的软件（例如杀毒软件）则不用再安装，因为 vCenter Server 是一个专用的计算机（或虚拟机），你很少会用这台计算机上网查找资料、收发邮件。在安装好操作系统之后，为了以后管理方便，为 vCenter Server 计算机修改一个“短”的计算机名称，例如 vcenter，如图 3-4 所示。然后修改 IP 地址，设置为规划的地址，本示例为 172.18.96.20，如图 3-5 所示，之后即可以安装 vCenter Server。

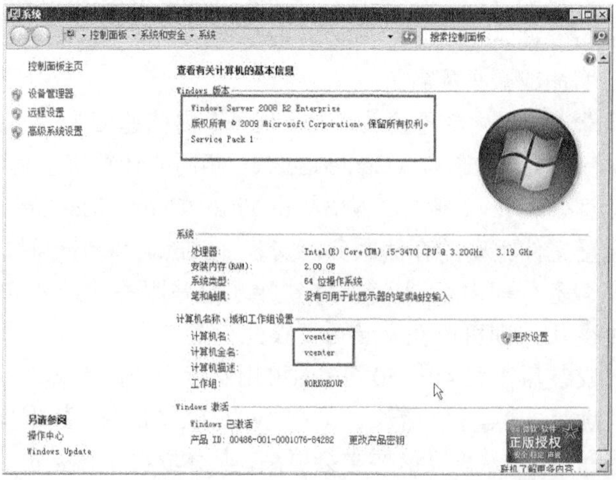

图 3-4　修改计算机名称

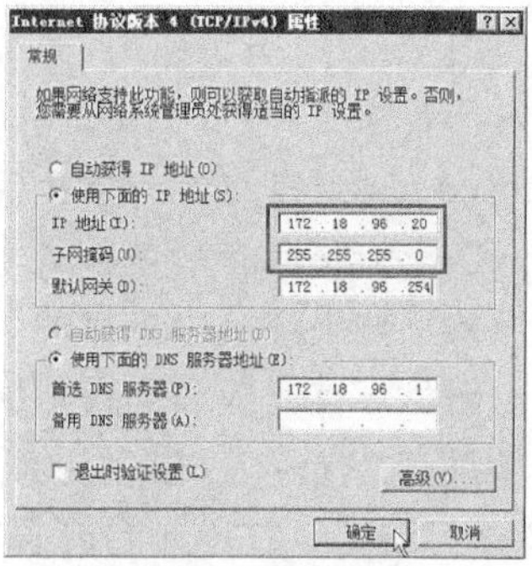

图 3-5　设置 IP 地址

从 5.1 版本开始，VMware vCenter 5.1 需要 vCenter Single Sign On 及 vCenter Inventory Service 的支持。在安装 vCenter Server 之前需要先安装这两个产品。本节先介绍 vCenter Single Sign On 的安装。

（1）登录到 vCenter Server 的计算机，加载 vCenter Server 安装光盘镜像，以管理员身份登录（如果加入到域则以域管理员身份登录），运行安装程序，在 VMware vSphere 5.5 安装程序中，单击“vCenter Single Sign On”链接，如图 3-6 所示。

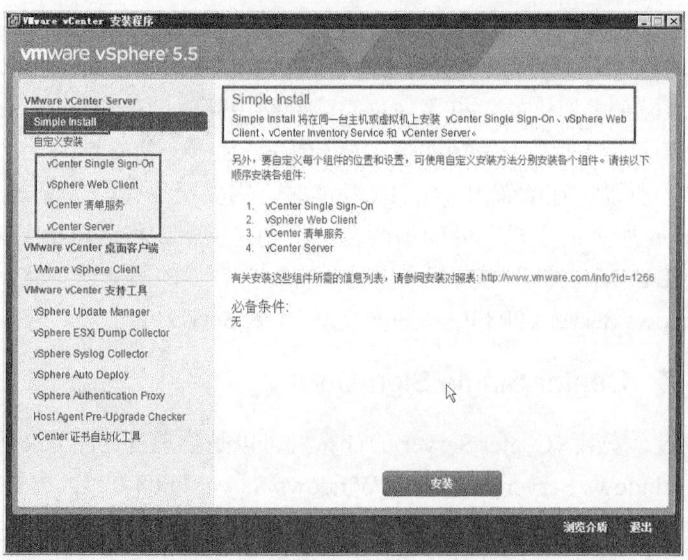

图 3-6　安装 vCenter Single Sign On

【说明】如果 vCenter Server 计算机加入到域，则可以执行“Simple install（简单安装）”，在一个步骤中同时安装 vCenter Single Sign On、vCenter Inventory Service、vCenter Server 三个服务。没有加入到域时只能单独安装每一个组件。

（2）在“欢迎使用 vCenter Single Sign On 的 InstallShield 向导”对话框中，单击“下一步”按钮，如图 3-7 所示。

（3）在“最终用户许可协议”对话框中，选中“我接受许可协议中的条款”单选按钮，如图 3-8 所示。

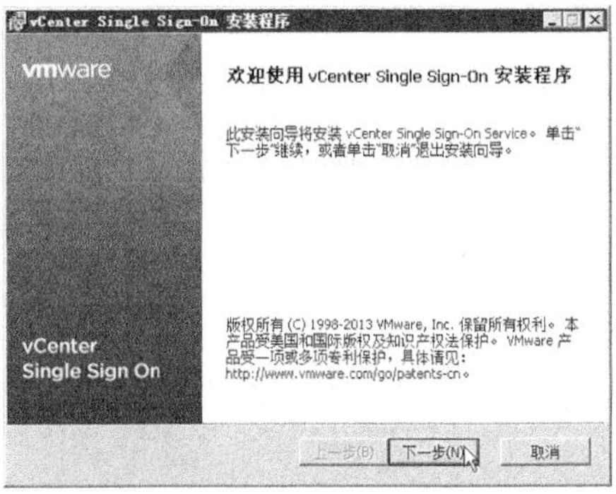

图 3-7　安装向导

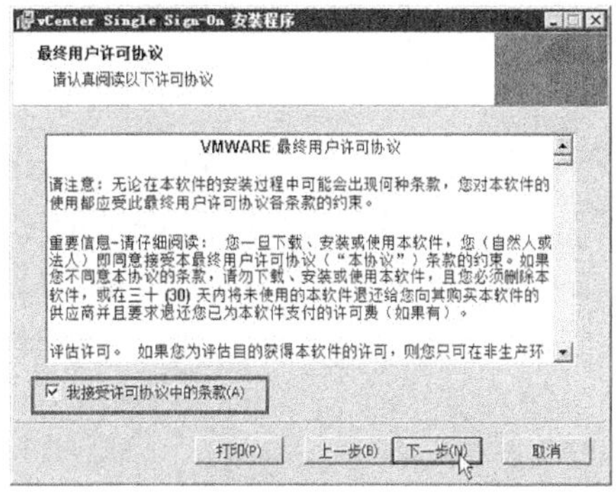

图 3-8　最终用户许可协议

（4）在“vCenter Single Sign-On 必备条件”对话框中，安装程序检查安装 vCenter Single Sign-On 的必备条件，如图 3-9 所示。

（5）在“vCenter Single Sign On 部署类型”对话框中，选择“第一个 vCenter Server 的 vCenter Single Sign-On”，如图 3-10 所示。

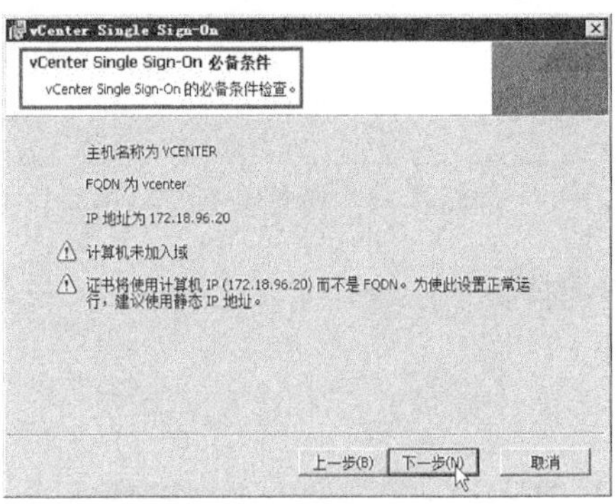

图 3-9　必备条件检查

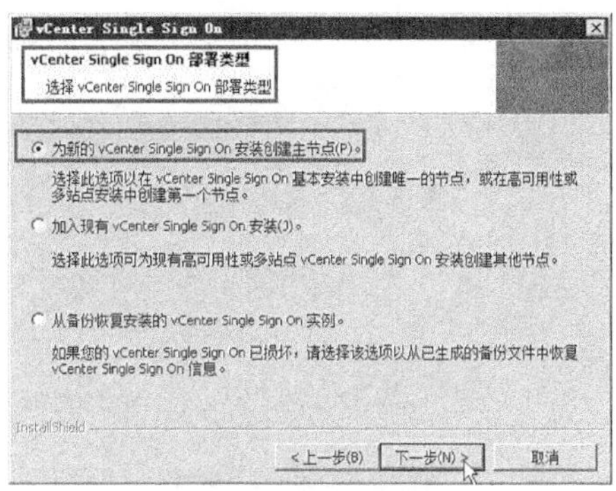

图 3-10　部署模式

（6）在“vCenter Single Sign On 信息”对话框中，设置管理员账户密码，该密码不得少于 8 个字符，并且必须包含至少一个大小字母、一个小写字母、一个数字、一个特殊字符，如图 3-11 所示。设置之后，请在你的重要记事本中记录这个密码，以防遗忘。

（7）在“vCenter Single Sign-On”配置站点对话框，显示了默认站点名称“Default-First-Site”，如图 3-12 所示。

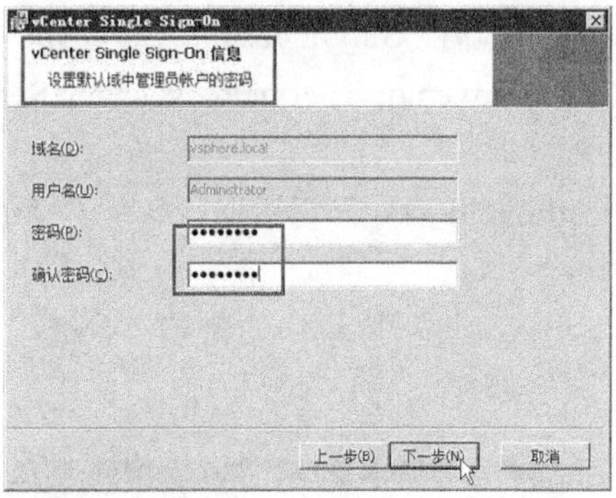

图 3-11 设置密码

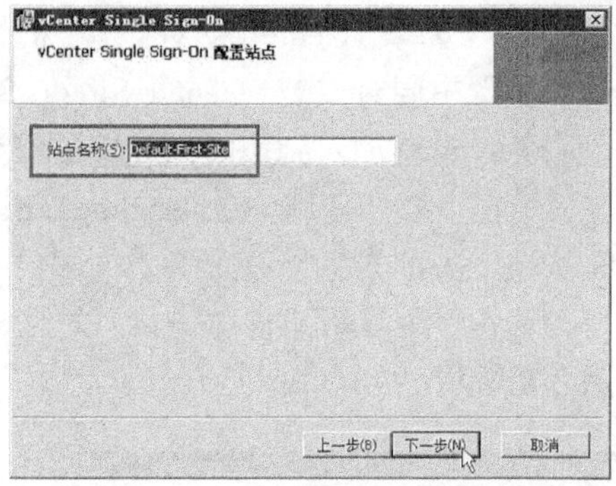

图 3-12 设置默认站点名称

【说明】在 vCenter 5.5 中，vCenter Single Sign-On 的默认域名改为 vsphere.local，这与 vCenter Server 5.1 是不同的。在从 vCenter Server 5.1 升级到 5.5 时，默认域名也会一同更改。

（8）在“vCenter Single Sign On 端口设置”对话框中，输入 vCenter Single Sign On 连接信息，在此保持默认值选择 7444 即可，如图 3-13 所示。

（9）在“目标文件夹”对话框中，选择“vCenter Single Sign On”的安装位置，在此保持默认值，如图 3-14 所示。

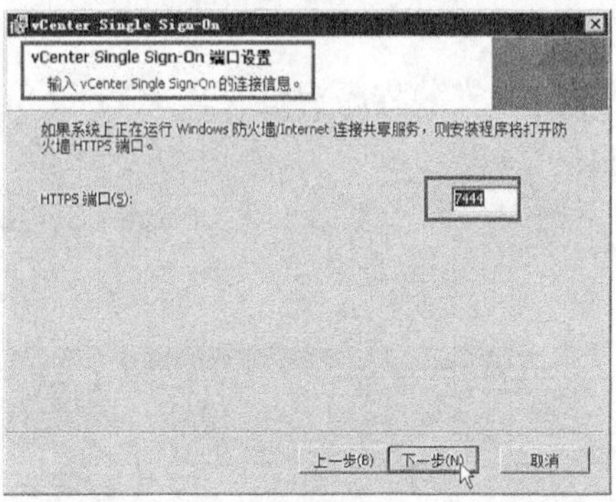

图 3-13 端口设置

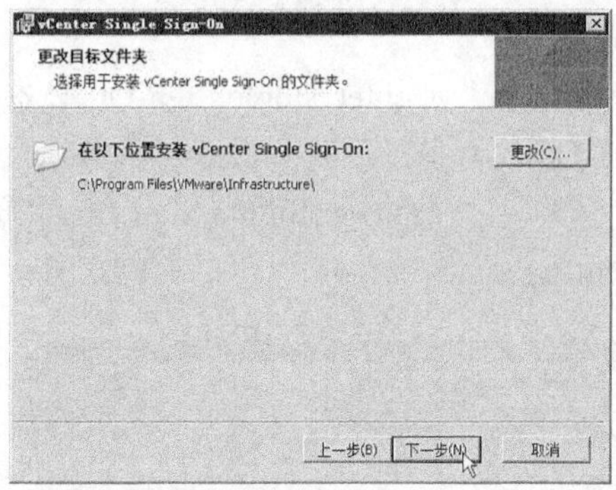

图 3-14 安装位置

（10）在“检查安装选项”对话框中，显示用户选择设置，检查无误之后单击“安装”按钮，如图 3-15 所示，开始安装 vCenter Single Sign On。

（11）之后将开始安装 vCenter Single Sign On，直到安装完成，如图 3-16 所示。

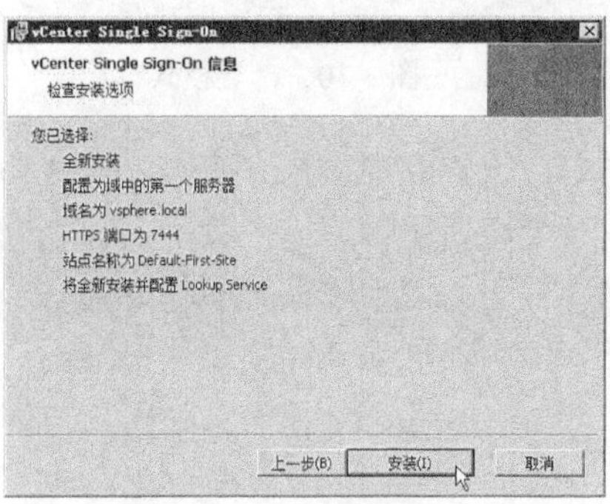

图 3-15 安装

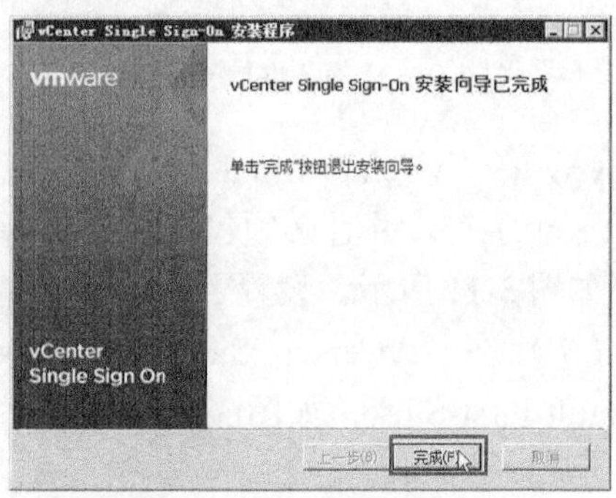

图 3-16 安装完成

3.2.5　安装 vCenter Inventory Service

接下来安装 vCenter Inventory Service（vCenter 清单服务），步骤如下。

（1）返回到 VMware vCenter 安装程序，单击“vCenter 清单服务”链接，如图 3-17 所示。

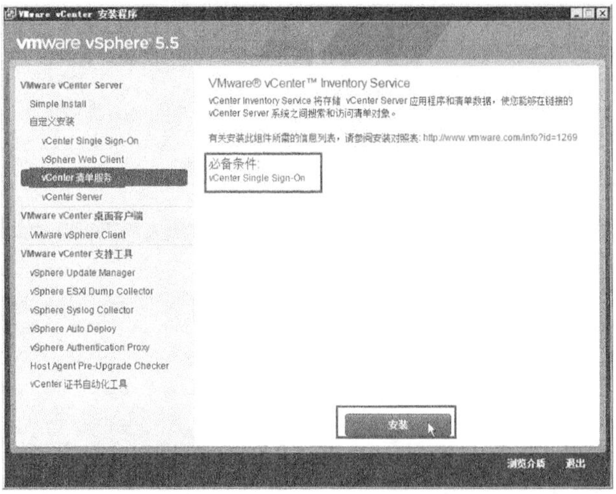

图 3-17　安装 vCenter Inventory Service

（2）在“欢迎使用 vCenter Inventory Service 的安装向导”对话框中，单击“下一步”按钮，如图 3-18 所示。

（3）在“最终用户许可协议”对话框中，接受许可协议，如图 3-19 所示。

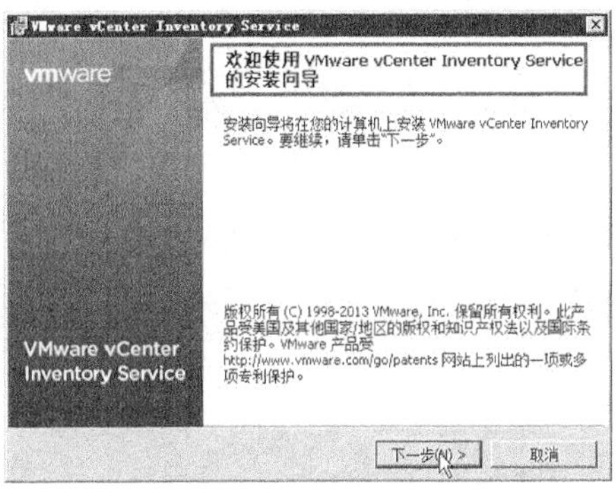

图 3-18　安装向导

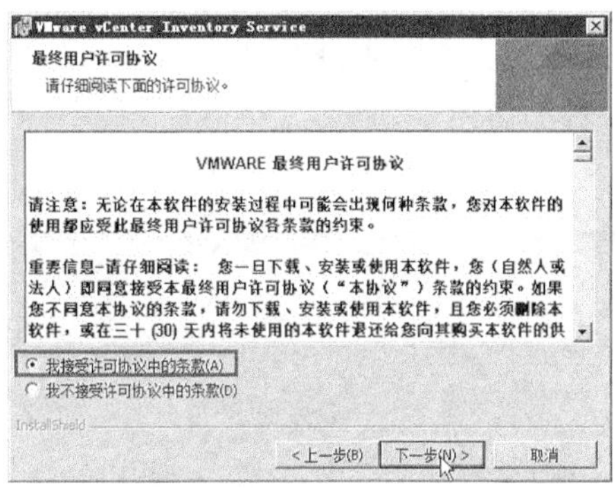

图 3-19　接受许可协议

（4）在“目标文件夹”对话框中选择默认的安装位置，如图 3-20 所示。

（5）在“本地系统信息”对话框中输入 Inventory Service 本地系统所需要信息，在此保持默认值即可，如图 3-21 所示。

（6）在“配置端口”对话框中，输入 Inventory Service 的端口号，通常选择默认值，如图 3-22 所示。

（7）在“JVM 内存”对话框中选择最好地描述您的 vCenter Server 部署的清单大小，如图 3-23 所示，在此选择“小型”。

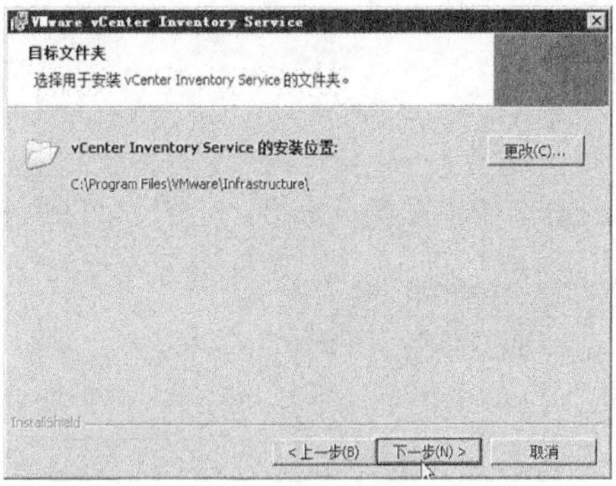

图 3-20 安装位置

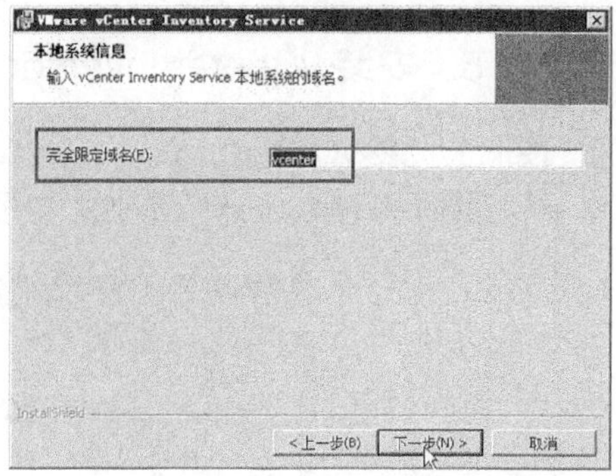

图 3-21 本地系统信息

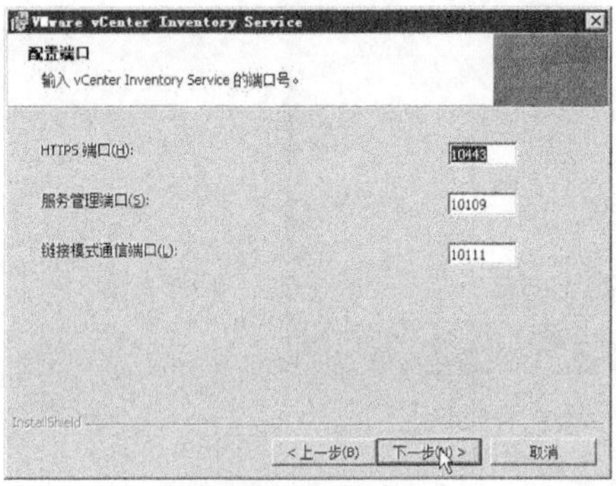

图 3-22 配置端口

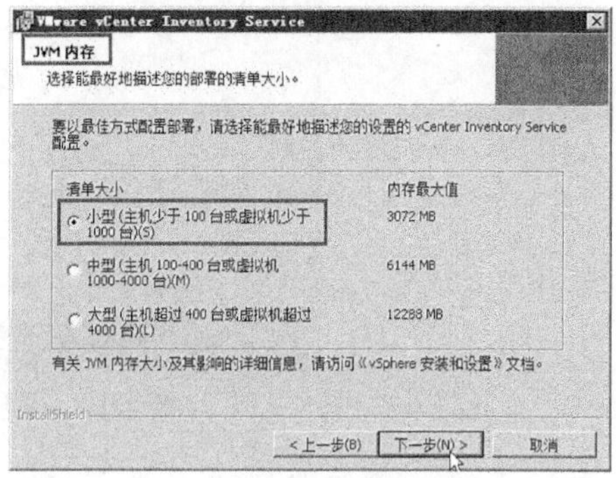

图 3-23 JVM 内存

（8）在“vCenter Single Sign On 信息”对话框中，输入 vCenter Single Sign On 管理员密码以注册 Inventory Service，如图 3-24 所示，这个密码是在安装 vCenter Single Sign On 时设置的（如图 3-11 中设置的）。

（9）在“安装证书以进行安全连接”对话框中，单击“安装证书”按钮，如图 3-25 所示。

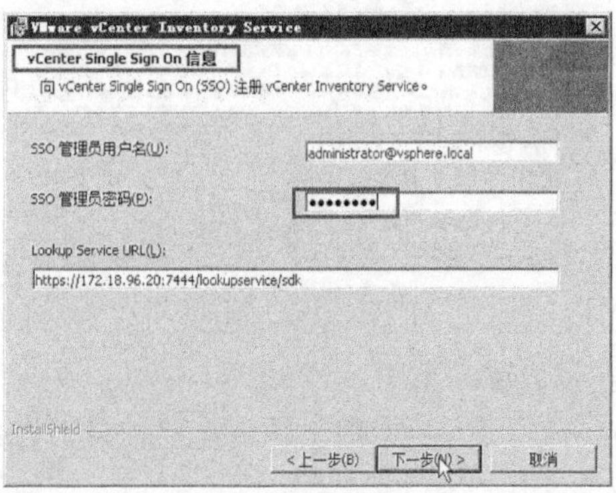

图 3-24 输入密码

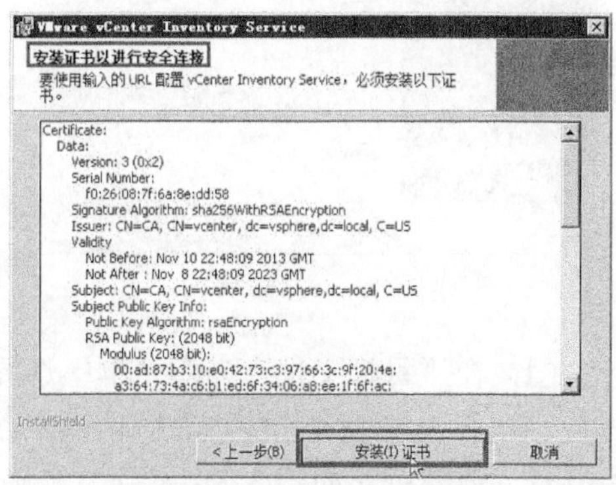

图 3-25 安装证书

（10）在“准备安装”对话框中，单击“安装”按钮（如图 3-26 所示），开始安装 Inventory Service，直到安装完成，如图 3-27 所示。

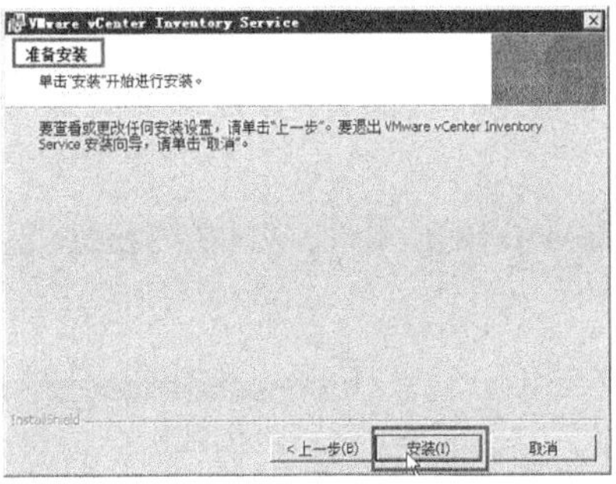

图 3-26　准备安装

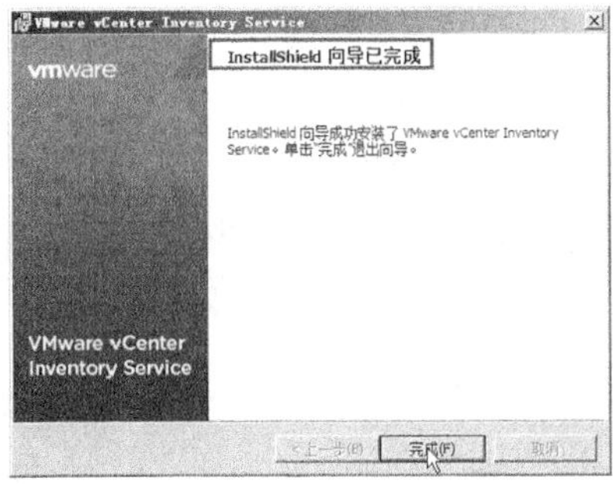

图 3-27　安装完成

3.2.6　安装 vCenter Server

在准备好数据源之后就可以安装 vCenter Server 了，主要步骤如下。

（1）运行 vCenter Server 安装程序，选中“vCenter Server”，在右下角单击“安装”按钮，如图 3-28 所示。

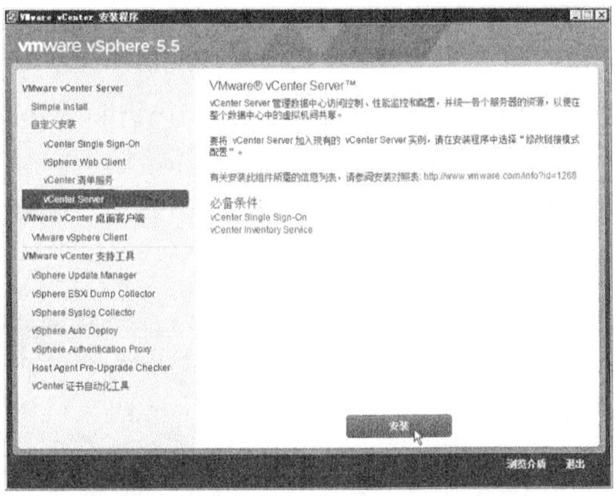

图 3-28　运行 vCenter Server 安装程序

（2）在“欢迎使用 VMware vCenter Server 的安装向导”对话框中单击“下一步”按钮，如图 3-29 所示。

（3）在“许可协议”对话框中单击“我同意许可协议中的条款”单选按钮，然后单击“下一步”按钮，如图 3-30 所示。

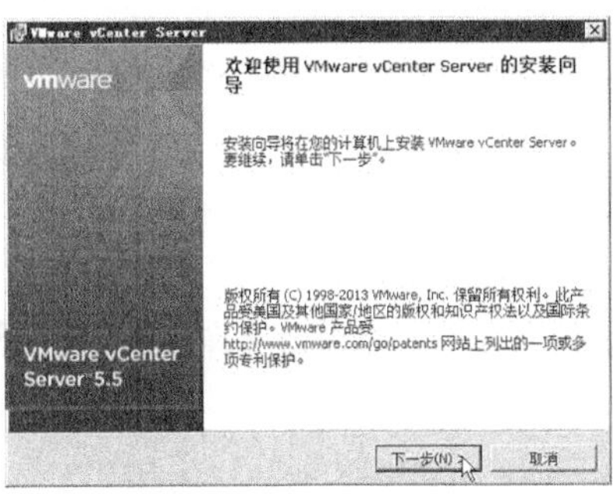

图 3-29　安装向导

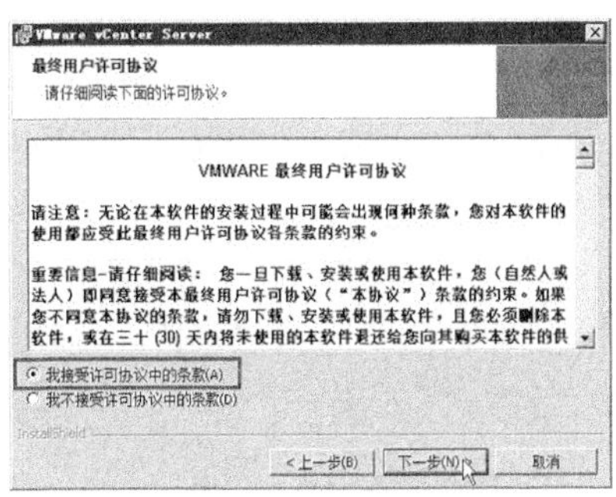

图 3-30　接受许可协议

（4）在“许可证密钥”对话框中输入 vCenter Server 的许可证密钥，如果没有许可证并且留空可以使用 60 天。管理员可以在 60 天到期之前在 vCenter Server 管理界面中输入许可证密钥，如图 3-31 所示。

（5）在“数据库选项”对话框中，单击“安装 Microsoft SQL Server 2008 Express 实例”，如图 3-32 所示。

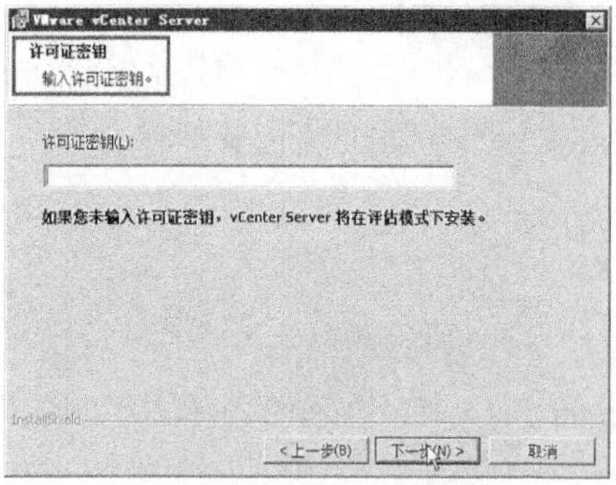

图 3-31　许可证密钥

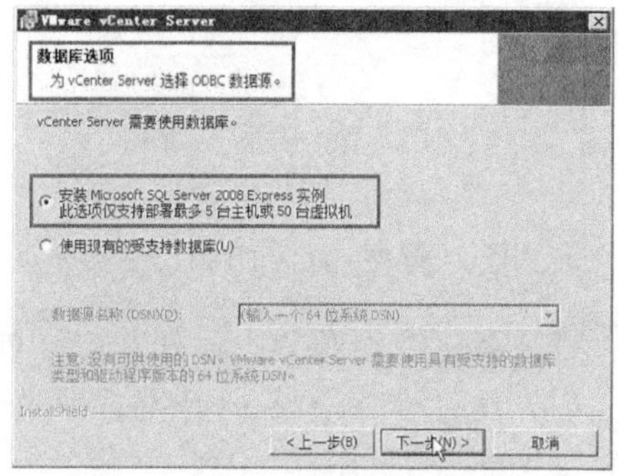

图 3-32　数据库选项

【说明】在大型企业中，可以为 vCenter Server 安装 SQL Server 数据库。在实验或者可管理的 VMware ESXi 主机数量较小的情况下，可以使用免费的 SQL Server 2008 Express 实例。

（6）在“vCenter Server 服务”对话框中，选择“使用 SYSTEM 账户”，如图 3-33 所示。

（7）在“vCenter Server 链接模式选项”对话框中，选择“创建独立的 VMware vCenter Server 实例”，如图 3-34 所示。

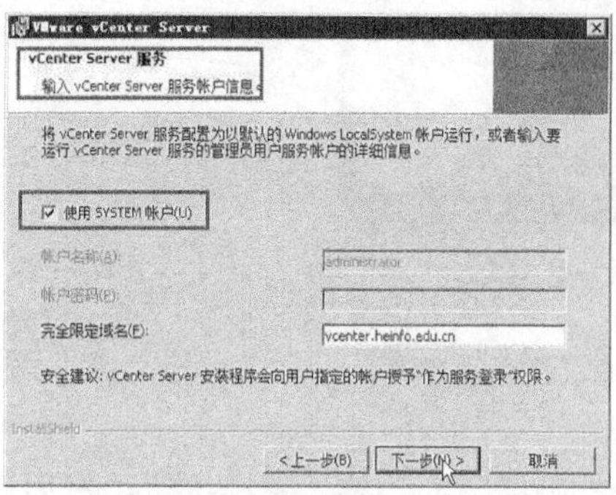

图 3-33　使用系统账户启动服务

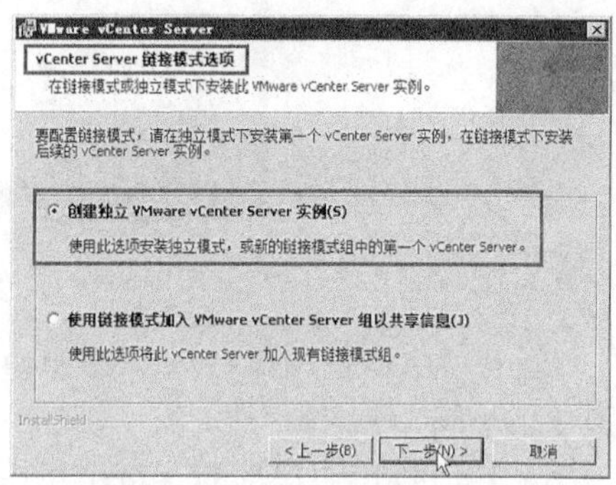

图 3-34　独立 vCenter Server 实例

（8）在“配置端口”对话框中，输入 vCenter 的连接信息，通常保持默认值即可，如图 3-35 所示。如果 vCenter Server 管理的 VMware ESXi 主机同时打开超过 2 000 台虚拟机的电源，则需要选中“增加可用极短端口的数量”单选框，在大多数情况下，单台 ESXi 主机不会启动超过 2 000 台虚拟机，所以此项一般不选中。

（9）在“JVM 内存”对话框中选择清单大小，在 vCenter Server 管理的 ESXi 主机少于 100 台或管理的总虚拟机数小于 1 000 台时，选择“小型”此项，在大多数情况下可以满足需求，如图 3-36 所示。

（10）在“vCenter Single Sign On 信息”对话框中，输入 vCenter Single Sign On 管理员密码，如图 3-37 所示。

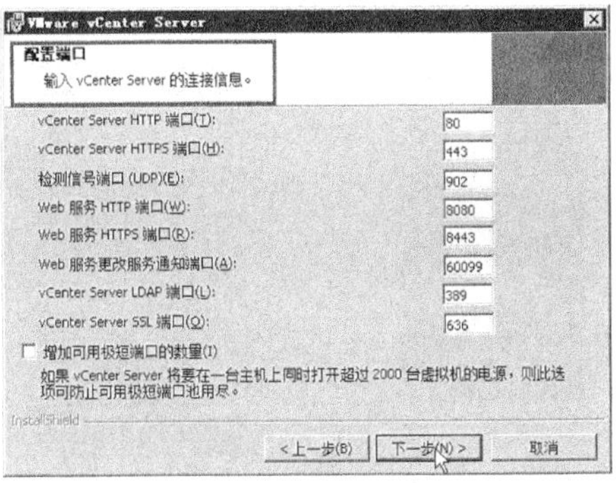

图 3-35　配置端口

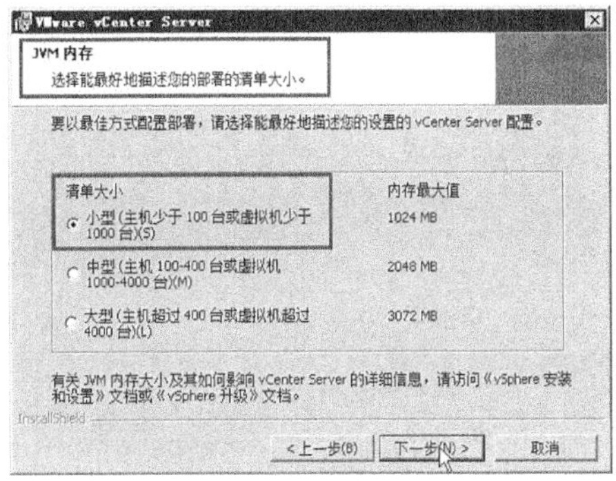

图 3-36　JVM 内存

（11）在“vCenter Single Sign On 信息”对话框中，输入 vCenter Single Sign On 识别的 vCenter Server 管理员，默认为 administrator@vsphere.local，请大家记住此账户，在第一次管理 vCenter Server 的时候，需要使用该账户登录，如图 3-38 所示。

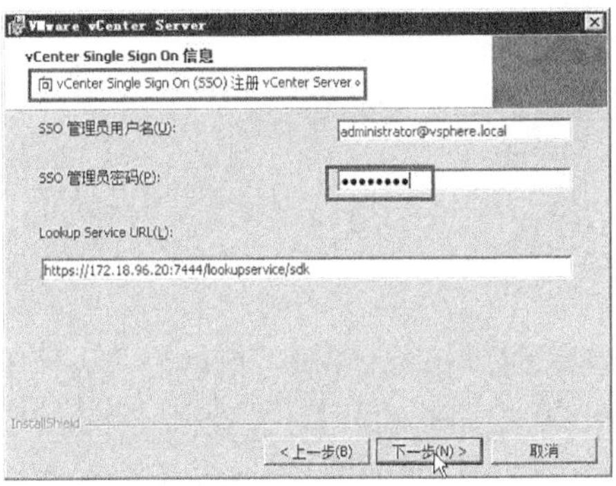

图 3-37　vCenter Single Sign On 管理员密码

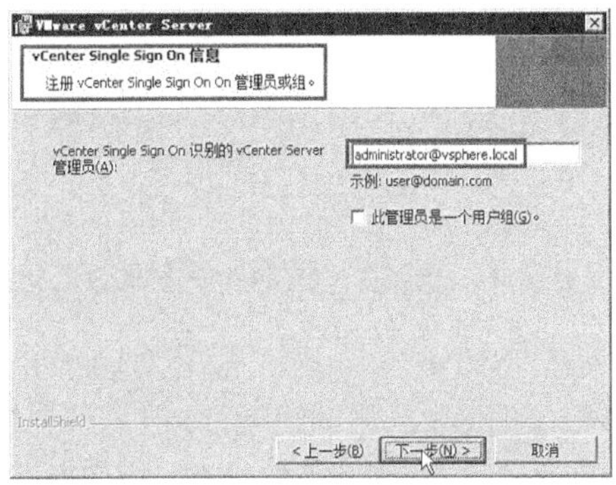

图 3-38　注册 vCenter 管理员

（12）在“vCenter Inventory Service 信息”对话框中，输入 vCenter Inventory Service 信息，在此保持默认值，如图 3-39 所示。

（13）在“目标文件夹”对话框中，选择 vCenter Server 安装位置，如图 3-40 所示。

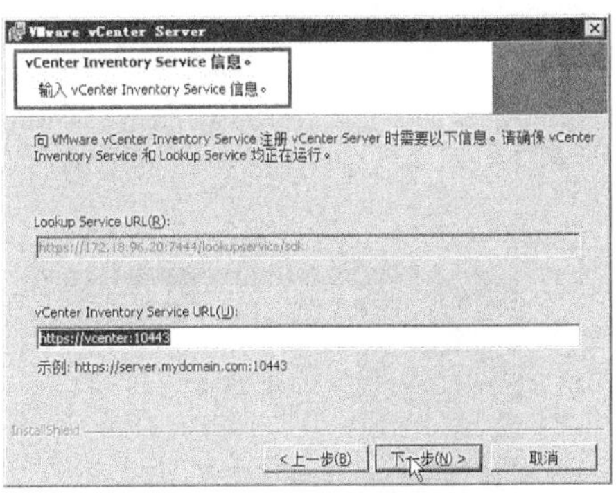

图 3-39　vCenter Inventory Service 信息

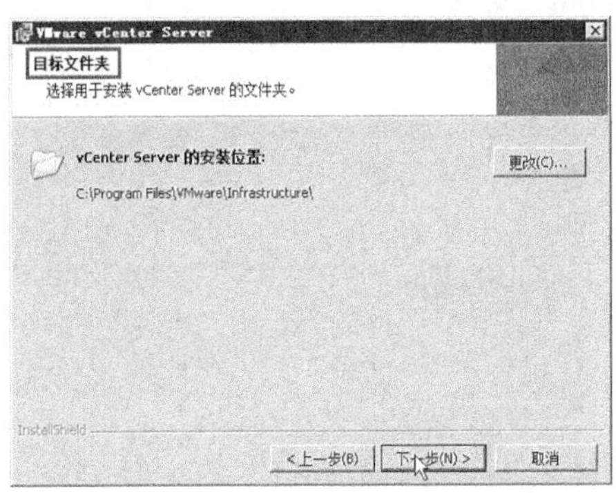

图 3-40　vCenter Server 安装位置

（14）在“准备安装程序”对话框中，单击“安装”按钮，如图 3-41 所示。

（15）稍后开始 vCenter Server 的安装，直到安装完成，如图 3-42 所示。

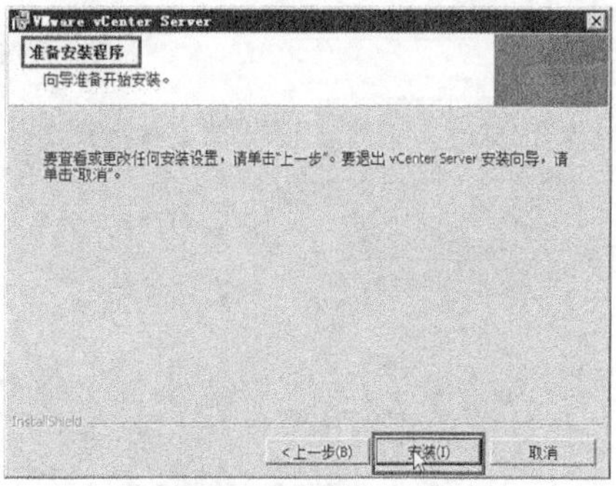

图 3-41 安装位置

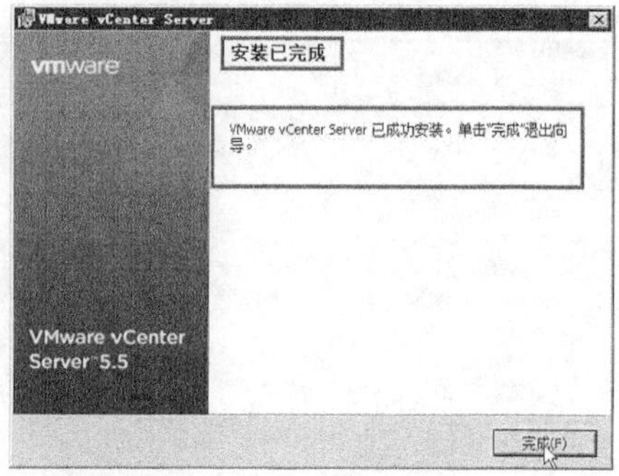

图 3-42 安装完成

（16）安装完成之后，需要重新启动计算机，如图 3-43 所示。

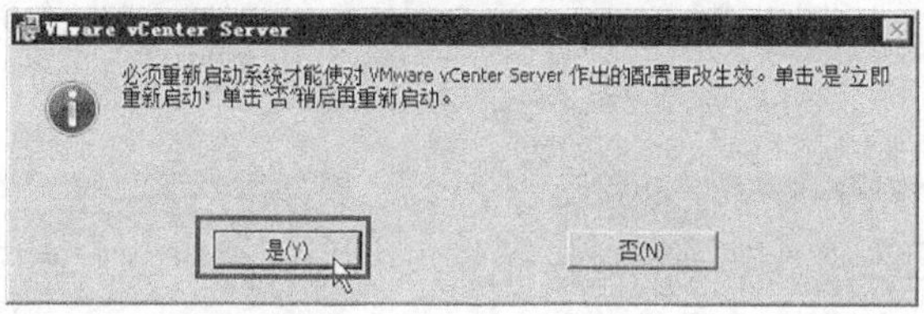

图 3-43 安装完成重新启动

3.2.7 安装 vSphere Web Client

从 vSphere 5.1 开始，所有新的 vSphere 功能只能通过 vSphere Web Client 管理，传统的 vSphere Client 虽然继续运行，但其只支持与 vSphere 5.0 相同的功能集，不显示 vSphere 5.1、vSphere 5.5（当前最新为 5.5）中的任何新功能。所以对于原来习惯 vSphere Client 的管理员，应该逐渐使用 vSphere Web Client 管理 vSphere。本节介绍 vSphere Web Client 的安装，需要将其安装在 vCenter Server 计算机上。在下面的示例中，将在 IP 地址为 172.18.96.20 的 vCenter Server 的计算机（或虚拟机）中安装 vSphere Web 客户端支持，步骤如下。

（1）在 vCenter 计算机中，运行 VMware vCenter 安装程序，单击“VMware vSphere Web Client”链接，然后单击“安装”按钮，如图 3-44 所示。

（2）之后进入 vSphere Web Client 安装向导，如图 3-45 所示。

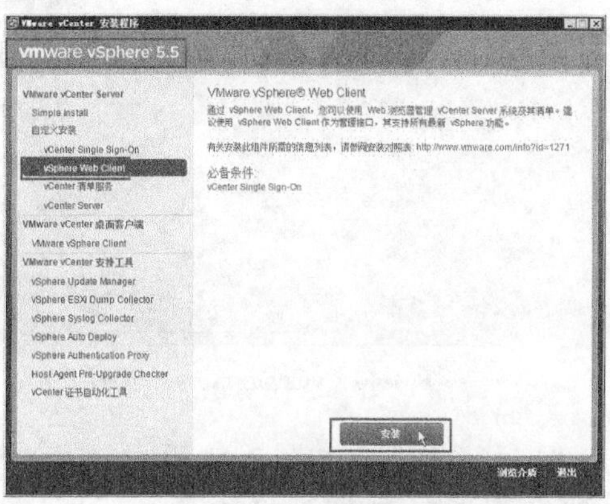

图 3-44 安装 vSphere Web Client

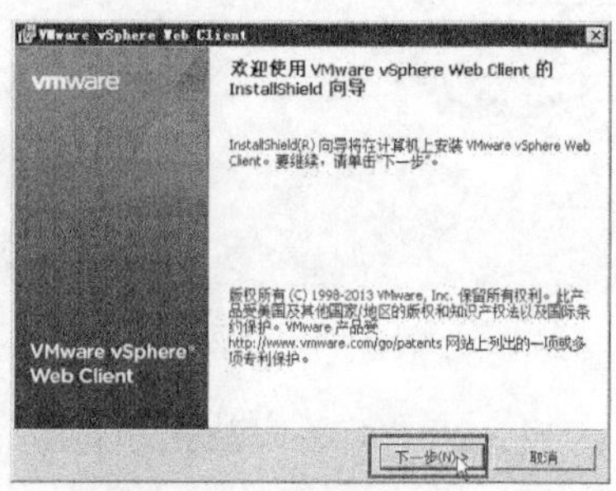

图 3-45 安装向导

（3）在“最终用户许可协议”对话框中，单击“我同意许可协议中的条款”单选按钮，如图 3-46 所示。

（4）在“目标文件夹”对话框中，选择安装位置，通常为默认路径，如图 3-47 所示。

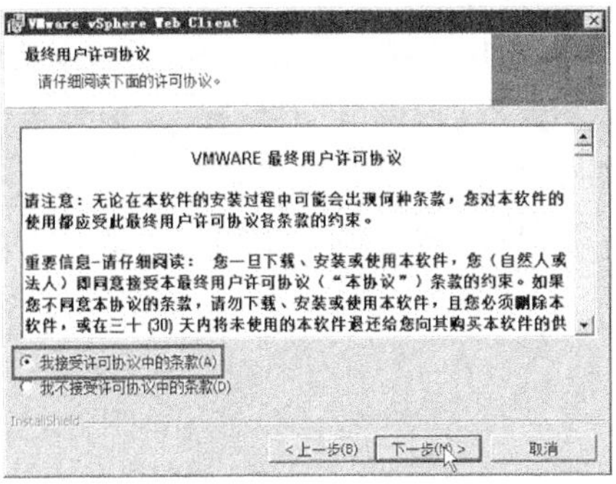

图 3-46　接受许可协议

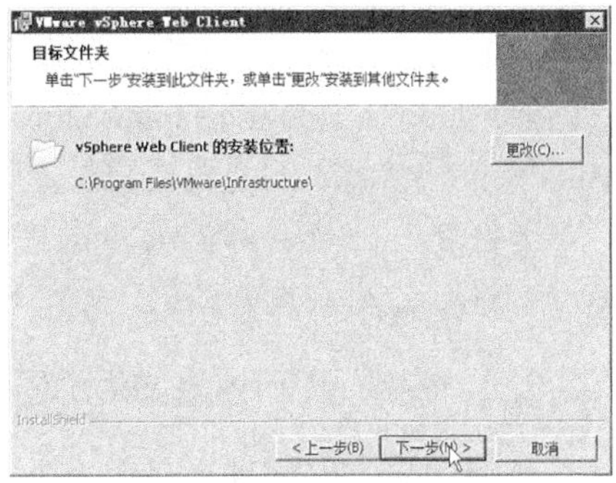

图 3-47　目标文件夹

（5）在“端口设置”对话框中，为 vSphere Web Client 服务站点设置端口，其默认端口分别是 9090 和 9443，如图 3-48 所示。

（6）在“vCenter Single Sign On 信息”对话框中，输入 vCenter Single Sign On 管理员密码，如图 3-49 所示。

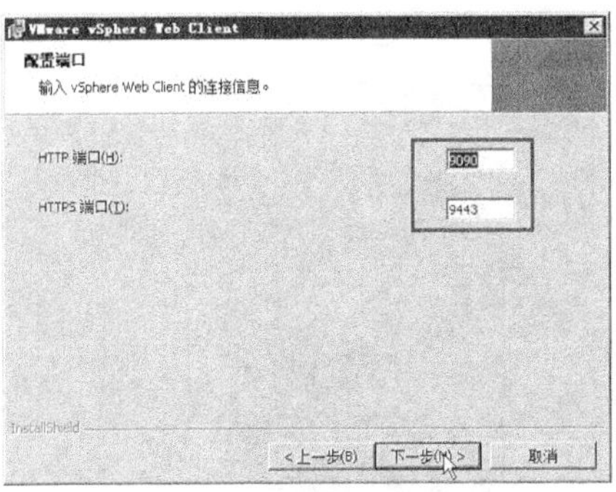

图 3-48　Web Client 端口设置

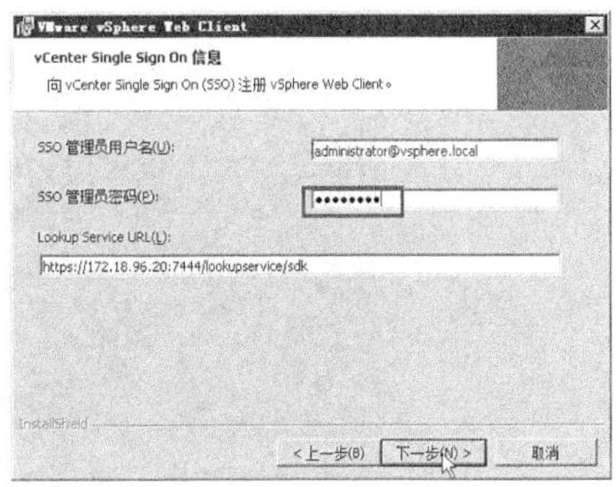

图 3-49　管理员密码

（7）在“准备安装”对话框中，单击“安装”按钮，开始安装，如图 3-50 所示。

（8）稍后会开始安装 vCenter Web Client，直到安装完成，如图 3-51 所示。

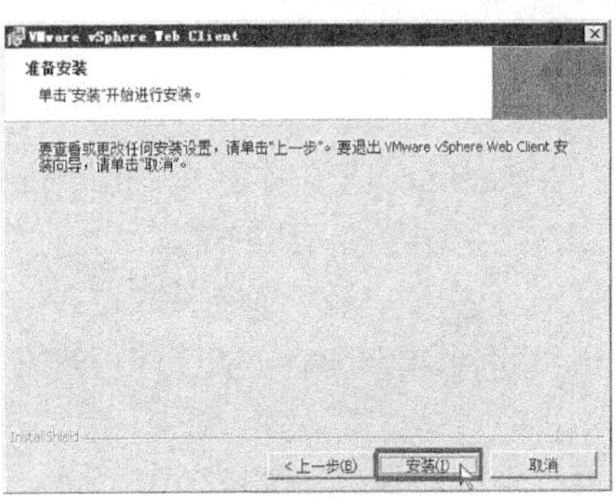

图 3-50　准备安装

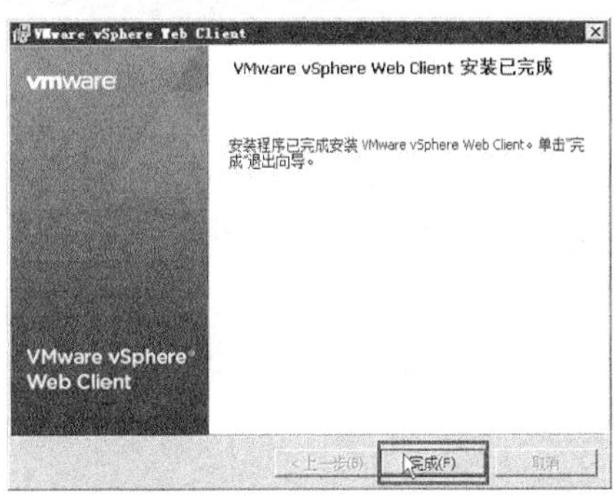

图 3-51　安装完成

3.3 配置管理员账户及创建数据中心

从 vSphere 5.5 开始，在第一次使用 vSphere 时，只能用安装 vCenter Single Sign On 时设置的账户 administrator@vsphere.local 及设置的密码登录（如图 3-11 设置），如果要使用 vCenter Server 计算机的管理员登录，还需要将计算机本地管理员账户登录到管理员组才可以。本节将使用 vSphere Web Client 完成这一操作，并创建 VMware vSphere 数据中心，将 VMware ESXi 主机添加到数据中心。

3.3.1 安装 vSphere Web 客户端集成插件

vSphere Web Client 具有完全的功能，可以管理 VMware vCenter Server 及 vCenter Server 中注册的 VMware ESX Server 或 ESXi 主机及主机上的虚拟机。本节将介绍 vSphere Web Client 的基本使用。

（1）使用 IE 浏览器，登录 vSphere Web Client 地址，在本示例中为 https://172.18.96.20:9443/或 https://vcenter.heinfo.edu.cn:9443，如图 3-52 所示。注意，请使用图 3-11 中默认账户 administrator@vsphere.local，图 3-11 中设置的密码登录。

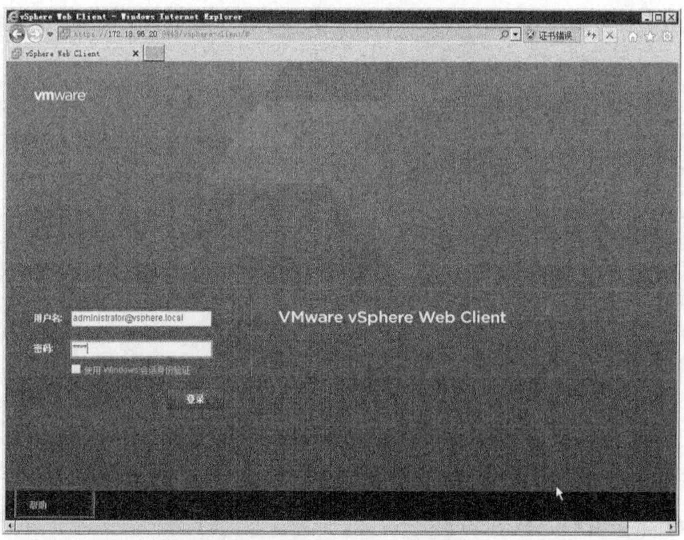

图 3-52 登录 vSphere Web Client

【说明】要登录 Web Client，需要配置 IE 浏览器的"Internet 选项"，将 Web Client 端的服务器地址添加到"可信站点"中，并允许"ActiveX 或活动内容在我的电脑上运行"。

（2）在第一次登录 Web 客户端时，单击左下角的"下载客户端集成插件"链接，如图 3-53 所示，下载并运行名为"VMware-ClientIntegrationPlugin-5.5.0.exe"的插件，如图 3-54 所示。

（3）在下载插件完成后，关闭所有的浏览器，运行下载的插件，如图 3-55 所示。

（4）在"最终用户许可协议"对话框中接受许可协议，如图 3-56 所示。

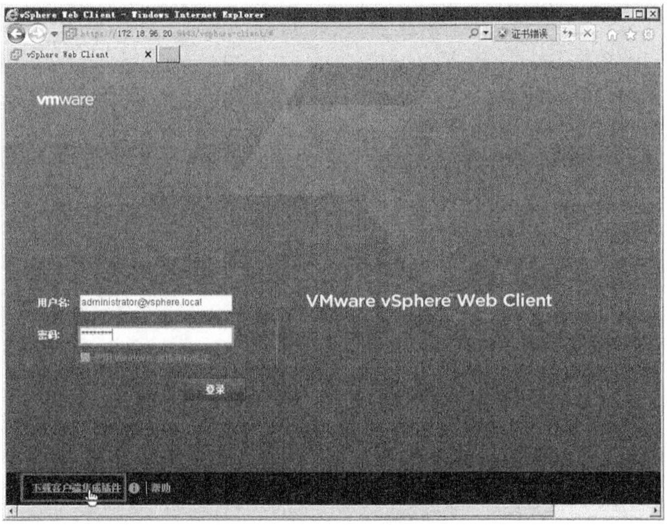

图 3-53　下载插件

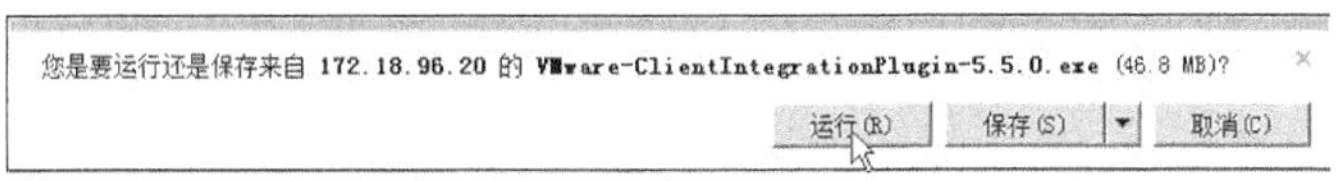

图 3-54　运行插件

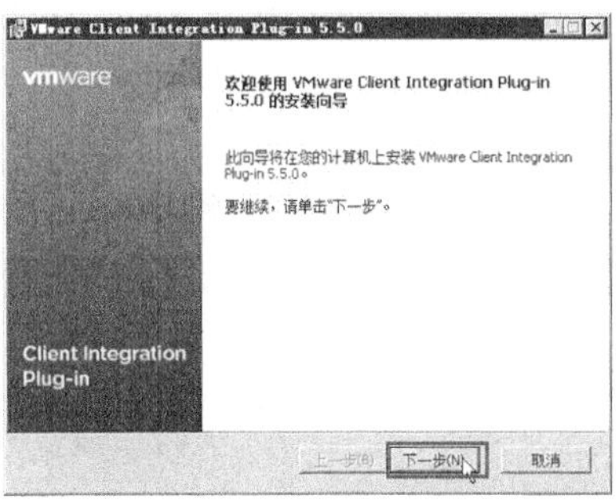

图 3-55　关闭 IE 并运行插件

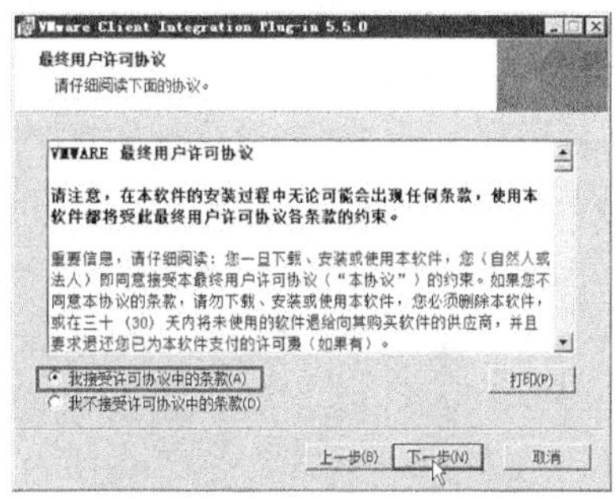

图 3-56　接受许可协议

（5）之后选择默认值开始安装（如图 3-57 所示），直到安装完成，如图 3-58 所示。

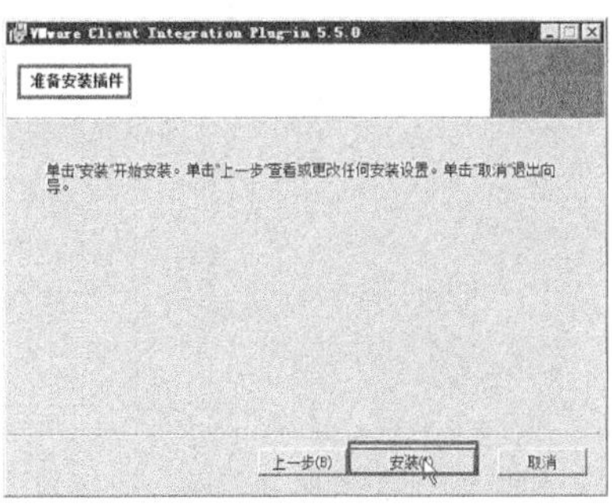

图 3-57　开始安装

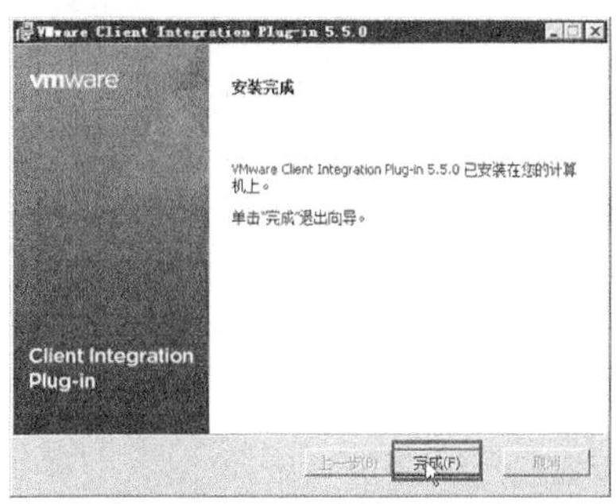

图 3-58　安装完成

（6）之后再次打开 Web Client 站点，输入 administrator@vsphere.local 账户登录，进入 Web Client 界面，可以选中虚拟机对其进行管理，这与 vSphere Client 类似，如图 3-59 所示。

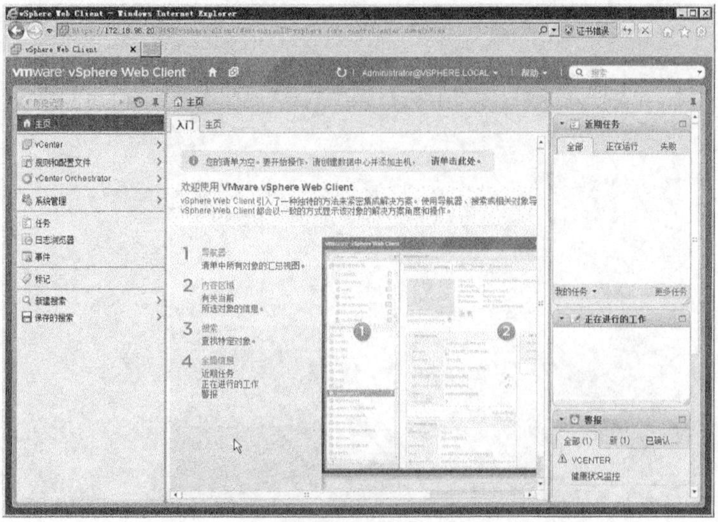

图 3-59　vSphere Web Client 管理界面

3.3.2　配置 vCenter Server 管理员账户

在安装 vSphere Data Protection 之前，需要先在 vCenter 根节点上显式地将 vCenter 用户账户或 SSO admin 用户添加为管理员，然后才能分别将这两个用户用于 vSphere Data Protection。从组角色继承权限的用户无效。使用 vSphere WebClient 配置 vSphere Data Protection 用户或 SSO admin 用户的步骤如下。

（1）从 Web 浏览器访问 vSphere Web Client。通常情况下，vSphere Web Client 的地址为“https://<vCenter Server 的 IP 地址>:9443/vsphere-client/”。在本示例中为 https://vcenter.heinfo.edu.cn:9443/vsphere-client，然后以管理员账户及密码登录。

（2）在 vSphere Web Client 控制台界面，单击“”打开“主页”链接，在“主页”选项卡中单击“主机和群集”链接，如图 3-60 所示。

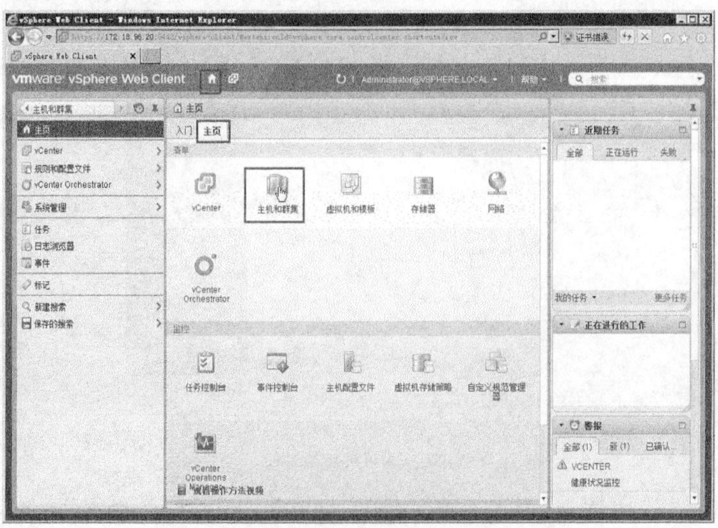

图 3-60　主机和群集

（3）在页面左侧，单击“vCenter Server”计算机名，然后在右侧单击“管理”链接，如图 3-61 所示。

图 3-61　管理

（4）单击“权限”，然后单击“+”添加权限，如图 3-62 所示。

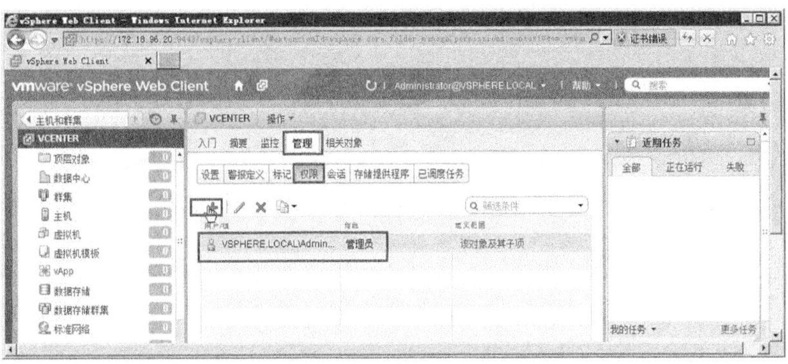

图 3-62　添加权限

【说明】从图 3-62 列表中可以看到，当前用户只有 vsphere.local\administrator 一个用户。

（5）弹出“vCenter.heinfo.edu.cn-添加权限”对话框，如图 3-63 所示，当前权限列表为空，单击“添加”按钮。

（6）在“选择用户/组”对话框中，在“域”下拉列表中选择：vcenter（指 vCenter Server 这台计算机）、SYSTEM-DOMAIN、HEINFO（指 heinfo.edu.cn 域），如图 3-64 所示。

（7）选择之后将 Administrator 及 Administrators 分别添加到“用户”及“组”列表中，然后单击“确定”按钮，如图 3-65 所示。

（8）返回到“添加权限”对话框后，将新添加的用户分配为“管理员”权限，如图 3-66 所示。

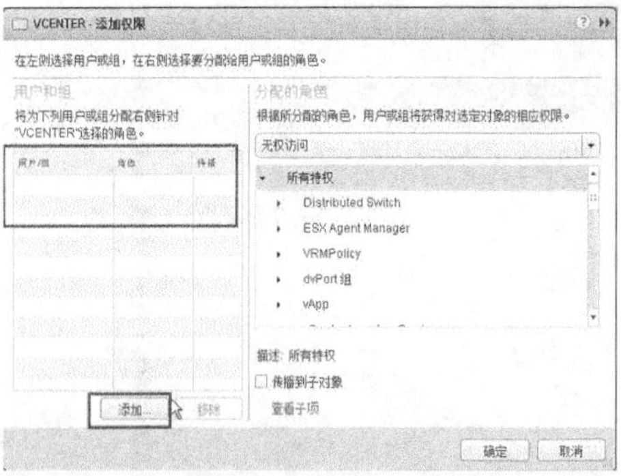

图 3-63　添加

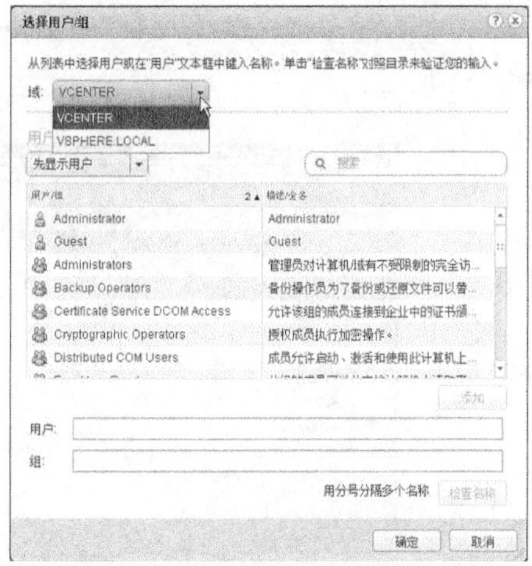

图 3-64　选择本地计算机

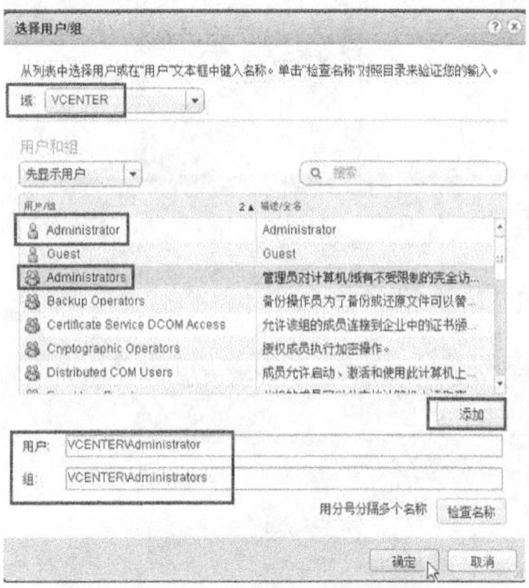

图 3-65　添加用户及组

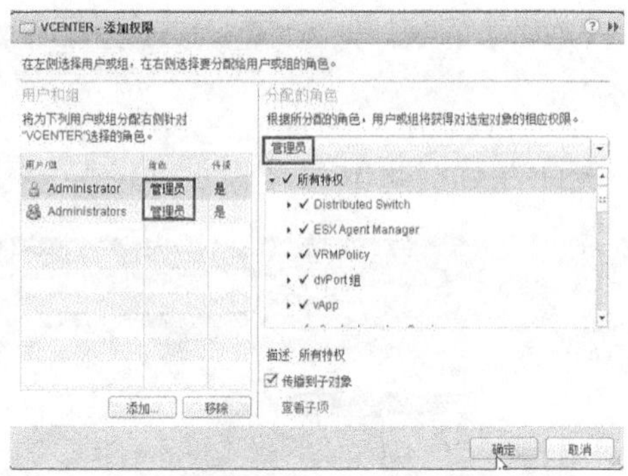

图 3-66　分配权限

（9）添加用户并分配权限之后，单击“确定”按钮返回到 Web Client 界面，如图 3-67 所示。

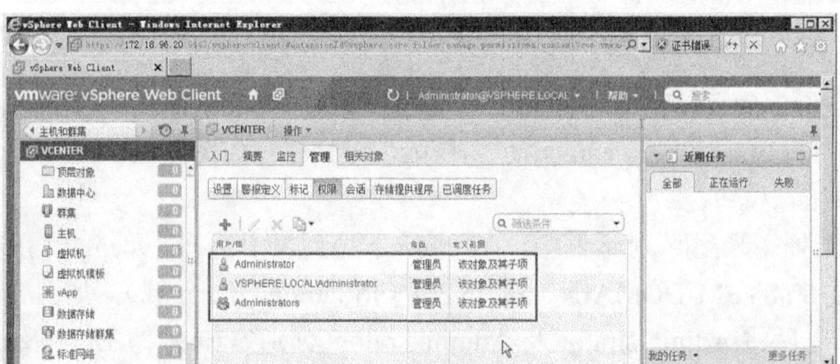

图 3-67　添加权限后

以后就可以使用 Administrator 账户登录并管理 vSphere vCenter Server 了。

3.3.3 管理 vSphere 许可证

在前文介绍过，vSphere 由一个产品“套件”，由多个 VMware 产品组成，并且这些产品都是商业软件，在使用的时候需要“许可”。vCenter Server 提供了许可基础架构，可用于管理和报告适用于 ESXi 主机、vCenter Server 以及特定解决方案（如 vCenter Site Recovery Manager、vCenter Capacity IQ、vCenter Operations Manager 等）的许可证。

vSphere 使用许可证密钥实现 vCenter Server 许可。如果某个许可证密钥具有足够的容量，则可以将该密钥分配给多个同一类型的可授权许可的对象。可以将套件许可证密钥分配给所有套件组件。无法将多个许可证密钥分配给单个可授权许可的对象。例如，可以将一个许可证密钥分配给链接模式组中的多个 vCenter Server 系统，但无法将多个许可证密钥分配给单个 vCenter Server 系统。本文介绍在 vCenter Server 中管理 vSphere 中各个产品许可证的方法及步骤。

（1）使用 vSphere Client 登录 vCenter Server，在“主页”视频中，在“系统管理”组中单击“许可”，如图 3-68 所示。

图 3-68　许可

（2）打开“主页→系统管理→许可”对话框，在“许可→管理”选项卡中，显示了当前已经安装的许可证（当前安装了 vCenter Server 的许可）。如果要添加或移除许可，在空白位置右击，在弹出的快捷菜单中选择“管理 vSphere 许可证”，如图 3-69 所示。

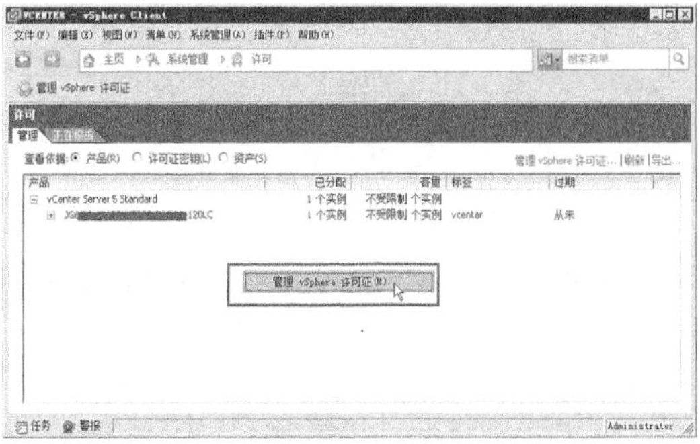

图 3-69　管理许可证

（3）在“添加许可证密钥”对话框中，在“输入新的 vSphere 许可证密钥”文本框中，输入要添加的 vSphere 产品的许可证（每行一个密钥），你可以将 VMware vCloud、VMware vSphere Enterprise（虚拟化主机许可）、vSphere With Operations Management 等的许可证添加到此列表中，之后单击“添加许可证密钥”按钮，如图 3-70 所示。

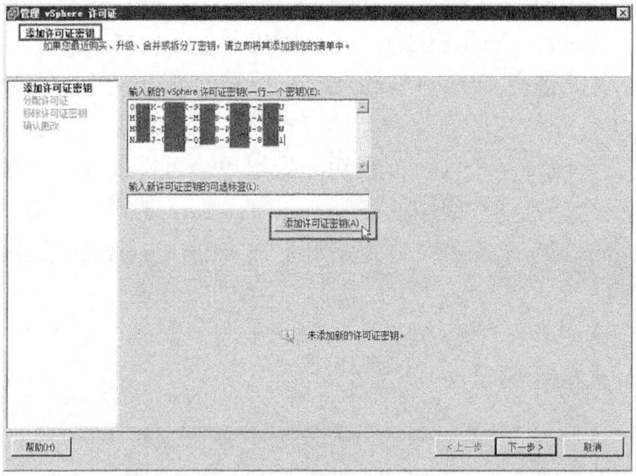

图 3-70　添加许可证密钥

（4）之后将许可证密钥添加到 vCenter Server 中，并在“查看新许可密钥的详细信息”选项中显示添加的许可证，如图 3-71 所示。

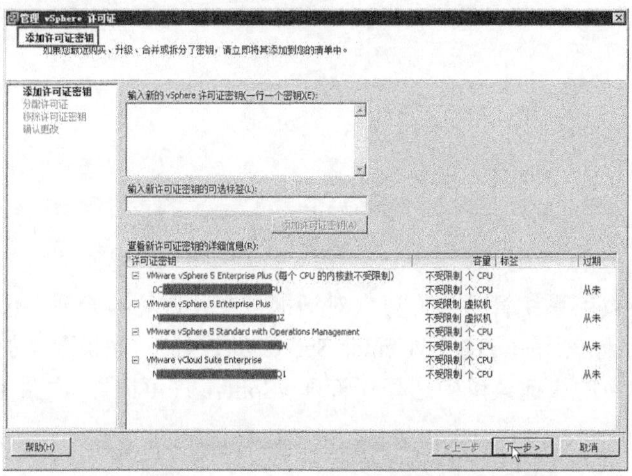

图 3-71　添加的许可证密钥

（5）在“分配许可证”对话框，会显示已经分配的许可证，如图 3-72 所示。

（6）如果要移除不再使用的许可证，可以在“移除许可证密钥”对话框，在“许可证密钥”选项中，选中不再使用的许可证将其移除，如图 3-73 所示。如果不需要移除许可证，直接单击“下一步”按钮。

（7）在“确认更改”对话框中，显示了添加或移除的许可证，单击“完成”按钮，如图 3-74 所示。

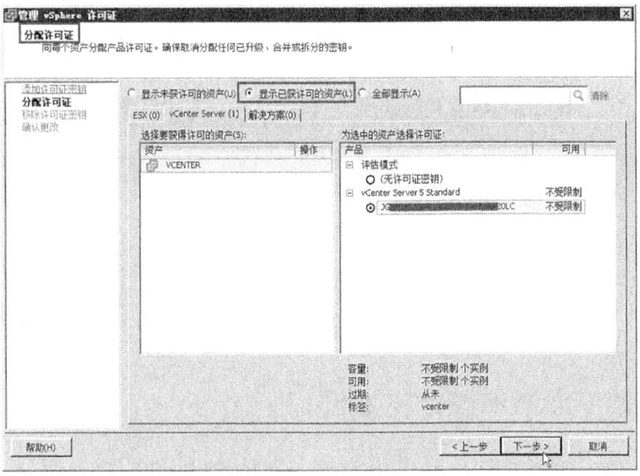

图 3-72　分配许可证

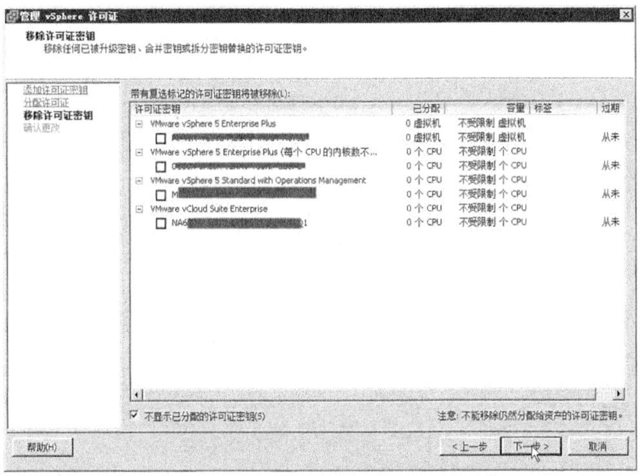

图 3-73　移除许可证

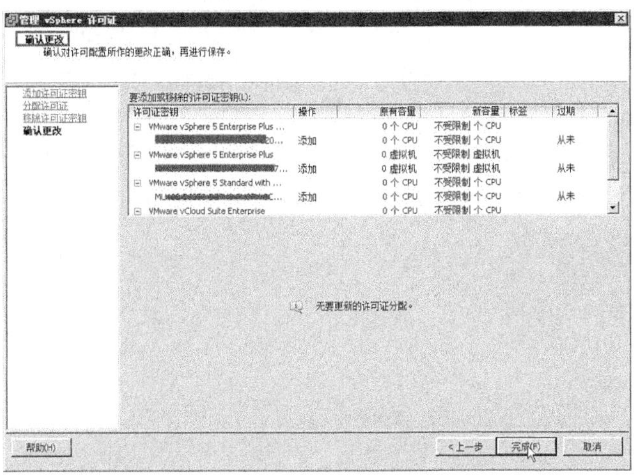

图 3-74　确认更改

（8）添加完许可证之后，如图 3-75 所示。以后可以在此界面管理许可证。

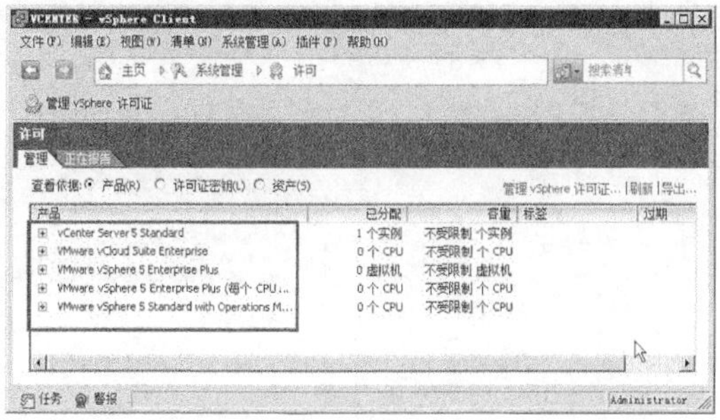

图 3-75 添加的许可证

3.3.4 向数据中心添加虚拟化主机

在安装好 vCenter Server 后，就可以使用 vSphere Client 登录到 vCenter Server，并在 vCenter Server 中添加数据中心，在数据中心中添加多台 VMware ESXi 进行管理。

【说明】（1）在 vCenter Server 安装光盘中，已经集成了 vSphere Client 的安装程序，你可以从 vCenter Server 光盘中安装 vSphere Client。

（2）可以将 vSphere Client 与 vCenter Server 安装在同一台计算机中。但推荐将 vSphere Client 与 vCenter Server 分开。因为在虚拟化环境中，可能只有一台 vCenter Server，但可能会有多台 vSphere Client 计算机用于管理。

（3）当需要在 vSphere Client 中安装 vCenter Server 管理插件时，如果 vCenter Server 与 vSphere 在同一台计算机上，可能会有冲突。

基于上述这些原因，推荐在管理员的计算机中安装 vSphere Client，而将 vCenter Server 安装在 VMware ESXi 虚拟机中，用来做专用的管理服务器。vSphere Client 的安装已经在上一章介绍，本章不再介绍。下面介绍使用 vSphere Client 登录到 vCenter Server，并创建数据中心，在数据中心添加 VMware ESXi 服务器的内容。

（1）在 vSphere Client 的登录界面中，在“IP 地址/名称”后面，输入 vCenter Server 服务器的 IP 地址或计算机名称，如果是计算机名称，要确认可以将计算机名称解析成对应的 IP 地址，如图 3-76 所示。如果在 VLAN 的网络中，需要有 WINS 服务器的存在，否则，请使用 IP 地址。如果当前使用的 vSphere Client，是与 vCenter Center 安装在同一台计算机上，在“IP 地址/名称”后面输入 localhost 即可，如图 3-77 所示。如果你当前的用户已经添加在“vCenter Server”计算机的“本地管理员组”中或具有本地管理员权限，则可以选中“使用 Windows 会话凭据”，这样使用当前用户不使用用户名与密码即可登录。

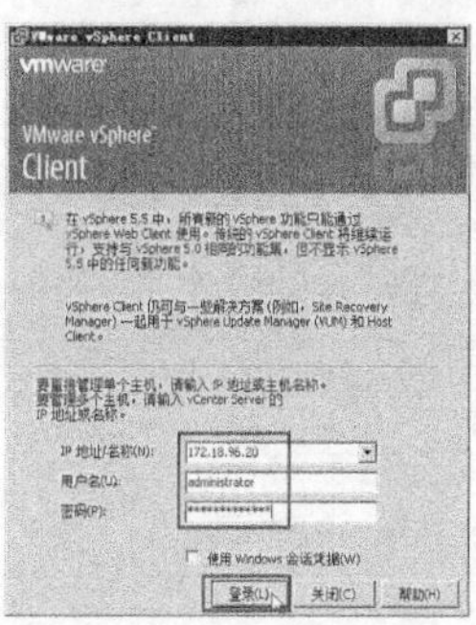

图 3-76 登录到 vCenter Server

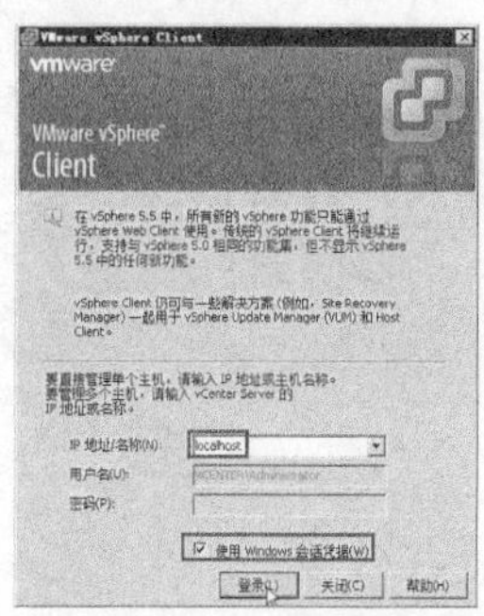

图 3-77 登录到本地计算机的 vCenter Server

【说明】在使用 vCenter Client 登录到远程的 vCenter Center 服务器时，vCenter Center 服务器上不要启用防火墙，或者虽然启用防火墙，但要打开 vCenter Center 服务所需要的端口，分别是：TCP 的 80、443、902、8086、8084、9084、9085、9086 等端口。

（2）单击“登录”按钮，显示“安全警告”对话框，选中“安装此证书并且不显示 XX 的任何安全警告”，以后将不会出现这个界面，如图 3-78 所示。

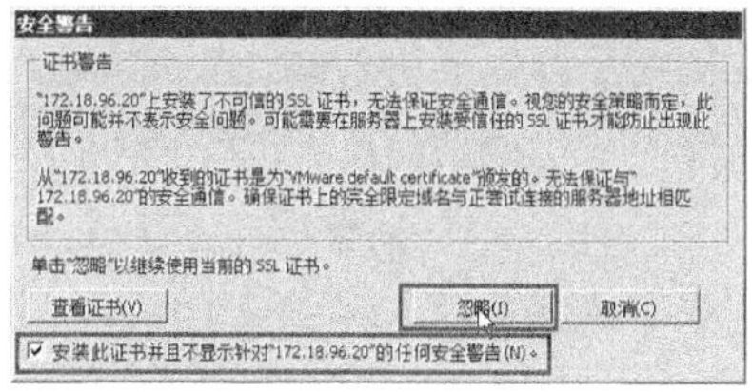

图 3-78　忽略安全证书提示

（3）在 vCenter Server 的管理界面，右键单击“vCenter”，在弹出快捷菜单中选择“新建数据中心”命令，或者单击“新建数据中心”链接，如图 3-79 所示。

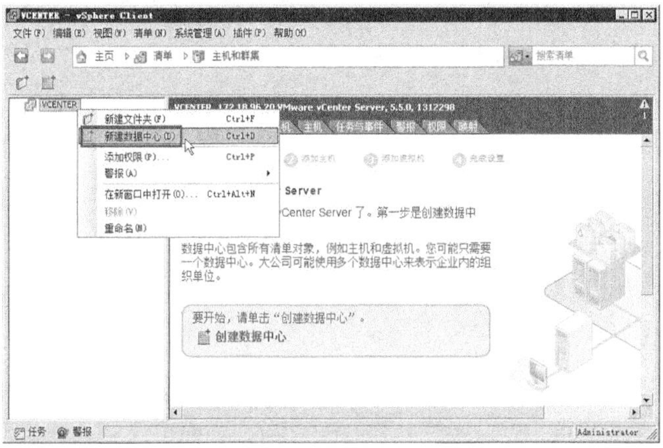

图 3-79　VI 管理界面

（4）然后为数据中心命名，例如，可以命名为 ESXi，如图 3-80 所示。

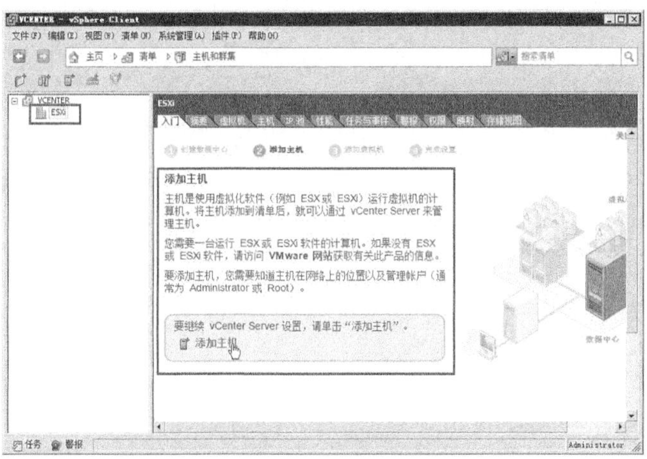

图 3-80　命名数据中心

【说明】在 vCenter Server 中，可以创建多个“数据中心”，每一个“数据中心”中可以添加多个 VMware ESXi 或 VMware ESXi 的服务器。在每台 VMware ESXi 服务器中，可以有多个虚拟机。使用 vCenter Client，可以管理多台 VMware ESXi 服务器，并且可以在不同的 VMware ESXi 之间“迁移”虚拟机。

在添加数据中心之后，需要向数据中心中添加群集或主机并进行管理。有关向数据中心中添加群集的内容将在后面介绍，接下来介绍向数据中心中添加主机的方法。在本示例中，将把 172.18.96.10 与 172.18.96.11 两台 VMware ESXi 主机添加到名为 ESXi 的数据中心中。

（1）定位到数据中心，然后用鼠标右键单击这个新创建的数据中心，在弹出的快捷菜单中选择“添加主机”（如图 3-81 所示），进入添加主机向导对话框。

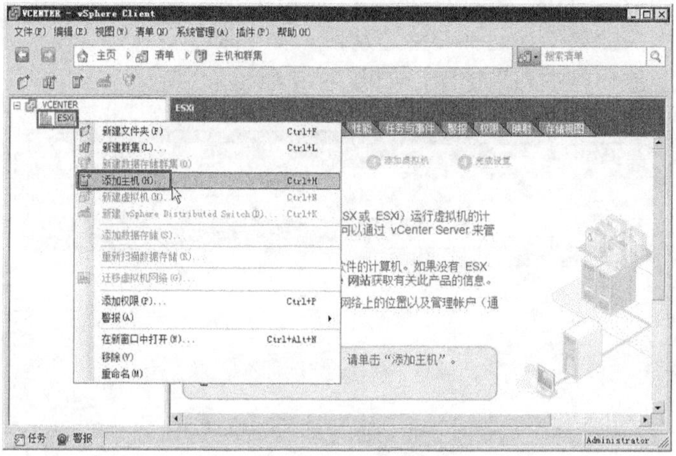

图 3-81　添加主机

（2）在“指定连接设置”对话框中，在“主机名”文本框中输入要添加的 VMware ESXi 主机的 IP 地址，首先添加 172.18.96.10，并在“用户名”与密码处输入添加的 VMware ESXi 服务器的用户名与密码（用户名为 root），如图 3-82 所示。

（3）在“主机信息”对话框中，显示了要添加的 VMware ESXi 主机的信息，如图 3-83 所示。

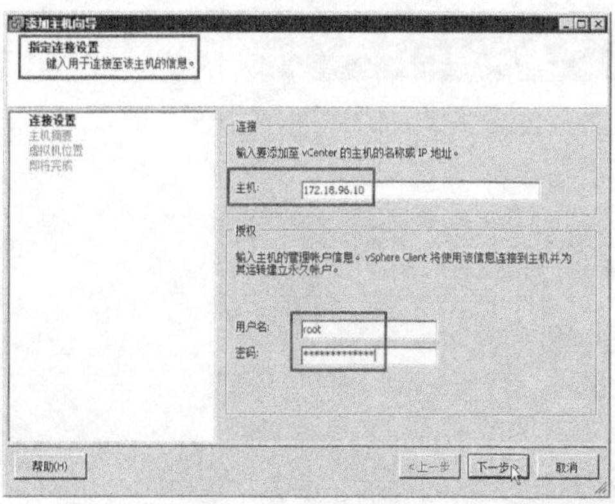

图 3-82　连接设置

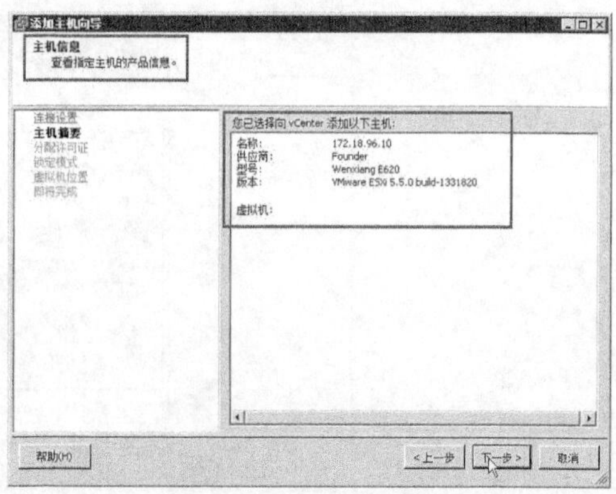

图 3-83　主机摘要

（4）在“分配许可证”对话框中，为新添加的 VMware ESXi 分配许可证，如图 3-84 所示。如果当前没有可用的许可证，可以选中“向此主机分配新许可证密码”，并单击“输入密钥”按钮，以输入 VMware ESXi 的序列号。

（5）在“配置锁定模式”对话框中，选择是否为该主机启用锁定模式。在启用锁定模式后，可以防止远程用户直接登录到此主机，该主机仅可以通过本地控制台或授权的集中管理应用程序进行访问。一般情况下，不要选中“启用锁定模式”，如图 3-85 所示。

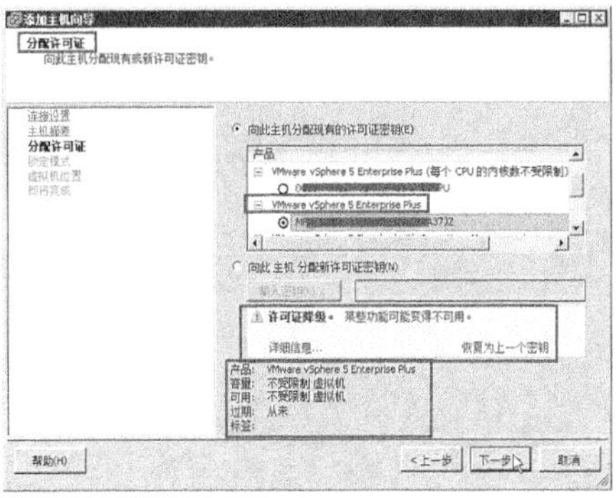

图 3-84　分配许可证

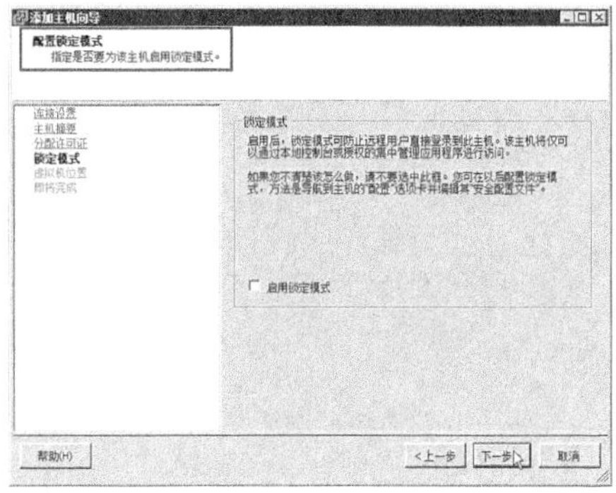

图 3-85　锁定模式

【说明】在为 VMware ESXi 主机选择了许可证之后，如果出现“许可证降级”的提示，这表示是从“评估”版本变更为指定的购买的版本，在第一次使用该许可证时出现这个信息是正常的。只要将这个许可证添加到一个主机，在添加第二个主机时，即不会出现此错误提示。

（6）在“虚拟机位置”对话框中，为新添加的 VMware ESXi 主机选择一个保存位置，在此选择前面添加的名为 ESXi 的数据中心，如图 3-86 所示。

（7）其他选择默认值，直到出现“即将完成”对话框，单击“完成”按钮，如图 3-87 所示。

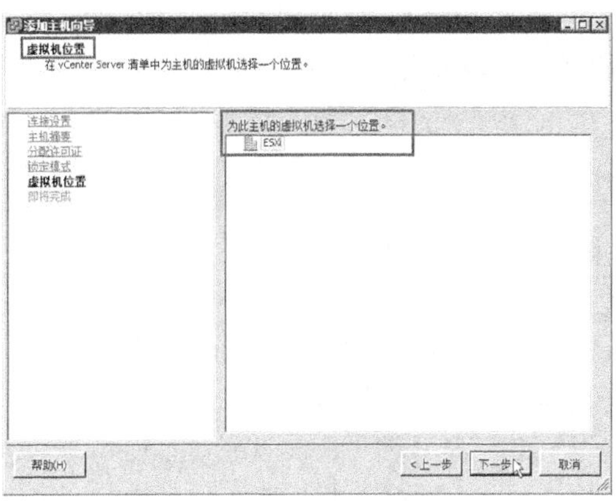

图 3-86　虚拟机位置

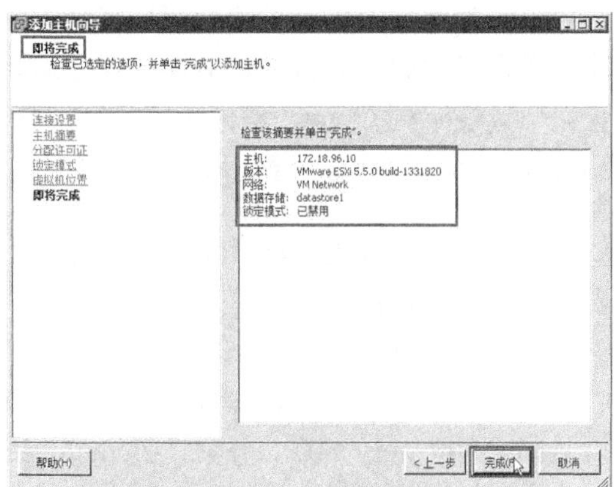

图 3-87　完成添加主机

然后，参照（1）～（7）步，将其他 VMware ESXi 主机添加到数据中心，这些不一一介绍。

添加了两台 ESXi 主机之后的示意图如图 3-88 所示。

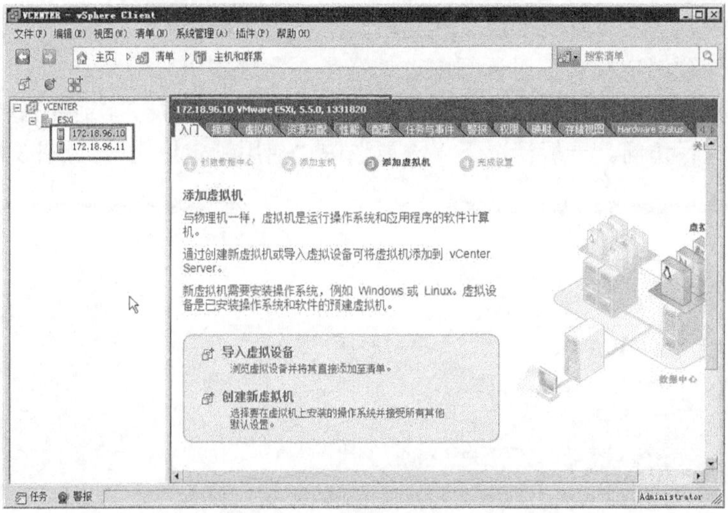

图 3-88　添加虚拟化主机之后

3.3.5　当不能连接到 vCenter Server 时

vCenter Server 需要启动 Webservices 与 VirtualCenter Server 服务，当这两个服务没有启动的时候（如图 3-89 所示），vSphere Client 就不能连接到 vCenter Server。

一般情况下，当 vCenter Server 计算机没有正常关机（例如突然断电、死机）的情况下，会出现 vCenter Server 相关服务不能启动。为了避免这个问题，推荐将 vCenter Server 安装在一台单独的物理主机上，并为此物理主机配置 60～120GB 的固态硬盘安装操作系统及 vCenter Server。在大多数情况下，在使用固态硬盘作为存储时，突然断电基本不会丢失数据。

如果你不能或者不方便配置固态硬盘，或者 vCenter Server 计算机是在虚拟机中，为了避免这个问题，你可以设置计算机自动登录，然后编辑一个启动上述服务的批处理文件，让计算机启动后自动启动这个批处理并启动该服务，步骤如下。

（1）登录到 vCenter Server 计算机，编辑一个批处理文件，例如 vc.bat，内容如下：

```
net start vpxd
net start vctomcat
```

（2）设置计算机自动登录有两种方法，如果你的计算机加入到域，可以通过修改注册表来解决。在本例中，域名为 heinfo。

运行 regedit，定位到[HKEY_LOCAL_MACHINE\SOFTWARE\Microsoft\Windows NT\CurrentVersion\WinLogon] 键，设置“AutoAdminLogon”值为 1，设置“DefaultDomainName”为 Active Directory 域名，设置“DefaultUserName”为管理员账户，如 Administrator，并创建一个字符串类型的键名，并将键名设置为“DefaultPassword”，并设置管理员密码，如图 3-90 所示。

如果计算机没有加入到域，可以运行“control userpasswords2”（如图 3-91 所示），并在弹出的“用户账户”对话框中，取消“要使用本机，用户必须输入用户名和密码”选项（如图 3-92 所示），在弹出的对话框中，输入用于自动登录的用户名与密码即可。

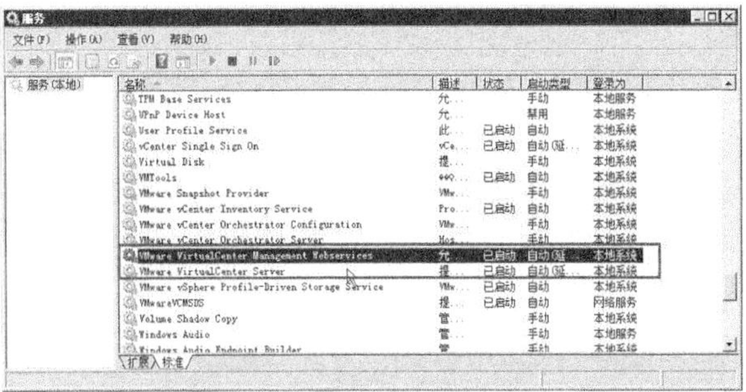

图 3-89　相关服务没有启动

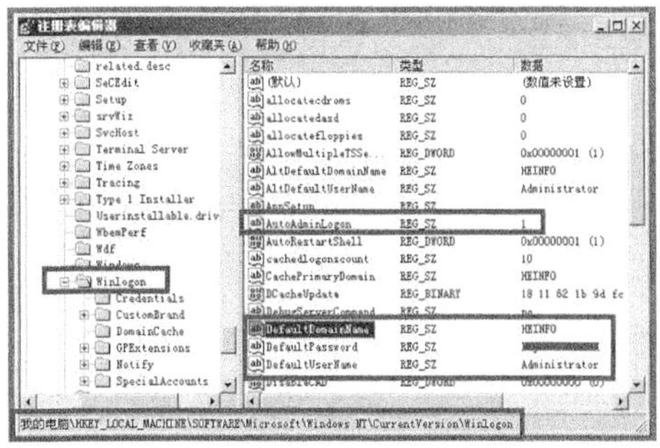

图 3-90　设置自动登录

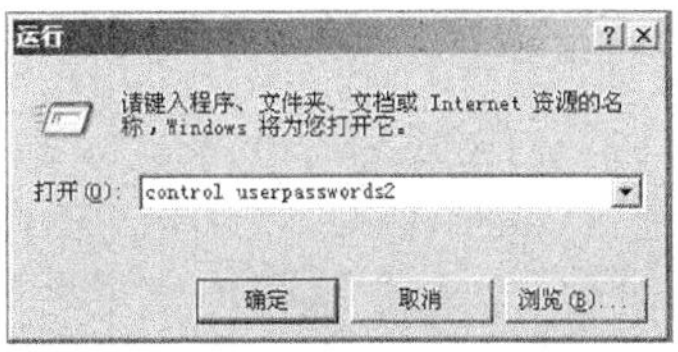

图 3-91　运行命令

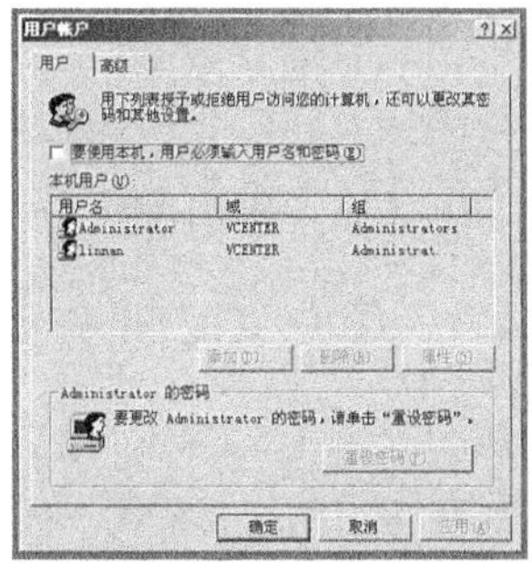

图 3-92　自动登录

（3）然后将 vc.bat 的批处理文件复制到“启动”菜单，这个路径为“C:\ProgramData\Microsoft\Windows\Start Menu\Programs\Startup”，如图 3-93 所示。

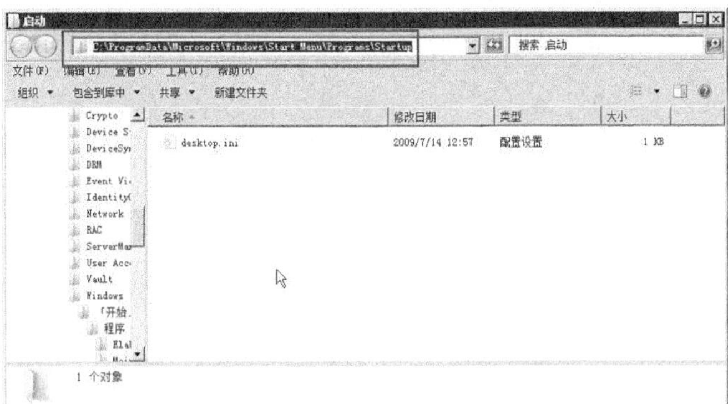

图 3-93　复制到启动菜单

（4）完成设置后，以后当 vCenter Server 计算机启动后，会自动登录，并完成服务的启动工作。

3.4　使用虚拟机模板

“模板”是虚拟机的主副本，可用于创建和置备新虚拟机。此映像通常包含指定的操作系统和配置，可提供硬件组件的虚拟副本。模板通常包括已安装的客户机操作系统和一组应用程序。

模板能与模板和虚拟机域内任何层级的虚拟机共存。可以将虚拟机和模板的集合放入任意文件夹，并将各种权限同时应用到虚拟机和模板。将虚拟机转换成模板时无须虚拟机文件的完整副本，也无须创建新对象。

可使用模板创建新的虚拟机，方法是将模板部署为虚拟机。完成后，将部署的虚拟机添加到用户选择的文件夹。

"模板"是 VMware 为虚拟机提供的一项功能，可以让用户在其中一台虚拟机的基础上，很方便地"派生"或"克隆"出多台虚拟机，这减轻了管理员的负担。在大多数的情况下，尤其是在有多台 VMware ESXi 主机的时候，通常将"模板"保存在共享存储中，以方便管理员使用。本节先介绍怎样为 VMware ESXi 添加共享存储，然后再介绍模板的使用。如果你所管理的 VMware ESXi 直接使用了 FC 或 SAS 的 HBA 连接的存储，则可以跳过"3.4.1 添加 iSCSI 存储"的内容。

3.4.1 添加 iSCSI 存储

在前面介绍的内容中，VMware ESXi 虚拟机机保存在"本地存储"，所谓本地存储，是指安装在 VMware ESXi 上的硬盘或硬盘组。在大多数情况下，服务器都是从本地磁盘（即本地存储）启动，并且虚拟机也是保存在本地磁盘的。

在传统的应用中，数据运行在哪台主机上，通常数据也保存在哪台主机上，即数据与环境是在同一个计算机。而在实施虚拟化的过程中，大家需要理解这样一个概念：虚拟机运行位置、虚拟机存储位置是可以"分离"的，即虚拟机可以运行在 A 主机上，但正在运行的这个虚拟机的数据是保存在网络中的另一个存储（或服务器）中的。如果要实现虚拟机的"群集"或"容错"，或者要使用 vMotion 实现正在运行的虚拟机在不同主机之间的迁移，必须要使用共享的存储设备，即虚拟机数据文件保存在存储设备中，而虚拟机可以根据需要运行在不同的主机上，前提是，存储要连接到这些主机并为这些主机使用。

现在专用的存储服务器通常通过光纤（FC）或 SAS 连接服务器。通常来说，采用 FC HBA 或 SAS HBA 接口卡的专用存储，在为其他服务器提供存储空间时，也需要服务器采用对应的 FC HAB 或 SAS HBA 接口卡。采用 FC HBA 或 SAS HBA 接口卡的好处是，对于服务器来说，提供的存储像本地磁盘一样，除了做数据存储之后，可以安装系统并用于系统的启动。

除了使用基于 FC HBA 或 SAS HBA 接口卡连接专用存储与服务器外，也有基于 IP 网络的存储、使用传统的以太网为服务器提供存储空间。采用 IP 的存储，不需要专用的 FC HBA 或 SAS HBA 卡，只需要传统的以太网卡即可，这样节省了 FC HBA 与 SAS HBA 接口卡，组建成本较低。例如，通常来说，专用的 FC HBA 与 SAS HBA 接口卡，每个接口卡的价钱大约在人民币 3 000～7 000 元。而服务器都自带千兆网卡，即使采用 10Gbit/s 网卡，每个网卡大约 1 500 元。从速度来看，FC HBA 提供 8Gbit/s 的速度，SAS HBA 提供 6Gbit/s 的速度，千兆网卡提供 1Gbit/s 的速度，万兆以太网卡提供 10Gbit/s 的速度。

对于要求比较高的用户，可以采用 FC HBA 接口卡的存储，通常情况下，这种存储可以同时接 2 个或 4 个服务器，如果外接服务器数量较多，可以采用 FC 交换机进行扩展。而在采用 SAS HBA 接口卡时，可以在存储服务器上多加 SAS 接口板来外接服务器。

当对存储的速度要求不太高并对价格敏感的用户，采用基于 iSCSI 的存储也是一种选择，但在大多数的商用系统中，iSCSI 的存储主要用来做备份，而不是保存虚拟机。另外，在学习 VMware vSphere 的过程中，配置 iSCSI 存储用作实验也是一种方法，在本章中将用图 3-94 的拓扑，介绍 iSCSI 存储的使用。

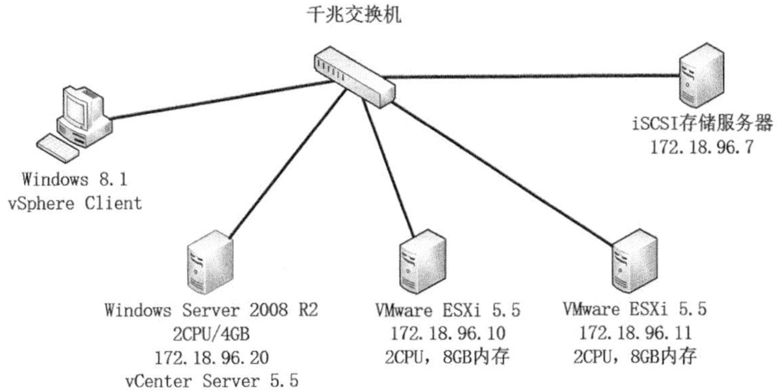

图 3-94　iSCSI 存储实验拓扑

在图 3-94 中，添加了一台 iSCSI 的存储服务器，并且为两台 ESXi 主机分配了 340GB 的空间。

在 VMware ESXi 中连接 iSCSI 存储时，需要添加 iSCSI 适配器，然后再连接存储，主要步骤如下（以在 172.18.96.10 的主机中添加为例）。

（1）使用 vSphere Client 连接到 vCenter Server（或 VMware ESXi），选择添加存储的主机，在“配置→存储适配器”选项中，单击“添加”按钮，在弹出的“添加存储适配器”对话框中，选中“添加软件 iSCSI 适配器”单选按钮，然后单击“确定”按钮，如图 3-95 所示。

（2）添加之后，在“存储适配器”列表中选择“iSCSI Software Adapter”，然后单击“属性”链接，如图 3-96 所示。

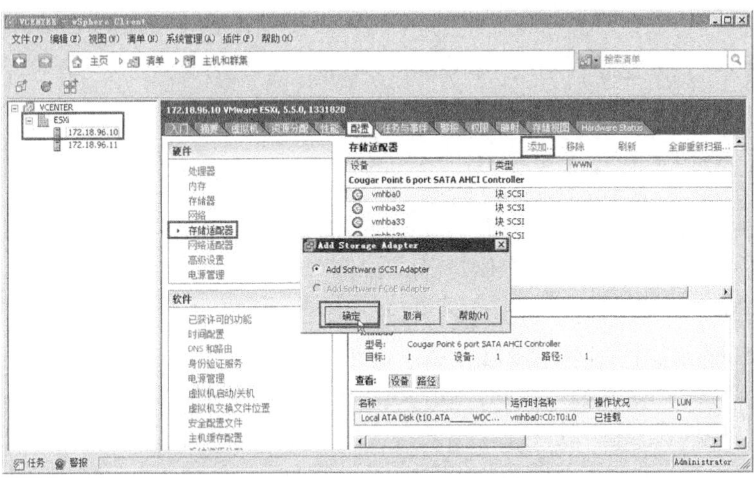

图 3-95　添加 iSCSI 软件适配器

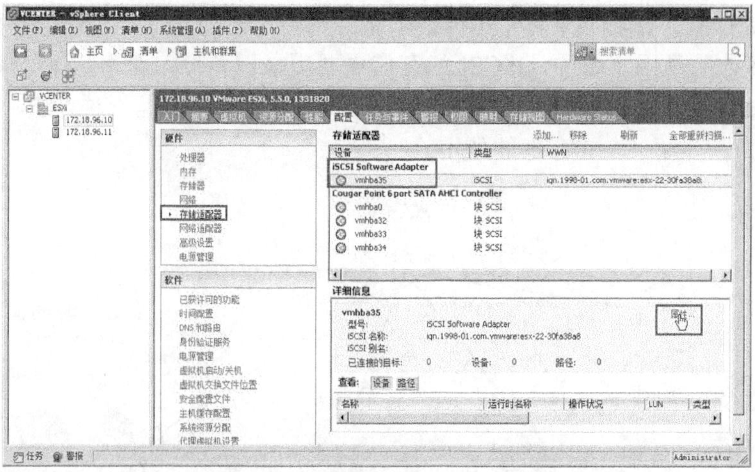

图 3-96　iSCSI 软件适配器属性

（3）在打开的“iSCSI 启动器（vmhba33）属性”对话框中，单击“动态发现”选项卡，单击“添加”按钮，在弹出的“添加发送目标服务器”对话框中，分别添加 iSCSI 存储服务器的地址 172.18.96.7，其他选择默认值，如图 3-97 所示。

（4）添加完成后，单击“关闭”按钮，在弹出的“重新扫描”对话框中，单击“是”按钮，重新扫描适配器，如图 3-98 所示。

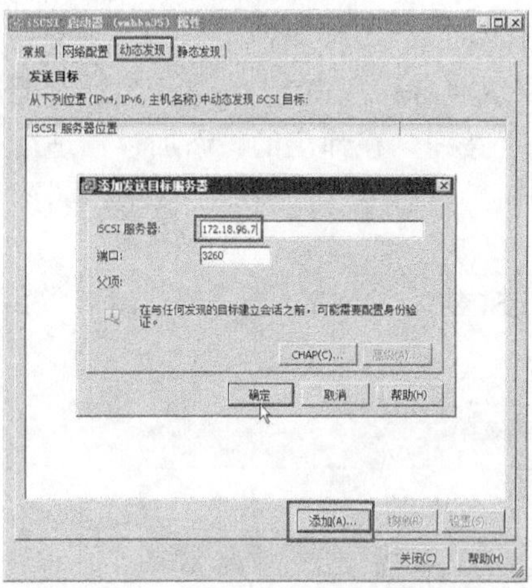

图 3-97　添加 iSCSI 目标服务器地址

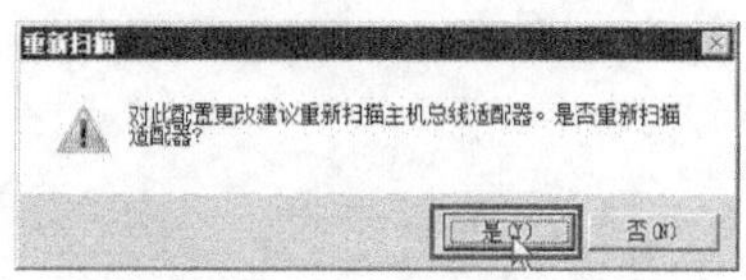

图 3-98　重新扫描适配器

（5）可以在“详细信息”中看到加载的 iSCSI 存储，如图 3-99 所示。

扫描后即可以看到新添加的存储设备，并且在“存储器”中，将其添加为存储器，或者扩展现有的存储。通常情况下，是将 iSCSI 的服务器提供的存储，添加为一个外部存储，并命名为 iscsi-data1 以区别本地磁盘存储，如图 3-100 所示。

【说明】如果在“存储器”中没有找到可用的 iSCSI 存储，请检查前面添加的虚拟交换机的端口的地址是否正确，以及在存储服务器中添加的 iSCSI 目标、卷、IP 地址的对应关系是否正确，然后再次重新扫描 iSCSI 设备。

以后创建虚拟机时，或者向已有虚拟机添加磁盘时，就可以使用新添加的、基于 iSCSI

存储服务器提供的空间了。

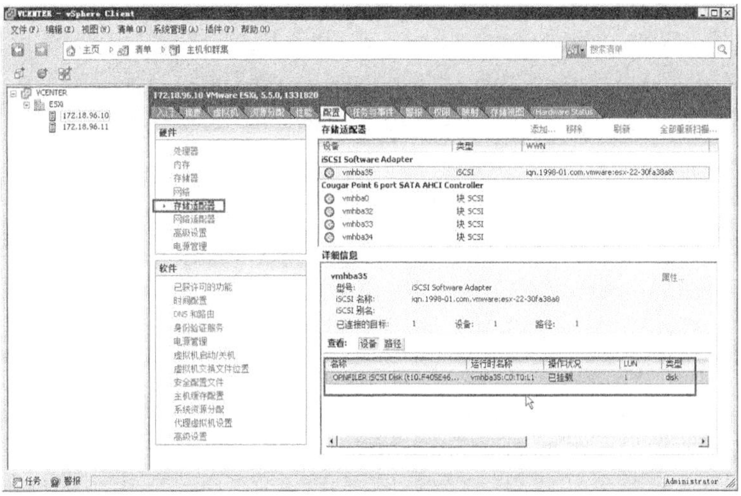

图 3-99　扫描到的 iSCSI 设备

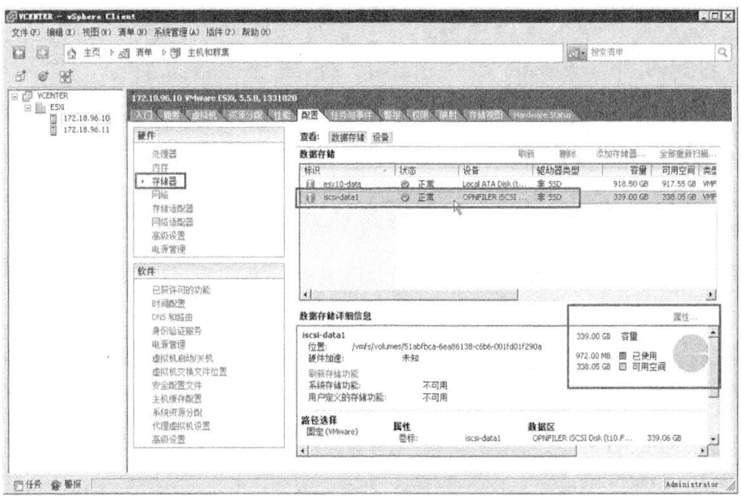

图 3-100　添加 iSCSI 存储

3.4.2　规划模板虚拟机

在使用模板之前，需要安装一台“样板”虚拟机，并且将该虚拟机转化（或克隆）成“模板”，以后再需要此类的虚拟机时，可以以此为模板，派生或克隆出多台虚拟机。

VMware ESXi 支持 Windows Server 2003、Windows XP、Windows Server 2008、Windows Vista 或 Windows 7 与 Linux 操作系统，可以为常用的操作系统创建一个模板备用。对于管理员来说，并且同一类系统创建一个模板即可通用。对于大多数情况下，创建如下的模板即可。

（1）WS03R2 模板，安装 32 位的 Windows Server 2003 R2 企业版，该模板可以满足需要 Windows Server 2003 标准版、企业版，Windows Server 2003 R2 标准版、企业版与 Web 版的需求。

（2）WS08X86 模板，安装 32 位的 Windows Server 2008 企业版，该模板可满足 32 位 Windows Server 2008 标准版、企业版的需求。

（3）WS08R2 模板，安装 Windows Server 2008 R2 企业版（只有 64 位版本），该模板可以满足 64 位 Windows Server 2008 与 Windows Server 2008 R2 的需求。

（4）WS12 模板，安装 Windows Server 2012 数据中心版，该模板可以满足 64 位 Windows Server 2012 的需求。

（5）WXPPro 模板，安装 32 位的 Windows XP 专业版。

（6）Win7X 模板，安装 32 位的 Windows 7 专业版或企业版，可以满足 Windows 7 虚拟机的需求。

（7）Win8X 模板，安装 32 位 Windows 8 专业版或企业版，可以满足 Windows 8 虚拟机的需求。

在创建模板虚拟机时，要考虑所创建的虚拟机的用途，并考虑将来虚拟机的扩展性。例如，如果创建的模板虚拟机的 C 盘空间太小，在许多时候可能不能满足需要。由于 Windows Server 2003 与 Windows Server 2008 架构不同，在使用模板的时候也不同，所以，本章将分别以 Windows Server 2003 与 Windows Server 2008 为例，创建两个虚拟机并将该虚拟机转化为模板，并从模板部署虚拟机。本节首先介绍 Windows Server 2003 的虚拟机。

【说明】 Windows Server 2003 与 Windows XP 属于相同的架构，参照 Windows Server 2003 的方法，也可以创建 Windows Server 2003 R2、Windows XP 的模板。而 Windows Server 2008 与 Windows Vista、Windows 7、Windows Server 2008 R2 属于相同的架构。

3.4.3 创建 Windows 2003 R2 模板虚拟机

通常情况下，在创建 Windows Server 2003 R2 的模板虚拟机时，使用下面的参数能满足大多数的要求，主要步骤如下。

（1）使用 vSphere Client 登录到 vCenter Server，创建 Windows Server 2003 R2 的虚拟机，设置虚拟机名称为 ws03r2-TP，如图 3-101 所示。

（2）如果使用共享存储（例如 FC 或 SAN 直连存储或 iSCSI 存储）则将模板虚拟机保存在网络存储而不是本地存储，如图 3-102 所示。

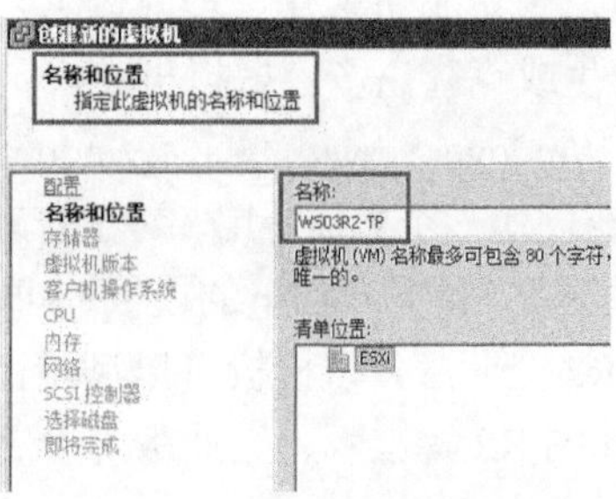

图 3-101 创建虚拟机

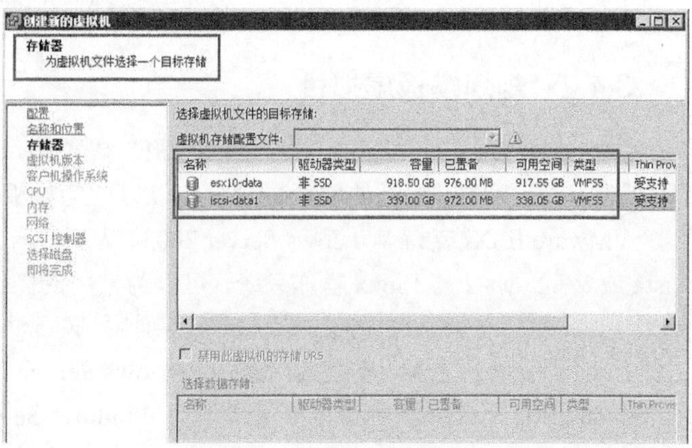

图 3-102 选择网络存储器保存虚拟机

（3）为虚拟机选择最新的版本，在 VMware ESXi 5 中，选择“虚拟机版本：8”。

（4）客户机操作系统选择“Microsoft Windows Server 2003（32 位）”。

（5）为虚拟机分配 1 个 CPU、1GB 内存。

（6）为 Windows Server 2003 分配 60GB 的虚拟硬盘，并且选择“Thin Provision”，如图 3-103 所示。

（7）在“即将完成”对话框中，可以查看创建的虚拟机的设置，如图 3-104 所示。如果设置有误，请单击“上一步”按钮返回修改，检查无误之后，单击“完成”按钮。

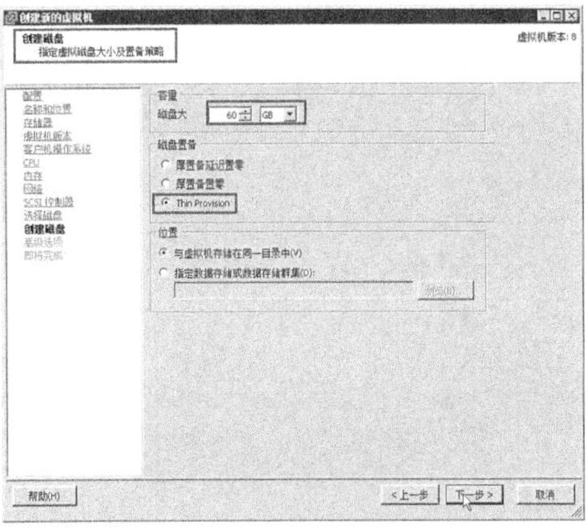

图 3-103　指定虚拟硬盘大小

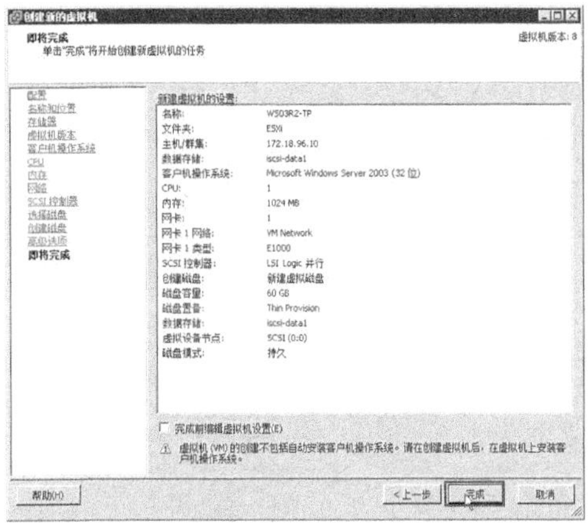

图 3-104　即将完成

（8）创建完成后，启动虚拟机，并在虚拟机中安装 Windows Server 2003 R2 企业版。在安装的时候，将所有硬盘划分为一个分区（如图 3-105 所示），并用 NTFS 文件系统格式化。

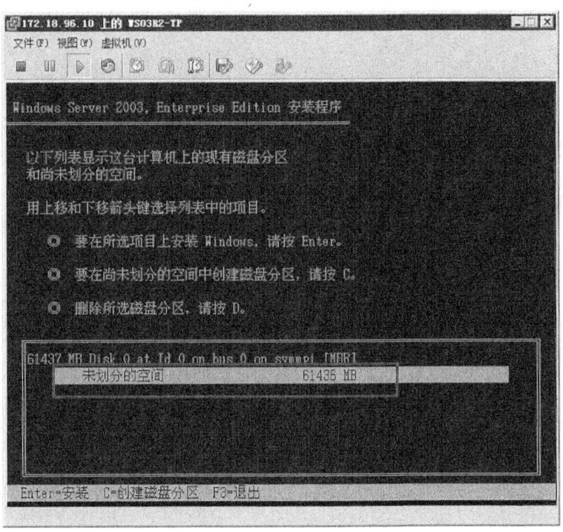

图 3-105　划分一个分区

（9）安装完成后，安装 VMware Tools，安装常用软件，如输入法、WinRAR 等，并在“显示属性”中，启用硬件加速功能。一般情况下，不要在模板虚拟机中安装杀毒软件。

（10）运行 gpedit.msc，修改“计算机配置→安全设置→本地策略→安全选项”，将“交互式登录：不需要按 Ctrl+ALT+DEL 属性”设置为“已启用”，如图 3-106 所示。

（11）如果有内部的 WSUS 服务器，请在“计算机配置→管理模板→Windows 组件→Windows Update”中，指定 WSUS 服务器的地址，如图 3-107 所示。并且设置 WSUS 的其他参数。

（12）根据需要进行其他设置。例如，在系统中，禁用“显示‘关闭事件跟踪程序’属性”、禁用“激活‘关闭事件跟踪程序系统状态数据’功能”、“在登录时不显示‘管理您的服务器’对话框”等。

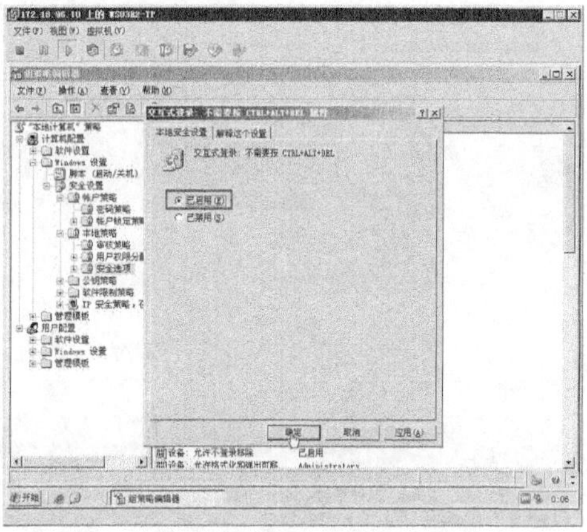

图 3-106　不需要按“Ctrl+Alt+Del 键”

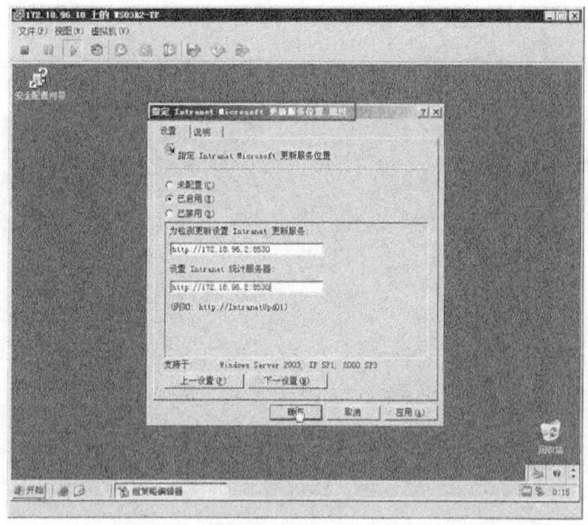

图 3-107　指定 WSUS 服务器

（13）在“显示”属性中，禁用“屏幕保护程序”，并将“电源选项”中的“电源使用方案”设置为“一直开着”，并且将“关闭监视器”、“关闭硬盘”、“系统待机”设置为“从不”，如图 3-108 所示。

（14）设置完成后，为当前的模板虚拟机安装最新的补丁，安装完成后，关闭该虚拟机，如图 3-109 所示。

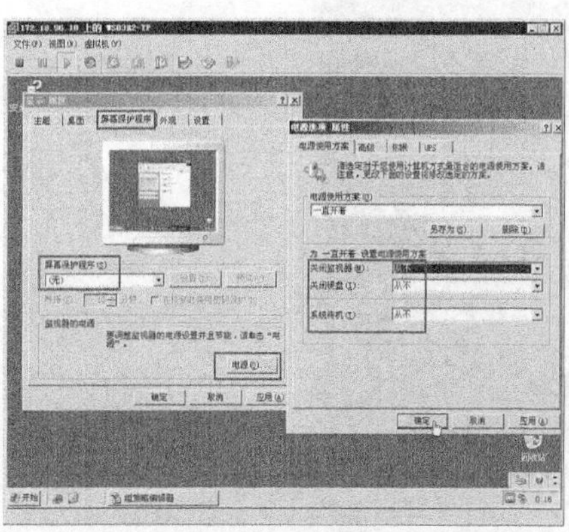

图 3-108　屏幕保护与电源选项

图 3-109　安装更新并关机

3.4.4 创建其他模板虚拟机

如果要为 Windows Server 2008 R2、Windows Server 2008、Windows 7、Windows 8 等操

作系统创建模板，与为 Windows Server 2003 虚拟机创建模板类似，只是需要注意以下几点。

（1）推荐虚拟机内存 1GB、2 个 CPU、40GB 的虚拟硬盘（精简配置）、保存在网络存储。

（2）在为虚拟机安装操作系统时，将整个硬盘划分为一个分区，用来安装操作系统。

（3）安装系统之后，安装 VMware Tools，安装常用软件，配置系统选项，关闭屏幕保护等，这些与 Windows Server 2003 相同，不一一介绍。

（4）需要注意，由于 Windows Server 2008 等系统的激活方式，与 Windows Server 2003 不同。如果是批量使用 Windows Server 2008 等虚拟机，推荐采用 KMS 的方式激活，而不是采用 MAK 或静态密钥的方式，因为在使用虚拟机的时候，经常会由于创建、删除虚拟机过于频繁，而导致这些密钥的激活次数很快耗尽。而采用 KMS 则不存在这个问题。

有关创建 Windows Server 2008 R2，在虚拟机中安装操作系统这些不再一一介绍。请大家自行创建 Windows Server 2008 R2、Windows Server 2012 R2 的虚拟机，并参照上面的要求配置。

【说明】 Windows Server 2012 R2 可以看作 Windows Server 2012 的“升级版”，在需要 Windows Server 2012 的时候，用 Windows Server 2012 R2 代替没有任何的问题。所以大家不需要配置 Windows Server 2012 的模板。

3.4.5 将虚拟机转化为模板

下面将以 3.4.3 小节创建的 Windows Server 2003 SP2 的企业版为例，介绍将虚拟机转换为模板的方法。

（1）在 vCenter Client 中，定位到要转换成模板的虚拟机，用鼠标右击，从弹出的快捷菜单中选择“模板→转换成模板”选项，如图 3-110 所示。

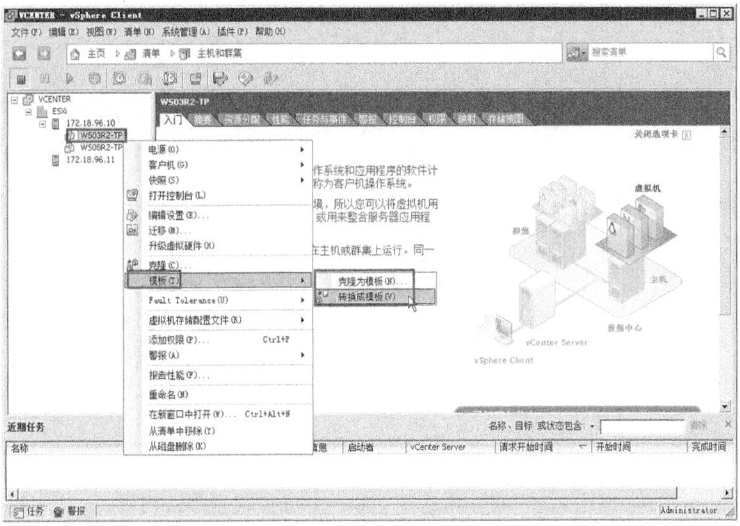

图 3-110 转换成模板

【说明】 如果选择“转换成模板”，则将该虚拟机转换成模板，该虚拟机只能作为模板使用；如果选择“克隆为模板”，则在此虚拟机的基础上，克隆出与此虚拟机“完全一样”的虚拟机为模板，原虚拟机仍然可以使用。

（2）将虚拟机转换为模板后，在 ESX Server 主机下面，源虚拟机将会从清单移除。如果要使用转换后的模板，可以定位到“虚拟机”选项卡中，默认会显示模板和虚拟机，如图 3-111 所示。如果只想查看“模板”，可以在空白位置右击，在弹出的快捷菜单中选择“显示模板”。

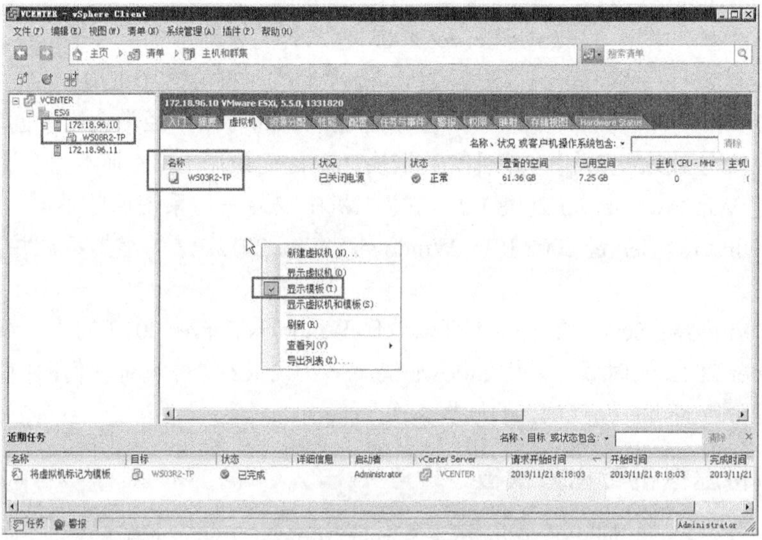

图 3-111 虚拟机模板

（3）参照（1）、（2）步，将其他的虚拟机，如 Windows Server 2008 R2 的虚拟机转换成模板，如图 3-112 所示。

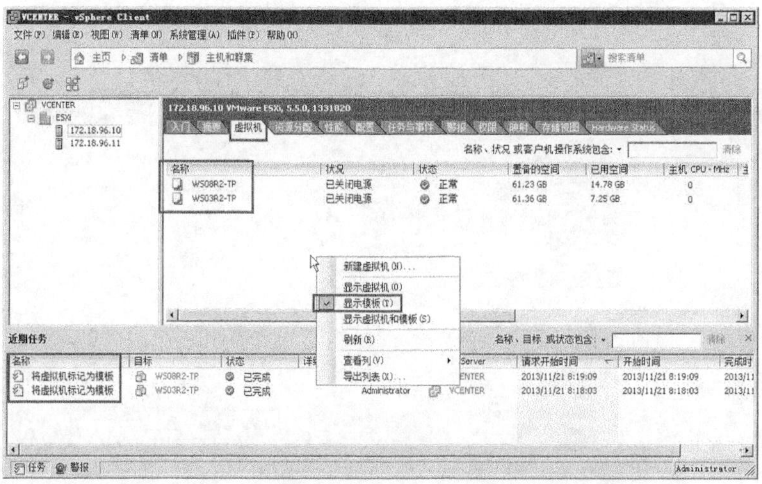

图 3-112 将 Windows 2008 R2 虚拟机转换成模板

有了模板后，可以从该模板部署虚拟机，但如果这样直接部署的话，部署后的虚拟机与模板会“一模一样”，包括 SID，这在网络中会出现问题。基于此，还需要进一步设置，才能使用该模板。

3.4.6　创建规范用于部署

对于 Windows 系列产品而言，可以使用 Microsoft 提供的 sysprep 程序，对 Windows 相关产品进行大规模部署后的定制。对于 Virtual Center 而言，同样也是使用 sysprep 程序，用于 Windows Server 2003 等产品的后期定制。下面通过对 Windows Server 2003 R2（32 位版本）进行定制，介绍“定制规范”的使用。

（1）在 vCenter Client 中，单击“主页”，然后在“管理”中单击“自定义规范管理器”，如图 3-113 所示。

（2）显示“自定义规范管理器”对话框，如图 3-114 所示。

图 3-113　定制规范

（3）单击“新建”按钮，显示“新建自定义规范”对话框，在“目标虚拟机操作系统”下拉列表中选择“Windows”，在“名称”文本框中输入“WS03R2-X86”，在“描述”文本框中输入该定制规范的相关信息，如“用于 32 位 Windows Server 2003 R2 企业版，该规范不加入 Active Directory”，如图 3-115 所示。

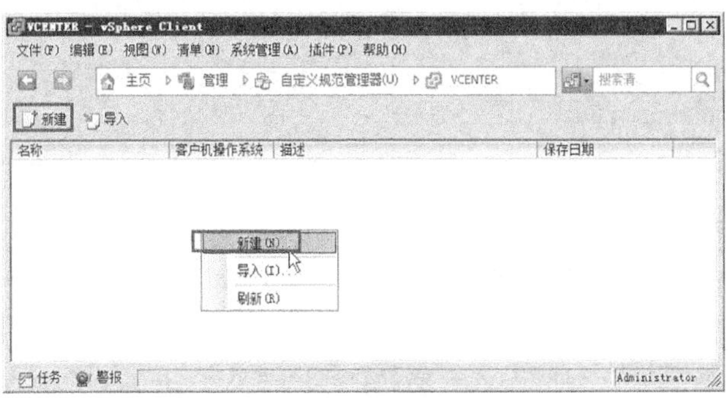

图 3-114　创建新规范

（4）在“注册信息”对话框中，在“注册信息”中输入用户名称与单位信息，如图 3-116 所示。

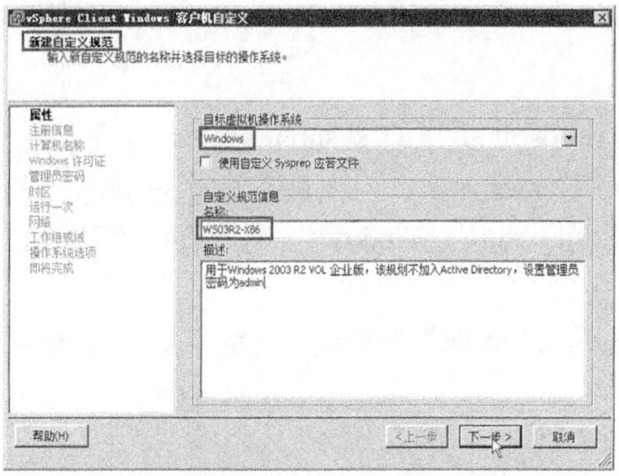

图 3-115 新建定制规范相关信息

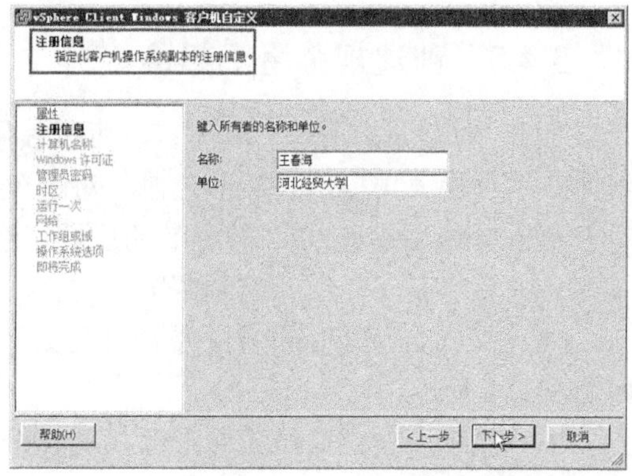

图 3-116 用户注册信息

（5）在“计算机名称”对话框设置计算机名称，推荐选择“使用虚拟机名称”或“在部署向导中输入名称”，如果“使用虚拟机名称”，则在使用该规范时，虚拟机的名称将是虚拟机中操作系统的计算机名称；如果“在部署向导中输入名称”，则在使用此规范向导时，会提示用户指定计算机名称。如图 3-117 所示。

（6）在“Windows 许可证”对话框中，输入 Windows Server 2003 32 位版本的序列号（需要与模板所用的虚拟机序列号一致，但不要求相同。注意 OEM 版本、零售版本或 VL 版本的序列号，不能混用，如 VL 的序列号不能用于 OEM 版本模板）。并且在“服务器许可证模式”中选择“每服务器”方式或“每客户”方式，推荐为“每台服务器”，并且设置“最大连接数”，如图 3-118 所示。

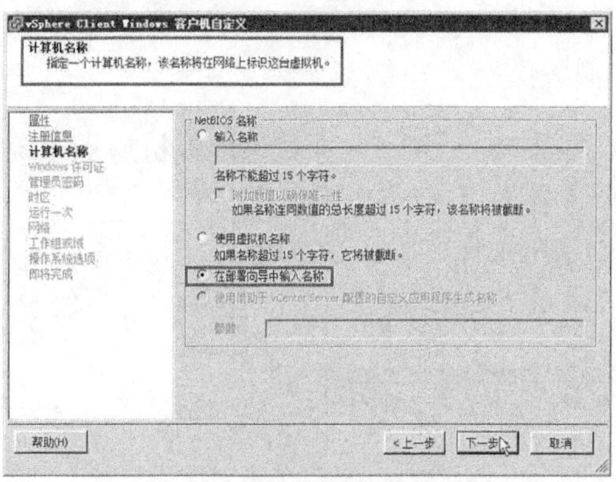

图 3-117 指定计算机名称

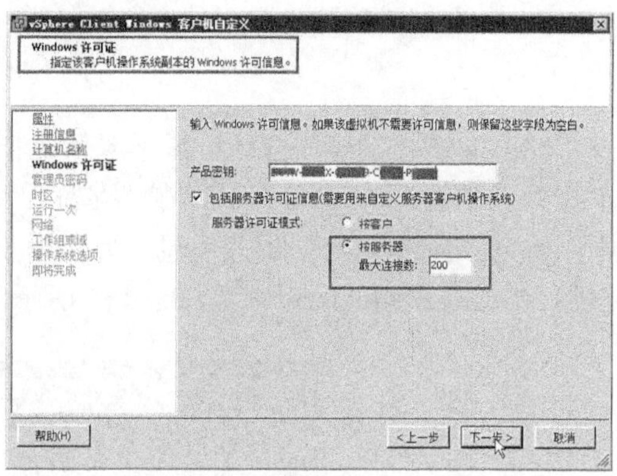

图 3-118 Windows 许可证信息

注意： 如果你定制的规范是用于 Windows Server 2008、Windows 7，可以不用输入产品序列号。如果企业中的 Windows Server 2008、Windows 7 是采用 KMS 服务器激活，也不需要输入产品序列号。

（7）在“管理员密码”对话框中，设置管理员密码，并且设置是否自动以管理员身份登录以及自动登录的次数（推荐密码为空），如图 3-119 所示。

（8）在“时区”对话框中，选择北京时间，如图 3-120 所示。

（9）在“运行一次”对话框中，指定用户首次登录时要运行的命令，在此直接单击“下一步”按钮，如图 3-121 所示。

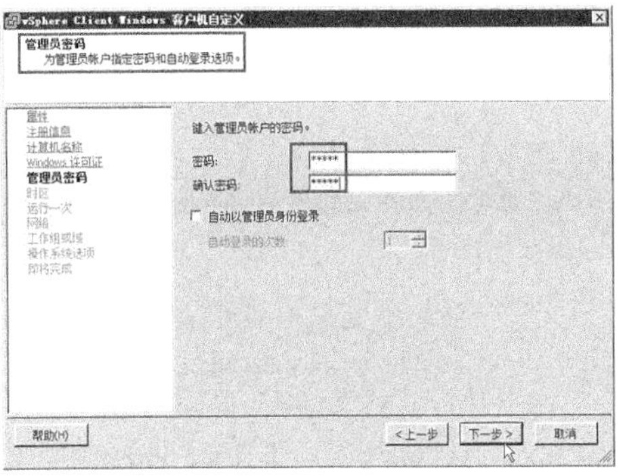

图 3-119　管理员密码

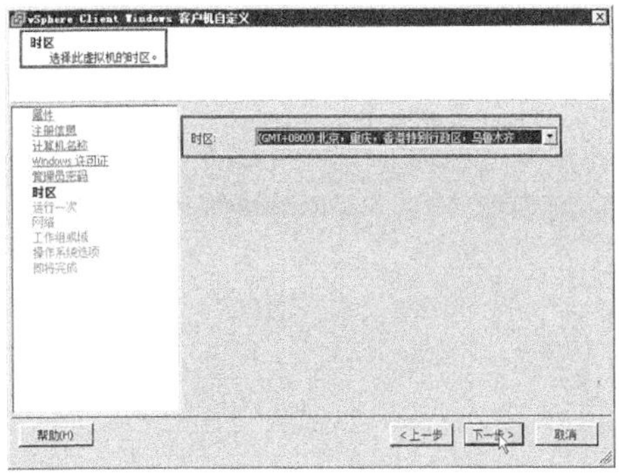

图 3-120　时区选择

（10）在“网络”对话框中，设置 IP 地址获得方式。如果网络中（包括虚拟机网络中）有 DHCP 服务器，则选择“典型设置”，如果网络中没有 DHCP 服务器，则选择“自定义设置”（如图 3-122 所示），并在弹出的“网络接口设置”中单击“定制”按钮（如图 3-123 所示），并在弹出的对话框中设置子网掩码、网关地址、DNS 与 WINS 服务器地址，而 IP 地址则在定制虚拟机时由管理员指定，如图 3-124 所示。

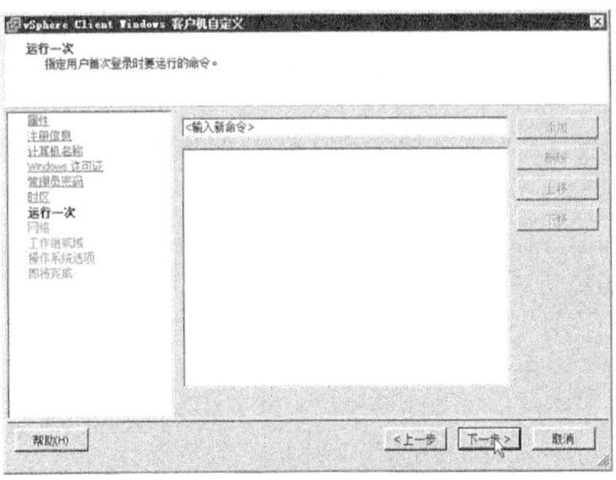

图 3-121　运行一次

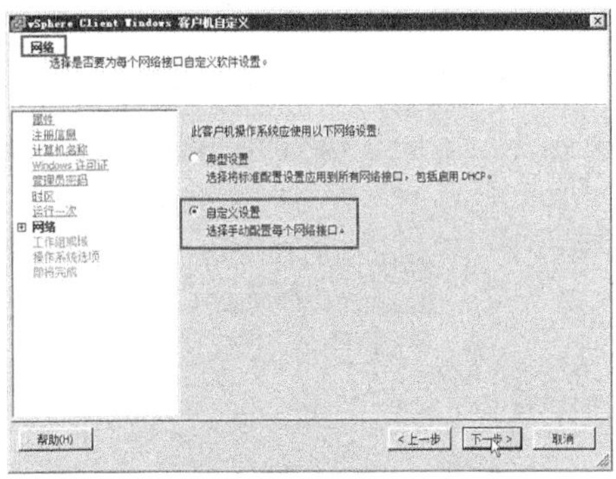

图 3-122　网络接口设置

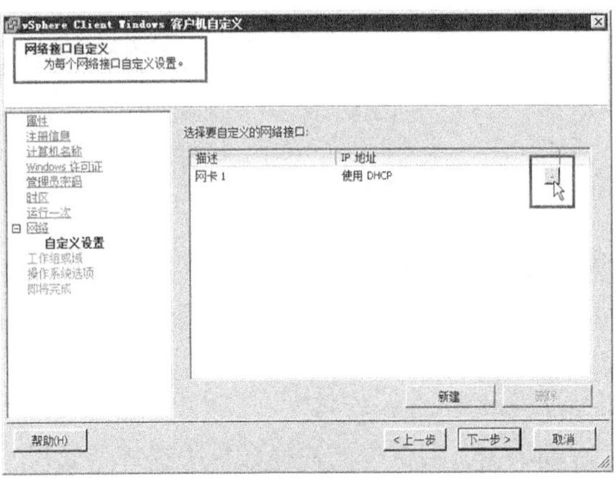

图 3-123　定制

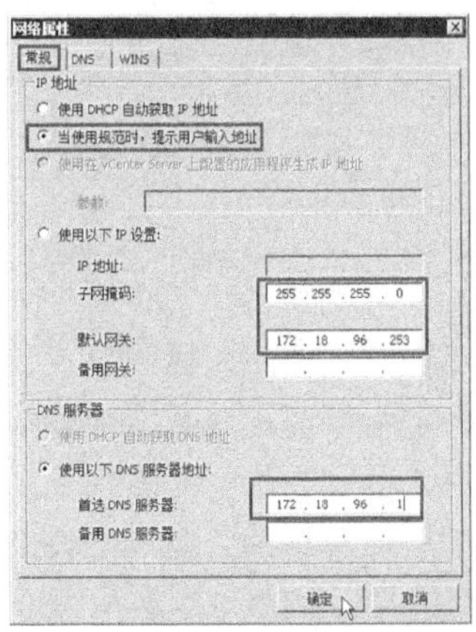

图 3-124　设置子网掩码、网关地址与 DNS 地址

（11）在“工作组或域”对话框中，选择计算机是否加入域。在此选择“工作组”，如

图 3-125 所示。如果选择“Windows 服务器域”，输入要加入到的 Active Directory 域名，并且在指定“用户名”文本框后面，输入“具有将计算机加入到域”的权限的域用户名及密码，如图 3-126 所示。

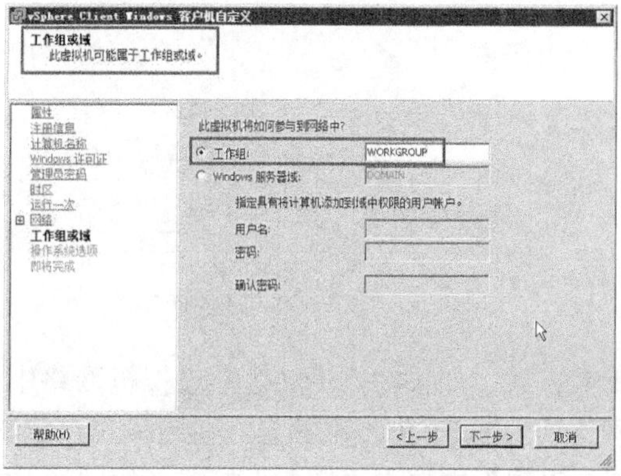

图 3-125 加入工作组

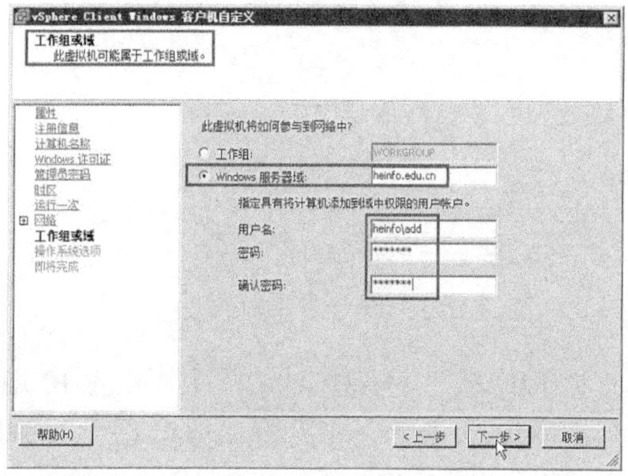

图 3-126 加入域

（12）在“操作系统选项”对话框中，选中“生成新的安全 ID（SID）”复选框，即重新生成 SID，如图 3-127 所示。

（13）在“即将完成”对话框中，单击“完成”按钮，如图 3-128 所示。

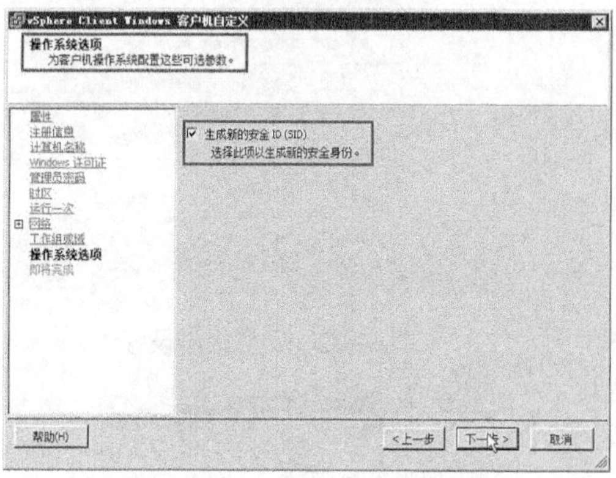

图 3-127 重新生成 SID

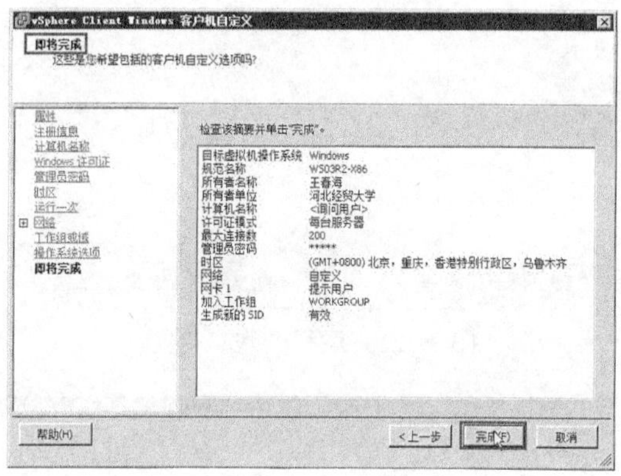

图 3-128 定制规范完成

3.4.7 复制与修改规范

创建规范完成后，返回到“定制规范管理器”对话框中，可以单击“新建”按钮，为其他模板定制规范，或者从现有规范复制，并且修改复制后的规范用于其他模板。在下面的例子中，将上一节创建的规范复制出一个副本，并修改复制后的规范，完成将 Windows Server 2003 计算机加入到 Active Directory 的功能。

（1）选择“WS03R2-X86”规范，用鼠标右键单击，从弹出的快捷菜单中选择“复制”，如图 3-129 所示，会复制出一个名为“WS03R2-X86 的副本”的规范。

（2）复制规范后，选择复制后的规范，用鼠标右键单击，从弹出的快捷菜单中选择“属性”，如图 3-130 所示。

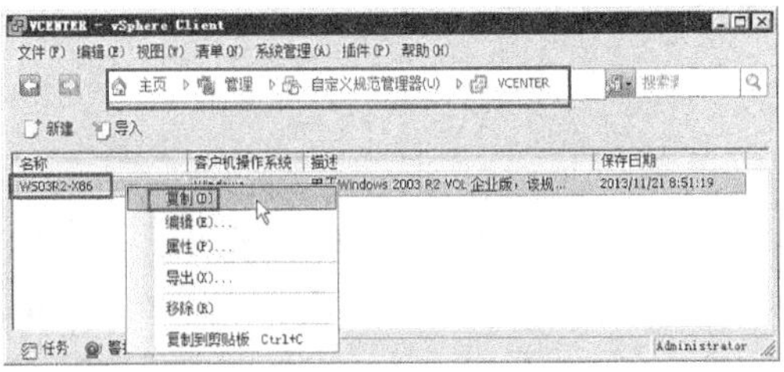

图 3-129　复制规范

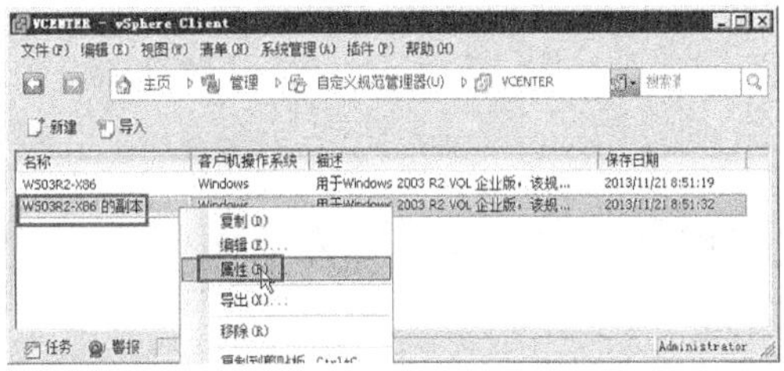

图 3-130　属性

（3）在弹出的“定制规范属性”对话框中，修改名称与描述。例如，将规范名称修改为“WS03R2-X86-heinfo”，将描述信息改为“用于 32 位 Windows Server 2003 R2 企业版，该规范加入 heinfo 域”，如图 3-131 所示。

（4）单击“确定”按钮，再次返回到“定制规范管理器”对话框，用鼠标右键单击，从弹出的快捷菜单中选择“编辑”，如图 3-132 所示。

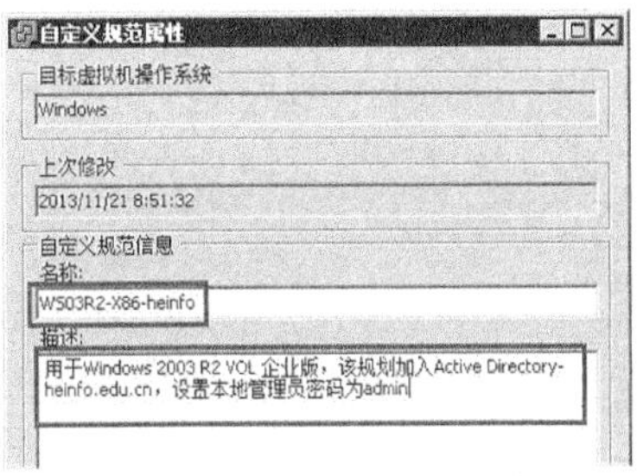

图 3-131　修改规范名称与描述信息

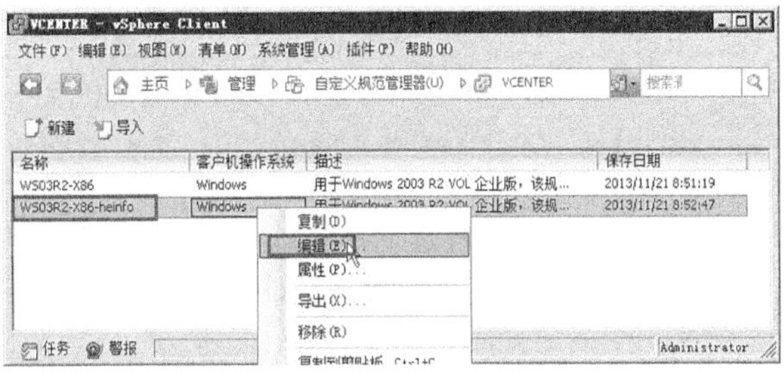

图 3-132　编辑规范

（5）进入编辑规范向导，根据新规范将要用到的模板进行相应的修改，在“工作组或域”对话框中，选择“Windows 服务器域”，并设置域名、添加“具有将计算机加入到域”权限的用户名及密码，如图 3-133 所示。

（6）单击“下一步”按钮，修改规范。以后的步骤与新建规范时相同，不再介绍。

修改规范完成后，关闭“定制规范管理器”，返回到 vSphere Client 管理控制台。

如果在控制台界面中，没有显示 VMware ESXi 主机，可以在“视图”菜单中选择“清单→主机和群集”命令，重新显示主机，如图 3-134 所示。

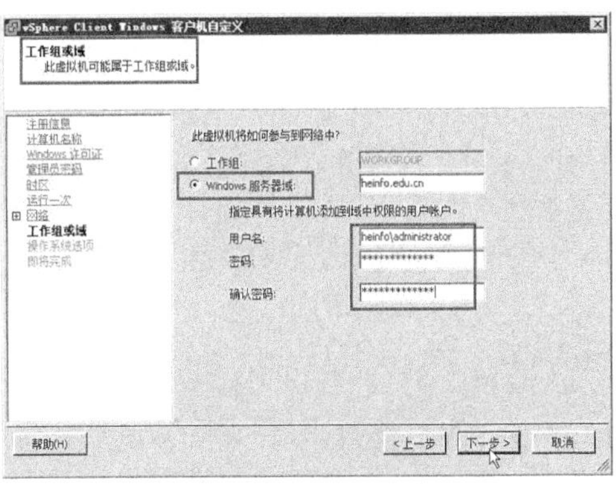

图 3-133　修改规范

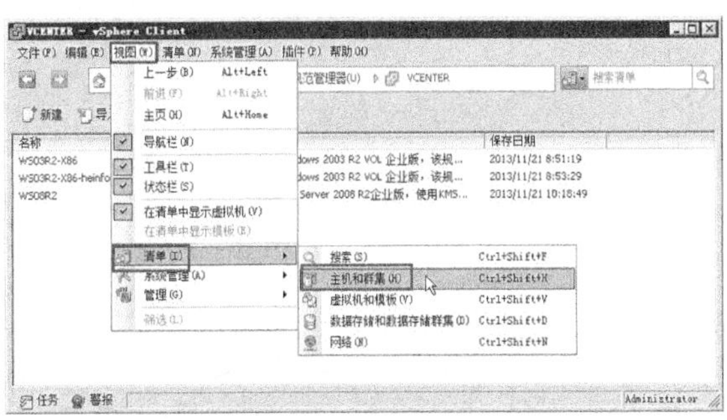

图 3-134　显示主机和群集

3.4.8 复制 sysprep 程序到 vCenter Server 计算机

在创建规范后，还需要将相应版本的 sysprep 复制到 vCenter 服务器的相应目录中，定制后的规范才可以使用。如果 vCenter Server 安装在 Windows Server 2003 系统中，这个目录是“C:\Documents and Settings\All Users\Application Data\VMware\VMware VirtualCenter\sysprep”；如果 vCenter Server 安装在 Windows Server 2008 或 Windows Server 2008 R2 中，该文件夹是“C:\ProgramData\VMware\VMware VirtualCenter\sysprep”。在该文件夹中，有 2k（对应 Windows 2000）、svr2003（对应 Windows Server 2003 的 32 位版本）、svr2003-64（对应 Windows Server 2003 的 64 位版本）、xp（对应 Windows XP Professional SP2、SP3 的 32 位版本）、xp-64（对应 Windows XP Professional 的 64 位版本）。Windows Server 2003 中该目录如图 3-135 所示，在 Windows Server 2008 R2 中该目录截图如图 3-136 所示。

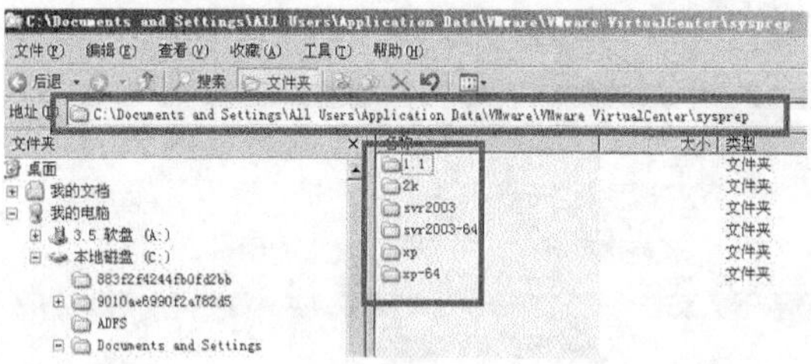

图 3-135 Windows 2003 中 sysprep 文件夹位置

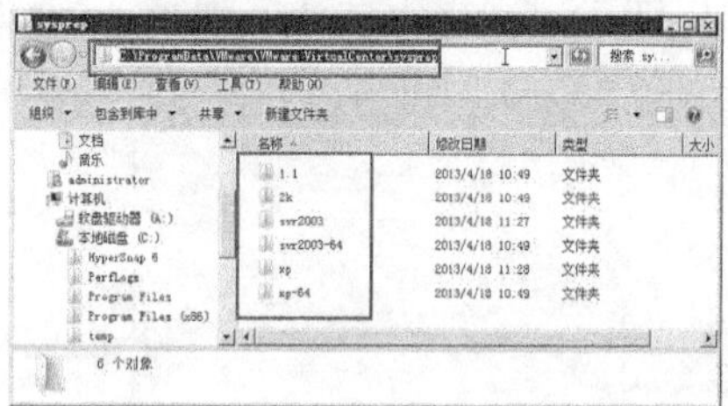

图 3-136 Windows 2008 R2 中 sysprep 文件夹位置

在图 3-136 中是将 sysprep 文件复制到 vCenter Server 计算机，而不是复制到 vSphere Client 计算机。

在图 3-135 中的 sysprep 文件与其相关的程序，是将 Windows Server 2003 安装光盘中 support\tools 文件夹中的 deploy.cab 展开后的结果，如图 3-137 所示。

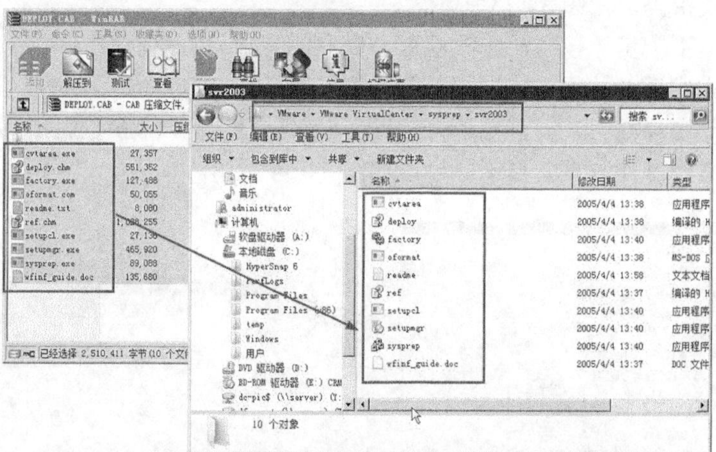

图 3-137 sysprep 相关文件

如果需要定制其他的规范，如 XP 或 Windows Server 2003 X64，则需要将 Windows XP Professional、Windows Server 2003 X64 安装光盘中的 deploy.cab 分别展开到对应的目录中，这些不一一介绍。在自定义虚拟机的 Windows 客户机操作系统之前，确认 vCenter Server 系统符合以下要求。

- 安装 Microsoft Sysprep 工具。Microsoft 包括 Windows 2000、Windows XP 和 Windows 2003 的安装 CD-ROM 光盘上的系统工具集。Sysprep 工具已集成到 Windows Vista、Windows 7 和 Windows Server 2008、Windows Server 2008 R2 等操作系统中。
- 为要自定义的每个客户机操作系统安装正确版本的 Sysprep。

3.4.9　从模板部署虚拟机

在创建好“定制规范”后，并且复制了相应的 sysprep 程序后，就可以从模板部署虚拟机了。接下来将使用前文中创建的用于 Windows Server 2003 的规范，从 ws03r2-TP 模板创建一个名为 WS03R2-96.101 的虚拟机，操作如下。

（1）在 vSphere Client 中，选择 VMware ESXi 主机，进入“虚拟机”选项卡，用鼠标右键单击 WS03R2-TP 模板，从弹出的快捷菜单中选择“从该模板部署虚拟机”，如图 3-138 所示。

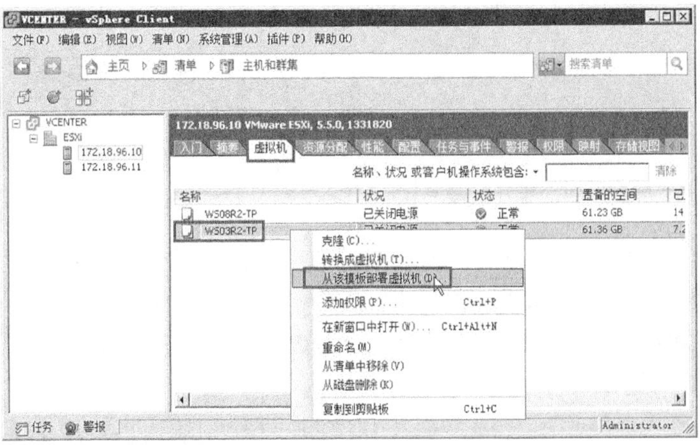

图 3-138　从该模板部署虚拟机

（2）在“名称和位置”对话框中，设置部署后的虚拟机的名称，如“WS03R2-96.101”，并且在“清单位置”处选择数据中心（在本例中数据中心名称为 ESXi），如图 3-139 所示。

（3）在“主机/群集”对话框中，选择要在哪个主机或群集上运行此虚拟机，如图 3-140 所示。在有多个主机或群集时，可以选任意一台。

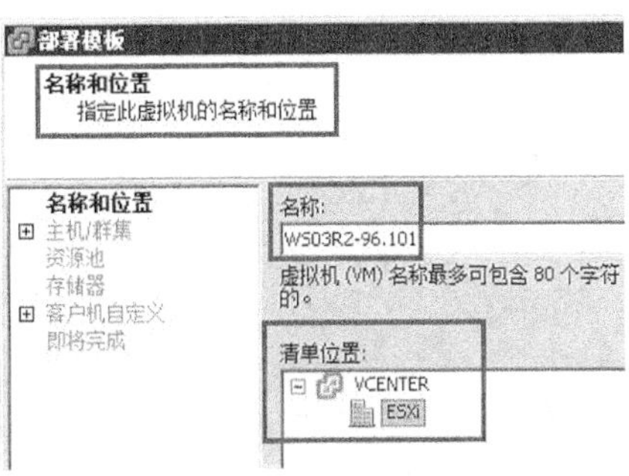

图 3-139　设置虚拟机名称与位置

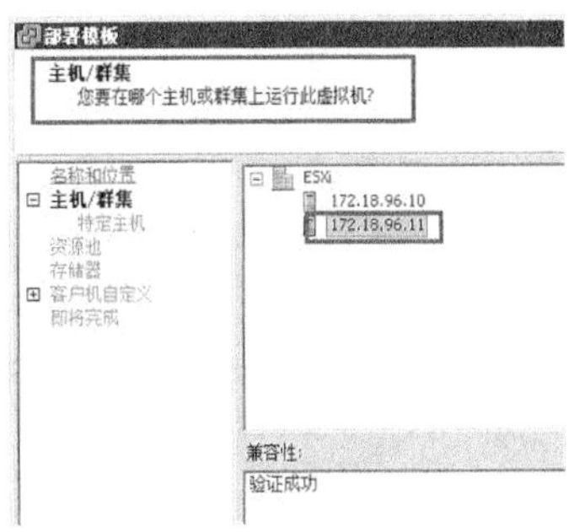

图 3-140　选择主机或群集

（4）在“数据存储”对话框中，选择虚拟磁盘格式（与源格式相同、厚置备延迟置零、厚置备置零、精简置备）以及保存虚拟机的数据存储（当目标主机有多个存储时，可以选择本地存储或网络存储），如图 3-141 所示。

（5）在“选择客户机定制选项”对话框中，选择“使用现有定制规范自定义”，并且在列表中选择合适的规范，如图 3-142 所示。也可以选中“创建后打开此虚拟机的电源”，复选框这样在部署虚拟机完成之后，会打开虚拟机的电源并按照选择的规范进行定制。如果没有选中此项，则需要手动打开虚拟机的电源。

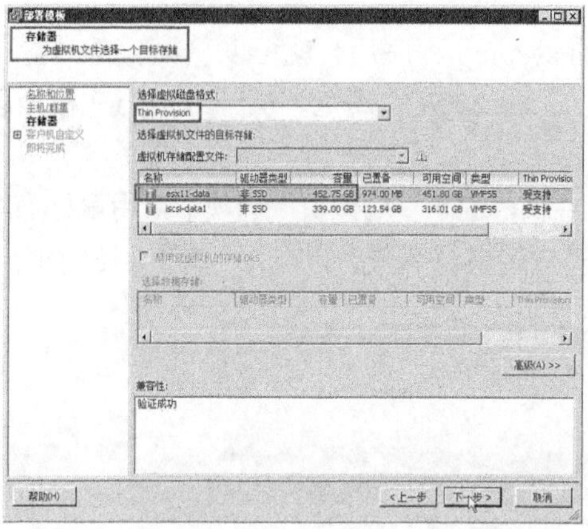

图 3-141　选择将虚拟机保存的位置及磁盘格式

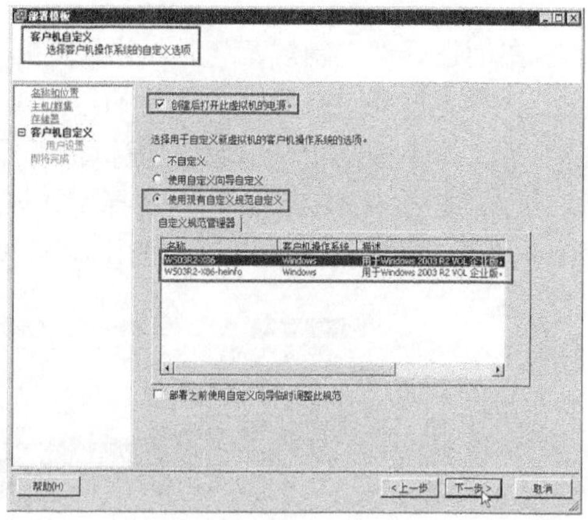

图 3-142　选择定制规范

（6）在“用户设置”对话框中，为新部署的虚拟机设置名称及 IP 地址，如图 3-143 所示，在此设置计算机名称为 WS03R2-101，IP 地址为 172.18.96.101。

（7）在“即将完成”对话框中，显示了新建虚拟机的设置，检查无误之后单击“完成”按钮，如图 3-144 所示。

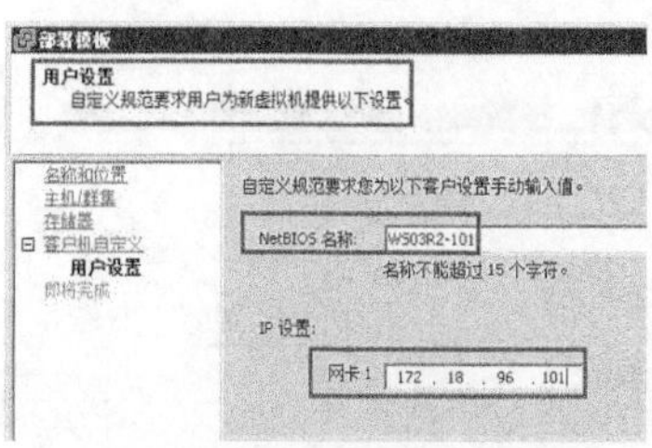

图 3-143　用户设置

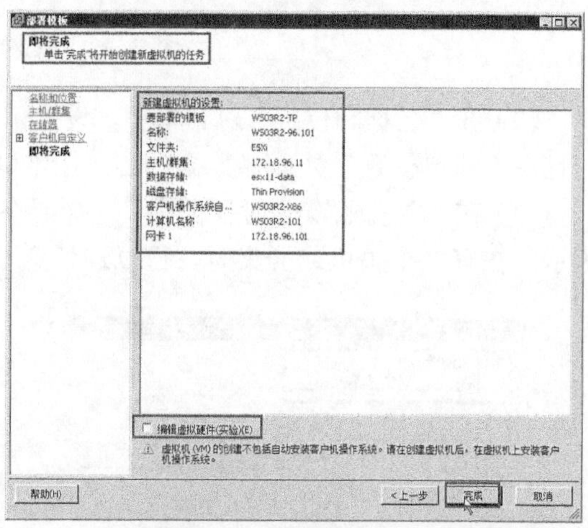

图 3-144　完成虚拟机的部署

（8）之后将开始从模板克隆出一个新的虚拟机，并且在“任务”列表中显示部署的进度，如图 3-145 所示。

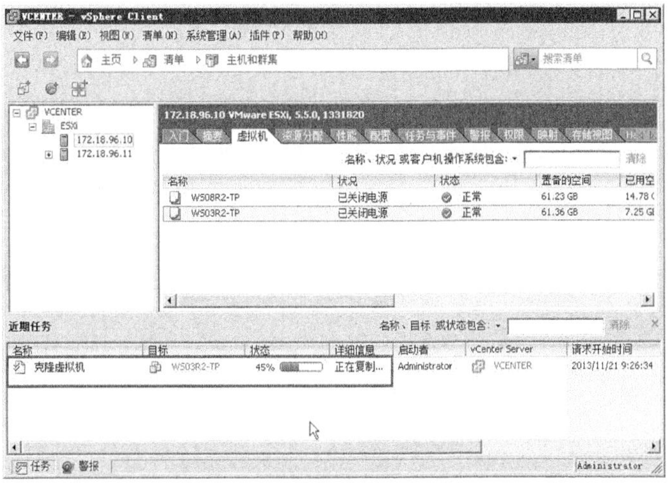

图 3-145　克隆虚拟机

（9）部署完成后，启动克隆后的虚拟机，打开“控制台”查看部署进度。在部署完成后，登录并进入系统，打开系统属性，可以看到已经按照规则完成设置，计算机名称为 WS03R2-101，如图 3-146 所示。

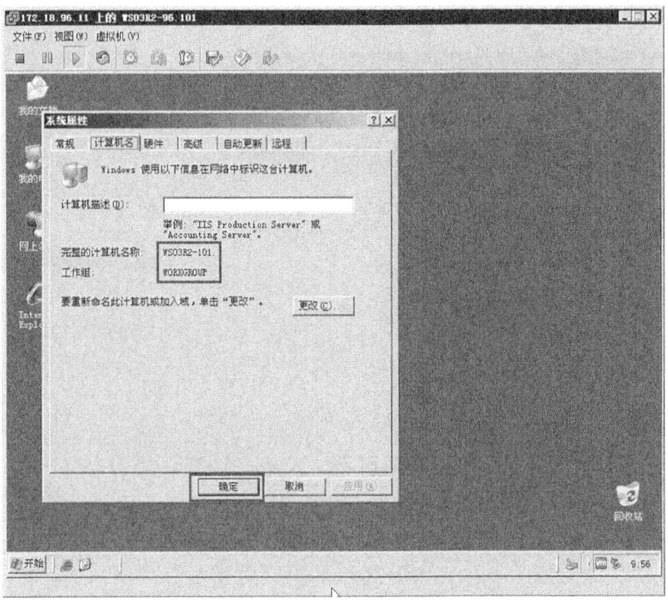

图 3-146　进入控制台查看部署后属性

【说明】 在使用模板部署 Windows Server 2003 虚拟机的时候，在有的时候，部署完成后，输入用户名密码不能登录系统，这是由于系统部署还没有完成，请重新启动该虚拟机，再次进入系统时将开始定制。在 vSphere 5.5 中，出现这个问题的概率已经较低。

3.4.10　创建 Windows 2008 与 2012 规范

在前面的例子中，是创建好 Windows Server 2003 虚拟机模板，创建好 Windows Server

2003 的规范，在从模板部署虚拟机的时候选择已经创建好的规范。实际上，在 vSphere vCenter Server 中，部署虚拟机是非常灵活的：

- 可以从模板虚拟机，也可以直接使用任何已经存在并且没有转换成模板的虚拟机，部署虚拟机。
- 可以使用已经创建好的规范，也可以在部署虚拟机的时候，创建新的规范来部署虚拟机。

将虚拟机转换为模板的好处或优点是，模板虚拟机不能启动，这就避免了由于启动模板虚拟机而造成设置或数据的丢失。在本节内容中，将以 VMware ESXi 中的一台 Windows Server 2008 R2 的虚拟机为例，在部署虚拟机的过程中创建自定义规范并保存，介绍在部署虚拟机中创建规范并直接部署的内容。由于这些内容与上一节“从模板部署 Windows Server 2003 虚拟机”相类似，本节将介绍关键步骤。

（1）在 vSphere Client 控制台中，在数据中心中，选中一个 Windows 2008 R2（或 Windows8、Windows Server 2012 R2）模板或虚拟机，用鼠标右键单击，在弹出的快捷菜单中选择“从该模板部署虚拟机”选项，如图 3-147 所示。

（2）在“名称和位置”对话框中，设置新部署的虚拟机的名称，如 WS08R2－96.102。

（3）在“客户机自定义”对话框中，选中“使用自定义向导自定义”单选按钮，如图 3-148 所示。

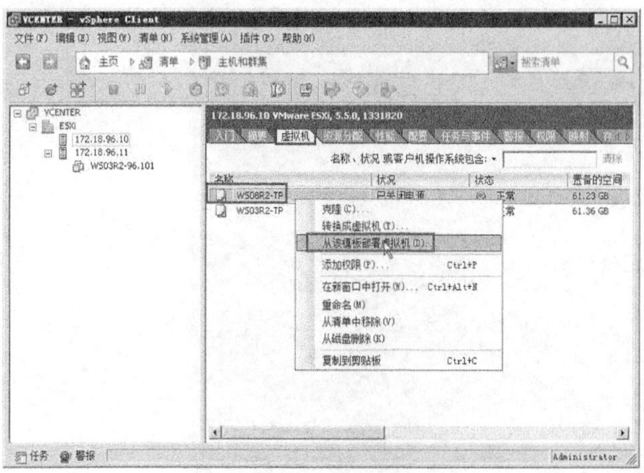

图 3-147 部署虚拟机

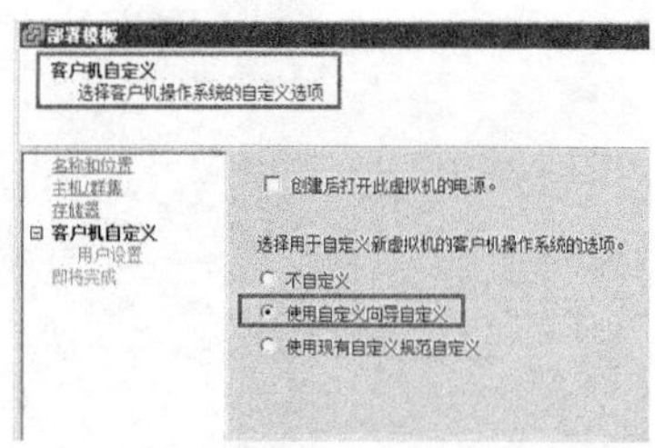

图 3-148 使用自定义向导自定义

（4）之后会进入“vSphere Client Windows 客户机自定义”对话框，该操作与“3.4.6 创建规范用于部署”一节中的（4）～（13）步相同，不一一介绍。但与 Windows Server 2003 的规范不同之处在于，在创建用于 Windows Server 2012、Windows Server 2008、Windows Vista、Windows 8、Windows 7 等规范时，可以不用输入产品密钥。但如果在局域网中部署了 KMS 服务器，采用 KMS 激活时，最好是输入对应产品的 KMS Client 的 KEY，如图 3-149 所示，这是 Windows Server 2008 R2 企业版 KMS 的 KEY。

（5）在创建完规范之后，可以为新建的规范命名并保存该规范供以后使用，如图 3-150 所示，为该规范设置合适的名称与描述之后，vSphere Client 会保存该规范，并为当前的系统部署选择该规范。

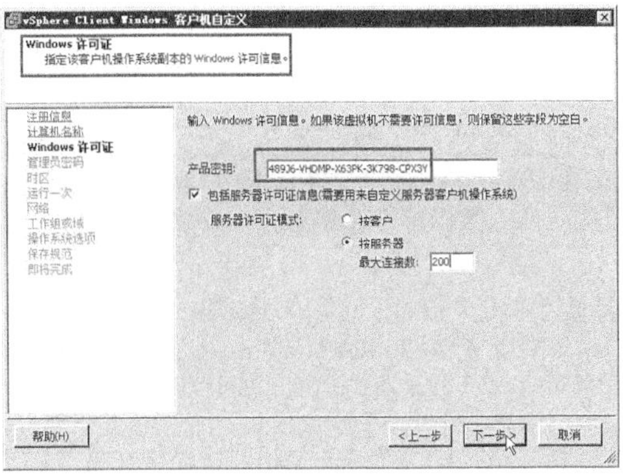

图 3-149　指定产品密钥

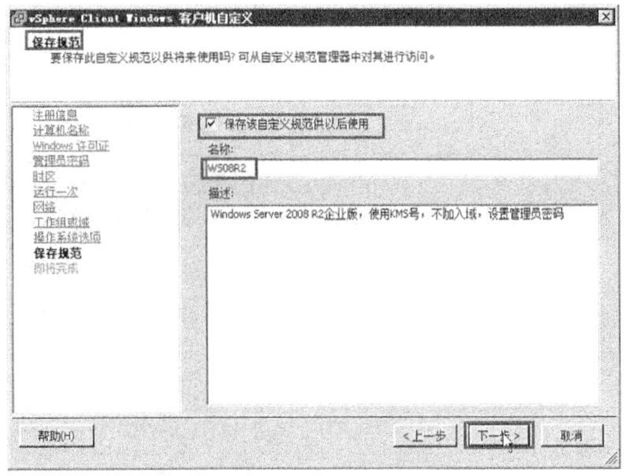

图 3-150　保存规范

（6）之后的步骤则与使用现有规范部署系统相同，不一一介绍。在“即将完成”对话框中，显示了部署虚拟机的选项，检查无误之后单击“完成”按钮（如图 3-151 所示），开始部署虚拟机。

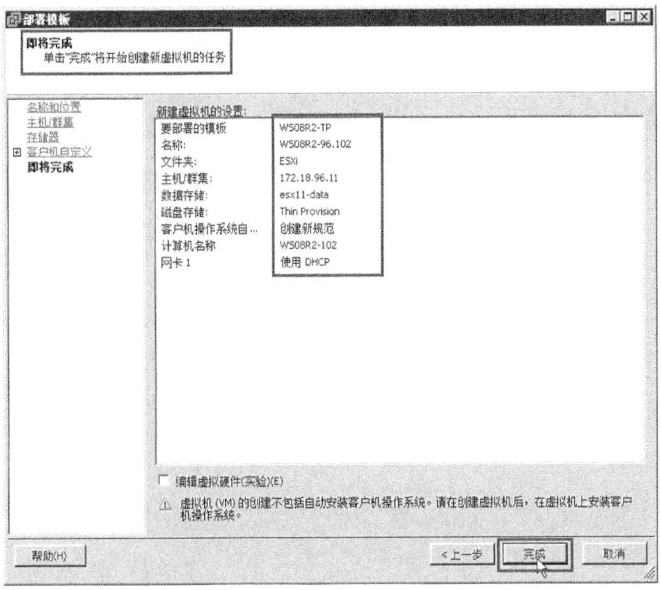

图 3-151　检查摘要

3.5　虚拟机迁移

迁移是指将虚拟机从一个主机或存储位置移至另一个主机或存储位置的过程。迁移与复制或部署是不同的，复制或部署虚拟机是指创建新的虚拟机，并不是迁移形式。在 VMware ESXi 中，虚拟机可以保存在本地主机存储中，也可以保存在网络存储中。在 vCenter Server 中，有多种迁移选项，如表 3-1 所示。

表 3-1 vCenter Server 支持的迁移选项

冷迁移	将已关闭电源的虚拟机移至新的主机。也可以将配置文件和磁盘文件重新定位到新的存储位置。可以使用冷迁移将虚拟机从一个数据中心移至另一个数据中心
迁移已挂起的虚拟机	将已挂起的虚拟机移至新的主机。也可以将配置文件和磁盘文件重新定位到新的存储位置。可以将已挂起的虚拟机从一个数据中心迁移至另一个数据中心
通过 vMotion 迁移	将已打开电源的虚拟机移至新的主机。通过 vMotion 迁移，可以在不中断虚拟机可用性的情况下将虚拟机移至新的主机，但无法使用 vMotion 将虚拟机从一个数据中心移至另一个数据中心。一些配置包括 Metro vMotion，这是一种在由高网络往返滞后时间分隔的主机之间实现可靠迁移的功能。安装相应许可证后，将自动启用 Metro vMotion，该功能不需要用户配置
通过 Storage vMotion 迁移	将已打开电源的虚拟机的虚拟磁盘或配置文件移动到新数据存储。通过 Storage vMotion 迁移，可以在不中断虚拟机可用性的情况下，移动虚拟机的存储器

已挂起虚拟机的迁移以及通过 vMotion 迁移有时也称为“热迁移”，因为它们允许在不关闭虚拟机电源的情况下迁移虚拟机。通过 vMotion 迁移有时也称为“实时迁移”。

可以手动移动虚拟机，也可以设置已调度任务来执行冷迁移。

通过克隆虚拟机或复制其磁盘和配置文件可以创建新的虚拟机，克隆并不是迁移的一种形式。

3.5.1 迁移虚拟机的实验环境

在 vSphere 5 中，使用 vCenter Server 迁移虚拟机是比较简单与方便的事情，在本节中，将通过图 3-152 所示的网络拓扑来介绍迁移虚拟机的操作。

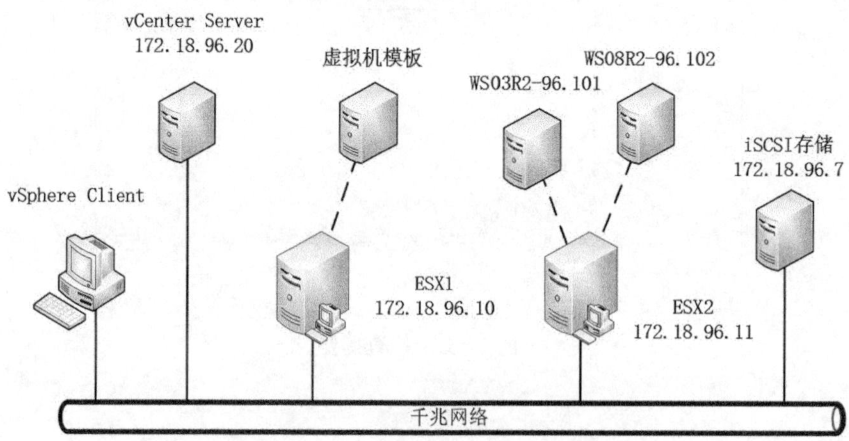

图 3-152 迁移虚拟机实验环境

在图 3-152 中，WS03R2-96.101、WS08R2－96.102 是 ESX-2 的两个虚拟机。ESX-1、ESX-2 使用并添加了 172.18.96.7 分配的 iSCSI 存储。

初学者可能认为虚拟机的迁移很“高深”，实际上，虚拟机迁移是很容易理解的。由于虚拟机可以保存在本地存储，也可以保存在网络存储。所谓虚拟机的迁移，就是将保存在一台服务器中的虚拟机“移动”到另一台服务器。在“移动”虚拟机的过程中，如果虚拟机保存在源服务器的本地存储中，则需要将源虚拟机在目标服务器中创建一个完整的克隆，在完成克隆之后，从源服务器删除要迁移的虚拟机，所以这种迁移叫“更改主机与数据存储”。如果虚拟机保存在数据存储中，则不需要复制虚拟机，只是将虚拟机从源主机更改到目标主机，这种迁移叫“更改主机”。

3.5.2　冷迁移虚拟机

冷迁移是对已关闭电源的虚拟机进行迁移。通过冷迁移，您可以选择将关联的磁盘从一个数据存储移动到另一个数据存储。虚拟机不需要位于共享存储器上。

在开始冷迁移过程前，必须关闭要迁移的虚拟机的电源。如果将虚拟机配置为具有 64 位客户机操作系统，则尝试将其迁移到不支持 64 位操作系统的主机时，vCenter Server 会生成警告。冷迁移虚拟机时，不会应用 CPU 兼容性检查。

冷迁移包含以下任务。

- 如果选择了移动到一个不同的数据存储的选项，则会将配置文件（包括 NVRAM 文件（BIOS 设置））和日志文件从源主机移至目标主机的关联存储区域中。如果选择了移动虚拟机的磁盘，则也会移动这些磁盘。
- 向新主机注册虚拟机。
- 如果选择了移动到一个不同的数据存储的选项，则在迁移完成后，会将旧版本的虚拟机从源主机中删除。

在下面的操作中，将把 172.18.96.11 主机中的 WS03R2-96.101 虚拟机，迁移到“ESX-1”数据中心中的 172.18.96.10 的主机上，步骤如下。

（1）如果预迁移的虚拟机正在运行，请将其关闭。在本示例中，名为 WS03R2-96.101 的虚拟机已经关闭。

（2）用鼠标右击预迁移的虚拟机，在弹出的快捷菜单中选择“迁移”选项，如图 3-153 所示。

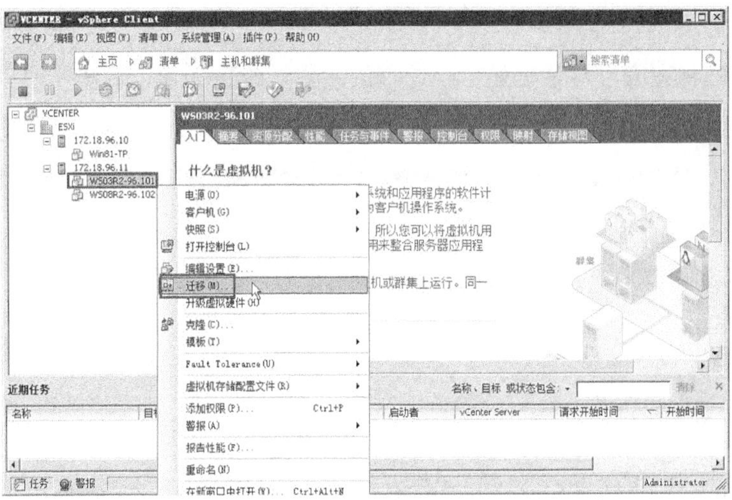

图 3-153　迁移

（3）在“选择迁移类型”对话框中，选择“更改主机和数据存储”单选按钮，如图 3-154 所示。

（4）在“选择目标”对话框中，迁移用于该虚拟机迁移的目标主机和群集，在本示例中，选择“ESX-1”群集中的“172.18.96.10”的主机，如图 3-155 所示。

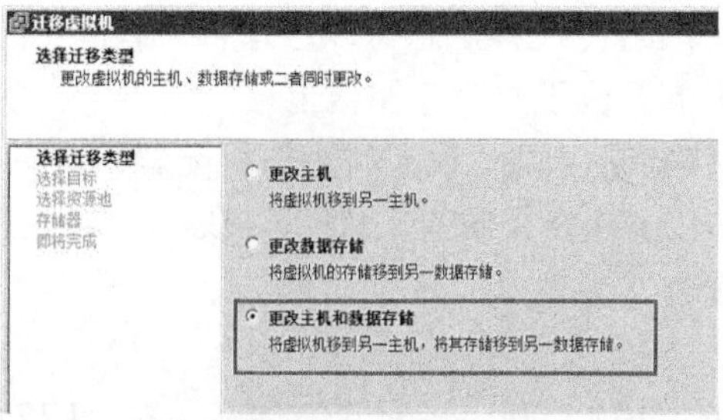

图 3-154　更改主机和存储

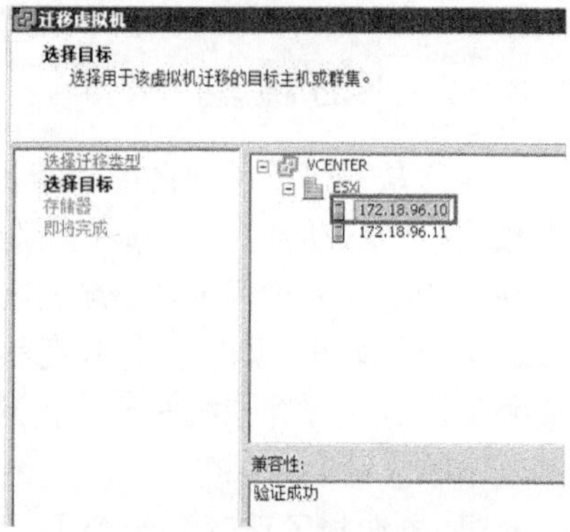

图 3-155　选择目标

（5）在“存储器”对话框中，选择目标主机的存储，以及虚拟磁盘格式，如图 3-156 所示。

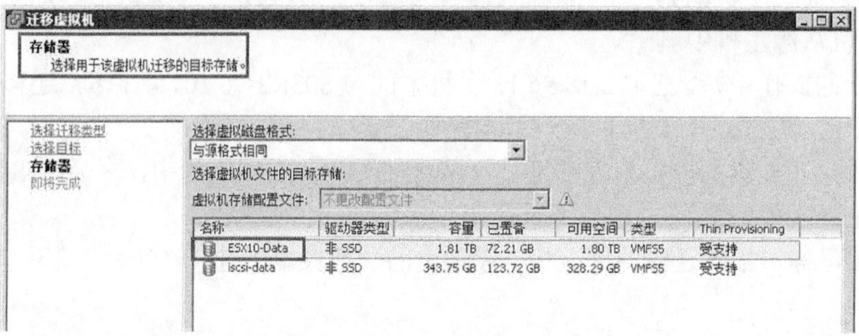

图 3-156　存储器选择

（6）在“即将完成”对话框显示了迁移的参数，检查无误之后单击“完成”按钮，如图 3-157 所示。

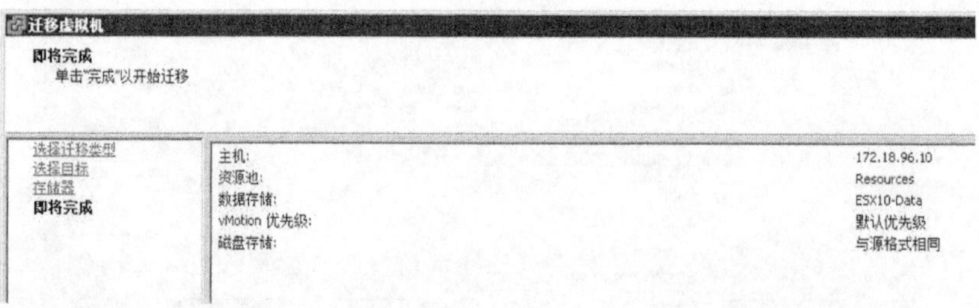

图 3-157　即将完成

（7）之后开始迁移虚拟机，在“近期任务”中会有显示，当迁移完成之后，WS03R2-96.101 会在 172.18.96.10 虚拟机中，如图 3-158 所示。

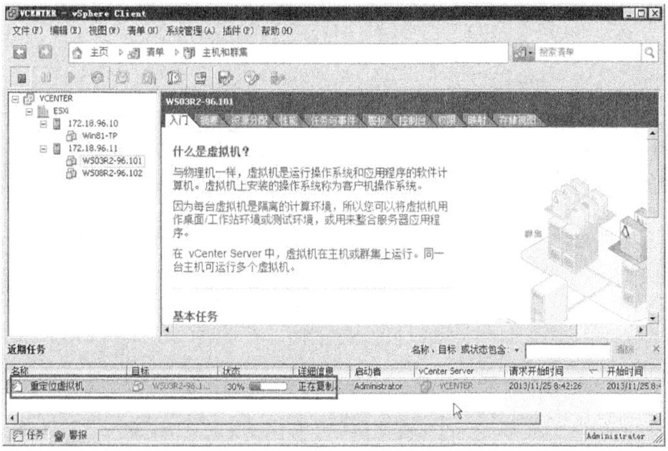

图 3-158　迁移完成

3.5.3　更改虚拟机的数据存储

使用“迁移”功能，还可以更改虚拟机的存储。例如，如果某个虚拟机保存在本地存储，可以使用这一功能将其更改到网络存储中，反之亦然。在本示例中，将把 172.18.96.11 中的 WS08R2－96.102 虚拟机的保存位置改为网络存储，主要步骤如下。

（1）右击 WS08R2－96.102 虚拟机，在弹出的快捷菜单中选择“迁移”选项，如图 3-159 所示。

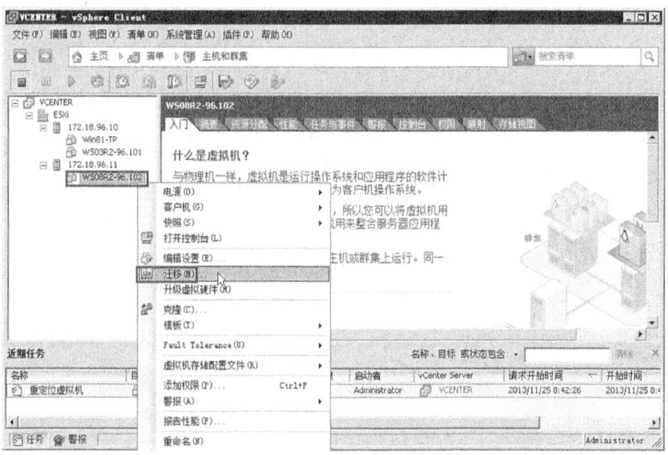

图 3-159　迁移

（2）在“选择迁移类型”对话框中，单击“更改数据存储”单选按钮，如图 3-160 所示。

（3）在“存储器”对话框中，选择网络存储，如图 3-161 所示。

（4）在“即将完成”对话框，显示选择的相关信息，如图 3-162 所示。之后单击“开始”按钮迁移。

（5）之后会完成数据存储的更改及迁移，在迁移完成后，查看 WS08R2－96.102 的虚拟机设置，在磁盘可以看到，当前虚拟磁盘保存在名为 iscsi-data1 的网络存储中，如图 3-163 所示。

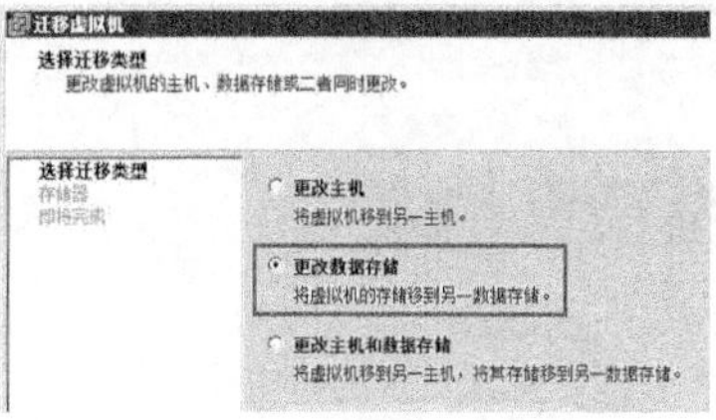

图 3-160　更改数据存储

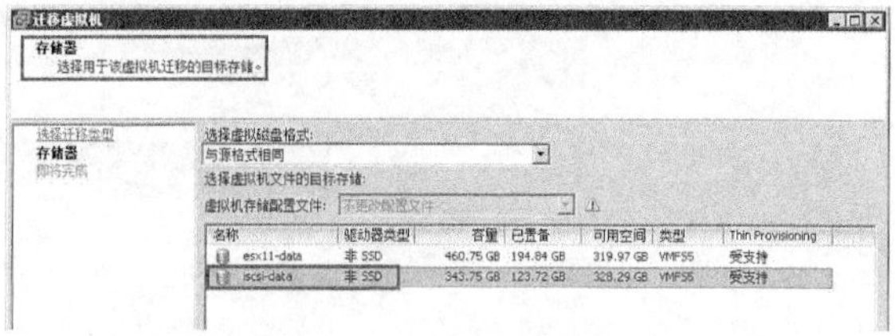

图 3-161　选择网络存储

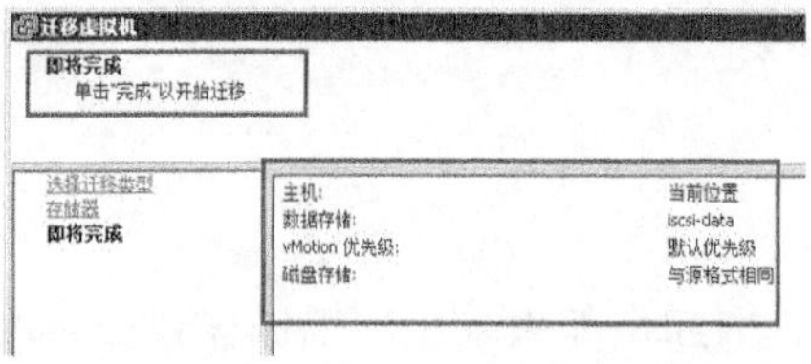

图 3-162　即将完成

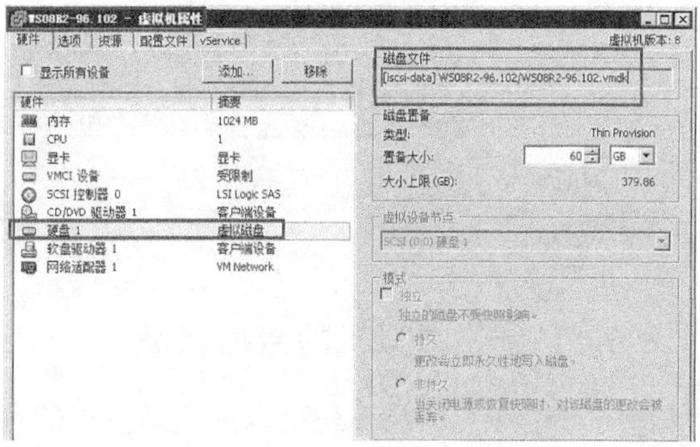

图 3-163　查看磁盘

3.5.4　为热迁移虚拟机启用 vMotion 功能

如果要在虚拟机运行的时候，迁移虚拟机到其他主机或更改虚拟机的存储，则需要启用 vMotion 功能，在 VMware ESXi 中，vMotion 功能默认没有启用，在下面的操作中启用这项功能。

【说明】你要为网络中的每台 ESXi 启用 vMotion 功能，下面以 172.18.96.11 主机为例，其他主机操作与此类似。另外，如果在大型的网络中，应该为 vMotion 功能选择单独的网络，而不是与管理网络“共用”。

（1）在“配置→网络”中，在“标准交换机：vSwitch0”中，单击“属性”链接，如图 3-164 所示。

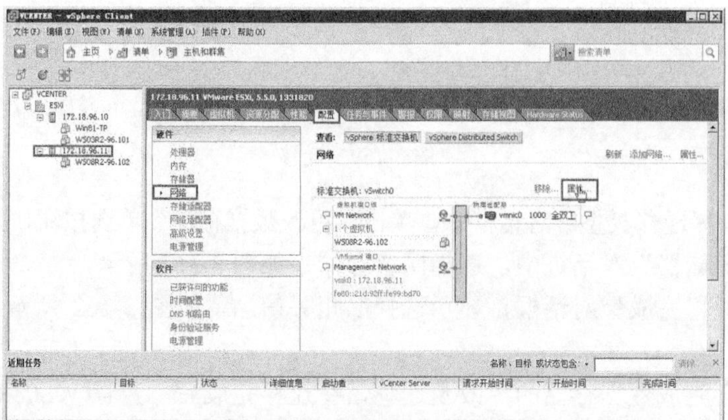

图 3-164　虚拟交换机属性

（2）在打开的“vSwitch0 属性”对话框中，选中“Management Network”，然后单击“编辑”按钮，如图 3-165 所示。

（3）在打开的“Management Network”对话框中，在“常规”选项卡中，选中“vMotion”复选框，启用 vMotion 功能，如图 3-166 所示。

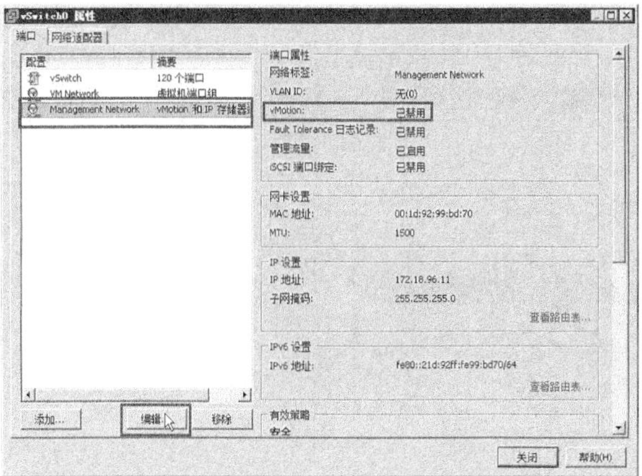

图 3-165　修改 Management Network 属性

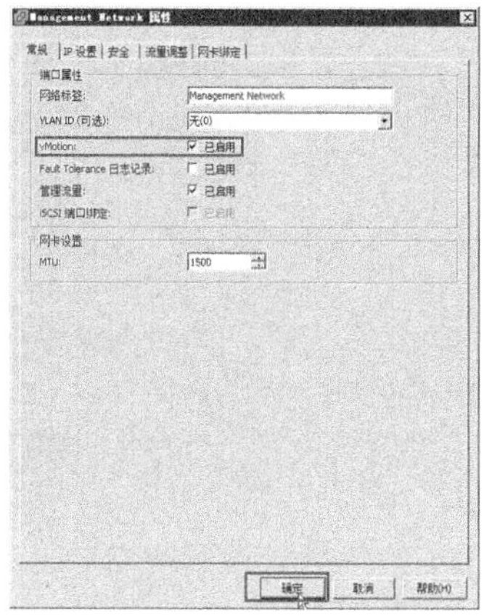

图 3-166　启用 vMotion

之后单击“关闭”按钮两次，返回到 VMware vSphere 控制台。

3.5.5　使用 vMotion 热迁移虚拟机

使用 vMotion 功能可以热迁移正在运行的虚拟机，在迁移的过程中，虚拟机工作进程可以在继续执行。

如有必要，整个虚拟机状况及其配置文件均会移至新主机中，而关联的虚拟磁盘仍然处于两台主机之间共享的存储器上的同一位置。在虚拟机状况迁移到备用主机后，虚拟机即会在新主机上运行。

虚拟机状况信息包括当前内存的内容以及所有定义和标识虚拟机的信息。内存内容包括事务数据和位于内存中的任意位数的操作系统和应用程序。存储在状况中的定义和标识信息包括所有映射到虚拟机硬件元素（如 BIOS、设备和 CPU）的数据、以太网卡的 MAC 地址、芯片组状况、寄存器等。

通过 vMotion 迁移虚拟机时，虚拟机的新主机必须满足兼容性要求，才能继续进行迁移。vMotion 迁移分 3 个阶段进行：

- 当请求通过 vMotion 迁移时，vCenter Server 将验证现有虚拟机与其当前主机是否处于稳定状况。
- 此时，虚拟机状况信息（内存、寄存器和网络连接）将复制到目标主机。
- 虚拟机将恢复其新主机上的活动。

如果迁移期间出错，虚拟机将恢复其原始状态和位置。已挂起虚拟机的迁移以及通过 vMotion 迁移也称为“热迁移”，因为它们允许在不关闭虚拟机电源的情况下迁移虚拟机。

使用 vMotion 热迁移的步骤，与冷迁移虚拟机相同，只是在预迁移时虚拟机可以正在运行，在迁移的过程虚拟机的业务不会中断。在下面的示例中，将把 172.18.96.11 中的

WS08R2－96.102 虚拟机启动，并且将其迁移到 172.18.96.10 的主机上，步骤如下。

（1）启动 WS08R2－96.102 的虚拟机，进入虚拟机控制台，修改防火墙设置，允许 ICMP 回显，如图 3-167 所示。

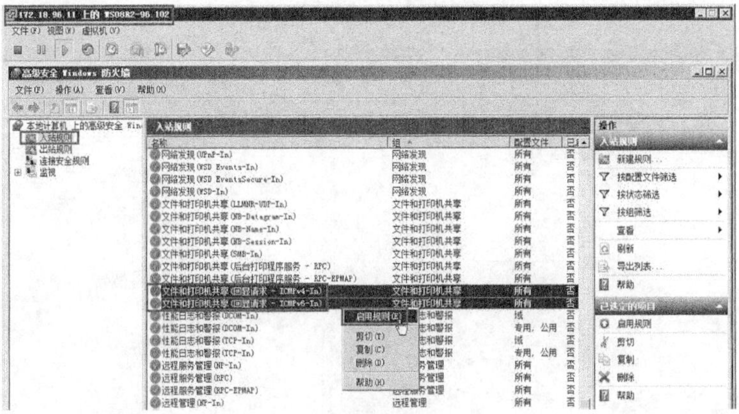

图 3-167 允许 ICMP 回显

（2）然后查看虚拟机的 IP 地址，在本示例中，WS08R2－96.102 虚拟机的 IP 地址是 172.18.96.102，然后用鼠标右键单击 WS08R2－96.102，在弹出的快捷菜单中选择“迁移”，如图 3-168 所示。

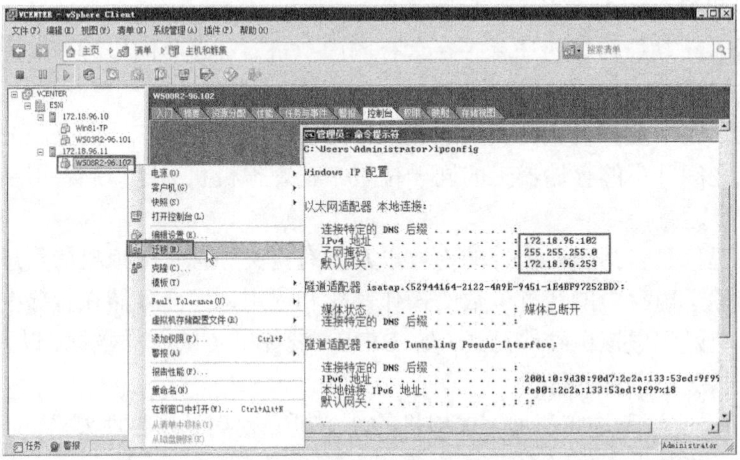

图 3-168 迁移正在运行的虚拟机

（3）在“选择迁移类型”对话框中，选中“更改主机”单选按钮，如图 3-169 所示。

（4）在“选择目标”对话框中，选中用于迁移的目标主机和群集，在本示例中，选择群集中的另一主机 172.18.96.10，选中之后，在“兼容性”列表中显示“验证成功”，如图 3-170 所示。

（5）在“vMotion 优先级”对话框中，设置 vMotion 迁移的优先级，在本示例中选中“高优先级”单选按钮，如图 3-171 所示。

（6）在“即将完成”对话框，显示了 vMotion 迁移的参数，检查无误之后单击“完成”按钮，开始迁移。

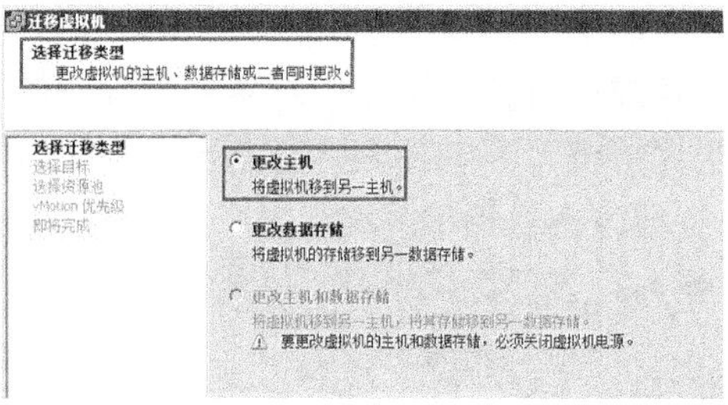

图 3-169　更改主机

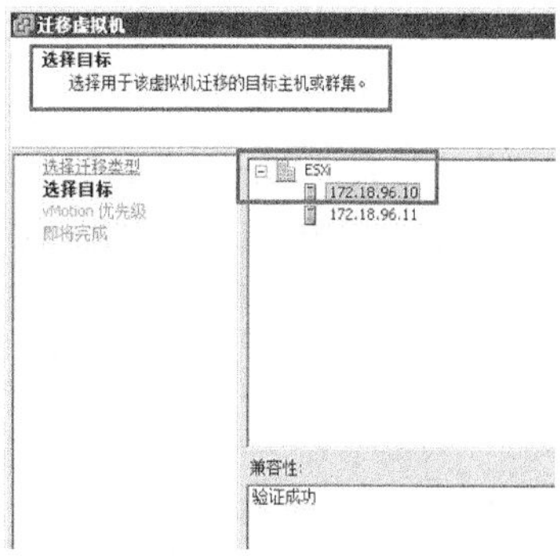

图 3-170　选择目标主机

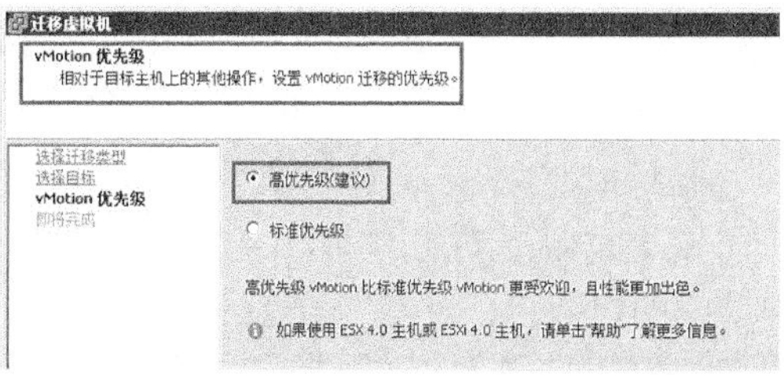

图 3-171　设置 vMotion 迁移的优先级

（7）由于本次迁移的虚拟机保存在数据存储中，所以迁移的速度比较快。在 vCenter 5.1 的 vMotion 中，迁移更加快速、可靠。在以前 vCenter 4 的时候，在迁移的过程中，网络会中断 1～2 秒，而在 5.1 版本中，在迁移的过程中，网络只是有一会时间超时较大，网络与应用基本不中断，如图 3-172 所示，图中 8ms、10ms、8ms、9ms、8ms 的延时发生在迁移完成的一瞬间，而在整个迁移过程中，网络一直比较稳定。

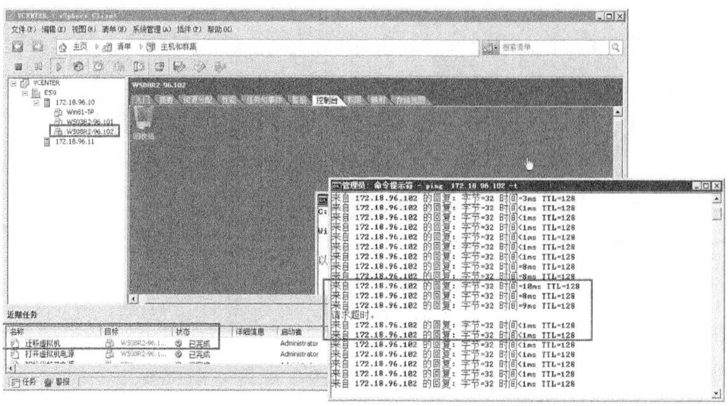

图 3-172　迁移过程中网络未曾中断

3.6　高可用群集

在前面介绍的内容中，虚拟机是在不同的主机运行，并且在需要的时候，可以从一个主机“迁移”到另一个主机，尤其在虚拟机保存在共享的存储时，使用 vMotion 功能，可以快速地将一台正在运行（或不运行）的主机，迁移到另一个主机。但是，这都是由管理员手动完成的。在一个大型的数据中心中，当管理的虚拟机及虚拟化主机比较多时，就需要一种“自动”的机制，根据主机的资源情况，及虚拟机的需求，根据规则自动地在不同的主机之间迁移虚拟机。另外，对于“重要”的虚拟机，要监控其运行状况，所设虚拟机所在的主机由于断电、网络以及其他问题或意外，导致主机当机或网络中断，监控程序要能在其他主机上“注册”该虚拟机并在其他主机重新启动该虚拟机。对于“更加重要”的虚拟机，则需要时时监控，当所在主机出问题时，应该“立刻”在另一主机启动该虚拟机的“副本”并且保证数据的一致性。在 vSphere 中，已经实现了这些功能，针对用户所要求的级别不同，可以实现对应的功能（是在其他主机重新启动虚拟机还是立刻启用“备用”的虚拟机），在 vSphere 中，这两种功能称为“HA-高可用群集”与“FT-容错”。群集与容错的区别如下。

（1）群集与容错都能检测到系统的故障，是为了实现系统的“高可用性”来设计的。但群集中的虚拟机，同一时间只能在 A 或 B（或其他主机）上运行，并且在出现故障时在其他主机上启动，这有一个系统重新启动的时间，大约几十秒到几分钟的时间。

（2）而容错功能，容错中的虚拟机是在另一个主机上，启动一个“副本”，主虚拟机与副本虚拟机同时启动，并且是在不同的主机启动，主机的操作系统会反映到副本中，两个主机执行相同的运作与行为。在工作时，副本虚拟机是“只读”的，不能修改。当主虚拟机出现问题时，副本虚拟机会被设置为“主要”，并且对外提供服务。当原来的主虚拟机恢复后，原来的主虚拟机会被成为新的“副本”。

（3）群集中的虚拟机，对虚拟 CPU 数量没有限制（受限于 vSphere 虚拟硬件规格）。而容错，目前只支持 1 个虚拟 CPU。即只能为启用“容错”的虚拟机分配一个 CPU。

3.6.1 VMware HA 的工作方式

VMware HA 群集允许 ESX/ESXi 主机集合作为一个组协同工作，这些主机为虚拟机提供的可用性级别比 ESX/ESXi 主机单独提供的级别要高。VMware HA 可以将虚拟机及其所驻留的主机集中在群集内，从而为虚拟机提供高可用性。群集中的主机均会受到监控，如果发生故障，故障主机上的虚拟机将在备用主机上重新启动。

1. VMware HA 群集中的首选主机和辅助主机

在将主机添加到 VMware HA 群集时，代理将上载到主机，并配置为与群集内的其他代理通信。添加到群集的前 5 台主机将指定为首选主机，随后的所有主机将指定为辅助主机。首选主机维护和复制所有群集状况，并用于启动故障切换操作。如果从群集内移除某台首选主机，则 VMware HA 会将另一台主机提升为首选状态。

加入群集的任何主机必须与现有首选主机通信以完成其配置（当您正在将第一台主机添加到群集时除外）。必须至少有一台首选主机运行正常，以便 VMware HA 正确进行操作。如果所有首选主机均不可用（不响应），则无法为 VMware HA 成功配置任何主机。

其中一台首选主机还将指定为活动首选主机，其职责包括：

- 决定在何处重新启动虚拟机。
- 跟踪失败的重新启动尝试。
- 确定尝试重新启动虚拟机的适当时间。

如果活动首选主机发生故障，则另一台首选主机会将其替换。

2．故障检测和主机网络隔离

代理会相互通信，并监控群集内各台主机的活跃度。默认情况下，此操作通过每秒交换一次检测信号来完成。如果 15 秒过去后仍未收到检测信号，而且 ping 不到该主机，则系统会声明该主机发生故障。如果主机发生故障，则将对该主机上运行的虚拟机进行故障切换，即在具有最多可用未预留容量（CPU 和内存）的备用主机上重新启动。

如果主机发生故障，VMware HA 不会将任何虚拟机故障切换到处于维护模式的主机，因为 VMware HA 计算当前故障切换级别时不会考虑此类主机。主机退出维护模式后，会重新启用该主机上的 VMware HA 服务，因此该主机可再次用于故障切换。

主机网络隔离在主机仍在运行但已经无法再与群集内的其他主机通信时发生。在默认设置中，如果主机停止接收群集内所有其他主机的检测信号的时间超过 12 秒钟，则将尝试 ping 其隔离地址。如果仍然失败，主机将声明自己已与网络隔离。

如果在 15 秒或更长时间内隔离主机的网络连接仍未恢复，则群集内的其他主机将认为该主机发生了故障，并会尝试故障切换其虚拟机。但是，如果隔离主机保留对共享存储器的访问权限，则它也会保留虚拟机文件上的磁盘锁。为避免潜在数据损坏，VMFS 磁盘锁定会阻止对虚拟机磁盘文件同时进行写操作，并尝试故障切换隔离主机的虚拟机故障。默认情况下，隔离主机会保持其虚拟机为启动状态，但您可以更改主机对“虚拟机关机”或“关闭虚拟机”的隔离响应。

注意：如果您确保网络基础结构具有足够的冗余度且至少有一个网络路径始终可用，则主机网络隔离应该在极少数情况下才出现。

3．结合使用 VMware HA 和 DRS

结合使用 VMware HA 和 Distributed Resource Scheduler（DRS）可将自动故障切换与负载平衡结合起来。这种结合可在 VMware HA 将虚拟机移至其他主机后更快再平衡虚拟机。

VMware HA 执行故障切换并在其他主机上重新启动虚拟机时，首要任务就是使所有的虚拟机立即可用。重新启动虚拟机后，启动这些虚拟机的主机可能会负载过重，而其他主机则相对负载较轻。VMware HA 将使用 CPU 和内存预留来确定故障切换，而实际使用情况可能会更高。

在结合使用 DRS 和 VMware HA 并且启用了接入控制的群集内，可能不会从正在进入维护模式的主机上撤出虚拟机。这是由于预留用于维护故障切换级别的资源造成的。必须使用 vMotion 将虚拟机手动迁出主机。

当禁用了 VMware HA 接入控制时，故障切换资源限制将不会传递到 DRS 和 VMware 分布式电源管理（DPM）。也不会强制执行限制条件。

3.6.2　创建 VMware HA 群集

VMware HA 在 ESX/ESXi 主机群集的环境中运行。必须创建一个群集，然后用主机填充该群集，并在建立故障切换保护之前配置 VMware HA 设置。如果要配置 VMware 群集或容错，用于管理群集主机的 VMware vCenter Server，应该是一台物理主机，或者是运行于受管理的 VMware ESXi 主机之后的其他主机上的虚拟机，其体系结构如图 3-173 所示。在大多数的企业中，只配置两台 VMware ESXi，这只能满足群集的最低需要。如果要让群集比较“完美”地工作，应该在群集中配置至少 3 台主机。

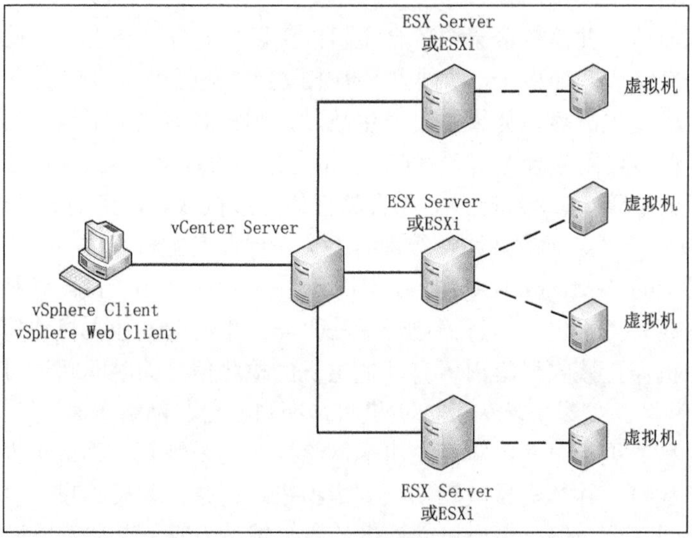

图 3-173 VMware HA 与 FT 的设计网络

如果 vCenter Server 是其管理的群集中的某台虚拟机，当运行 vCenter Server 的主机出现故障时，则整个群集将不可管理，这样群集将不能发挥作用，达不到设计要求。

创建 VMware HA 群集时，必须配置许多可决定功能如何运行的设置。在此之前，首先请确定群集的节点。它们是为支持虚拟机而提供资源，而且将由 VMware HA 用于故障切换保护的 ESX/ESXi 主机。然后应当确定如何互相连接这些节点，以及如何将这些节点连接到虚拟机数据所驻留的共享存储器。在建立好网络架构后，可以将主机添加到群集并完成 VMware HA 配置。

将主机节点添加到群集之前，可以启用和配置 VMware HA。但是，在将主机添加到群集之前，群集的所有功能并非都能运行，部分群集设置不可用。例如，在出现可以指定为故障切换主机的主机之前，“指定故障切换主机”接入控制策略不可用。

注意：为处于（或移入）VMware HA 群集的主机上驻留的所有虚拟机禁用“虚拟机启动和关机”（自动启动）功能。VMware 建议您不要为任何虚拟机手动重新启用此设置。这样做会影响群集功能（如 VMware HA 或容错）的操作。

vSphere 管理员可以为群集启用 VMware HA，并且启用了 VMware HA 的群集是容错的必备条件。VMware 建议您首先创建空群集，然后使用 vSphere 客户端将主机添加到群集，并指定群集的 VMware HA 设置。

【说明】所有虚拟机及其配置文件必须驻留在共享存储器上。如此一来，您便可以使用群集中的不同主机启动虚拟机，主机必须配置为具有该共享存储器的访问权限。

VMware HA 群集内的每台主机必须分配了主机名称，并且具有与每个虚拟网卡相关联的静态 IP 地址。VMware ESXi 主机必须配置为具有虚拟机网络的访问权限。在下面的示例中，将介绍在 vCenter Server 中创建群集，并将原来数据中心中的主机移动到群集中的步骤。在本示例中，同样使用前几章用到的环境：两台 VMware ESXi 主机（一台 IP 地址为 172.18.96.10，另一台 IP 地址为 172.18.96.11）。

（1）使用管理员账户登录 vSphereClient，连接并登录 vCenter Server，右击数据中心名称（在本示例中该名称为 ESXi），从弹出的快捷菜单中选择“新建群集”，如图 3-174 所示。

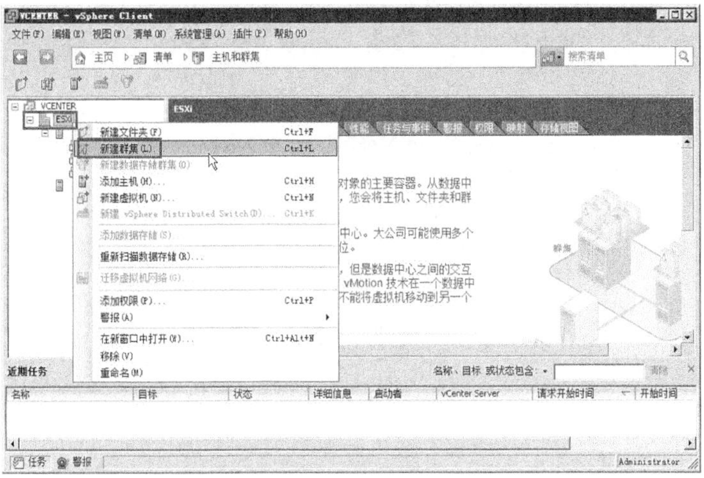

图 3-174　新建群集

（2）在“群集功能”对话框的“名称”文本框中，为新建的群集设置一个名称，在本例中设置为“HA-DRS”，然后选中“打开 vSphere HA”及“打开 vSphere DRS”功能，如图 3-175 所示。

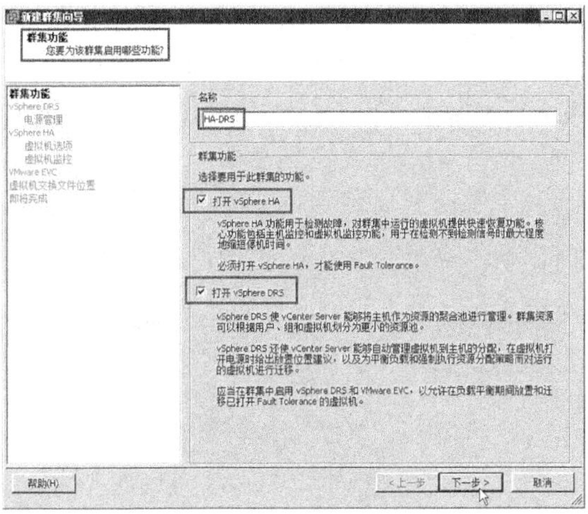

图 3-175　设置群集功能

【说明】在“名称”文本框中指定群集的名称，该名称显示在 vSphere Client“清单”面板中。如果在“VMware HA”复选框选择“打开”，则会启用 VMware HA 群集。在启用此功能后，当在主机出现故障时，虚拟机将在群集内的其他主机上重新启动。要在群集内的任何虚拟机上启用 VMware 容错，则必须打开 VMware HA。如果选中“VMware DRS”复选框，则 DRS 将平衡整个群集的虚拟机负载。

在设置后，也可以根据情况修改任何群集功能。

（3）在“DRS”中设置自动化级别，在此设置为“全自动”，如图 3-176 所示。迁移阀值范围是 1～5，默认为 3。如果要保持群集中主机资源的相对均衡，可以将迁移阀值设置为“激进”，这样 DRS 会自动迁移虚拟机到 HA 中的其他主机上，以保持每个主机资源使用接近。设置为“保守”时，可能会在群集中的某台主机上运行较多的虚拟机，相对负载较重；而在另一个主机上运行的虚拟机较少，相对负载较轻。但实际上每个主机的绝对负载并不是很重。

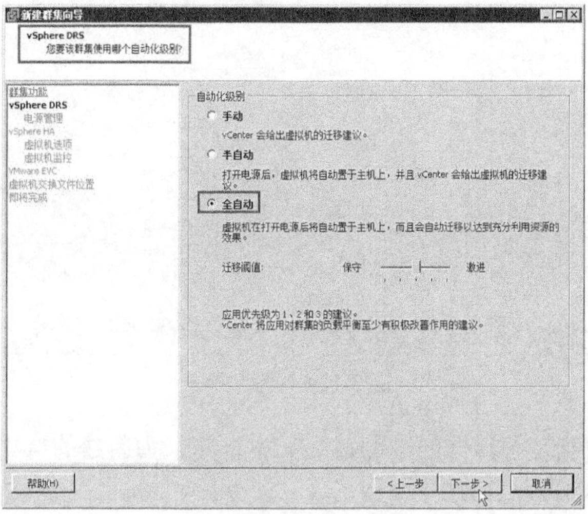

图 3-176　设置 DRS 级别

（4）在“电源管理”对话框中，设置 DPM 功能。如果虚拟化主机是 HP 或 IBM 服务器时，可以启用此项功能。如果启用此项功能，还需要配置 HP 的 iLO 或 IBM 的 IMM 功能。如果是其他支持 IPMI 的服务器，也可以启用此项功能，如图 3-177 所示。在启用这项功能时，当群集中的主机数量 3 台或者 3 台以上时，当负载较轻不需要这么多服务器时，该功能会将虚拟机迁移到群集中的某几台主机上，将不用的主机“休眠”，以降低功耗。当虚拟机需要较多的负载时，会“唤醒”休眠的主机，并将虚拟机迁移到唤醒的主机上。

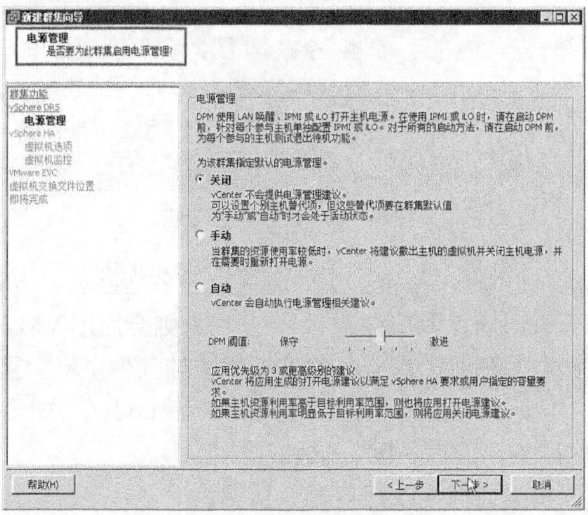

图 3-177　电源管理

（5）在“接入控制”对话框中，设置是否对此群集强制执行接入控制与主机监控。如果群集中只有 2 台主机，则需要“禁用”接入功能。当群集中主机超过两台时，可以启用接入功能，如图 3-178 所示。

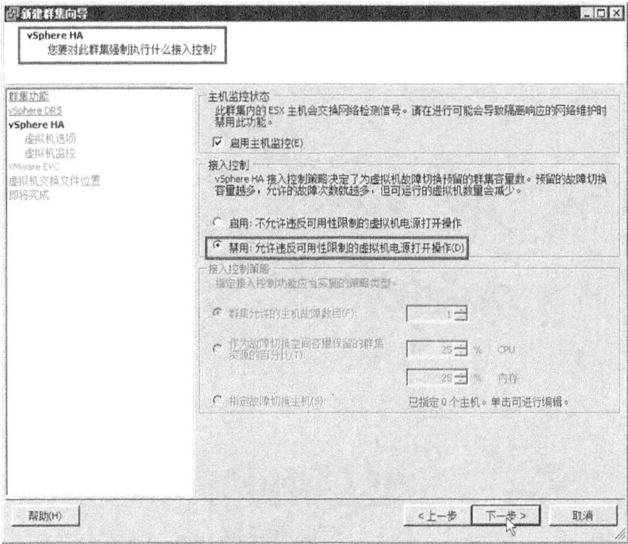

图 3-178　接入控制

如果选择“启用主机监控”，则会检查群集内的每台 ESX/ESXi 主机以确保其正在运行。如果某台主机出现故障，则会在另一台主机上重新启动虚拟机。主机监控还是 VMware 容错恢复进程正常运行所必需的。如果需要执行可能会触发主机隔离响应的网络维护，VMware 建议首先禁用主机监控以挂起 VMware HA。完成维护后，请重新启用“主机监控”。

如果选择“启用接入控制”并执行可用性限制，同时保留故障切换容量。不允许在虚拟机上执行会减少群集内的未预留资源并违反可用性限制的任何操作。

如果启用了接入控制，VMware HA 会提供 3 个强制接入控制的策略。

- 群集允许的主机故障数目。
- 保留为故障切换空闲容量占用群集资源的百分比。
- 指定故障切换主机。

（6）在“虚拟机选项”对话框，设置用于 vSphere HA 定义虚拟机行为的选项，在大多数的情况下，保留默认值即可，如图 3-179 所示。

（7）在“虚拟机监控”对话框中，设置在此群集中的虚拟机上设置何种监控。如果在设置的时间内没有收到单个虚拟机的 VMware Tools 检测信号，虚拟机监控将重新启动该虚拟机。可以配置 VMware HA 对非响应的敏感程度，如图 3-180 所示。

（8）在“VMware EVC”对话框中，设置是否为此群集启用增强型 VMotion 兼容性功能，如图 3-181 所示。当你的服务器是同种型号的 CPU 时，可以启用这一功能。例如，在本实例中包括两台 VMware ESXi 服务器，都是 Intel Core 2 的 CPU，选择“Intel Penryn Gen…”选项。

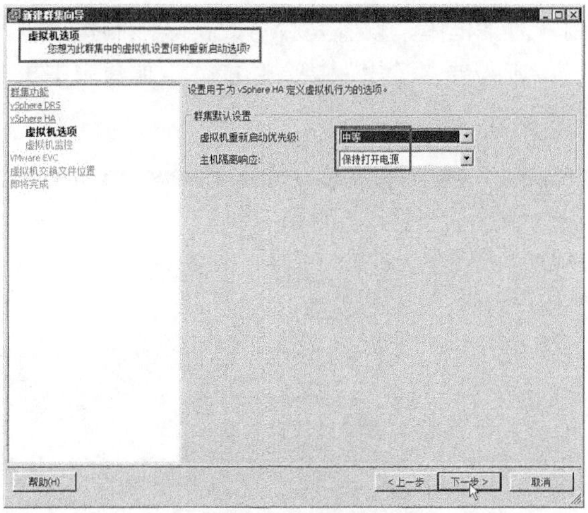

图 3-179 虚拟机选项

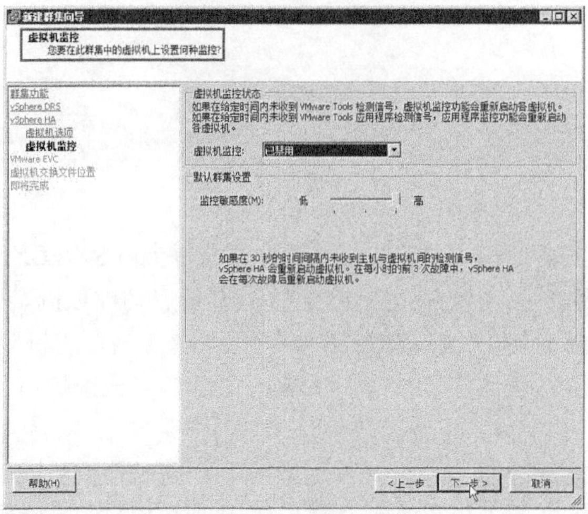

图 3-180 虚拟机监控

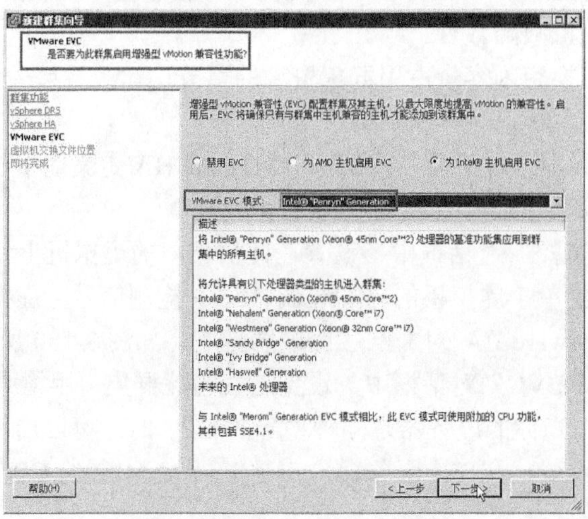

图 3-181 VMware EVS 功能

【说明】如果不知道服务器是属于哪一款 CPU，导致选择错误，可以在创建群集之后修改。

（9）在“虚拟机交换文件位置”对话框，选择“将交换文件存储在与虚拟机相同的目录中”，如图 3-182 所示。

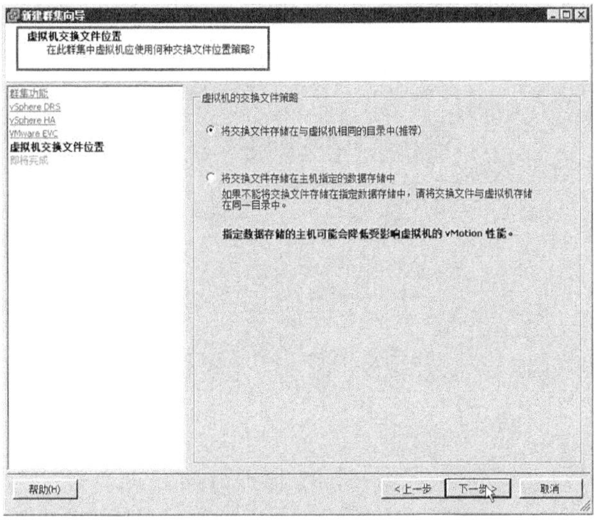

图 3-182　虚拟机交换文件位置

（10）在“即将完成”对话框，显示了将要创建的群集选项，如图 3-183 所示，检查无误之后单击“完成”按钮。

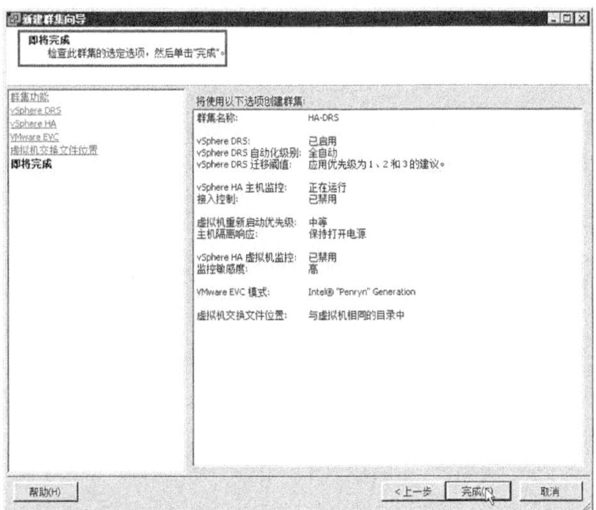

图 3-183　群集创建完成

3.6.3　向群集中添加主机

在创建完群集后，需要向群集中添加主机。如果 VMware ESXi 主机已经在 vCenter Server 的“数据中心”中，则可以使用“移至”命令将其移动到新创建的群集中；如果 VMware ESXi 没有添加在“数据中心”中，则可以在群集中添加主机。向“群集”中添加主机，与向“数据中心”添加主机操作是完全一样的，不再介绍。在本节中，介绍将把原来数据中心中的主机“拖动”到群集中，步骤如下。

（1）在 vSphere Client 中，用鼠标左键选中一台主机，例如 172.18.96.10，用鼠标拖动到新创建的群集中松手，如图 3-184 所示。

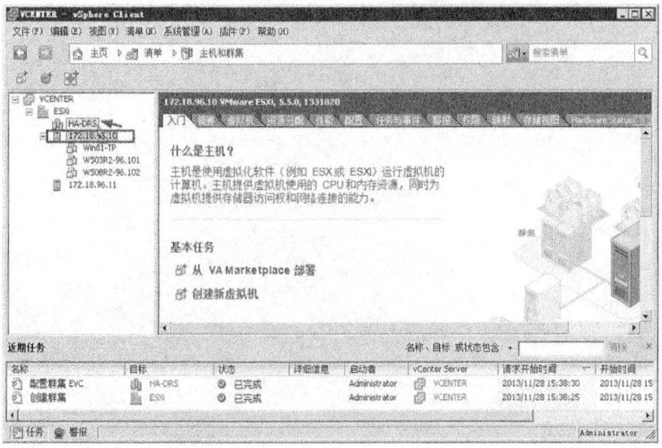

图 3-184　移动主机

（2）在“选择目标资源池”对话框中，选择此主机上原来的虚拟机在资源池中的放置位置，如果原来没有资源池，可以选中“为此主机的虚拟机和资源池创建一个新资源池。这将保持主机当前的资源池层次结构”单选按钮，同时会自动创建一个名为“已从××移植”的资源池，其中××是将要移动到群集中的 ESXi 主机的 IP 地址或名称。也可以选择“将此主机的所有虚拟机置于群集的根目录资源池中。目前显示在主机上的资源池将删除”选项，如图 3-185 所示。

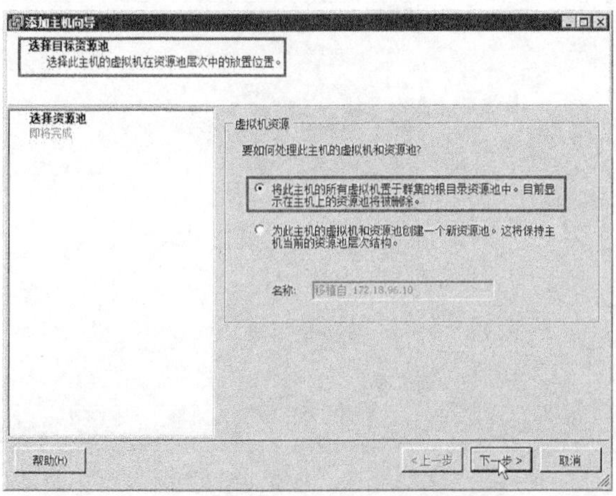

图 3-185　选择目标资源池

（3）在“即将完成”对话框，检查已选定的选项，无误之后单击“完成”按钮，如图 3-186 所示。

参照（1）～（3）步的操作，将其他主机如 172.18.96.11 也移入名为 HA-DRS 的群集，这些不再一一介绍。移动两台主机到群集之后的界面如图 3-187 所示。

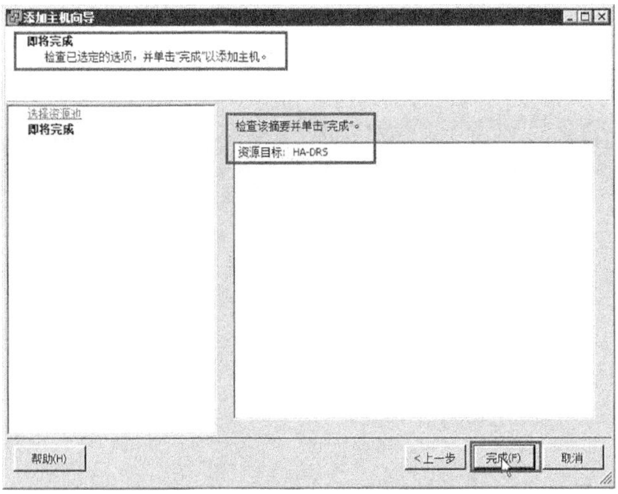

图 3-186　即将完成

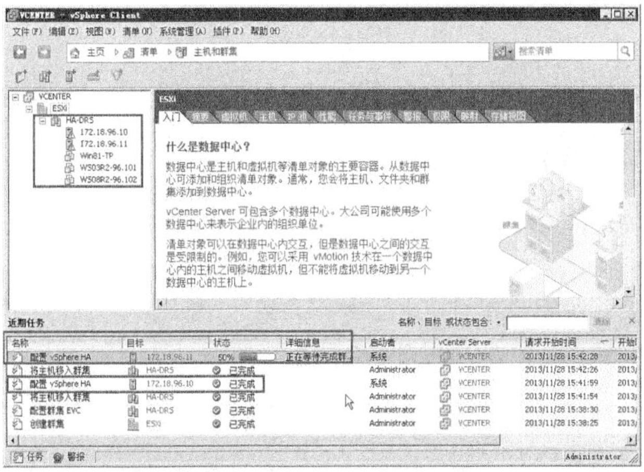

图 3-187　将主机移入群集

如果提示由于 evc 设置导致主机不能移动到群集中，请用鼠标右键单击群集名称（本示例为 HA-DRS），在弹出的对话框中选择“编辑设置”，如图 3-188 所示。

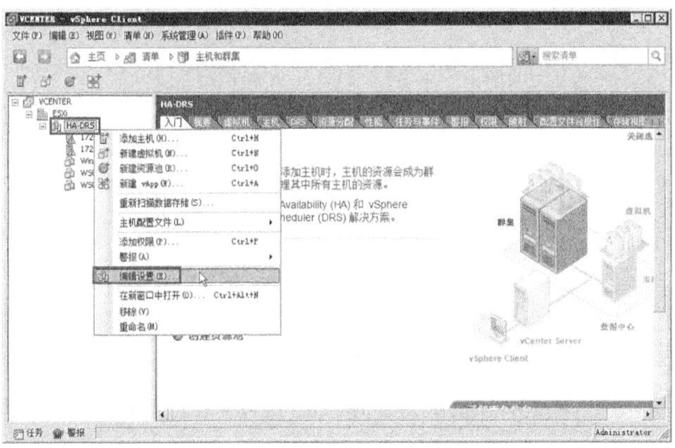

图 3-188　编辑设置

在“VMware EVC”中，单击“更改 EVC 模式”按钮，在弹出的对话框中，重新选择 EVC 模式，如图 3-189 所示。之后再重新将主机移动到群集，直到添加成功。

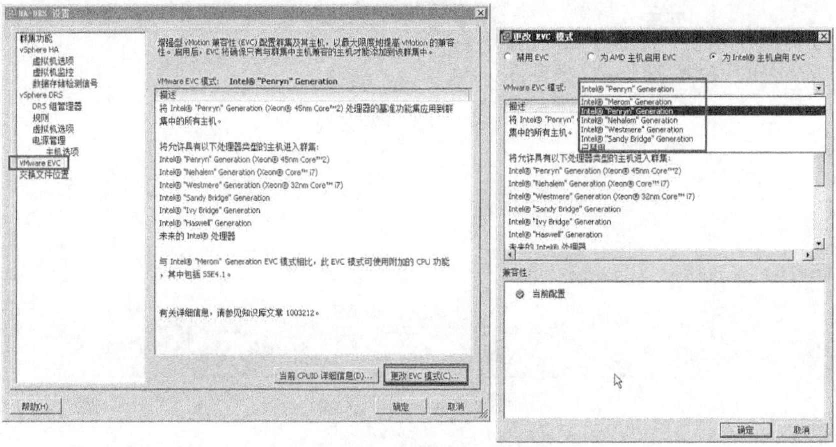

图 3-189　修改 EVC 设置

之后还可以向群集或数据中心添加新的 VMware ESXi 服务器，这些不再一一介绍。

3.6.4　为电源管理配置 IPMI

如果虚拟化主机支持 IPMI 的电源管理功能，在配置了服务器的管理地址、用户名及密码后，可以在“配置→电源管理”选项中，单击“属性”链接，在弹出的“编辑 IPMI/iLO”对话框中，输入该服务器的管理用户名、密码、管理 IP 地址、该管理网卡对应的 MAC 地址，以将其添加到电源管理中，如图 3-190 所示。

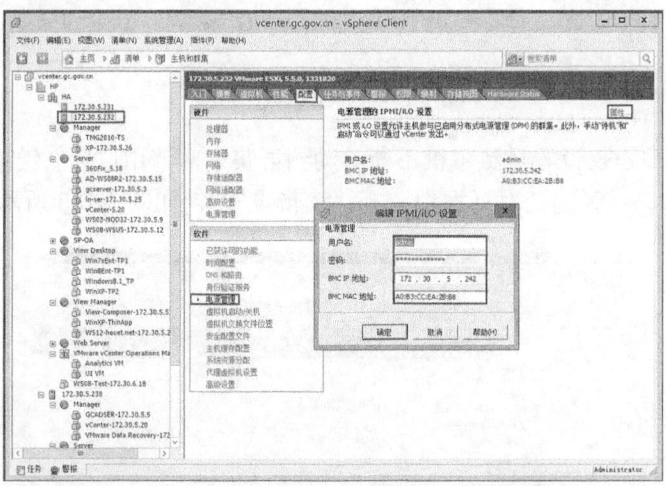

图 3-190　电源管理

【说明】在图 3-190 中，VMware ESXi 主机 IP 地址为 172.30.5.232，而该主机是 HP Gen 380 的服务器，该服务器的 iLO 管理地址为 172.30.5.242，网卡 MAC 地址为 A0B3CCEA2BB8，如图 3-191 所示。

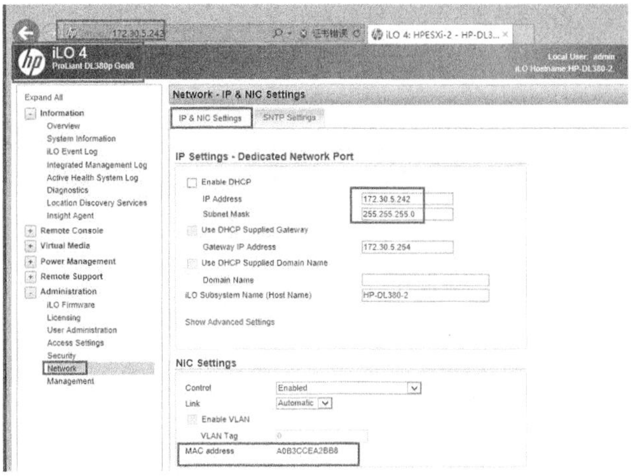

图 3-191　HP iLO 配置页

3.7　为虚拟机提供 Fault Tolerance

如果要获得比 VMware HA 所提供的级别更高的可用性和数据保护，从而确保业务连续性，可以为虚拟机启用“Fault Tolerance”（容错，简称 FT）功能。Fault Tolerance 基于 ESX/ESXi 主机平台构建（使用 VMware vLockstep 功能），它通过在单独主机上以虚拟锁步方式运行相同的虚拟机来提供连续可用性。

要为群集启用 VMware 容错，必须满足此功能的必备条件，然后在主机上执行特定的配置步骤。完成这些步骤并创建群集后，还可以检查配置是否符合启用容错的要求。

3.7.1　FT 实验环境设置

在为群集和主机准备好容错之后，便可为虚拟机打开容错。在 vSphere 5 中，要启用容错（FT）功能，至少应该满足以下最低要求。

- 至少有两台 VMware ESXi 5，以及在同一个 HA Cluster 中。
- 至少有一个网络存储，如 FC、iSCSI 存储，推荐使用两个网络存储。
- 服务器的 CPU 要求是同一系列。
- BIOS 中要启用 VT。
- 每个 VM 只能分配 1 颗 vCPU。
- 每台 VMware ESXi 至少要有两个千兆网卡，其中一个千兆网卡用于管理（推荐至少两个网卡用于容错），另一个千兆网卡负责 FT。

在本节中，实验拓扑如图 3-192 所示。

在图 3-192 中，有两台 VMware ESXi 5.1 的服务器，每个服务器都有 4 个千兆网卡，其中每两个千兆网卡连接到一个千兆交换机（VLAN1005），用来管理 VMware ESXi，该千兆网卡连接 172.30.5.0/24 的网段；另一个千兆网卡连接另一个千兆交换机，工作于 172.30.6.0/24 网段。这两台服务器共用一个 IBM DS3512 存储，采用 SAS HBA 线直接连接。

本节的实验目的是为 WS08R2-FT 的虚拟机启用 FT 功能，让其同时运行在这两台 VMware ESXi 主机中，其中一个为主，一个为辅。

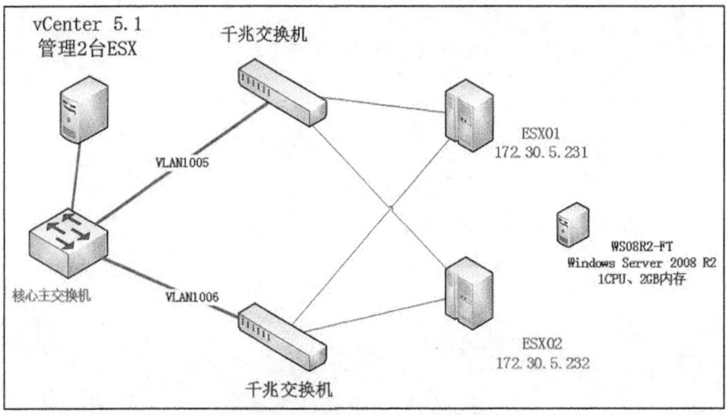

图 3-192 FT 实验拓扑

3.7.2 为 VMware ESXi 主机配置网络

在要添加到 VMware HA 群集的每台主机上，必须配置两个不同的网络交换机（其中一个网络交换机用于 VMotion，另一个用于容错），以便使主机也可以支持 VMware 容错。

在使用容错时，每台 VMware ESX 主机至少需要两个千兆网卡。对于支持容错的每台主机，总共需要两个 VMkernel：一个专用于容错日志记录，一个专用于 VMotion。VMotio 和容错日志记录网卡必须位于不同子网上。

在下面的操作中，我们假设你已经添加并创建了用于 VMotion 的虚拟交换机，在下面的步骤中，检查创建用于“容错”的虚拟交换机。

（1）使用 vSphere Client 连接到 vCenter Server，并在清单中，选择 VMware ESXi 主机（172.30.5.231 或 172.30.5.232），在“配置”选项卡中，单击“网络”选项，在本主机中，已经添加了两个标准交换机，并且每个标准交换机有两个网卡，这两个网卡连接到相同的交换机。先选中第一个标准交换机，单击“属性”按钮，如图 3-193 所示。

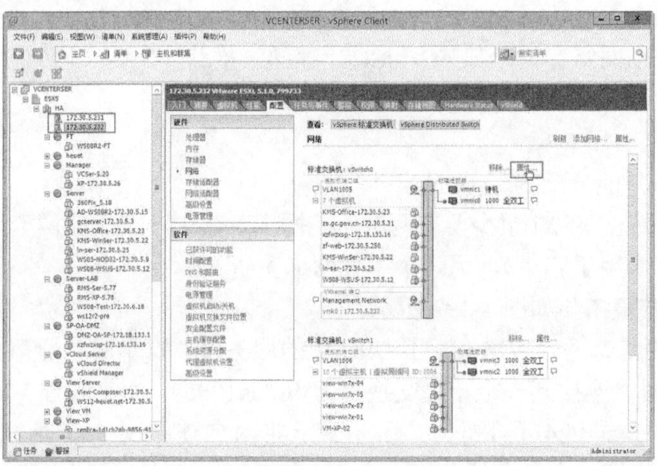

图 3-193 添加网络

（2）查看网络属性，可以看到当前端口其 vMotion 为“已启用”状态，而“Fault Tolerance 日志记录”为“已禁用”状态，如图 3-194 所示。如果状态不是，可以单击“编辑”按钮设置。

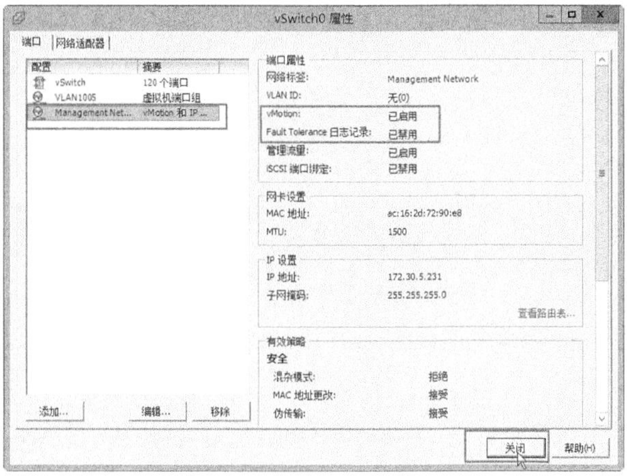

图 3-194　查看端口状态

【说明】在 FT 中，推荐将一个标准交换机端口启用 vMotion，将另一个交换机启用 FT。FT 与 vMotion 不要配置在同一个标准交换机上。

之后查看第 2 个交换机的属性，步骤如下。

（1）选中第 2 个交换机，单击“属性”按钮，如图 3-195 所示。

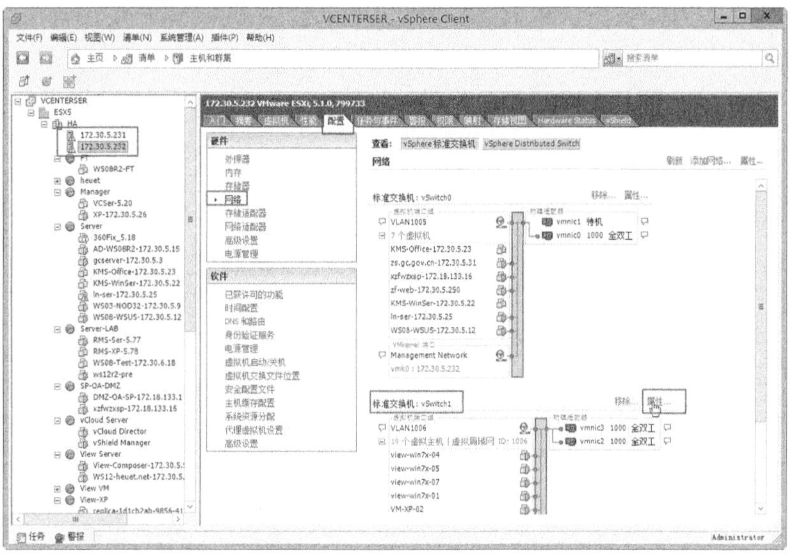

图 3-195　标准交换机属性

（2）在“vSwitch1 属性”对话框中，查看管理网络端口是否符合要求。通常情况下，第二个标准交换机默认并没有添加管理网络，单击“添加”按钮，添加，如图 3-196 所示。

（3）在“连接类型”对话框中，选中“VMkernel”单选按钮，如图 3-197 所示。

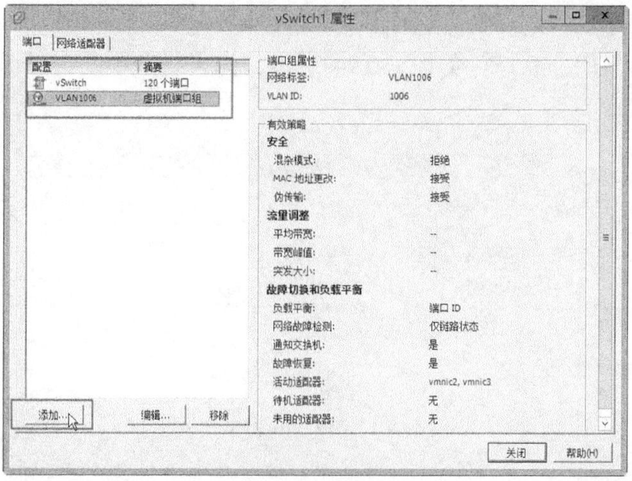

图 3-196　添加

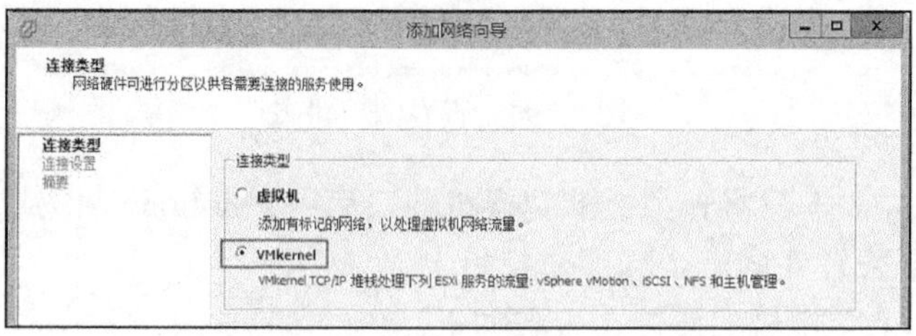

图 3-197　连接类型

（4）在“VMkernel-连接设置”对话选中“将此端口组用于 Fault Tolerance 日志记录”复选框，如图 3-198 所示。

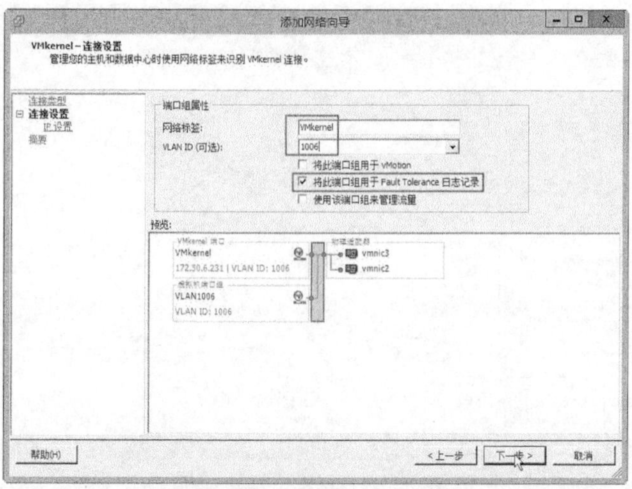

图 3-198　启用 FT 日志记录

（5）在“VMkernel-IP 连接设置”对话框中，为第二个标准交换机管理网络分配 IP 地址及网关，如图 3-199 所示，在此设置 IP 地址为 172.30.6.231。

（6）在“即将完成”对话框中，单击“完成”按钮，如图 3-200 所示。

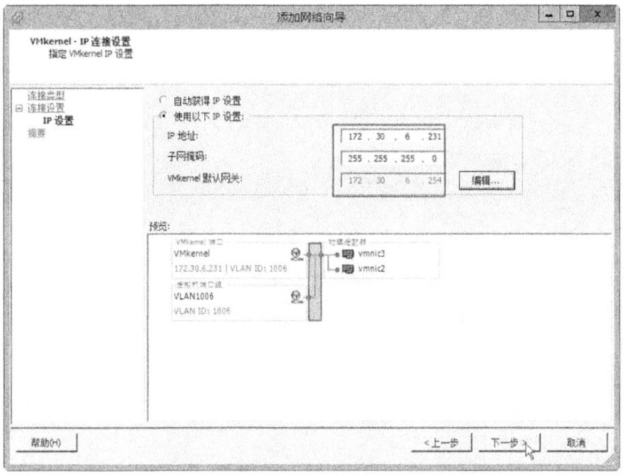

图 3-199　设置 IP 地址及网关

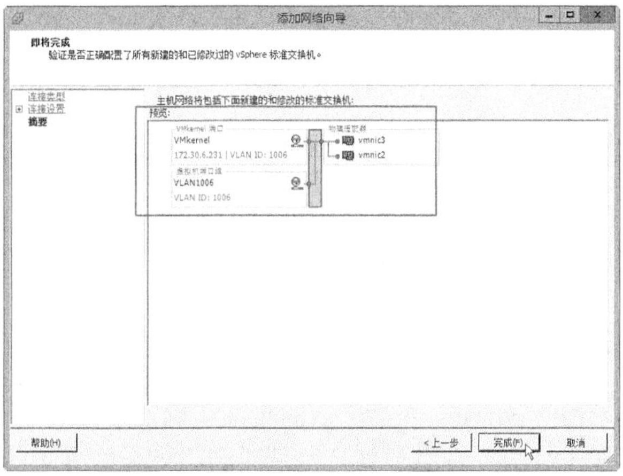

图 3-200　即将完成

（7）返回到“vSwitch1 属性”对话框，查看端口属性，发现管理端口已经启用 FT 日志记录，但未启用 vMotion，如图 3-201 所示。之后单击“关闭”按钮，完成设置。

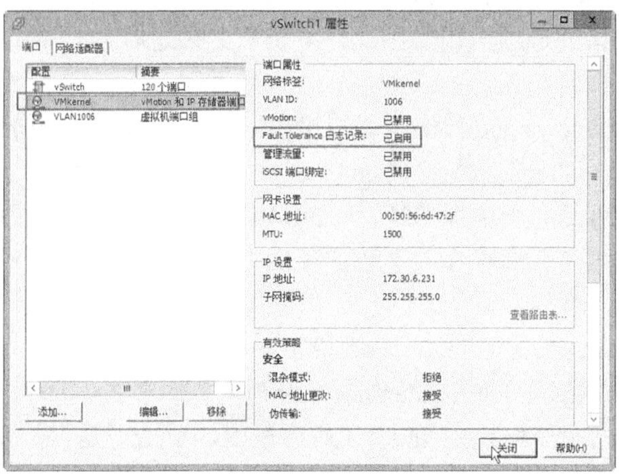

图 3-201　完成设置

参照上面的步骤，将 vCenter Server 中的其他 VMware ESXi 主机，添加用于“容错”的 vSphere 标准交换机，在添加 vSphere 标准交换机的时候，最好使用相同的名称，如图 3-202 所示，在本示例中，虚拟机端口组名称为 VLAN1006，则在其他 ESXi 主机上，添加同一网段的网卡时，也要使用这个名称。

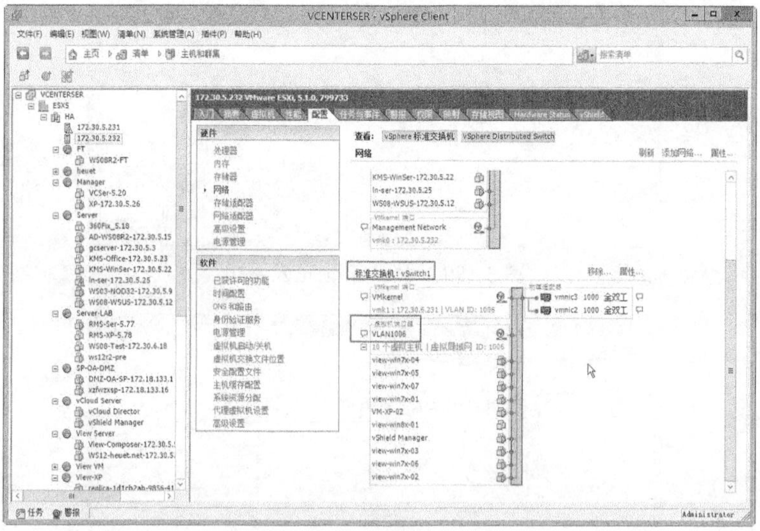

图 3-202 设置好的标准交换机

3.7.3 为虚拟机启用 FT 功能

在采取了为群集启用 VMware 容错所需的全部步骤之后，可以为各个虚拟机打开容错功能。如果符合下列任一情况，则用于打开容错的选项将不可用（以灰色显示）。

- 虚拟机所驻留的主机并未获得使用该功能的许可证。
- 虚拟机所驻留的主机处于维护模式或待机模式。
- 虚拟机已断开连接或被孤立（无法访问其 .vmx 文件）。
- 用户没有打开此功能的权限。

如果用于打开容错的选项可用，则此任务仍然必须进行验证，并且在未满足某些要求时可能会失败。

下面将在一个 Windows 2008 R2 的虚拟机中，打开“容错”功能，主要步骤如下。

（1）使用 vSphere Client 连接到 vCenter Server，进入要启用容错的虚拟机的设置对话框，检查该虚拟机是否是一个虚拟 CPU、CD/DVD，是否是使用“数据存储的 ISO”，是否是“厚置备”并且磁盘是否保存在共享数据存储中，如图 3-203 所示。只有在具备了这些条件之后，才能启用“容错”。

（2）然后返回到 vSphere Client，右键单击 WS08R2-FT 虚拟机，在弹出的快捷菜单中选择“Fault Tolerance→打开 Fault Tolerance”选项，如图 3-204 所示。

（3）在弹出的“打开 Fault Tolerance”对话框中，单击“是”按钮，如图 3-205 所示。

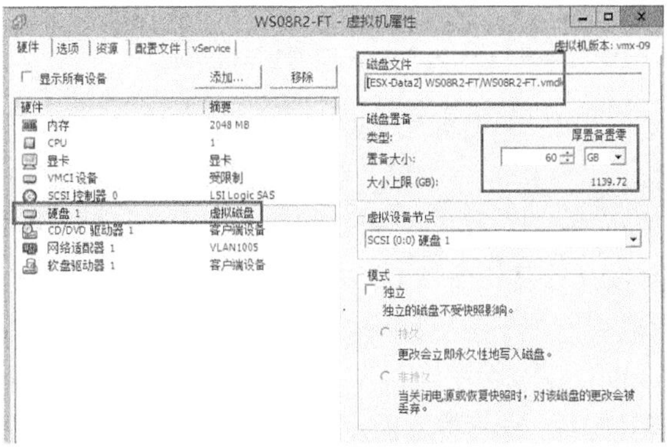

图 3-203　检查虚拟机设置

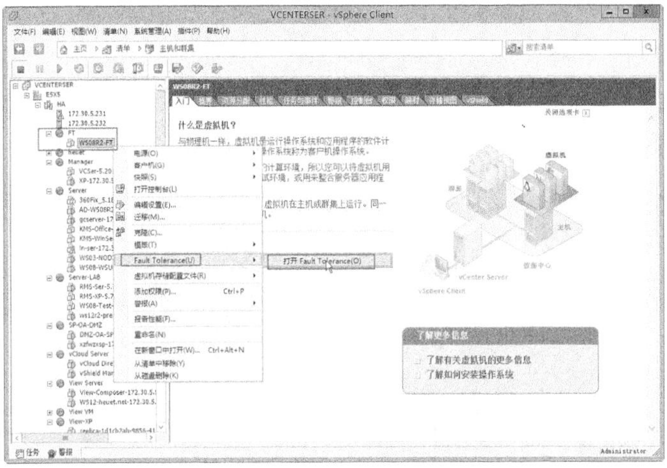

图 3-204　打开容错之一　　　　图 3-205　打开容错之二

（4）启用容错之后，再次右击虚拟机，在弹出的快捷菜单中可以看到“关闭 Fault Tolerance”、“禁用 Fault Tolerance”、“迁移辅助虚拟机”等命令，如图 3-206 所示。

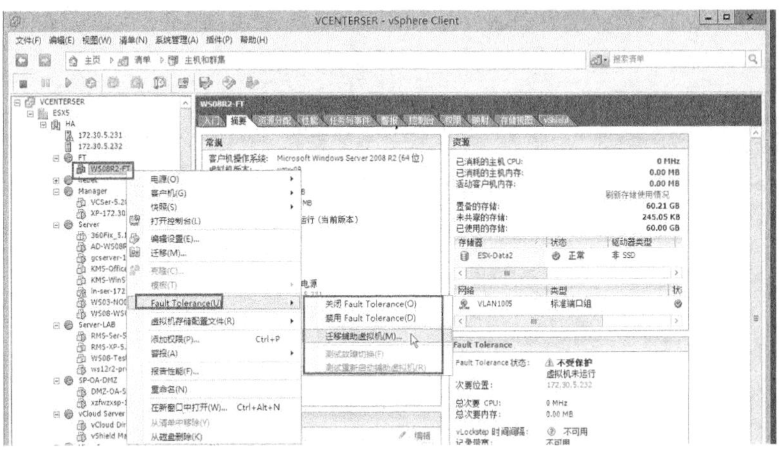

图 3-206　容错命令

在启用容错之后，其虚拟机图标由“ ”变为“ ”，后者颜色较深。

3.7.4 为 VMware ESXi 主机配置系统日志记录

接下来介绍为 VMware ESXi 主机配置系统日志记录的方法，步骤如下（以 172.30.5.231 主机为例）。

（1）在 vSphere Client 中，选择 172.30.5.231，选择“配置→存储器”选项，右击该服务器的本地存储名称（本示例中名称为 ESX-Data2），在弹出的快捷菜单中选择“浏览数据存储”，如图 3-207 所示。

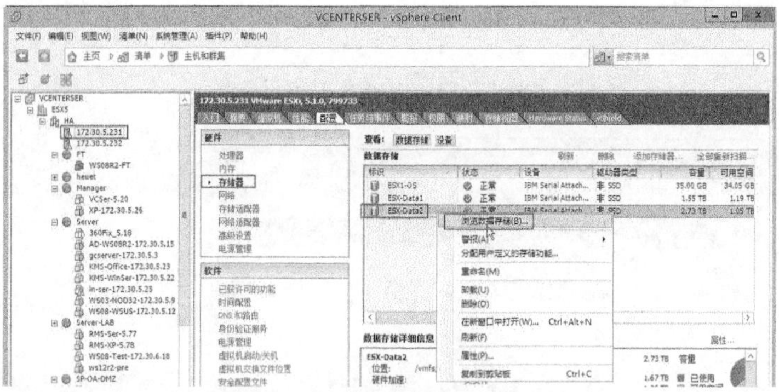

图 3-207 浏览数据存储

（2）打开数据存储浏览器对话框后，单击“ ”按钮，在弹出的“新建文件夹”对话框中，输入一个新的文件夹名称，如 logdir，然后单击“确定”按钮，如图 3-208 所示。

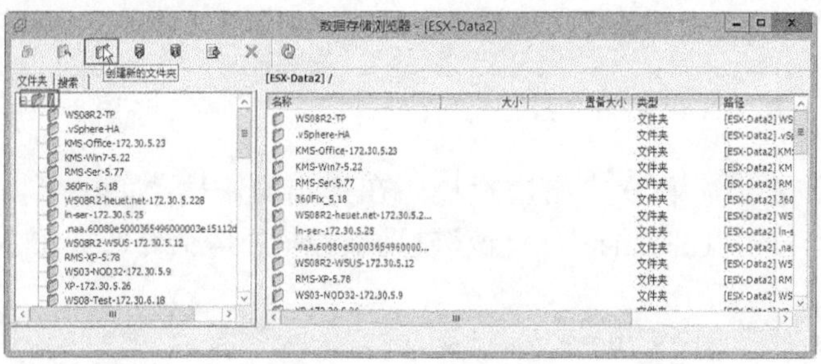

图 3-208 新建文件夹

（3）然后记录下新建文件夹的路径，通常是[存储名称]logdir，在本示例中为[ESX-Data2]logdir，如图 3-209 所示，注意存储名称与文件夹名称是区分大小写的。

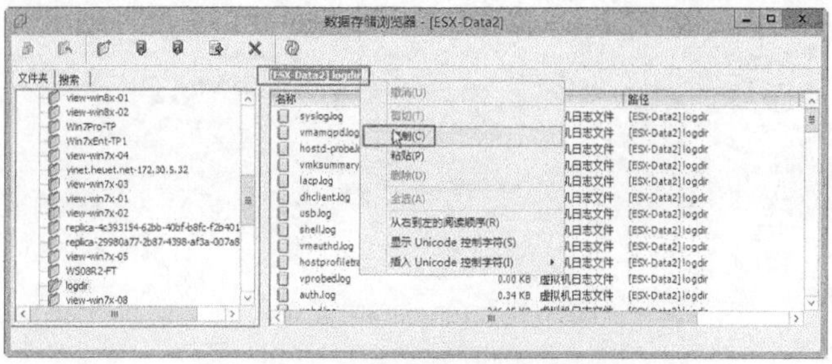

图 3-209 记下文件夹名称与路径

（4）在“配置”选项卡的“软件”选项组选择“高级设置”选项，如图 3-210 所示。

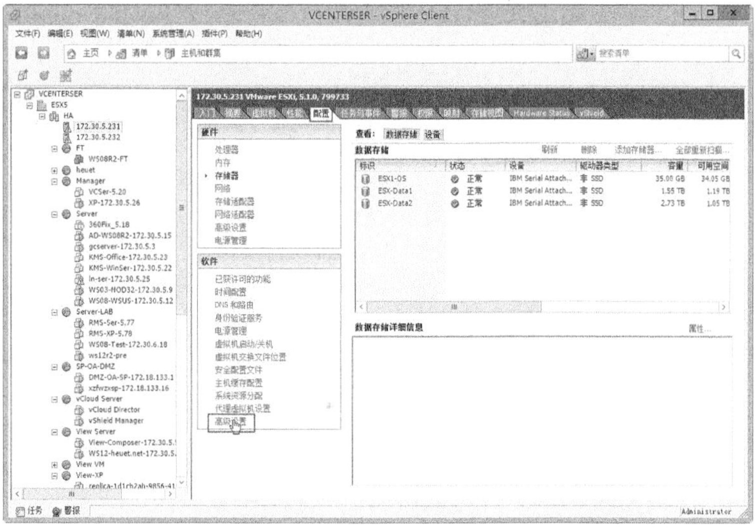

图 3-210　高级设置

（5）在“高级设置”对话框中，在左侧选择“Syslog”，在右侧“Syslog.global.logDir”后面，输入图 3-209 中记录下的路径，注意大小写，也可以选中“Syslog.global.logDirUnique”的选项，如图 3-211 所示。

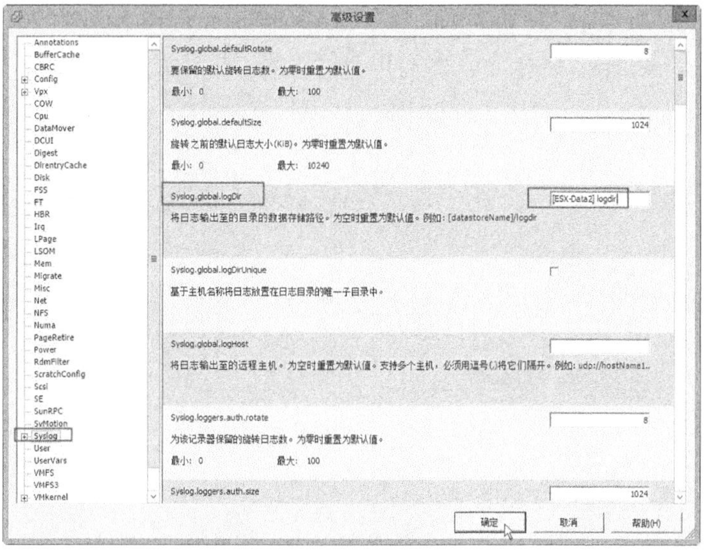

图 3-211　配置系统日志记录

同样为另一台 VMware ESXi 进行同样的配置，为其启用系统日志记录，如图 3-212 所示。

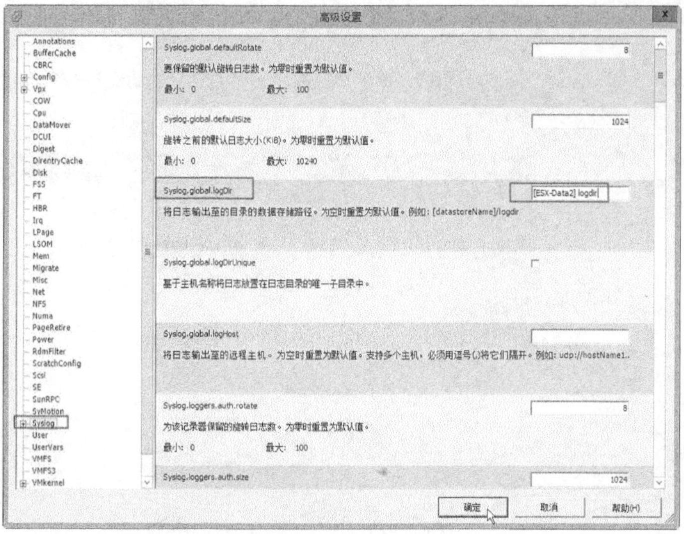

图 3-212 另一主机自动配置的参数

3.7.5 启动启用 FT 功能的虚拟机

如果 HA 群集中只有两台主机，则需要禁用“接入控制”功能，才能启动容错（FT）的虚拟机，步骤如下。

（1）右击“HA”，选择“编辑设置”，如图 3-213 所示。

（2）在“vSphere HA”选项中，选择“禁用：允许违反可用性限制的虚拟机电源打开操作”单选按钮，如图 3-214 所示。然后单击“确定”按钮完成设置。

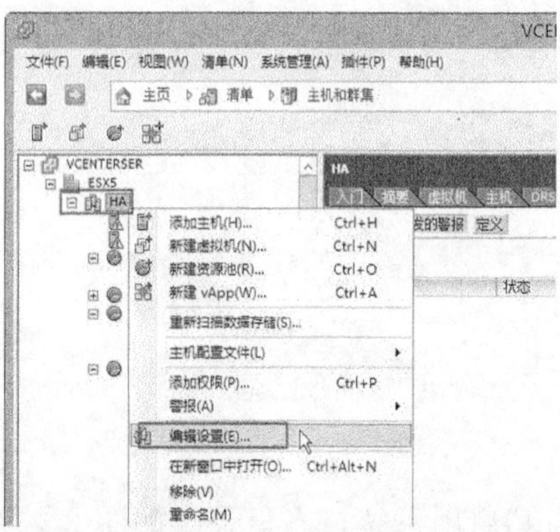

图 3-213 编辑设置

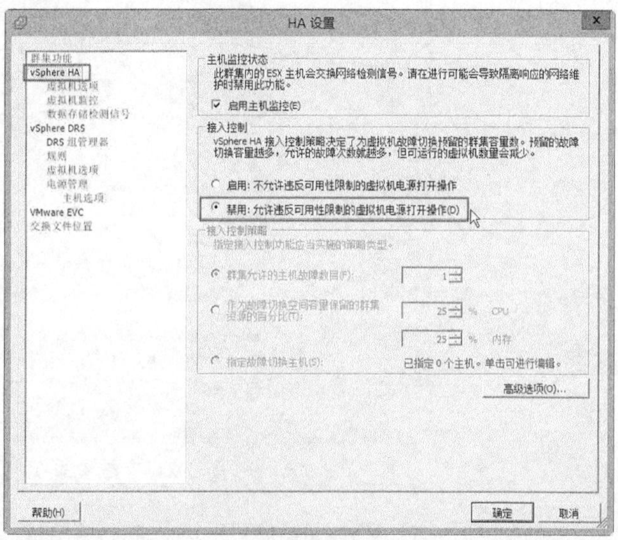

图 3-214 接入控制

（3）然后启动 FT 虚拟机，如图 3-215 所示。

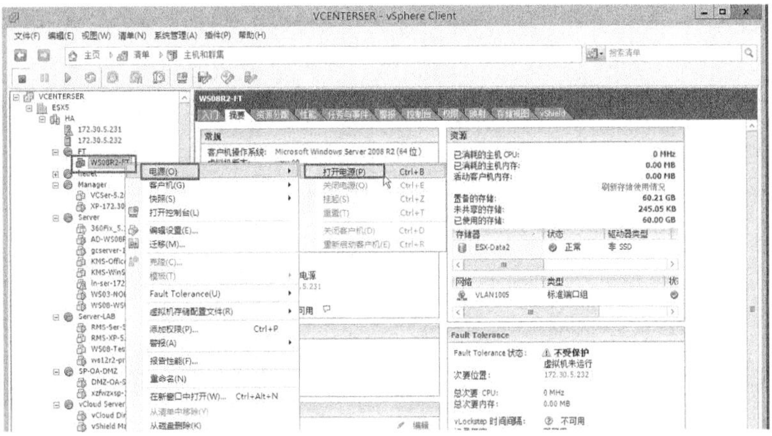

图 3-215　启动 FT 虚拟机

（4）在启动启用 FT 功能的虚拟机后，打开虚拟机的控制台，只能看到一个界面，如图 3-216 所示。

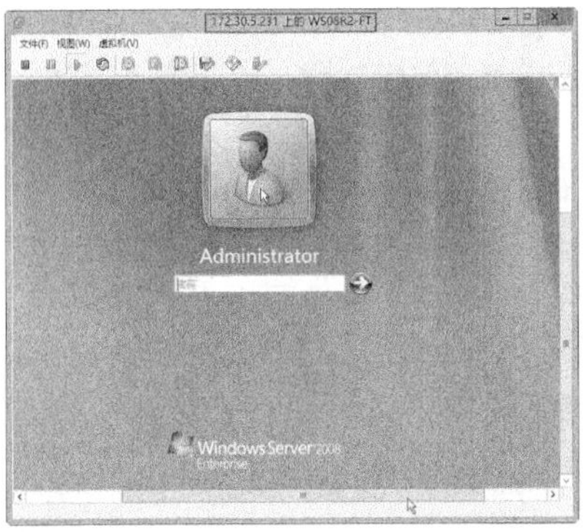

图 8-216　打开虚拟机控制台

在图 3-216 中，可以看到当前启用 FT 功能的虚拟机，是在 172.30.5.231 的主机上启动的，该主机上的虚拟机是“主”虚拟机。如果想查看“辅助”或“次要”虚拟机，可以在 vSphere Client 中，定位到 172.30.5.232 的主机，在“虚拟机”选项卡中，显示“虚拟机和模板”，就可以看到名为“WS08R2-FT（次要）”虚拟机，如图 3-217 所示。

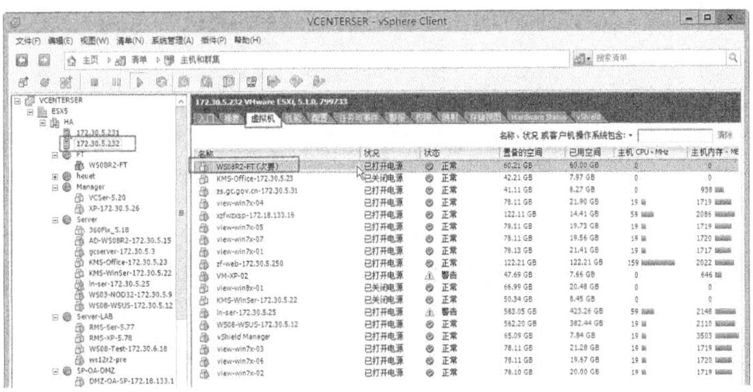

图 3-217　显示虚拟机和模板

然后用虚拟机控制台，可以看到两台相同界面的虚拟机在运行，在本示例中 172.18.96.11 中的虚拟机是主要虚拟机，172.18.96.10 主机中的虚拟机为次要虚拟机，该辅助虚拟机为“只读”并不能操作。在主机中的所有操作（键盘、鼠标、程序）等，都会如实地反映在辅助虚拟机中，如图 3-218 所示。

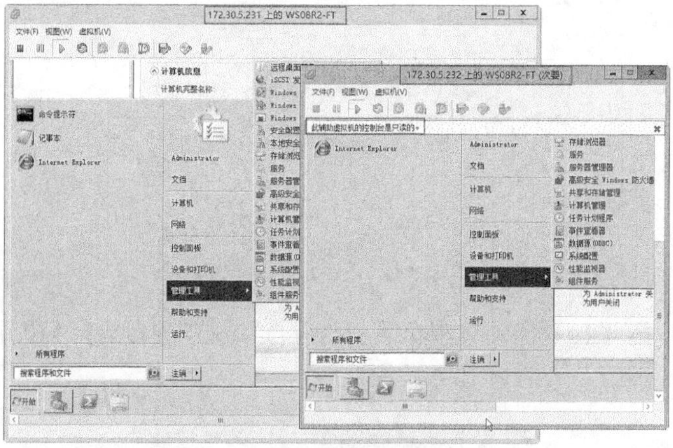

图 3-218　启用 FT 功能的虚拟机操作是完全同步的

3.7.6　vSphere 5 主机需要修改配置参数

如果你的 vSphere ESXi 连接的存储只有一个，并且没有管理网络冗余时，在主机上会有黄色的“感叹号”，在“摘要”中会显示“该主机的 vSphere HA 检测信号存储数目为 1，少于要求数目 2”，如图 3-219 所示。

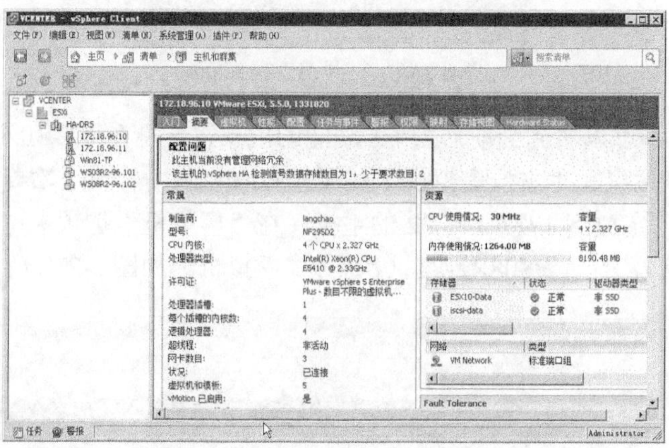

图 3-219　存储数目少于要求数目

在 VMware ESXi 5.0 中，增加 DataStore HeartBeat 功能，要求至少有两个及以上共享存储。当你的 vSphere 中只有 1 个存储时，就会出现这个提示，可以通过修改 HA 高级选项来解决。

（1）用鼠标右击群集名称，在弹出的快捷菜单中选择“编辑设置”选项，如图 3-220 所示。

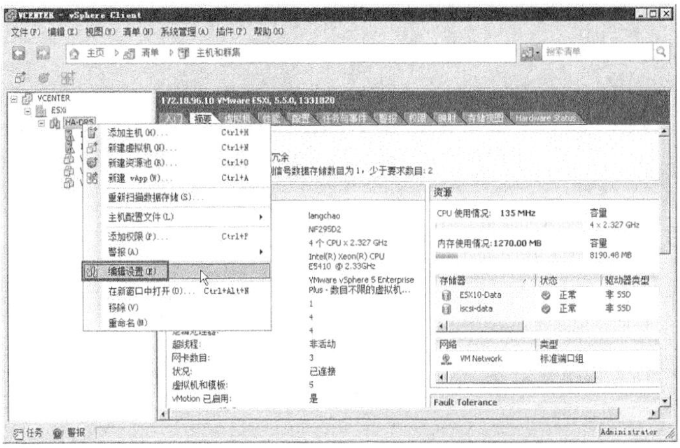

图 3-220 编辑 HA 设置

（2）在“HA-DRS 设置”对话框中，选择“vSphere HA”选项，在右侧单击“高级选项”按钮，如图 3-221 所示。

（3）在“高级选项（vSphere HA）”对话框中，添加 das.heartbeatdsperhost 与 das.ignoreinsufficienthbdatastore，其中 das.heartbeatdsperhost 有效数值为 2～5，默认为 2，在此设置数值为 2，das.ignoreinsufficienthbdatastore 用于在主机不具有足够的 vSphere HA 检测信号数据存储，则禁用创建的配置问题，默认值为 false，在此设置为 true。在图 3-219 中，还有一项错误“此主机当前没有管理网络冗余”，如果要解决这个问题，可以添加 das.ignore RedundantNetWarning，并设置值为 true，如图 3-222 所示。

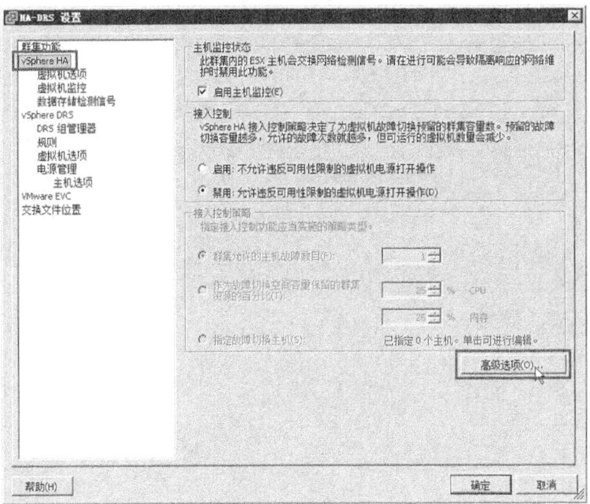

图 3-221 高级选项

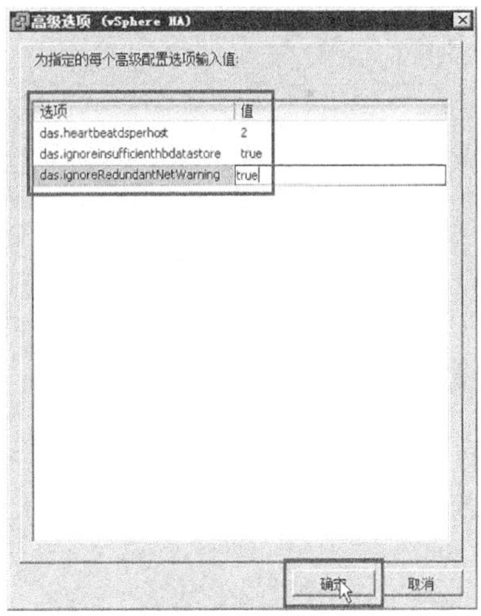

图 3-222 参加参数

添加之后单击“确定”按钮，保存设置。

（4）在进行上述设置之后，为每台 VMware ESXi 主机重新配置 vSphere HA，这个操作比较简单，只要用鼠标右击 VMware ESXi 主机，在弹出的快捷菜单中选择“重新配置 vSphere HA”选项即可，如图 3-223 所示。

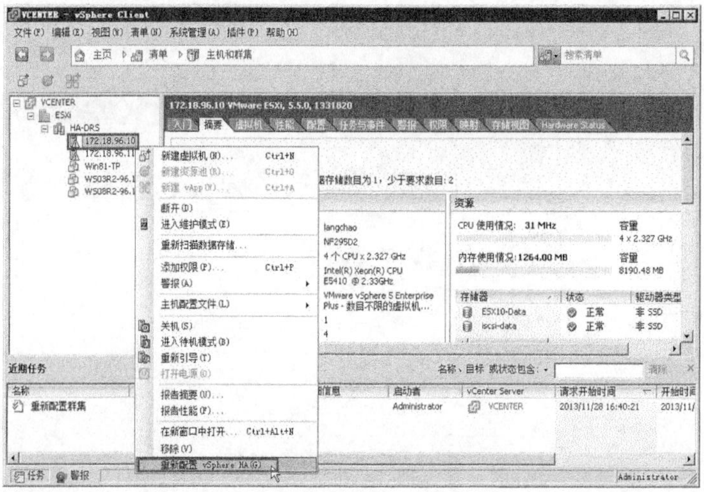

图 3-223 重新配置 vSphere HA

重新配置之后，再在“摘要”中查看信息，此时图 3-219 中的警告已经不再显示，表示系统正常，如图 3-224 所示。

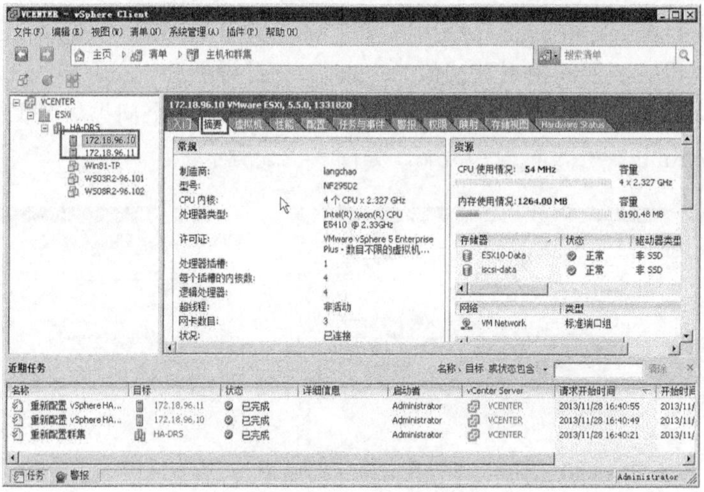

图 3-224 系统正常

第 4 章　数据中心动态管理工具 vCenter Operations Manager

VMware vCenter Operations Manager 是 VMware 云环境管理产品，能够感知管理 VMware 虚拟化系统，了解由其管理的虚拟机在过去、现在以及将来的情况。vCenter Operations 与 VMware vSphere 紧密集成，能从底层的物理组件（服务器、存储、网络）及其他管理工具中收集数据。并通过仪表盘以一种简单、实用的方式直观地显示相关信息。本文介绍 VMware 的安装及基本使用。

vCenter Operations Manager 管理的是 vCenter Server 及受 vCenter Server 管理的 VMware ESXi 或 ESX Server 主机，通过监控 vCenter Server、VMware ESXi 主机及存储，可以了解 ESXi 中虚拟机的运行使用情况以及存储的使用情况，并根据这些资源，判断整个 vCenter Server 数据中心中各主机、各虚拟机、存储、网络的一些情况。VMware vCenter Operations Manager 以仪表盘的功能提供相关信息，并能导出 PDF 或 csv 报表。

4.1　vCenter Operations Manager 功能概述

vCenter Operations Manager 从虚拟环境每个级别的每个对象（从单个虚拟机和磁盘驱动器到整个群集和数据中心）收集性能数据。它存储并分析这些数据，而且使用该分析提供关于虚拟环境中任意位置的问题或潜在问题的实时信息。

vCenter Operations Manager 可与现有 VMware 产品配合使用来添加以下功能。

- 将关键衡量指标组合成环境运行状况和效率以及容量风险的单个评分。
- 计算每个衡量指标的正常行为范围，并突出显示异常。根据入站数据调整动态阈值，以便更好地定义衡量指标的正常值。
- 以图形表示整个虚拟环境或选定部分的当前和历史状况。
- 在虚拟环境层次结构中显示关于变动的信息。例如，将某个虚拟机移至其他 ESX 主机后，您可查看这些变动如何影响所涉及对象的性能。
- 用于按照环境的结构定义“组”容器来组织受监控对象。

4.1.1　基本概念

要掌握 vCenter Operations Manager 的功能，需要了解以下概念和指标。

（1）属性和衡量指标

vCenter Operations Manager 为每个清单对象收集多个种类的数据。例如，对于虚拟机，

vCenter Operations Manager 可能会接收有关可用磁盘空间、CPU 负载和可用内存的数据。这些所收集的每个数据类型称为一个属性。特定清单对象的属性实例称为衡量指标。例如，某一特定虚拟机的可用内存就是一个衡量指标。

对于每个衡量指标，vCenter Operations Manager 将随时间收集和存储读取到的多个值。例如，vCenter Operations Manager 服务器每五分钟轮询一次有关每个虚拟机 CPU 负载的信息，vCenter Operations Manager 所收集的每条数据称为一个衡量指标值。

（2）动态阈值

vCenter Operations Manager 将根据每个衡量指标的当前值和历史值为其定义动态阈值。由于周期性使用和行为的不同，衡量指标的正常值范围在不同日期的不同时间也会有所不同。vCenter Operations Manager 将跟踪这些正常值周期并相应地设置动态阈值。较高的衡量指标值在某一时刻可能是正常的，而在其他时刻则可能表示存在潜在问题。例如，星期五下午生成每周报告时 CPU 使用量较高，这属于正常现象。而如果在星期日早上办公室无人时也表现为相同的值，则可能表示出现问题。

vCenter Operations Manager 会不断调整动态阈值。通过新的入站数据，vCenter Operations Manager 可更好地定义衡量指标的正常值。动态阈值为衡量指标添加了范围，便于 vCenter Operations Manager 区分正常行为与异常行为。

通过动态阈值，用户无需手动为成百上千的衡量指标配置硬阈值。更重要的是，它们比硬阈值更精确。通过动态阈值，vCenter Operations Manager 可根据对象的实际正常行为（而不是根据一组随意的限制）来检测偏差。分析算法计算动态阈值的初始值需要七天的时间。动态阈值将在“详细信息”页面和“记分板”页面上使用情况衡量指标条形图下显示为线段。动态阈值线段的长度和位置取决于为选定使用情况衡量指标计算的正常值。

动态阈值还会在“所有衡量指标”页面上使用情况衡量指标图中显示为灰色阴影区域。

（3）硬阈值

与动态阈值不同，硬阈值是您为定义对象的正常行为而输入的固定值。除非您手动更改这些任意值，否则它们不随时间变化。您不能使用 vCenter Operations Manager 固定硬阈值。

（4）关键性能指标

vCenter Operations Manager 将对于对象性能至关重要的属性定义为关键性能指标（KPI）。在用于确定对象运行状况的计算情形中，KPI 更为重要。KPI 性能图形显示在产品多个方面的其他衡量指标之前。

（5）警示和故障

当受监控对象上发生事件、数据分析结果指示偏离正常衡量指标值或 vCenter Operations Manager 的某一组件出现问题时，vCenter Operations Manager 将生成警示。

vCenter Server 发布的事件是故障的主要来源。这些事件可能产生于 vCenter Server 自身，或者可能由 ESX 服务器生成，并且 vCenter Server 可能会在外部发布这些事件。只有 vCenter 事件的子集被视为对故障生成十分重要。

4.1.2 vCenter Operations Manager 的衡量指标概念

在准备使用 vCenter Operations Manager 监控环境之前，需要在一定程序上熟悉衡量指标及相关的知识。vCenter Server 提供基于使用量的衡量指标模型及提供基于需求量的衡量指标模型。表 4-1 列出了主要衡量指标概念，了解会影响数据和图表的衡量指标方面的知识对于确定工作流中的后续操作非常有用。

表 4-1 主要衡量指标概念

衡量指标	描 述
已置备	用户配置的资源量。 置备量衡量指标可能适用于主机的物理内存量或虚拟机的 vCPU 数量
可用资源量	对象可使用的实际资源量。 可用量小于或等于置备量。置备量和可用量之间的差异源于虚拟化开销。该开销可能包括 ESX 主机用于运行主机、支持虚拟机的预留以及为高可用性添加缓冲区的内存。 可用量衡量指标不适用于虚拟机
使用情况	对象消耗的资源量。 使用量小于或等于可用量
需求	对象在不受任何现有限制的情况下可能消耗的物理资源量。 对象可能会因置备不足或与消耗资源的其他对象争用资源而受到限制。某个虚拟机可能需要 10 GB 内存，但由于必须与主机上的其他虚拟机共享资源，因此该虚拟机只能获得 5 GB。 需求量小于使用量时，环境中可能存在浪费的资源。需求量 大于使用量时，环境中可能会出现延迟和性能下降
争用	对象需要的资源量与对象获得的资源量之间的差异。 该衡量指标测量消耗资源的对象之间争夺资源的效果。争用测量获得资源使用权的延迟时间或所需时间。该测量值反映丢弃的网络数据包
限制	对象可获得的最大资源量。 该限制对在 vCenter Server 中分配和配置的 CPU、内存或磁盘 I/O 资源设置了上限。 使用量小于或等于限制量。 需求量可大于限制量。 限制量小于或等于置备量。 默认限制量是无限制。 规则：使用情况<= 限制需求量可大于限制量
预留	对象的保证资源量。 如果没有该预留量，则对象不会启动。默认量为 0
可用量	根据在虚拟化配置中设置的资源消耗对象的相对优先级，得出该虚拟机可使用的资源量。 该衡量指标是已置备量、限制量、预留量、份额和需求量的函数。份额与表示虚拟机重要性的比例权重有关。 可用量小于或等于限制量。 可用量衡量指标仅适用于虚拟机。 规则：可用量<= 限制 <= 已置备可用量>= 预留

4.2 系统需求

vCenter Operations Manager 具有特定的硬件和软件要求。必须将 vCenter Operations Manager 安装在受支持的操作系统上。vCenter Operations Manager 支持的操作系统有 64 位

的 Windows Server 2003、Windows Server 2008，或 64 位的 Red Hat Enterprise Linux 5。

必须将 vCenter Operations Manager 服务器安装在符合特定硬件要求的 64 位计算机上，VMware vCenter Operations Manager 的硬件要求如表 4-2 所示。

表 4-2　　VMware vCenter Operations Manager 硬件要求

硬件组件	一百万个衡量指标	二百万个衡量指标	六百万个衡量指标
CPU	4CPU	8CPU	32CPU
内存	14GB	28GB	72GB
磁盘存储	1.5TB FSDB：1.5TB 数据库：100GB	3TB FSDB：2.8TB 数据库：200GB	8.8TB FSDB：8.4TB 数据库：400GB
Analytics VM 的磁盘 I/O	2 000 IOPS	4 000 IOPS	12 000 IOPS

vCenter Operations Manager 需要使用 SQL 或 Oracle 数据库存储数据。数据库服务器应专供 vCenter Operations Manager 数据库使用。数据库必须已配置并可用于 vCenter Operations Manager 服务器主机。

vCenter Operations Manager 支持以下数据库服务器和版本。

- Oracle 10g Release 2
- Oracle 11g Release 2
- Microsoft SQL Server 2005 SP2 或更高版本
- Microsoft SQL Server 2008

只有 Windows 主机才支持 Microsoft SQL Server。Microsoft SQL Server 数据库仅在安装了 vCenter Operations Manager 的 Windows 主机上受支持。

不能在使用 Microsoft SQL Server 时使用集成 Windows 身份验证。JDBC 驱动程序支持在 Windows 操作系统上通过 integratedSecurity 连接字符串属性使用类型 2 集成身份验证。要使用集成身份验证，应将

sqljdbc_auth.dll 文件复制到%ALIVE_BASE%/common/bi 文件夹中。

托管数据库服务器的计算机必须满足最低硬件要求：具有 2 GB 内存、两个 P4 2 GHz 或更快的 32 位 CPU。如果系统收集的衡量指标超过一百万个，则数据库服务器主机应具有 8 GB 内存和两个 64 位 CPU。数据库服务器主机与 vCenter Operations Manager 服务器主机之间的 ping 时间应小于 1 毫秒。

vCenter Operations Manager 客户端需要至少 2GB 内存、Internet Explorer 8.x/9、Mozilla Firefox 3.6 及更高版本的浏览器，另外浏览器必须启用 JavaScript，必须移除或禁用弹出窗口阻止程序。在 VMware vCenter Operations Manager 生成的报告是 PDF 格式，需要安装 Adobe Reader 或其他能查看 PDF 的阅读器。

4.3 安装 vCenter Operations Manager

在本安装示例中，有 3 台 VMware ESXi 5.5 的主机，由一台 vCenter Server 5.51 管理。

4.3.1　部署 VMware vCenter Operations Manager 模板

VMware vCenter Operations Manager 以 OVF 模板的方式提供，故安装部署简单，下面介绍 VMware vCenter Operations Manager 的安装步骤。

（1）使用 vSphere Client 登录 vCenter Server，在“文件”菜单选择“部署 OVF 模板”，如图 4-1 所示。

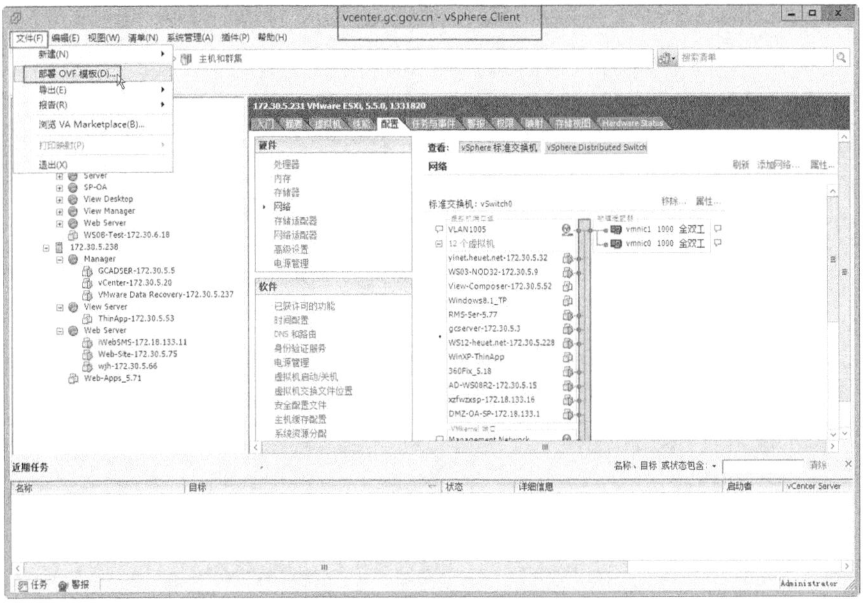

图 4-1　部署 OVF 模板

（2）在“源”对话框，单击“浏览”按钮，选择下载的 VMware vCenter Operations Manager 安装模板，这是一个“VMware-VMware vCenter Operations Manager-5.7.2.0-1314472-vapp.ova”、大小为 1.27GB 的文件，如图 4-2 所示。

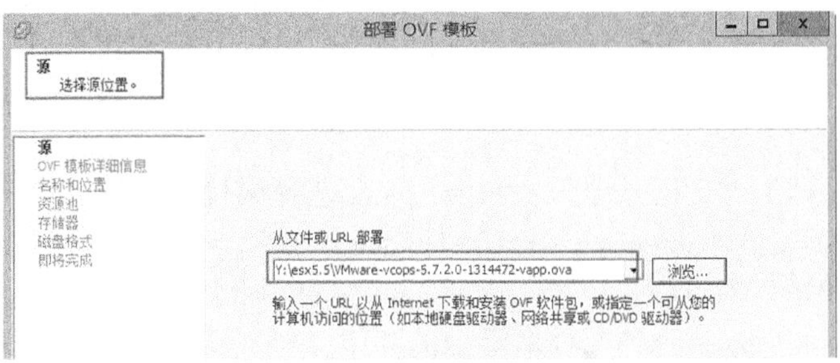

图 4-2　选择 OVA 文件

（3）在“OVF 模板详细信息”对话框，显示了要部署的 OVF 模板的信息，包括产品的名称、版本、下载大小、占用的空间，如图 4-3 所示。

（4）在“最终用户许可协议”对话框，单击“接受”按钮，然后单击“下一步”按钮，如图 4-4 所示。

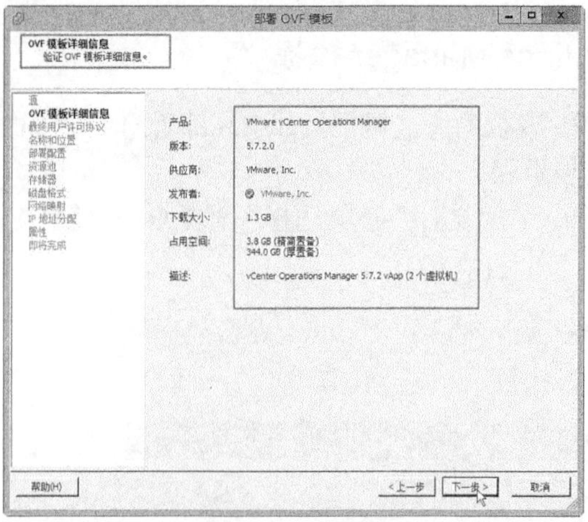

图 4-3　OVF 模板详细信息

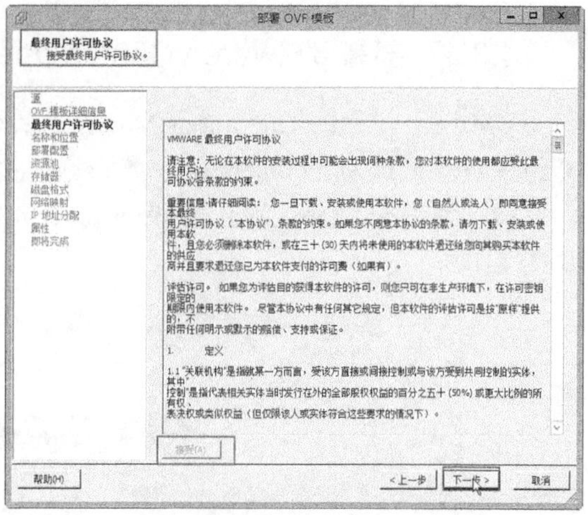

图 4-4　接受许可协议

（5）在“名称和位置”对话框，显示要部署的 VMware vCenter Operations Manager 模板的名称（以 vAPP 提供），在此选择默认值，如图 4-5 所示。

（6）在“部署配置”对话框，选择部署的规模，在此选择“小”，这可以管理 1 500 个以内的虚拟机，如图 4-6 所示。

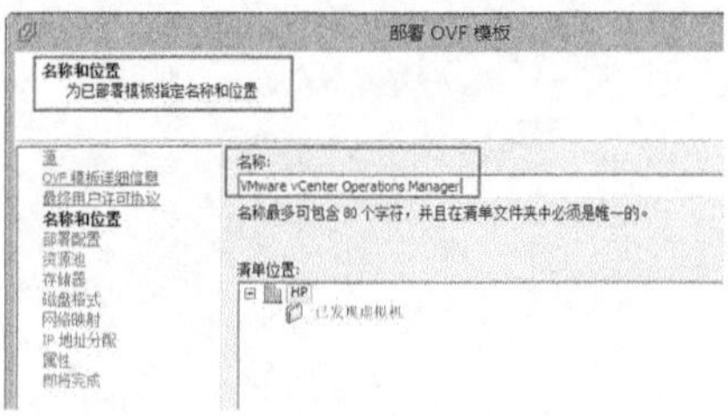

图 4-5　名称和位置

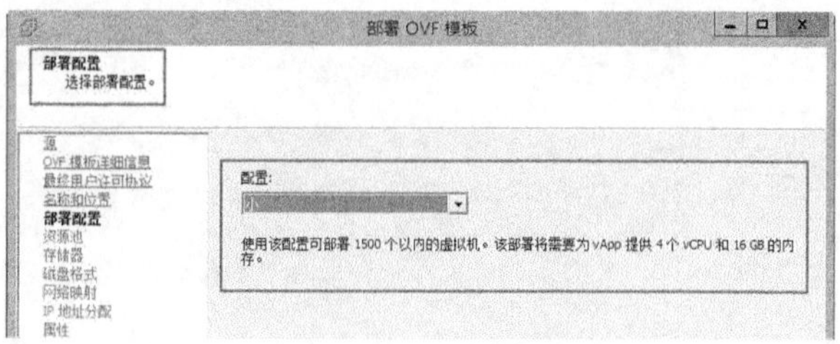

图 4-6　部署配置

【说明】VMware vCenter Operations Manager 有三种配置方式，分别为大、中、小三种方式，配置为“小”的方式时，需要 4 个 vCPU 和 16GB 内存（实际运行时可以配置为 8GB），可以管理 1 500 个以内的虚拟机；配置为“中等”时需要 8 个 vCPU、25GB 内存，可以管理 1 500～3 000 个虚拟机；配置为“大”时需要 16 个 vCPU、34GB 内存，可以管理 3 000 个以上虚拟机。

（7）在“资源池”对话框，选择资源池，在此选择根目录即 HA 群集，不选择资源池，如图 4-7 所示。VMware vCenter Operations Manager 会自动创建资源池。

（8）在“存储器”对话框，选择将 VMware vCenter Operations Manager 模板保存的目标存储器，如图 4-8 所示。推荐选择群集中的共用存储或网络存储。

（9）在“磁盘格式”对话框，选择以什么格式存储虚拟磁盘。VMware vCenter Operations Manager 需要 3.8GB 精简置备及 344GB（厚置备）的虚拟磁盘，如果是实验时可以将 344GB 磁盘设置为“精简置备”磁盘。在此是一个生产环境，有足够的磁盘空间，故选择“厚置备”磁盘，如图 4-9 所示。

（10）在“网络映射”对话框，选择此模板使用什么网络，在此选择相应的网络，如图 4-10 所示。

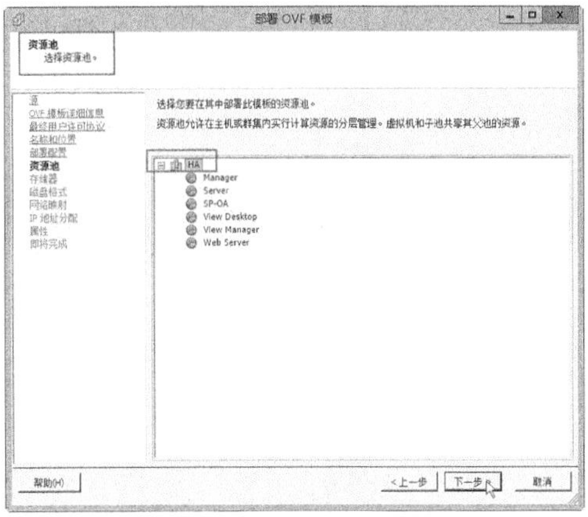

图 4-7　选择资源池

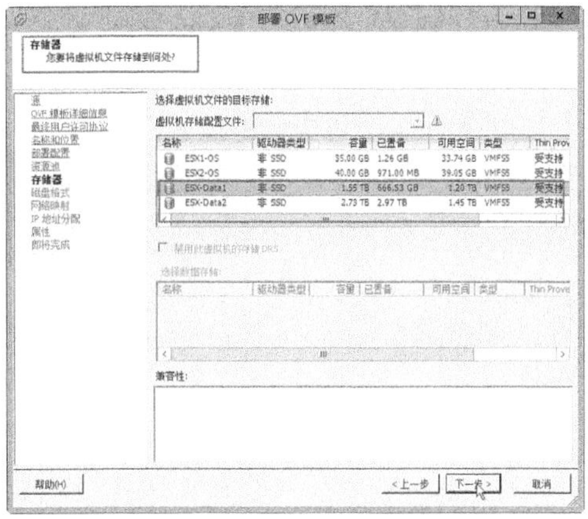

图 4-8　存储器

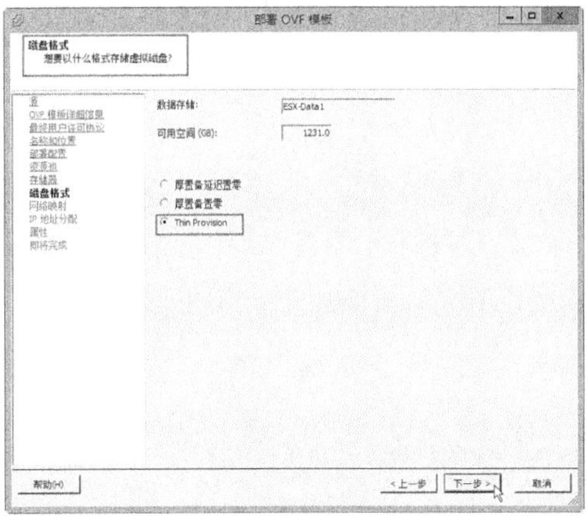

图 4-9　磁盘格式

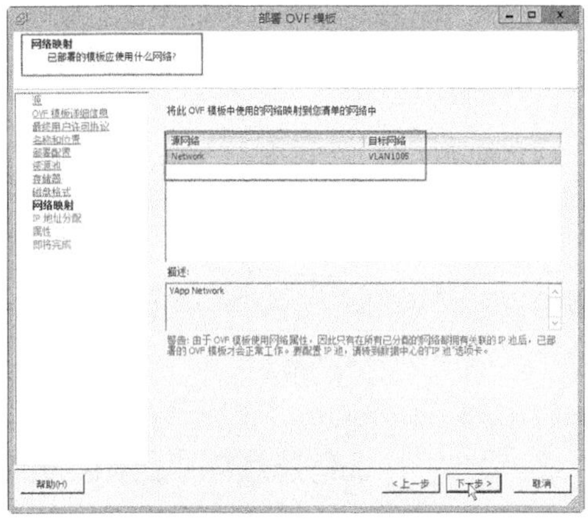

图 4-10　网络映射

（11）在“IP 地址分配”对话框，选择使用“固定的”IP 地址，如图 4-11 所示。部署 VMware vCenter Operations Manager 模板后会创建两个虚拟机，每个虚拟机需要 1 个 IP 地址。

（12）在“属性”对话框，选择时区，并设置 UI VM IP 地址及 Analytics 虚拟机的 IP 地址，如图 4-12 所示。在此为虚拟机分配 172.30.5.28、172.30.5.29 的 IP 地址。

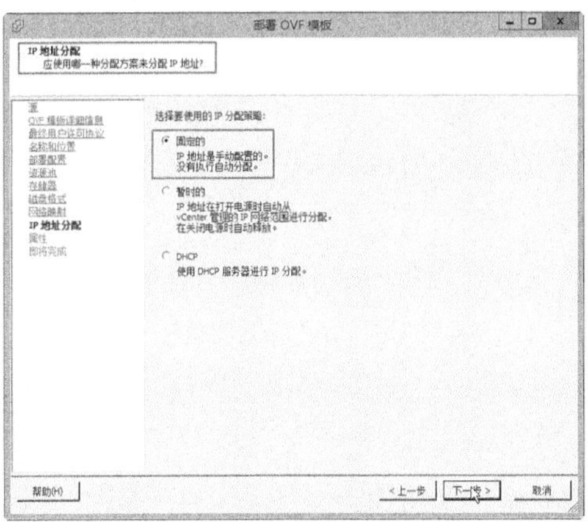

图 4-11　IP 地址分配

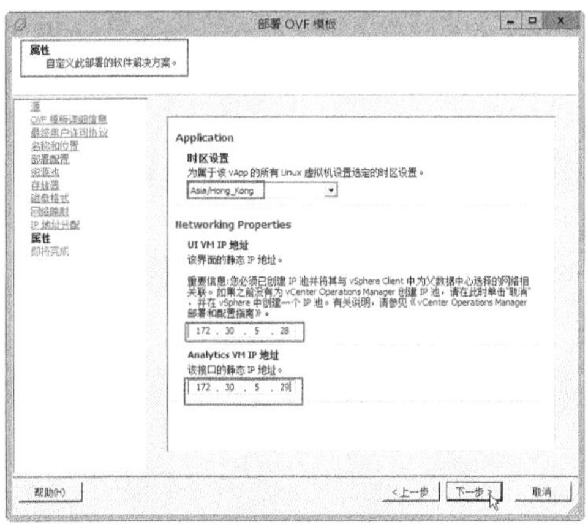

图 4-12　属性

（13）在“即将完成”对话框，显示了 VMware vCenter Operations Manager 模板的部署属性，无误之后单击“完成”按钮，如图 4-13 所示。

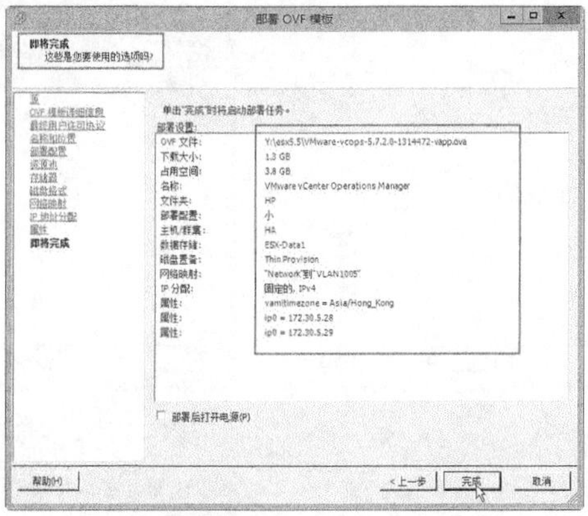

图 4-13　即将完成

4.3.2　为 VMware vCenter Operations Manager 添加许可证

之后，在 vSphere 中，单击“主页→系统管理→许可”对话框，单击“资产”，右击“vCenter Operations Manager”，在弹出的快捷菜单中选择“更改许可证密钥”，如图 4-14 所示。

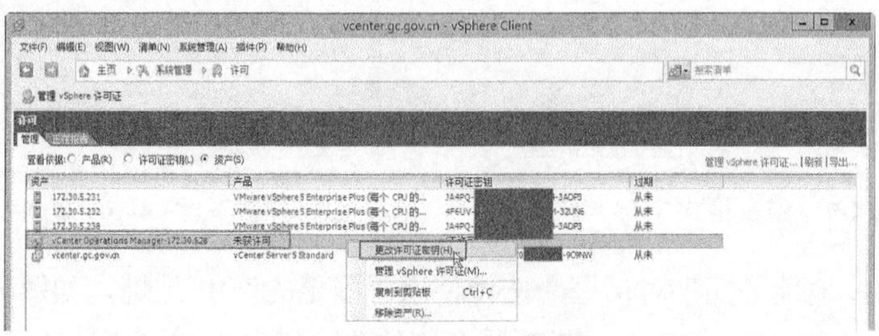

图 4-14　更改许可证密钥

在“分配许可证”对话框，选择可用的许可证，或者在此对话框输入新的许可证，如图 4-15 所示。

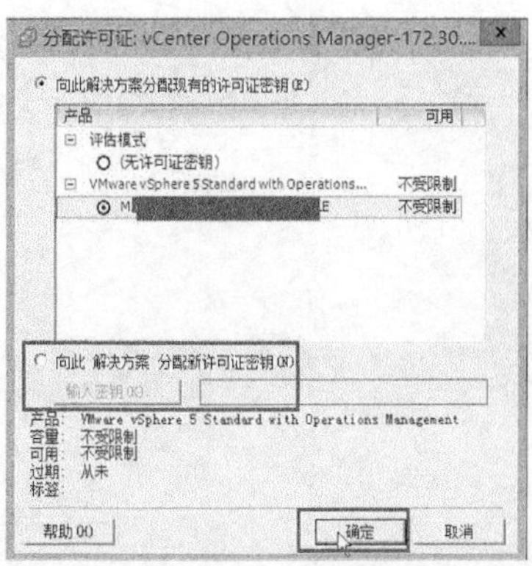

图 4-15　VMware vCenter Operations Manager 许可证

4.3.3　修改 VMware vCenter Operations Manager 虚拟机配置

在部署向导完成之后，VMware vCenter Operations Manager 会创建两个虚拟机，如图 4-16 所示。而在默认情况下，为这两个虚拟机分配的内存及 CPU 较大，可以修改 Analytics 及 UI 虚拟机的配置。

图 4-16　部署后的 VMware vCenter Operations Manager 的两个虚拟机

（1）Analytics 虚拟机的默认配置为 9GB 内存、2 个 CPU，将其修改为 4GB 内存、2vCPU，如图 4-17 所示。

（2）UI 虚拟机的默认配置为 7GB、2 个 CPU，将其修改为 3GB 内存、2 个 CPU，如图 4-18 所示。

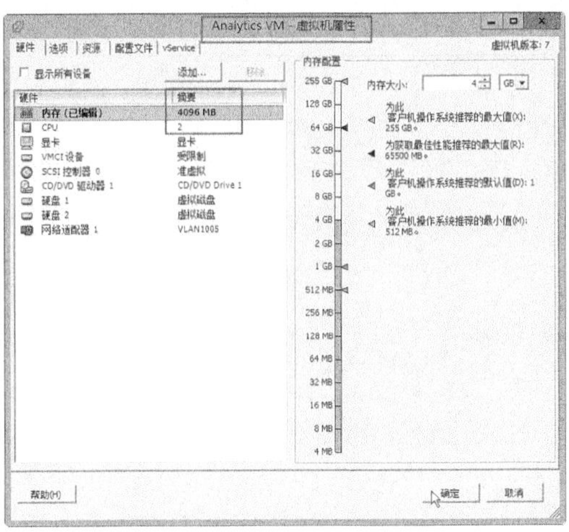

图 4-17　修改虚拟机参数

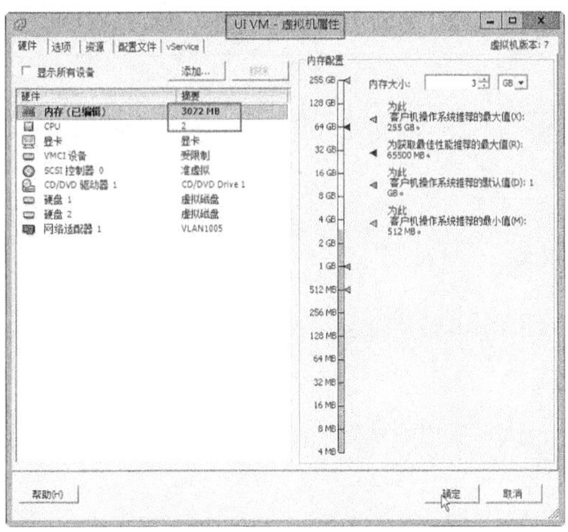

图 4-18　VI 虚拟机参数

修改之后返回到 vSphere Client 控制台，单击“启动 vAPP”，如图 4-19 所示。

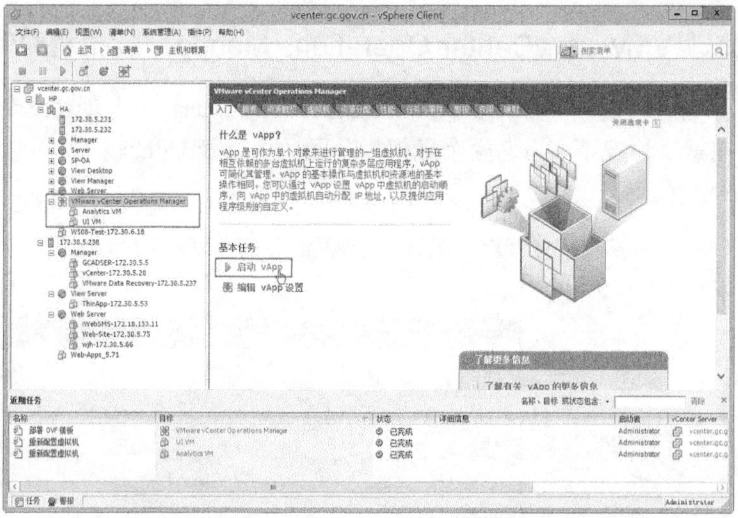

图 4-19 启动 vAPP 中的虚拟机

4.3.4 添加 IP 池

如果 VMware vCenter Operations Manager 虚拟机不能启动，并提示没有关联的网络协议配置文件时，如图 4-20 所示。

图 4-20 提示没有关联的网络协议配置文件

你需要为 VLAN1005（VMware vCenter Operations Manager 虚拟机池所绑定的虚拟交换机）创建 IP 地址池，步骤如下。

（1）在 vSphere Client 中，在“主页”中选择“数据存储和数据存储群集”，如图 4-21 所示。

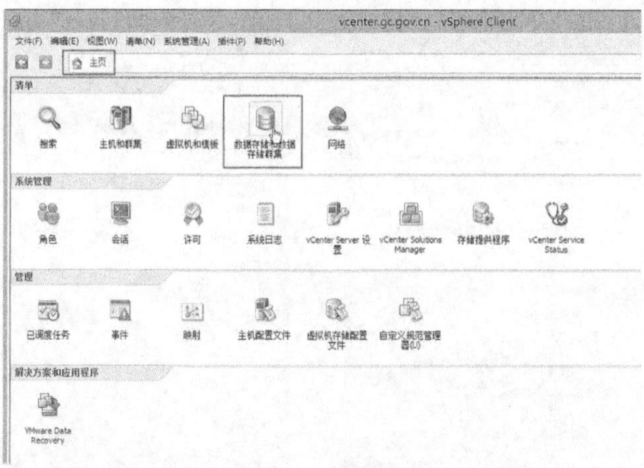

图 4-21 数据存储

（2）在“IP 池”中单击“添加”链接，如图 4-22 所示。

（3）在“新 IP 池属性”对话框，IP 池名称文本框中输入新添加的 IP 池名称，在此为 VLAN1005，然后在“IPv4”选项卡中，在“子网”文本框中，输入 VLAN1005 对应的子网，本示例为 172.30.5.0/24，然后标上网关（本示例为 172.30.5.254），然后选中“启用 IP 池”，并在“范围”文本框中，输入 IP 地址范围，本示例为 172.30.5.200#10，表示从 172.30.5.200 开始的连续 10 个地址，其范围为 172.30.5.200～172.30.5.209，如图 4-23 所示。设置之后，单击“查看”链接，可以看到所分配的 IP 地址。

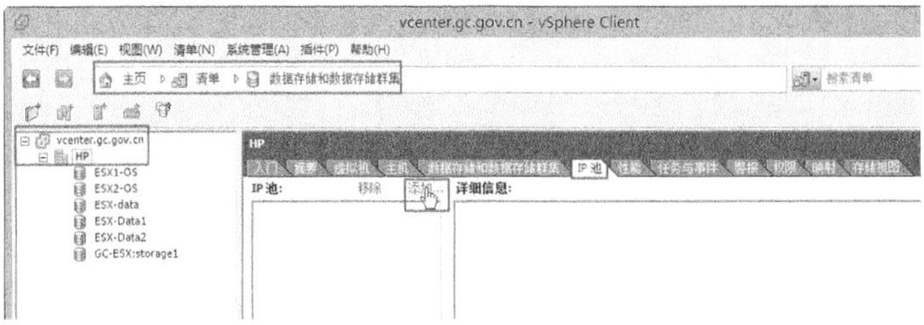

图 4-22　添加

（4）在“DHCP”选项卡中，选中“IPv4 DHCP 存在”，如图 4-24 所示。

（5）在“DNS”选项卡中，输入网络中 DNS 域名及 DNS 服务器的地址，如图 4-25 所示。

（6）在“关联”选项卡中，选择此 IP 池所关联的网络，在此选择 VLAN1005，然后单击“确定”按钮完成设置，如图 4-26 所示。

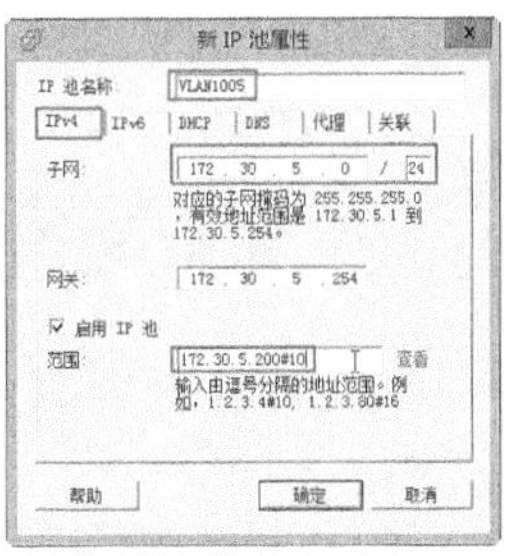

图 4-23　IP 池

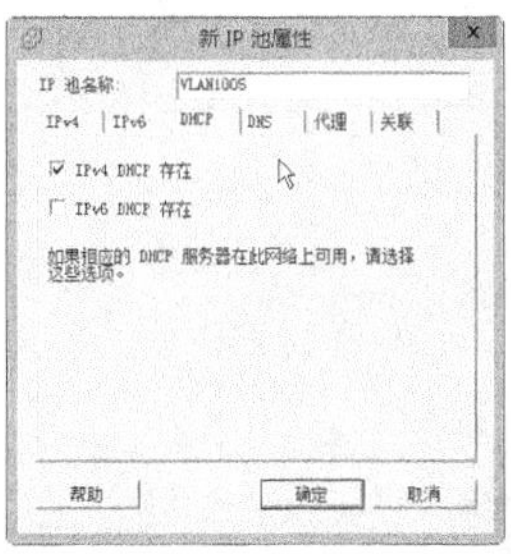

图 4-24　DHCP

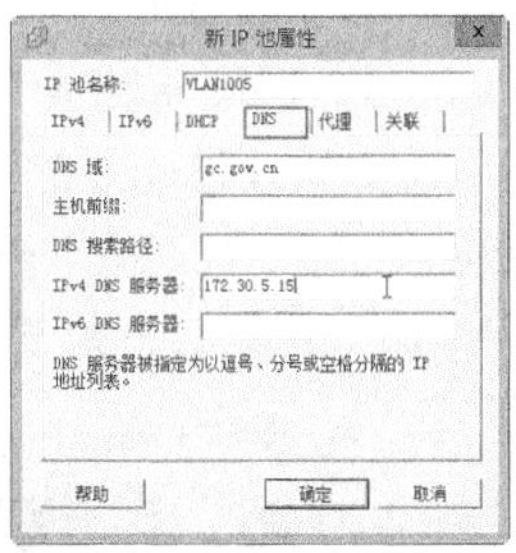

图 4-25　DNS

图 4-26　关联

设置之后如图 4-27 所示。

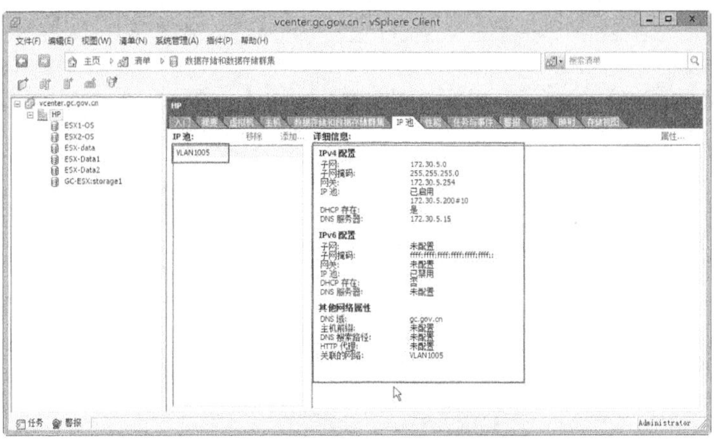

图 4-27　添加的 IP 地址池

之后再启动 VMware vCenter Operations Manager 的 APP，如图 4-28 所示。

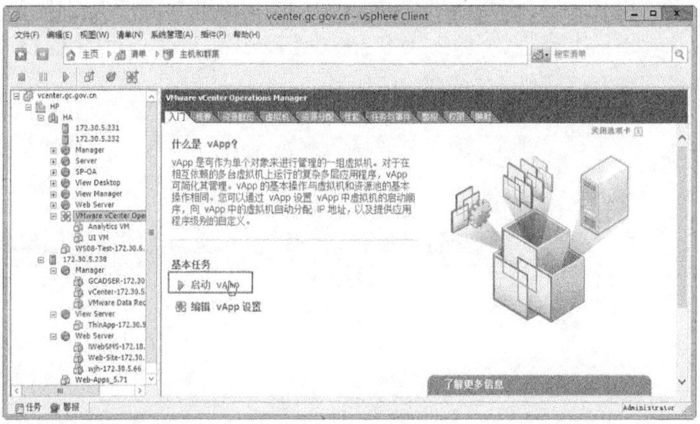

图 4-28　启动 VMware vCenter Operations Manager 相关虚拟机

然后退出 vSphere Client，稍后重新登录 vSphere Client。

4.3.5　启动 VMware vCenter Operations Manager 初始设置向导

等 VMware vCenter Operations Manager 的两个虚拟机启动之后，在 IE 浏览器中，登录 VMware vCenter Operations Manager 的 UI 虚拟机的管理地址（本示例为 https://172.30.5.28/admin），并使用用户名 admin、密码 admin 登录，如图 4-29 所示。

在首次登录时将打开“初始设置向导”对话框，下面介绍登录向导。

（1）在“虚拟设备详细信息”对话框，输入宿主 vCenter Server 的地址、管理员账户及密码，并输入 Analytics VM 的地址 172.30.5.29，如图 4-30 所示。

图 4-29　登录 VMware vCenter Operations Manager 主应用程序

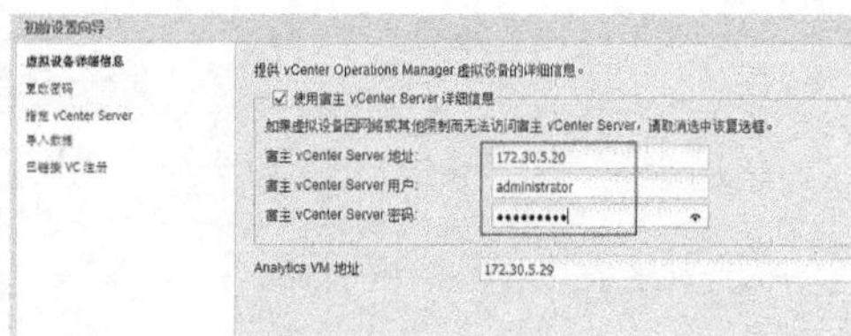

图 4-30　vCenter Server 详细信息

（2）在“安全警示”对话框，单击“是”按钮，信任 vCenter Server 服务器的证书信息，如图 4-31 所示。

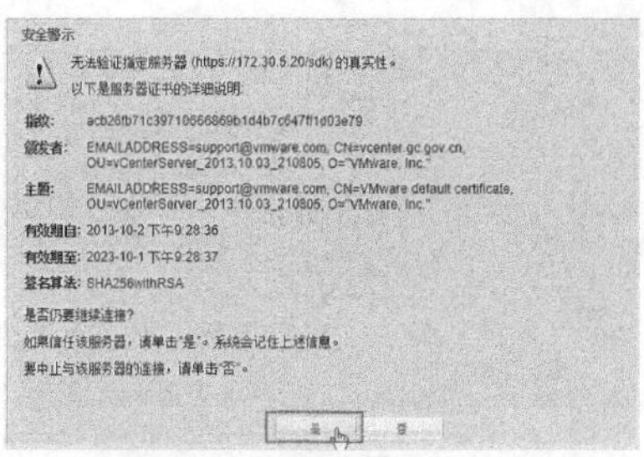

图 4-31　信任 vCenter 证书

（3）在“更改密码”对话框，更改 vCenter Operations Manager 管理员密码及 root 账户密码。默认管理员账户密码为 admin，默认 root 密码为 vmware。更改密码时，密码至少需要 8 位，并且至少包含一个字母和一个数字。如图 4-32 所示。

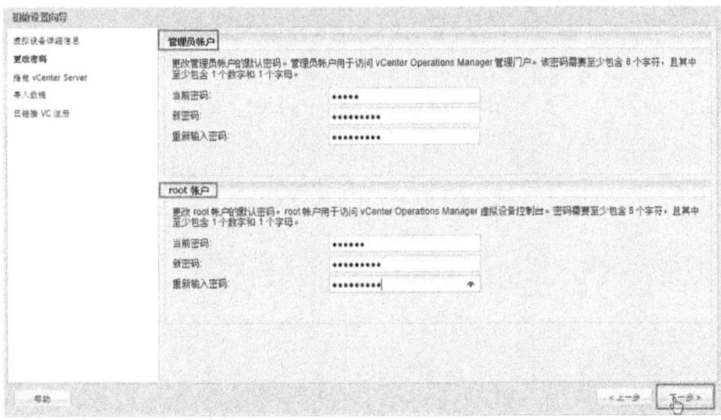

图 4-32　更改密码

（4）在“指定要监控的 vCenter Server”对话框中，输入 vCenter Server 的 IP 地址 172.30.5.20，输入 vCenter Server 的管理员账户及密码，并在“显示名称”中输入显示名称，如图 4-33 所示。

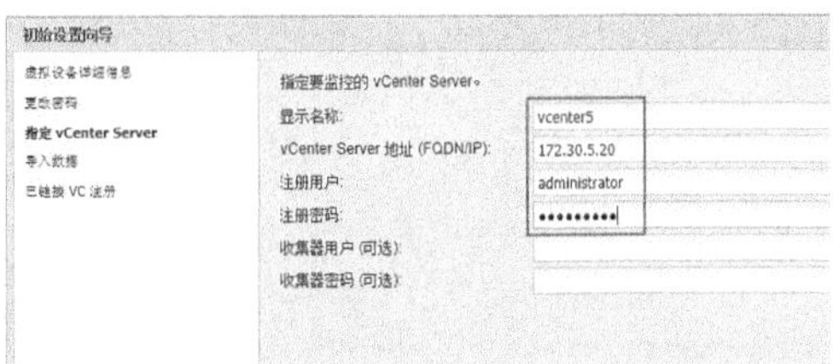

图 4-33　vCenter Server 信息

（5）之后开始链接到 vCenter Server，如图 4-34 所示。

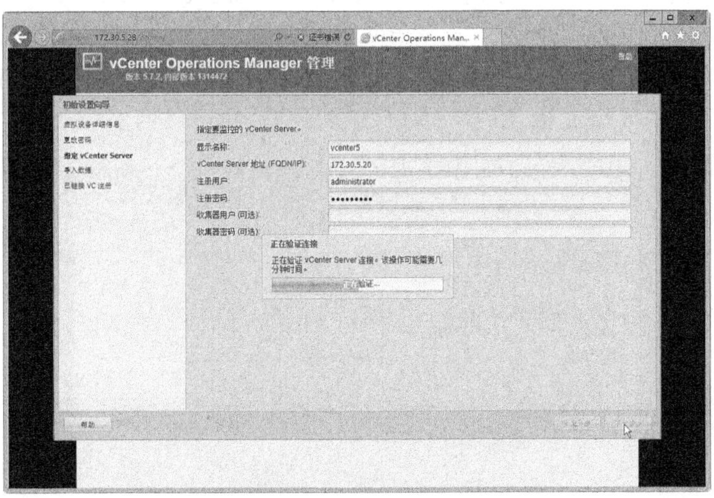

图 4-34　已经链接到 VC

（6）在弹出的“安全警告”对话框中，选中“安装此证书并且不显示针对 172.30.5.28 的任何安全警告”，然后单击“忽略”按钮，如图 4-35 所示。

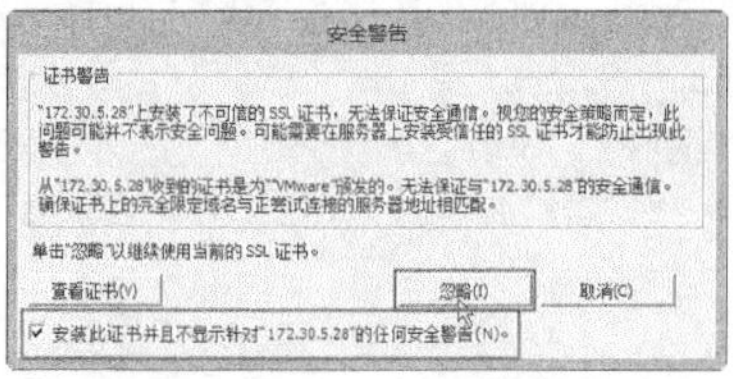

图 4-35　安全警告

（7）之后显示 vCenter Operations Manager 的管理界面，如图 4-36 所示。

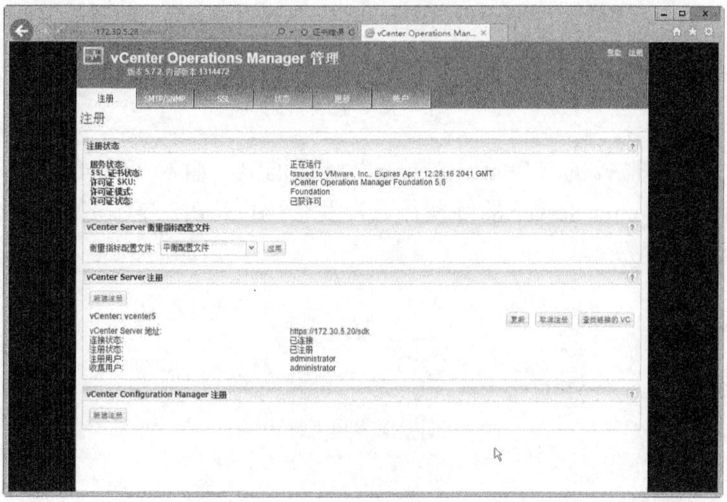

图 4-36　VMware vCenter Operations Manager 的 UI 界面

【说明】在配置好之后，并不在此界面管理 VMware vCenter Operations Manager，你需要在 vSphere Client 管理 VMware vCenter Operations Manager。如果在右上角显示“出现了常规错误”的提示，如图 4-37 所示。表示你的 VMware vCenter Operations Manager 没有添加 License，请参考“4.3.2 为 VMware vCenter Operations Manager 添加许可证”一节内容，添加许可证之后，需要登录 https://172.30.5.28/admin，即可显示正常。

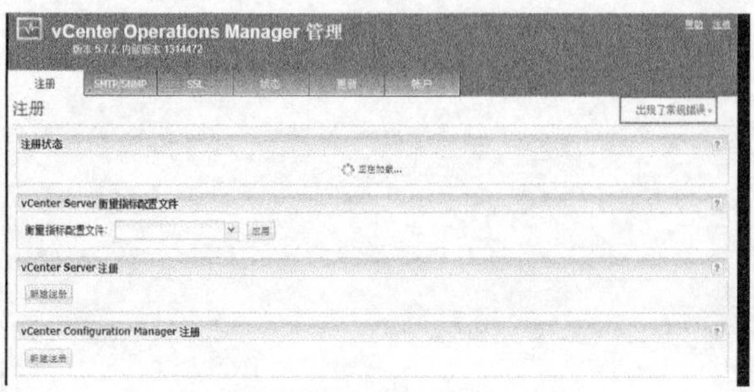

图 4-37　出现了常规错误

（8）在“SMTP/SNMP”选项卡中配置 SMTP 电子邮件服务，如果你要启用电子邮件报名功能，可以在此设置。在设置之前，你需要知道你的电子邮件服务器的 SMTP 地址、端口、SMTP 是否需要身份验证、相关的邮件账户及密码。选中“启用报告电子邮件服务”单选框，然后在“服务器地址”文本框中输入 SMTP 服务器地址，本示例使用 QQ 邮箱，在此输入 smtp.qq.com，端口为 25，然后在“默认发件人姓名”文本框中，输入发件人的姓名，在“默认发件人电子邮件”对话框，输入邮箱地址。然后选中“SMTP 服务器需要身份验证”，并输入用户名（QQ 号）及对应的密码，然后单击“更新”按钮，当设置正确时并且 VMware vCenter Operations Manager 的虚拟机 IP 地址、子网掩码、网关及 DNS 配置正确并能 Internet 到 Internet 的时候，会在右上角弹出“SMTP 服务器设置已更新”的消息，如图 4-38 所示。

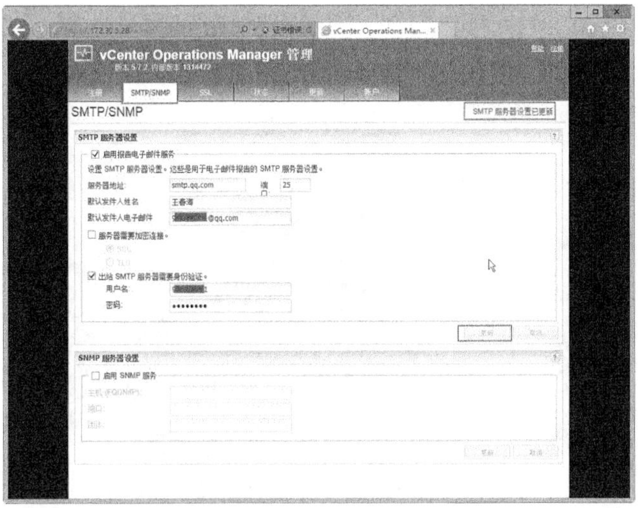

图 4-38　SMTP 服务器设置

【说明】在默认情况下，QQ 邮箱并没有启用 SMTP 发信功能，你需要登录 QQ 邮箱，在“邮箱设置”中启用这个功能，如图 4-39 所示。

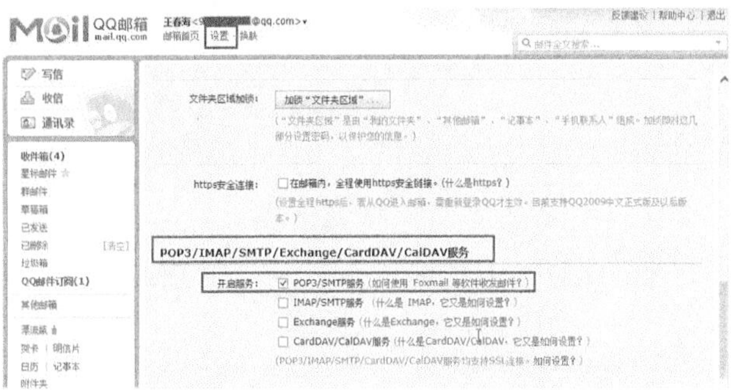

图 4-39　为 QQ 邮箱启用 SMTP 服务

在安装 VMware vCenter Operations Manager 之后，需要退出并再次进入 vSphere Client，才能在“主页”中显示该组件，如图 4-40 所示。

【说明】也可以在 IE 浏览器中，输入 https://172.30.5.28，登录进入 VMware vCenter Operations Manager，如图 4-41 所示，此为登录界面，图 4-42 所示为登录后界面。

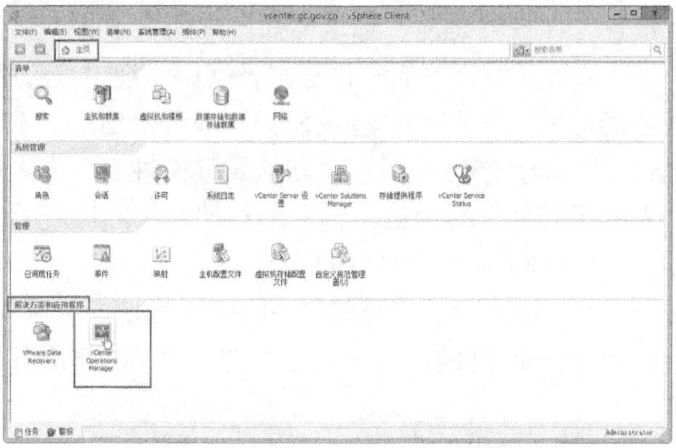

图 4-40 vCenter Operations Manager 组件

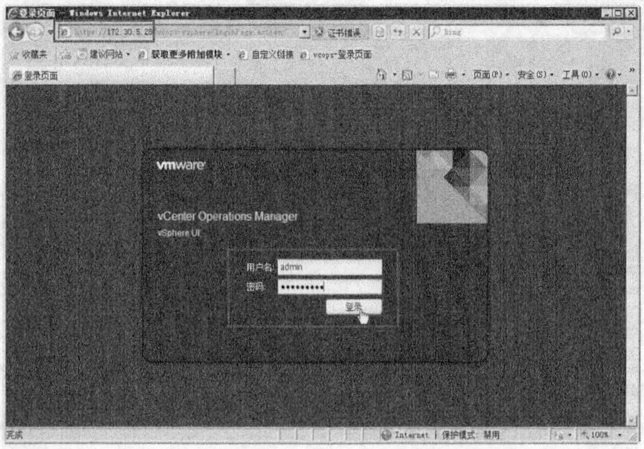

图 4-41 登录 VMware vCenter Operations Manager

进入 VMware vCenter Operations Manager 界面后，可以看到，VMware vCenter Operations Manager 控制台以直观的方式显示了当前的环境，并针对当前的环境给出一个分数，当前分数为 96。当分数越接近于 100 时，显示系统越“健康”，如图 4-42 所示。

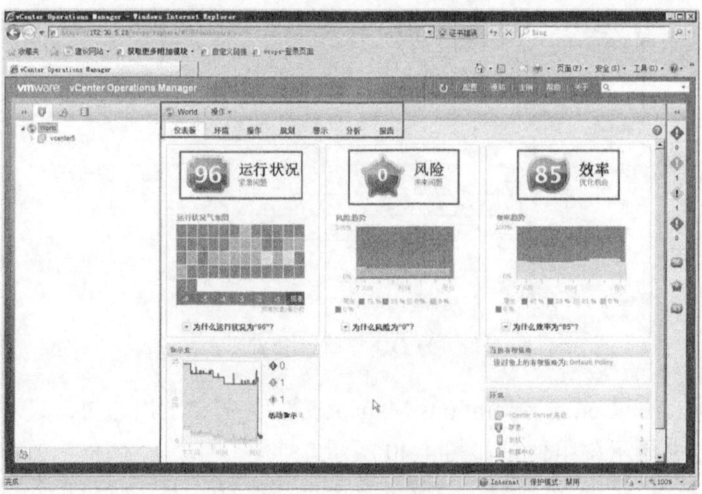

图 4-42 显示系统状态

在图 4-42 中，左侧为 VMware vCenter Operations Manager 导航栏，右侧的显示选项包括“仪表板”、“环境”、“操作”、“规划”、“警示”、“分析”、“报告”等几方面内容，下面分别进行介绍。

4.4　使用 VMware vCenter Operations Manager 仪表板

“仪表板”选项卡提供了虚拟基础架构性能和状况的快速概览，在“仪表板”选项卡上看到的信息取决于管理员在导航树中选择的对象。在“仪表板”选项卡上，可以找到下列问题的答案。

- 虚拟环境是否健康？
- 应该立即解决的严重问题有哪些？
- 对象运行的强度如何？
- 环境中的工作负载是否正常？
- 异常衡量指标值和操作故障的级别是什么？
- 是否存在应当了解的潜在问题？
- 在虚拟环境中的资源耗尽之前还剩多长时间？
- 虚拟环境中有多少可用资源？
- 虚拟环境中的资源是否得到了高效利用？

VMware vCenter Operations Manager 为不同性能衡量指标计算的评分以彩色标志来表示，管理员可以展开“仪表板”上的窗格来查看有关特定标志的详细信息，还可以双击标志以深入了解并查看有关影响标志评分的衡量指标的详细信息。

4.4.1　了解导航窗格中对象类型图标

要使用 vCenter Operations Manager 监控虚拟环境，您必须了解产品中使用的图标、标志和关键衡量指标的概念，如图 4-43 所示，在 VMware vCenter Operations Manager 左侧的导航窗格中有不同的对象，并用不同的图标表示。

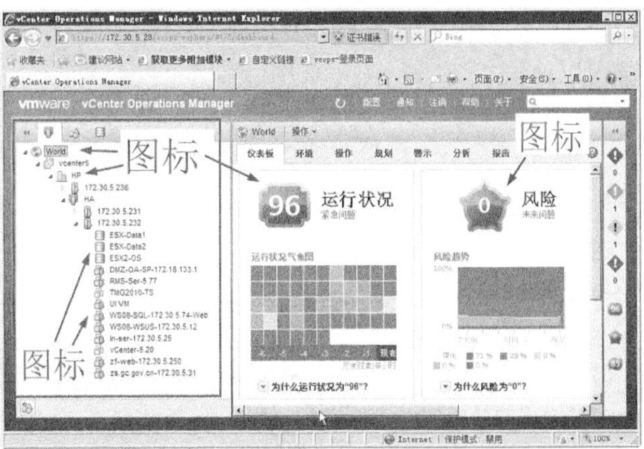

图 4-43　导航窗格

vCenter Operations Manager 监控的所有对象都列在清单窗格中，vCenter Operations Manager 会使用特定图标，以便您区分清单中的虚拟机、ESX 主机及其他对象，表 4-3 介绍了对象类型图标及其含义。

表 4-3　　vCenter Operations Manager 对象类型图标及含义

图　标	描　述
	环境 “域”对象是 vCenter Operations Manager 中所有受监控对象的逻辑容器
	vCenter Server 系统
	数据中心
	群集
	处于关闭电源状态的 ESXi 主机
	处于打开电源状态的 ESXi 主机
	数据存储
	处于关闭电源状态的虚拟机
	处于打开电源状态的虚拟机
	由 vCenter Operations Manager 或管理员创建的自定义组

在默认情况下，清单窗格中的对象按主机和群集分组，也可以从清单窗格顶部的下拉菜单中选择数据存储，来切换对象的分组方式。

4.4.2　vCenter Operations Manager 中的属性和指标

vCenter Operations Manager 将为虚拟环境中的每个对象收集数据，下面介绍 vCenter Operations Manager 的一些名词与术语。

（1）属性，vCenter Operations Manager 所收集的每个数据类型称为一个属性。例如，对于虚拟机，vCenter Operations Manager 将接收有关可用磁盘空间、CPU 负载、可用内存等的数据。

（2）衡量指标，某一特定对象的属性的实例称为衡量指标。例如，某一特定虚拟机的可用内存就是一个衡量指标。

（3）衡量指标值，对于每个衡量指标，vCenter Operations Manager 将随时间收集和存储读取到的多个值。例如，vCenter Operations Manager 服务器将收集每台虚拟机的 CPU 负载信息，并且每隔 5 分钟在屏幕上显示该信息一次。vCenter Operations Manager 所收集的每条数据称为一个衡量指标值。

衡量指标阈值是 vCenter Operations Manager 识别性能问题的基础。如果某个值超出定义的阈值，则可能表示出现性能问题。

（4）动态阈值，vCenter Operations Manager 将根据每个衡量指标的当前值和历史值为其定义动态阈值。由于常规使用和行为周期的影响，衡量指标的正常值范围会在不同日期的不同时间而有所不同。vCenter Operations Manager 将跟踪这些正常值周期并相应地设置动态阈值。较高的衡量指标值在某一时刻可能是正常的，而在其他时刻则可能表示存在潜在问题。例如，由于要生成每周报告，因此星期五下午的 CPU 使用率较高，这是正常的。而如果在星期日早上办公室无人时也表现为相同的值，则可能表示出现问题。

vCenter Operations Manager 会不断调整动态阈值。通过新的入站数据，vCenter Operations Manager 可以更准确地定义某一衡量指标的正常值。动态阈值会为衡量指标添加上下文，以使 vCenter Operations Manager 能够区分正常行为和异常行为。

通过动态阈值，用户无需手动为成百上千的衡量指标配置硬阈值。更重要的是，它们比硬阈值更精确。通过动态阈值，vCenter Operations Manager 可以根据对象的实际正常行为（而不是根据一组随意的限制规则）来检测偏差。

分析算法计算动态阈值的初始值需要七天的时间。动态阈值将在“详细信息”页面和“记分板”页面中的使用情况衡量指标条形图下显示为线段。动态阈值线段的长度和位置取决于为所选择的使用情况衡量指标计算的正常值。动态阈值还会在“所有衡量指标”页面的使用情况衡量指标图形中显示为灰色阴影区域。

（5）硬阈值，与动态阈值不同，硬阈值是您为定义对象的正常行为而输入的固定值。除非您手动更改这些任意值，否则它们不随时间变化。您不能在 vCenter Operations Manager 的 vSphere UI 中修复硬阈值。

（6）KPI，对于对象的性能或完整性至关重要的属性在 vCenter Operations Manager 中被定义为关键性能指标（KPI）。一个关键性能指标可以是一个衡量指标，也可以是多个衡量指标的组合，是所选资源运行状况的重要指示器。在用于确定对象运行状况的计算情形中，KPI 更为重要。KPI 性能图显示在其他用于衡量产品多个方面的衡量指标之前。

4.4.3　仪表板中的运行状况

vCenter Operations Manager 使用标志来呈现派生的衡量指标，以使您能够从更高的层次和更广泛的角度来查看虚拟环境的性能和状况。每个标志的评分是从数千个原始衡量指标和派生衡量指标进行全面汇总而得出的。vCenter Operations Manager 将对相关衡量指标的组合进行计算，以创建一个值，从而对某一对象的特定性能方面进行跟踪。

标志按一个简单的层次结构排列，在该层次结构中，次要标志的评分会影响主要标志的评分。主要标志的评分是利用其次要标志的几何加权评分进行计算的。一个主要标志中的所有次要标志的权重都相等。例如，主要标志“运行状况”包含次要标志“工作负载”、“异常”和“故障”，这些次要标志将影响“运行状况”标志的评分。

“主要标志”是其“次要标志”的函数，相对而言计算方式类似，而次要标志与主要标志不同，其计算方式差别很大。某些标志的评分是通过 vCenter Server 适配器进行计算的，而另一些标志的评分则是通过 vCenter Operations 分析算法进行计算的。您可以在仪表板上查看的主要标志和次要标志的数量取决于您使用的产品版本。

vCenter Operations Manager 管理员可以更改所有标志的默认评分阈值。更改标志阈值将影响您在仪表板上看到的标志图标的颜色以及 vCenter Operations Manager 所生成的警示的数量。

登录到 vCenter Operations Manager 之后，在“仪表板”选项卡中，可以看到“运行状况”、“风险”、“效率”三个仪表板，如图 4-44 所示。

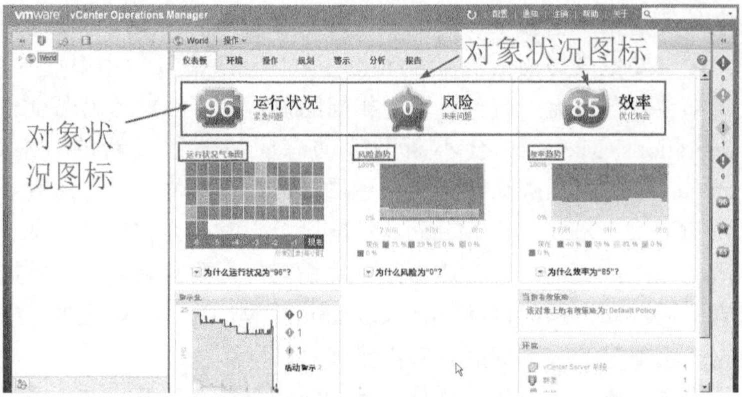

图 4-44 仪表板

单击“为什么运行状况为 XX”链接可以显示“工作负载”、“异常”、“故障”等图示，下面一一进行介绍。本节先介绍“运行状况”内容，风险与效率将在下一节介绍。

运行状况等级概述了某一清单对象的当前运行状况。

运行状况标志可以回答这样的问题：“我的系统的当前运行状况如何？”通过运行状况可以确定系统中当前存在的问题，或者需要立即解决以防止出现更大问题的问题。因此，运行状况是您应该查看的最高级别的指标，有助于您了解系统是否需要立即引起关注。运行状况标志分为以下几个子标志：工作负载、异常和故障。

vCenter Operations Manager 将使用运行状况标志所包含子标志的评分来计算运行状况评分。在运行状况评分中，故障处于首位，因为故障描述了现有问题，而“工作负载”和“异常”两者相结合才能确定性能问题。这种方法能够确保运行状况标志的评分反映对象的实际状况，而不会夸大或低估问题。

运行状况评分范围介于 0(差)和 100(优)之间。标志将根据 vCenter Operations Manager 管理员所设置的标志评分阈值来更改颜色，表 4-4 显示了运行状况对象值。

表 4-4 运行状况对象值

对象标志图标	描 述	用户操作
	对象的运行状况正常	无需任何关注
	对象存在某种程度的问题	查看[详细信息]选项卡，并采取适当措施
	对象可能存在严重问题	查看[详细信息]选项卡，并尽快采取适当措施
	对象可能无法正常运行，或者即将停止运行	查看[详细信息]选项卡，以确定最可能的问题原因，并立即采取措施
	没有可用的数据	
	该对象已脱机	

1. 运行状况气象图

运行状况气象图显示与您在清单窗格中所选对象相关的所有对象的运行状况。

清单中除虚拟机之外的所有对象都有相应的运行状况气象图。对于虚拟机，vCenter Operations Manager 将显示运行状况趋势图。

气象图中的每个正方形表示一个直接或间接连接到所选对象的相关对象，如图 4-45 所示，单击某个正方形显示该对象的名称、运行状况、工作负载等。例如，如果在清单窗格中选择了某个 ESX 主机，则运行状况气象图中的正方形数量等于清单窗格中该 ESX 主机之下所有虚拟机和数据存储的数量加上该 ESX 主机之上数据中心、vCenter Server 和域对象数量的总和。运行状况气象图中的正方形大小未设定，因此清单中的对象类型和气象图中的正方形之间不存在任何明显的对应关系。您可以使用运行状况气象图来快速地大体了解当前状况以及过去 6 小时内的变化情况。如果发现红色或黄色正方形，您可以单击该正方形导航到与其对应的对象的[详细信息]选项卡，查看有关对象运行状况的详细信息。

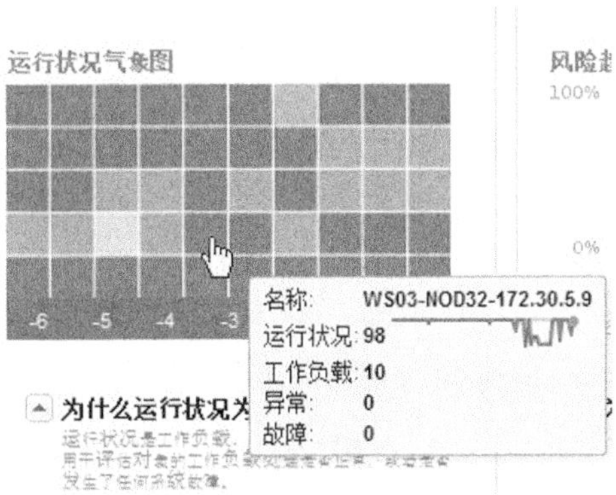

图 4-45　运行状况气象图

在默认情况下，运行状况气象图将显示当前标志值。您可以单击气象图底部的时间（–6、–5、–4、–3、–2、–1、现在）行来切换到较早的时间段。

【说明】如果选择与当前时刻相差一小时或几小时的较早时间段，则会显示受监控系统在所对应时刻的状况。例如，假设当前时间为下午 3:15，如果单击[-1]，则 vCenter Operations Manager 将显示下午 3:00 的运行状况气象图。如果单击[-2]，则 vCenter Operations Manager 将显示下午 2:00 的运行状况气象图。

2. 工作负载标志

vCenter Operations Manager 的分析算法会将反映某一虚拟机或其他对象上资源需求的衡量指标组合到一个值中，称为工作负载。这些衡量指标包括 CPU 利用率、内存使用情况等。

vCenter Operations Manager 将根据已定义的标志评分阈值使用彩色图标来指示工作负载，如图 4-46 所示，这是显示当前数据中心中“HA”群集的工作负载。

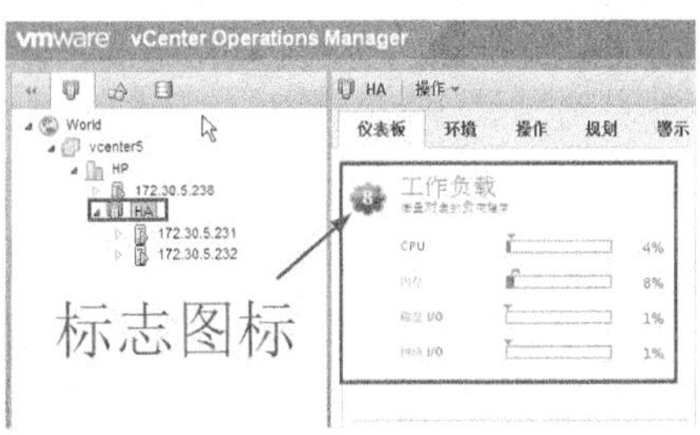

图 4-46　工作负载

工作负载评分范围介于 0（优）和 100 以上（差）之间。标志将根据 vCenter Operations Manager 管理员所设置的标志评分阈值来更改颜色。如果工作负载评分为 0，则表示该对象未在使用中。如果某个对象的工作负载评分高于 100，则表示该对象正在尝试访问的资源量超出其可以访问的资源量。在这种情况下，您可能必须为该对象分配更多资源或将某些任务移到其他对象上。表 4-5 显示了对象工作负载状况。

表 4-5 对象工作负载状况

标志图标	描 述	用户操作
	对象上的工作负载未过量	无需任何关注
	对象的某些资源工作负载较高	在“运行状况”选项卡右上方，单击“查看详细信息”图标 打开 VMware vCenter Operations Manager 用户界面。查看“详细信息”选项卡，以确定出现异常工作负载的资源
	对象上的工作负载正在接近其在至少一个区域内的容量	在“运行状况”选项卡右上方，单击“查看详细信息”图标 打开 VMware vCenter Operations Manager 用户界面。查看“详细信息”选项卡，以确定受到限制的资源，并尽快采取适当措施
	对象上的工作负载等于或超过其在一个或更多区域内的容量	在“运行状况”选项卡右上方，单击“查看详细信息”图标，打开 VMware vCenter Operations Manager 用户界面。查看“详细信息”选项卡，以确定耗尽的资源。立即采取措施，防止或纠正问题
	没有可用的数据	
	该对象已脱机	

vCenter Operations Manager 管理员可以更改标志评分阈值。例如，绿色工作负载标志可以指示评分低于 80，而不是默认的 85。

3. 异常标志

异常评分表示根据对象的历史衡量指标数据反映的对象行为异常程度。vCenter Operations Manager 将计算为某一对象收集的每个衡量指标的动态阈值。此外，vCenter Operations Manager 还会分析违反动态阈值的衡量指标数，以确定违反阈值的趋势和正常级别。根据这些趋势，并使用所选对象及其子对象的所有衡量指标的阈值违反总数来计算异常评分。图 4-47 显示了某系统的“异常”显示截图，当前系统异常显示为 10，这表示系统处于比较优秀的范围之内。

如果异常评分较低，则表示对象正在按照其既定的历史参数运行。大多数或所有的对象衡量指标（尤其是 KPI）均在其阈值范围之内。由于行为上的变化通常表示正在发生问题，因此，如果某一对象的衡量指标超出所计算的阈值，则该对象的异常评分会升高。如果更多衡量指标违反阈值，异常将继续增加。与违反非 KPI 衡量指标相比，违反 KPI 衡量指标会使异常评分增加更快。如果异常数较多，则指示出现问题，或者至少指示存在需要引起您注意的情况。

异常和工作负载不同，工作负载用于计算某一对象的实际运行强度绝对值，而异常则计算该对象的运行行为与正常行为之间的偏差。在搜索性能问题并对其进行故障排除时，工作负载和异常都很有用。

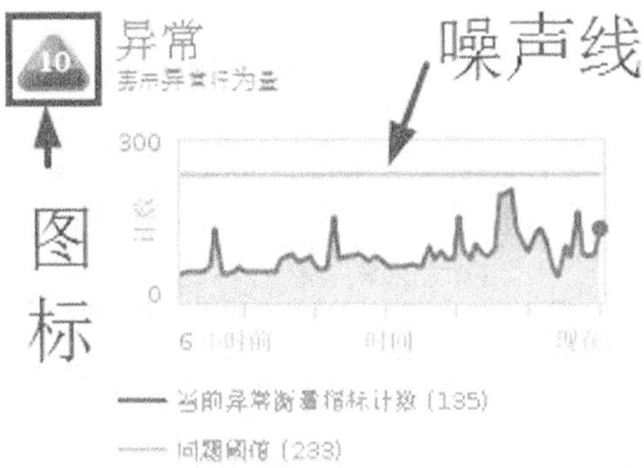

图 4-47　异常

异常评分范围介于 0（优）和 100（差）之间。标志将根据 vCenter Operations Manager 管理员所设置的标志评分阈值来更改颜色。表 4-6 显示了对象异常状况。

表 4-6　对象异常状况

标志图标	描　　述	用户操作
	异常评分正常	无需任何关注
	异常评分超出正常范围	查看“详细信息”选项卡，以确定异常数量异常的原因，并采取适当措施
	异常评分非常高	查看“详细信息”选项卡，以确定异常行为的原因，并尽快采取适当措施
	大多数衡量指标超出其阈值。该对象可能无法正常运行，或者可能即将停止运行	查看“详细信息”选项卡，并立即采取措施来避免或更正问题
	没有可用的数据	
	该对象已脱机	

vCenter Operations Manager 管理员可以更改标志评分阈值。例如，绿色异常标志可能指示评分低于 60，而不是默认的 50。

在“异常”图示中，还显示“异常图形”与“噪声线”。异常图形可通过可视化的形式对具有异常值的衡量指标的实际数量和通过计算得出的所允许数量进行比较。

vCenter Operations Manager 中的任何对象都具有成百上千个与其关联的已收集衡量指标。这些衡量指标中的任何一部分都可能随时出现异常，或者与这些衡量指标的估算正常值有所偏差。当前具有异常值的衡量指标数量以蓝点显示在异常图形的右侧。蓝线表示最近 6 小时内的异常衡量指标数量。

vCenter Operations Manager 将采用一种算法确定某个对象的多少衡量指标经常出现异常，并为该对象创建噪声线。噪声线有助于您消除对象的各种异常或日常噪声。因此，对象越活跃，其噪声级别越高。

【说明】在异常图形中，噪声线以灰线表示，如图 4-47 中 300 下面的一条横线。

如果异常衡量指标计数的蓝色线远远低于噪声线，则异常级别为正常。如果异常衡量指标计数的蓝色行接近噪声线或在噪声线之上，则该对象的运行状况可能正在下降。

4. 故障标志

故障标志用于量化选定对象出现问题的严重性。故障评分根据 vCenter Server 发布的事件进行计算。该评分包括多种事件，例如，“网卡或 HBA”中冗余丢失、内存校验和错误、HA 故障切换问题、CIM 事件等。之所以将故障包括在运行状况评分中，是因为它们需要立即解决，而构成风险评分的项目可能不会立即产生影响，但仍需要您予以关注。

vCenter Operations Manager 中的每个资源都有故障评分，范围为从 0（无故障）到 100（严重故障）。评分根据基础问题的严重性进行计算。如果资源存在多个故障相关问题，则故障评分根据最严重的问题进行计算。故障评分越高，得出该资源的运行状况越差。解决由故障表示的问题后，将还原资源的运行状况评分。

【说明】 vCenter Operations Manager 将使用属于域清单的 vCenter Server 系统、ESX 主机和群集以及数据存储的故障评分来计算域对象的故障评分。因此，一个 vCenter Server 的故障评分为 100，而另一个 vCenter Server 的故障评分为 0，不一定会使环境对象的故障评分为 50。域对象的最终故障评分还取决于环境中数据存储、ESX 主机和群集的数量，以及这些对象的故障评分。在计算环境对象故障评分时，不会考虑虚拟机的故障评分。

故障评分范围为 0 到 100 之间，标志将根据 vCenter Operations Manager 管理员设置的标志评分阈值改变颜色。例如，绿色故障标志可能表示评分低于 40，而不是评分低于 25（系统默认设置）。

与 vCenter Operations Manager 中的其他标志不同，故障标志不会根据阈值评分生成警示。而是每个问题都会生成其自己的故障警示，解决问题后既会清除或取消警示，又会降低标志评分。如图 4-48 所示，这是当前系统“故障”标志。

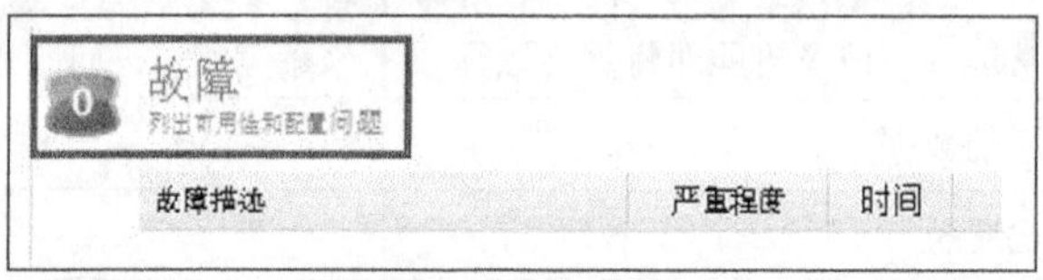

图 4-48　故障

在图 4-47 的“故障”显示中，图标有 6 种状态，如表 4-7 所示。

表 4-7　对象故障状况

标志图标	描　　述	用户操作
	所选对象上未注册任何故障	无需任何关注
	所选对象上已注册重要性较低的错误	查看“详细信息”选项卡，以查找详细信息，并采取适当措施
	所选对象上已注册重要性较高的故障	查看“详细信息”选项卡，以查找有关所报告故障的详细信息，并尽快采取适当措施
	所选对象上已注册重要性为严重的故障	查看“详细信息”选项卡，以查找有关所报告故障的详细信息，并立即采取措施来避免或更正问题
?	没有可用的数据	
×	该对象已脱机	

5. 运行状况趋势图

对于虚拟机对象，vCenter Operations Manager 将在“运行状况”标志下显示运行状况趋势图，如图 4-49 所示，在左侧窗格中选择一个虚拟机，在右侧“运行状况”标志下显示“运行状况趋势图”。

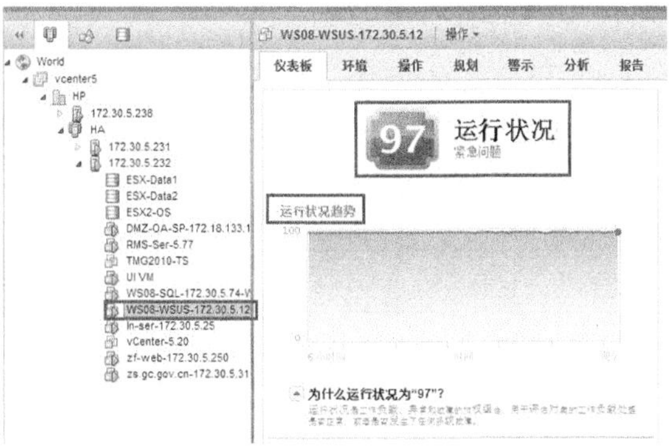

图 4-49　运行状况趋势图

您可以使用运行状况趋势图来快速地大体了解虚拟机的当前状况，并查看过去 6 小时内的变化情况，但无法更改或操作该图。要调查趋势，请导航到对象的“操作”选项卡下的“详细信息”选项卡，以查看有关对象运行状况的详细信息。

4.4.4　仪表板中的风险标志

风险标志用于指示可能会最终降低系统性能的潜在问题。风险并不一定意味着当前存在问题。风险所指示的是近期可能需要您引起注意的问题，但该问题并不紧急。

vCenter Operations Manager 将使用风险标志所包含的子标志的评分来计算风险评分。计算风险评分所应用的公式与计算几何加权平均值的公式相反。

对象的整体风险评分范围介于 0（无风险）到 100（严重风险）之间。标志将根据 vCenter Operations Manager 管理员所设置的标志评分阈值来更改颜色，如图 4-50 所示。

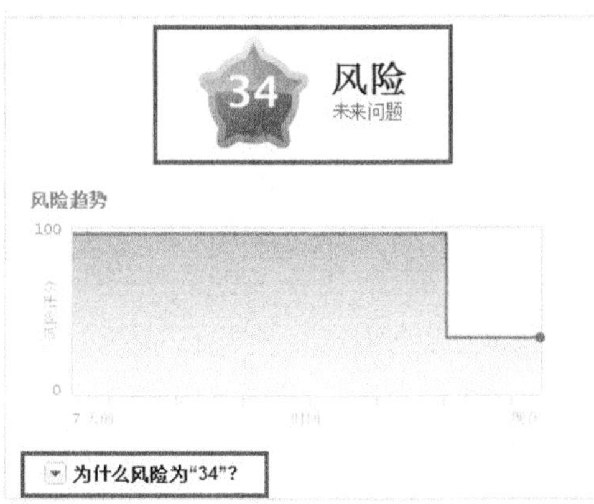

图 4-50　风险标志

图 4-50 中的风险标志图标有 6 种，其图标与描述如表 4-8 所示。

表 4-8 对象风险状况

标志图标	描　述	用户操作
	所选对象当前不存在任何问题。预计未来也不会出现任何问题	无需任何关注
	近期出现问题的概率很低，或者远期可能会出现潜在问题	导航到“记分板”选项卡，以检查可能会耗尽的资源，并筹划适当的措施
	目前可能会出现较严重的问题，或者在不远的将来可能会出现问题	导航到“记分板”选项卡，以检查即将耗尽的资源，并尽快采取适当措施
	将来出现严重问题的可能性很高，或者近期可能会出现问题	导航到“记分板”选项卡，以检查耗尽的资源，并立即采取措施来解决或防止问题
	没有可用的数据	
	该对象已脱机	

vCenter Operations Manager 管理员可以更改默认标志评分阈值。例如，绿色可以指示评分低于 30，而不是 25。

单击“为什么风险为 XX”，会显示风险详细情况，包括“剩余时间、剩余容量、紧张标志、合规性标志”等，下面一一介绍。

1. 剩余时间标志

剩余时间评分用于指示对象中的资源用尽之前剩余的时间量，如图 4-51 所示，当前系统剩余时间大于一年（左侧选中群集或某虚拟化主机）。

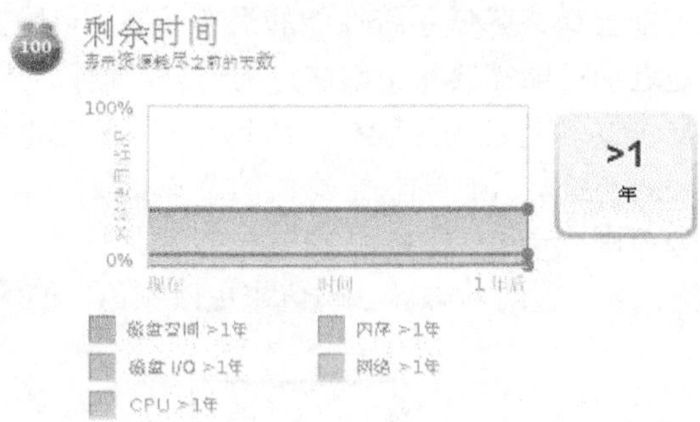

图 4-51 剩余时间

该评分是根据资源类型使用模式的历史数据按资源类型（如 CPU 使用情况或磁盘 I/O）计算的。通过剩余时间评分，您可以为所选对象规划物理资源或虚拟资源的置备，或者重新组织虚拟环境中的工作负载。

vCenter Operations Manager 将通过计算每个计算资源的剩余时间占“配置”对话框中设置的置备缓冲区的百分比来计算剩余时间评分。默认情况下，剩余时间评分的置备缓冲区为 30 天。即使其中一个计算资源的容量低于该置备缓冲区，剩余时间评分也会为 0。例如，如果置备缓冲区设置为 30 天，并且所选对象的 CPU 资源还剩 81 天、内存资源还剩 5 天、磁盘 I/O 资源还剩 200 天、网络 I/O 资源还剩一年以上，则剩余时间评分为 0，因为其中一个资源的容量低于 30 天。

剩余时间评分范围介于 0(差)和 100(优)之间。标志将根据 vCenter Operations Manager 管理员所设置的标志评分阈值来更改颜色，其颜色图标如表 4-9 所示。

表 4-9　**剩余时间状况**

标志图标	描　述	用户操作
	剩余天数远高于指定的评分置备缓冲区	无需任何关注
	剩余天数高于评分置备缓冲区，但低于所指定缓冲区的两倍	检查并采取适当措施
	剩余天数高于评分置备缓冲区，但接近所指定的缓冲区	检查并尽快采取适当措施
	剩余天数低于指定的评分置备缓冲区。所选对象可能已经用尽部分资源或即将用尽这些资源	请立即采取措施
	剩余时间评分无可用数据	
	该对象已脱机	

vCenter Operations Manager 管理员可以更改默认标志评分阈值。例如，绿色可以指示评分高于 60，而不是 50。

2. 剩余容量标志

剩余容量标志表示您的虚拟环境可以容纳新虚拟机的能力，如图 4-52 所示，表示某台虚拟化主机的剩余容量（在左侧窗格选中数据中心、群集或某台主机）。

图 4-52　剩余容量

剩余虚拟机计数表示根据最近“n”周内当前未使用资源的数量和平均虚拟机配置文件计算的可部署在所选对象上的虚拟机的数量。剩余虚拟机计数是用于计算剩余时间评分的同一批计算资源（包括 CPU、内存、磁盘 I/O、网络 I/O 和磁盘空间）的函数。

vCenter Operations Manager 将通过计算剩余虚拟机计数占可部署在所选对象上的虚拟机总数的百分比来计算剩余容量评分。

剩余容量评分范围介于 0（差）和 100（优）之间。标志将根据 vCenter Operations Manager 管理员所设置的标志评分阈值来更改颜色，详细图标如表 4-10 所示。

表 4-10

图标	描　述	用户操作
	对象的剩余容量处于正常级别	无需任何关注
	对象的剩余容量低于正常级别。检查并采取适当措施	对象的剩余容量低于正常级别。检查并采取适当措施
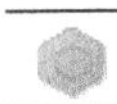	对象的剩余容量严重偏低	检查并尽快采取适当措施
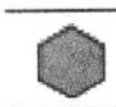	对象容量即将用尽或已经用尽	请立即采取措施
	在该时间段内，任何衡量指标均无数据	
	该对象已脱机	

3. 压力标志

紧张容量（压力）评分用于指示所选对象的历史工作负载。工作负载评分显示的是当前资源使用情况的快照，而紧张容量评分则会分析更长时间段内的资源使用情况数据。紧张容量评分是特定时间段内资源需求量与可用容量之间的比率。紧张容量评分有助于您识别未分配足够资源的主机和虚拟机，或者运行的虚拟机数过多的主机。紧张容量评分较高并不意味着当前存在性能问题，但强调将来可能会出现性能问题。图 4-53 显示的是某台主机的压力，当前压力为 0。

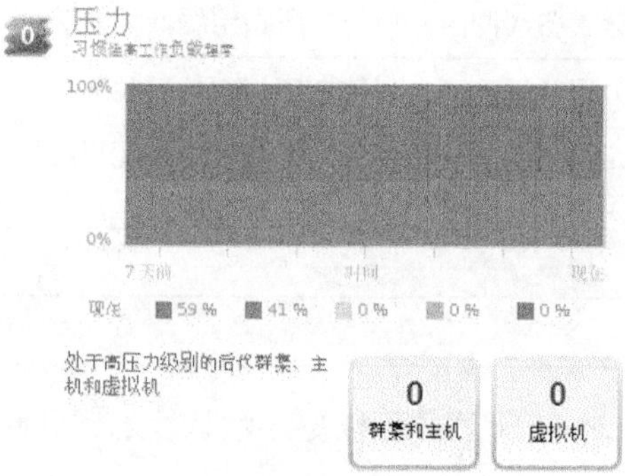

图 4-53 压力

紧张容量评分范围介于 0（优）和 100（差）之间。标志将根据 vCenter Operations Manager 管理员所设置的标志评分阈值来更改颜色，详细情况如表 4-11 所示。

表 4-11 紧张状况图标

标志图标	描　述	用户操作
	紧张容量评分正常。 无需任何关注	紧张容量评分正常。 无需任何关注
	某些对象资源不足以满足需求。 检查并采取适当措施	某些对象资源不足以满足需求。 检查并采取适当措施
	对象定期出现资源短缺问题。 检查并尽快采取适当措施	对象定期出现资源短缺问题。 检查并尽快采取适当措施
	对象中的大部分资源经常不能满足需求。对象可能会停止运行	请立即采取措施
?	紧张容量评分无可用数据	
×	该对象已脱机	

4.4.5 仪表板中的效率标志

效率标志有助于您识别系统中的优化机会。效率不会告知您有关当前或未来性能问题的信息，而是让您了解如何更高效地运行数据中心。效率标志有助于您识别优化和提高系统性能的机会，如图 4-54 所示，这是某系统的效率显示。

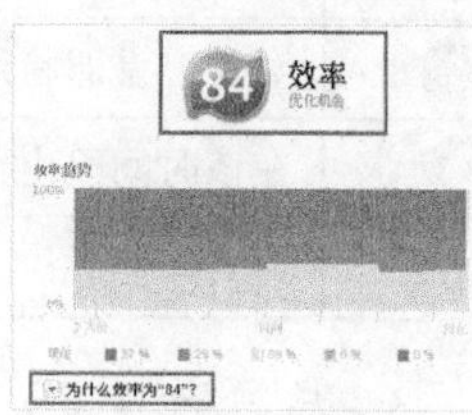

图 4-54 效率标志

效率评分范围介于 0（差）和 100（优）之间。标志将根据 vCenter Operations Manager 管理员所设置的标志评分阈值来更改颜色，效率标志的显示图标如表 4-12 所示。

表 4-12 效率标志图标

标志图标	描　述	用户操作
	所选对象上的资源使用情况处于最优状态	无需任何关注
	效率良好，但仍有改进的空间。某些资源未充分利用	在“规划”选项卡上，单击“视图”，使用为选定对象提供的视图来确定未充分利用的资源
	所选对象上的资源没有以最优的方式利用	在“规划”选项卡上，单击“视图”，使用为选定对象提供的视图来确定未充分利用的资源
	效率较差。正在浪费许多资源	在“规划”选项卡上，单击“视图”，请尝试优化资源使用情况，以避免浪费资源
?	没有可用的数据	
×	该对象已脱机	

在图 4-54 中，单击“为什么效率为 84”，会显示“可回收的废弃资源和密度标志”，下面一一介绍。

1. 可回收的废弃资源标志

可回收的废弃资源评分用于指示虚拟基础架构中或特定对象的资源置备过剩情况。可回收的废弃资源是针对环境中的每个对象的每个资源类型（如 CPU、内存和磁盘）计算的。它可以确定可进行回收并置备给环境中的其他对象的资源量。

对于组，可回收的废弃资源是指可从组中视为浪费资源（根据闲置和已关闭电源状态的策略设置确定）的虚拟机中回收的磁盘空间量。如果组不包含任何虚拟机但是包含数据存储，则即使数据存储包含浪费资源（根据“已关闭电源和闲置的虚拟机”设置确定）的虚拟机，可回收的废弃资源值也为 0。在当前的系统中，可回收的废弃资源如图 4-55 所示。

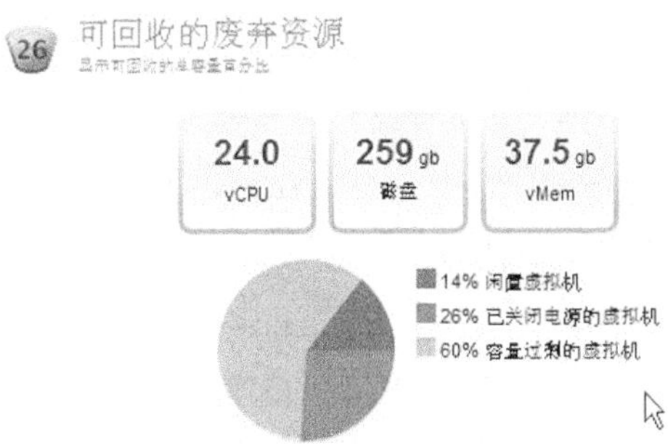

图 4-55 可回收的废弃资源

剩余时间评分范围介于 0（差）和 100（优）之间。标志将根据 vCenter Operations Manager 管理员所设置的标志评分阈值来更改颜色，如表 4-13 所示。

表 4-13 可回收的废弃资源状况

标志图标	描述	用户操作
	所选对象无资源浪费情况	无需任何关注
	某些资源可以更充分地加以利用	选择“规划”→“视图”以确定未充分利用的资源

续表

标志图标	描述	用户操作
	许多资源未充分利用	选择“规划”→“视图”以确定未充分利用的资源
	正在浪费所选对象中的大部分资源	选择“规划”→“视图”以确定未充分利用的资源
	没有可用的数据	
	该对象已脱机	

vCenter Operations Manager 管理员可以更改标志评分阈值。例如，绿色标志可以指示评分低于 50，而不是默认的 75。

2. 密度标志

密度评分表示整合比率，例如，每台主机的虚拟机数、每个物理 CPU 的虚拟 CPU 数、每个物理内存的虚拟内存量等。您可以通过密度评分实现更高的整合比例，并节省更多成本。在您了解了您的虚拟机和应用程序的行为和性能后，您可以在虚拟环境中最大程度地进行整合，而不会对性能或服务级别协议产生影响。图 4-56 显示了当前系统的密度评分，当前为 78。

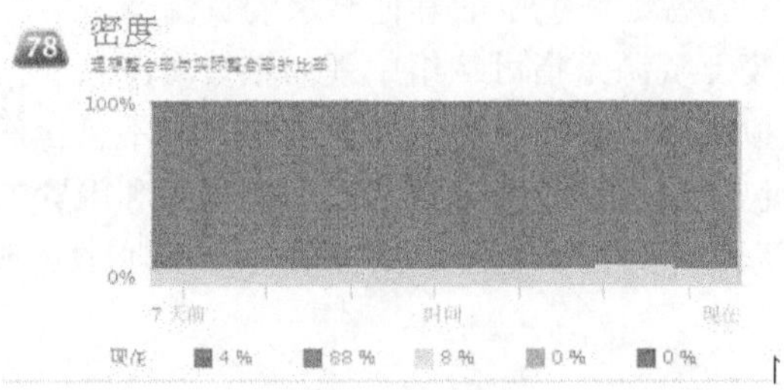

图 4-56 密度

密度评分范围介于 0（差）和 100（优）之间。标志将根据 vCenter Operations Manager 管理员所设置的标志评分阈值来更改颜色，如表 4-14 所示。

表 4-14 对象密度状况

标志图标	描　述	用户操作
	资源整合状况良好	无需任何关注
	某些资源未完全整合	选择“规划→视图”以确定资源整合机会
	多数资源的整合率较低	选择“规划→视图”以确定资源整合机会
	资源整合率非常低	选择“规划→视图”以确定资源整合机会
	在该时间段内，任何衡量指标均无数据	
	该对象已脱机	

vCenter Operations Manager 管理员可以更改标志评分阈值。例如，绿色密度标志可以指示评分高于 40，而不是默认的 25。

4.4.6　组对象的仪表板

在左侧窗格中选择组对象“ ”后在“仪表板”选项卡上显示的信息与选择清单对象（如虚拟机、数据存储和主机等）后显示的信息不同，如图 4-57 所示。

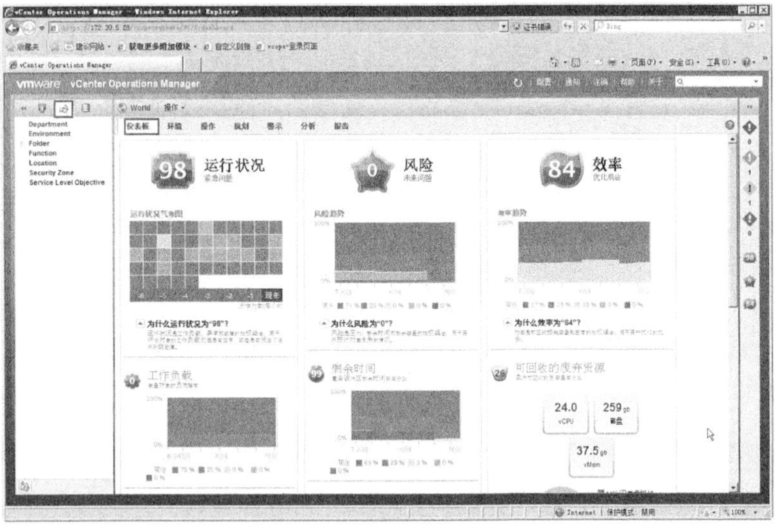

图 4-57　组对象的仪表板

在组对象的仪表板中，“效率”小组件仅包含“效率趋势”图表，“可回收的废弃资源”小组件不会显示按运行状态分布的虚拟机饼图。

“仪表板”上的某些小组件会根据组成员的不同以不同的方式显示。

（1）仅包含虚拟机的组

对于仅包含虚拟机的组，vCenter Operations Manager 不会在“仪表板”上显示“密度”小组件和“容量”小组件。“压力”小组件仅包含过去 7 天内的“压力”图表。

（2）仅包含数据存储的组

对于仅包含数据存储的组，vCenter Operations Manager 不会在“仪表板”上显示“密度”小组件、“压力”小组件和“损耗”小组件。

用于计算组对象的标志评分的算法与用于计算其他清单对象（如虚拟机和主机系统等）的评分的算法不同的。

（1）对于清单对象，标志评分是通过对为这些对象收集的衡量指标应用特定公式来计算的。

（2）而对于组对象，其标志评分则是对每个组成员的标志计算所得的基于颜色的评分的加权平均值。基于颜色的评分是使用为这些成员定义的相应阈值设置来计算的。此方法可确保组评分即是反映组成员状态的群评分。

例如，某个组包含工作负载评分分别为 20 和 80 的两个虚拟机，根据每个成员的阈值设置，对于这两个虚拟机，这些评分会转换为“绿色”。在自定义组中，组成员的工作负载颜色“绿色”对应于固定评分 0。所有成员的评分将相加，然后其总和除以组成员的数量。因此，此示例组的平均工作负载评分为 0。根据该组的默认阈值设置，工作负载评分为 0

会产生“绿色”标志。这是所需的颜色，因为根据阈值设置，各个成员均处于正常状态。

【说明】如果 vCenter Operations Manager 仅使用组成员的评分，而不是使用基于颜色的评分，则此示例组的平均工作负载评分应为 50（(20+80）/2)，根据组标志的默认阈值设置，该评分将不是“绿色”。

4.5　查看受监控环境中的成员和关系

通过“环境”选项卡可以从不同角度查看虚拟环境中的对象，如图 4-58 所示。

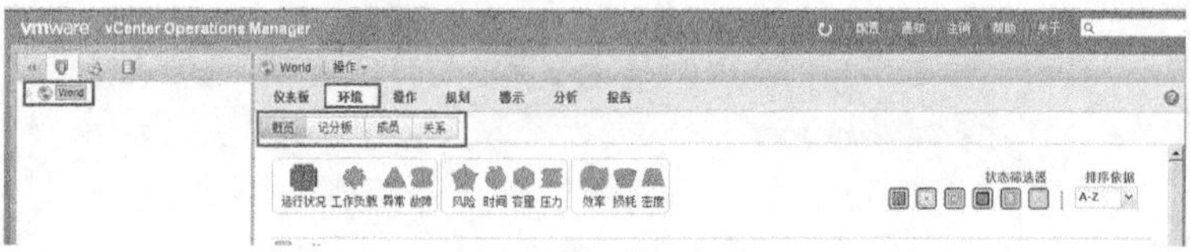

图 4-58　环境选项卡

在“环境”选项中包括“概览”、“记分板”、“成员”、“关系”四个选项卡，各个选项卡的主要意义如下。

（1）“概览”选项卡

“概览”选项卡以可视化形式按对象类型显示了您的虚拟环境总体情况。您可以单击对象，以突出显示与其相关的父对象和子对象。您可以比较相关对象的评分，以便缩小标志评分较差的可能原因的范围。

例如，如果 ESX 主机的运行状况标志为红色，但其父群集的运行状况标志为绿色，则问题源于主机本身或在此主机上运行的虚拟机。如果一个或两个虚拟机的运行状况标志为红色，则这些虚拟机可能导致 ESX 主机出现问题。因此，必须先检查这些虚拟机。如果所有虚拟机的运行状况标志均为红色，则说明主机系统存在硬件问题或无法满足在其中运行的虚拟机的要求。

（2）“记分板”选项卡

在“记分板”选项卡上，您可以查看多个衡量标准维度中的数据群，以获得有关何处出现问题以及问题原因的快速概览。记分板对于具有群的任何对象（包括组对象）非常有用。

在“记分板”选项卡上，您可以比较当前所选对象的子对象的标志值。例如，您可以使用“记分板”选项卡比较对象，并分析虚拟环境中资源的当前分布情况和可用性。

（3）“成员”选项卡

在“成员”选项卡上，您可以查看当前所选对象或组下的所有对象的列表。除了对象及其父对象的名称之外，该列表还会显示与分配给每个对象的策略相关的信息。

（4）“关系”选项卡

“关系”选项卡将显示由 VMware vCenter Infrastructure Navigator 提供的应用程序相关信息。您可以查看所选对象及其相关对象的关系图和对象属性。

4.5.1　查看虚拟环境的性能

通过“环境”选项卡下的“概述”选项卡查看虚拟基础架构的性能，以确定存在潜在性能问题的对象。您可以查看为在 vCenter Operations Manager 中进行监控而添加的 vCenter Server 上的所有对象的性能。

（1）单击“运行状况”可以查看所有受监控对象的运行状况评分（在左侧窗格中选择要监控的对象），如图 4-59 所示。

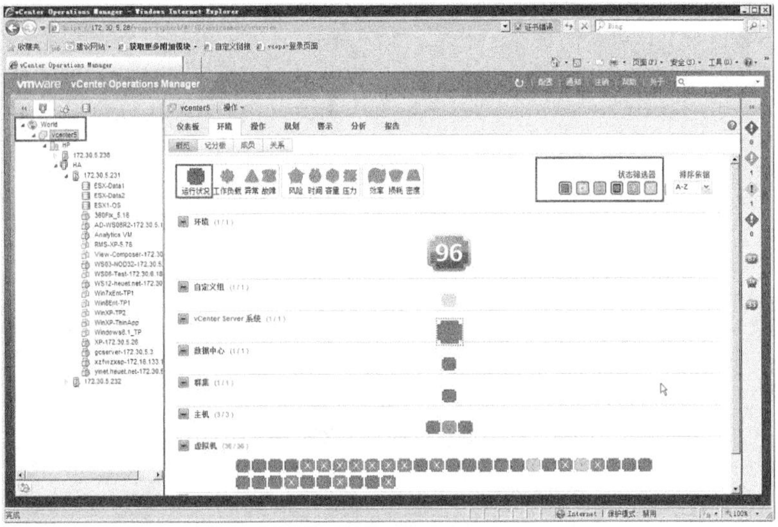

图 4-59　运行状况

【说明】要按状况筛选对象，可以使用右上角的“状态筛选器”按钮。

（2）单击“工作负载”，可以查看所有受监控对象的工作负载评分（在左侧窗格中选择要监控的对象），如图 4-60 所示。

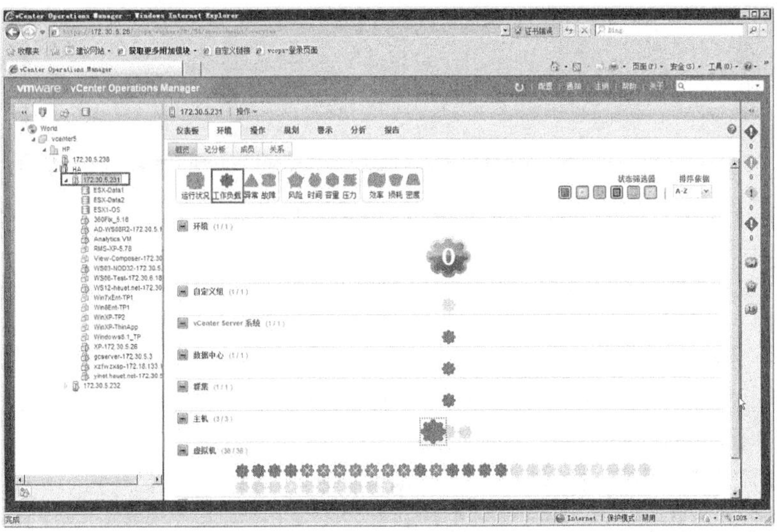

图 4-60　工作负载

（3）单击“异常”，可以查看所有受监控对象的异常评分（在左侧窗格选择要监控的对象），如图 4-61 所示。

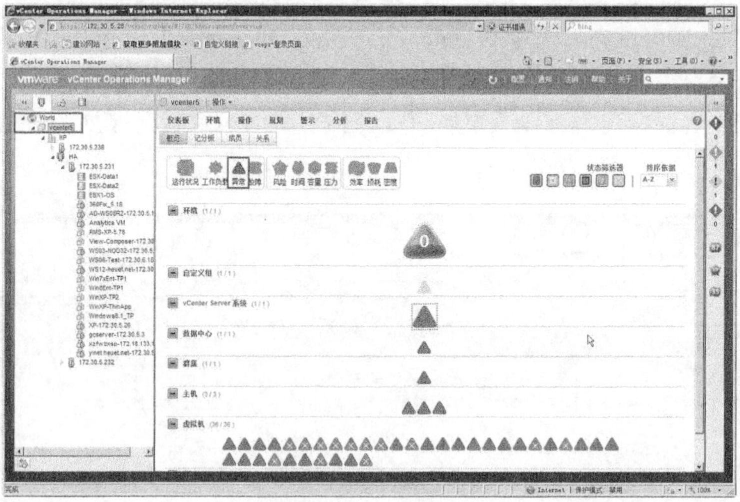

图 4-61 异常

（4）单击“故障”，可以查看所有受监控对象的故障评分，如图 4-62 所示。

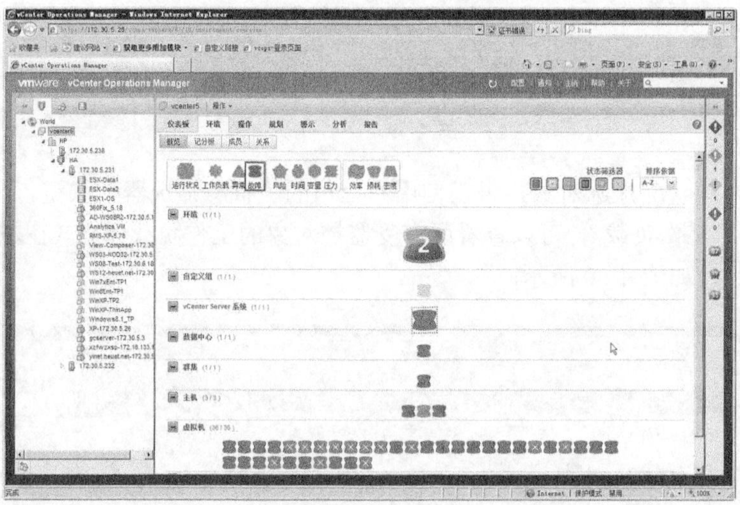

图 4-62 故障评分

4.5.2 平衡虚拟环境中的资源

您可以获得有关虚拟环境中何处存在问题、问题原因以及对象间资源分布方式的概览。

通过“环境”选项卡下的“记分板”选项卡，可以比较当前选定对象的所有子对象的性能和可用资源，并查找下列问题的答案。

- 我的虚拟环境中当前资源分布和可用性情况如何？
- 哪些主机上还有资源容纳新的虚拟机？

- 哪些主机需要负载平衡？我是否可以将虚拟机从负载较重的主机迁移到负载较轻的主机？
- 哪些子对象的运行状况、工作负载、异常和故障评分最高和最低？

在“记分板”选项卡中，“自定义概览”图表是可用于按标志值来比较对象的气泡图表。使用自定义概览图表，您可以通过 vCenter Operations Manager 收集的数据得出更好的推论，如图 4-63 所示。

图 4-63　自定义概览

该图表使用以下变量按四个维度显示数据：颜色、大小、x 轴和 y 轴。每个变量代表的值取决于“视图”下拉菜单中的选择内容。在“视图”下拉菜单中选择了“运行状况”、“风险”或“效率”时，将自动填写颜色、大小、x 轴和 y 轴的值，并且这些值无法修改。仅当在“视图”下拉菜单中选择了“自定义”时，才可指定自己的值。

您可以使用自定义概览图表上方的按钮按类型和标志状态筛选对象。通过筛选可以剖析问题并将存在该问题的对象范围缩小到特定程度。

在“记分表”中除了“自定义概览”外，还包括“成员列表”，如图 4-64 所示。

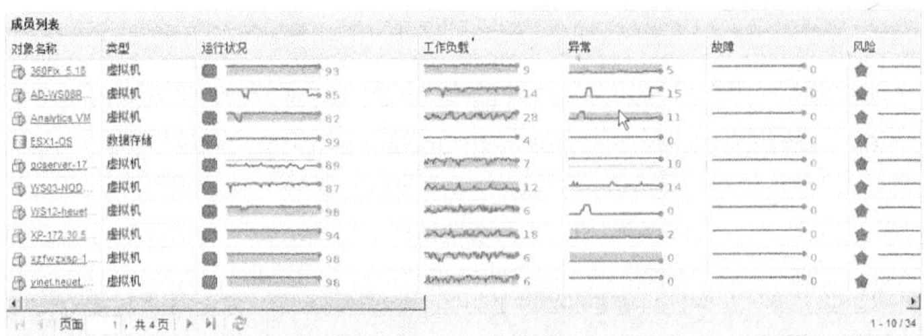

图 4-64　成员列表

成员列表会显示自定义概览图表中展示的所有对象的详细信息。该列表根据您为自定义概览图表指定的条件进行筛选。列包含对象名称、类型以及与该对象相关的所有标志的迷你图。在每个迷你图的末尾处，将以数字标签的形式显示标志的最新已知值。

您可以单击成员列表中的对象以在自定义概览图表中突出显示它们，并且可以单击自定义概览图表中的对象以在成员列表中突出显示它们。

4.5.3　查找具有可供更多虚拟机使用的资源的 ESX 主机

如果 vCenter Server 主机不使用 Distributed Resource Scheduler（DRS），则您可以使用“记分板”选项卡来检查某一群集中的 ESX 主机上的可用资源，并决定是否要在虚拟基础架构中移动虚拟机，其操作步骤如下。

（1）在左侧的清单视图中，单击包含要评估的 ESX 主机的数据中心或群集，在本示例中选择名为“HA”的群集，该群集中有两台 ESXi 主机。

（2）在“记分板”选项卡上，从“视图”下拉菜单中选择“运行状况”。在“自定义概览”图表中的彩色气泡表示联机的数据中心中所有对象的运行状况评分。x 轴表示工作负载，如图 4-65 所示。

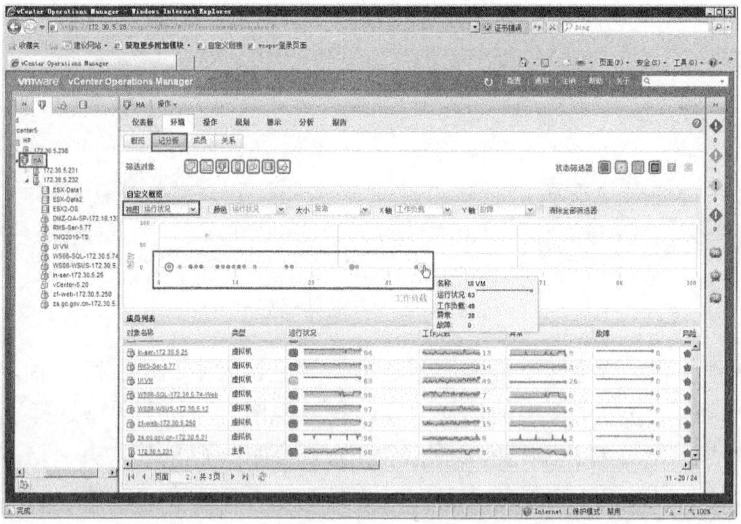

图 4-65 自定义概览

在图 4-65 中，工作负载最高的对象将显示在 x 轴右侧，用鼠标单击该气泡，可以显示虚拟机的“工作负载”及“异常状况”。如果要从“自定义概览”图表中筛选对象类型，请单击它们的图标。

（3）在“自定义概览”图表中，单击您认为可以容纳更多虚拟机的主机的气泡。通常，这应该是更接近 y 轴的 ESX 主机，单击之后该主机的名称将在“成员列表”窗格中突出显示，如图 4-66 所示。

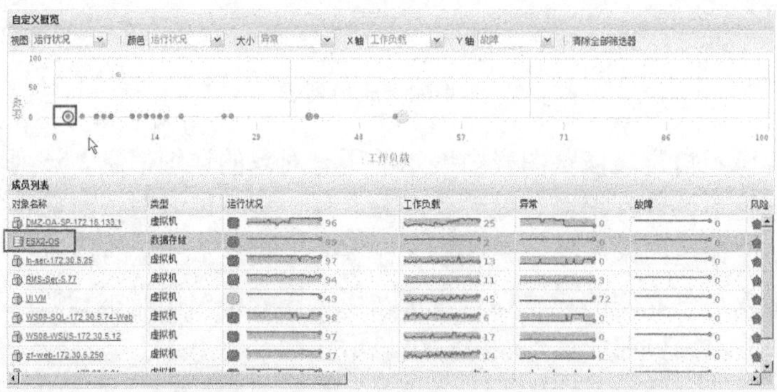

图 4-66 成员列表中显示主机（或存储）

（4）在“成员列表”窗格中，单击主机名称以打开其“详细信息”选项卡，如图 4-67 所示。

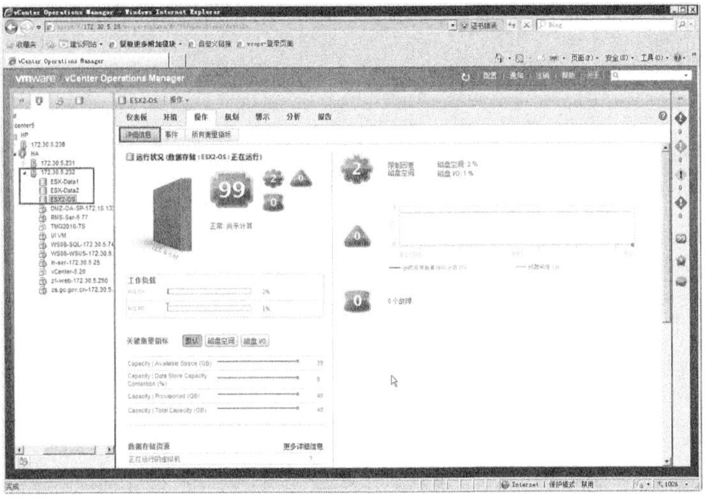

图 4-67　详细信息

在“详细信息”选项卡上，查看“资源”窗格和“工作负载”图形以评估新虚拟机的潜在容量。如果主机的一个或多个资源将要接近其限制，则您可能不希望在该 ESX 主机中添加虚拟机。如果选定的 ESX 主机具有足够的资源，则可以添加新的虚拟机。从图 4-67 中可以看到，该主机负载较轻，可以添加更多的虚拟机。

4.5.4　查看成员列表

在“环境→成员”选项卡中，可以查看属于当前选定对象或组的对象。

单击“环境”选项卡，然后单击“成员”，显示对象列表，如图 4-68 所示。对象列表包含多个列，其中显示对象名称、对象类型、父对象、父类型以及分配给对象的策略。默认情况下，将显示所有列。您可以按某一列以升序或降序对列表进行排序。您也可以隐藏或显示列。如果要按某一特定列对列表进行排序：请将鼠标指向该列标题，然后单击三角形来显示排序选项菜单。

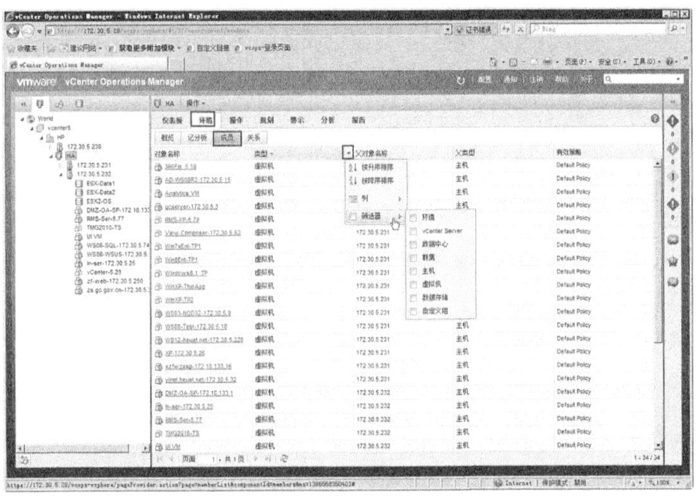

图 4-68　成员列表

4.5.5 关系概览

VMware vCenter Infrastructure Navigator 是 vCenter Server 的一个应用程序感知插件。Infrastructure Navigator 可探查 vCenter Server 内的虚拟机实体，并提供与应用程序相关的信息。

Infrastructure Navigator 与 vCenter Operations Manager 集成后，与应用程序相关的信息显示在 vCenter Operations Manager 的“环境”选项卡下的“关系”选项卡中。

“关系”选项卡将显示选定对象的关系图和对象属性。选定对象将在该图的中间区域突出显示。对于在环境中运行的所有对象，“关系”选项卡将显示有关突出显示对象的各种类型的关系。

1. 关系窗口主界面

在 VMware vCenter Operations Manager 中，在“环境”选项卡中选择“关系”，在“显示”下方显示的窗格按钮可以控制关系图中对象的外观，如图 4-69 所示。

图 4-69 窗格按钮

各窗格按钮意义如表 4-15 所示。

表 4-15 关系窗格按钮

按钮图标	按钮工具提示	描 述
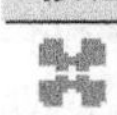	缩放为合适大小	调整视图大小，以便所有相关对象都能显示在关系图中
	进入平移模式	用于平移关系图
	指向时显示值	启用衡量指标值工具提示，以便在使用鼠标指针指向图形时显示这些工具提示
	进入缩放模式	用于通过拖动长方形以括起要放大的区域来放大关系图的相应部分
	放大	将关系图的中间区域放大一级
	缩小	将关系图的中间区域缩小一级
	重置为初始对象	将关系图和属性表窗格重置为从清单树中选择的对象
	资源详细信息	打开“操作”选项卡下的“详细信息”页面

在图 4-69 中，单击“显示”右侧的下拉菜单，选择要查看的关系，如图 4-70 所示。可用的显示关系包括以下几种。

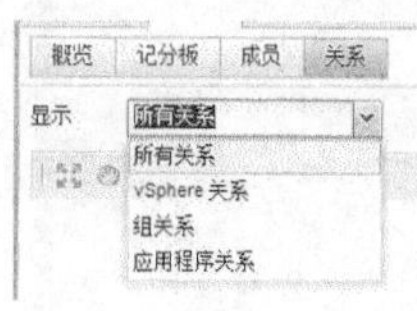

图 4-70 显示

（1）所有关系。显示所有这三种关系的总和。默认情况下，此关系呈选中状态。

（2）vSphere 关系。显示 vSphere 对象间的关系。

（3）组关系。显示相对于选定对象的组关系。

（4）应用程序关系。只有在左侧清单中选择“虚拟机”时，才会显示虚拟机和应用程序间的关系，包括“在选定虚拟机上运行的应用程序集”和“选定虚拟机所依赖的应用程序集”两种关系。

2. 查看域对象的属性

vCenter Operations Manager 用户界面可显示域对象的关系图和对象属性。域对象的属性包括“vCenter Server 系统”、“数据中心”、“群集”、“主机”、“虚拟机和模板”和“数据存储”。

在左侧清单窗格中选择某一域对象后，将会显示该域对象的关系图和属性。下面一一介绍。

（1）在左侧清单选中“标题”，会显示选择 vCenter Server 的名称，此时关系如图 4-71 所示。

图 4-71　标题

（2）在左侧窗格选中“数据中心”，会显示选定数据中心中包括的“群集”及“主机”之间关系，并显示群集中主机数量、虚拟机和模板数量、数据存储数量，如图 4-72 所示。

图 4-72　数据中心关系

（3）在左侧窗格中选中“群集”，会显示选定的群集中主机关系，以及群集中主机数量、虚拟机和模板数量、数据存储数量，还显示群集中总的 CPU 容量、内存容量，如图 4-73 所示。

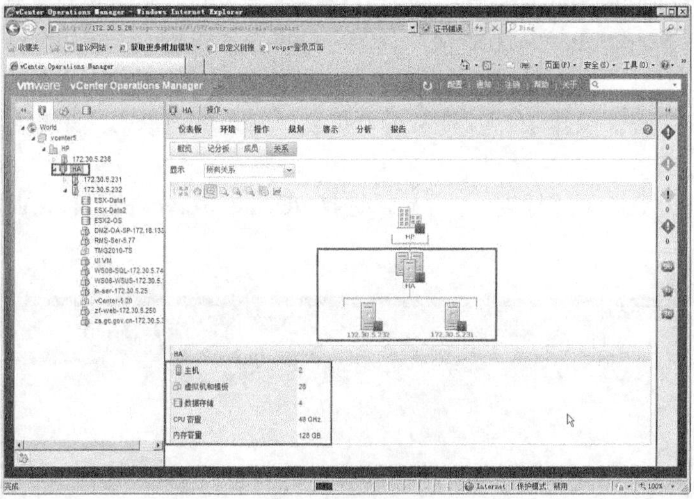

图 4-73　群集关系

（4）在左侧窗格中选中“主机”，会显示选定主机与虚拟机关系，还包括所选定主机中虚拟机和模板数量、数据存储数量，所选主机的 CPU 容量及内存容量，如图 4-74 所示。

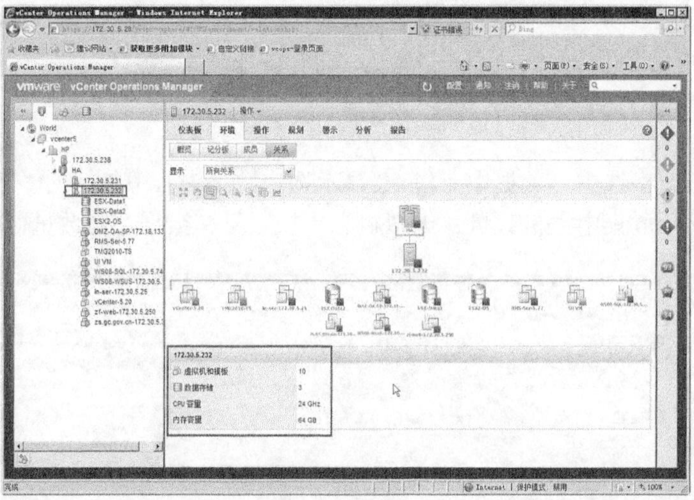

图 4-74　主机关系

（5）在左侧选择“虚拟机”，在右侧关系视图中会显示该虚拟机和所在主机、所使用数据存储的关系，并显示该虚拟机的 CPU 数量、CPU 容量、分配的内存容量，如图 4-75 所示。

（6）在左侧窗格选择“数据存储”，在右侧关系视图中会显示该存储所连接的主机、使用该存储的虚拟机，如图 4-76 所示。

【说明】也可以在左侧窗格单击“▤”，以显示“数据存储”对象的关系图和对象属性。数据存储对象的属性包括“主机”和“虚拟机和模板”，如图 4-77 所示。

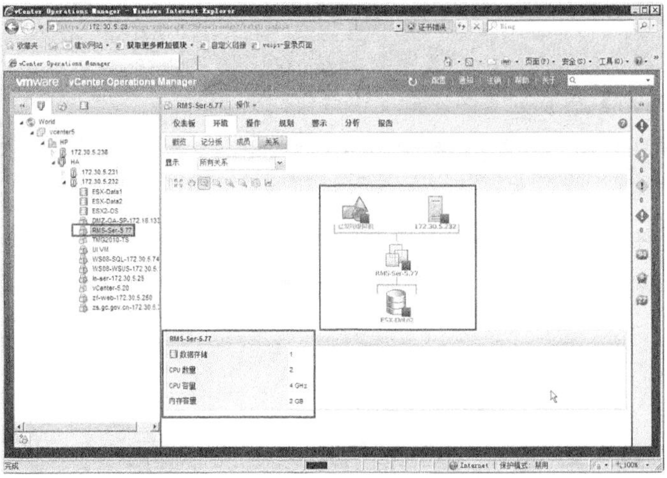

图 4-75　虚拟机关系

图 4-76　数据存储

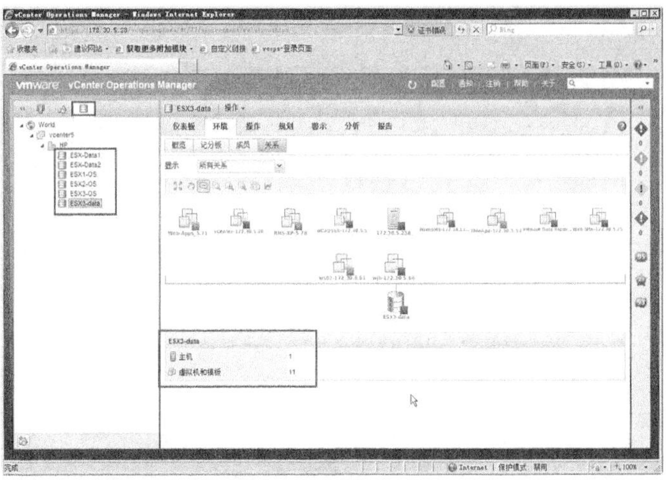

图 4-77　数据存储关系图

3. 查看组的属性

vCenter Operations Manager 用户界面可显示组的关系图和对象属性。组的属性包括“成员数”、“类型”和“更新成员资格”。

（1）在左侧单击“ ”选项卡，从中选择任何一个已发现的组，例如“已发现虚拟机”组。

（2）单击“环境”选项卡下的“关系”选项卡，此时将显示该组的关系图和属性，如图 4-78 所示。您也可以通过在关系图中双击某一组来直接选择该组并查看其属性。

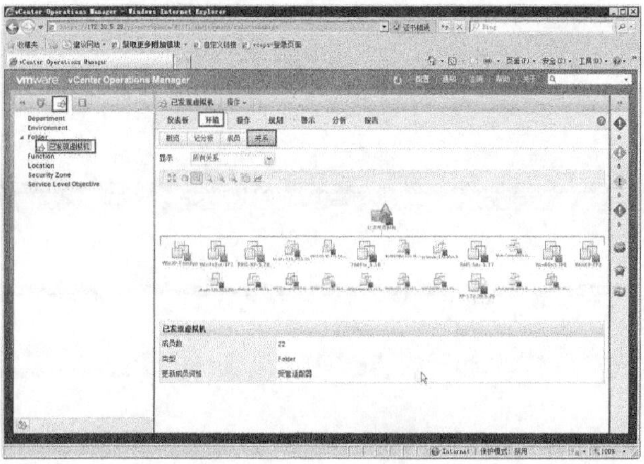

图 4-78 组关系

4.6 监控虚拟环境的操作

通过 vCenter Operations Manager，管理员可以监控虚拟基础架构的性能、识别问题、找出这些问题的根本原因以及根据收到的信息准备相应操作。管理员可以利用“操作”选项卡下的“详细信息”、“事件”、“所有衡量指标”等选项卡来回答有关虚拟环境中的当前运行状况、工作负载、异常和故障的各种问题，如图 4-79 所示为系统中某台 ESXi 主机的详细信息。

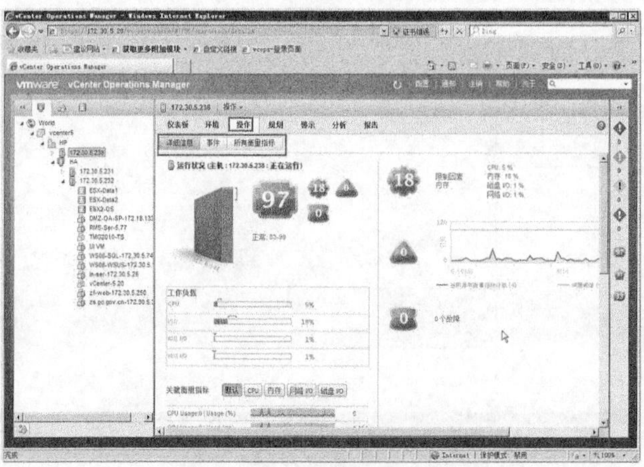

图 4-79 某主机详细信息

（1）“详细信息”选项卡

如果“环境→概览”选项卡或“仪表板”中的对象指示标志评分较低，则可以双击该对象，以导航到该对象的“详细信息”页面。“详细信息”选项卡包含所选对象及其相关父对象、同级对象和子对象的关键衡量指标的信息。可以展开页面底部的窗格，以查看详细信息。在“存储器”窗格提供了有关所选对象的存储器资源的详细信息（如图 4-80 所示），在“网络接口”窗格提供了有关所选对象的网络资源的详细信息，如图 4-81 所示。

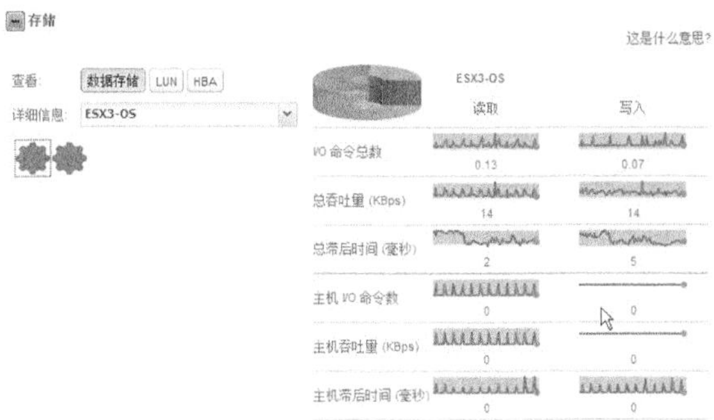

图 4-80　存储器资源

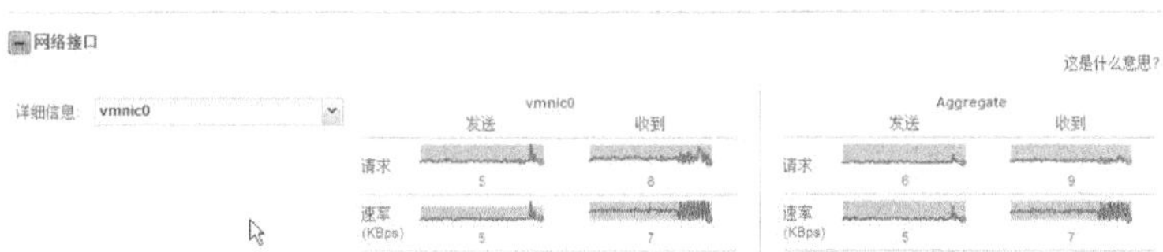

图 4-81　网络接口

（2）“事件”选项卡

“事件”选项卡包含所选对象发生的事件的图表。单击该选项卡左上角的标志“运行状况”、“工作负载”、“异常”、“故障”可以查看与所选标志相关的事件，如图 4-82 所示。

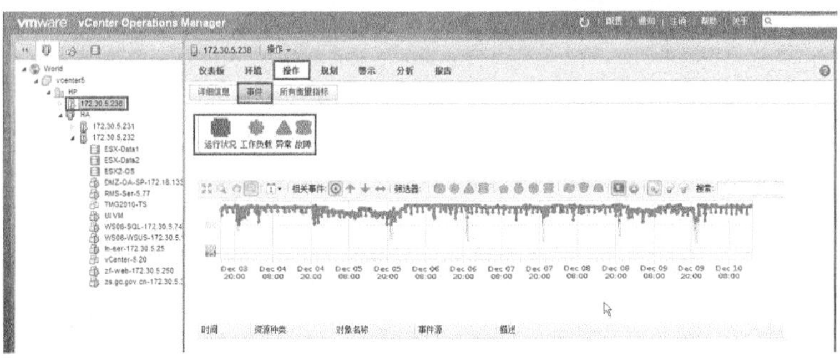

图 4-82　事件

（3）“所有衡量指标”选项卡

如果对象的“详细信息”选项卡指示某一衡量指标组出现问题，您可以导航到“操作”选项卡下的“所有衡量指标”选项卡来进一步调查，并查看影响该衡量指标组评分的各个特定衡量指标的历史值图表。

例如，ESX 主机的“详细信息”选项卡指示工作负载很高，并且“工作负载”窗格指示内存衡量指标组的值很高。要查看有关导致这些高内存值的衡量指标的更多信息，您可以导航到“所有衡量指标”选项卡并查看与内存相关的所有衡量指标的列表，如图 4-83 所示。具有异常值的衡量指标会突出显示。您可以双击突出显示的衡量指标以生成图表并查看衡量指标值随时间变化的趋势。

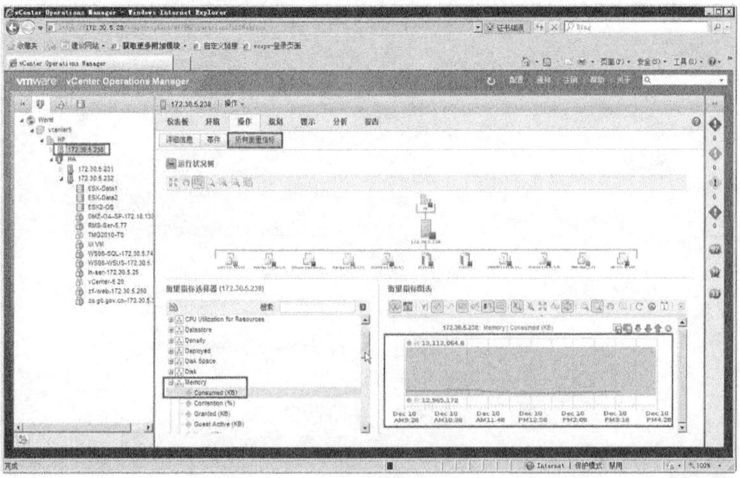

图 4-83 所有衡量指标→内存

4.6.1 查看运行状况评分的详细信息

在“操作”选项卡的“详细信息”选项卡上，您可以查看有关影响“运行状况”标志及其子标志评分的衡量指标的信息。在默认情况下显示的是“运行状况”，如图 4-84 所示。

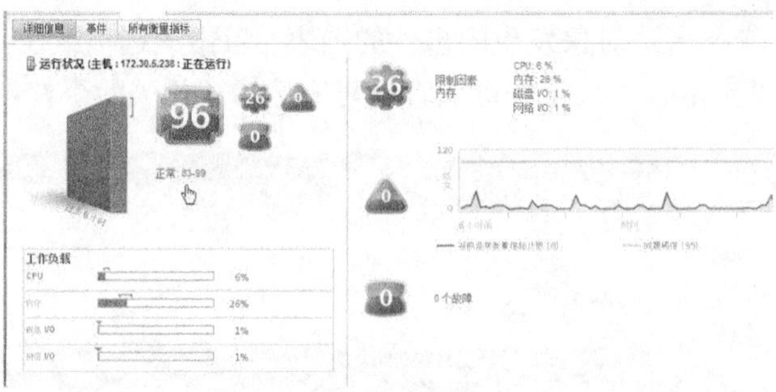

图 4-84 运行状况

【说明】在选择“工作负载”标志时，“详细信息”选项卡的右侧才会显示“限制因素”信息。根据导致工作负载评分较高的资源，“限制因素”窗格将显示有助于您识别问题的可能原因的图表和其他数据。如果“限制因素”窗格中的所有数据看起来都很正常，您应在“相关对象”窗格中搜索问题

“详细信息”选项卡的左上部分包含有关选定资源的运行状况标志及其子标志的汇总信息。历史记录图的时间段为 6 小时。在“运行状况”选项组中，可以单击不同的子标志来切换要查看的衡量指标。

（1）“”工作负载标志

例如，单击“”（工作负载）标志，会以条形图显示 CPU、内存、磁盘和网络资源的使用情况百分比，如图 4-85 所示。每个衡量指标栏上方的线段表示针对每个资源计算的正常范围或动态阈值。“资源”部分包含有关所选对象所需资源的详细信息。

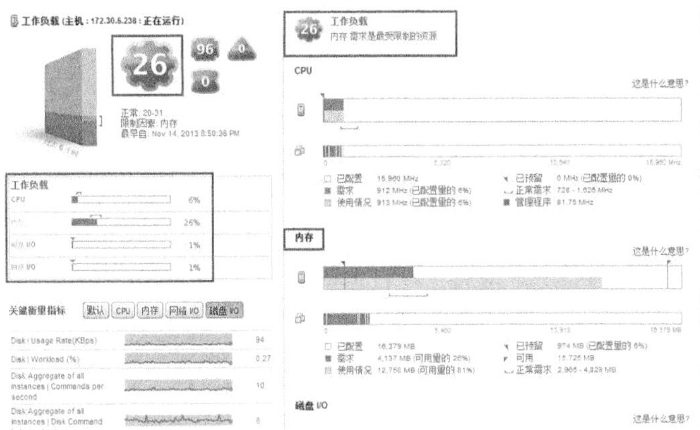

图 4-85 工作负载

（2）“”异常标志

在单击“”异常标志后，“详细信息”选项卡的右侧会显示运行状况症状列表，如图 4-86 所示。

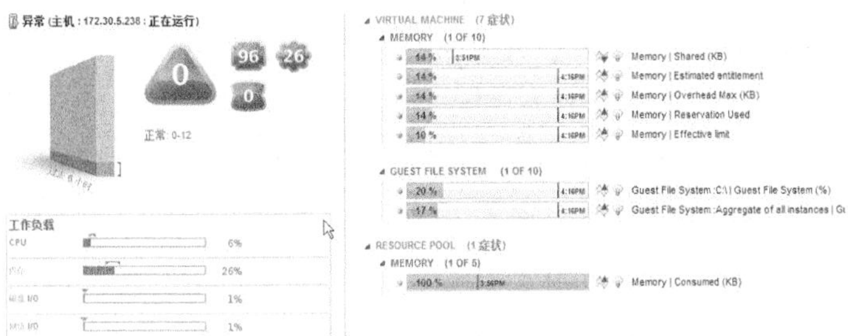

图 4-86 异常标志

您可以使用鼠标指针指向显示在“详细信息”选项卡中的衡量指标值，以查看过去 6 小时内这些值的迷你图。单击某个衡量指标的值可查看其图表，并更改此图表的时间段。

如果对象的“详细信息”选项卡指示某一衡量指标组出现问题，您可以导航到“操作”选项卡下的“所有衡量指标”选项卡来进一步调查，并查看影响该衡量指标组评分的各个特定衡量指标的历史值图表。

【说明】vCenter Operations Manager 会根据所选对象的类型显示一组不同的窗格。组对象的“详细信息”选项卡与其他清单对象（如虚拟机、数据存储、主机系统等）的[详细信息]选项卡不同。

4.6.2 诊断运行状况降级的虚拟机

如果虚拟机的运行状况较差，则可以使用“详细信息”选项卡上的字段来收集有关该问题的信息并诊断最可能导致该问题的原因，步骤如下。

（1）在左侧窗格选择一个主机或群集，在“详细信息”选项卡的左上角，单击“运行状况”标志。此时将在屏幕上显示与运行状况相关的衡量指标。历史记录图会显示最近 6 小时的运行状况衡量指标值。

（2）在“相关对象”窗格中，检查父 ESX 主机的运行状况。相关的对象可能包括下列消息。

- 父对象的运行状况已降级，这表示虚拟基础架构可能出现问题。双击父对象对应的图标以查看其“详细信息”页面。然后诊断 ESX 主机上的运行状况问题。
- 父对象的运行状况正常，表示该问题最有可能是由于虚拟机上运行的某个应用程序导致的。

（3）在“工作负载”窗格中，检查 CPU、内存、磁盘 I/O 和网络 I/O 衡量指标的值是否超出其正常工作负载范围。每个衡量指标栏上方的线段表示所选对象的衡量指标类型的正常工作负载值。

（4）在“关键衡量指标”窗格中，单击衡量指标按钮，可查看超出其正常值范围的前五个衡量指标。衡量指标按以下顺序显示：违反阈值的 KPI、违反阈值的非 KPI、其他 KPI 和其他衡量指标。您可以指向衡量指标值以查看描述和图形。

（5）单击“异常”标志，然后查看“详细信息”选项卡右侧的症状列表。

- 单击对象类型旁边的三角形符号以展开衡量指标组。对于每个组，您可以查看违反阈值的对象的数量。
- 单击衡量指标组旁边的三角形符号以展开违反阈值的衡量指标。
- 双击列出的衡量指标，以查看每个阈值违反情况的详细信息（如上节图 4-86 所示）。

在此区域根据 vCenter Operations Manager 的计算列出了可能导致运行状况变差的衡量指标。这些衡量指标按对象类型和衡量指标组进行分组。在确定了导致运行状况评分下降的衡量指标后，请将该信息提供给负责该虚拟机的人员。他们可以使用该信息来查找导致该性能问题的应用程序。

4.6.3 诊断运行状况降级的 ESX 主机

如果 ESX 主机的运行状况较差，则可以使用“详细信息”选项卡上的字段来收集有关该问题的信息并诊断最可能导致该问题的原因，操作步骤如下。

（1）在左侧窗格选择一个群集，在“详细信息”选项卡的左上角，单击“运行状况”标志。此时将在屏幕上显示与运行状况相关的衡量指标。历史记录图会显示最近 6 小时的运行状况衡量指标值。

（2）在“相关对象”窗格中，检查同级对象以查看该群集中的其他 ESX 主机的运行状况是否也较差。可能的情况包括以下两种：

- 同级对象的运行状况已降级，该问题可能是由于 ESX 主机之外的某些因素导致的，例如，共享网络资源。
- 同级对象的运行状况正常，最可能的原因是该 ESX 主机或正在该 ESX 主机上运行的一个或多个虚拟机出现问题。

（3）在“工作负载”窗格中，检查 CPU、内存、磁盘 I/O 和网络 I/O 衡量指标的值是否超出其正常工作负载范围。每个衡量指标栏上方的线段表示所选对象的衡量指标类型的正常工作负载值。

（4）在“关键衡量指标”窗格中，单击衡量指标按钮，可查看超出其正常值范围的前五个衡量指标。衡量指标按以下顺序显示：违反阈值的 KPI、违反阈值的非 KPI、其他 KPI 和其他衡量指标。您可以指向衡量指标值以查看描述和图形。

（5）单击“异常”标志，然后查看“详细信息”选项卡右侧的症状列表。

- 单击对象类型旁边的三角形符号以展开衡量指标组。对于每个组，您可以查看违反阈值的对象的数量。
- 单击衡量指标组旁边的三角形符号以展开违反阈值的衡量指标，如图 4-87 所示。
- 双击列出的衡量指标，以查看每个阈值违反情况的详细信息。

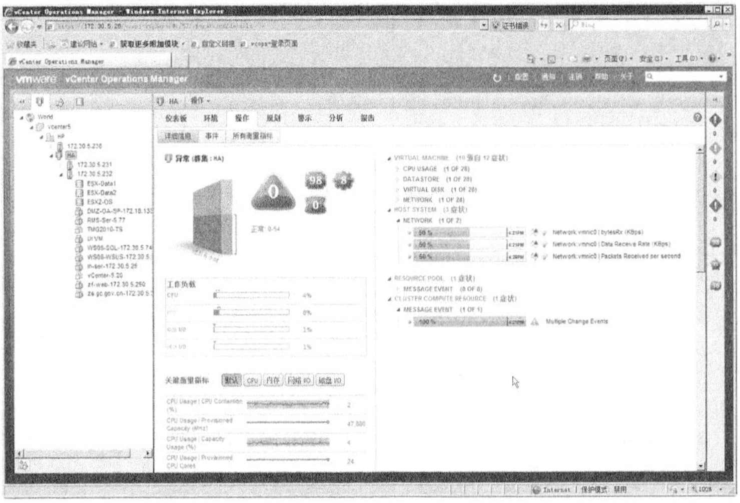

图 4-87　某群集中的“异常”详细信息

此区域根据 vCenter Operations Manager 的计算列出了可能导致运行状况变差的衡量指标。这些衡量指标按对象类型和衡量指标组进行分组。在确定了导致运行状况评分下降的对象和衡量指标后，可以使用该信息来解决虚拟配置出现的任何问题。如果某一问题与一个或多个虚拟机上的应用程序相关联，则可以将该信息传递给负责该虚拟机的人员。

4.6.4　诊断运行状况下降的群集或数据中心

如果群集或数据中心的运行状况较差，则可能是由于其中的一个或多个 ESX 主机存在问题。您可以使用[详细信息]选项卡上的字段来收集有关该问题的信息并诊断其最可能的原因，操作步骤如下。

（1）在左侧窗格选择一个数据存储，在“详细信息”选项卡的左上角，单击“运行状况”标志。此时将在屏幕上显示与运行状况相关的衡量指标。历史记录图会显示最近 6 小时的运行状况衡量指标值。

（2）在“相关对象”窗格中，检查子对象以查看群集中运行状况较差的 ESX 主机的数量，可能的情况有：

- 许多 ESX 主机的运行状况较差，该问题可能由某个共享资源所致，例如数据存储。

- 少数 ESX 主机的运行状况较差，该问题可能由本地 ESX 主机系统所致。

（3）单击“异常”标志，然后查看“详细信息”选项卡右侧的症状列表。

- 单击对象类型旁边的三角形符号以展开衡量指标组。对于每个组，您可以查看违反阈值的对象的数量。
- 单击衡量指标组旁边的三角形符号以展开违反阈值的衡量指标。
- 双击列出的衡量指标，以查看每个阈值违反情况的详细信息。

此区域根据 vCenter Operations Manager 的计算列出了可能导致运行状况变差的衡量指标。这些衡量指标按对象类型和衡量指标组进行分组。在确定导致运行状况评分降低的对象和衡量指标后，可以使用该信息来诊断和更正受影响 ESX 主机或虚拟机的问题。如果发现一个或多个虚拟机上的应用程序存在问题，则可以将信息传送给负责相应虚拟机的人员。

4.6.5 诊断具有高工作负载的对象

如果某一对象显示工作负载评分较高，则可以使用“详细信息”选项卡上有关该对象的信息来查找最可能引起该问题的原因。

在“操作”选项卡中的“详细信息”选项卡上选择了“工作负载”标志之后，vCenter Operations Manager 将显示有关选定对象所使用的资源的图表，如图 4-88 所示。

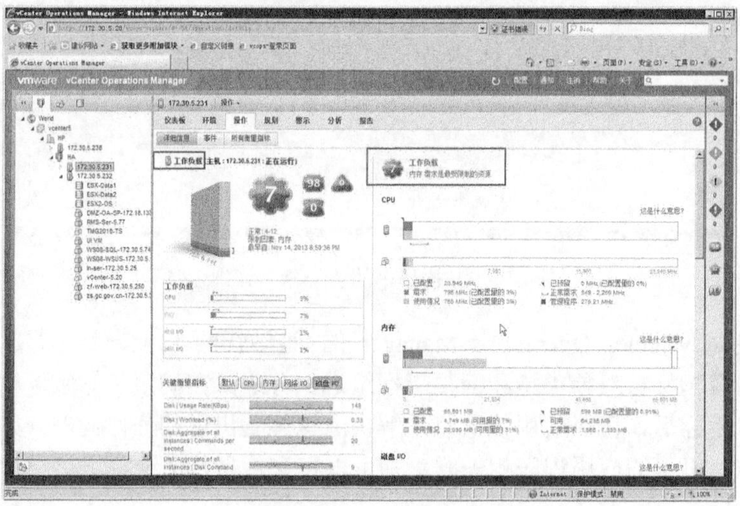

图 4-88 工作负载

要正确解释在对象的工作负载详细信息中显示的数据和图表，必须了解下列有关资源的基本概念。

（1）已配置资源量。已配置资源量是指已由用户置备或配置的资源量。请参见下列示例。

- 对于主机，已配置资源量可能是物理内存量。
- 对于虚拟机，已配置资源量可能是 vCPU 的数量。

（2）可用资源量。可用资源量是指实际可供清单对象使用的资源量。可用资源量是已配置资源量的子集，并且可能等于已配置资源量。已配置资源量和可用资源量之间的差异因资源类型的不同而有所不同，但通常是因为虚拟化开销造成的。例如，ESX 主机用于运行主机系统的内存（为虚拟机或高可用性缓冲区预留的内存量）是不可用的。

注意：此可用资源量衡量指标不适用于虚拟机。

请查看下列示例。

- 由于 VMkernel 开销，可用内存量小于已配置内存量。例如，如果为 ESX 主机置备了 16GB 的内存，则虚拟环境的可用内存量可能只有 15.5GB，因为 ESX 主机会使用一部分内存。
- 对于网络连接而言，有效链路速度可能低于网卡所能提供的速度，并且部分取决于物理交换机。例如，如果配置一个 10 吉比特的端口，并将其连接到 1 吉比特的交换机，则可用速度不会超过 1 吉比特。

可用资源量始终小于或等于已配置资源量。

（3）使用量。使用量是指对象当前消耗的资源量。使用量始终小于或等于可用资源量。

（4）需求量。需求量是指当对象不受任何附加限制时会消耗的物理资源量。对象可能会受到资源置备不足或与其他使用者争用的限制。例如，某一虚拟机可能需要 10GB 的内存，但它只能获得 5GB，因为它与主机上的其他虚拟机共享资源。

如果需求量低于使用量，则可能会浪费虚拟环境中的资源。如果需求量高于使用量，则可能会出现问题，并可能会导致延迟，并降低对象的性能。

（5）争用。争用衡量使用者之间抢占某一资源而产生冲突的效果。它可用于测量获得对资源的使用权的延迟时间或所需时间。例如，此测量值可能基于网络连接中丢弃的数据包数。

通常，当需求量或使用量接近或超过可用资源量、授权资源量或已配置资源量时，将发生争用。

（6）限制量。限制量是指对象可以获得的最大资源量。限制量的默认设置为 unlimited。

限制量用于指定按照 vCenter Server 中的配置可分配给某一对象的 CPU、内存或存储 I/O 资源的上限。限制量始终大于或等于使用量。需求量可以大于限制量。

（7）预留量。预留量是指保证对象可以获得的资源量。只有满足预留量要求，对象才可运行。预留量的默认设置为 0。

（8）授权量。授权量是指根据在虚拟化配置中为对象设置的相对优先级可由该对象使用的资源量。授权量是已配置资源量、限制量、预留量、争用以及需求量的一个函数。

注意：授权量衡量指标仅适用于虚拟机。

授权量始终小于或等于限制量，而限制量小于或等于已配置资源量。授权量始终大于或等于预留量。

1．读取 ESX 和群集的资源图

您可以单击 ESX 主机对象或群集的“详细信息”选项卡上的“工作负载”标志，以便按资源类型检查工作负载图形。图形将显示在“操作”选项卡下的“详细信息”选项卡的右半部分。

（1）读取 CPU 图形

在选择一个 ESX 主机或一个群集对象时，vCenter Operations Manager 将显示两个 CPU 条形图，如图 4-89 所示。上方的条形图显示 ESX 主机或群集上的 CPU 分配情况。您可以查看预留的 CPU 数量以及使用量和需求量等。下方的条形图显示管理程序和虚拟机对 CPU 资源的使用情况细分。

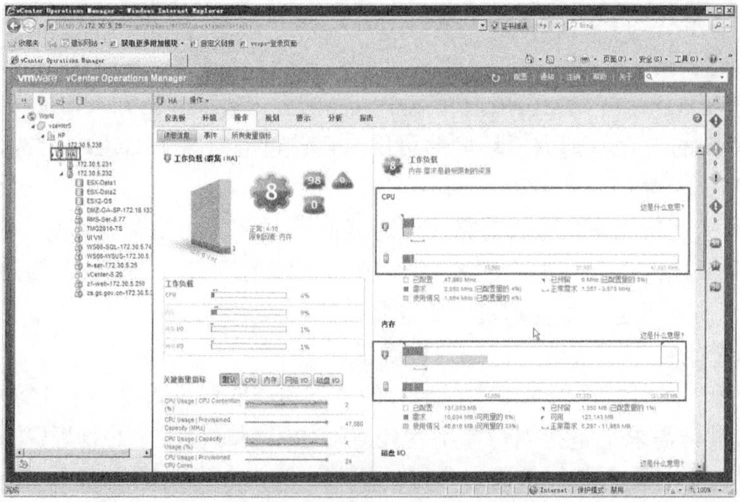

图 4-89 某群集的 CPU 与内存图形

条形图的长度表示已配置的 CPU 资源量。可用量衡量指标不适用于 CPU 图表，因为可用量与配置量相同。需求量始终大于或等于使用量。如果需求量等于使用量，则对象可以正常运行，并且不会争用 CPU 资源。如果需求量明显大于使用量，则并非所有 CPU 用户都可以获得他们所需要的资源。有多种原因可能会造成需求量大于使用量，但仍小于已配置量。

- 一台或多台虚拟机可能设置了某些资源限制。这些限制可能会强制虚拟机使用比它们所需要的资源更少的资源。如果在多台虚拟机间存在限制，则可能影响 ESX 主机上的需求量和使用量，因为 vCenter Operations Manager 会将虚拟机的 CPU 衡量指标汇总起来以构建主机的 CPU 图表。虚拟机上设置的限制会汇总到其 ESX 主机上。
- 有冲突的工作负载可能也会造成需求量大于使用量。例如，如果两台大多数时间处于闲置状态的虚拟机同时进入繁忙状态，则可能造成资源争用。

注意：ESX 服务器的 BIOS 中的 CPU 动态电源管理会导致 CPU 衡量指标出现异常。请确保将 DPM 设置为 OS 控制模式或禁用 DPM。

（2）读取内存图形

在选择一个 ESX 主机或一个群集对象时，vCenter Operations Manager 将显示两个内存图表线。上方的条形图显示 ESX 主机或群集上的内存分配情况。您可以查看内存预留量、使用量和需求量等。下方的条形图显示管理程序和子对象对内存资源的使用情况细分。

在上方的内存图形中，需求量可能低于使用量。开始可能会认为这似乎不太合理。之所以需求量可能小于使用量，是因为虚拟机占用的内存会一直保留在该虚拟机上，即使不再需要该内存也是如此。只有在其他虚拟机需要内存时，ESX 主机才会回收未使用的内存。

上方图形中的预留内存在下方图形中的虚拟机之间进行分布。因此，每台虚拟机可能都有一些预留的内存资源。下方的内存图形按虚拟机详细显示了内存使用情况。如果发现内存使用情况延伸到右端，您可以查看该使用量是由单一虚拟机使用还是由使用该内存资源的一组虚拟机使用。

2. 读取虚拟机的资源图

您可以单击虚拟机对象的“详细信息”选项卡上的“工作负载”标志，以便按资源类型检查工作负载图形。对于虚拟机对象，vCenter Operations Manager 将显示一个 CPU 图形和两个内存图形。图形将显示在“操作”选项卡下的“详细信息”选项卡的右半部分，如图 4-90 所示，这是数据中心中某台虚拟机的工作负载。

图 4-90　某虚拟机工作负载

（1）读取 CPU 图形

虚拟机的 CPU 图形长度表示 CPU 的授权量。因此，在 CPU 图形中，使用量与需求量是与授权量相比而言的，而不是为 ESX 和群集对象置备的。CPU 的需求量始终等于或大于使用量。如果需求量等于使用量，虚拟机可以正常运行，并且不会争用 CPU 资源。如果需求量高于使用量，则虚拟机正在等待 CPU 周期。

注意：ESX 服务器的 BIOS 中的 CPU 动态电源管理会导致 CPU 衡量指标出现异常。请确保将 DPM 设置为 OS 控制模式或禁用 DPM。

（2）读取虚拟内存图形

虚拟内存图形包含有关虚拟机的虚拟内存的信息。该图形上显示的数据包括在 vCenter Server 中配置的虚拟内存以及使用情况。

如果需求量低于使用量，则虚拟机具有足够的资源来运行。之所以需求量可能小于使用量，是因为虚拟机占用的内存会一直保留在该虚拟机上，即使不再需要该内存也是如此。只有在其他虚拟机需要内存时，ESX 主机才会回收未使用的内存。

如果需求量高于内存授权量，则虚拟机可能没有足够的内存资源来正常运行。您可能需要调整 vCenter Server 中的虚拟机内存配置，以增加内存容量。

如果需求量接近或高于已配置量，则虚拟机急需内存资源。您可能需要增加该虚拟机的已配置内存容量。

（3）读取物理内存图形

物理内存图形包含有关 ESX 主机系统上由虚拟机使用的物理 RAM 的信息。虚拟机使用的物理内存量取决于 ESX 主机系统上的页面共享、虚拟增长、内存交换、内存压缩和其他进程。物理内存图形包含已置备内存的数据。物理内存图形长度表示内存使用量。如果需求量高于使用量，则虚拟机需要内存资源。请考虑采取下列修复措施之一。

- 增加或移除虚拟机上设置的任何内存限制。
- 将部分同级虚拟机从 ESX 主机移动到其他主机以避免群争用，或者增加内存预留以使其等于需求量。
- 在 ESX 主机上，为虚拟机设置一个较高的内存预留，以保证虚拟机具有足够的内存来正常运行。

3. 查看受监控对象的存储器和网络资源

您可以通过“详细信息”选项卡上的“存储器和网络”窗格来查找有关受监控对象所使用的磁盘和网络资源的信息，操作步骤如下。

（1）在左侧选择主机或群集，在“详细信息”选项卡底部（移动右侧滑动块到最下方），展开“网络接口”窗格，当前选定对象所使用的网络接口将显示在“详细信息”下拉菜单中，如图 4-91 所示。

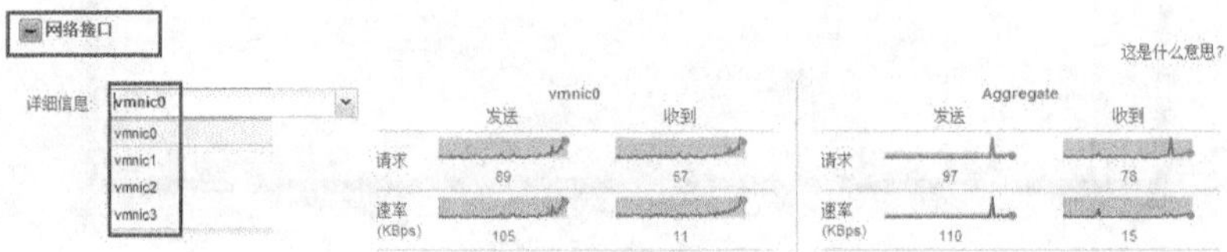

图 4-91　网络接口

（2）在“详细信息”下拉菜单中，选择一个网络接口以查看其操作的详细信息。

- 在网络衡量指标行中，单击最近的已发送和已接收数据包值，以查看这些衡量指标的图表。
- 在右侧的“汇总”窗格中，查看选定对象所使用的所有网络接口的累积值。

（3）在“详细信息”选项卡底部，展开“存储”窗格，当前选定对象所使用的存储器资源将显示在“详细信息”下拉菜单中，每个数据存储的工作负载标志显示在该下拉菜单的下方，如图 4-92 所示。

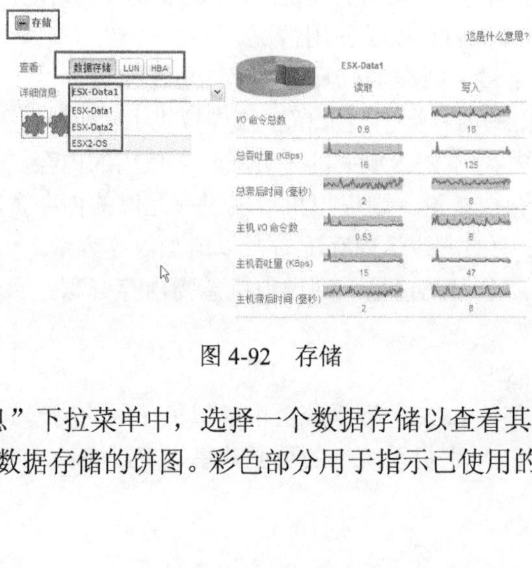

图 4-92　存储

（4）从“详细信息”下拉菜单中，选择一个数据存储以查看其操作的详细信息。

- 查看当前选定数据存储的饼图。彩色部分用于指示已使用的磁盘空间量。其中的颜色指示数据存储的容量状态，即 vCenter Operations Manager 预计该容量多久将达到其存储器阈值。

- 在饼图下方的存储器衡量指标行中，单击最近的读取和写入请求值，以查看这些衡量指标的图表。

（5）要分别查看当前选定对象所使用的每个 LUN 的信息，请单击“LUN”。

（6）如果当前选定对象是虚拟机，请单击“vDisk”以查看有关该虚拟机上的磁盘的更多信息，如图 4-93 所示。

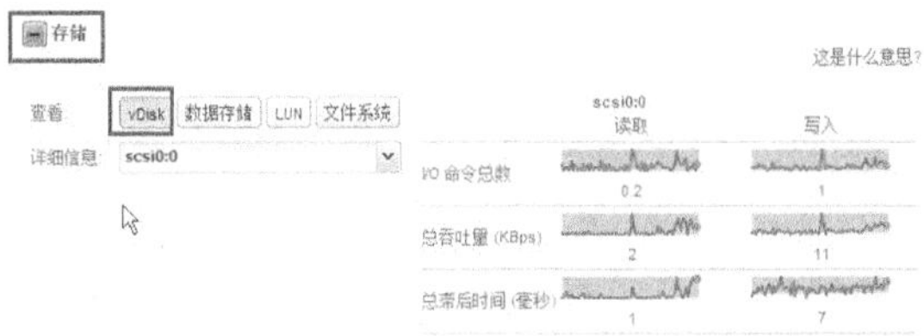

图 4-93　vDisk

4.6.6　查看有关组对象的运行状况评分的详细信息

在导航树中选择组对象后，“操作”选项卡下的“详细信息”选项卡中显示的信息与为其他清单对象显示的信息不同。

在“仪表板”上单击某一组对象的运行状况标志后，vCenter Operations Manager 会导航到“操作”选项卡中的“详细信息”选项卡。

当前标志状态“详细信息”选项卡左上方的部分包含有关该组对象的所选标志的汇总信息，如图 4-94 所示。历史记录图的默认时间段为 6 小时。您可以单击标志来切换要查看的衡量指标。

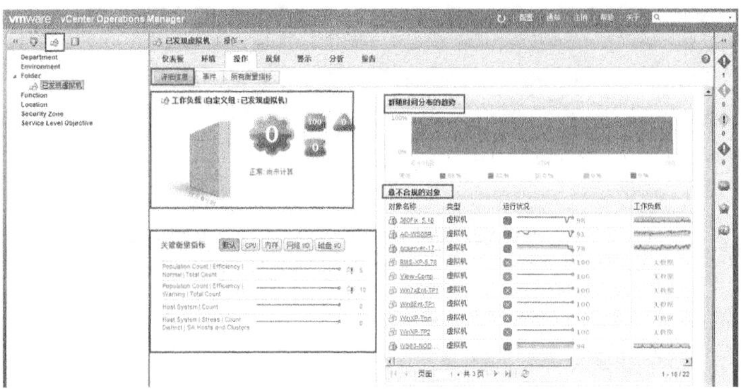

图 4-94　组对象详细信息

组对象中详细信息各指标如下。

（1）关键衡量指标。“关键衡量指标”窗格包含与所选对象最相关的衡量指标。关键衡量指标按衡量指标类型（CPU、内存、网络 I/O 和磁盘 I/O）进行组织。在“默认关键衡量指标”视图中，要显示的四个最重要的衡量指标是按以下条件通过气泡算法来选择的。

- 违反阈值的 KPI 衡量指标按照其“显示顺序”排名进行选择和显示。

- 违反阈值的非 KPI 衡量指标按照其“显示顺序”排名添加到列表中。
- 如果列表中仍有空位，未违反阈值的衡量指标将按照其“显示顺序”排名添加到该列表中。

vCenter Operations Manager 将使用类似的算法来选择要显示在 CPU、内存、网络 I/O 和磁盘 I/O 视图中的衡量指标。您可以使用鼠标指针指向显示在“详细信息”选项卡中的衡量指标值，以查看过去 6 小时内这些值的迷你图。单击某个衡量指标的值可查看其图表，并更改此图表的时间段。

（2）限制因素。只有当选择“工作负载”标志时，“关键衡量指标”窗格上方才会显示“限制因素”信息。“限制因素”信息有助于您识别导致工作负载评分较高的资源以及问题的可能原因。如果“限制因素”衡量指标值看起来很正常，则应该在“最不合规的对象”列表中搜索问题。

（3）群随时间分布的趋势。此图表可按标志颜色显示过去 7 天内的组成员共享。您可以使用此图表来了解潜在问题的重要性。

（4）最不合规的对象。默认情况下，组成员按降序排列，标志值最高的对象显示在顶部。您可以更改对象的排序方式，并使用表标题中的下拉菜单选择要在列表中显示的列。

如果列表中的某一对象的标志评分较差，请单击该对象，以导航到其“详细信息”选项卡并查看有关这些评分的可能原因的详细信息，并根据信息进行对应的处理。

4.6.7 查看影响运行状况评分的事件

在“操作”选项卡中的“事件”选项卡上，可以查看与运行状况相关的标志评分图以及在选定对象及其相关对象上发生的事件，如图 4-95 所示。如果发现某个事件发生后标志评分发生了变化，可以单击该事件查看其详细信息。这样有助于您缩小可能造成标志评分较差的原因的范围。您可以通过标志评分图形上方的按钮来控制“事件”选项卡上显示的内容。

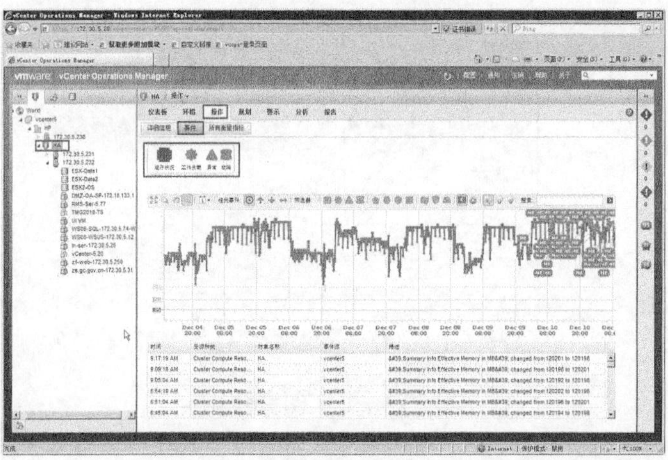

图 4-95 事件

在“事件”中可进行的操作如下。

（1）选择要在事件图形上查看的评分。

可以单击“事件”选项卡左上方的标志“运行状况、工作负载、异常、故障”等按钮来查看其评分图形，并查看特定事件是否对其产生了影响。当前所选标志比其余标志更暗。

（2）缩放评分图形。可以使用图形左上方的按钮“ ”来缩小或放大评分图形，并在“事件”选项卡上平移图形。

默认情况下，vCenter Operations Manager 将显示过去 7 天内发生的事件的图形。如果要修改这个时间段，可以使用事件图形上方的日期和时间控件（单击“ ”来修改要查看的时间段，如图 4-96 所示。

（3）显示和隐藏相关对象的事件。通过“相关事件”按钮，可以查看在所选对象以及其父对象、同级对象或子对象上发生的事件。管理员可以看到的按钮取决于您在清单窗格中选择的对象。例如，如果选择的对象没有同级对象，则可以查看该对象本身以及其子对象和父对象上发生的事件。

图 4-96　使用日期时间控件

（4）在评分图形上显示和隐藏警示事件。可以通过单击图形上方“筛选器”栏中的按钮来选择要在标志评分图形上显示的事件的类型，这些包括“运行状况、工作负载、异常、故障、风险、剩余时间”等按钮，如图 4-97 所示。

图 4-97　筛选器

（5）在评分图形上显示和隐藏与环境相关的事件。凡是对虚拟基础架构进行的更改均被视为更改事件。更改事件包括虚拟机或 ESX 主机上的错误，以及添加、移除、连接或断开 ESX 主机的操作和启动、停止或重新配置虚拟机的操作，并包括对环境进行的其他类似更改。可以单击“显示更改事件”按钮“ ”，以便在评分图形上显示更改事件。

查看评分图形上的更改事件有助于您确定在标志评分图形上突然发生更改的可能原因。例如，如果发现在某一特定时刻之后图形趋势突然下降，可以查看图形上的更改事件，检查当时环境中是否发生了某些变化。

4.6.8　使用“所有衡量指标”选项卡上的衡量指标和图表

管理员可以查看某一对象在层次结构中的位置，并选择衡量指标以查看其在所定义的时间段内的历史值图表。在“操作”选项卡中的“所有衡量指标”选项卡上的窗格来搜索衡量指标，并查看衡量指标图表，如图 4-98 所示。

所有衡量指标中包括“运行状况树”、“衡量指标选择器”、“衡量指标图表”。

（1）“运行状况树”窗格显示了当前选定的对象在虚拟基础架构层次结构中所处的位置。可以查看与当前选定对象相关的所有父对象和子对象。

（2）“衡量指标选择器”窗格包含适用于当前选定对象的所有衡量指标组的列表。衡量指标组包含适用于当前选定对象的所有衡量指标。可用衡量指标的列表会根据您在“运行状况树”窗格中选定的对象进行更新。

通过“搜索”文本框可以使用衡量指标的部分名称来查找衡量指标，并按衡量指标组、实例或衡量指标类型对搜索结果进行筛选。例如，如果在“搜索”文本框中键入 % 并从下拉菜单中选择“衡量指标”，则搜索结果将仅包含按照百分比计算的衡量指标。

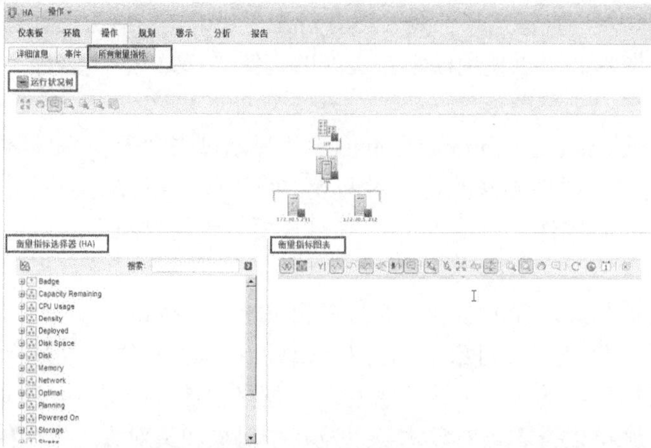

图 4-98 所有衡量指标

（3）“衡量指标图表”窗格显示了在“衡量指标选择器”窗格中选择的衡量指标的图表。可以根据需要查看任意数量的图表，还可以通过“衡量指标图表”窗格中的按钮来控制衡量指标图的外观并创建屏幕截图。

4.7 在虚拟环境中规划资源

管理员可以通过 vCenter Operations Manager 的“规划”选项卡来监控虚拟环境中的资源使用情况以及可用容量，并对容量的升级或优化进行规划。在“规划”选项卡中，包括“摘要、视图、事件”三个选项，旨在完成不同的资源评估和规划任务。下面一一介绍。

（1）“摘要”选项卡。“摘要”选项卡直观地概述了清单窗格中所选对象的容量。通过“摘要”选项卡上的筛选器，您可以更改所查看的信息焦点。例如，您可以在查看已部署容量和查看剩余容量之间进行切换，如图 4-99 所示。

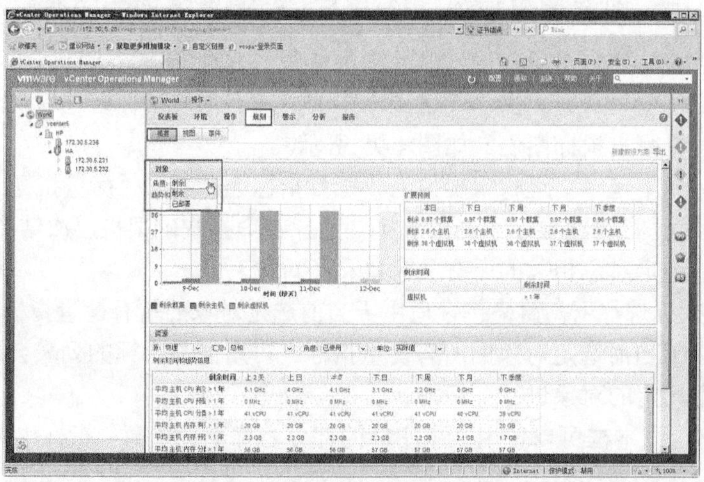

图 4-99 摘要

“摘要”选项卡通过图形和表格来表示信息。条形图用于显示对象计数和资源使用活动的趋势视图。趋势可能是增加、减少或保持不变。如果选择清单中较低级别的对象，该图形显示的信息将更为详细。表格为对象计数和已使用资源提供了更多预测信息。该信息显示了可供下一周、下一月或更长时间段使用的剩余容量。

（2）“视图”选项卡。可以使用“视图”选项卡评估和管理数据中心、群集、主机和虚拟机的容量。vCenter Operations Manager 可能会将视图显示为图形、表格、饼图或列表。某些视图具有多种格式，可以指定所需的数据显示方式。图表视图以图形方式显示。表格视图以表格的形式显示同样的信息。每一类别的视图可以帮助您管理一种不同类型的容量任务。例如在“所有视图→容量风险详细信息”中，会显示当前所选主机或群集总容量、可用容量、剩余容量、剩余时间等指标，如图 4-100 所示。

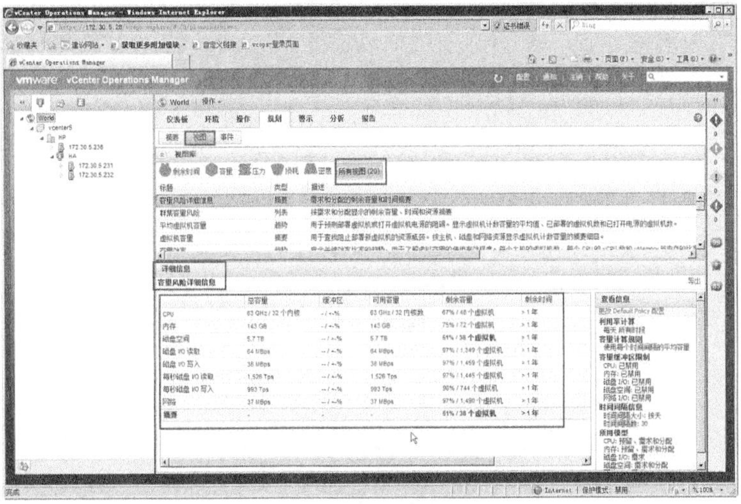

图 4-100　视图

（3）“事件”选项卡。“事件”选项卡包含与规划相关的标志评分和事件图形，这些事件已在环境中发生并可能影响到所选对象的容量。单击该选项卡左上角的标志“风险、时间、容量、压力、效率、损耗、密度”等可以查看与所选标志相关的事件，如图 4-101 所示。

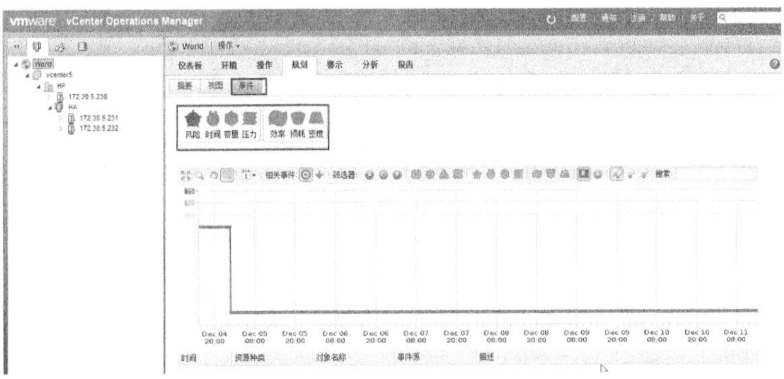

图 4-101　事件

4.7.1 使用“摘要”选项卡规划资源

“规划”选项卡中的“摘要”选项卡直观地概括了管理员在清单树中选择的对象的容量。您可以使用筛选器来更改在图表中突出显示的信息。

通过“摘要”选项卡，可以回答下列问题。

- 虚拟环境中的容量用尽之前还剩多长时间？
- 该环境中的容量用尽之前可以部署多少台虚拟机？
- 该环境中的哪些资源受到限制？

除了选定对象的信息之外，还可以查看有关其子对象以及子对象所使用的资源的信息。例如，如果选择一个群集，子对象将为主机和虚拟机；如果选择一个独立的 ESX 主机，子对象将为虚拟机；如果选定对象为虚拟机，则仅显示资源使用信息。

条形图显示了对象计数以及资源使用活动的趋势视图。趋势可能是增加、减少或两者兼有。如果选择清单中较低级别的对象，该图显示的信息将更为详细，如图 4-102 所示，在左侧窗格选择了某台 ESXi 主机，则在右侧“扩展预测”中预算“本日、下日、下周、下月、下季度”剩余虚拟机数量、剩余时间等。信息表为对象计数和所用资源提供了更多预测信息。该信息显示了可供下一周、下一月或更长时间段使用的剩余容量。

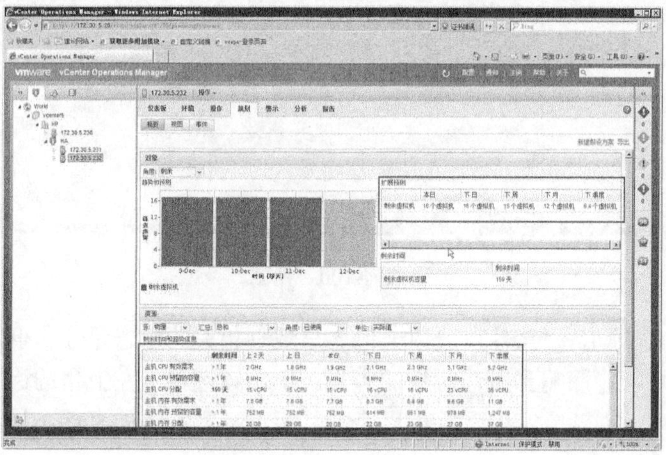

图 4-102 趋势视图

可以使用“对象”窗格中的“角度”下拉菜单来切换查看实际部署的对象或剩余的对象。“剩余时间”值表示根据虚拟机数量汇总的预测信息，并可指示容量何时将与资源使用量相等。vCenter Operations Manager 将根据“资源”窗格中显示的 CPU、磁盘空间以及其他资源容量计算“剩余时间”值。您可以选择在计算“剩余时间”值时要包括的资源。

要调查哪些资源限制了“摘要”选项卡中的虚拟机数，请转到“视图”选项卡，并检查“虚拟机容量”视图。

注意：按照虚拟机数来评估容量可能具有一定的局限性，因为您可能不知道虚拟机的容量以及虚拟机是否是按照非标准方式进行部署的。

“摘要”选项卡中的“资源”窗格按 CPU、内存、磁盘和网络衡量指标显示了已使用的资源。如果“剩余时间”列显示的时间段很短，请检查“剩余时间和趋势信息”表中与其相关联的资源，以确定可能存在的瓶颈。

要查看资源预测概览，请选择“角度”下拉菜单中的“剩余”，然后选择“单位”下拉菜单中的“百分比”，如图 4-103 所示。

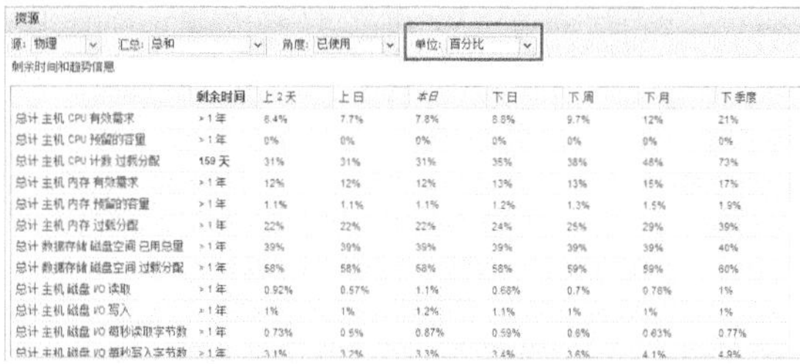

图 4-103　剩余资源百分比

“摘要”选项卡包括与需求和消耗相关联的衡量指标。需求反映了可能使用的资源，而消耗则反映了实际使用的资源。首次启动时，在“摘要”选项中填充清单和性能信息可能需要几个小时的时间。对象将显示在清单面板中，而信息面板将保持空白，直到 vCenter Operations Manager 首次检索数据。

4.7.2　通过视图评估容量

vCenter Operations Manager 使用称为“视图”的可视化数据帮助您评估和管理数据中心、群集、主机和虚拟机的容量。vCenter Operations Manager 可能会将视图显示为图、表格、饼图或列表等形式。

某些视图具有多种格式，您可以指定所需的数据显示方式。图表视图以图形的方式显示选定的数据。表格视图以表格的形式显示同样的信息。vCenter Operations Manager 中的视图可以分成多个类别。每一类别的视图可以帮助您管理一种不同类型的容量任务。本节通过“已使用容量和剩余容量视图”、“容量使用视图”、“容量效率视图”、“容量优化视图”等几方面内容进行介绍。

1. 已使用容量和剩余容量视图

“已使用容量和剩余容量”视图显示了虚拟机单元内正在使用的容量以及可用的容量。您可以通过这些视图来确定可以为哪些对象分配更多虚拟机，以及哪些对象已经达到或接近全部容量。您可以在此类别下的“平均虚拟机容量”和“平均虚拟机配置文件”视图中应用假设方案。

（1）在左侧窗格中选择某个主机或群集，在右侧单击“规划”选项卡，在“视图→剩余时间”中，选择“平均虚拟机容量”，如图 4-104 所示。

（2）虚拟机总容量和剩余容量会出现增加趋势、减少趋势或保持不变。这是根据“配置”对话框的“摘要、视图和报告”部分中的“趋势视图”设置中定义的容量计算规则来计算的。虚拟机容量趋势计算依赖于其他全局设置。虚拟机计数基于平均虚拟机配置文件，该配置文件会随时间发生变化。

受限制的资源可能会对该曲线产生影响，并显示为一条虚线。如果在“虚拟机平均容量”视图中某一特定日期处显示两条线相交，则“群集或主机容量使用情况”视图可能会进一步突出显示在该日期受限制的资源。

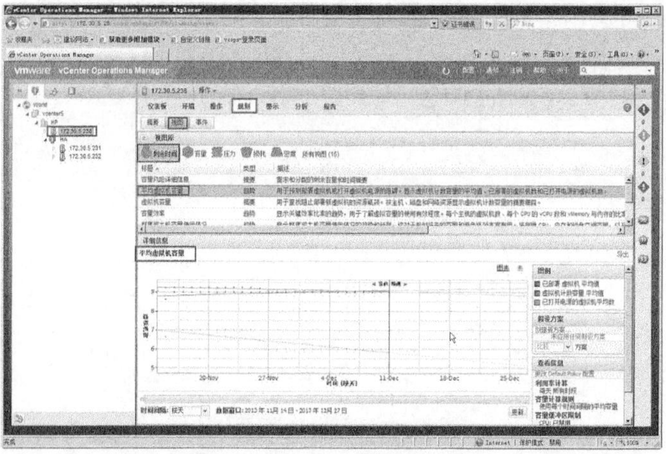

图 4-104 平均虚拟机容量

2. 虚拟机平均需求配置文件

“虚拟机平均需求配置文件”视图显示了所选中的平均虚拟机资源需求配置文件，该配置文件是估算所选中剩余虚拟机容量的基础。

（1）在左侧窗口中，选择数据中心、群集或主机，在右侧窗格中单击“规划”选项卡，在“视图→容量”中，选择“虚拟机平均需求配置文件”，如图 4-105 所示。

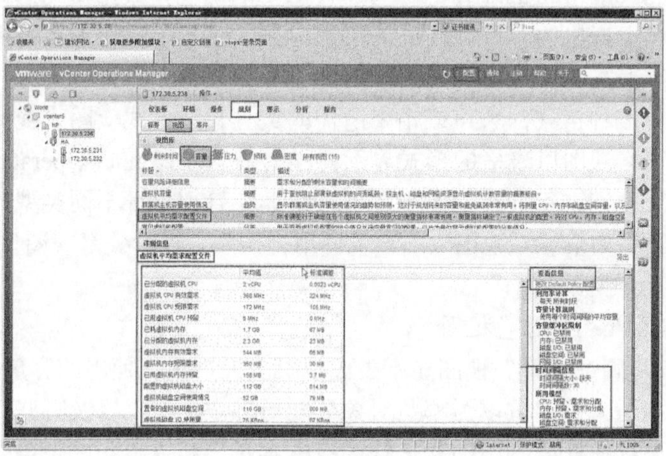

图 4-105 虚拟机平均需求

（2）在此查看 CPU、内存、虚拟磁盘分配大小、网络和磁盘 I/O 的平均使用情况。

3. 容量使用视图

通过容量使用视图可以查看容量使用的趋势。该信息将显示系统是如何达到当前容量级别，以及如果继续使用现有资源而不进行任何更改，可能会发生什么情况。

容量效率视图将显示您是否从现有资源获得了最高的性能。从这些视图中，您可以确定是否可以为某一资源添加更多虚拟机，以及是否具有足够的容量来满足未来的需求。

（1）在左侧窗格中选择数据中心、群集或主机，在右侧选择“规划→视图→容量”，单击“群集或主机容量使用情况”，如图 4-106 所示。“群集或主机容量使用情况”视图显示了每一资源维度的容量和使用情况细分。vCenter Operations Manager 将为每一维度分别创建趋势。这些维度取决于物理容量、物理使用情况、平均虚拟机使用需求以及虚拟机计数。

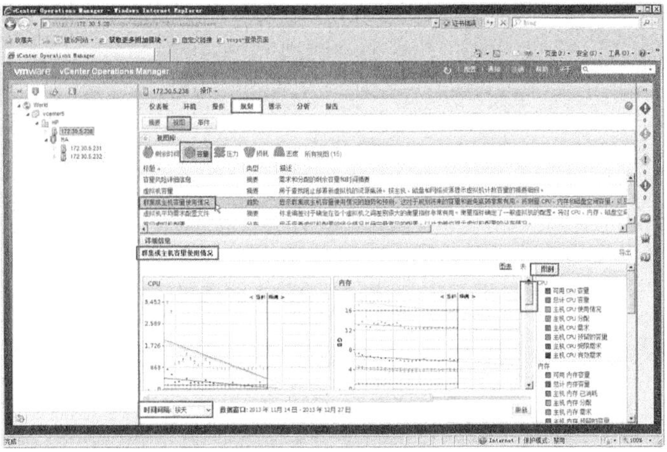

图 4-106　群集或主机容量使用情况

（2）查看该视图中提供的统计信息以确定数据中心内的群集或主机使用量是增加、减少还是保持不变。要更改时间段，请滑动“数据时间段”滑块。

【说明】如果在“虚拟机容量 - 趋势”视图中某一特定日期处显示两条线相交，则需要导航到“群集或主机容量使用情况”视图来进一步确定受限制的资源维度。

（3）如果怀疑存在使用情况不理想的虚拟机，可查看该虚拟机的使用量变更率。使用量变更率可确定虚拟机使用量是增加还是减少。在“视图”中，选择“虚拟机容量”，如图 4-107 所示。查看视图中提供的统计信息以确定使用量是增加、减少还是保持不变。

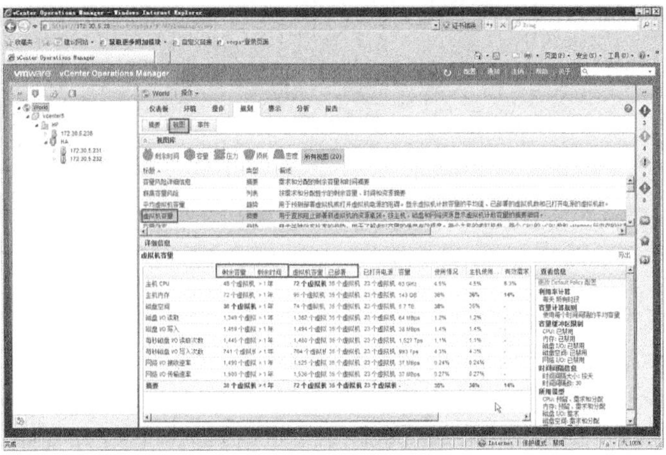

图 4-107　虚拟机容量

（4）如果要确定主机和虚拟机部署率，可以在左侧清单窗格中选择“主机”、“数据中心”或“群集”对象，在右侧的“规划→视图”中，选择“平均虚拟机容量”或“主机部署”，如图 4-108 所示。

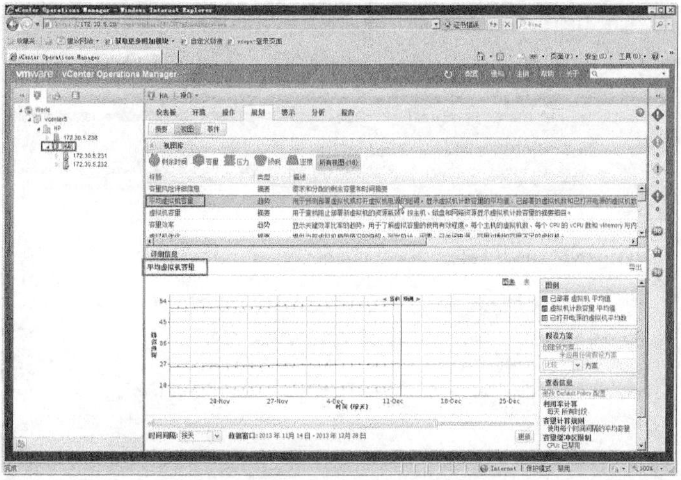

图 4-108　平均虚拟机容量

（5）要了解某一对象的典型虚拟机设置，请查看常见虚拟机配置。在左侧清单窗格中选择数据中心、主机或群集，在右侧“规划→视图”中选择“常见虚拟机配置”，如图 4-109 所示。

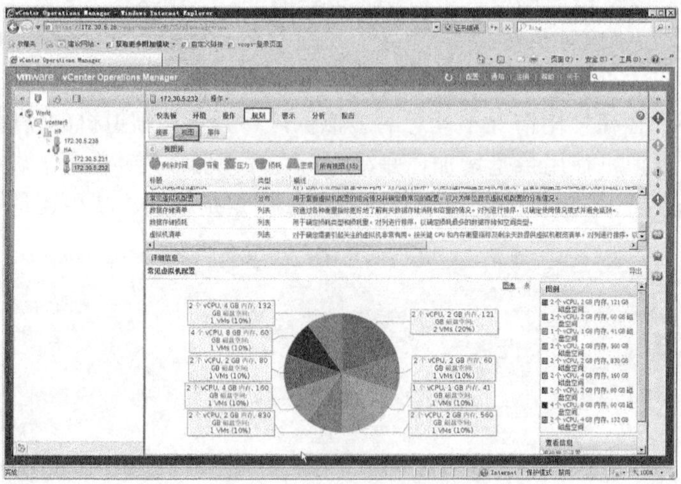

图 4-109　常见虚拟机配置

在“所有视图”中，还包括数据存储清单、数据存储损耗、虚拟机清单、闲置虚拟机、容量过剩虚拟机等，管理员可以根据需要进行查看，这些不一一介绍。

4. 容量效率视图

容量效率视图将显示您是否从现有资源获得了最高的性能。从这些视图中，您可以确定是否可以为某一资源添加更多虚拟机，以及是否具有足够的容量来满足未来的需求。

（1）主机容量分布深入分析资源维度中的某主机群。在左侧选择“群集”或“数据中心”，在右侧“规划→视图”中选择“已配置的主机容量”，如图 4-110 所示。

（2）“配置的主机容量”视图将主机群划分为多个类别，显示负载较重的主机是否集中在特定资源上或者使用分布是否均匀。在图 4-110 中，查看图形中的数据，确定主机系统计数以了解主机处理器容量、主机处理器使用情况、主机内存容量、主机内存使用情况、磁盘空间使用量和所置备的磁盘空间。

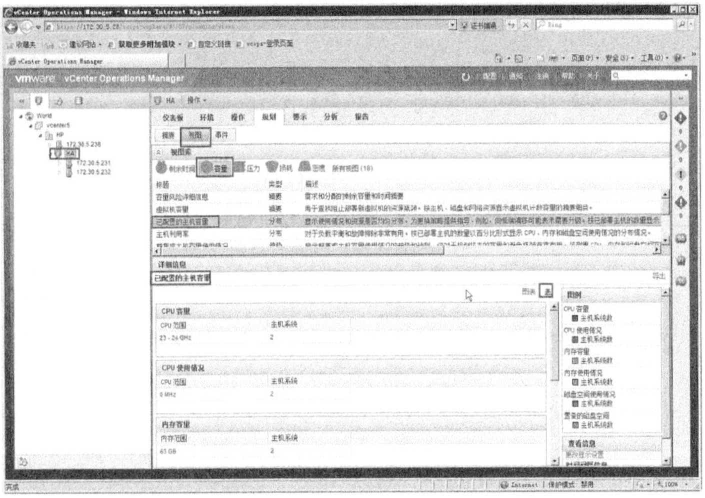

图 4-110　已配置的主机容量

（3）如果要确定主机利用率分布，可以使用“主机利用率”视图，使用百分比来确定主机的处理器使用情况、内存使用情况和磁盘空间使用情况，如图 4-111 所示。

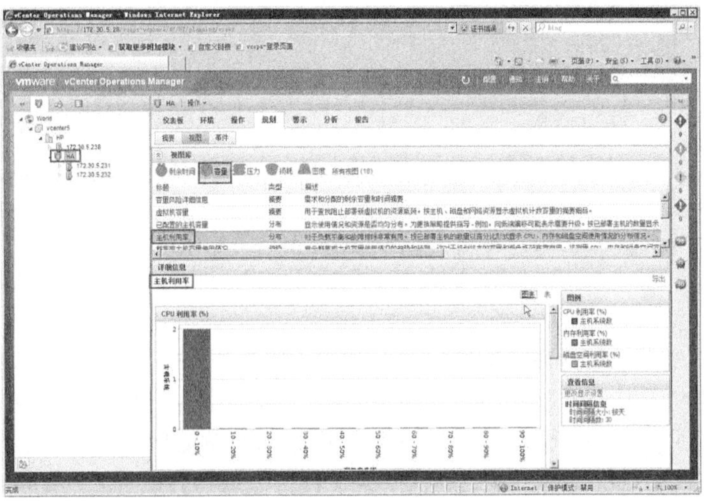

图 4-111　主机利用率

（4）“容量效率”视图可帮助您为所选对象中的已部署资源确定容量效率的关键指标。默认情况下，该视图包括刚刚过去的活动、当前发生的活动以及最近预测的活动，如图 4-112 所示。您可以更改该视图所显示的时间段。

5. 损耗视图

损耗视图有助于您更高效地使用资源。利用这些视图可以确定如何回收浪费的容量，如图 4-113 所示，在左侧选择群集或数据中心，在右侧选择“规划→视图→损耗”。

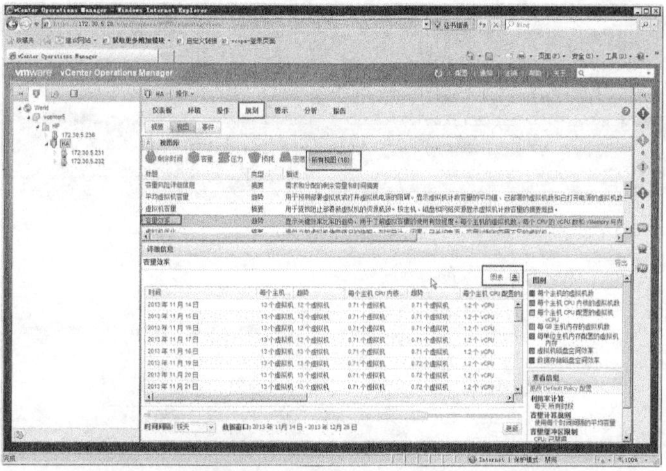

图 4-112　容量效率

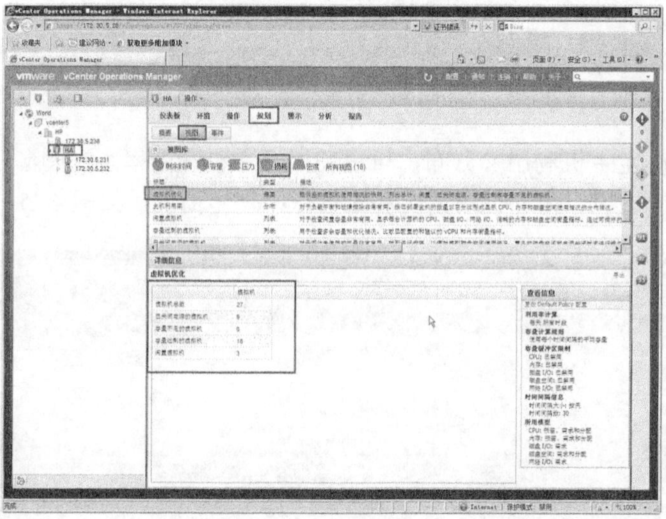

图 4-113　损耗

在“损耗”视图中包括以下功能。

（1）评估虚拟机优化机会。在“虚拟机优化”视图上评估虚拟机，您可以查看所选对象的使用过度和未充分利用的虚拟机的摘要。在左侧清单窗格中选择 ESX 主机或群集后，可以使用“虚拟机优化”视图。虚拟机可能在内存方面容量过剩，而在 CPU 方面容量不足，或者相反。虚拟机可能会同时计入“容量过剩的虚拟机”计数和“容量不足的虚拟机”计数，如图 4-113 所示，在“虚拟机优化”中显示了虚拟机总数、已关闭电源的虚拟机等。

（2）发现闲置虚拟机。发现基础架构中的闲置虚拟机，以确定未使用的资源，以便更好地加以利用。在“损耗”中选择“闲置虚拟机”，在“闲置虚拟机”列表中显示的虚拟机为闲置虚拟机。这些虚拟机已打开电源，但是未执行任何操作，或者正在指定的阈值之下运行，如图 4-114 所示。

（3）识别容量过剩的虚拟机。通过了解哪些虚拟机容量过剩，您可以为那些虚拟机分配更少的容量，以便根据工作负载来对容量进行适当调整。在“视图”选项卡中，选择“容量过剩的虚拟机”视图，如图 4-115 所示。在该视图中显示的虚拟机均未充分利用，它们所拥有的容量超出其正在执行的工作负载所需要的容量。

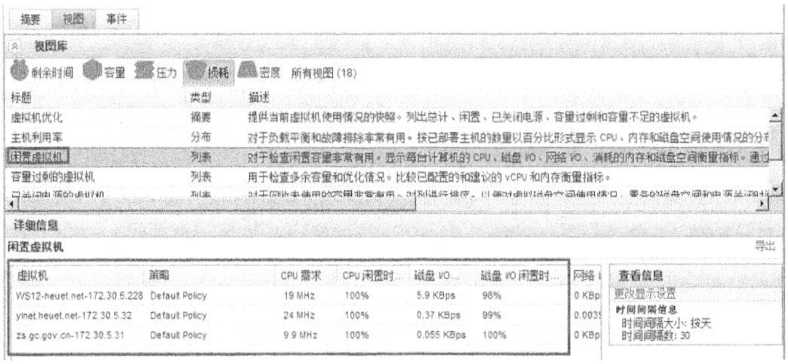

图 4-114　闲置虚拟机

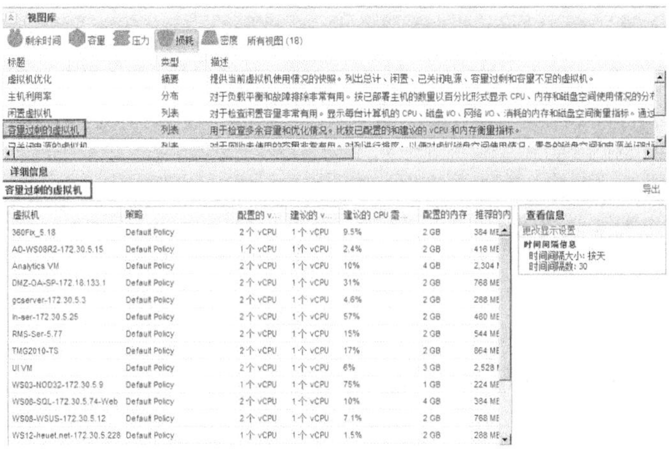

图 4-115　容量过剩虚拟机

（4）基础架构中已关闭电源的虚拟机是可以回收其容量的资源。在“视图”选项卡中，选择“已关闭电源的虚拟机”视图，如图 4-116 所示。在该视图中显示的虚拟机均已关闭电源，您可以在 vSphere Client 中重新启动这些虚拟机。

图 4-116　已关闭电源的虚拟机

4.8 使用警示

vCenter Operations Manager 的“警示”页面提供了有关在虚拟环境中以及在 vCenter Operations Manager 系统上发生的重要事件的信息。vCenter Operations Manager 的“警示”选项卡分为“警示量”及“警示”两个功能区，如图 4-117 所示。警示量图表以图形方式显示了在过去 7 天内激活的警示数量。该图形中的颜色编码表示警示的重要程度级别。警示量图表有助于您直观地评估环境中触发的警示的总量、不同重要程度的警示间的比率以及环境中出现最多的重要程度级别。

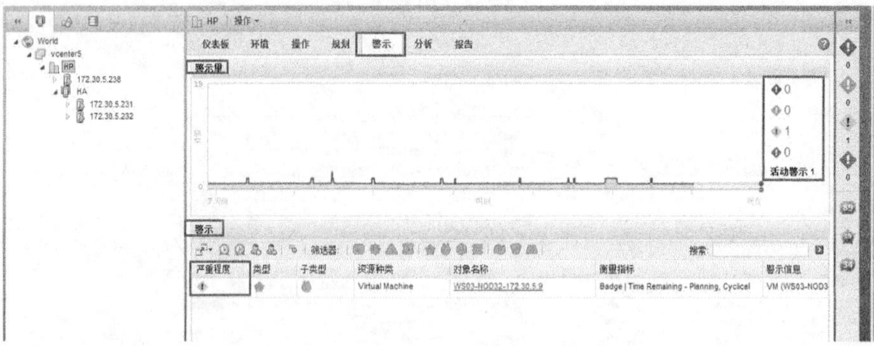

图 4-117 警示

每个重要程度级别下当前处于活动状态的警示数量显示在该图形的右侧，其图标的意义如下。

- ：严重警示。您必须立即采取措施。
- ：紧急警示。需要尽快采取措施。
- ：警告警示。需要检查所选对象的状况。
- ：信息警示。

在图 4-117 中，显示当前有“1”个警告警示，并显示在“警示”列表区。

“警示”列表可实时显示当前处于活动状态的警示。单击[警示]选项卡时，会实时生成列表中警示的数量。“警示”列表包括由当前所选对象的子对象生成的警示。每当所选对象或其任意子对象生成新警示时，此警示列表将更新。通过使用每列标题中的下拉菜单，您可以对警示进行排序和筛选，以及选择“警示”列表中显示的列。可以双击列表中的警示来查看更多详细信息以及可能的根本原因。

4.9 在虚拟环境中分析和平衡资源

除了提供监控功能之外，vCenter Operations Manager 还提供了一些强大的工具，用于分析虚拟环境的资源和性能。管理员可以通过“操作”选项卡，利用健康状况、容量或工作负载等性能特性来分析虚拟环境的当前状况。在“分析”选项卡中，可以根据显示为热图的特定衡量指标值来比较对象。

4.9.1　热图的显示内容

在 vCenter Operations Manager 的“分析”选项卡上，您可以使用预定义的热图或创建自己的自定义热图来比较虚拟环境中不同对象的衡量指标值。

每张热图都是由不同颜色、不同大小的长方形组成的集合。每个长方形表示虚拟环境中的一个对象。长方形的颜色表示一个衡量指标的值，长方形的大小表示另一个衡量指标的值。例如，某一热图显示了每个虚拟机的总内存和内存使用量百分比。长方形越大，表示虚拟机的总内存越大，绿色指示内存使用量低，而红色指示内存使用量高。在收集到每个对象和衡量指标的新值时，显示内容会实时更新。

热图下方的彩色条是图例。它显示了用颜色范围的端点和中点表示的值。热图上显示的对象按父对象进行分组。显示虚拟机性能的热图将按虚拟机所属的 ESX 主机对虚拟机进行分组。

图 4-118 是某个数据中心的热图。

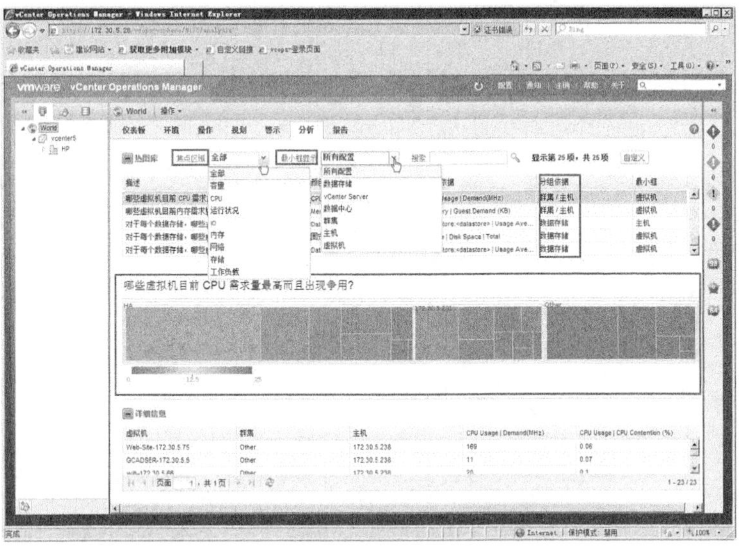

图 4-118　某数据中心热图

热图配置有以下的设置。

（1）焦点区域：可以根据容量、CPU、运行状况、IO、内存、网络、存储、工作负载选择。

（2）最小框显示：可以根据数据存储、vCenter Server、数据中心、群集、主机、虚拟机选择。

（3）颜色依据：可以根据 CPU 使用情况、平均滞后时间选择。

（4）大小依据：可以根据 CPU 使用情况、使用情况（MHz）选择。

注意：在热图中，框的大小是相对的。环境中消耗 CPU 资源最多的使用者在热图中显示为最大的框。消耗最少的使用者则显示为最小的框。

热图中的框按 CPU 滞后时间进行标色。颜色编码图例显示在热图下方。如果未修改默认调色板，则无 CPU 滞后时间的虚拟机所对应的框显示为绿色。CPU 滞后时间较高的虚拟机所对应的框显示为红色。

在热图中，下一级别的框表示 ESX 主机，因为热图的“分组依据”设置为“主机”。每个表示主机的框都包含在此主机上运行的虚拟机。主机按照其总 CPU 使用情况来显示大小。主机不标色。

在热图中，下一级别的框表示群集，因为热图的“第二分组依据”设置为“群集”。群集框涵盖了群集内的主机。群集框按照 CPU 使用情况来显示大小，并且不标色。

4.9.2 比较可用资源以平衡基础架构间的负载

您可以使用“分析”视图中的热图来比较虚拟基础架构中所选衡量指标的性能，可以使用该信息来平衡 ESX 主机和虚拟机间的负载。

（1）单击“分析”选项卡，从“焦点区域”下拉菜单中选择一个资源，与所选资源相关的所有衡量指标热图将显示在预定义热图列表中。

（2）从“最小框显示”下拉列表中，选择您要查看其信息的对象类型。 您可以选择“所有配置”以查看与所选焦点区域对应的所有热图。预定义热图列表将根据您的选择进行更新。

（3）在热图列表中，单击您要查看的热图，如图 4-119 所示。此时将显示所选衡量指标的热图，并根据您的选择进行大小调整和分组。

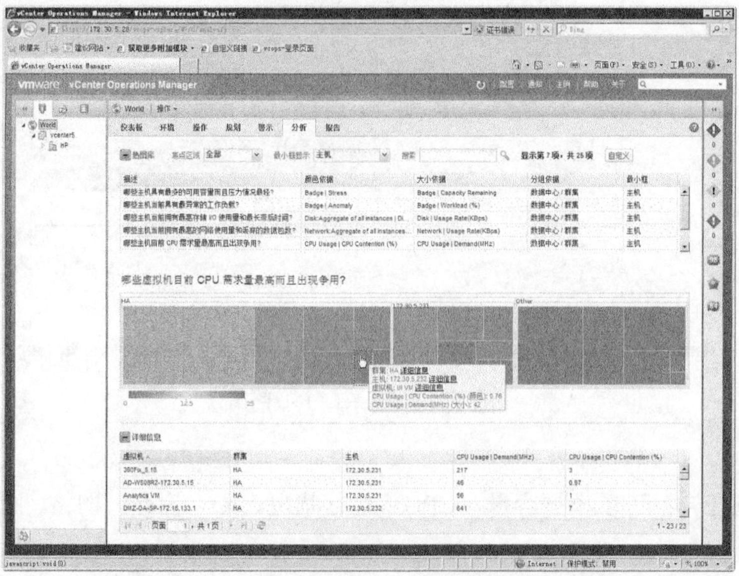

图 4-119 查看热图

（4）使用热图可比较虚拟环境中所有对象的资源和衡量指标值。

（5）要查看在热图上显示的所有对象的名称和衡量指标值的列表，请查看“分析”选项卡底部的“详细信息”窗格。

您可以单击列标题，按列对列表进行排序。如果按某一衡量指标列对列表进行了排序，则可以清楚地查看该衡量指标的最高值或最低值。

如果您希望了解有关热图中某一对象的详细信息，可以双击表示该对象的长方形，然后导航到“操作”页面上的“详细信息”选项卡。根据您所查看到的信息，可以重新组织虚拟环境中的对象，以平衡 ESX 主机、群集或数据存储间的负载。

4.9.3　针对某一衡量指标查找“性能最佳或最差的对象”

您可以使用“分析”选项卡来查找某一特定衡量指标的值最大或最小的对象。

（1）确认您已登录到 vSphere Client，且 vCenter Operations Manager 已打开。如果您要比较的衡量指标组合不在已定义的热图列表中，您必须首先定义一个自定义热图。

（2）单击“分析”选项卡，从“焦点区域”下拉菜单中选择一个资源。与所选资源相关的所有衡量指标热图将显示在预定义热图列表中。

（3）从“最小框显示”下拉列表中，选择您要查看其信息的对象类型。您可以选择“所有配置”以查看与所选焦点区域对应的所有热图。预定义热图列表将根据您的选择进行更新。

（4）在热图列表中，单击您要查看的热图。 此时将显示所选衡量指标的热图，并根据您的选择进行大小调整和分组。

（5）展开“详细信息”窗格，热图中显示的每个对象的名称和衡量指标值都会显示在该列表中，如图 4-120 所示。

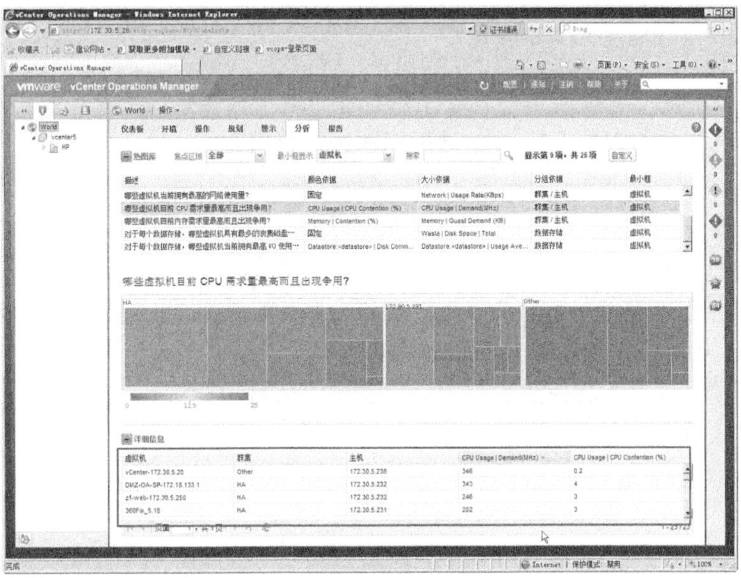

图 4-120　详细信息

（6）单击您所关注的衡量指标的列标题。“详细信息”列表将按您所选择的衡量指标值进行排序。如果要按相反顺序排序，请再次单击该列标题。 您可以在该列顶部查看到性能最佳或最差的对象。

如果您希望了解有关热图中某一对象的详细信息，可以双击表示该对象的长方形，然后导航到“操作”页面上的“详细信息”选项卡。

4.9.4 定义自定义热图以分析一个衡量指标

如果没有任何预定义热图显示您要查看的信息，则可以定义一个自定义热图。您可以选择热图的各个方面：热图跟踪的对象和衡量指标，使用的颜色，以及值范围的端点。

（1）使用 vCenter Operations Manager 导航到“分析”选项卡，在“分析”选项卡上，单击“自定义”，此时将打开“热图配置”窗口，在窗口的右上方，单击“添加新配置”，如图 4-121 所示。

（2）在“确认”对话框中，键入新热图的描述，然后单击“确定”，如图 4-122 所示。

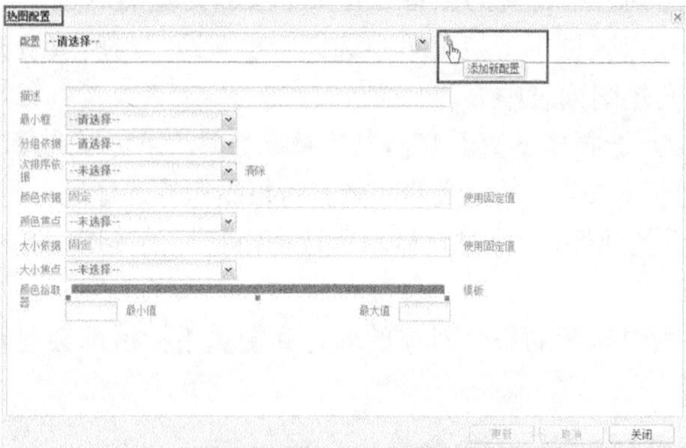

图 4-121 添加新配置

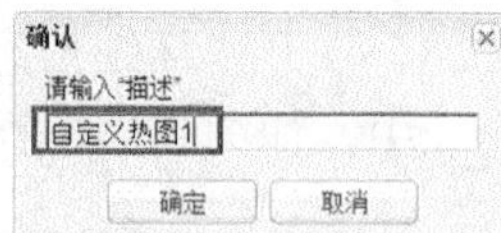

图 4-122 确认

（3）从“最小框”下拉菜单中，选择将显示衡量指标数据的对象类型，从“分组依据”下拉菜单中，选择如何对热图中的衡量指标框进行分组。

您可以仅选择“最小框”下拉菜单中所选内容的父级对象。例如，如果您在“最小框”下拉菜单中选择了“虚拟机”，则可以在“分组依据”下拉菜单中选择 ESX、数据存储、数据中心、vCenter Server 或群集。

（4）从“次排序依据”下拉菜单中，选择衡量指标框的下一分组级别。您可以仅选择“分组依据”下拉菜单中所选内容的父级对象。

（5）在“颜色依据”选择热图中按颜色表示的衡量指标。

（6）设置之后，单击“保存”，如图 4-123 所示。

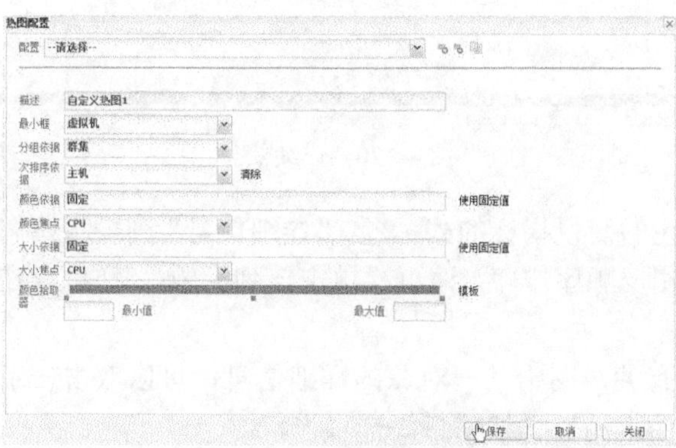

图 4-123 热图配置

（7）创建的自定义热图将显示在“分析”选项卡上的热图列表中，如图 4-124 所示。

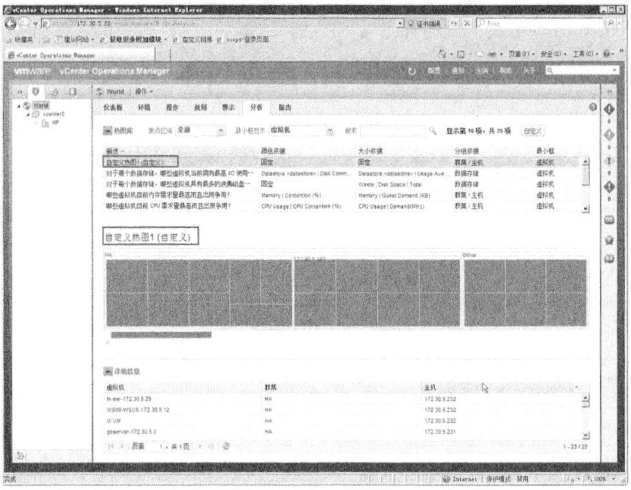

图 4-124　自定义热图

在后续的步骤中，可以更新自定义热图来更改所选的衡量指标，或添加第二个衡量指标进行分析，这些不一一介绍。

4.10　使用 vCenter Operations Manager 中的报告工具

可以通过“报告”选项卡来创建一个报告，以捕获有关当前或预测资源需求的详细信息，并将该报告导出为 PDF 或 CSV 文件，如图 4-125 所示。

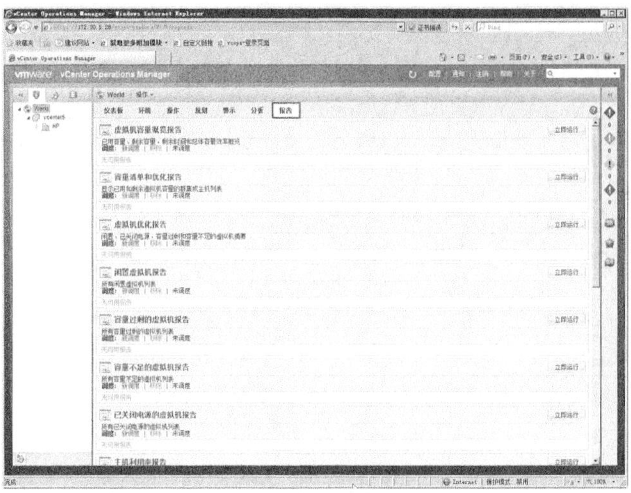

图 4-125　报告

vCenter Operations Manager 可以生成标准、摘要和视图报告，其中标准报告标题及内容如表 4-16 所示。

表 4-16　　vCenter Operations Manager 标准报告

报告标题	所含信息
虚拟机容量概览报告	已使用容量和剩余容量、剩余时间、容量使用情况和容量效率
容量清单和优化报告	可用虚拟机容量以及可供优化的候选虚拟机
虚拟机优化报告	可供优化的候选虚拟机
闲置虚拟机报告	选定对象的闲置虚拟机
容量过剩的虚拟机报告	选定对象的容量过剩的虚拟机
容量不足的虚拟机报告	选定对象的容量不足的虚拟机
已关闭电源的虚拟机报告	选定对象的已关闭电源的虚拟机
主机利用率报告	所部署主机的
CPU、内存和磁盘空间的平均使用情况	
已配置主机容量报告	为所部署主机使用的
CPU、内存和磁盘配置的容量	
群集或主机容量清单报告	某个群集或主机中已部署的平均虚拟机容量、剩余虚拟机容量以及剩余时间
资源浪费、资源紧张和容量报告	为选定虚拟机配置的容量和容量使用趋势
虚拟机列表报告	与当前选定父对象相关的所有虚拟机
数据存储滞后时间和吞吐量平均值/峰值报告	当前选定父对象的数据存储列表以及滞后时间平均值和峰值和吞吐量信息
虚拟机存储访问滞后时间平均值/峰值报告	当前选定父对象的所有虚拟机以及存储访问滞后时间平均值和峰值信息
运行状况评分和警示趋势报告	将选定对象的运行状况评分和警示趋势相关联
群集利用率趋势报告	选定对象的主机和群集
CPU	和内存利用率以及运行状况趋势
操作状态摘要报告	有关选定组对象的运行状况、工作负载、需求量、使用量、虚拟机增长趋势和优化机会的综合详细信息

您可以通过 vCenter Operations Manager 的“报告”选项卡来生成标准报告。

摘要报告与某一对象类型相关联，它包含有关您在清单窗格中选择的对象的信息，这些包括：

- 环境摘要
- 全局设置摘要
- 对象趋势和预测
- 对象扩展预测
- 对象剩余时间
- 资源使用趋势和预测
- 资源扩展预测

您可以对此类报告进行自定义，以插入页码和页脚。您可以通过从“规划”页面上的“摘要”选项卡导出数据来生成摘要报告。

4.10.1 创建标准报告

您可以创建一个报告来捕获任意时刻的信息快照。

【说明】 要以 PDF 格式打开报告，请使用 Adobe Acrobat 或支持多用途互联网邮件扩展（MIME）的类似应用程序。您必须在要查看 PDF 报告的计算机上安装该应用程序。

（1）确认您已登录到 vSphere Client，且 vCenter Operations Manager 已打开。

（2）导航到“报告”页面，在清单面板中，单击要生成一个或多个报告的对象，单击要创建的每个报告的报告标题旁边的“立即运行”，如图 4-126 所示，你可以依次选择多个报告并单击“立即运行”。

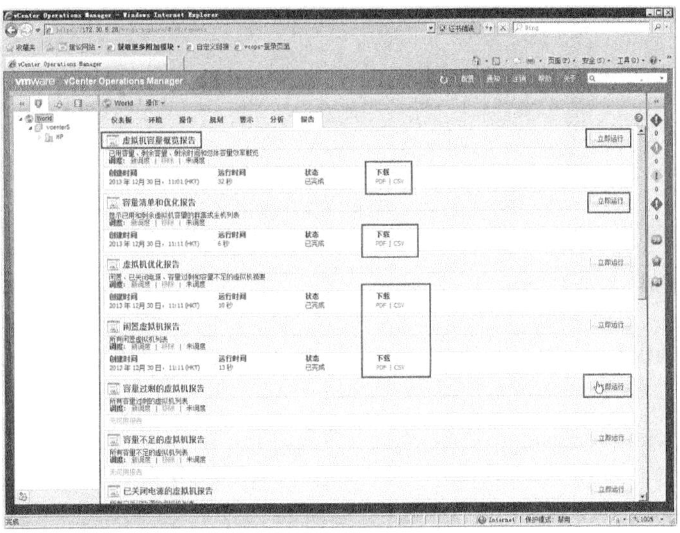

图 4-126 立即运行

（3）报告生成后，在“下载”下方，单击“PDF”或“CSV”，以相关文件格式保存报告，在此选择 PDF，然后选择要保存的位置。保存之后，单击“打开”按钮，以查看报告，如图 4-127 所示。

（4）之后会打开该报告，如图 4-128 所示。

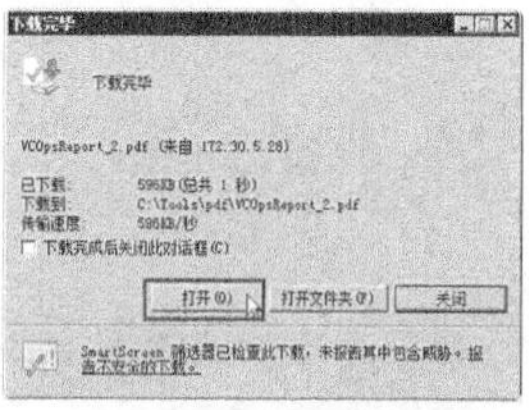

图 4-127　打开报告

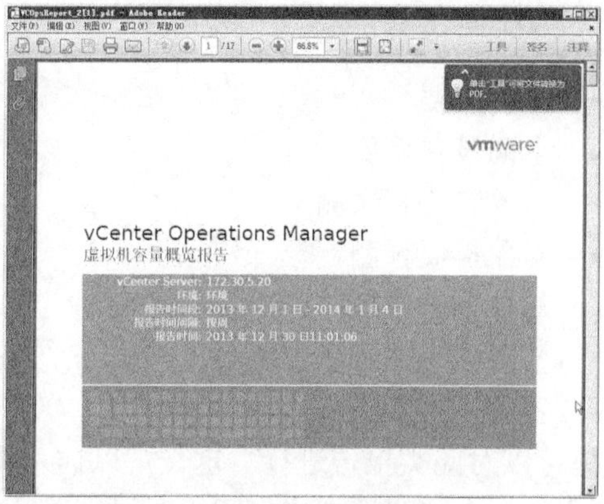

图 4-128　报告封面

vCenter Operations Manager 每一个报告都很详细，一般都有十几页的内容，你可以查看该报告的内容，图 4-129 是其中的一页。

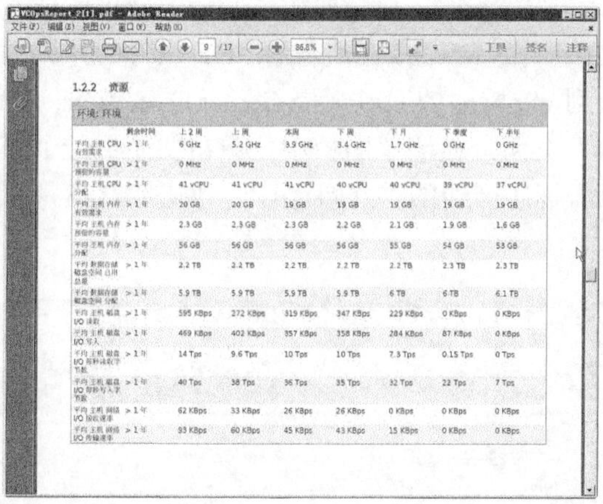

图 4-129　报告内容

4.10.2　调度标准报告

vCenter Operations Manager 提供了一些发布选项，用于调度报告和通过电子邮件发送报告。

vCenter Operations Manager 将依次生成调度的报告。如果先前的报告需要很长时间，则该过程可能需要几小时，并且会推迟下一份报告的开始时间。vCenter Operations Manager 将一小时内的调度报告数量限制为 30。当队列中的报告数量超过该限制时，vCenter Operations Manager 会在下一小时运行这些报告。

所生成报告的日期范围基于 vCenter Operations Manager 生成报告的时间，而不是您调度该报告的时间或 vCenter Operations Manager 将该报告置于队列中的时间。所调度报告的时区基于在虚拟设备中设置的时区，而不取决于运行 vSphere Client 的计算机的时区。

启用调试报告的前提条件如下。

（1）在虚拟设备控制台中，设置调度所依据的服务器时区，然后重新启动 vCenter Operations Manager 。

（2）在 vCenter Operations 的管理门户中，设置 SMTP 服务器设置，以激活电子邮件服务。

创建调度标准报告的步骤如下。

（1）导航到“报告”页面，在清单面板中，单击要生成一个或多个报告的对象。

（2）要生成报告，请单击“新建调度”，如图 4-130 所示。

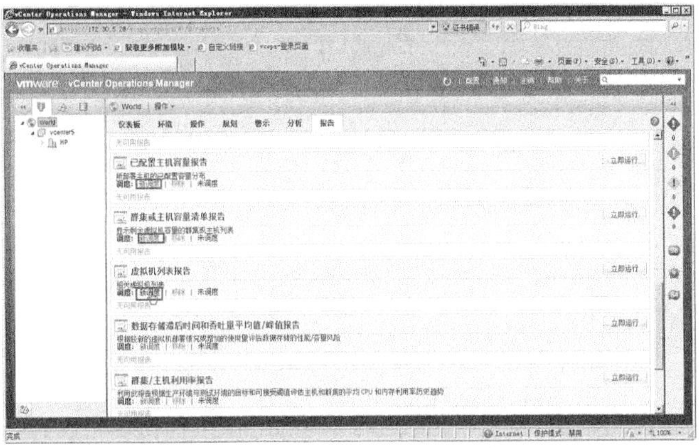

图 4-130　新调度

（3）如果您是首次调度报告，或者要在调度先前的报告之后更改 vCenter Server 密码，请键入用于登录到 vCenter Server 的密码并单击“测试密码”，该密码是您调度的所有报告的全局登录凭据。

（4）然后选择调度参数，包括开始日期、开始时间和重复时间间隔。

（5）如果要通过电子邮件发送报告，请选中“通过电子邮件发送报告”复选框，然后键入电子邮件地址。如果有多个电子邮件地址，需要用英文逗号或分号分隔。设置之后单击“确定”按钮，如图 4-131 所示。

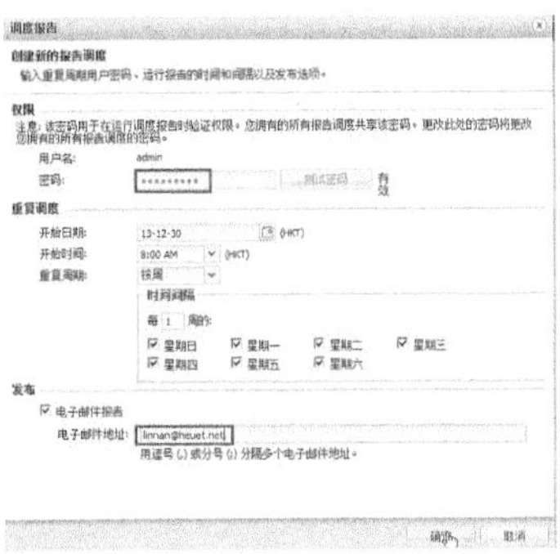

图 4-131　新建调度完成

（6）在创建调度之后，“新建调度”链接将变为“编辑调度”链接，如图 4-132 所示。如果不再需要执行该调度，请单击“移除”链接。

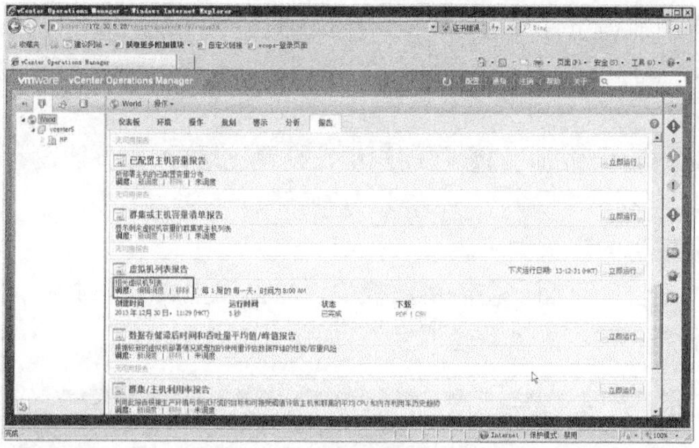

图 4-132 编辑调度或移除

等到达调试时间后，系统会将报告发送到指定的邮箱，如图 4-133 所示。报告会以附件的方式发送，并且 csv 与 pdf 文件各一份。

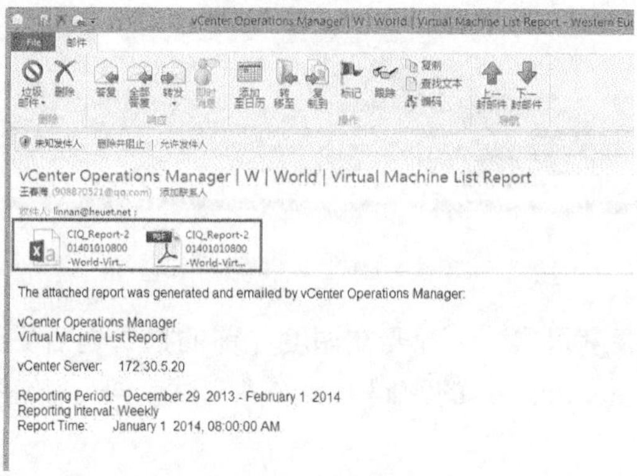

图 4-133 收到的报告

打开 PDF 或 csv 的报告，可以看到报告的正文，如图 4-134 所示。报告会以英文显示。

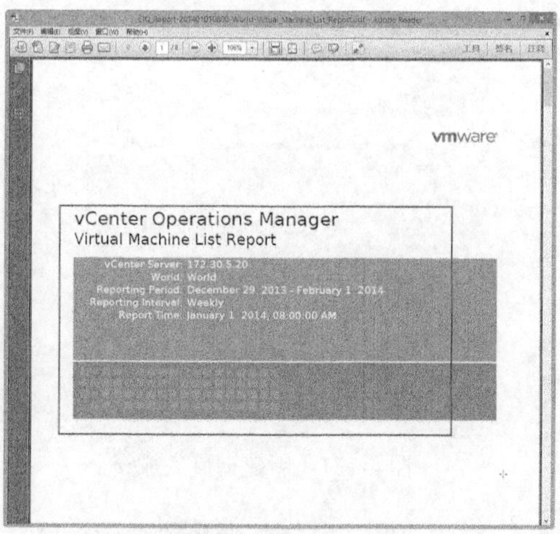

图 4-134 报告

以后，也可以在 vCenter Operations Manager“报告”选项卡中，查看系统已经发送的调度完成状态，并下载已经发送的调度报告，如图 4-135 所示。

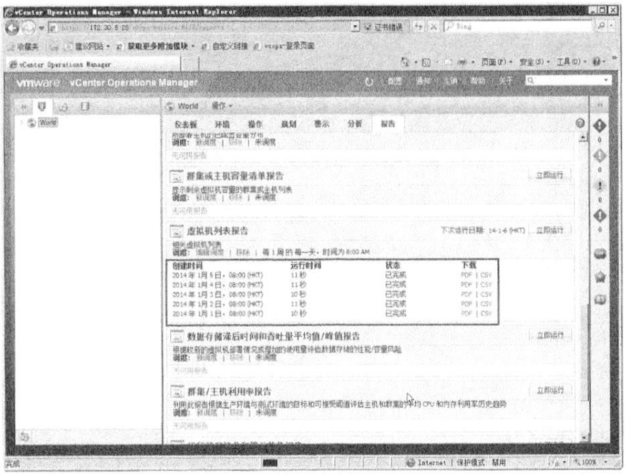

图 4-135　调度报告完成情况

4.10.3　创建摘要报告

您可以从“摘要”选项卡中导出数据，然后保存该数据以供参考。

（1）确认您已登录到 vSphere Client，且 vCenter Operations Manager 已打开。

（2）导航到“规划”页面并单击“摘要”选项卡，在清单面板中，单击要生成一个或多个报告的对象，然后单击“导出”以生成报告，如图 4-136 所示。

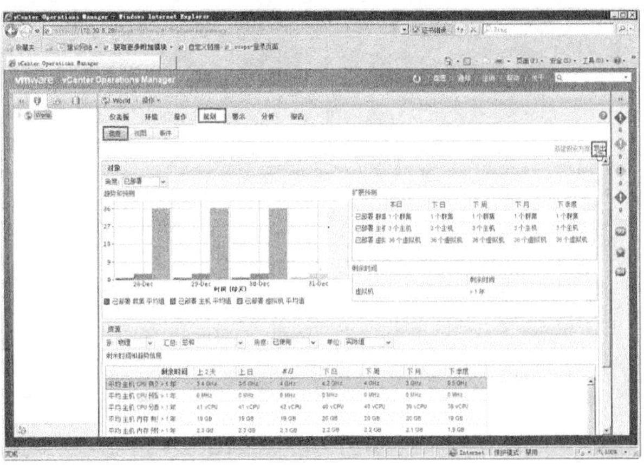

图 4-136　导出

（3）在“导出选项”对话框中，您可以选中相应的复选框，以便在报告中插入页码和图例，在“导出选项”下拉列表中，选择导出文件的格式，在此选择 Adobe PDF，如图 4-137 所示。

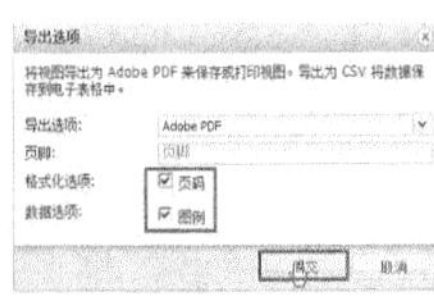

图 4-137　导出选项

（4）单击“提交”以生成报告，并将其保存到导出文件中，之后打开该文档，如图 4-138 所示。

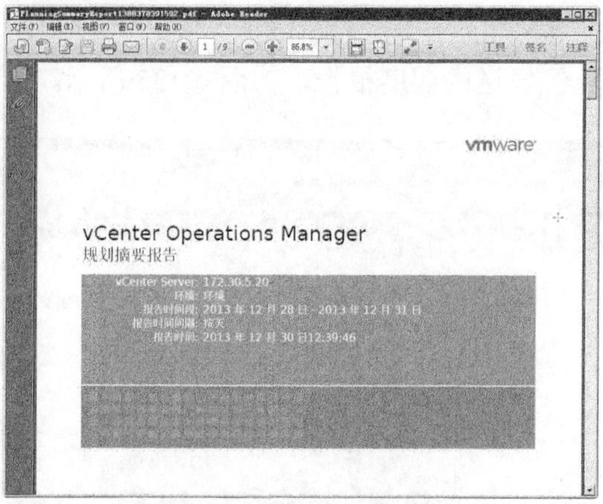

图 4-138 生成的 PDF 报告

4.10.4 创建视图报告

您可以从“规划”选项卡中的“视图”选项卡导出数据，然后保存该数据以供参考。

（1）确认您已登录到 vSphere Client，且 vCenter Operations Manager 已打开。

（2）导航到“规划”选项卡，然后单击“视图”选项卡，在清单面板中，单击要生成一个或多个报告的对象，选择要保存的视图，然后单击“导出”，以生成导出文件，如图 4-139 所示。

图 4-139 导出视图

（3）在“导出选项”对话框中，选择导出文件的格式，也可以通过“导出选项”对话框中的复选框在报告中插入页码和图例，如图 4-140 所示。然后单击“提交”以生成报告，并将其保存到导出文件中。

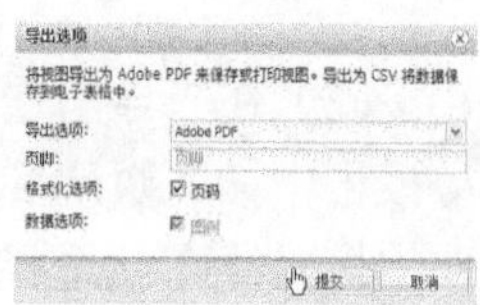

图 4-140 导出选项

（4）之后打开并查看导出的视图报告，如图 4-141 所示。

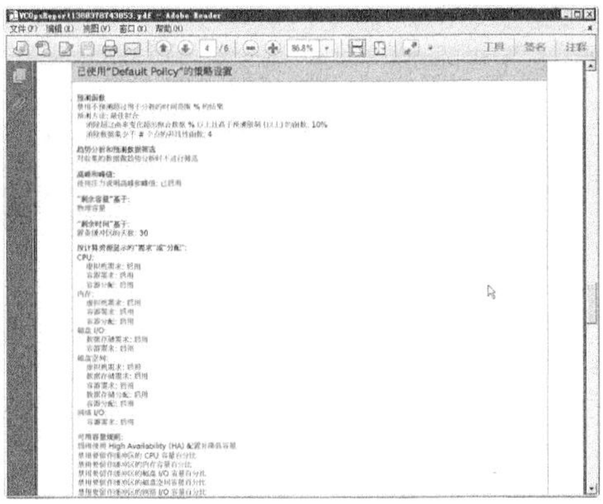

图 4-141　导出的视图报告（部分）

4.11　更改默认策略

在实施虚拟化的过程中，管理员或用户可能会创建过多的虚拟机，或者即便虚拟机创建的数量较少，但为虚拟机分配的磁盘空间可能会超过存储的最大空间，在这时候，VMware vCenter Operations Manager 即会报警，下面介绍解决这一问题的方法。

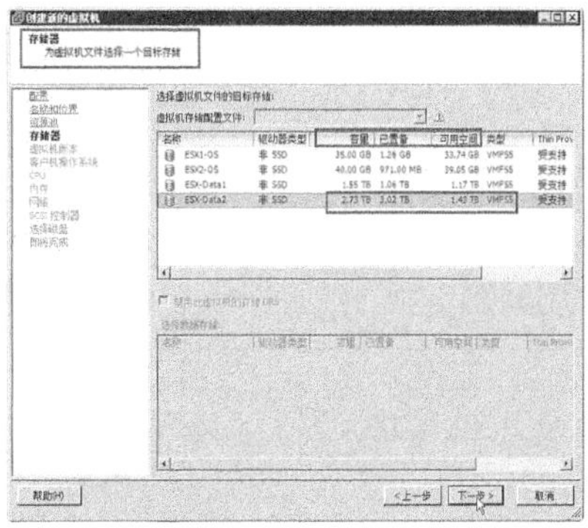

图 4-142　置备空间超过可用空间

（1）使用 vSphere Client 创建虚拟机的时候，某个存储“已置备”的空间可能会超过存储的“可用空间”，如图 4-142 所示。

（2）在登录 VMware vCenter Operations Manager 后，会显示当前风险较高，例如当前系统分配是 96，如图 4-143 所示。

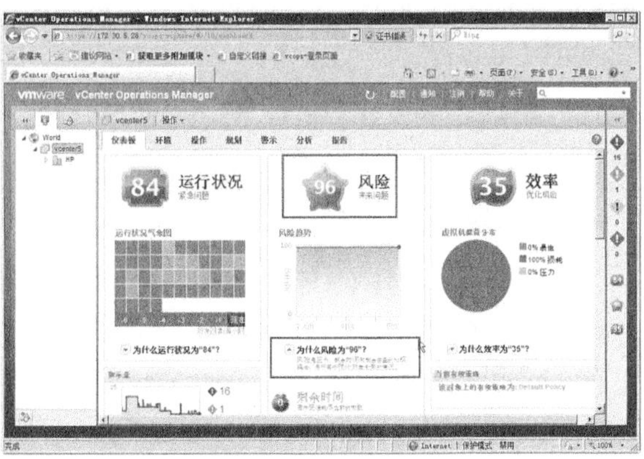

图 4-143　风险较高

（3）查看进一步信息，提示剩余时间为 0，剩余容量亦为 0，如图 4-144 所示。单击

“Default Policy”链接以更改这一提示。

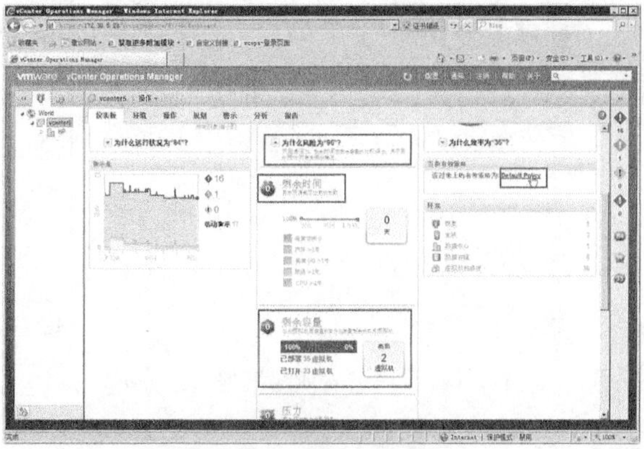

图 4-144 更改默认策略

（4）在“编辑策略”中，在“3 配置容量和时间→3c 使用情况计算”，磁盘空间默认为 0%，表示置备的空间与实际可用空间相同。在此修改为 100%，表示分配过载比率为磁盘空间的两倍，如图 4-145 所示，然后单击“确定”按钮完成设置。

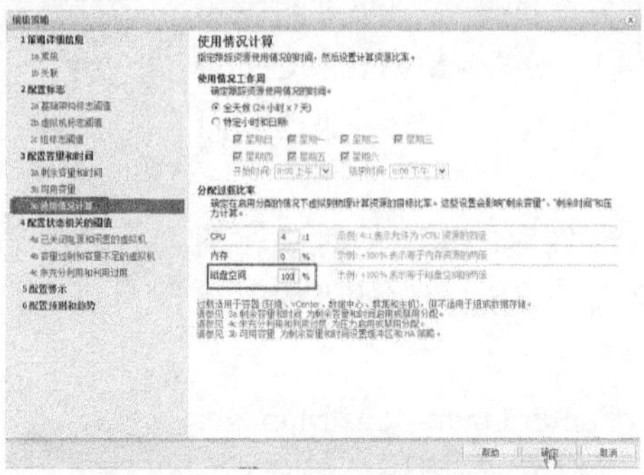

图 4-145 修改分配过载比率

（5）返回到 VMware vCenter Operations Manager 后，单击“ ”按钮刷新，等待一段时间后，风险降为 18%，风险变为正常，如图 4-146 所示。

图 4-146 风险正常

第 5 章　vSphere 虚拟机备份与恢复解决方案

黄金有价，数据无价。如果保护数据及系统的安全，是每个管理员都要面对的问题。在 vSphere 数据中心中，可以使用 vSphere 提供的虚拟机及数据库备份与恢复解决方案。vSphere Data Protection（VDP）是基于虚拟机磁盘的备份与恢复解决方案，部署容易，安装配置简单。vSphere Data Protection 与 VMware vCenter Server 集成，可以对备份作业执行有效的集中管理，同时将备份存储在经过重复数据消除的目标存储中。与以前的版本相比，新的版本还能对 SQL Server 数据库进行备份。

5.1　vSphere Data Protection 概述

在 VMware ESX 4.x、vSphere 5.0 版本中，VMware 提供了“VMware Data Recover”产品，用来备份与恢复 VMware ESXi 中的虚拟机。在 vSphere 5.1 版本中，VMware 提供了新的、名为“vSphere Data Protection”的产品，为 vSphere 虚拟机提供备份与恢复解决方案。

vSphere Data Protection 具有以下优势。

（1）针对所有虚拟机提供快速高效的数据保护，甚至可保护那些已断电或在 ESX 主机之间迁移的虚拟机。

（2）对所有备份采用获得专利的可变长度重复数据消除技术，从而极大地减少备份数据所占用的磁盘空间。

（3）通过使用更改数据块跟踪（CBT）和 VMware 虚拟机快照，降低了备份虚拟机的成本，并最大限度地缩短了备份窗口。

（4）可实现轻松备份，无须在每个虚拟机上安装第三方代理。

（5）可以作为集成组件简单直接地安装到通过 Web 门户进行管理的 vSphere 中。

（6）可直接访问已集成到 vSphere Web Client 中的 vSphere Data Protection 配置。

（7）使用检查点和回滚机制保护备份。

（8）从基于 Web 的界面中，通过终端用户启动的文件级恢复提供 Windows 和 Linux 文件的简化恢复。

5.1.1　了解 vSphere Data Protection 的功能

vSphere Data Protection（VDP）是一款基于磁盘的备份和恢复解决方案，可靠且易于部署。vSphere Data Protection 与 VMware vCenter Server 完全集成，可用来对备份作业进

行高效的集中式管理，同时将备份存储在经过重复数据消除的目标存储位置中。

vSphere Data Protection 包含以下两层：

- vSphere Data Protection（VDP）
- vSphere Data Protection Advanced（VDPA）

表 5-1 针对 VDP 和 VDPA 中的可用功能进行了定义。

表 5-1 VDP 和 VDPA 功能

功能	VDP	VDPA
每个 VDP 应用装置支持的虚拟机数	最多 100 个	最多 400 个
最大数据存储区大小	2 TB	8 TB
扩展当前数据存储区的能力	否	是
支持映像级备份	是	是
支持 Microsoft SQL Server 来宾级备份	否	是
支持 Microsoft Exchange Server 来宾级备份	否	是
支持文件级恢复	是	是

5.1.2 vSphere Data Protection 简介

使用 VMware vSphere Web Client 界面可以选择、安排、配置和管理虚拟机的备份和恢复。在备份期间，vSphere Data Protection 会创建虚拟机的停顿快照。在每个备份操作中会自动执行重复数据消除。有关 VDP 的备份和恢复环境中的相关名词解释如下。

（1）数据存储区是数据中心内基础物理存储资源组合的虚拟表示形式。数据存储区是虚拟机文件的存储位置（如物理磁盘、RAID 或 SAN）。

（2）更改数据块跟踪（CBT）是一项 VMkernel 功能，可以跟踪虚拟机存储数据块随时间的变化情况。VMkernel 会跟踪虚拟机的数据块更改，对于旨在利用 VMware 的 vStorage API 的应用程序，这可以增强应用程序的备份过程。

（3）文件级恢复（FLR）。借助文件级恢复（FLR），受保护虚拟机的本地管理员可以浏览和装载本地计算机的备份。然后，管理员可以从这些装载的备份恢复各个文件。FLR 使用 vSphere Data Protection Restore Client 来完成。

（4）VMware vStorage APIs for Data Protection（VADP）。借助 VMware vStorage APIs for Data Protection（VADP），备份软件可以执行集中式虚拟机备份，而不会中断每个虚拟机中正在运行的备份任务，也不会产生相应的开销。

（5）虚拟机磁盘（VMDK）是一个或一组文件，这些文件对于来宾操作系统显示为一个物理磁盘驱动器。这些文件可以位于主机计算机或远程文件系统上。

（6）vSphere Data Protection 应用装置是一个针对 vSphere Data Protection 专门构建的虚拟应用装置。

5.1.3 映像级备份和恢复

vSphere Data Protection 可创建映像级备份，这些备份与 vStorage API for Data

Protection 进行集成。vStorage API for Data Protection 是 vSphere 中的一个功能集，用于将备份处理开销从虚拟机分载到 vSphere Data Protection 应用装置。该应用装置通过与 vCenter Server 通信来创建虚拟机.vmdk 文件的快照。重复数据消除在应用装置中使用获得专利的可变长度重复数据消除技术执行。

为了支持众多规模庞大且不断扩展的 VMware 环境，每个 vSphere Data Protection 应用装置可以同时向 8 个虚拟机进行备份。

为了提高映像级备份的效率，vSphere Data Protection 会利用 VADP CBT 功能。借助 CBT，vSphere Data Protection 可以仅备份自上次备份以来发生更改的磁盘数据块。这极大地减少了给定虚拟机映像的备份用时，并使得在特定备份窗口内处理大量虚拟机成为可能。

通过在恢复期间利用 CBT 功能，vSphere Data Protection 在将虚拟机恢复到其原始位置时可以快速高效地完成恢复。在恢复过程中，vSphere Data Protection 将查询 VADP，确定哪些数据块在上次备份后发生过更改，然后在恢复期间只恢复或替换那些数据块。这减少了执行恢复操作期间 vSphere 环境中的数据传输，更重要的是，缩短了恢复用时。

此外，vSphere Data Protection 还会自动评估分别使用两种恢复方法（完整映像恢复或利用 CBT 的恢复）时的工作负载，然后执行恢复用时最短的那种方法。这在下面的情况中非常有用：在要恢复的虚拟机中，自上次备份以来的更改率非常高，并且 CBT 分析操作的开销比直接执行完整映像恢复的开销更高。vSphere Data Protection 将以智能方式判断，对于您的特定情况或环境，采用哪种方法时虚拟机映像恢复用时最短。

VMware 映像级备份的优势包括：

- 可以对虚拟机进行完整映像备份，而与来宾操作系统无关。
- 如果 SCSI hotadd 这种高效传输方法可供使用并且已获得适当许可，则会采用这种方法，这样可避免通过网络复制整个 VMDK 映像。
- 可以从映像级备份进行文件级恢复。
- 在 vSphere Data Protection 应用装置保护的所有.vmdk 文件内部以及各文件之间执行重复数据消除。
- 利用 CBT 加快备份和恢复速度。
- 不再需要在每个虚拟机中管理备份代理。
- 支持同时进行备份和恢复，从而实现出色的吞吐量。

5.1.4 来宾级备份和恢复

VDPA 支持 Microsoft SQL Server 和 Microsoft Exchange Server 来宾级备份。对于来宾级备份，需要在 SQL Server 或 Exchange Server 上安装客户端代理（用于 SQL Server 客户端的 VMware VDP 或用于 Exchange Server 客户端的 VMware VDP），其安装方式与备份代理在物理服务器上的典型安装方式相同。

VMware 来宾级备份的优势包括：

- 可以实现高于映像级备份的重复数据消除。
- 对虚拟机内的 SQL Server 或 Exchange Server 提供附加应用程序支持。

- 支持备份和恢复整个 SQL Server、Exchange Server 或所选数据库。
- 能够支持应用程序一致性备份。
- 物理机和虚拟机的备份方法相同。

5.1.5 文件级恢复

借助文件级恢复（FLR），受保护虚拟机的本地管理员可以浏览和装载本地计算机的备份。然后，管理员可以从这些装载的备份恢复各个文件。FLR 使用 vSphere Data Protection Restore Client 来完成。

5.1.6 重复数据消除存储优势

企业数据是高度冗余的，在系统内部和系统之间存储着相同的文件或数据（例如，操作系统文件或发送给多个收件人的文档）。编辑过的文件也与以前版本存在极大的冗余。传统备份方法会将所有冗余数据反复存储，从而使这种情况更加恶化。vSphere Data Protection 使用获得专利的重复数据消除技术，在文件级和子文件数据段级消除冗余。

（1）可变长度与固定长度数据段

在数据段（即子文件）级消除冗余数据的一个关键因素是确定数据段大小的方法。固定数据块或固定长度数据段通常由快照和某些重复数据消除技术使用。遗憾的是，即使对数据集的很小更改（例如，在文件开头插入数据）也可能会更改数据集中的所有固定长度数据段，而事实上这种情况下对数据集所做的更改少之又少。

vSphere Data Protection 使用智能的可变长度方法来确定数据段大小，该方法通过检查数据来确定逻辑边界点，从而提高了效率。

（2）逻辑数据段确定

vSphere Data Protection 使用获得专利的方法来确定数据段大小，该方法的设计目的是在所有系统上实现最佳效率。vSphere Data Protection 的算法会分析数据集的二进制结构（构成数据集的所有 0 位和 1 位），以便确定环境相关的数据段边界。可变长度数据段大小平均为 24 KB，进一步压缩后的大小平均为 12 KB。

通过分析 VMDK 文件中的二进制结构，vSphere Data Protection 适用于所有文件类型和大小，并且会智能地对数据执行重复数据消除。

5.1.7 vSphere Data Protection 体系结构

vSphere Data Protection（VDP）使用 vSphere Web Client 和 vSphere Data Protection 应用装置将备份存储到经过重复数据消除的存储中。

vSphere Data Protection 由一组在不同计算机上运行的组件构成（如图 5-1 所示）。

- vCenter Server 5.1
- vSphere Data Protection 应用装置（安装在 ESX/ESXi 4.1/5.x 上）
- vSphere Web Client

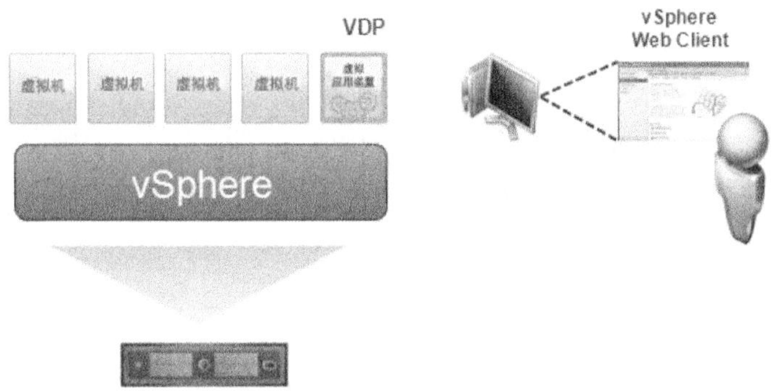

图 5-1 VDP 体系结构

5.2 vSphere Data Protection 的系统需求与规划设计

vSphere Data Protection（VDP）可升级到 vSphere Data Protection Advanced，但 vSphere Data Protection Advanced 无法重新配置到 vSphere Data Protection。

vSphere Data Protection 与 vSphere Data Protection Advanced 是同一产品系列的两个版本，每个版本有不同的需求，本节将介绍这些内容。

5.2.1 vSphere Data Protection 系统需求

无论是 VMware Data Recover 还是 vSphere Data Protection，VMware 提供的是预先配置好的虚拟机（安装配置好 Linux 操作系统、vSphere Data Protetion 软件，该虚拟机默认配置为 4 个虚拟 CPU、4GB 内存），管理员通过将配置好的虚拟机导入到 VMware ESX 或 ESXi 中使用。vSphere Data Protection（VDP）有 3 种备份存储容量配置可供选择：0.5 TB、1 TB 和 2 TB，它们分别占用 850 GB、1 300 GB 和 3 100 GB 的实际存储容量。

在从 VMware 官方网站下载 vSphere Data Protection 的时候，有三个 ova 文件（开放虚拟机格式）可供选择，其文件名分别为“vSphere_Data_Protection_-_0.5TB.ova”、“vSphere_Data_Protection_-_1.0TB.ova”、“vSphere_Data_Protection_-_2.0TB.ova”，如图 5-2 所示，这是下载好的文件。

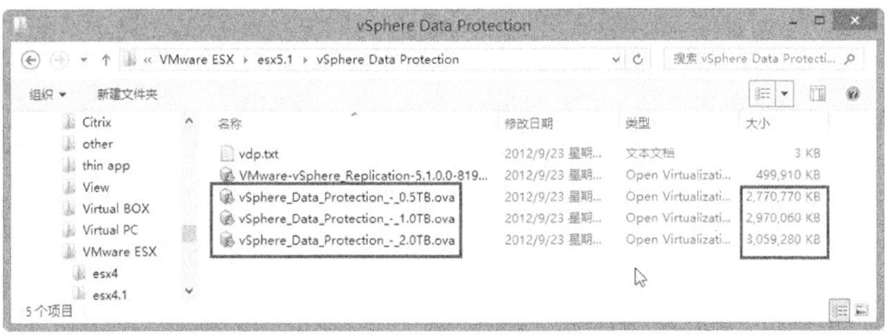

图 5-2 vSphere Data Protection 的 OVA 文件

你可以根据需要，部署其中的一个虚拟机。VDP 的最低系统要求如表 5-2 所示。

表 5-2　VDP 最低系统要求

	0.5TB	1TB	2TB
CPU	至少 4 个 2GHz	至少 4 个 2GHz	至少 4 个 2GHz
内存	4GB	4GB	4GB
磁盘空间	850GB	1 600GB	3 100GB

【说明】（1）vSphere Data Protection 在部署之后将无法更改大小。（2）超出应用装置可用容量的所需额外磁盘空间用于创建和管理检查点。

vSphere Data Protection 需要 VMware ESX/ESXi 4.x/5.x 版本，需要 VMware vCenter Server 5.1 的版本。

5.2.2　vSphere Data Protection Advanced 系统要求

vSphere Data Protection Advanced（VDPA）可采用 2TB、4TB、6TB、8TB4 种配置，这 4 种配置采用同一个部署文件， vSphere Data Protection Advanced 在部署之后即可增加大小。图 5-3 所示是从 VMware 网站下载 vSphere Data Protection Advanced 时的截图。

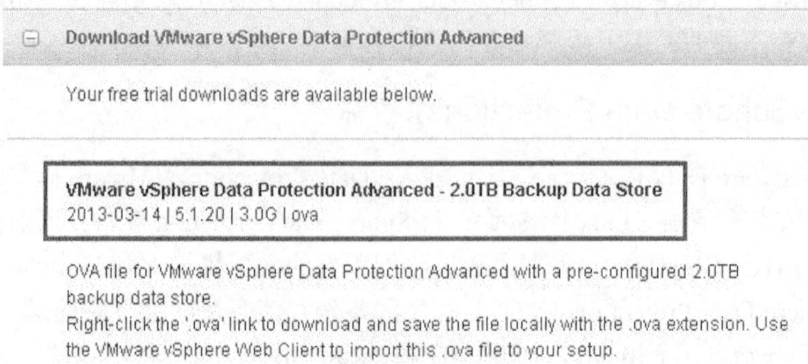

图 5-3　下载 vSphere Data Protection Advanced

VDPA 的最低系统要求如表 5-3 所示。

表 5-3　VDPA 最低系统要求

	2TB	4TB	6TB	8TB
CPU	至少 4 个 2GHz	至少 4 个 2GHz	至少 4 个 2GHz	至少 4 个 2GHz
内存	6GB	8GB	10GB	12GB
磁盘空间	3TB	6TB	9TB	12TB

【说明】超出应用装置可用容量的所需额外磁盘空间用于创建和管理检查点。

5.2.3　VDP 的大小与数量调整

vSphere Data Protection 可以根据需要备份的虚拟机的数量和类型、数据量、所保留的虚拟机的日期、典型更改率等参数，选择一个多或多个 VDP 的部署，这些如表 5-4 所示。

表 5-4　VDP 大小调整建议示例

需要备份的虚拟机数量	每个客户端的数据存储区	保留：每日	保留：每周	保留：每月	保留：每年	建议：VDP 大小及数量
25	20GB	30	0	0	0	1 个 0.5TB VDP
25	20GB	30	4	12	7	1 个 2TB VDP
25	40GB	30	4	12	7	2 个 2TB VDP
50	20GB	30	0	0	0	1 个 1TB VDP
50	20GB	30	4	12	7	2 个 2TB VDP
50	40GB	30	4	12	7	3 个 2TB VDP
100	20GB	30	0	0	0	1 个 2TB VDP
100	20GB	30	4	12	7	3 个 2TB VDP
100	40GB	30	4	12	7	6 个 2TB VDP

通常情况下，每 TB 容量最多可支持 25 个虚拟机。另外，上述建议是基于以下的假设。

（1）虚拟机主要包含文件系统数据。如果虚拟机主要包含数据库数据，则重复数据消除率会比较低。

（2）文件系统数据的初始重复数据消息率为 70%。

（3）文件系统数据的每日重复数据消息率为 99.7%。

（4）每年的增长率为 5%。

如果不能确定需要部署的应用装置的大小，则需要使用较大的 VDP 数据存储区。在部署 VDP 应用装置后，数据存储区的大小将无法更改。

5.2.4　VDP 规范

vSphere Data Protection 支持以下规范。

（1）每个 VDP 应用装置支持最多对 100 个虚拟机进行备份。

（2）每个 vCenter Server 最多支持 10 个 VDP 应用装置。

（3）支持 0.5TB、1TB 或 2TB 的重复数据消除存储。

5.2.5　VDP 安装前规划

在部署 vSphere Data Protection 之前，必须向 DNS 服务器添加一个与应用装置的 IP 地址和完全限定的域名（FQDN）对应的条目。此 DNS 服务器必须既支持正向查找，又支持反向查找。在本节内容中，VDP 的应用环境如图 5-4 所示。

在当前的网络中，Active Directory 服务器为 172.18.96.1，同时在该服务器上配置了 DNS 服务器。所以，为 vSphere Data Protection 虚拟机设置 DNS 名称为 vdpa.heinfo.edu.cn，该服务器的 IP 地址为 172.18.96.18。在 DNS 中的“正向查找区域”中创建名为 vdpa 的 A 记录，其对应的 IP 地址为 172.18.96.18，如图 5-5 所示。在“反向查找区域”中创建 PTR 指针，IP 地址为 172.18.96.18 的地址指向 vdpa，如图 5-6 所示。

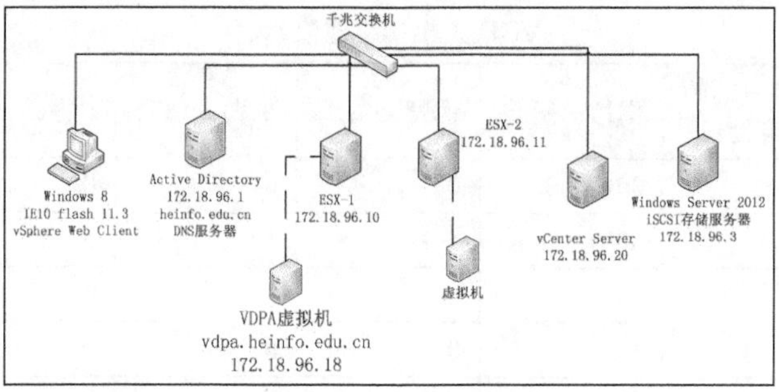

图 5-4　VDPA 应用环境

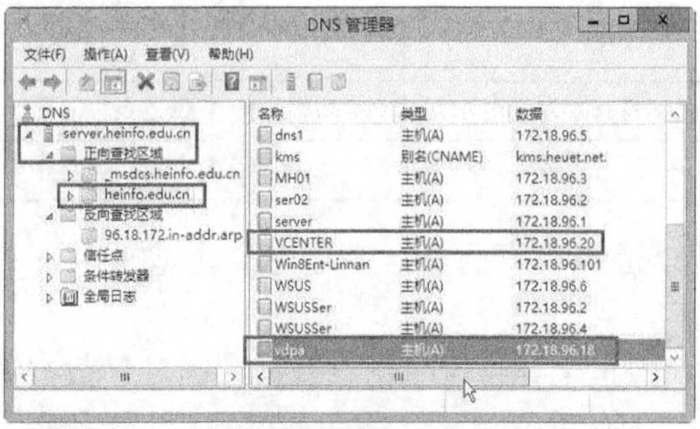

图 5-5　创建 A 刻录

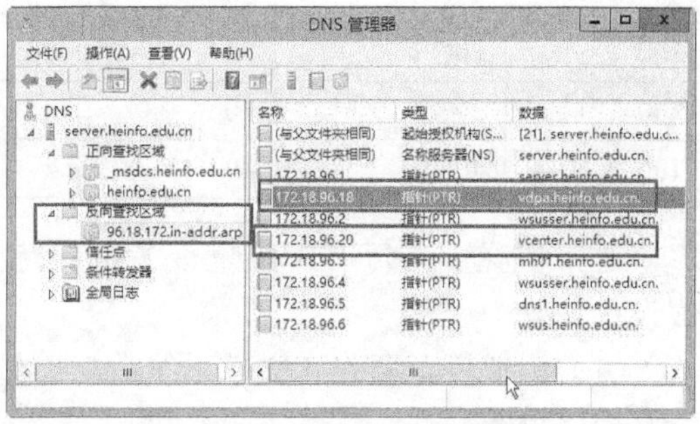

图 5-6　创建 PTR 指针

【说明】如果 DNS 设置不正确，可能导致出现许多运行时问题或配置问题。

要验证 DNS 配置，打开命令提示符，然后输入以下命令。

（1）Nslookup　<VDP IP 地址><DNS IP 地址>

nslookup 命令将返回 vSphere Data Protection 应用装置的完全限定的域名，如图 5-7 所示。

（2）Nslookup　<VDP 的完全限定的域名><DNS 的 IP 地址>

nslookup 命令将返回 vSphere Data Protection 应用装置的 IP 地址，如图 5-8 所示。

```
C:\Users\春海>nslookup 172.18.96.18 172.18.96.1
服务器:  server.heinfo.edu.cn
Address:  172.18.96.1

名称:    vdpa.heinfo.edu.cn
Address:  172.18.96.18
```

图 5-7　根据 IP 地址检查 DNS 名称

```
C:\Users\春海>nslookup vdpa.heinfo.edu.cn 172.18.96.1
服务器:  server.heinfo.edu.cn
Address:  172.18.96.1

名称:    vdpa.heinfo.edu.cn
Address:  172.18.96.18
```

图 5-8　根据 DNS 名称检查 IP 地址

（3）nslookup <vCenter 的完全限定的域名><DNS 的 IP 地址>

nslookup 命令将返回 vCenter Server 的 IP 地址，如图 5-9 所示。

如果 nslookup 命令返回了正确的信息，请关闭命令提示符，否则请解决 DNS 配置问题。

```
C:\Users\春海>nslookup vcenter.heinfo.edu.cn 172.18.96.1
服务器:  server.heinfo.edu.cn
Address:  172.18.96.1

名称:    vcenter.heinfo.edu.cn
Address:  172.18.96.20
```

图 5-9　检查 vCenter 服务器的 DNS 配置是否正确

5.2.6　NTP 配置

vSphere Data Protection 利用 VMware Tools 来通过 NTP 同步时间。所有 ESXi 主机和 vCenter Server 都应正确配置了 NTP。vSphere Data Protection 虚拟机通过 vSphere 来获取正确时间，所以不要配置 NTP。如果直接在 vSphere Data Protection 应用装置上配置 NTP，可能会造成时间同步错误。

5.3　vSphere Data Protection 安装

本节介绍 vSphere Data Protection 的安装与部署内容。

5.3.1　VDP 应用装置最佳做法

部署 VDP 应用装置时应采用以下最佳做法。

- 在共享 VMFS5 或更高版本上部署 VDP 应用装置以避免数据块大小限制。
- 避免部署具有 IDE 虚拟磁盘的虚拟机。使用 IDE 虚拟磁盘时，VDP 无法正常执行。
- 如果您使用的是 ESXi 4.1/5.0，请确保 ESXi 主机获得使用 HotAdd 的许可。默认情况下，ESXi 5.1 包含此功能。
- 建议使用 HotAdd 传输以加快备份和恢复速度，并减少出现网络路由、防火墙和 SSL 证书问题的风险。
- 要支持 HotAdd，必须在 ESXi 主机上部署 VDP 应用装置，该主机具有容纳待备份虚拟磁盘的存储的路径。
- 如果要备份的虚拟机具有任何独立虚拟硬盘，则 HotAdd 将无法工作。
- 请确保所有虚拟机运行的都是硬件版本 7 或更高版本以支持更改数据块跟踪（CBT）。
- 在 VDP 将执行备份的每个虚拟机上安装 VMware 工具。VMware 工具增加了额外的备份功能，该功能可在备份之前停止来宾操作系统上的某些进程。文件级恢复中使用的一些功能也需要 VMware 工具。

5.3.2　部署 VDPA 模板

vSphere Data Protection 和 vSphere Data Protection Advanced 采用相同的安装过程，主要分为两步：部署 VDP 或 VDPA 虚拟机的 OVF 模板、配置和安装 VDP 应用装置。本节以部署 VDPA 的 OVF 模板为例进行介绍。

【说明】只能使用 vSphere Web Client 部署并管理 VDPA 模板，请确认在 vCenter Server 部署了 vSphere Web Client 应用。

（1）从 Web 浏览器访问 vSphere Web Client，并使用管理权限登录。登录之后，选择“vCenter→数据中心”选项，如图 5-10 所示。

图 5-10　数据中心

（2）在“数据中心”窗口中，在右侧的“操作”选项中选择“部署 OVF 模板”选项，如图 5-11 所示。

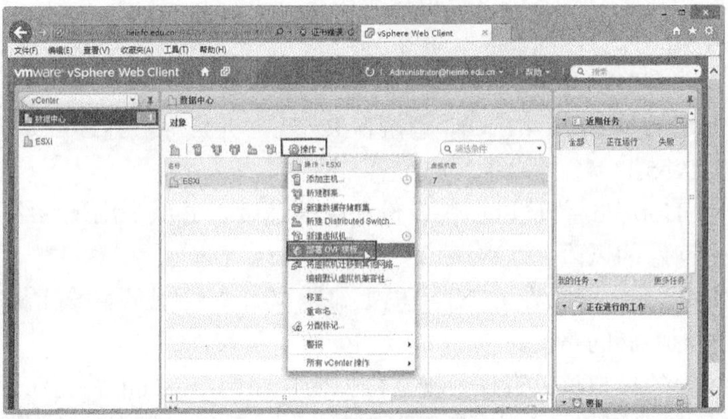

图 5-11　部署 OVF 模板

（3）在“部署 OVF 模板”对话框的“源→选择源”对话框中，单击“本地文件”，然后单击“浏览”按钮，浏览选择 VDPA 的模板，在本示例中，该模板文件名为“vSphere_Data_Protection_Advanced-2.0TB.ova”，大小为 2.9GB，这是从 VMware 官方网站下载的，如图 5-12 所示。

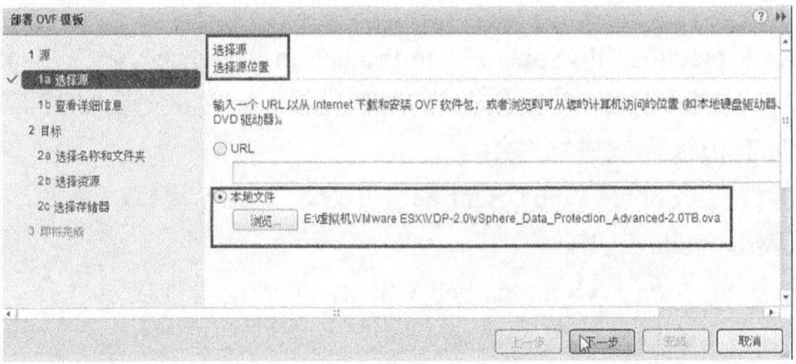

图 5-12　选择 OVF 模板

（4）在“查看详细信息”对话框中，显示了要部署的模板虚拟机详细信息，在此示例中，要部署的 VDPA 版本为 5.1.20.24，下载大小为 3GB，需要占用 7.1GB 及 3.1TB 的磁盘空间，如图 5-13 所示。

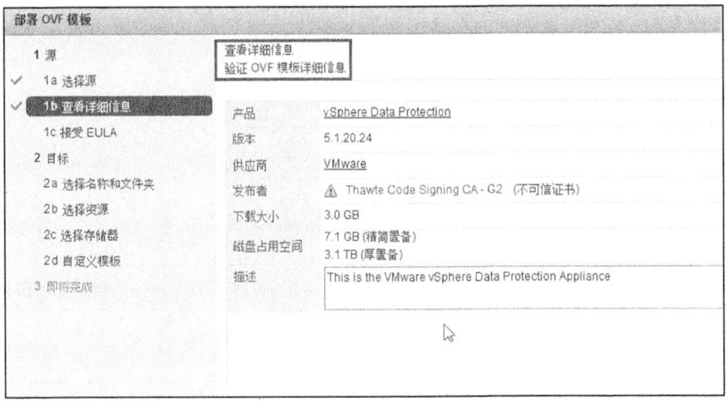

图 5-13　查看详细信息

（5）在“接受 EULA”对话框中，查看许可协议（当前可能为乱码），查看之后单击“接受”按钮，然后单击“下一步”按钮，如图 5-14 所示。

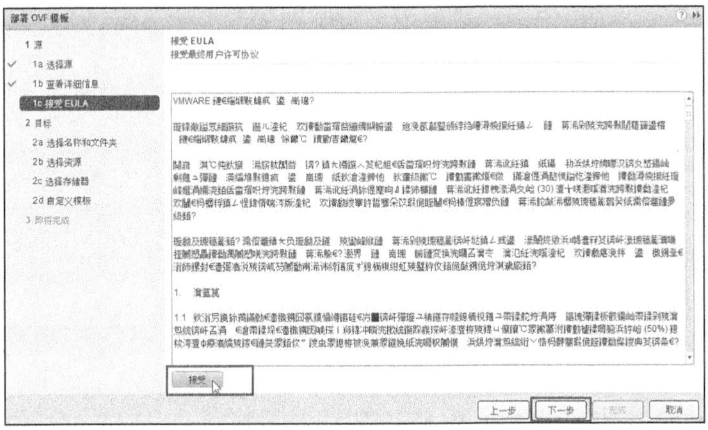

图 5-14　接受许可协议

（6）在“选择名称和文件夹”对话框中，输入此 vSphere Data Protection 应用装置的名称（此名称必须与在 DNS 服务器上配置的条目匹配），然后单击要将其部署到的文件夹或数据中心。安装 vSphere Data Protection 应用装置后即不应更改其名称。在此设置名称为 vdpa.heinfo.edu.cn（该名称已经在域 DNS 中注册，详细请参见“5.2.5 VDP 安装前规划”一节内容），如图 5-15 所示。

（7）在“选择资源”对话框中，选择要运行已部署模板的位置，在此从数据中心中选择一个 ESXi 主机，如图 5-16 所示。在此选择 172.18.96.10 的主机。

（8）在“选择虚拟磁盘格式”对话框中，选择“Thin Provision”即精简置备磁盘，如图 5-17 所示。如果所在主机有足够的空间（3.1TB 以上），并且是在生产环境中，则需要选择“厚置备磁盘”。

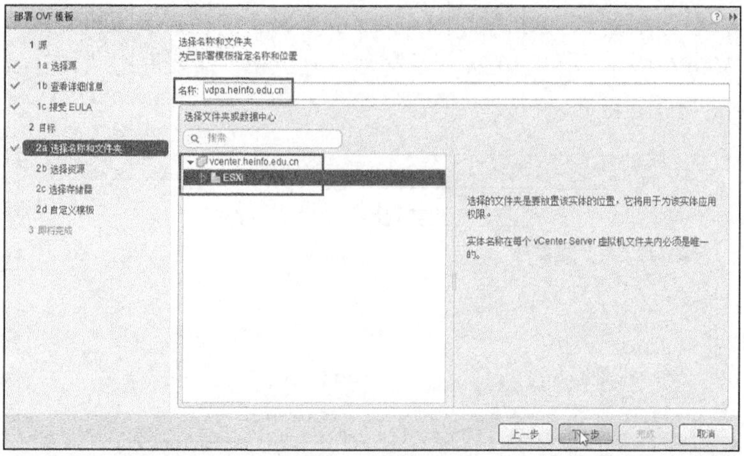

图 5-15 设置名称

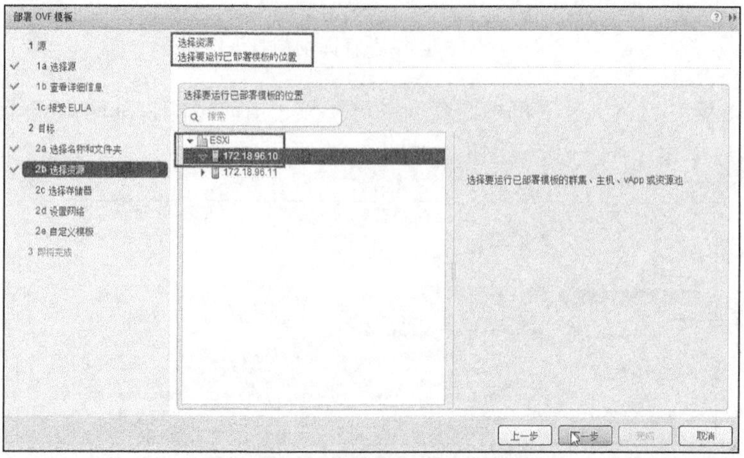

图 5-16 选择资源运行主机

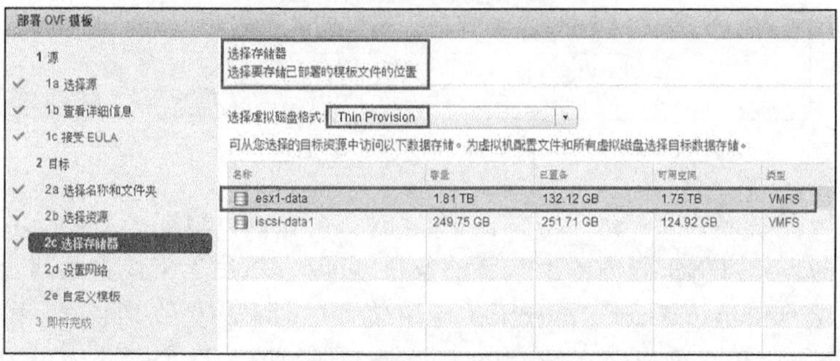

图 5-17 选择虚拟磁盘格式

（9）在“设置网络”对话框中，为将要部署的虚拟机选择所属网络，如图 5-18 所示。

（10）在“自定义模板”对话框中，设置虚拟机的网关、DNS、IP 地址及子网掩码，如图 5-19 所示。这些在安装 VDPA 之前已经规划好，请输入规划的数据，如图 5-19 所示。

（11）在“即将完成”对话框，显示了将要部署的 VDPA 虚拟机的详细信息，检查无误之后，单击“完成”按钮，如图 5-20 所示。

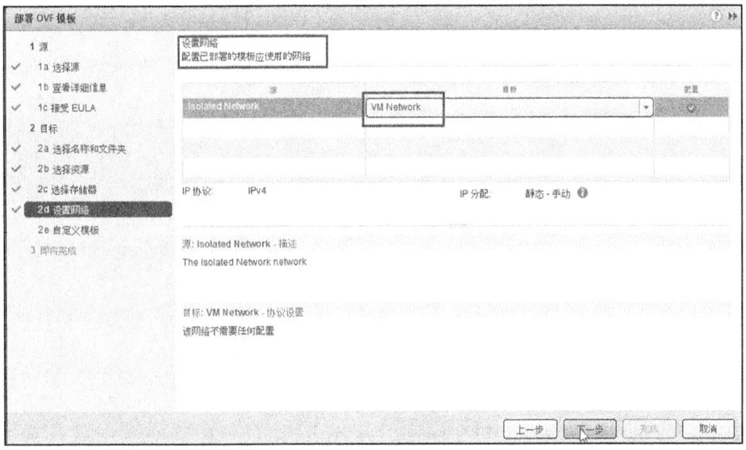

图 5-18　设置网络

图 5-19　自定义模板

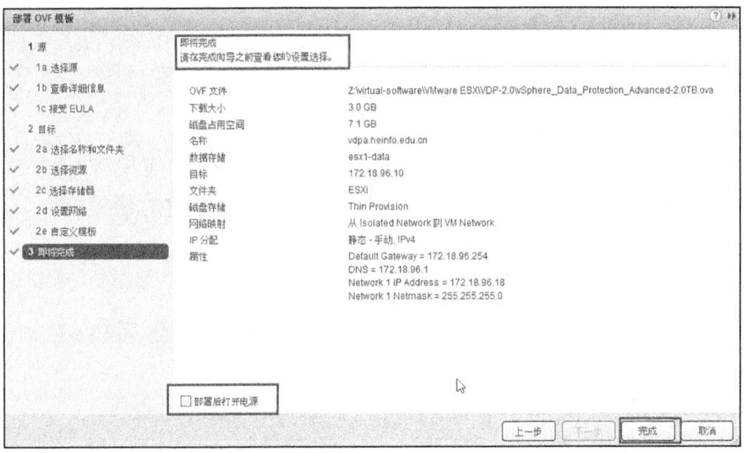

图 5-20　即将完成

（12）之后返回到 vSphere Web Client 界面，在右侧“近期任务”中显示部署的进度，部署完成之后如图 5-21 所示。

图 5-21　部署完成

5.3.3　配置和安装 VDP 应用装置

部署完成之后，打开 VDP 虚拟机的电源，开始配置 VDP 应用装置，步骤如下。

（1）在 vSphere Web Client 中，定位到 VDP 虚拟机，在右侧“入门”选项中单击“打开虚拟机电源”，如图 5-22 所示。

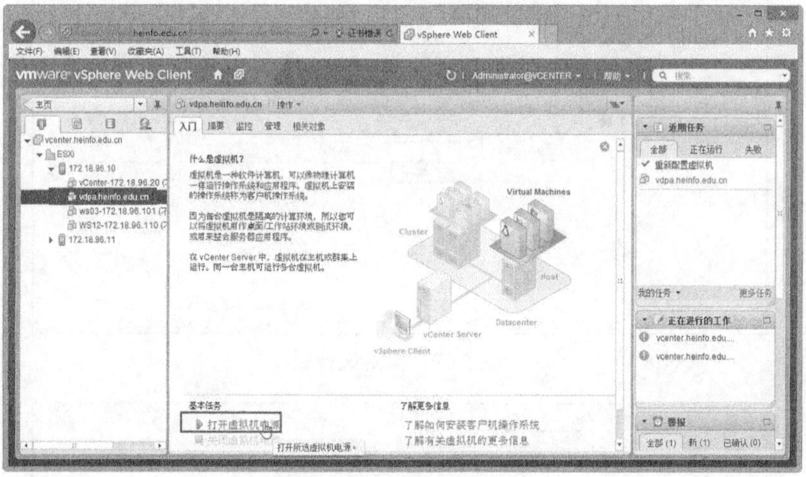

图 5-22　打开虚拟机电源

【说明】VDPA 虚拟机默认分配了 4 个 CPU、6GB 内存，如果 VDPA 虚拟机所在的主机没有这么多的资源，请在启动虚拟机前，修改为其分配的 CPU 及内存，一般可以为其分配 2 个 CPU、4GB 内存。

（2）之后在“操作”选项中选择“打开控制台”，如图 5-23 所示。

（3）之后会在 IE 浏览器中显示 VDP 虚拟机的启动情况，最后启动完成后，显示 VDP 的 IP 地址及相关信息，如图 5-24 所示。

当 VDP 虚拟机启动之后，打开 Web 浏览器并输入以下内容。

```
https://<VDP 应用装置的 IP 地址>:8543/vdp-configure/
```

在本示例中，VDP 的地址为 172.18.96.18，登录之后开始配置，主要步骤如下。

（1）在“VMware 登录”屏幕中，输入用户名及密码，默认用户名为 root，初始密码为 changeme，如图 5-25 所示。

图 5-23　打开控制台

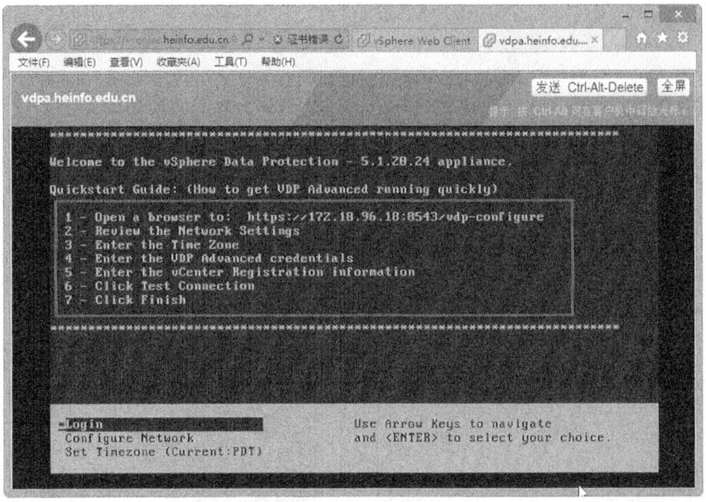

图 5-24　VDP 相关信息

图 5-25　登录 VDP

（2）之后进入 VDP 欢迎界面，如图 5-26 所示。

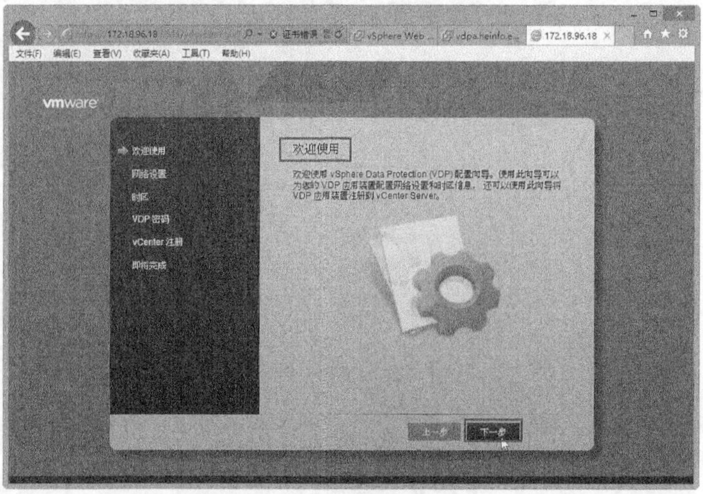

图 5-26　欢迎界面

（3）在“网络设置”对话框中，输入 VDP 的 IP 地址、子网掩码、网关、DNS 及主机名、所属域，如图 5-27 所示。如果无误直接单击“下一步”按钮。

（4）在“时区”对话框中，为 VDP 应用装置选择时区，请根据你所在的时区进行正确的选择，在本示例中选择“上海”，如图 5-28 所示。

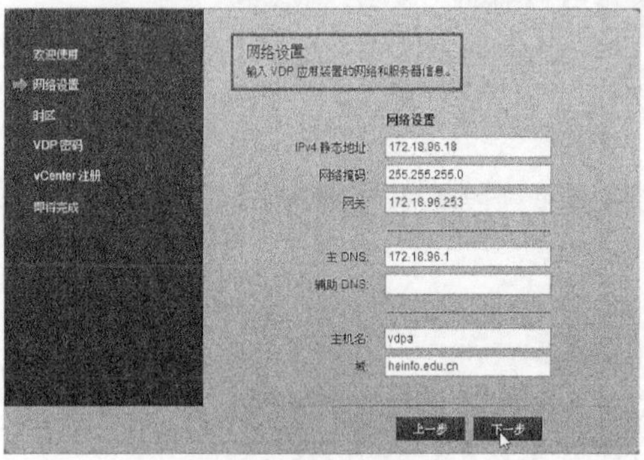

图 5-27　网络设置

图 5-28　时区设置

（5）在“VDP 密码”对话框中，为 VDP 应用装置输入一个密码（初始密码为 changeme，在此设置初始后其初始密码将会失效）。VDP 的密码必须为 9 位，并且必须至少有一个大写字母、至少一个小写字母、至少一个数字并且不包含特殊字符，如图 5-29 所示。

（6）在“vCenter 注册”对话框，输入 vCenter 的管理员账户、密码，以及 vCenter 的完全限定域名及端口，如图 5-30 所示。输入之后单击“测试连接”，当弹出“已成功完成连接测试”对话框后继续。

（7）在“即将完成”对话框中，单击“完成”按钮，配置完成，如图 5-31 所示。之后 VDP 虚拟机将会重新启动（如图 5-32 所示），等再次进入系统之后，将开始使用 VDP。VDP 重新启动最多需要 30 分钟的时间。

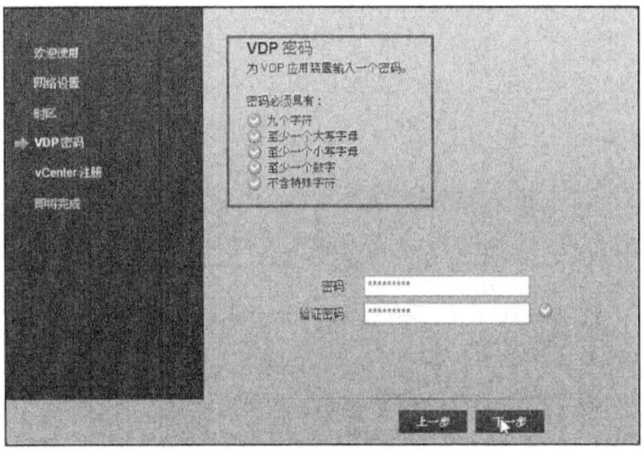

图 5-29　VDP 密码

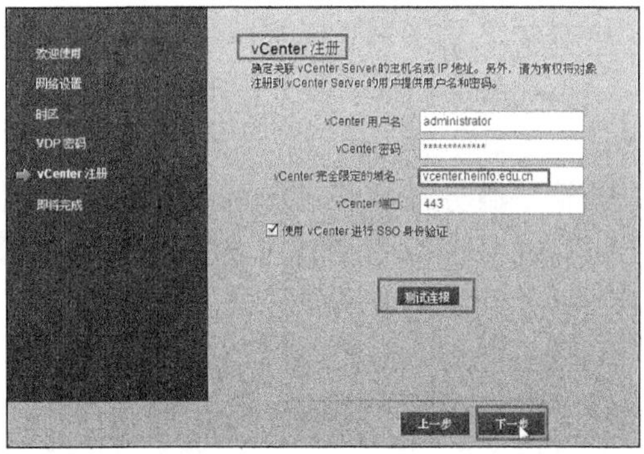

图 5-30　vCenter 注册

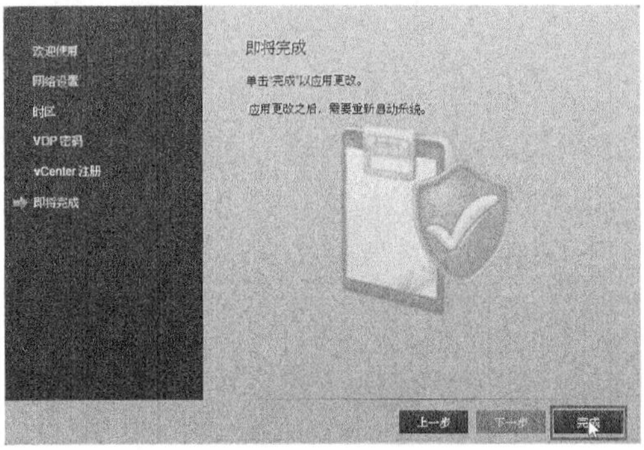

图 5-31　即将完成

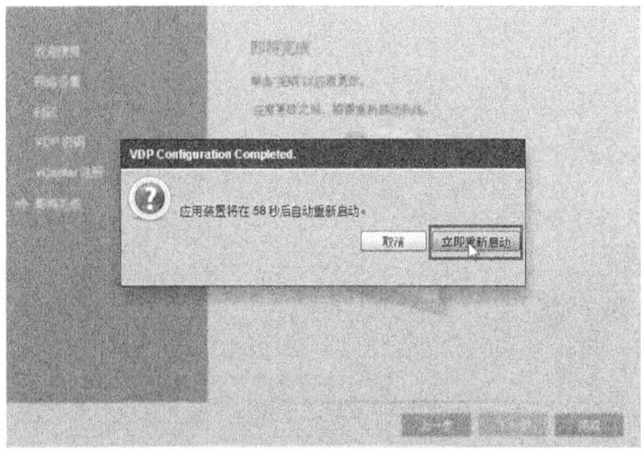

图 5-32　重新启动

5.3.4　安装后对 vSphere Data Protection 应用装置进行的配置

在安装 vSphere Data Protection（VDP）期间，VDP 配置应用工具以“安装”模式运行。在此模式下，可以输入初始联网设置、时区、VDP 应用装置密码和 vCenter 凭据。初始安装完成后，VDP 配置应用工具将以“维护”模式运行，并显示另一个用户界面。

要访问 VDP 配置应用工具，请打开 Web 浏览器，然后输入以下内容：

```
https://<VDP 应用装置的 IP 地址>:8543/vdp-configure/
```

此时，需要使用 VDP 应用装置的用户名（root）和密码（图 5-29 中设置）登录。

（1）登录 https://172.18.96.18:8543/vdp-configure，并输入用户名及密码，登录 VDP，首先看到“状态”选项卡。“状态”选项卡列出了 VDP 所需的所有服务以及每项服务的当前状态，如图 5-33 所示。

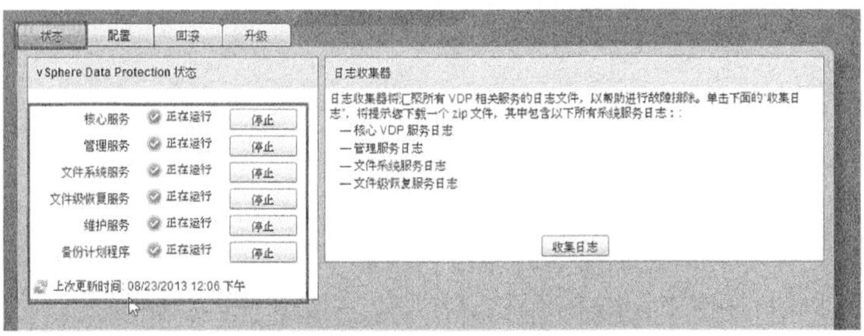

图 5-33　状态选项卡

VDP 各服务的意义如下。

核心服务：这些服务是组成应用装置备份引擎的服务。如果禁用这些服务，则不会运行任何备份作业（包括计划的作业和“按需”作业），也无法启动任何恢复活动。

管理服务：只有在技术支持人员的指导下才能停止管理服务。

文件系统服务：通过这些服务，可以装载备份以执行文件级恢复操作。

文件级恢复服务：这些服务用于支持文件级恢复操作的管理。

维护服务：这些服务用于执行维护任务，如评估备份的保留期是否已到期。在 VDP 应用装置部署后的前 24～48 小时内，维护服务处于禁用状态。这就给初始备份创造了较长的备份窗口。

备份计划程序：备份计划程序是启动计划备份作业的服务。如果停止此服务，则不会运行任何计划备份；但是，仍然可以启动“按需”备份。

【说明】如果这些服务中的任何服务停止运行，vCenter Server 上均会触发警报。如果重新启动已停止的服务，将会清除该警报。警报触发或清除前可能会有最长可达 10 分钟的延迟。

（2）当您在安装后访问 vSphere Data Protection 配置应用工具时，它将以“维护模式”运行。在此模式下，通过单击“配置”选项卡可以设置或修改在安装过程中输入的任何设置，如图 5-34 所示。

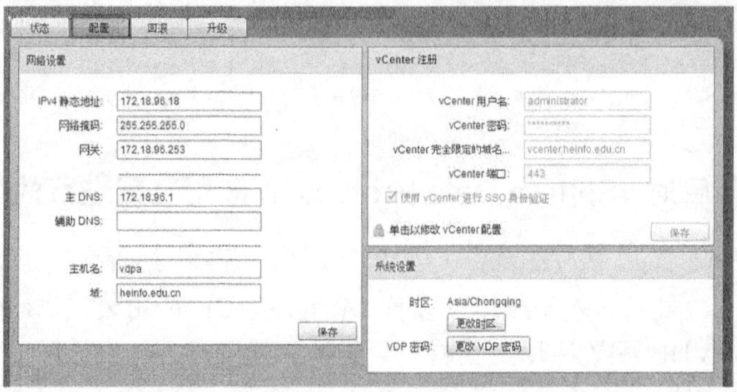

图 5-34 配置

（3）vSphere Data Protection 应用装置可能变得不一致或不稳定。在某些情况下，vSphere Data Protection 配置应用工具可以检测到这种状况，并且会在您登录后立即显示类似下面的消息：

您的 VDP 应用装置似乎经历了非正常关闭，很可能需要进行检查点回滚以恢复数据保护功能。您可通过“回滚”选项卡启动此过程。

在默认情况下，VDP 保留两个系统检查点。如果回滚到某个检查点，则在该检查点与回滚之间对 VDP 应用装置进行的任何备份或配置更改都将丢失。

第一个检查点在 VDP 安装时创建。后续的检查点由维护服务创建。在 VDP 最初的 24～48 小时运行时间内，此服务处于禁用状态。如果在此时间段内回滚，则 VDP 应用装置将设置为默认配置，任何备份配置或备份都将丢失。

如果在检查点和回滚发生之间安装了用于 Exchange Sever 客户端的 VMware VDP 或用于 SQL Sever 客户端的 VMware VDP，则必须重新安装这些客户端。

注意：强烈建议仅回滚到经过验证的最近检查点。

VDP 的“回滚”选项卡如图 5-35 所示。

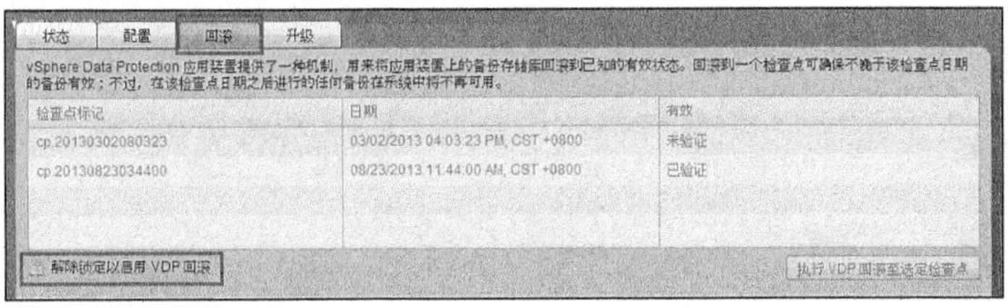

图 5-35　回滚选项卡

（4）在“升级”选项卡，可以升级 VDP 的应用装置，如图 5-36 所示。

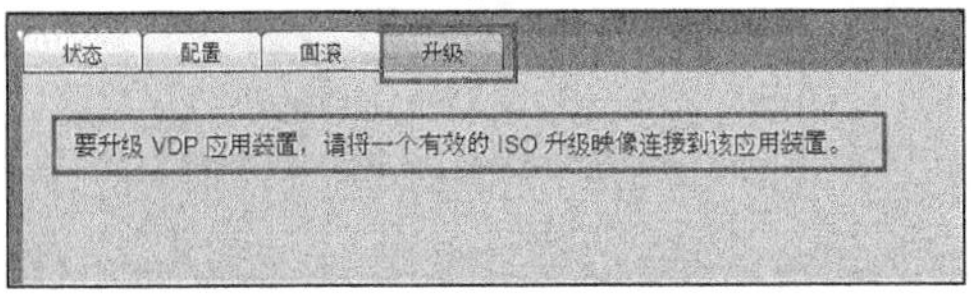

图 5-36　升级选项卡

5.4　使用 vSphere Data Protection

在本节将介绍 VDP 的使用，包括访问 VDP、切换 VDP 应用装置、创建或编辑备份作业、恢复作业等操作。

5.4.1　了解 vSphere Data Protection

vSphere Data Protection（VDP）只能通过 vSphere Web Client 进行管理，vSphere Client 不支持管理 VDP。

（1）从 Web 浏览器访问 vSphere WebClient，然后以管理员账户登录。登录之后，在 vSphere Web Client 中，选择“vSphere Data Protection”选项，在“欢迎使用 vSphere Data Protection”对话框中，选择 vSphere Data Protection 应用装置，然后单击“连接”按钮，如图 5-37 所示。

图 5-37　连接 VDP

（2）每个 vCenter Server 最多支持 10 个 VDP 应用装置。通过在“切换应用装置”选项右侧的下拉列表中选择应用装置，可以切换应用装置，如图 5-38 所示。

图 5-38　切换应用装置

【说明】此下拉列表中的 VDP 应用装置按字母顺序排列，屏幕上所显示的列表第一项可能并非当前的应用装置。

在 vSphere Data Protection 屏幕上，左侧的应用装置名称是当前应用装置，而此下拉列表中的应用装置名称是应用装置列表中的第一个应用装置。

（3）vSphere Data Protection 用户界面由 5 个选项卡组成，如图 5-39 所示。

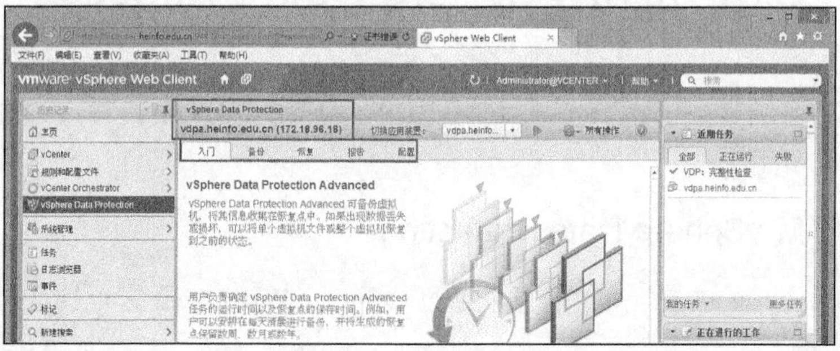

图 5-39　VDP 用户界面

入门。提供 VDP 功能概述，以及指向“创建备份作业”向导、“恢复”向导及“报告”选项卡（“查看概况”）的快速链接。

备份。提供已计划备份作业的列表以及有关每个备份作业的详细信息。还可以在此页面中创建和编辑备份作业。此页也提供了立即运行备份作业的功能。

恢复。提供可以恢复的成功备份的列表。

报告。提供有关 vCenter Server 中的虚拟机的备份状态报告。

配置。显示有关 VDP 具体配置的信息并允许编辑其中的某些设置。

以下各节对这些选项卡进行介绍。

5.4.2　创建或编辑备份作业

备份作业由一组与备份计划及特定保留策略相关的一个或多个虚拟机构成。备份作业使用“创建备份作业”向导加以创建和编辑，下面介绍该内容。

（1）在 VDP“入门”选项卡中，在“基本任务”中单击“创建备份作业”链接，如图 5-40 所示。

图 5-40　创建备份作业

（2）在“作业类型”对话框中，选择备份作业的类型。VDPA 可以备份虚拟机镜像、Microsoft 的 Exchange Server 或 Microsoft SQL Server，如图 5-41 所示。在此选择“虚拟机映像”。

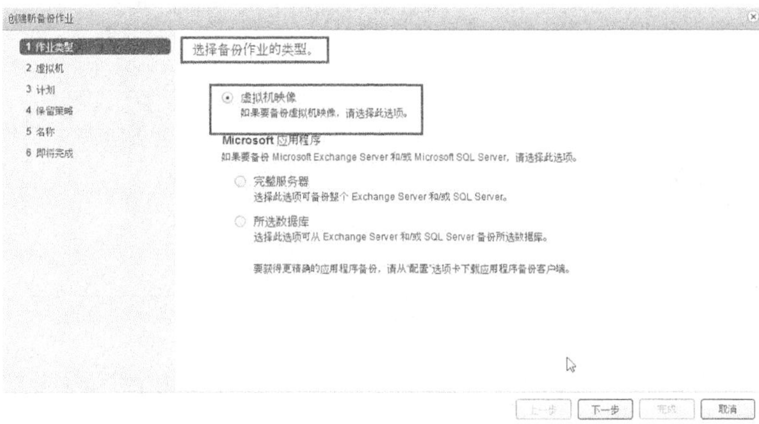

图 5-41　选择备份作业类型

（3）在“虚拟机”对话框中，可以指定虚拟机的集合（如数据中心内的所有虚拟机），也可选择单个虚拟机。如果选择了整个资源池、主机、数据中心或文件夹，则接下来的备份将包含该容器中的所有新虚拟机。如果选择了某个虚拟机，则备份中将包含添加到该虚拟机的所有磁盘。如果某个虚拟机从已选定的容器移动到其他未选定的容器，则备份将不再包含该虚拟机。在本示例中，将备份 172.18.96.10 中的 ws03-172.18.96.101 虚拟机与 172.18.96.11 的名为 Windows 8 的虚拟机，如图 5-42 所示。

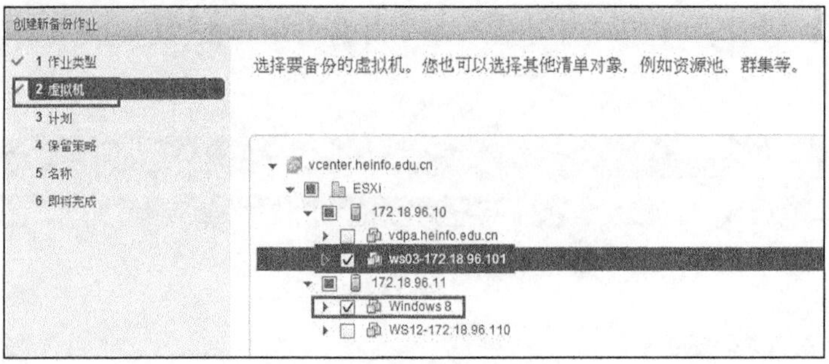

图 5-42　选择要备份的虚拟机

可以手动选择要备份的虚拟机，这可以确保即使该虚拟机已发生移动，也会对它进行备份。VDP 将不会备份以下专用虚拟机：

- vSphere Data Protection（VDP）应用装置；
- VMware Data Recovery（VDR）应用装置；
- 模板；
- 辅助容错节点；
- 代理；
- Avamar Virtual Edition（AVE）服务器。

【说明】在此向导中，可以选择这些虚拟机，不过，当单击“完成”来完成此向导时，系统将会显示一则警告称未向该作业添加这些专用虚拟机。

（4）在“计划”对话框，可指定备份作业中虚拟机的备份时间间隔。备份将在尽可能接近备份窗口开始时间的时间进行。可用的时间间隔有：每日、每周（于指定日期）、每月（于每月中的指定日期），如图 5-43 所示。

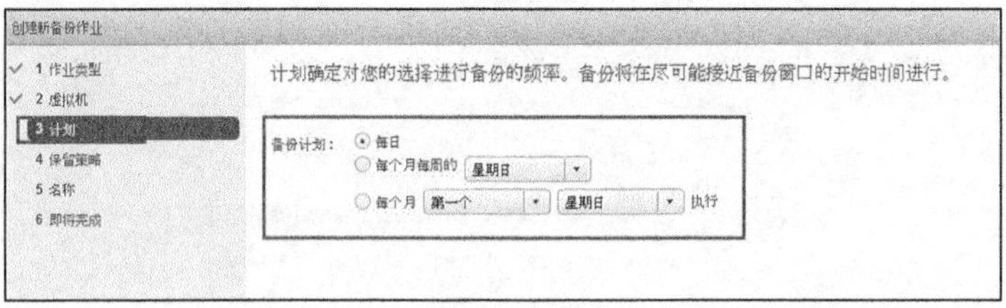

图 5-43　计划

（5）在“保留策略”对话框中，可以为备份指定保留期，如图 5-44 所示。

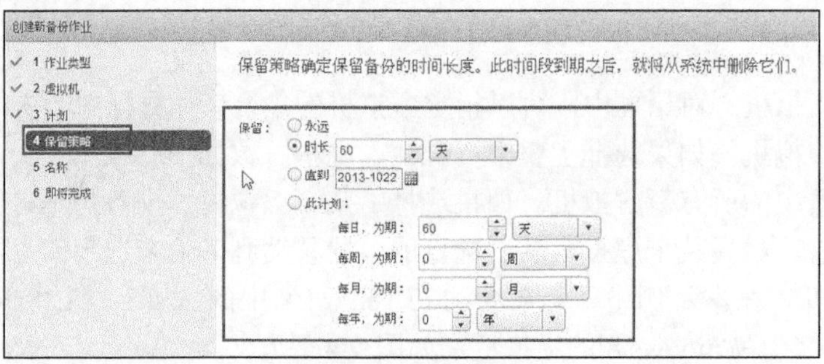

图 5-44　保留策略

前 3 个选项：“永远”、“时长”和“直到”，均同样地适用于组中所有虚拟机的所有备份。

永远：此备份作业中虚拟机的所有备份将永不删除。

“时长”为指定的时间间隔：此备份作业中虚拟机的所有备份将自备份创建之日起一直保存至指定时间间隔结束为止。时间间隔可以天、周、月或年为单位指定。

“直到”指定的日期：此备份作业中虚拟机的所有备份将于在“直到”字段中指定的日期删除。

第 4 个选项“此计划”或“自定义保留计划”只适用于在内部分配了特殊的“每日”、“每周”、“每月”或“每年”标记的备份。为分配了“每日”、“每周”、“每月”或“每年”内部标记的备份指定保留时间间隔。由于备份可能有多个内部标记，因此时间间隔最长的标记具有优先权。例如，如果将具有“每周”标记的备份设置为保留 8 周，将具有“每月”标记的备份设置为保留 1 个月，则同时分配了“每周”和“每月”标记的备份将保留 8 周。

给定日期的第一个备份将收到“每日”标记。如果此备份还是本周的第一个备份，则还将收到“每周”标记。

如果此备份还是本月的第一个备份，则还将收到“每月”标记。如果此备份是本年的第一个备份，则将收到“每年”标记。“此计划”或自定义保留计划中指定的时间间隔只适用于具有内部标记的备份。

（6）在“创建新备份作业”向导的“名称”对话框中，可为备份作业指定名称。该名称必须是唯一的，长度最多为 255 个字符。在此设置备份作业名称为 heinfo-201301，如图 5-45 所示。

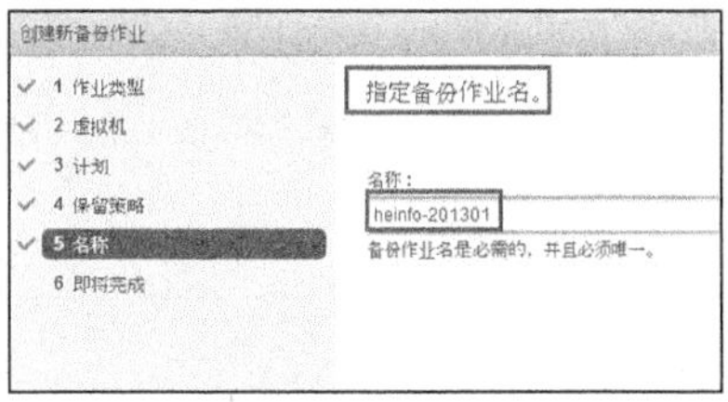

图 5-45 备份作业名称

【说明】在备份作业名称中不能使用以下字符：~!@$^%(){}[]|,`;#\/:*?<>'"&.

（7）在“即将完成”对话框中显示备份作业摘要。如果要更改备份作业的任何设置，可使用“后退”按钮返回相应屏幕，或单击向导屏幕左侧相应的编号步骤。检查无误之后，单击“完成”按钮，如图 5-46 所示。

图 5-46 完成

5.4.3 查看状态和备份作业详细信息

“备份”选项卡上显示了已通过 VDP 创建的备份作业的列表。单击备份作业，即可在“备份作业详细信息”窗格中查看该作业的详细信息。

名称。备份作业的名称。

状态。备份作业是已启用还是已禁用。

源。备份作业中虚拟机的列表。如果该备份作业中的虚拟机超过 6 个，将出现一个“更多”链接。单击“更多”链接将出现“受保护项列表”对话框，其中显示了该备份作业中所有虚拟机的列表。

过时。上次运行该作业时备份失败的所有虚拟机的列表。如果过时的虚拟机超过 6 个，则会显示一个“更多”链接。单击“更多”链接将出现“受保护项列表”对话框，其中显示了该备份作业中所有虚拟机的列表。

在创建备份作业之后，在“备份”选项卡中，可以选中新创建的备份作业，在“备份作业操作”命令中，选择相关的命令进行操作，如图 5-47 所示。

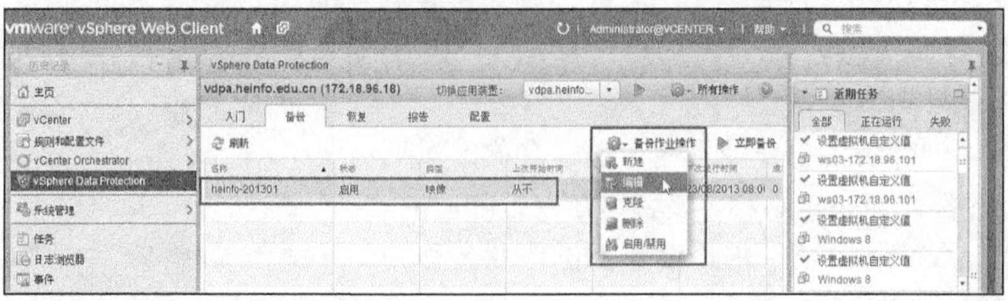

图 5-47 备份作业操作

（1）编辑备份作业

创建一个备份作业后，可通过突出显示该备份作业并选择“备份作业选项→编辑”选项，编辑该备份作业。

（2）克隆备份作业

“克隆”，以该作业为模板创建其他作业。执行克隆操作将会启动“克隆备份作业”向导，并使用原始作业中的信息来自动填写该向导的前三页（即“虚拟机”、“计划”和“保留策略”）。通过克隆得到的作业需要有一个唯一名称。从原作业复制的任何设置均可修改。

（3）删除备份作业

创建一个备份作业后，可通过突出显示该备份作业并选择“备份作业选项→删除”选项，删除该备份作业。

注意：在“备份”选项卡中使用“删除”时，删除的只是作业。VDP 仍将根据该作业的保留策略，保留该作业之前创建的所有备份。要删除备份，可在“恢复”选项卡中使用“删除”。

（4）启用或禁用备份作业

如果要临时禁止备份作业运行，可以禁用该作业。可以编辑和删除已禁用的备份作业，但在已禁用的作业重新启用前，VDP 不会运行它。

可通过突出显示备份作业并选择“备份作业选项→启用/ 禁用”选项，启用或禁用这些备份作业。

（5）立即运行现有备份作业

在通常情况下，备份作业会在晚上空闲时间（后文介绍该时间设置）备份作业中指定的虚拟机。但也可以在“备份”选项卡中，选择一个或多个作业（单击时时可同时使用 Ctrl 或 Shift 键选择多项），然后单击“立即备份”按钮，并选择“备份所有源”还是“只备份过时源”，以立刻启用备份，如图 5-48 所示。

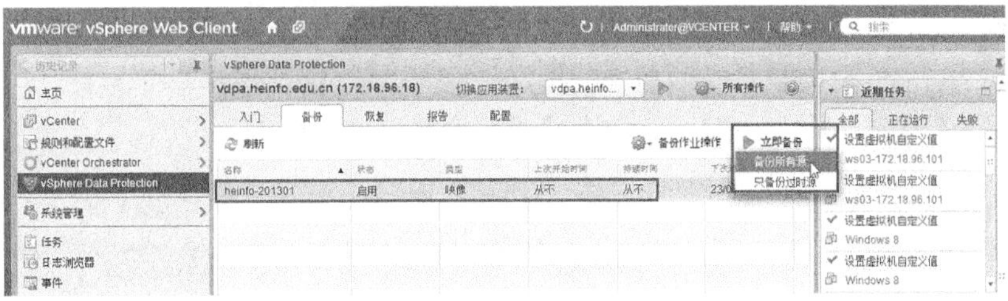

图 5-48　立刻备份

5.4.4　恢复备份

如果要从备份中恢复虚拟机，可以通过以下可选方式恢复备份。

（1）在 vSphere Data Protection 屏幕的“入门”选项卡上，单击“恢复映像备份”，如图 5-49 所示。

图 5-49　恢复映像备份

（2）从“恢复”选项卡中选择一个虚拟机，然后选择一个恢复点，然后单击“恢复”，如图 5-50 所示。

（3）在 vSphere Data Protection 的“报告”选项卡中选择一个受保护虚拟机，然后单击“⚙▾”图标，再单击“从上次备份恢复”，如图 5-51 所示。

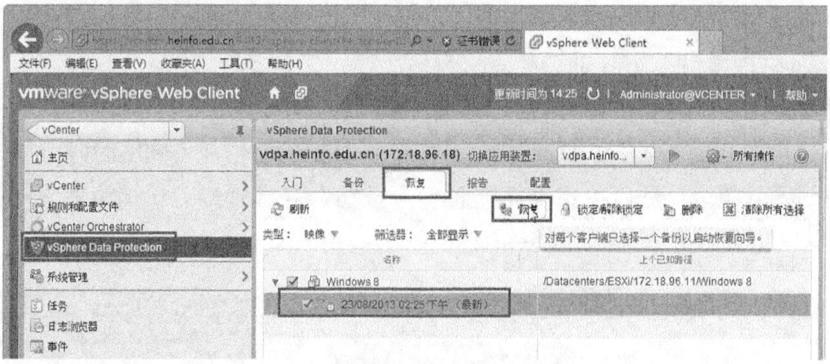

图 5-50　恢复

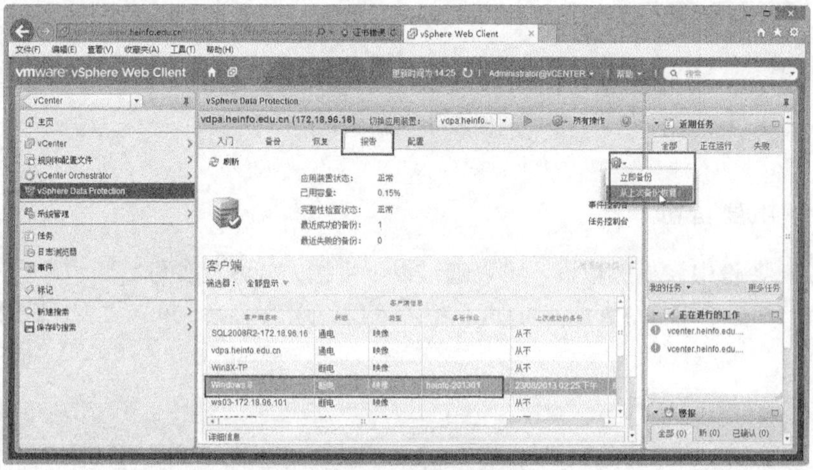

图 5-51　从上次备份恢复

（4）在 vCenter 清单列表中右键单击一个受保护虚拟机，在弹出的快捷菜单中选择“所有 VDP 操作→恢复演练”选项，如图 5-52 所示。

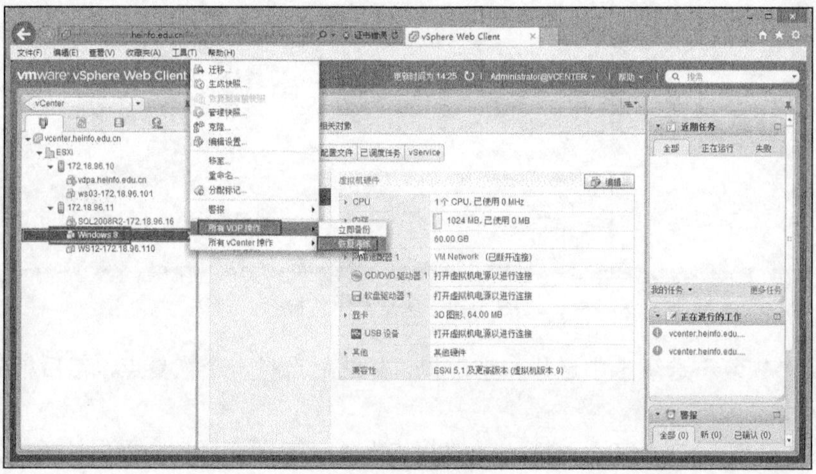

图 5-52　恢复演练

然后在“选择备份”对话框中对显示备份列表进行恢复，如图 5-53 所示。

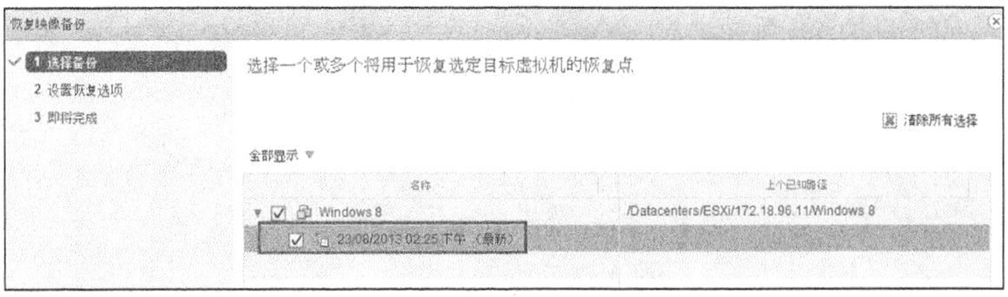

图 5-53　选择一个或多个用于恢复

（5）在进入恢复向导之后，可通过以下方式使用下拉箭头来筛选可恢复备份的列表，如图 5-54 所示。

- 备份日期。可按“早于”、“晚于”、“日期为”或“日期不为”进行筛选。
- 客户端名称。可按“包含”、“不包含”、“是”或“不是”进行筛选。

图 5-54　筛选列表

单击“重置筛选器”或从筛选器下拉菜单中选择“全部显示”，即可清除筛选器。

（6）在“恢复备份”向导的“设置恢复选项”对话框中，可指定要将备份恢复到的位置，如图 5-55 所示。

图 5-55　恢复选项

- 恢复到原始位置。如果选中“恢复到原始位置”框，备份将恢复到其原始位置。如果原始位置仍存在该 vmdk 文件，系统会覆盖它。
- 恢复到新位置。如果取消选中“恢复到原始位置”框，则可以指定将备份恢复到的新位置。

（7）在“恢复映像备份”向导的“即将完成”对话框中显示了将恢复的虚拟机的摘要。此摘要明确了将替换多少个虚拟机（或恢复到其原始位置），以及将创建多少个虚拟机（或恢复到新位置），如图 5-56 所示。

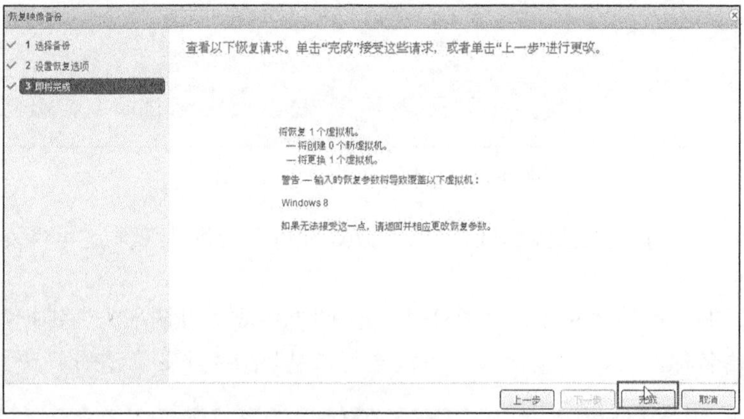

图 5-56　即将完成

如果要更改恢复请求的任何设置，可使用“后退”按钮返回相应屏幕，或者单击向导屏幕左侧有编号的相应步骤标题。

5.4.5　删除备份

VDP 将根据备份作业中设置的保留策略来删除备份。不过，也可以从“恢复”选项卡中，选择要删除的备份作业，然后单击“删除”图标手动删除，如图 5-57 所示。

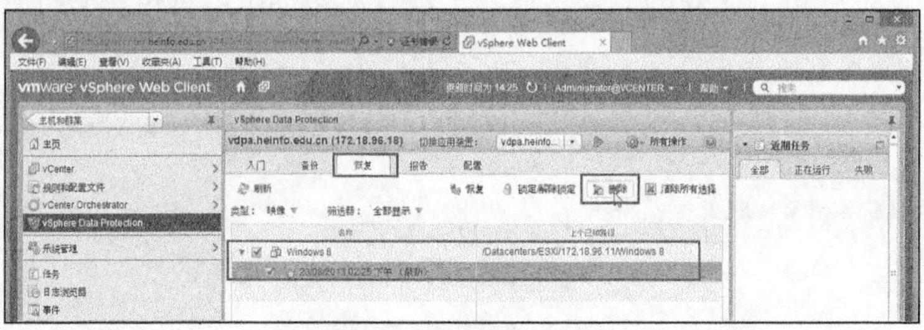

图 5-57　手动删除备份

5.4.6　报告信息

“报告”选项卡的上半部分显示了以下信息（如图 5-58 所示）。

- 应用装置状态。VDP 应用装置的状态。
- 已用容量。备份所用容量占 VDP 总容量的百分比。
- 完整性检查状态。此值为“正常”或“过时”。“正常”表示过去两天内成功完成了完整性检查。“过时”表示过去两天内未执行完整性检查或完整性检查未成功完成。
- 最近成功的备份。在最近完成的备份作业中，备份成功的虚拟机数量。
- 最近失败的备份。在最近完成的备份作业中，备份失败的虚拟机数量。

“报告”选项卡的中间部分列出了与 vCenter Server 关联的所有虚拟机。对于每个虚拟机，您可以查看其以下信息（如图 5-59 所示）。

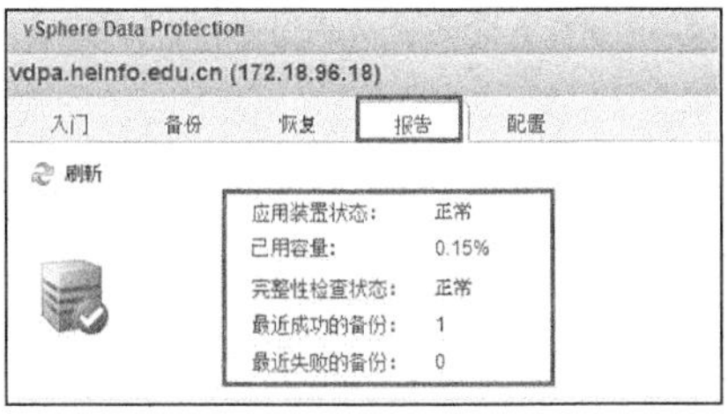

图 5-58　报告

- 虚拟机名称（VDPA 中为“客户端名称”）。
- VDP 的状态或 VDPA 的当前状态（VDP 使用标准 VMware 状态信息。对于 VDPA，状态为“已激活”或“已停用”，前者表示 VMware VDP 客户端已在 VDPA 应用装置上安装并注册，后者表示 VMware VDP 客户端未在 VDPA 应用装置上安装或注册）。
- 类型（此选项仅适用于 VDPA，可以是“映像”或“应用程序”）。
- 备份作业。
- 上次成功的备份。
- 状态。
- 备份作业名称。

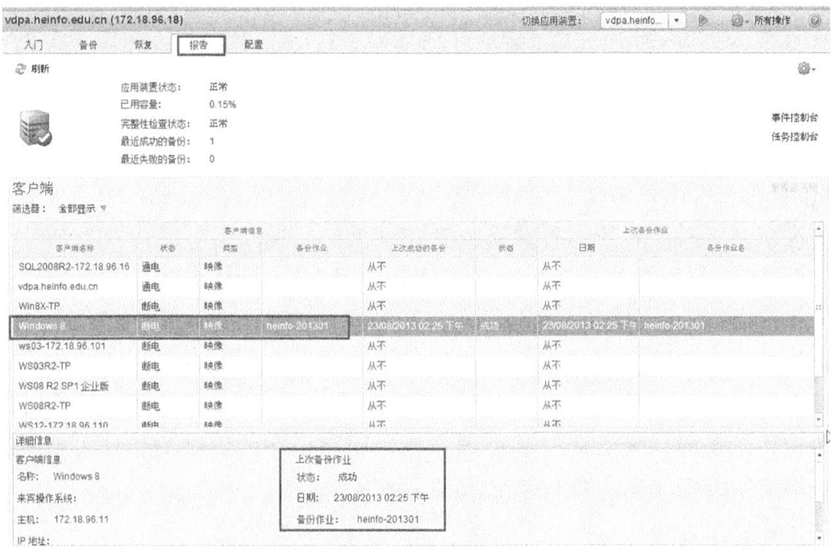

图 5-59　虚拟机信息

您可以从“报告”选项卡的中间部分选择虚拟机，并在该选项卡的下面部分中查看有关所选客户端的详细信息，其中包括“虚拟机信息”、“名称”、“来宾操作系统”、“主机”、“IP 地址”、“上次成功（备份）”、“备份作业（与所选虚拟机关联）”、“上次备份作业”、“状态”、“日期”、“备份作业”。

“报告”选项卡的右侧列出了指向事件控制台和任务控制台的链接。单击这些链接将显示 vCenter Server 的事件控制台或任务控制台。

5.4.7　备份应用装置

“备份应用装置”中提供的信息包括“备份应用装置详细信息”、“存储摘要”和“备份窗口配置”信息，如图 5-60 所示。

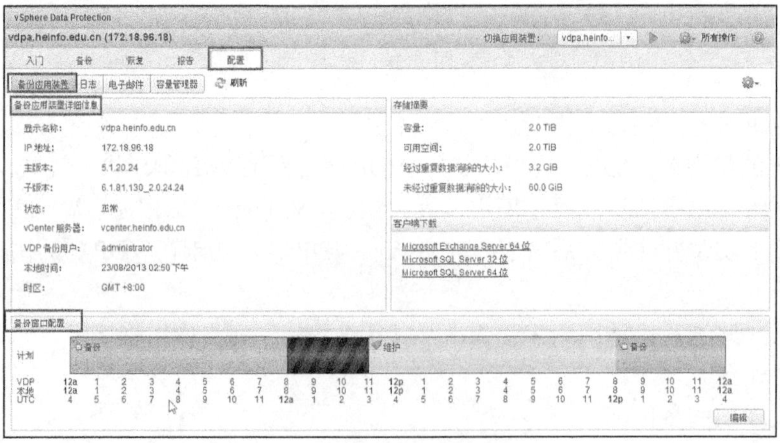

图 5-60　备份应用装置

“备份窗口配置”以图形方式显示了备份窗口配置。每天 24 小时分为如下 3 个运行窗口。

（1）备份窗口。每天为执行正常的计划备份保留的时间段。

（2）维护窗口。每天为执行 VDP 日常维护活动（如完整性检查）保留的时间段。当 VDP 处于维护模式时，请勿计划备份或执行“立即备份”。否则的话，备份作业虽然将会运行，但会占用 VDP 在执行维护任务时所需的资源。

在维护窗口开始时已处于运行状态或者在维护窗口期间运行的作业将继续运行。

（3）中断窗口。每天为执行需要不受限制地访问 VDP 应用装置的服务器维护活动保留的时间段（如评估备份保留期）。这些活动将被授予最高优先级，它们将取消所有正在进行的备份。此外，在运行这些高优先级流程时，不允许启动任何备份作业。不过，一旦这些高优先级流程完成工作，即使为中断窗口分配的时间未用完，也允许运行备份作业。

在中断窗口开始时已处于运行状态或者在中断窗口期间运行的作业可以继续运行。不过，中断窗口中的某些维护流程可能会取消这种作业。

可以根据需要更改可用于处理备份请求的时间，方法如下。

（1）在备份窗口配置选项中，如图 5-61 所示，单击“编辑”按钮。

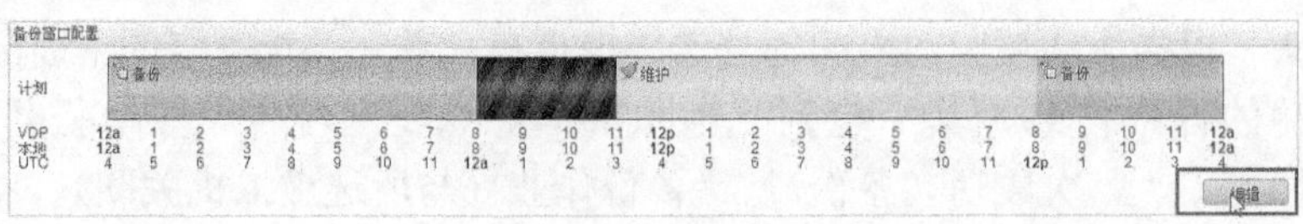

图 5-61　编辑

（2）设置“备份开始时间”、“备份持续时间”、“中断持续时间”，如图 5-62 所示。设置之后单击“保存”按钮。

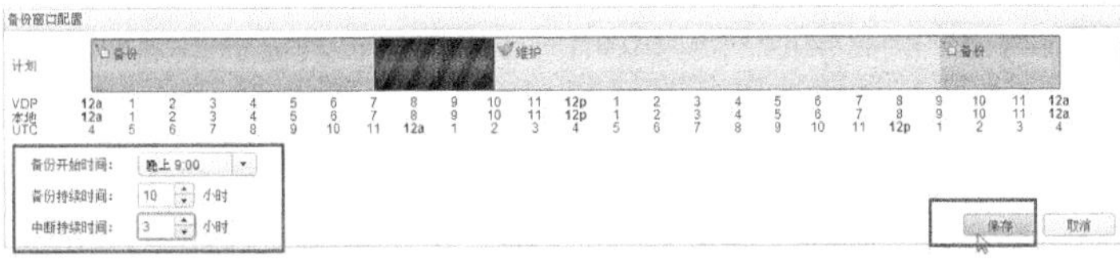

图 5-62　编辑时间

5.4.8　配置电子邮件

可以配置 VDP 以便将 SMTP 电子邮件报告发送给指定的收件人。如果启用了电子邮件通知，则将发送电子邮件，其中包含下列信息：

- VDP 应用装置状态
- 备份作业摘要
- 虚拟机摘要

在配置电子邮件时，你需要有一个支持 SMTP 发信的电子邮件。并记录下所需要的电子邮件地址、STMP 服务器地址及端口、邮箱用户名及密码。下面介绍配置的步骤。

（1）在“配置→电子邮件”选项卡中单击“编辑”按钮。

（2）选中“启用电子邮件报告”，在“发送邮件服务器”地址栏中，输入要用于发送电子邮件的 SMTP 服务器的名称。此名称可以为 IP 地址、主机名称或完全限定的域名。VDP 应用装置需能够解析所输入的名称。在默认情况下，未经验证的电子邮件服务器的默认端口为 25。经验证的邮件服务器的默认端口为 587。

对于国内大多数邮件服务器来说，其默认端口为 25，但邮件服务器都需要验证。对于这种情况，可以在服务器名称后面附加一个端口号。例如，QQ 企业邮箱的服务器地址是 smtp.exmail.qq.com，端口号为 TCP 的 25，则输入 smtp.exmail.qq.com:25，如图 5-63 所示。

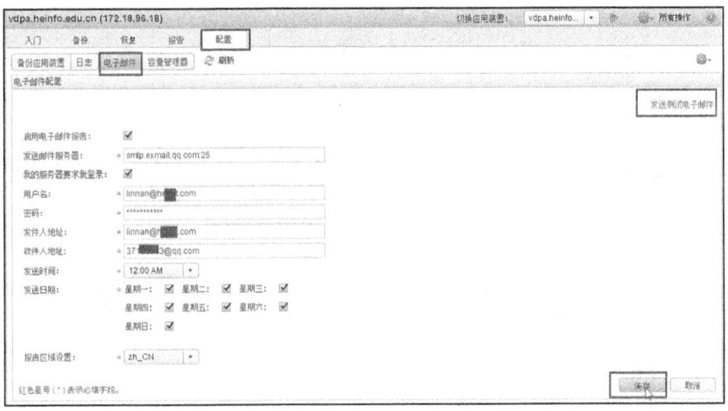

图 5-63　指定邮件服务器地址及端口

然后输入用户名、密码，并选中“我的服务器要求我登录”，并输入“收件人地址”、“发送时间”、“发送日期”等，之后单击“保存”按钮。

（3）之后单击右上角的“发送测试电子邮件”按钮，测试邮件发出后，会弹出“确认”对话框，如图 5-64 所示。

图 5-64　确认发出测试电子邮件

（4）打开收件箱，查看是否收到测试邮件，如图 5-65 所示。

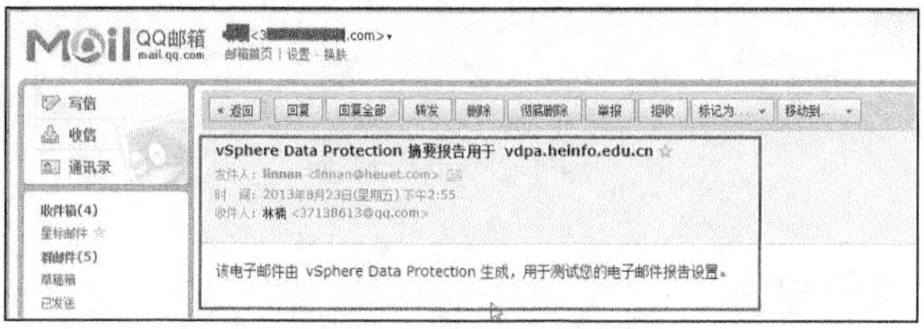

图 5-65　收到测试邮件

（5）之后就会收到 VDP 的报告邮件，报告内容如图 5-66 所示，这是一个实际工作的 VDP 报告。

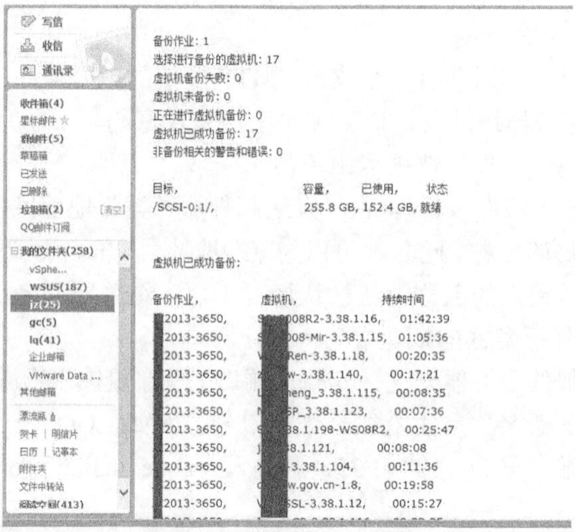

图 5-66　VDP 电子邮件备份报告

5.5　vSphere Data Protection 应用程序支持

vSphere Data Protection Advanced（VDPA）支持 Microsoft SQL Server 和 Exchange Server 细粒度来宾级备份和恢复，如图 5-67 所示。为支持来宾级备份，需要在 SQL Server 和 Exchange Server 上安装 VDP 客户端。

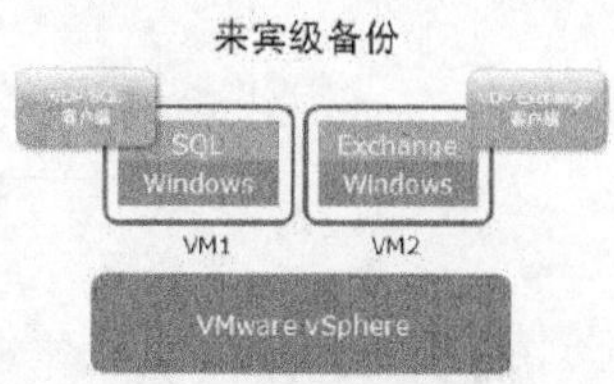

图 5-67　来宾级恢复

注意：只有 VDP Advanced 客户端才支持来宾级备份。VDP 客户端中未提供此功能。在本节中，以备份 SQL Server 2008 R2 数据库为例，介绍这一功能。

5.5.1　使用 vSphere Web Client 部署 SQL Server 虚拟机

在以前的内容中，介绍的是使用 vSphere Client 部署虚拟机。在本节中，介绍使用 vSphere

Web Client 部署虚拟机。本节以从 Windows Server 2008 R2 模板部署一台用于安装 SQL Server 的虚拟机为例，主要步骤如下。

【说明】从 vSphere Web Client 部署虚拟机，与使用 vSphere Client 部署虚拟机类似。

（1）以管理员身份登录 vSphere Web Client，在左侧选择“主机和群集”并定位到 172.18.96.10 的 ESXi 主机，在右侧“相关对象”选项卡的“虚拟机模板”选项中，右键单击 Windows Server 2008 R2 的虚拟机模板，在弹出的快捷菜单中选择“从此模板部署虚拟机”，如图 5-68 所示。

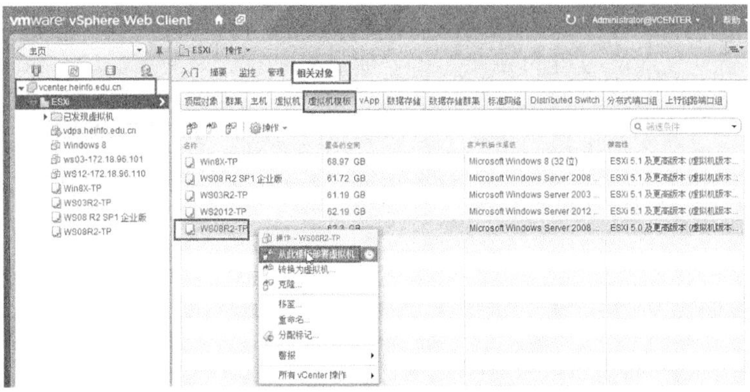

图 5-68 从模板部署虚拟机

（2）在“选择名称和文件夹”对话框中，为该虚拟机输入名称，在此设置为 SQL2008R2-172.18.96.16，如图 5-69 所示。

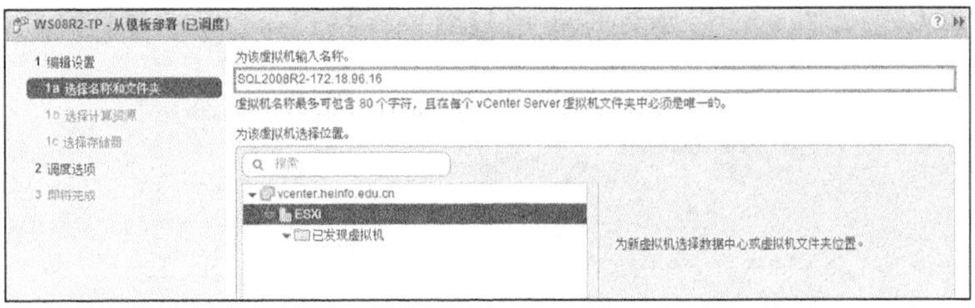

图 5-69 选择名称和文件夹

（3）在“选择计算资源”对话框中，选择部署虚拟机后的保存位置，如图 5-70 所示。

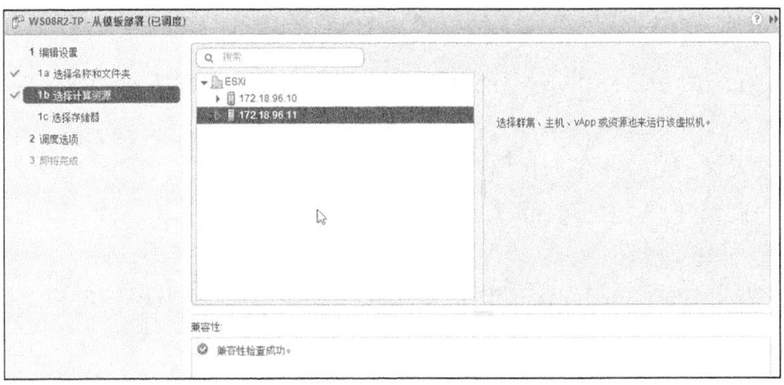

图 5-70 选择计算资源

（4）在“选择存储器”对话框中，选择保存虚拟机的存储位置，如图 5-71 所示。

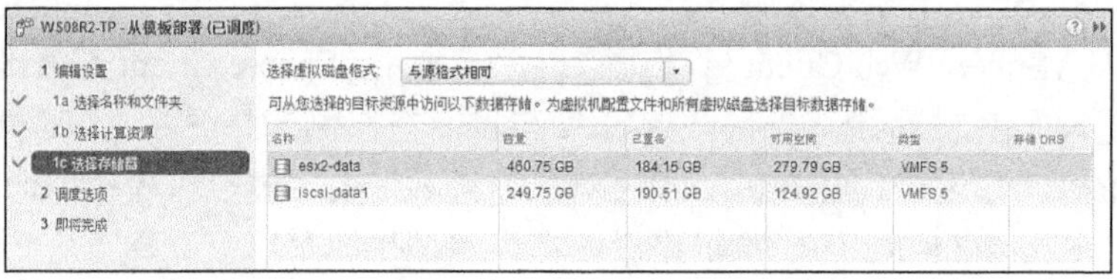

图 5-71　选择存储器

（5）在“选择克隆选项”对话框中，选定“自定义操作系统”、“自定义此虚拟机的硬件”、“创建后打开虚拟机电源”复选框，如图 5-72 所示。

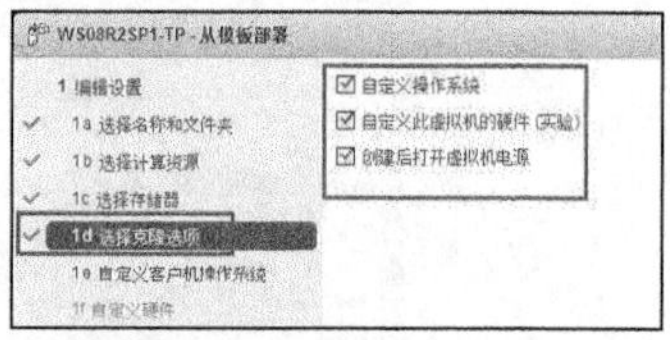

图 5-72　选择克隆选项

（6）在“自定义客户机操作系统”对话框中，选择用于 Windows Server 2008 R2 的规范，如果没有则创建一个新规范，如图 5-73 所示。

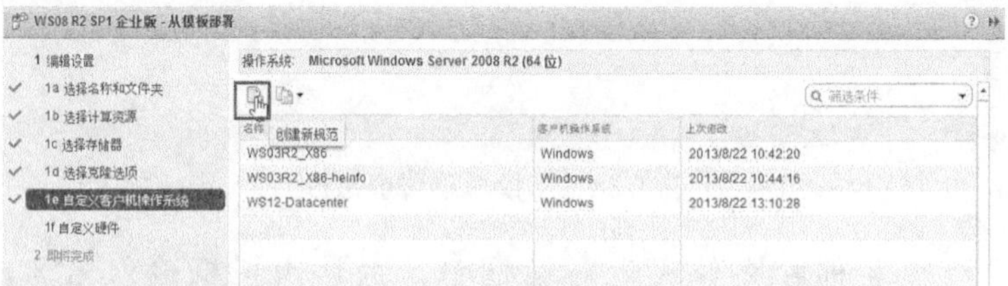

图 5-73　创建新规范

（7）在“指定属性”对话框中，设置规范名称、描述，如图 5-74 所示。

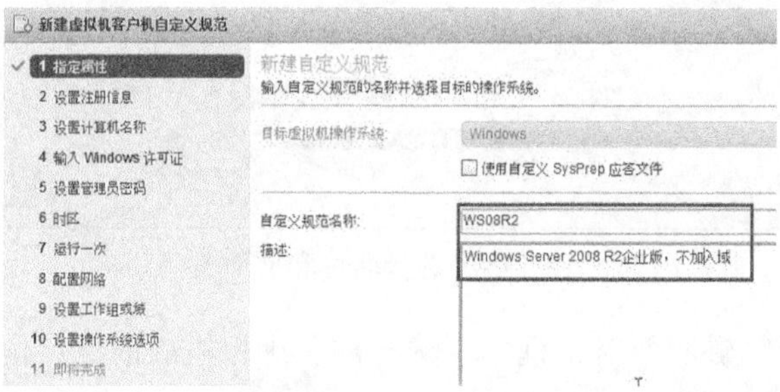

图 5-74　指定属性

（8）在“设置注册信息”对话框中，输入用户信息，如图 5-75 所示。

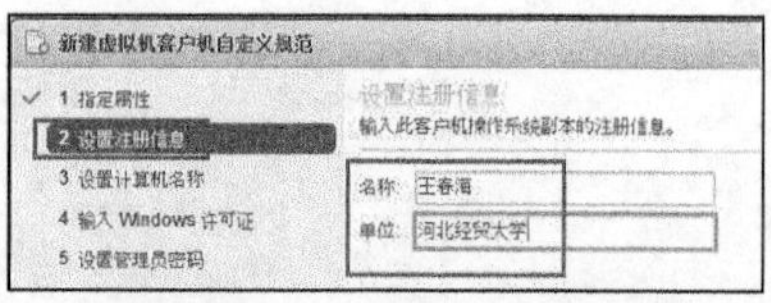

图 5-75　设置注册信息

（9）在“设置计算机名称”对话框中，选择计算机的命名方式，在此选中“在克隆/部署向导中输入名称”单选按钮，如图 5-76 所示。

（10）在“输入 Windows 许可证”对话框中，输入用于该模板的序列号。在此示例中，Windows Server 2008 R2 企业版通过 KMS 服务器激活，故在此输入 Windows Server 2008 R2 企业版的 KMS Client 号，并设置每台服务器最大连接数为 200，如图 5-77 所示。

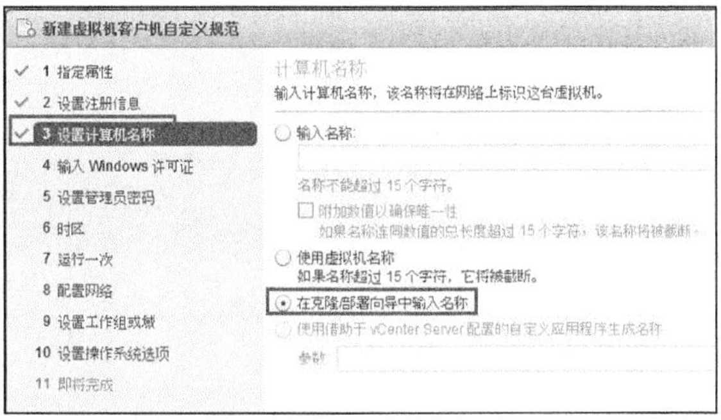

图 5-76　设置计算机名称

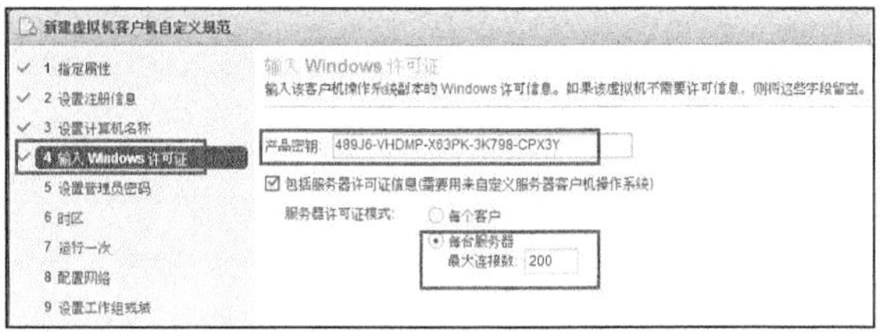

图 5-77　输入 Windows 许可证

（11）在“设置管理员密码”对话框中，设置管理员 Administrator 账户密码，并设置自动登录次数，如图 5-78 所示。

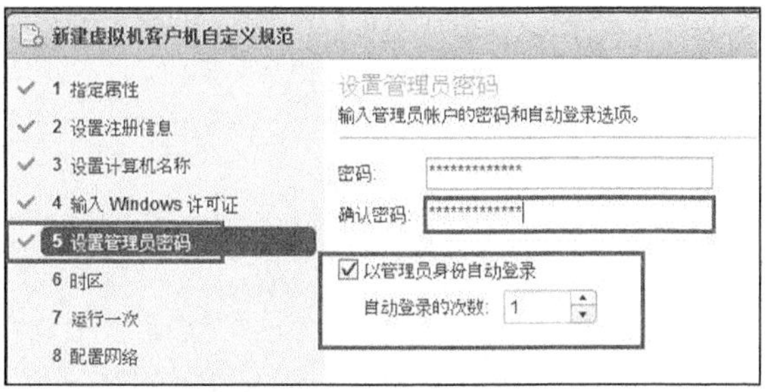

图 5-78　设置管理员密码

（12）在“时区”对话框中，指定此虚拟机的时区，在此设置北京时间，如图 5-79 所示。

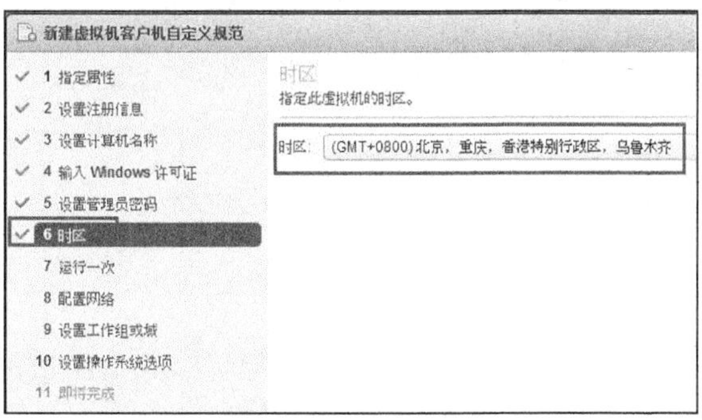

图 5-79　时区

（13）在“运行一次”对话框中，输入首次登录时要运行的命令，如图 5-80 所示。

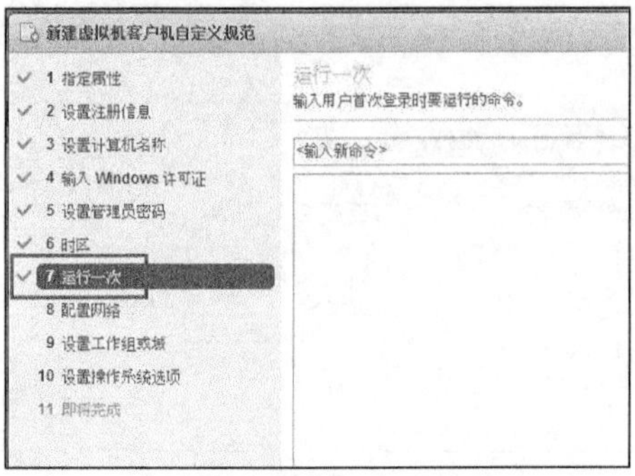

图 5-80 运行一次

（14）在“配置网络”对话框中，选中“手动选择自定义设置”单选按钮，如图 5-81 所示。

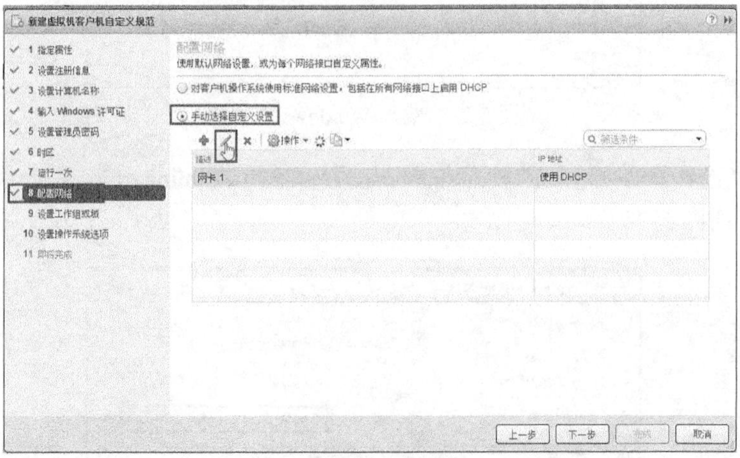

图 5-81 配置网络

（15）在“常规”选项卡，设置 IP 地址和 DNS 服务器的常规信息，在此选中“当使用规范时，提示用户输入地址”单选按钮，如图 5-82 所示。并设置子网掩码、网关及 DNS 地址。

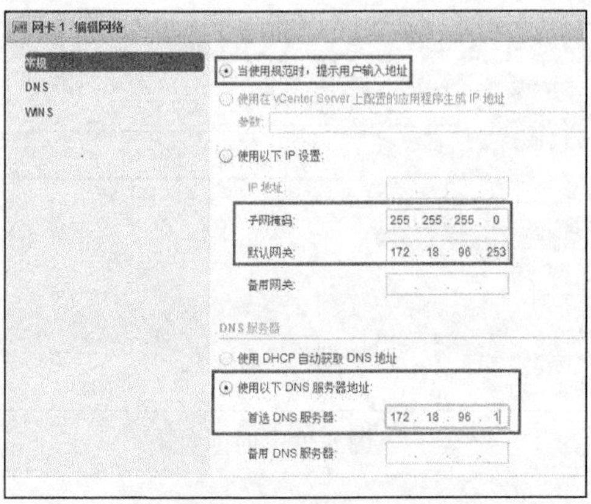

图 5-82 常规选项

（16）在“设置工作组或域”对话框中，设置此虚拟机如何参与到网络中，在此选中“工作组”单选按钮，如图 5-83 所示。

（17）在“设置操作系统选项”对话框中，选中“生成新的安全 ID（SID）”复选框，如图 5-84 所示。

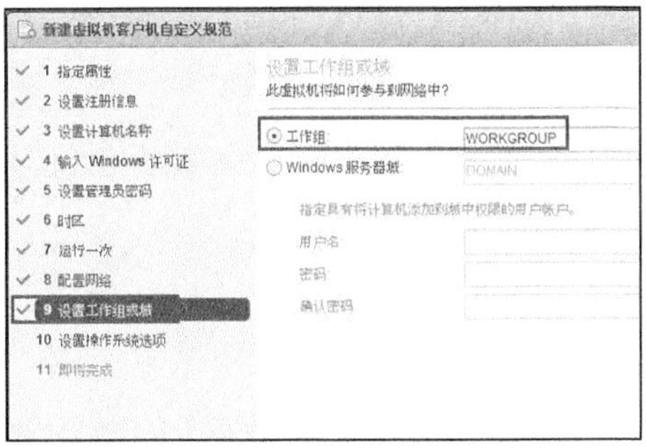

图 5-83　设置工作组或域

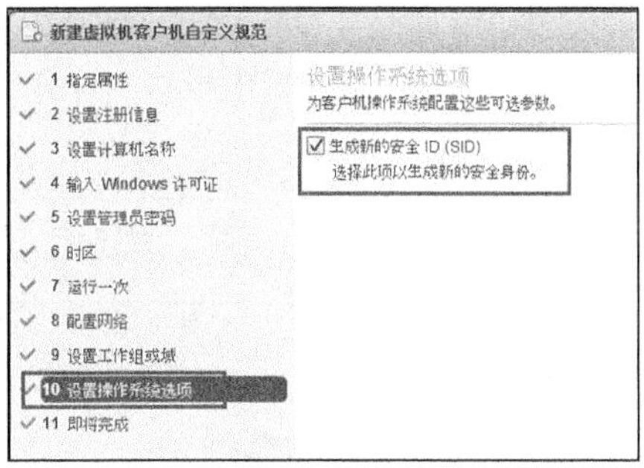

图 5-84　设置操作系统选项

（18）在“即将完成”对话框中，单击“完成”按钮，如图 5-85 所示。

图 5-85　即将完成

（19）返回到“自定义客户机操作系统”对话框，选择新创建的规范，如图 5-86 所示。

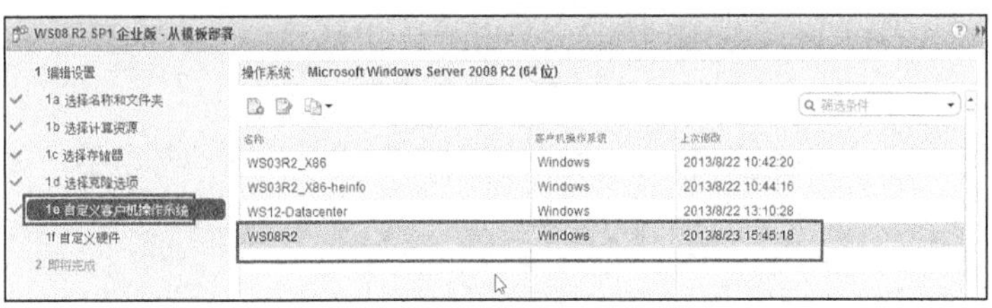

图 5-86　选择规范

（20）在“用户设置”对话框中，设置计算机名称及 IP 地址，在此设置计算机名称为 SQL2008R2，IP 地址为 172.18.96.16，如图 5-87 所示。

（21）在“自定义硬件”对话框中，设置或调整虚拟机硬件，如图 5-88 所示。

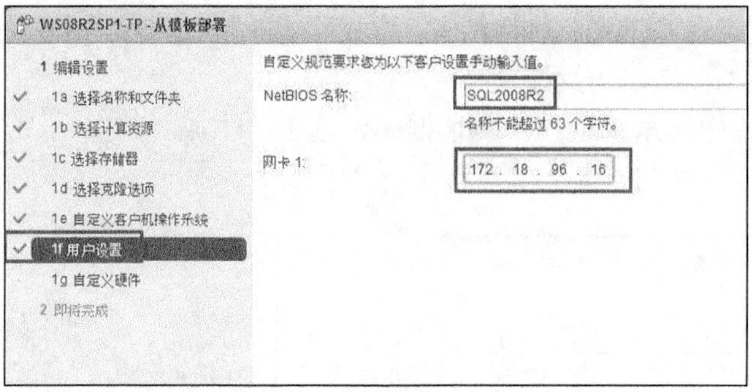

图 5-87　设置计算机名称及 IP 地址

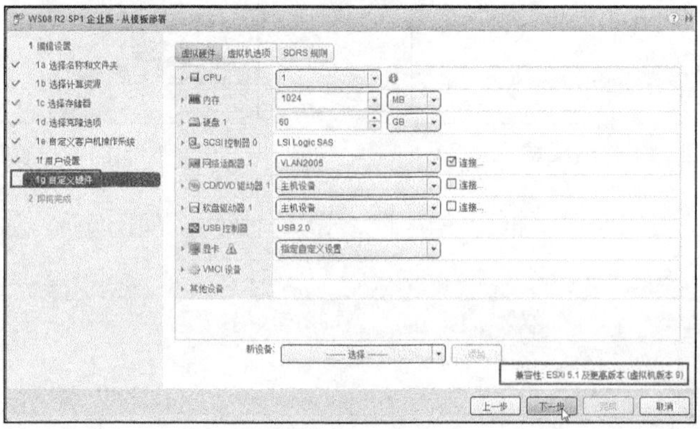

图 5-88　自定义硬件

（22）在“即将完成”对话框，显示了要部署的虚拟机的信息，确定无误后单击“完成”按钮。如图 5-89 所示。

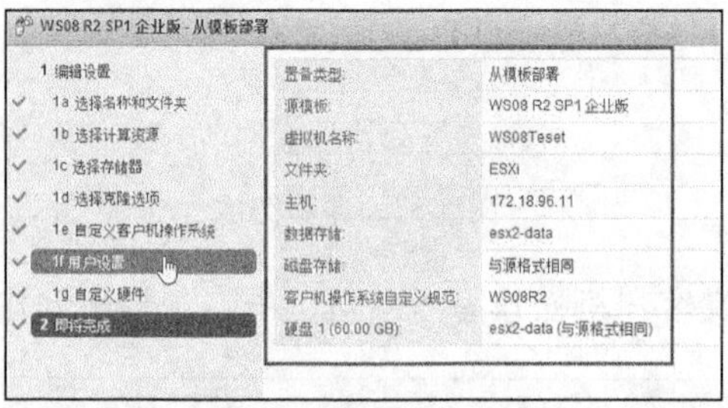

图 5-89　即将完成

（23）之后将开始部署虚拟机，该信息显示在“近期任务”列表中，如图 5-90 所示。

图 5-90　近期任务

5.5.2　准备 SQL Server 虚拟机

在部署了用于 SQL Server 的虚拟机之后，打开虚拟机控制台，开始安装 SQL Server，最后再安装 VDP 客户端，主要步骤如下。

（1）在 vSphere Web Client 界面中，选择要安装 SQL Server 的虚拟机，单击“编辑虚拟机设置”链接，如图 5-91 所示。

图 5-91　编辑虚拟机设置

（2）进入虚拟机设置对话框，在“虚拟硬件”选项卡的“CD/DVD 驱动器 1”选项中，选择“客户端设备”，如图 5-92 所示。之后保存退出。

图 5-92　光驱设置

（3）然后在“管理”选项卡的“设置”选项卡中，在“CD/DVD 驱动器 1”后面单击“ ”按钮，选择“连接到本地磁盘上的 CD/DVD 映像”，如图 5-93 所示。然后选择 SQL Server 2008 R2 光盘镜像文件。

（4）最后返回到 vSphere Web Client，在左侧选中 SQL Server 虚拟机，在右键快捷菜单中选择“打开控制台”，如图 5-94 所示。

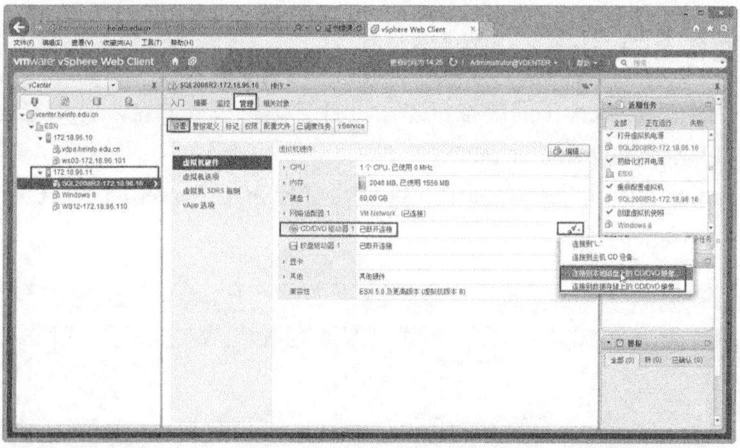

图 5-93　连接到光盘镜像

图 5-94　打开控制台

（5）之后开始安装 SQL Server，如图 5-95 所示。

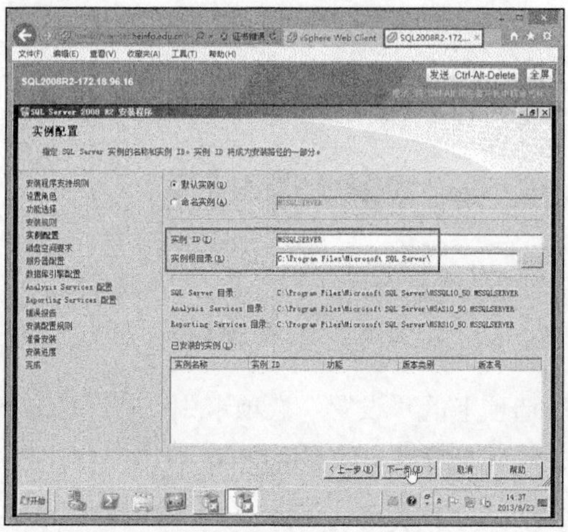

图 5-95　安装 SQL Server

5.5.3　在 SQL Server 虚拟机安装 VDP 客户端

要使用 VDPA 备份 SQL Server 或 Exchange 的功能，需要在“vSphere Data Protection”的“配置→备份应用装置”选项卡中，在“客户端下载”选项组中，下载对应的安装程序，如图 5-96 所示。

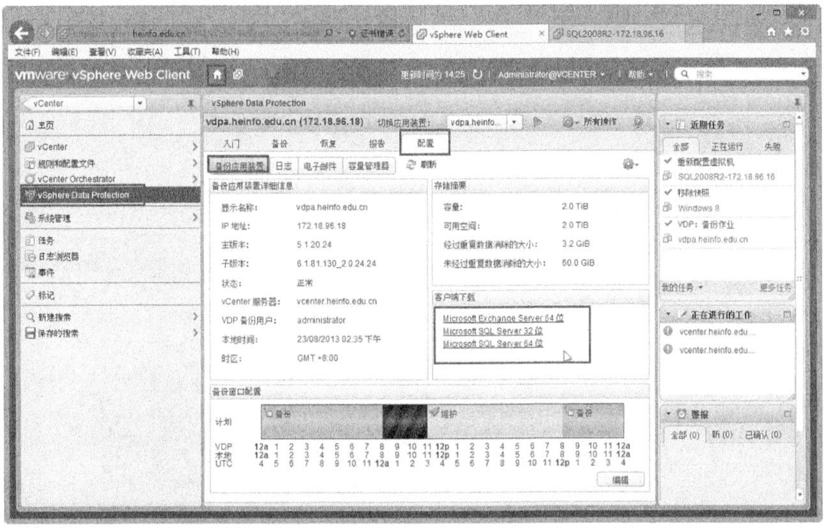

图 5-96　下载 VDP 客户端

VDP 客户端有用于 Exchange Server，用于 32 位的 SQL Server 客户端，用于 64 位的 SQL Server 客户端，你可以将这些客户端下载并保存到网络中的一个共享文件夹中使用。

然后切换到 SQL Server 的虚拟机，安装上一节下载的 VDP 客户端，在本示例中安装 64 位 SQL Server 客户端，主要步骤如下。

（1）访问保存 VDP 客户端共享，并运行对应的安装程序，如图 5-97 所示。

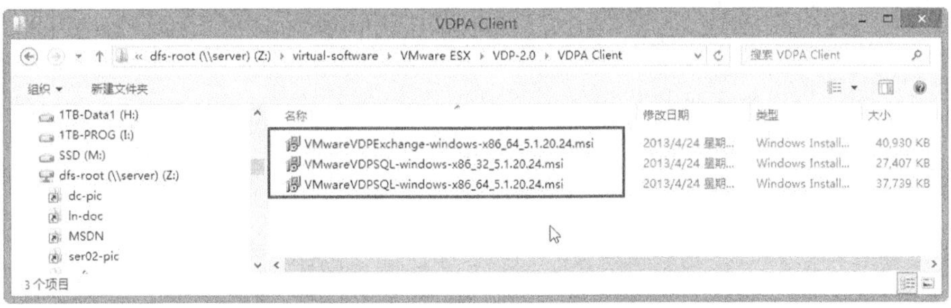

图 5-97　运行 VDP 客户端程序

（2）首先进入安装向导，如图 5-98 所示。

（3）在“最终用户许可协议”对话框中，接受许可协议，如图 5-99 所示。

（4）在“VDP 应用装置”对话框中，输入要连接（或使用）的 VDP 应用装置，请使用 DNS 名称，在此为 vdpa.heinfo.edu.cn，如图 5-100 所示。

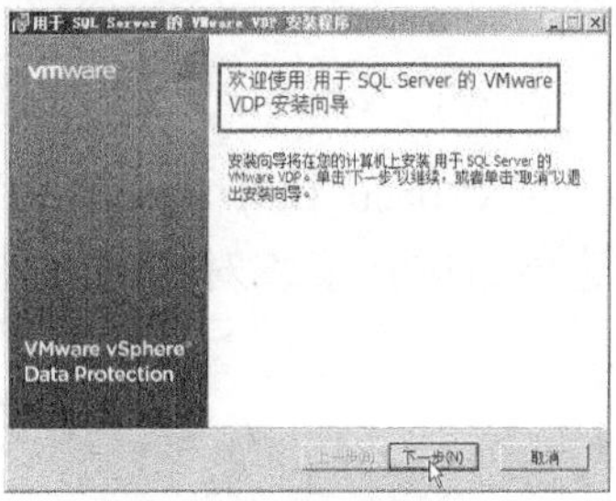

图 5-98 安装向导

图 5-99 接受许可协议

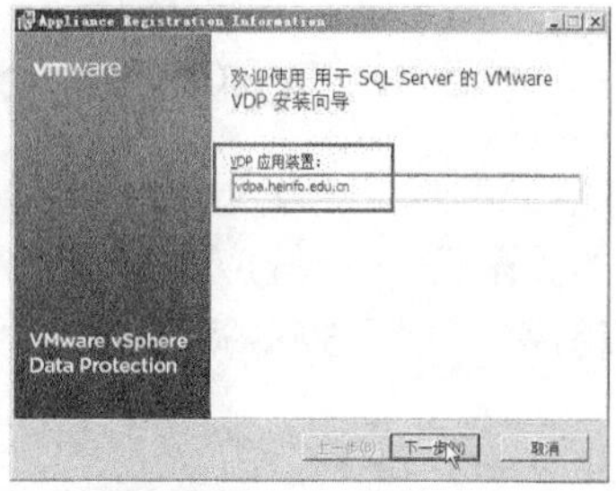

图 5-100 VDP 应用装置

（5）在“已准备好安装用于 SQL Server 的 VMware VDP”对话框中，单击“安装”按钮，如图 5-101 所示。

（6）之后开始安装 VDP 客户端（如图 5-102 所示），直到安装完成，如图 5-103 所示。

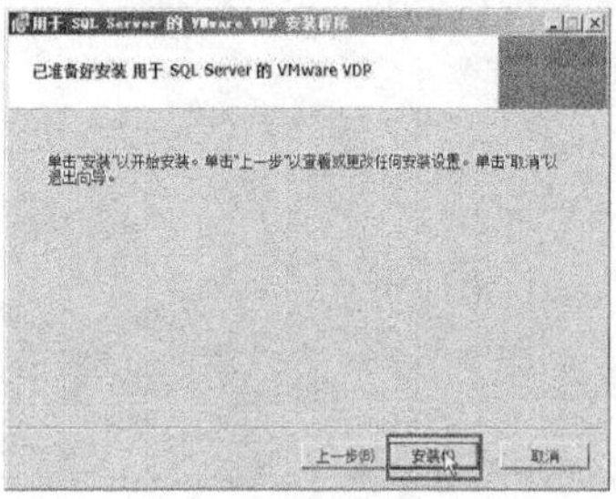

图 5-101 安装

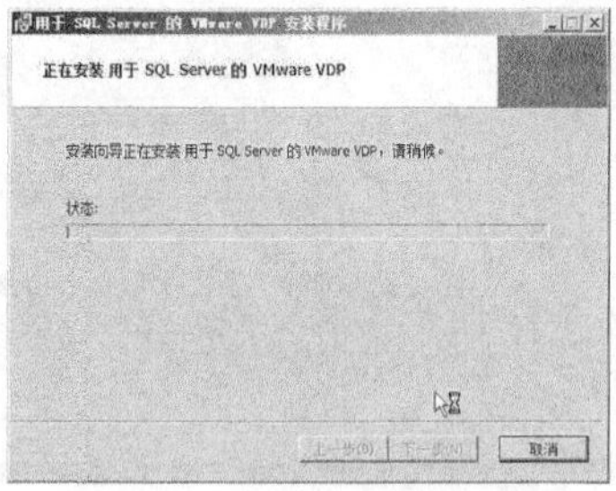

图 5-102 开始安装 VDP 客户端

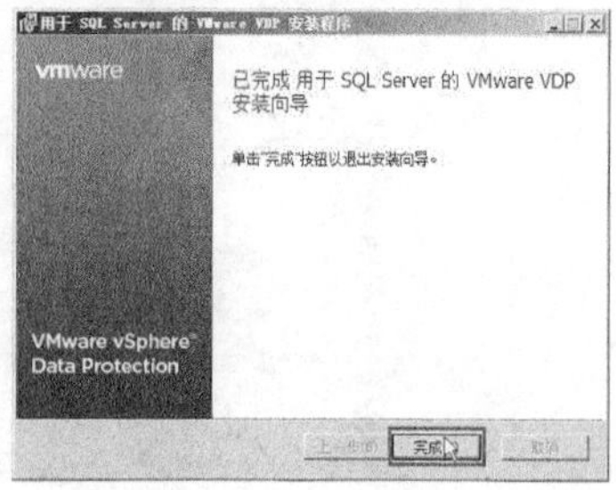

图 5-103 安装完成

5.5.4 备份和恢复 Microsoft SQL Server

对于 Microsoft SQL Server，vSphere Data Protection Advanced 支持增强的备份和恢复选项。Microsoft SQL Server 支持下列选项。

- 备份所选 SQL Server。
- 选择整个数据库实例进行备份。
- 选择个别数据库进行备份。
- 支持完整备份、差异备份或增量备份。
- 支持在执行完整备份后执行增量备份。
- 支持多流备份（最多为 6 个流）。
- 支持简单模式的数据库备份（跳过增量备份）。
- 可恢复到原始位置或其他位置。
- 使用指定路径将数据库恢复到原始实例。
- 使用指定路径将数据库恢复到其他实例。

本节介绍使用 VDPA 备份 SQL Server 的操作，主要步骤如下。

（1）使用 vSphere Web Client 登录，在左侧选择“vSphere Data Protection”，在右侧选择“备份”选项卡，并新建备份作业，如图 5-104 所示。

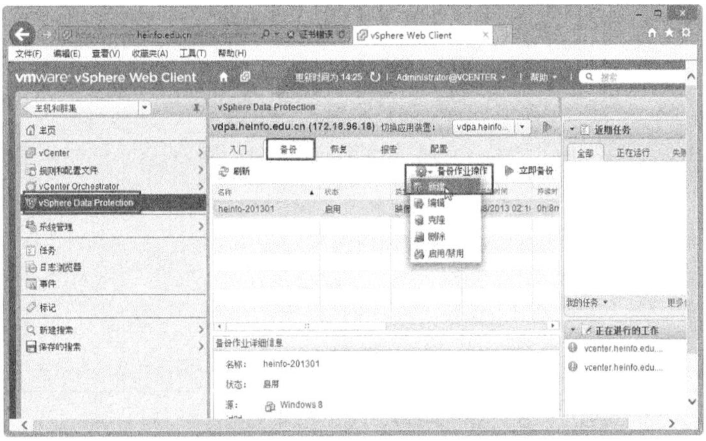

图 5-104　新建备份作业

（2）在“作业类型”对话框中选中“所选数据库”单选按钮，如图 5-105 所示。

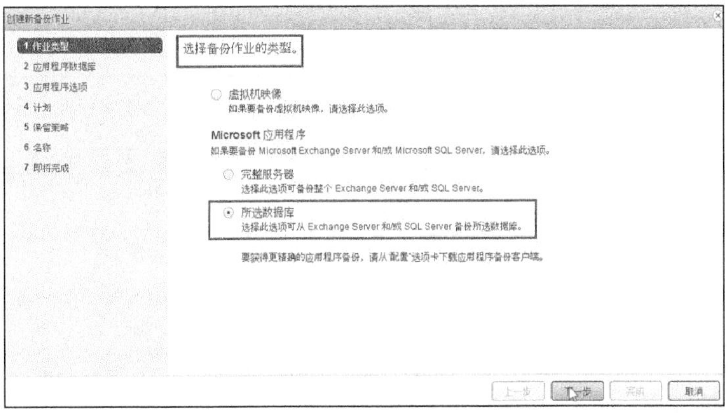

图 5-105　作业类型

（3）在“应用程序数据库”对话框中，选择要备份的数据库，如图 5-106 所示。

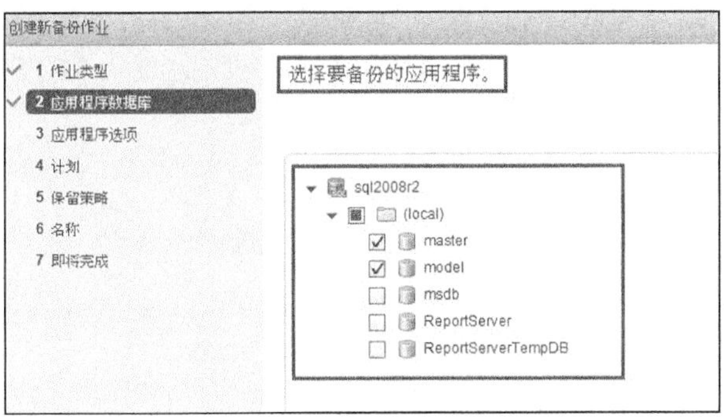

图 5-106　选择要备份的数据库

（4）在“应用程序选项”对话框中，选择备份的类型及其他选项，如图 5-107 所示。

（5）在“计划”对话框中，选择备份的频率，如图 5-108 所示。

（6）在“保留策略”对话框中，选择备份的时间长度，如图 5-109 所示。

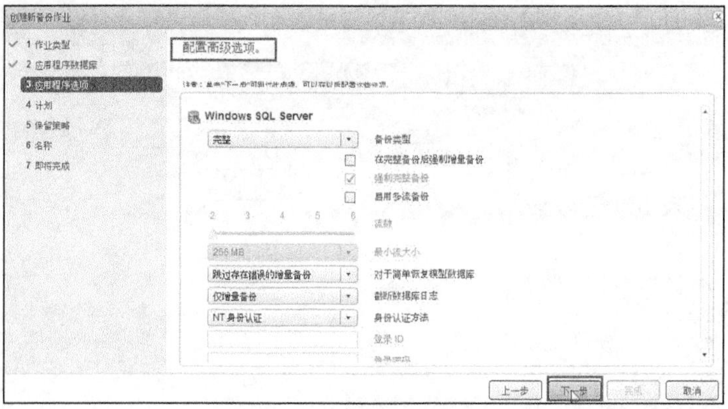

图 5-107　配置高级选项

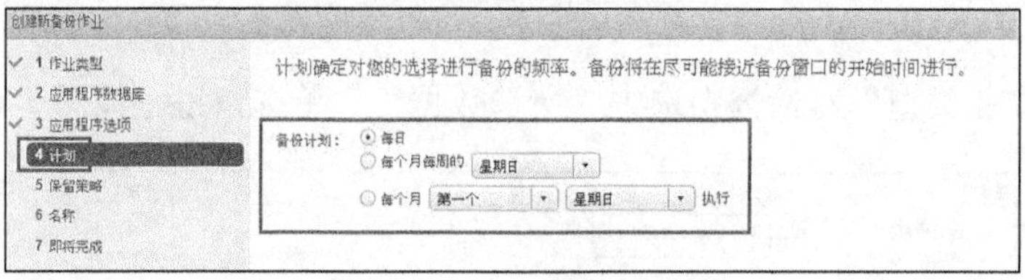

图 5-108　备份频率

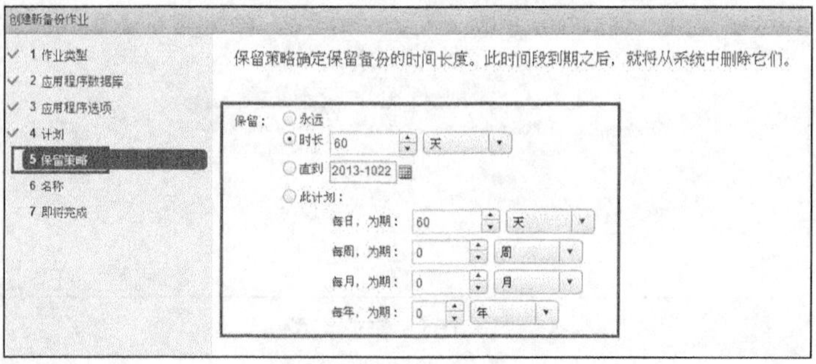

图 5-109　保留策略

（7）在“名称”对话框中，指定备份作业名，如图 5-110 所示。在此设置作业名为 heinfo-sql2008r2-172.18.96.16，表示这个作业备份的是 IP 地址为 172.18.96.16 的 SQL Server 服务器。

图 5-110　备份作业名称

（8）在“即将完成”对话框中，显示了备份的计划、保留策略、备份名称，确定无误之后单击“完成”按钮，如图 5-111 所示。

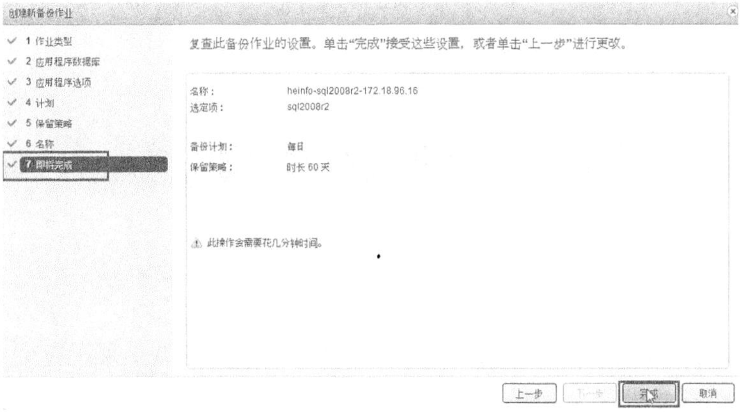

图 5-111　创建备份作业完成

在创建备份作业后，备份作业会在指定的时间、按指定的频率进行备份。如果要开始第一次备份，请单击“立即备份→备份所有源”，如图 5-112 所示。

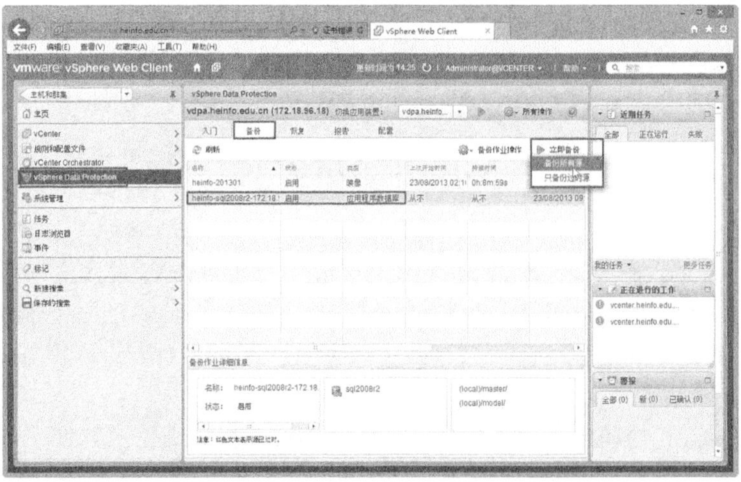

图 5-112　备份所有源

【说明】如果在生产环境中，如无必要，不要执行“立即备份”，请等待备份任务到达指定的时间自动备份。

如果要恢复 SQL Server，请在“恢复”选项卡中，在“类型”中选择“应用程序”，即可以看到成功备份的应用程序，并选择其中之一进行恢复，如图 5-113 所示。

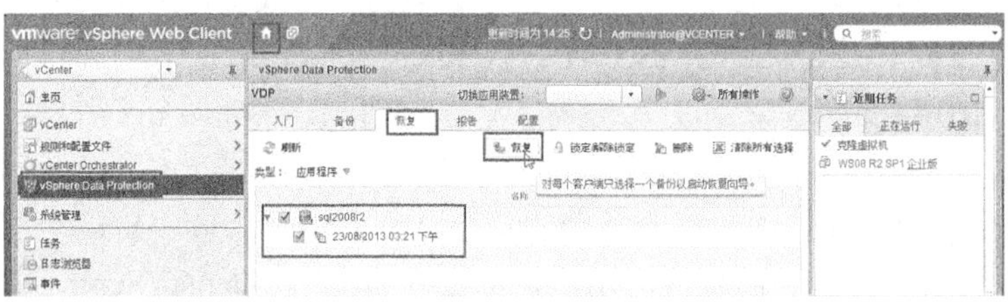

图 5-113　恢复选项

第 6 章　虚拟云基础架构工具 vCloud Director

vCloud Director 是基于 VMware vSphere 的虚拟化能力，并扩展了 VMware vCenter 的资源池功能以使 IT 部门能够创建“VDC（Virtual Data Center，虚拟数据中心）”，即由计算、网络和存储资源组成的资源池以及预定义的管理策略、服务水平协议和定价机制，并为用户提供基于 VDC 的计算资源和能在其之上部署应用。在用户体验方面，与同为管理软件的 VMware vCenter 不同的是，Director 在用户界面上并没有选择传统的客户端，而是基于 Adobe Flex RIA 技术的 Web UI，通过这个 Web UI，用户只需通过鼠标的点击或者少量的键盘输入就能完成包括云的创建和管理，网络的设置和应用的部署等一些极为耗时和繁琐的操作，而且还基于开放的 OVF 协议，并提供使用 REST 技术的 vCloud API。

6.1　vCloud Director 概述

VMware vCloud 将 vCloud Director 服务器组与 vSphere 平台完美结合在一起。您可以通过以下方式创建 vCloud Director 服务器组：在一台或多台服务器上安装 vCloud Director 软件，将这些服务器连接到共享数据库，并使 vCloud Director 服务器组与 vSphere 全面集成。

vCloud Director 的初始配置（包括数据库和网络连接详细信息）在安装期间建立。将现有安装升级到新版本的 vCloud Director 时，请更新 vCloud Director 软件和数据库架构，保留服务器、数据库和 vSphere 之间的现有关系不变。

vCloud Director 服务器组由一台或多台 vCloud Director 服务器组成。这些服务器共享一个共同的数据库，并链接到任意数量的 vCenter Server 和 ESXi 主机。vShield Manager 服务器可为 vCenter 和 vCloud Director 提供网络服务。

典型安装会创建由多台服务器组成的 vCloud Director 服务器组。该组中的每台服务器均运行名为 vCloud Director 单元的服务集合。组中的所有成员均共享一个数据库。组中的每个单元都连接到多个 vCenter Server、vCenter Server 管理的主机以及配置为支持 vCenter Server 的 vShield Manager 服务器。vCloud Director 如图 6-1 所示。

简单来说，vCloud Director 是一个 Web 界面的管理平台，与 vCenter Server 的区别之处在于，如果在企业中需要使用虚拟服务器的资源，则会由 vCenter Server 管理员创建并由 vCenter Server 管理员管理。而普通的用户，如果没有拥有 vCenter Server 或 VMware ESXi 主机管理员的权限，则不能使用 vSphere Client 登录 vCenter Server 或 ESXi 主机管理这些虚拟资源。而 vCloud Director，则通过一套 Web 管理站点，及一系列管理规则，可以为企业中的用户分配虚拟机资源，并由用户自己创建或从管理员共享的模板中部署所需要的虚拟机，并进行管理、使用。

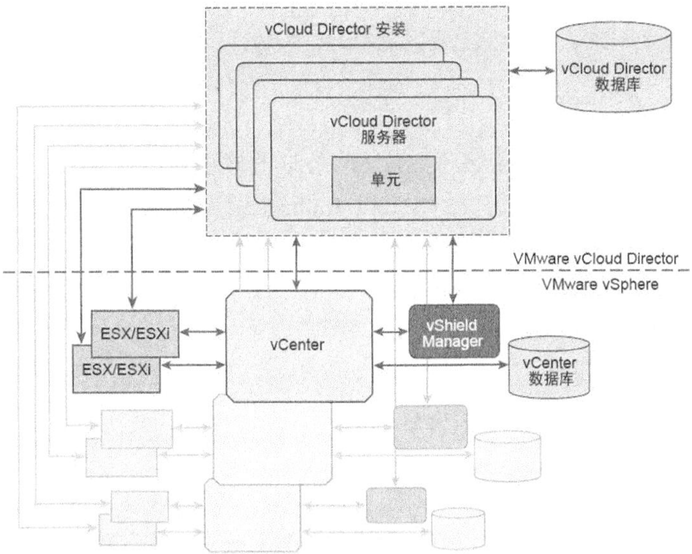

图 6-1　vCloud Director 架构

6.2　vCloud Director 安装配置

要在企业中部署或实施 vCloud Director，需要先有 VMware ESXi 主机、vCenter Server 管理中心，在此基础上，才能部署 vCloud Director。vCloud Director 以 OVF 模板的方式提供并部署在 VMware ESXi 主机中。在本章的内容中，我们将通过图 6-2 的网络拓扑介绍 vCloud Director 的安装、配置，以及后期的使用。在按照本书的内容学习完成之后，你能在企业网络中部署一个简单的 vCloud Director 云基础架构，并可以上传一些 OVF 虚拟机模板或操作系统、应用程序镜像到 vCloud Director，并能提供给用户使用。而用户则可以通过组织的 URL 管理界面，以 Web 的方式，根据自己的“配额”（在云中创建虚拟机的数量）和“限制”（可以在云中同时启动虚拟机的数量），创建所需要的虚拟机，并进行管理。

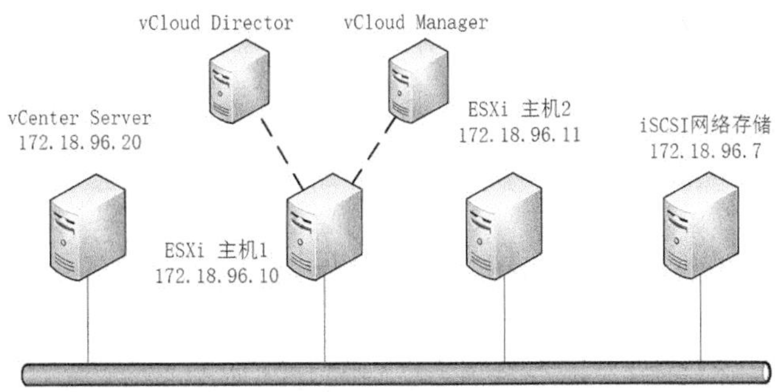

图 6-2　vCloud Director 实验拓扑

在配置此网络时需要注意两点，一是必须有网络存储，你可以配置 iSCSI 存储服务器做共享存储，如果在生产环境则需要配置 SAS 或 FC 光纤接口的存储；二是 VMware ESXi 主机需要至少两块网卡，其中一块网卡连接管理网络，另一块网卡连接核心交换机的 Trunk 端口，并在 vSphere 中配置分布式虚拟交换机，以支持多个网络。

6.2.1 部署 vShield Manager 模板

vCloud Director 依赖 vShield Manager 来向云提供网络服务。在开始安装 vCloud Director 之前，必须先安装和配置 vShield Manager。vShield Manager 包括在 VMware vCloud Networking and Security 下载中。

您必须将添加到 vCloud Director 的每台 vCenter Server 与 vShield Manager 的唯一实例相关联。本节将介绍 vShield Manager 的部署及配置。

（1）使用 vSphere Client 登录到 vCenter Server，在“文件”菜单选择“部署 OVF 模板”，如图 6-3 所示。

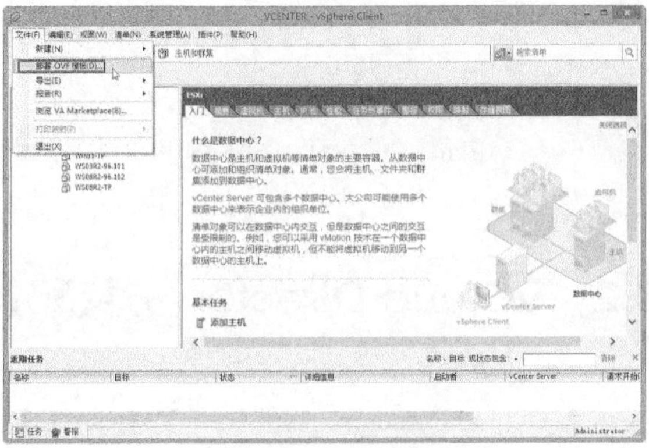

图 6-3　部署 OVF 模板

（2）浏览并选择下载的 vShield Manager 的 ovf 文件，在 5.5 的版本中，其文件名为 VMware-vShield-Manager-5.5.0-1317534.ova，大小为 1.35GB，如图 6-4 所示。

（3）在“OVF 模板详细信息”对话框，显示了将要部署的 OVF 模板的产品名称、版本号、下载大小及占用空间，如图 6-5 所示。

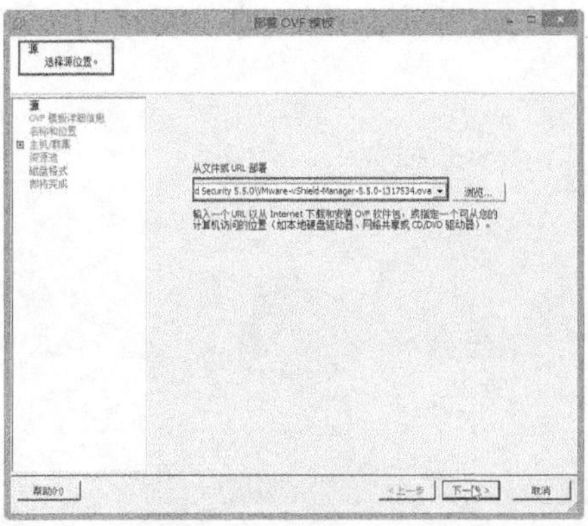

图 6-4　浏览选择文件

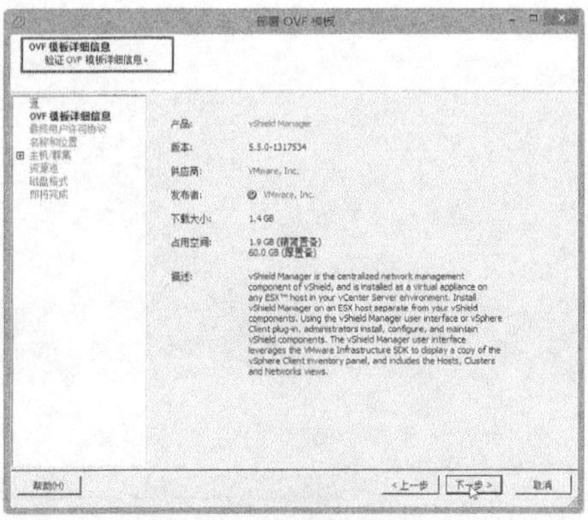

图 6-5　部署的模板信息

（4）在“最终用户许可协议”对话框，接受许可协议，如图 6-6 所示。

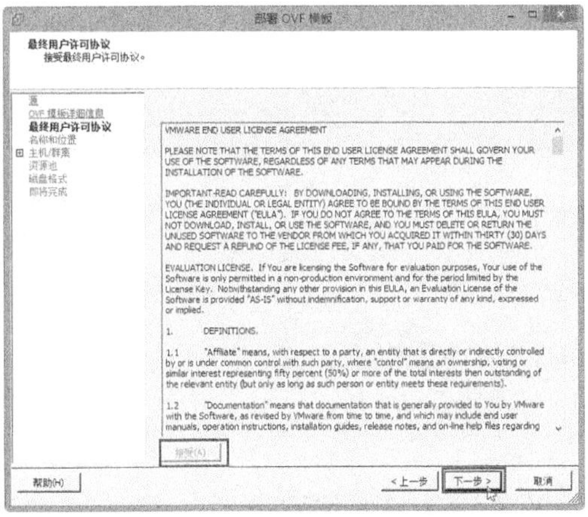

图 6-6　许可协议

（5）在“名称和位置”对话框，为已部署模板指定名称和位置，如图 6-7 所示。在此名称选择默认值。

（6）在“主机和群集”对话框，选择要在哪个主机或群集上运行部署的模板，在此选择相应的位置，如图 6-8 所示。

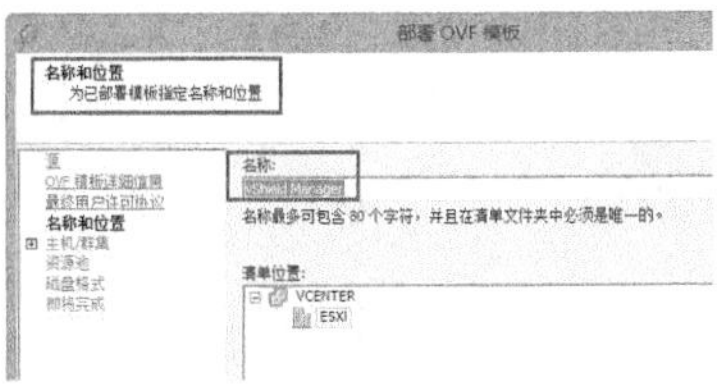

图 6-7　名称和位置

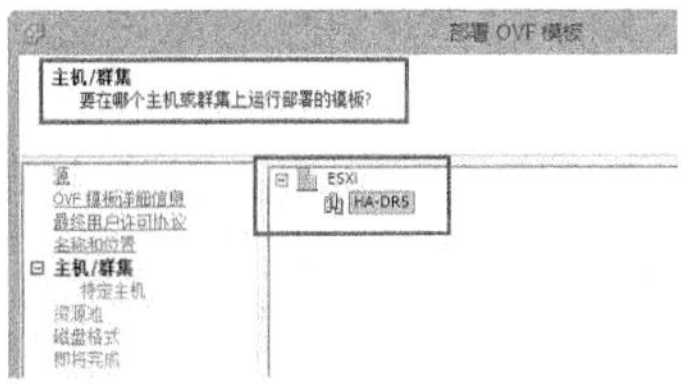

图 6-8　主机和群集

（7）在“存储器”对话框，选择将虚拟机文件存储在何处，在此选择共用的存储，如图 6-9 所示。

（8）在“磁盘格式”对话框，选择要以何种格式存储虚拟存盘，在此选择“Thin Provision（精简置备格式）”，如图 6-10 所示。如果要在生产环境中部署，并且所选存储有足够的空间，则可以选择“厚置备”磁盘格式。

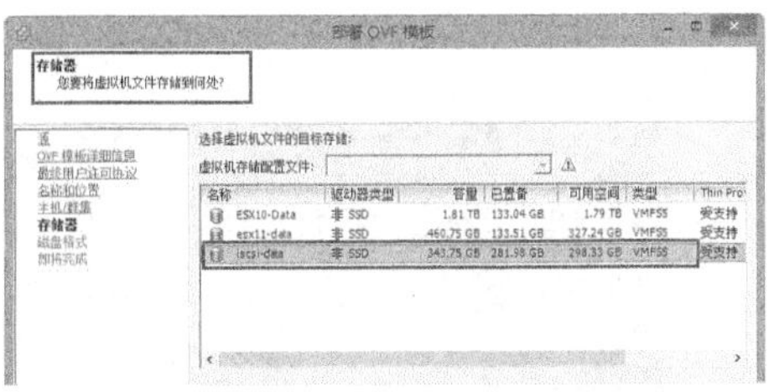

图 6-9　存储器

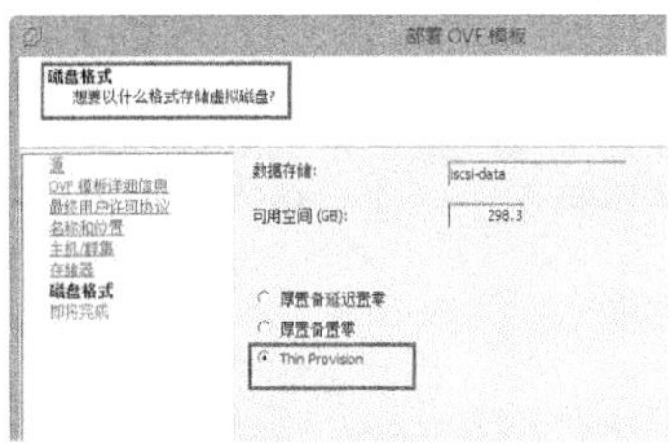

图 6-10　磁盘格式

（9）在“即将完成”对话框，显示了要部署的 OVF 模板的信息，如图 6-11 所示。

（10）之后将开始部署 vShield Manager 模板，如图 6-12 所示。

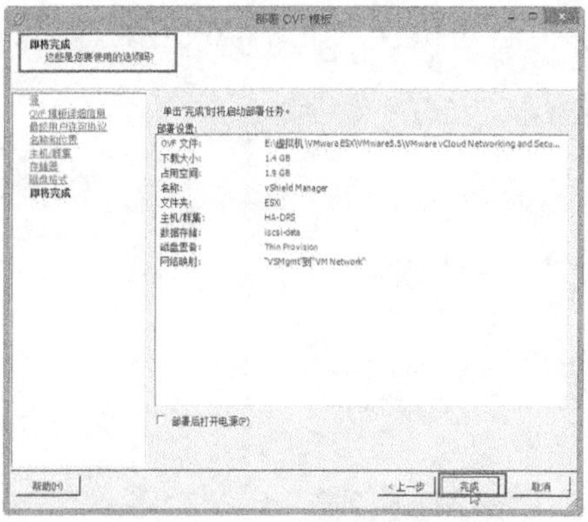

图 6-11　即将完成

图 6-12　部署 vShield Manager 模板

6.2.2　配置并注册 vShield Manager

在 vShield Manager 部署完成之后，启动 vShield Manager 虚拟机并将 vShield Manager 注册为 vSphere Client 插件，步骤如下。

（1）vShield Manager 虚拟机默认分配了 8GB 内存、2 个 CPU，一般情况下不需要为其分配这么多资源，可以修改虚拟机设置，为其分配 4GB、2 个 CPU 即可，如图 6-13 所示。当然，如果 vShield Manager 所在的群集或主机具有足够的内存或 CPU，可以使用默认值或为其分配更多的资源。

（2）之后启动 vShield Manager 虚拟机，并打开打开控制台，执行如下的操作。

- 使用用户名 admin 和密码 default 登录到控制台。
- 在 manager 提示中，键入 enable。
- 在 Password 提示中，键入 default 以启用设置模式。设置模式启用之后，提示字符串将更改为 manager#。
- 在 manager# 提示中，键入 setup，以开始设置过程。
- 输入 vShield Manager 虚拟机的 IP 地址、子网掩码和默认网关。

在本示例中，为 vShield Manager 分配的 IP 地址为 172.18.96.21，子网掩码为 255.255.255.0，网关为 172.18.96.253，DNS 为 172.18.96.1，如图 6-14 所示。

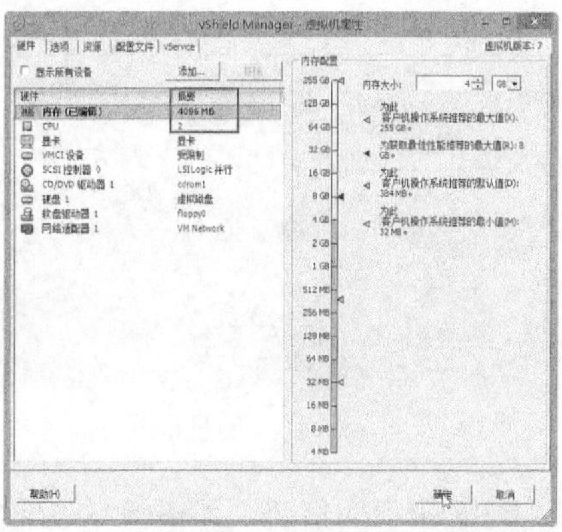

图 6-13　修改 vShield Manager 虚拟机内存

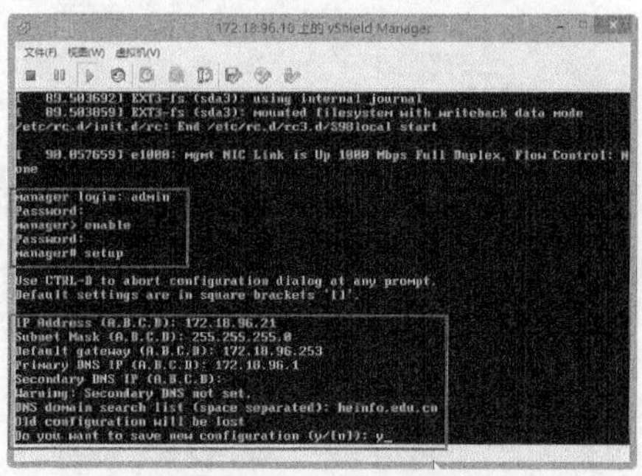

图 6-14　配置 vShield Manager

在配置之后，在“Do you want to save new configuration（y/[n]）”后面输入 y 并按回车键，保存设置。之后键入 exit 以注销。

之后打开 IE 浏览器，输入 https://172.18.96.21，在 vShield Manager 中配置 vCenter Server 服务器，主要步骤如下。

（1）打开 IE 浏览器，输入 https://172.18.96.21，并使用用户名 admin、密码 default 登录，如图 6-15 所示。

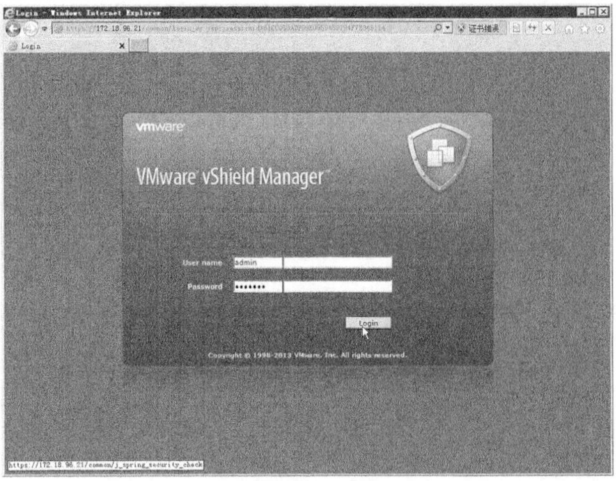

图 6-15　登录 vShield Manager

【说明】如果不能出现此登录界面，请重新启动 vShield Manager 虚拟机。

（2）在“Configuration”中，在“vCenter Server”后面单击“Edit”，如图 6-16 所示。

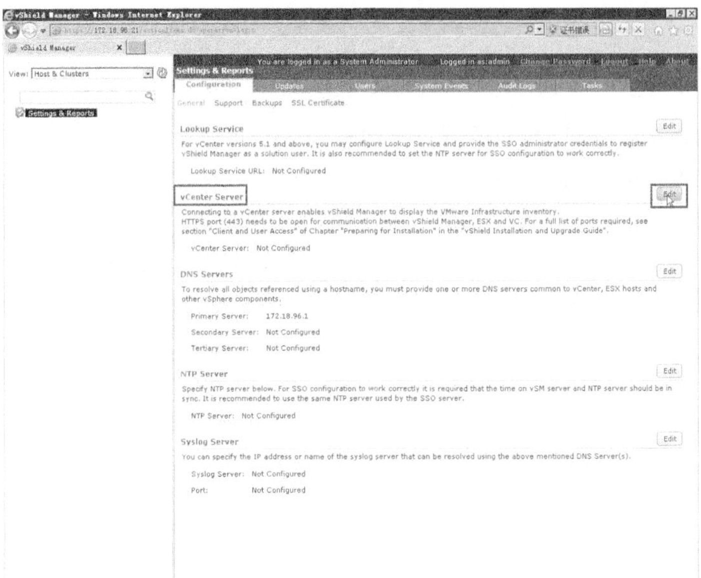

图 6-16　配置 vCenter Server

【说明】如果在 Windows 8、Windows 8.1 中，或者在 IE11 中，不能出现此界面，请换用 IE9 或 IE10，或者在 Windows Server 2008 R2 操作系统中登录此配置页。

（3）在“vCenter Server Information”对话框中，输入当前 vSphere 数据中心中 vCenter Server 的 IP 地址、管理用户名及密码，如图 6-17 所示。

（4）在“Security warning”对话框，单击“是”按钮，如图 6-18 所示。

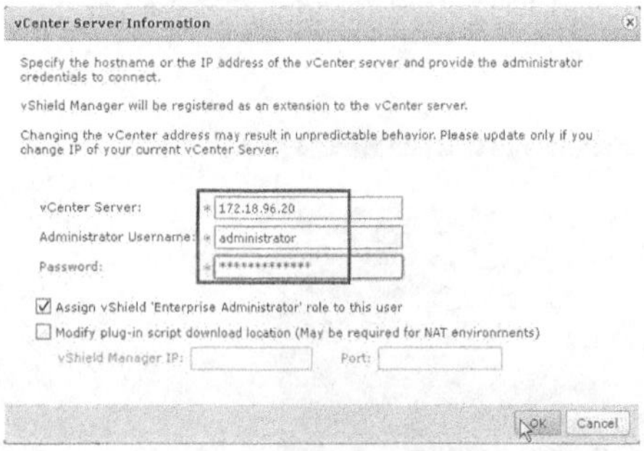

图 6-17 输入 vCenter Server 信息

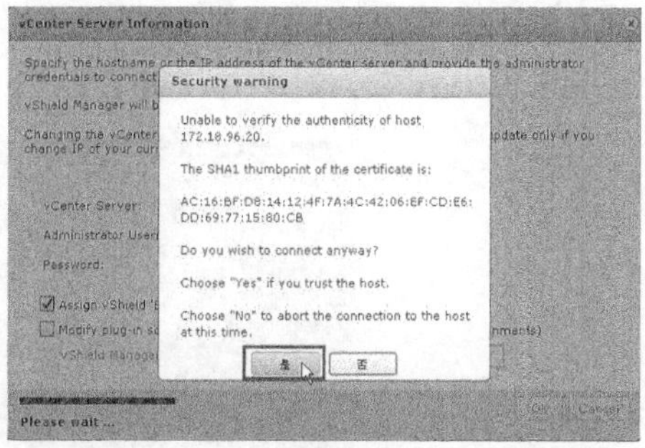

图 6-18 安全警告

（5）配置之后返回到 vShield Manager 界面，可以看到 vCenter Server 已经添加，如图 6-19 所示。

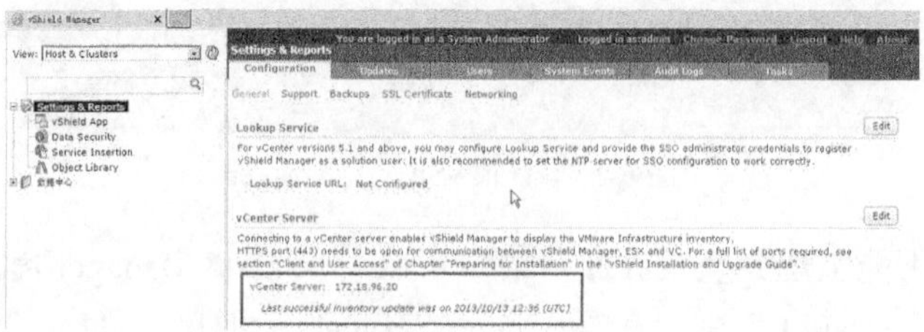

图 6-19 配置 vCenter Server 完成

6.2.3 部署 vCloud Director 模板

vCloud Director 亦是以 OVF 模板的方式提供，本节介绍部署 vCloud Director 模板的内容，与 vShield Manager 类似，主要步骤如下。

（1）使用 vSphere Client 登录到 vCenter Server，在“文件”菜单选择“部署 OVF 模板”。

（2）浏览并选择下载的 vCloud Director 的 ovf 文件，在“OVF 模板详细信息”对话框，显示了将要部署的 OVF 模板的产品名称、版本号、下载大小及占用空间，如图 6-20 所示。

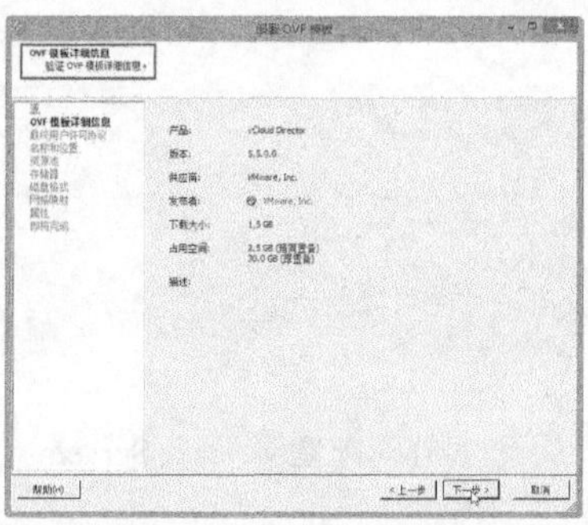

图 6-20 部署的模板信息

（3）在“最终用户许可协议”对话框，接受许可协议。在“名称和位置”对话框，为已部署模板指定名称和位置，如图 6-21 所示。在此名称选择默认值。

（4）在“资源池”对话框，为 vCloud Director 选择资源池，如图 6-22 所示，在此选择 manager 资源池。

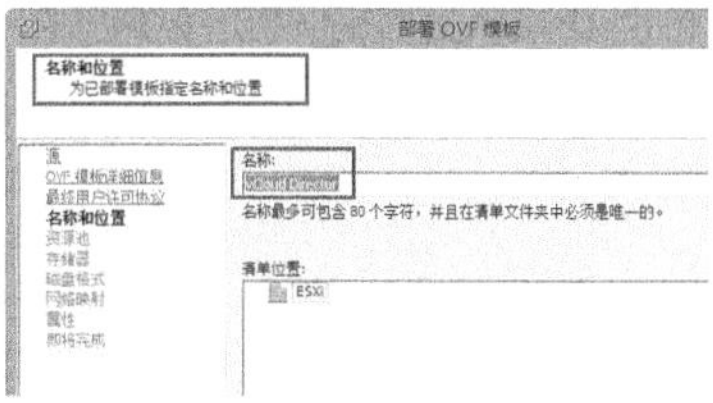

图 6-21 名称和位置

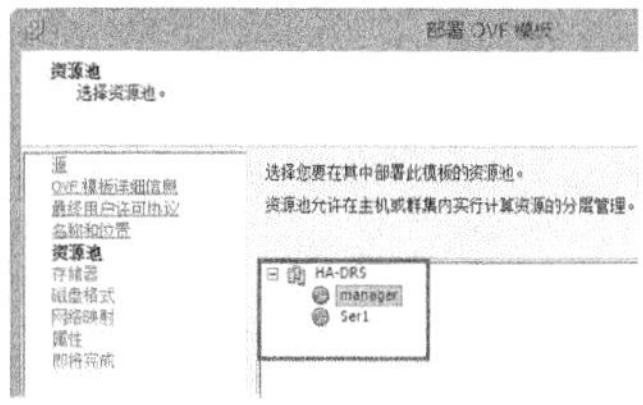

图 6-22 主机和群集

（5）在“存储器”对话框，选择将虚拟机文件存储在何处，在此选择共用的存储。

（6）在“磁盘格式”对话框，选择要以何种格式存储虚拟存盘，在此选择“Thin Provision（精简置备格式）”。如果要在生产环境中部署，并且所选存储有足够的空间，则可以选择“厚置备”磁盘格式。

（7）在“网络映射”对话框，将 OVF 模板中使用的网络映射到清单的网络中，如图 6-23 所示。

（8）在“属性”对话框，在“Linux Accounts”及“Guest Password”中输入密码，在“Database Properties”中，选择“internal（内部）”数据库，如图 6-24 所示，这样将使用 vCloud Director 内部的数据库，不需要单独再为 vCloud Director 配置 SQL Server 或 Oracle 数据库。

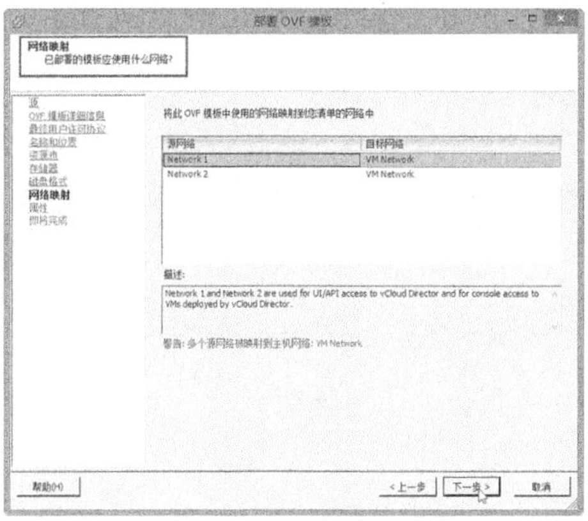

图 6-23 网络映射

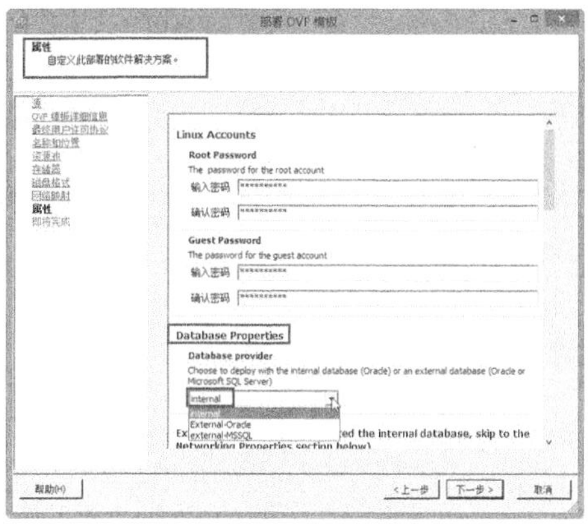

图 6-24 密码及数据库设置

（9）然后移动右侧的滑动头，在“Networking Properties（网络属性）”列表中，为 vCloud Director 的管理地址配置默认网关及 DNS，如图 6-25 所示。

（10）之后在“Network 1 IP Address”及“Network 2 IP Address”中，为 vCloud Director 设置 IP 地址并设置对应的子网掩码，在此为 vCloud Director 设置 172.18.96.22 及 172.18.96.23 的 IP 地址，子网掩码为 255.255.255.0，如图 6-26 所示。

（11）在“即将完成”对话框，显示了要部署的 OVF 模板的信息，如图 6-27 所示。

（12）之后将开始部署 vCloud Director 模板，如图 6-28 所示。

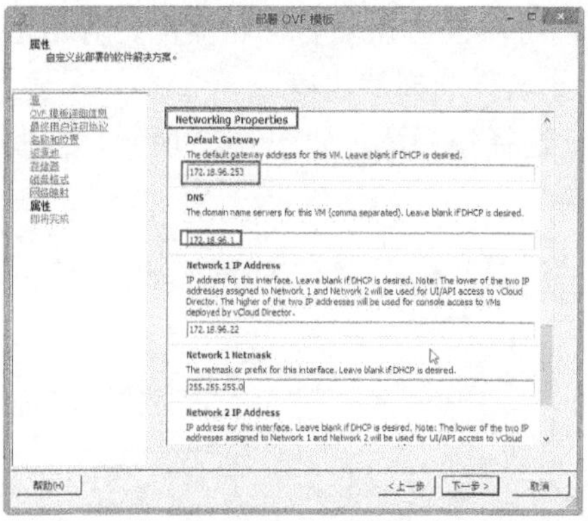

图 6-25 设置默认网关及 DNS

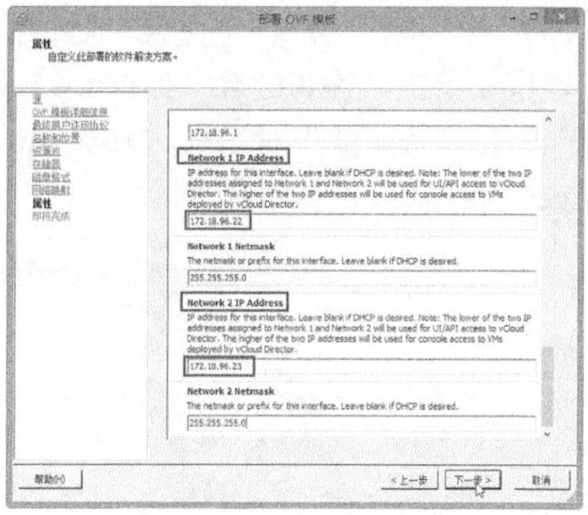

图 6-26 设置 IP 地址

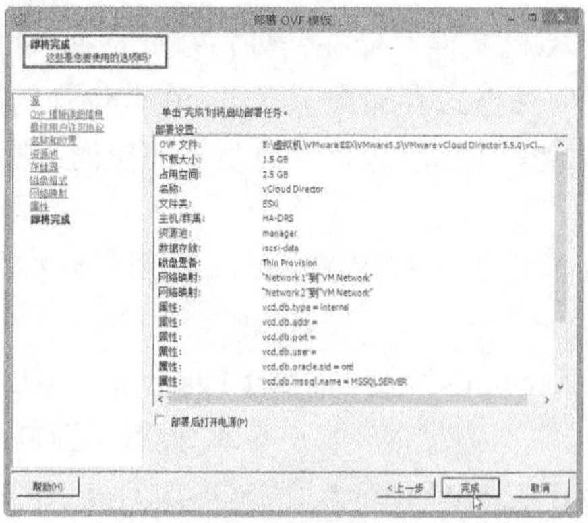

图 6-27 即将完成

图 6-28 部署 vCloud Director 模板

6.2.4 vCloud Director 初始配置

在部署完 vCloud Director，启动 vCloud Director 虚拟机，并对 vCloud Director 进行初始配置，步骤如下。

（1）在默认情况下，vCloud Director 虚拟机的内存为 2 560MB、1 个 CPU，一般即可满足需求，不需要修改，如图 6-29 所示。

（2）之后启动 vCloud Director 虚拟机，并打开控制台，直到启动完成，如图 6-30 所示。

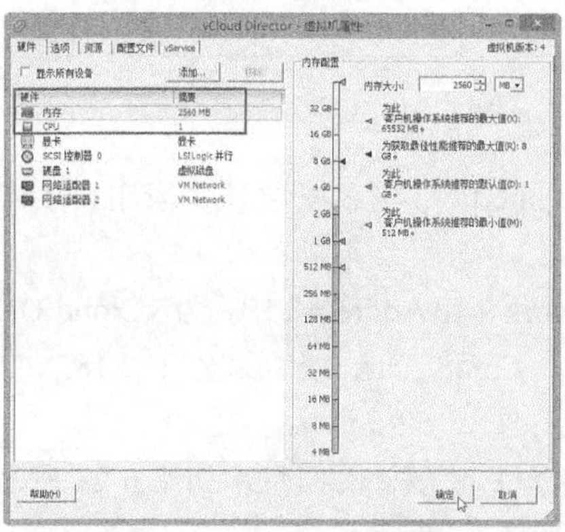

图 6-29 vCloud Director 虚拟机默认配置

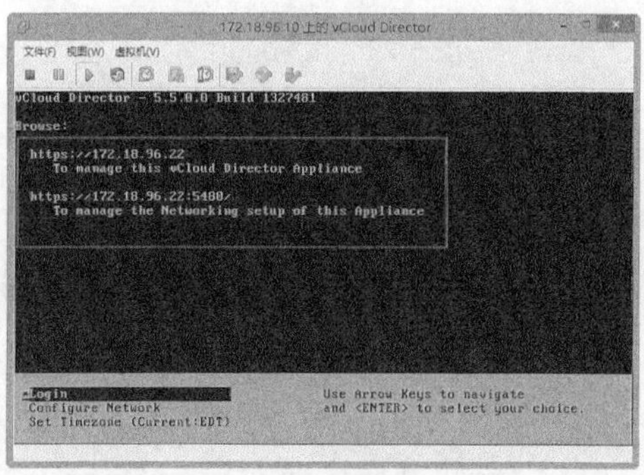

图 6-30 启动 vCloud Director 完成

之后在 IE 浏览器中，输入 https://172.18.96.22，开始 vCloud Director 的初始配置，步骤如下。

（1）在 IE 浏览器中，输入 https://172.18.96.22，进入 vCloud Director 设置向导，如图 6-31 所示。

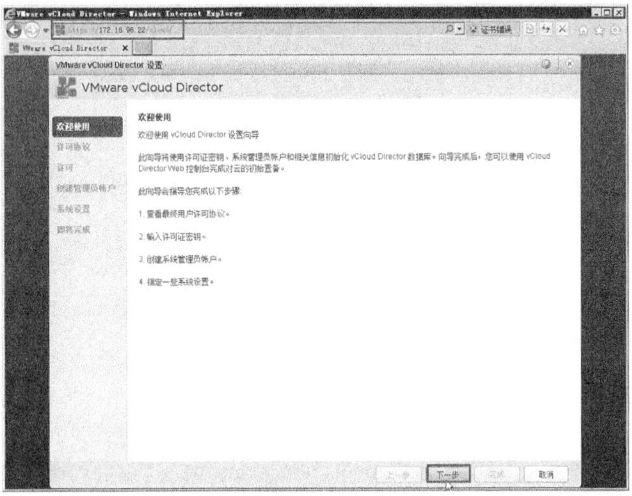

图 6-31　vCloud Director 配置向导

（2）在“许可协议”对话框，查看并接受 vCloud Director 许可协议，如图 6-32 所示。

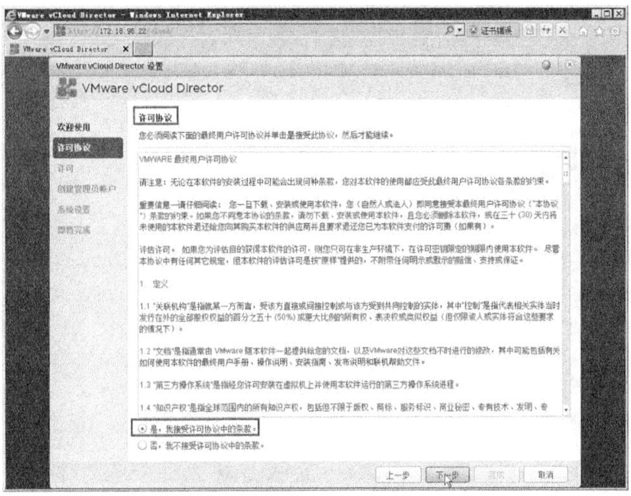

图 6-32　vCloud Director 许可协议

（3）在“许可”对话框中，输入 vCloud Director 的许可证密钥，如图 6-33 所示。

（4）在“创建管理员账户”对话框中，创建管理员账户名称、密码，并设置联系信息，如图 6-34 所示。在此设置默认管理员账户为 Administrator。

（5）在“系统设置”对话框，在“系统名称”文本框中，输入一个唯一标识此 VMware vCloud Director 系统设置，在此设置名称为 heinfo，如图 6-35 所示。

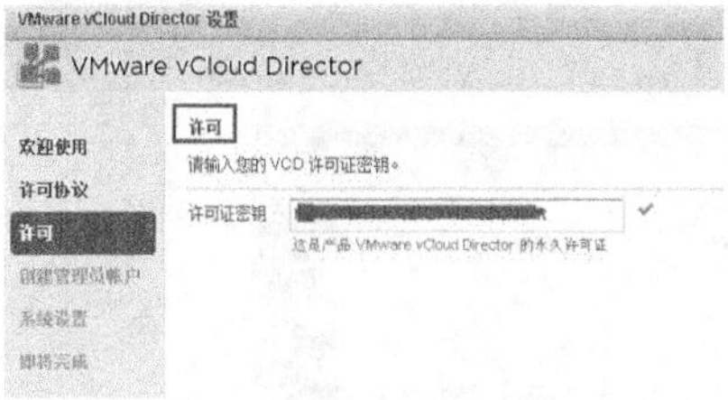

图 6-33　输入许可证密钥

图 6-34　创建管理员账户

图 6-35　系统设置

（6）在“即将完成”对话框，显示了 vCloud Director 的配置信息，如图 6-36 所示，单击“完成”按钮，完成初始配置向导。

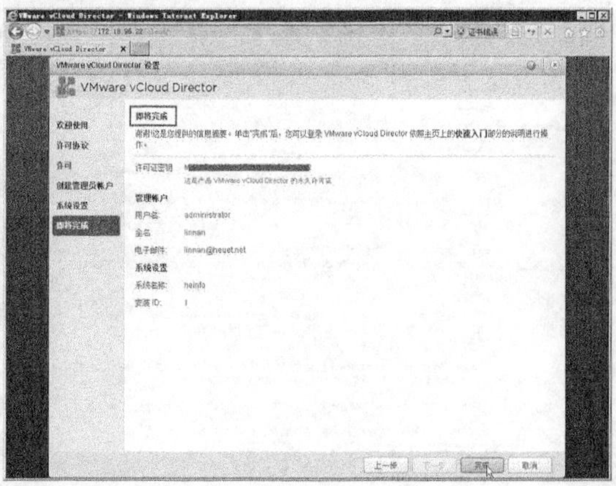

图 6-36　即将完成

6.2.5　为 vCloud Networking 分配许可证

在完成 vCloud Director 的初始配置之后，使用 vSphere Client 登录到 vCenter Server，为 vCloud Networking 分配许可证，步骤如下。

（1）使用 vSphere Client 登录到 vCenter Server，在“主页→系统管理→许可”对话框中，单击“管理 vSphere 许可证”，如图 6-37 所示。

（2）在“添加许可证密钥”对话框单击“下一步”按钮。

（3）在“分配许可证”对话框，在“解决方案”选项卡中，为 vCloud Networking 分配许可证，如图 6-38 所示。

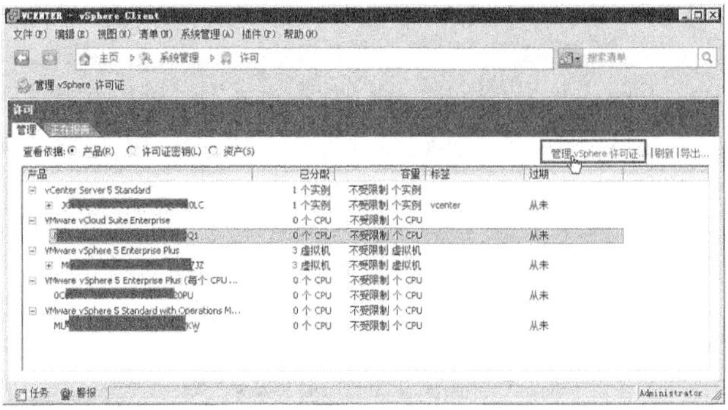

图 6-37　管理许可证

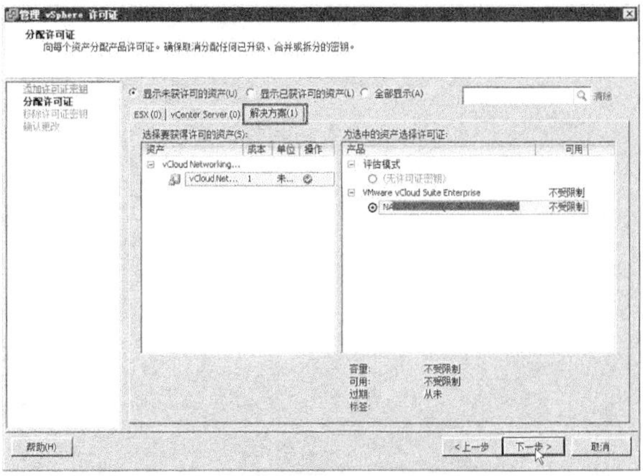

图 6-38　分配许可证

（4）在“移除许可证密钥”对话框单击“下一步”按钮。

（5）在“确认更改”对话框，显示了要更新的资产，然后单击“完成”按钮，如图 6-39 所示。

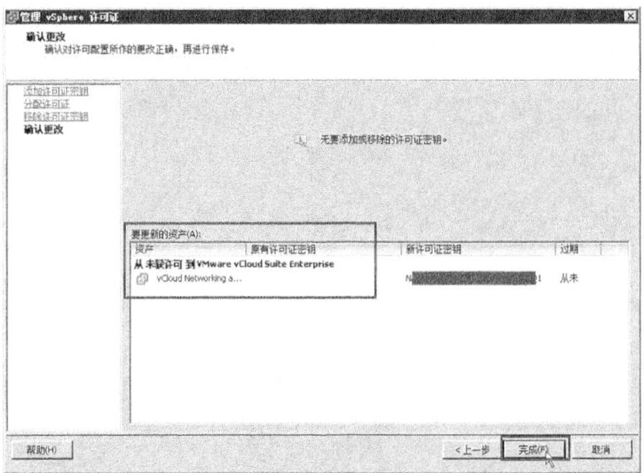

图 6-39　确认更改

6.3　vCloud Director 开始向导

接下来介绍 vCloud Director 开始向导，这包括向 vCloud Director 中附加 vCenter Server、创建一个 vDC、创建分布式交换机、创建或添加外部网络、创建新组织、向组织分配资源等，下面分别介绍。

6.3.1　附加 vCenter Server 到 vCloud Director

首先要在 vCloud Director 中附加 vCenter Server。

（1）使用 IE 浏览器，打开并登录 https://172.18.96.22，登录 vCloud Director，进入系统主页，在“快速入门”链接中，单击“1 附加一个 vCenter”链接，如图 6-40 所示。

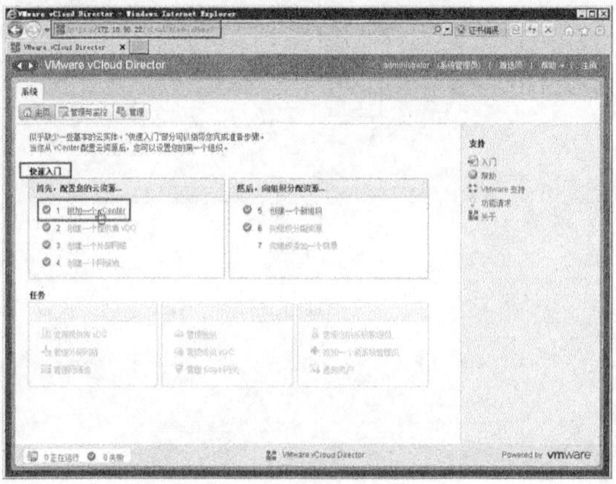

图 6-40　附加一个 vCenter Server

（2）在“附加新的 vCenter”对话框中，在“主机名或 IP 地址”对话框中，输入 vCenter Server 的 IP 地址，然后输入 vCenter Server 的管理用户名、密码，并在“vSphere Web Client URL”链接中，输入 vCenter Web 客户端的登录地址，在此为 https://172.18.96.20:9443/vsphere-client，如图 6-41 所示。

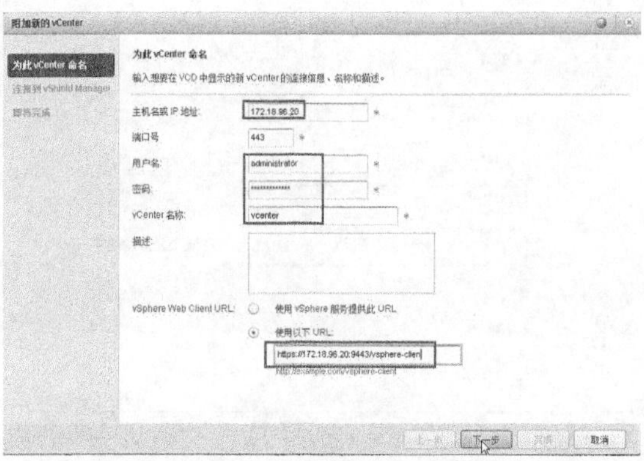

图 6-41　vCenter Server 信息

（3）在“连接到 VShield Manager”对话框，输入 VShield Manager 的 IP 地址、用户名及密码，本示例中该地址为 172.18.96.21，如图 6-42 所示。

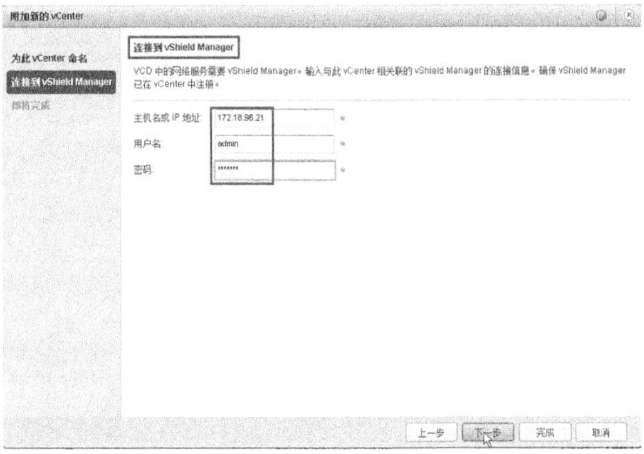

图 6-42 VShield Manager 地址

（4）在“即将完成”对话框，显示了添加的 vCenter Server 及 VShield Manager 的信息，检查无误之后单击“完成”按钮，如图 6-43 所示。

图 6-43 即将完成

6.3.2 创建一个提供者 vDC

在附加 vCenter Server 之后，需要创建一个提供者，步骤如下。

（1）在 VMwarevCloud Director 系统主页中，单击“2 创建一个提供者 vDC”，如图 6-44 所示。

（2）在“为此提供者 vDC 命名”对话框，输入提供者名称，本示例为 heuet，之后输入描述信息，并选中“已启用”，在“受支持的最高硬件版本”中，选择此提供者组织中虚拟机支持的最高版本，可以在硬件版本 7、8、9、10 之间选择，在此选择“硬件版本 9”，如图 6-45 所示。

（3）在“选择资源池”对话框，选择向提供者 vDC 提供计算和内存资源的资源池，在此选择 heuet 资源池，如图 6-46 所示。

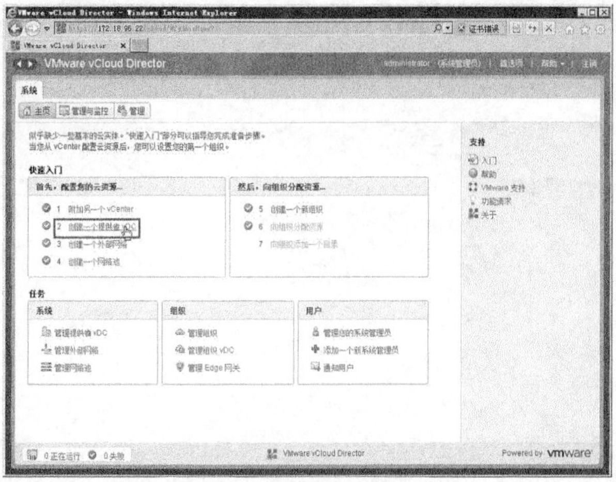

图 6-44 创建一个提供者

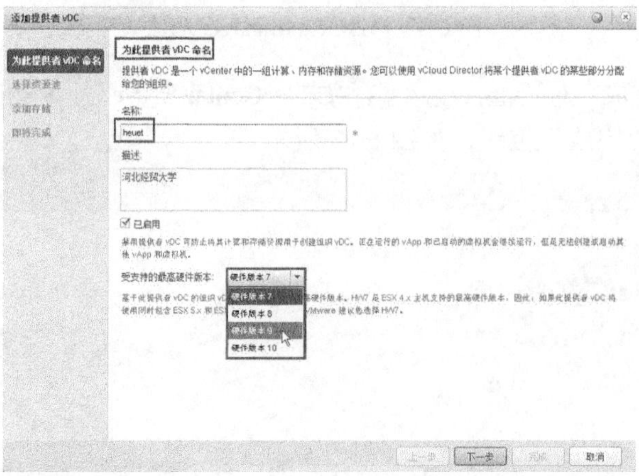

图 6-45 添加提供者

图 6-46 选择资源池

（4）在“添加存储”对话框，选择此提供者将提供的存储策略，在此在“数据存储”列表中选择存储，然后单击“添加”按钮，将其添加到列表中，如图 6-47 所示。

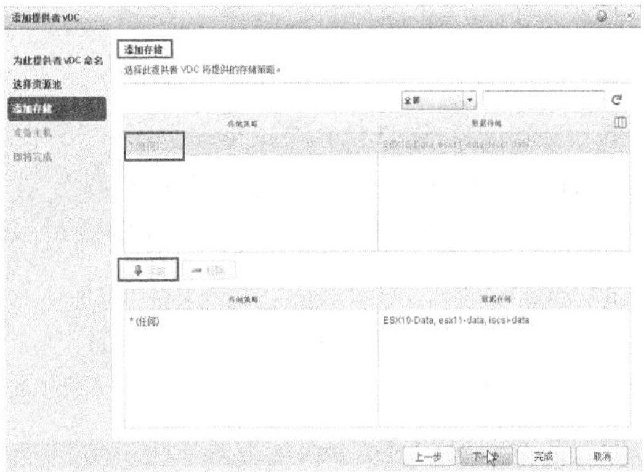

图 6-47　添加存储

（5）在“准备主机”对话框，添加 VMware ESXi 主机。如果所使用的 VMware ESXi 主机具有相同的用户名及密码，则选择“所有主机使用同一个凭据”，并输入用户名（默认为 root）及密码，如果主机用户名或密码不同，则选中“各台主机分别使用不同的凭据”并在列表中分别输入，如图 6-48 所示。

图 6-48　准备主机

（6）在“即将完成”对话框，显示了创建提供者 vDC 的信息，检查无误之后单击“完成”按钮，如图 6-49 所示。

图 6-49　即将完成

6.3.3　创建分布式交换机

接下来需要为 vCloud Director 创建外部网络。在使用 vCloud Director 的过程中，可能需要用到多个网段。所以在通常情况下，VMware ESXi 的管理及生产环境使用不同的网卡，并使用不同的网段，并且可以根据需要，为生产环境所属网络配置 VLAN。在我们的实验环境中，每台服务器有两个网卡（在生产环境中应该至少有 4 个网卡，并且每 2 个网卡一组，分为两组，一组用于管理，另一组用于生产环境）。其中一块网卡用于 VMware ESXi 管理，另一块网卡，则用于生产环境。在每台服务器中，已经将第 1 块网卡分配为管理使用，如图 6-50 所示。

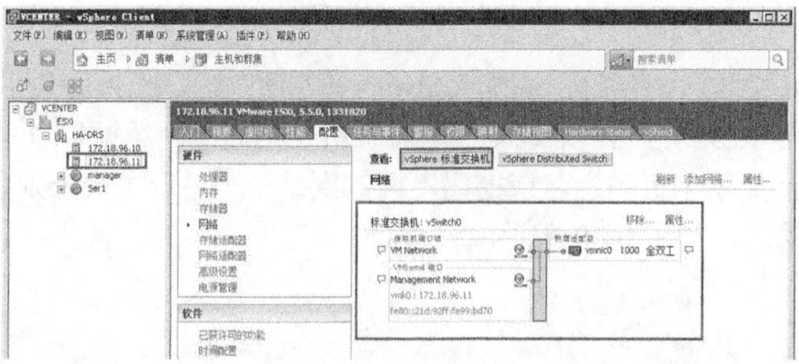

图 6-50　用于管理的网卡

在接下来，我们将服务器的第 2 个网卡，创建“vSphere 分布式交换机”，并为该虚拟交换机创建多个 VLAN（该网卡所连接的交换机端口应该为 Trunk 属性并允许所有 VLAN 通过）。

（1）使用 vSphere Client 登录到 vCenter Server，选择其中一台主机，在“配置→网络→vSphere Distributed Switch”中，单击“清单>网络”，如图 6-51 所示。

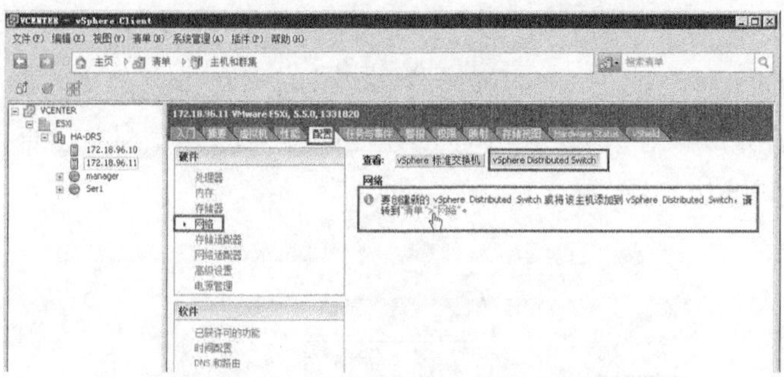

图 6-51　vSphere 分布式交换机

（2）在“主页→清单→网络”控制台界面中，单击“添加 vSphere Distributed Switch”链接，如图 6-52 所示。

（3）在“选择 vSphere Distributed Switch 版本”对话框中，指定 vSphere 分布式交换机的版本，在此选择 5.5.0 的版本，如图 6-53 所示。

（4）在“常规属性”对话框，指定 vSphere 分布式交换机的属性，主要包括设置交换机名称及上行链路端口数，该数目指每个主机上物理适配器的最大数量，请根据实际情况选择。在本示例中，每个服务器有 2 个网卡，其中 1 个网卡已经创建了虚拟交换机，剩余的 1 个网卡创建分布式交换机。在此应该选择 1，如图 6-54 所示。

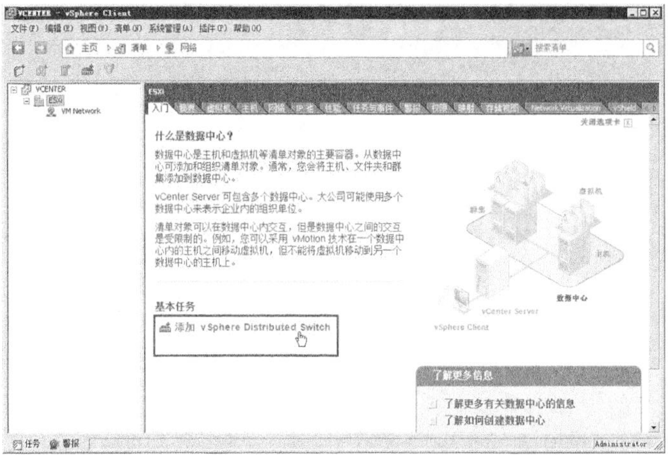

图 6-52　添加 vSphere 分布式交换机

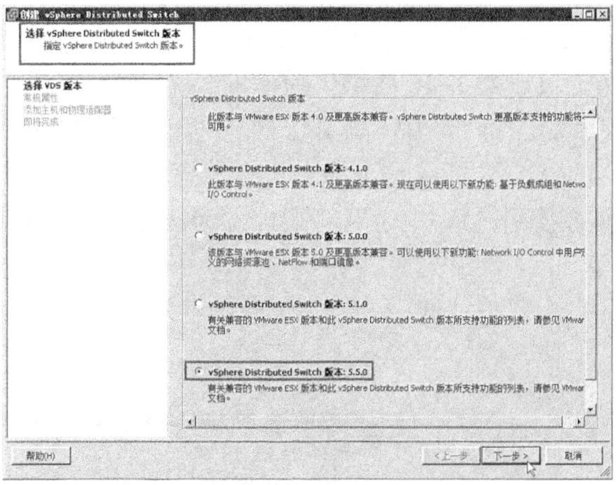

图 6-53　选择 vSphere 分布式交换机版本

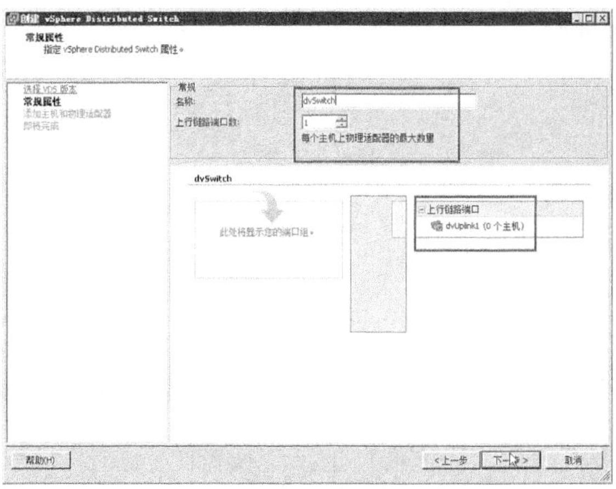

图 6-54　常规属性

（5）在“添加主机和物理适配器”对话框，选择“立即添加”，同时在列出的“主机/物理适配器”列表中，选择要添加到分布式交换机的网卡，如图 6-55 所示。

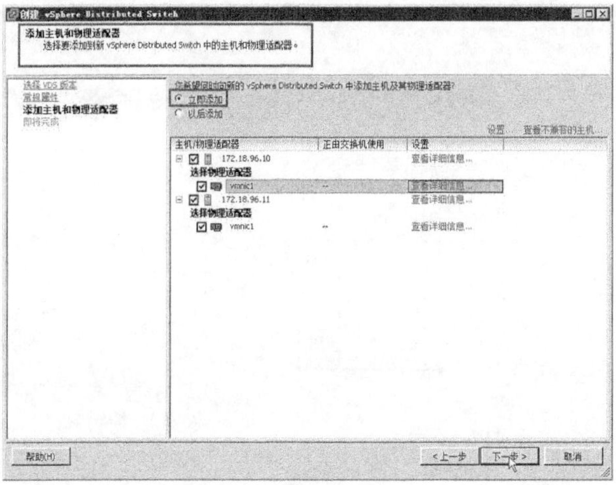

图 6-55 添加主机物理适配器

（6）如果查看添加网卡的信息，可以单击“查看详细信息”链接，在“物理适配器详细信息”对话框中，单击“观察的 IP 网络”前面的“+”号，可以列出检测到的 VLAN 及列表，如图 6-56 所示。在这个列表中，显示了当前网卡所检测到的 VLAN 及相关 VLAN 地址，但有的地址检测可能会不准确（这可能是没有为该 VLAN 配置 DHCP 服务器的原因），但这不影响使用，只要在使用时添加 VLAN 端口并为虚拟机分配对应 VLAN 的 IP 地址及网关、DNS 等参数即可。

（7）在“即将完成”对话框，选中“自动创建默认端口组”，单击“完成”按钮，如图 6-57 所示。

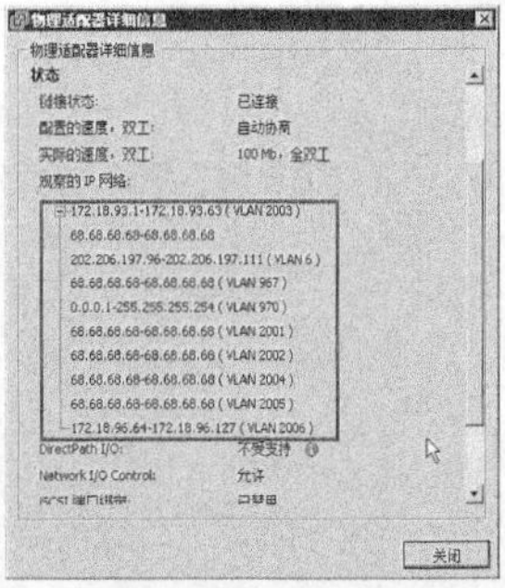

图 6-56 物理网卡详细信息

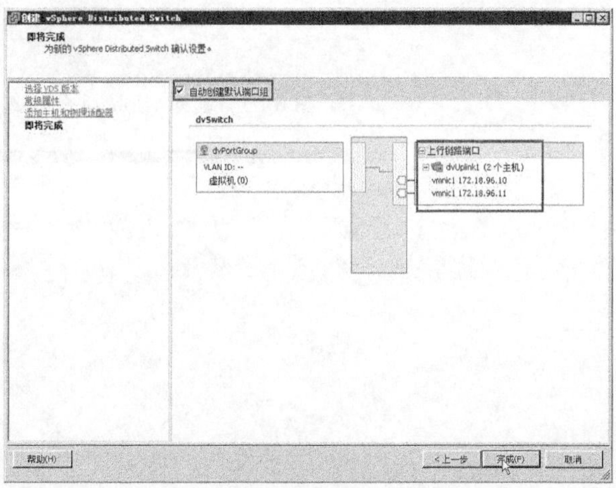

图 6-57 即将完成

在创建分布式交换机之后，还需要向虚拟交换机中添加端口组，为虚拟机分配的网卡是绑定对虚拟端口工作的。在本示例中，添加到分布式交换机的网卡，连接的是交换机的

Trunk 端口，而在该交换机上有 VLAN2001、VLAN2002、……、VLAN2006 等多个 VLAN，你可以为每个 VLAN 添加一个端口组，并且在需要时分配给对应的虚拟机。添加端口组的步骤如下。

（1）在 vSphere Client 中，在“主页→清单→网络”中，左侧选中新添加的虚拟交换机，在“摘要”选项卡中，单击“创建端口组”链接，如图 6-58 所示。

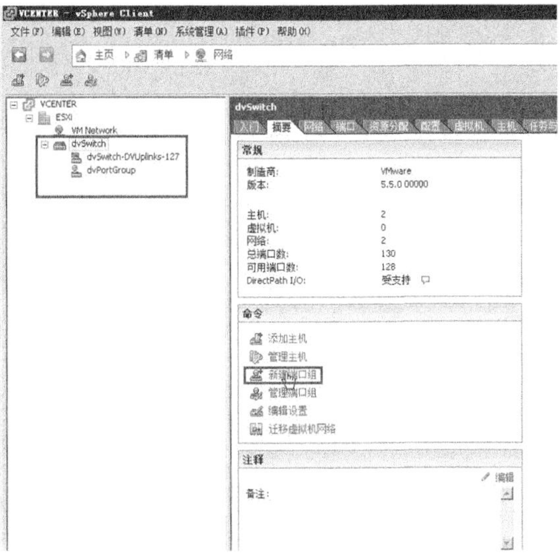

图 6-58 新建端口组

（2）在“属性”对话框中，指定要添加的端口组标识及 VLAN 类型。首先添加 VLAN2001 的端口组，在“名称”后，输入 vlan2001，在“VLAN 类型”可供选择的有“无”、“VLAN”、“VLAN 中继”、“专用 VLAN”，在此选择“VLAN”，在 VLAN ID 中输入该 VLAN 的 ID 号为 2001，如图 6-59 所示。

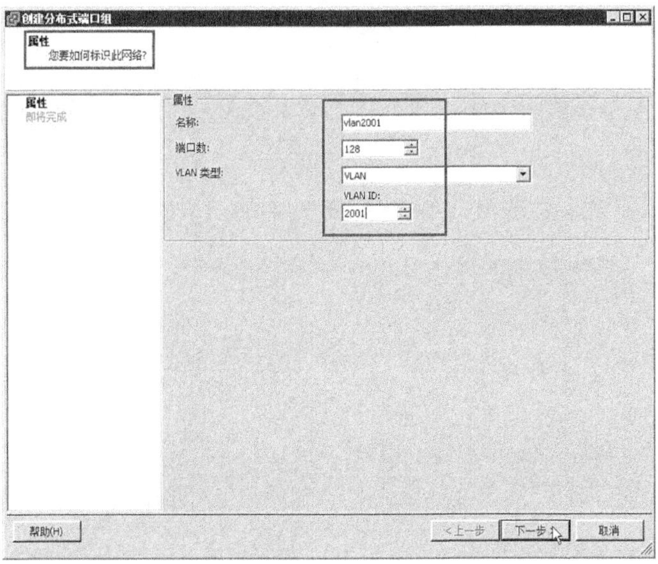

图 6-59 属性

（3）在“即将完成”对话框，显示了创建的端口组名称及属性、VLAN ID，检查无误之后，单击“完成”按钮，如图 6-60 所示。

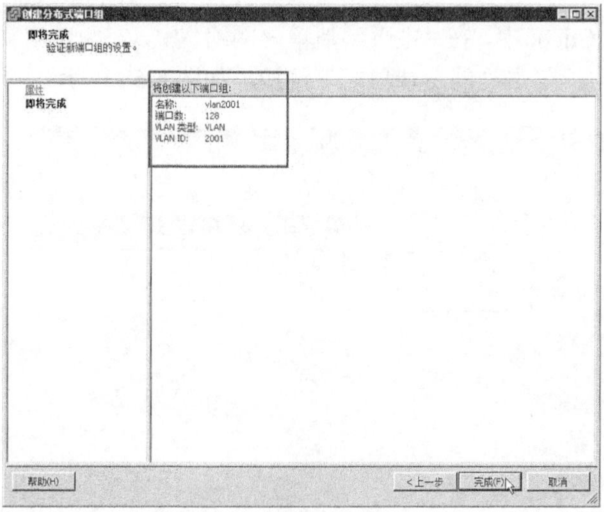

图 6-60 创建端口组完成

还可以在“网络”选项卡中，在空白位置右击，在弹出的快捷菜单中选择“新建端口组”名称，进入图 6-59、图 6-60 向导创建，如图 6-61 所示。同时在“网络”列表中也会显示已经创建的端口组。

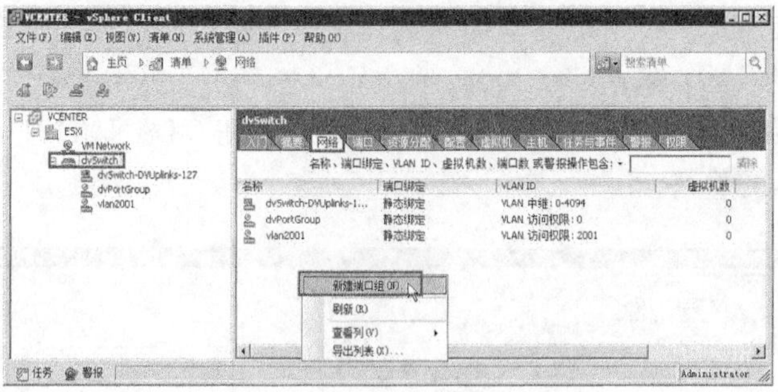

图 6-61 网络

最后，在本示例中，创建 vlan2001～vlan2006 的端口组，如图 6-62 所示。

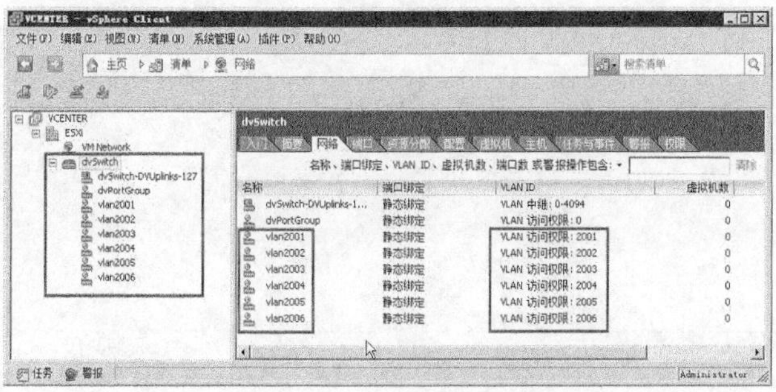

图 6-62 创建的端口组

6.3.4　创建一个外部网络

在创建分布式交换机之后，接下来在 vCloud Director 中，创建一个外部网络，用于后期使用，步骤如下。

（1）在 vCloud Director 快速入门中，单击“创建一个外部网络”链接，如图 6-63 所示。

图 6-63　创建一个外部网络

（2）在“连接 vSphere 网络”对话框，在清单中选择 vCenter 和 vSphere 网络，从清单中可以看到，可以使用的虚拟机端口有 vlan2001、vlan2002 等，在此先选中 vlan2001，如图 6-64 所示。

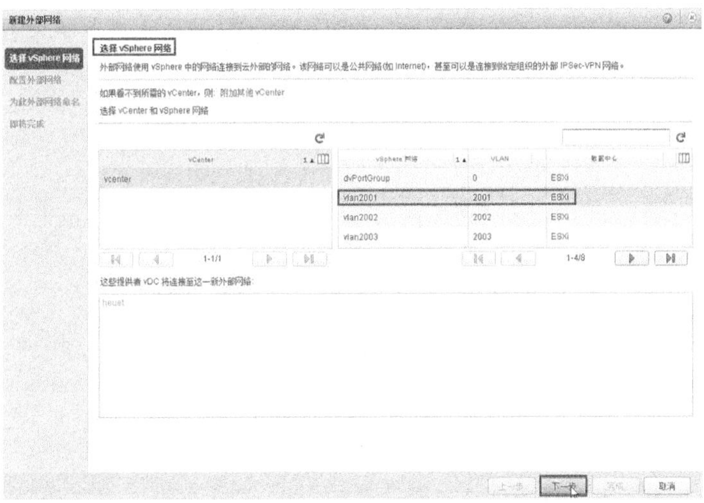

图 6-64　选择 vSphere 网络

（3）在“配置外部网络”对话框中，指定这一新添加的外部网络的网络设置，单击“添加”按钮，如图 6-65 所示。

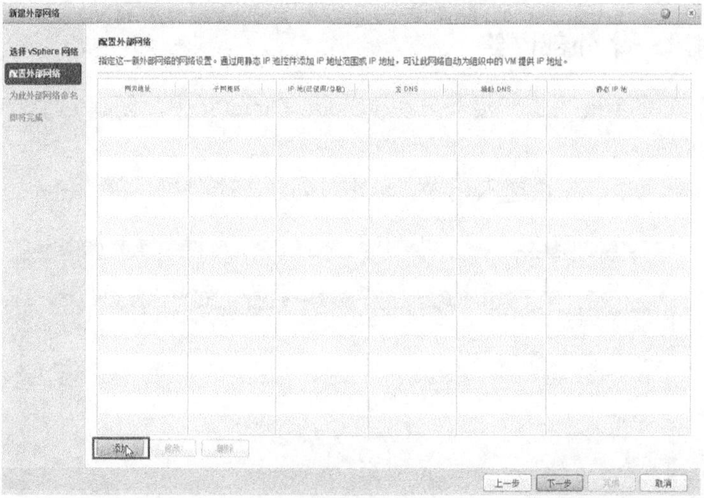

图 6-65 添加外部网络

（4）在“添加子网”对话框，设置这一网段的网关地址（本示例为 172.18.91.254）、子网掩码（本示例为 255.255.255.0）、主 DNS（本示例为 172.18.96.1），并在“静态 IP 池”，输入可用的 IP 范围，在此设置范围为 172.18.91.100～172.18.91.250，之后单击“添加”按钮，然后单击“确定”按钮，如图 6-66 所示。

图 6-66 添加子网及可用的静态 IP 地址池

（5）返回到“配置外部网络”对话框后，添加的网络已经显示在列表中，如图 6-67 所示。

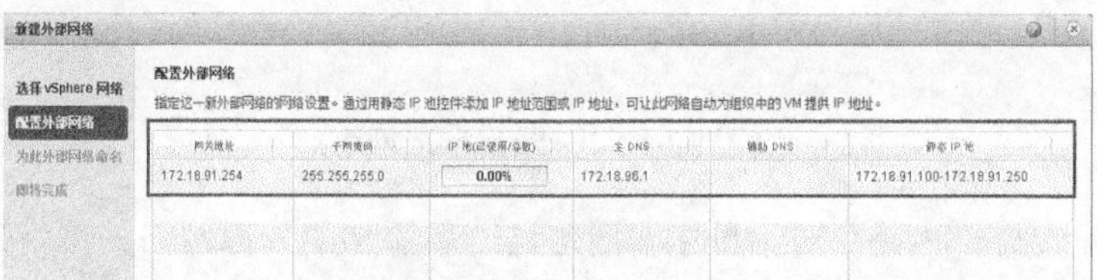

图 6-67 配置外部网络

（6）在“为此外部网络命名”对话框，为新外部网络输入名称及描述，在此设置名称为 vlan2001，如图 6-68 所示。

（7）在“即将完成”对话框，显示了即将创建的外部网络及相关信息，检查无误之后，单击“完成”按钮，完成设置，如图 6-69 所示。

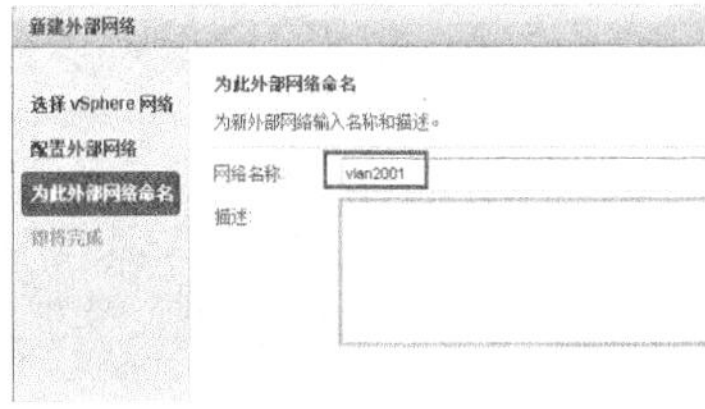

图 6-68 为外部网络命名

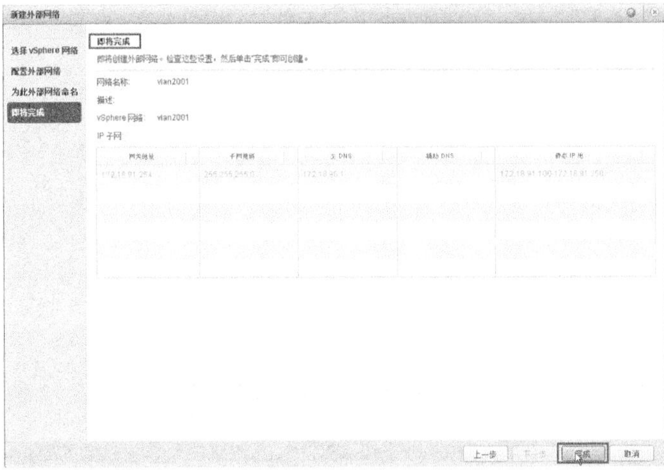

图 6-69 创建外部网络完成

如果还需要创建外部网络，此时向导 3 变为“3 创建另一个外部网络”，可以单击此链接，创建另一个外部网络，例如 vlan2002 等，这些不再介绍。

6.3.5 创建一个新组织

接下来，需要创建一个新组织，用于 vCloud Director，步骤如下。

（1）在 vCloud Director 快速入门中，单击“5 创建一个新组织”链接，如图 6-70 所示。

图 6-70 创建一个新组织

（2）在“为此组织命名”对话框，输入组织名称及默认的组织 URL，以及组织命名，在本示例中，设置组织名称为 heinfo，组织全名为“信息技术学院”，如图 6-71 所示。在此要记下“默认组织 URL”，以后用户将要登录此地址使用 vCloud Director 提供的资源。在本示例中，组织 URL 地址是 https://172.18.96.22/cloud/org/heinfo。

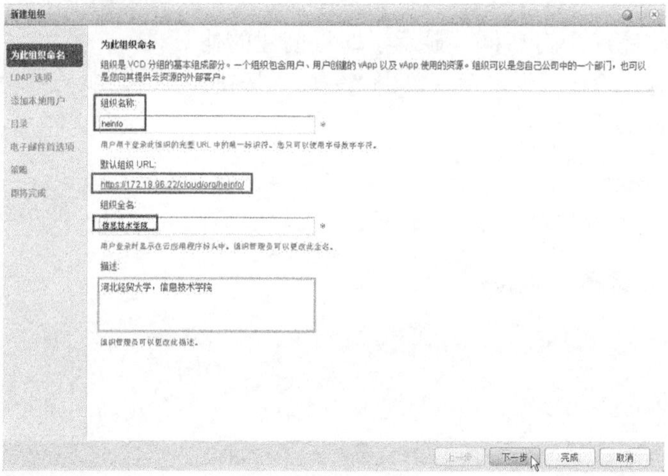

图 6-71 为组织命名

（3）在“LDAP 选项”对话框，选择“不使用 LDAP”，如图 6-72 所示。

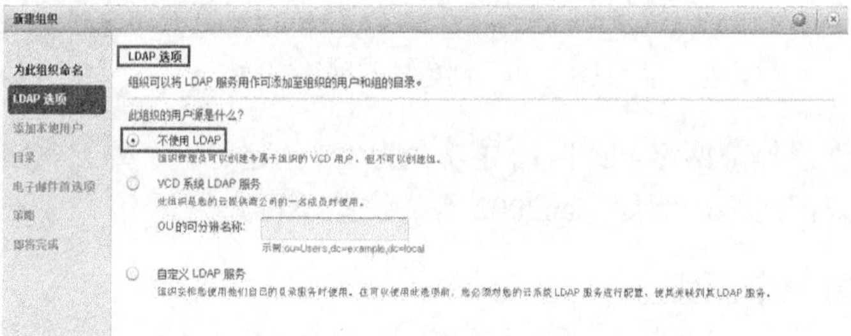

图 6-72 不使用 LDAP

（4）在“添加本地用户”对话框，单击“添加”按钮，如图 6-73 所示。

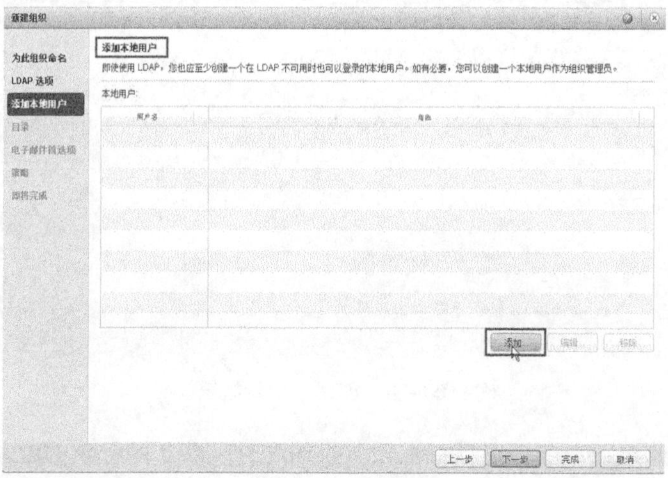

图 6-73 添加

（5）在“新建用户”对话框，为新建组织添加一个用户，在此设置用户名为 admin，设置用户角色为“组织管理员”，配额为“无限制”，如图 6-74 所示。

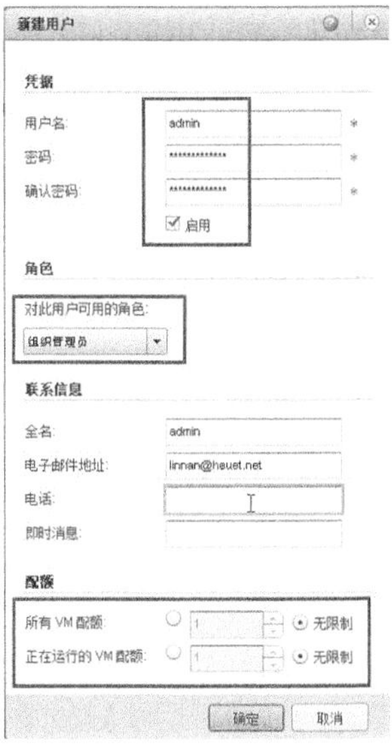

图 6-74　新建用户

（6）返回到“添加本地用户”对话框中，可以看到，已经添加了一个组织管理员账户，如图 6-75 所示，也可以单击“添加”按钮，继续添加用户，也可以在后期添加。

图 6-75　添加的组织管理员账户

（7）在“电子邮件首选项”，配置电子邮件选项，以便为组织发送通知，如图 6-76 所示。

（8）在“策略”对话框，为此组织配置策略，在此选择默认策略，如图 6-77 所示。

（9）在“即将完成”对话框，显示了新建组织的名称、组织策略，如图 6-78 所示。

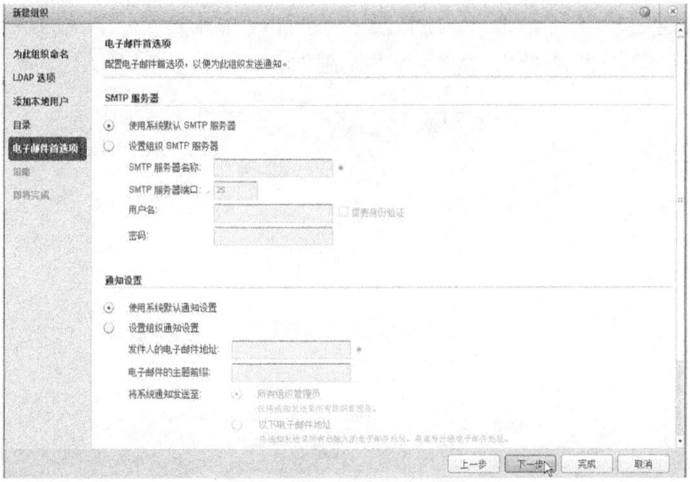

图 6-76　电子邮件首选项

图 6-77　策略

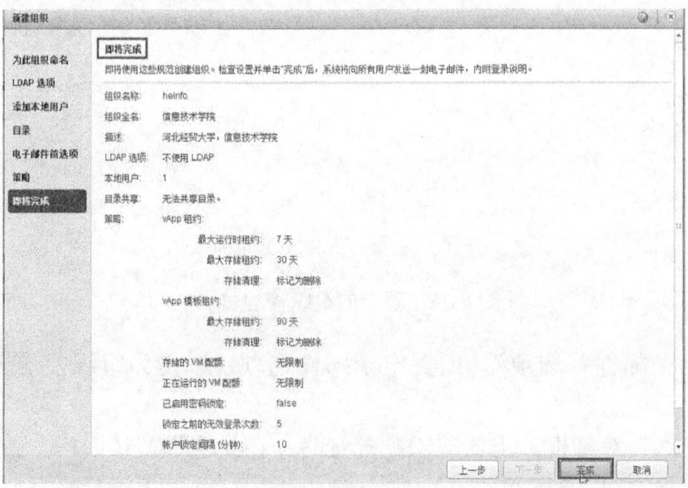

图 6-78　即将完成

6.3.6　向组织分配资源

在完成上述一系列设置之后，需要向组织分配资源，步骤如下。

（1）在 vCloud Director 快速入门向导页，单击“6 向组织分配资源”，如图 6-79 所示。

图 6-79　向组织分配资源

（2）在“选择组织”对话框，从列表中选择一个组织，如图 6-80 所示，在此选择上一节中创建的组织。

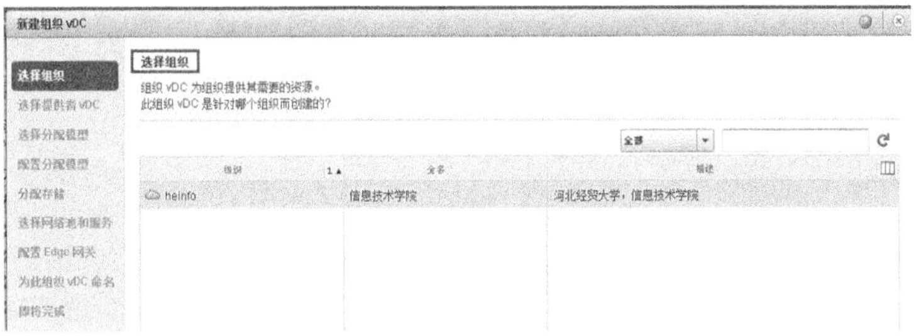

图 6-80　选择组织

（3）在“选择提供者 vDC”对话框，选择提供者，在列表中选择“6.3.2 创建一个提供者 vDC”中创建的名称，然后选择可用的网络资源，如图 6-81 所示。

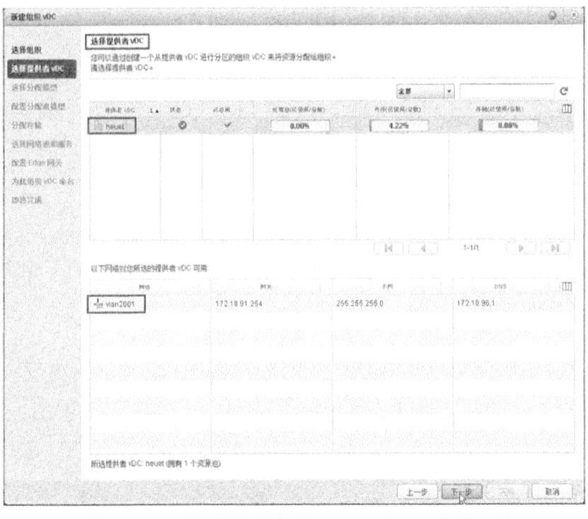

图 6-81　选择提供者 vDC 及网络资源

（4）在“选择分配模型”对话框，选择“分配池”，如图 6-82 所示。

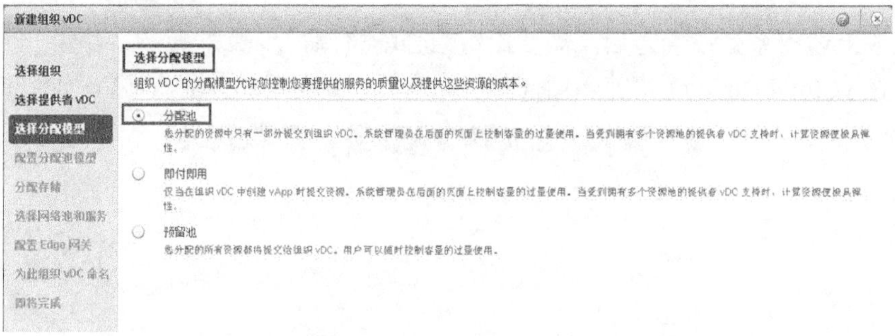

图 6-82 选择分配模型

（5）在“配置分配池模型”对话框，选择将资源分配给组织 vDC，还能控制向 vDC 保证资源的百分比，如图 6-83 所示，衣根据需要进行分配。

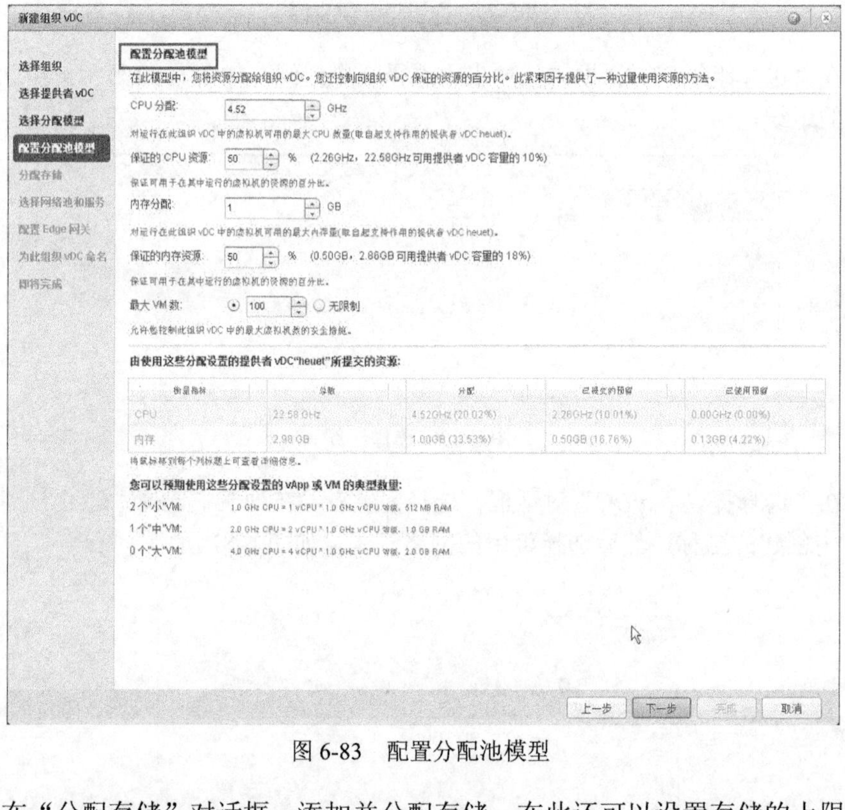

图 6-83 配置分配池模型

（6）在“分配存储”对话框，添加并分配存储，在此还可以设置存储的上限，以及是否启用精简置备磁盘、是否启用快速置备等，如图 6-84 所示。

（7）在“选择网络池和服务”，选择向此组织 vDC 提供 vAPP 网络的网络池，并从该池指定网络配额，由于我们没有配置网络池，在此直接单击“下一步”按钮，如图 6-85 所示。

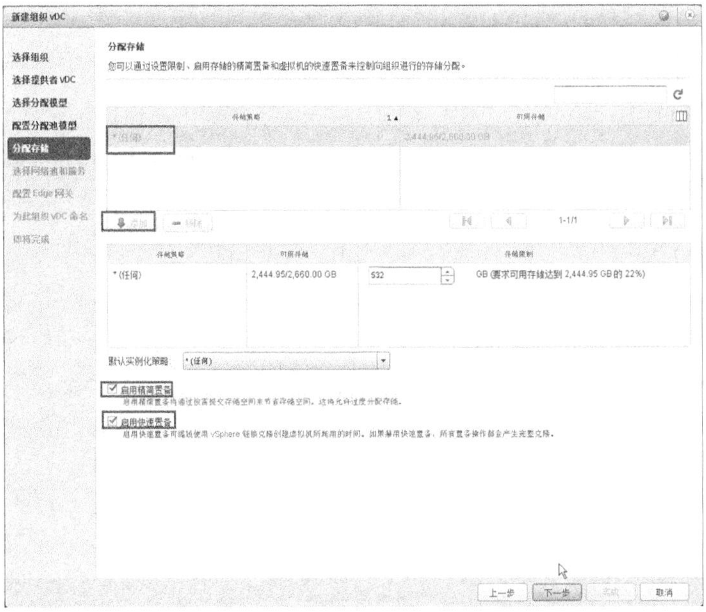

图 6-84　分配存储

图 6-85　选择网络和服务

（8）在“配置 Edge 网关”对话框，将此 Edge 网关配置为一个或多个外部网络提供连接，在此直接单击“下一步”按钮，如图 6-86 所示。

（9）在“为此组织 vDC 命名”对话框，为这个新组织 vDC 输入名称和描述，在此设置名称为 heinfo，并选中“已启用”，如图 6-87 所示。

（10）在“即将完成”对话框，显示了新建组织并为组织分配资源的信息，检查无误之后单击“完成”按钮，如图 6-88 所示。

图 6-86　配置 Edge 网关

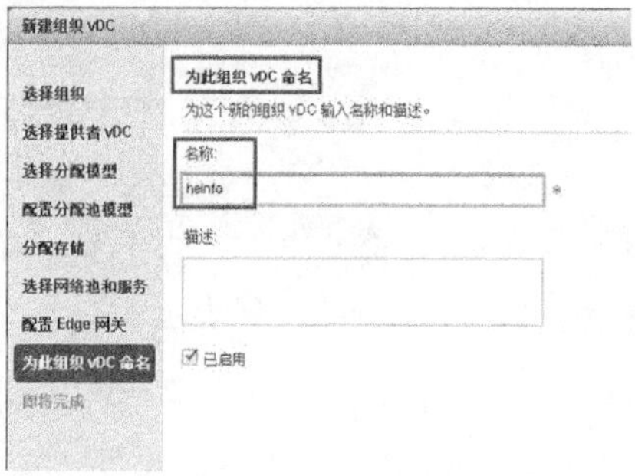

图 6-87　为此组织命名

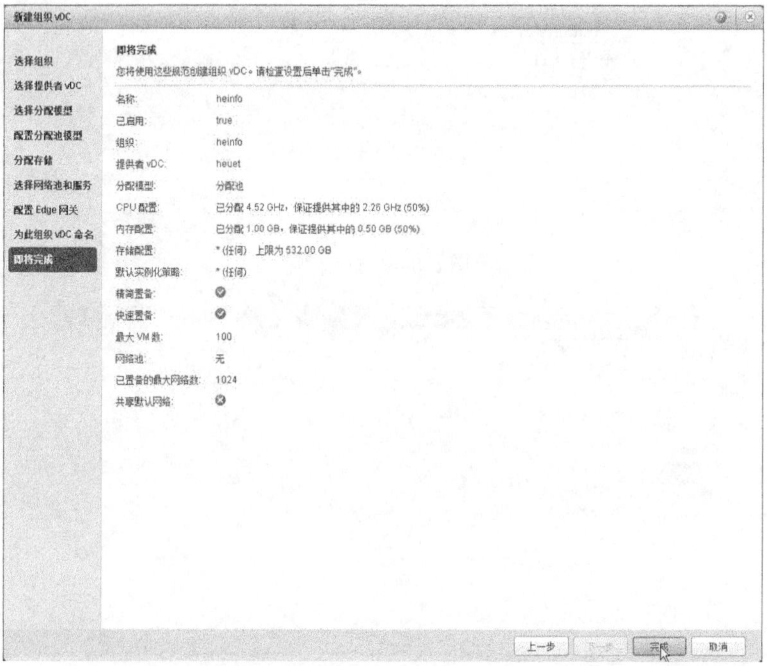

图 6-88　即将完成

至此，vCloud Director 入门向导完成，如图 6-89 所示。

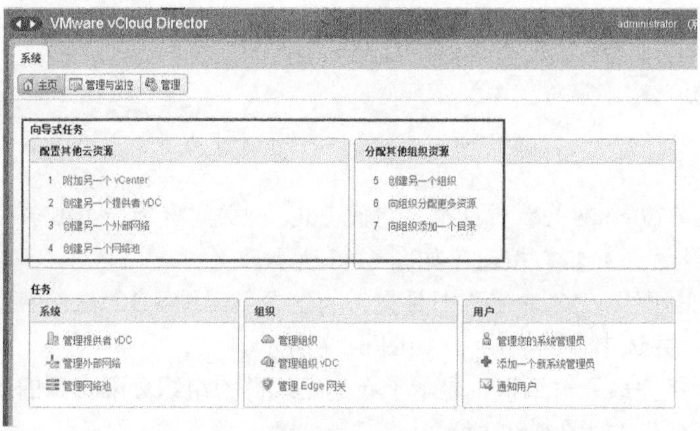

图 6-89　vCloud Director 入门向导完成

6.4　使用目录

管理员可以创建一个目录，使一组 vApp 模板或媒体文件可用于单个 vCloud Director 安装中的组织，或者可用于多个 vCloud Director 安装中的组织。

组织使用目录来存储 vApp 模板和媒体文件。组织的成员可以将目录项作为构建基块，创建自己的 vApp。

共享目录之后，目录中的项目可用于 vCloud Director 安装中的所有组织或所选组织。然后，每个组织的管理员均可选择为其用户提供哪些目录项。

发布目录供外部组织使用时，目录中的项目将可用于多个 vCloud Director 安装中的组织。如果 vCloud Director 安装之外的组织要访问外部发布的目录，则须订阅目录。

创建已发布目录之前，管理员必须先创建并置备组织，以容纳该目录。

6.4.1　启用目录共享、发布和订阅

在可以共享或发布组织的目录之前，您必须为该组织启用目录共享或发布。在可以订阅外部组织的目录之前，您必须启用订阅外部目录。

（1）以管理员身份登录 https://172.18.96.22，单击“管理与监控”选项卡，然后单击左侧窗格中的组织，在右侧窗格中，选择要启用目录共享、发布和订阅的组织名，选择“属性”，如图 6-90 所示。

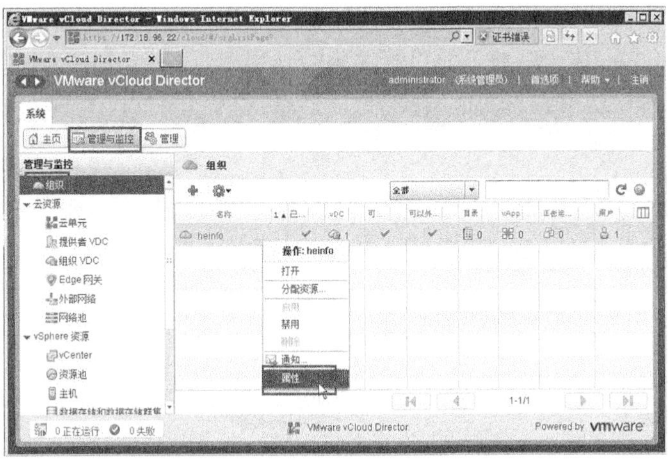

图 6-90　组织属性

（2）在“目录”选项卡，在“共享”选项组中，选择该组织的共享功能，如果选中“允许将目录共享给其他组织”，则允许组织管理员与此 vCloud Director 实例中的其他组织共享此组织的目录。如果未选择此选项，组织管理员仍将能够在组织内部共享目录。在“发布”选项组中，选择该组织的发布功能，如果选中“允许发布外部目录”，则允许组织管理员与此 vCloud Director 实例外部的组织共享此组织的目录。如果选中“允许订阅外部目录”，则允许组织管理员从此 vCloud Director 实例外部为此组织订阅目录源。如图 6-91 所示。

图 6-91　选择共享或发布功能

6.4.2　创建目录

管理员可以创建一个或多个目录，以便容纳将其用于所有组织的已上载和已导入的 vApp 模板、媒体文件及其他文件。组织可以有多个目录，并且可以分别控制对每个目录的访问。在下面的操作中，将在 heinfo 组织中创建两个目录，一个名为 heinfo-ISO，另一个名为 heinfo-vapp，这两个目录将分别保存系统镜像及虚拟机模板。

（1）单击“管理与监控”选项卡，然后打开左侧窗格中的组织，右键单击组织名称，例如上文中创建的 heinfo，在弹出的快捷菜单中选择“打开”，如图 6-92 所示。

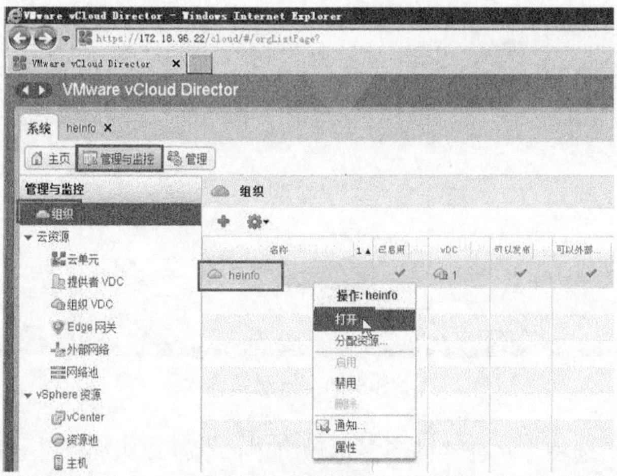

图 6-92　打开

（2）这样将打开 heinfo 组织，如图 6-93 所示。

（3）在“目录”选项卡上，单击“+”号添加目录，如图 6-94 所示。

（4）在“为此目录命名”对话框中，输入目录的名称和可选描述，如图 6-95 所示。在此设置名称为“heinfo-ISO”表示这是为 heinfo 组织创建的，将要保存各种镜像。

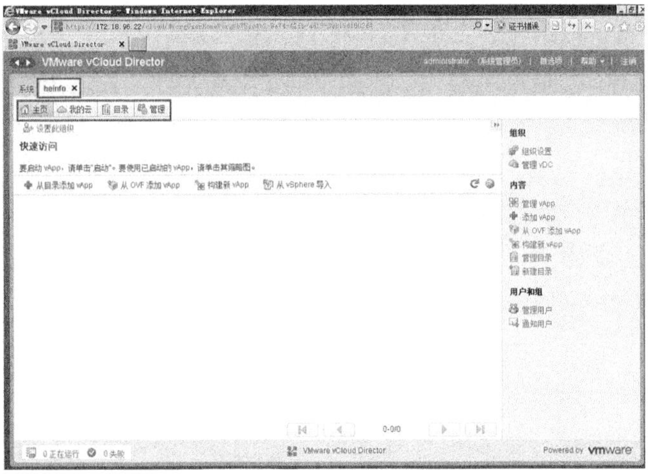

图 6-93　打开组织页

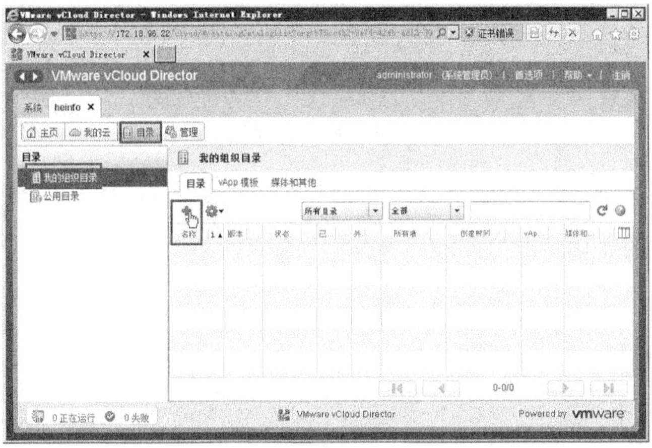

图 6-94　添加目录

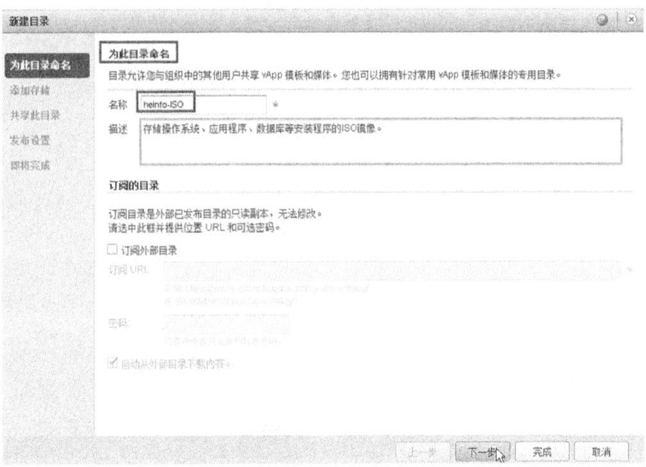

图 6-95　添加目录

（5）在“选择存储类型”对话框，选择要用于此目录中的 vApp 模板和 ISO 的存储类型，如果选择“使用组织中可用的任何存储”，则此目录将使用组织中任何可用的存储；如果选择“在特定存储策略中预置备”，则存储选择此目录的 vApp 模板和 ISO 要使用的虚拟数据中心存储策略，然后单击添加，所选存储策略将导致 vApp 模板大小计入目录存储配额。如图 6-96 所示。

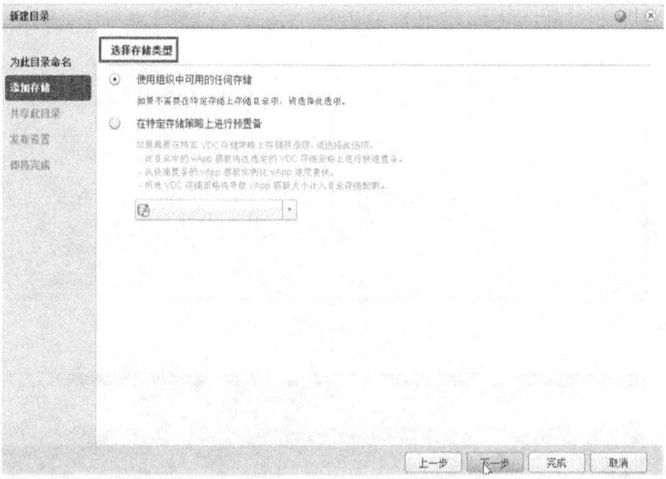

图 6-96　选择存储类型

（6）在“共享此目录”对话框，选择组织中可以访问此目录的用户和组，如图 6-97 所示。

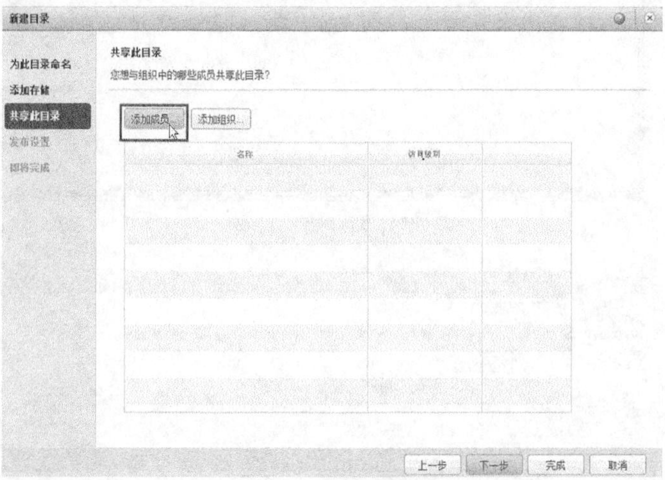

图 6-97　共享此目录

（7）首先介绍添加成员，如图 6-98 所示。在选择组织中可以访问此目录的用户和组。选择“组织中的每位成员”可向组织中的所有用户和组授予目录访问权限，选择“特定用户和组”可选择要向其授予目录访问权限的用户或组。在添加成员之后，从下拉菜单中为有权访问此目录的用户选择访问级别，选择“只读”可授予对目录的 vApp 模板和 ISO 的读取访问权限；选择“读/写”可授予对目录的 vApp 模板和 ISO 的读取访问权限，并允许用户向目录中添加 vApp 模板和 ISO；选择“完全控制”可授予对目录内容和设置的完全控制权限。添加之后单击“确定”按钮返回。

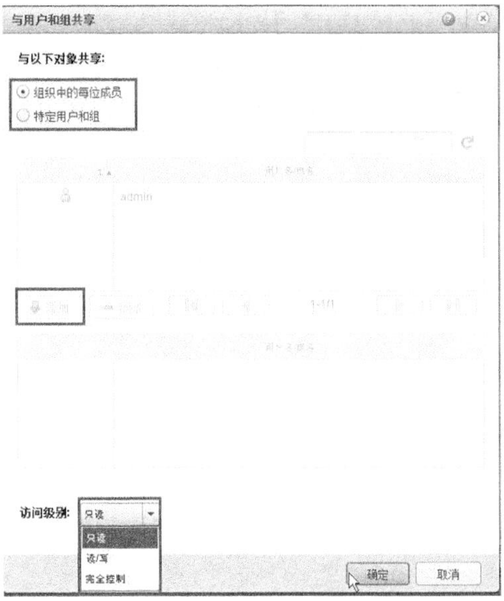

图 6-98　与用户和组共享

（8）在图 6-67 中添加组织，如图 6-99 所示。选择此 vCloud Director 安装中能够访问此目录的组织。选择“所有组织”可允许 vCloud Director 安装中的所有组织对此目录具有访问权限。之后从下拉菜单中为有权访问此目录的用户选择访问级别，然后单击确定。选择“只读”可授予对目录的 vApp 模板和 ISO 的读取访问权限；选择“读/写”可授予对目录的 vApp 模板和 ISO 的读取访问权限，并允许用户向目录中添加 vApp 模板和 ISO；选择“完全控制”可授予对目录内容和设置的完全控制权限。

图 6-99　与组织共享

（9）在添加成员或组织之后，返回到“共享此目录”对话框，可以做进一步的修改，如图 6-100 所示。

图 6-100 共享此目录

（10）在“发布设置”对话框，设置是否启用发布，以允许创建供此 vCloud Director 安装以外的目录使用的目录源，并为该目录源提供密码，如图 6-101 所示。如果选择“启用提前导出目录以优化同步”，在选择此选项之前，请确认传输服务器位置有可用的存储空间来存储导出的目录。如果选择“保存身份信息”，以便在下载的 OVF 软件包中包含 BIOS 和 UUID 信息。

图 6-101 发布设置

【说明】启用“保存身份信息”此选项会限制 OVF 软件包的可移植性。

（11）在“即将完成”对话框检查目录设置，并单击“完成”按钮，如图 6-102 所示。

之后参照上文的步骤，再创建一个 heinfo-vapp 的目录，用来保存虚拟机模板，创建目录之后如图 6-103 所示。

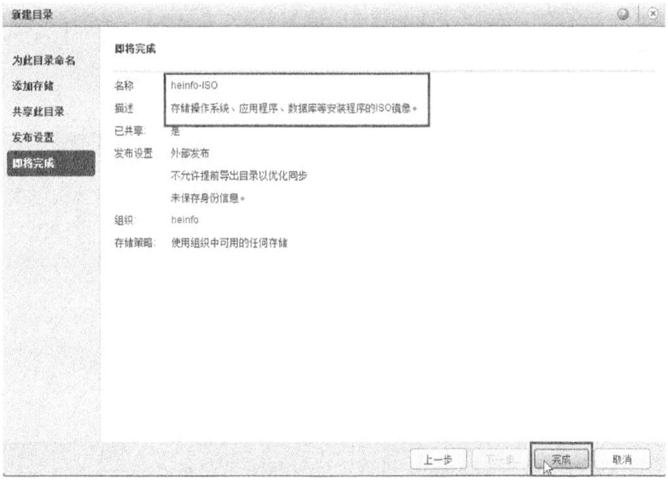

图 6-102　即将完成

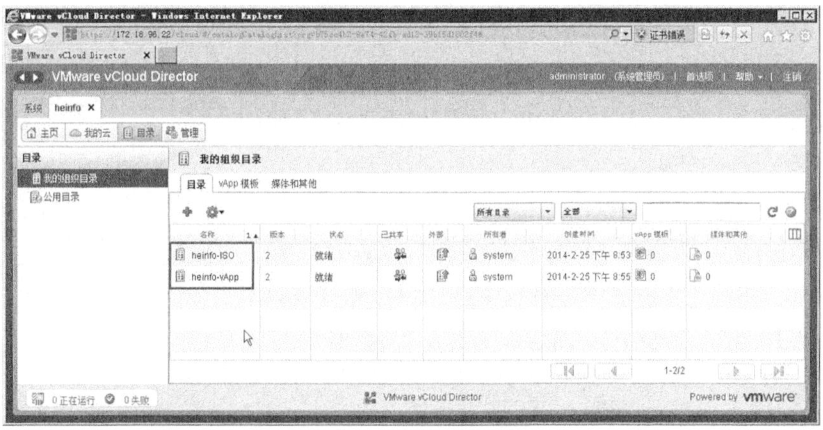

图 6-103　创建两个目录

6.4.3　上载 vAPP 模板

管理员可以将 OVF 软件包作为 vApp 模板上载，以便其他用户能够访问该模板。vCloud Director 支持开放虚拟化格式（OVF）1.0 和 OFV 1.1。vCloud Director 支持基于 OVF 规范的 OVF。如果上载包含部署选项的 OVF 软件包，则这些选项将保留在 vApp 模板中。在将 OVF 软件包作为模板上载之前，确认符合以下条件。

- 要将 OVF 软件包上载到的目标组织具有目录和组织虚拟数据中心。
- 将进行上载的源计算机安装了 Java 插件 1.6.0_10 或更高版本。

【说明】 vSphere vApp 是用于对应用程序进行打包和管理的格式。一个 vApp 可包含多个虚拟机。vApp 是用于存储一个或多个虚拟机的容器，可以设置 CPU、内存资源分配，IP 分配策略。vApp 另外一个比较有价值的功能是可以配置虚拟机的启动和关机顺序，通过将虚拟机分配到多个组更改启动和关机顺序：同一组的实体会在下一组中的实体启动之前启动，关机时顺序相反。比如我们可以将数据库服务器放到第一组，中间件服务器放到第二组，Web 服务器放到第三组，保证优先启动数据库服务器。

（1）打开“vApp 模板”选项卡，如图 6-104 所示。从左到右分别是上载、从 vSphere 导入、添加到我的云、查看上载和下载。

图 6-104　vApp 模板

（2）单击“(上载)”按钮，会弹出“Client Integration Access Control”对话框，单击“Allow（允许）”按钮，如图 6-105 所示。

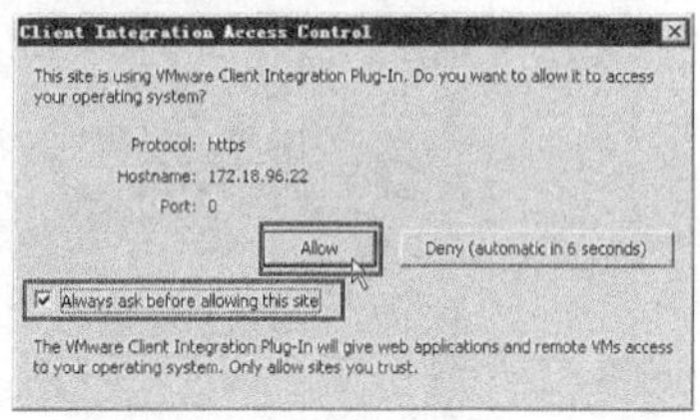

图 6-105　允许

（3）在“将 OVF 软件包上载为 vApp 模板”对话框，单击“浏览”按钮，浏览到 OVF 软件包的位置，选中并单击打开，在“名称”文本框中，输入该软件包的名称（通常与上传软件包内容相关，例如本次上传的是一个 Windows Server 2008 R2 的虚拟机模板，则命名为 WS08R2-TP），还可以在“描述”文本框输入更详细的描述信息，如图 6-106 所示。

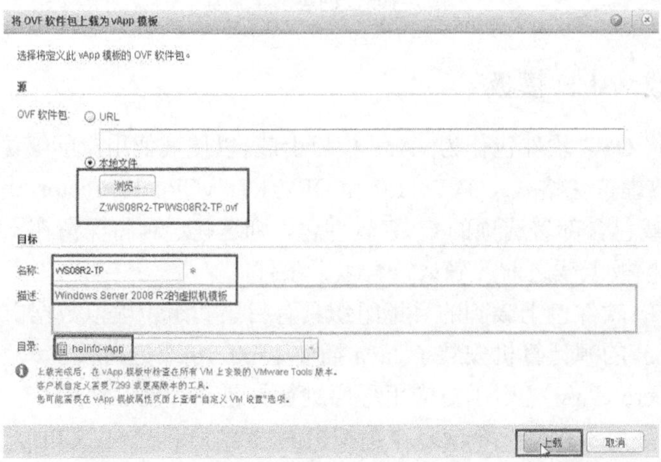

图 6-106　选择 OVS 软件包

（4）在“目录”下拉列表中，选择将 OVF 软件包上传到的目录，如图 6-107 所示，在此选择 heinfo-vApp，然后单击“上载”按钮。

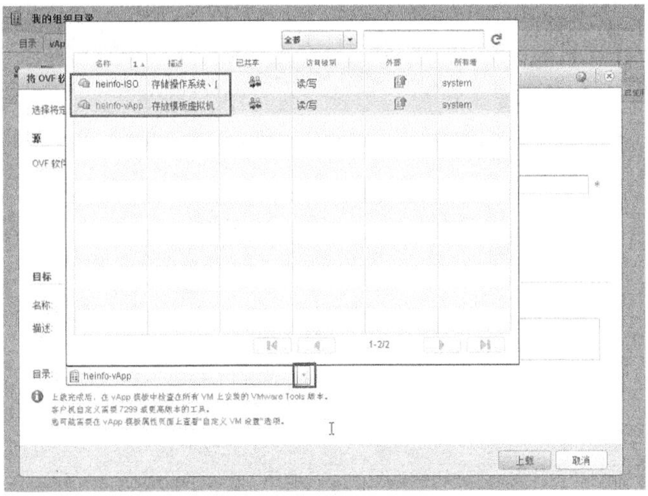

图 6-107　选择上传后的保存目录

（5）之后开始上传，并显示传输进度，当上传完成后，单击“关闭”按钮，如图 6-108 所示。

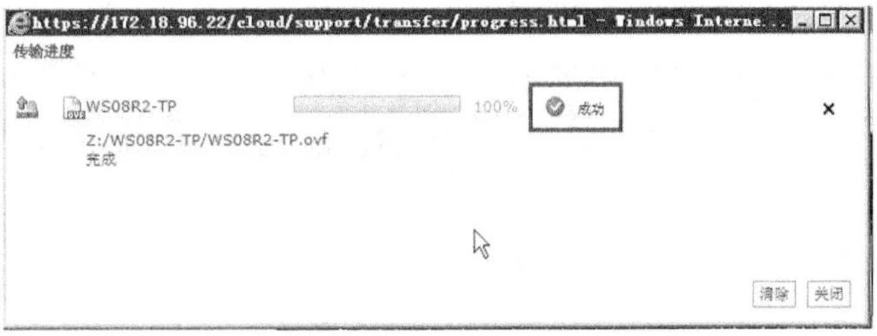

图 6-108　上传进度

【说明】如果没有 vApp 模板，你可以在 vSphere Client 中，将一个配置好的模板导出为 OVF 文件，如图 6-109 所示。

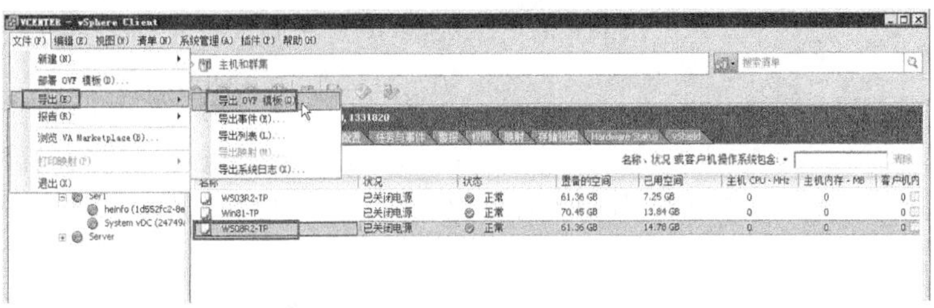

图 6-109　将模板或虚拟机导出为 OVF 模板

6.4.4　从 vSphere 导入 vApp 模板

除了将 OVF 上载到目录中之外，管理员可以从 vSphere 中导入虚拟机，并将其作为

vApp 模板保存在其他用户可以使用的目录中。本节介绍这方面的内容。

【说明】在使用这一功能时，是将 vSphere 的虚拟机导入为“vApp 模板”，不能将 vSphere 中的“模板”导入。如果你要导入配置好的模板，可以在 vSphere Client 中，暂时将“模板”转换为“虚拟机”，然后再次导入，如图 6-110 所示。等该虚拟机导入到 vApp 模板之后再将虚拟机转换为模板。

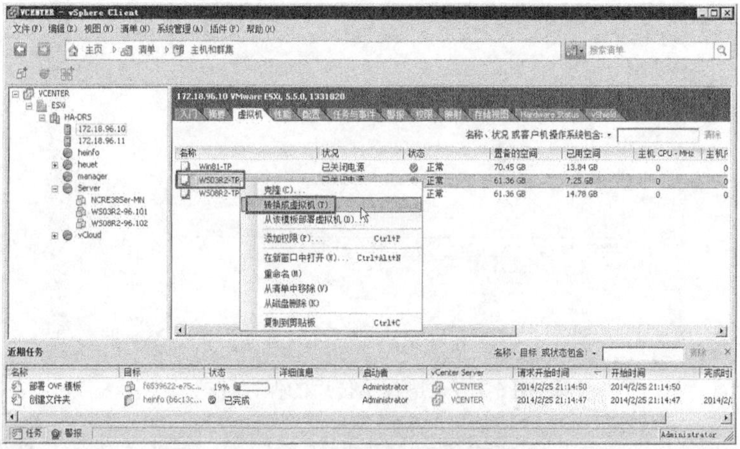

图 6-110 将模板转换为虚拟机

（1）在“vApp 模板”选项卡中，单击“ ”按钮，从 vSphere 导入，如图 6-111 所示。

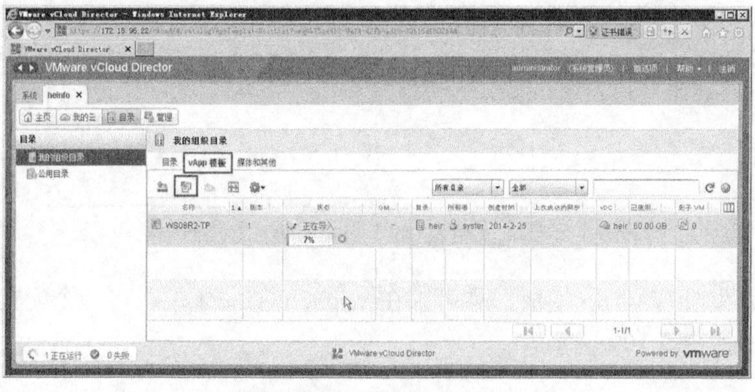

图 6-111 从 vSphere 导入

（2）在“将 VM 导入为 vApp 模板”对话框中，选择 vCenter Server 和虚拟机，如果所要导入的虚拟机没有在列表中出现，可以单击“ ”按钮刷新。在选择要导入的虚拟机后，同样在“vApp 模板名称”文本框中输入模板的名称，在“目录”中选择要保存的目录，在“复制或移动”处选择“复制 VM”，然后单击“确定”按钮，如图 6-112 所示。

在“GM 版本”中选择是否在目录中将 vApp 模板指定为 GM 版本。如果将 vApp 模板标记为 Gold Master，则此信息将显示在 vApp 模板的列表中。

（3）之后返回“vApp 模板”，显示上传及导入进度，如图 6-113 所示。

（4）在 vSphere Client 中，在“近期任务”中也有进度显示，及相关的任务信息，如图 6-114 所示。

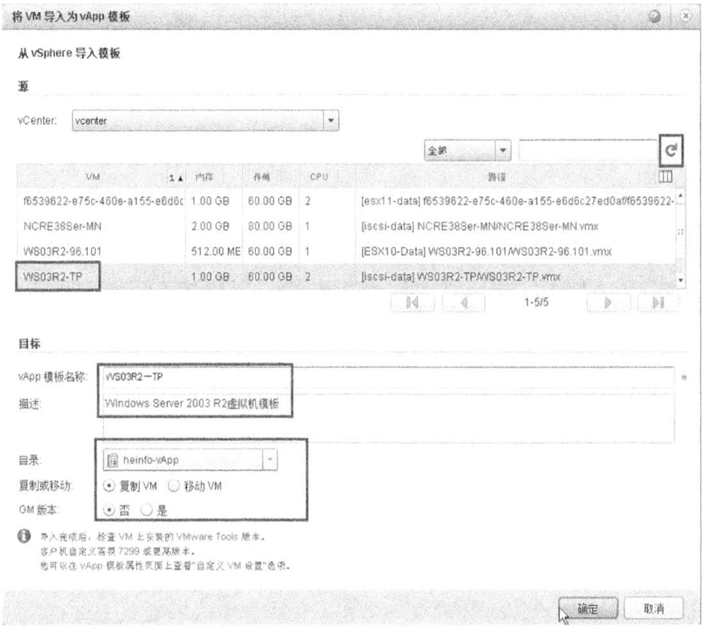

图 6-112　将 VM 导入为 vApp 模板

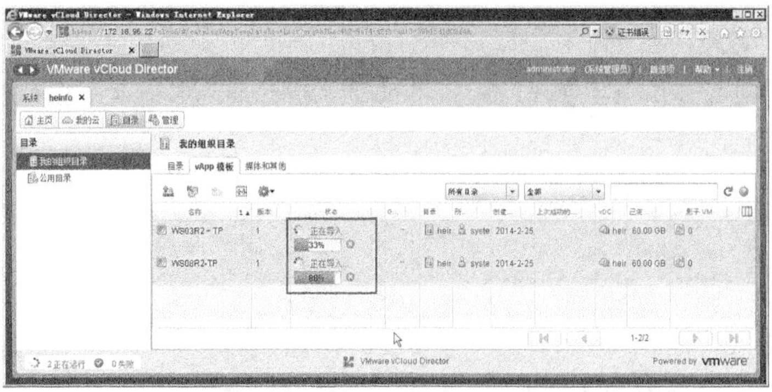

图 6-113　上传或导入进度

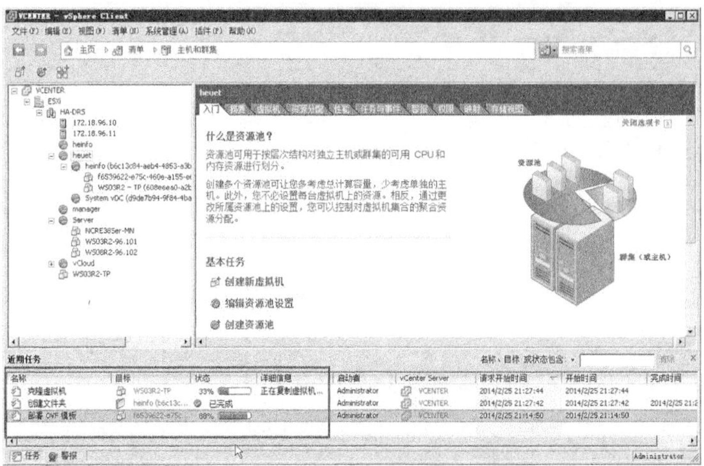

图 6-114　vSphere 中显示的任务

6.4.5 上载或导入媒体文件

在“媒体和其他”选项卡中，可以将镜像文件（ISO 或 FLP 文件）上载到目录中，或者从 vSphere 中导入镜像到目录中，使其他用户可访问该媒体文件。下面首先介绍上载媒体文件的方法，步骤如下。

（1）在“媒体和其他”选项卡中，单击“ （上载）”按钮，如图 6-115 所示。

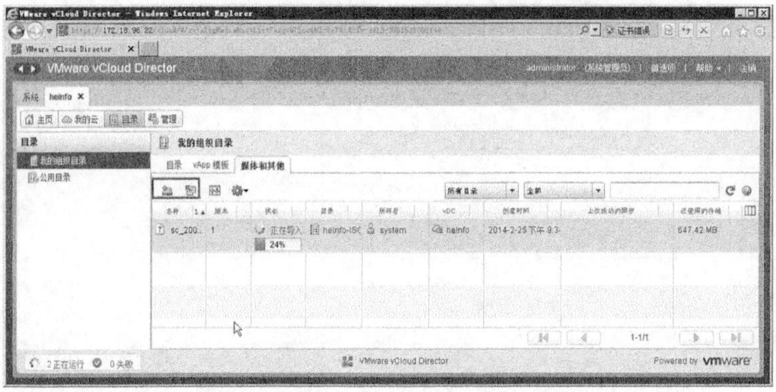

图 6-115 媒体和其他

（2）在“上载媒体和其他”对话框中，单击“浏览”按钮，浏览选择要上传的镜像文件，并输入名称及描述信息，在“目录”中选择上传目录，单击“上载”按钮，如图 6-116 所示。

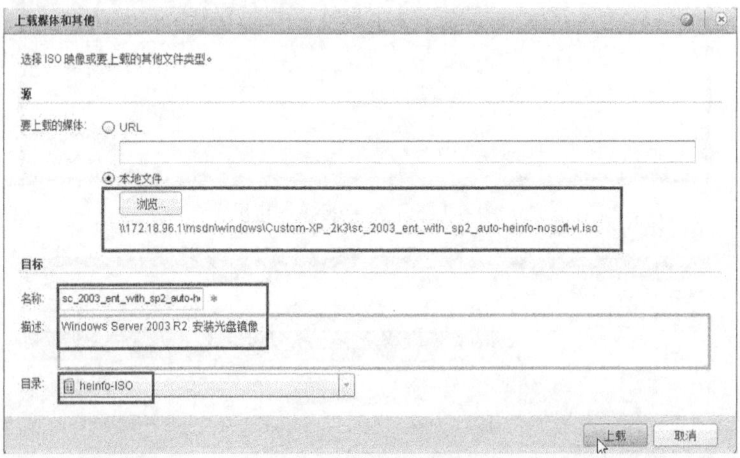

图 6-116 上载镜像文件

（3）之后打开“传输进度”对话框，显示上传的进度，如图 6-117 所示。在上载完成后单击“关闭”按钮。

接下来介绍从 vSphere 中导入媒体文件的方法，主要步骤如下。

【说明】 在使用这一功能时，您必须是 vCloud Director 系统管理员。您必须知道哪个数据存储包含该媒体文件及其路径。

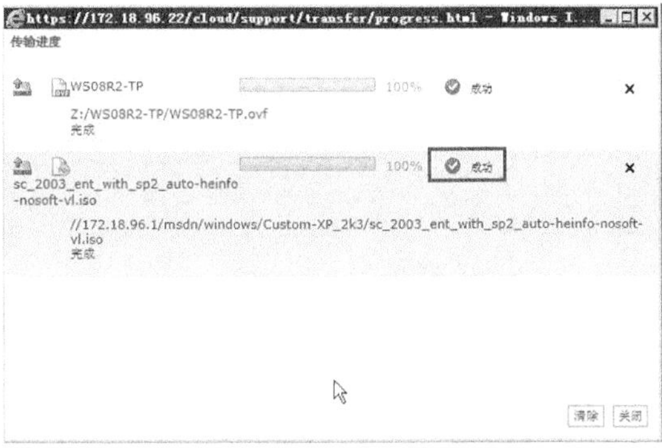

图 6-117　传输进度

（1）如果要从 vSphere 中导入媒体文件，先要打开 vSphere Client，打开“数据存储浏览器”，浏览选择要导入的文件。同时还要记下要导入文件保存的目录（注意这是要分大小写的），如图 6-118 所示，这是将要导入的镜像文件的“文件名”复制下来，并记下保存的位置。

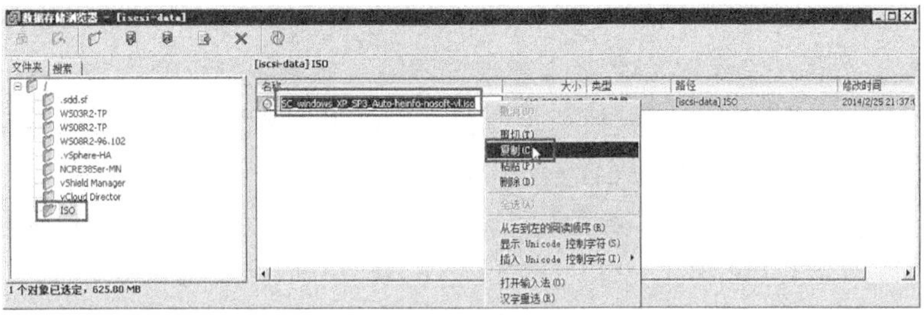

图 6-118　记下要导入的文件名及保存路径

（2）返回到“媒体与其他”选项卡，单击“ ”按钮，如图 6-119 所示。

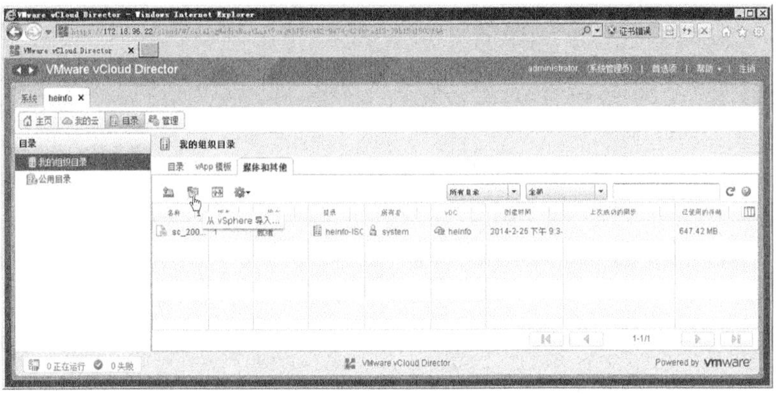

图 6-119　从 vSphere 导入

（3）在“从 vSphere 导入媒体”对话框中，在“vCenter”及“数据存储”中选择源 vCenter Server 及数据存储，并键入媒体文件路径，包括目录名（注意大小写）及文件名，例如，如图 6-118 中的路径名为“ISO/SC_windows_XP_SP3_Auto-heinfo-nosoft-vl.iso”，然后输入名称及描述信息，并选择上导入的目录，在此为 heinfo-ISO，然后单击“确定”按钮，如图 6-120 所示。

（4）最后上传和导入后的镜像如图 6-121 所示。

图 6-120　从 vSphere 导入媒体

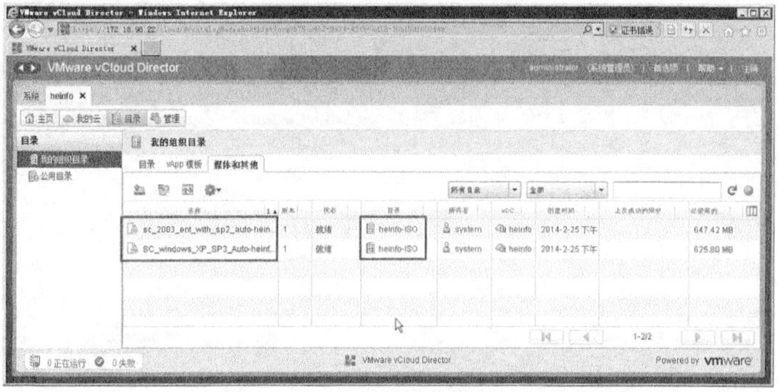

图 6-121　上载和导入的文件

6.4.6　共享与发布目录

您可以共享一个目录，使其 vApp 模板和媒体文件均可用于 vCloud Director 安装中的所有组织，在启用这一功能前，需要验证包含该目录的组织是否允许共享目录。还可以在外部发布一个目录，使其 vApp 模板和媒体文件均可用于 vCloud Director 安装外部的所有组织。共享与发布目录都在同一处设置，方法如下。

（1）在“目录”选项卡，右键单击要提供共享的目录，在弹出的快捷菜单中选择“发布/订阅设置”，如图 6-122 所示。

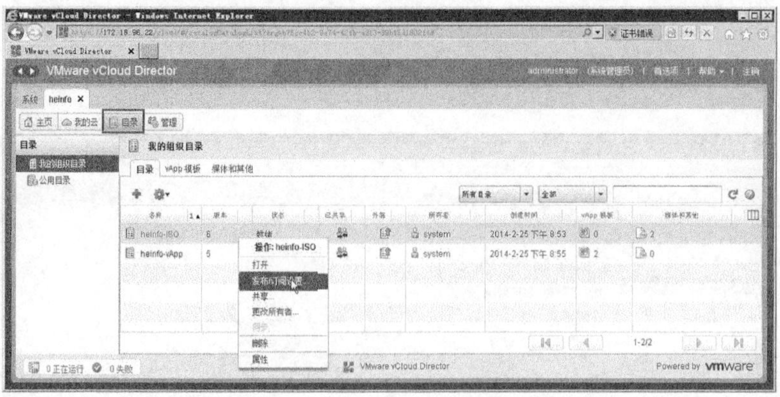

图 6-122　发布订阅设置

（2）在“共享”选项卡，通过“添加成员”或“添加组织”，选择组织中可以访问此目录的用户和组，或者选择此 vCloud Director 安装中能够访问此目录的组织，之后还可以为成员或组织设置权限，如图 6-123 所示。

（3）在“外部发布”选项卡，选择“启用发布”以启用这一功能，并设置访问密码，如图 6-124 所示。

【说明】在下一节中将介绍“订阅外部目录源”，你可以在图 6-124 中单击“复制链接”，以复制这一发布后的目录。

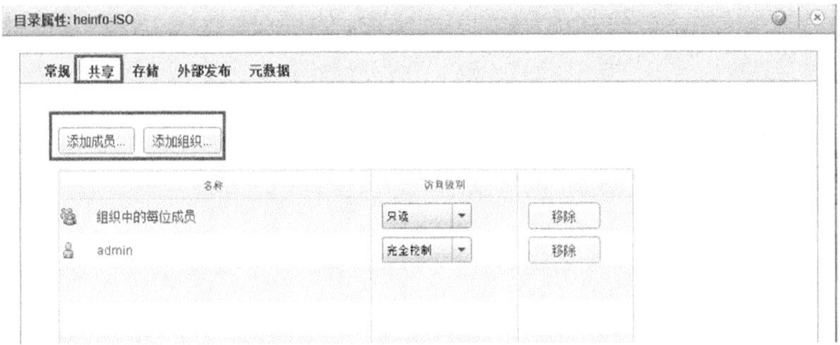

图 6-123　共享权限

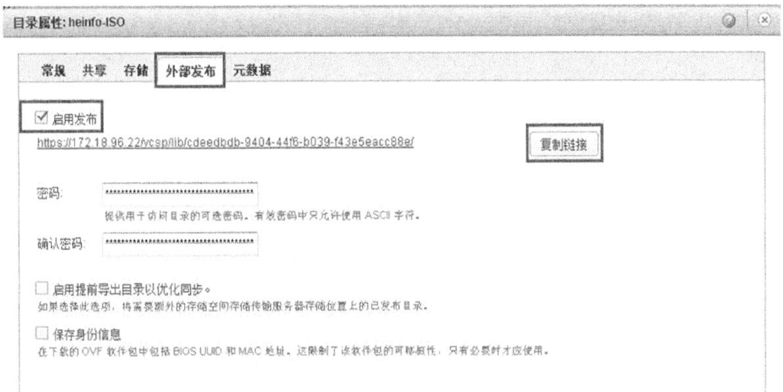

图 6-124　启用外部发布

6.4.7　订阅外部目录源

管理员可以为组织订阅外部目录源，以便从 vCloud Director 安装外部访问目录。

（1）在“目录”选项卡中，单击“+”号，如图 6-125 所示。

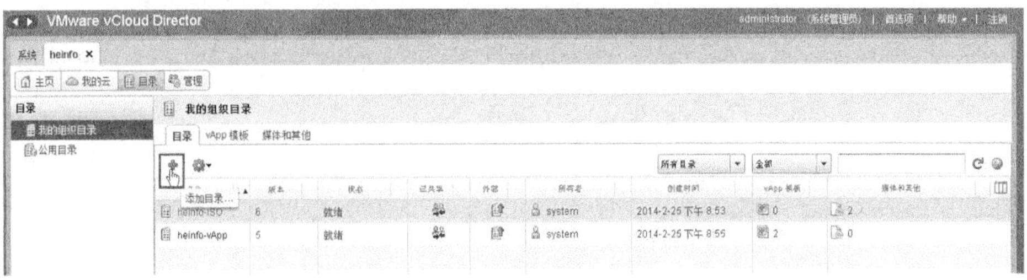

图 6-125　添加目录

（2）在“新建目录”对话框中，添加目录名称，选择“订阅外部目录”，并在“订阅 URL”地址栏中输入已经发布的目录（上一节中提供了发布目录的方法），在此你可以使用图 6-124 中复制的链接“粘贴”到此，并输入访问密码，如图 6-126 所示。如果是从另一个 vCloud Director 订阅来的目录，可以选中“自动从外部目录下载内容”，而本节添加的目录是从同一个组织订阅而来，就不要选中这一项。

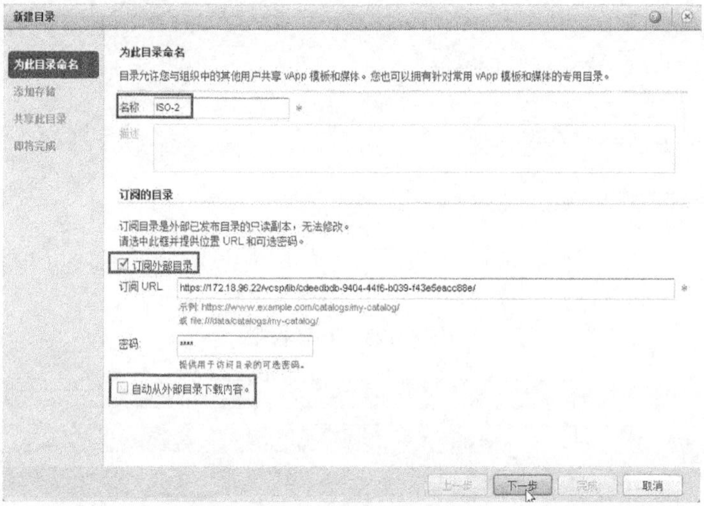

图 6-126 为此目录命名

（3）在“安全警告”对话框单击“是”按钮，如图 6-127 所示。

（4）在“选择存储类型”对话框，选择此目录源要使用的存储类型，如图 6-128 所示。

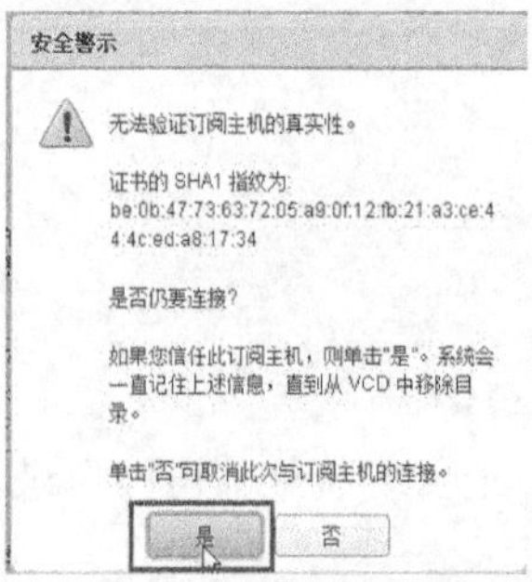

图 6-127 安全警告

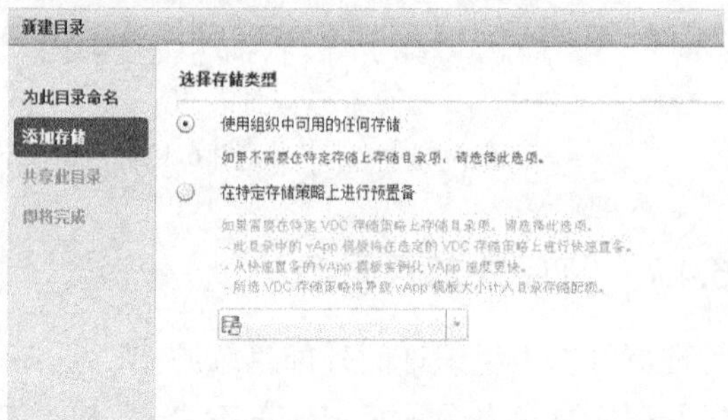

图 6-128 选择存储类型

（5）在“共享此目录”对话框，选择组织中可以访问此目录源的用户、组或组织，并设置对应用户或组织的访问权限，如图 6-129 所示。

图 6-129 共享此目录

（6）在“即将完成”对话框，检查目录设置，然后单击“完成”按钮，如图 6-130 所示。

（7）添加之后如图 6-131 所示。

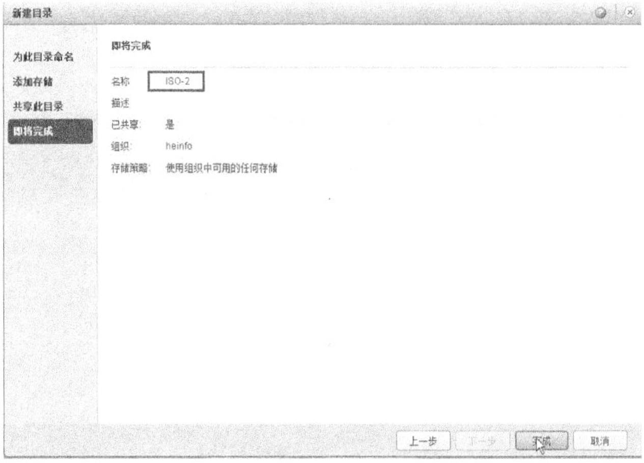

图 6-130　即将完成

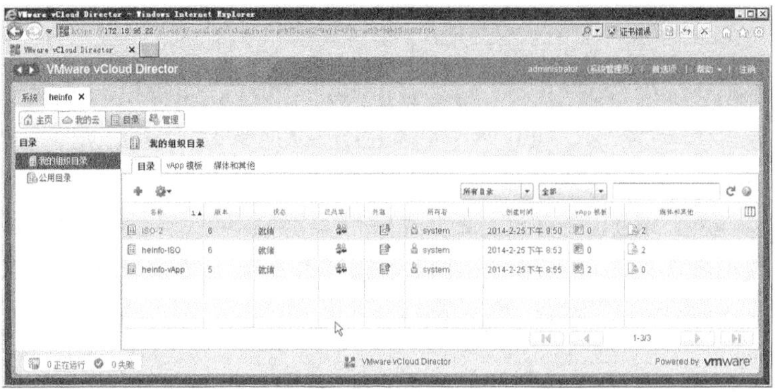

图 6-131　订阅外部用户完成

6.5　管理云资源

在 vCloud Director 中，提供者虚拟数据中心（VDC）、组织虚拟数据中心、外部网络、组织虚拟数据中心网络和网络池均视为云资源。将云资源添加到 vCloud Director 之后，您可以对它们进行修改，并查看有关它们之间相互关系的信息。

6.5.1　管理提供者虚拟数据中心

在企业中创建“提供者 VDC”之后，管理员可以修改其属性，将其禁用或删除，并管理其 ESX/ESXi 主机和数据存储。在 vCloud Director 中，可以创建一个或多个“提供者 VDC”，在每个“提供者 VDC”中，还可以创建一个或多个“组织 VDC”。本节介绍“提供者 VDC”的一些操作。

（1）在登录到 vCloud Director 后，在“管理与监控”选项卡中，在“云资源→提供者 VDC”，单击“+”号可以创建新的“提供者 VDC”，相关操作可以参见上文“6.3.2 创建一个提供者 vDC”一节内容。

（2）在右侧的“提供者 VDC”中，右键单击提供者虚拟数据中心（VDC）名称，并选择启用或禁用，如图 6-132 所示。

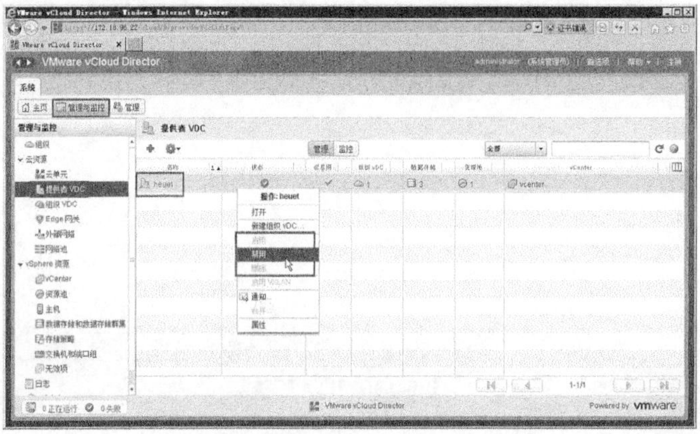

图 6-132　操作组织 VDC

（3）如果要删除提供者虚 VDC，需要先在图 6-132 中禁用提供者 VDC，然后才能将其删除。在删除提供者 VDC 后，可以从 vCloud Director 中移除其计算、内存和存储资源。这些资源在 vSphere 中不受影响。

（4）随着 vCloud Director 安装的增加，您可能需要将更具描述性名称或描述分配给现有提供者虚拟数据中心。你可以在图 6-132 中选择“属性”，在弹出的“提供者 VDC 属性”对话框中，修改这些名称及策略，如图 6-133 所示。

图 6-133　修改提供者 VDC 属性

（5）可以将两个或多个提供者虚拟数据中心合并成一个提供者虚拟数据中心，从而组合所有合并提供者虚拟数据中心的资源。合并操作都在图 6-132 中的快捷菜单中。右键单击要将其他提供者虚拟数据中心合并到其中的提供者虚拟数据中心，并选择合并，然后选择要与此提供者虚拟数据中心合并的一个或多个提供者虚拟数据中心，然后单击添加。

【说明】按住 Ctrl 键以选择多个提供者虚拟数据中心。

（6）为该提供者虚拟数据中心输入新名称和描述（可选）。

6.5.2　管理组织 VDC

创建组织虚拟数据中心（VDC）之后，您可以修改其属性，将其禁用或删除，并管理其分配模型、存储和网络设置。

（1）在登录到 vCloud Director 后，在“管理与监控”选项卡中，在“云资源→组织 VDC”，单击“+”号可以创建新的“组织 VDC”。在此向导中，可以创建组织 VDC，以便向 vCloud Director 系统中的任何组织提供资源。一个组织可以具有多个组织 VDC。

（2）在右侧的“组织 VDC”中，右击单击组织 VDC 名称，并选择启用或禁用，如图 6-134 所示。

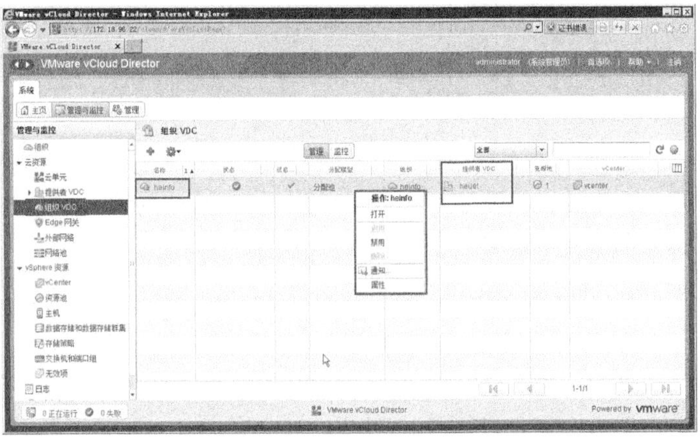

图 6-134　管理组织

（3）您可以删除组织 VDC，以便从组织中移除其计算、内存和存储资源。这些资源在源提供者 VDC 中不受影响。与删除“管理者 VDC”相同，管理员先要禁用“组织 VDC”之后才能删除。

（4）随着 vCloud Director 安装的增加，您可能需要将更多有意义的名称或描述分配给现有组织虚拟数据中心。在图 6-134 中中选择“属性”，打开“组织 VDC 属性”对话框，在打开的对话框中修改相关的属性，如图 6-135 所示。

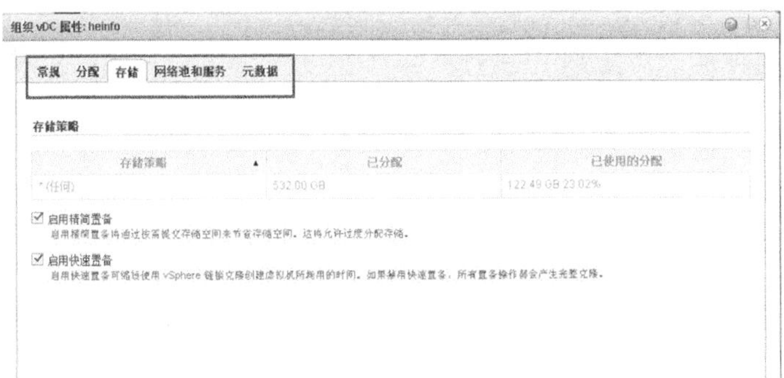

图 6-135　组织 VDC 属性

6.5.3 管理外部网络

创建外部网络之后，您可以修改其名称、描述和网络规范，将 IP 地址添加到 IP 地址池或删除网络。

（1）在“管理与监控”选项卡中，打开“云资源→外部网络”，右键单击选中的外部网络，打开快捷菜单，如图 6-136 所示。

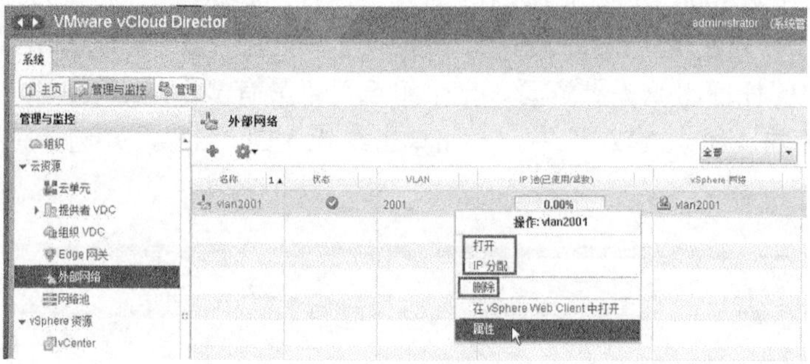

图 6-136 快捷菜单

（2）在图 6-136 中选择“属性”，打开“网络属性：Vlan2001”对话框，在“常规”选项卡中可以修改为新的名称和描述，如图 6-137 所示。

图 6-137 常规

（3）在“网络规范”选项卡，可以修改网络设置，并单击“确定”按钮。您不能修改网络掩码或默认网关。如果需要使用其他掩码或网关的外部网络，请单击“添加”按钮创建。如图 6-138 所示。如果外部网络的 IP 地址已用完，则可将更多地址添加到其 IP 池。

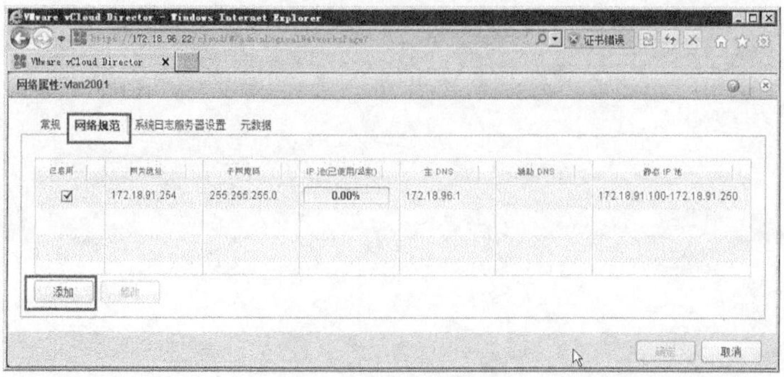

图 6-138 网络规范

（4）如果不再使用外部网络，可以将其删除。要删除外部网络，必须先删除依赖外部网络的所有 Edge 网关和组织虚拟数据中心网络，然后从图 6-136 的右键菜单中选择“删除”，然后根据向导操作。

（5）在图 6-136 中，单击“+”按钮，可以创建多个外部网络，此时你可以参考“6.3.4 创建一个外部网络”一节内容，为组织 VDC 创建多个外部网络，如图 6-139 所示，在此添加了 vlan2003、vlan2004、vlan2005 等外部网络。

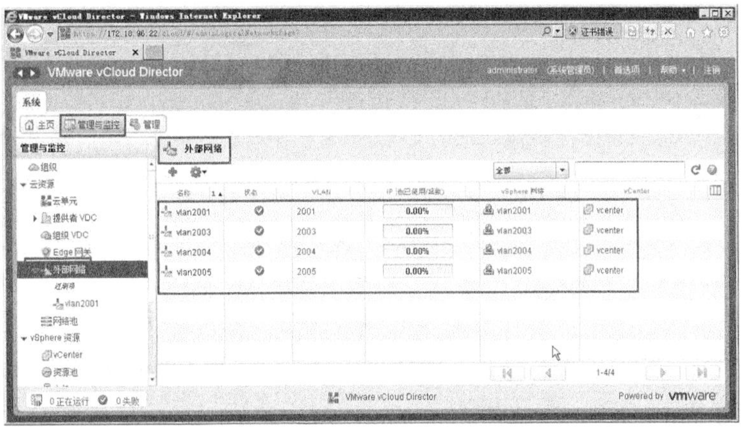

图 6-139　创建多个外部网络

6.5.4　管理 Edge 网关

Edge 网关可为路由组织 VDC 网络提供外部网络连接，并可提供负载平衡、网络地址转换和防火墙等服务。首先介绍添加 Edge 网关的方法，步骤如下。

（1）以管理员身份登录 vCloud Director，单击“管理与监控”选项卡，在“云资源→组织 VDC”，双击右击组织虚拟数据中心名称以打开组织 VDC，如图 6-140 所示。

图 6-140　打开组织 VDC

（2）打开组织 VDC 后，在“管理”选项卡中选择“云资源→虚拟数据中心→heinfo”，在右侧单击“Edge 网关”，单击“+”按钮，进入创建 Edge 网关向导，如图 6-141 所示。

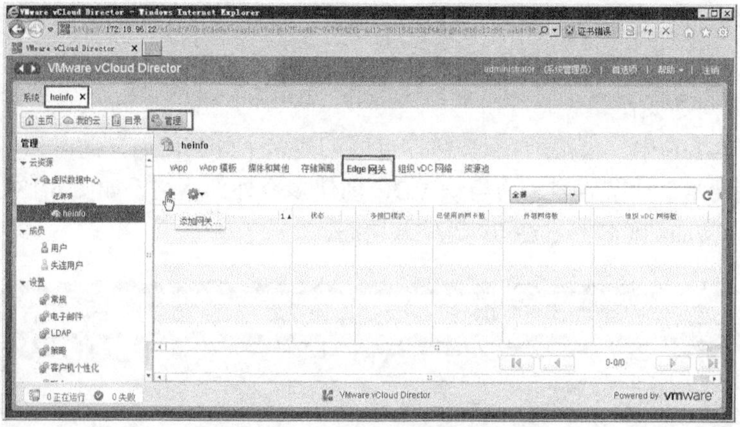

图 6-141 添加 Edge 网关

（3）在“配置 Edge 网关”对话框，将 Edge 网关配置为向一个或多个物理网络进行连接。在“选择一种 Edge 网关配置”选项中，如果选择“精简”则需要较少的内存和计算资源；如果选择“完整”提供更大的容量和更高的性能。“完整”和“全部 4 项”两个配置提供完全相同的安全功能。如果选择“启用高可用性”可以在 Edge 网关上启用高可用性。在“高级选项”中，可以选择“配置 IP 设置”以手动配置外部接口的 IP 地址，选择“二次分配 IP 池”可以为要使用的网关服务分配一组 IP 地址；选择“配置速率限制”以为每个外部连接的接口选择入站和出站速率限制。如图 6-142 所示。

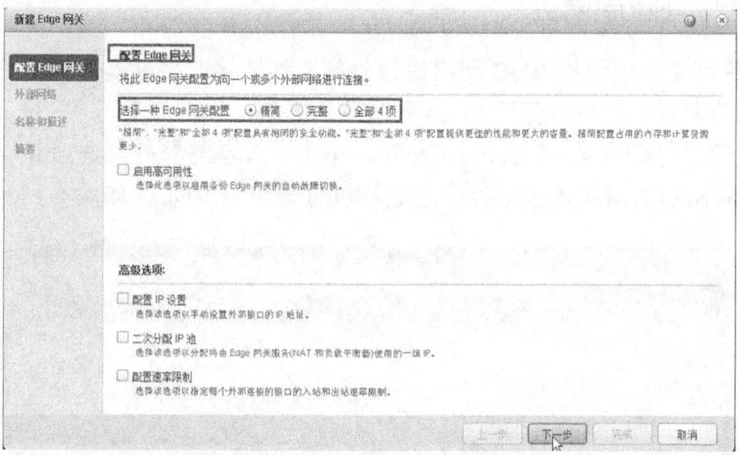

图 6-142 配置 Edge 网关

（4）在“配置外部网络”对话框，选择 Edge 网关可以连接的外部网络。从列表中选择一个外部网络，并单击“添加”按钮，也可以按住 Ctrl 键以选择多个网络，同时选择一个网络作为默认网关，如图 6-143 所示。在此将这几个外部网络一同添加。

（5）在“名称和描述”对话框，为此新 Edge 网关输入名称和描述，在此设置名称为 heinfo-Edge，如图 6-144 所示。

（6）在“摘要”对话框，显示了将要创建 Edge 网关，检查这些设置，如果无误之后单击“完成”按钮，如图 6-145 所示。

图 6-143　配置外部网络

图 6-144　名称和描述

图 6-145　摘要

（7）创建完 Edge 网关之后，显示了创建的网关名称、已使用的网卡数、外部网络数，如图 6-146 所示。

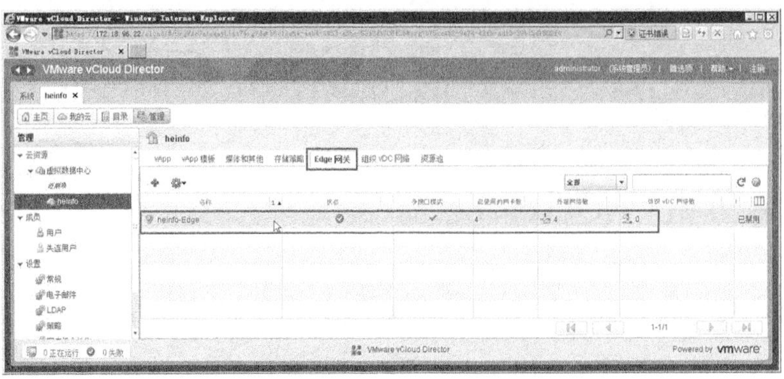

图 6-146　创建 Edge 网关完成

在创建 Edge 网关之后，可以单击“+”按钮继续创建。如果要修改或删除 Edge 网关，可以用鼠标右击，在弹出的快捷菜单中选择对应的命令，如图 6-147 所示。

图 6-147 快捷菜单

打开 Edge 网关属性，可以对 Edge 网关名称进行修改，或者对其他属性做进一步的设置。

（1）在“Edge 网关属性”对话框中，在“常规”选项卡可以修改网关名称，以及是否启用高可用性，如图 6-148 所示。

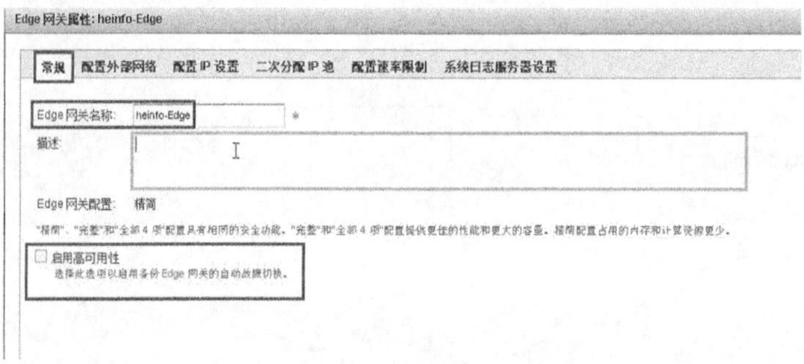

图 6-148 Edge 网关属性

（2）在“配置外部网络”中，可以添加或移除外部网络，并修改默认网关，如图 6-149 所示。

图 6-149 配置外部网络

（3）在“配置 IP 设置”对话框，可以更改 IP 分配，如图 6-150 所示。

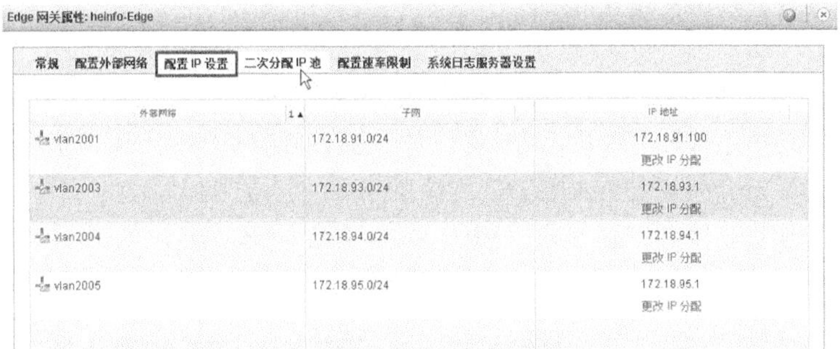

图 6-150　配置 IP 设置

（4）在“二次分配 IP 池”对话框，可以将 Edge 网关的外部网络所提供的 IP 池二次分配为多个静态 IP 池，如图 6-151 所示。

图 6-151　二次分配 IP 池

（5）在“配置速率限制”对话框，为 Edge 网关的每个外部网络配置入站和出站速率限制。速率限制仅应用于使用静态绑定的分布式端口组所支持的外部网络。为要启用速率限制的每个外部网络单击启用，然后为每个已启用的外部网络键入传入速率限制（单位为 Gbit/s），以及为每个已启用的外部网络键入传出速率限制（单位为 Gbit/s），如图 6-152 所示。

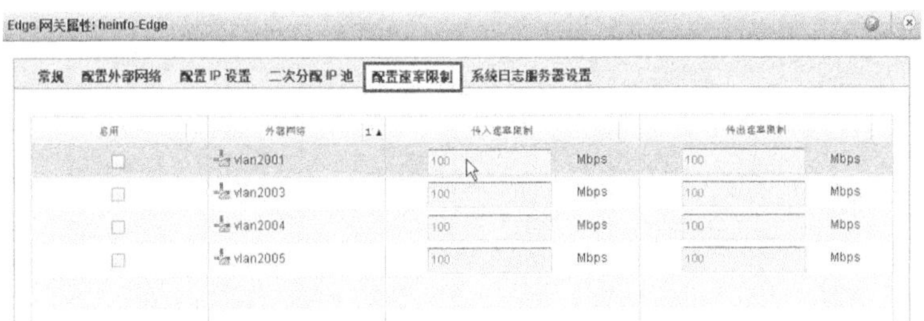

图 6-152　配置速率限制

配置之后单击“确定”按钮，完成设置。

6.5.5 管理组织 VDC 网络

系统管理员和组织管理员可添加、删除及修改路由组织虚拟数据中心网络和隔离组织 VDC 网络。只有系统管理员才能添加、删除和修改直连的组织 VDC 网络。

将网络添加到组织 VDC 以让其虚拟机相互通信或访问 Internet，一个组织 VDC 可以有多个网络。本文首先介绍创建组织 VDC 网络的方法，步骤如下。

（1）在“管理”选项卡中，单击“组织 VDC 网络”选项卡，如图 6-153 所示，然后单击“+”按钮。

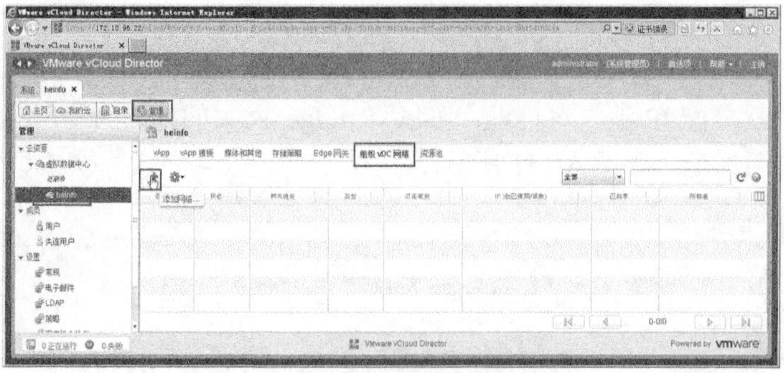

图 6-153 添加网络

（2）在“选择网络类型”对话框中，创建一个网络以供此 VDC 中心中的 vApp 使用，选择“直接连接到外部网络”，并从列表中选择一个“外部网络”，在此先选择 vlan2001，如图 6-154 所示。

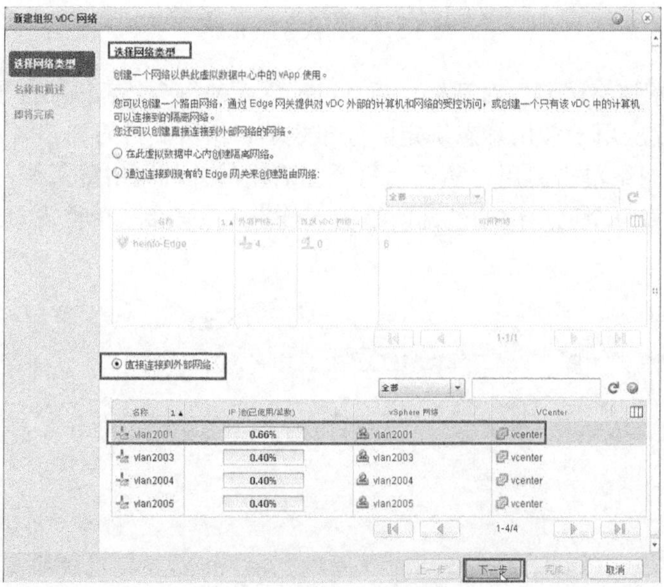

图 6-154 选择一个外部网络

（3）在“为此组织 VDC 网络命名”对话框中，输入这个新的组织的 VDC 网络的名称和描述，名称及描述最好与图 6-154 中选择的“外部网络”有对应关系，在上一步中选择的“外部网络”是 vlan2001，则在此为组织 VDC 网络命名为 heinfo-vlan2001，如图 6-155 所示，并选中“与组织中的其他 VDC 共享此网络”。

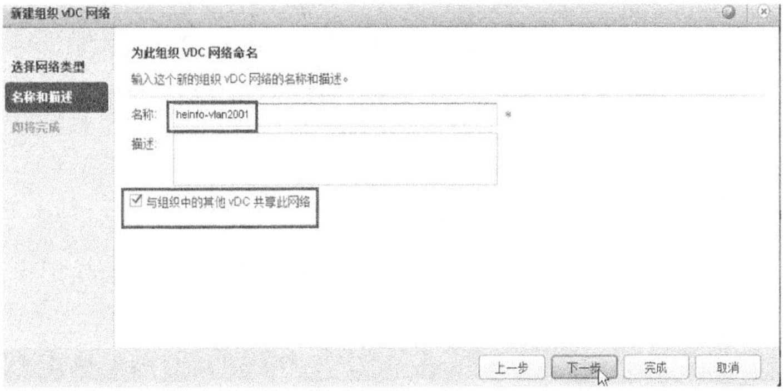

图 6-155　为组织 VDC 网络命名

（4）在“即将完成”对话框，显示了将要创建的组织 VDC 网络的信息，检查无误之后单击“完成”按钮，如图 6-156 所示。

图 6-156　即将完成

在创建了组织 VDC 网络之后，参照（1）～（4），再添加 heinfo-vlan2003、heinfo-vlan2004、heinfo-vlan2005 组织 VDC 网络，并让这些组织 VDC 网络对应 vlan2003、vlan2004 及 vlan2005，如图 6-157 所示。

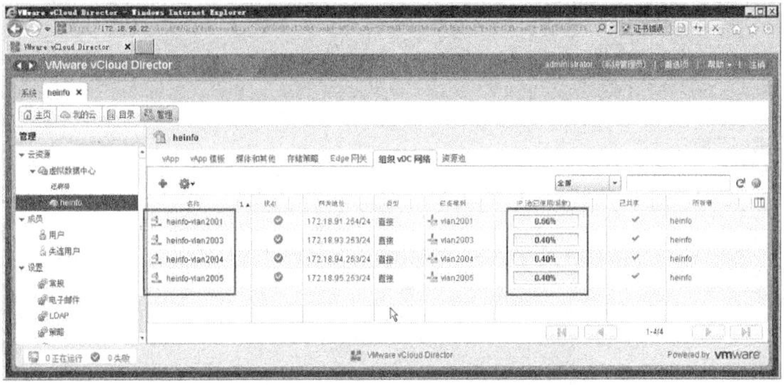

图 6-157　创建多个组织 VDC 网络

6.6 使用 vCloud Director

经过上面几节的配置，vCloud Director 配置基本完成。此时管理员可以为企业中的员工创建账户，用户登录组织 URL 可以登录到网络访问 Web 控制台，即可以使用 vCloud Director 提供的资源，创建 vApp 或虚拟机。下面一一介绍。

6.6.1 为使用 vCloud Director 创建用户

用户在使用 vCloud Director 之前，管理员需要创建用户供员工作用，本节首先介绍在 vCloud Director 创建用户的内容。

（1）以管理员身份登录 vCloud Director，单击“管理与监控”选项卡，在“云资源→组织 VDC”，双击右击组织虚拟数据中心名称以打开组织 VDC，如图 6-158 所示。

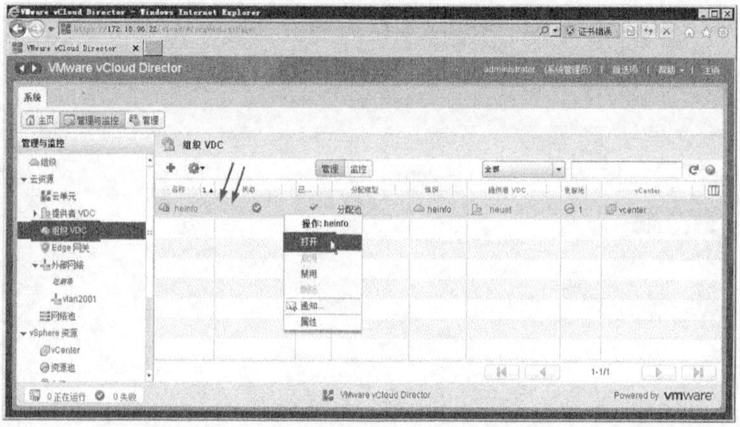

图 6-158　打开组织 VDC

（2）打开 heinfo 组织后，在“管理”选项卡，在“成员→用户”选项中，在右侧单击“+”号，创建用户，如图 6-159 所示。

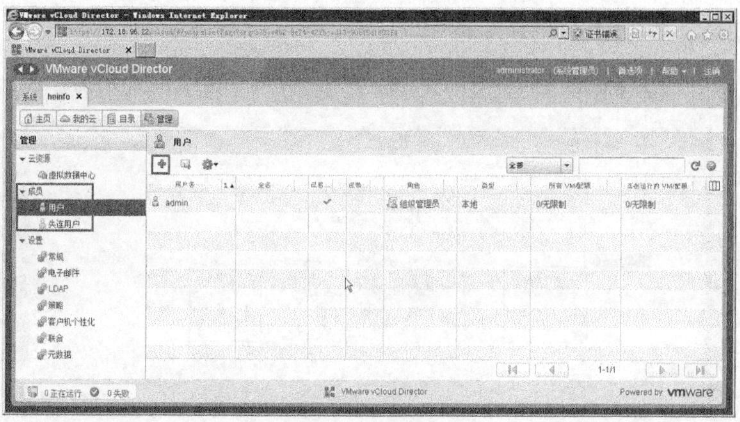

图 6-159　创建用户

（3）在“新建用户”对话框，在“凭据”选项组中，输入用户名及密码，并选择“启用”，在“角色”选项组中，在“对此用户可用的角色”下拉列表中，为新建的用户选择角色，可以从“组织管理员”、“目录作者”、“vApp 作者”、“vApp 用户”、“仅控制台访问权限”五者之间选择，如图 6-160 所示。

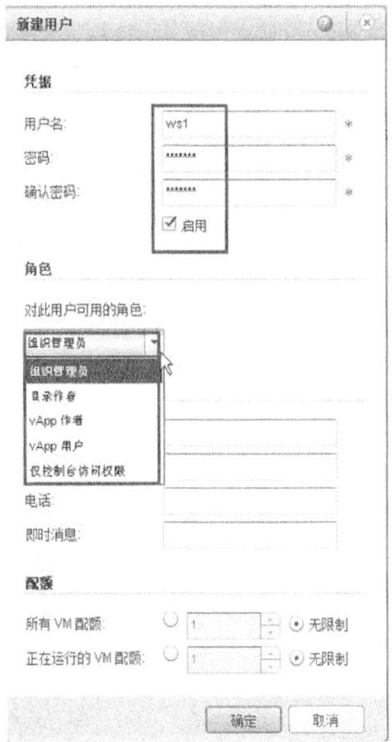

图 6-160　用户角色

【说明】vCloud Director 可使用角色及其相关联的权限来确定哪些用户和组可以执行哪些操作。系统管理员可以创建并修改角色，系统管理员和组织管理员均可将角色分配给组织中的用户和组。vCloud Director 包括几个预定义的角色，这包括“系统管理员”、“组织管理员”、“目录作者”、“vApp 作者”、“vApp 用户”、“仅控制台访问权限”。

系统管理员对整个系统拥有超级用户权限。系统管理员凭据在安装和配置过程中创建。系统管理员可以创建额外的系统管理员账户。所有系统管理员都是系统组织的成员。您无法修改与此角色相关联的权限。

在创建组织后，系统管理员可以将组织管理员的角色分配给组织中的任何用户。组织管理员在该组织中拥有超级用户权限，并且可以将任意预定义角色分配给组织的用户和组。组织中可用的角色及意义如下。

- 组织管理员：组织管理员可以将组织管理员的角色分配给组织中的任意成员。
- 目录作者：用户拥有与目录作者角色关联的权限即可创建和发布目录。
- vApp 作者：用户拥有与 vApp 作者角色关联的权限即可使用目录和创建 vApp。
- vApp 用户：用户拥有与 vApp 用户角色关联的权限即可使用现有的 vApp。
- 仅控制台访问权限：用户拥有与仅控制台访问权角色关联的权限，即可查看虚拟机状态和属性，以及使用客户机操作系统。

每个预定义角色均包括一组默认权限。如果组织管理员修改了与某一预定义角色关联的一组权限，则这些修改只应用于该组织的上下文中。如果系统管理员修改了与某一预定义角色关联的一组权限，则这些修改将应用于系统中的所有组织。

（4）在“配额”选项组中，为新建用户选择配额，这包括“所有 VM 配额”及“正在运行的 VM 配额”，其中“所有 VM”是该用户可以在 vCloud Director 中能创建的虚拟机上限，而“正在运行的 VM 配额”是该用户可以在 vCloud Director 中同时“启动”的虚拟机上限，如图 6-161 所示，请根据需要为每个用户设置。

图 6-161　设置配额

管理员可以根据需要创建一个或多个账户，并为每个账户设置所需要的权限，这些不一一介绍。在接下来的操作中，使用新创建的用户，创建并部署虚拟机，下面一一介绍。

6.6.2 从目录添加 vApp

在配置好 vCloud Director 之后，用户可以登录组织 URL，使用组织提供的资源。在本节中，组织 URL 地址是 https://172.18.96.22/cloud/org/heinfo，这是在“6.3.5 创建一个新组织”中创建的，在图 6-162 所示，然后输入用户名、密码登录，在此使用上一节创建的名用 ws1 的账户登录。

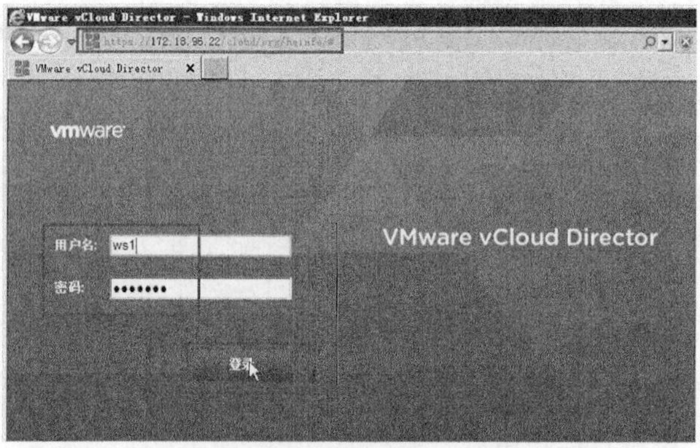

图 6-162 登录组织 URL

登录之后，显示“信息技术学院”主页，这是创建组织时设置的名称，如图 6-163 所示。在“主页”中的“快速访问”中显示了已经创建的 vApp（当前还没有），以及一些快速访问任务，这包括“从目录添加 vApp”、“从 OVF 添加 vApp”、“构建新 Vapp”，下面一一介绍。

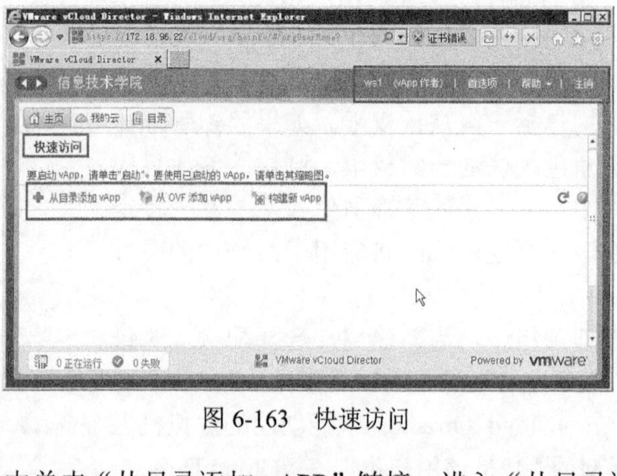

图 6-163 快速访问

（1）在图 6-163 中单击“从目录添加 vAPP”链接，进入“从目录添加 vApp”向导页，在“所有模板”选项卡中，从列表中选择一个模板，例如 WS08R2-TP，在下方窗格中将显示虚拟机的名称、描述，如图 6-164 所示。

（2）在“选择名称和位置”对话框，在“名称”文本框中会创建一个默认的显示名称，其中格式为 vApp_用户名_序号，如图 6-165 所示，用户也可以更改此名称。

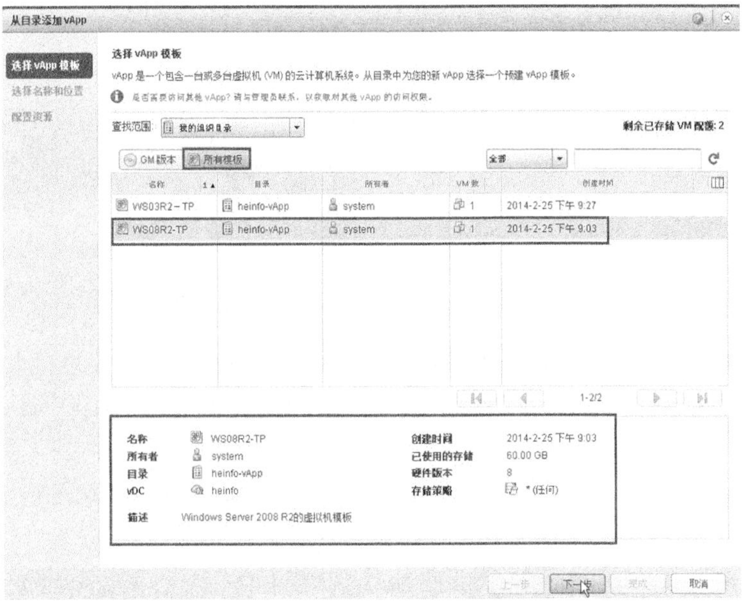

图 6-164　选择模板

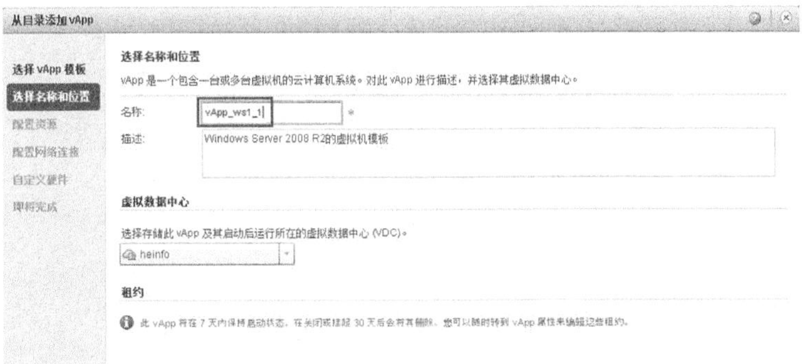

图 6-165　选择名称和位置

（3）在“配置资源”对话框，选择部署此虚拟机时将使用的存储，在此选择默认值，如图 6-166 所示。

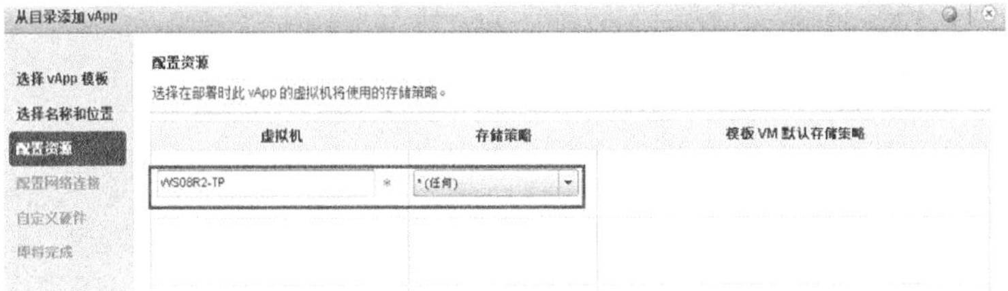

图 6-166　配置资源

（4）在“配置网络连接”对话框，在“计算机名称”处设置创建的新的虚拟机的计算机名称，在“网络”下拉列表中选择该虚拟机所使用的网络，如图 6-167 所示。该网络一旦选择，后期将不能更改。

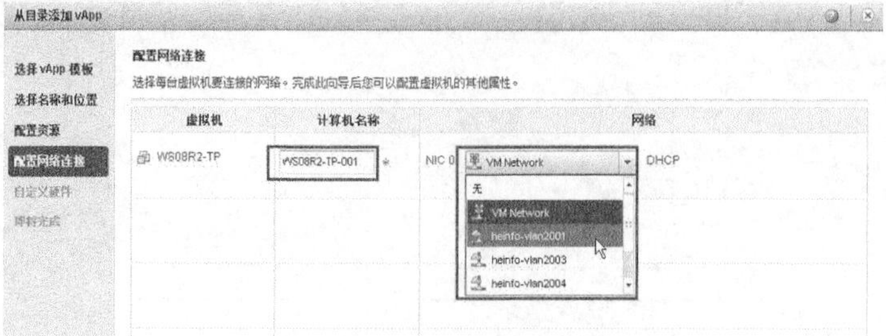

图 6-167　配置计算机名称和网络连接

（5）在“自定义硬件”对话框，修改此虚拟机的 CPU 数量、内存及硬盘大小，如图 6-168 所示。如果在此设置的规范不符合要求，可以在部署虚拟机之后，修改并调整这些参数。

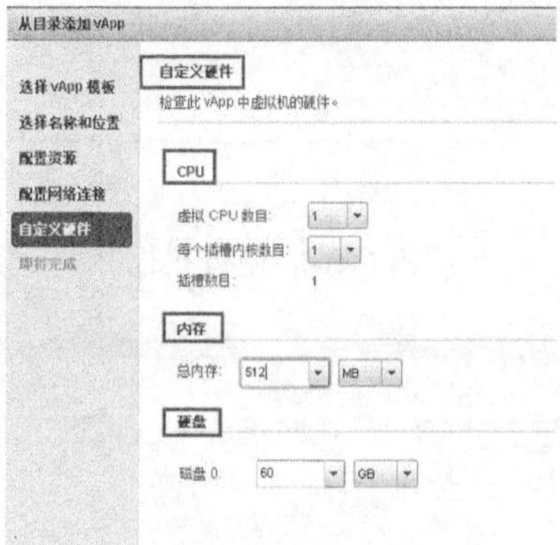

图 6-168　自定义硬件

（6）在“即将完成”对话框，复查将要创建的 vApp 规范，检查无误之后单击“完成”按钮，如图 6-169 所示。

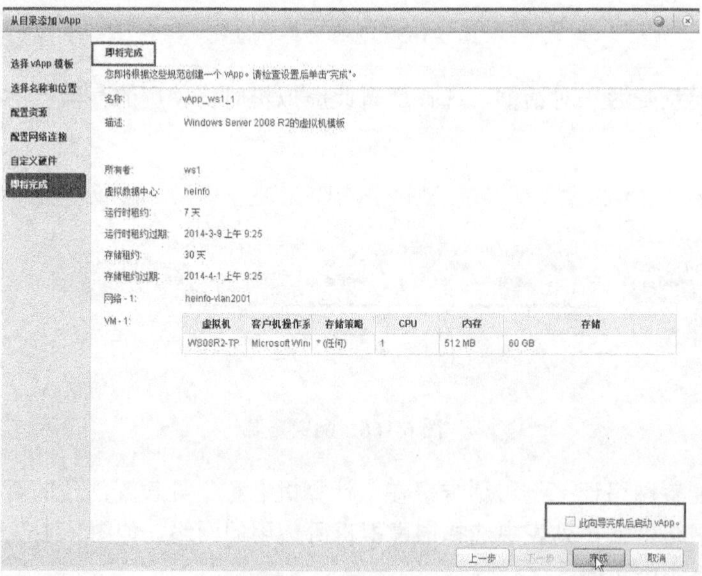

图 6-169　即将完成

（7）之后 vCloud Director 管理系统将部署虚拟机，并在“快速访问”页显示，如图 6-170 所示。在此选中新创建的 vApp，单击“打开”链接。

图 6-170　打开

（8）之后将切换到“我的云→vApp”选项卡，在右侧用鼠标右击 vApp，在右键快捷菜单中包括“弹出控制台”（打开虚拟机控制台以查看虚拟机屏幕并与虚拟机交互）、“启动”（启动虚拟机的电源）、“挂起”（将虚拟机休眠）、“关闭客户机操作系统”、“关闭”、“重置”、“从目录插入 CD/DVD”（从组织共享目录中加载 ISO 到当前虚拟机中）、“弹出 CD/DVD”（弹出从目录插入的 CD 或 DVD 的镜像文件）、“安装 VMware Tools”、升级虚拟硬件版本、下载 Windows 远程桌面快捷文件、“删除”（删除当前选中的 vApp）、“创建快照”、“恢复到快照”、“移除快照”、“属性”（当虚拟机关闭后，选择属性进入 vApp 属性页对虚拟机进行修改）。如图 6-171 所示。

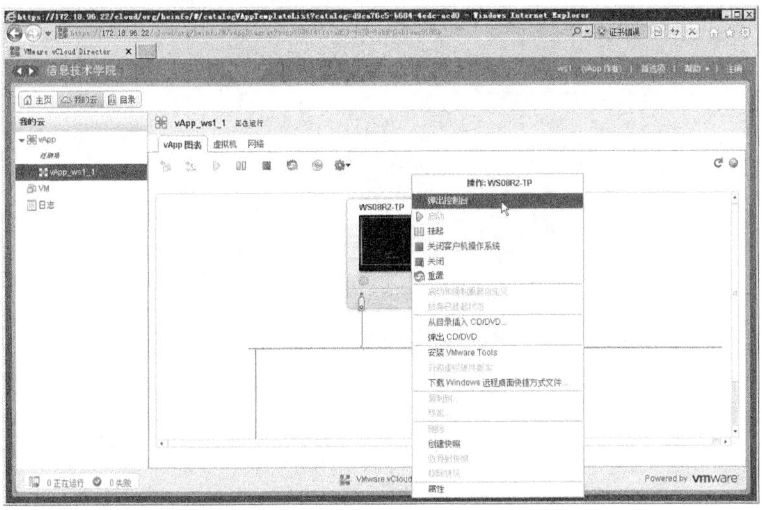

图 6-171　右键菜单

（9）在图 6-171 中先选择“启动”，以启动虚拟机，然后再从右键菜单选择“弹出控制台”，此时会弹出“缺少客户端集成插件。单击‘确定’下载安装程序”的提示，如图 6-172 所示。

（10）之后会弹出“您是否运行还是保存来自 172.18.96.22 的 VMware-ClientIntegration Plugin-5.5.0.exe”的提示，单击“运行”按钮，如图 6-173 所示。

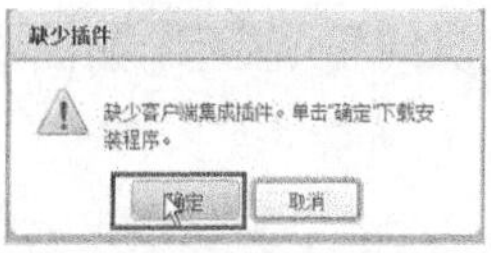

图 6-172　缺少集成插件

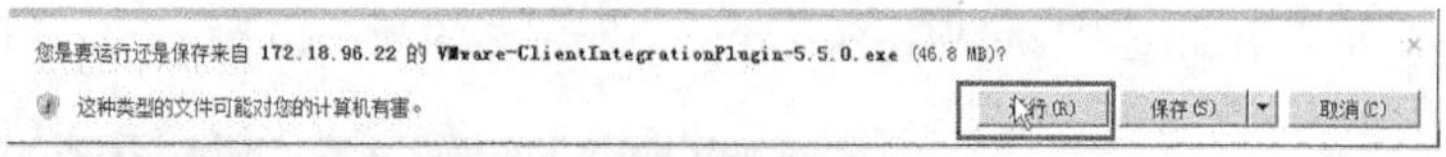

图 6-173　运行集成插件

（11）之后进入集成插件安装向导，此时程序提示需要关闭 IE 浏览器，如图 6-174 所示。请关闭当前系统中所有的浏览器程序，然后单击“重试”按钮。

（12）之后按照向导安装，直到安装完成，如图 6-175 所示。

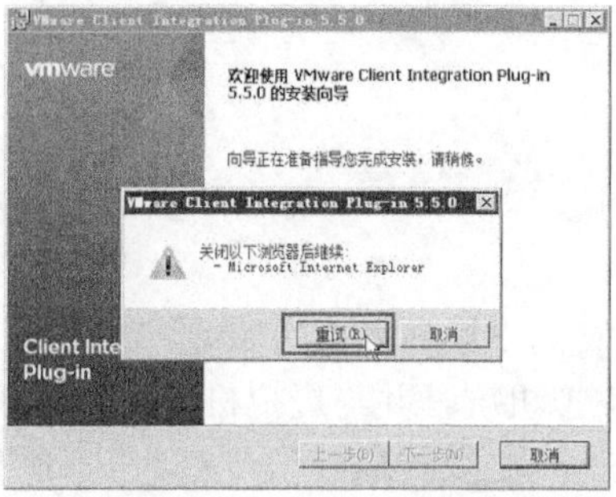

图 6-174　运行集成插件

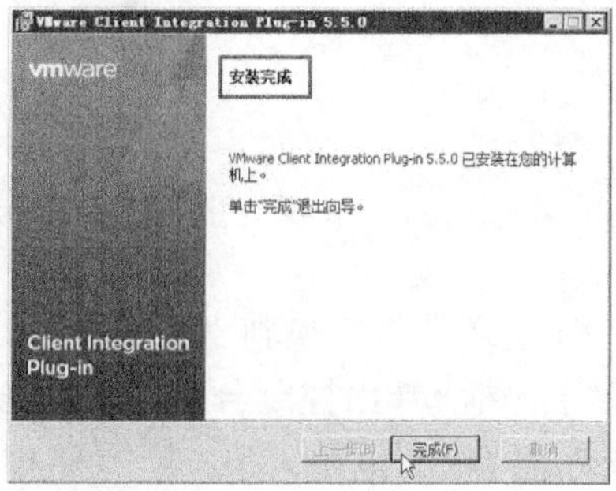

图 6-175　安装集成插件完成

再次使用浏览器登录 https://172.18.96.22/cloud/org/heinfo，弹出控制台，等待 vApp 部署完成，如图 6-176 所示。在部署 vApp 的时候，系统会运行定制工具，并在初次进入系统之前提示更改密码，这些不一一介绍。

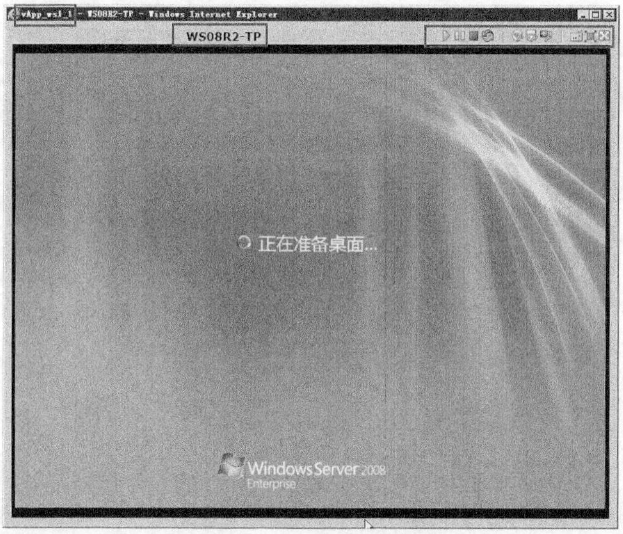

图 6-176　等待 vApp 部署完成

当 vApp 配置完成之后，可以在该虚拟机中配置应用程序或某些服务，为其他用户或为自己提供服务。而在 vCloud Director 配置的这台虚拟机，与使用 vSphere Client 登录 ESXi 配置的区别亦不是很大。

如果要修改虚拟机的配置，可以在关闭 vApp 之后，打开属性页修改，主要步骤如下。

（1）右键单击正在运行的 vApp，在弹出的快捷菜单中选择“关闭”，如图 6-177 所示。等虚拟机关闭之后，再在右键菜单中选择“属性”。

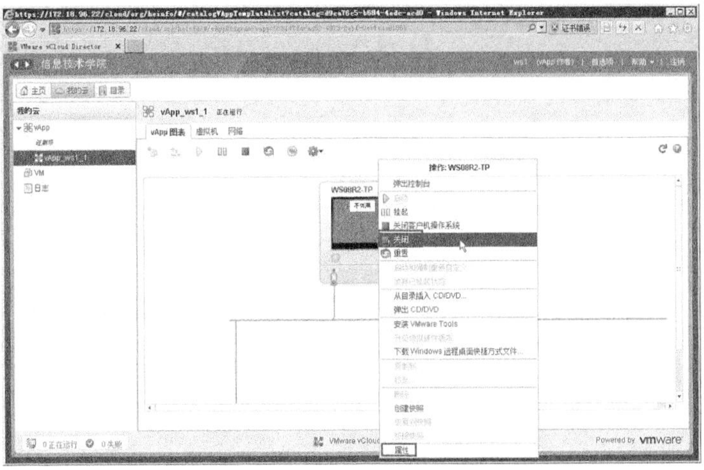

图 6-177　关闭虚拟机

（2）在“虚拟机属性”对话框中，在“常规”卡中，可以使用修改虚拟机的名称、计算机名称，是否升级虚拟机硬件版本，是否对此虚拟机启用 CPU 及内存热添加功能，如图 6-178 所示。

图 6-178　常规

（3）在“硬件”选项卡中，可以修改 CPU 数量、内存大小、硬盘大小（只能增加）、网卡的 IP 地址获得方式，如图 6-179 所示。

（4）在“客户机操作系统自定义”对话框中，可以启用客户机自定义、修改 SID，还可以为当前虚拟机重置密码，这可以在“允许本地管理员密码”选项中，选中“自动生成密码”，或者选择“指定密码”，以为当前系统指定一个密码，或者选中“需要管理员在第一次登录时更改密码”选项，这样系统将在下次登录时弹出更改密码对话框。相关设置如图 6-180 所示。

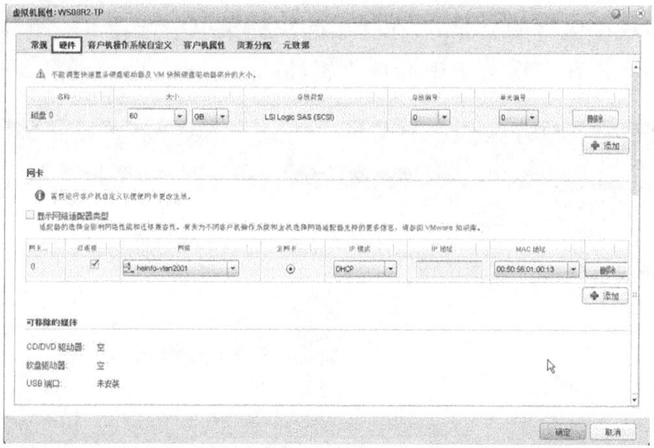

图 6-179　硬件选项卡

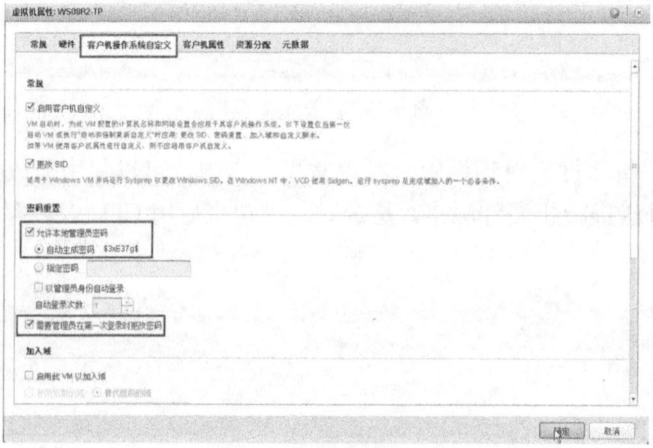

图 6-180　客户机操作系统自定义

（5）如果在“客户机操作系统自定义”选项卡中，为操作系统指定了新的密码，或者选中“需要管理员在第一次登录时更改密码”选项，返回到 vCloud Director 页面中，右键选中虚拟机，选择“启动强制重新自定义”，如图 6-181 所示。

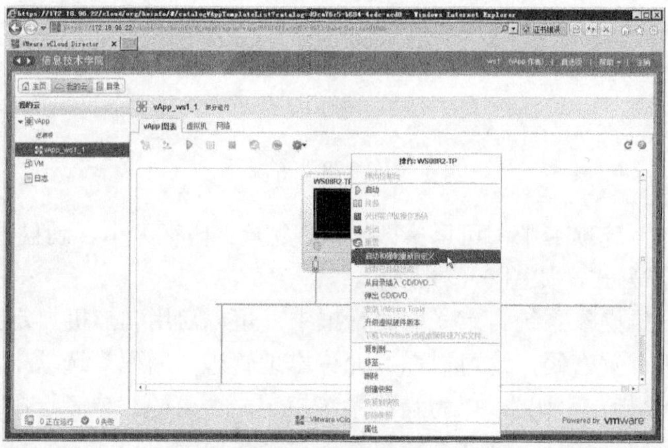

图 6-181　启动强制重新自定义

（6）之后虚拟机将会启动，并进入自定义虚拟机向导。打开控制台，等虚拟机重新自定义完成后，会弹出“用户首次登录之前必须更改密码”的提示，如图 6-182 所示。之后就可以为虚拟机指定新的管理员密码。

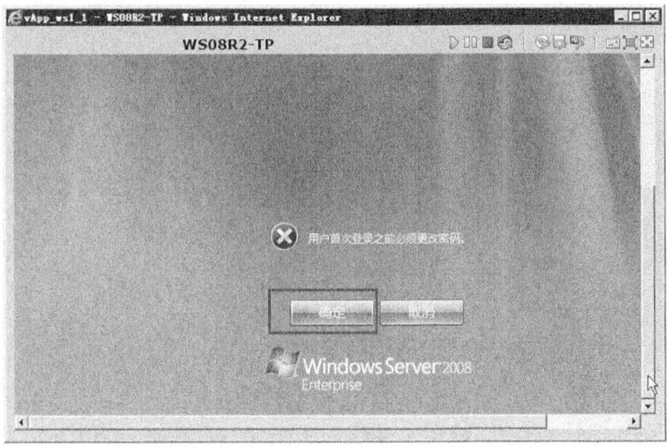

图 6-182　重新自定义虚拟机

6.6.3　构建新 vApp

除了可以从模板部署虚拟机外，还可以创建全新的虚拟机，并在虚拟机中安装操作系统、安装 VMware Tools，下面介绍这方面内容。

（1）在“主页”选项卡中，单击“构建新 vApp”链接，如图 6-183 所示。

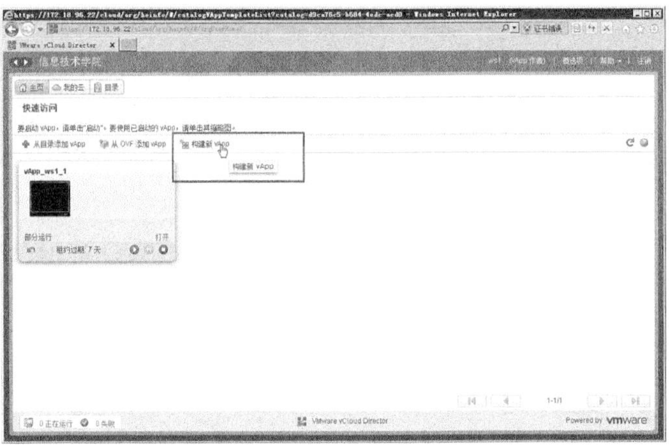

图 6-183　构建新 vApp

（2）在“选择名称和位置”对话框，设置计算机名称，如图 6-184 所示。

（3）在“添加虚拟机”对话框，单击“新建虚拟机”按钮，如图 6-185 所示。

（4）在“新建虚拟机”对话框中，设置虚拟机的名称、虚拟机硬件版本、操作系统系列、操作系统、CPU 数目、内存大小、硬盘大小，如图 6-186 所示。在此设置虚拟机名称为 WS03R2-001，虚拟机操作系统为 Windows Server 2003，为虚拟机分配 1 个 CPU、512MB 内存、8GB 硬盘。

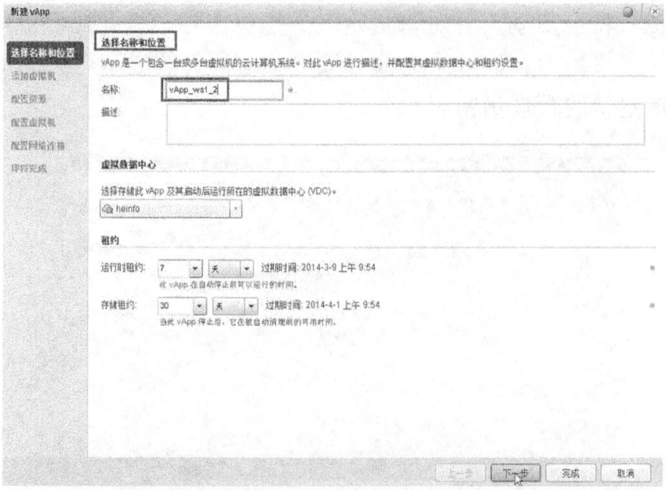

图 6-184 选择名称和位置

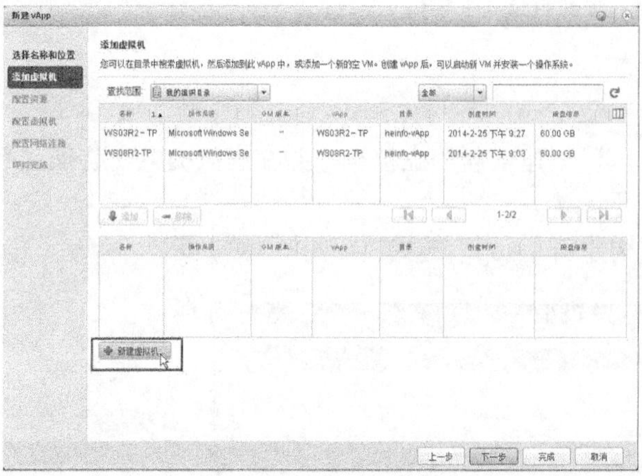

图 6-185 添加虚拟机

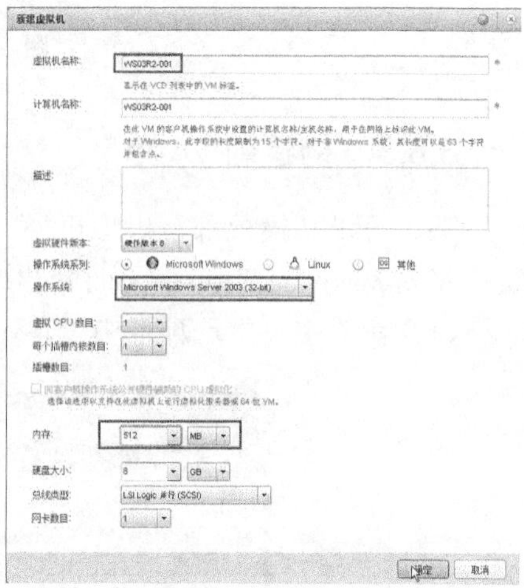

图 6-186 新建虚拟机

（5）返回到“添加虚拟机”对话框，可以看到上一步创建的虚拟机出现在列表中，如图 6-187 所示。

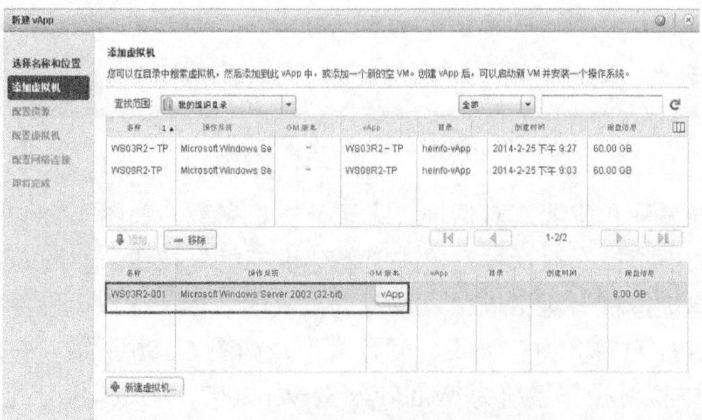

图 6-187 添加虚拟机出现在列表中

（6）在“配置虚拟机”对话框，设置计算机名称及为虚拟机选择网络，并选择 IP 分配方式，如图 6-188 所示。

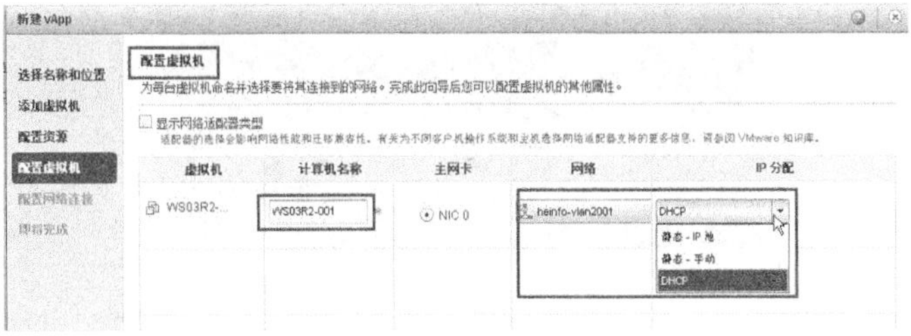

图 6-188　配置虚拟机

（7）在“配置网络连接”，指定批 vApp 可以访问的组织 VDC 网络，如图 6-189 所示，在此选择默认值。

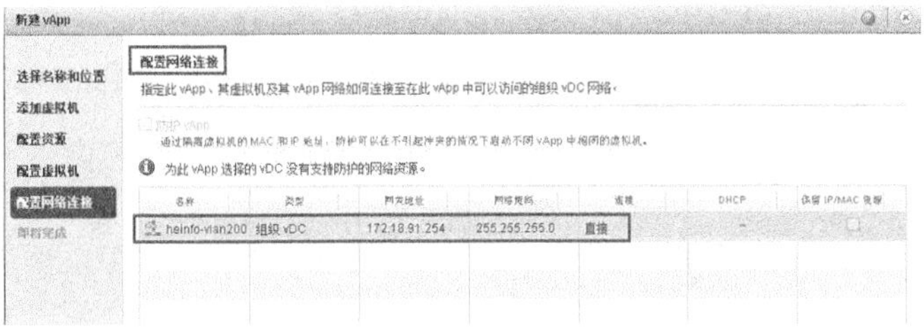

图 6-189　配置网络连接

（8）在“即将完成”对话框，显示了新建虚拟机的信息，检查无误之后，单击“完成”按钮，如图 6-190 所示。

图 6-190　创建虚拟机完成

之后启动虚拟机，并打开控制台，如图 6-191 所示。如果当前网络配置有 Windows 部署服务，则此时可以通过网络部署操作系统。图中是 Windows 部署服务开始引导的界面。

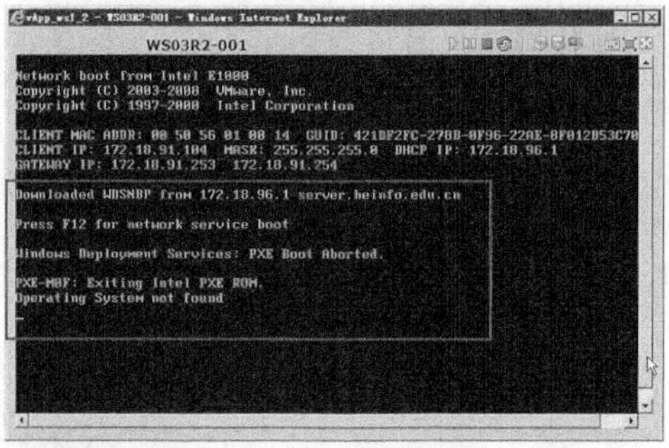

图 6-191 启动虚拟机并出现 Windows 部署引导页

在本文中介绍加载目录中的光盘镜像方式安装操作系统，主要步骤如下。

（1）在“我的云→vApp”中，右击新建的虚拟机，在弹出的快捷菜单中选择“从目录插入 CD/DVD”，如图 6-192 所示。

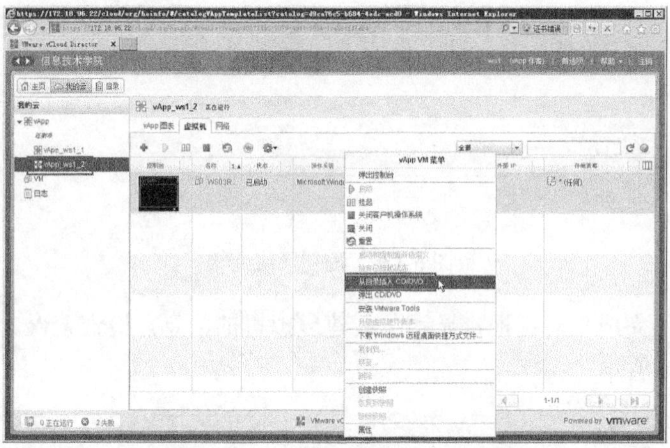

图 6-192 从目录插入 CD 或 DVD

（2）在“插入 CD”对话框中，选择要在 VM 中插入的媒体文件，在此选择 Windows Server 2003 的光盘镜像，如图 6-193 所示。

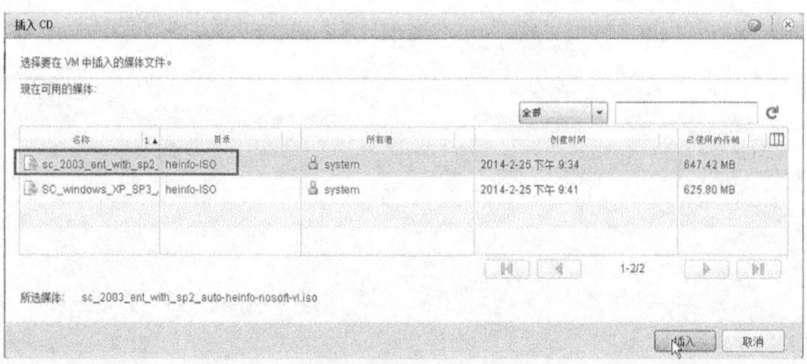

图 6-193 插入光盘镜像

（3）之后返回到控制台，在虚拟机中按任意键，开始 Windows 操作系统的安装，如图 6-194 所示。

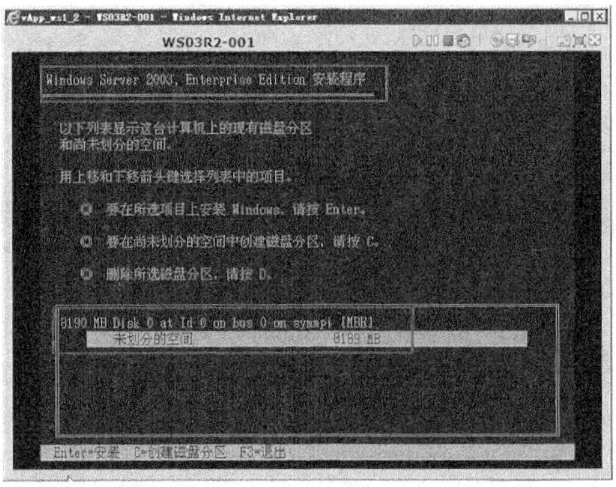

图 6-194　操作系统安装程序

（4）等操作系统安装完成之后，返回到“我的云→vApp”，右击虚拟机，选择“安装 VMware Tools”，如图 6-195 所示。

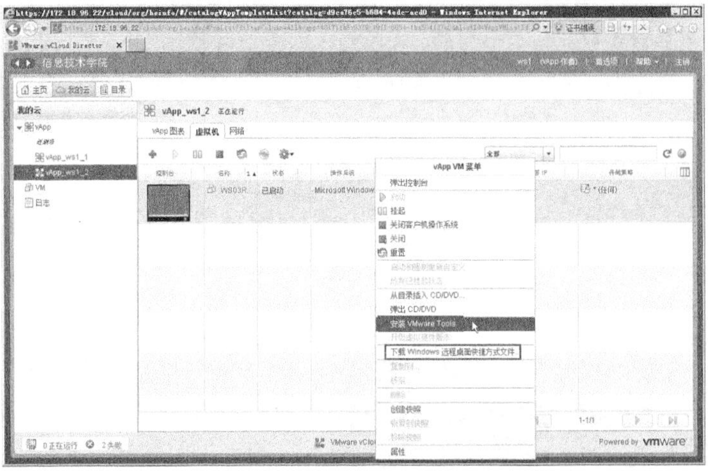

图 6-195　安装 VMware Tools

（5）返回到虚拟机控制台，在虚拟机中安装 VMware Tools，如图 6-196 所示。

图 6-196　安装 VMware Tools

如果在虚拟机中启用了“远程桌面”，则可以为虚拟机生成远程桌面连接文件，方便后期的管理，主要步骤如下。

（1）在虚拟机中启动“远程桌面”，如图 6-197 所示。

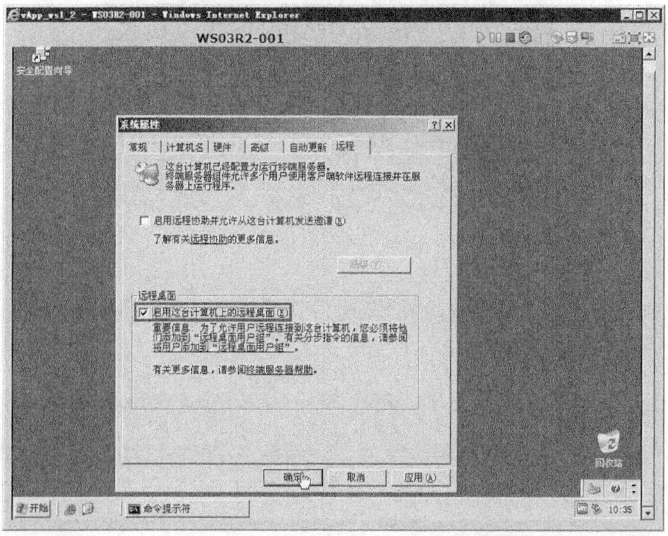

图 6-197　在虚拟机中启用远程桌面

（2）在“我的云→vApp”，右击虚拟机，选择“下载 Windows 远程桌面快捷方式文件”（如图 6-195 所示），在“下载 RDP 快捷方式文件”对话框中单击“是”按钮，如图 6-198 所示。

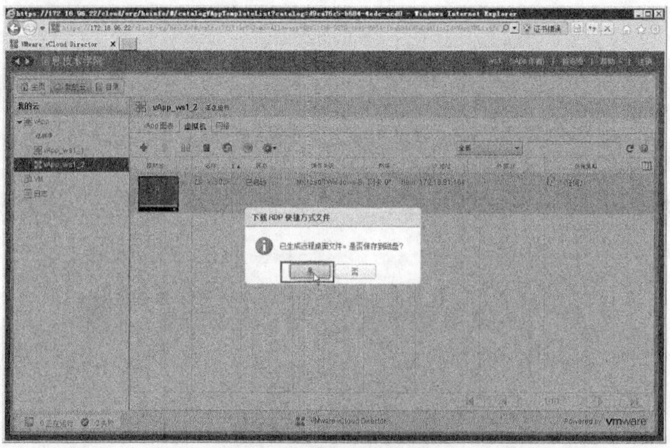

图 6-198　下载 RDP 快捷方式文件

（3）之后选择保存 RDP 文件位置，如图 6-199 所示。

（4）保存文件后，双击保存的 RDP 文件，弹出“远程桌面连接”警告对话框，单击“连接”按钮，如图 6-200 所示。

图 6-199　保存 RDP 文件

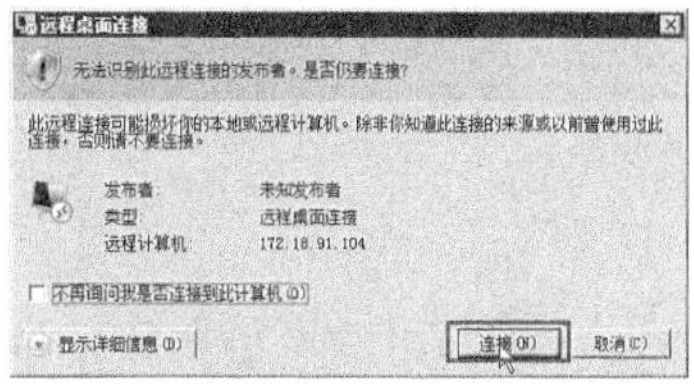

图 6-200　开始连接

（5）之后登录到远程桌面，输入管理员账户及密码登录，如图 6-201 所示。之后即开始使用虚拟机，这些不一一介绍。

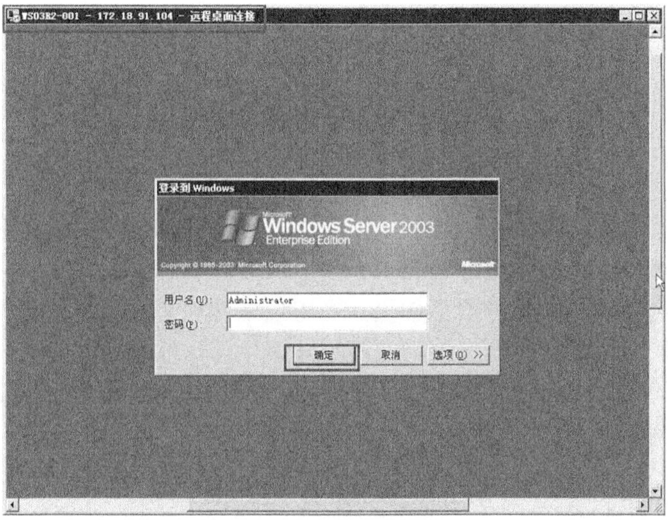

图 6-201　使用远程桌面连接到 VM

第 7 章　企业虚拟化案例应用记录

在我从事网络以及虚拟化的这些年中，负责并接手了一些企业虚拟化的实施工作。这些工作，有许多是企业已经购买好服务器及相关产品，由我负责实施，也有一些是从开始就是由我介入并负责规划的。所以下面的这些案例，有的在今天看来，并不是很完美，但我接手之后已经尽可能地进行完善，希望下面的这些案例，对于大家有所借鉴。

7.1　某外贸连锁服务器托管及 VPN 实例（单 IP 路由器及单服务器方案）

许多便利店、连锁店都需要 VPN 网络连接，在传统的方式中，一般是总部租用电信或网通专线，分店或加盟店通过宽带 ADSL，使用 VPN 的方式连接到总部。在这种传统的方式中，总部的费用较高，并且一般总部只能有电信或网通一条专线，而分店的线路则较复杂，采用电信或网通的都有，这样就造成网络速度较慢。在本方案中，将总部租用专线方式改为服务器托管，用一台服务器解决了传统的需要 VPN 设备、财务服务器、财务客户端问题，成本低，网络速度快。

7.1.1　某外贸连锁企业网络应用现状及改进

某外贸连锁店是一家经营外贸服装、衣帽以及户外运动用品的连锁店，在省会城市有 40 多个连锁店，在省内外其他城市也有多个加盟或连锁店。连锁店采用“管家婆软件”管理，各个加盟店通过 ADSL 及 VPN 连接到总部。总部有一台 VPN 设备、一个安装“管家婆”软件的服务器，实行财务与进销存管理。公司总部从当地联通申请了一条 2Mbit/s 的专线用于连接各连锁店。

随着加盟店或连锁店数量的增加，采用自己租用专线的问题慢慢暴露出来：采用联通线路的连锁店还好，但有的连锁店是电信线路，连接总部网通线路速度较慢，且容易掉线。另外，经过一年多的使用（服务器在总部 24 小时开机），会计核算后，感觉费用较大：服务器一年的电费 4 000 元（以 400W、每度电 1.2 元计算），专线费用一年 2 万元，这还不包括服务器的场地费、制冷费（夏天空调、冬天电扇）。如果再增加一条电信光纤，则每年还得增加 2 万元的费用。另外，随着将来连锁店面的增加，以及网络应用的加大，2Mbit/s 带宽可能不够，如果增加带宽，费用势必再次增加。另外，服务器放在总部除了占用场地外，每天工作的噪音也是很大的。

为了降低运营费用，也为了改善工作环境，改变现有的工作方式势在必行。为此，我们提出了如下的改进方式。

（1）等现有网通专线到期之后，不再续费。

（2）将服务器托管到双线机房，每年托管费只有 6 000 元，10Mbit/s 独享带宽（5Mbit/s 电信+5Mbit/s 联通）。

（3）现有服务器配置已经较低，新购买一台服务器，采用虚拟化技术，虚拟出多台服务器，实现 ERP 与双线 VPN。新服务器配置 16GB 内存、1 个 CPU、4～6 块 300GB 硬盘、双网卡即可。

图 7-1 所示为服务器虚拟化托管拓扑图。

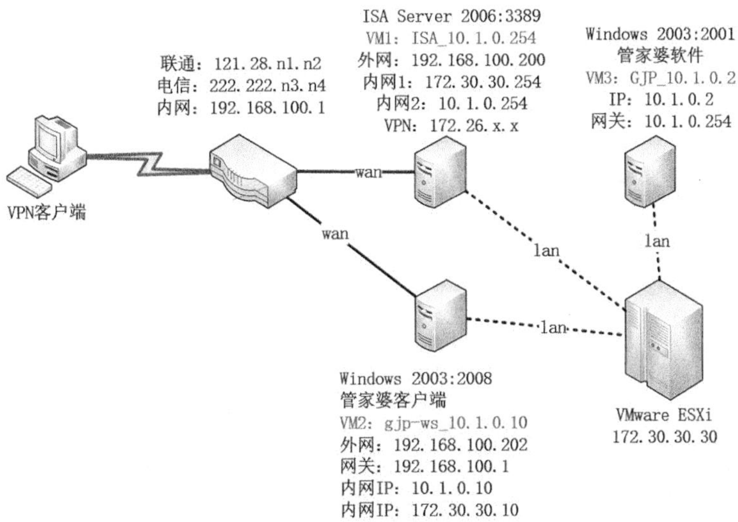

图 7-1　单服务器 VMware ESXi 托管拓扑图

在图 7-1 中，将服务器托管到双线机房。由于普通的托管机房只提供一个 IP 地址（双线机房电信、网通地址各提供一个），怎样合理使用这一个 IP 地址成为了管理重点。简单来说，为了既能直接管理主机，又能用这个地址使用 VPN，在主机前加装一个双 WAN 口路由器，由路由器转发端口到主机、VPN 虚拟机及另一个管家婆客户端虚拟机，主要内容如下。

（1）规划网段：VMware ESXi 服务器使用 172.30.30.0/24 的 IP 地址，由 ISA Server 保护或管理的后台服务器（管家婆服务器端）使用 10.1.0.0/24 网段，ISA Server 外网使用 192.168.100.0/24 网段，该网段是双 WAN 口路由器的 LAN 端口。

（2）VMware ESXi 管理问题：分别在路由器上映射端口到 VM1 或 VM2，在 VM1 或 VM2 上安装 vSphere Client 管理 VMware ESXi。

（3）端口映射：PPTP 的 VPN 需要使用 TCP 的 1723 及 UDP 的 4500 及 500，可以映射 500、1723、4500 到 ISA Server 的“外网”IP 地址即 192.168.100.200。为了远程登录 ISA Server 用于管理，可以映射 3389 端口到 ISA Server 的外网 IP 地址 192.168.100.200；为了远程登录管家婆客户端，可以映射 2008 端口到管理婆客户端 IP 地址 192.168.100.202 的 3389 端口。

在做好规划之后，就可以一一实施这些内容。

7.1.2　单服务器托管虚拟化流程

在将服务器放到机房托管之前，先在公司进行配置。简单来说连接双 WAN 口路由器及服务器，并按照双线机房已经分配好的外网地址配置在双 WAN 口路由器中，然后按图 7-1 的拓扑准备主机及虚拟机，主要流程及步骤如下。

（1）准备好服务器，将服务器的第 2 个网卡连接到双 WAN 路由器的 LAN 端口（有多个 LAN 端口，连接到其中一个即可），将管理工作站使用网线连接到服务器的第 1 个，如图 7-2 所示。

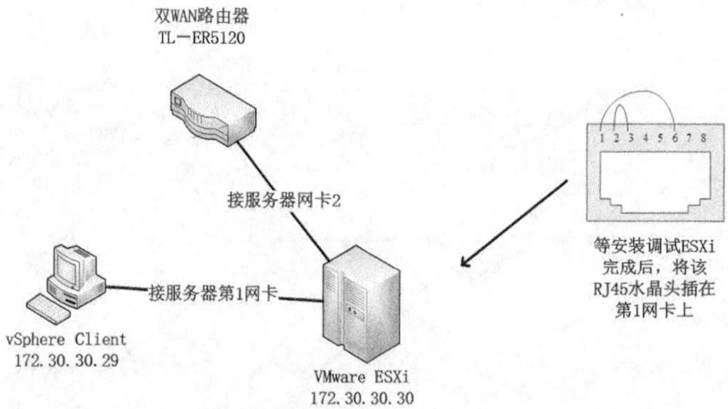

图 7-2　连接服务器及路由器的 LAN 端口

因为在 VMware ESXi 中，虚拟机使用的“内网”是 10.1.0.0/24 的网段，在这个网段中使用第 1 个物理网卡（当然也可以使用一个虚拟网卡）。在调试时，管理端连接到这个网卡，网络是连通的。等服务器放到双线机房后，如果这个网卡不接网线，网络是中断的不能使用。为了“骗”这个网卡认为已经插入网线并连接到交换机中，你可以做一个“自环路”的 RJ45 水晶头，插在服务器的第 1 个网卡上（调试完成后，放到机房前）。“自环路”的 RJ45 水晶头做法很简单，你只要找两根网络，将其中一根连接 1 与 6、另一根连接 2 与 3 并做好即可，如图 7-3 所示。

（2）在连接好服务器之后，打开服务器的电源，初次使用进入 RAID 卡的配置，划分逻辑分区。通常情况下，要划分两个逻辑分区，第 1 个逻辑分区 5～30GB 左右，用于安装 VMware ESXi 的系统；剩余的空间划分一个分区，用来做 ESXi 的数据存储，保存虚拟机。关于服务器划分 RAID，在后文会有专门的介绍，本节不做这方面介绍。

图 7-3　自环路 RJ45 水晶头

（3）划分好 RAID 之后，安装 VMware ESXi 5。在安装完成后，进入 VMware ESXi 控制台，设置并修改管理地址为 172.30.30.30（子网掩码为 255.255.255.0，网关为 172.30.30.254），使用第 1 个网卡。之后在管理计算机（设置 IP 地址为 172.30.30.0/24 网段的一个地址例如 172.30.30.29），安装 VMware vSphere Client，连接到 VMware ESXi。之后添加第 2 个虚拟交换机，使用第 2 个网卡，并添加虚拟端口为 wan。同时修改管理用虚拟交换机的虚拟端口为 lan，如图 7-4 所示。

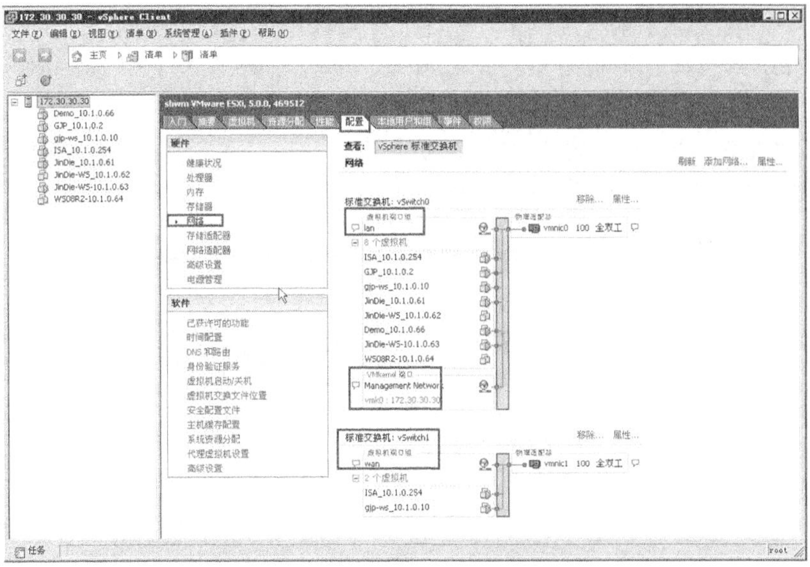

图 7-4　安装 VMware ESXi 并配置虚拟交换机

（4）之后在“配置→存储器”中，添加另一个分区为 VMware ESXi 的存储（在安装时，系统安装在第 1 个逻辑分区上，则安装完成后，只有第 1 个逻辑分区添加在数据存储中），在此命名安装 VMware ESXi 系统的存储名为 ESX-OS，命名将要保存虚拟机的存储为 ESX-Data。在“上次更新”中可以看到存储上次更新的时候，从图 7-5 中可以看到，该存储上次更新时间是 2012 年 5 月 9 号，表示这台服务器大约也是这个时间段安装配置好的。而 ESX-Data 存储由于一直使用，上次更新时间是 2013 年 10 月 9 日。

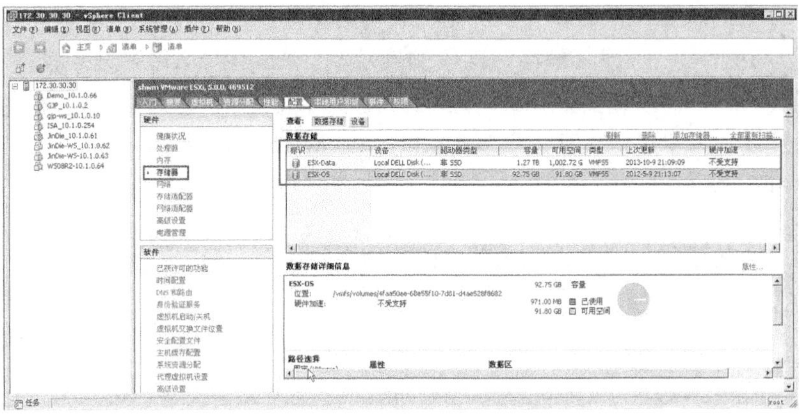

图 7-5　添加存储

（5）在主机上创建名为 WS03-TP 的“模板”虚拟机，并安装 Windows Server 2003 R2 32 位企业版。并以此为模板，复制出三个虚拟机，分别为 ISA Server 2006（虚拟机名称为 ISA_10.1.0.254）、管家婆服务器（虚拟机名称为 GJP_10.1.0.2）和管家婆客户端（虚拟机名称为 gjp-ws_10.1.0.10）。

（6）在“管家婆服务器”虚拟机中安装 SQL Server，安装管家婆服务器端，并进行相关配置。

（7）在“管家婆客户端”虚拟机中安装管家婆客户端，并连接到管家婆服务器端。

（8）在 ISA-Server 虚拟机中安装 ISA Server 2006，并配置为 VPN 服务器，并创建多个用户名以允许拨入。之后创建策略及服务器发布规则，允许 VPN 用户访问内网。

（9）在“配置→软件→虚拟机启动/关机”中，允许 ISA Server、管家婆服务器及客户端虚拟机能跟随主机启动，如图 7-6 所示。

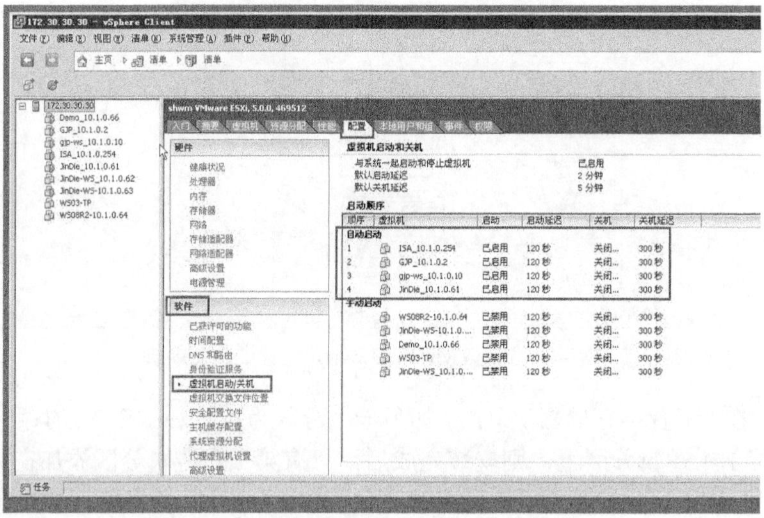

图 7-6 修改虚拟机跟随主机启动

在上述配置完成之后，可以关闭服务器，准备将服务器送到托管的机房。接下来配置路由器，主要内容如下。

（1）查看路由器的管理地址（TP-Link 系列路由器的默认地址是 192.168.1.1，将管理计算机设置为 192.168.1.2 或其他同一网段的地址，登录路由器，对其进行设置。首先在“接口设置→WAN 模式”中，修改 WAN 模式为“双 WAN 口”。TL-ER5120 共有 5 个端口，可以根据需要设置为单 WAN 口、双 WAN 口、三 WAN 口和四 WAN 口方式，剩下的端口则为 LAN 端口。如图 7-7 所示。

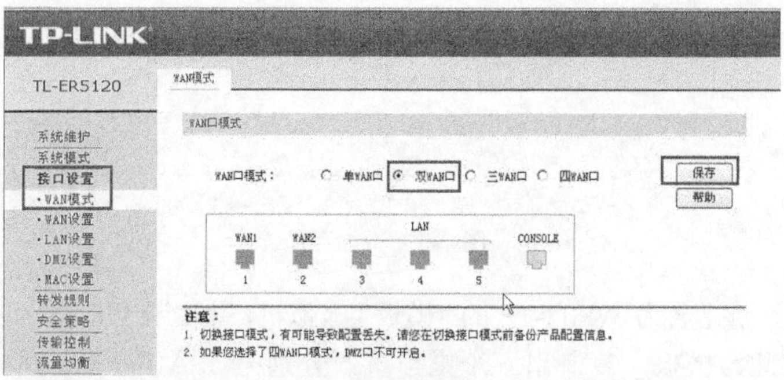

图 7-7 WAN 模式

（2）该路由器将来放到双机机房后，规定 WAN1 接联通线路，设置为联通的 IP 地址、子网掩码及网关；WAN 接电信线路，设置电信的 IP 地址、子网掩码及网关，如图 7-8 所示。设置 LAN 口地址设置为 192.168.100.1。设置 LAN 口地址后，路由器会重启并需要重新登录。

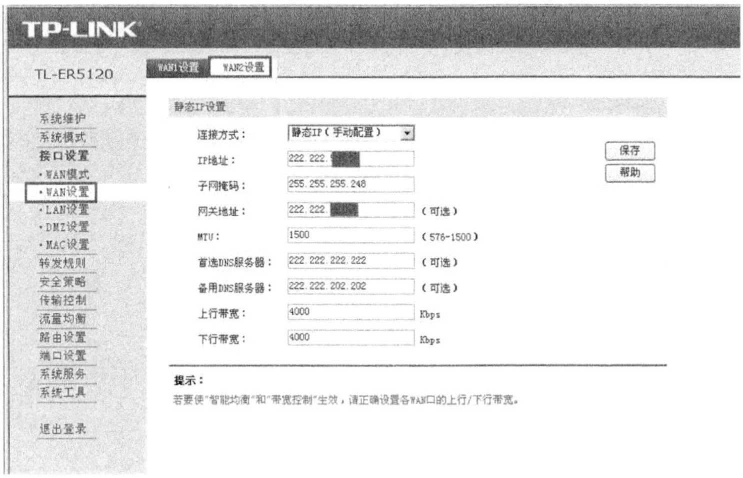

图 7-8　WAN2 设置

（3）在“转发规则→虚拟服务器”中映射端口，需要映射 TCP 的 2008 端口到 192.168.100.202 的 3389 端口，映射 3389、4500、500、1723 到 192.168.100.200 的同一端口，如图 7-9 所示。

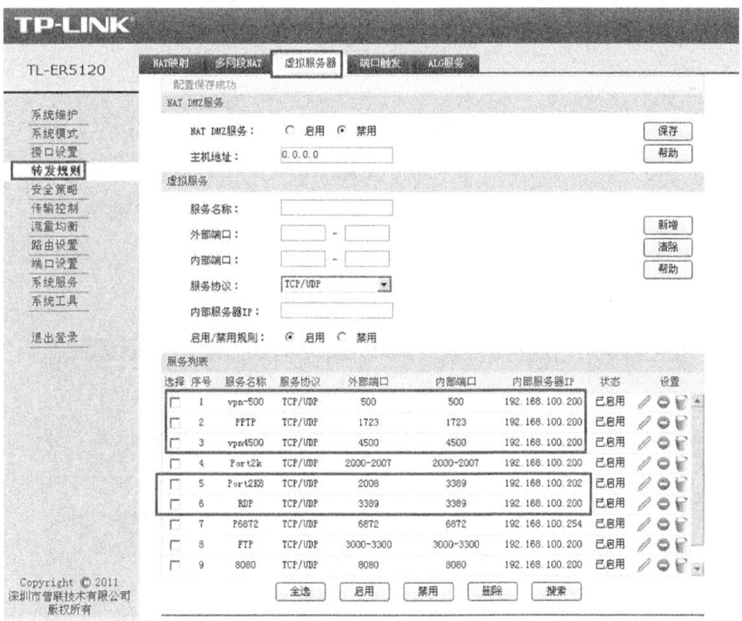

图 7-9　端口映射

（4）最后在“系统服务→Web 服务器”中，修改路由器的默认管理员账户、密码，在“服务设置”中，修改登录的端口（默认为 80），将其修改为其他，例如本例为 2345，如图 7-10 所示。

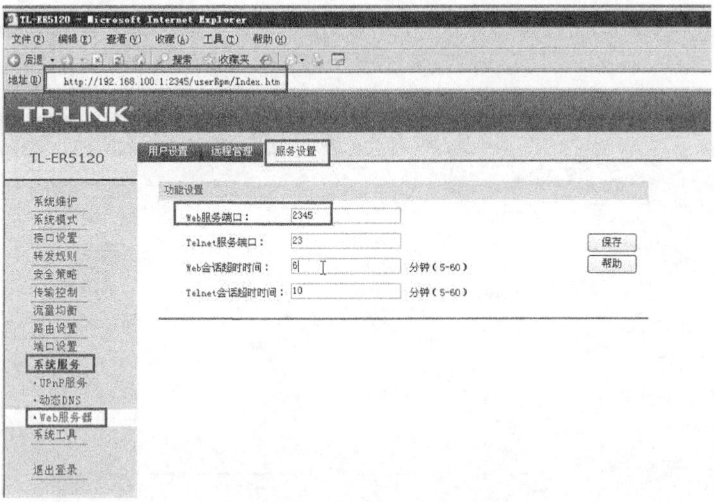

图 7-10 修改服务端口

设置完路由器后将服务器及路由器送到双线机房，将联通线路接到 WAN1 端口，将电信线路接在 WAN2 端口，将服务器第 2 块网卡连接到 LAN 端口，在自环路 RJ45 水晶头接在服务器第 1 块网卡，打开服务器的电源，完成设置。

7.1.3 准备 Windows 2003 R2 模板虚拟机

在要托管的服务器上安装至少 4 块硬盘，采用 RAID 5，划分至少两个分区，其中第一个分区大小为 5～30GB，用来安装 VMware ESXi；剩余的空间划分为另一个分区，用来保存虚拟机。

安装之后，创建 Windows Server 2003 虚拟机模板，安装 Windows Server 2003，创建管家婆服务器与工作站端虚拟机以及 ISA Server 虚拟机（VPN），最后在各个虚拟机中安装对应的软件。首先介绍准备 Windows Server 2003“模板虚拟机”内容。

使用 vSphere Client 登录到 VMware ESXi，新建名为 WS03-TP 的虚拟机，为虚拟机分配 1 个网卡、2GB 内存、2 个 CPU、60GB 精简置备磁盘，虚拟机网卡为 lan，如图 7-11 所示。

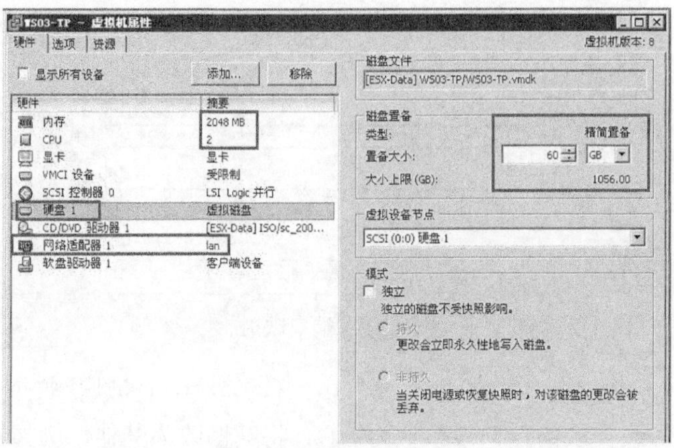

图 7-11 Windows 2003 模板虚拟机设置

之后启动虚拟机，在虚拟机中安装 Windows Server 2003 R2 操作系统，并将整个 60GB 的硬盘划分为 1 个分区。这也是我们规划的原则：为系统使用一个单独的虚拟磁盘，如果以后需要数据磁盘，则添加一个虚拟磁盘用于数据即可。

安装 Windows Server 2003 完成后，安装 VMware Tools。并对 Windows 2003 虚拟机做一些设置，例如取消“必须按 Ctrl+Alt+Del 登录”等这些设置，安装 WinRAR 等必需的工具软件、更新最新补丁等，这些可以参见本书第 3 章的内容，不一一介绍，最后复制 newsid 程序到该虚拟机。准备好模板虚拟机之后，关闭该虚拟机。

准备好的模板虚拟机，以后如无必要，一般不再重新启动，所以为了避免启动该虚拟机，在 vSphere Client 中，右击 WS03-TP 虚拟机，选择“从清单中移除”，如图 7-12 所示，这样该虚拟机不会出现在虚拟机列表中。

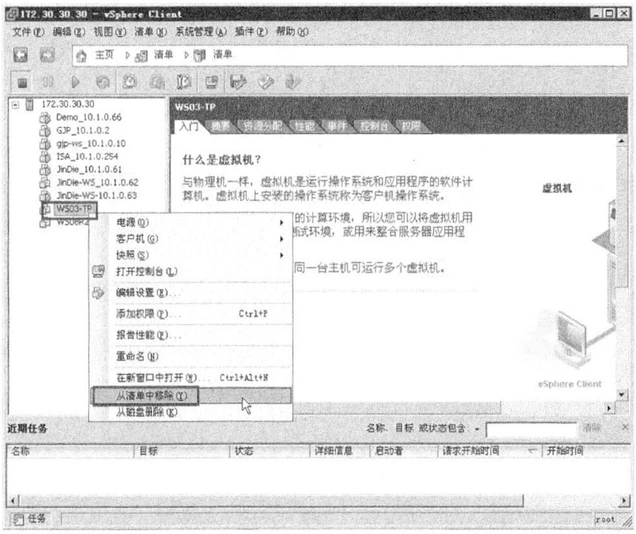

图 7-12　从清单移除虚拟机

7.1.4　创建 VPN 虚拟机

在安装好模板虚拟机之后，创建名为 ISA 的虚拟机。该虚拟机在创建时不分配硬盘，等创建完虚拟机之后，复制模板虚拟机硬盘到 ISA 虚拟机文件夹中，再修改虚拟机的设置，使用复制后的虚拟硬盘。最后要为 ISA 虚拟机添加两块虚拟网卡，修改内存为 2GB、2 个 CPU 等参数。主要步骤如下。

（1）使用 vSphere Client 登录 VMware ESXi，新建虚拟机，将虚拟机保存在 ESX-Data 存储中，指定虚拟机的名称为 ISA_10.1.0.254，为虚拟机分配 2 个 CPU、先不创建虚拟硬盘。

（2）在“配置→存储”中，右击 ESX-Data 存储，选择“浏览数据存储”，如图 7-13 所示。

（3）浏览选择 WS03-TP 文件夹，复制“WS03-TP.vmdx”虚拟硬盘，如图 7-14 所示，然后再选中 ISA_10.1.0.254 文件夹，在右侧空白空格中选择“粘贴”，复制已经安装好 Windows Server 2003 的虚拟硬盘。复制之后，关闭存储器浏览窗口。

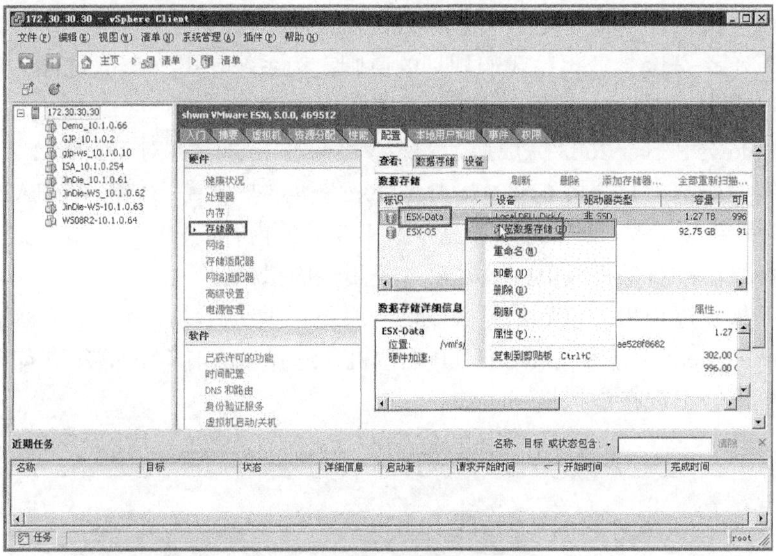

图 7-13 浏览数据存储

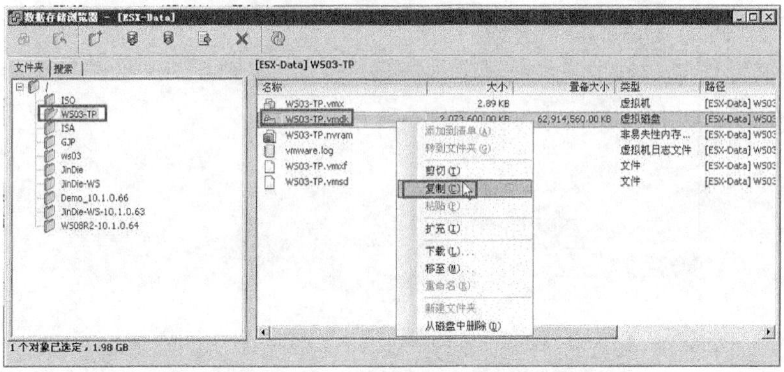

图 7-14 复制 Windows 2003 模板虚拟硬盘

（4）返回到 vSphere Client，修改 ISA_10.1.0.254 虚拟机的配置，添加虚拟硬盘，选择上一步已经复制到 ISA_10.1.0.254 文件夹中的 WS03-TP.vmdx 虚拟硬盘文件。然后再添加 2 块网卡，其中两块网卡属性为“lan”，另一块网卡属性为“wan”，如图 7-15 所示。

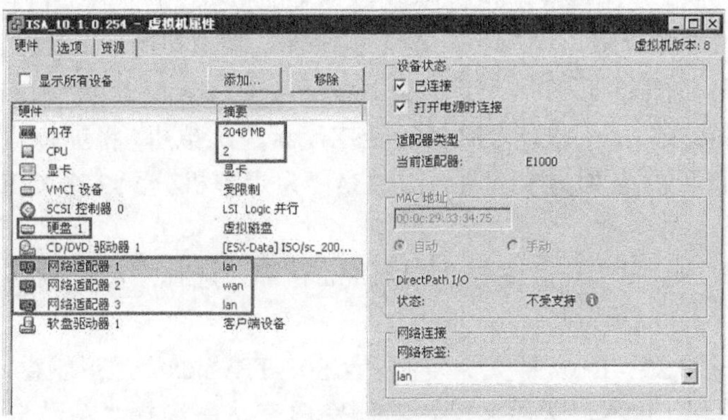

图 7-15 修改 ISA 虚拟机设置

7.1.5　创建管家婆服务器与工作站虚拟机

参照上一节的步骤，分别创建管家婆服务器与工作站虚拟机，并复制模板虚拟硬盘到各个虚拟机中，主要步骤如下。

（1）对于“管家婆”服务器虚拟机，设置虚拟机名称为 GJP_10.1.0.2，对于“管家婆”工作站虚拟机，设置虚拟机名称为 gjp_ws_10.1.0.10。

（2）设置“管家婆”服务器虚拟机为 4GB 内存、两个 CPU，使用 lan 虚拟网卡，并添加一个 40GB 的“厚置备磁盘”，如图 7-16 所示。

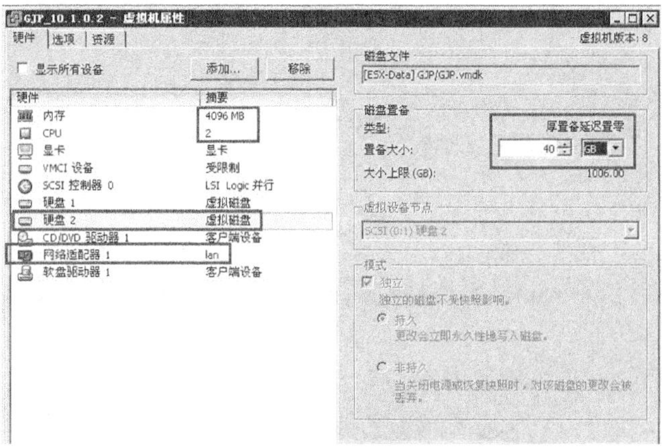

图 7-16　管家婆服务器虚拟机设置

（3）设置“管家婆”工作站虚拟机为 1GB 内存、1 个 CPU、两块虚拟网卡（分别为 wan 与 lan），如图 7-17 所示。

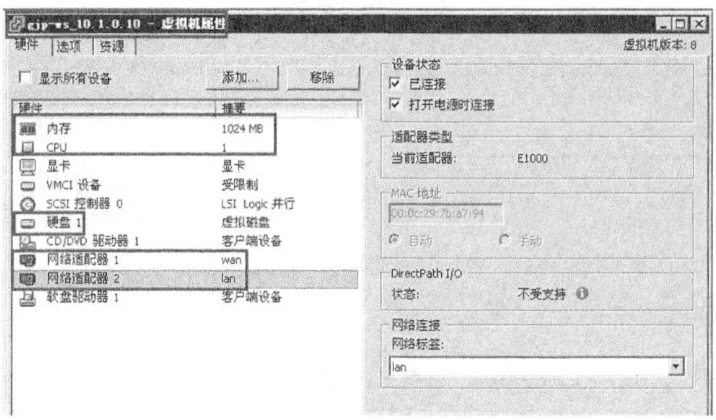

图 7-17　管家婆工作站设置

（4）在“配置→虚拟机启动和关机”设置中，将 ISA Server、管家婆服务器及工作站这三个虚拟机，添加到“自动启动”中，如图 7-18 所示。

准备好各个虚拟机之后，依次启动每个虚拟机，安装相关的软件并进行配置。

在 VPN 服务器的虚拟机中，启动虚拟机，修改虚拟机名称，安装 ISA Server 并创建策略，在系统中创建 VPN 用户等，下面一一介绍。

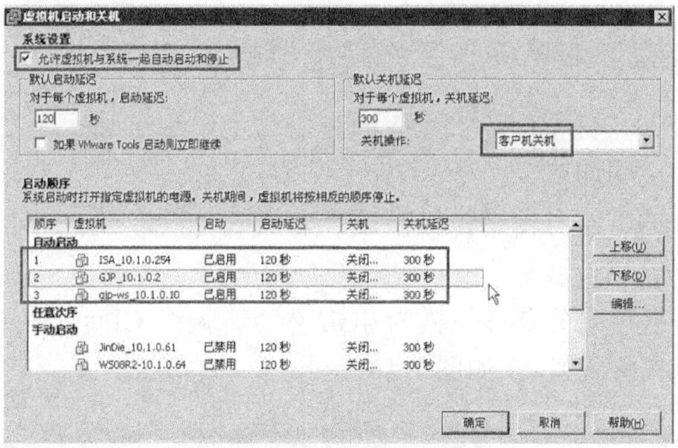

图 7-18　设置虚拟机自动启动

7.1.6　安装 ISA Server

首先启动 ISA Server 的虚拟机，在虚拟机中安装 ISA Server，主要步骤如下。

（1）启动虚拟机，在“网络连接”中，分别找到连接外网和 2 个内网的网卡，并将连接到外网的网卡重命名为 wan，将连接到内网的网卡分别命名为 lan 及 lan-10，如图 7-19 所示。

（2）之后参照图 7-1 的网络拓扑规划，设置 wan 网卡的 IP 地址为 192.168.100.200，网关为 192.168.100.1，设置 DNS 为所属 ISP 所提供的 DNS 地址。之后设置 lan 网卡的 IP 地址为 172.30.30.254，设置 lan-10 的 IP 地址为 10.1.0.254，不设置网关。这些网卡设置之后参数如图 7-20 所示。

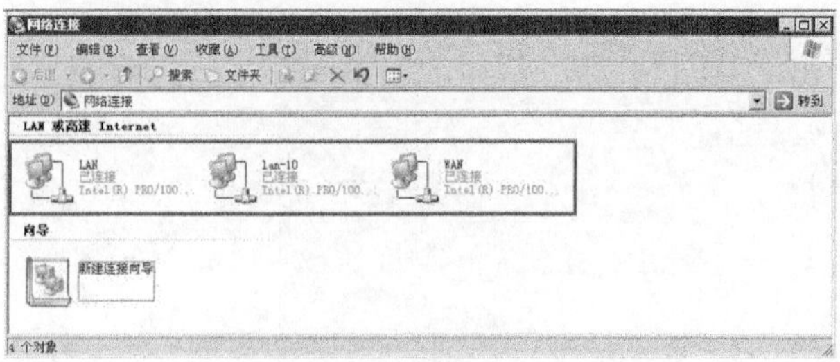

图 7-19　重命名网卡

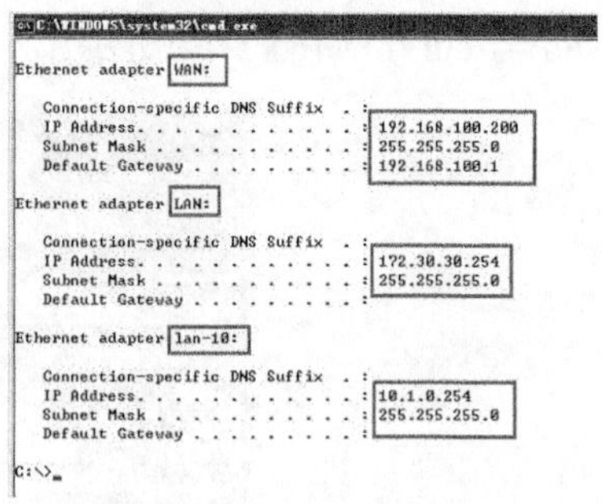

图 7-20　各网卡设置

设置之后，使用 ping 命令测试，当网络连通后，进行后面的设置。如果网络不通，可能是内、外网网卡顺序错误，需要重新设置（也可以在虚拟机设置中修改内、外网卡顺序）。

（3）然后修改计算机的名称，在此修改为 ISASER，如图 7-21 所示，修改之后根据提示重新启动计算机。

当再次进入系统后，开始 ISA Server 2006 的安装。需要在 Hyper-V 管理器中为当前虚拟机加载 ISA Server 2006 标准版安装光盘镜像。安装 ISA Server 2006 的主要步骤如下。

（1）在虚拟机中运行 ISA Server 安装程序，如图 7-22 所示。

（2）“安装类型”选择“自定义”，如图 7-23 所示。

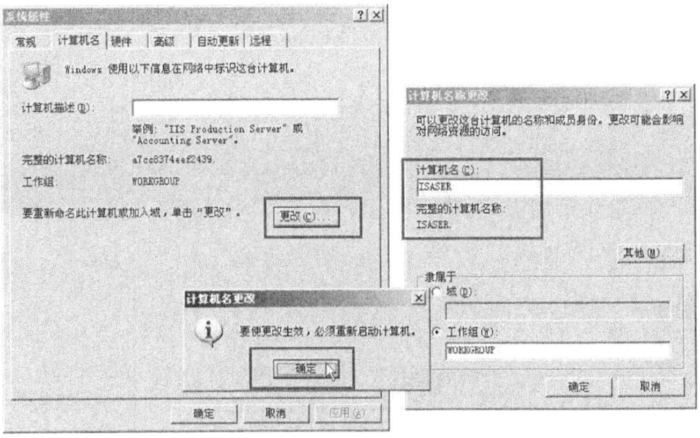

图 7-21　修改计算机名称

图 7-22 安装 ISA Server

（3）在“自定义安装”对话框中，单击“高级日志”，选择“无法使用这项功能”，如图 7-24 所示。不安装“高级日志”功能将减少系统资源的占用。

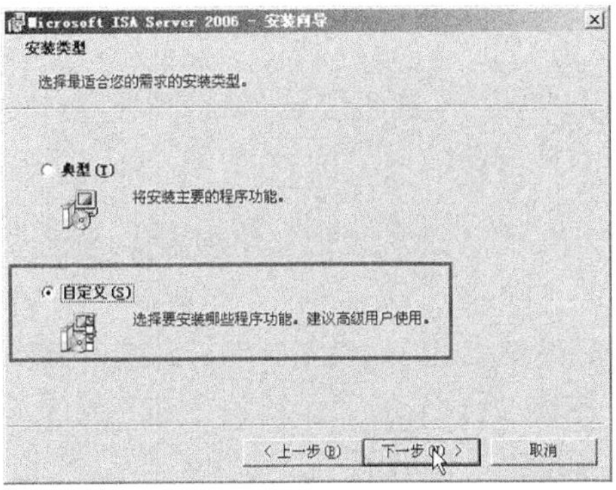

图 7-23　自定义安装

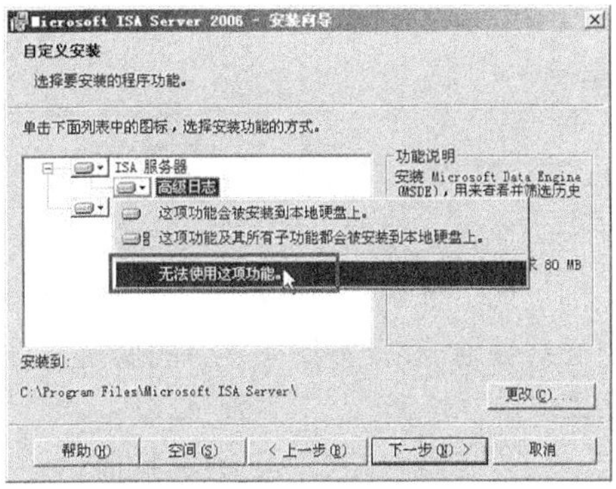

图 7-24　不安装高级日志

（4）在“内部网络”对话框中，单击“添加”按钮，在弹出的“地址”对话框中单击“添加适配器”，在弹出的“选择网络适配器”对话框选中名为 lan 及 lan-10 的网卡，如图 7-25 所示。

（5）其他选择默认值，直到安装完成，如图 7-26 所示。

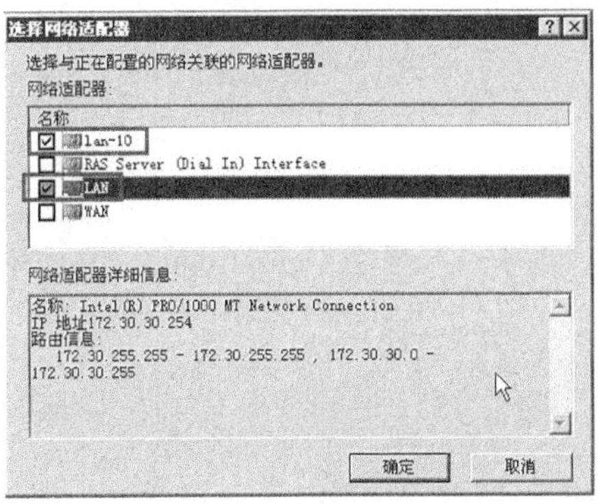

图 7-25　指定内部网络

图 7-26　安装 ISA Server 完成

7.1.7 将 ISA Server 配置为 VPN 服务器

在本节操作中，将把 ISA Server 配置为 VPN 服务器，包括指定 VPN 客户端地址、启用 VPN 服务器、配置防火墙策略等，主要步骤如下。

（1）运行 ISA Server 管理工具，在“虚拟专用网络（VPN）”中，在右侧“任务”窗格中单击“定义地址分配”链接，如图 7-27 所示。

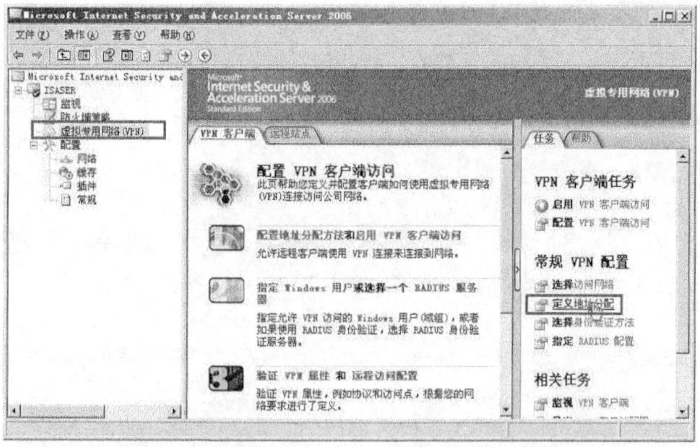

图 7-27 单击“定义地址分配”链接

（2）在“虚拟专用网络（VPN）属性”对话框中，在“地址分配”选项卡中选择“静态地址池”单选按钮，单击“添加”按钮，在弹出的“IP 地址范围属性”对话框中为 VPN 定义地址池，在此参照图 7-1 的网络拓扑规划，设置起始地址为 172.26.1.1～172.26.255.255，如图 7-28 所示。

（3）之后返回 ISA Server 控制台，在“任务”窗格中（参看图 7-27）单击“配置 VPN 客户端访问”链接，在弹出的“VPN 客户端属性”对话框中设置 VPN 的最大数量，选中“启用 VPN 客户端访问”复选框，然后单击“确定”按钮，如图 7-29 所示。

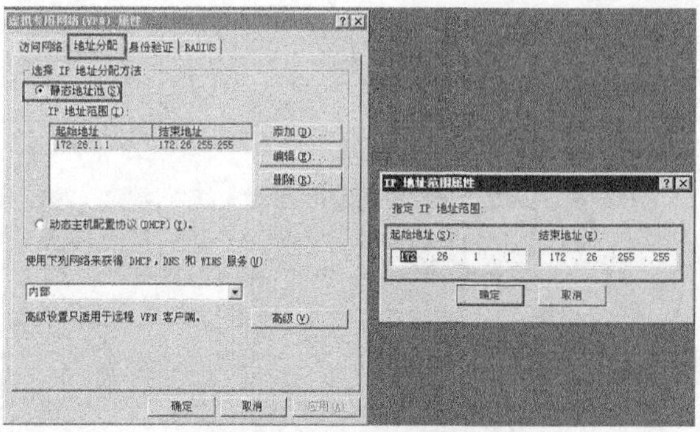

图 7-28 定义地址分配

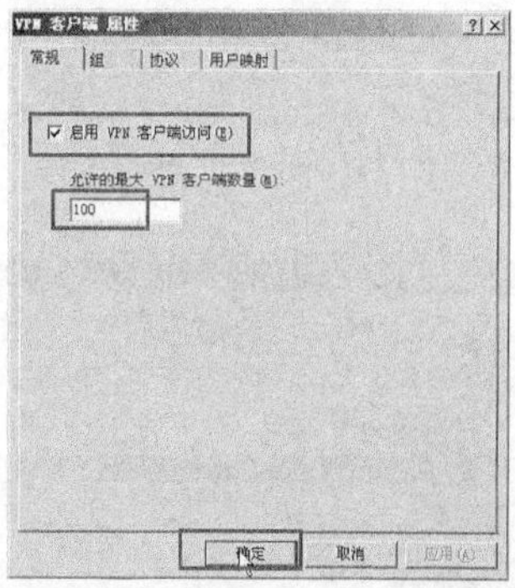

图 7-29 启用 VPN 客户端访问

7.1.8 创建防火墙规则

在启用 VPN 访问之后，接下来需要创建 VPN 访问规则，允许 VPN 客户访问内网，主要步骤如下。

（1）在 ISA Server 控制台中，右击“防火墙策略”，在弹出的快捷菜单中选择“新建→访问规则”命令，如图 7-30 所示。

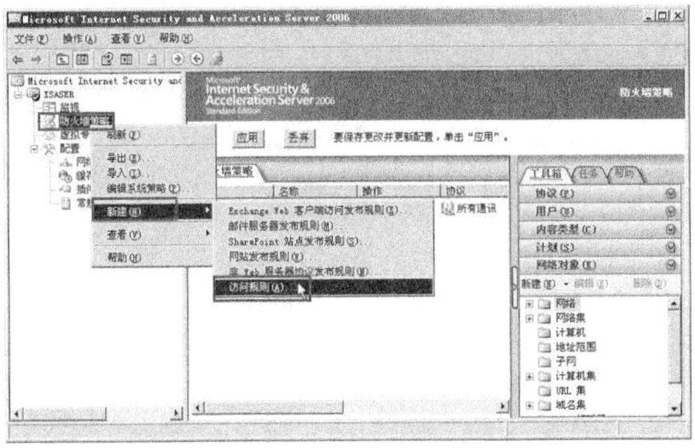

图 7-30　新建访问规则

（2）在“欢迎使用新建访问规则向导”对话框中，设置访问规则名称为“允许 VPN 访问内部”，如图 7-31 所示。

（3）在“规则操作”对话框中选择“允许”单选按钮，如图 7-32 所示。

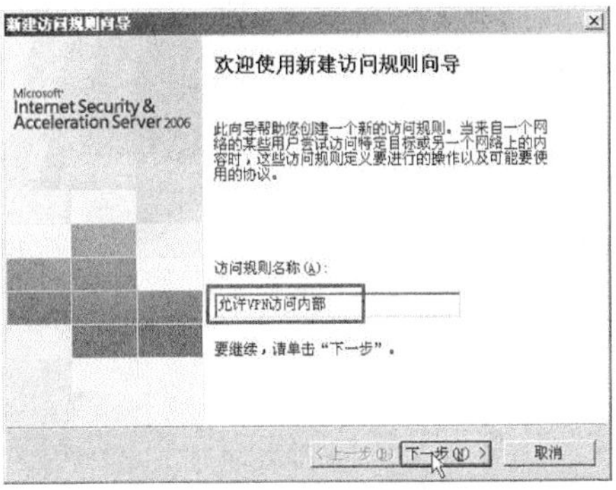

图 7-31　设置访问规则名称

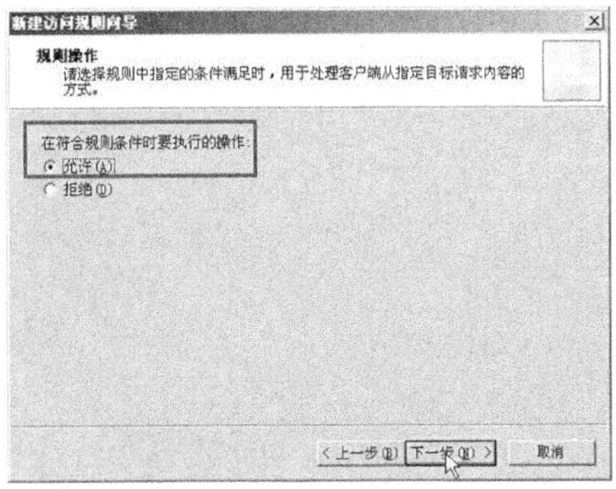

图 7-32　规则操作

（4）在“协议”对话框中选择“所有出站通讯”，如图 7-33 所示。

（5）在“访问规则源”对话框中添加“VPN 客户端”与“被隔离的 VPN 客户端”，如图 7-34 所示。

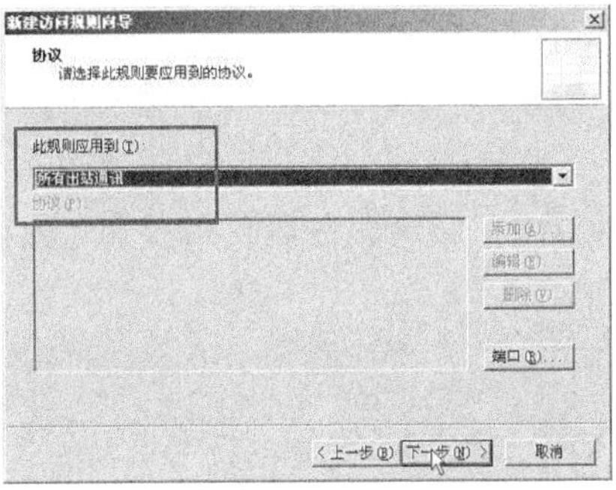

图 7-33　协议

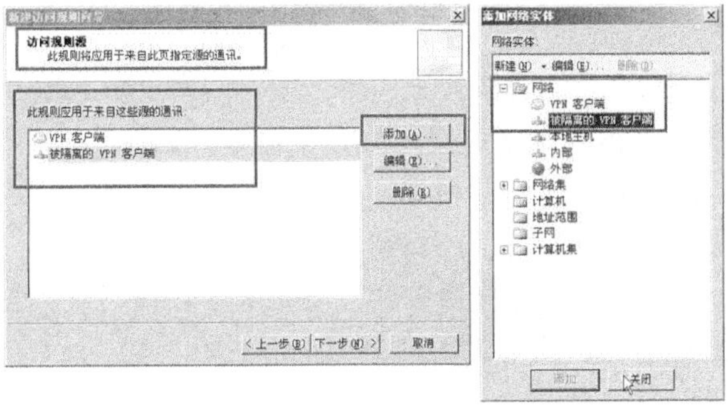

图 7-34　访问规则源

（6）在“访问规则目标”对话框中添加“内部”，如图 7-35 所示。

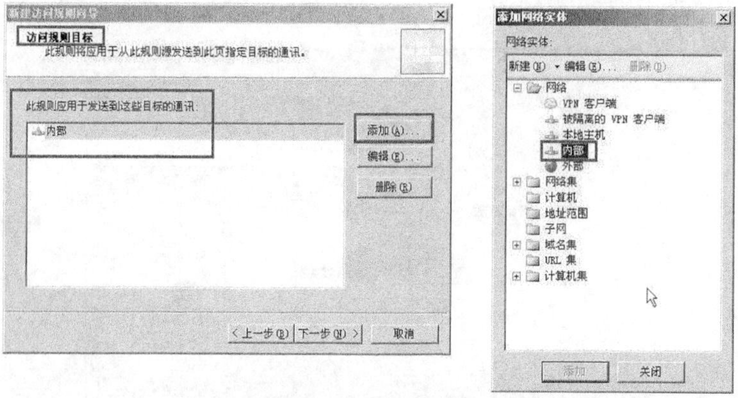

图 7-35　访问规则目标

（7）在“用户集”对话框中选择“所有用户”，如图 7-36 所示。

（8）在“正在完成新建访问规则向导”对话框中，单击“完成”按钮，如图 7-37 所示。

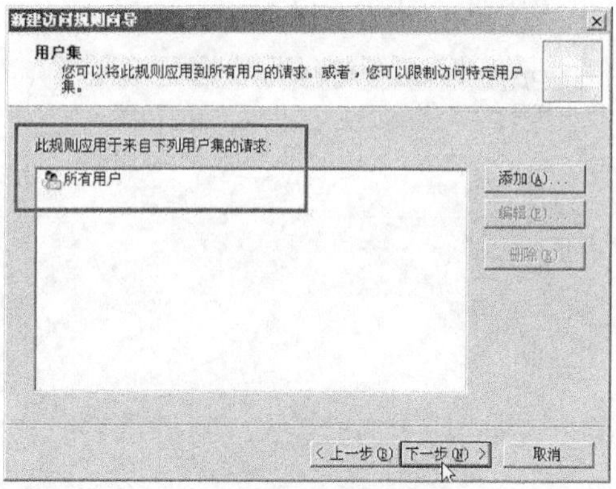

图 7-36　用户集

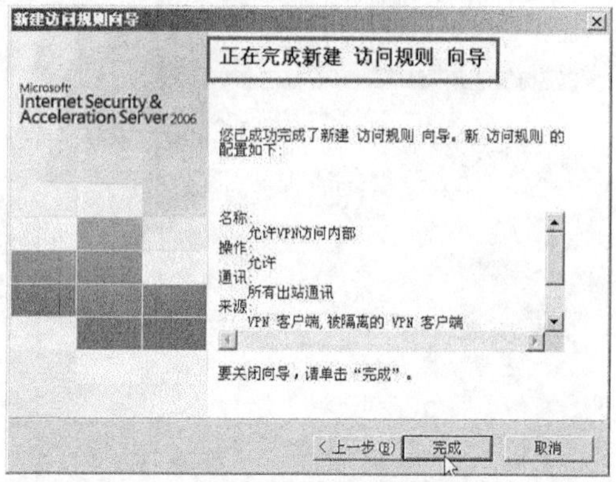

图 7-37　新建访问规则完成

7.1.9　创建管理规则

为了能远程管理 ISA Server 服务器本身，以及能使用远程桌面管理“管家婆”服务器端，还需要创建终端服务器发布规则。根据图 7-1 的规划，将把 TCP 的 3389 端口发布到 ISA Server 本身，将 TCP 的 2001 端口发布到“管家婆”服务器。

（1）在 ISA Server 控制台中，右击“防火墙策略”，在弹出的快捷菜单中选择“新建→非 Web 服务器协议发布规则”命令，如图 7-38 所示。

（2）在“欢迎使用新建服务器发布规则向导”对话框中，设置服务器发布规则名称为“远程桌面到本机”，如图 7-39 所示。

（3）在“选择服务器”对话框中，在“服务器 IP 地址”文本框中输入 ISA Server 内网 IP 地址，在此为 172.30.30.254，如图 7-40 所示。

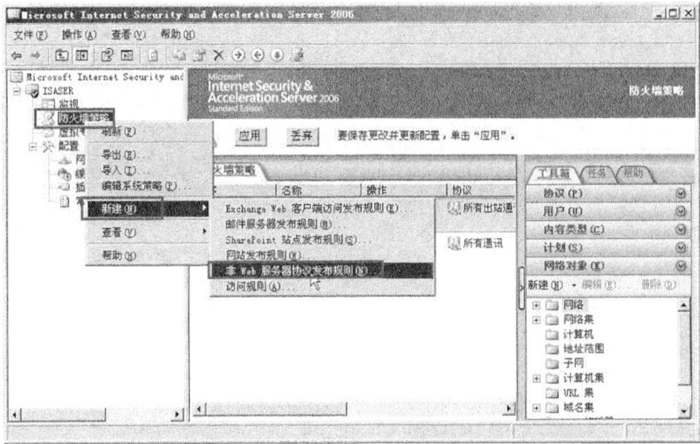

图 7-38 新建非 Web 服务器协议发布规则

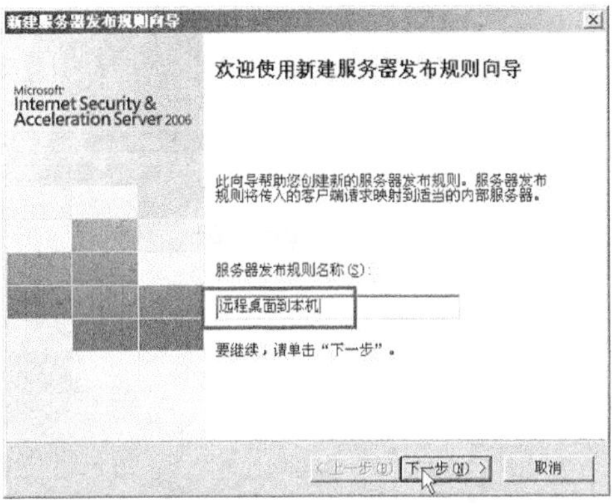

图 7-39 设置规则名称

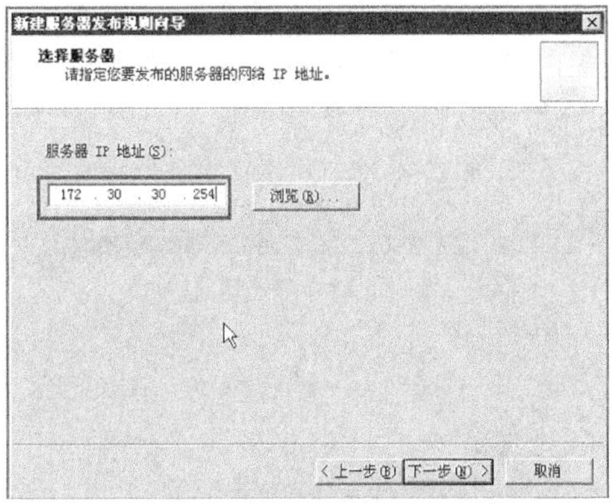

图 7-40 指定要发布服务器的地址

（4）在“选择协议”对话框中选择“RDP（终端服务）服务器”，如图 7-41 所示。

（5）在“网络侦听器 IP 地址”对话框中选择“外部”复选框，如图 7-42 所示。

（6）在“正在完成新建服务器发布规则向导”对话框中，单击“完成”按钮，如图 7-43 所示。

（7）最后，启用 ISA Server 计算机的“远程桌面”功能，如图 7-44 所示。

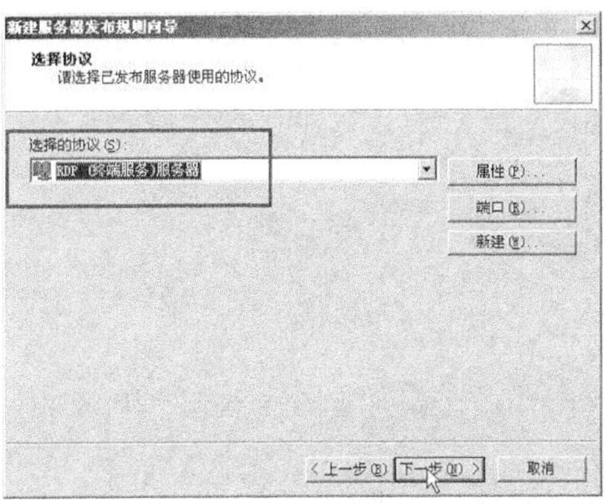

图 7-41 选择终端服务器协议

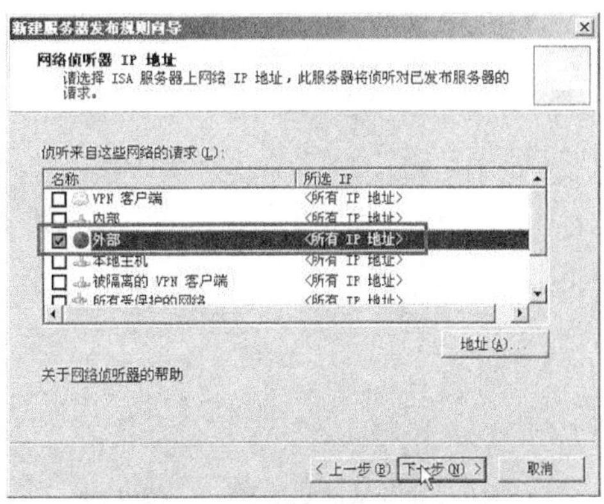

图 7-42 设置网络侦听器 IP 地址

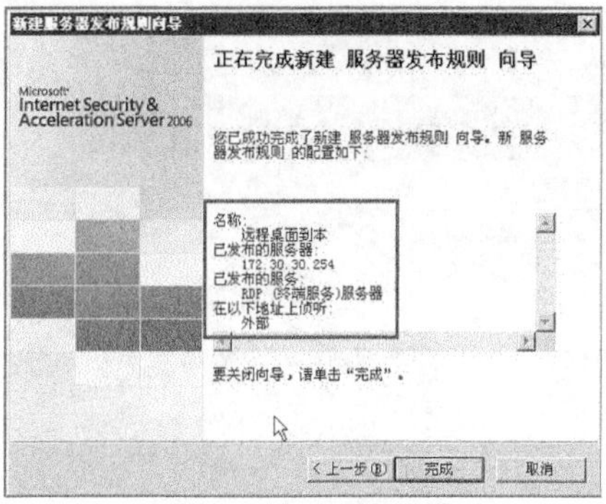

图 7-43　完成向导

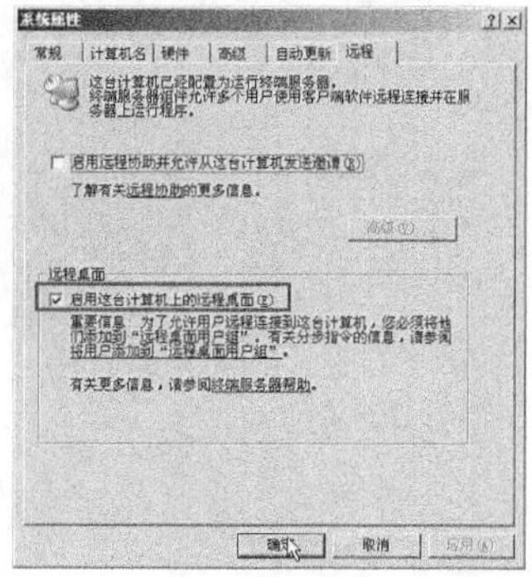

图 7-44　启用远程桌面

对于另一个规则，发布 TCP 的 2001 到管家婆虚拟机的 10.1.0.2 的 3389 端口，与发布远程桌面到本地类似，其不同点如下。

（1）规则名不同：设置规则名为“远程桌面 2001 端口到 10.1.0.2”，如图 7-45 所示。当然也可以设置其他的名称，只要易于分辨即可。

（2）服务器地址不同：设置要发布的服务器地址为 10.1.0.2，如图 7-46 所示。

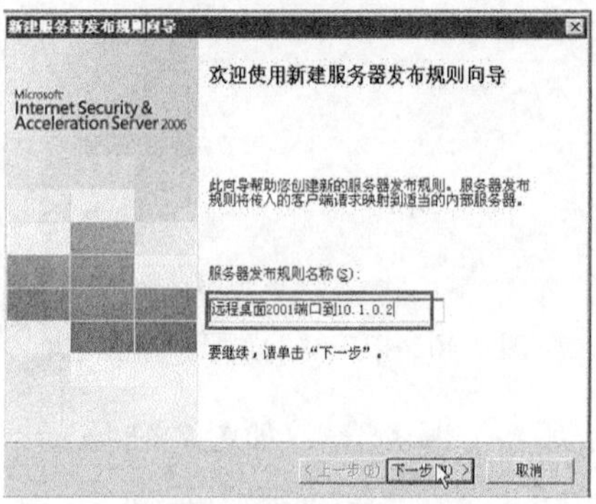

图 7-45　设置规则名称

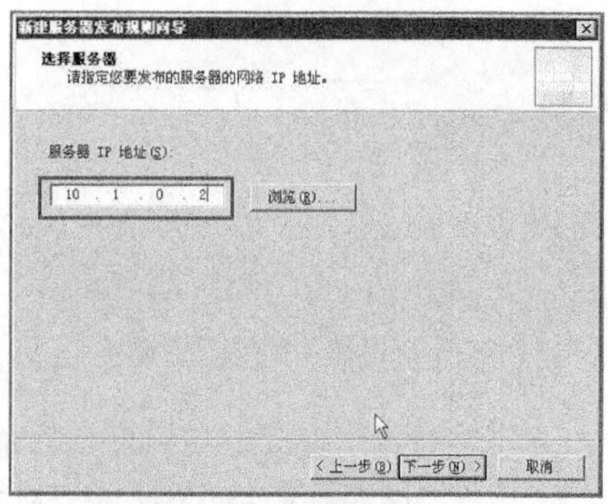

图 7-46　设置服务器地址

（3）修改侦听端口：在“选择协议”对话框中，选择“RDP（终端服务）服务器”，单击“端口”按钮，修改“防火墙端口”为 2001（默认为 3389），如图 7-47 所示。

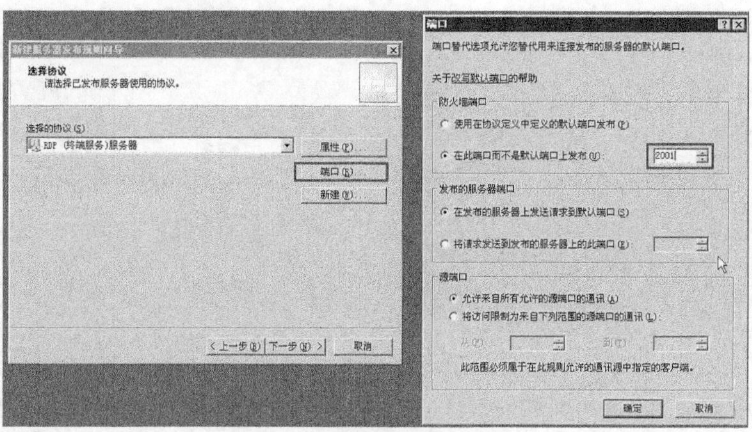

图 7-47　修改防火墙端口

其他则完全一致。

最后单击“应用”按钮，让 ISA Server 设置生效，如图 7-48 所示。

在 ISA Server 第一次启用 VPN 服务器时，需要重新启动计算机，如图 7-49 所示。再次进入系统后，VPN 服务器才会生效。

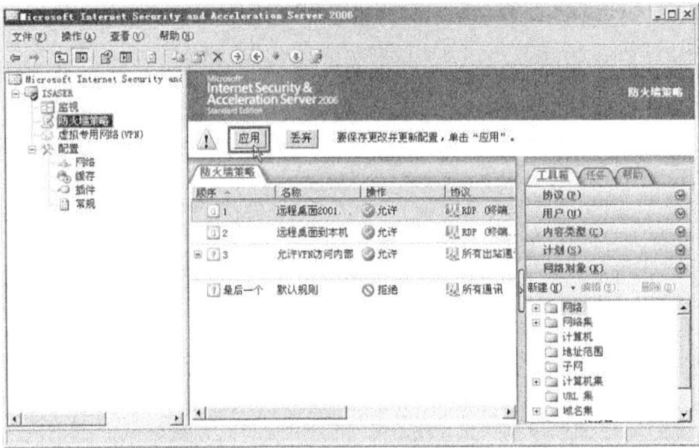

图 7-48　应用

图 7-49　重新启动计算机

7.1.10　为 VPN 创建用户

再次进入系统后，在 ISA Server 计算机中为各个加盟店、连锁店创建 VPN 用户，以连接到“管家婆”虚拟机所在内网。创建用户的步骤如下。

（1）在 ISA Server 中，在“计算机管理→系统工具→本地用户和组→用户”中，在右侧的空白窗格中右击，在弹出的快捷菜单中选择“新用户”命令，如图 7-50 所示。

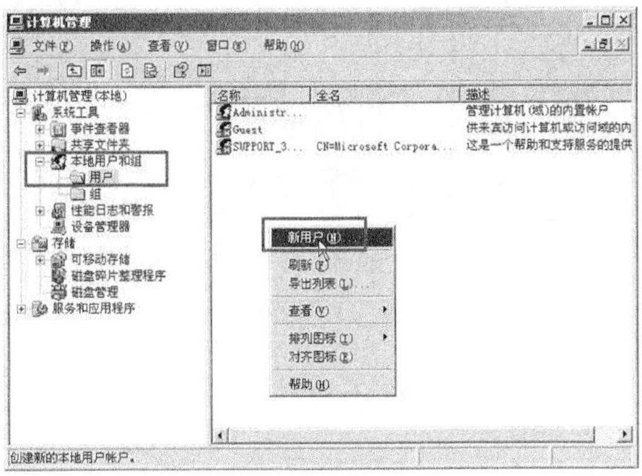

图 7-50　新用户

（2）在弹出的“新用户”对话框中，为各个店创建用户并设置密码，取消选中“用户下次登录时须更改密码”复选框，选择“用户不能更改密码”、“密码永不过期”复选框，如图 7-51 所示。

【说明】需要为每个店创建一个用户，这样以后也便于故障的排除。

（3）创建用户之后，还需要修改用户属性，在“拨入”选项卡中选中“允许访问”单选按钮，如图 7-52 所示。

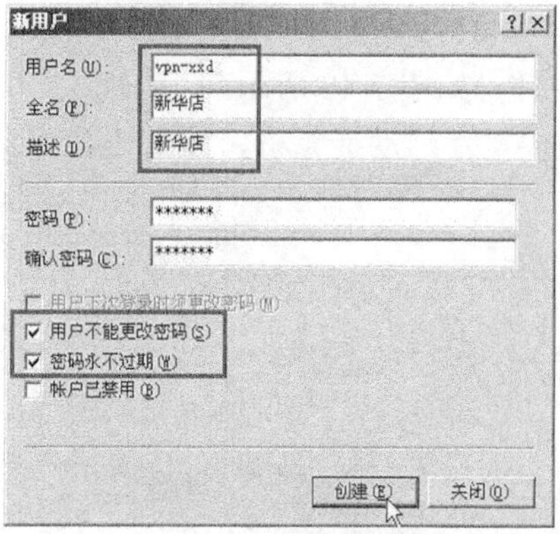

图 7-51 创建新用户

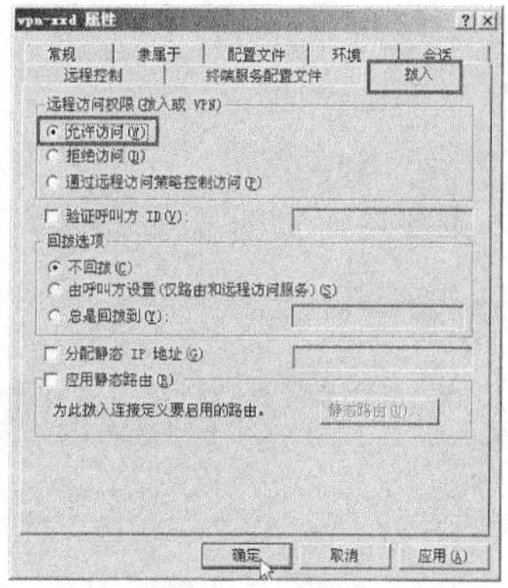

图 7-52 允许访问

7.1.11 管家婆服务器端设置

在配置好 VPN 服务器虚拟机之后，接下来配置管家婆服务器与工作站两个虚拟机。有关“管家婆”服务器端与工作站端的安装配置本文不做过多介绍，只是介绍计算机的配置。

启动管家婆服务器端的虚拟机，进入系统之后，修改计算机的名称为 GJP-SER，设置 IP 地址为 10.1.0.2，网关地址为 10.1.0.254，DNS 为 ISP 所提供，启用“远程桌面”，然后安装 SQL Server，安装管家婆服务器端配置，并根据单位需要配置账务，这些不一一介绍。当所需要的软件安装配置好后，整个系统占用内存大约为 2.23GB，CPU 使用 10%左右。如图 7-53 所示，这是某外贸连锁店管家婆服务器端的服务器截图。

图 7-53 系统占用资源及桌面截图

7.1.12 管家婆工作站端设置

启动“管家婆”工作站端虚拟机，进入系统之后，修改计算机名称为 gjp-ws_10.1.0.10，将连接外网的网卡设置 IP 地址为 192.168.100.202、网关为 192.168.100.1，将连接内网的网卡 IP 地址设置为 10.1.0.10，不需要设置网关地址。然后安装“管家婆”工作站端软件，并连接到管家婆服务器端 10.1.0.2，如图 7-54 所示。之后的设置则不做过多介绍。

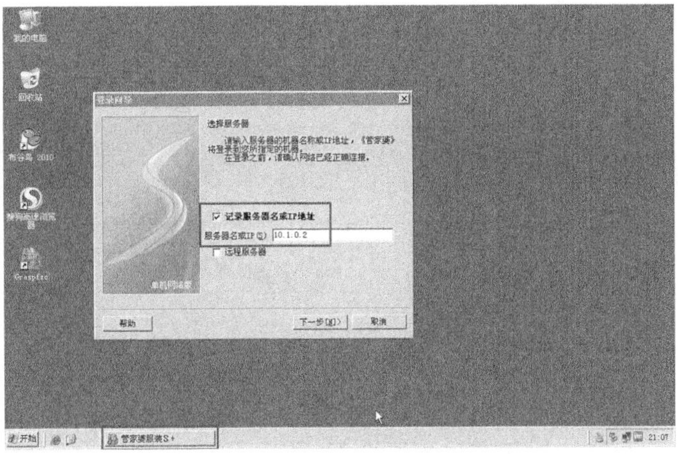

图 7-54　连接到服务器端

【说明】配置这台计算机，是为了每天晚上各加盟与连锁店闭店并断开网络后，财务或相关管理人员通过网络使用远程桌面登录到这台虚拟机，连接管家婆服务器端，对店里的零售小票进行过账。在以前，管理人员都是在单位加班，使用单位的机器进行这些工作。而使用本解决方案后，管理人员可以使用自己家里的计算机、平板（安装 RDP 管理软件）或手机连接到这个工作站盘进行过账的工作。

7.1.13　使用 Windows 连接管理器定制 VPN 客户端

在配置好 VPN 服务器端、管家婆的服务器端之后，各个加盟店或连锁店就可以创建 VPN 拨号连接。连接到 VPN 服务器之后，安装管家婆工作站，然后连接管家婆服务器端，就可以工作了。为了进一步减少加盟店或连锁店的负担，例如他们可能不会创建 VPN 连接，这时候，管理员可以创建经过打包的 VPN 拨号连接程序，将创建 VPN 拨号连接所需要的设置配置好，发给用户使用。

在客户端配置 VPN 连接时，设置步骤比较多。为了减轻最终用户的“负担”，管理员可以使用 Windows Server 2003 提供的“连接管理器管理工具”为 VPN 客户端进行“定制”。在 VPN 客户端上运行定制好的可执行程序，将自动创建到 VPN 服务器的连接，所有的设置（包括 VPN 地址、验证方法等）都已经被管理员设置好。下面介绍这种方法。

在一台 Windows Server 2003 计算机中，安装“连接管理器管理工具”。这台计算机不一定是 VPN 服务器，只要是任意一台 Windows Server 2003 计算机即可。

（1）在“控制面板”中双击“添加/删除程序”，在打开的“添加/删除程序”对话框中单击“添加/删除 Windows 组件”按钮，在打开的“Windows 组件向导”对话框中选择“管理和监视工具”，在打开的“管理和监视工具”对话框中选择“连接管理器管理工具包”，如图 7-55 所示。

（2）安装之后，选择“管理工具”→“连接管理器管理工具包”，进入“连接管理器管理工具包向导”对话框，单击“下一步”按钮。

（3）在“服务配置文件选择”对话框中，选中“新建配置文件”单选按钮，然后单击“下一步”按钮，如图 7-56 所示。如果要修改以前的配置文件，可以选中“现存配置文件”

单选按钮，并在下拉列表中选择文件。接下来的配置方法与“新建配置文件”的方法相同。

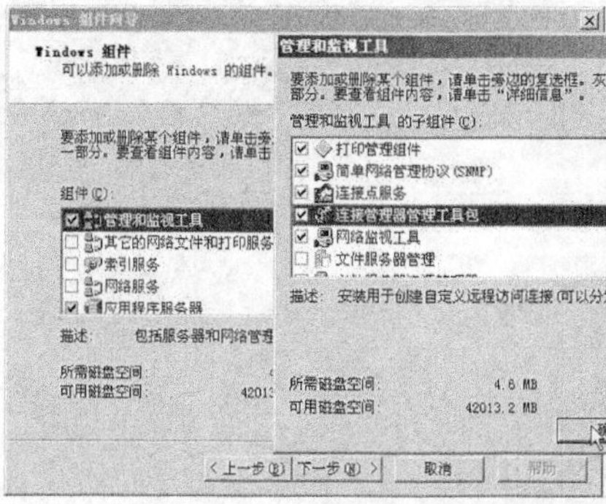

图 7-55　安装连接管理器管理工具包

（4）在“服务和文件名”对话框中，在“服务名”文本框中输入一个标识名称，此名称将在客户端连接或配置 VPN 时显示；在“文件名”文本框中输入一个对应的配置文件名，然后单击“下一步”按钮，如图 7-57 所示。

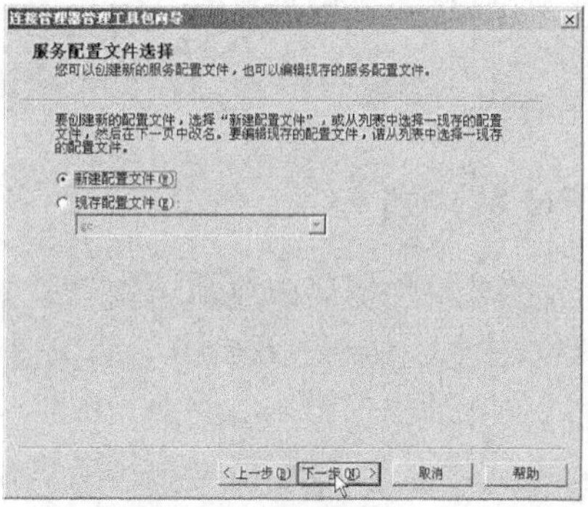

图 7-56　新建配置文件

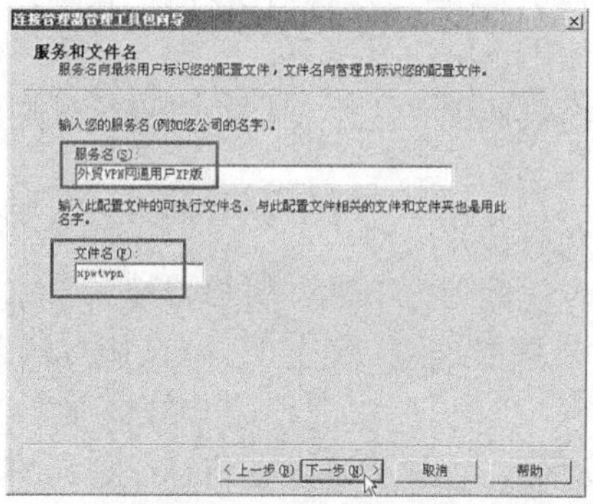

图 7-57　设置服务名和文件名

【说明】由于在使用连接管理器打包 VPN 时，会将 VPN 服务器的地址一同“打包”，所以在有电信、网通两个出口的 VPN 服务器中，需要做两个安装包，一个适用于网通的用户，一个适用于电信的用户。另外，Windows Server 2003 中的“Windows 连接管理器”适合于 Windows XP 及 Windows Server 2003 的用户，如果有 32 位或 64 位的 Windows Vista、Windows 7、Windows 8，则需要使用 Windows Server 2008、Windows Server 2008 R2 的“连接管理器”打包，这时候就又有适合于 XP、Vista 等版本的 VPN 客户端连接。所以，在此需要分清这几种情况。在本示例中，文件名为 xpwtvpn，服务名为“外贸 VPN 网通用户 XP 版”，说明当前打包好的适用于网通用户，系统是 Windows XP。如果是电信用户，在当前配置完成后，新建 xpdxvpn 配置文件，创建用于电信地址的 VPN 连接。

（5）在“领域名”对话框中，可以为 VPN 连接设置域名，一般情况下不需要添加。在此对话框中选择“不在用户名中添加领域名”单选按钮，然后单击“下一步”按钮，如图 7-58 所示。

（6）在“合并配置文件信息”对话框中，直接单击“下一步”按钮，如图 7-59 所示。

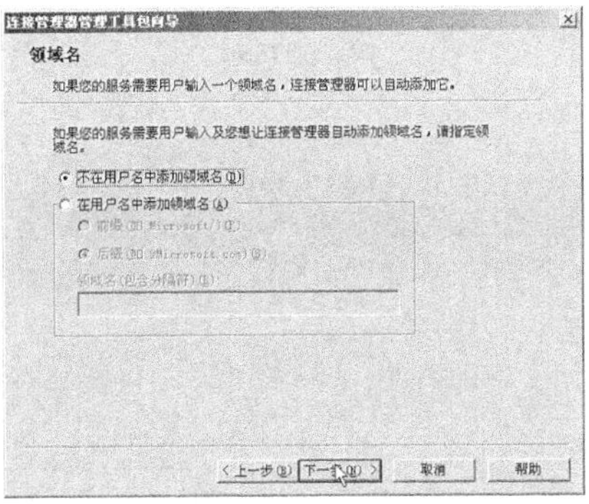

图 7-58　领域名

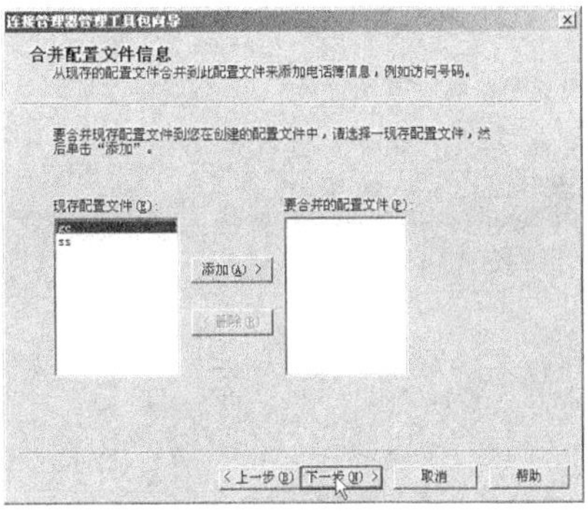

图 7-59　合并配置文件信息

【说明】在图 7-59 中，如果有“现存配置文件”，表示以前创建了配置文件，在此可以不用理会。

（7）在“VPN 支持”对话框中，选中“此配置文件的电话簿”复选框，在“VPN 服务器名或 IP 地址”选项组中，选中“总是使用相同的 VPN 服务器”单选按钮，并在其下的文本框中输入 VPN 服务器的地址。在本章中，该地址是 222.x1.x2.x3，然后单击“下一步”按钮，如图 7-60 所示。

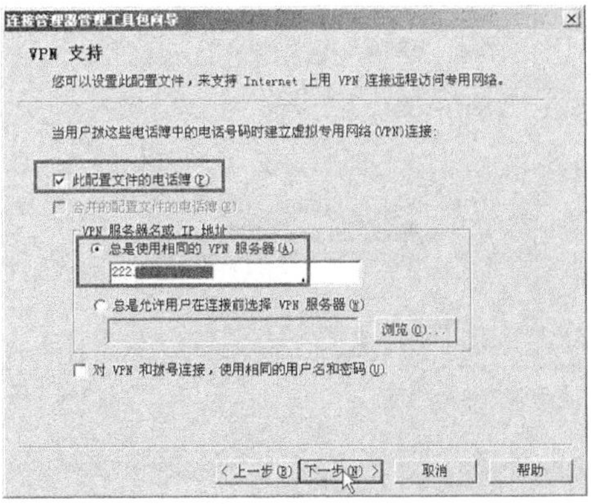

图 7-60　设置 VPN 服务器的地址

（8）在“VPN 项目”对话框的“虚拟专用网络项目”列表中，列出了 VPN 客户端连接配置的内容。单击“编辑”按钮，弹出“编辑虚拟专用网络项目”对话框，在“常规”选项卡中可以选择“禁用文件和打印共享”与“启用客户端登录到网络”复选框，如图 7-61 所示。

在图 7-61 中，选择默认值即可。在“TCP/IP 设置”选项卡中，可以设置 VPN 客户端的地址，通常这一项也要选择默认值，如图 7-62 所示。

在“安全”选项卡中，可以设置“基本安全设置”与“高级安全设置”。首先单击“基本安全设置”后面的“配置”按钮，弹出“基本安全设置”对话框，在此可以设置“用户身份验证方法”与“VPN 策略”，如图 7-63 所示。

然后单击“高级安全设置”后面的“配置”按钮，弹出“高级安全设置”对话框。在默认情况下，使用“身份验证方法”进行身份验证，并且默认为 Microsoft CHAP 与“Microsoft CHAP 版本 2”，如图 7-64 所示。

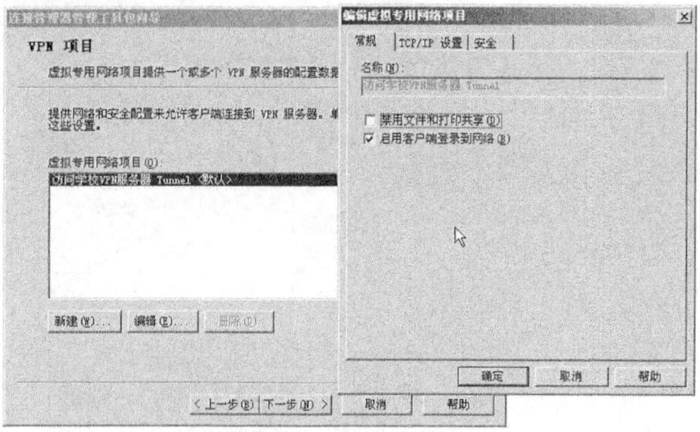

图 7-61 VPN 项目编辑

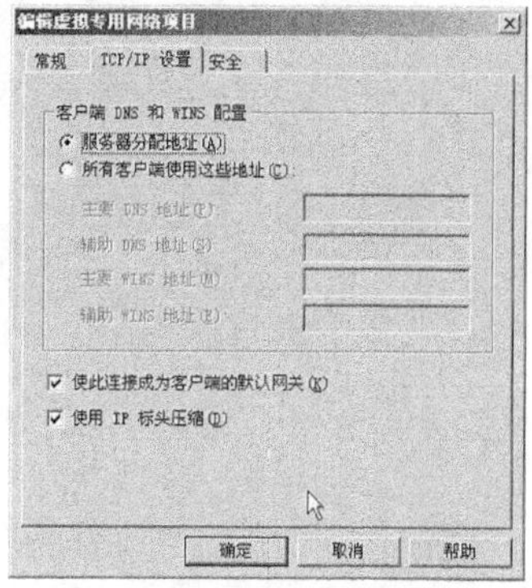

图 7-62 TCP/IP 设置

如果用户端使用“智能卡”或“证书”方法进行身份验证，则选择“使用可扩展的身份验证协议”单选按钮，并且在其下拉列表中选择“智能卡或其他证书”，然后单击“属性”按钮，在弹出的“智能卡或其他证书属性”对话框中选择是使用智能卡还是证书，并且在“受信任的根证书颁发机构”列表中选择使用的根证书服务器，如图 7-65 所示。

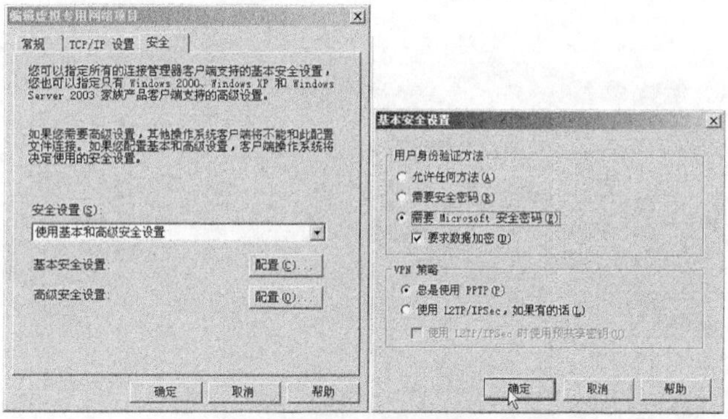

图 7-63 基本安全设置

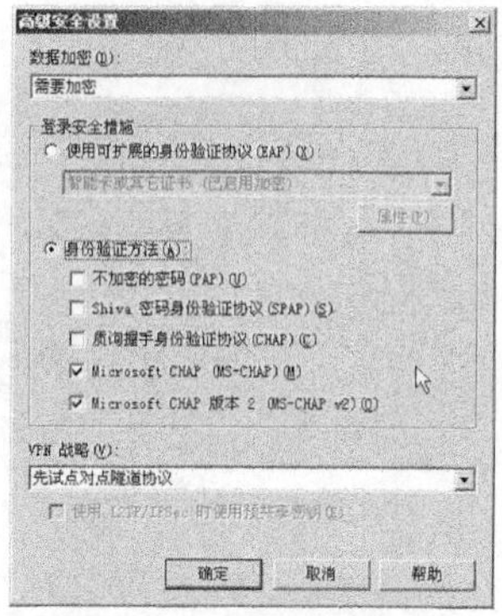

图 7-64 高级安全设置

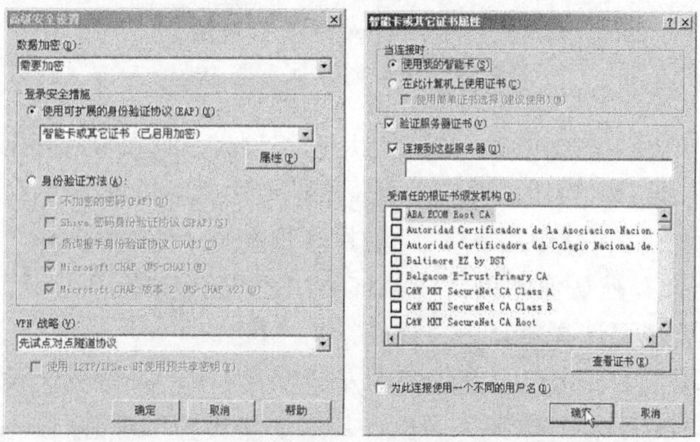

图 7-65 使用智能卡或证书进行身份验证

设置之后返回“VPN 项目”对话框，单击“下一步”按钮。

（9）在“电话簿”对话框中，取消选中“自动下载电话簿更新”复选框，单击“下一步”按钮，如图 7-66 所示。

（10）在“拨号网络项目”对话框中，单击“编辑”按钮，在弹出的对话框中可以编辑拨号网络项目，如图 7-67 所示。但现在已经很少使用拨号网络项目，所以直接单击“下一步”按钮。

（11）在“路由选择表更新”对话框中，先打开“记事本”，新建一个名为 addroute.txt 的文本文件，内容如下（见图 7-68），然后保存退出。

```
ADD 10.1.0.0 MASK 255.255.255.0 default METRIC default IF default
ADD 172.30.30.0 MASK 255.255.255.0 default METRIC default IF default
REMOVE_GATEWAY
```

单击“浏览”按钮，选择这个路由文件，如图 7-69 所示。

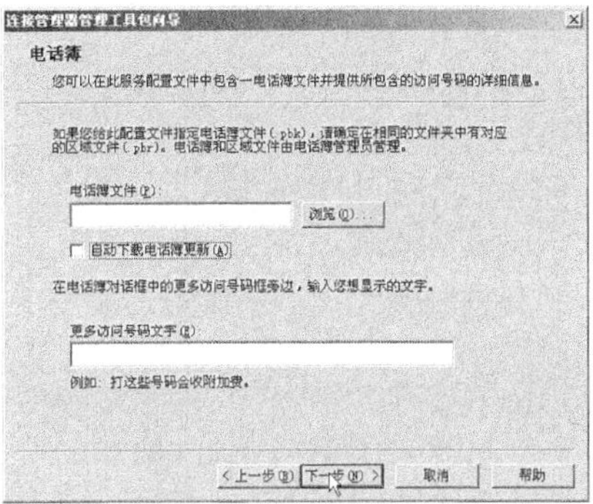

图 7-66　不使用电话簿

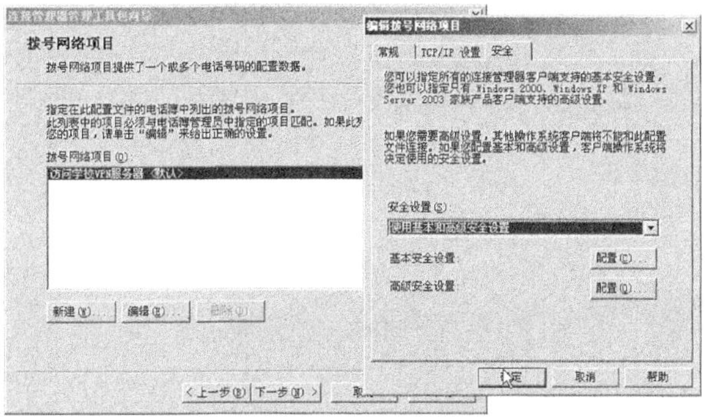

图 7-67　编辑拨号网络项目

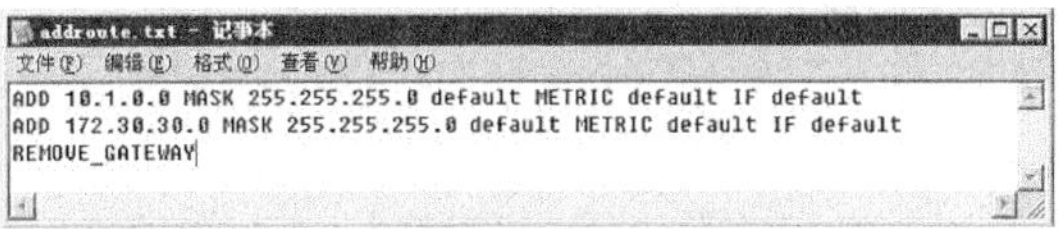

图 7-68　添加静态路由

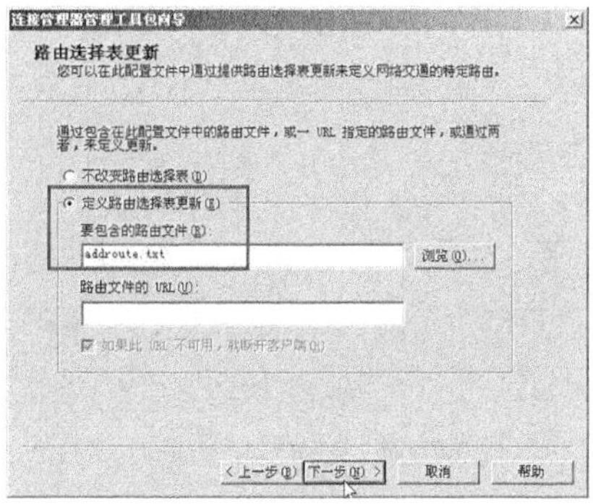

图 7-69　添加路由文件

【说明】经过这样设置之后，VPN 用户拨号之后，如果访问 Internet，则使用原来的线路，只有在访问 192.168.1.0/24 的网络时才使用 VPN 线路。

（12）在“自动代理配置”对话框中，单击“下一步”按钮。

（13）在“自定义操作”对话框中，单击“下一步”按钮，如图 7-70 所示。

（14）在“登录位图”对话框中，可以为 VPN 客户端拨号程序选择图片。如果要使用自定义的图片，图片大小必须是 330 像素×140 像素，并且可以在“预览”中看到选择的图片，也可以使用默认的图片，如图 7-71 所示。

（15）在“电话簿位图”对话框中，选择在“电话簿”对话框中显示的图片，这里使用系统默认的图片。

（16）在“图标”对话框中，选择连接管理器用户接口中显示的图片，这里使用系统默认的图片。

（17）在“通知区域快捷方式菜单”对话框中单击“下一步”按钮，如图 7-72 所示。

（18）在“帮助文件”对话框中单击“下一步”按钮，如图 7-73 所示。

（19）在“支持信息”对话框的“支持信息”文本框中输入相关信息，如图 7-74 所示，该信息将显示在登录对话框中（见图 7-85）。

（20）在“连接管理器软件”对话框中，选中“用此服务配置文件安装连接管理器 1.3 版”复选框，然后单击“下一步”按钮，如图 7-75 所示。

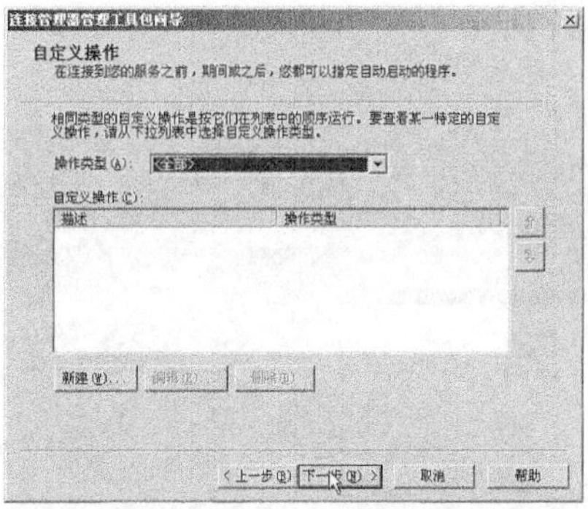

图 7-70　自定义操作

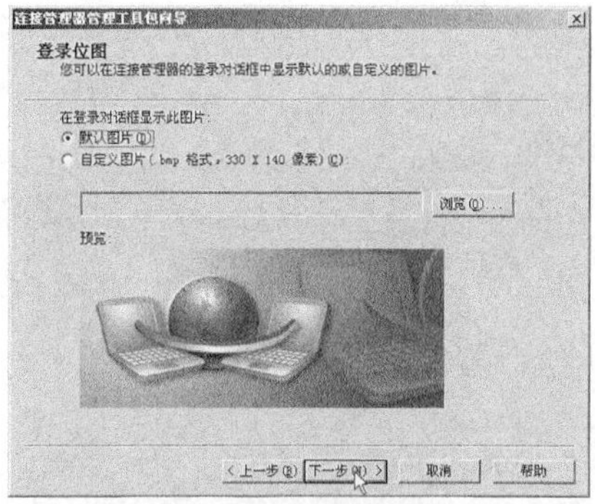

图 7-71　选择登录位图

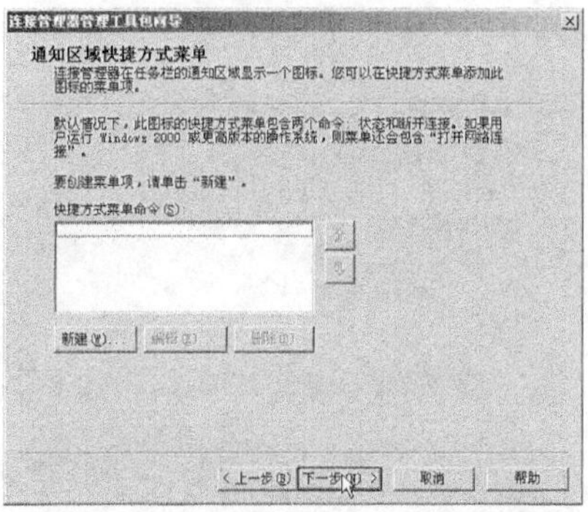

图 7-72　通知区域快捷方式菜单

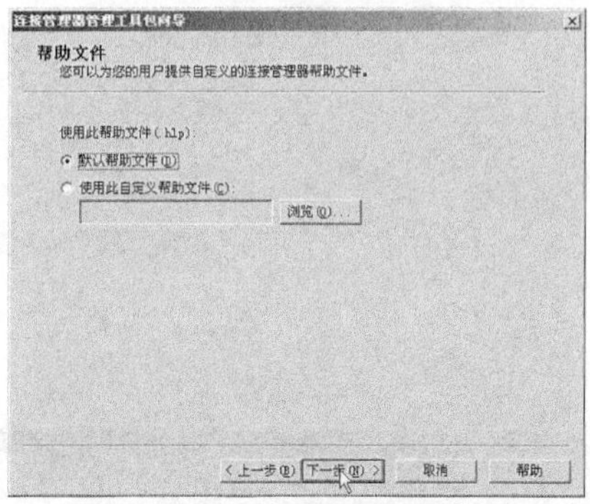

图 7-73　帮助文件

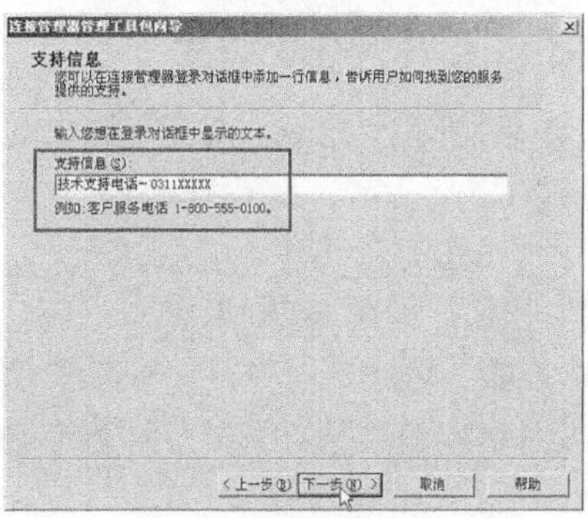

图 7-74　支持信息

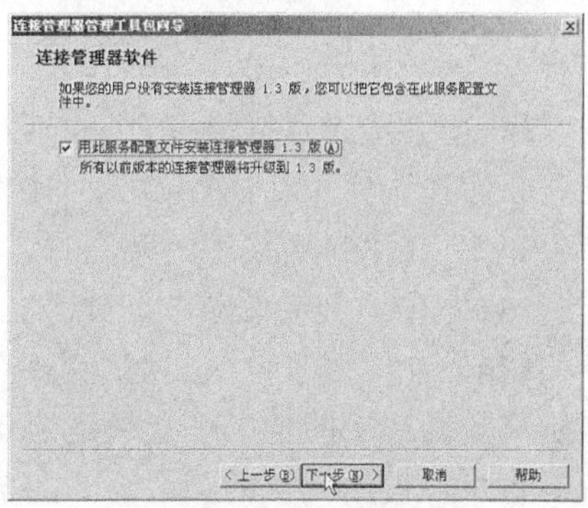

图 7-75　连接管理器软件

（21）在“许可协议”对话框中，选择一个包含安装信息的文本文件，如图 7-76 所示。该文本文件将在客户端安装时显示。

（22）在“其他文件”对话框中，可以添加要一同发布的文件，例如根证书文件，如图 7-77 所示。如果不需要附加其他文件，直接单击“下一步”按钮。

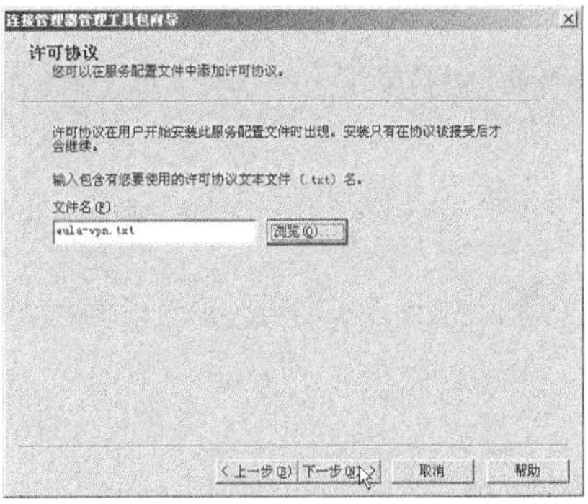

图 7-76　选择许可协议文件

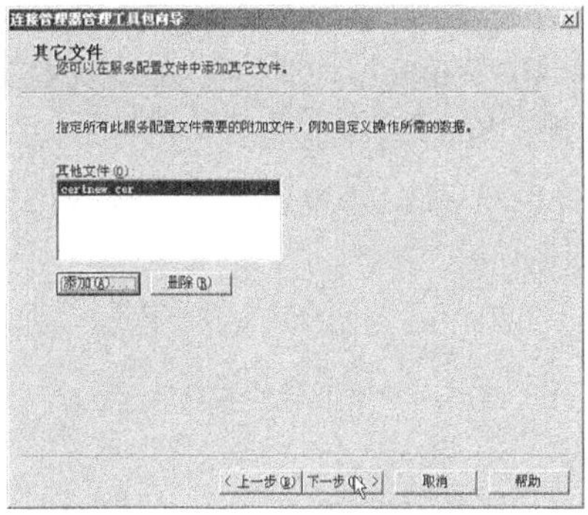

图 7-77　附加其他文件

（23）在“已准备好建立服务配置文件”对话框中，直接单击“下一步”按钮，如图 7-78 所示。

（24）在“完成‘连接管理器管理工具包向导’”对话框中，单击“完成”按钮，如图 7-79 所示。

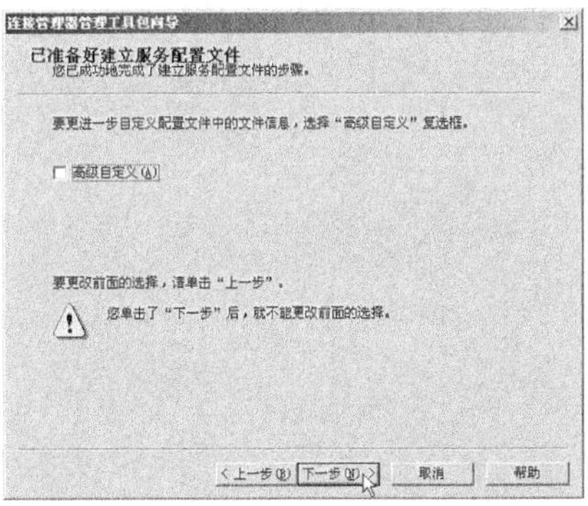

图 7-78　准备好建立服务配置文件

图 7-79　完成创建过程

（25）在图 7-79 中，记录下配置文件保存的路径。在本例中，该文件保存在 C:\Program Files\Cmak\Profiles\xpwtvpn 文件夹中。只要将 xpwtvpn.exe 文件发给用户即可，其他文件则不需要，如图 7-80 所示。

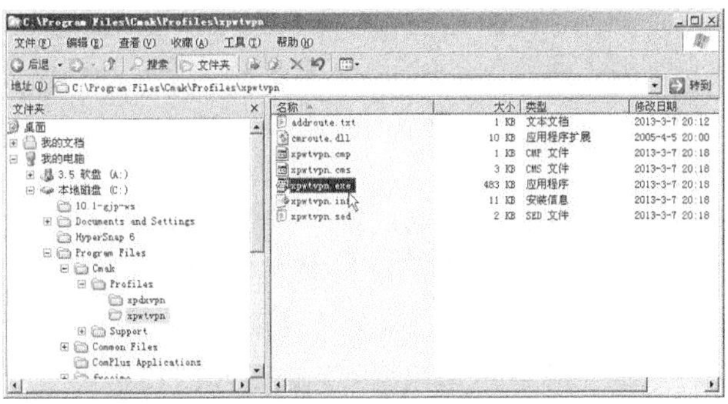

图 7-80　复制配置文件

然后将 xpwtvpn.exe 发给客户端，安装并运行该程序即可。

7.1.14　在 Windows XP 客户端使用打包后的配置文件

在 Windows XP 客户端（或者 Windows 2000、Windows Server 2003）打开图 7-80 中的文件，双击运行进入安装程序。

（1）在“您想要安装外贸 VPN 网通用户 XP 版吗？”提示框中单击“是”按钮，如图 7-81 所示。

（2）在弹出的对话框中选择当前连接供哪些用户使用，并且选择是否要在桌面上创建快捷方式，如图 7-82 所示。

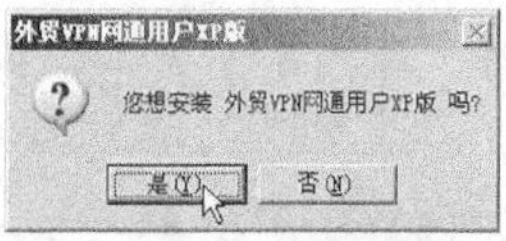

图 7-81　是否安装

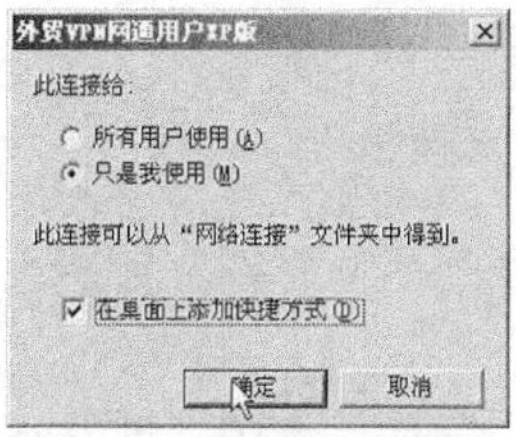

图 7-82　添加快捷方式

（3）安装完成后，会在“网络连接”中创建“外贸 VPN 网通用户 XP 版”的连接。在使用之前需要简单设置一下。右击该链接，在弹出的快捷方式中选择“属性”命令，如图 7-83 所示。

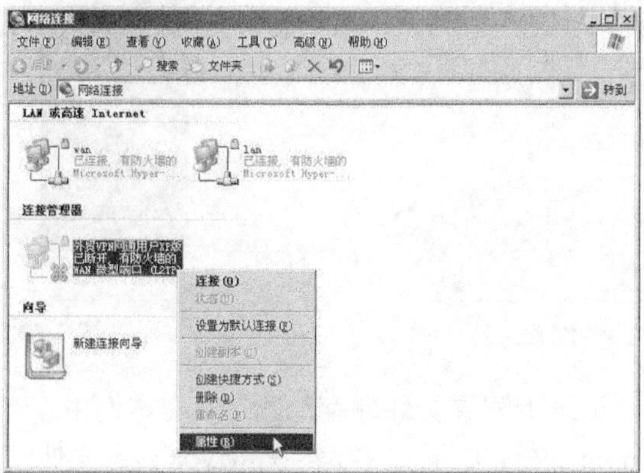

图 7-83　连接属性

（4）在“外贸 VPN 网通用户 XP 版属性”对话框中，在“选项”选项卡中，在“断开之前的空闲时间”下拉列表中选择“从不”，如图 7-84 所示，然后单击“确定”按钮完成设置。如果不这样设置，当 VPN 用户的空闲时间达到 10 分钟时，默认会断开 VPN 连接。经过这样设置之后，连接会持续。

之后双击该连接，进入 VPN 客户端拨叫程序，输入“用户名”和“密码”后，选中“保存密码”及“自动连接”复选框，然后单击“连接”按钮即开始连接 VPN 服务器，如图 7-85 所示。

以后用户可以双击桌面上该连接的快捷方式，启动程序拨叫 VPN 服务器，在此不再介绍。

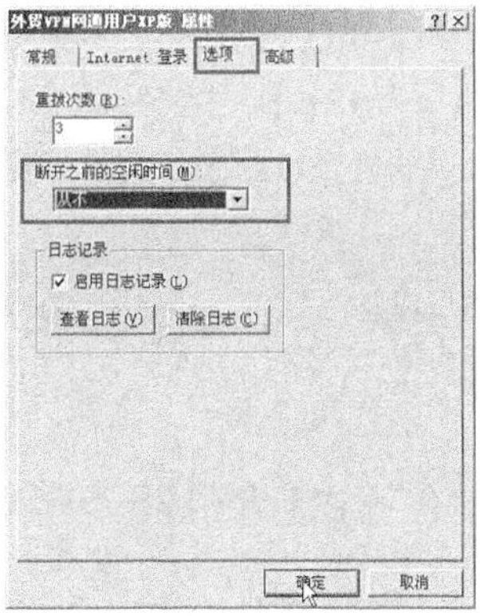

图 7-84　选项

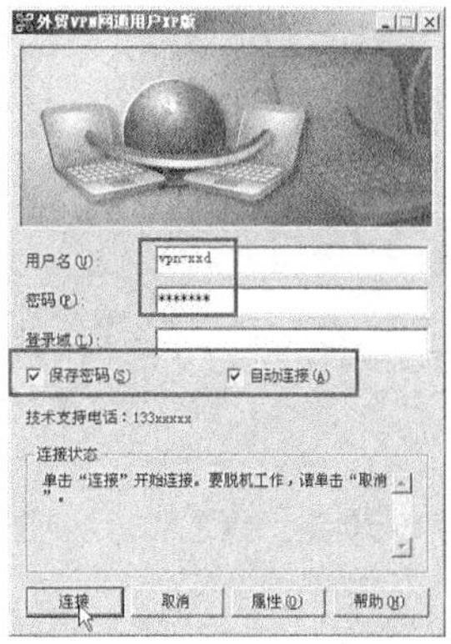

图 7-85　拨叫 VPN 服务器

在连接 VPN 之后，即可以安装“管家婆”客户端软件，连接并登录管家婆服务器端，这些不一一介绍。

图 7-86 所示为该外贸连锁 VPN 服务器的连接情况。

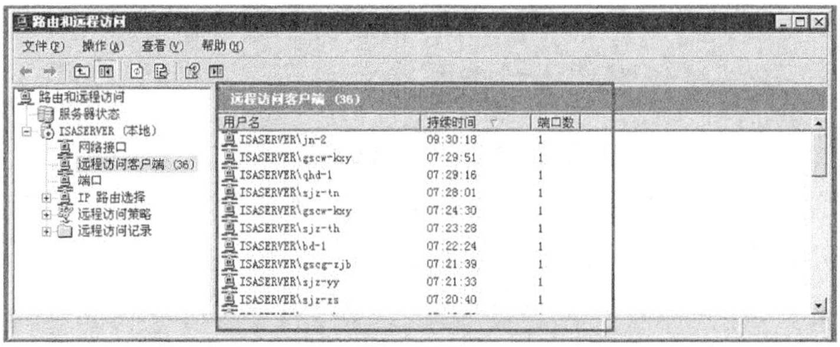

图 7-86　VPN 服务器连接情况

7.1.15　本方案后续改进

在本方案中，将 VMware ESXi 与 ISA Server 所管理的“管家婆”服务器端，划分了 10.1.0.0/24 网段，而为了管理 VMware ESXi，为 VMware ESXi 划分了 172.30.30.0/24 网段。而 ISA Server 的“外网”是 192.168.100.0/24 网段。实际上，也可以将 VMware ESXi 的管理地址使用 192.168.100.0/24 的网段，例如为其分配 192.168.100.250 的地址。如果要远程管理 VMware ESXi，只需要在路由器上，映射 TCP 的 443 及 902 端口到 192.168.100.250，即可以通过 Internet，连接到双 WAN 路由器的外网地址，即可以重新映射 VMware ESXi，此时网络拓扑如图 7-87 所示。

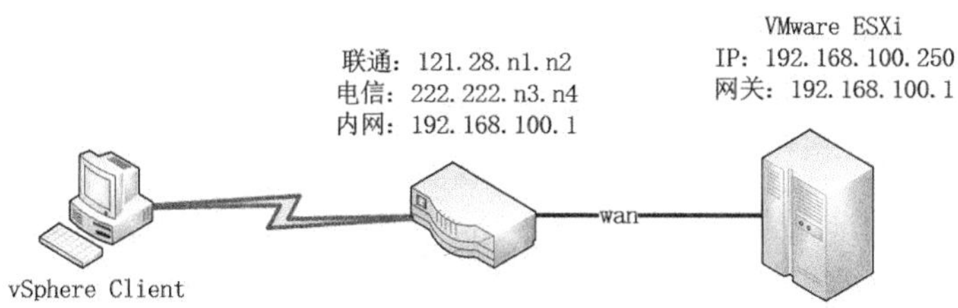

图 7-87　映射端口远程管理 VMware ESXi

使用 192.168.100.250 的双 wan 口路由器的 LAN 地址，可以直接通过外网地址管理，避免由于 ISA Server“死机”或出故障引发的问题。当然，为 ISA Server 使用 172.30.30.0/24 的虚拟地址段，也是为了更加的安全。具体的实际中如果分配、规划，还要看用户的需求。

7.2 某房产中介服务器托管及安全方案（3IP 单服务器方案）

某公司是石家庄较大的房产中介公司，在省会有 150 多个中介门店，每个店有 5～10 台不等的工作站。

公司较早使用了计算机及网络进行管理，这包括公司的人事系统，出租、出售房源的登记、查找、交易系统。各门店主要是联通的线路，也有一部分使用电信或铁通线路。为了进行房源的登录、查找、交易等，公司专门开发了一台管理 B/S 架构的管理系统，通过网络进行管理。服务器托管在江西的双线机房（前几年石家庄没有专业的双线机房），在初期效果较好。但现在随着业务量的增加，各门店反映连接江西服务器的速度不稳定，有时快有时慢，还有的时候不能连接，已经影响了公司的业务。

7.2.1 中介服务器托管解决方案概述

为了解决这个问题，公司准备新购买一台服务器，并将服务器托管在石家庄当地的双线机房（通过网络将江西的数据库及相关数据下载到本地新服务器上），最后通过修改 DNS 的方式，更改 DNS 的 A 记录，来实现线路从江西切换到石家庄。

因为新购买的服务器配置较高（拟购买 Dell R720，2 个 6 核心 CPU（Intel E5-2620）、32GB 内存、4 到 6 块硬盘做 RAID10），也为了提高托管服务器的安全性，准备采用虚拟化技术，将网站及数据库放在虚拟机中，在虚拟机前安装 Forefront TMG 2010 软件防火墙，增加安全性。另外，在 Forefront TMG 发布网站时，可以增加“时间限制”，只让各门店在每天早晨 7 点到晚上 9 点能浏览后台网站，其他时间则不能浏览业务网站。采用虚拟化后网络拓扑如图 7-88 所示。

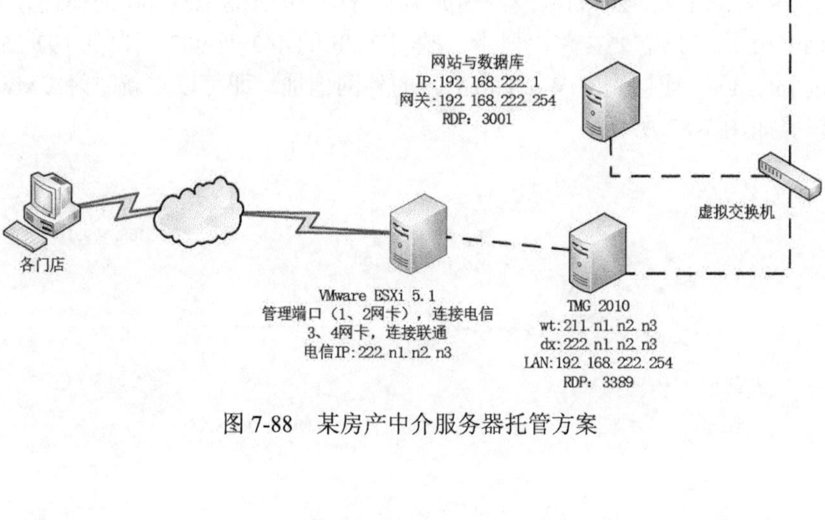

图 7-88 某房产中介服务器托管方案

在本方案中，需要用到 3 个合法的 IP 地址，有两个电信的 IP 地址，1 个联通的 IP 地址，其中 1 个电信的 IP 地址配置在 VMware ESXi 主机上，用于管理，另外 1 个电信及 1 个联通的 IP 地址，配置在 Forefront TMG 的虚拟机中，用于业务网站（由 TMG 转发到由其保护的后台网站虚拟机中）。

在本方案中，我们为服务器安装 VMware ESXi 5.1 的系统，之所以不用 5.5 的版本是由于在 vSphere Client 中，只能管理虚拟机硬件版本为 9 的虚拟机，不能修改虚拟硬件版本为 10 的虚拟机。但在 vSphere Client 5.5 客户端中，可以将 VMware ESXi 5.5 的虚拟机升级到虚拟硬件版本 10，这样使用传统的客户端将不能修改该虚拟机配置，只能使用 vSphere Web Client，但 vSphere WebClient 需要 vCenter Server 的支持，在只有一台 VMware ESXi 时，使用 vCenter Server 意义不大。对于大多数的用户来说，在单台 VMware ESXi 时，使用 VMware ESXi 5.1 与 5.5，区别不大。

在本案例中，我们将通过以下主要内容介绍。

- Dell R410/710/910 系列服务器 RAID 配置。
- 使用 VMware ESXi 5.1 的 Dell 专用版本安装。
- 配置 VMware ESXi 存储、时间、网络。
- 模板及各虚拟机的准备。
- 配置 Forefront TMG 虚拟机并安装相关系统。
- 配置网站与数据库虚拟机并安装配置相关系统。
- 客户端测试。

7.2.2　Dell 服务器配置 RAID 方法

在下面的截图中，服务器安装了 4 块 600GB 的硬盘，准备划分为 RAID10（以实现较高的 IOPS 值），其中第 1 个分区为 30GB 用于安装 VMware ESXi，剩余的空间为第 2 个分区，用作 VMware ESXi 数据存储。划分 RAID 的操作步骤如下。

（1）开机启动 Dell 服务器，当出现“PowerEdge Expandable RAID Controller BIOS”对话框时，按 CTRL+R 热键，如图 7-89 所示。

（2）进入 RAID 卡配置界面之后，可以看到，当前有 4 块 558.37GB 的硬盘（即 600GB 的硬盘），当前没有 RAID 卡配置信息（显示“No Configuration Present !”），如图 7-90 所示。

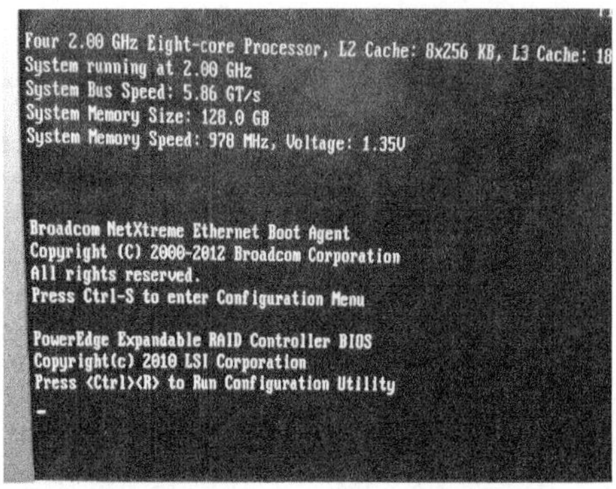

图 7-89　按 Ctrl+R 进入 RAID 卡配置界面

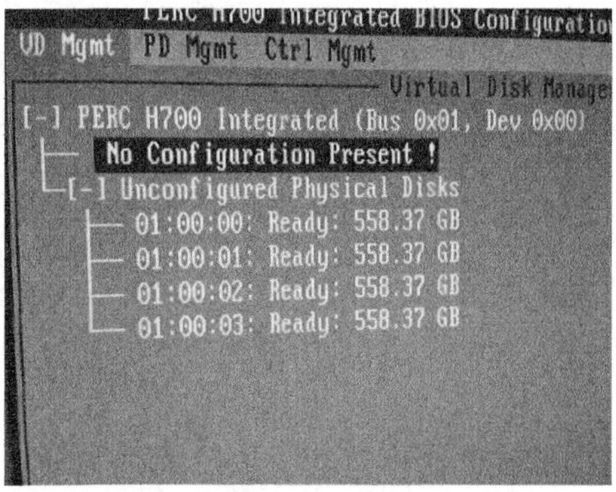

图 7-90　没有配置 RAID 信息

（3）移动光标到“No Configuration Present !”这一行，按 F2 键（屏幕下面有提示），出现快捷菜单后选择“Create New VD”，如图 7-91 所示。

（4）在“Create New VD”对话框，在“RAID Level（RAID 级别）”按回车键，显示可供选择的项。如果只有两个硬盘，则选择项是 RAID0 或 RAID1。如果有 3 块硬盘时，可供选择项是 RAID0 及 RAID5。当有 4 个及更多的偶数硬盘时，可供选择的项是 RAID0、RAID1、RAID5、RAID6 及 RAID10，如图 7-92 所示。

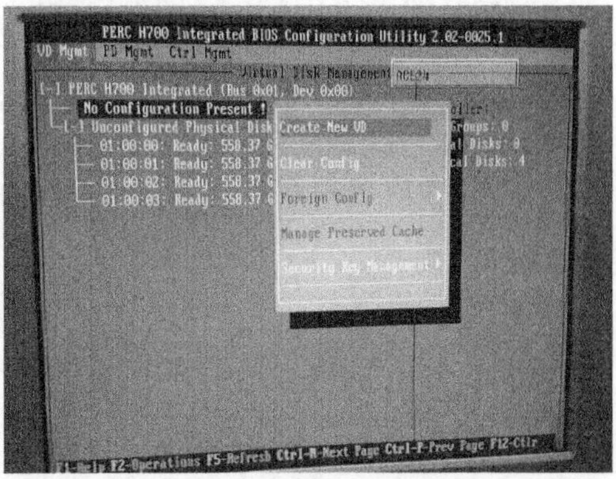

图 7-91 新建 VD

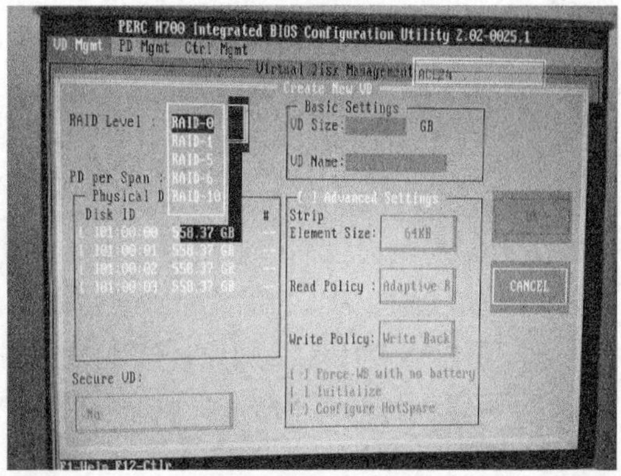

图 7-92 RAID 级别

（5）在本此配置中选择 RAID10，然后在“Physical Disks（物理磁盘）”列表中，选择要使用的磁盘（按空格键选择，选中之后前面会有 X），之后在右侧“VD Size”后面设置创建逻辑分区的大小，在此选择 30G（实际上 10GB 就足够用来安装 VMware ESXi 了），在“VD Name”后面设置卷的名称，在此设置为 OS，之后移动光标到“OK”处按回车键，如图 7-93 所示，这样创建了第一个逻辑磁盘。

（6）返回到 RAID 配置界面之后，可以看到已经创建了一个 30GB 的分区，然后移动光标到“Total Free Capacity”→“Free Capacity”处，按 F2，在弹出的对话框中选择“Add New VD”，在剩余空间创建新的逻辑分区，如图 7-94 所示。

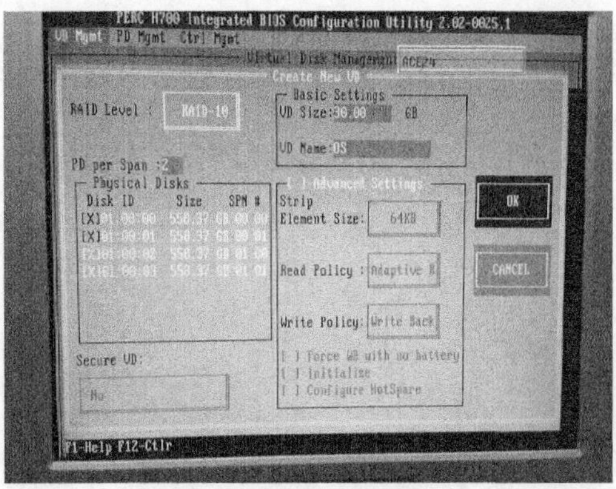

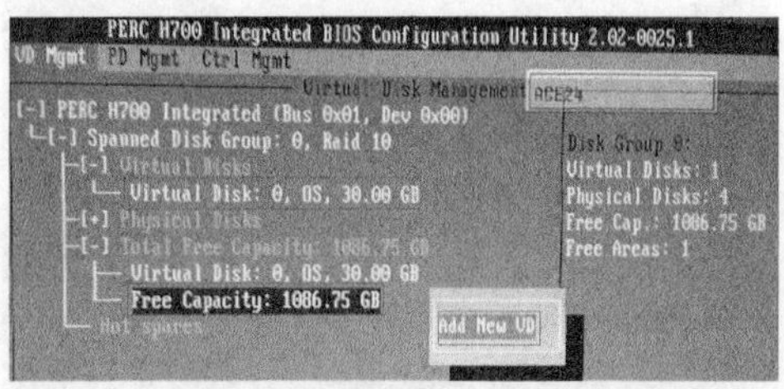

图 7-93 创建第 1 个逻辑分区

图 7-94 在剩余空间新建分区

（7）之后再剩余的空间，创建第 2 个逻辑分区，并设置分区的名称为 Data，如图 7-95 所示。

（8）返回到 RAID 配置界面之后，选择第 1 个 30GB 的磁盘，按 F2，在弹出的快捷菜单中选择“Initialization→Fast Init”，快速初始化卷，如图 7-96 所示。然后将第 2 个磁盘也进行初始化操作。

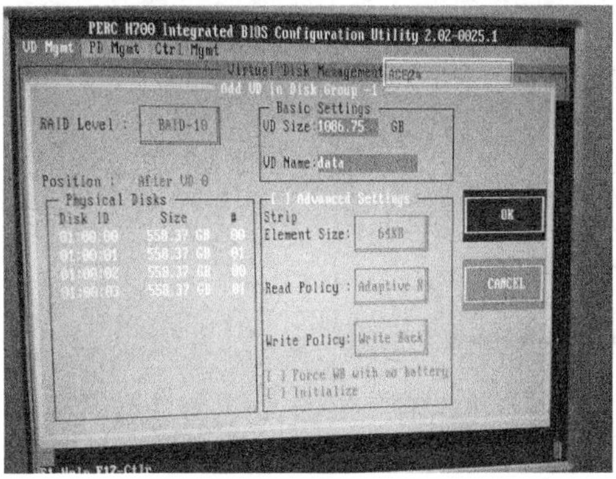

图 7-95 创建第 2 个逻辑分区

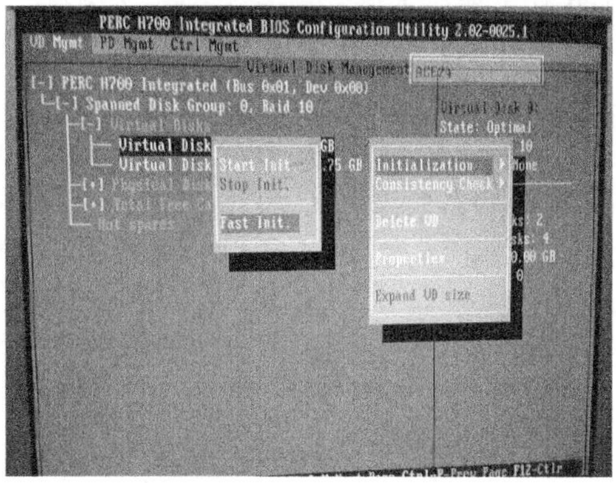

图 7-96 初始化磁盘

（9）之后按 ESC，退出 RAID 卡配置程序，之后按 Ctrl+Alt+Del 组合键重新启动服务器，至此 RAID 卡配置完成。

最后，如果你要使用的 U 盘启动服务器，并通过 U 盘安装系统，请按 F2 键进入 CMOS 设置，在“Boot Settings”，将 Boot Mode 从 UEFI 改为 BIOS，如图 7-97 所示，这样才能用大多数 U 盘启动。

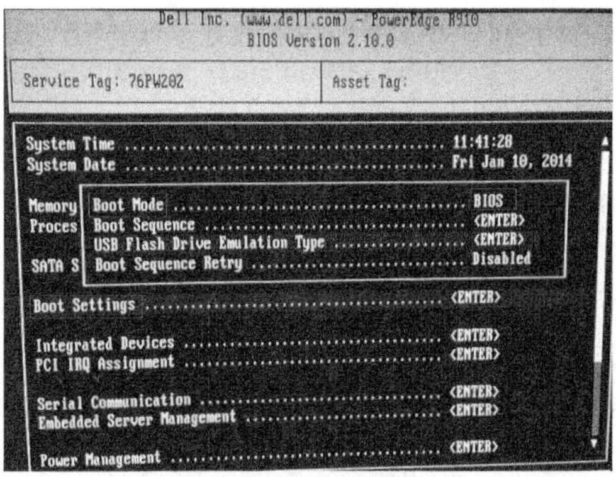

图 7-97 修改引导模式

7.2.3 使用 Dell 专用版本安装 VMware ESXi

在 Dell、HP 等较新型号的服务器上安装 VMware ESXi 5.x 时，需要使用 VMware 公司专门为这些服务器定制的版本，如果使用通用版本，则会提示找不到网卡（如图 7-98 所示），造成安装失败。

目前 VMware 公司专门为 Dell 定制的 5.x 版本有 5.0、5.1、5.5 系列，文件名分别为 VMware-VMvisor-Installer-5.0.0-504890.x86_64-Dell_Customized_RecoveryCD_A04.iso 、VMware-VMvisor-Installer-5.1.0.update01-1065491.x86_64-Dell_Customized_RecoveryCD_A

00.iso、VMware-VMvisor-Installer-5.5.0-1331820.x86_64-Dell_Customized_A01.iso，大小分别为 293M、308M、327MB。VMware 专门为 HP 定制的 5.x 版本有 5.1 及 5.5，文件名分别为 VMware-ESXi-5.1.0-799733-HP-5.32.5.iso、VMware-ESXi-5.5.0-1331820-HP-5.71.3-Sep2013.iso，大小分别为 316M 到 342M，下载之后的文件名、大小如图 7-99 所示。

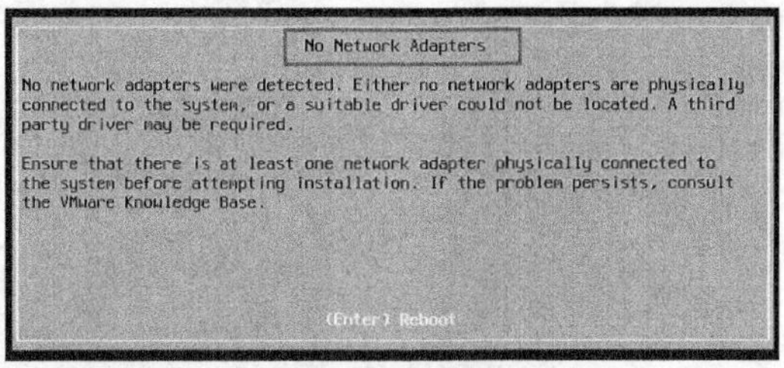

图 7-98 找不到网卡

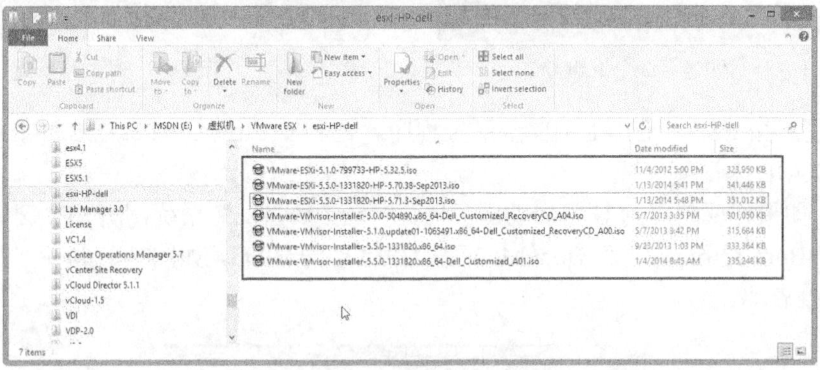

图 7-99 VMware ESXi 各版本

如果是 IBM 或其他的服务器，则使用 VMware 官方的安装程序（文件名为 VMware-VMvisor-Installer-5.1.0-799733.x86_64.iso，大小为 300M，或 VMware-VMvisor-Installer-5.5.0-1331820.x86_64.iso，大小为 325M）安装即可。不能将 HP 或 Dell 的安装镜像用于其他的服务器（可能有的时候也可以，但有的时候会有提示这是某某服务器专用版本，不适合当前的服务器）。

在选择了正确的镜像之后，可以通过刻录光盘、使用启动 U 盘加载对应的 ISO 镜像（例如使用“电脑店 U 盘启动工具”制作的启动 U 盘，只要将 VMware ESXi 安装光盘镜像放在启动 U 盘的 DND 文件夹中，当 U 盘启动后，选择搜索 DND 目录中的启动文件，并选择对应的版本启动即可），或者通过配置 TFTP 服务器从网络引导安装，或者使用服务器的管理工具，例如 HP 的 iLO、IBM 的 IMM 等加载镜像，或者使用 KVM 加载镜像。无论使用何种方式，启动 VMware ESXi 之后，将系统安装在上一节所规划创建的 30GB 分区上即可，这些不再介绍。**在安装完 VMware ESXi 之后，按 F2 键进入控制台，先暂时为 ESXi 设置一个管理地址，例如 192.168.222.250，在搬去机房前暂时使用这个地址进行管理、配置，等配置完成之后，再修改为机房分配的地址。**

根据图 7-88 所规划的，服务器的第 1、2 块网卡连接电信的网线，第 3、4 块网卡连接网通的网线。而直接通过 Internet 远程管理的地址亦是一个电信的地址，另 2 个地址将用于 Forefront TMG 的虚拟机。所以在设置暂时的管理地址 192.168.222.250 时，选择管理网卡为第 1、2 网卡。

【说明】由于服务器有 4 块网卡，所以每 2 个网卡作为一组，共分两组。在将服务器托管到机房后，只要在第 1、2 网卡中的其中一个连接到电信交换机上，将第 3、4 网卡其中一个连接到网通交换机即可。

在安装配置好 VMware ESXi 管理地址之后，在“配置→网络”中，修改第 1 个标准交换机 vSwitch0 的“虚拟机端口组”为 dx（表示“电信”的意思）；然后添加第 2 个标准交换机（绑定第 3、第 4 块网卡），修改虚拟机端口组为 wt（表示“网通”的意思）；添加第 3 个标准交换机（不使用网卡），修改虚拟机端口组为 lan，如图 7-100 所示。

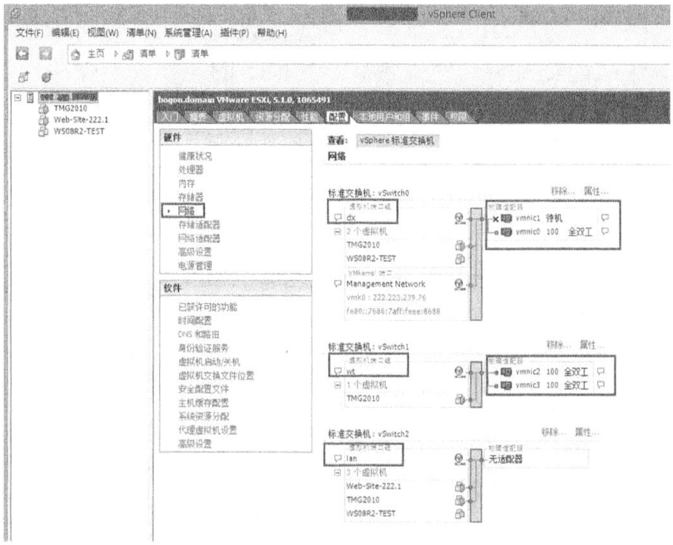

图 7-100　标准交换机及虚拟机端口组设置

之后，在“配置→存储器”中，将第 2 个逻辑分区添加到 VMware ESXi 本地存储中，并修改两个存储的名称，安装系统的则命名为 OS，存储数据的则为 Data，如图 7-101 所示。

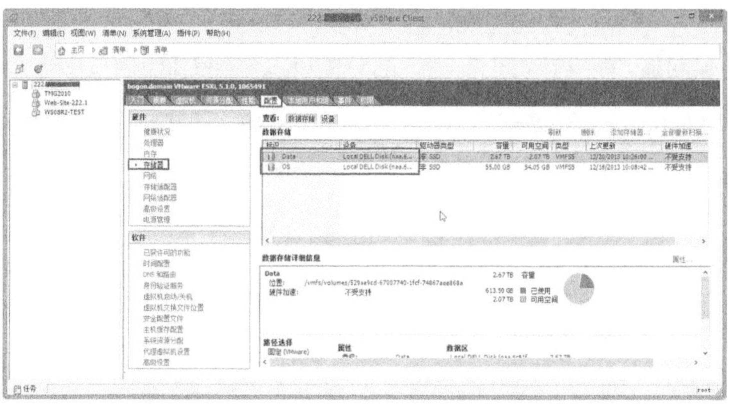

图 7-101　添加存储

最后，浏览 Data 数据存储，在该存储中创建 ISO 的文件夹，并上传 Windows Server 2008 R2、Forefront TMG 2010、SQL Server 2008 R2 等安装镜像到该存储中，以方便后期的管理使用，如图 7-102 所示。

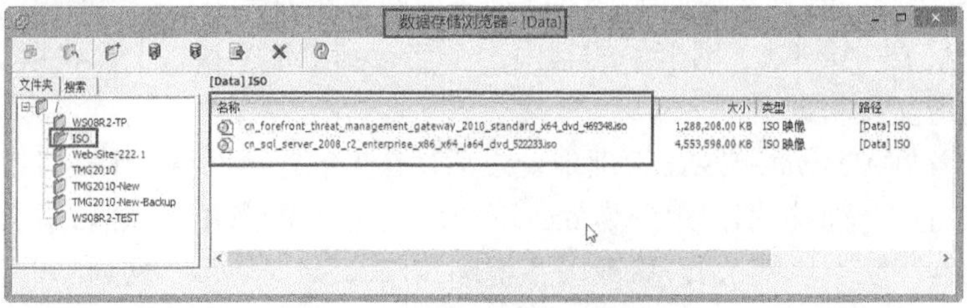

图 7-102 上传镜像到数据存储中

【说明】在连接管理 VMware ESXi 时，强烈建议管理工作站与服务器之间使用千兆网络连接，如果没有千兆的交换机，使用带有千兆网卡的工作站，使用一条“直通”的网线连接服务器与工作站也可。

7.2.4 准备 Windows 2008 R2 的模板虚拟机

在本方案中，由于服务器配置较高，另外，所有的系统（Forefront TMG 及中介管理系统），都是运行在 Windows Server 2008 R2 操作系统中，故本方案中所使用的虚拟机安装的都是 Windows Server 2008 R2 操作系统。为了方便后期的管理，可以创建一个名为 WS08R2-TP 的虚拟机，在该虚拟机中安装操作系统，并升级到最新的补丁，等所有补丁升级完成，安装必备常用软件（压缩解压缩、输入法等）后，运行 sysprep 并关闭虚拟机，并从虚拟机“清单”中清除这个虚拟机，以后复制该虚拟机硬盘作为模板使用即可。下面我们简要介绍这些内容，主要步骤如下。

（1）创建 Windows Server 2008 R2 的虚拟机。使用 vSphere Client 登录到 VMware ESXi，创建名为 WS08R2-TP 的虚拟机，为该虚拟机分配 2 个 CPU（虚拟插槽数为 2，这与为其分配 1 个插槽，每插槽 2 个内核是不同的）、2GB 内存，虚拟机网卡为 lan，虚拟硬盘为 60GB 精简配置，如图 7-103 所示。另外，在“虚拟机配置→选项→高级→内存/CPU 热挺拔”中，选中“为此虚拟机启用内存热添加”及“仅为此虚拟机启用 CPU 热添加”的配置，如图 7-104 所示。对于 Windows Server 2008 R2、Windows Server 2012 等虚拟机，可以启用内存及 CPU 的热添加功能，即虚拟机正在运行的时候可以添加 CPU 插槽的数量及内存的数量。

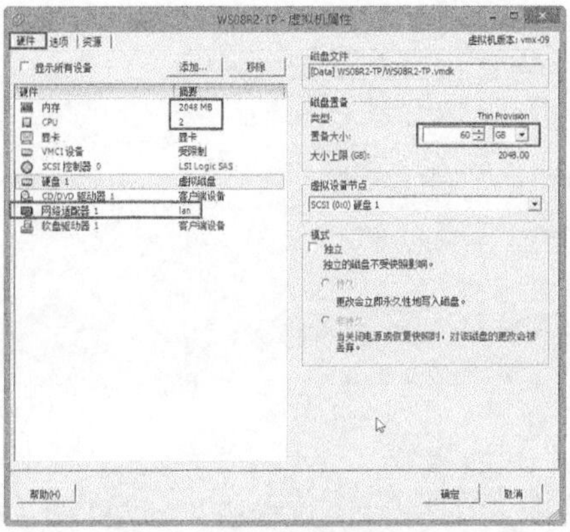

图 7-103 虚拟机配置

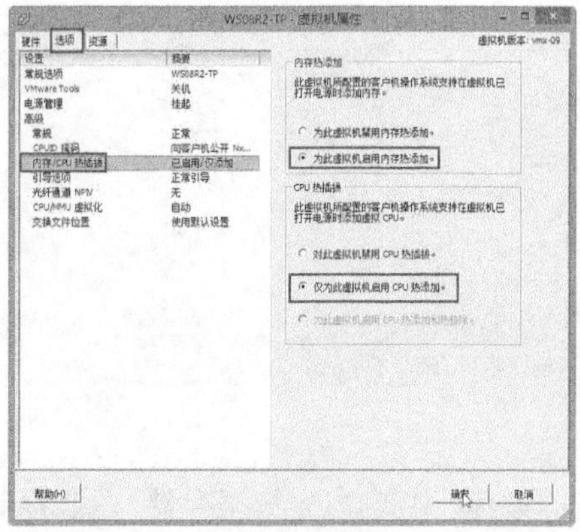

图 7-104 启动内存及 CPU 热添加

（2）之后启动该虚拟机并安装 Windows Server 2008 R2 操作系统，在安装的时候将硬盘划分为一个分区，安装系统之后安装 VMware Tools，使用 KMS 激活系统，并安装 WinRAR 及其他必需的软件，以及进行必要的配置（例如登录前不需要按 Ctrl+Alt+Del 组合键，取消增强 IE 配置等，这些不一一介绍）。最后使用“Windows Update”，更新系统到最新，如图 7-105 所示。更新系统完成之后，重新启动计算机。再次执行 Windows Update，直到所有的补丁更新完成。

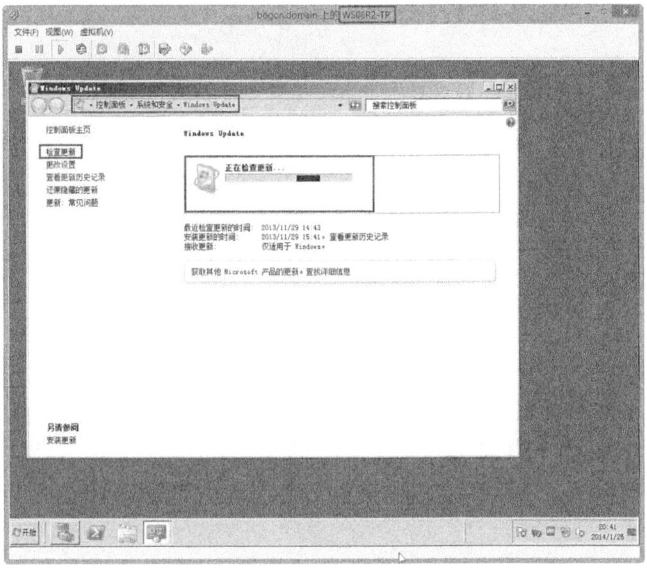

图 7-105　运行系统更新

（3）最后进入命令提示窗口，进入 c:\windows\system32\sysprep 文件夹执行 sysprep /generalize，在“关机选项”选择“关机”，如图 7-106 所示，至此 Windows Server 2008 R2 模板虚拟机准备完成。

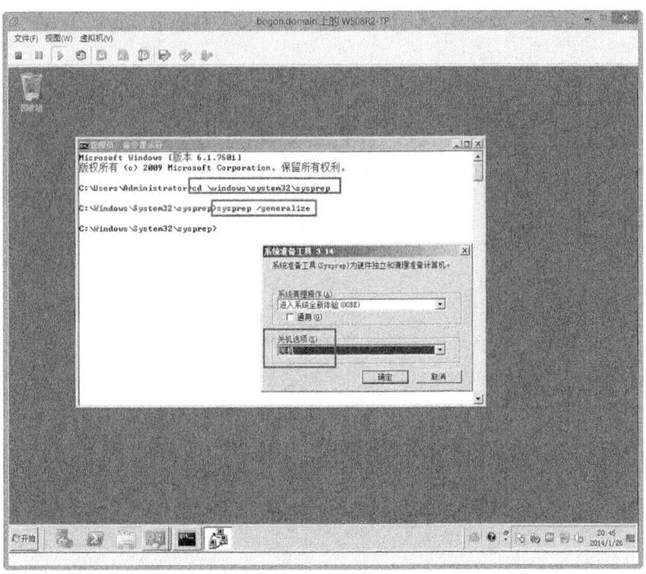

图 7-106　执行系统准备工具

（4）当系统工具执行完成后，Windows Server 2008 R2 的模板虚拟机关机，在 vSphere Client 中，右击 WS08R2-TP 虚拟机，选择“从清单中移除”，如图 7-107 所示。这样该虚拟机将不会再显示在清单中。

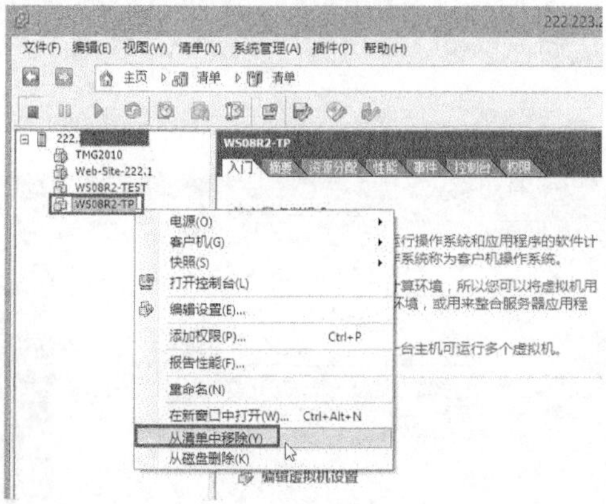

图 7-107 从清单移除

（5）如果以后需要再次使用该虚拟机，例如等过段时间，系统有新的补丁时，可以浏览存储，选择 WS08R2-TP 的文件夹，在右侧窗格中右击 WS08R2-TP.vmx，选择“添加到清单”，如图 7-108 所示，之后根据向导操作，就可以将该虚拟机添加到清单中，可以继续使用。

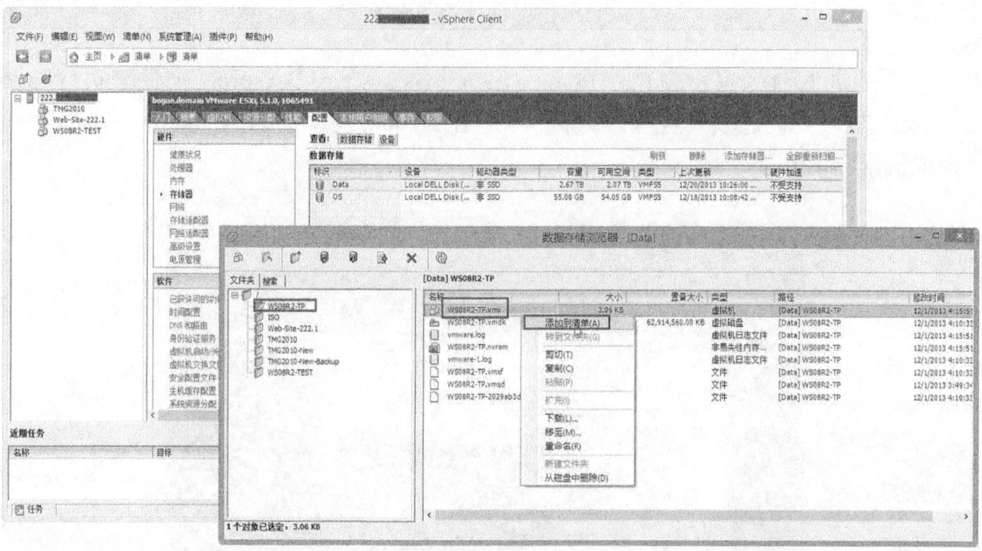

图 7-108 将虚拟机添加到清单

7.2.5 配置 Forefront TMG 虚拟机

在配置好 Windows Server 2008 R2 的“模板”虚拟机之后，就可以从这个模板“复制”出两个或多个 Windows Server 2008 R2，并用来配置 Forefront TMG 及管理系统虚拟机。首先介绍配置 Forefront TMG 虚拟机的步骤，主要过程如下。

（1）创建名为 TMG2010 的虚拟机，为虚拟机分配 8GB 内存，CPU 为 4 个插槽，每个插槽 2 个内核（相当于 8 个 CPU）、3 块网卡（分别使用 dx、wt、lan），添加两个硬盘，其中第一个硬盘为从 WS08R2-TP 复制过来的模板硬盘，第 2 个硬盘为一个 200GB 的新的虚拟硬盘，如图 7-109 所示。然后对照图 7-104 的配置，为该虚拟机启动内存与 CPU 的热添加。

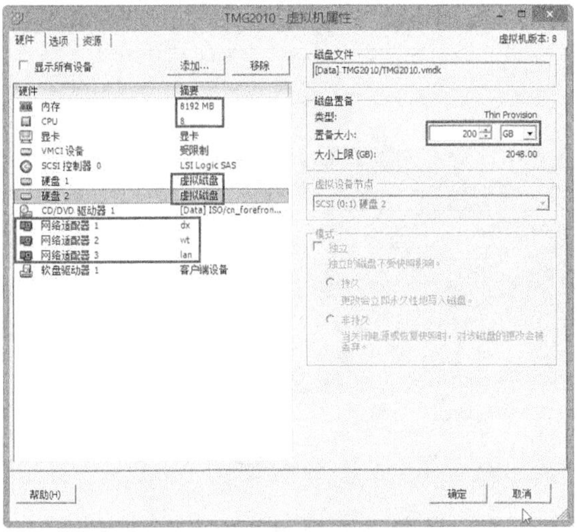

图 7-109　TMG 虚拟机配置

（2）启动 TMG2010 的虚拟机，进入“网络设置”，分别将连接电信、联通标准交换机的网卡改为 dx、wt，将另一个连接“模拟内网”交换机的网卡改为 lan，然后设置对应的 IP 地址、子网掩码、网关及 DNS，如图 7-110 所示。

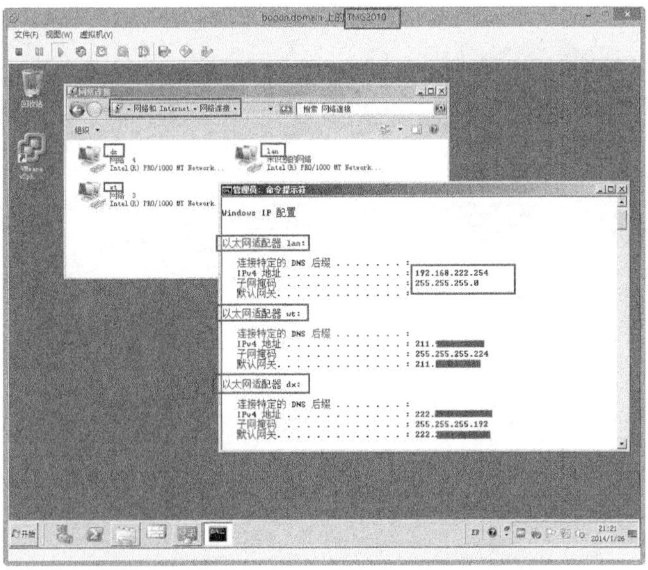

图 7-110　修改网络名称及设置 IP 地址参数

（3）设置之后使用 ping 命令检查连通性，如果暂时不能连接到外网，只要分清连接“电信”与“联通”的虚拟交换机绑定到虚拟机的那个网卡即可，你可以通过修改虚拟机的设置，暂时“断开”某个虚拟机网卡，然后再在虚拟机中查看网络属性来确认，如图 7-111 所示。

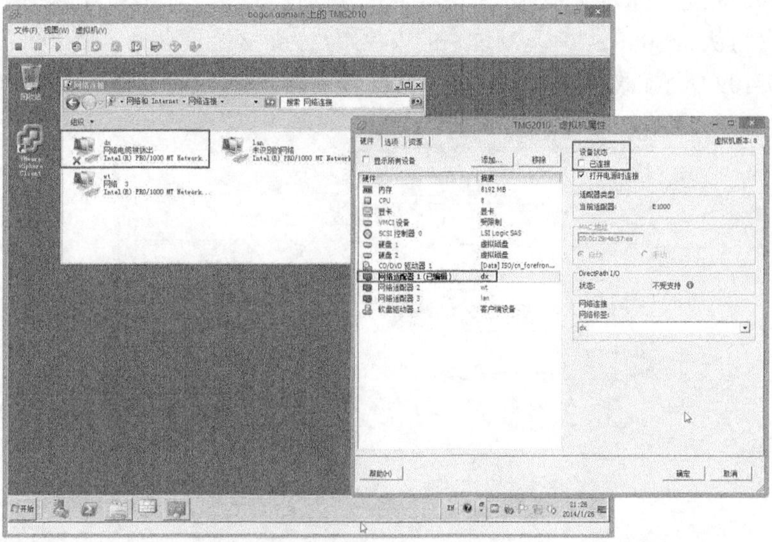

图 7-111 确认网络对应关系

（4）之后修改虚拟机设置，加载 Forefront TMG 2010 安装光盘镜像到虚拟机中，安装 Forefront TMG 2010，在安装的时候，将 Forefront TMG 2010 安装在第 2 个硬盘中。Forefront TMG 的安装本文不做过多介绍。

（5）在安装 Forefront TMG 之后，在“网络连接→ISP 冗余”中，配置 ISP 冗余，并设置为“带故障转移功能的负载平衡”模式，如图 7-112 所示。

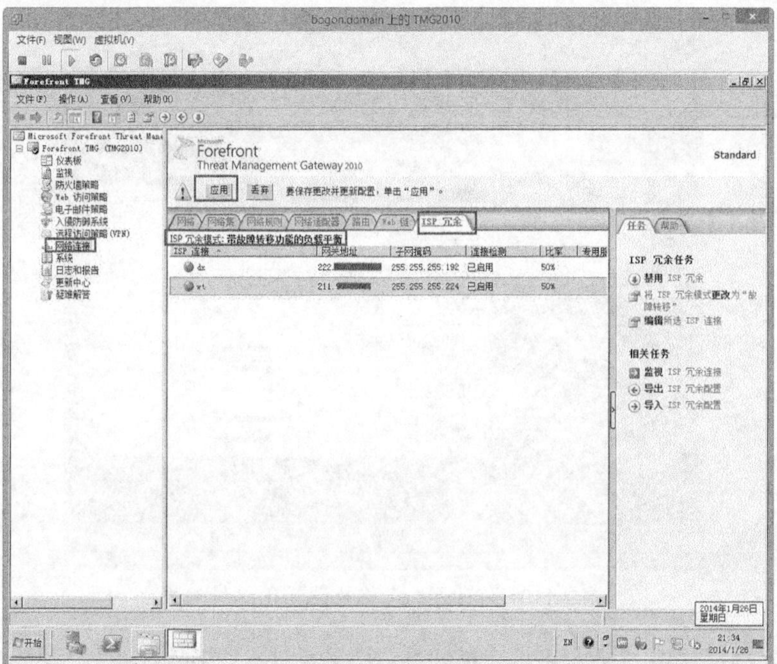

图 7-112 配置 ISP 冗余

（6）在“防火墙策略”中，根据提前规划好的设置，配置 Forefront TMG 策略，并发布管理系统到 Internet，以及发布“远程桌面”用于远程管理，这些不一一介绍，如图 7-113 所示。

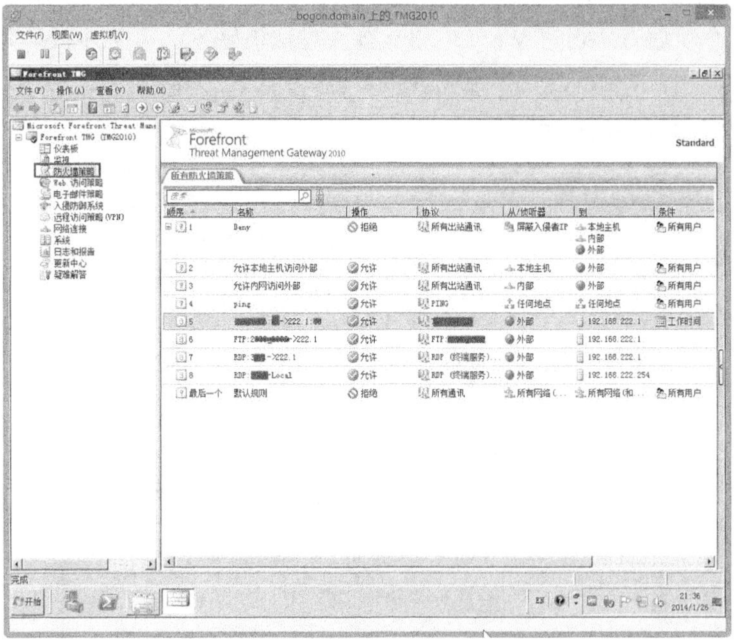

图 7-113 配置防火墙策略

（7）在“入侵防御系统”中，启用并配置“网络检查系统（NIS）”，如图 7-114 所示。

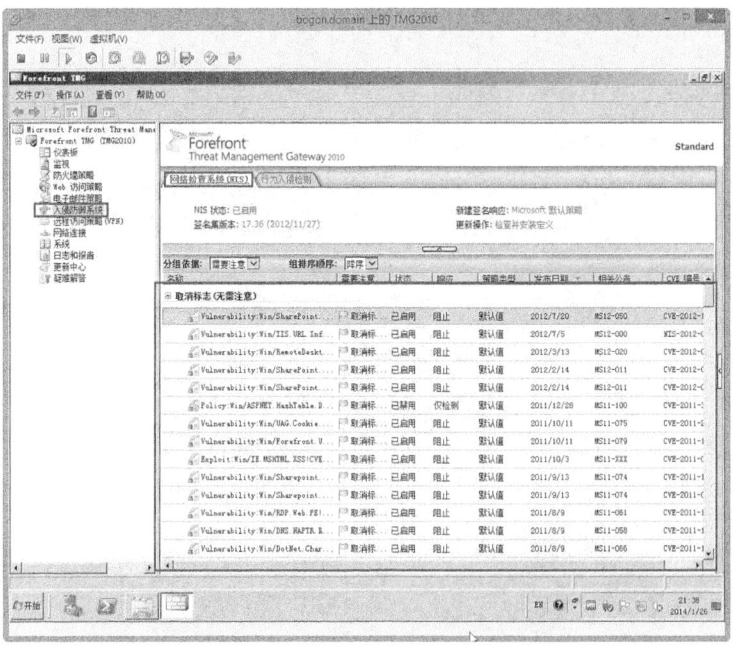

图 7-114 启用并配置入侵防御系统

7.2.6　配置管理系统虚拟机

在配置好 Forefront TMG 之后，创建管理系统虚拟机，在本示例中，设置虚拟机名称为“Web-Site-222.1”，为该虚拟机分配 16GB 内存、8 个虚拟 CPU、1 个 lan 网卡、2 个硬盘（其中第 1 个硬盘为复制的 WS08R2-TP 模板虚拟机硬盘，第 2 个硬盘为数据盘，该磁盘用来安装配置管理系统，为该磁盘划分 500GB 空间），如图 7-115 所示。同样也为该虚拟机启用 CPU 与内存的热添加功能。

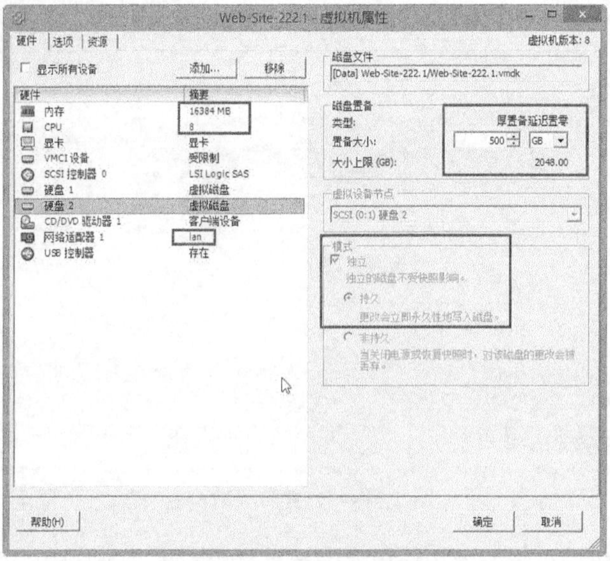

图 7-115　管理系统虚拟机

启动该虚拟机，在该虚拟机中安装配置管理系统，这些不一一介绍。图 7-116 是管理系统工作时的 CPU 与内存负载，从图中可以看到为虚拟机分配的内存与 CPU 较为合适。

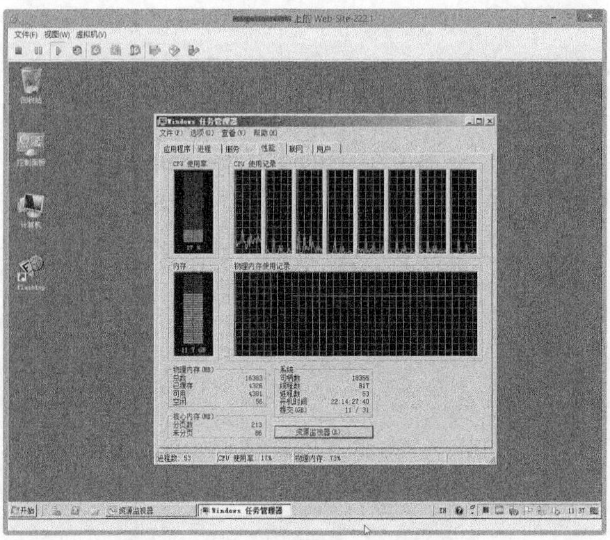

图 7-116　管理系统工作时负载情况

最后在“摘要”中可以看到整个主机的 CPU 及内存负载，这和大多数的虚拟化项目类似，在虚拟化中，CPU 的负载相对都是较轻，但内存应用较大，如图 7-117 所示。

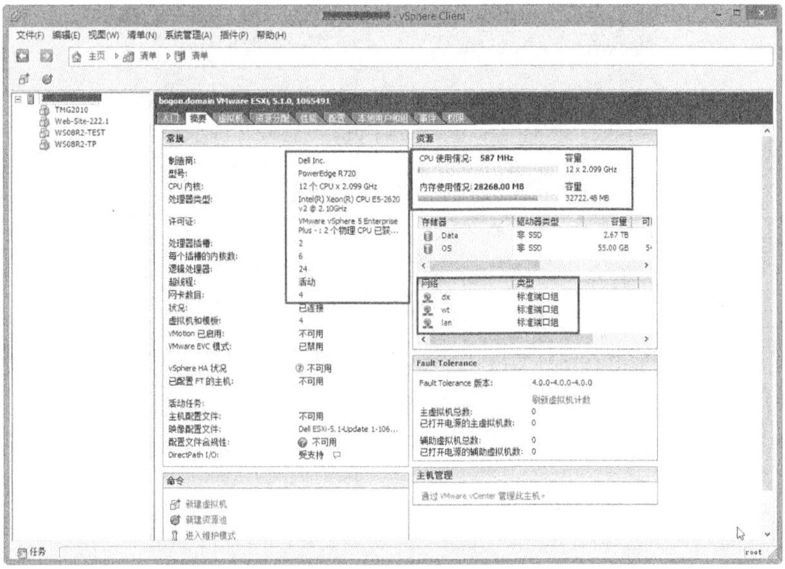

图 7-117 主机负载

7.3 某政务中心服务器虚拟化应用方案（4 服务器+网络方案）

某政府新组建的政务中心购买了 4 台浪潮服务器，1 台华为 5700 系列 48 口千兆交换机做核心交换机，其他若干交换机做接入交换机。现在该单位网络已经连接好，服务器也已经上架，需要对核心交换机及服务器做出规划。

该单位新购买的 4 台服务器，每台服务器配置了 2 个 Intel E5-2420（6 核心超线程，每个 CPU 相当于 6 核心、12 个逻辑 CPU）、16GB 内存，每台服务器配置了 5 个 600GB 的 SAS 硬盘。目前服务器还没有安装系统。

7.3.1 服务器及网络规划

经过与单位负责人员交流，并到现场观看，了解到他们的业务应用目前并不是很多：目前有三个业务系统，每个系统都是 B/S 架构，并且每个系统的负载并不是很重。单位配置 4 台服务器（如图 7-118 所示），是想提供冗余，并且在需要的时候，可以将系统迁移到其他主机上。最开始单位拟配置共享的存储，后来由于预算有限而没有配置。

在了解了这些情况之后，我为单位做出下列规划。

（1）服务器分工：单位新配置的这 4 台服务器，1 台做管理，3 台做业务应用。管理主机安装 Windows Server 2008 R2 及 vCenter Server，另 3 台主机安装 VMware ESXi 5.5。考虑到每台主机 CPU 及内存配置较高，为了提供更多的应用，可以为管理主机安装 Windows

Server 2012 R2（或 Windows Server 2008 R2）及 Hyper-V，并创建 Windows Server 2008 R2 的虚拟机，在 Hyper-V 的虚拟机中安装 vCenter Server，管理 3 台 VMware ESXi。

图 7-118　4 台 NF5245 服务器

（2）硬盘重新分配：每台服务器平均配置 5 个硬盘并不合理。由于一共有 20 块硬盘，为 3 台业务主机，每台配置 6 块硬盘做 RAID5，为管理主机配置 2 块硬盘做 RAID1。

（3）网络划分：由于服务器只有两个网卡，而 VMware 虚拟交换机支持 VLAN 功能。为了实现网络的冗余，将两块网卡划分到一个虚拟交换机中，然后为 VMware ESXi 管理分配一个 VLAN 的地址（VLAN1066，IP 地址段 192.168.66.0/24），为业务应用虚拟机划分另一个网段（VLAN1068，IP 地址段 192.168.68.0/24）。为办公应用划分 VLAN1032～VLAN1036。

其中管理服务器（管理虚拟机）、交换机、虚拟化主机及应用虚拟机之间的网络拓扑如图 7-119 所示。

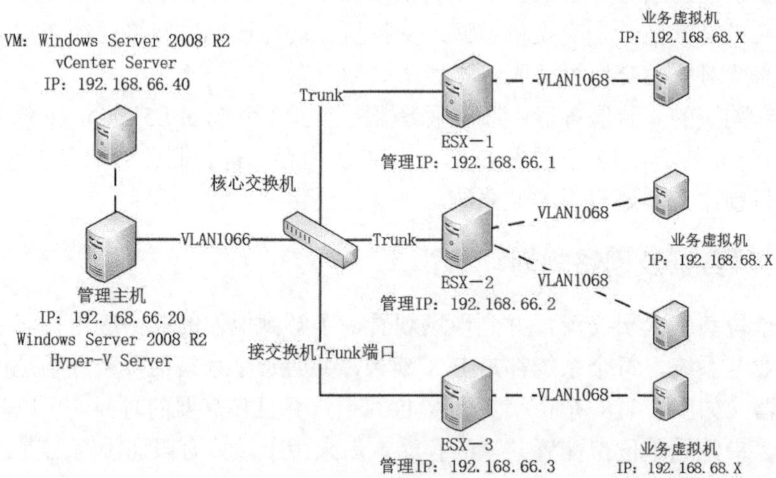

图 7-119　网络拓扑

实施的主要流程及步骤如下。

（1）网络及交换机规划。

（2）重新配置硬盘：按照上文规划，为管理服务器配置 2 块硬盘，并重新配置 RAID；为每台应用服务器配置 6 块硬盘并重新配置 RAID。

（3）在第一台服务器安装 Windows Server 2012 R2，之后安装 Hyper-V，在 Hyper-V 中创建 Windows Server 2008 R2 虚拟机，在虚拟机中安装 vCenter Server。

（4）在另三台服务器上安装 VMware ESXi，安装完成之后，设置管理地址，同时要启用 VLAN。

（5）配置核心交换机，将连接到 VMware ESXi 服务器的交换机端口配置为 Trunk 端口，并允许所有 VLAN 通过。

（6）在管理主机上安装 vSphere Client，连接到 vCenter Server，并创建数据中心、添加 VMware ESXi，之后在虚拟化主机中创建虚拟机。

本节首先介绍网络规划，服务器及虚拟机将在后文介绍。

（1）总体规划 7 个网段，其中服务器采用两个网段，办公及业务大厅采用 5 个网段。

（2）服务器管理地址采用 VLAN1066，使用 192.168.66.0/24 的 IP 地址；服务器虚拟机使用 VLAN1068，使用 192.168.68.0/24 的 IP 地址。

（3）办公及业务大厅使用 VLAN1032～VLAN1036 的地址段，其 IP 地址为 192.168.32.0/24～192.168.36.0/24。

（4）默认网关为 192.168.255.0/24，网络出口（即连接到 Internet）的路由器的地址为 192.168.255.253，使用 VLAN1255。

在本方案中，是采用的华为 S5700-48TP-EI，该交换机的主要配置如下。

```
ysname HW5748C
#
vlan batch 1032 to 1036 1066 1068 1255
#
#
interface Vlanif1
#
interface Vlanif1032
 ip address 192.168.32.254 255.255.255.0
#
interface Vlanif1033
 ip address 192.168.33.254 255.255.255.0
#
interface Vlanif1034
 ip address 192.168.34.254 255.255.255.0
#
interface Vlanif1035
 ip address 192.168.35.254 255.255.255.0
#
interface Vlanif1036
 ip address 192.168.36.254 255.255.255.0
#
interface Vlanif1066
 ip address 192.168.66.254 255.255.255.0
```

```
#
interface Vlanif1068
 ip address 192.168.68.254 255.255.255.0
#
interface Vlanif1255
 ip address 192.168.255.254 255.255.255.0
#
interface MEth0/0/1
#
interface GigabitEthernet0/0/1
 port link-type access
 port default vlan 1032
#
interface GigabitEthernet0/0/2
 port link-type access
 port default vlan 1032
#
interface GigabitEthernet0/0/3
 port link-type access
 port default vlan 1032
#
interface GigabitEthernet0/0/4
 port link-type access
 port default vlan 1032
#
interface GigabitEthernet0/0/5
 port link-type access
 port default vlan 1032
#
interface GigabitEthernet0/0/6
 port link-type access
 port default vlan 1032
#
interface GigabitEthernet0/0/7
 port link-type access
 port default vlan 1033
#
interface GigabitEthernet0/0/8
 port link-type access
 port default vlan 1033
#
interface GigabitEthernet0/0/9
 port link-type access
 port default vlan 1033
#
interface GigabitEthernet0/0/10
```

```
 port link-type access
 port default vlan 1033
#
interface GigabitEthernet0/0/11
 port link-type access
 port default vlan 1033
#
interface GigabitEthernet0/0/12
 port link-type access
 port default vlan 1033
#
interface GigabitEthernet0/0/13
 port link-type access
 port default vlan 1034
#
interface GigabitEthernet0/0/14
 port link-type access
 port default vlan 1034
#
interface GigabitEthernet0/0/15
 port link-type access
 port default vlan 1034
#
interface GigabitEthernet0/0/16
 port link-type access
 port default vlan 1034
#
interface GigabitEthernet0/0/17
 port link-type access
 port default vlan 1034
#
interface GigabitEthernet0/0/18
 port link-type access
 port default vlan 1034
#
interface GigabitEthernet0/0/19
 port link-type access
 port default vlan 1035
#
interface GigabitEthernet0/0/20
 port link-type access
 port default vlan 1035
#
interface GigabitEthernet0/0/21
 port link-type access
 port default vlan 1035
```

```
#
interface GigabitEthernet0/0/22
 port link-type access
 port default vlan 1035
#
interface GigabitEthernet0/0/23
 port link-type access
 port default vlan 1035
#
interface GigabitEthernet0/0/24
 port link-type access
 port default vlan 1035
#
interface GigabitEthernet0/0/25
 port link-type access
 port default vlan 1036
#
interface GigabitEthernet0/0/26
 port link-type access
 port default vlan 1036
#
interface GigabitEthernet0/0/27
 port link-type access
 port default vlan 1036
#
interface GigabitEthernet0/0/28
 port link-type access
 port default vlan 1036
#
interface GigabitEthernet0/0/29
 port link-type access
 port default vlan 1036
#
interface GigabitEthernet0/0/30
 port link-type access
 port default vlan 1036
#
interface GigabitEthernet0/0/31
 port link-type access
 port default vlan 1066
#
interface GigabitEthernet0/0/32
 port link-type access
 port default vlan 1066
#
interface GigabitEthernet0/0/33
```

```
 port link-type access
 port default vlan 1066
#
interface GigabitEthernet0/0/34
 port link-type access
 port default vlan 1066
#
interface GigabitEthernet0/0/35
port link-type trunk
 port trunk allow-pass vlan 2 to 4094
#
interface GigabitEthernet0/0/36
port link-type trunk
 port trunk allow-pass vlan 2 to 4094
#
interface GigabitEthernet0/0/37
 port link-type trunk
 port trunk allow-pass vlan 2 to 4094
#
interface GigabitEthernet0/0/38
 port link-type trunk
 port trunk allow-pass vlan 2 to 4094
#
interface GigabitEthernet0/0/39
 port link-type trunk
 port trunk allow-pass vlan 2 to 4094
#
interface GigabitEthernet0/0/40
 port link-type trunk
 port trunk allow-pass vlan 2 to 4094
#
interface GigabitEthernet0/0/41
 port link-type trunk
 port trunk allow-pass vlan 2 to 4094
#
interface GigabitEthernet0/0/42
 port link-type trunk
 port trunk allow-pass vlan 2 to 4094
#
interface GigabitEthernet0/0/43
 port link-type trunk
 port trunk allow-pass vlan 2 to 4094
#
interface GigabitEthernet0/0/44
 port link-type trunk
 port trunk allow-pass vlan 2 to 4094
```

```
#
interface GigabitEthernet0/0/45
 port link-type trunk
 port trunk allow-pass vlan 2 to 4094
#
interface GigabitEthernet0/0/46
 port link-type trunk
 port trunk allow-pass vlan 2 to 4094
#
interface GigabitEthernet0/0/47
 port link-type access
 port default vlan 1255
#
interface GigabitEthernet0/0/48
 port link-type access
 port default vlan 1255
#
interface NULL0
#
ip route-static 0.0.0.0 0.0.0.0 192.168.255.253
#
```

在本方案中，核心交换机各端口配置如表 7-1 所示。

表 7-1 某政府中心核心交换机 VLAN 及端口划分

VLAN	IP 地址段	交换机端口	描述
VLAN1032	192.168.32.0/24	1～6 端口	
VLAN1033	192.168.33.0/24	7～12 端口	
VLAN1034	192.168.34.0/24	13～18 端口	
VLAN1035	192.168.35.0/24	19～24 端口	
VLAN1036	192.168.36.0/24	25～30 端口	
VLAN1066	192.168.66.0/24	31～34 端口	接 D 服务器的两个网卡
VLAN1068	192.168.68.0/24		
Trunk		35～46 端口	接 A、B、C 服务器的两个网卡
VLAN1255	192.168.100.0/24	47～47 端口	接 Internet 出口路由器

7.3.2 浪潮 NF5245 服务器 RAID 卡配置

浪潮英信服务器 Inspur NF5245M3 配置 RAID5、RAID1 的步骤类似，在此只介绍 RAID5 的配置。安装 VMware ESXi 的每台主机有 6 块 600GB 的 SAS 15 000 转硬盘，采用 RAID5 配置，大约有 5×600GB≈3TB。建议划分两个逻辑分区，其中第 1 个分区为 10～30GB，安装 VMware ESXi 系统，剩余的为数据分区，用为保存虚拟机数据。对于只有 2 个硬盘的管理服务器，配置 RAID1。因为是安装 Windows Server 操作系统，则建议第 1 个分区（系统分区）分配 60～80GB 的空间，剩余的作为数据分区。

下面介绍浪潮 NF5245 服务器，6 个硬盘使用 RAID5，创建 2 个逻辑分区的方法，主要步骤如下。

（1）服务器加电启动，按 Ctrl+H 组合键进入 WebBIOS 配置界面，在“Adapter Selection”对话框，单击“Start”按钮，如图 7-120 所示。

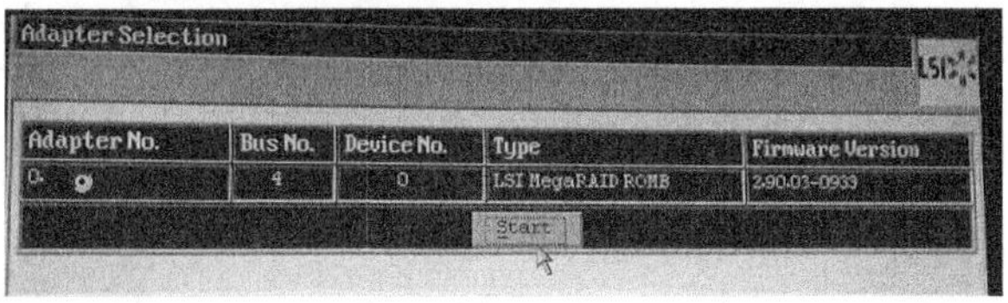

图 7-120　选择适配器

（2）进入 MegaRAID BIOS 配置程序，在右侧“Physical View（物理硬盘视图）”列表中，可以看到当前有 6 个 558.406GB 的磁盘，磁盘没有配置。单击左侧的“Configuration Wizard（配置向导）”，如图 7-121 所示。

（3）在图 7-121 中，物理硬盘为未配置的显示，则选择“New Configuration”，新建一个配置，如图 7-122 所示。

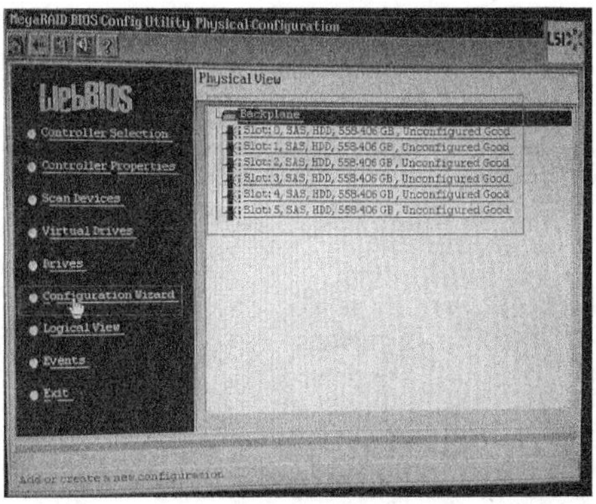

图 7-121　物理硬盘视图

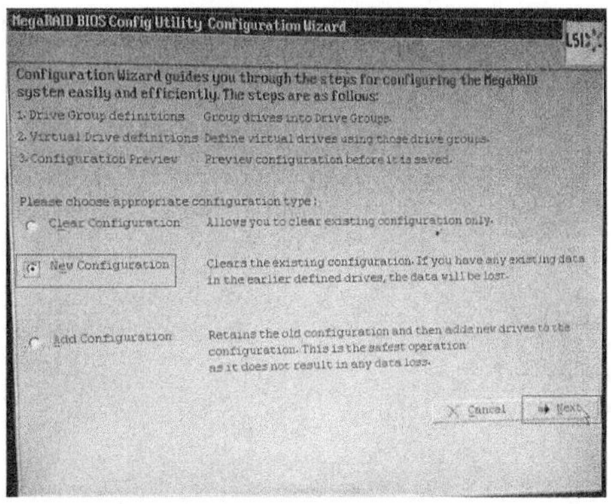

图 7-122　新建配置

注意：如果在图 7-121 中物理硬盘已经配置了 RAID，你想重新创建 RAID，则可以选择“Clear Configuration”以清除配置，这样原来的 RAID 配置将被清除，如果磁盘中有数据同样会丢失。只有你确认数据已经备份并且不再需要时，才能执行该操作。在配置好了 RAID 之后，并且硬盘上已经存放数据之后，不要执行清除配置的操作。

（4）在下个对话框，单击“Yes”按钮，确认这个操作，如图 7-123 所示。

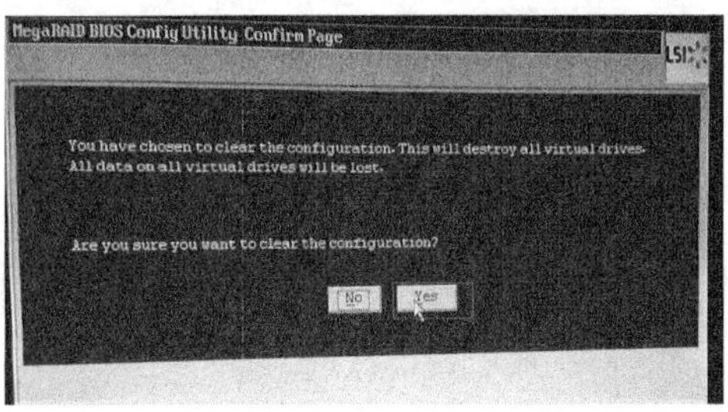

图 7-123　确认

（5）在选择配置方法对话框，选择“Manual Configuration（手动配置）”，如图 7-124 所示。

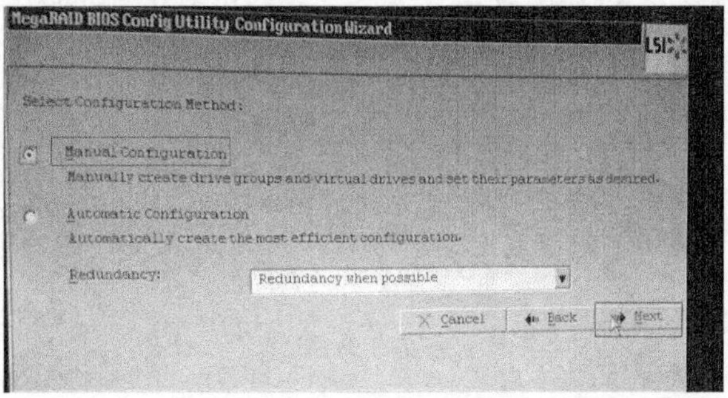

图 7-124　手动配置

（6）在磁盘组定义对话框，从左侧“Drivers”列表中选择磁盘，单击“Add to Array”按钮，添加到右侧的“Drive Groups”中，在开始的时候，右侧的磁盘组是空的，如图 7-125 所示。你可以将一个或多个或所有的磁盘添加到右侧磁盘组。

（7）在本示例中，服务器有 6 个磁盘并且这个磁盘要使用 RAID5 配置，则可以将这些磁盘添加到“Drive Groups”列表中，添加之后单击“Accept DG”以接受这个磁盘组，如图 7-126 所示。

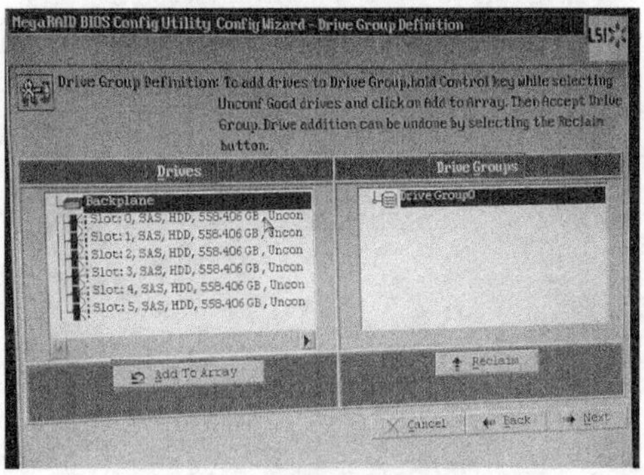

图 7-125　磁盘及磁盘组

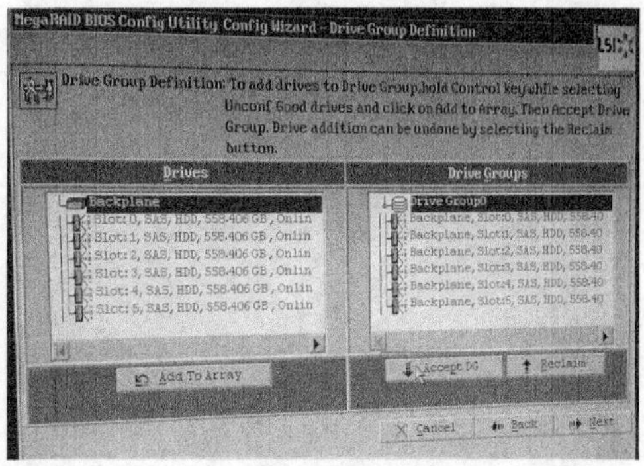

图 7-126　接受磁盘组

（8）如果还有空余的磁盘，可以添加到磁盘组 1，如果没有可用硬盘添加，则单击“Next”按钮，如图 7-127 所示。

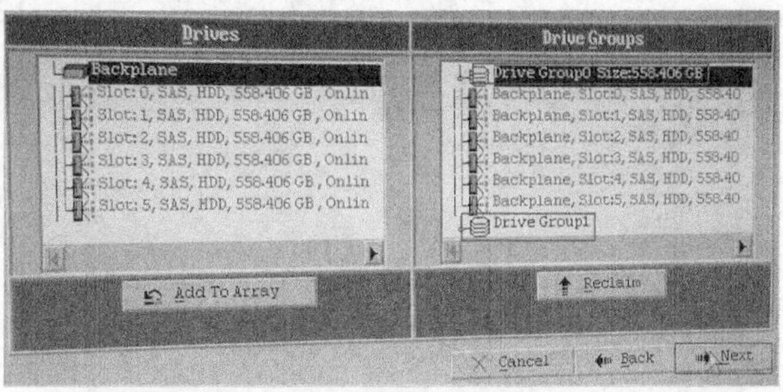

图 7-127　磁盘分配完成

（9）在“Span Definition”对话框，单击“Add to SPAN”按钮，然后单击“Next”按钮，如图 7-128 所示。

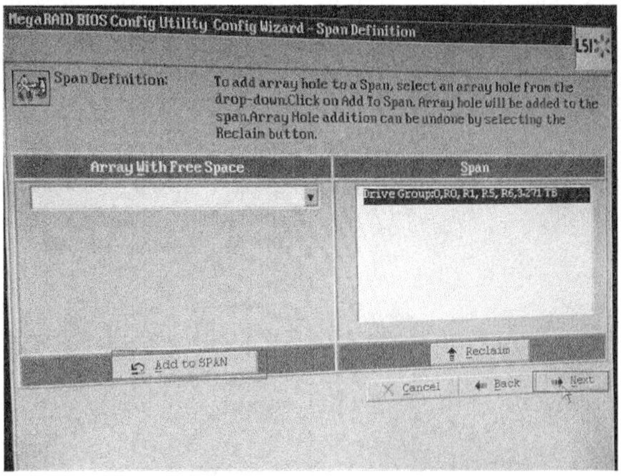

图 7-128 添加到 Span

（10）接下来，在“RAID Level（RAID 级别）”列表中，选择 RAID5，然后在“Select Size”输入第一个分区的大小，在此为 30GB，然后单击“Accept（接受）”按钮，如图 7-129 所示。

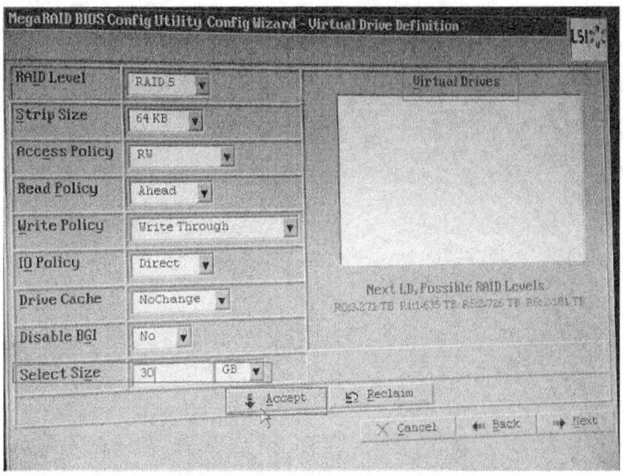

图 7-129 划分第 1 个分区

（11）在确认对话框单击“Yes”按钮，如图 7-130 所示。

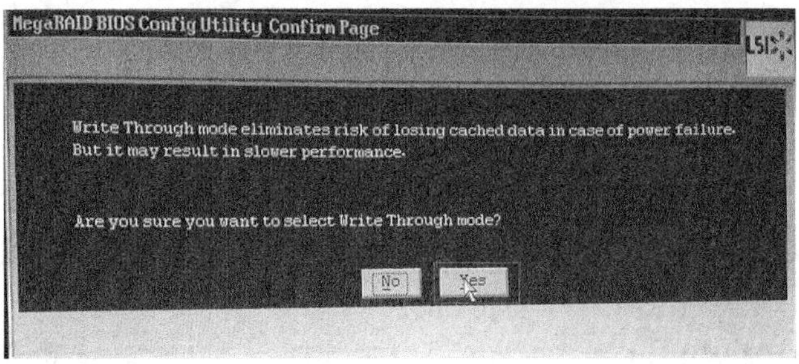

图 7-130 确认

（12）接下来将剩余空间划分为第 2 个分区，大小选择默认值，单击“Accept”按钮即可，如图 7-131 所示。

（13）在“Configuration Preview”对话框，单击“Accept”按钮，接受配置，如图 7-132 所示。

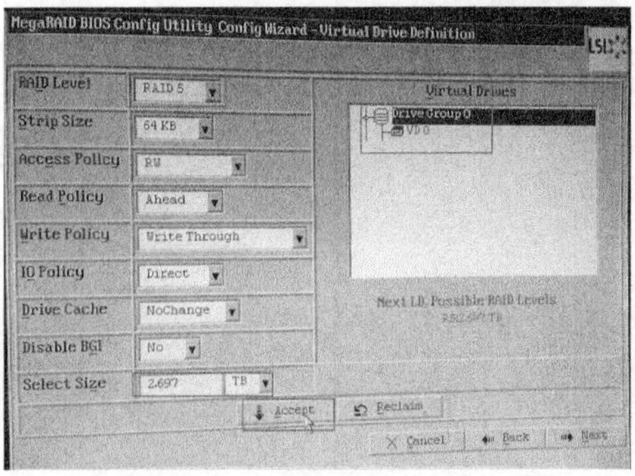

图 7-131　划分第 2 个分区

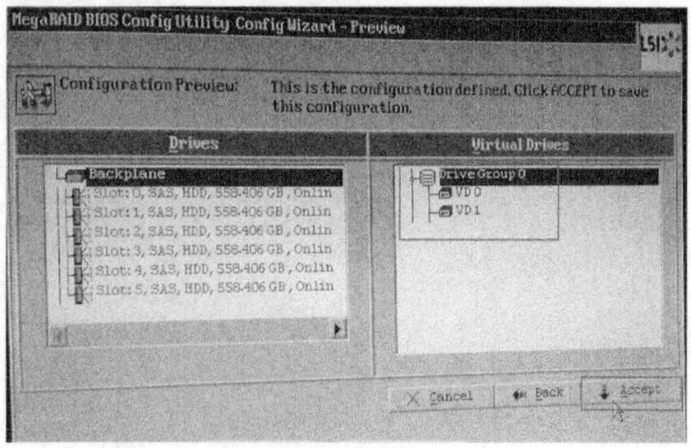

图 7-132　配置预览

（14）之后保存配置，如图 7-133 所示。

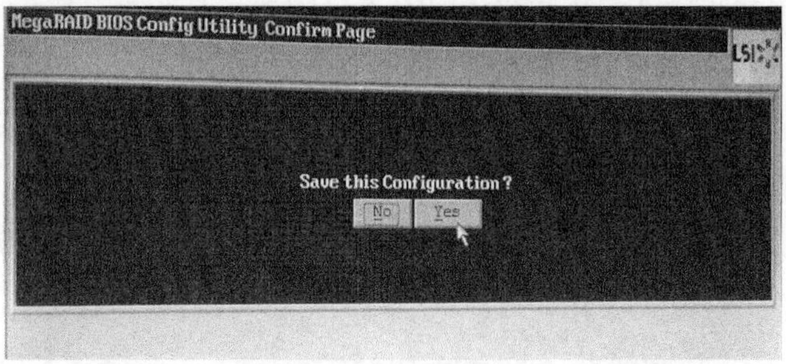

图 7-133　保存配置

（15）在配置了 RAID 之后，需要初始化磁盘，如图 7-134 所示，单击“Yes”按钮进入初始化对话框。

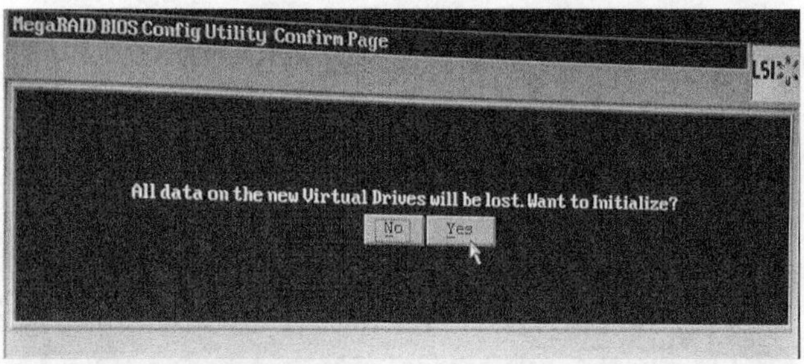

图 7-134　是否为新的逻辑分区执行初始化操作

（16）接下来，为两个新创建的分区选择“Fast Initialize（快速初始化）”即可，如图 7-135 所示。

（17）最后返回到 WebBIOS 界面，单击 Exit 退出，如图 7-136 所示。在右侧“Logical

View（逻辑磁盘视图）”中显示了创建的逻辑分区及每个分区的大小。

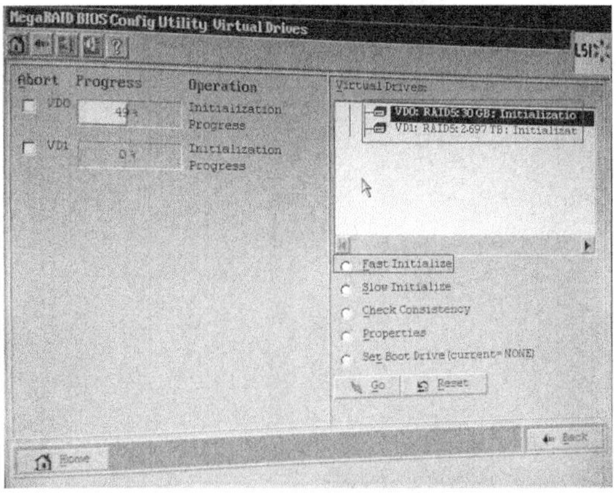

图 7-135　初始化分区

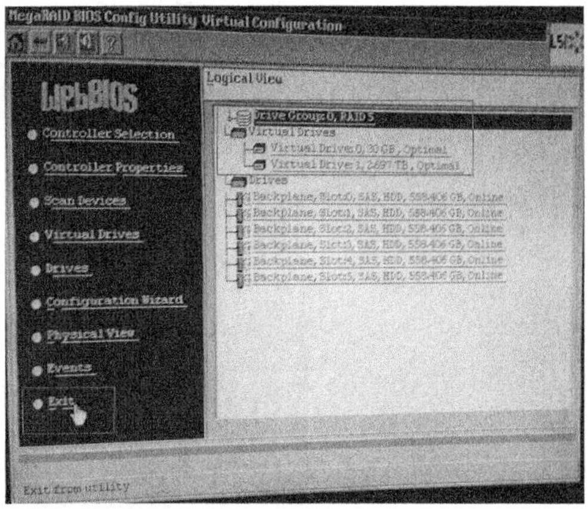

图 7-136　配置完成

（18）在“Exit Application”对话框，单击“Yes”按钮，如图 7-137 所示。

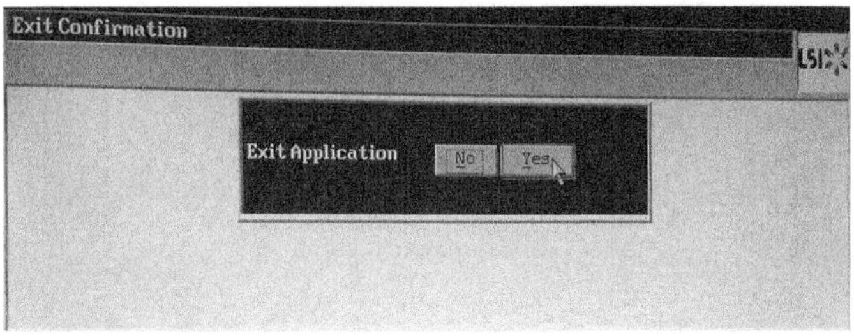

图 7-137　退出应用程序

（19）在出现“Please Reboot your System”对话框时，按 Ctrl+Alt+Del 组合键重新启动服务器，如图 7-138 所示。

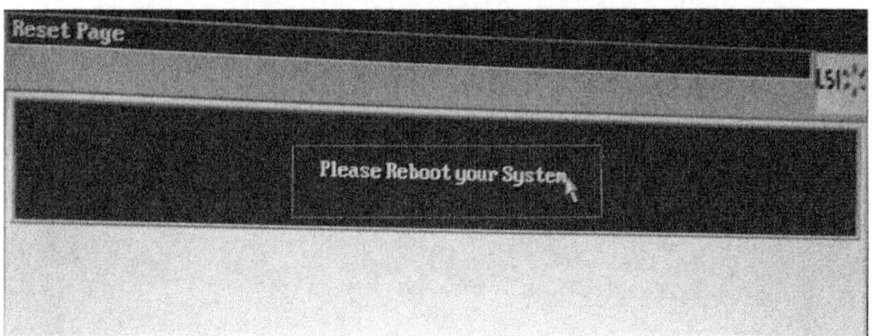

图 7-138　重新启动服务器

如果 RAID 配置出错，可以清除 RAID 配置并重新创建。例如，在图 7-139 中，磁盘组 0 是 RAID5，划分了两个分区，大小分别是 30GB 及 2.151TB。在这个磁盘图中有 5 个磁盘。而当前服务器中还有 1 个 558.406GB 的磁盘没有分配。

在进入配置向导后，选择“Clear Configuration”以清除配置，如图 7-140 所示。

在下个对话框中单击“Yes”按钮确认即可，如图 7-141 所示。

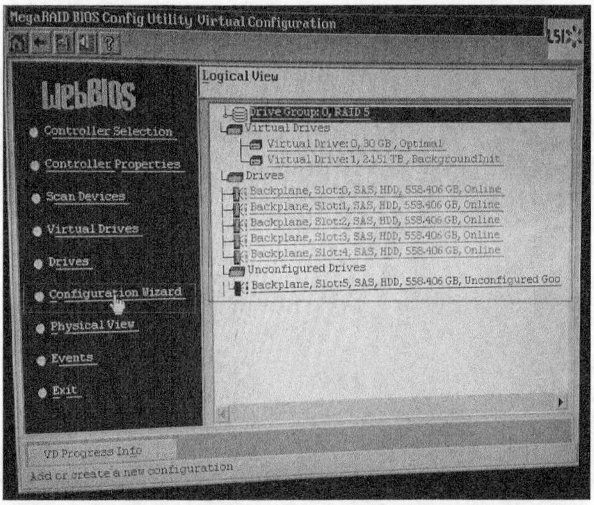

图 7-139　配置中有一个磁盘未分配

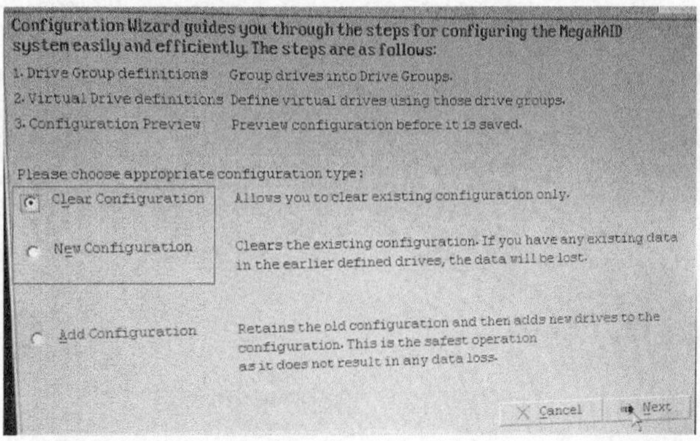

图 7-140　清除配置

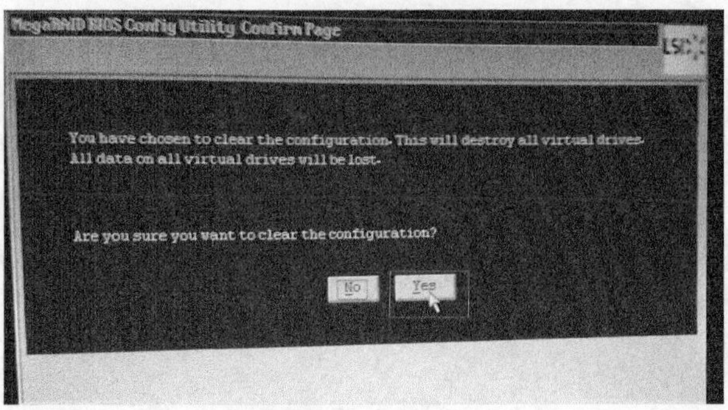

图 7-141　确认清除

7.3.3 VMware ESXi 安装与配置

关于 VMware ESXi 的安装我们不做过多介绍，只是在安装的时候，要选择 30GB 的分区（你也可能划分了其他大小，通常来说，为 VMware ESXi 系统安装分配 10GB 即足够），如图 7-142 所示。

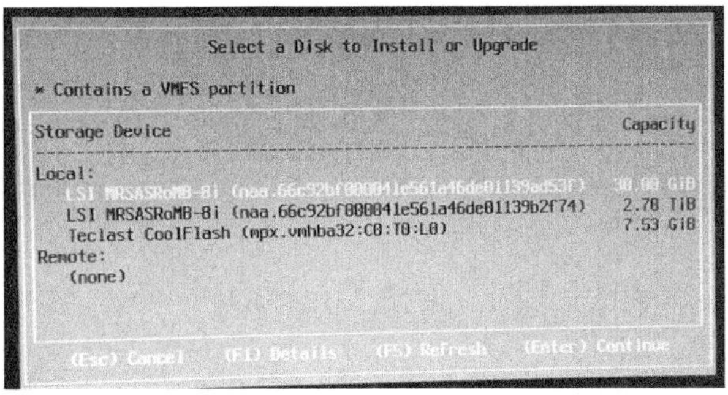

图 7-142　选择安装的位置

在安装 VMware ESXi 之后，按 F2 键输入密码进入配置页，为 VMware ESXi 配置 IP 地址时，要加上 VLAN 的标志才可。之后使用 vSphere Client，管理 VMware ESXi，在“网络”中，添加 VLAN ID 为 1068 的“虚拟机端口组”，用于业务应用，如图 7-143 所示。

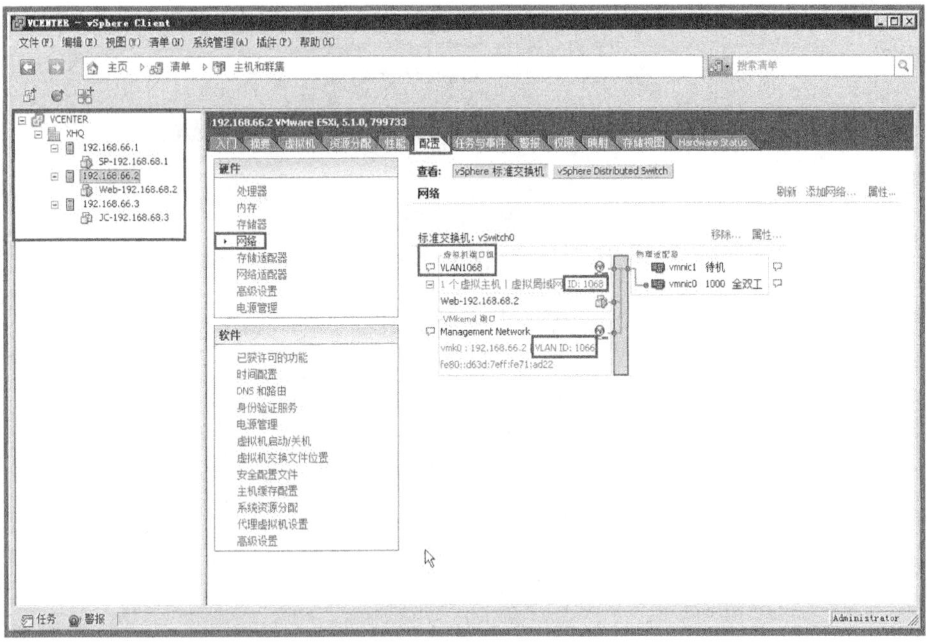

图 7-143　网络配置

最后在规划的管理主机中，安装 Windows Server 2008 R2 及 Hyper-V，创建 vCenter Server 的虚拟机，在虚拟机中安装 Windows Server 2008 R2 及 vCenter Server。之后使用 vSphere Client 连接到 vCenter Server，创建“数据中心”，并向数据中心中添加每台主机，主要步骤如下。

（1）在管理主机上安装 Windows Server 2008 R2 及 Hyper-V，并创建 vCenter Server 虚拟机，如图 7-144 所示。

（2）当前物理主机有 16GB 内存，2 个 6 核心、超线程的 CPU，故可以为 vCenter Server 虚拟机分配 4～8GB 内存、4 个 CPU，并设置虚拟机“自动启动操作”为“始终启动”，如图 7-145 所示。

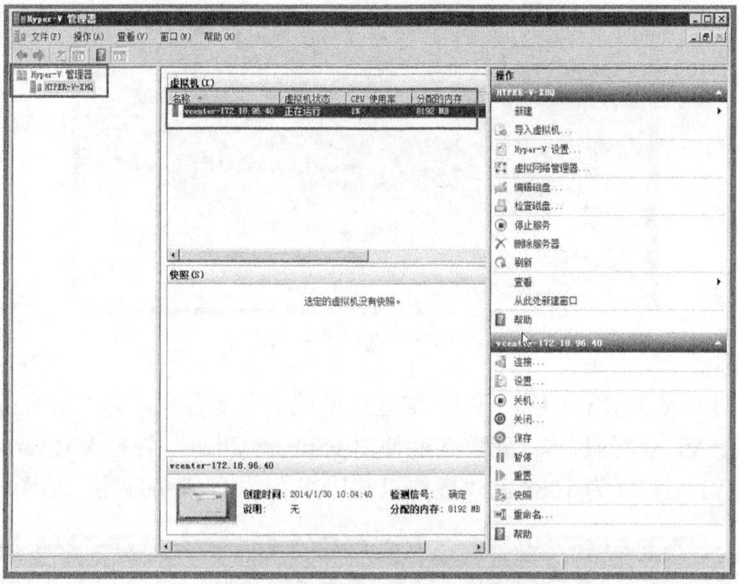

图 7-144 创建 vCenter Server 虚拟机

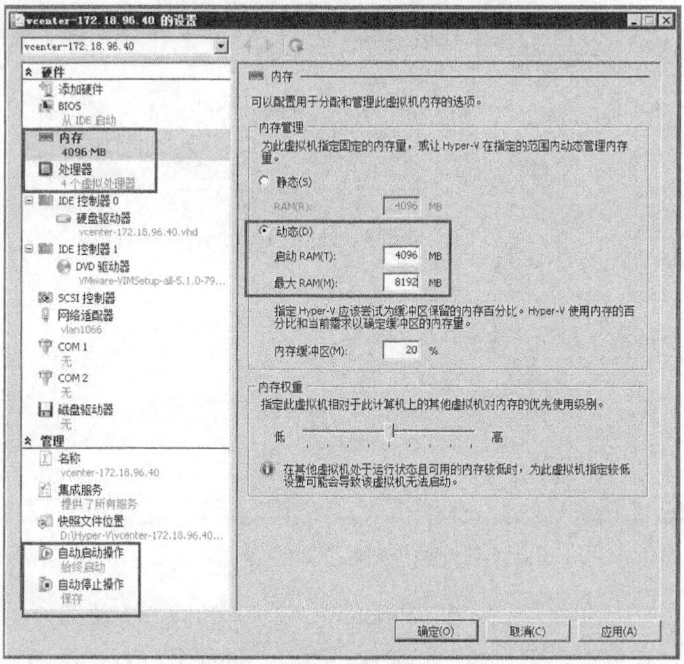

图 7-145 为虚拟机分配内存及 CPU

（3）之后在 vCenter Server 虚拟机中，安装 Windows Server 2008 R2 操作系统，根据规划设置 vCenter Server 的 IP 地址，并安装 vCenter Server，如图 7-146 所示。

（4）使用 vSphere Client 登录 vCenter Server，创建数据中心并添加每台 VMware ESXi 主机。在添加主机之后，在每个主机的“配置→存储器”中，添加第 2 个逻辑分区为数据存储，如图 7-147 所示。在添加之后，重命名每个主机的存储，例如第 1 台主机的存储分别为 ESX1-OS 及 ESX1-Data，分别代替这个主机的系统分区及数据分区，其他主机依此类推。

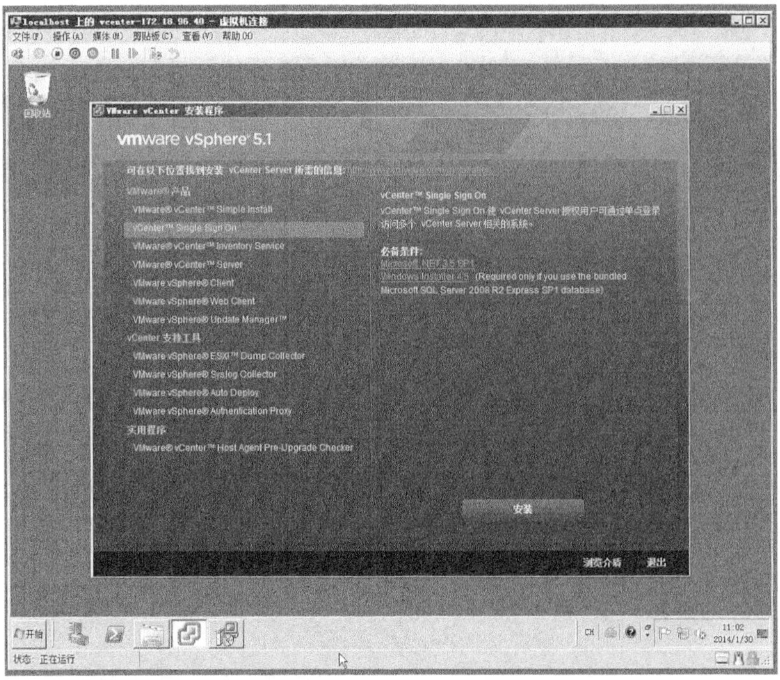

图 7-146　在虚拟机中安装 vCenter Server

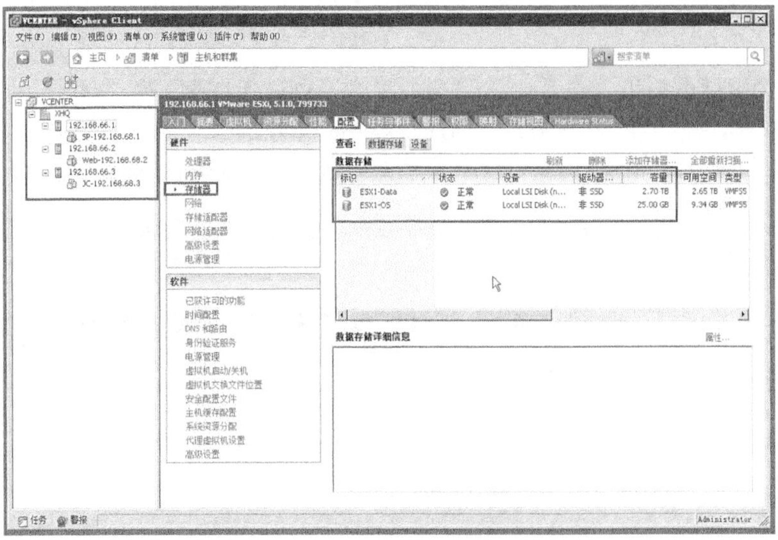

图 7-147　添加并重命名存储

（5）调整主机时间。在“配置→时间配置”中，启用 NTP 客户端，并指定 NTP 服务器为 time.windows.com，或者其他网络上的时间服务器，如图 7-148 所示。在配置 Internet 时间服务器时，VMware ESXi 主机要正确配置网关及 DNS，并能访问 Internet，否则将不能从 Internet 获得正确的时间。在初次配置时，如果 VMware ESXi 主机时间相差较多，需要手动调整。

（6）上传系统镜像到存储。在其中的一个主机上，创建一个文件夹，并上传系统镜像到该存储中，如图 7-149 所示。

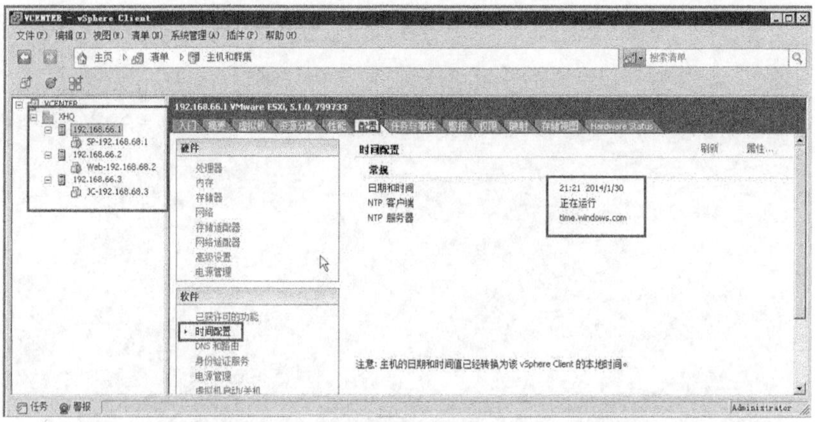

图 7-148 配置时间

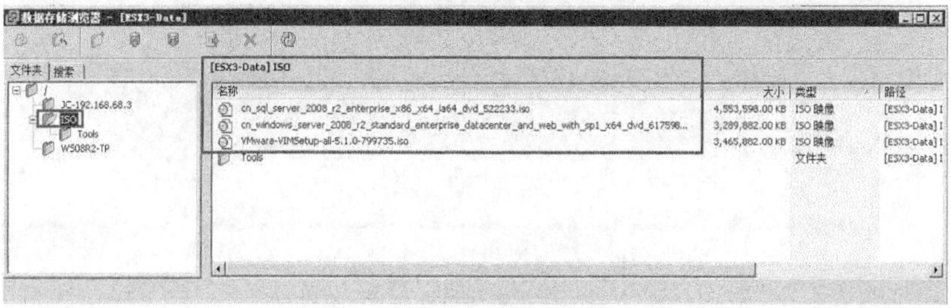

图 7-149 上传系统镜像到存储

（7）创建模板虚拟机。在其中的一个主机中，创建所需要的操作系统的虚拟机，例如 WS08R2-TP，在该虚拟机中安装 Windows Server 2008 R2，并在虚拟机中安装 VMware Tools，安装必备软件，进行必要设置，最后将该虚拟机置换为模板，如图 7-150 所示。

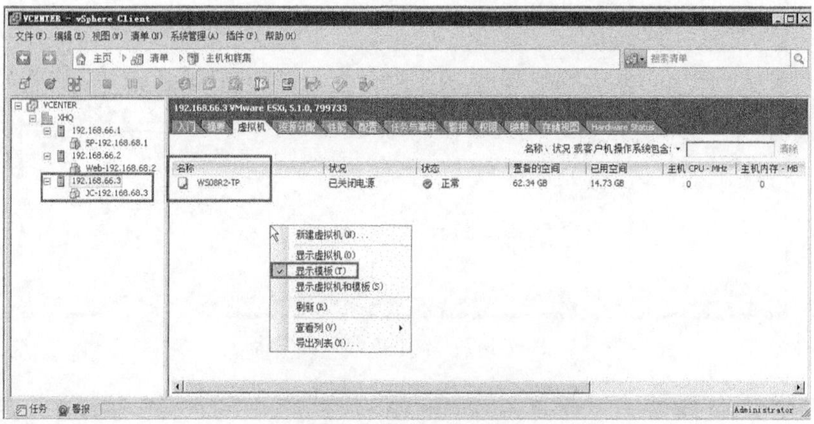

图 7-150 准备模板虚拟机

（8）之后从模板部署虚拟机，并分配业务虚拟机的虚拟网卡为 VLAN1068，如图 7-151 所示。之后在业务虚拟机中，根据规划，设置 IP 地址、计算机名称，并安装业务应用软件，这些不一一介绍。

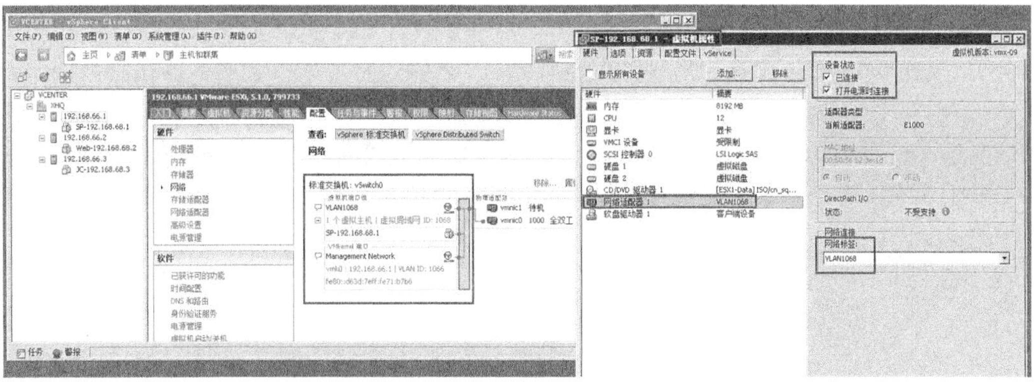

图 7-151　配置虚拟机虚拟网卡使用 VLAN1068

（9）最后，在“配置→虚拟机启动/关机”中将业务虚拟机设置为“自动启动”，如图 7-152 所示。

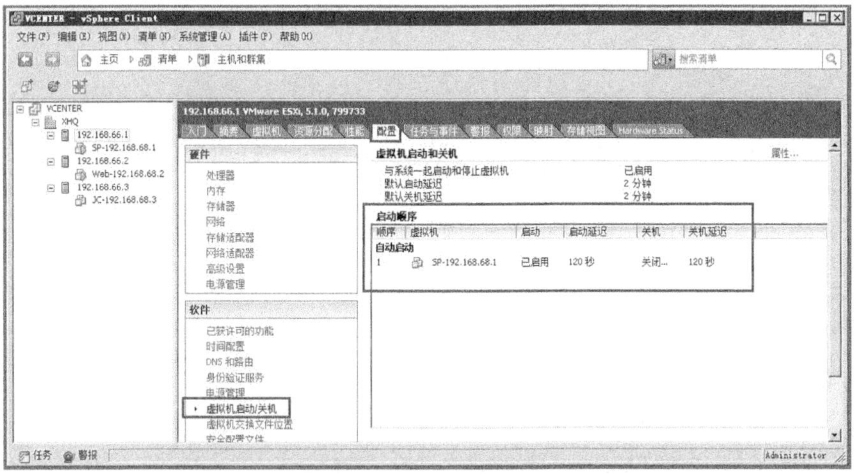

图 7-152　配置虚拟机自动启动

7.4　某政府数据中心虚拟化应用方案（HP 服务器+IBM 存储）

G 市政府在信息化方面做的较早，我从 2003 年的时候即开始为该政府规划及维护网络。经过多年的建设与实施，除了政府门户网站，各乡镇、市内各局、市各门户都有自己的网站或者网络办公系统。这些系统都运行在政府信息中心的 2 台服务器上（数据保存在共用存储，系统运行在其中某台主机上，使用虚拟化实现），另一台服务器提供管理及数据备份的工作。

该政府信息中心机房采用虚拟化，使用 3 台服务器即满足了全市大多数信息化工作。在该政府信息中心除了放政府门户网站外，还为该市各乡镇、各局以及部分科室、部门提供网站的空间及后台管理，经过统计，存放了 60 个左右的网站。另外，整个政府采用 Active

Directory 管理，网络中还有 Windows Server 2008 R2 的 Active Directory 服务器、DNS、DHCP 服务器、Windows 部署服务，这些也在虚拟机中。当前政府数据中心服务器拓扑如图 7-153 所示，该拓扑中包括两台 HP DL 380 Gen 8 的服务器、1 台 IBM DS3524 存储以及 1 台 DELL 的服务器（配置较低、购买较早）。每台 HP 服务器配置较高，每台服务器配置 2 个 6 核心的 CPU、64GB 内存，服务器与存储采用 Mini SAS HBA 连接。

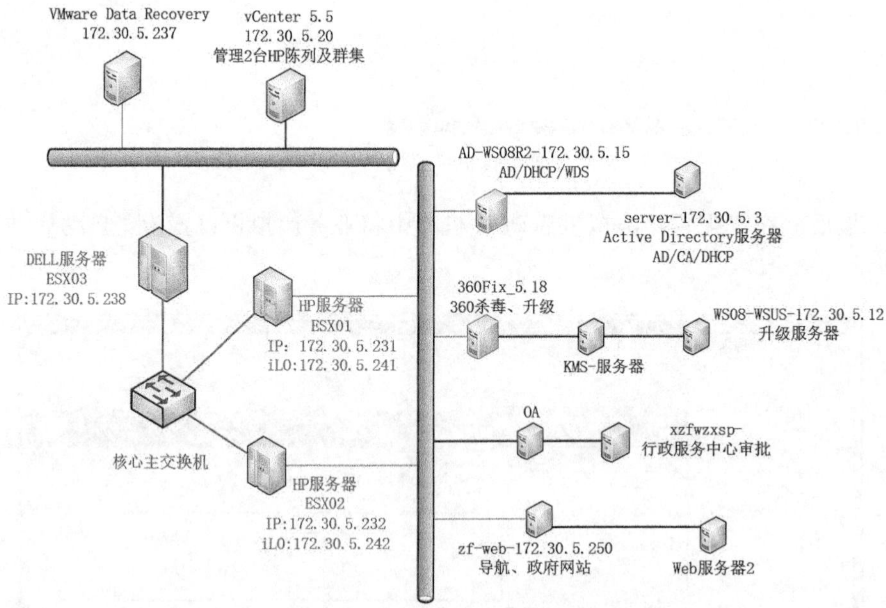

图 7-153　某市政府数据中心拓扑

本设计主要特点如下。

（1）群集：两台 HP 服务器组成一个群集（HA），可以实现冗余。虚拟机保存在共享的存储上，所以虚拟机在不同主机之间切换快速、容易。

（2）管理与备份分开：在 Dell 服务器上安装 vCenter Server 用于管理两台 HP 及 1 台 DELL 服务器。同时在这台 DELL 服务器上安装 VMware Data Recovery 备份设备，用于备份两台 HP 主机上的虚拟机，并且备份后的数据是保存在 DELL 服务器本地硬盘，而不是共享的数据存储上。

（3）网络管理与应用分区：在图 7-153 的拓扑中，DELL 服务器有 2 块网卡，连接到核心交换机的 VLAN1005 网段（使用 172.30.5.0/24 的 IP 地址）。HP 服务器有 4 块网卡，每 2 个网卡划分一个虚拟交换机，其中第 1、2 个网卡用于管理，连接到 VLAN1005 网段，而第 3、4 个网卡用于业务使用，连接到核心交换机的 Trunk 端口，可以根据需要创建虚拟端口以连接到各个 VLAN。

（4）SAS 接口成本较低：图 7-153 中有两台主服务器（HP），此时使用 SAS HBA 卡与存储服务器连接，成本较低，而速度也较快（6Gbit/s，FC HBA 卡连接速度为 8Gbit/s）。

（5）HP 服务器未配本地硬盘，直接从存储启动。在本方案中，两台新的 HP 服务器没有配置本地硬盘，而是从 IBM DS3524 存储上划分了空间，直接从存储启动系统。

下面我们介绍主要配置方法，过程及主要步骤如下。

7.4.1 为 HP 服务器配置 iLO 管理地址及用户名

HP DL380 Gen8 服务器背面一共有 5 个 RJ45 接口，其中左边有 2 个网卡，当中 1 个 iLO 管理网卡，右边有 2 个。其中显示 iLO 的只能用于管理，不能用于业务生产使用。你可以将 iLO 网卡连接到网络，为其设置一个 IP 地址，通过 iLO、使用 IE 浏览器即可以远程配置、管理服务器，并查看服务器的显示界面、使用本地键盘、鼠标控制服务器，可以加载本地 ISO 文件或本地光盘到服务器，用于系统安装与配置。

（1）将 iLO 网卡通过网络接入网络（需要为服务器设置一个专门的网段，在本例中，服务器使用 172.30.5.0/24 的网段，VLAN 号为 1005）。并且当前网络中配置有 DHCP 服务器。

（2）打开服务器的电源，会显示服务器的信息、状态，并且在左下角显示服务器 iLO 获得或分配的 IP，在本示例中当前地址为 172.30.5.241，如图 7-154 所示。

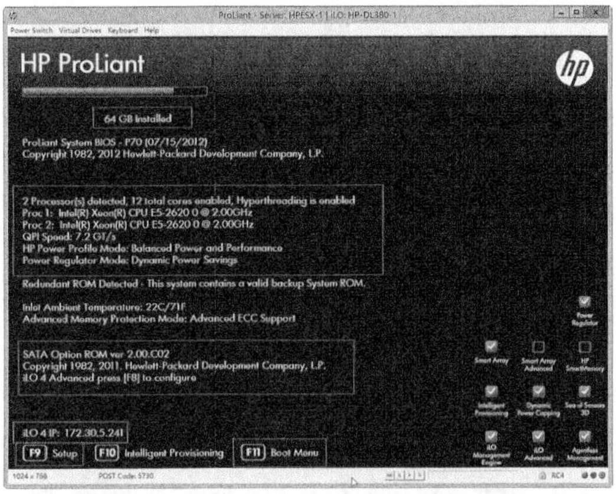

图 7-154　服务器信息及 iLO 管理地址

（3）此时服务器获得的可能是一个“临时”的地址，你可以在 IE 浏览器中，使用 https 方式登录此地址，并对此地址进行修改。打开 IE 浏览器，使用 https://172.30.5.241，登录 iLO。每台 HP 服务器的初始管理密码都不相同，在每台 HP 服务器的前面板左侧有一个小塑料纸条，上面显示了当前这台服务器的默认管理用户名及密码（注意大小写），使用此用户名及密码登录，如图 7-155 所示。

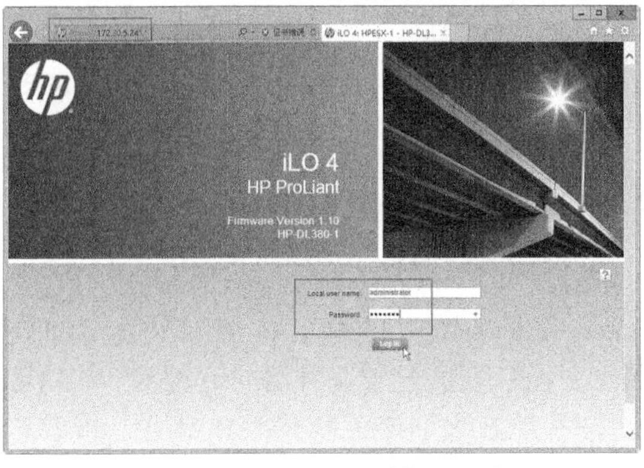

图 7-155　登录 iLO 管理界面

（4）登录之后，在“Administrator→Network”选项中，在右侧可以修改并设置一个“永久”的地址进行管理（取消“Enable DHCP”，设置 IP 地址、子网掩码、网关），如图 7-156 所示。设置之后保存退出，之后需要使用新地址重新登录 iLO。

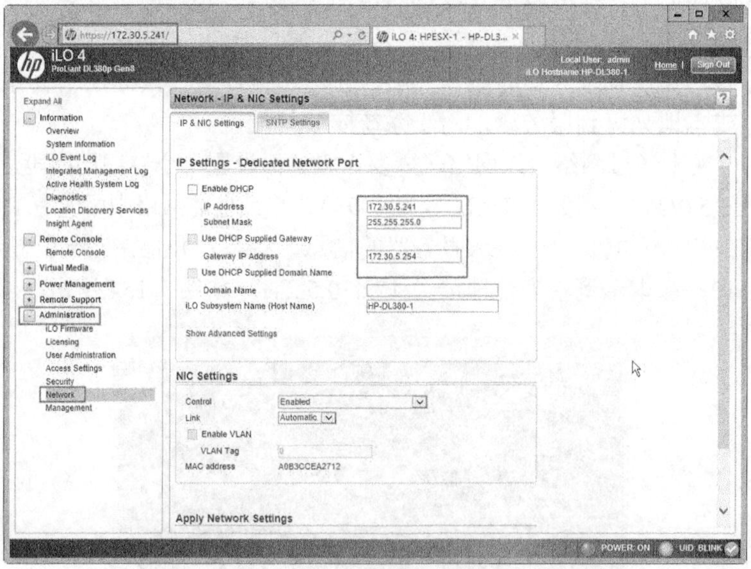

图 7-156　修改管理地址

（5）在“Administrator→ User Administrator”添加新的管理用户，如图 7-157 所示。

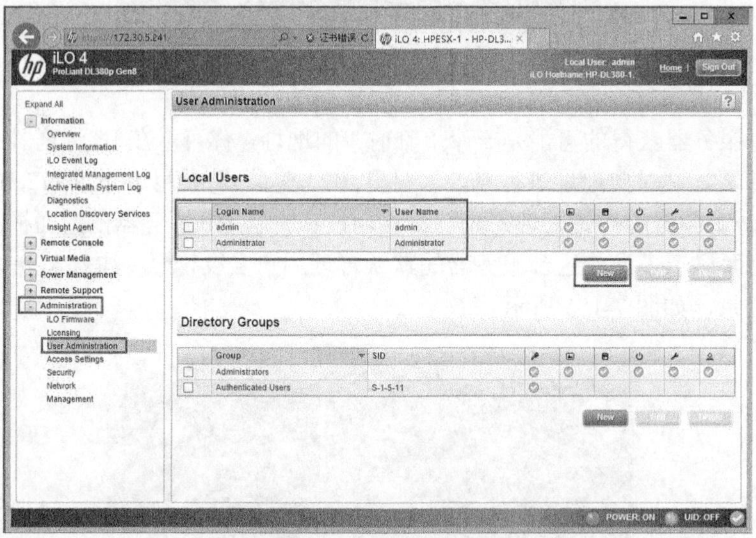

图 7-157　设置新的管理账户

（6）在“Administrator→Licensing”添加 iLO 的 License，如图 7-158 所示。只有添加 License 之后才能使用图形界面，安装配置服务器（远程 KVM 功能）。

如果在图 7-154 中，没有从 DHCP 服务器获得 IP 地址，或者忘记 iLO 的管理密码，可以在图 7-154 中按 F8 键，进入 iLO 配置界面，如图 7-159 所示，选择“执行维护”。

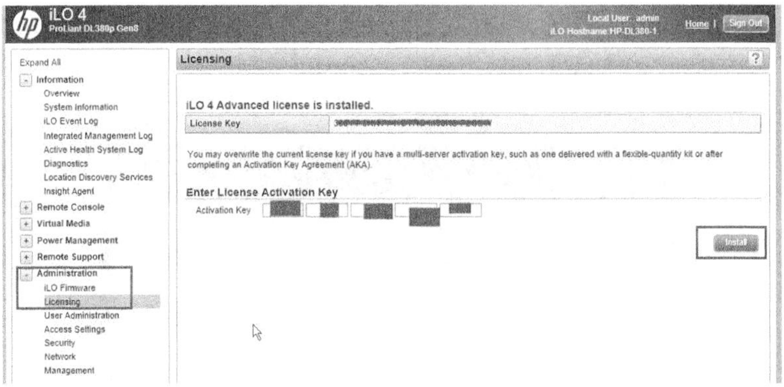

图 7-158　添加 License

图 7-159　执行维护

在配置页中选择“iLO 配置”，如图 7-160 所示。

图 7-160　iLO 配置

之后为 iLO 添加用户、设置管理地址等，或者“重置”iLO 以恢复到默认配置，如图 7-161 所示，这些不一一介绍。

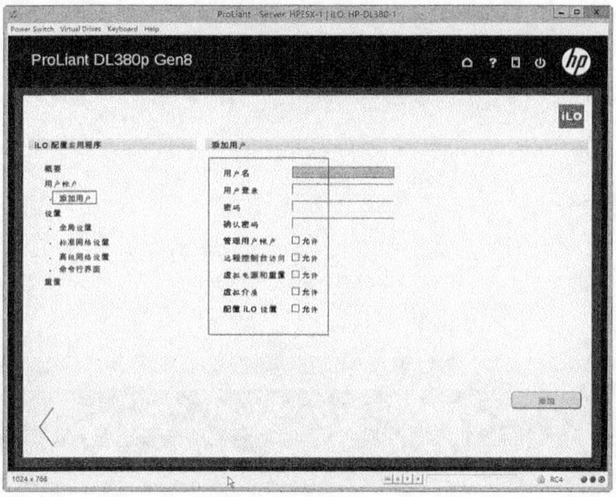

图 7-161　配置 iLO

7.4.2　在 IBM DS3524 存储划分逻辑分区并分配到主机

IBM 新推出的存储都开始支持 Web 方式配置，而以前较早时间推出的存储需要安装配置程序进行配置。我们当前使用的这个存储需要使用配置程序进行配置。

（1）IBM DS3524 默认管理地址是 192.168.128.101，你需要将 IBM 存储管理网口接入网络，并且在管理计算机上设置此网段的一个空闲地址例如 192.168.128.10，然后使用 ping 命令，当能 ping 通之后，使用管理程序连接该存储，如图 7-162 所示。

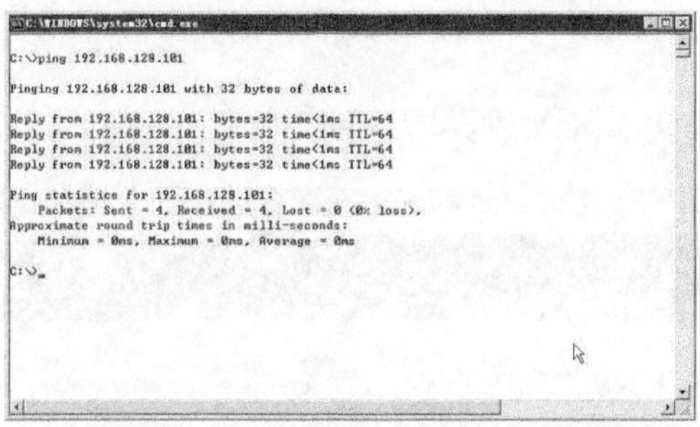

图 7-162　测试是否连接到存储管理地址

（2）连接到存储之后，开始创建配置逻辑分区。因为在本示例中，服务器没有配置本地硬盘，服务器直接使用存储启动。所以需要先创建两个“小”点的分区，每个分区“单独”分配给一个服务器“单独”使用，然后将剩余的空间划分 1～2 个较“大”的分区，分配给这两个服务器“共享”使用，如图 7-163 所示。

（3）将服务器与存储使用 Mini SAS 线连接，并且打开服务器的电源，分配上一步创建的逻辑分区给对应的服务器，如图 7-164 所示。

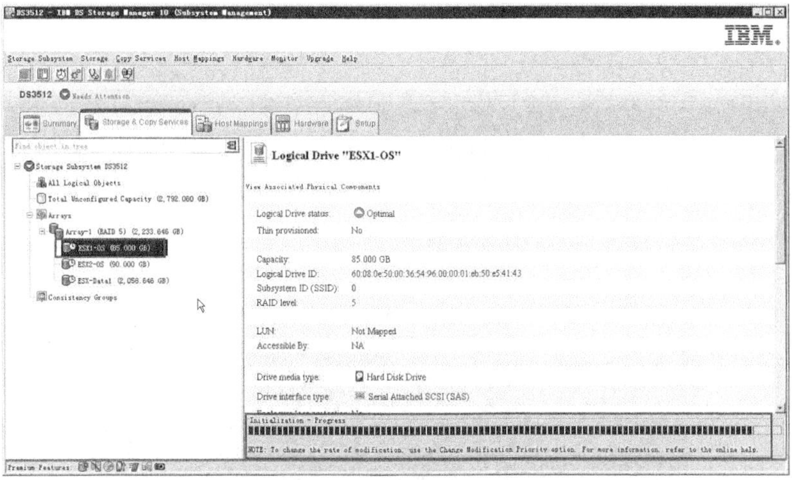

图 7-163 创建分区

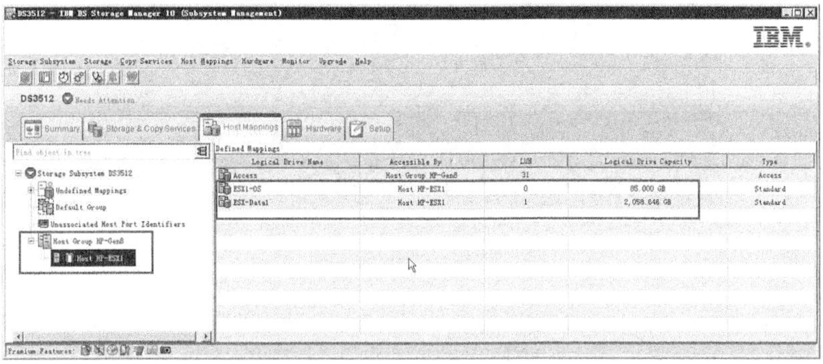

图 7-164 为服务器分配存储

7.4.3 使用 iLO 在 HP 服务器安装 VMware ESXi

为服务器分配了存储之后，就可以使用 iLO，登录到控制台，映射本地 ISO 文件，在服务器安装 VMware ESXi，主要步骤如下。

（1）在“Remote Console”中，在右侧单击“Launch”按钮，如图 7-165 所示。

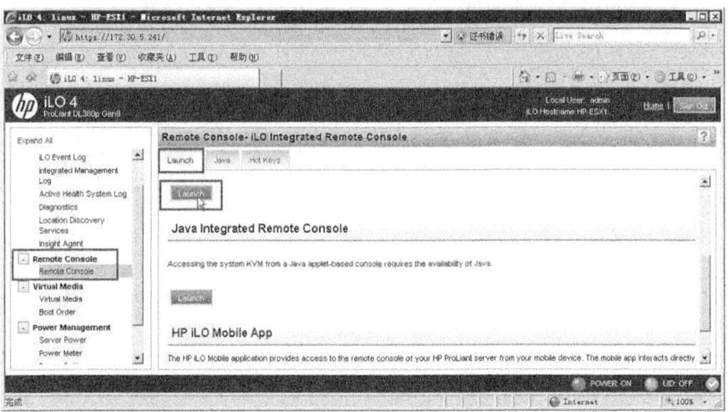

图 7-165 打开远程控制台

（2）在“是否运行此应用程序”对话框，单击“运行”按钮，如图 7-166 所示。

（3）之后将会打开远程控制台界面，在此界面会显示服务器的当前信息，如图 7-167 所示，单击“Virtual Drives”选择“Image File CD-ROM/DVD”，选择本地 ISO 文件，例如 VMware ESXi 安装文件，开始安装 VMware。

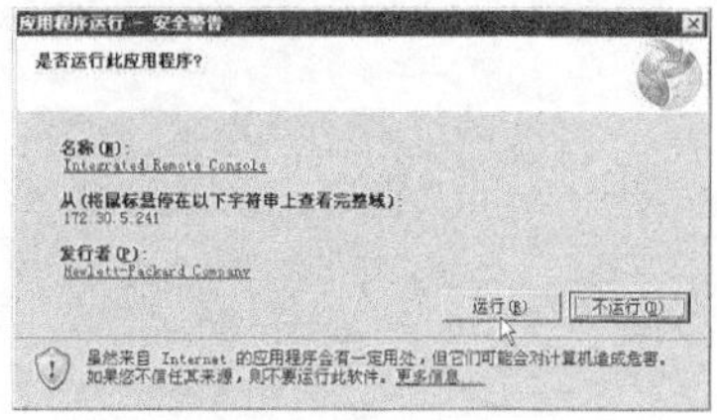

图 7-166　运行

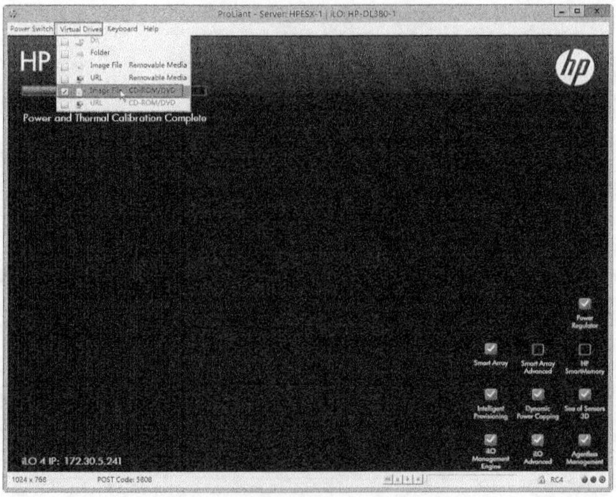

图 7-167　加载 ISO 文件

（4）VMware ESXi 的安装我们不做过多介绍，在安装的时候，选择较小的分区安装即可，安装之后可以在 iLO 控制台设置管理地址、选择管理网卡，如图 7-168 所示，这是安装完成之后的界面。

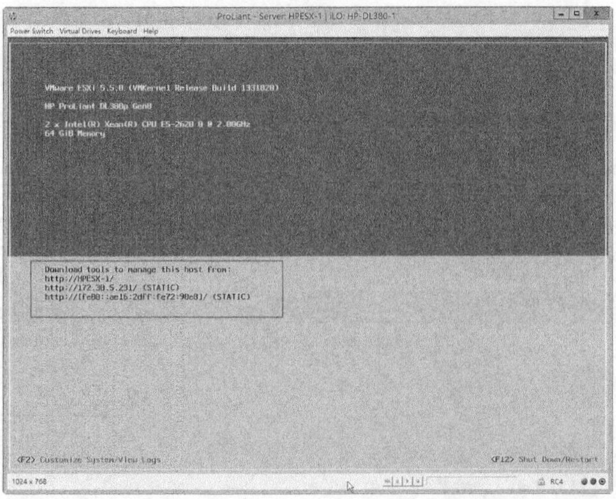

图 7-168　在 iLO 中显示 VMware ESXi 服务器界面

之后为网络中另一台服务器配置 iLO 管理地址为 172.30.5.242，在该服务器上安装 VMware ESXi 5.5，并设置管理地址为 172.30.5.232，这些不一一介绍。

7.4.4　配置数据中心、HA 及网络

之后使用 vSphere Client 登录到另一台 DELL 服务器，在该服务器上创建 vCenter Server 的虚拟机，在该虚拟机中安装 vCenter Server。之后连接到 vCenter Server，在 vCenter Server 中创建数据中心，并在数据中心中创建 HA，将两台 HP 服务器添加到这个群集中，如图 7-169 所示。

图 7-169　创建数据中心并将服务器添加到 HA 中

之后在“配置→存储器”中，修改第 1 台 HP 服务器的系统存储名为 ESX1-OS，添加并重命名共享存储为 ESX-Data1、ESX-Data2，如图 7-170 所示。

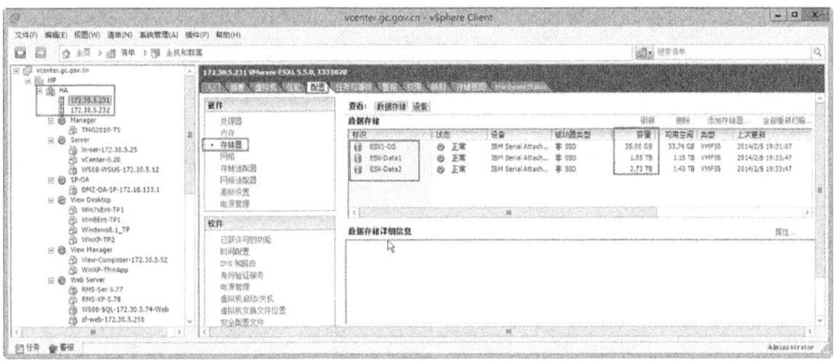

图 7-170　重命名第 1 台 ESXi 存储名称

修改第 2 台 HP 服务器的系统存储名为 ESX2-OS，共享存储会使用上一步设置的名称 ESX-Data1 及 ESX2-Data2，如图 7-171 所示。

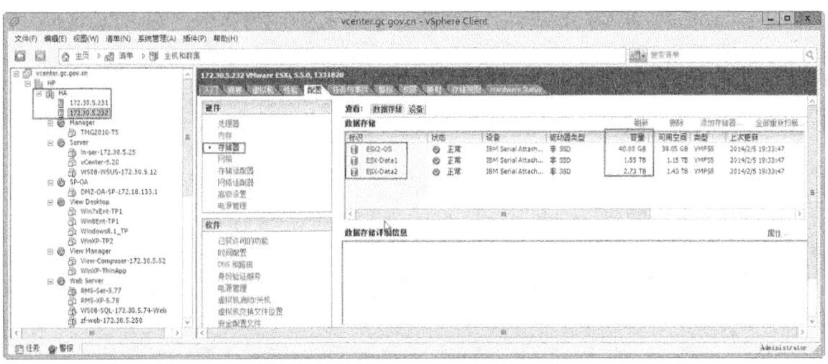

图 7-171　重命名第 2 个存储名称

在“配置→软件→电源管理”中，添加 iLO 的管理用户名、密码、iLO 的管理 IP 地址及该网卡的 MAC 地址，如图 7-172 所示。

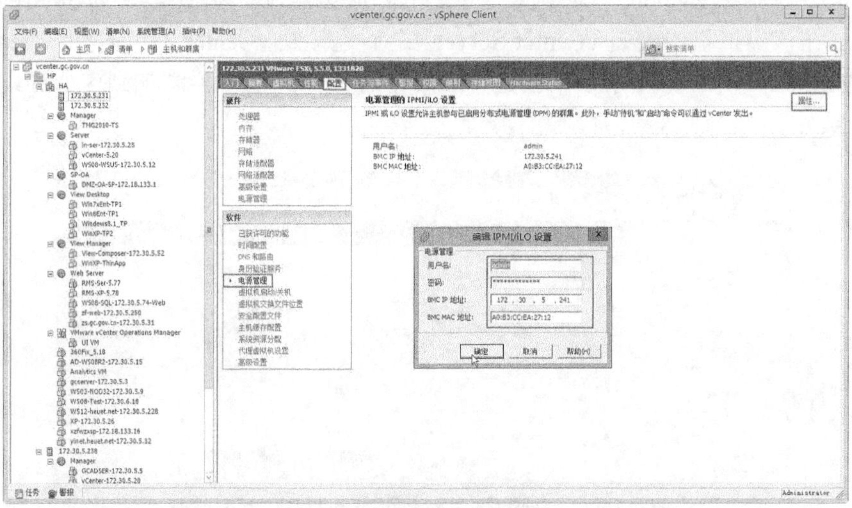

图 7-172　设置 iLO 管理地址

将两台 HP 服务器的第 3、第 4 块网卡连接到核心交换机的 Trunk 端口，并在核心交换机中，允许所有 VLAN 通过。然后在“配置→网络”中，添加第 2 个标准交换机，并创建添加虚拟机端口组，如图 7-173 所示。

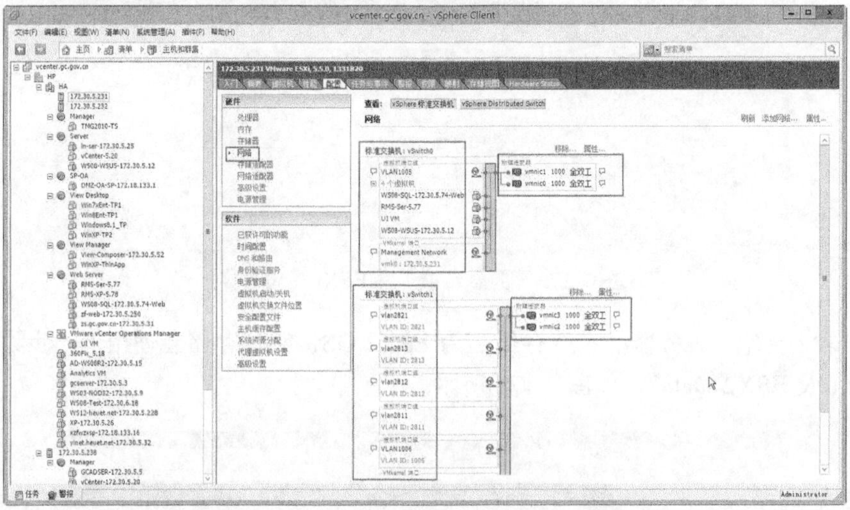

图 7-173　创建标准交换机及虚拟机端口组

7.4.5　配置虚拟机备份

最后在 Dell 服务器上部署 VMware Data Recovery 虚拟机，并备份两台 HP 服务器中的虚拟机，如图 7-174 所示。

图 7-174　自动备份的虚拟机

7.5　某高校数据中心虚拟化方案（刀片及存储）

某广播电视大学是省内唯一一所运用计算机课件、网络、广播、电视、文字和音像教材等多种媒体进行远程教育的开放大学。主要办学形式有：开放教育（含“一村一名大学生计划”）、普通高职教育、成人高等专科教育、中等职业教育、非学历教育和与重点高校合作开展的现代远程教育等。先后开设了理、工、农、医、文、法、经济、管理、教育等 9 个学科 140 多个专业。由于学生主要是通过网络在线学习，故该高校对网络、服务器（计算资源、存储资源）依赖较高。另外，由于中心机房位置有限，但需要提高的服务较多，所以该校现代教育技术中心采购刀片服务器及专业存储，使用虚拟化来满足需要。

数据中心在一个刀箱服务器上配置了 4 个 IBM Flex System x240 Compute Node（半刀位）、3 个 IBM Flex System x440 Compute Node（全刀位），每个刀片服务器配置有 1 个 4 端口千兆网卡（IBM Flex SystemEN2024 4-port 1Gb Ethernet Adapter）、1 个双端口 8Gbit/s 的 FC HBA 接口卡（IBM Flex System FC3172 2-port 8Gb FC Adapter）、2 块 300GB 的 SAS 硬盘。刀箱网络部分配置有交换模块（每个刀片服务器的网卡连接到刀箱上的交换模块，再通过外部端口连接到网络）。

在本次方案中，使用其中一个半刀的 x240 做 vCenter Server，3 个全刀的 x440 做虚拟化主机，配置为一个 HA，支撑业务系统的运行（所有业务虚拟机运行在这台 x440 中），剩余的另外 3 个半刀的 x240 另做他用。存储服务器配置了 26 个硬盘，其中 12 个硬盘做 RAID 10，另 12 个硬盘做 RAID5（再加一个热备磁盘，有 10 个可用容量），将这个存储服务器分配给 3 台 x440 使用（通过 8Gbit/s 的光纤卡连接）。各服务器连接关系如图 7-175 所示。

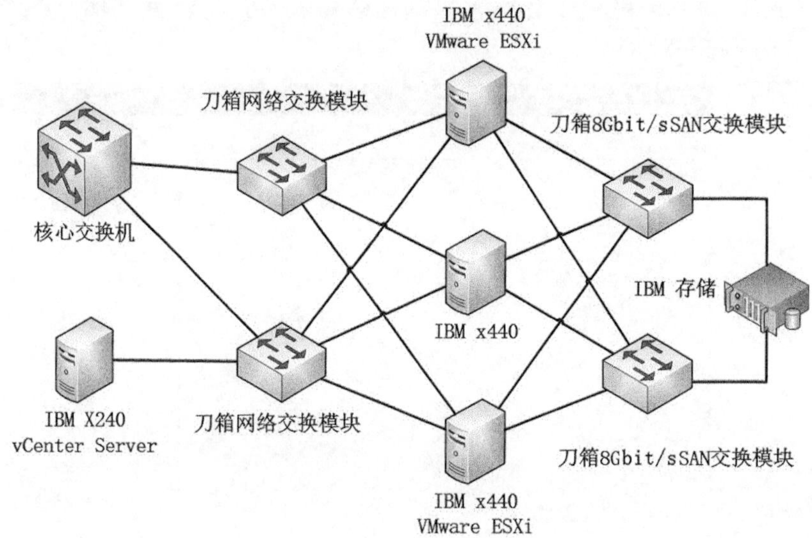

图 7-175　刀片服务器拓扑

在图 7-175 中，IBM x440 左侧与核心交换机连接是通过 RJ45 网线。在刀箱上有两组交换模块（外形像交换机一样，实际上也是工作于交换模式）。IBM x440 右侧与 IBM 存储（另外一个设备，配置有 24 块 SAS 硬盘）是采用光纤连接。

当存储划分好并分配给三台 IBM x440 后，在三台 IBM x440 上安装 VMware ESXi，与在普通服务器上相差无几，基本上一样。在本案例的难点主要是刀箱的交换背板的调试。在我们的规划中，由于每个刀片服务器有 4 个千兆网络接口，准备将其中的两个接口用于管理（配置一个 VLAN），将另两个接口用于生产环境（配置为 Trunk 端口）。本节着重介绍这个内容。

7.5.1　配置交换模块

在 IBM 刀箱的后面有两个交换模块（你可以看到两个交换机），这两个交换模块对应每个刀片的 4 个网卡（每个模块对应其中的 2 个接口）。每个刀片服务器有 4 个端口，其中第 1、第 3 个端口对应左侧的交换模块，而第 2、第 4 个端口对应右侧的交换模块。在刀片服务器的网卡接口称为“内部接口”，刀箱上交换模块端口称为“外部接口”，每个交换模块外部接口有 14 个。在实际使用中，刀片服务器网卡接口“映射”到刀箱上交换模块外部端口对外提供服务。

在我们的规划中，每个刀片服务器的第 2、第 4 个端口（在系统中看作网卡 1、网卡 3），这两个端口映射到刀箱右侧的交换模块上；每个刀片服务器的第 1、第 3 个端口（在系统中看作网卡 0、网卡 2），这两个端口映射到刀箱左侧的交换模块上。我们需要配置左侧的模块，让左侧交换模块通过网线连接到核心交换机的 Trunk 端口。而右侧的模块连接到核心交换机对应的 VLAN 端口（本例中为 VLAN236）。

在配置之前，要了解刀片服务器网卡与交换模块的对应关系，这与刀片服务器的安装位置有关，如图 7-176 所示。

图 7-176　IBM 刀片服务器正面配置图

在图 7-176 中，三个 IBM x440 分别安装在 1、3、9 的位置，而 4 台 IBM x240 安装在 5、6、7、8 的位置。那么，对于安装在 1 位置的 x440 来说，其网卡在交换模块中称为“INTA1”及“INTB1”。对于位置 3 的 x440 来说，其网卡在交换模块中称为“INTA3”及“INTB3”。对于在位置 5 的 x240 来说，其网卡在交换模块中称为“INTA5”及“INTB5”；对于在位置 9 的 x440 来说，其网卡在交换模块中称为“INTA9”及“INTB9”。

而对于刀箱背面的交换模块来说，从上到下，每个端口称做 EXT1、EXT2、EXT3 并依此类推。通常情况下，需要将内部的端口“INTA”或“INTB”映射到外部端口使用。

在正面的配置中，刀片 1、3、9 的前两个网卡配置为 Trunk，并允许 VLAN236、VLAN237、VLAN239 及 VLAN70 通过；刀片 5、6、7、8 的网卡配置为允许 VLAN236 使用。IBM 刀箱交换模块主要配置内容如下。

```
interface port INTA1
      tagging
      exit
!
interface port INTA3
      tagging
      exit
!
interface port INTA5
      pvid 236
      exit
!
interface port INTA6
      pvid 236
      exit
!
interface port INTA7
      pvid 236
      exit
```

```
!
interface port INTA8
      pvid 236
      exit
!
interface port INTA9
      tagging
      exit
!
interface port INTB1
      tagging
      exit
!
interface port INTB3
      tagging
      exit
!
interface port INTB5
      pvid 236
      exit
!
interface port INTB6
      pvid 236
      exit
!
interface port INTB7
      pvid 236
      exit
!
interface port INTB8
      pvid 236
      exit
!
interface port INTB9
      tagging
      exit
!
interface port EXT1
      tagging
      exit
!
interface port EXT2
      tagging
      exit
!
interface port EXT3
```

```
      tagging
      exit
!
interface port EXT4
      tagging
      exit
!
interface port EXT5
      tagging
      exit
!
vlan 1
      member INTA1-INTA4,INTA10-INTB4,INTB9-EXT20
      no member INTA5-INTA9,INTB5-INTB8
!
!
vlan 70
      enable
      name "VLAN 70"
      member INTA1,INTA3,INTA9,INTB1,INTB3,INTB9,EXT1-EXT5
!
!
vlan 236
      enable
      name "VLAN 236"
      member INTA1,INTA3,INTA5-INTA9,INTB1,INTB3,INTB5-INTB9,EXT1-EXT5
!
!
vlan 237
      enable
      name "VLAN 237"
      member INTA1,INTA3,INTA9,INTB1,INTB3,INTB9,EXT1-EXT5
!
!
vlan 239
      enable
      name "VLAN 239"
      member INTA1,INTA3,INTA9,INTB1,INTB3,INTB9,EXT1-EXT5
!
!
portchannel 1 port EXT1
portchannel 1 port EXT2
portchannel 1 port EXT3
portchannel 1 port EXT4
portchannel 1 port EXT5
portchannel 1 enable
```

```
!
!
spanning-tree stp 70 vlan 70
spanning-tree stp 108 vlan 236
spanning-tree stp 109 vlan 237
spanning-tree stp 111 vlan 239
```

在上面的配置中，是将这些端口映射到从上到下的 5 个端口中，需要在这 5 个端口连接网络到核心交换机的 Trunk 端口（连接其中的 2～3 条网线即可）。

登录进入交换模块配置界面后，其内部网卡数据量如图 7-177 所示。

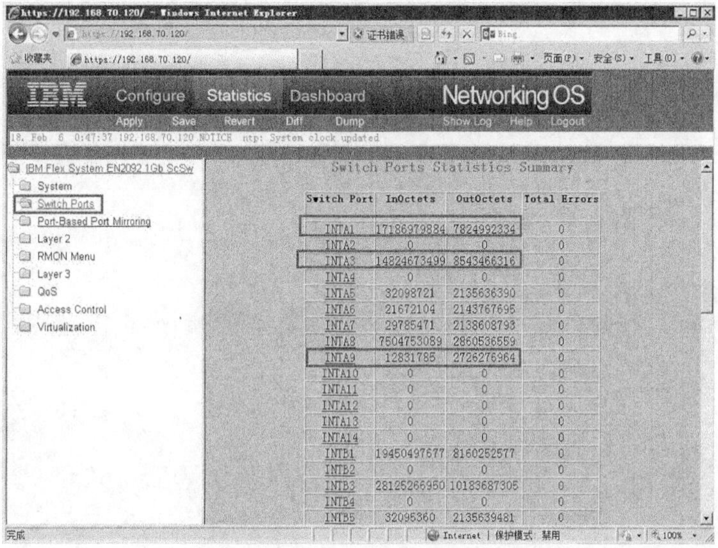

图 7-177 IBM 刀片服务器内部网卡端口数据

其外部网卡数据量状态如图 7-178 所示。

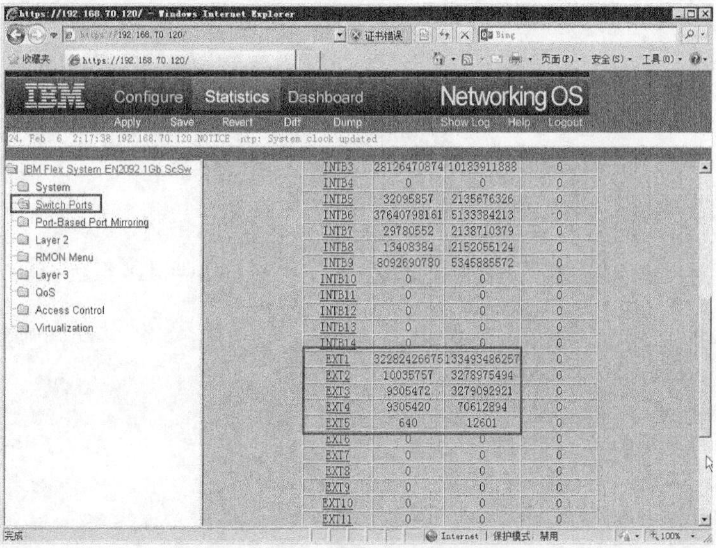

图 7-178 交换模块数据量状态

7.5.2 映射本地 ISO 到服务器作为光盘

在配置好交换模块之后，即可以在每个刀片服务器上安装 VMware ESXi，你可以使用 IBM 的 iMM 控制台，通过加载本地 ISO 镜像的方式安装，主要步骤如下。

（1）在 IE 浏览器中，登录 IBM 刀箱服务器管理地址，如图 7-179 所示。并输入用户名及密码登录，默认用户名为大写的 USERID，密码为大写的 PASSW0RD，注意 W 及 R 之间是数字 0 不是字母 O。在本示例中，刀箱的管理地址是 192.168.70.100，划分为 VLAN70。

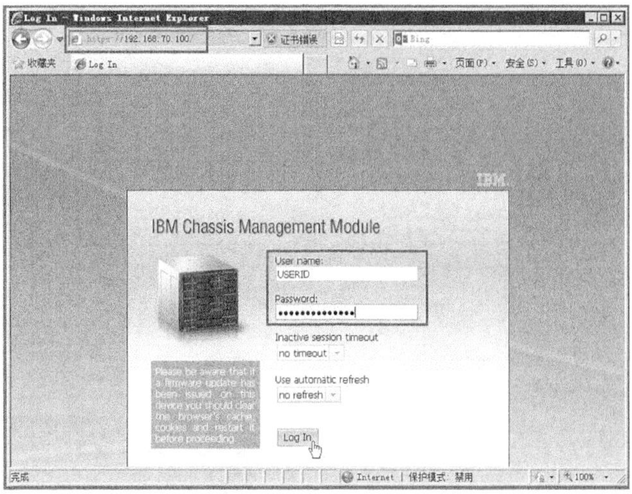

图 7-179　登录刀箱管理地址

（2）登录进入 IBM 刀箱管理单元后，在“Table View”列表中，左侧是刀箱的前面板，右侧是刀箱的后面板，可以单击前后面板对应的设备列表，对设备进行控制，或查看设备的信息。我们选择安装在 9 位置的全刀刀片，此时在下方会显示该设备的信息。如果要查看这个设备的控制台界面，可以用鼠标右键单击，在弹出的快捷菜单中选择“Launch Compute Node Console”，如图 7-180 所示。

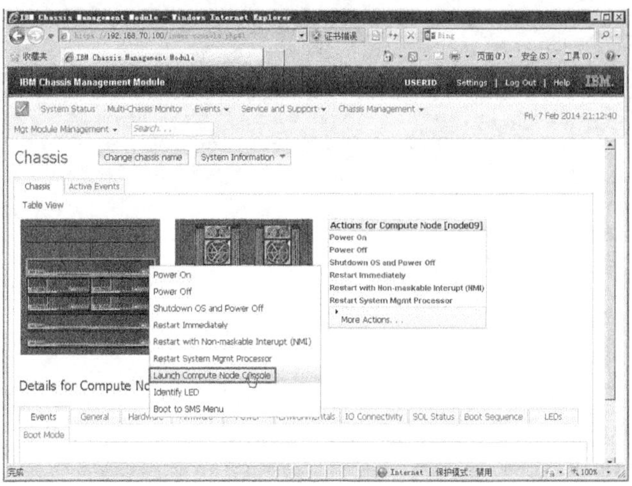

图 7-180　打开控制台界面

（3）在弹出的“Launch Node Donsole”对话框，单击“Launch”按钮，如图 7-181 所示，要注意在“Protocol”列表中选择 HTTPS。

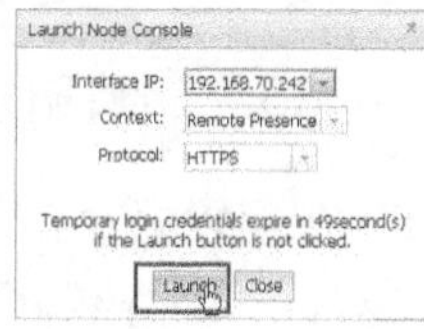

图 7-181　Launch

（4）之后再打开的对话框中，选择使用 Active X 或 Java 客户端打开，选择是使用单用户模式还是多用户模式，如图 7-182 所示。一般使用 Active X，单用户或多用户都可，如图 7-182 所示。

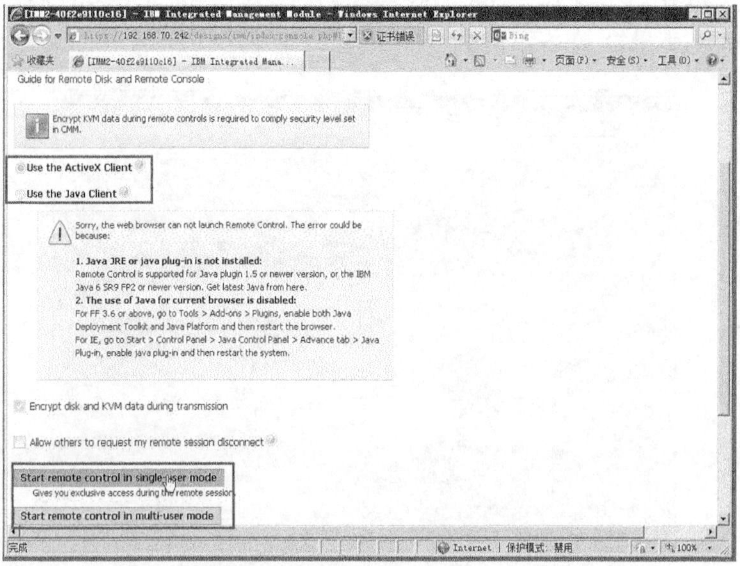

图 7-182　选择使用何种控件及何种用户模式打开

（5）之后会打开控制台界面，显示服务器的信息。如果要加载 ISO 或本地光盘映射到服务器中，在“Tools”菜单选择“Launch Virtual Media”，如图 7-183 所示。

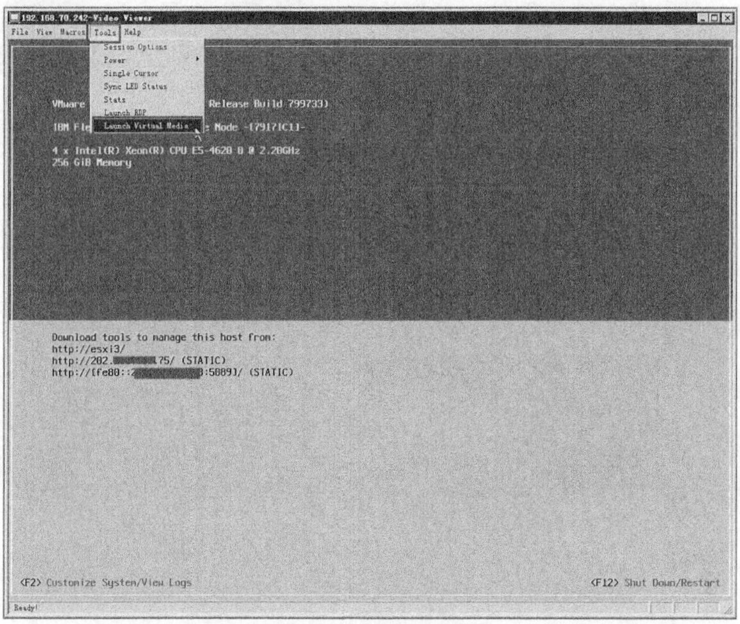

图 7-183　加载虚拟媒体

（6）在弹出的对话框中，单击“Add Image”按钮，如图 7-184 所示，选择本地 ISO 文件，并映射到该服务器中，之后重新启动服务器，会从映射的镜像启动，这些不一一介绍。

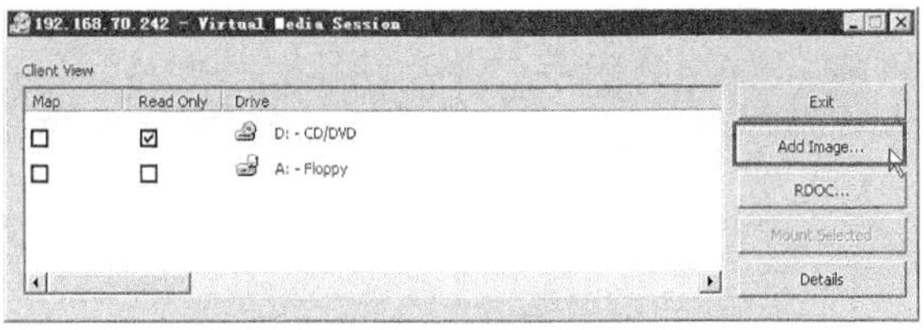

图 7-184　加载镜像文件

7.5.3　其他配置

在为每台服务器安装了 VMware ESXi 之后，进入控制台设置，为每台服务器设置管理地址，并选择第 3、第 4 网卡为管理网卡。之后使用 vSphere Client 连接到 vCenter Server，创建数据中心、群集，并将这三台 VMware ESXi 添加到群集中。之后进行如下的配置。

（1）在“配置→网络”中，添加标准交换机，并使用第 1、第 2 块网卡，并添加 vlan236、vlan237、vlan239 的虚拟机端口组，并让这些虚拟机端口组使用对应的 VLAN ID，如图 7-185 所示。

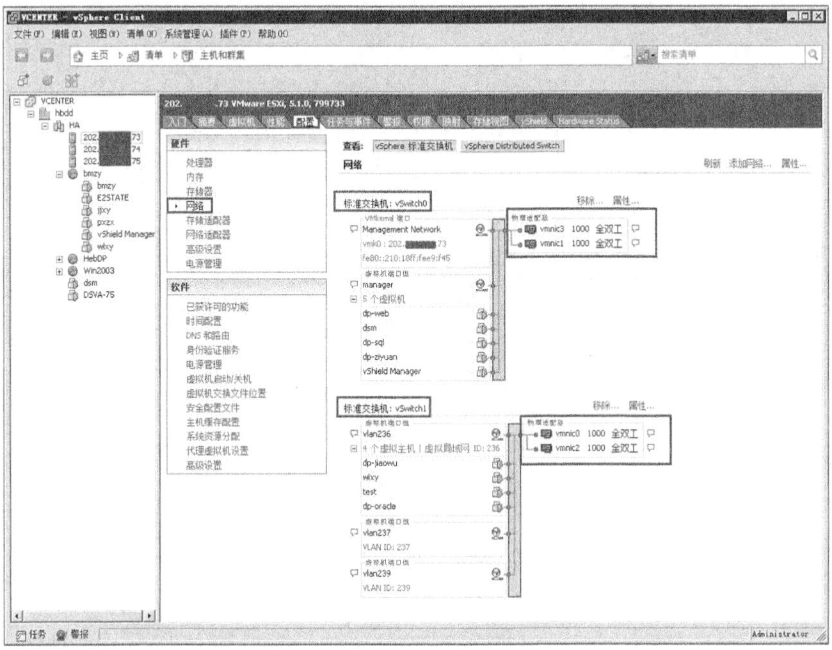

图 7-185　标准交换机

（2）在“配置→存储器”中，添加光纤连接的存储，在本示例中，为每个服务器添加了两个共享的存储，一个大小为 4TB，使用 RAID10 划分的存储，另一个大小为 9TB，使用 RAID5（再加一个热备）划分。在添加存储时，分别将这两个存储命名为 FC-RAID10 及 FC-RAID5（如图 7-186 所示），这样容易区分，方便后期的管理与维护：需要较高性能的虚拟机就存储在 RAID10 的存储上，需要较大磁盘容量的虚拟机就保存在 RAID5 上。

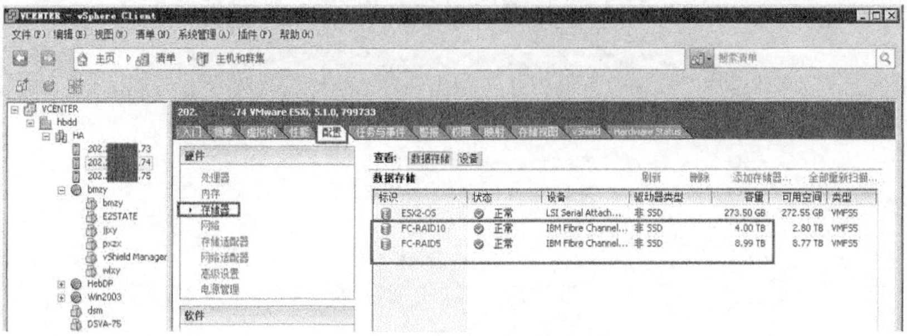

图 7-186 添加 FC 存储

（3）调整每台 VMware ESXi 主机的时间，这些不一一介绍。

（4）在“摘要”中可以看到每台服务器的配置，如图 7-187 所示。从图中可以看到，当前这个节点是 IBM X440，具有 32 个 CPU（是 4 个 8 核心的 CPU，超线程，合计 64 个逻辑 CPU）、256GB 内存。

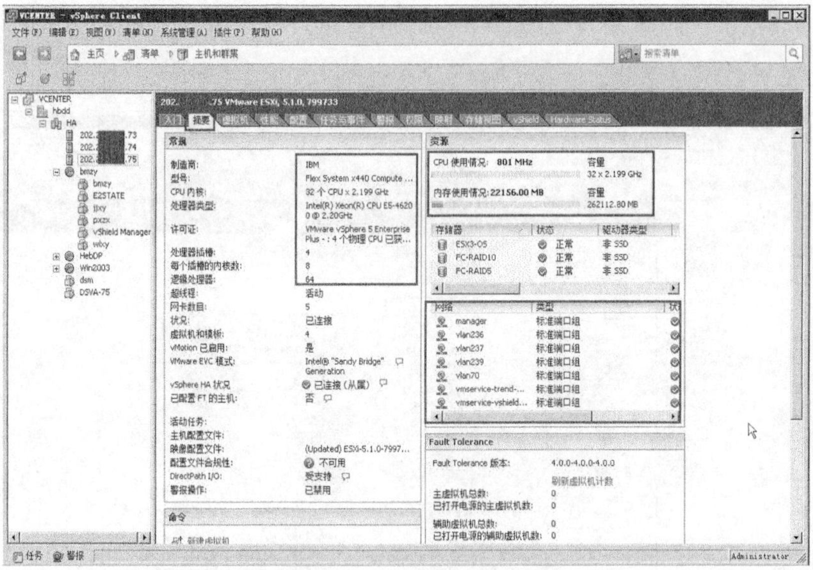

图 7-187 服务器摘要信息

在配置好服务器之后的使用，与普通的服务器相差不大，也是将 ISO 上传到存储，然后创建虚拟机、转换成模板，然后从模板部署虚拟机，分配虚拟机内存等，这些不一一介绍。

第 8 章　虚拟化基础配置

虚拟化并不是单独存在的。在企业实施虚拟化的过程中，除了产品虚拟化本身，还有许多其他的应用。例如，在虚拟化之后，仍然要安装操作系统，例如需要 Windows Server 2008 R2、Windows Server 2012、SQL Server 等，它们并不会由于使用虚拟化而消失，这些仍然是基础的应用。另外，不可否认，无论是否使用虚拟化，在我们的企业中，服务器操作系统是 Windows Server 2008 R2 或 Windows Server 2012 R2，或者是以前的 Windows Server 2003，办公软件使用 Office，工作站操作系统使用 Windows 7、Windows 8.1 或 Windows XP 仍然是主流。使用 Windows 操作系统或者 Microsoft 的其他产品是我们无法避免的。本章将介绍在企业中，部署虚拟化与云计算产品时，所需要了解或掌握的一些基础内容，无论你是使用 VMware 的产品，还是 Citrix，抑或是 VMware 的产品，或者其他的产品组建“云”，都需要了解这些知识，包括 Windows 网络基础 Active Directory、DHCP、Windows 产品与补丁升级服务 WSUS、Windows 操作系统部署产品 WDS 等。

8.1　虚拟化基础服务概述

无论是组建云计算数据中心，还是云虚拟桌面，或者应用程序虚拟化，除了需要 Active Directory 服务器之外，还需要 DHCP、DNS、Windows 部署服务、WSUS 升级服务器。对于对网络依赖比较严重的企业来说，或者对于中大型企业来说，重要的服务器都是具有冗余的，至少有两台相同功能的服务器，例如 Active Directory、DHCP；对于“不太重要”的服务器则配置一台即可，例如 Windows 部署服务、WSUS 升级服务器。在生产环境中，可以将 Active Directory、Windows 部署服务、WSUS 升级服务器部署在虚拟机中，并且 Active Directory、Windows 部署服务及 DHCP 服务器可以在同一个虚拟机中，WSUS 升级服务器则可以在另一个虚拟机中。

在生产环境中，可以将 Active Directory 部署在虚拟机中，并且一般要部署两台 Active Directory 的服务器，并且在这两台 Active Directory 中都配置 DHCP 服务器以提供冗余（DNS 是同时要部署的，因为 Active Directory 与 DNS 已经集成），另外还可以将“Windows 部署服务”配置在其中一台 Active Directory 服务器中。

在大多数的情况下，为 Active Directory 虚拟机配置 2 个 CPU、2GB 内存，60GB 的硬盘空间即已经足够，如果还要配置 Windows 部署服务，由于要保存安装及启动镜像，会占用较大空间，但一般为同时配置 Windows 部署服务的 Active Directory 虚拟机，配置 120GB 硬盘空间即可满足需求，图 8-1 所示是某单位 Active Directory（集成 DHCP、Windows 部署服务）虚拟机的配置。

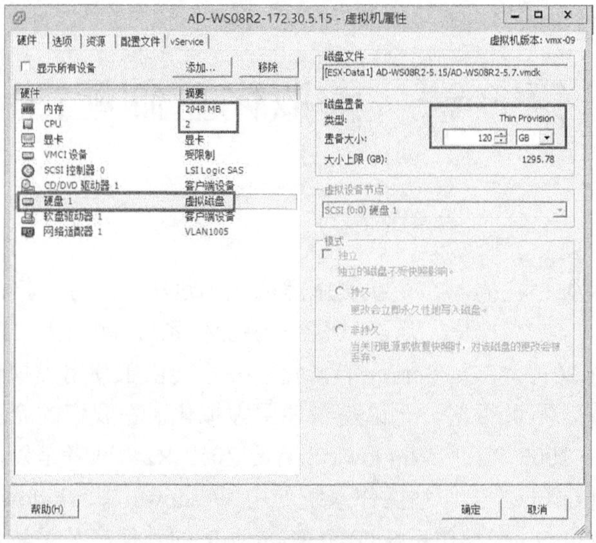

图 8-1 Active Directory 虚拟机配置

在配置好 Active Directory 之后，在该服务器虚拟机中同时配置 DHCP 服务器，并且要为网络中各个 VLAN 配置作用域，如图 8-2 所示。在采用 Active Directory 管理网络时，需要使用计算机做 DHCP 服务器，而不是使用交换机内置的 DHCP 服务器，因为 Windows Server 中的 DHCP 服务器，提供了许多硬件交换机中的 DHCP 服务器所不具备的功能。

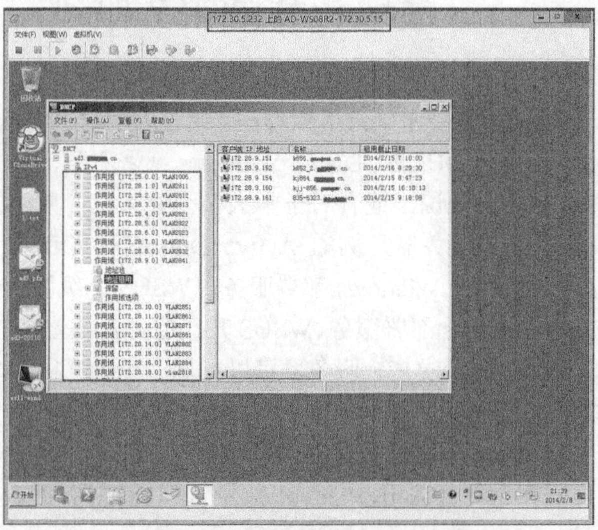

图 8-2 配置好的 DHCP 服务

另外，如果网络中有大量的 Windows Server 2008、Windows Server 2008 R2、Windows Server 2012、Windows 7、Windows 8 等操作系统需要激活，还要在网络中配置 KMS 服务器，并且在 DNS 中配置_VLMCS 服务选项，以指定 KMS 服务器的地址，以让使用 DHCP 自动获得 IP 地址的计算机，自动从 KMS 服务器激活。在 Windows Server 中配置 DNS 的

KMS 选项截图如图 8-3 所示。

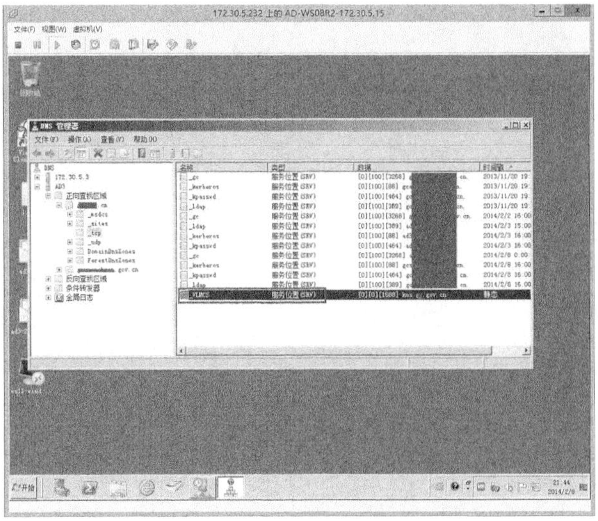

图 8-3　在 DNS 中指定 KMS 服务器

【**说明**】在使用 Windows 部署服务，为网络中的工作站（或虚拟机）通过网络安装操作系统时，需要在核心交换机配置“DHCP 中继”，DHCP 中继需要指定 DHCP 服务器的地址及 Windows 部署服务的地址。如果网络中有多个 DHCP 服务，需要按顺序添加 DHCP 服务器地址，另外，Windows 部署服务也作为“DHCP 中继”指定。

为了在网络中使用网卡启动安装操作系统，还要配置 Windows 部署服务，如图 8-4 所示。这是配置好的 Windows 部署服务，提供了 Windows 7、Windows 8、Windows 8.1 及 Windows Server 2008 R2、Windows Server 2012 的部署镜像。

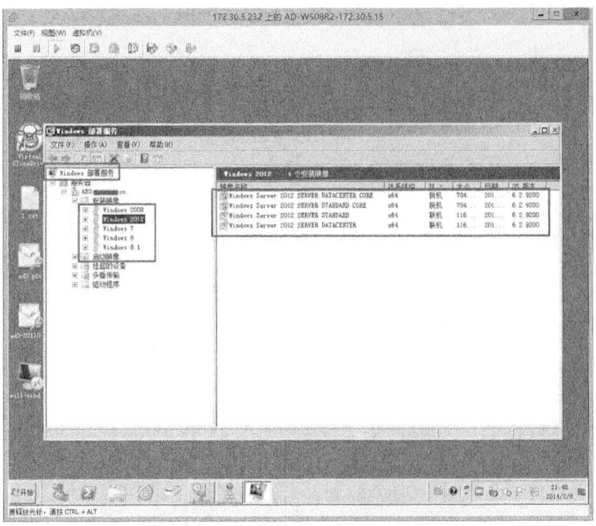

图 8-4　Windows 部署服务

在生产环境中，WSUS 服务器需要另外一个单独的虚拟机，为其配置 2～4GB 内存、2 个 CPU 即可，但需要为该虚拟机分配较大的空间，在我所管理的一个企业中，为 WSUS

虚拟机分配了 500GB 的磁盘空间，如图 8-5 所示。

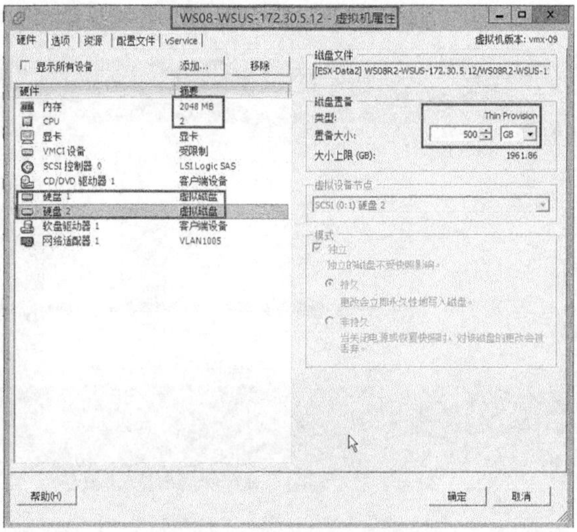

图 8-5　WSUS 虚拟机配置

在配置好 WSUS 虚拟机之后，需要安装 WSUS 服务并从 Microsoft Update 网站下载所需要的补丁，如图 8-6 所示，这是配置好的 WSUS 虚拟机截图。

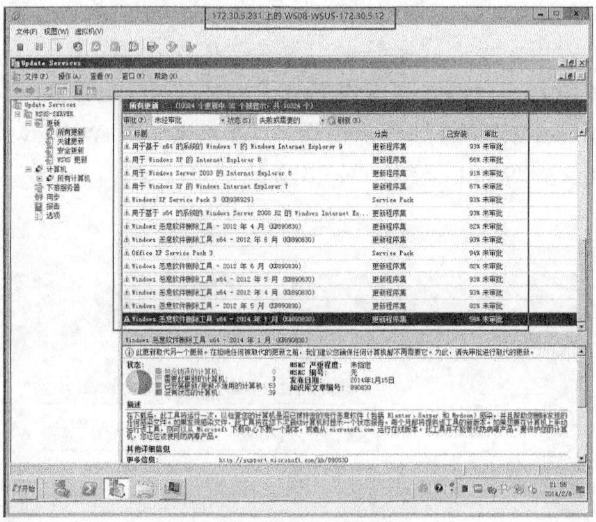

图 8-6　配置好的 WSUS 服务器

在安装配置 WSUS 时，需要将 WSUS 安装在一个单独的分区。在实际工作中，WSUS 下载的补丁可能会超过 300GB，如图 8-7 所示，这是我所管理的一个企业 WSUS 下载的补丁所占用的空间。

在企业生产环境中，可能还需要其他的服务，在需要的时候部署即可。有的服务可能会互相冲突，例如，如果配置 TFTP，通过网络部署 VMware ESXi，TFTP 服务与 DHCP 及 Windows 部署服务冲突，在这种情况下，可以暂时停止 DHCP 及 Windows 部署服务，等部署完 VMware ESXi，关闭并退出 TFTP 服务器再启动 DHCP 及 Windows 部署服务。这些我们不一一介绍。在下面将主要介绍 Active Directory、Windows 部署服务、WSUS 服务器的安装配置及简单的管理。

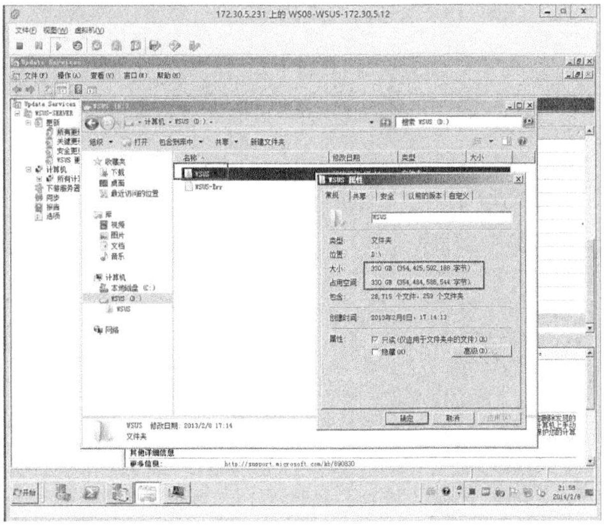

图 8-7　WSUS 下载的补丁

8.2　将 Windows Server 2008 升级到 Active Directory

本节介绍使用 Windows Server 2008、Windows Server 2008 R2 的 Active Directory 管理网络的内容。为了统一，本章中服务器的计算机名为 dc，域名为 heinfo.local，IP 地址为 172.30.5.15，子网掩码为 255.255.255.0，DNS 服务器地址为 172.30.5.15。所有工作站地址为 172.30.5.30～172.30.5.200，子网掩码为 255.255.255.0，DNS 服务器地址为 172.30.5.15。

准备一台 Windows Server 2008（或 Windows Server 2008 R2）计算机或虚拟机，设置计算机的 IP 地址为 172.30.5.15，DNS 为 172.30.5.15（见图 8-8），修改计算机的名称为 dc（见图 8-9）后，重新启动计算机。

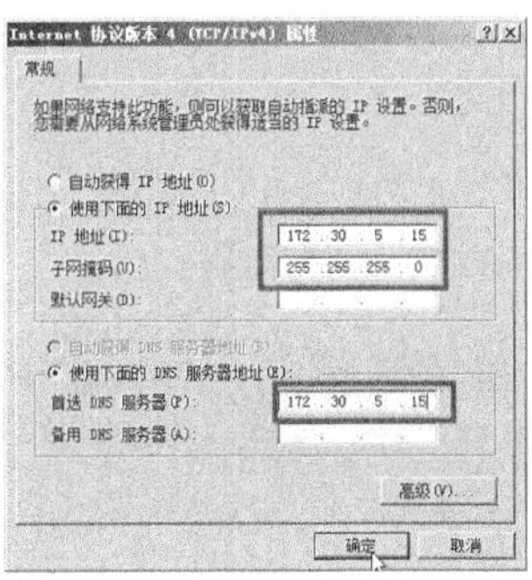

图 8-8　设置 IP 地址与 DNS

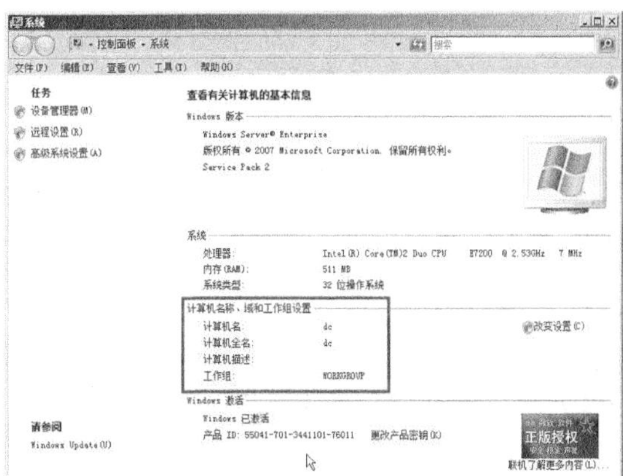

图 8-9　修改计算机名称

再次进入 Windows Server 2008 后，以管理员账户（Administrator）登录，执行如下操作。

（1）打开“运行”对话框，运行 dcpromo 命令，启动活动目录安装向导，如图 8-10 所示。

（2）在“选择某一部署配置”对话框中，选择“在新林中新建域”单选按钮，如图 8-11 所示。

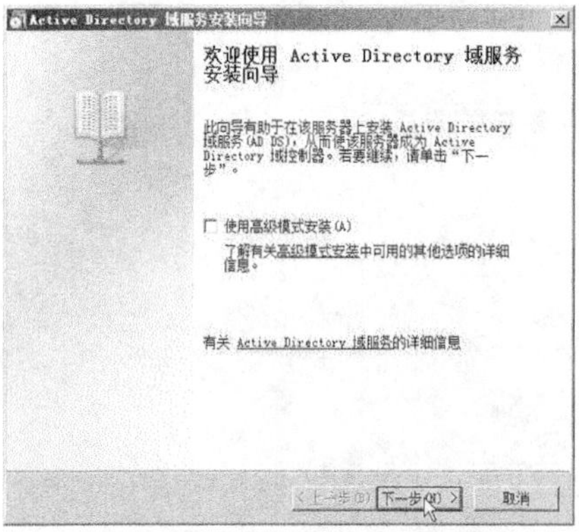

图 8-10　活动目录安装向导

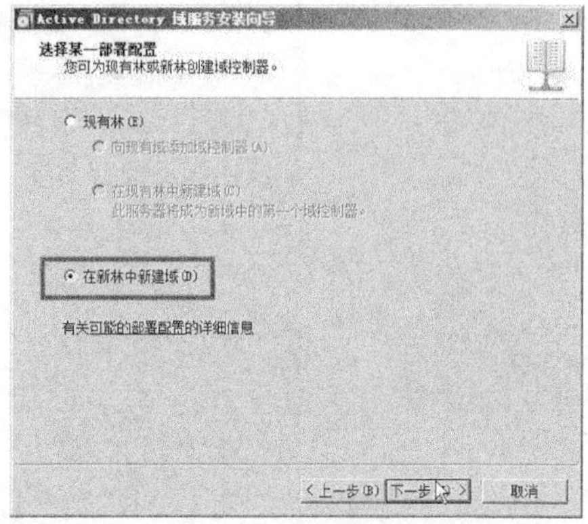

图 8-11　在新林中新建域

（3）在“命名林根域”对话框中，在“目录林根级域的 FQDN”文本框中输入已规划的域名 heinfo.local，单击“下一步”按钮，开始检查域名称，如图 8-12 所示。

（4）在“设置林功能级别”对话框中选择林功能级别，如果网络中只有 Windows Server2008 的服务器，请选择 Windows Server 2008，如果网络中还有 Windows Server 2003 的服务器，请选择 Windows Server 2003；如果网络中有 Windows 2000 的服务器，请选择 Windows 2000。如果选择的是 Windows 2000 或 Windows Server 2003，当网络中的服务器全部升级到 Windows Server 2008 后，可以将“林功能级别”提升到 Windows Server 2008。在本例中，选择 Windows Server 2008，如图 8-13 所示。

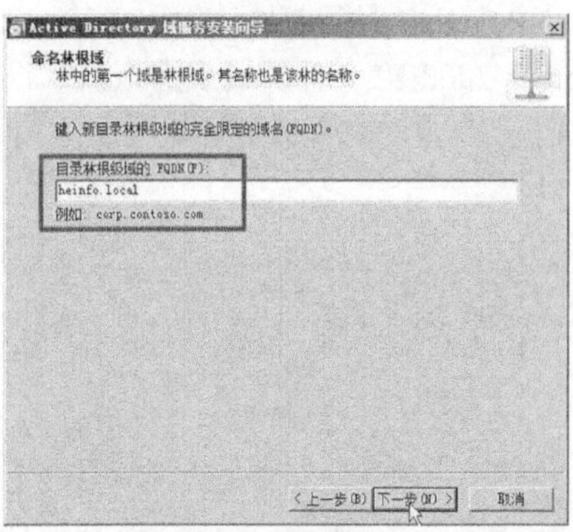

图 8-12　DNS 名称

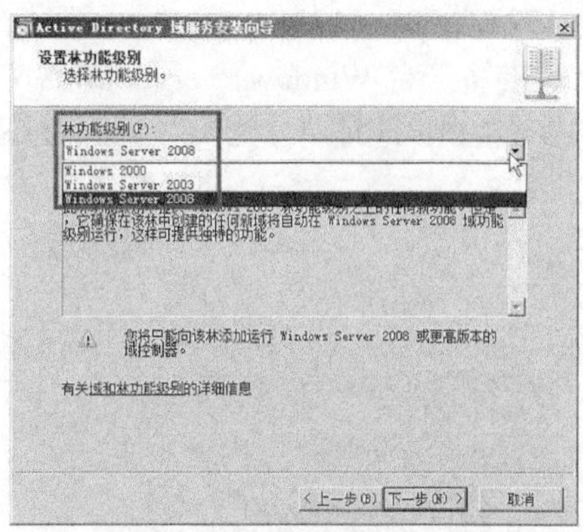

图 8-13　选择林功能级别

（5）在“其他域控制器选项”对话框中，选中“DNS 服务器”复选框，如图 8-14 所示。

（6）在“数据库、日志文件和 SYSVOL 的位置”对话框中，指定数据库日志文件/文件夹位置，通常选择默认值即可。

（7）在“目录服务还原模式的 Administrator 密码”对话框中，设置目录服务还原模式密码，如图 8-15 所示。该密码不同于管理员的密码，在使用目录服务还原模式时必须输入。

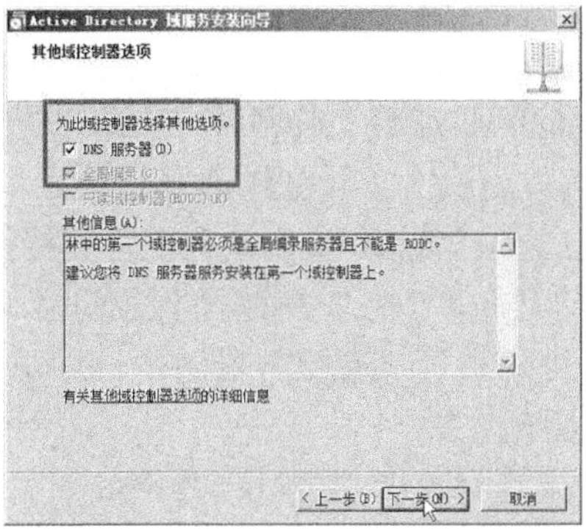

图 8-14　安装 DNS 服务器

（8）在“摘要”对话框中，检查相关设置是否正确，如图 8-16 所示。确定设置无误后，单击“下一步”按钮，将开始 Active Directory 服务的安装，如图 8-17 所示。

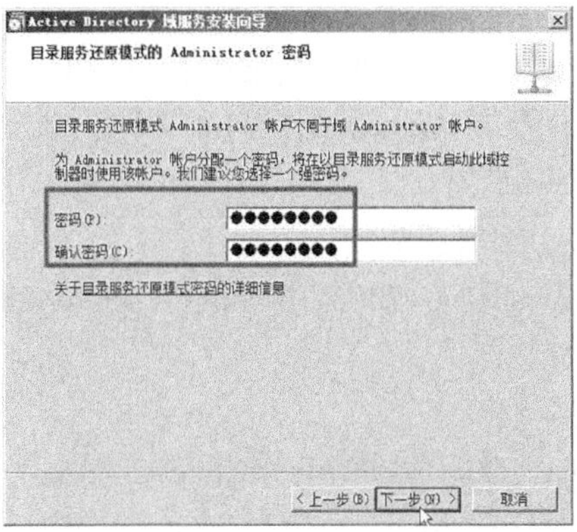

图 8-15　设置目录服务还原模式密码

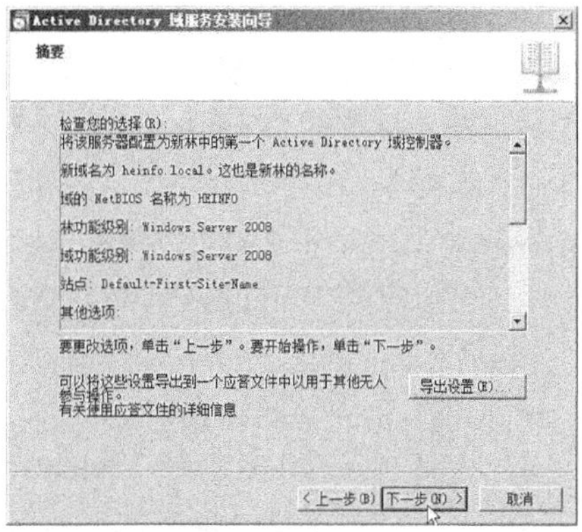

图 8-16　“摘要”对话框

（9）安装完成之后，显示如图 8-18 所示。单击“完成”按钮，根据系统提示重新启动 Windows Server 2008 计算机，完成 Active Directory 的安装。

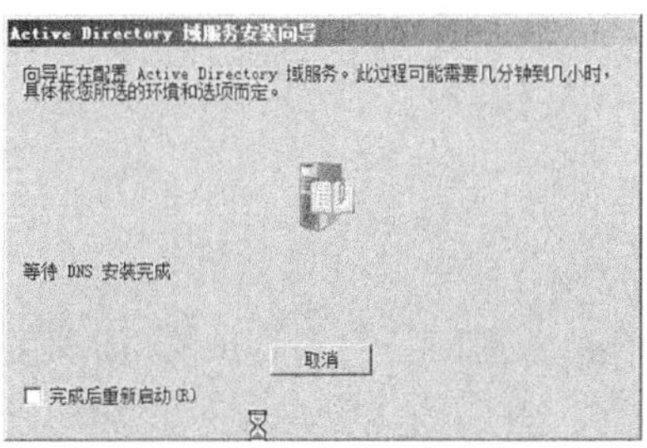

图 8-17　安装 Active Directory

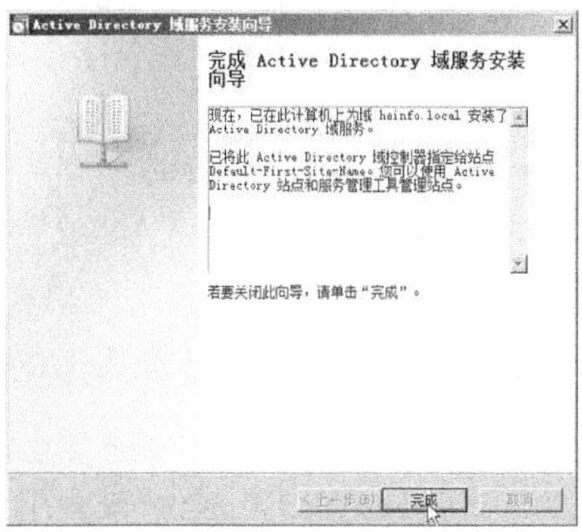

图 8-18　安装完成

8.3 Windows 部署服务配置与应用

Windows 部署服务是 Windows 远程安装服务（RIS）的升级版本，它能为用户计算机远程安装操作系统而无须物理上接触每个用户机器。使用 Windows 部署服务可以通过 Windows 映像（.wim）文件安装 Windows 操作系统，它支持初始安装，也可以在现有计算机上重新安装操作系统。尤其是在可以连接网络的计算机上，通过网络远程启动计算机，用一个有效的账户进行登录，即可通过远程服务器的 Windows 部署服务重新部署操作系统。

Windows 部署服务具有以下优势。

- 降低部署的复杂程度以及与手动安装过程效率低下关联的成本。
- 允许基于网络安装 Windows 操作系统（包括 Windows Vista、Windows 7 和 Windows Server 2008、Windows Server 2008 R2）。
- 将 Windows 映像部署到未安装操作系统的计算机上。
- 支持包括 Windows Vista、Windows 7、Windows Server 2008、Microsoft Windows XP 和 Microsoft Windows Server 2003 的混合环境。
- 为把 Windows 操作系统部署到客户端计算机和服务器提供端到端的解决方案。
- 基于标准的 Windows Server 2008 安装技术（包括 Windows PE、.wim 文件和基于映像的安装）

Windows Server 2008 及 Windows Server 2008 R2 中部署服务的改进如下。

- 可以部署 Windows Vista、Windows 7、Windows Server 2008、Windows Server 2008 R2。
- 支持将 Windows PE 作为启动操作系统。
- 支持 Windows 映像（.wim）格式，不支持 RISETUP 映像和 OSChooser 屏幕。
- 可以使用多播功能传输数据和映像。
- 可以在独立服务器上使用多播功能传输数据和映像（在安装传输服务器角色服务时）。
- 可扩展并且性能更高的 PXE 服务器组件。
- 用于选择启动操作系统的新启动菜单。
- 可以用于选择和部署映像以及管理 Windows 部署服务服务器和客户端的新图形用户界面。
- 增强的 TFTP 服务器。
- 支持通过网络启动具有可扩展固件接口（EFI）的基于 x64 的计算机。
- 安装的度量值报告。

8.3.1 Windows 部署服务的系统需求

无论是服务器还是客户端计算机，Windows 部署服务都未提出任何内存或 CPU 速度的要求。Windows 部署服务器需要使用 NTFS 文件系统分区，并为映像存储提供足够的磁盘空间，以容纳所有必需的映像。

Windows 部署服务要求下列的操作系统。

- Windows Server 2008、Windows Server 2008 R2。
- Windows Server 2003 Service Pack 1（SP1）。

【说明】当前已推出适于 Windows Server 2003 SP1 的 Windows 部署服务更新包。必须安装远程安装服务（RIS），但无须对其进行配置。

- Windows Server 2003 Service Pack 2（SP2）。

【说明】如果已安装 RIS，Windows Server 2003 SP2 将默认安装 Windows 部署服务。

- Windows Server 2008 Service Pack 1（SP1）。

部署 Windows 部署服务的环境必须满足下列要求。

- Windows 部署服务器必须是 Active Directory 域的成员。
- 必须具有 DHCP 服务器。
- 计算机必须支持 PXE 网络启动。

8.3.2　Windows 部署服务的安装

本节将在 Windows Server 2008 企业版的计算机（已升级到 Active Directory 服务器）上安装“Windows 部署服务”，服务器配置为：计算机 IP 地址 172.30.5.15，计算机名称 dc，Active Directory 域名 heinfo.local。Windows 部署服务的安装步骤如下。

（1）选择“开始”→“程序”→“管理工具”→“服务器管理器”，打开“服务器管理器”控制台，选择“角色”选项，单击“添加角色”链接，运行“添加角色向导”。

（2）在“选择服务器角色”对话框中，选中“Windows 部署服务”复选框，如图 8-19 所示。

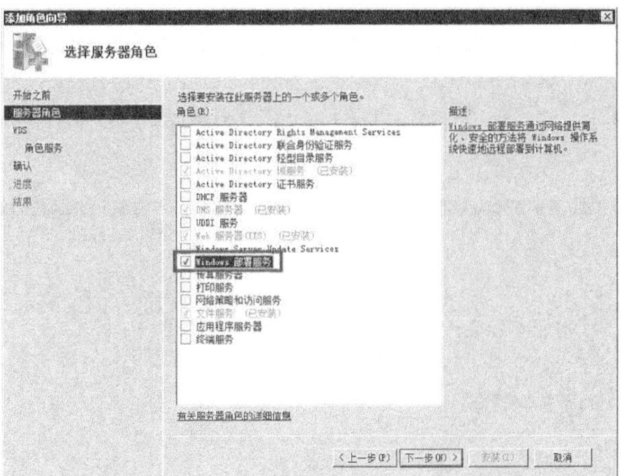

图 8-19　选择服务器角色

（3）在“选择角色服务”对话框中，选中“部署服务器”和“传输服务器”复选框，如图 8-20 所示。

（4）在“确认安装选择”对话框中，查看并确认将要安装的角色或功能，如图 8-21 所示。

（5）单击“安装”按钮开始安装。安装结束后，显示“安装结果”对话框，如图 8-22 所示，单击“关闭”按钮退出即可。

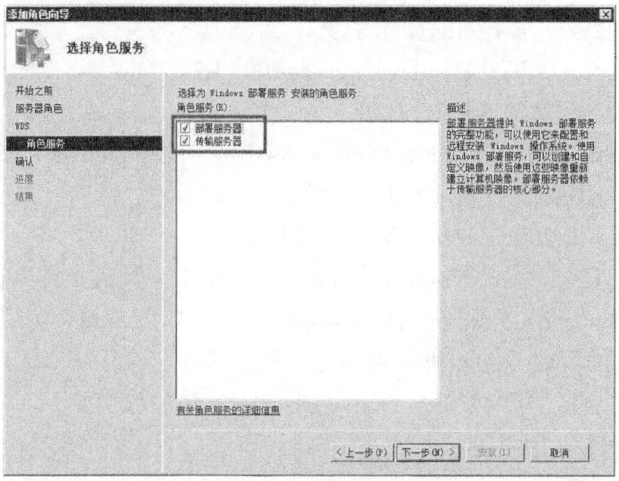

图 8-20　选择角色服务

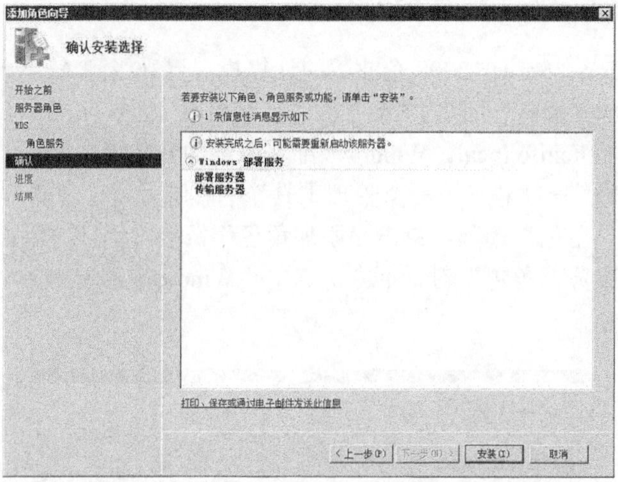

图 8-21　确认安装选择

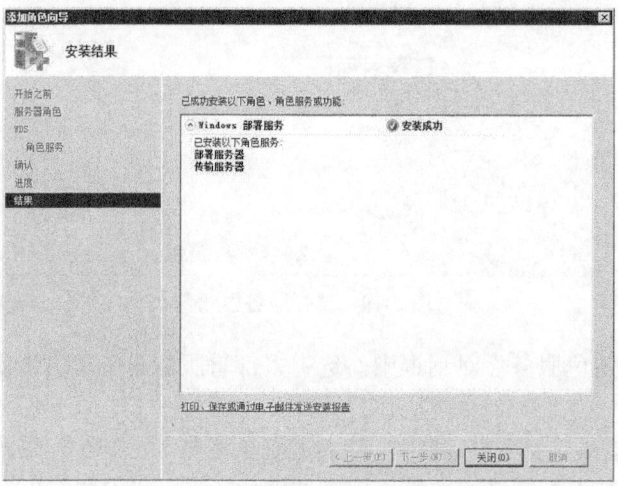

图 8-22　安装结束

如果用户的 DHCP 服务器没有安装，请运行“添加角色向导”，添加“DHCP 服务器”。有关 DHCP 服务器的安装与配置，请参考本书第 3 章的内容，下面只介绍 DHCP 服务器的注意问题。

（1）在“选择服务器角色”对话框中添加“DHCP 服务器”，如图 8-23 所示。

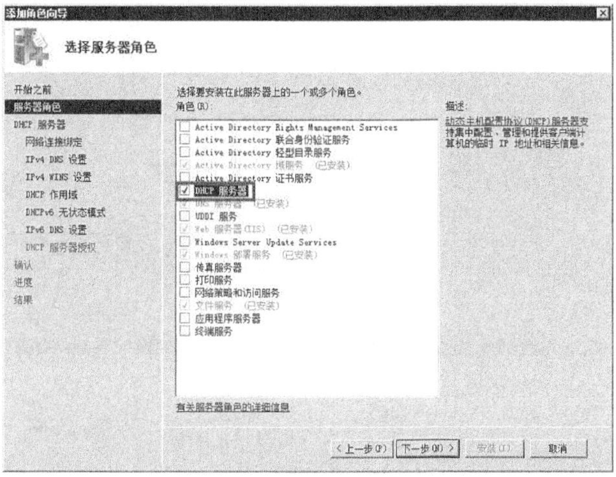

图 8-23　添加 DHCP 服务器

（2）在“选择网络连接绑定”对话框中选择“172.30.5.15”，如图 8-24 所示。

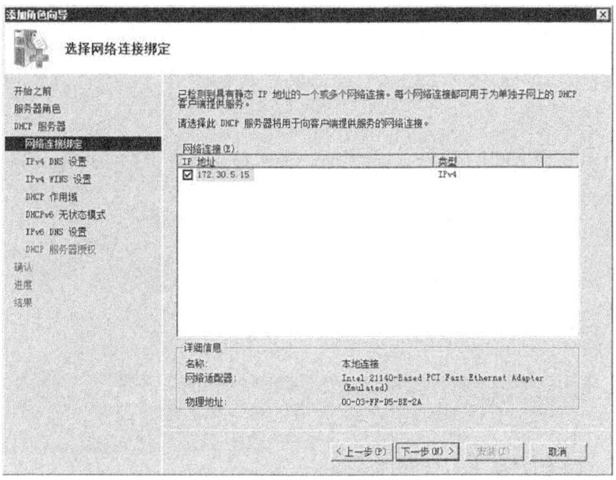

图 8-24　选择绑定地址

（3）在“添加或编辑 DHCP 作用域”对话框中，为当前 DHCP 服务器添加作用域，作用域的地址范围是 172.30.5.100～172.30.5.199，如图 8-25 所示。

（4）在“配置 DHCPv6 无状态模式”对话框中，选择“对此服务器禁用 DHCPv6 无状态模式”单选按钮，如图 8-26 所示。

（5）安装 DHCP 服务器完成之后，在“服务器管理器”窗口中定位到“DHCP 服务器”，删除其他的作用域（只保留图 8-25 创建的作用域），然后打开该作用域的“属性”对话框（见图 8-27），在“高级”选项卡中选择“两者”单选按钮，如图 8-28 所示。

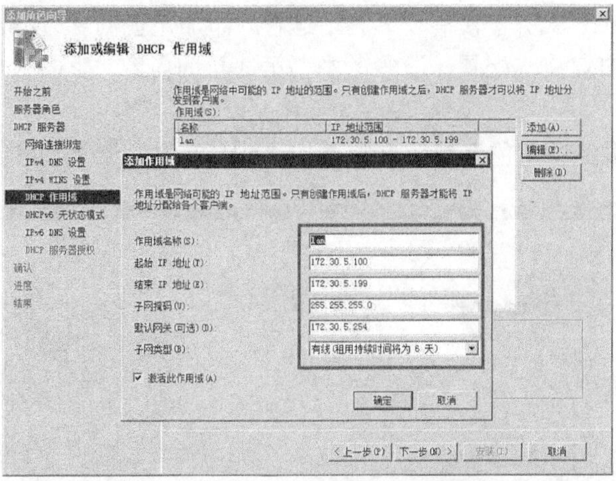

图 8-25　添加作用域

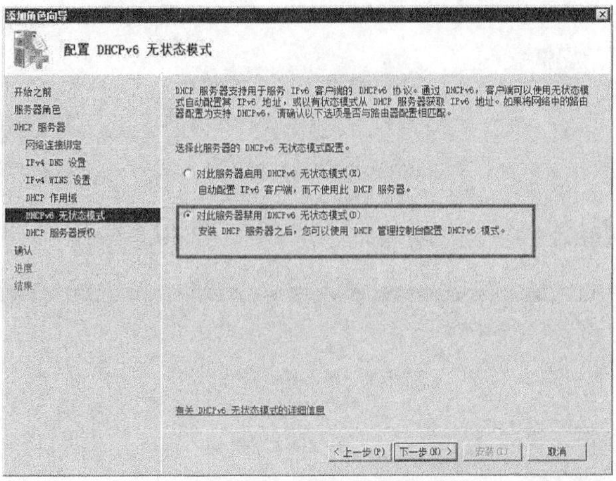

图 8-26　禁用 DHCPv6 无状态模式

（6）最后在“IPv4 属性”对话框中，为 DHCP 服务器绑定 172.30.5.15 的服务器地址，如图 8-29 所示。

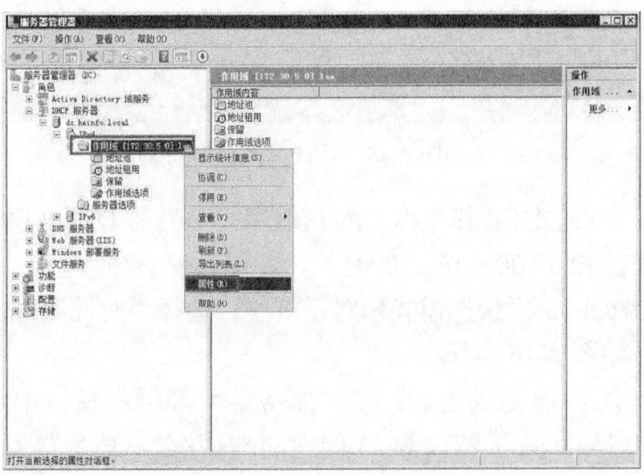

图 8-27　作用域属性

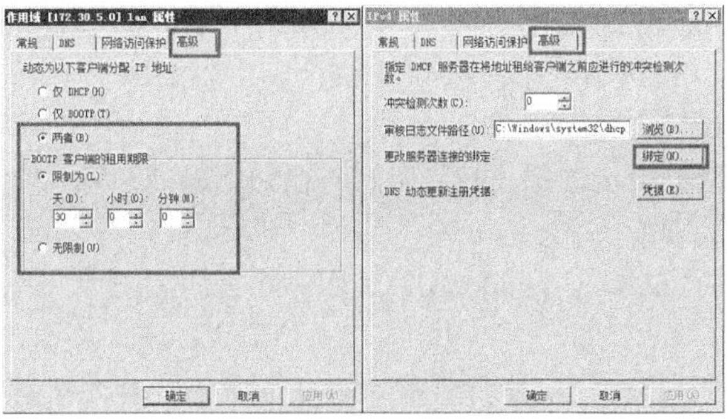

图 8-28　启用 DHCP 与 BOOTP

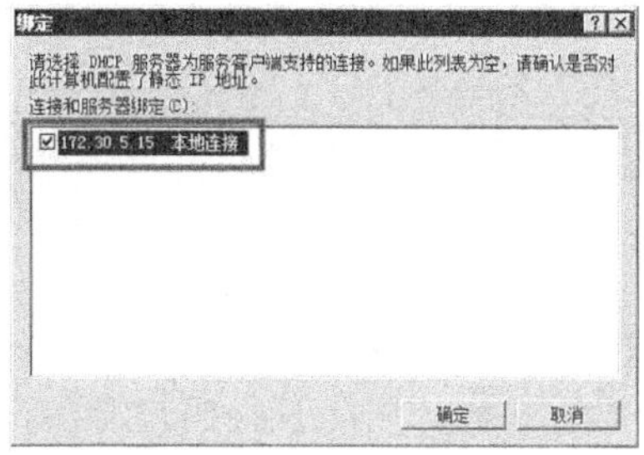

图 8-29　绑定 DHCP 服务器的地址

8.3.3　启动 Windows 部署服务

在“服务器管理器”窗口中（如果原来“服务器管理器”已经打开，请关闭并再次进入），定位到“角色→Windows 部署服务”，开始启动 Windows 部署服务。

下面介绍 Windows 部署服务的配置过程与步骤。

（1）右击 dc.heinfo.local，从快捷菜单中选择“配置服务器”命令，如图 8-30 所示，启动“Windows 部署服务配置向导”。

图 8-30　部署服务

（2）在“欢迎页面”对话框中列出了 Windows 部署服务所需要的条件，如图 8-31 所示。

（3）在“远程安装文件夹的位置”对话框中，选择一个可用空间最大的 NTFS 分区，作为 Windows 部署服务保存操作系统映像的位置，如图 8-32 所示。

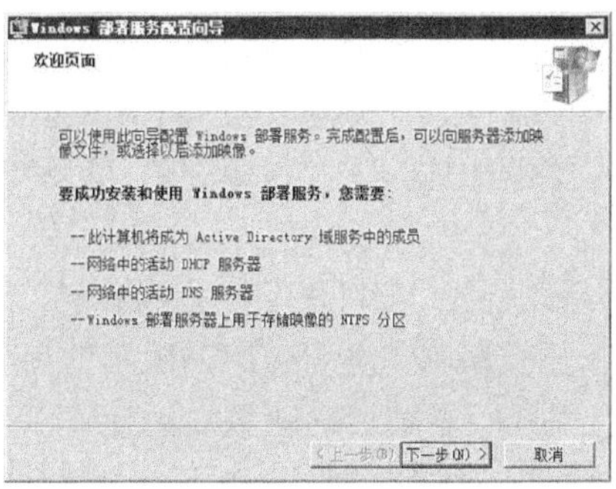

图 8-31　配置向导

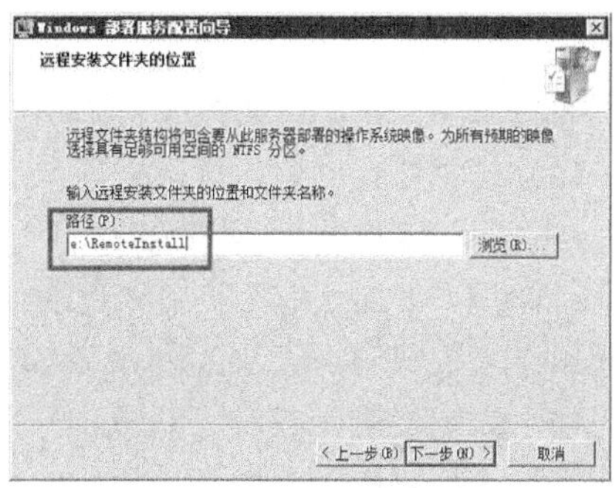

图 8-32　选择位置

（4）在“DHCP 选项 60”对话框中，配置 DHCP 服务器。如果网络中的 DHCP 服务器与 Windows 部署服务在同一台计算机上，请选中“不侦听端口 67”和“将 DHCP 选项标记#60 配置为‘PXEClient’”复选框，如图 8-33 所示。

（5）在“PXE 服务器初始设置”对话框中，选择“响应所有（已知和未知）客户端计算机”单选按钮，如图 8-34 所示。

（6）在“配置完成”对话框中，选中“立即在 Windows 部署服务器上添加映像”复选框，如图 8-35 所示。

（7）在“Windows 映像文件位置”对话框中，选择将要添加的 Windows 操作系统的位置。在本例中，将 Windows 7（集成 SP1）的 32 位安装光盘放在光驱中，该光驱的盘符为 D。在本例中选择 D:\，如图 8-36 所示。

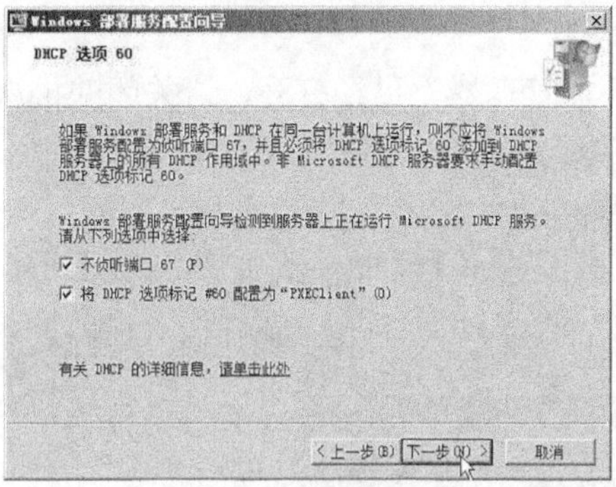

图 8-33　DHCP 选项

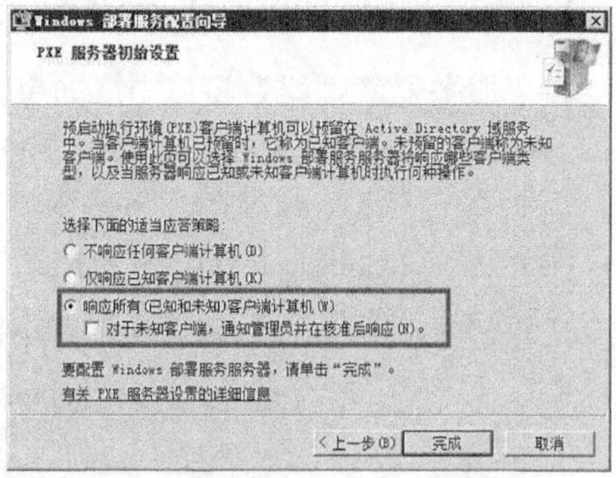

图 8-34　PXE 服务器初始设置

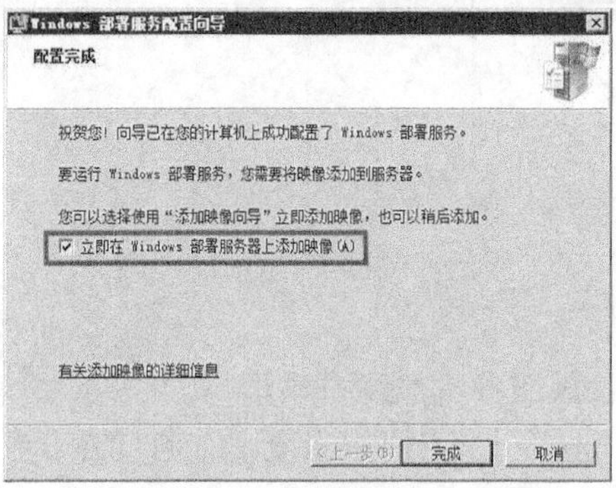

图 8-35　完成配置

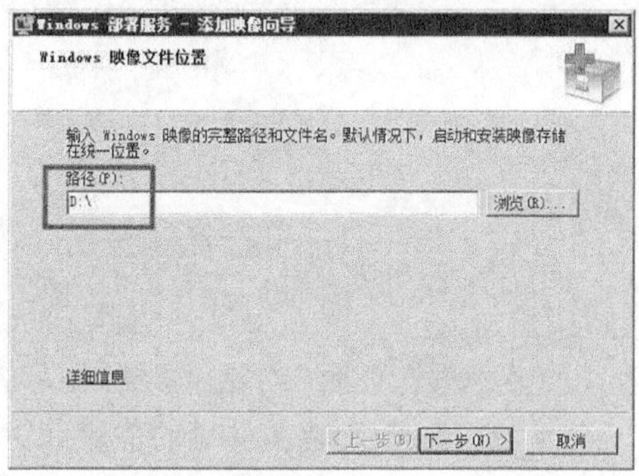

图 8-36　指定映像文件位置

（8）在“映像组”对话框中，选择“创建新映像组”单选按钮，在此命名映像组名称为“Windows 7 SP1”，如图 8-37 所示。

（9）在“复查设置”对话框中，显示了图 8-36 中要添加的映像数，分别为“启动映像数”与“安装映像数”，如图 8-38 所示。

【说明】“启动映像”是用来启动计算机的操作系统映像，“安装映像”是用来安装计算机的操作系统映像。从 Windows Vista 开始，启动映像与安装映像分开。用高版本的启动映像启动计算机，可以安装“低版本”的操作系统，但用低版本的启动映像启动计算机，将不能安装“高版本”的操作系统。例如，可以用 Windows 7 SP1 的启动映射启动计算机，可以用来安装 Windows Vista、Windows Server 2008、Windows Server 2008 R2、Windows 7、Windows 7 集成 SP1 包，但如果用 Windows Vista 的启动映像启动计算机，则不能安装 Windows 7、Windows Server 2008 R2 操作系统映像。

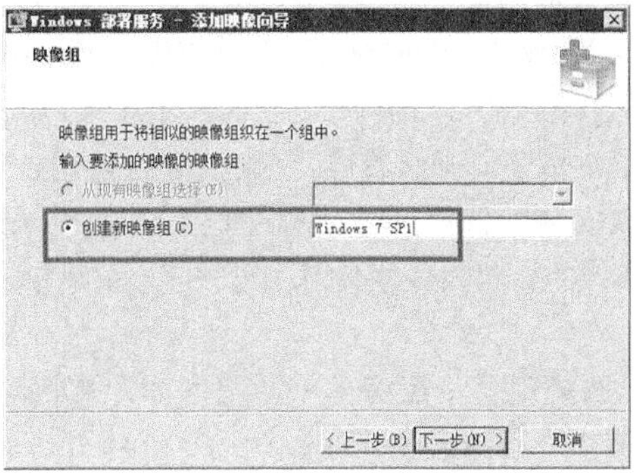

图 8-37　创建新映像组

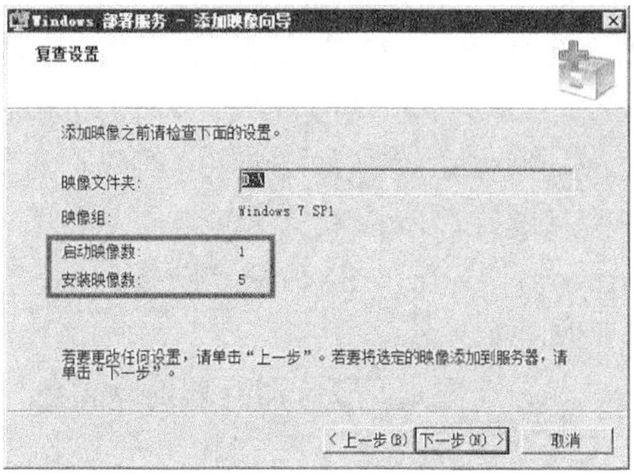

图 8-38　复查设置

（10）在“任务进度”对话框中，当操作系统的启动映像与安装映像添加到 Windows 部署服务器之后，显示“操作完成”，单击“完成”按钮，如图 8-39 所示。

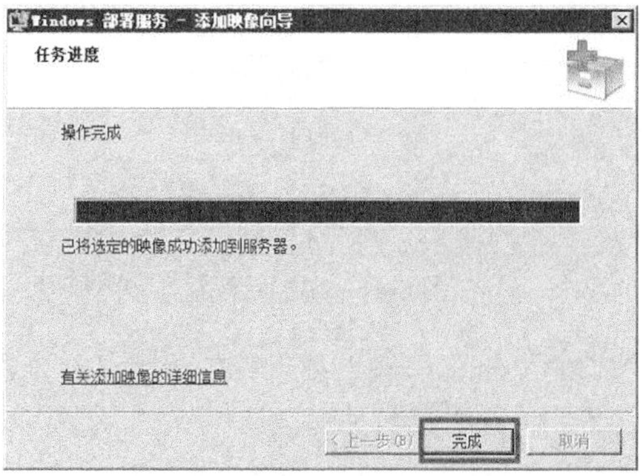

图 8-39　操作完成

（11）返回到“服务器管理器”窗口，可以看到已经添加了 5 个 Windows 7 的安装镜像，分别是 Windows 7 的家庭基础版、家庭高级版、专业版、旗舰版和入门版，如图 8-40 所示。

图 8-40　Windows 7 安装映像

8.3.4 添加其他操作系统的安装镜像

前文介绍过，使用 Windows 部署服务，可以为网络中的计算机部署 Windows Vista、Windows 7、Windows Server 2008、Windows Server 2008 R2 等多个操作系统。如果要部署多个产品（例如 32 位与 64 位）、多个版本（例如 Windows 7、Windows 7 集成 SP1、Windows Server 2008 等），推荐为每个不同的产品与版本创建单独的“映像组”，并在映像组中添加对应的操作系统的安装映像。等以后有新的版本了，或者该版本的安装映像不再使用，可以直接通过删除该映像组的方式从服务器中删除该安装映像以释放磁盘空间。下面以添加 Windows 7 SP1 的 64 位安装映像为例，介绍创建映像组，向映像组中添加安装映像的方法，步骤如下。

（1）定位到“服务器管理器→角色→Windows 部署服务→服务器→（服务器计算机名）→安装映像”，在右侧空白窗格中右击“添加映像组”，如图 8-41 所示。

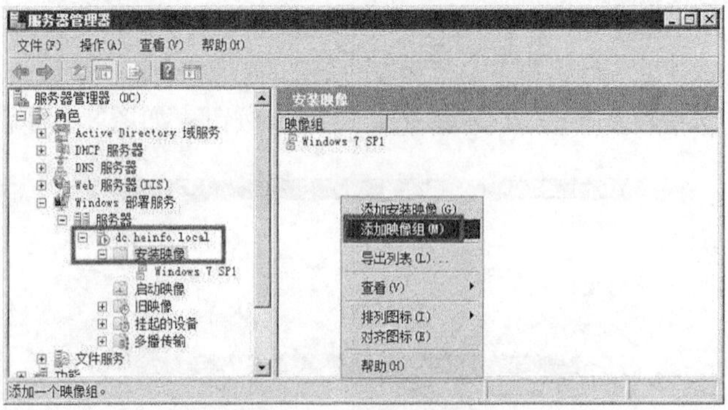

图 8-41 添加映像组

（2）在“添加映像组”对话框中，输入要创建的组名，在本例中为“Windows 7 SP1 X64”，如图 8-42 所示。

（3）然后定位到新创建的映像组，在右侧的空白窗格中右击，在弹出的快捷菜单中选择“添加安装映像”命令，如图 8-43 所示。

图 8-42 创建新映像组

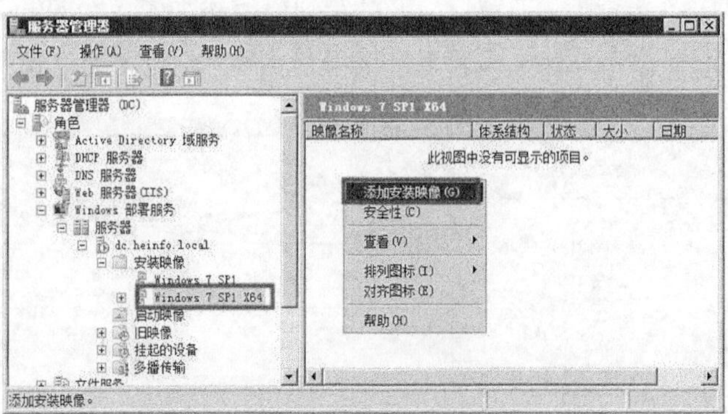

图 8-43 添加安装映像

（4）然后在光驱中换上 Windows 7 集成 SP1 的 64 位版本，在“映像文件”对话框中浏览选择 Windows 7 安装光盘根目录中的\sources\install.wim 文件，如图 8-44 所示。

【说明】在 Windows Vista 及其以后的操作系统安装光盘的 sources 目录中，有两个映像文件，其中名为 install.wim 的是安装映像，名为 boot.wim 是启动映像。

（5）在“可用映像列表”对话框中，显示了可用的映像列表及描述信息。如果采用默认的名称与描述，请选中“使用每个选定映像的默认名称和说明”复选框；如果想修改默认名称及说明，请取消“使用每个选定映像的默认名称和说明”复选框的选择，如图 8-45 所示。

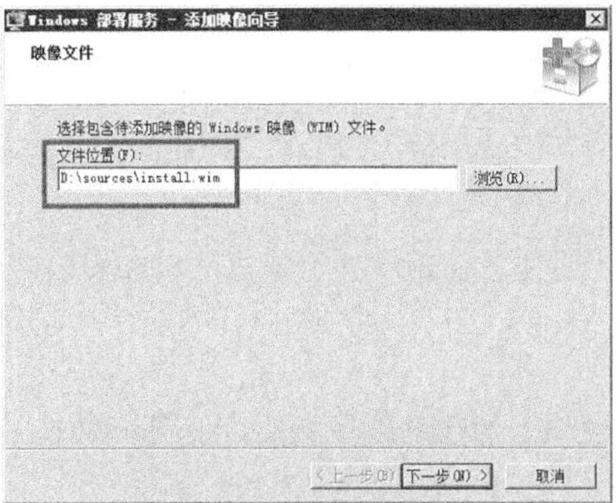

图 8-44　可用映像列表

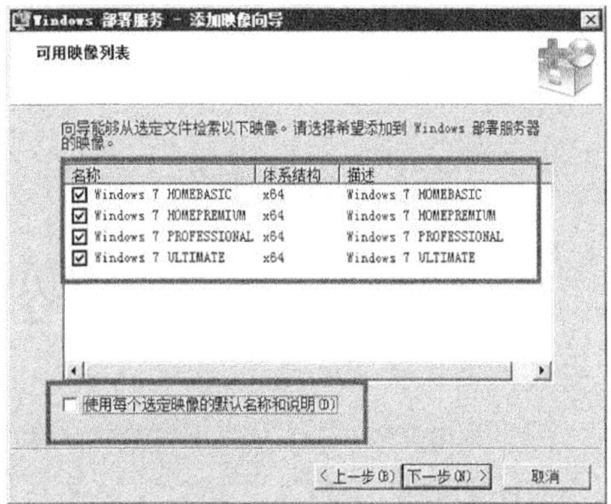

图 8-45　选择安装映像

（6）如果在图 8-45 中取消了“使用每个选定映像的默认名称和说明”复选框的选择，则会弹出“映像元数据”对话框，并依次显示每个映像的名称及说明，可以根据需要修改，如图 8-46 和图 8-47 所示。

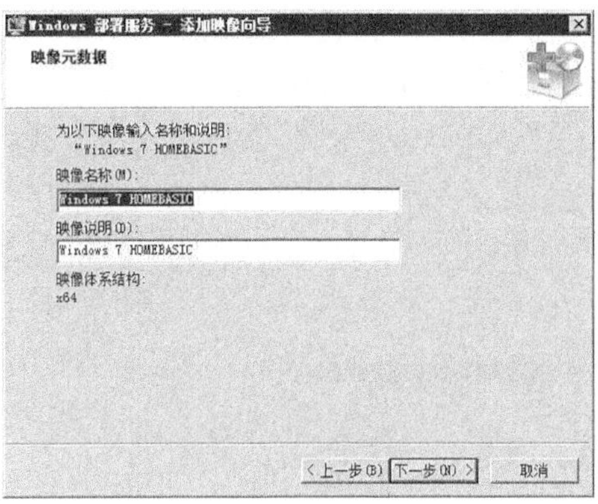

图 8-46　修改前

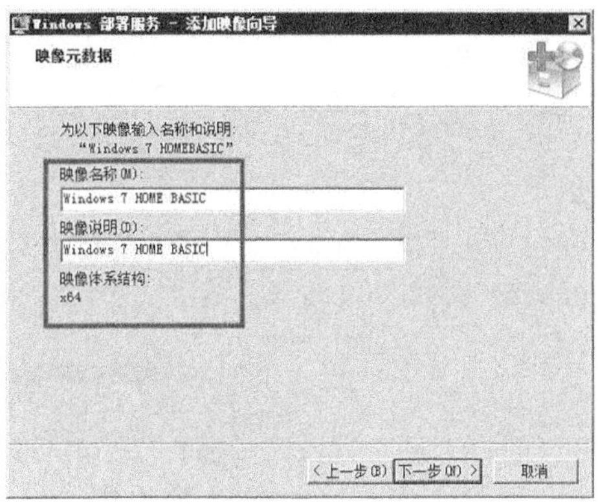

图 8-47　修改后

（7）在“摘要”对话框中显示要添加的映像，如图 8-48 所示。

（8）添加映像完成后，单击“完成”按钮，如图 8-49 所示。

如果要添加其他操作系统的映像，请参照前面的步骤，创建映像组并添加映像，这些不再一一介绍。

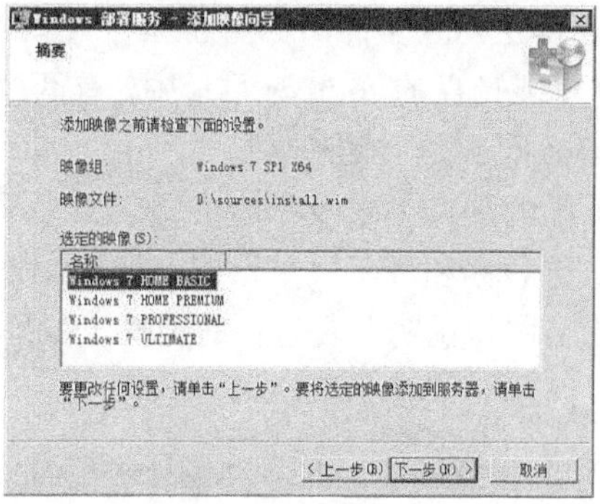

图 8-48 摘要

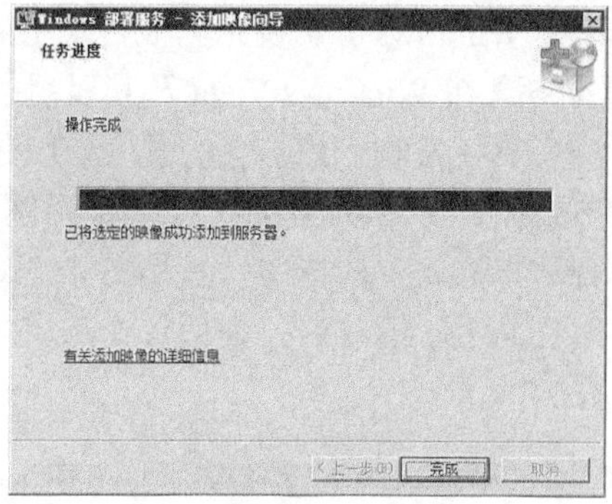

图 8-49 添加映像完成

8.3.5 添加启动映像

在添加安装映像之后，需要添加启动映像。需要注意的是，并不是每次添加安装映像都要添加启动映像。如果已经有“同版本”的启动映像，则不用添加。Windows 启动映像与安装映像的关系如下。

（1）Windows 7 SP1 与 Windows Server 2008 R2 SP1 的启动映像相同，是同一版本。目前该版本的启动映像可以启动并安装包括 Windows 7 SP1、Windows Server 2008 SP1 及其以前的操作系统，例如 Windows Vista、Windows Server 2008、Windows Server 2008 SP2 等。

（2）Windows 启动映像也分 32 位与 64 位，32 位的启动映像可以安装 32 位与 64 位的操作系统，而 64 位的启动映像只能安装 64 位的操作系统。如果 Windows 部署服务中同时有 32 位与 64 位的启动映像，则在使用 Windows 部署服务的时候，会自动侦测客户端的类型。如果符合安装 64 位操作系统的要求，则会出现 32 位与 64 位启动映像的选择，让用户选择；如果不符合 64 位操作系统的要求，则会默认加载 32 位的启动映像。

（3）在添加更新版本的启动映像之后，可以删除以前版本的启动映像。

接下来介绍添加启动映像的方法，以添加 64 位的 Windows 7 SP1 的启动映像为例，步骤如下。

（1）在“Windows 部署服务”中，定位到“启动映像”，在右侧空白窗格中右击“添加启动映像”，如图 8-50 所示。

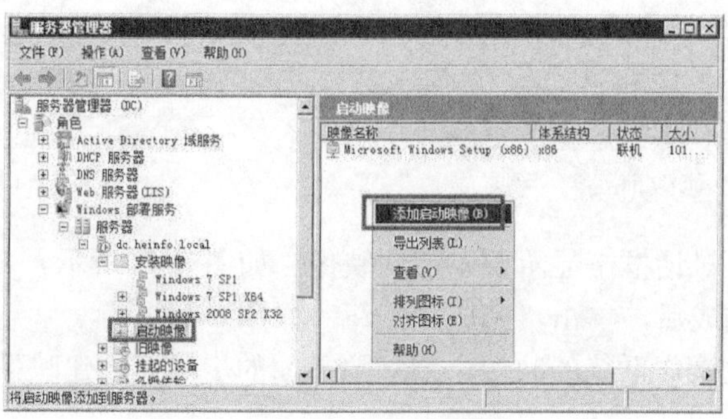

图 8-50 添加启动映像

（2）在“映像文件”对话框中，从 Windows 7 安装光盘中浏览选择名为 boot.wim 的启动映像，如图 8-51 所示。

（3）在“映像元数据”对话框中显示了添加的映像的名称与说明，用户也可以根据自己的需要或习惯进行定制，如图 8-52 所示。

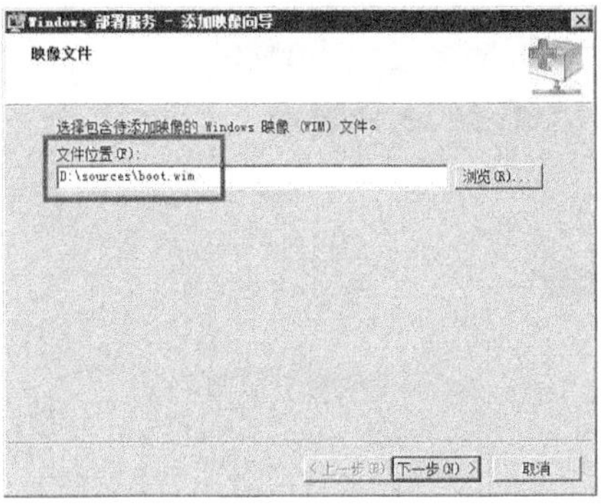

图 8-51　选择启动映像

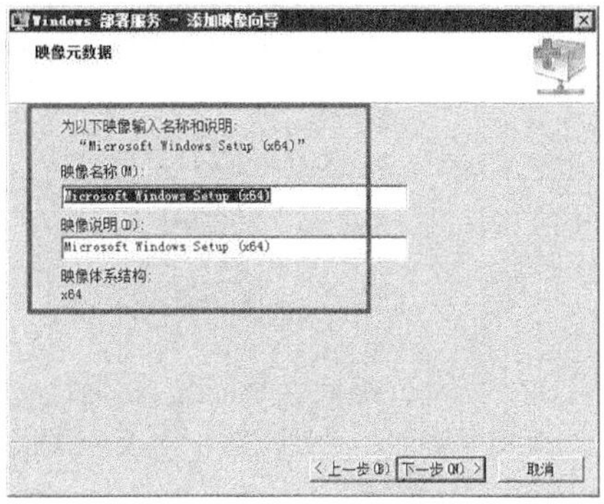

图 8-52　启动映像名称

（4）在“摘要”对话框中，显示了要添加的映像的名称与位数（x64 表示 64 位），如图 8-53 所示。

（5）添加完成之后，单击“完成”按钮，完成镜像的添加，如图 8-54 所示。

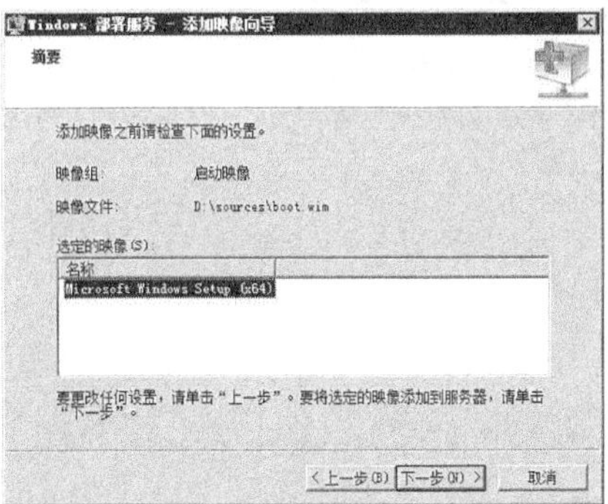

图 8-53　摘要

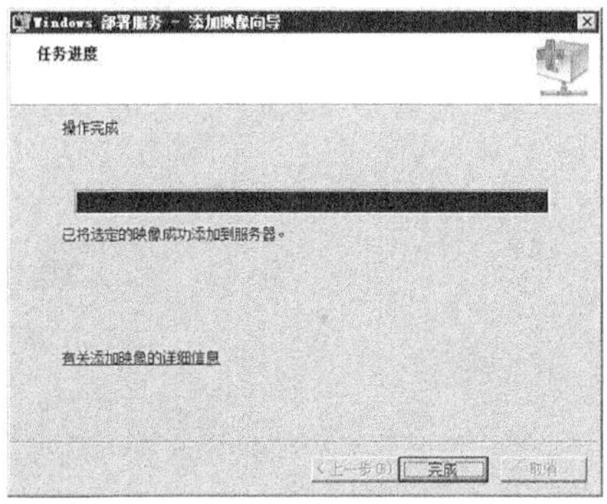

图 8-54　添加启动映像完成

（6）添加启动映像之后，返回到“Windows 部署服务”，在“启动映像”页显示了添加的映像，如图 8-55 所示。

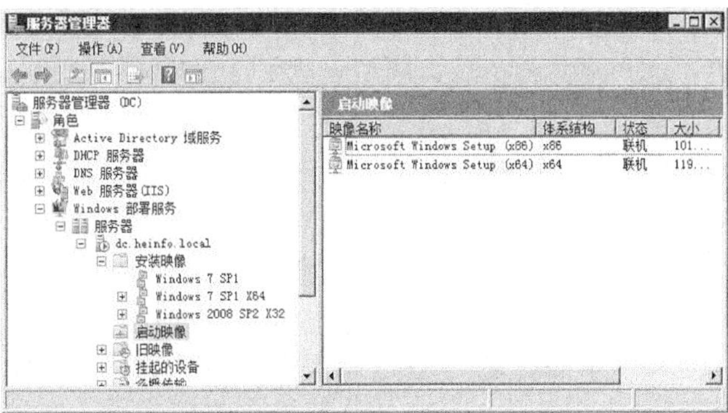

图 8-55　添加的启动映像

如果要删除不再使用的映像，可以右击该映像，在弹出的快捷菜单中选择“删除”命令并根据提示进行操作即可，如图 8-56 所示。

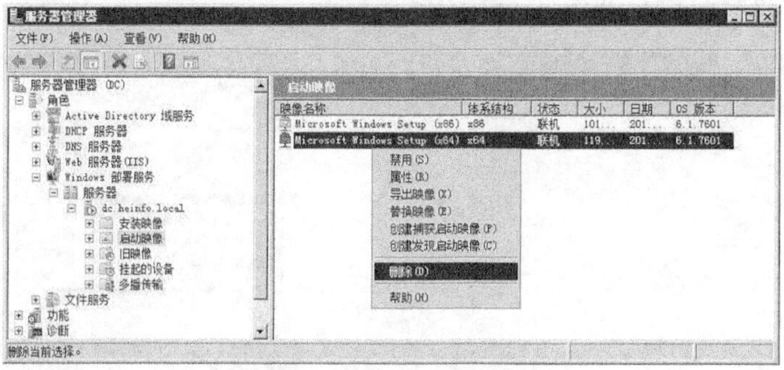

图 8-56 删除启动映像

8.3.6 配置 Windows 部署服务

在添加完安装映像与启动映像后，右击服务器名 dc.heinfo.local，从快捷菜单中选择“属性”命令（见图 8-57），可以用来配置 Windows 部署服务器。

图 8-57 Windows 部署服务器属性

Windows 部署服务的主要设置如下。

（1）选择“PXE 响应设置”选项卡，选中“响应所有（已知和未知）客户端计算机”单选按钮，如图 8-58 所示。

（2）选择“目录服务”选项卡，在“新建客户端命名策略”选项区域中设置客户端计算机的命名原则，在“客户端账户位置”选项区域中设置将使用 Windows 部署服务远程安装操作系统的计算机的保存位置，如图 8-59 所示。

【说明】在以前的 RIS 服务器中，使用 RIS 部署的计算机只能保存在 Active Directory 的 Computers 容器中，而在 Windows 部署服务中，可以将使用 Windows 部署服务安装操作系统的计算机统一保存在一个容器中。在本例中，将其保存在“heinfo.local/信息技术学院/PC”中。

（3）在“启动”选项卡中，设置“默认启动映像”和“默认启动程序”，通常选择默认值即可，如图 8-60 所示。

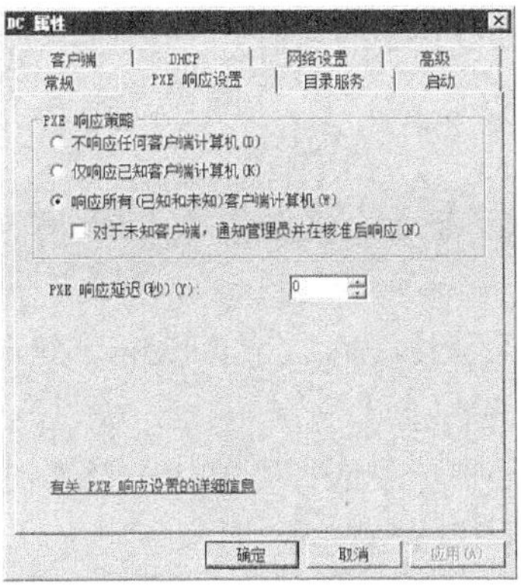

图 8-58　PXE 响应设置

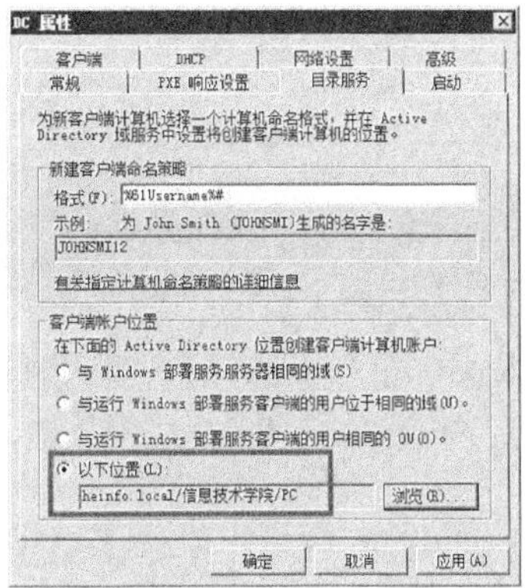

图 8-59　目录服务

（4）在“高级”选项卡中，将选择 Windows 部署服务使用的 Active Directory 服务器和是否对 DHCP 服务器授权，请选中“在 DHCP 中授权此 Windows 部署服务服务器”单选按钮，如图 8-61 所示。

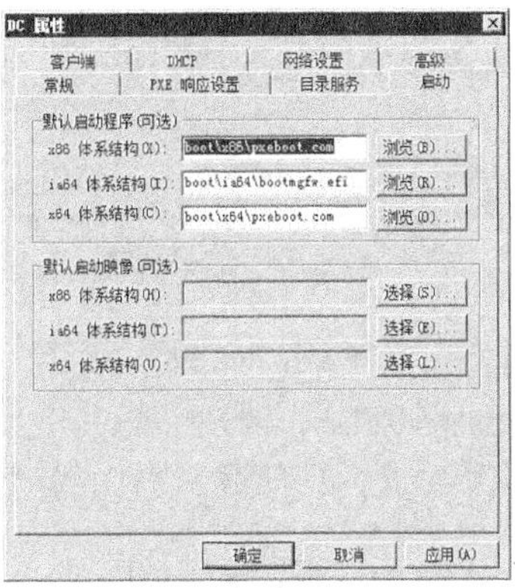

图 8-60　启动选项

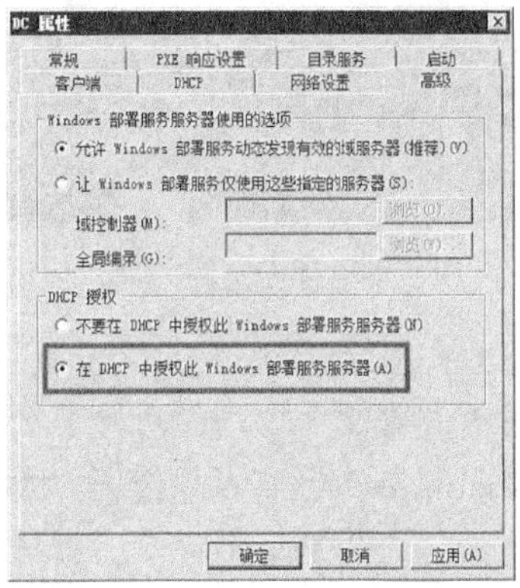

图 8-61　高级选项

（5）在 DHCP 选项卡中设置 DHCP 服务，如果当前服务器上有 DHCP 服务器，请选中两项，如图 8-62 所示。

（6）在“客户端”选项卡中，设置是否启用无人参与安装，如图 8-63 所示。

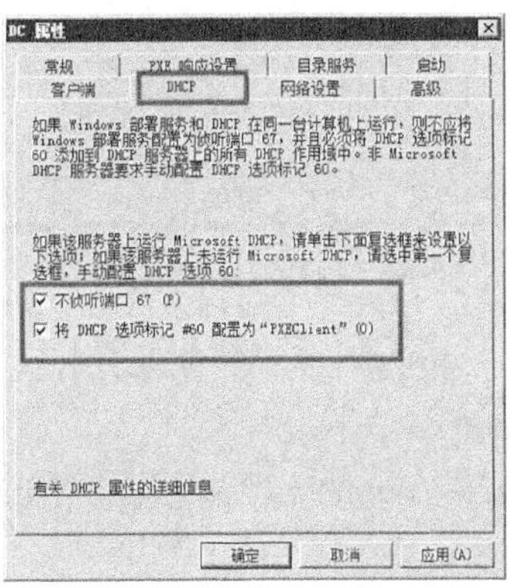

图 8-62　设置 DHCP

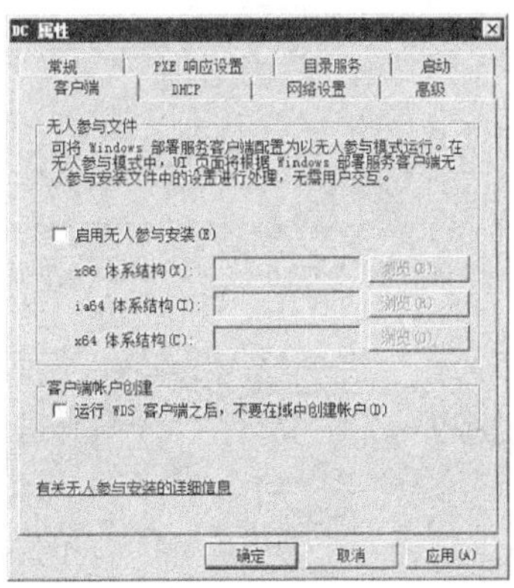

图 8-63　设置客户端

设置之后，单击“确定”按钮，完成 Windows 部署服务器的设置。

8.3.7 Windows 部署服务远程安装 Windows 7

接下来创建一个 Windows 7 的虚拟机，在虚拟机中，通过网络安装 Windows 7 操作系统，主要步骤如下。

（1）创建 Windows 7 虚拟机后，启动虚拟机，当出现 Press F12 for network service boot 时，按 F12 键，如图 8-64 所示。

（2）弹出“Windows 部署服务”对话框，在“区域设置”中选择“中文（简体-中国）”，在“键盘和输入方法”中选择“中文（简体）-美式键盘”，如图 8-65 所示。

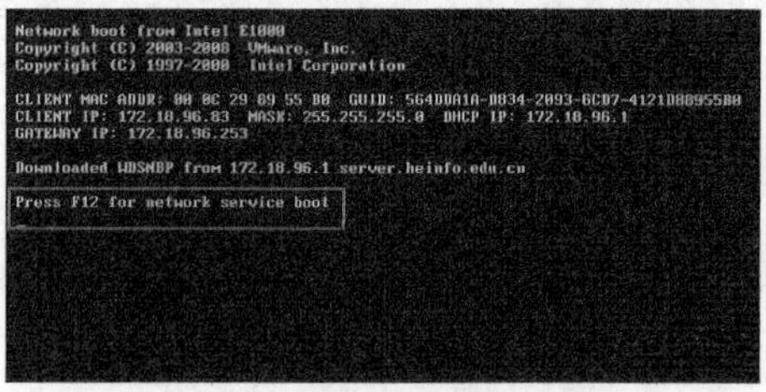

图 8-64 按 F12 键从网络启动

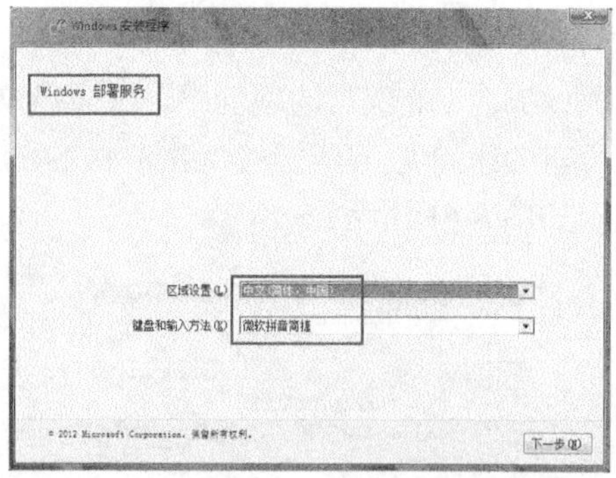

图 8-65 选择语言

（3）在“连接 dc.heinfo.local”对话框中，输入域用户名及密码，如图 8-66 所示。

提示：*要注意输入的用户名的格式，应为 heinfo.local\ws011 或 ws011@heinfo.local。*

（4）单击“下一步”按钮，显示“选择要安装的操作系统”对话框，选择需要的安装系统，在此选择 Windows 7 企业版，如图 8-67 所示。

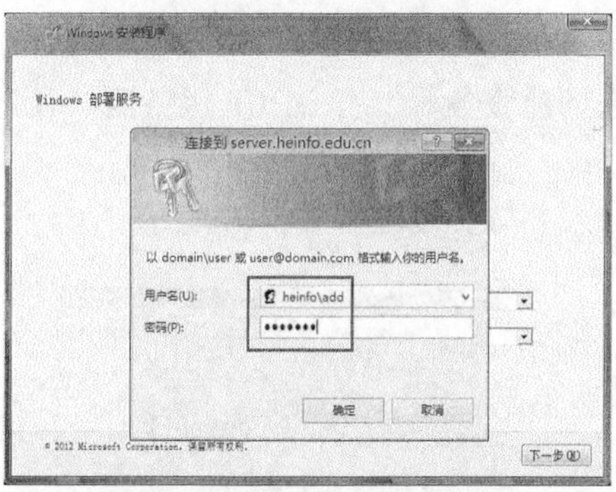

图 8-66 输入用户名和密码

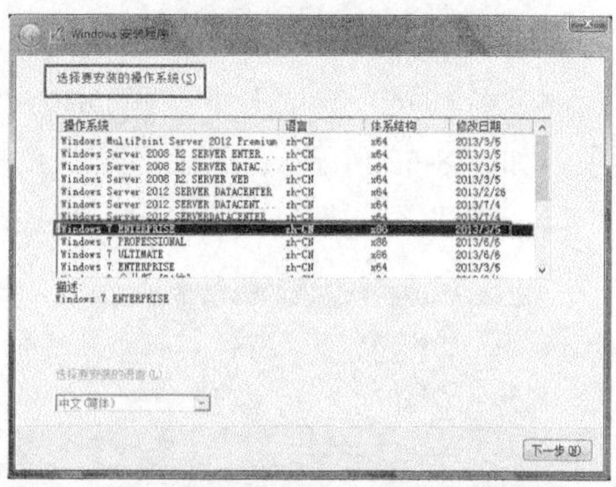

图 8-67 选择要安装的操作系统

（5）在“您想将 Windows 安装在哪里？”对话框中，根据需要对磁盘划分分区，并选择系统将要安装的分区，一般选择 C 盘分区，如图 8-68 所示。

（6）设置完成后单击“下一步”按钮，显示“正在安装 Windows”对话框，Windows 7 将开始安装，这一步大约需要 15～20 分钟，如图 8-69 所示。

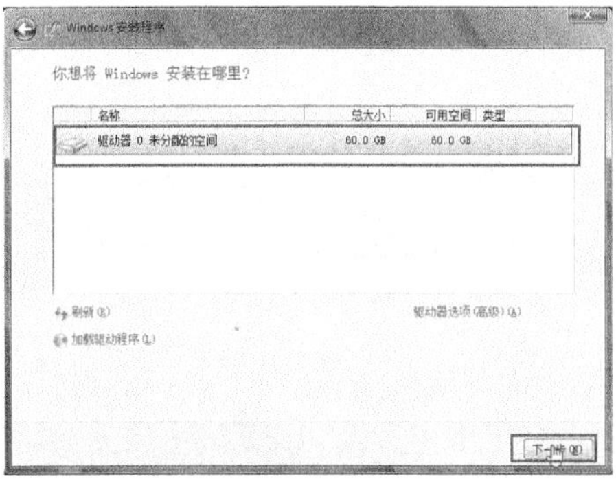

图 8-68 选择分区

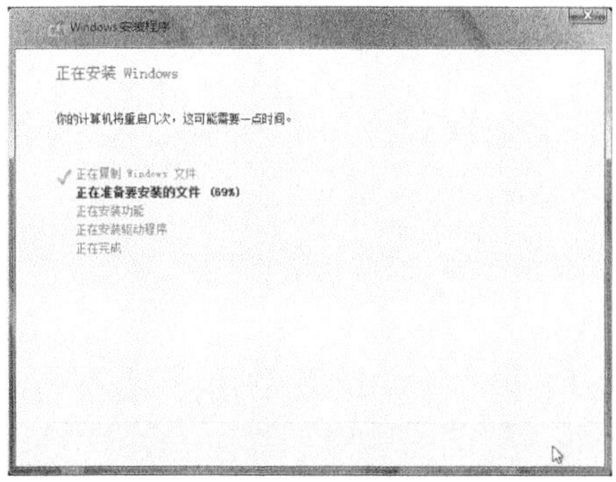

图 8-69 正式安装

（7）在“设置 Windows 7 企业版”对话框中，选择时区等设置，如图 8-70 所示。

（8）在“键入用户名”对话框中为 Windows 7 设置计算机名称，如图 8-71 所示。

（9）如果计算机没有加入到域（在 Windows 部署中可以设置），则需要为账户设置密码，如图 8-72 所示。如果是自己使用的计算机，不设置密码，比设置简单密码，在网络上更加安全。因为 Windows 的默认策略是“使用空白密码的账户只能进行控制台登录”，而不能使用空密码通过网络访问该计算机。

（10）在“请阅读许可条款”对话框中，选择“我接受许可条款”复选框，如图 8-73 所示。

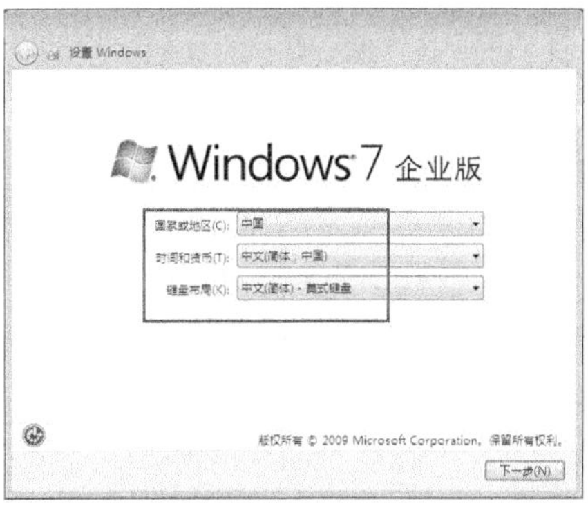

图 8-70 选择时区等设置

图 8-71 设置计算机名称

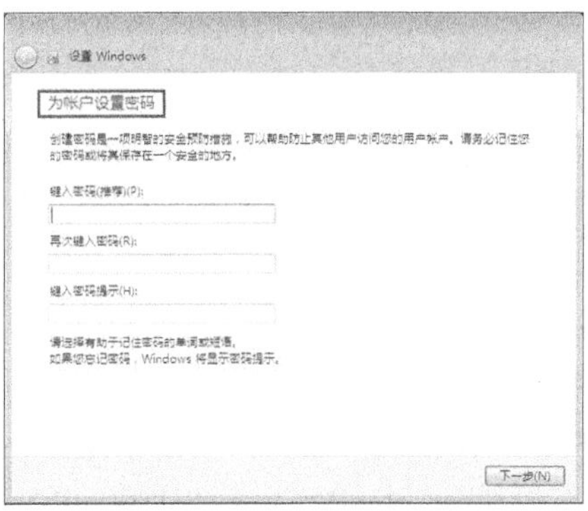

图 8-72 设置密码

图 8-73 接受许可条款

（11）在“查看时间和日期设置”对话框，设置日期、时间或修改时区，如图 8-74 所示。

（12）使用域用户名与密码登录之后，进入 Windows 7，安装完成，如图 8-75 所示。

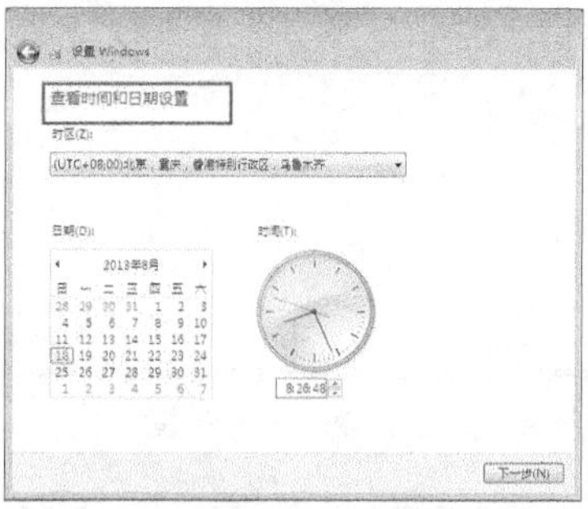

图 8-74 域用户登录

图 8-75 安装完成

8.4 在局域网中配置 WSUS 升级服务器

WSUS 是 Windows Server Update Services 的简称，是微软推出的网络化补丁分发方案。通过 WSUS，可以集中下载所有的微软产品更新，使客户端可以从 WSUS 服务器快速、方便地下载所需要的更新，而不必连接到微软网站去下载，从而节省带宽、提高效率。WSUS 服务器的特点如下。

- WSUS 是一款免费产品，由微软推出，产品的安全性、兼容性毋庸置疑。
- WSUS 对计算机的要求不多，只要有足够的硬盘空间即可。
- WSUS 支持 Microsoft 众多的操作系统、应用程序与服务器类产品，例如 Windows XP、Windows Server 2003/2008/2012、Windows 7、Windows 8/8.1、Office XP、Office 2003/2003/2010/2013、SQL Server、Exchange 等。
- WSUS 服务器不需要加入到“域”，只要是网络内的一台服务器即可。

客户端采用 WSUS 服务器进行补丁的升级与管理工作，不需要对客户端做过多复杂的设置。如果是域中的工作站，可以用“组策略”统一设置。所有加入到域的计算机都可以自动从 WSUS 服务器升级。没有加入到域的计算机，可以通过导入注册表文件完成设置。

8.4.1 安装 WSUS 服务

从 Windows Server 2008 开始，操作系统已经集成 WSUS 服务，但在安装的时候仍然要从 Microsoft 网站下载其最新的安装程序。如果你的服务器是 Windows Server 2003，或者你需要手动下载 WSUS 安装程序，可以从 Microsoft 网站下载。WSUS 3.0 SP1 安装程序可以从如下站点下载：

http://www.microsoft.com/zh-cn/download/details.aspx?id=16829

在 Windows Server 2008、Windows Server 2008 R2、Windows Server 2012 及 Windows Server 2012 R2 中，WSUS 服务器的安装很简单，主要步骤如下（以 Windows Server 2008 R2 为例）。

【说明】在安装 WSUS 服务器之前，请确认已经为 WSUS 服务器分配了足够的磁盘空间。通常情况下，需要为 WSUS 单独添加一个磁盘或创建一个分区（例如 D 分区），该分区至少要有 100～500GB 的可用空间（视管理员要下载的产品补丁选择）。

（1）以管理员的身份登录要配置为 WSUS 的服务器（或虚拟机），根据网络的规划，为 WSUS 服务器修改计算机名称、分配 IP 地址、分配磁盘，这些不一一介绍。

（2）进入“服务器管理器”，右击“角色”，选择“添加角色”，如图 8-76 所示。

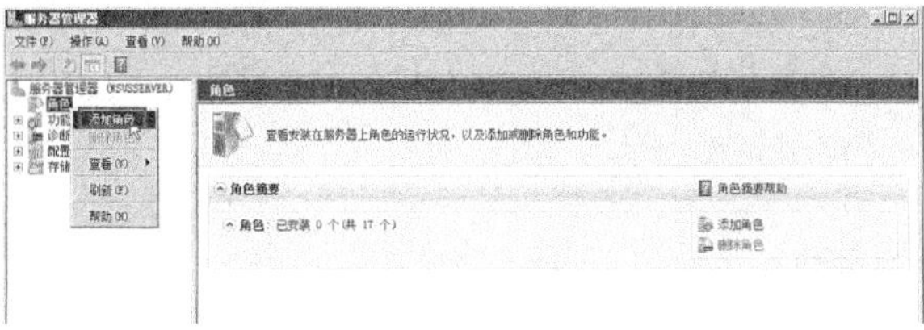

图 8-76　添加角色

（3）进入“选择服务器角色”对话框，单击“Windows Server Update Services”选项，此时会弹出“是否添加 Windows Server Update Services 所角色服务”对话框，单击“添加所需的角色服务”，如图 8-77 所示。然后返回到“选择服务器角色”对话框，可以看到安装向导会自动添加“Web 服务器（IIS）”角色及“Windows　Server Update Services”，如图 8-78 所示。

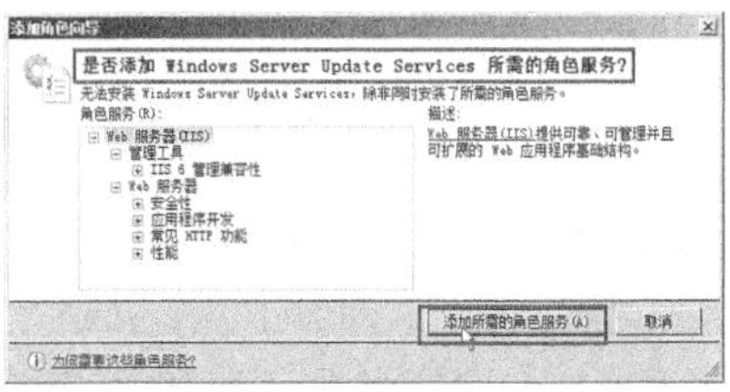

图 8-77　添加 WSUS 所需角色

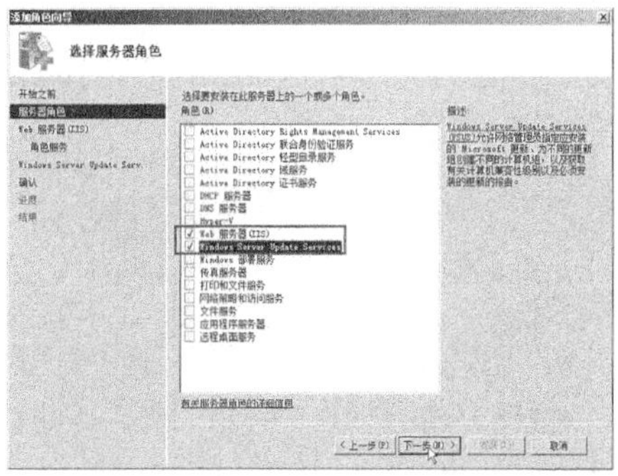

图 8-78　添加 IIS 及 WSUS 服务

（4）在“Web 服务器（IIS）”简介中，单击“下一步”按钮，如图 8-79 所示。

（5）在“选择角色服务”对话框，单击“下一步”按钮，如图 8-80 所示。

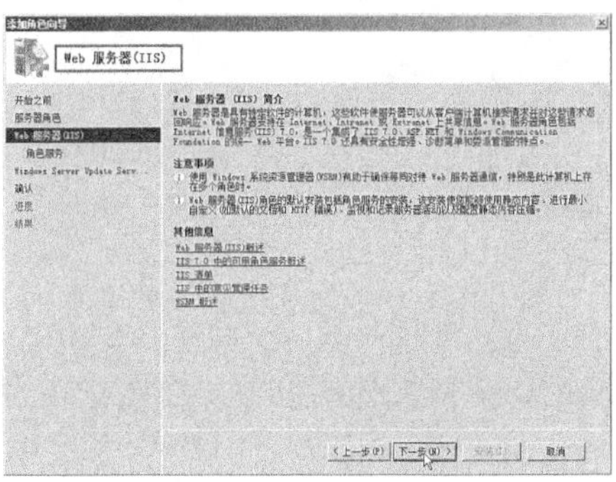

图 8-79　Web 服务器

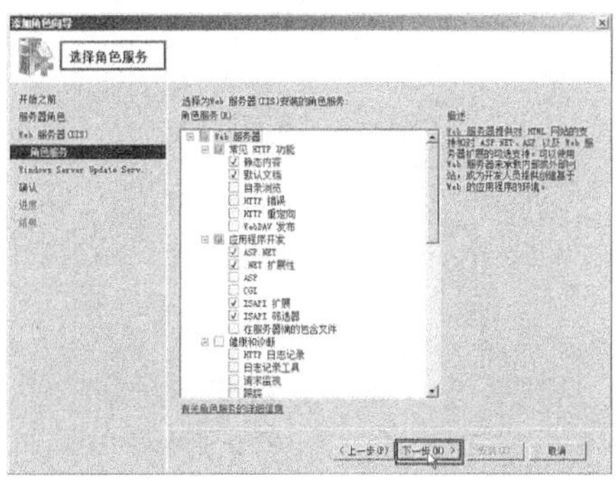

图 8-80　Web 服务器角色

（6）在“Windows Server Update Services”简介中，单击“下一步”按钮，如图 8-81 所示。

（7）在“确认安装选择”对话框，单击“安装”按钮，如图 8-82 所示。

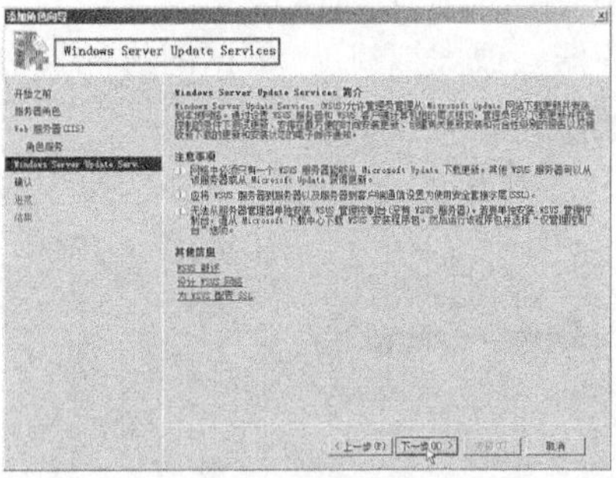

困 8-81 WSUS 简介

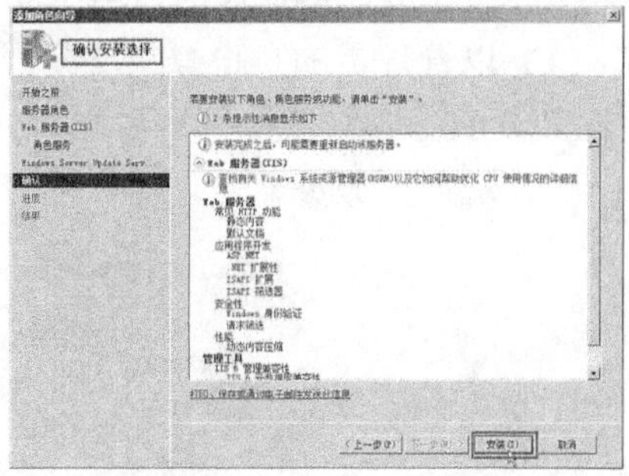

图 8-82 确认安装选择

（8）在“安装进度”对话框中，开始查找并下载最新的 WSUS 安装程序，如图 8-83 所示。

（9）当 WSUS 安装程序下载完成后，进入 WSUS 安装向导，如图 8-84 所示。

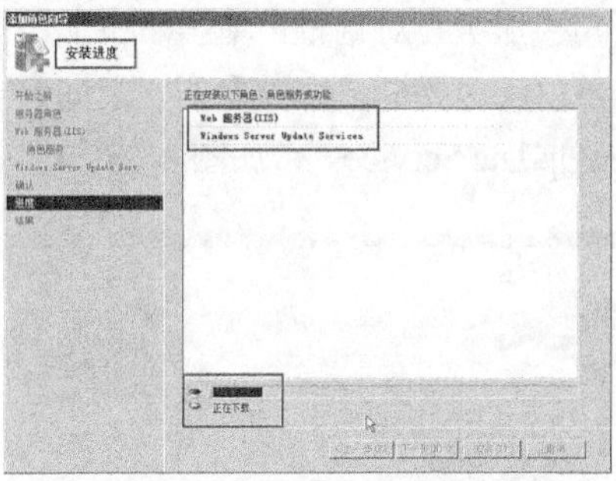

图 8-83 下载 WSUS 安装程序

图 8-84 WSUS 安装向导

（10）在“许可协议”对话框中选择“我接受许可协议条款”单选按钮，然后单击“下一步”按钮，如图 8-85 所示。

（11）在“使用管理 UI 所需的组件”对话框中，单击“下一步”按钮，如图 8-86 所示。

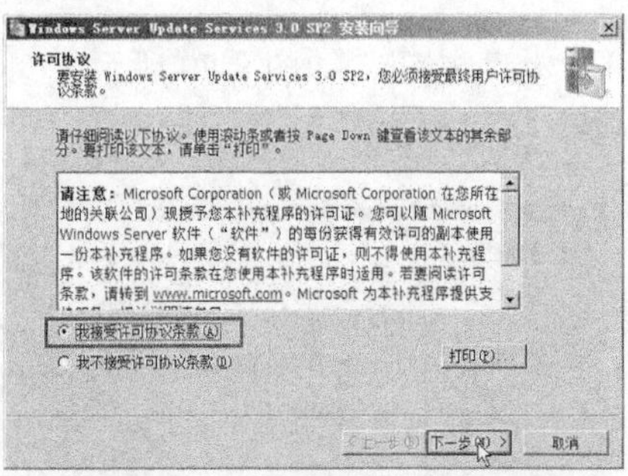

图 8-85 “许可协议”对话框

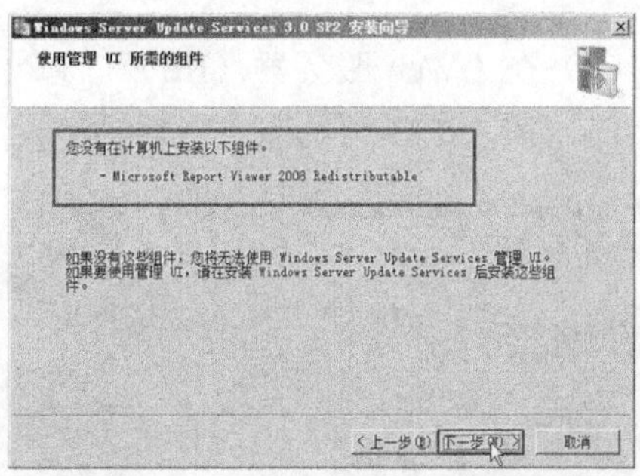

图 8-86 使用管理 UI 所需的组件

（12）在“选择更新源”对话框中，选择保存 WSUS 更新文件的位置，在此修改为 D 盘 WSUS 文件夹，如图 8-87 所示。

（13）在“数据库选项”对话框中，选择保存 WSUS 3.0 数据库的文件位置，如图 8-88 所示。

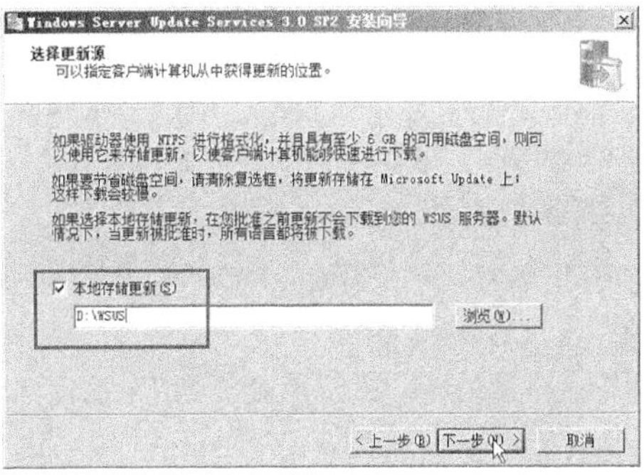

图 8-87 “选择更新源”对话框

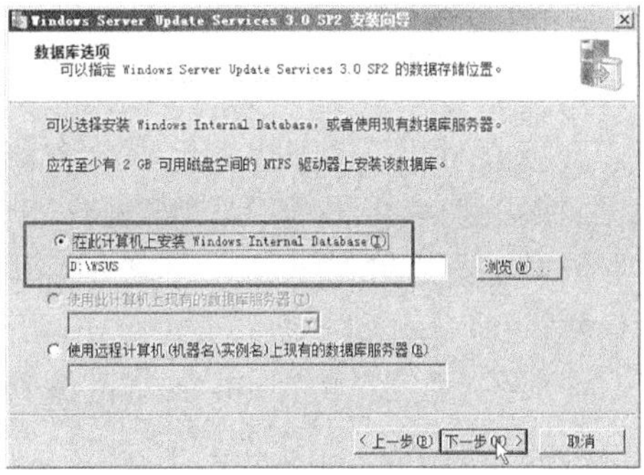

图 8-88 “数据库选项”对话框

（14）在“网站选择”对话框中，指定用于 WSUS 3.0 服务的网站。如果安装 WSUS 3.0 的服务器不用作其他用途，可以选择“使用现有 IIS 默认网站”单选按钮，这样，所有的 WSUS 客户端将使用 TCP 的 80 端口访问和更新补丁，如图 8-89 所示。如果安装 WSUS 3.0 的服务器的 IIS 默认网站有其他用途，可以选择“创建 Windows Server Update Services 3.0 SP2 网站”单选按钮，这样，所有 WSUS 客户端将使用 TCP 的 8530 端口访问和更新补丁，如图 8-90 所示。推荐选择后者，为 WSUS 服务器创建单独的管理网站。

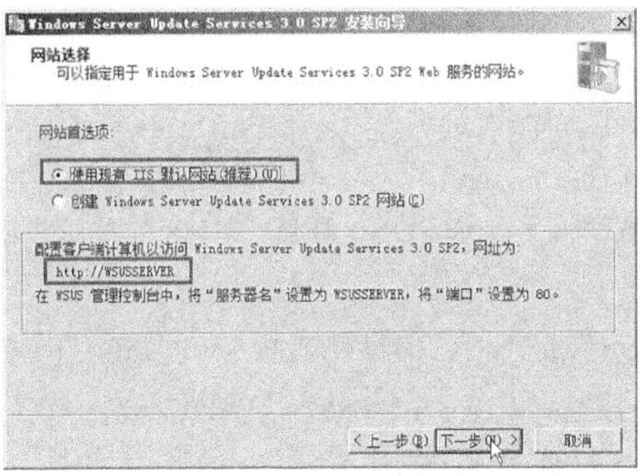

图 8-89 选择默认

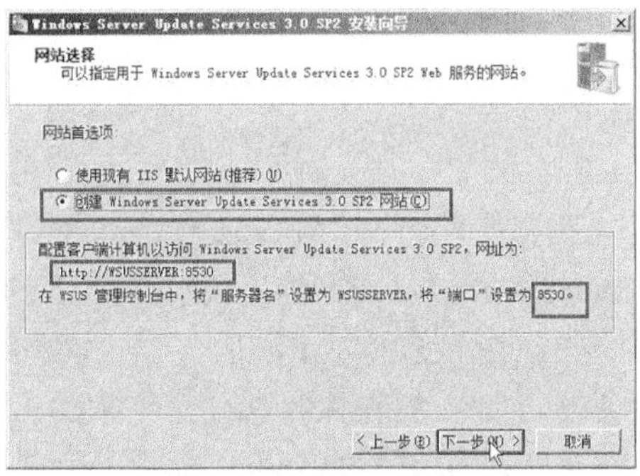

图 8-90 创建网站

（15）在“准备安装 Windows Server Update Services 3.0 SP2”对话框中显示了安装信息，单击“下一步”按钮继续，如图 8-91 所示。

（16）在“正在完成 Windows Server Update Services 3.0 SP2 安装向导”对话框中，单击“完成”按钮，完成安装如图 8-92 所示。

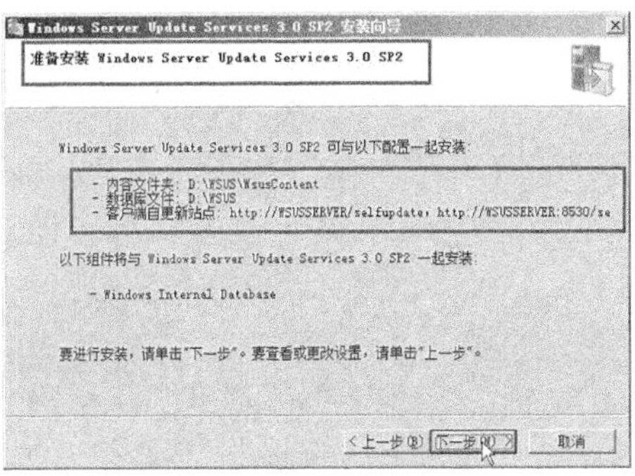

图 8-91 显示安装信息

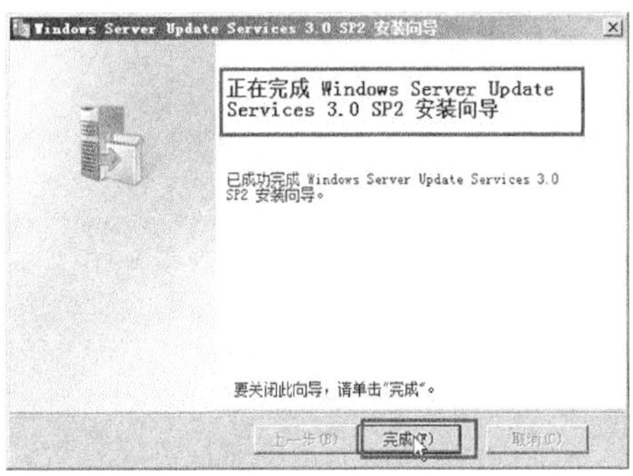

图 8-92 安装完成

8.4.2 WSUS 初始配置向导

在完成 WSUS 安装之后，首先会进入“Windows Server Update Services 配置向导”对话框，接下来将介绍 WSUS 服务器端的配置，步骤如下。

（1）在图 8-92 中单击“完成”按钮后弹出“Windows Server Update Services 配置向导”对话框，“在您开始之前”页中单击“下一步”按钮，如图 8-93 所示。

（2）在“加入 Microsoft Update 改善计划”对话框中，根据需要选择是否加入 Microsoft Update 改善计划，如图 8-94 所示。

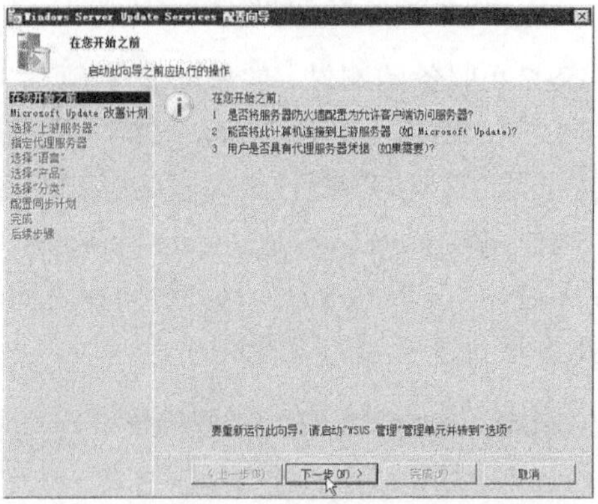

图 8-93 配置向导

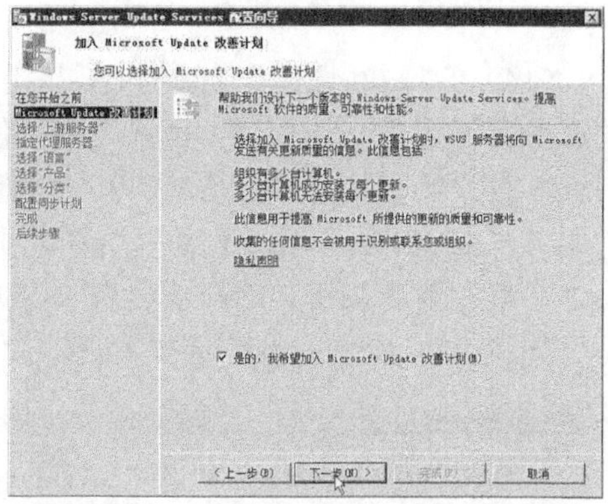

图 8-94 加入 Microsoft Update 改善计划

不管是否加入“Microsoft Update 改善计划”，都不影响 WSUS 3.0 的使用（本例中加入了 Microsoft Update 改善计划）。

（3）在“选择‘上游服务器’”对话框中，选择当前 WSUS 服务器从中同步的“上游”服务器。如果这是网络中的一台 WSUS 服务器，请选择“从 Microsoft Update 进行同步”单选按钮，如图 8-95 所示。如果网络中已经存在“上游 WSUS 服务器”，请选择“从其他 Windows Server Update Services 服务器进行同步”单选按钮，并且在“服务器名”文本框中输入上游 WSUS 服务器的 IP 地址或计算机名，在“端口号”文本框中输入上游 WSUS 服务器的端口号，如图 8-96 所示（本例中采用的是从 Microsoft Update 进行同步）。

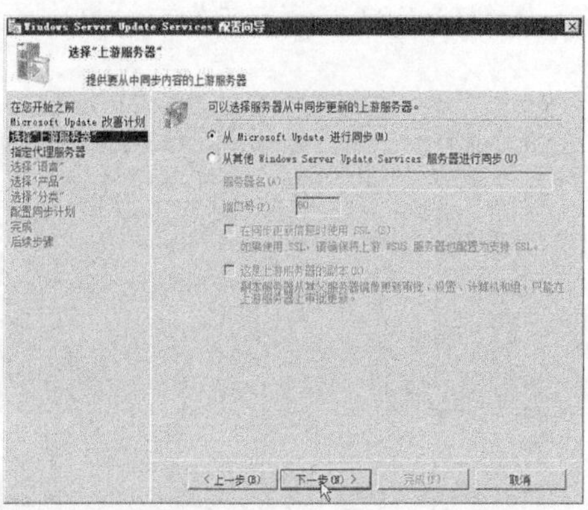

图 8-95 从 Microsoft Update 进行同步

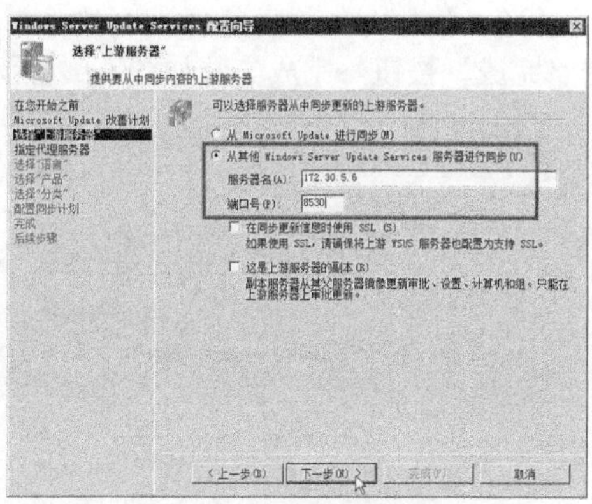

图 8-96 从其他服务器同步

（4）在“指定代理服务器”对话框中，设置当前 WSUS 服务器访问 Internet 的方式。如果当前计算机需要使用代理服务器访问 Microsoft Update（或者 WSUS 上游服务器），请选中“在同步时使用代理服务器”复选框并且正确设置代理服务器的参数；如果当前计算机不需要代理服务器，请保持默认值，如图 8-97 所示（本例中未采用代理服务器）。

（5）在“连接到上游服务器”对话框中，单击“开始连接”按钮，当前 WSUS 服务器将从 Microsoft Update（选择图 8-98 所示的设置）或者上游服务器获得更新信息。

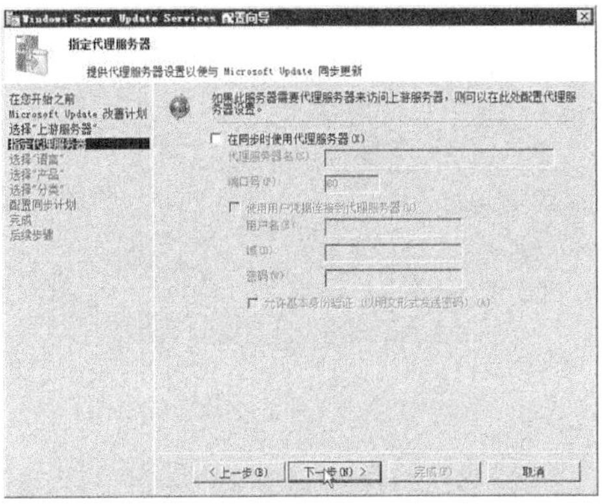

图 8-97 指定代理服务器

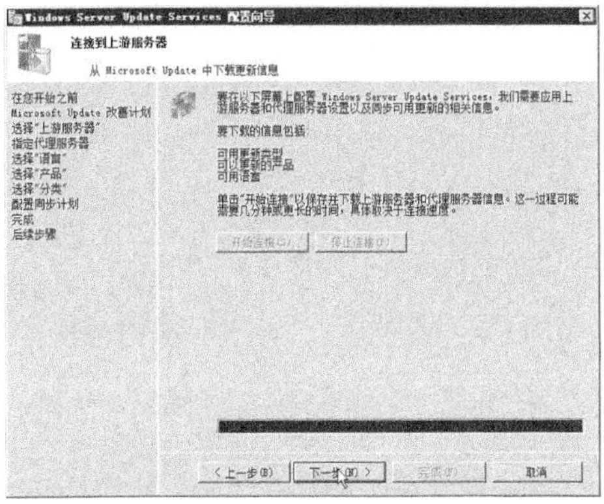

图 8-98 连接 Microsoft Update

连接完成后，单击“下一步”按钮。

（6）在“选择‘语言’”对话框中，选择所需语言（默认情况下，选择当前服务器使用的语言，本例为“中文-简体”），如图 8-99 所示。如果当前 WSUS 服务器是从“上游”WSUS 服务器更新，将显示“下载上游服务器支持的所有语言的更新”或“仅下载这些语言的更新（上游服务器只支持标有星号的语言）”；如果当前 WSUS 服务器是从“Microsoft Update 更新”，将显示“下载包括新语言在内的所有语言的更新”或“仅下载这些语言的更新”。通常情况下，只让 WSUS 下载与 WSUS 服务器相同语言的更新即可。

（7）在“选择‘产品’”对话框中，选择当前 WSUS 服务器将要下载的产品更新。对于管理员来说，可以根据自己所管理的网络中安装的 Microsoft 操作系统、Server、应用程序等进行选择。在本例中，因为是实验的管理，只选择 Virtual PC，如图 8-100 所示。

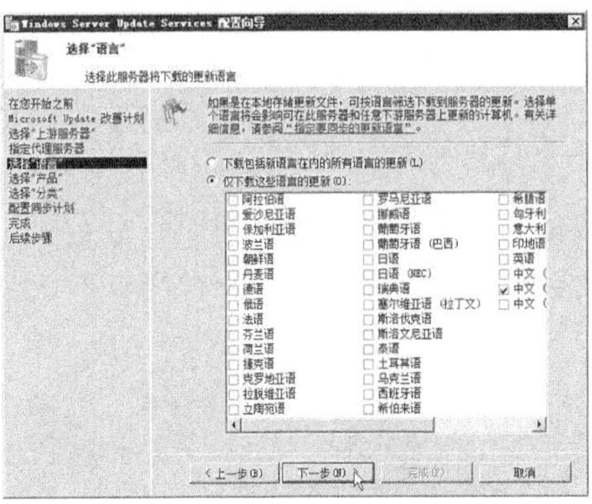

图 8-99 选择语言

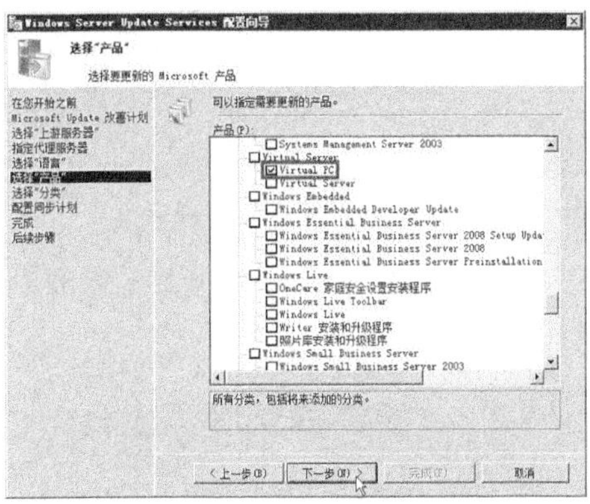

图 8-100 选择产品

【说明】在安装完 WSUS 之后，可以随时根据需要增加或减少选择更新的 Microsoft 产品。

（8）在“选择‘分类’”对话框中，指定要同步的更新分类，如图 8-101 所示。

（9）在“设置同步计划”对话框中，选择“自动同步”单选按钮，设定当前 WSUS 服务器与上游 WSUS 服务器同步的方式与同步的时间。通常情况下，请选择网络空闲的时间，例如每天的午夜，如图 8-102 所示。

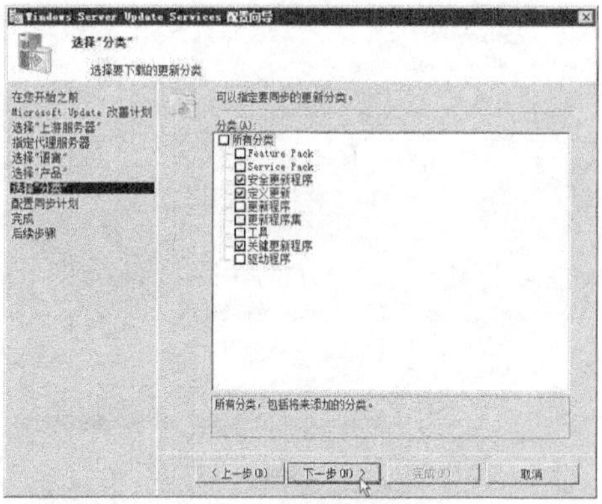

图 8-101 选择产品分类

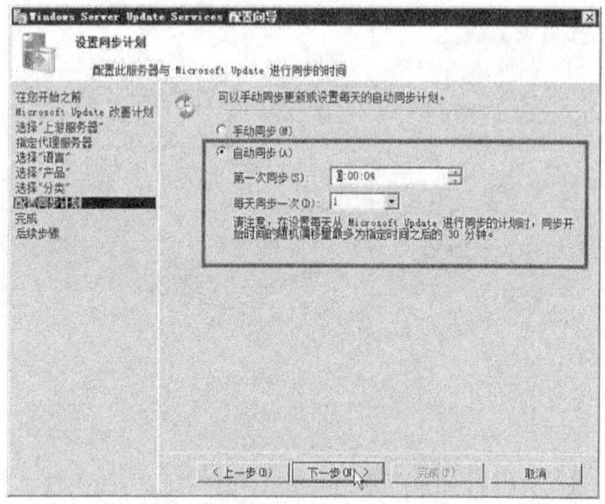

图 8-102 设定同步时间

（10）在“完成”对话框中，选中“启动 Windows Server Update Services 管理控制台”复选框，取消选中“开始初始同步”复选框，如图 8-103 所示。

（11）在“后续步骤”对话框中，单击“完成”按钮，完成 WSUS 的安装，如图 8-104 所示。

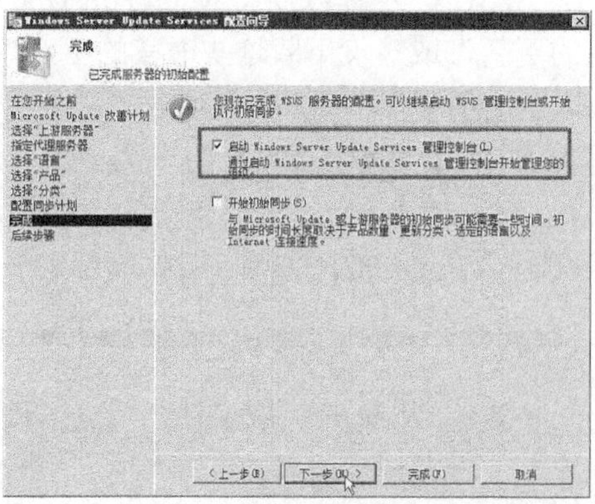

图 8-103 “完成”对话框

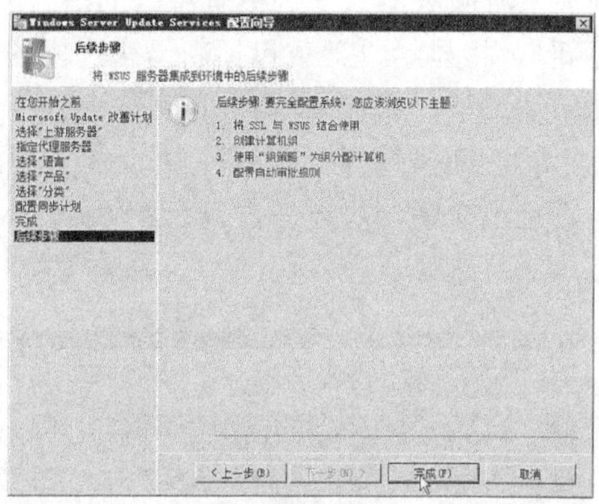

图 8-104 完成 WSUS 的安装

服务器端的 WSUS 升级服务器的安装与配置已基本完成，下面将介绍客户端的安装与配置。

8.4.3 配置 WSUS 服务器

为了让 WSUS 服务器“完全自动”从 Microsoft 的更新服务器获得更新并自动审批，或者想要修改 WSUS 的更新配置，可以按照如下的步骤进行。

（1）从“管理工具”中执行 Microsoft Windows Server Update Services 3.0 SP1，进入 WSUS 管理控制台，在左侧的窗格中选择“选项”，在右侧可以对 WSUS 服务器进行配置。单击“自动审批”链接，如图 8-105 所示。

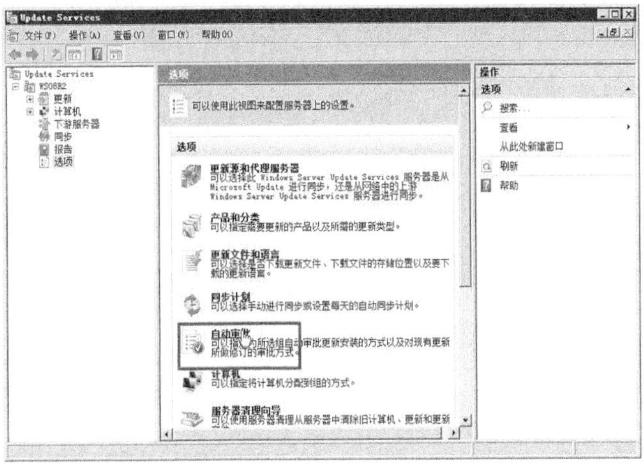

图 8-105　自动审批

（2）在“自动审批”对话框中，单击“安全更新程序，关键更新程序”链接（见图 8-106），在弹出的“选择‘更新分类’”对话框中选择“所有分类”，如图 8-107 所示。

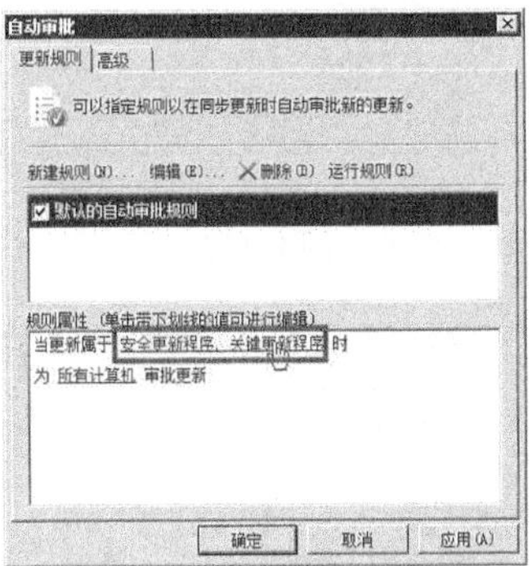

图 8-106　修改自动审批

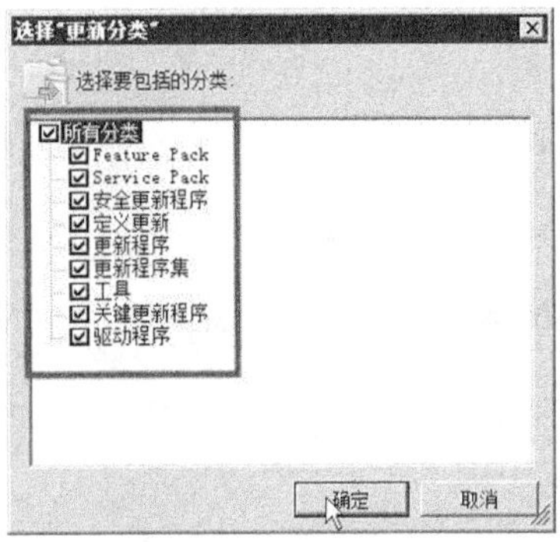

图 8-107　选择所有分类

设置之后，单击“确定”按钮，返回到 WSUS 管理控制台。这样，以后当 WSUS 服务器上游“更新服务器”或“Microsoft 更新服务器”有更新时，WSUS 服务器将完成“自动审批”的工作。

（3）返回到 WSUS 管理控制台后，单击“更新文件和语言”链接，如图 8-108 所示。

（4）打开“更新文件和语言”对话框，在“更新文件”选项卡中选中“下载快速安装文件”复选框，如图 8-109 所示。如果要修改更新语言，可以在“更新语言”选项卡中修改，如图 8-110 所示。

（5）返回到 WSUS 管理控制台后，单击“产品和分类”链接，打开“产品和分类”对话框，可以在“产品”选项卡中指定要同步更新的产品，如图 8-111 所示，在“分类”选项卡中指定要同步的更新分类，如图 8-112 所示。

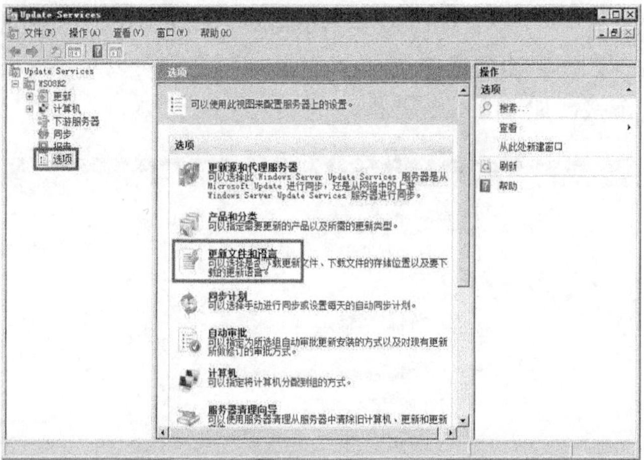

图 8-108 更新文件和语言

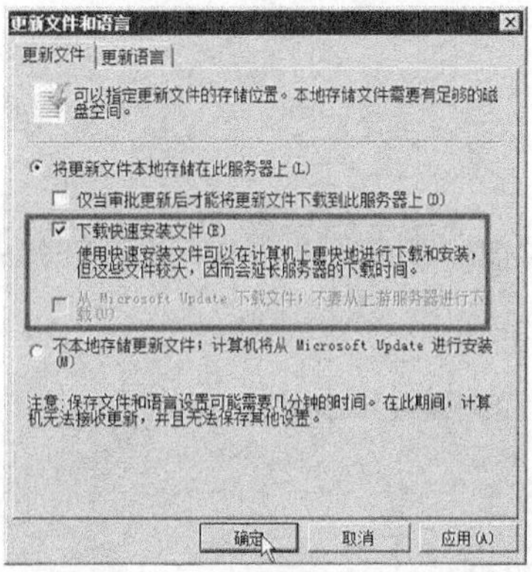

图 8-109 下载快速安装文件

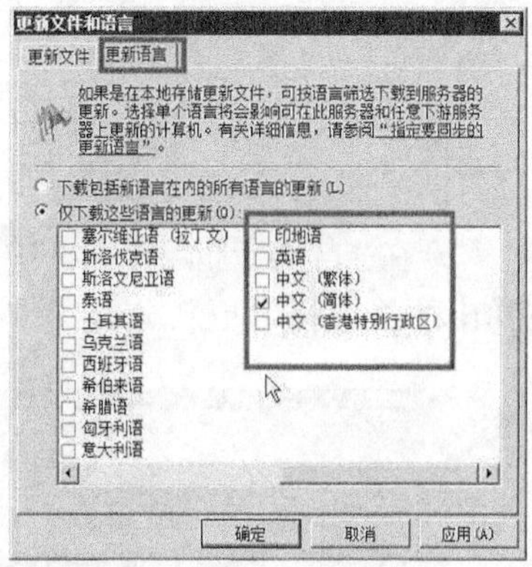

图 8-110 更新语言

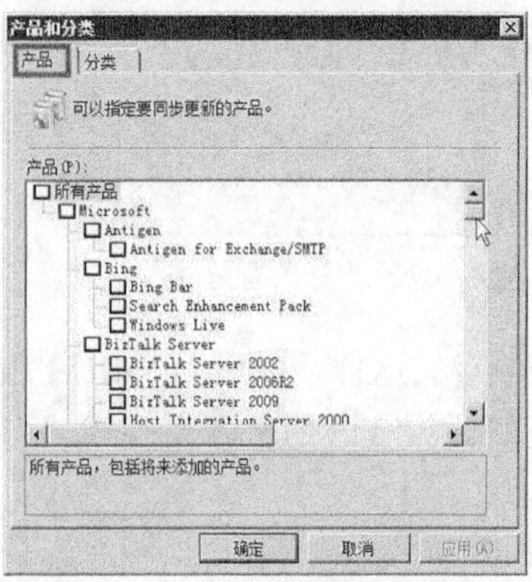

图 8-111 更新产品

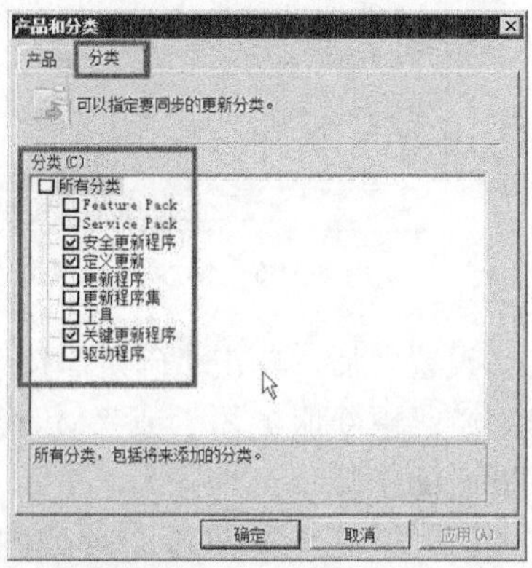

图 8-112 更新分类

（6）设置之后，在左侧任务窗格中单击服务器计算机名，在右侧单击“立即同步”链接，WSUS 服务器将开始从 Microsoft 更新服务器检索可用的更新并自动下载，如图 8-113 所示。在“同步状态”中显示了同步状态，在“下载状态”中显示了当前需要下载的文件更新数量，已下载更新大小，一共需要下载的更新大小，同时在“连接”中显示了当前 WSUS 服务器的更新端口、服务器版本等。

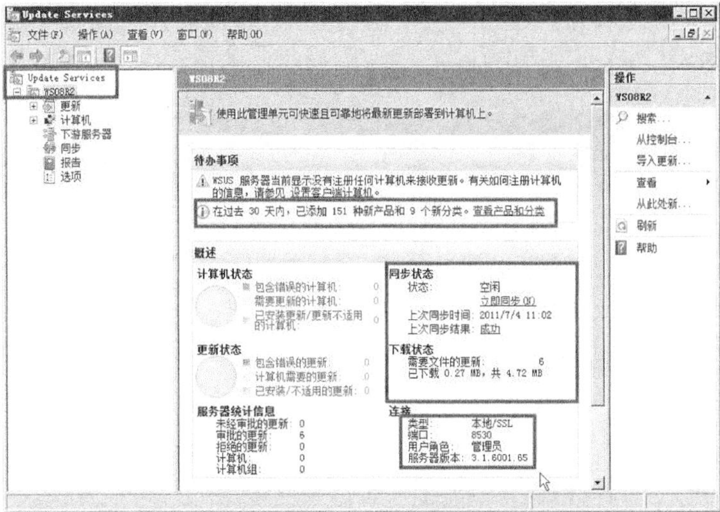

图 8-113　同步状态

8.4.4　通过本地策略配置客户端

由于 WSUS 的目的就是为 Windows 客户端提供更新，因此，任何 Windows 操作系统都可以从 WSUS 服务器下载更新，但需要通过组策略进行配置。

通过组策略或本地策略编辑器配置 WSUS 客户端是最常用的方法之一。如果是在域环境中，管理员可以通过组策略来集中部署；而工作组中的计算机则需要在每台计算机上修改本地策略使其成为 WSUS 客户端。

Windows 2000/XP 的设置步骤如下。

（1）以管理员身份登录，依次单击“开始”→“运行”，在“运行”对话框中输入 gpedit.msc 命令。

（2）依次展开“计算机配置”→“管理模板”项目，右击“管理模板”并选择快捷菜单中的“添加/删除模板”命令，打开“添加/删除模板”对话框。

（3）单击“添加”按钮，在“策略模板”对话框中选择 wuau.adm，如图 8-114 所示。单击“打开”按钮，添加到“添加/删除模板”对话框中。

图 8-114　选择策略模板

（4）单击“关闭”按钮，返回“组策略”窗口。依次展开“管理模板”→“Windows 组件”→“Windows Update”，如图 8-115 所示。此时，即可配置从 WSUS 服务器获取更新。

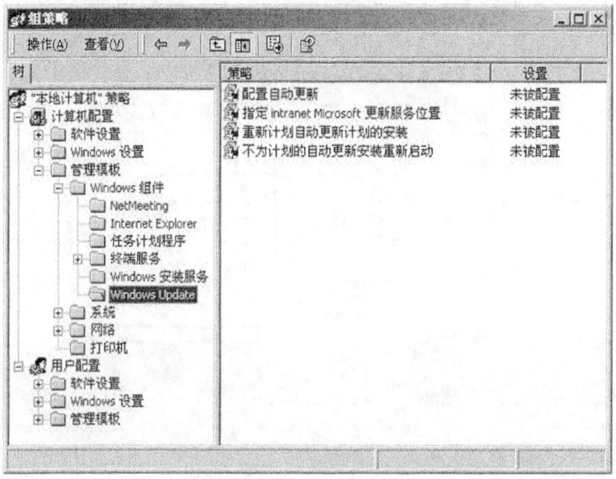

图 8-115　Windows Update

【说明】如果你的系统是 Windows XP、Vista、Windows 7，则直接从第（4）步开始配置。

（5）双击“配置自动更新”项目，显示如图 8-116 所示为“配置自动更新属性”对话框。选择“启用”单选按钮，在“配置自动更新”下拉列表中选择自动更新的方式，建议选择“3 – 自动下载并提醒安装”选项，完成后单击“确定”按钮即可。

（6）在“组策略”窗口中双击“指定 intranet Microsoft 更新服务位置”，显示“指定 intranet Microsoft 更新服务位置属性”对话框。选择“启用”单选按钮，在“设置检测更新的 intranet 更新服务”和“设置 intranet 统计服务器”文本框中，分别输入 WSUS 服务器地址，格式为“http://WSUS 名称或 IP 地址”，如图 8-117 所示。

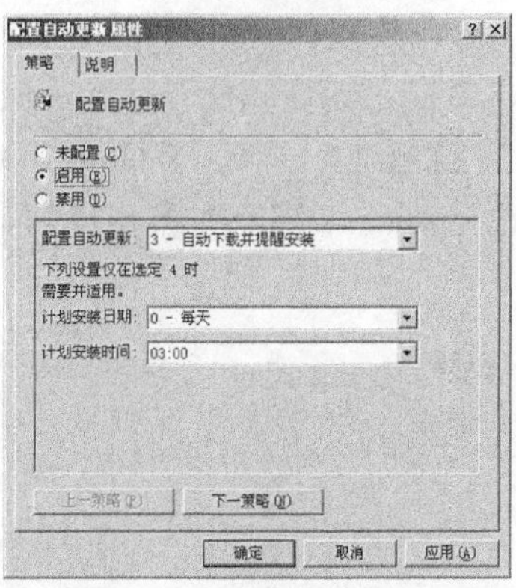

图 8-116　配置自动更新

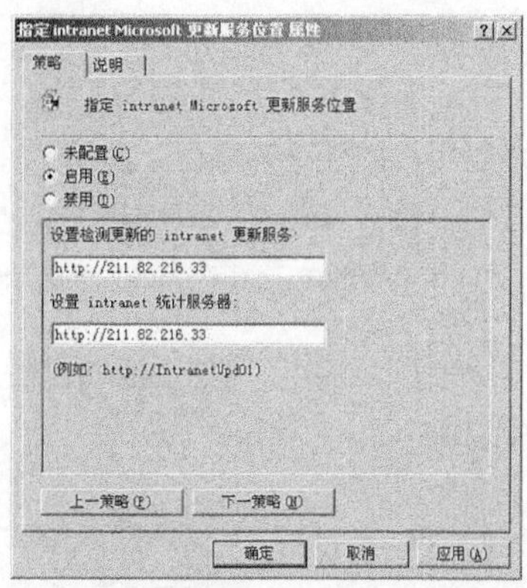

图 8-117　指定 intranet Microsoft 更新服务位置

注意：如果 WSUS 服务器没有使用默认端口，则指定更新服务器和统计服务器时也需要指定匹配的通信端口，如 http://211.82.216.33:8530。

（7）单击“确定”按钮保存设置。这样，Windows 2000、XP、Vista 等操作系统的计算机即可自动从 WSUS 服务器获取更新了。

8.4.5　通过组策略配置客户端

如果网络中的计算机都已经加入到域，则可以在域控制器上修改组策略中的“计算机配置→管理模板→Windows 组件→Windows Update”策略，指定 WSUS 服务器的地址以及其他的选项，其设置方法、步骤与 3.3.1 小节内容相同，不做过多介绍。

在修改策略后，在域控制器上进入命令提示符，执行 gpupdate /force 强制策略更新。

8.4.6　通过导入注册表文件指定 WSUS 服务器

如果网络中的计算机没有加入到域，或者网络中的计算机是一些 Windows XP HOME 的计算机，则可以通过导入“注册表”的方式指定 WSUS 服务器。可以在一台计算机上指定当前网络中 WSUS 服务器的地址以及其他配置参数，然后运行 regedit，将 HKEY_LOCAL_MACHINE\SOFTWARE\Policies\Microsoft\Windows\WindowsUpdate 键值导出注册表文件，然后将此文件通过内部网站、邮件或其他方式发给需要的计算机，双击导入注册表文件即可。下面是一个导出的注册表文件的内容。

```
REGEDIT4
[HKEY_LOCAL_MACHINE\SOFTWARE\Policies\Microsoft\Windows\WindowsUpdate\AU]
"RescheduleWaitTime"=dword:00000004
"NoAutoRebootWithLoggedOnUsers"=dword:00000001
"NoAutoUpdate"=dword:00000000
"AUOptions"=dword:00000004
"ScheduledInstallDay"=dword:00000000
"ScheduledInstallTime"=dword:00000003
"UseWUServer"=dword:00000001

[HKEY_LOCAL_MACHINE\SOFTWARE\Policies\Microsoft\Windows\WindowsUpdate]
"WUServer"="http://172.30.5.6:8530/"
"WUStatusServer"="http://172.30.5.6:8530/"

[HKEY_CURRENT_USER\Software\Microsoft\Windows\CurrentVersion\Group Policy Objects\{4B5496D0-0AEE-4C56-834A-15B8D28DAD18}Machine\Software\Policies\Microsoft\Windows\WindowsUpdate]
"WUServer"="http://172.30.5.6:8530/"
"WUStatusServer"=http://172.30.5.6:8530/
```

在本例中，WSUS 服务器的地址是 172.30.5.6，服务端口是 8530，只要修改、替换其中的地址、端口为用户网络中的 WSUS 服务器的地址与端口，并用“记事本”保存成扩展名为.reg 的文件即可使用。

8.4.7　客户端获取并安装更新文件

服务器端批准指定的更新程序后客户端就可以开始安装了。

（1）如果是通过域控制器组策略配置的客户端则可以重新登录到域控制器，如果修改的是本地计算机策略，则可以使用强制刷新的方法使其立即生效。

（2）正确连接到 WSUS 服务器后，工作站会自动连接 WSUS 服务器并从 WSUS 服务器下载补丁，当补丁下载完成后，会在右下角出现黄色的“ ”并提示“已经为您的计算机准备好更新。单击此处安装这些更新。”，如图 8-118 所示。

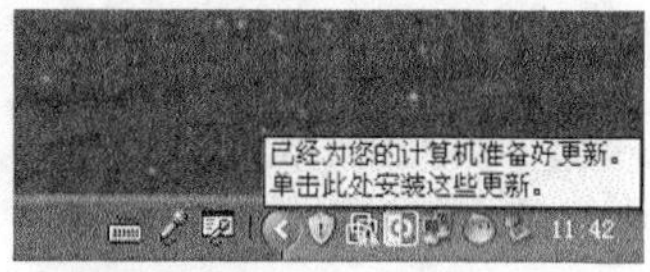

图 8-118 客户端提示信息

（3）单击信息提示框开始安装所需更新，显示如图 8-119 所示的选择安装方式提示框，当然是否出现该提示框和前面修改本地策略或域控制器组策略时选择的方式是一致的，如果默认下载并安装则不会出现提示框而直接安装更新了。这里提供了两种安装方式：快速安装和自定义安装，建议选择快速安装。如果要查看安装的补丁内容，请选择“自定义安装”。

（4）单击“下一步”按钮即可查看要安装的补丁，如图 8-120 所示。单击“安装”按钮则开始安装补丁，此时用户可以最小化当前窗口继续其他操作。根据需要安装的更新内容的多少，需要的时间也会有所不同，安装完成后同样会在系统任务栏出现气泡提示框。

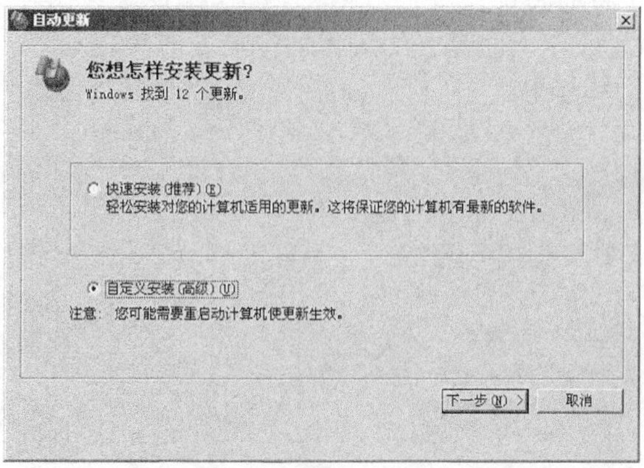

图 8-119 选择安装方式

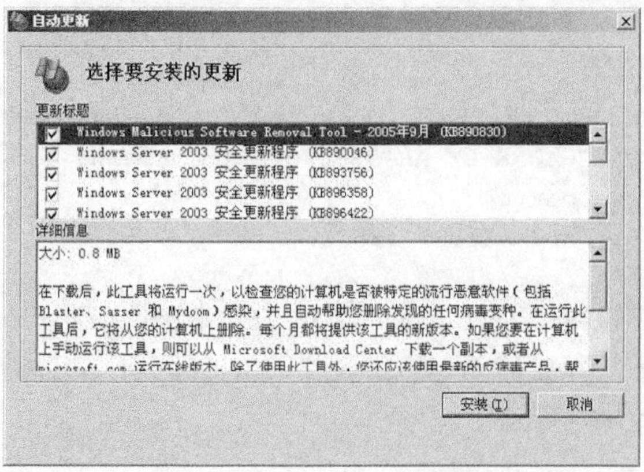

图 8-120 正在安装更新

（5）安装完成后有些更新内容必须重新启动计算机后才可以生效，所以可能会提示重新启动计算机。

附录 A　vSphere 最高配置

当您选择并配置虚拟设备和物理设备时，不得超过 vSphere 5.5 所支持的最高配置。本节介绍 vSphere 下 5.5 及 5.1 的最高配置，下表中提供的限制表示已经测试过且建议的限制，这些限制完全受 VMware 支持。

A.1　虚拟机最高配置

表 A-1 表出了 vSphere 5.5 虚拟机的最高配置。

表 A-1　虚拟机最高配置

项　目	内　容	最高配置（5.5）	最高配置（5.1）
计算	每个虚拟机的虚拟 CPU（Virtual SMP）	64	64
内存	每个虚拟机的内存	1TB	1TB
	虚拟机交换文件大小	1TB(1)	1TB(1)
存储器虚拟适配器和设备	每个虚拟机的虚拟 SCSI 适配器	4	4
	每个虚拟 SCSI 适配器的虚拟 SCSI 目标	15(2)	15(2)
	每个虚拟机的虚拟 SCSI 目标	60	60
	每个虚拟机的虚拟磁盘（PVSCSI）	60	60
	虚拟磁盘大小	62TB	2TB 减 512B
	每个虚拟机的 IDE 控制器	1(3)	1(3)
	每个虚拟机的 IDE 设备	4(4)	4(4)
	每个虚拟机的软盘控制器	1	1
	每个虚拟机的软盘设备	2(5)	2(5)
	每个虚拟机的虚拟 SATA 适配器	4	无（不支持）
	每个虚拟 SATA 适配器的虚拟 SATA 设备	30(4)	无（不支持）
网络虚拟设备	每个虚拟机的虚拟网卡	10(6)	10(6)
虚拟外围端口	每个虚拟机的 USB 主机控制器	1(7)	1(7)
	连接到虚拟机的 USB 设备	20(8)	20(8)
	每个虚拟机的并行端口	3	3
	每个虚拟机的串行端口	4	4
其他	虚拟机的并行远程控制台连接	40	40
图形视频设备	每个虚拟机的视频内存	512MB	128MB

【说明】(1) 块大小为 1 MB 的 VMFS3 的最大交换大小为 255 GB。建议的解决方案是使用 VMFS5，而不是块大小更大的 VMFS3。

(2) 磁盘或 VMDirectPath SCSI 目标的任意组合。

(3) 支持两个通道（主要和辅助），每个均具备主要设备和从属设备。

(4) 设备可以是 CD - ROM 或磁盘。

(5) BIOS 针对一个软盘设备配置。

(6) 受支持的虚拟网卡的任意组合。

(7) 支持 USB 1.x、2.x 和 3.x。可以同时为每个版本（1.x、2.x 或 3.x）添加一个 USB 主机控制器。

(8) 客户机操作系统的限制可能低于 vSphere 允许的值。

A.2 ESXi 主机最高配置

VMware ESXi 主机最高配置包括“计算最高配置”、“内存最高配置”、“存储器最高配置”、“网络最高配置”、“群集和资源池最高配置”五部分内容，下面一一介绍。

表 A-2 计算最高配置

项　目	内　容	最高（5.5）	最高（5.1）
主机 CPU 最高配置	每个主机的逻辑 CPU	320	160
	每个主机的 NUMA 节点	16	8
虚拟机最高配置	每个主机的虚拟机	512	512
	每个主机的虚拟 CPU	4096	2048
	每个内核的虚拟 CPU	32(1)	25(1)
Fault Tolerance（FT，容错）最高配置	虚拟磁盘	16	16
	每个虚拟机的虚拟 CPU	1	1
	每个 FT 虚拟机的内存	64GB	64GB
	每个主机的虚拟机	4	4

【说明】(1) 每个核心的 vCPU 可达到的数目取决于硬件的工作负载和详细情况。

表 A-3 内存最高配置

项　目	内　容	最高（5.5）	最高（5.1）
内存	每个主机的内存	4TB	2TB
	交换文件数量	每个虚拟机 1 个	每个虚拟机 1 个
	交换文件大小		1TB(1)

【说明】(1) 在 VMFS3 上，对大小超过 255 GB 的交换文件应用超过 1 MB 的块大小。

表 A-4　存储器最高配置

项　目	内　容	最高（5.5）	最高（5.1）
虚拟磁盘	每个主机的虚拟磁盘	2 048	2 048
iSCSI 物理	每个服务器的 LUN	256	256
	每个服务器的 Qlogic1Gb iSCSI HBA 启动器端口	4	4
	每个服务器的 Broadcom 1Gbit/s iSCSI HBA 启动器端口	4	4
	每个服务器的 Broadcom 10Gbit/s iSCSI HBA 启动器端口	4	4
	每个服务器上可关联的网卡或与软件 iSCSI 堆栈绑定的端口	8	8
	一个服务器上的路径总数	1 024	1 024
	到 LUN 的路径数量（软件 iSCSI 和硬件 iSCSI）	8	8
	Qlogic iSCSI：每个适配器端口的动态目标	64	64
	Qlogic iSCSI：每个适配器端口的静态目标	62	62
	每个适配器端口的 Broadcom 1Gbit/s iSCSI HBA 目标	64(1)	64(1)
	每个适配器端口的 Broadcom 10Gbit/s iSCSI HBA 目标	128	128
	软件 iSCSI 目标	256(1)	256(1)
NAS (2)	每个主机的 NFS 挂载	256	256
光纤通道	每个主机的 LUN	256	256
	LUN 大小	64TB	64TB
	LUN ID	255	255
	到 LUN 的路径数	32	32
	一个服务器上的路径总数	1 024	1 024
	任何类型的 HBA 的数量	8	8
	HBA 端口	16	16
	每个 HBA 的目标	256	256
FCoE	软件 FCoE 适配器	4	4
公用 VMFS	卷大小	64TB(5)	
	每个主机的卷	256	256
	每个卷的主机	64	64
	每个 VMFS 卷的已打开电源的虚拟机	2 048	2 048
	每个 VMFS 卷的并行 vMotion 操作	128	128
VMFS3	裸设备映射大小（虚拟兼容性和物理兼容性）	2TB 减 512B	2TB 减 512B
	块大小	8MB	8MB
	文件大小（1 MB 块大小）	256GB	256GB
	文件大小（2 MB 块大小）	512GB	512GB
	文件大小（4 MB 块大小）	1TB	1TB
	文件大小（8 MB 块大小）	2TB 减 512B	2TB 减 512B
	每个卷的文件	约 30 720	约 30 720

续表

项　目	内　容	最高（5.5）	最高（5.1）
VMFS5	裸设备映射大小（虚拟兼容性）	62TB	2TB 减 512B
	裸设备映射大小（物理兼容性）	64TB	64TB
	块大小	1MB(3)	1MB(3)
	文件大小	62TB	2TB 减 512B(4)
	每个卷的文件	约 130 690	约 130 690

【说明】（1）静态目标（手动分配的 IP 地址）和动态目标（分配到已发现目标的 IP 地址）的总量不得超过这一数值。

（2）联系您的存储阵列供应商或 NFS 服务器供应商，了解有关 NFS 卷大小上限的信息。

（3）1 MB 是默认的块大小。已升级的 VMFS5 卷将继承 VMFS3 块大小值。

（4）已升级的 VMFS5 的文件大小上限为 2 TB 减 512 B（不考虑文件系统块大小）。

（5）对于块大小为 1 MB 的 VMFS3 卷，上限为 50TB。

表 A-5　网络最高配置

项　目	内　容	最高（5.5）	最高（5.1）
物理网卡	e1000e1Gbit/s 以太网端口（Intel PCI - x）		32
	e1000e1Gbit/s 以太网端口（Intel PCI - e）	24	24
	igb1Gbit/s 以太网端口（Intel）	16	16
	tg31Gbit/s 以太网端口（Broadcom）	32	32
	bnx21Gbit/s 以太网端口（Broadcom）	16	16
	nx_nic10Gbit/s 以太网端口（NetXen）	8	8
	be2net10Gbit/s 以太网端口（ServerEngines）	8	8
	ixgbe10Gbit/s 以太网端口（Intel）	8	8
	bnx2x10Gbit/s 以太网端口（Broadcom）	8	8
	Infiniband 端口	不适用(1)	不适用(1)
	10Gbit/s 和 1Gbit/s 以太网端口的组全	八个 10Gbit/s 和四个 1Gbit/s 端口	六个 10Gbit/s 和四个 1Gbit/s 端口
	mlx4_en 40Gbit/s 以太网端口（Mellanox）	4	4
VMDirectPath 限制	每个主机的 VMDirectPath PCI/PCIe 设备	8	8
	虚拟功能的 SR - IOV 数	64(2)	
	10GpNIC 的 SR - IOV 数	8	
	每个虚拟机的 VMDirectPath PCI/PCIe 设备	4(3)	
vSphere 标准交换机和 vSphere Distributed Switch	每个主机的虚拟网络交换机端口总数（VDS 和 VSS 端口）	4 096	4 096
	每个主机的活动端口数上限（VDS 和 VSS）	1 016	1 050
	每个标准交换机的虚拟网络交换机创建端口	4 088	4 088
	每个标准交换机的端口组	512	256

续表

项目	内容	最高（5.5）	最高（5.1）
vSphere 标准交换机和 vSphere Distributed Switch	每个 Distributed Switch 的静态/动态端口组	6 500	
	每个 Distributed Switch 的极短端口组	1 016	
	每个 Distributed Switch 的端口	60 000	
	每个 vCenter 的分布式虚拟网络交换机端口	60 000	60 000
	每个 vCenter 的静态/动态端口组	10 000	10 000
	每个 vCenter 的极短端口组	1 016	256
	每个 vCenter 的 Distributed Switch	128	128
	每个主机的 Distributed Switch	16	
	每个主机的 VSS 端口组	1 000	
	每个主机的 LACP - LAG	64	
	每个 LAG 的 LACP - 上行链路端口（组）	32	
	每个 Distributed Switch 的主机	1 000	
	每个 vDS 的 NIOC 资源池	64	
	每个 vDS 的链路聚合组	64	

【说明】(1) Mellanox Technologies InfiniBand HCA 设备驱动程序可直接从 Mellanox Technologies 获取。有关具有 ESXi 的 InfiniBand HCA 支持状态的信息，请访问 Mellanox 网站 http://www.mellanox.com。

(2) SR - IOV 在 Intel 网卡上最多支持使用 43 种虚拟功能，在 Emulex 网卡上最多支持使用 64 种虚拟功能。可用于直通的虚拟功能的实际数量取决于每种虚拟功能所需的中断向量的数量。

(3) 虚拟机可支持 6 个设备，但条件是其中 2 个设备是 Teradici 设备。

表 A-6 群集和资源池最高配置

项目	内容	最高（5.5）	最高（5.1）
群集（包括 HA 和 DRS 在内的所有群集）	每个群集的主机	32	32
	每个群集的虚拟机	4 000	4 000
	每个主机的虚拟机	512	512
	HA 群集中每个数据存储的已打开电源的虚拟机配置文件(1)	2 048	2 048
资源池	每个主机的资源池	1 600	1 600
	每个资源池的子资源池	1 024	1 024
	资源池树深度	8(2)	8
	每个群集的资源池	1 600	1 600

【说明】(1) 此限制不适用于虚拟磁盘。启用 Fault Tolerance 的一个虚拟机算作两个虚拟机。

(2) 其他 4 个资源池由系统内部使用。

如果上面表格中列出的任一配置选项使用的是其最大限制值，则应用默认配置的

ESXi 主机和 vCenter Server 应当能够承受这些值。

如果多个配置选项（例如，虚拟机的数量、LUN 的数量、VDS 端口的数量等）使用的是各自最大的限制，则主机上运行的某些进程可能会完全占用内存。这可能会导致主机与 vCenter Server 断开连接。在这种情况下，您需要为这些主机进程增加内存池，从而使主机能够承受计划进行的工作负载。您需要将相关的内存池大小增加到使用最大值的配置选项的数量。

A.3 vCenter Server 最高配置

表 A-7 vCenter Server 最高配置

项　目	内　容	最高（5.5）	最高（5.1）
vCenter Server 可扩展性	每个 vCenter Server 的主机	1 000	1 000
	每个 vCenter Server 的已打开电源的虚拟机	10 000	10 000
	每个 vCenter Server 的已注册虚拟机	15 000	15 000
	已链接的 vCenter Server	10	10
	已链接的 vCenter Server 中的主机	3 000	3 000
	已链接的 vCenter Server 中的已打开电源的虚拟机	30 000	30 000
	已链接的 vCenter Server 中的已注册虚拟机	50 000	50 000
	到 vCenter Server 的并行 vSphere Client 连接	100	100
	到 vCenter Server 的并行 vSphere Web Client 连接	180	180
	每个数据中心的主机数量	500	500
	每个 vCenter Server 的 MAC 地址（使用默认的 VMware OUI）	65 536	65 536
用户界面	每个 vSphere Client 已连接的 USB 设备	20	20
并行操作	每个主机的 vMotion 操作（1 Gbit/s 网络）	4	4
	每个主机的 vMotion 操作（10 Gbit/s 网络）	8	8
	每个数据存储的 vMotion 操作	128	128
	每个主机的 Storage vMotion 操作	2	2
	每个数据存储的 Storage vMotion 操作	8	8
vCenter Server Appliance	主机（具有嵌入式 vPostgres 数据库）	100	
	虚拟机（具有嵌入式 vPostgres 数据库）	3 000	
	主机（具有 Oracle 数据库）	1 000	
	虚拟机（具有 Oracle 数据库）	10 000	

A.4 vCenter Server 扩展

与 vCenter Server 扩展相关的最高配置包括 VMware vCenter Update Manager、VMware vCenter Orchestrator 及存储 DRS，下面分别介绍。

表 A-8 vCenter Update Manager 最高配置

项　目	内　容	最高（5.5）	最高（5.1）
并行操作	每个 ESXi 主机的 VMware Tools 扫描	90	90
	每个 ESXi 主机的 VMware Tools 升级	24	24
	每个主机的虚拟机硬件扫描	90	90
	每个主机的虚拟机硬件升级	24	24
	每个 VUM 服务器的 VMware Tools 扫描	90	90
	每个 VUM 服务器的 VMware Tools 升级	75	75
	每个 VUM 服务器的虚拟机硬件扫描	90	90
	每个 VUM 服务器的虚拟机硬件升级	75	75
	每个 VUM 服务器的 ESXi 主机扫描	75	75
	每个 VUM 服务器的 ESXi 主机修复	71	71
	每个 VUM 服务器的 ESXi 主机升级	71	71
	每个群集的 ESXi 主机升级	1	1
	Cisco VDS 更新和部署	70	70

表 A-9 vCenter Orchestrator 最高配置

项　目	最高（5.5）	最高（5.1）
已连接的 vCenter Server 系统	20	20
已连接的 ESXi 实例	1 280	1 280
已连接的虚拟机	35 000(1)	35 000(1)
正在运行的并行工作流程	300	300

【说明】（1）每个 vCenter Orchestrator 群集节点 15 000 台。

表 A-10 存储 DRS

项　目	最高（5.5）	最高（5.1）
每个数据存储群集的虚拟磁盘	9 000	9 000
每个数据存储群集的数据存储	32	32
每个 vCenter 的数据存储群集	256	256

表 A-11 vCloud Director 最高配置

项　目	最高（5.5）	最高（5.1）
已注册的虚拟机	50 000	30 000
已打开电源的虚拟机	30 000	10 000
组织	10 000	10 000
每个 vApp 的虚拟机	128	128
每个组织的 vApp	5 000	3 000

续表

项　　目	最高（5.5）	最高（5.1）
网络数	10 000	10 000
主机	3 000	2 000
vCenter Server	20	25
虚拟数据中心	10 000	10 000
数据存储	1 024	1 024
目录	10 000	10 000
介质	1 000	1 000
用户	25 000	10 000

表 A-12　　VMware vSphere 闪存读取缓存

项　　目	最高（5.5）	最高（5.1）
每台主机的虚拟闪存资源	1	
每个虚拟机磁盘的最大缓存	400GB	
每个主机配置的累计缓存（对于所有虚拟磁盘）	2TB	
虚拟磁盘大小	16TB	
虚拟主机交换缓存大小	4TB	
每种虚拟闪存资源的闪存设备数	8	

附录 B 准备 VMware 实验环境

VMware vSphere 是一门实践性非常强的课程，要学好 VMware 的每一个产品，每个产品的大多数知识点，都离不了大量的实验。在所有这些实验环境中，VMware ESXi 又是最基础、最重要的，所以本节着重介绍如何准备 VMware ESXi 实验环境。

“实验是最好的老师”，要掌握 VMware ESXi 的内容，从头安装、配置 VMware ESXi，并在 ESXi 中创建虚拟机、配置虚拟机、管理 VMware ESXi 网络。如果要准备 VMware ESXi 环境，有以下 3 种方法。

（1）在服务器上安装。这是最好的方法，你可以在最新两年购买的 IBM、HB、Dell 这些服务器上安装测试 VMware ESXi，在安装的时候，服务器原来的数据会丢失，请备份这些数据。

（2）在 PC 上测试。在某些 Intel H61 芯片组，CPU 是 Core I3、I5、I7 的，支持 64 位硬件虚拟化的普通 PC 上测试。

【说明】在某些 PC 机上，需要将 VMware ESXi 安装在 U 盘上，用 SATA 硬盘做数据盘。如果将 VMware ESXi 安装在 SATA 硬盘上，则有时可能不能启动。如果你碰到这种情况，将 VMware ESXi 安装在 U 盘上即可启动。

（3）在 VMware Workstation 虚拟机测试。对于初学者和爱好者来说，可能一时找不到服务器安装 VMware ESXi 5，这时候可以借助 VMware Workstation，在 VMware Workstation 的虚拟机学习 VMware ESXi 5 的使用。

【说明】要想在虚拟机中学习测试 VMware ESXi 5 或 VMware ESX Server 4，需要主机是 64 位 CPU，并且 CPU 支持硬件辅助虚拟化，至少有 4GB 的物理内存。推荐为主机配置 8～16GB，并且为做实验配置一个 80～120GB 的固态硬盘，在固态硬盘上运行虚拟机，将会极大减小系统安装的时间，缩短实验时间。

B.1 VMware Workstation 虚拟机实验环境概述

在 VMware Workstation 中，创建 1 台虚拟机安装 VMware ESXi 5，在主机中安装 VMware ESXi 5 客户端软件 vSphere Client，在 VMware ESXi 5 中创建虚拟机。本节实验拓扑如图 B-1 所示。

在下面的操作中，主机具有 16GB 内存，Intel Core i7-2600，安装 Windows 8.1 操作系统（如图 B-2 所示），同时配置有 120GB 的固态硬盘，而 VMware ESXi 虚拟机则存储在这个固态硬盘上。下面介绍实验步骤。

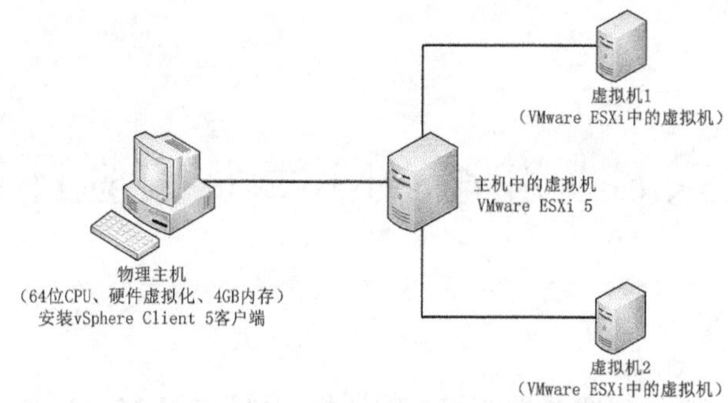

图 B-1 VMware ESX Server 实验拓扑

图 B-2 主机配置

（1）打开“计算机管理”，为固态硬盘创建一个分区，并分配一个盘符，在本示例中，该盘符为 M，如图 B-3 所示。

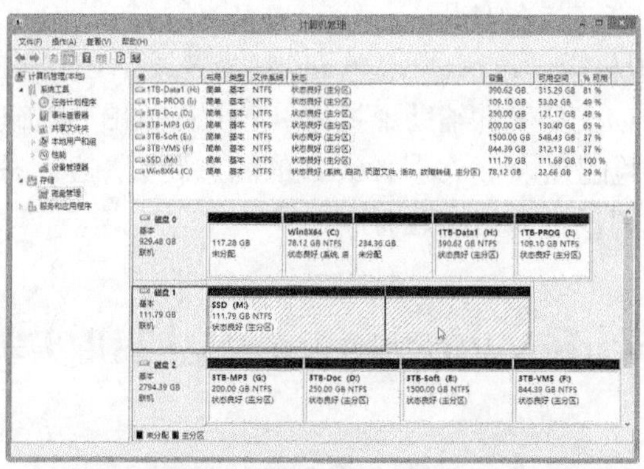

图 B-3 为固态硬盘分区并分配一个盘符

（2）在主机上安装 VMware Workstation，打开虚拟机配置页，在“工作区”中，修改虚拟机的默认位置为 M:\VMS，如图 B-4 所示。

（3）在“内存”中，选择“调整所有虚拟机内存使其适应预留的主机 RAM”，如图 B-5 所示。

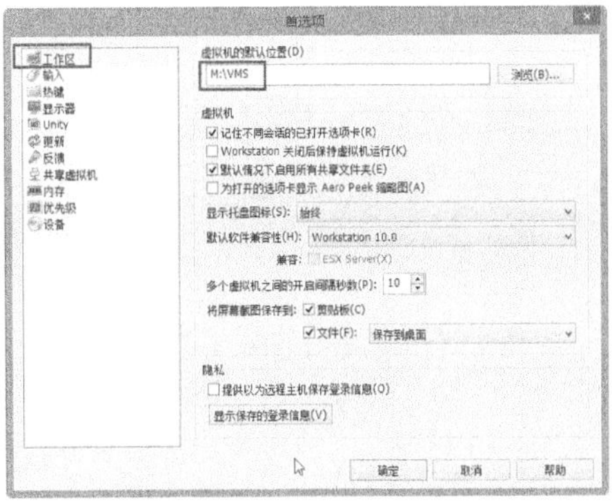

图 B-4 工作区

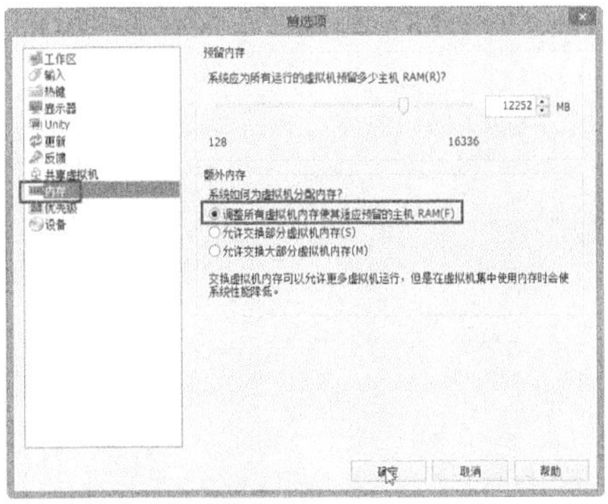

图 B-5 内存

【说明】如果你没有固态硬盘，则选择一个空间比较大的分区，用来存放虚拟机。

（4）在 VMware Workstation 主窗口中，新建虚拟机，如图 B-6 所示。

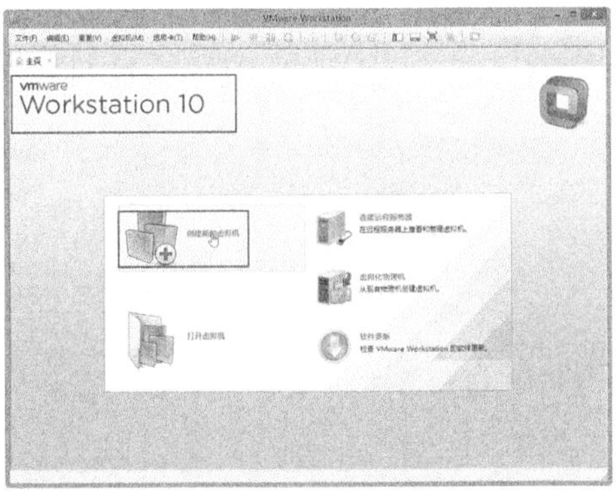

图 B-6 新建虚拟机

（5）在“欢迎使用新建虚拟机向导”对话框，选择“自定义”，如图 B-7 所示。

（6）在“选择客户机操作系统”对话框，选择“VMware ESX→ VMware ESXi 5”，如图 B-8 所示。

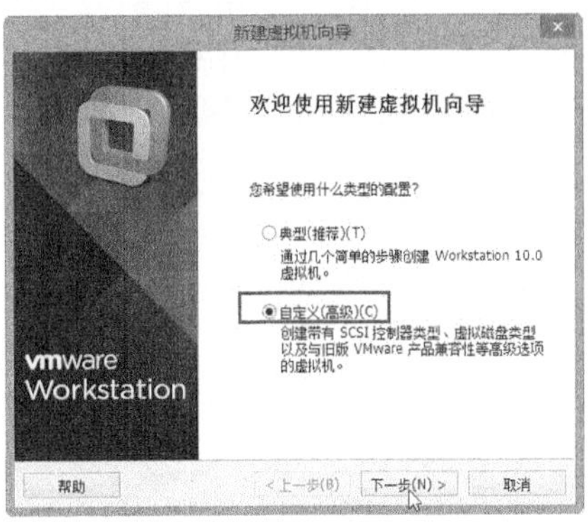

图 B-7 自定义

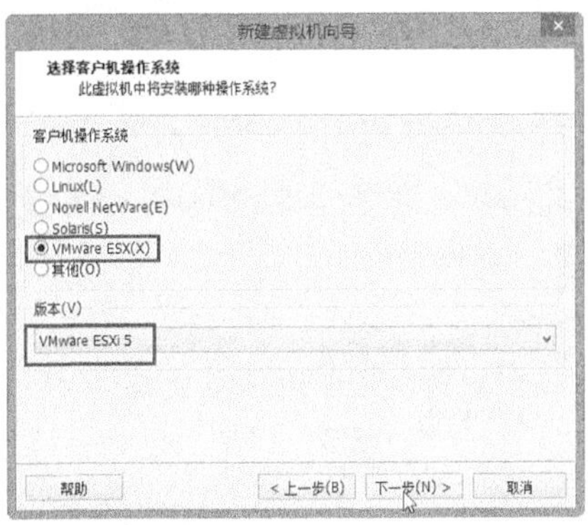

图 B-8 选择 VMware ESXi

（7）在“命名虚拟机”对话框中，设置虚拟机名称，在此选择默认名称，如图 B-9 所示。

（8）在“处理器配置”对话框中，为安装 VMware ESXi 的虚拟机分配 2 个处理器，如图 B-10 所示。

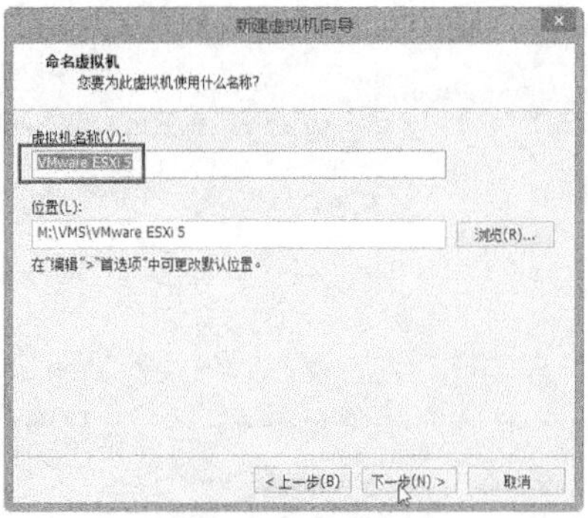

图 B-9 命名虚拟机

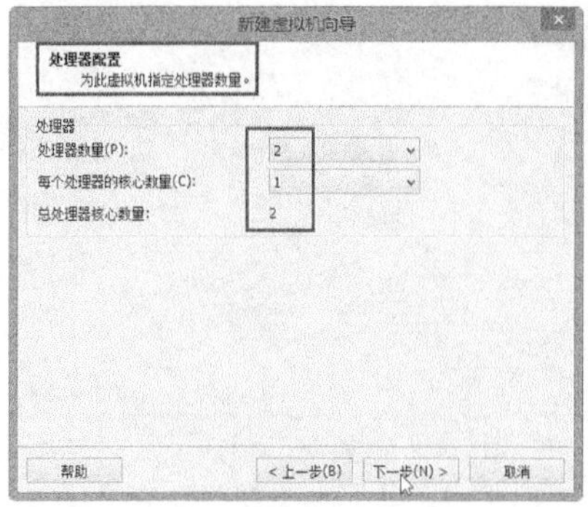

图 B-10 处理器配置

（9）在“此虚拟机的内存”对话框，为 VMware ESXi 5.5 虚拟机分配至少 4GB 的内存，如图 B-11 所示。如果是安装 VMware ESXi 5.1 或 5.0，则需要分配至少 2GB 的内存。

（10）在“网络类型”选择“使用网络地址转换”，如图 B-12 所示。

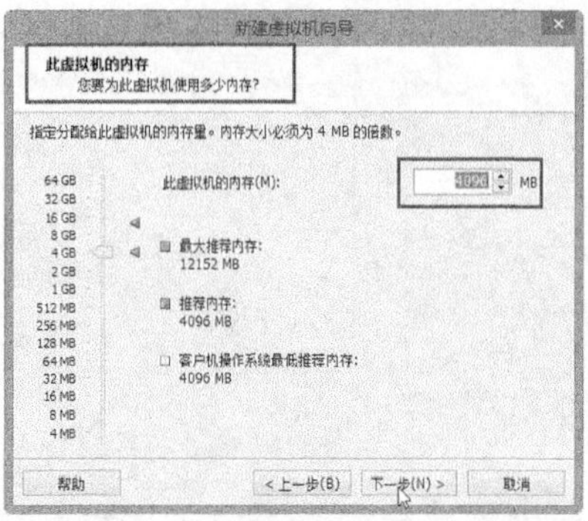

图 B-11 为虚拟机分配内存

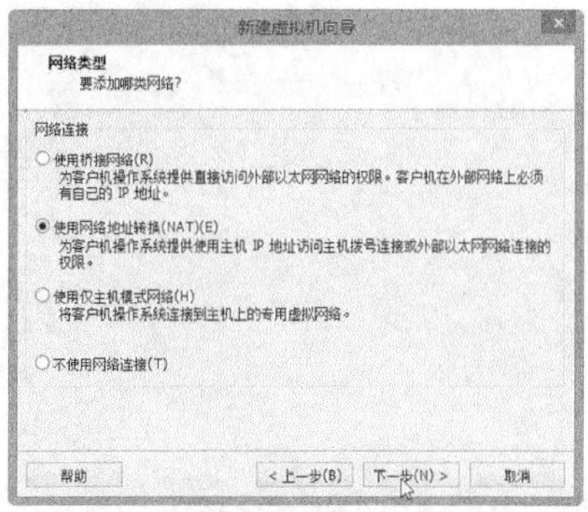

图 B-12 选择网络类型

（11）在“选择磁盘”对话框，选择“创建新的虚拟磁盘”，如图 B-13 所示。

（12）在“指定磁盘容量”对话框，设置磁盘大小为 1GB，如图 B-14 所示。在安装 VMware ESXi 时，如果将 VMware ESXi 安装在小于 1GB 的磁盘上，将不会显示存储，在本实验将验证这个现象。另外可以在安装 VMware ESXi 之后再添加第 2 个虚拟硬盘做存储。

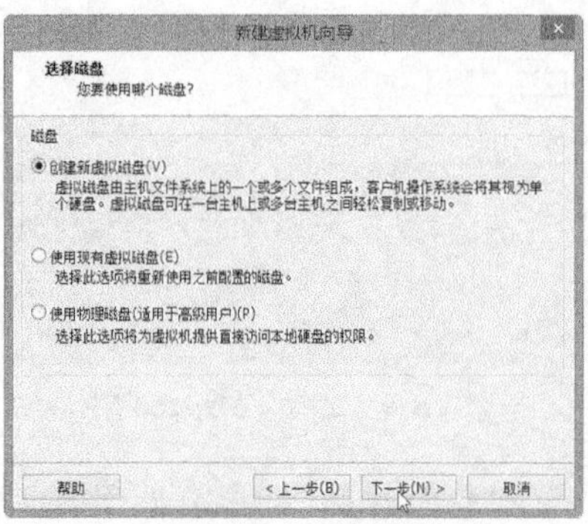

图 B-13 新建硬盘

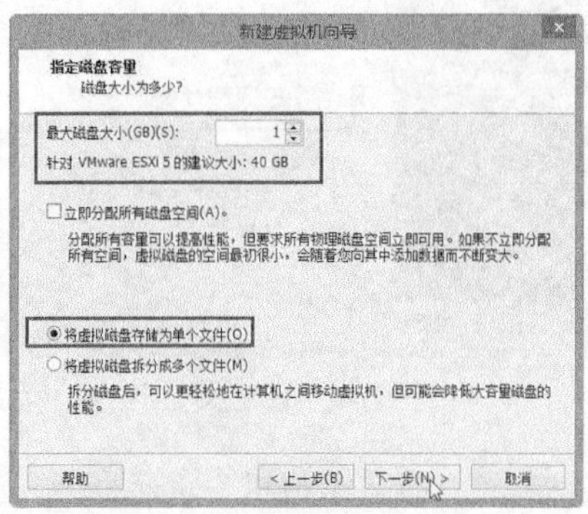

图 B-14 指定硬盘大小为 1GB

（13）其他则选择默认配置，直到创建虚拟机完成，然后修改虚拟机设置，选择 VMware ESXi 5.5 安装光盘镜像作为虚拟机的光驱，如图 B-15 所示。

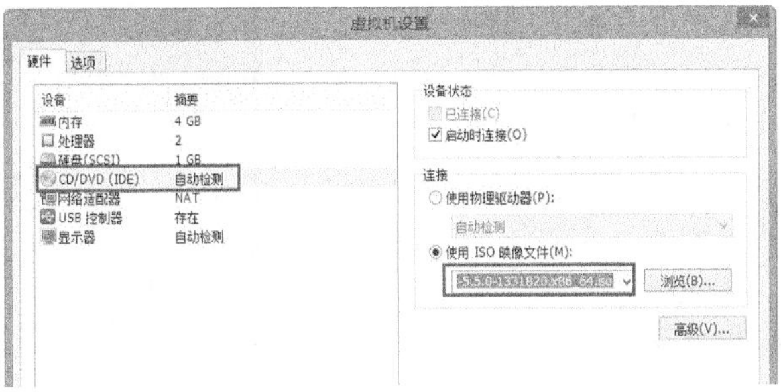

图 B-15　选择 VMware ESX Server 安装光盘镜像

B.2　在虚拟机中安装 VMware ESXi 5

然后启动 VMware ESXi 5 的虚拟机，开始 VMware ESXi 5.5 的安装，主要步骤如下。

（1）在开始安装界面，先关闭右下角“X”的提示，然后用鼠标在虚拟机窗口中单击一下，把光标拖到“ESXi-5.5.0-1331820-standard Installer”上并按“Enter”键，开始 VMware ESXi 5 的安装，如图 B-16 所示。在 VMware ESXi 5 的安装光盘中，默认选择为“Boot from local disk”（从本地硬盘引导）。如果在安装完成之后没有将光盘取出，默认情况下将从本地硬盘启动。

（2）在安装的过程中，VMware ESXi 会检测当前主机的硬件配置并显示出来，如图 B-17 所示，当前主机（指正在运行 VMware ESXi 安装程序的虚拟机）是 Intel Core i7-2600 的 CPU，4GB 内存。

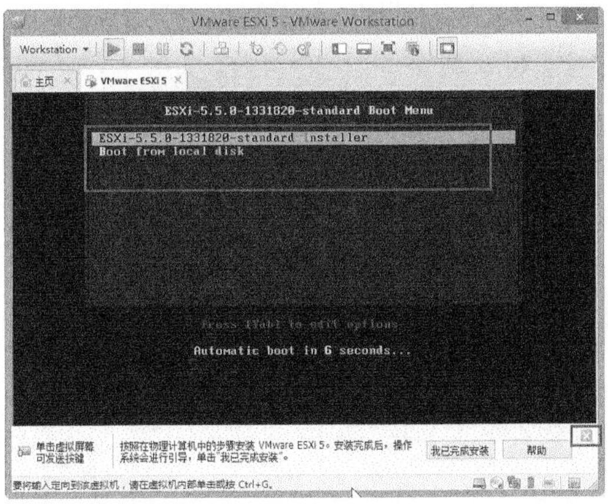

图 B-16　开始安装

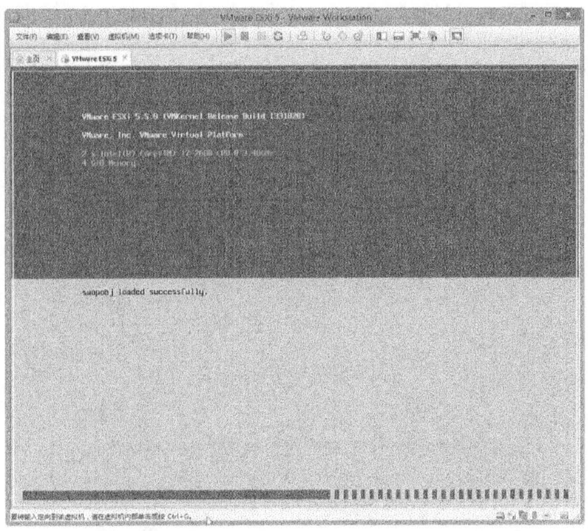

图 B-17　检测当前主机配置

（3）在“Welcome to the VMware ESXi 5.5.0 Installation”对话框中，按回车键开始安装，如图 B-18 所示。

（4）在“End User License Agreement”对话框中，按“F11”键接受许可协议，如图B-19所示。

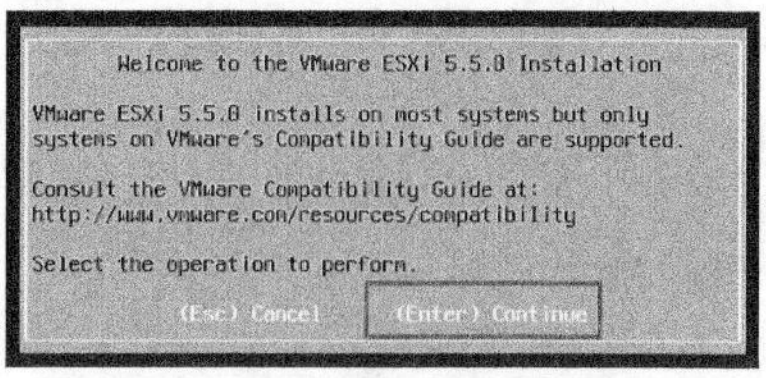

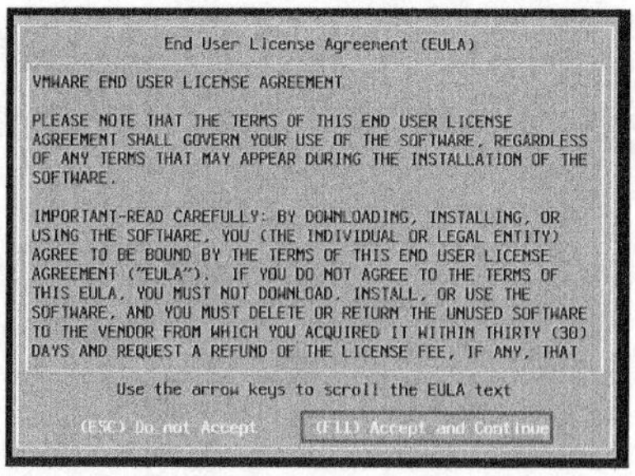

图 B-18 接受许可协议

图 B-19 键盘选择

（5）在“Select a Disk to Install or Upgrade”对话框中，选择安装位置，在本例中将 VMware ESXi 安装到 1GB 的虚拟硬盘上，如图 B-20 所示。

（6）在“Please select a keyboard layout”对话框中，选择“US Default”，然后按“Enter”键，如图 B-21 所示。

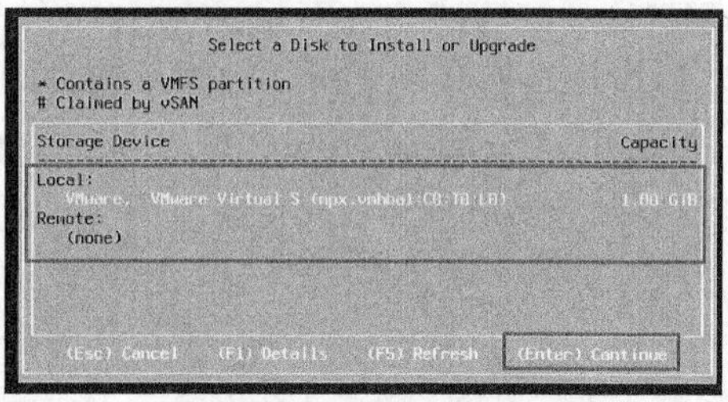

图 B-20 选择安装磁盘

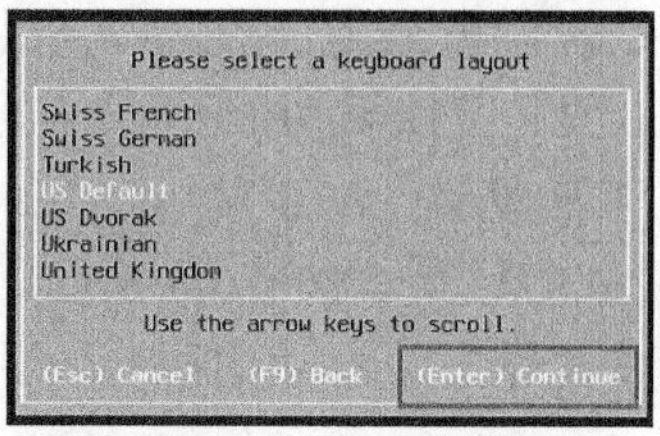

图 B-21 选择默认键盘

（7）在“Please enter a root password（recommended）”对话框中，设置管理员密码（默认管理员用户是 root），在本例中，设置密码为 1234567。如果在真正的生产环境中，一定要设置一个“复杂”的密码，即密码包括大小写字母、数字并且长度超过 7 个字符，如图 B-22 所示。

（8）如果你的主机不支持硬件虚拟化，会弹出警告信息，如图 B-23 所示。如果没有此消息，请忽略。

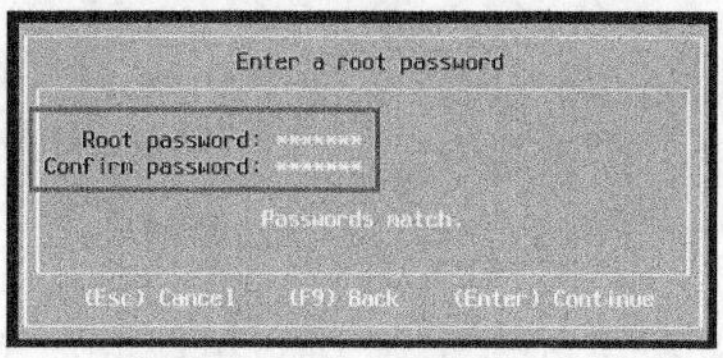

图 B-22 设置密码

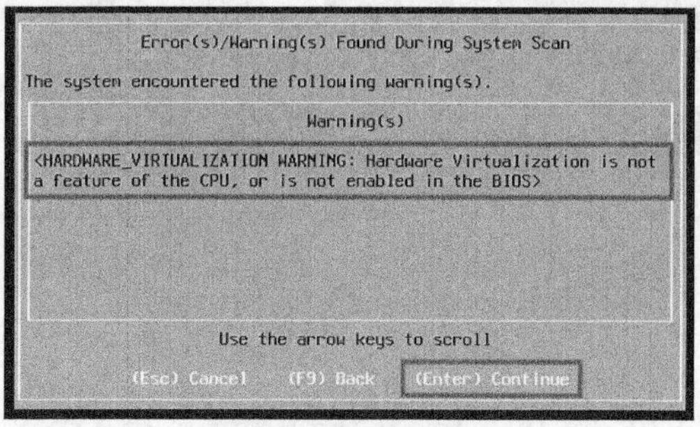

图 B-23 警告信息

【说明】如果是在物理主机安装 VMware ESXi 5 并弹出此对话框，请在安装完成之后，重新启动服务器或计算机，进入 CMOS 设置，启用硬件虚拟化功能。通常来说，对于 CPU 是 Intel 的服务器，需要在 CMOS 设置中启用 Intel Virtualization Technology 功能（Intel VT）以及“Execute Disable Bit”功能，并将其设置为“Enable”，如图 B-24 所示，这是 HP DL 380 Gen8 服务器启用硬件虚拟化的设置截图。

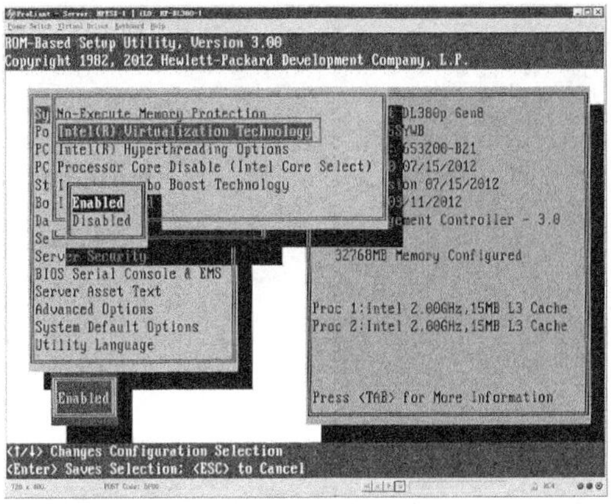

图 B-24　启用硬件虚拟化

（9）如果是在一台新的服务器安装，或者是在一个刚刚初始化过的硬盘上安装，则会弹出“Confirm Install”对话框，提示这个磁盘会重新分区，而该硬盘上的所有数据将会被删除，如图 B-25 所示。

（10）之后 VMware ESXi 会开始安装，并显示安装进度，如图 B-26 所示。

（11）VMware ESXi 5 安装比较快，安装过程大约需要 4、5 分钟，在安装完成后，弹出“Installation Complete”对话框，如图 B-27 所示，按“Enter”键将重新启动。在该对话框中提示，在重新启动之前取出 VMware ESXi 5 安装光盘介质。

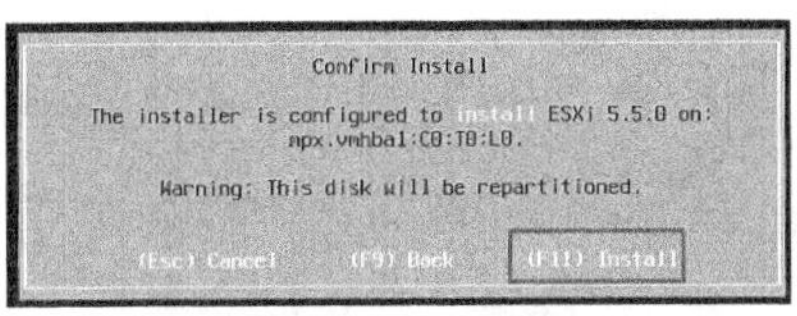

图 B-25　确认安装

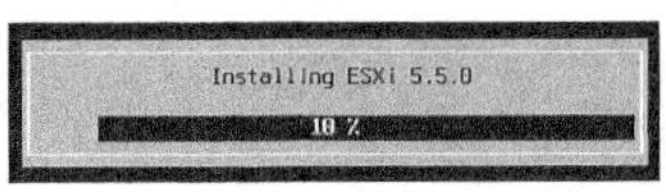

图 B-26　安装进度

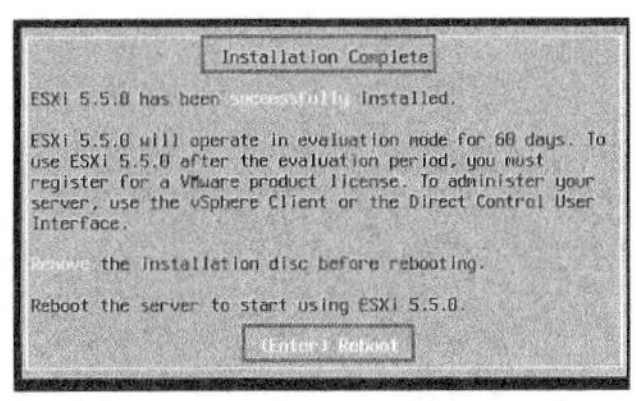

图 B-27　安装完成

（12）当 VMware ESXi 启动成功后，在控制台窗口，可以看到当前服务器信息，如图 B-28 所示。在图中，显示了 VMware ESXi 5 当前运行服务器的 CPU 型号、主机内存大小与管理地址，在本例中，当前 CPU 为 Intel Core i7-2600，主频大小为 3.40GHz、4GB 内存，当前管理地址为 192.168.80.130。

【说明】在 VMware ESXi 5 中，默认的控制台管理地址是通过 DHCP 分配的，如果网络中没有 DHCP 或者 DHCP 没有可用的地址，其管理控制台的地址可能为 0.0.0.0 或 169.254.x.x 的地址。如果是这样，可以在控制台中设置（或修改）管理地址才能使用 vSphere Client 管理。

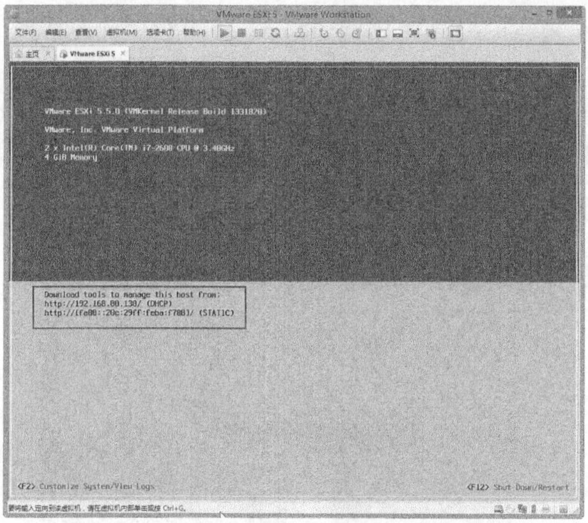

图 B-28 控制台信息

B.3 在普通 PC 中安装 VMware ESXi 的注意事项

如果你要在普通的 PC 中安装 VMware ESXi，则需要注意以下问题。

（1）你的计算机的网卡必须支持 VMware ESXi。在我测试的环境中，方正文祥 E620、Intel H61 芯片组的计算机，可以安装。而另一款 Q67 芯片组的计算机，则会提示“No Network Adapters”，提示没有找到网卡，如图 B-29 所示。

（2）如果你的计算机也出现这种情况，则可以在计算机上安装一块 VMware ESXi 支持的网卡，如 Intel Pro 1000T 网卡，该网卡芯片组为“Intel 82543GC”，该网卡淘宝上的价格在 30～100 元，如图 B-30 所示。

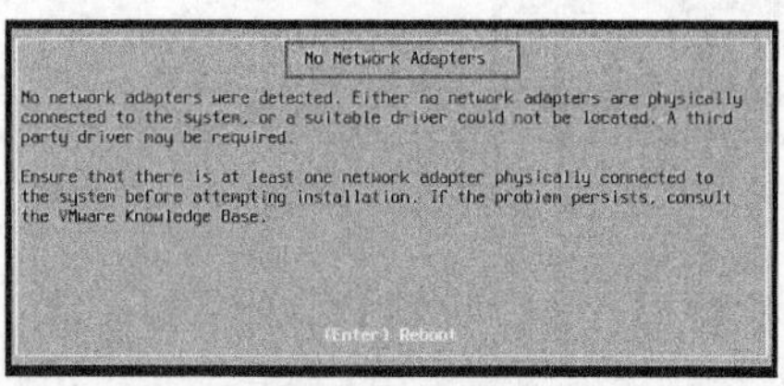

图 B-29 没有网卡

图 B-30 Intel 82543 网卡

注意：该网卡是 PCI-X 接口，是以前的服务器接口，但这种网卡可以插在普通 PC 的 PCI 接口上。现在的主板主要有 PCI-E 接口，你可以购买 Intel 芯片的 PCI-E 接口的网卡。

（3）在有的 PC 中，VMware ESXi 可能不支持直接在 SATA 硬盘启动，如果碰到这种情况，可以在计算机上插上一个 1～4GB 大小的 U 盘，将 VMware ESXi 安装在该 U 盘上。在安装之前，需要进入 CMOS 设置，在“Advanced→Onboard SATA MODE”中设置为

“AHCI”，如图 B-31 所示。不能选择“Native IDE”，否则在安装 VMware ESXi 之后会频繁重启并不能使用。

（4）之后就可以将 VMware ESXi 安装在 U 盘上了，如果有多个 U 盘（例如，你是用 U 盘启动安装 VMware ESXi），则要选择正确的目标 U 盘，不能选择错误，这可以根据 U 盘的型号、容量大小选择。在此选择的目标 U 盘是一个 4GB 的 U 盘（显示为 3.75GB），如图 B-32 所示。

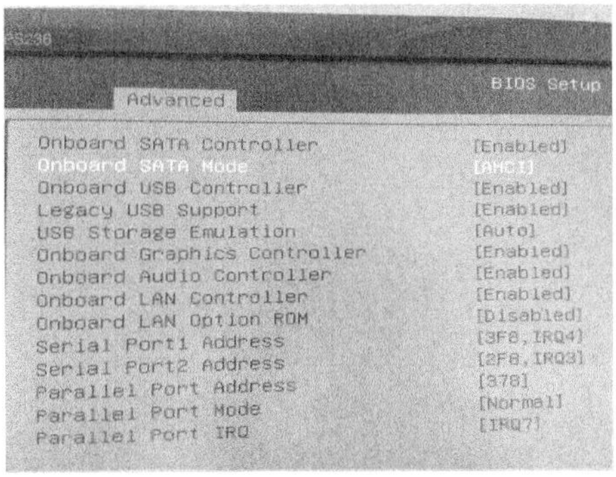

图 B-31　选择 AHCI 模式

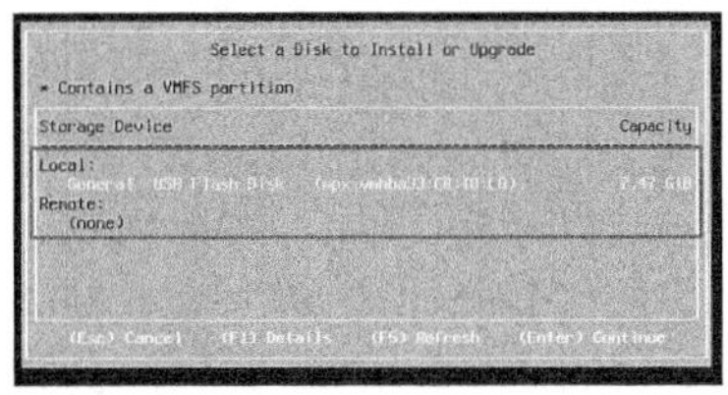

图 B-32　选择目标 U 盘

（5）之后的安装就比较简单了。在安装完成之后，拔下安装 U 盘（制作的 VMware ESXi 安装 U 盘），重新启动计算机后，再次进入 CMOS 设置，设置上一步安装的 U 盘为第一启动设备，如图 B-33 所示。然后保存退出。

（6）之后就可以启动并进入 VMware ESXi 了。

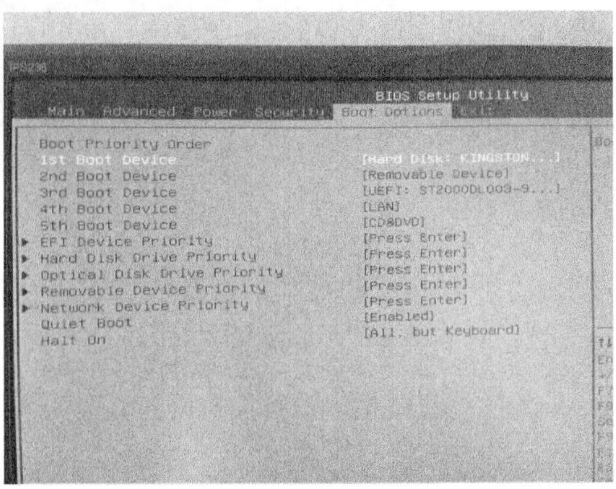

图 B-33　设置 U 盘最先启动

B.4　使用 vSphere Client 连接到 VMware ESXi

在安装好 VMware ESXi 之后，使用 vSphere Client 登录到 VMware ESXi，主要步骤如下。

（1）在主机上安装 VMware ESXi 5.5，并登录到 VMware ESXi，如图 B-34 所示。

（2）在登录之后，会弹出“ESXi 主机没有永久存储”的对话框，这是因为实验用的 VMware ESXi 安装在 1GB 大小的虚拟硬盘上的原因，如图 B-35 所示。

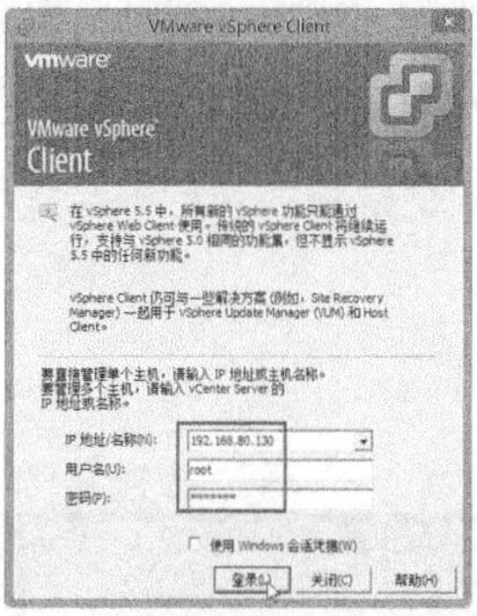

图 B-34 登录到 VMware ESXi

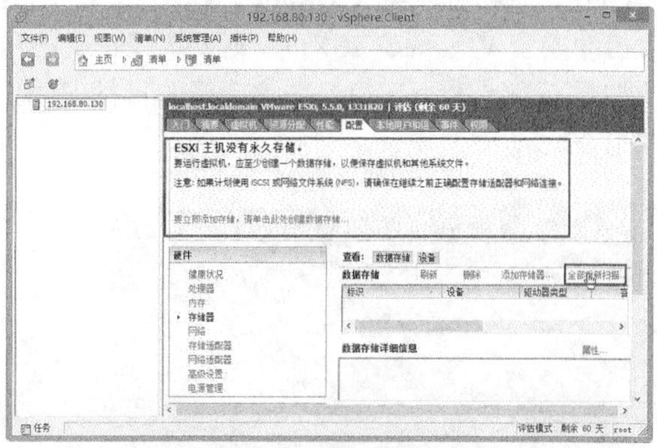

图 B-35 提示主机没有永久存储

（3）此时我们在 VMware ESXi 虚拟机中，再次添加一个虚拟硬盘，并将其作为 ESXi 的永久存储即可。切换到 VMware Workstation，右击 VMware ESXi 5 虚拟机，选择“设置”，如图 B-36 所示。

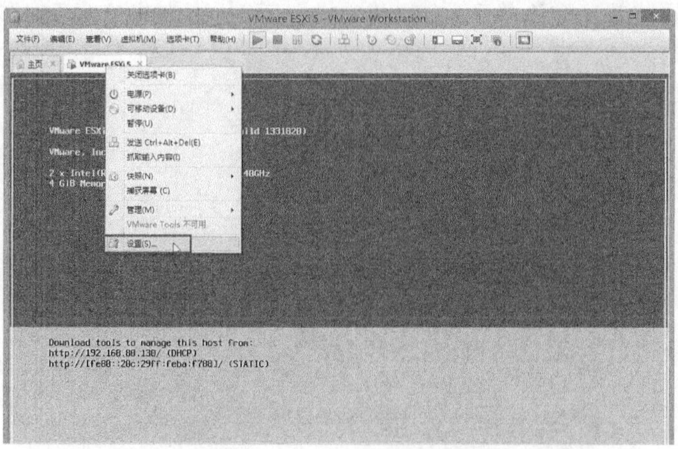

图 B-36 修改虚拟机设置

（4）然后为其添加一个新的虚拟硬盘，设置虚拟硬盘大小为 40GB，如图 B-37 所示。

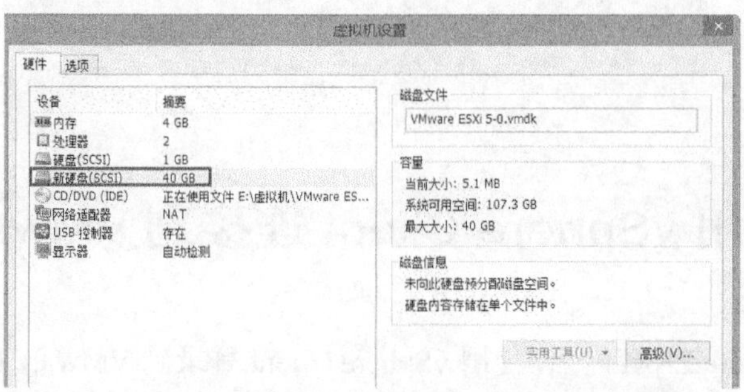

图 B-37 为 VMware ESXi 虚拟机添加一个 40GB 的虚拟硬盘

（5）之后返回 vSphere Client，在图 B-35 中单击“全部重新扫描”，等扫描完成后，再单击“要立即添加存储，请单击此处创建数据存储”链接。之后根据向导添加存储，在“选择磁盘/LUN”对话框中，会显示添加到 VMware ESXi 中的第 2 个 40GB 的硬盘，系统同时会检测到当前磁盘是“固态驱动器”即 SSD 磁盘，如图 B-38 所示。

（6）在“即将完成”对话框，单击“完成”按钮，如图 B-39 所示，至此为 VMware ESXi 添加存储完成。

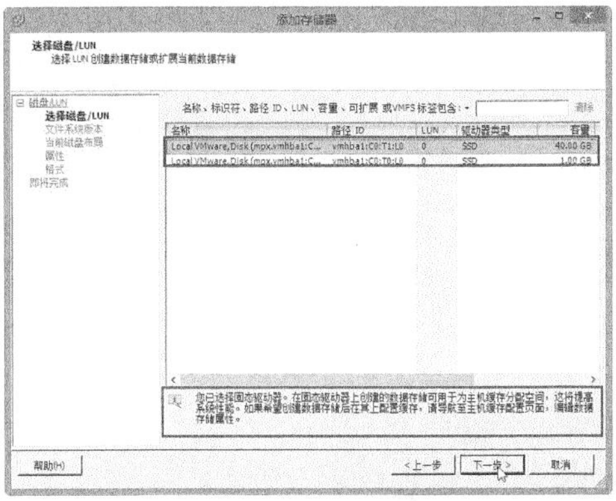

图 B-38　选择磁盘

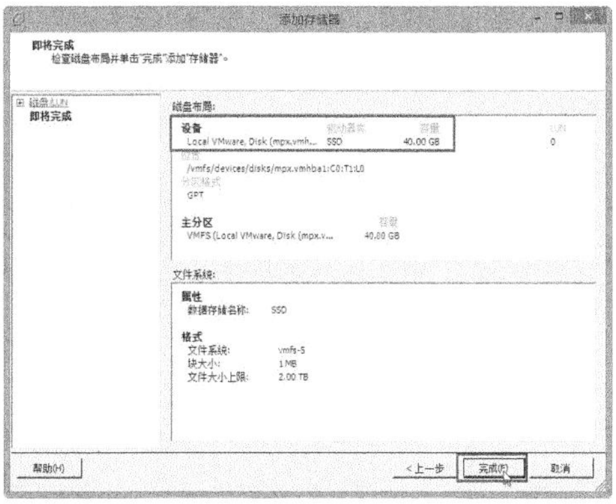

图 B-39　添加存储完成

B.5　准备 vCenter Server 虚拟机

如果要学习 vCenter Server，则可以在 VMware Workstation 中，创建一个虚拟机，为该虚拟机分配 2 个 CPU、2GB 内存，操作系统为 Windows Server 2008 R2 即可，主要步骤如下。

（1）在 VMware Workstation 中，创建虚拟机，在“选择客户机操作系统”对话框中，选择“Microsoft Windows→ Windows Server 2008 R2 X64”，如图 B-40 所示。

（2）设置虚拟机名称为“vCenter-192.168.80.20”，如图 B-41 所示。

图 B-40　选择操作系统

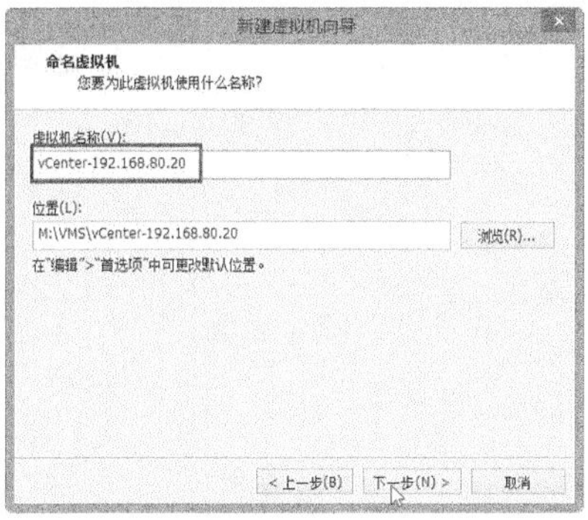

图 B-41　设置虚拟机名称

（3）在“此虚拟机的内存”对话框，设置内存为 2GB，如图 B-42 所示。

（4）在“指定磁盘容量”对话框，设置磁盘大小为 40GB，如图 B-43 所示。

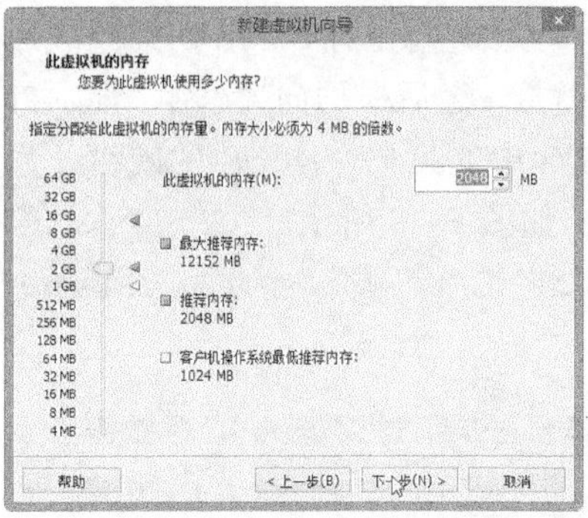

图 B-42　指定虚拟机内存

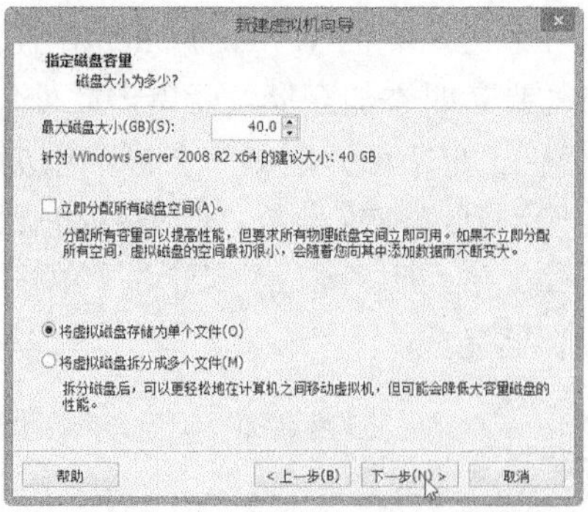

图 B-43　指定磁盘容量

（5）创建完虚拟机之后，如图 B-44 所示。

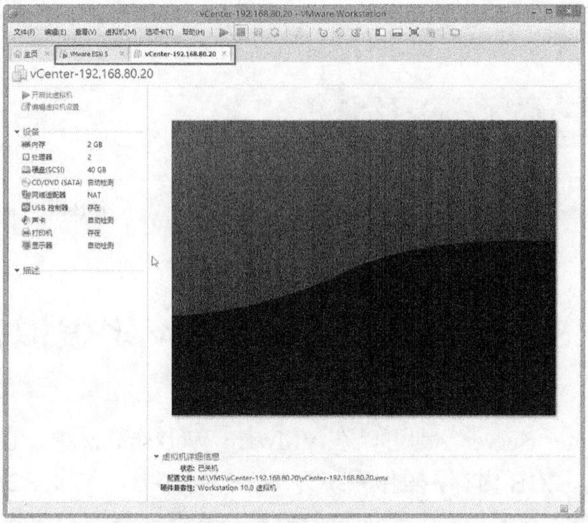

图 B-44　创建虚拟机完成

之后启动该虚拟机，在虚拟机中安装 Windows Server 2008 R2，修改 IP 地址，安装 VMware vCenter Server，这些不一一介绍。

在做 VMware HA 实验时，如果主机具有足够的内存，可以创建第 2、第 3 台 VMware ESXi 虚拟机，并将这些 VMware ESXi 主机添加到 vCenter Server，组建群集。

附录 C　VMware ESXi 的升级

任何一个产品都会存在升级的问题，本节将介绍从低版本 VMware ESX Server 或 VMware ESXi 升级到高版本的问题。VMware 也提供了 Update 来支持版本的升级，但对于大多数的管理员来说，使用高版本的光盘（或光盘镜像），通过升级安装的方式来完成升级，是最简单、快捷的方法。在本节中，我们同样在 VMware Workstation 虚拟机中完成这个升级。

在下面的过程中，我们创建一个 VMware ESXi 4 的虚拟机，在虚拟机中安装 VMware ESX Server，并在 VMware ESX Server 中创建一个虚拟机，然后将 VMware ESX Server 4 升级到 VMware ESXi 5，并升级 VMware ESX Server 4 的存储，升级 VMware ESX Server 4 中的虚拟机，完成整个升级的过程。

C.1　准备 VMware ESX Server 4

首先我们创建 VMware ESX Server 4 的虚拟机，并在虚拟机中安装 VMware ESX Server 4，之后创建一个虚拟机，主要步骤如下。

（1）在 VMware Workstation 中，新建虚拟机，在“选择客户机操作系统”时选择“VMware ESX→ VMware ESX/ESXi 4”，如图 C-1 所示。

（2）在“命名虚拟机”中，设置虚拟机名称为“VMware ESX/ESXi 4”，如图 C-2 所示。

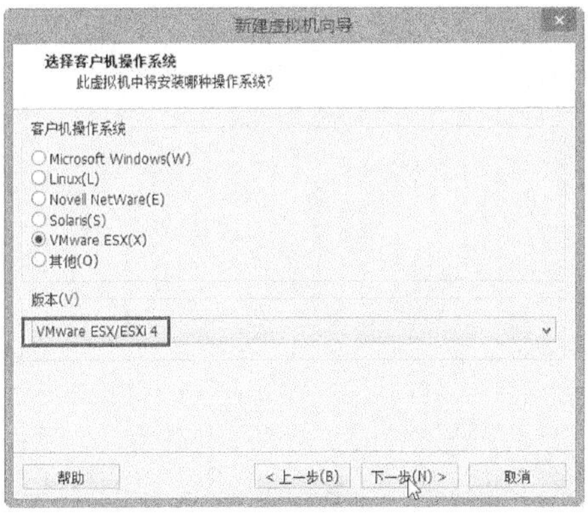

图 C-1　选择虚拟机操作系统

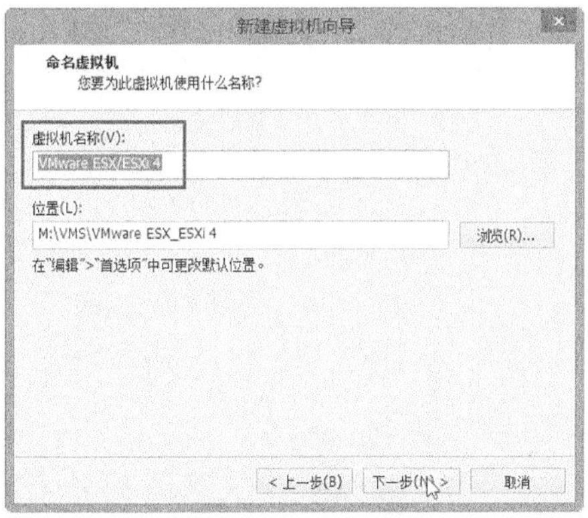

图 C-2　命名虚拟机

（3）为 VMware ESX Server 4 虚拟机分配 2 个 CPU，如图 C-3 所示，为该虚拟机分配

4GB 内存，如图 C-4 所示。如果只是为了安装 VMware ESX Server 4，为虚拟机分配 2GB 内存即可，但考虑到后期要将 VMware ESX Server 4 升级到 VMware ESXi 5，所以直接为其分配 4GB 内存。

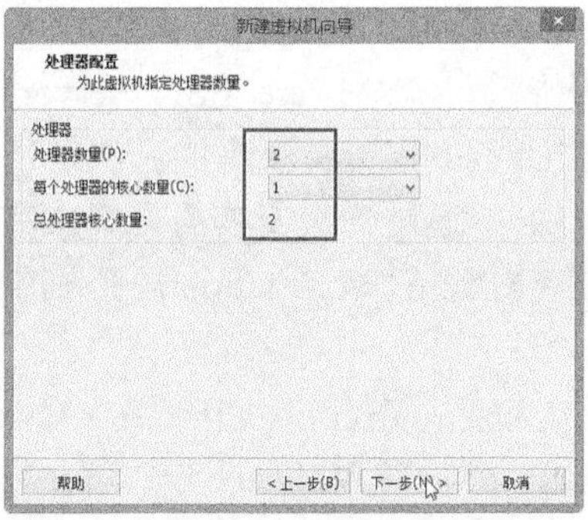

图 C-3　分配 CPU

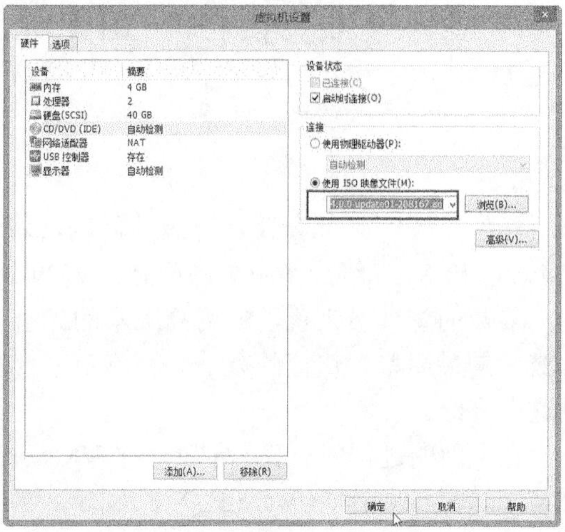

图 C-4　分配内存

（4）在其他步骤，选择默认值即可，直到虚拟机创建完成。

（5）在创建完虚拟机之后，修改虚拟机配置，加载 VMware ESX Server 4 安装光盘镜像作为虚拟机光驱，如图 C-5 所示。

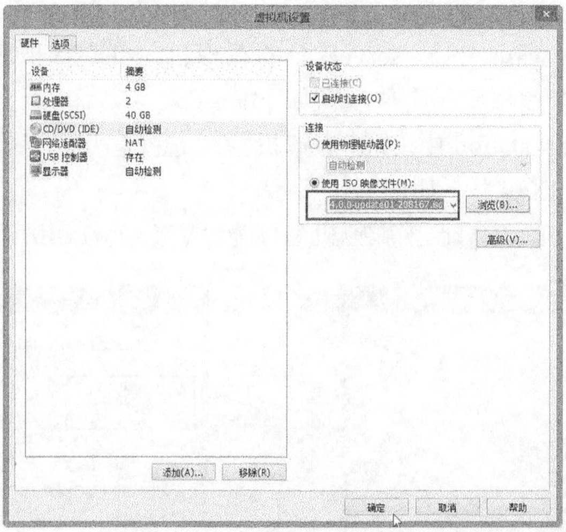

图 C-5　修改虚拟机配置

之后启动虚拟机，在虚拟机中安装 VMware ESX Server 4，主要步骤如下。

（1）用 VMware ESX Server 4 安装光盘启动虚拟机，选择“Install ESX in Graphical mode”，如图 C-6 所示。

（2）在“Welcome to the ESX installer”对话框，单击“Next”按钮，如图 C-7 所示。

图 C-6　以图形界面安装

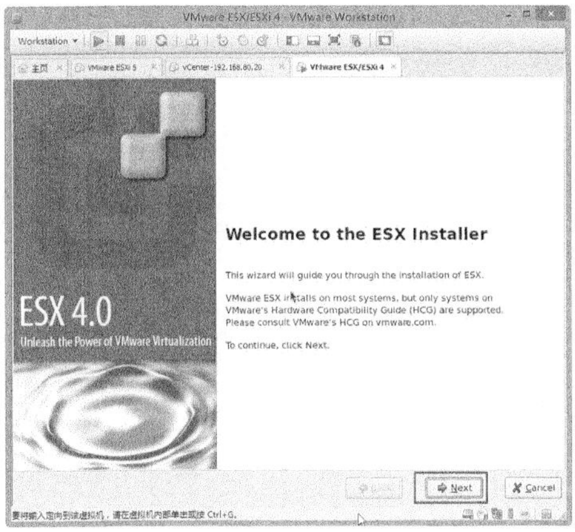

图 C-7　安装向导

（3）之后根据向导安装 VMware ESX Server，直到安装完成。安装完成之后，重新启动虚拟机，如图 C-8 所示。

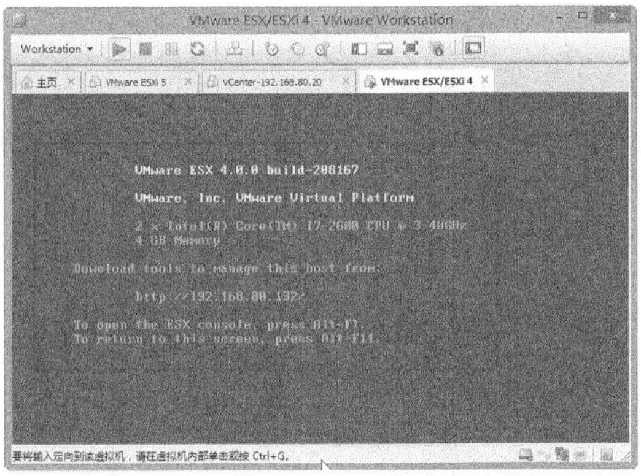

图 C-8　安装 VMware ESX Server 4 完成

在安装完 VMware ESX Server 4 之后，安装 VMware vSphere Client 4.0，如图 C-9、图 C-10 所示。

图 C-9　安装 vSphere Client 4

图 C-10　安装完成

之后使用 vSphere Client 登录 VMware ESX Server 4，并创建一个虚拟机，如图 C-11 所示。

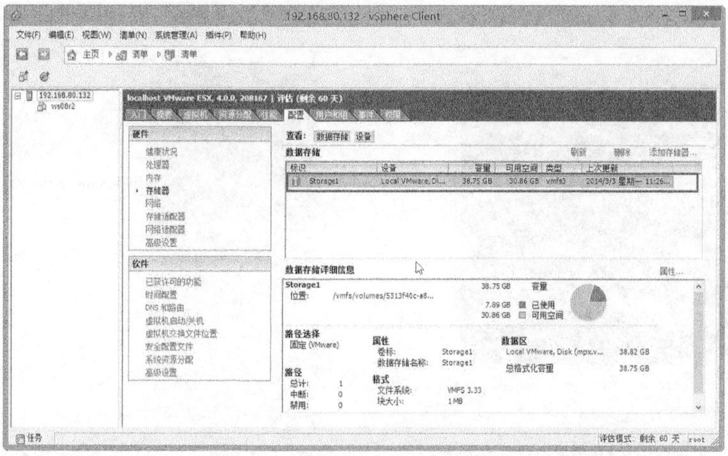

图 C-11　创建一个测试虚拟机

C.2　升级到 VMware ESXi 5

准备好实验环境之后，即可以使用 VMware ESXi 5.5 安装光盘镜像，启动 VMware ESX Server 4 的主机，将其升级到最新版本，主要步骤如下。

（1）修改虚拟机的设置（如图 C-12 所示），加载 VMware ESXi 5.5 安装光盘镜像，如图 C-13 所示。

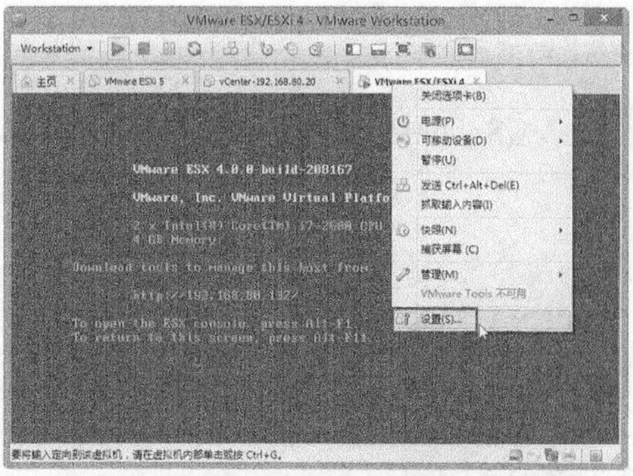

图 C-12　修改虚拟机设置

图 C-13　加载 ESXi 5 安装光盘镜像

（2）之后在 vSphere Client 中重新引导 ESX Server 4 主机，如图 C-14 所示。

（3）之后在 ESX Server 4 中，选择光盘启动，如图 C-15 所示。

（4）之后开始 VMware ESXi 的安装程序，如图 C-16 所示。

（5）在“Select a Disk to Install or Upgrade”对话框，选择要升级（安装）的位置，在此要正确选择原来安装 VMware ESX Server 的位置，如图 C-17 所示。

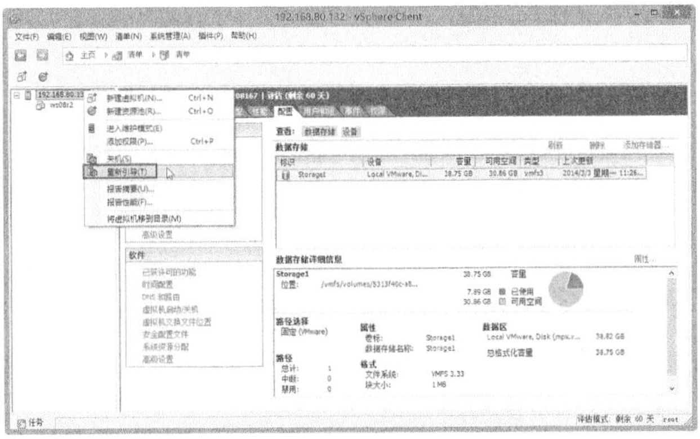

图 C-14　重新引导主机

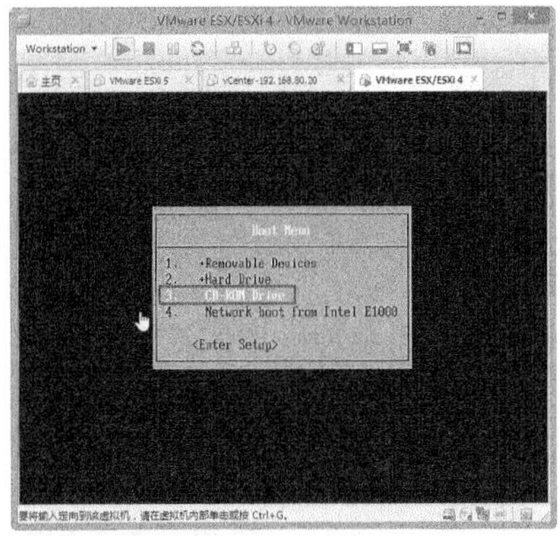

图 C-15　从光盘启动

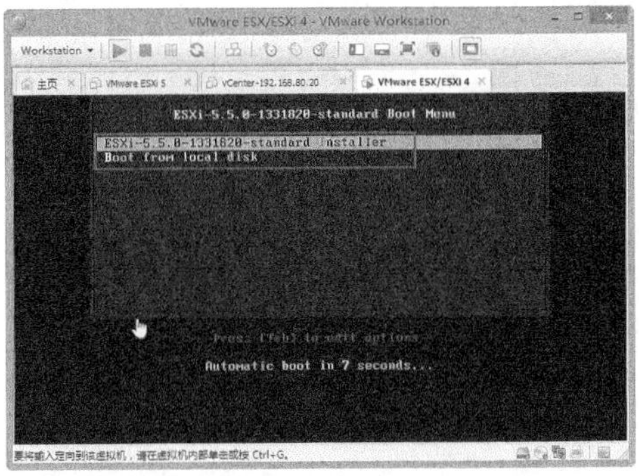

图 C-16　VMware ESXi 5 安装程序启动

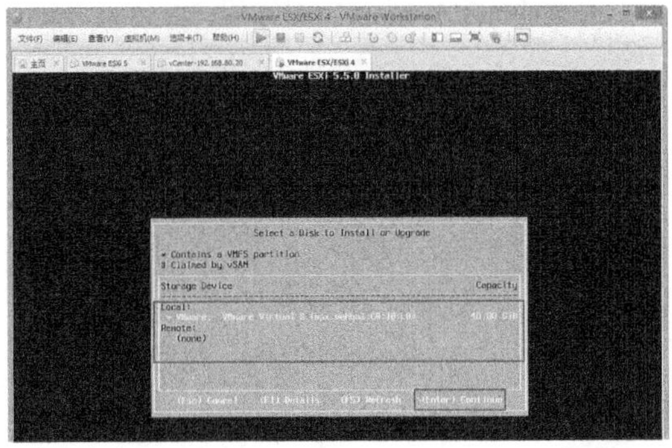

图 C-17　选择安装位置

（6）在弹出“ESX and VMFS Found”对话框，选择“Migrate ESX, preserve VMFS datastore”，如图 C-18 所示。

（7）在“Confirm Migrate”对话框，按 F11 键开始迁移并升级，如图 C-19 所示。

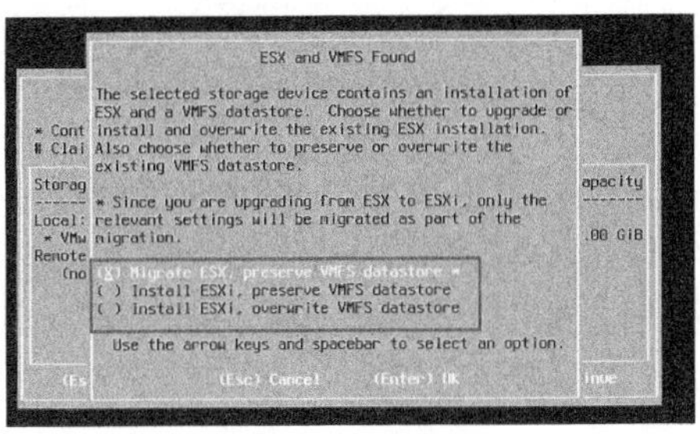

图 C-18　迁移 ESX

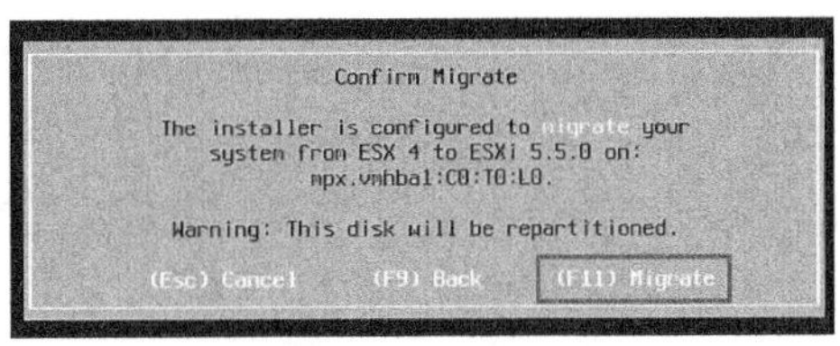

图 C-19　开始迁移

（8）升级完成后，按回车键重新启动 VMware ESX Server。

（9）在将主机升级到 VMware ESXi 5.5 之后，使用 vSphere Client 登录到 ESXi 主机，在“配置→存储器”选项中，选中原来的存储（原来存储类型为 VMFS3），单击“升级到 VMFS-5”，如图 C-20 所示。

（10）在弹出“升级到 VMFS-5”对话框，单击“确定”按钮，如图 C-21 所示。

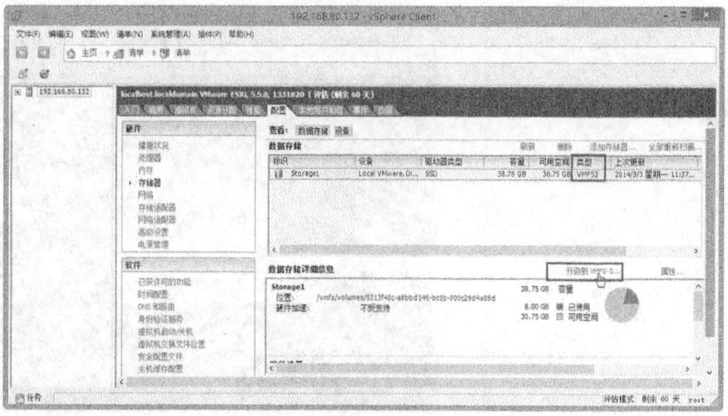

图 C-20 升级存储

图 C-21 确定升级

在升级存储之后，选中 ESXi 中的主机，在右键快捷菜单中选择“升级虚拟硬件”，如图 C-22 所示。

在弹出“确认虚拟机升级”对话框中，单击“是”按钮，将虚拟机硬件升级，如图 C-23 所示。

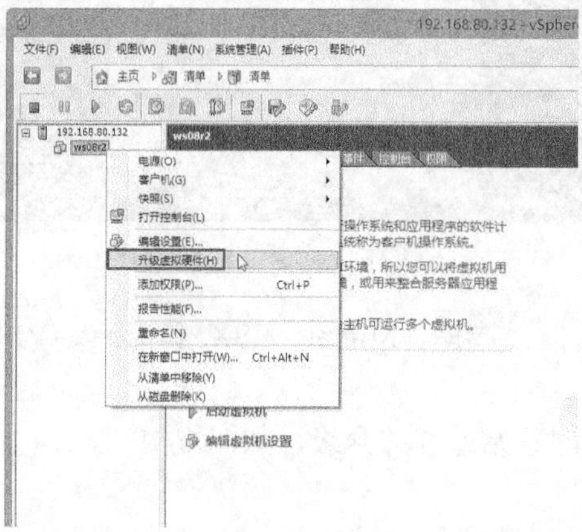

图 C-22 升级虚拟硬件

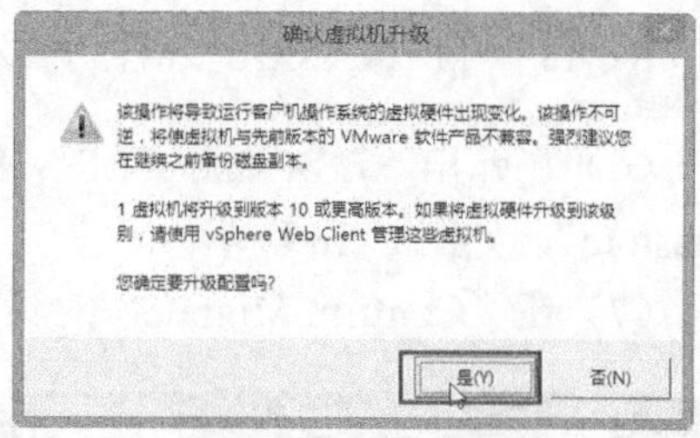

图 C-23 确认升级硬件

【说明】如果虚拟机升级到 VMware 10 的硬件版本后，将不能使用 vSphere Client 修改虚拟机配置，只能使用 vSphere Web Client 客户端修改。但 vSphere Client 是可以启动、关闭、删除 VMware 10 硬件版本的虚拟机的。如果你习惯于使用 vSphere Client 管理，则不要将虚拟机硬件版本升级到 10。